Gesamtverzeichnis des deutschsprachigen Schrifttums (GV) 1700 – 1910

Bearbeitet unter der Leitung von
Hilmar Schmuck und Willi Gorzny

Bibliographische und redaktionelle Beratung:
Hans Popst und Rainer Schöller

121

Run - Sali

K · G · Saur München · New York · London · Paris 1984

CIP-Kurztitelaufnahme der Deutschen Bibliothek

Gesamtverzeichnis des deutschsprachigen Schrifttums :
(GV). - München, New York, London, Paris : Saur.
Bd. 1 -- 6 bearb. unter d. Leitung von Peter Geils
u. Willi Gorzny.
ISBN 3-598-30000-X

1700 - 1910 / bearb. unter d. Leitung von Hilmar
Schmuck u. Willi Gorzny. Bibliograph. u. red.
Beratung: Hans Popst u. Rainer Scholler

NE: Schmuck, Hilmar [Bearb.]

121. Run - Sali. - 1984.

Techn. Realisierung und Druck: Norbert Gärtner, Mainz-Kastel
Binden: Karl Schaumann, Darmstadt
Printed in the Federal Republic of Germany
ISBN 3-598-30000-X (Gesamtwerk)

Runa [Autorname] = Beskow, Frl. Elisabeth.

Runa, s. a. Beskow, Elsa.

Runa, E. (E. Beskow), alles od. nichts. Erzählung aus dem Diakonissenleben. Autoris. Uebersetzg. v. Laura Fehr. (188 S.) kl. 8. Herborn 904. Buchh. des nass. Colportagevereins. n. —80; in Bibliotheksbd. n. 1. 20; eleg. geb. n. 1. 40

Alltagsleben. Einzig genehmigte Ubersetzg. v. L. F. (316 S.) 8. Hamburg (907). Agentur des Rauhen Hauses. 3.—; geb. in Leinw. 4. —

— ein tönendes Erz. Erzählung. Einzige genehmigte Uebersetzg. aus dem Schwed. v. L. F. 2. Taus. (865 S.) 8. Hamburg (906). Agentur des Rauhen Hauses. n. 3.—; geb. in Leinw. n. 4. —

Im Hinblick auf das Unsichtbare. Eine Erzählg. Einzige genehm. Übersetzg. aus dem Schwed. v. L. F. (308 S.) 8. Ebd. (909). 3.—; geb. 4. —

— suchende Liebe. Einzige genehmigte Uebersetzg. aus dem Schwed. v. L. F. (298 S.) kl. 8. Ebd. 905. n. 3.—; geb. in Leinw. n. 4. —

Der alte Pfarrer zu Hornsjö u. andere Erzählungen. Einzige genehmigte Übersetzg. aus dem Schwed. v. L. F. (188 u. II S.) 8. Ebd. 910. 2.—; geb. in Leinw. 2. 50

— wiewohl er gestorben ist. Eine Erzählg. Einzig genehmigte Uebersetzg. aus dem Schwed. v. L. F. 4. u. 5. Taus. (862 S.) kl. 8. Ebd. (906). n. 3. —; geb. n. 4. —

Runagel, H. s Runagel, Josef Heinrich

Rünagel, Jos. Hnr., theoret.-prakt. Unterricht v. Rechnungswesen. 8. Würzb. 784. (Stahel). 10 gr (Bamb. 811. Drausnick. 14 gr Ebd. 823. Kunz. 16 gr.)

Rünagels, H., theoretisch-prakt. Unterricht im Rechnungswesen. Für jeden, insbesond. den angehenden Beamten u. Handelsmann. 8. Bamb. Comt. d. Zeitungen. (in Comm.) 811. –

Rünagel, Hnr., theoret.-prakt. Unterricht im Rechnungswesen. 823. Jetzt Dresch in Bamberg. ⅔ rf

Runaldo. Skizze der Vorwelt. Wien 1795. V: *Gleich, Joseph Alois.* (Ky)

Runaldo, Skizze d. Vorwelt, (v. J. A. Gleich). 8. Wien 795. Hummel. 12 gr.

Runaldo, eine Skizze der Vorwelt, 8. Leipzig, 796. (Hertel in Komm)

Runck, August [aus Edenkoben]: Beitrag zur Histologie der Bauchdeckenfibrome.... Würzburg, Druck d. Etlinger'schen Buchdr., 1891; 27 S. 8°
Würzburg, Med. Fak., Inaug.-Diss. v. 1891

Runck, C. L. Primrosen, Saamlung von Dornrosen und dramatischen Scenen. Newport, 1896. UC

Runck, F., De scoliorum origine et usu. Diss. 1876. 16 S.

Runck, Friedrich, approb. Arzt aus Edenkoben: **Ein Fall von Verblutung, die für septische Peritonitis gehalten wurde.** *München 1901: C. Wolf & Sohn.* (24 S.) 8°
München, Med. Diss. v. 1901

Runck, H. W. J., Grundriß der deutschen Sprachlehre zum Schulgebrauch in den unteren Klassen höherer Lehranstalten. 8. (104 S.) Leipzig 881. Siegismund & Volkening in Comm. n. – 60

Runck, Jacob [app. Arzt aus Hassloch '(Rheinpfalz)']: Ein Beitrag zur Kenntnis der Meningo-encephalitis tuberculosa ... Zweibrücken, Buchdr. v. P. & L. Hallanzy, 1893; 23 S. 8.
München, Med. Fak., Inaug.-Diss. v. 1893

Runck, Rich., aus dem Freiheitskampfe der Buren. Die deutschen Korps. gr. 8. (VII, 351 S. m. Abbildgn., Taf. u. 1 Karte.) Zweibrücken 902. H. Reiselt. n. 5.—; geb. n. 6.—

Runck, Theophil, appr. Arzt aus Rhodt: **Beitrag zur Genese der sympathischen Ophthalmie.** *Würzburg 1897 [vielm. 1901/02]: A. Boegler.* (23 S.) 8°
Würzburg, Med Diss. v 1897

Runckel, Heinrich Vincens (Illustr. Regim Hassiaci Giessens Advoc. Ord.)
Theses ex exarato juris campo collectae.
Giessae Okt. 1729. Eberh. Henr. Lammers. 12 S. 4°
pro summis doctoratus honoribus in utroque jure legitime consequendis.

Runckel, Joh. Vincenz: De justificatione universali totius generis humani. s Benner, Johann Hermann [Praes.]

Acten-mäßige Relation von denen beyden Schloß-Dieben zu Berlin, Val. **Runcken,** ehemal. Castellan, u. Dan. Stieffen, gewesenen Hoff-Schlösser, auch derer von ihnen auf dem Königl. Schlosse zu Berlin, ... begangenen Diebstählen wunderbahren Entdeckung, u. geführten Inquisitions-Proceß, auch Bekäntniß u. Bestraffung derer Delinquenten. Nebst denen von dieser Sachen edirten theolog. Schrifften. Berlin 1719.
— (Neue Aufl.) Berlin 1720.

Acten-mässige Relation von denen beyden Schloss-Dieben zu Berlin *Valentin Runcken* ehemahligen Castellan, u. *Daniel Stieffen,* gewesenen Hoff-Schlösser, auch derer von ihnen auf dem Kgl. Schlosse zu Berlin, in denen Gemächern u. Schatz-Kammer begangenen Diebstahlen wunderbahren Entdeckung, und geführten Inquisitions-Process, auch Bekäntniss u. Bestraffung derer Delinquenten. Aus denen weitläufftigen Actis .... extrahiret, ..., u. auf Sr. Kgl. Majestät in Preussen allergn. Special-Befehl hrsg., nebst denen von dieser Sachen edirten theolog. Schrifften, gehaltenen *Charot-Reden*, u. einigen saubern *Kupffer-Stichen*, sowohl *derer Maleficanten Bildnisse*, als auch ihrer Ausführung u. *Execution*. .... 3 Thle. (in 1 Bde.). Berlin, zu finden bey Joh. Andr. Rüdigern, privil. Buchhändler. 1720. 4°. Weisser Pgmtb., schönes Expl.

Rund, Bernhard Ambrosius, meines Freundes Geschichte von C. Bachmann, 3 Theile mit 1 Kupf. 8. Hamburg, 784. Hoffmann. 1 Rthl. 5 sgl.

Rund um's Jahr! Geuter's Merkbüchlein für Jedermann auf alle Tage des Jahres 1894. 16. (72 S.) —.20
Linz: Städtebilder-Verlag (Mareis)

Rund um's Jahr! Geuter's Merkbüchlein f. Jedermann auf alle Tage des J. 1895. gr. 16. (81 S.) Linz 894. Städtebilder-Verl. In Leinw. kart. n. —40

Rund um's Jahr! Geuter's Merkbüchlein f. Jedermann auf alle Tage d. J. 1898. 4. Jahrg. 16. (10 u. 52 S.) Darmstadt, Städtebilder-Verlag. n. — 25

— ums Mittelmeer. Reisebriefe an e. Freund. Hrsg. v. Adf. Wilbrandt. (191 S.) 8. Stuttgart 909. J. G. Cotta Nachf. 2.50; geb. in Leinw. 3.50

Rund um den häuslichen Herd. Von Ignotus (Adam Müller-Guttenbrunn). (III, 153 S.) 16. Wien 909. R. Mohr. 1.50; geb. n 2.—

RUND um die Liebe. Berlin W., Verlag Harmonie (Schoneberger Ufer 31a,) 1907 (Br. Mk. 2—, gebd. 3—)

Rund um die Welt. Zi vol Lölik. Eine Zeitschrift für Volapükisten und solche, die es werden wollen. Chef-Redact.: Siegfr. Lederer. 1. Jahrg. 1888. 26 Nrn. (Bog.) gr. 4. Berlin, F. Simon. *

Vierteljährlich *

— um die Welt. Eine Zeitschrift f. Volapükisten u. solche, die es werden wollen. Chef-Red.: Siegfr. Lederer. 4. Jahrg April 1891 – März 1892 26 Nrn. (Bog.) gr. 4. Berlin, F Simon. 5. —; vierteljährlich 1.50
Hörte mit dem 4. Jahrg. auf zu erscheinen.

Rund um die Welt. Volksblatt f. histor. u. Zeit-Romane, f. populäre Geschichts- u. Völkerkunde. 1. Jahrg. April 1902—März 1903. 80 Hfte. gr. 4. (à ca. 16 S.) Dresden, R. H. Dietrich. à Hft. — 10

Rund um die Welt, Fortsetz.: Großstadt-Zeitung.

— um die Welt. Erlebnisse u. Schicksale merkwürdig. Menschen. 1.—116. Bd. (à 32 S. m. 1 Abb.) Lex. 8. München (907—09). Verlagsanstalt Sect. à — 20

— um die Welt. Cirkaŭ la mondo. Eine Zeitschrift f. Esperantisten u. solche, die es werden wollen. Unter steter Mitwirkg. v. Alb. Schramm red. v. Siegfr. Lederer. 1. Jahrg. 1910. 12 Nrn. (VIII, 288 S.) gr. 8. Wolfenbüttel, Hecker. 3.—

Rund, Arthur: Zur Frage der Gestaltungsrechte. Kattowitz O.-S.: L. Neumann 1904. (27 S.) 8° [J.]
Rostock, Jur. Fak., Ref. Matthiass, Diss. v. 15. Dez. 1904
[Geb. 14. Aug. 81 Kattowitz i. Schles.; Wohnort: Kattowitz; Staatsangeh.: Preußen; Vorbildung: Gymn. Kattowitz Reife O. 00; Studium: Freiburg i. B. 1, München 1, Genf 1, Berlin 4 S.; Rig. 27. Juli 04.]

Rund, Bernh., die Gefahren der Rauchplage u. d. Mittel zu ihrer Abwehr. (Ein Mahnwort zur Kohlenverschwendg.) Vortrag, geh. im Verein österr. Gesundheitstechniker in Wien am 20. VI. 1906. (14 S.) Lex.-8. Wien 907. M. Perles. n. 1.—
Sonderabdruck aus: „Monatsschr. f. Gesundh.-Pflege".

Rund, Eugen [aus Charlottenburg]: **Febris hepatica** ... Charlottenburg, Buchdr. v. Fänger & Heimann, *1895;* 29 S., 1 Bl. 8.
Berlin, Med. Fak., Inaug.-Diss. v. 9. Juli 1895

Runde, Des grossen Kurfürsten achte, in der Neujahrsnacht 1837 ... Berlin 1837. V: *Förster, Frdr.* (EE)

— in der Neujahrsnacht 1832. Legende v. F. F. 8. Berl. 832. Duncker u. H. 6 gGr.

Runde, 6. u. 7., des großen Kurfürsten in d. Neu-Jahrsnacht 1832 u. 33. Zwei Legenden v. F(riedr.). F(örster). 8. ... Berlin, (Duncker u. Humblot.) à
1—3. Runde (5. Aufl. 1830, vgl. auch Fr. Förster), 4. u. 6. Runde. Ebendas. zus. 13 Gr.

Runde, wahrhafte, des großen Churfürsten in d. Neujahrsnacht 1831, v. A. H. 8. Berl. 831. (L. Oehmigke). 4 gGr.

Runde, Chr. Hnr., die gottesdienstl. Feier d. Sonntags nach ihren Gründen rc. gr. 8. Stendal 783. Franzen u. Gr. 5 gGr.

— die vornehmsten Wahrheiten d. Evangel. Jesu Christi. gr. 8. Lemgo 780. Meyer. 5 gGr.

Runde, Christian Ludwig

— Abhandl. d. Rechtslehre von der Interims-Wirthschaft auf Bauerngütern. 8. Götting. 796. Dieterich. 20 gGr. 2e A. gr. 8. Ebd. 832. 1 Rthlr 12 gGr.

Runde, Chr. Ludw., Abhandlung d. Rechtslehre v. d. Interims-Wirthschaft auf deutsch. Bauergütern. 2., umgearb. u. verm. Ausg. gr. 8. (23 B.) Göttingen 832, Dieterich.

—— kurz gefaßte Oldenburg. Chronik. 2., verbess., u. bis zum Tode d. Przgs. Pet. Friedr. Ludwig fortges. Ausg.; mit dess. (lith.) Brustbild u. e. Schluß-Vign. 8. (15¾ B. u. 1 Stammt. Fol.) Oldenburg 831, Schulze.

Runde's, Chrn. Ludw., Oldenburgische Chronik. 3. Ausg., bis zum Tode des Großherzogs Paul Friedrich August fortgesetzt von Just. Frdr. Runde. Oldenburg 862. Schulze. gr. 8. (XXIV, 263 S. u. 1 Tab. in Fol.) n. 1 Rthlr 10 ngr.

Runde, Chr L.: „Kurze Darstellung der Unrechtmässigkeit der Ausschliessung vom Landtage durch die Ahnenprobe", Göttingen 1796 (Dieterich).

Runde, kurze Darstellung der Verhandlungen über die Vereinigung der Lutheraner u. Reformirten im großh. oldenb. Fürstenthum Birkenfeld. Im Auftrage des großherzogl. Consistoriums zu Birkenfeld verfaßt. gr. 8. (8½ B.) Birkenfeld, 844. (Frankfurt a. M. Hermann'sche Buchh.) *

— s. Dierks, Th., Versuch einer richtigen Bestimmung des Pflichttheils aus geschloss. Stellen rc.

— rechtl. Grundsätze üb. die Vertheilung d. Einquartirungslast. 8. Oldenb. 808. Schulze. 6 gGr.

Runde, Chrstn. Ludw., deutsches eheliches Güterrecht. gr. 8. (35¼ B.) Oldenburg 841, Schulzesche Buchh. *

— über das Güterrecht der Ehegatten auf deutschen Bauergütern während der Ehe, s. Scholz III., über Intestaterbrechte der Ehegatten.

Runde, Chr. L.: Comm. de historia, indole ac vi remediorum securitatis, quibus jure Rom. prospectum est creditoribus debitoris obaerati per privilegia personalia, hypothecas tacitas et privilegia hypothecarum. *Gott.,* Dieterich. 794. 4maj. (8 Gr.)

Runde, Chrn Ldwg, Oratio de vera nobilitatis notione pro diversa temporum ratione maxime diversa, praecipue ad illustranda ea quae Tacitus de antiquissim ... Germanorum nobilitate refert. Gottingae 1793. 8.
vgl. Runde, Justus Friedrich

—— patriot. Phantasien e. Juristen. gr. 8. (23 B.) Oldenburg 836, Schulzesche Buchh.

Runde, (Chrstn. Ludw.,) gemeines Recht für Deutschland. Eine Vorlesung bei der 66. Jahresfeier der Stiftung der literar. Gesellschaft in Oldenburg am 17. Decbr. 1844. gr. 8. (1½ B.) Oldenburg 845, Schulzesche Buchh. Thlr. *

— Rechtslehre v. d. Interims-Wirthsch. auf deutsch. Bauergüt. 8. Götting. Dieterich. 796.

— Rechtslehre v. der Leibzucht, od. d. Altentheile auf deutschen Bauerngütern, nach gemeinen u. Provinzialrechten. gr. 8. Oldenb. 805. Schulze. 2 ℛ 10 ℊ

— s. J. Fr. Runde, Privatrecht.

— Samml. d. wichtigsten Aktenstücke z. neuesten Zeitgeschichte, s. G. A. F. v. Halem.

(Runde): Strafproceßordnung und Strafgesetzbuch für das Herzogthum Oldenburg mit alphab. Sachreg., einzelnen Bem. aus den Motiven zu den Entwürfen jener Gesetze. Oldenburg 1858.

— 2. Aufl. [u. d. Tit.:] Das Strafgesetzbuch und die Strafproceßordnungen für das Großherzogthum Oldenburg mit Noten u. alphab. Sachreg. 1864.

Runde, (Franz Ludw.), die sächsische Landesabschätzung u. deren Rechtfertigung. Ein Beitrag zur Begründung allgemein anwendbarer Abschätzungsnormen. gr. 8. (XII u. 233 S. m. 6 Tab. in Fol.) Dresden 850, Schönfeld in Comm. n. 2 ℛ

Runde, F. L.: „Auch ein Wort über Sachsens Anschluß an den preussischen Zollverband, als Beleuchtung (obiger S[chatten]seite)", Dresden 1833. — Vorh.: Preuß. Staatsbibl. Berlin.

Runde, F. L., auch e. Wort üb. Sachsens Anschluß an d. Preuß. Zollverband, als Beleucht. der jüngst v. mehr. Kaufleuten dargestellt. Schattenseite dies. Anschließung, aufgenomm. aus d. Standpuncte d. sächs. Landwirthe. 8. (3½ B.) Freiberg 833, (Craz u. Gerlach.)

Runde, G. F., s. Runde, Justus Friedrich

Runde, Gust., das Reichseisenbahnprojekt vom volkswirthschaftlichen u. finanziellen Standpunkte auf Grund amtl. Statistik beleuchtet. gr. 8. (32 S.) Braunschweig 876. Vieweg & Sohn. n. – 80

Runde, Hugo Alexander Conr. (geb. Wattenberge 25. 1. 1853): De differentiis juris Romani et Borussici in materia usufructus. Berolini 1875. (40 S.) 8°.
Berlin, Jur. Diss. v. 27. Nov. 1875

Runde, Jh. Geo., Diss. inaug. med. de crisibus. 8. Götting. 803. Dieterich. 2 ℊ

— s. Ware, chirurg. Beobacht.

Runde, Justus Friedrich (Hrsg.), s. Abhandlungen, Zwei, über die Frage: ob für Hessen der 20 oder 24 Gulden-Fuss vortheilhafter sey?

— Anmerkk. u. Zusätze zu Buri Lehnrecht. 4. Marb. 783. Mit n. Titelbl. 788. Krieger. 20 ℊ

— Appellationslibell in Sachen des regier. Grafen zu Benth.-Tecklenburg gegen d. Grafen v. Salm-Reiferscheid. Fol. Götting. 792. Dieterich. 6 ℊ

— Beitrr. z. Erläuter. rechtl. Gegenstände. 2 Bde. 8. Götting. 799 u. 802. Dieterich. 3 ℛ

Runde, J. F., Bemerkungen zum Entwurf des Verfassungsgesetzes für die evangel. Kirche des Herzogth. Oldenburg. gr. 8. (40 S.) Oldenburg 849, Schulze. n. ⅙ ℛ

— s. F. K. v. Buri, Erläuterr.

Runde, Justus Friedrich (Wernigerode) A. S. 68/22

Dissertatio inauguralis iuridica de confirmatione Caesarea iuris primogeniturae in familiis illustribus Germaniae.
Göttingen (Schulz) 2. VI. 1770. 53 S.

Gew.: Christian Ernst Gf. von Stolberg. 29542

— Diss. inaug. jurid. de confirmatione caesarea juris primogeniturae in familiis illustribus Germaniae. 4. Götting. 770. Dieterich. 2 ℊ

— ausführl. Darstell. d. gerechten Ansprüche des regier. Grafen zu Benth.-Tecklenburg auf die Herrschaft Bedbur. Fol. Götting. 788. Dieterich. 2 ℛ

— fernere Darstell. d. Unrechtmäßigkeit e. Ausschliessung v. Landtage durch die bei d. ritterschaftl. Curie eingeführte Ahnenprobe. 4. Götting. 798. Dieterich. 6 ℊ

Runde, Just. Fr., († d. 28. Febr. 1807.) kurze Darstell. d. Unrechtmäßigkeit e. Ausschließung v. Landtage durch die bei d. ritterschaftl. Curie eingeführten Ahnen-probe 2c. 4. Götting. 796.

— üb. die Erhaltung d. öffentl. Verfass. in d. Entschädigungslanden, nach d. Deputationshauptschlusse v. 25. Febr. 1803. gr. 4. Götting. 805. Dieterich 3 ℛ 8 ℊ

Runde, Just. F.: Ueb. d. Erhalt. d. öffentl. Verfass. in d. Entschädigungslanden nach d. Deputationsschlusse v. 25. Febr. 1803; m. Anwendung auf d. Herzogth. Westphalen, *Gött.*, Dieterich, 806. 4. (3 Thl. 8 Gr.)

— Grundriß d. Braunschweig.-Lüneburg. Privatrechts. 8. Götting. 789. Dieterich. 1 ℊ

— Grundsätze d. gemeinen deutschen Privatrechts. gr. 8. Göttingen 791. 2e A. 795. 3e A. 801. 4e A. 806. 5e Aufl. herausgg. v. Chr. Ldw. Runde. 817. 6e A. 821. 7e verb. Aufl. 824. 8e A. 828. Dieterich. 2 ℛ 4 ℊ

Runde, Just. Fr., Grundsätze d. gemein. deutschen Privatrechts. 8., rechtmäß. Aufl., hrsg. v. Chr. L. Runde. gr. 8. (49 B.) Göttingen 829, Dieterich.

— über den 20 Guldenfuß, s. Abhandlung.

Runde, Just. Fr.: Rechtl. Gutachten der Göttinger Juristenf. üb. d. Verfahren d. hochfürstl. Regier. u. d. Officialgerichts zu Paderborn gegen den verstorb. Rentmeister Jos. Göhausen zu Böverungen, die zu Brackel geleg. Göhausenschen Güter betreff. *Göttingen*, Dieterich. 797. 4. (4 Gr.)

Runde, Just. Fr., rechtl. Gutachten d. Göttinger Juristen-Facultät üb. d. Verfahren d. Regierung zu Paderborn gegen d. Rentmeister Joseph Göhausen zu Böverungen. 4. Götting. 798. Dieterich. 3 ℊ

Runde, Justus Friedr. Ferdinandeische Jahrbücher [bis 1597]. Im berichtigten Auszuge aus Khevenhüller. 4 Bde. 8. Leipzig 1778—81. 10,50.

— Comment. de Augustae imperatricis jure primariarum precum. Sect. I. (Pr.) 4. Götting. 784. Dieterich. 2 gl.

— s. F. C. v. Khevenhiller. Jahrbücher.

— Oratio de vera nobilitatis notione, pro diversa temporum ratione maxime diversa; imprimis ad illustrandum ea, quae Tacitus de antiq. Germanorum nobilitate refert. 8maj. Götting. 793. Dieterich. 2 gl.

vgl. Runde, Christian Ludwig

— v. Nutzen u. Schaden d. Monopolien. 8. Kassel 778. Cramer. 4 gl.

— zwei Preisabhandl. v. den Mitteln, d. Werth d. Grundstücke steigen zu machen, (v. Runde u. J. A. Schlettwein). 8. Cassel 777.

— Preisschrift vom Surrogat d. Hand- u. Spanndienste, s. a. Jh. Konr. Paulus.

— Preisschr. v. Surrogat d. Hand- u. Spanndienste. 8. Cass. Schmidt. (Hahn in Hannover.) 775.

— Preisschrift üb. d. Ursprung d. Reichsstandschaft d. Bischöfe u. Aebte. 4. Götting. 775. (Hahn in Hannov.) 10 gl.

— Recepisse an den Vertheidiger d. Hochstift Hildesheim. Landesverfassung (Kanonikus Goffaux). 4. ... 794.

Runde, Just. F.: Vom Urspr. d. Reichsstandsch. d. Bischöfe u. Aebte; e. Preisschr. *Götting.*, Vandenhöck. 774. 4. (8 Gr.)

— Vertheidigung der Hochstift Hildesheim. Landesverfassung u. Landständ. Gerechtsame. Fol. Götting. 794. Dieterich. 2 rf 14 gl.

Runde, Just. Fr.: Vertheidig. d. Rechtmässigk. der Todesstrafen aus Grundsätzen d. allgem. Staatsrechts. *Cassel.* 777. 4.

Eb.: Von d. Wahl- u. Stimmrecht d. Bischöfe auf Reichstagen. *Eb.*, Schmidt. 775. 4. (8 Gr.)

Runde, Karl Günther Wilhelm

Die [illegible] der [illegible] Genossenschaft [illegible] 1. April 1879, von Baurath [Karl Günther Wilhelm] **Runde**. Schleswig. 1883. 8.

Die [illegible] Ent- und Bewässerungsgenossenschaft in der [illegible] Kreis [illegible] v. Karl Günther Wilhelm **Runde**. Schleswig. 1881. 8.

Deichanlagen an der Ostsee in der Provinz Schleswig-Holstein mitgetheilt vom Baurath [Karl Günther Wilhelm] **Runde**. (Mit Zeichnungen.) (Extra-Abdruck aus der Zeitschrift des Architekten- und Ingenieur-Vereins zu Hannover, Bd. 29, Jg. 1883, Heft 6.) (Hannover. 1883.) Fol.

Die Entwässerung der Wiesen an der Pinnau und Bilsbeck, Kreis Pinneberg, v. [Karl Günther Wilhelm] **Runde**. Schleswig. 1880. 8.

Statistik der Moore in der Provinz Schleswig-Holstein incl. Lauenburg. Bearb. vom Baurath [Karl Günther Wilhelm] **Runde**. Veröffentlicht von der Central-Moor-Commission. Hierzu: Eine Karte der Provinz Schleswig-Holstein (incl. Lauenburg). Copie der Lademann'schen Karte mit Angabe der grösseren Moorcomplexe nach der von der Königlichen Kataster-Verwaltung zusammengestellten Boden-Karte. Berlin. 1880. 4°.

Runde, die Verbesserung der Abwässerungs-Verhältnisse in der Rüttebüll-Südwesthörner Niederung, Kreis Tondern. 8. (19 S. m. einer lith. u. color. Karte.) Schleswig 880. Bergas. n. — 50

Runde, Guilielmus Hermannus: Brachelytrorum species agri Halensis. Halae 1835: Ploetz. 32 S. 8°
Halle-Wittenberg, Med. Diss. v. 28. Okt. 1835
Geb. Halle a. d. S. [28. 11.] 1810. V.
Im Buchhandel 1835 bei Voss in Leipzig.

Runde, Guil. Herm., Brachelytrorum species agri Halensis. Dissertat. 8maj. ($2^3/_4$ B.) Halae 835. (Lipsiae, Voss.) *

Rundell, Helene, englisches, auf Erfahrung gegründ. Kochbuch, od.: die Hauswirthschaft u. Kochkunst f. d. tägl. Gebr. aller Stände, um wohlfeile u. doch schmackhafte Speisen, Getränke, Backwerk, Eingemachtes rc. zu bereiten. Frei n. d. 61. engl. Aufl. v. e. deutschen Koche bearb. gr. 8. (23 B. u. 2 Stnt.) Ulm 841, Fr. Ebner. Thlr.

Rundell, Helene, neuestes auf Erfahrung gegründetes Kochbuch, oder die Hauswirthschaft u. Kochkunst für den tägl. Gebrauch aller Stände. Frei nach der 62. Aufl. bearb. 1. u. 2. Lfg. gr. 8. ($22^7/_8$ B.) Ulm 845, 46, Friedr. Ebner. à Lfg.

RUNDENLIEDER. Der Gesang ist des Gelags bester Gesell. Berlin 1817. 8°. 68 S. (In der Berliner Magistratsbibl.: Mit handschriftl. Ergänzungen bei mehreren Dichtungen.)

Rundensteiner, P. — Andachtslieder, welche in der Baumgartner Pfarrkirche vom 1. Adventsonntage angefangen das ganze Jahr hindurch an Sonn- und Feiertagen bei dem Gottesdienste gesungen werden. Zusammengetragen von — —. Neuhaus, 1857. Gedruckt bei Alois Josef Landfrass. (32 S. 8.)

Runderlass, betr. die Bauart der v. der Staatsbauverwaltung auszuführenden Gebäude m. Rücksicht auf Feuersicherheit u. Verkehrssicherheit. (6 S.) gr. 8. Berlin (910). W. Ernst & Sohn. — 20

— betr. Grundsätze f. die Aufstellung v. Bebauungsplänen u. die Ausarbeitung neuer Bauordnungen. (5 S.) 4. Ebd. (907). p — 20

[Umschlagt.:] [J.] **Runderlass** betr. die Vereinfachung des Geschäftsganges u. d. Verminderg des Schreibwerks v. 12. Aug. 1897. *Berlin: C. Heymanns 1897.* (8 S.) 1 Bd 8. [97. 5619

Bangerts **Rundfahrt.** Hamburg. Bremen. Kiel. Lübeck. Hannover. Nordseebäder. Ostseebäder. Plan von Hamburg und Hafen. Mit Illustrationen. (Hamburg.) o. J. 8°

Rundfahrt des Dampfers „Leuchtfeuer“ zur Erhellung der Schiffsuntergänge auf dem Bodensee. Neues Material für Seeleute und solche, die es nicht sind. Stuttgart 1888.

Rundfrage, eine, betr. Gründung einer Zeitschrift: Die photographische Kunst im Dienste der Wissenschaft“. Nebst V. Jahresbericht des photograph. Privat-Laboratoriums (1. Spezial-Atelier f. wissenschaftl. Photographie) des Universitäts-Lehrer Hugo Hinterberger. Gegründet 1897. Mit 16 Autotyp. u. 2 Strichreproduktionen im Text. (37 S.) Lex.-8 Wien 905. (Stuttgart, Franckh.) n. 1. 25

Industrie- u. Gewerbe-Ausstellung. Düsseldorf 1902. **Rundgang.** *Düsseldorf:* [aufgestemp.: *Schmitz & Olbertz in Komm. 1902].* (64, XXIII, 332 S.) 8° [02. 140

Rundgang, e., durch Bethel, Sarepta, Nazareth, Wilhelmsdorf, nach Mitteilgn. von v. Bodelschwingh zusammengestellt. 3. Aufl. 8. (80 S. m. Abbildgn. u. 1 Panorama.) Bethel (899). Buchh der Anstalt Bethel. n. — 40

Ein **Rundgang** durch Bethel, Sarepta, Nazareth, Wilhelmsdorf, Wietingsmoor. Nach Mitteilungen von Pastor v. Bodelschwingh zsgest. 4. Aufl. Bethel b. Bielefeld: Anst. Bethel [1904]. (120 S.) quer-8° [F.] [04. 9561 R

Rundgang, ein, durch Bethel, Sarepta, Nazareth, Wilhelmsdorf, Freistatt. 5. Aufl. (127 S. m. Abbildgn. u. 1 Panorama.) qu. 16. Bethel bei Bielefeld 905. Verlagshdlg. der Anstalt Bethel. n. — 50

Der 1.—2. Rundgang d. landwirtschaftlichen Wanderausstellungen in Deutschland, 1887—98, 1899—1910. Bearb. v. B. Wölbling. Berl. 1899—1910. 220 S. 1 Tvl., 186, 196 S. Fig. 1 Tvl.
(= Arbeiten d. deutschen Landwirtschafts-Gesellschaft. H. 42, 176). 373.

Rundgang durch den königl. botanischen Garten zu Berlin. Hrsg. im Auftrage der Direction. 8. (VIII, 69 S. m. 1 Plan.) Berl. 892, Gebr. Borntraeger. * — 50

Rundgang durch d. königl. botanischen Garten zu Berlin. Hrsg. im Auftr. d. Direction. 2., durchgeseh. Aufl. 8. (VIII, 69 S. m. 1 Plan.) Berlin 895. Gebr. Borntraeger. n.n. — 50

IX. Internat. Schiffahrtscongreß. **Rundgang** durch die Gußstahlfabrik Fried. Krupp in Essen. *(Essen: [9. Internat. Schiffahrtskongr.] 1902.)* (39 Bl.) 8° [03. 13430

Rundgang um Jena auf Versfüßen. 8. Leipzig 841. (Teubner.) 6½ n*gl*

Rundgang durch die Jubiläums-Gewerbe-Ausstellung, Cassel, Juli-August 1905. Cassel: Gebr. Gotthelft 1905. (8 S.) 8° [05. 13113 4

Rundgang. Ein R' durch die Schweiz. Wanderausstellung gegen den Alkoholismus s.a [Hercod, Robert].

Rundgang, Ein, durch die Schweiz. Wanderausstellung gegen den Alkoholismus. Verwaltung: Schweiz. Abstinenzsekretariat, Lausanne. [Schaffhausen 1910.] V: *Hercod, Robert.* (BDUllschw II, S. 192)

Rundgang in den Thiergarten. 11 Bl. Farbstein in gr. quer-Fol. Pest, Laufer. 1870 2 fl. 40 kr.

Der zweite **Rundgang** der landwirtschaftlichen Wanderausstellungen in Deutschland 1899–1910. Hrsg. v. Vorstand. Bearb. von Dr. H[ugo] Thiel, Exz., [u. a.] Berlin: Deutsche Landwirtsch.-Ges. 1910. 186, (196) S. 8°
(Arbeiten d. Deutschen Landwirtsch.-Gesellschaft. H. 176.) [11. 855

Rundgemälde, Politisches, oder kleine Chronik des Jahres 1828(—1840). Leipzig 1829—40. V: *Becker, Gottfried Wilhelm.* (Ky)

Rundgemälde, polit., od. kleine Chronik d. J. 1828—34. Für Leser aus allen Ständen, welche auf d. Zeitereignisse achten. Von *r. (G. W. Becker). 8. Leipzig 829—35, Fest. [828. (7¼ B.) 12 Gr., 29. (6 B.) 8 Gr., 30. (8½ B.) 12 Gr., 31. (9 B.), 32. (10 B.), 33. (6½ B.), 34. (8 B.) à 9 Gr.]

Rundgemälde, polit., od. kleine Chronik d. J. 1835—41. Für Leser aus allen Ständen, welche auf die Ereignisse d. Zeit achten. (Von *r.) gr. 12. Leipzig 836 — 42, Festsche Vrlsh. [835. (7¾ B.), 36. (7 B.) à 9 Gr. 37. (5⅓ B.) 10 Gr., 38. (7⅙ B.) 12 Gr., 39. (5¾ B.) 9 Gr., 40. (5⅔ B.) 10 Gr. 41. (5⅔ B.) 10 Gr.]
Jahrg. 1828—34. Ebendas. 1828—35. 2 Thlr. 20 Gr.

Rundgemälde, politisches, oder kleine Chronik der Jahre 1842—46. (15—19. Jahrg.) Für Leser aus allen Ständen, welche auf die Ereignisse der Zeit achten. Hrsg. von Theod. Oelckers. gr. 12. Leipzig, Fest'sche Vrlgsbh. [1842. (5½ B.) 43. (5½ B.) 44. (5⅓ B.) 45. (5 B.) 46. (6⅔ B.)] à 12½ Ngr.
Jahrg. 1—15 kosten zusammen nur 3 Thlr.

Rundgemälde, politisches, oder: Kleine Chronik des J. 1847—51. (20—24. Jahrg.) Für Leser aus allen Ständen. Hrsg. von Thdr. Oelckers und fortgesetzt von *r. gr. 12. und 8. Leipzig 848—52, Fest'sche Vrlgsh. [1847. (IV und 174 S.) 12½ Ngr., 1848. (VI und 240 S.) 20 Ngr., 1849. (IV und 141 S.) 12 Ngr., 1850. (VI und 150 S.) und 1851. (VI und 146 S.) à 15 Ngr.] ;

Rundgemälde, Politisches, oder kleine Chronik des Jahres 1852[—54]. Leipzig 1853[—55]. V: *Becker, Gfr. Wilh.* (Ky)

Rundgemälde, politisches, oder kleine Chronik der J. 1852—54. (25—27. Jahrg.) Für Leser aus allen Ständen. Von *r. 8. Leipzig, [C. F. Winter'sche Vrlgsh.] [25. Jahrg. (VI und 138 S.) 853. 15 Ngr., 26. (175 S.) 854., 27. (V und 205 S.) 855. à Jahrg. 18 Ngr.] Thlr.

Politisches **Rundgemälde.** Couplets v. Andres Pipvagel. Fasching. 1865. (Kiel? 1865.) 2 Bl. 8°.

Rundgemälde der Umgegend von Dresden rc. s. Lindau, W. A.

Rundgesang. o. O. u. J. 2 Bl. 8° [Kopftit.]
Ohne Noten: „Das Leben gleichet der Blume . . .“

Rundgesang. o. O. u. J. 2 Bl. 8° [Kopftit.]
Ohne Noten: „Der Schöpfung König ist der Mensch . . .“

Rund-Gesang. [Hamburg: ca 1803.] 2 Bl. 8° [Kopftit.]
Ohne Noten: „Zwey Mädchen sandte Gott herab . . .“

Rundgesang beim nahen Abgang geliebter Brüder aus unsrer Mitte. 58^{18}_{XII} 18. o. O. [1818]. 2 Bl. 8° [Umschlagtit.]
Ohne Noten: „Nicht waltet ob dem maurerischen Bunde . . .“

Rundgesang guter Bedienten. o. O. [1788]. 2 Bl. 8° [Kopftit.]
Lied für dienende Brr. Ohne Noten: „Letzt wurde hier gegeben . . .“ Beigef.: Freuden-Gesang bey der Genesung einer guten Herrschaft: „Frölich singen wir dies Lied, . . .“

[Rundgesang.] Zum Bundesfeste Johannis 1807, für die Loge z[um] ewigen Bunde. [Unterz.:] F. M. [Gera 1807.] 2 Bl. 8⁰ [Kopftit.]
Tt. 2408. Ohne Noten: „Lass't kreisen den Becher mit goldenem Wein..."

Rundgesang auf die Feyer der Jubel-Hochzeit des ehrwürdigen grauen Ehepaars Sebastian und Anna Siede in Korneuburg den 2. April 1804. V: *Chimani, Leopold.* (biblport) (ggr VI/561, Nr. 47/5)

[**Rundgesang.**] Dem geliebten Meister vom Stuhl v. Fritsch am Stiftungsfeste [der Amalia, Weimar] 1840. [Weimar 1840.] 1 Bl. 8⁰ [Kopftit.]
Ohne Noten: „Wir bringen heut' ins fremde Haus, . . ."

Rundgesang, Froher, dem innig geehrten und herzlich geliebten Freunde Joh. Fast an seinem Geburtstage von seinen treuen Freunden und Brüdern und im Namen derselben im Gefühle der wärmsten Freundschaft und Theilnahme gewidmet von J. E. S. den 28. Sept. 1844. »Wie zu dem Sankt Marienbilde ...« den 28. Sept. 1844. Königsberg [1844]. V: *Salkowski, Joh. Ernst.* (wolfstieg I, 758)

Rundgesang bey der frohen Geburtsfeyer des Hochw.-Durchlauchtigsten General-Grossmeisters aller vereinigten ▭▭ gesungen in der ▭ [Karl] zur gekrönten Säule zu Braunschweig am 19ten Jänner 1792. Braunschweig [1792]: Kolb. 2 Bl. 8⁰ [Umschlagtit.]
Ohne Noten: „Auf auf, ihr Brüder, und seyd froh, . . ."

Löwe, Joh. Karl: **Rundgesang.** Am Geburtstage des [Br.] Joh. Carl Löwe von seinen Freunden gewidmet. Den 10. Juli 1824. Danzig [1824]: Wedel. 2 Bl. 8⁰ [Umschlagtit.]
Ohne Noten: „Stimmt an ein Lied im frohen Jubelkreise!"

Rundgesang für den fünf und zwanzigsten Jenner 1784. Dresden [1784]: Harpetern. 2 Bl. 8⁰ [Umschlagtit.]
Ohne Noten: „Auf Freunde, singet unser Fest..."

Rundgesang bei der maurerischen Jubelfeier des Br. Schönherrs. Im Or. zu Altenburg den 19. Jan. 1805. 2 Bl. 8⁰ [Umschlagtit.]
Ohne Noten: „Des Menschen Leben ist ein Spiel, . . ."

Rundgesang zur Kirmes in der Loge Archimedes zu den drei Reissbretern. [Unterz.:] . . r. Altenburg, den 26. Nov. 1844. 1 Bl. 8⁰ [Kopftit.]
Ohne Noten: „Herein, herein und bring' uns Deine Lieder, . . ."

Maurerischer **Rundgesang.** [Hamburg: 1816.] 2 Bl. 8⁰ [Kopftit.]
Ohne Noten: „Auf, Brüder des Bundes, die Becher geschwungen, . . ."

Maurer'scher Rundgesang zur Feier des Johannisfestes der ger. und vollk. ▭ Libanon z. d. d[rei] C[edern] am 24. VI. 1816. [Erlangen 1816.] 2 Bl. 8⁰ [Umschlagtit.]
[Beigedr. ein 2. Lied:] Dem Br. v. Rotenhan gewidmet von den Brrn der Loge Libanon 1816.
Ohne Noten: „Ertön', o Gesang, vom maurerschen Bunde . . ."

Maurerischer **Rundgesang** an die Freundschaft. o. O. u. J. 2 Bl. 8⁰ [Kopftit.]

[Dasselbe.] o. O. u. J. 2 Bl. 4⁰
Ohne Noten: „Wer goss elysisches Entzücken . . ."

Maurerischer **Rundgesang** am Johannisfeste 1815. o. O. [1815]. 2 Bl. 4⁰ [Kopftit.]

[Dasselbe.] o. O. [1816]. 2 Bl. 8⁰
Ohne Noten: „Ertön', o Gesang, vom maurerschen Bunde . . ."

Rundgesang, Maurerischer, geweiht am Johannisfeste 1816 dem Br. Joh. Merkel von den Brüdern der Loge zu den 3 Pfeilen in Nürnberg. »Auf, Brüder des Bundes, die Becher geschwungen ...« Nürnberg 1816. V: *Strobel.* (wolfstieg I, 874)

Maurerischer **Rundgesang** dem Br. Andr. Heinr. Merkel gesungen am Johannisfeste von den Brüdern der ▭ zu den 3 Pfeilen [in Nürnberg] den $^{16.}_{VII}$ 5826. [Nürnberg 1826]: Milbradt. 2 Bl. 8⁰ [Umschlagtit.]
Ohne Noten: „Auf, Brüder! Singt nach alter Handwerks-Weise, . . .“

[Rundgesang.] Zum Stiftungsfeste des freimaurerischen Clubs zu Zwickau am 16. Nov. 1861. Altenburg [1861]: Hofbuchdr. 1 Bl. 8⁰ [Kopftit.]
Ohne Noten: „Bruderherzen klopfen freudig . . .“

Rundgesang. Gesungen am 59sten Stiftungsfeste der ger. u. vollk. Loge Archimedes zu den drei Reissbretern zu Altenburg den 30sten Jan. 5800. [Altenburg 1800.] 2 Bl. 8⁰ [Umschlagtit.]
Ohne Noten: „Auf, Brüder des Bundes, die Gläser geschwungen, . . .“

Rundgesang zur Weihe des 8ten Sept. 1814. [Altenburg 1814.] 1 Bl. 12,3× 43 cm. [Kopftit.]
Lied mit Chor ohne Noten: „Zum Feste der Weihe geladen . . .“

Rundgesänge für frohe und trauliche Feste. Der Loge zu den drei Weltkugeln gewidmet. Berlin 1790. V: *Mnioch, Johann Jacob.* (Kl)

Rundgesänge f. frohe u. traurige Feste, der Loge zu d. Weltkugeln gewidmet. Berl. 790. Schone. 4 gr

***Broke, Friedr. Franz von:* Rundgesänge zum 27. Mai 1853 [dem Tag der Silberhochzeitfeier des Brs. Friedr. Franz von Broke]. [Altenburg 1853: Hofbuchdr.] 1 Bl. 8⁰. [Kopftit.]**
2 Lieder ohne Noten.

Rundholz-Kubik-Tabellon für Fuhrleute. (Durchmesser in d. Mitte nach Zentimeter auf 2 Dezimalstellen berechnet.) *Breslau: 'Holzmarkt' [1903].* (6 Bl.) 8° [F.] [04. 1904] 2

Rundholz-Kubik-Tabellen für Fuhrleute ... Bunzlau: Holzmarkt [1906]. (7 Bl.) 8° [Umschlagt. F.] [07. 1004] 3

Rundholz-Kubik-Tabellen f. Fuhrleute. (Durchmesser in der Mitte nach Zentimeter auf 2 Dezimalstellen berechnet.) (13 S.) kl. 8. Bunzlau (906). (G. Kreuschmer.) n.n. — 25

Rundle-Charles, Elise, s. Bundle-Charles, Elise.

Rundle-Charles, Mrs., Bilder d. Lebens aus christlicher Geschichte. Übers. v. Elis. Klee. gr. 8. (III, 450 S.) Anklam 889. (Leipzig, Buchhandlg. d. Vereinshauses.) n. 5. —; geb. n. 6. —

Rundle-Charles, E., General Gordon, e. Held u. Christ, s.: Urban's christliche Volksbücher.

Rundnagel, Ernst

Rundnagel, die Haftung der Eisenbahn f. Verlust, Beschädigung u. Lieferfristüberschreitung nach deutschem Eisenbahnfrachtrecht. (XII, 802 S.) gr. 8. Leipzig 906. Dieterich. Geb. in Leinw. n. 6. —

Rundnagel, Ernst, die Haftung der Eisenbahn f. Verlust, Beschädigung u. Lieferfristüberschreitung nach deutschem Eisenbahnfrachtrecht. 2. (verm.) Aufl. (auf Grund der neuen Verkehrsordng.). (XII, 314 S.) gr. 8. Leipzig **909**. Dieterich. 5.30; geb. 6. —

Rundnagel, Karl. 87 Choräle aus dem Choralbuche f. den Konsist.-Bez. Kassel, nebst e. Anh. v. Gesängen zu besonderen Veranlassgn. Dreistimmig f. Sopran- u. Altstimmen zum Gebrauche in Kirche, Schule u. Haus bearb. u. hrsg. 8. (VIII, 128 S.) Kassel 892, Röttger. ** — 75

Rundo, H. J., bittrer Ernst, Humor und Satyre. In Versen. Berlin 861. Plahn. 16. (IX, 261 S.) n. 1 ℛ

Rundo, H. J., Narhalla. Humoristisch-satyr. Kreuz- und Querfahrten. Nr. 1: Rentier Kneschke aus Berlin als Kandidat zum Hause der Abgeordneten. 8. (14 S.) Crossen a. O. 862, (Ehrlich und Comp.) *

— Narrhalla. Humoristisch-satyrische Kreuz- u. Querfahrten. Nr. 1. Rentier Kneschke aus Berlin als Kandidat zum Hause der Abgeordneten. Crossen a. O. 864. Ehrlich & Co. in Comm. 8. (14 S.) n. 2½ ngr.

Rundqvist, Karl

Rundqvist, Carl: Ueber Allylsubstituierte Harnstoffe und Thioharnstoffe. *Marburg 1898: Köster & Schell.* (63 S.) 8°
Marburg, Phil. Diss. v. [17. Juni] 1898

Rundreise, Die, Sr. k. k. apost. Majestät Franz Joseph des Ersten durch Ungarn und Siebenbürgen im Jahre 1852 ... Wien 1852. V: *Janotyckh v. Adlerstein, Joh.* (KA)

Rundreise, die, Sr. k. k. apost. Maj. Franz Joseph des Ersten durch Ungarn u. Siebenbürgen im J. 1852. Als ein Beitrag zur Geschichte unserer Tage mitgetheilt von einem Augenzeugen. Nebst dem Portr. Sr. Maj. u. der Abbild. d. Hentzi-Monumentes in Ofen (in Holzschn.) gr. 8. (184 S.) Wien 852, Keck & Pierer. n. 16 ngl

Rundreise, die, des R. Petachjah aus Regensburg, nach e. Hs., den ältesten Ausgaben u. andern Druckwerken ediert u. übers., m. Anmerkgn. u. Einleitg. versehen v. L. Grünhut. 2 Tle. in 1 Bde. (Hebräisch u. Deutsch.) (VI, 50, 18 u. VI, XVIII, 52 S. m. 1 Karte.) 8. Jerusalem 904. Frankfurt a/M., J. Kauffmann. n. 3. —

Rundreise-Begleiter. 2. Jahrg. m. practischen Rathschlägen u. Schutz-Mappe zum Fahrschein-Heft, hrsg. v. Jul. Lieber. qu. gr. 16. (6 S.) Berlin 892. J. Lieber. — 50

Zusammengestelltes Rundreisebillet, m. Extrazug u. Extraschiff nach d. Orient, große Meerturnfahrt des „T. V. zu Hof" im J. Nr. 1893, 22 Bl., Quer-16°.

Rundreisebillette. Kombinierbare R' für Strecken der ... [schweizerischen] Transportanstalten: Schweizerische Bundesbahnen, ... Schw' Postverwaltung. ... Couponsverzeichnis. Gültig vom 1. Mai ... an. [je Mit 1 Übersichtskarte.] je 38 S. 8.
... 1904.... Zürich, Orell Füssli. — ... 1905... Bern, Lierow & Cie.
Forts. von: Verzeichnis der kombinierbaren Rundreiseb'....

Rundreisebillette. Kombinierbare R' für Strecken der ... [schweizerischen] Transportanstalten: Schweizerische Bundesbahnen, ... Schw' Postverwaltung. ... Couponverzeichnis. Gültig vom 1. Mai 1906 an. [Mit 1 Übersichtskarte.] 38 S. 8. Bern, Lierow & Cie.

Rundreisebillette. Kombinierbare R' für Strecken der ... [schweizerischen] Transportanstalten: Schweizerische Bundesbahnen, ... Schw' Postverwaltung. ... Couponsverzeichnis. Gültig vom 1. Mai 1907 an. [Mit 1 Übersichtskarte.] 38 S. 8. Bern, Lierow & Cie.

Empfehlenswerte **Rundreisen** mit Zeiteinteilung, Kostenanschlag und Angabe der betreffenden Fahrscheine. Bearb. v. Franz Tismar. M. 1 Reisekt. v. Mittel-Europa. *Berlin: O. Goldschmidt 1895.* (XI, 255 S., 1 Kt.) 1 Bd 8.
= **Reisebücher,** Griebens. Bd 90. (98. 9895

Rundreisen im Norden, mit Rundreisebilleten durch Dänemark, Schweden und Norwegen. Berlin 1881.

Rundreisen in der Schweiz.... München 1896 s. [Koch von Berneck, Max].

Rundreisen in der Schweiz. 11. Aufl. Mit vielen Illustr., Karten u. Plänen. In-8°. XXII, 362 S. München, A. Bruckmann's Verlag. 1897. 4 70

Rundreisen in der Schweiz .... 23. Aufl. München 1909 s. [Koch von Berneck, Max].

Rundreise-Touren. [illegible] Dargestellt [illegible] Franz Klod[illegible] [illegible]
1886

Rundschau

Rundschau. – Die Rundschau. – Karlsruhe. – 3.X.1846 – 29.XII.1847(?).

Rundschau. Kampf und Wachsthum der Kirche in unseren Tagen. Ein Neujahrsgruss an die Katholiken Deutschlands. Freiburg i. Br. 1862. V: *Niedermayer, Andreas.* (Kat. Herder 1801—95.)

Rundschau. Kampf und Wachsthum der Kirche in unsern Tagen. Ein Neujahrsgruß an die Katholiken Deutschlands. Freiburg im Br. 862. Herder. 12. (180 S.) 9 ngr.

Rundschau. Sammlung v. Entscheidungen in Rechts- u. Verwaltungs-Sachen aus d. Bezirke des Oberlandesgerichts Frankfurt a/M., hrsg. v. der jurist. Gesellschaft zu Frankfurt a/M. Frankfurt a/M. Jährlich

JURISTISCHE GESELLSCHAFT IN FRANKFURT AM MAIN. — RUNDSCHAU. Für die Mitglieder der Gesellschaft als Manuscript gedruckt.
Jahrg. (1)—4. 1867—1870. Frankfurt am Main. Druck von C. Naumann's Druckerei. 8°.

JURISTISCHE GESELLSCHAFT IN FRANKFURT AM MAIN. — RUNDSCHAU. SAMMLUNG VON ENTSCHEIDUNGEN DER GERICHTE ZU FRANKFURT AM MAIN, sowie des Reichs-Ober-Handelsgerichts und des Königlichen Ober-Tribunals in Frankfurter Rechtssachen, nebst Verfügungen der Steuerbehörden, insbesondere über Stempelfragen. Für die Mitglieder der Gesellschaft als Manuscript gedruckt.
Jahrg. 5—13. 1871—1879. ib. Comm. von Johannes Alt, später: Alt und Neumann.

Juristische Gesellschaft in Frankfurt am Main. **Rundschau.** Für die Mitglieder der Gesellsch. als Ms. gedr. (Jg. 5 ff.: mit dem Zusatz:) Sammlung von Entscheidungen der Gerichte zu Frankfurt am Main sowie des Reichs-Ober-Handelsgerichts u. des Königlichen Ober-Tribunals, (Jg. 14 ff.: des Kammergerichts u. des Reichsgerichts) in Frankfurter Rechtssachen nebst Verfügungen der Steuerbehörden, insbes. über Stempelfragen. (Jg. 26 ff.: u. d. Tit.:) **Rundschau.** Sammlung von Entscheidungen in Rechts- u. Verwaltungssachen aus dem Bezirke des Oberlandesgerichts Frankfurt am Main hrsg. von der Juristischen Gesellschaft zu Frankfurt am Main. Jg. 2—45. Frankfurt a. M. **1868-1911.** 45 Bde
Reg. **zu Jg. 1868-87. 1890.**

JURISTISCHE GESELLSCHAFT IN FRANKFURT AM MAIN. — RUNDSCHAU. SAMMLUNG VON ENTSCHEIDUNGEN DER GERICHTE ZU FRANKFURT AM MAIN, sowie des Kammergerichts und des Reichsgerichts in Frankfurter Rechtssachen nebst Verfügungen der Steuerbehörden, insbesondere über Stempelfragen. Für die Mitglieder der Gesellschaft als Manuscript gedruckt.
Jahrg. 14—16. 1880—1882. ib. Comm. von Alt und Neumann, später: Alfred Neumann.

In Jahrg. 5. 1871: Namens-Register zu den Jahrgängen der Rundschau von 1867, 1868, 1869, 1870 und 1871.
In Jahrg. 8. 1874: Namensregister zu den Jahrgängen 1872—1874.
In Jahrg. 10. 1876: Namensregister zu den Jahrgängen 1875 und 1876.*

Juristische Gesellschaft in Frankfurt am Main. — RUNDSCHAU. SAMMLUNG VON ENTSCHEIDUNGEN DER GERICHTE ZU FRANKFURT AM MAIN(,) sowie des Kammergerichts und des Reichsgerichts in Frankfurter Rechtssachen nebst Verfügungen der Steuerbehörden, insbesondere über Stempelfragen. Für die Mitglieder der Gesellschaft als Manuscript gedruckt.
Jahrg. 17—18. 1883—1884. Frankfurt am Main. Commissions-Verlag von Alfred Neumann'schen Buchhandlung (vormals Alt & Neumann). 8°.

Juristische Gesellschaft in Frankfurt am Main. — RUNDSCHAU. Sammlung von Entscheidungen der Gerichte zu Frankfurt am Main sowie des Kammergerichts und des Reichsgerichts in Frankfurter Rechtssachen
nebst Verfügungen der Steuerbehörden, insbesondere über Stempelfragen. Für die Mitglieder der Gesellschaft als Manuscript gedruckt.
Jahrg. 19. 1885. Frankfurt am Main. Commissions-Verlag der Alfred Neumann'schen Buchhandlung (vormals Alt & Neumann). 8°. — 20. 1886. ib. — 21. 1887.
— [Nebst]: Beilage zur Rundschau Jahrg. 1887: Die im vormals Landgräflich Hessischen Amte Homburg für den Erwerb von Liegenschaften und das Pfandrecht an solchen geltenden Special-Verordnungen.
nebst Entscheidungen und Verfügungen der Verwaltungsgerichte und Verwaltungsbehörden, insbesondere in Bau- und Stempelsachen. Für die Mitglieder der Gesellschaft als Manuscript gedruckt.
Jahrg. 22. 1888. ib. — 23. 1889. — (Nebst) Beilage (I): Das vorderösterreichische Eherecht als sigmaringer und bayrisches Partikularrecht. — Beilage II: Rede des ... Professor Dr. von WINDSCHEID bei dem Festessen zur Feier des 50jährigen Dienstjubiläums Sr. Excellenz des ... Oberlandesgerichts-Präsidenten Dr. Albrecht am 22. September 1889.
Juristische Gesellschaft in Frankfurt am Main. — RUNDSCHAU. Sammlung von Entscheidungen der Gerichte des Oberlandesgerichtsbezirks Frankfurt a. M., sowie des Kammergerichts und des Reichsgerichts in Frankfurter Rechtssachen nebst Entscheidungen und Verfügungen der Verwaltungsgerichte und Verwaltungsbehörden, insbesondere in Bau- und Stempelsachen. Für die Mitglieder der Gesellschaft als Manuscript gedruckt.
Jahrg. 24. 1890. ib. —
REGISTER zu den Jahrgängen 1868—1887. Frankfurt am Main 1890. Commissions-Verlag der Alfred Neumann'schen Buchhandlung (vormals Alt & Neumann). Druck von C. Naumann's Druckerei. 8°.
Herausgegeben durch das Redactions-Comité.
(1.) Frankfurt am Main 1887. Commissions-Verlag von A. Fosser Nachfolger. 8°. — (2.) Jahrg. 1888. ib. 1888. — (3.) Jahrg. 1889. ib. 1889. —

—— Sammlung gerichtl. Entscheidungen aus dem Bezirke d. Oberlandesgerichts Frankfurt a. M., sowie zu solchen ergangener Entscheidgn. d. Kammergerichts u. d. Reichsgerichts u. v. Entscheidgn. u. Verfüggn. der Verwaltungsgerichte u. Verwaltungsbehörden insbesondere in Bau- u. Stempelsachen, hrsg. v. der jurist. Gesellschaft zu Frankfurt a. M. 24. Jahrg. 1890. gr. 8. (IV, 233 S.) Ebd. 10 —

— Sammlung v. Entscheidungen in Rechts- u. Verwaltungssachen aus dem Bezirke des Oberlandesgerichts Frankfurt a/M., hrsg. v. der jurist. Gesellschaft zu Frankfurt a/M. 25.—28. Jahrg. 1891—1894. à 5 Hfte. gr. 8. (295 u. VIII, 328 u. VI, 274 u. VII, 302 u. VII S.) Frankfurt a/M., A. Neumann. à Jahrg. n.n. 10. —

— Sammlung v. Entscheidungen in Rechts- u. Verwaltungssachen aus dem Bezirke d. Oberlandesgerichts Frankfurt a/M., hrsg. v. d. jurist. Gesellschaft zu Frankfurt a/M. 28.—32. Jahrg. 1894—1898. à 5 Hfte. gr. 8. (à ca. 4 Bog.) Frankfurt a/M. A. Neumann. à Jahrg. n.n. 10. —

— Sammlung v. Entscheidungen in Rechts- u. Verwaltungssachen aus dem Bezirke des Oberlandesgerichts Frankfurt am Main, hrsg. v. der jurist. Gesellschaft zu Frankfurt am Main. 33.—36. Jahrg. 1899—1902. gr. 8. (VI, 282; VIII, 298; VIII, 272 u. VIII, 288 S.) Frankfurt a/M., A. Neumann. à Jahrg. n.n. 10. —

— Sammlung v. Entscheidungen in Rechts- u. Verwaltungssachen aus dem Bezirke des Oberlandesgerichts Frankfurt a. Main, hrsg. v. der jurist. Gesellschaft zu Frankfurt am Main. 37.—40. Jahrg. 1903—1906. (VIII, 223; VIII, 294; VIII, 287 u. VIII, 292 S.) gr. 8. Frankfurt a/M. A. Neumann. à Jhrg. n.n. 10. —

— Sammlung v. Entscheidungen in Rechts- u. Verwaltungssachen aus dem Bezirke des Oberlandesgerichts Frankfurt a. Main, hrsg. v. der jurist. Gesellschaft zu Frankfurt am Main. 41.—44. Jahrg. 1907—1910. à 5 Hefte. (VIII, 278; VIII, 261; VIII, 288 u. VIII, 285 S.) gr. 8. Frankfurt a/M., A. Neumann. à Jahrg. nn 10. —

Die Rundschau. Organ für sozialistische Propaganda.
Hamburg: Expedition 1877-1878. 8°

Die Rundschau : 1879–1937?

Weekly. Sub-title [in 1924]: Nachrichten aus der Heimat und Fremde. Eine amerikanische politische Wochenzeitung für lutherische Christen. Place of publication varies: Winona, Minn.: Dec. 2, 1924–1937. Circulation: 1905, 23,748; 1910, 25,000; 1915, 24,000; 1924, 20,000; 1935, 10,8?? Edited by M. Schulz, 1915–16, by Albert W. Schultz, 1920?–1923?; by Carl Lohrrecht, 1934–37. Published by Rundschau Publishing Co., 1903–10, by North American Press, 1921–24, by National Weeklies, Inc., Winona, Dec. 1924–1937.
Milwaukee, WI

Die Rundschau : 1879–? Winona, MN

Weekly.

Die Rundschau : 1880?–1895?

Independent weekly. Sub-title: Nachrichten aus der Heimat und Fremde. Circulation: 1885, 13,250. Edited & published by Louis Lange, 1880–83; edited by Dr. H. Dümling, & published by Louis Lange Publishing Co., 1884–95?
St.Louis, MO

Die Rundschau : 1880?–1902?

Weekly. Circulation: 1895, 28,615; 1900, 25,346. Edited & published by Louis Lange, Jr., 1880–97; published by Rundschau Publishing Co., 1988–1902.
Chicago, IL

Die Rundschau : 1883?–1884?

Independent weekly. Circulation: 1884, 300 (est.).
Auburn, NY

Die Rundschau : 1883?–1942?.

Weekly, 1883–1903, semi-weekly, 1903–12; weekly, 1912–42. Independent. Title varies: New England Rundschau, 1903?–1942. Circulation: 1905, 4200, 1910, 5200; 1920, 4200; 1930, 3400; 1940, 4200. Edited & published by Jacques Wisly, 1895–98; edited by Jacques Wisly, 1899–1930; by Paul Radisch, 1931–42; published by German-American Publishing Co., 1899–1930; by Wisly Lithograph & Printing Co., 1931–35; by Wisly-Brooks Co., 1936–42.
Holyoke, MA

Rundschau. Zeitschrift f. Blinde. Unter güt. Mitwirkg. vieler Blindenlehrer u. Blinden hrsg. v. Wittig. 1. u. 2. Jahrg. 1884 u. 1885. à 12 Hfte. gr. 8. (1. Hft. 18 Bl.) Bromberg, (Mittler). à Jahrg. n. 16. —

Die Rundschau : 1885?–?

Weekly. Sub-title: Ein Blatt für freies Menschenthum und geistiges Turnen.
New Ulm, MN

Rundschau : 1886–1887?

Weekly. Edited by J. G. Probst. See *Oehlerts*.
SBL. Jg. 63, no. 17 (7. X. 1939, no. 19–25, 27–52) (8. VIII. 1940).
Monroe, WI

Die Rundschau : 1888?–?

Roman Catholic monthly. High level literary journal. Edited & published by Wilhelm Keilmann.
Buffalo, NY

Die Rundschau : 1892?–1898?

Weekly. Circulation: 1895, 1500. Edited & published by Karl Diehl & Richard Mohr, 1892–98.
Bridgeport, CT

Die Rundschau : 1892?–1907?

Weekly edition of Die Wacht am Hudson, 1896–1907. Organ of secret societies, 1892–96. Edited & published by Kurz & Mahle, 1892–96.
Hoboken, NJ

Rundschau : 1894?–? Toledo, OH

Rundschau. Illustriertes Fachblatt für die Blech- und Metallindustrie und Beleuchtungsbranche. 1894-1900. fol Berlin 1894-1900

Die Rundschau : 1899?–1900? Erie, PA

Semi-weekly.

Rundschau : 1900–1906? Regina, Sask.

Rundschau der Adventisten : Jahrgang 1, 1902–?
Monthly. Circulation: 800. Editors: Luiz Waldvogel, F.H. Johnson. Place of publication varies: Sao Bernardo do campo.
Santo Andre

Rundschau, akademische. Blätter f. Reform d. akadem. Lebens. Schriftleiter: E. Schultze. 1. Jahrg. April 1896—März 1897. 24 Nrn. (Bog.) Lex.-8. Leipzig, Max Hoffmann. n. 6. —; einz. Nrn. — 40

— dasselbe. Leipziger Universitäts-Zeitg. Schriftleiter: H. Rud. Zabel. 2. Jahrg. Juni 1897—Mai 1898. 24 Nrn. (Bog.) gr. 4. Ebd. 1. 50

— dasselbe, Fortsetzg., s.: Hochschulzeitung, Leipziger.

Rundschau, akademische. Früher: „Freistudentische Rundschau". Schriftleiter: Geo. Lüttke. 13. Jahrg. Juli 1909—Juni 1910. 24 Nrn. (à ca. 16 S.) Lex. 8. Leipzig, E. Demme. 6. —

Rundschau in der Alkoholfrage. (Fortsetzung d. „Kathol. Mäßigkeitsblätter" u. der „Sobrietas".) Zugleich Organ der internationalen kathol. Vereinigg. gegen den Alkoholismus u. des Priesterabstinentenbundes. Hrsg. vom Vorstande des Charitasverbandes zu Freiburg i. Breisgau. Red. in Verbindg. m. den Vorständen genannter Vereine v. Fr. Keller. 1. Jahrg. Oktbr. 1904—Septbr. 1905. 12 Nrn. (à ca. 8 S.) Lex.-8. Freiburg i/B., Geschäftsstelle des Charitasverbandes. n. 1. 40
Erscheint nicht mehr.

Rundschau, Allgemeine.
Jg. 1. 1897.
Jg. 2. 1898. Fortgesetzt u. d. T.: Zeit und Geist.
Berlin: Expedition 1897. 8°

— allgemeine. Wochenschrift für Politik u. Kultur. Hrsg. u. Red.: Armin Kausen. 1. Jahrg. April—Dezbr. 1904. 39 Nrn. (526 S.) gr. 4. München, Dr. A. Kausen. n. 7. 20; erm. Pr. 4. —; geb. 6. 30

— dasselbe 2. u. 3. Jahrg. 1905 u. 1906. à 52 Nrn. (666 u. 648 S.) gr. 4. Ebd. à Jahrg. n. 9. 60; geb. n. 11. 90

Rundschau, allgemeine. Wochenschrift f. Politik u. Kultur. Hrsg. u. Red.: Armin Kausen. 4.—7. Jahrg. 1907—1910. à 52 Nrn. (788, 910, 938 u. 978 S.) 31,5×23 cm. München, Dr. A. Kausen. à Jahrg. 9. 60; erm. Pr. à 4. —; geb. à 6. —

— allgemeine, d. Bauindustrie. Organ f. die ges. Interessen d. Bauverkehrs. Red. v. Curt Lemcke. Dezbr. 1894—Dezbr. 1895. 26 Nrn. (à 16 S. m. Abb.) gr. 4. Berlin. (Leipzig, F. Foerster.) n. 10. —

Rundschau, Allgemeine, der Bauindustrie. Jg. 8. 1902 u. 11—16. 1905—1909. Berlin

Rundschau: Allgemeine Rundschau vom Schweizer Echo der Presse
(5) September (?) 1903—April 1924 (6) Nr. 1, 8°; Nr. 2—7, 4° (7) Monatsblatt (8) Basel: Basler Volksblatt (1923), Genossenschafts-Druckerei (1924) (9) J. Gyger, Büro für Zeitungsausschnitte, Basel (12) Bibliographie von Zeitungsartikeln der Tagespresse (14) Be: L.

— allgemeine litauische. Monatsschrift f. das gesamte Leben des litauischen Volkes. Hrsg.: J. Wannagat. Jahrg. 1910. 12 Nrn. (384 S.) 8. Tilsit, J. Wannagat. (Nur direkt.) 3.60; geb. 4.50

Rundschau, Allgemeine musikalische. Wochenschrift für Musik und Theater, Literatur und Kunst. Publikations-Organ für Gesang-, Musik- u. Kunst-Vereine.
Berlin: Rühle & Hunger Jg. 1. 1896. 8°

— allgemeine musikalische. Red.: Emil Hunger. 1. Jahrg. Oktbr.—Dezbr. 1896. 13 Nrn. (à ca. 16 S. m. Bildn.) gr. 4. Berlin, Deutscher Verlag. n. 1. —; einz. Nrn. n. — 10

— dasselbe. Red.: Max Wagner. 2. u. 3. Jahrg. 1897—1898. à 52 Nrn. (à ca. 12 S. m. Bildn.) gr. 4. Ebd. à Jahrg. n. 4. —; einz. Nrn. n. — 10
Kann auch vierteljährlich bezogen werden.

— allgemeine pädagogische. Populär-pädagog. Zeitschrift f. die Interessen d. gesammten Unterrichtswesens nach Innen u. Außen u. dessen Vertretg. nach Außen. Unter Mitwirkg. v. Autoritäten der Schule u. Wissenschaft, als C. F. Lauckhard, v. Diefenhoven, Ornshagen rc. hrsg. u. red. v. Max Ueberschaer. 1. Jahrg. 1876. 24 Nrn. (à 2—3 B.) Mit Gratis-Beilage: Blätter f. Haus u. Schule. (24 Nrn.) gr. 4. Berlin, Bichteler & Co. n. 9. —; Beilage apart n. 4. —

Rundschau, Allgemeine pädagogische. Populär-pädagogische Zeitschrift für die Interessen des gesamten Unterrichtswesens nach Innen und Aussen. Beilage: Blätter für Haus und Schule. Hrsg. von Max Ueberschaar. Berlin, Strassburg: Schulz u. Co. 1876. 4°

— allgemeine, auf dem Gebiete des Unterrichtswesens aller Länder. Eine internationale Monatsschrift, unter Mitwirkung tüchtiger Fachmänner hrsg. u. red. von Frdr. Körner. Jahrg. 1881. 24 Hfte. (à 2—2½ B.) gr. 8. Berlin, Issleib. 12. —; einzelne Hfte. à n. — 60

Rundschau der 2154 Meter hohen Villacher Alpe. Villach, Hoffmann, (ca. 1870). Folio Oktav.

— apologetische. Volkstümlich-apologet. Monatsschrift z. Lehr u. Wehr. Hrsg. v. d. Zentral-Auskunftsstelle d. kathol. Presse (C. A.). Red.: Kaufmann. 1. u. 2. Jahrg. Oktobr. 1905 bis Septbr. 1907. à 12 Hefte. (IX, 552 u. IX, 496 Sp.) Lex.-8. Trier (Paulinus-Druckerei). à Jhrg. n. 3. —

— apologetische. Monatsschrift zur Hebg. u. Verteidigg. kathol. Lebens u. Wissens f. Gebildete aller Stände. Organ der Central-Auskunftsstelle der kathol. Presse (C. A.). Hrsg.: Carl Maria Kaufmann. 3.—6. Jahrg. Oktbr. 1907—Septbr. 1911. à 12 Hefte. (à ca. 36 S.) 8. Cöln, Dr. C. M. Kaufmann. à Jahrg. 3. 60
Jahrg. 3. u. 4 erschien noch in Trier.

Rundschau, architektonische. Skizzenblätter aus allen Gebieten der Baukunst, hrsg. von Ludw. Eisenlohr und Carl Weigle. 1.—5. Jahrg. 1885—1889. à Jahrg. 12 Lfgn. Fol. (à Lfg. 8 autotyp. Taf. mit 1 Bl. Text.) Stuttgart, Engelhorn. à Lfg. *M 1.50.; à Jahrg. *

Rundschau, architektonische. Skizzenblätter aus allen Gebieten der Baukunst. Hrsg. v. L. Eisenlohr u. C. Weigle. 3.—7. Jahrg. 1887—1891. à 12 Lfgn. gr. 4. (à Lfg. 8 Taf. m. 2 S. Text.) Stuttgart, Engelhorn. à Lfg. n. 1. 50; à Jahrg. n. 18. —

Rundschau, architektonische. Skizzenblätter aus allen Gebieten der Baukunst. Hrsg. v. Ludw. Eisenlohr u. Carl Weigle. 8.—11. Jahrg. 1892—1895. (Octbr. 1891—Septbr. 1895.) à 12 Lfgn. gr. 4. (à Lfg. 8 Taf. m. 2 S. Text.) Stuttgart, J. Engelhorn. à Lfg. n. 1. 50

— architektonische. Skizzenblätter aus allen Gebieten d. Baukunst. Hrsg. v. Ludw. Eisenlohr u. Carl Weigle. 12.—15. Jahrg. 1896—1899. (Octbr. 1895—Septbr. 1899.) à 12 Lfgn. (à ca. 8 Taf m. 2 S. ill. Text.) gr. 4. Stuttgart, J. Engelhorn. à Lfg. n. 1. 50

— dasselbe, s. a.: Einzelausgaben.

Rundschau, architektonische. Skizzenbilder aus allen Gebieten der Baukunst. Hrsg. v. Ludw. Eisenlohr u. Carl Weigle. 16. u. 17. Jahrg. 1900 u. 1901. Oktbr. 1899—Septbr. 1901. à 12 Lfgn. Fol. (à ca. 8 [1 farb.] Taf. m. 3 S. illustr. Text) Stuttgart, J. Engelhorn. à Lfg. n. 1. 50

— dasselbe. Hrsg. v. Ludw. Eisenlohr, Carl Weigle u. Carl Zetzsche. 18. u. 19. Jahrg. 1902 u. 1903. Oktbr. 1901—Septbr. 1903. à 12 Lfgn. Fol. (à ca. 8 [1 farb.] Taf. m. 8 S. illustr. Text.) Ebd. à Jahrg. n. 20. —

— architektonische. Skizzenblätter aus allen Gebieten der Baukunst. Hrsg. v. Ludw. Eisenlohr, Carl Weigle u. Carl Zetzsche. 20.—23. Jahrg. 1904—1907. (Oktbr. 1903—Septbr. 1907.) à 12 Lfgn. (à Jhrg. 96 z. Tl. farb. Taf. m. VI, 96; VI, 96; VI, 96 u. VI, 104 S. illustr. Text.) Fol. Stuttgart, J. Engelhorn. à Jhrg. n. 20. —; geb. n. 24. —
Die „Architekt. Monatshefte" wurden hiermit vereinigt.

— architektonische. Hrsg. v. Ludw. Eisenlohr, Carl Weigle u. Carl Zetzsche. 24.—26. Jahrg. 1908—1910. (Oktbr. 1907—Septbr. 1910.) à 12 Hefte. (96, 100 u. 96 (z. Tl. farb.) Taf. m. VI, 104; VI, 100 u. VI, 104 S. ill. Text.) 40×30 cm. Stuttgart [J. Engelhorn]. Esslingen, P. Neff. à Jahrg. 20.—; geb. 24. —

— dasselbe. Unter Mitwirkg. v. Emil Högg u. Mart. Elsässer hrsg. v. Carl Zetzsche. Verantwortlich: Walth. Schreiber. 27. Jahrg. 1911. (Oktbr. 1910—Septbr. 1911.) 12 Hefte. (1. Heft. 12 u. XVIII S. m. 10 [2 farb.] Taf.) 40×30 cm. Esslingen, P. Neff. 24.—; geb. 28. —

— ärztliche. Wochenschrift f. die gesamten Interessen der Heilkunde. Hrsg. v. Arno Krüche. 1. Jahrg. Oktbr.—Dezbr. 1891. 13 Nrn. (à ca. 2 Bog.) gr. 4. München, Seitz & Schauer. n. 3. 50

—— ärztliche, Wochenschrift f. die gesamten Interessen der Heilkunde. Hrsg. v. Arno Krüche. 2. Jahrg. 1892. 52 Nrn. (à Nr. 1 ½ Bog.) gr. 4. Münch., [Expedition.] Seitz u. Schauer. * 14 —
1. Jahrg. erschien im Selbstverlage des Herausgebers.

— dasselbe. 3. u. 4. Jahrg. 1893. 1894. à 52 Nrn. (à ca. 2 Bog.) gr. 4. Ebd. à Jahrg. n. 6. —

— ärztliche. Wochenschrift f. d. ges. Interessen d. Heilkunde. Hrsg. v. Arno Krüche. 5.—8. Jahrg. 1895—1898. à 52 Nrn. (à 16 S.) gr. 4. München, Seitz & Schauer. à Jahrg. 6. —
Kann auch vierteljährlich bezogen werden.

— ärztliche. Wochenschrift f. die gesamten Interessen der Heilkunde. Hrsg. v. Arno Krüche. 9.—11. Jahrg. 1899—1901. à 52 Nrn. gr. 4. (VIII, 832; VIII, 624 u. VIII, 624 S.) München, Verlag der ärztlichen Rundschau. à Jahrg. n. 6. —; m. der Monatsschrift f. prakt. Wasserheilkunde zusammen n. 10. —

— dasselbe. 12. Jahrg. 1902. 52 Nrn. gr. 4. (VI, 628 S.) Ebd. n. 8. —; m. der Monatsschrift f. prakt. Wasserheilkunde zusammen n. 10. —

Rundschau, ärztliche. Wochenschrift f. die gesamten Interessen der Heilkunde. Hrsg. u. red. v. Arno Krüche. 13.—16. Jahrg. 1903—1906. à 52 Nrn. (VI, 708; VI, 624; VI, 624 u. VI, 636 S.) gr. 4. München, Verlag der ärztl. Rundschau. à Jahrg. n. 8. —; m. der Monatsschrift f. prakt. Wasserheilkunde zusammen n. 10. —

— ärztliche. Wochenschrift f. die gesamten Interessen der Heilkunde. Hrsg. u. red. v. Arno Krüche. 17.—20. Jahrg. 1907—1910. à 52 Nrn. (VI, 624; VIII, 636; VI, 624 u. VIII, 624 S. m. Abb.) 31,5×23,5 cm. München, Verlag der ärztl. Rundschau. à Jahrg. 8. —; m. der Monatsschrift f. prakt. Wasserheilkunde, Arzt als Erzieher u. ärztl. Laufzettel zusammen 12. —

Rundschau, aesthetische. Wochenschrift. Redact. u. Herausg.: A. Czeke. 1. Jahrg. Octbr. bis Decbr. 1866. 13 Nrn. n. 1 ⁄ u. 2. Jahrg. 1867. 48 Nrn. (Bgn.) Wien, (Wallishausser'sche Buchh.) gr. 4. n. 4 ⁄

— astrologische. Organ der deutschen astrolog. Gesellschaft, Sitz: Leipzig. Schriftleiter: Brandler-Pracht. 1. Jahrg. Oktbr. 1910—Septbr. 1911. 12 Hefte. (à ca. 8 S.) gr. 8. Leipzig, Theosoph. Verlagshaus. 3. —

— astronomische, hrsg. v. der Manora-Sternwarte in Lussinpiccolo (Oesterreich) unter der Red. v. Leo Brenner. 1.—4. Bd. à 10 Nrn. gr. 8. (IV, 336 S. m. Abb. u. 6 Taf.; IV, 340 S. m. Abb.; IV, 330 S. m. Abb. m. 4 Taf. u. IV, 302 S. m. Abb.) Lussinpiccolo (Österr.) 899—902. Manora-Sternwarte.
Postfrei à Jahrg. n.n. 12. —

**— astronomische, hrsg. v. d. Manora-Sternwarte in Lussinpiccolo (Oesterreich) unter der Red. v. Leo Brenner. 5.—8. Bd. à 10 Nrn. (IV, 300 S. m. Abb. u. 6 Taf.; IV, 284 S. m. Abb. u. 6 Taf.; IV, 284 S. m. Abb. u. IV, 260 S. m. Abb.) gr. 8. Lussinpiccolo 903—906. Verlag der astronom. Rundschau.
5.—7. Bd. à n.n. 12. —; 8. Bd. n.n. 14. 50**

— astronomische, hrsg. v. der Manora-Sternwarte in Lussinpiccolo (Oesterreich) unter der Leitg. ihres Directors Leo Brenner. 10. Bd. 10 Nrn. (à ca. 24 S. m. Abb.) gr. 8. Lussinpiccolo 908. Verlag der astronom. Rundschau. nn 12. 50
Erscheint nicht mehr.

Rundschau vom Aussichtsthurme auf den Franz-Josef-Anlagen bei Klgft. Klgft., Leon, (ca. 1875). Folio/Oktav.

— balneologische. (Balneologiai értesitö.) Unter Mitwirkg. v. C. Baduol, A. v. Bókay, Brock etc. hrsg. v. Kornel Preysz. Der ungar. Ausg. VII. u. VIII., der deutschen Ausg. II. u. III. Jahrg. 1900 u. 1901. à 8 Nrn. gr. 8. (à ca. 24 S.) Budapest (Eggenberger). à Jahrg. n.n. 5. —
Erscheint nicht mehr.

Rundschau, bautechnische. Zeitschrift für die Fortschritte im Gebiete des Baufaches, zugleich Organ des Allgemeinen deutschen Techniker-Vereins. Hrsg. von Hittenkofer. 1. Jahrg. 1882. 24 Nrn. (B.) Imp.-4. Buxtehude. (Leipzig, Scholtze.) n. 7. —

— bautechnische. Zeitschrift f. die Fortschritte im Gebiete d. Baufaches, zugleich Organ d. Allgemeinen deutschen Techniker-Vereins. Hrsg. v. Hittenkofer. 2—4. Jahrg. 1883—1885. à 24 Nrn. (B.) Imp.-4. Buxtehude. (Leipzig, Scholtze.) à Jahrg. n. 7. —

— dasselbe. 5. Jahrg. 1886. 1—3. Quartal. 18 Nrn. Ebend. n. 5. 25

— berg- u. hüttenmännische. Organ f. die Interessen des Bergbaues, Hüttenbetriebes und verwandter Industrieen. Schriftleitung: C. Ilgner u. seit Jan. 1906: Karl Rapsilber. 1.—3. Jahrg. Oktbr. 1904 bis Septbr. 1907. à 24 Nrn. (IV, 354 S. m. Abb.; IV, 344 S. m. Abb. u. 1 Taf. u. IV, 368 S. m. Abb. u. 13 Taf.) 4. Kattowitz, Gebr. Böhm. à Jhrg. n. 10. —

— berg- u. hüttenmännische. Organ f. die Interessen des Bergbaues, Hüttenbetriebes u. verwandter Industrieen. Red.: Karl Rapsilber. 4.—7. Jahrg. Oktbr. 1907—Septbr. 1911. à 24 Nrn. (à ca. 12 S.) 30,5×23,5 cm. Kattowitz, Gebr. Böhm. à Jahrg. 10. —

— Berliner. Wochenschrift f. öffentl. Leben. Fortsetzg. d. Berliner Revue.) Hrsg. von Frdr. v. Loewenthal. 1. Jahrg. 3. u. 4. Quartal. Apr.—Septbr. 1895. 26 Nrn. (à 2 Bog.) gr. 8. Berlin (Thormann & Goetsch). 10. —; einz. Nrn. n. — 50

— dasselbe. 3. Bd. Oktbr. — Dezbr. 1896. 13 Nrn. (à 2 Bog.) gr. 8. Berlin (W. Ißleib). 5. —; einz. Nrn. n. — 50

Berner Rundschau
① Halbmonatsschrift für Dichtung, Theater, Musik und bildende Kunst in der Schweiz, später: Halbmonatsschrift (dann: Monatsschrift) für schweizerische und allgemeine Kultur ② Die Alpen (ab September 1910) ④ Wissen und Leben (Zh) ⑤ 15. 8. 1906—August 1913 ⑥ 4° ⑦ halbmonatlich, später Monatsschrift ⑧ Bern: Dr. Gustav Grunau ⑨ Franz Otto Schmid, Aarau ⑪ Franz Otto Schmid, Dr. Hans Bloesch ⑫ vertritt die kulturellen Interessen des Volkes ⑭ Be: L, S, St ⑮ Heft Nr. 12, August 1913 teilt mit, daß die »Alpen« mit der Zeitschrift »Wissen und Leben« fusionieren. Der Titel »Wissen und Leben« bleibt.

— Berner. Halbmonatsschrift f. Dichtg., Theater, Musik u. bild. Kunst in der Schweiz. Schriftleitung: Frz.-Otto Schmid. 1. Jahrg. Aug. 1906—Juli 1907. 24 Nrn. (à ca. 32 S.) gr. 8. Bern, Dr. G. Grunau. n. 6. —; viertelj. n. 1. 75

— Berner. Halbmonatsschrift f. schweizer. u. allgemeine Kultur. Hrsg.: Frz. Otto Schmid. 2.—4. Jahrg. Aug. 1907—Juli 1910. à 24 Hefte. (758, 742 u. 768 S.) gr. 8. Bern, G. Grunau. à Jahrg. 6. 40
Fortsetzg., s.: Alpen, die.

—— bibliographische, auf dem Gebiete der Theologie, für Geistliche und das christl. Haus zusammengestellt von Max Schorß. 1.—3. Jahrg. 1886—1888. à Jahrg. 12 Nrn. (à Nr. ¾—1 Bog.) gr. 8. [Neubrandenburg, Brünslow.] Leipzig, Rother. à Jahrg. *

—— bibliographische, auf dem Gebiete der Theologie, f. Geistliche u. das christl. Haus. 4.—7. Jahrg. 1889—1892. 4. u. 5. Jahrg. Redact.: F. Blanckmeister; 6. u. 7. Jahrg. Redact.: R. Hoffmann. à Jahrg. 12 Nrn. (Bog.) gr. 8. Lpz., Rother. à Jahrg. 1 50

-- bibliographische, auf dem Gebiete der Theologie, f. Geistliche u. das christliche Haus zusammengestellt v. R. Hoffmann. 6.—9. Jahrg. 1891- 1894. à 12 Nrn. (à ca. 1 Bog.) gr. 8. Leipzig, Th. Rother. à Jahrg. n. 1. 50

— bibliographische, auf dem Gebiete d. Theologie, f. Geistliche u. d. christl. Haus zusammengest. v. R. Hoffmann. 10.—12. Jahrg. 1895—1897. 12 Nrn. (à ca. 12 S.) gr. 8. Leipzig, Th. Rother. à Jahrg. 1. 50

Rundschau, bibliographische, auf d. Gebiete d. Theologie, f. Geistliche u. d. christl. Haus zusammengest. v. R. Hoffmann. 13. Jahrg. 1898. 6 Nrn. (Bog.) gr. 8. Leipzig, Th. Rother. 1. —

Rundschau im Bild
v. Der **Werktag.**

Bostoner Rundschau: 1884 – 1886?
Independent weekly. Circulation: 1885, 650. Edited & published by F. B. Teuthorn, 1884 – 85; by M. H. Heerde, 1886.
Boston, MA

Brasilianische Rundschau: Jahrgang 1 – 2, no. 7/8, June 1910 – July/Aug 1912.
Monthly. Quarto each issue about 72 pages, paged continuously; illustrated, including portraits. Title in Portuguese: Revista Brazileira. Text in German and Portuguese. Sub-title: 1) Illustrierte Monatliche Zeitschrift über alle Produktionsgebiete, Handel, Verkehr und öffentlichen Leben, June 1910 – Sept./Nov. 1911; 2) Illustrierte Monatliche Zeitschrift über Wissenschaft, Kunst, Landwirtschaft, Industrie, Handel und Verkehr. Edited by J. Hubmayer. Printed by Drack, Rua General Camara.
Rio de Janeiro

—— brautechnische. Special-Organ f. die techn. Fortschritte auf dem Gebiete d. Brauwesens u. der verwandten Gewerbe. Unter Mitwirkg. hervorrag. Fachmänner hrsg. v. Alois Schwarz. 1.—4. Jahrg. 1889—1892. à Jahrg. 12 Nrn. (à Nr. 1 Bog. m. Abbildgn. u. Taf.) Lex.-8. Mähr.-Ostrau, Kittl. à Jahrg. ** 6 —

— brautechnische. Special-Organ f. die techn. Fortschritte auf dem Gebiete d. Brauwesens u. der verwandten Gewerbe. Unter Mitwirkg. hervorrag. Fachmänner hrsg. von A. Schwarz. 2. Jahrg. 1890. ca. 12 Nrn. (B. m. Abbildgn. u. Taf.) Lex.-8. Mähr.-Ostrau, Administration. n.n. 6. —

— brautechnische. Special-Organ f. die techn. Fortschritte auf dem Gebiete d. Brauwesens u. der verwandten Gewerbe. Unter Mitwirkg. hervorrag. Fachmänner hrsg. v. Alois Schwarz. 3. u. 4. Jahrg. 1891. 1892. à ca. 12 Nrn. (Bog. m. Abbildgn. u. Taf.) Lex.-8. Mähr.-Ostrau, J. Kittl. à Jahrg. n.n. 6. —

— brautechnische. Special-Organ f. d. techn. Fortschritte auf d. Gebiete d. Brauwesens u. d. verw. Gewerbe. Unt. Mitwirkg. hervorrag. Fachmänner hrsg. v. Alois Schwarz. 7. — 10. Jahrg. 1895 — 1898. à 12 Nrn. (Bog. m. Abb.) Lex.-8. Mähr.-Ostrau J. Kittl. à Jahrg. n.n. 6. —

-- dasselbe, s. a.: Schwarz, Alois, brautechn. Reiseskizzen.

— brautechnische. Special-Organ f. die techn. Fortschritte auf dem Gebiete des Brauwesens u. der verwandten Gewerbe. Unter Mitwirkg. hervorrag. Fachmänner hrsg. v. Alois Schwarz. 11.—14. Jahrg. 1899 —1902. à 12 Nrn. Lex.-8. (IV, 192 S. m. Abb. u. 2 Taf.; IV, 192 S. m. Abb.; IV, 192 S. m. Abb. u. 4 Taf. u. IV, 192 S. m. Abb.) Mähr.-Ostrau, J. Kittl. à Jahrg. n.n. 6. —;
(1.—14. Jahrg. zusammenbezogen erm. Pr. n. 28. —)

— brautechnische. Special-Organ f. die techn. Fortschritte auf dem Gebiete des Brauwesens u. der verwandten Gewerbe. Unter Mitwirkg. hervorrag. Fachmänner hrsg. v. Alois Schwarz. 15.—18. Jahrg. 1903 bis 1906. à 12 Nrn. (à Jhrg. IV, 192 S. m. Abbildgn.) Lex.-8. Mähr.-Ostrau, Administration. 1903—05 à Jhrg. n.n. 6. —; 1906 n. 7. —

Rundschau, brautechnische. Jetzt: Berlin, Verlag für Fachliteratur.

-- brautechnische. Spezial-Organ f. d. techn. Fortschritte auf dem Gebiete des Brauwesens u. der verwandten Gewerbe. Unter Mitwirkg. hervorrag. Fachmänner hrsg. von Alois Schwarz. 19.—22. Jahrg. 1907—1910. à 12 Nrn. (à ca. 24 S. m. Abb.) Lex. 8. Berlin-Schöneberg, Verl. f. Fachliteratur. à Jahrg. 8.--
Der 19. Jahrg. erschien noch in Mähr.-Ostrau.

— f. Bücherfreunde. Jahrg. 1887. 11 Nrn. (½ B.) gr. 4. Leipzig, A. Förster's Verl. n. 1. —

— dasselbe. 2.—4. Jahrg. 1888—1890. à 12 Nrn. (½ B.) gr. 4. Ebd. à Jahrg. n. 1. 50

-- für Bücherfreunde. Uebersicht der neuen Erscheingn. d. Buchhandels. 5.—8. Jahrg. 1891—1894. à 12 Nrn. (à ca. ½ Bog.) gr. 4. Leipzig, A. Foerster's Verl. à Jahrg. n. 1. 50

--- für Bücherfreunde. Uebersicht d. neuen Erscheingn. d. Buchhandels. 9.—11. Jahrg. 1895—1897. à 12 Nrn. (à ca. 4 S.) gr. 4. Leipzig. Berlin, M. Hannemann. à Jahrg. 1. 50

-- dasselbe. Red.: Pet. Baum. 12. Jahrg. 1898. 20 Nrn. (à 4 S. m. Abb.) gr. 4. Berlin, M. Hannemann. 1. 50

-- s. a.: Bücherschau, rechtswissenschaftliche.

— buchgewerbliche, s.: Buchgewerbeblatt.

— chemische. Zeitschrift f. d. ges. chem. Industrie. Hrsg. v. Frz. Peters. 1. Jahrg. Octbr.—Decbr. 1896. 6 Nrn. (à ca. 24 S. m. Fig.) gr. 4. Berlin, W. & S. Loewenthal. 3. —

-- dasselbe. Hrsg. v. Frz. Peters u. seit 1. IV. Ludw. Paul. Jahrg. 1897. 24 Nrn. (à ca. 2 Bog.) gr. 4. Ebd. n. 8. —
Weiter nicht erschienen.

Deutsch-Amerikanische Rundschau: Jahrgang 1, no. 1, Jan. 1890.
Monthly. Sub-title: Ein Monatsblatt für Kunst und Literatur, sowie zur Besprechung politischer und sozialer Tagesfragen. Quarto, 16 pages.
Edited & published by Otto Heller.
Philadelphia, PA

— deutsche. Centralblatt für Wissenschaft, Politik u. sociales Leben. Hersgbr.: Ed. Loewenthal. Jahrg. 1867. 12 Nrn. (Bgn.) Dresden, (Heinsius'sche Buchh.) gr. 4. n. 1 Thlr 10 ngr.
Vgl. Cogitant, der.

Rundschau, deutsche. Hrsg. v. Jul. Rodenberg. 1—3. Jahrg. October 1874—Septbr. 1877 à 12 Hfte. gr. 8. (à Hft. 172 S.) Berlin, Gebr. Paetel. à Jahrg. n. 24. —

— deutsche. Hrsg. von Jul. Rodenberg. 4—9. Jahrg. Octbr. 1877 — Septbr. 1883. à 12 Hfte. Lex. 8. (à Hft. ca. 176 S.) Berlin, Paetel. à Jahrg. 24. —

— dasselbe. Autoren- u. Sachregister zum 1—29. Bd. v. W. M. Griswold, A. B. [Harvard.] gr. 8. (13 S.) Bangor, Maine 882. (Berlin, Liepmannssohn.) n. 4. —

— dasselbe. Generalregister zu Bd 1—40 [I—X. Jahrg.]. Nebst systemat. Uebersicht der Hauptartikel. gr. 8. (XX, 160 S.) Ebend. 885. n. 5. —; Einbd. n.n. 2. —

— deutsche. Hrsg. v. Jul. Rodenberg. 10—13. Jahrg. Octbr. 1883—Septbr. 1887. à 12 Hfte. gr. 8. (à Hft. ca. 160 S.) Berlin, Gebr. Paetel. à Jahrg. 24. —; in Halbmonatsheften à n. 1. —

— deutsche. Hrsg. v. J. Rodenberg. 14.—17. Jahrg. Octbr. 1887—Septbr. 1891. à 12 Hfte. gr. 8. (à Hft. ca. 160 S.) Berlin, Gebr. Paetel. à Jahrg. n. 24. —; in Halbmonatshftn. n. 24. —

— deutsche. Hrsg. v. Jul. Rodenberg. 18.—21. Jahrg. Oktbr. 1891—Septbr. 1895. à 12 Hfte. gr. 8. (à Hft. 160 S.) Berlin, Gebr. Paetel. à Jahrg. n. 24. —; in Halbmonatshftn. n. 24. —

— dasselbe. Generalregister zu Bd. 41—80. (XI.—XX. Jahrg.) gr. 8. (VIII, 309 S.) Ebd. 896. n. 7. —; geb. in Leinw. n.n. 9. —

— deutsche. Hrsg. v. Jul. Rodenberg. 22.—25. Jahrg. Octbr. 1895—Septbr. 1899. à 12 Hfte. (à ca. 10 Bog.) gr. 8. Berlin, Gebr. Paetel. à Jahrg. 24. —
Kann auch vierteljährlich bezogen werden.

— deutsche. Hrsg. v. Jul. Rodenberg. 26.—28. Jahrg. Oktbr. 1899—Septbr. 1902. à 12 Hfte. gr. 8. (à ca. 10 Bog.) Berlin, Gebr. Paetel. à Jahrg. 24. —

— dasselbe. Hrsg. v. Jul. Rodenberg. Red.: Walt. Paetow. 29. Jahrg. Oktbr. 1902—Septbr. 1903. 12 Hfte. gr. 8. (à ca. 10 Bog.) Ebd. n. 24. —
Auch in Halbmonatsheften zu beziehen.

— deutsche. Hrsg. v. Jul. Rodenberg. Red.: Walt. Paetow. 30.—33. Jahrg. Oktbr. 1903—Septbr. 1907. 12 Hefte. (à Jahrg. XVI, 1920 S.) Lex.-8. Berlin, Gebr. Paetel. à Jahrg. n. 24. —
Auch in Halbheften zu beziehen.

— dasselbe. Generalregister zu Bd. 81—120. (XXI—XXX. Jahrg.) (XXI, 148 S.) Lex. 8. Ebd. 908. 8.—; geb. in Leinw. n 10. —

— deutsche. Hrsg. v. Jul. Rodenberg. Red.: Bruno Hake. 34.—37. Jahrg. Oktbr. 1907—Septbr. 1911. à 12 Hefte. (à Jahrg. 4 Bde. je IV, 480 S.) Lex. 8. Berlin, Gebr. Paetel. à Jahrg. 30.—; auch in Halbmonatsheften.

Deutsche Rundschau: Jahrgang 1—28, no. 19, July 3, 1891—Nov. 7, 1918?
Independent. Weekly, 1891—1904; semi-weekly, 1904?—Aug. 1914; weekly, Sept. 1914—1918. Circulation: 1900, 1500; 1910, 2500; 1918, 1225. Edited & published by William T. Eichholz, 1891—Aug. 1913; by A. E. Fritsche, Sept. 1913—Nov. 1918.
Cuero, TX

— deutsche. Wochenschrift zur Förderg. der nationalen Schutzbestrebgn. d. Deutschen in Böhmen. Red.: Otto Payer. 1. Jahrg. Juli—December 1895. 26 Nrn. (à 16 S.) gr. 4. Prag (Krakauergasse 23, 1), Administr. n.n. 3. —

— dasselbe. Red.: Otto Payer. 2. Jahrg. 1896. 24 Nrn. (Bog.) gr. 4. Ebd. n.n. 6. —

Deutsche Rundschau: Oct. 1896—Mar. 1898.
Democratic weekly. Merged with Lincoln Volksblatt. Circulation: 1897, 840. Edited & published by Max Krueger, 1896—97; edited by Paul F. Muller, & published by Rundschau Publishing Co., 1898.
Lincoln, IL

Deutsche Rundschau: Jan. 1906—1913?
Independent weekly. Editors: Carl Betz, Oscar Wanser. Publisher: Rundschau Publishing Co., P.M. Bredt, J.K. McInnes & Sons.
Regina, Sask.

Deutsche Rundschau: 1901—1906? Shiner, TX
Weekly. Circulation: 1905, 900. Edited & published by A. W. Hinrichs.

Deutsche Rundschau. Tageszeitung. Odessa. Erschienen v. 1906—1914, 1917—1918. Redakteur Michael Hilfer. (Mit der Sonntagsbeilage „Klemens" für die deutschen Katholiken der Tiraspoler Diözese). — 1909, 1912—1914 in UBHe

—— deutsche, für Geographie und Statistik. Unter Mitwirkung von Aurelio Buddeus, Conr. Burstan, Jos. Chavanne u. A., hrsg. von Carl Arendts. 1. Jahrg. Octbr. 1878 — Septbr. 1879. 12 Hefte (à 3 Bog. mit eingedr. Holzschn. und lithogr. Karten.) gr. 8. Wien, Hartleben's Verlag. *
Einzelne Hefte à *

—— dass. — Unter Mitwirkung hervorragender Fachmänner hrsg. von Carl Arendts. 2. Jahrg. Oktbr. 1879 — Septbr. 1880. 12 Hefte (à Bog. mit eingedr. Holzschn. und lithogr. Karten.) gr. 8. Ebendas. *
Einzelne Hefte à *

—— deutsche, für Geographie und Statistik. Unter Mitwirkung hervorragender Fachmänner hrsg. von Carl Arendts. 3. und 4. Jahrg. Oktbr. 1880—Septbr. 1882. à Jahrg. 12 Hefte. (à Heft 3 Bog. mit eingedr. Holzschn. und lithogr. Karten.) gr. 8. Wien, Hartleben's Verlag. à Jahrg. *
Einzelne Hefte à *

—— dass. — Unter Mitwirkung hervorragender Fachmänner hrsg. von Friedr. Umlauft. 5. und 6. Jahrg. Oktbr. 1882—Septbr. 1884. à Jahrg. 12 Hefte. (à Heft 3 Bog. mit eingedr. Holzschn. und lithogr. Karten.) gr. 8. Ebendas. à Jahrg. *
Einzelne Hefte à *

—— dass. — 7. Jahrg. Oktbr. 1884—Septbr. 1885. 12 Hefte. (à Heft 3 Bog. mit eingedr. Holzschn. und lithogr. Karten.) gr. 8. Ebendas. *
Einzelne Hefte à *

—— deutsche, für Geographie und Statistik. Unter Mitwirkung hervorragender Fachmänner hrsg. von Friedr. Umlauft. 8.—11. Jahrg. Oktbr. 1885—Septbr. 1889. à Jahrg. 12 Hefte. (à Heft 3 Bog. mit eingedr. Holzschn. und lithogr. Karten.) gr. 8. Wien, Hartleben. à Jahrg. *
à Heft *

—— deutsche, f. Geographie u. Statistik. Unter Mitwirkg. hervorrag. Fachmänner hrsg. v. Friedr. Umlauft. 12.—15. Jahrg. Oktbr. 1889—Septbr. 1893. à Jahrg. 12 Hefte. (à Heft 3 Bog. m. eingedr. Holzschn. u. lithogr. Karten.) gr. 8. Wien, Hartleben.
à Heft * — 85; à Jahrg. * 10 —; geb. à * 12 —

— deutsche, f. Geographie u. Statistik. Unter Mitwirkg. hervorrag. Fachmänner hrsg. v. Frdr. Umlauft. 14.—17. Jahrg. Oktbr. 1891—Septbr. 1895. à 12 Hfte. gr. 8. (à Hft. 48 S. m. Holzschn. u. 1 Karte.) Wien, A. Hartleben. à Jahrg. n. 10. —; einzelne Hfte. à n. — 85
(Der Jahrg. kplt. geb.: n. 12. —)

— <u>deutsche</u>, f. Geographie u. Statistik. Unter Mitwirkg. hervorrag. Fachmänner hrsg. v. Frdr. Umlauft. 18.—21. Jahrg. Oktbr. 1895—Septbr. 1899. à 12 Hfte. gr. 8. (à Hft. ca. 48 S. m. Holzschn. u. Karten.) Wien, A. Hartleben. à Jahrg. n. 10.—; einz. Hfte. n. — 85 (Der Jahrg. kplt. geb.: n. 12.—)

— <u>deutsche</u>, f. Geographie u. Statistik. Unter Mitwirkg. hervorrag. Fachmänner hrsg. v. Frdr. Umlauft. 22. Jahrg. Octbr. 1899—Septbr. 1900. 12 Hfte. gr. 8. (XI, 580 S. m. Holzschn.) Wien, A. Hartleben. n. 10.—; geb. n. 12.—

— dasselbe. 23.—25. Jahrg. Oktbr. 1900—Septbr. 1903. à 12 Hfte. gr. 8. (à Jahrg. XII, 580 S. m. Abbildgn. u. 12 farb. Karten) Ebd. à Jahrg. n. 13.50; geb. n. 15.50

— <u>deutsche</u>, f. Geographie u. Statistik. Unter Mitwirkg. hervorrag. Fachmänner hrsg. v. Frdr. Umlauft. 26. bis 29. Jahrg. Oktbr. 1905—Septbr. 1907. à 12 Hefte. (à Jhrg. XII, 580 S. m. Abbildgn. u. je 12 farb. Karten.) gr. 8. Wien, A. Hartleben. à Jahrg. n. 13.50; geb. n. 15.50

— <u>deutsche</u>, f. Geographie. Unter Mitwirkg. hervorrag. Fachmänner hrsg. v. Frdr. Umlauft u. seit dem 33. Jahrg. v. H. Hassinger. Red.: Eug. Marx. 30.—33. Jahrg. Oktbr. 1907—Septbr. 1911. à 12 Hefte. à Jahrg. XII, 580 S. m. Abb. u. 12 farb. Karten.) Lex. 8. Wien, A. Hartleben. à Jahrg. 13.50; geb. 15.50

Deutsche Landwirtschaftliche **Rundschau**. Organ f. Landwirtschaft, landw. Versicherungswesen u. landw. Statistik. Jg 1, No 1. Gr.-Lichterfelde (Rundschau) 1908 4° [F.] (08. 5107

— <u>deutsche</u> landwirtschaftliche. Organ f. Landwirtschaft, landwirtschaftl. Versicherungswesen u. landwirtschaftl. Statistik. Red.: Max Schulze. Jahrg. 1910. Ca. 18 Nrn. (à ca. 8 S.) 31,5×23,5 cm. Gr.-Lichterfelde, Wallmann. nn 6.—

Rundschau, Deutsche technische. Monatsschrift für alle Gebiete der Industrie, Technik und Naturwissenschaften. Hrsg. von J. Schanz u. P. Körner. Berlin: Ebering. Jg. 1. 1894/95. 8°

— <u>deutsche</u> technische. Monatsschrift üb. alle Gebiete der Industrie, Technik u. Naturwissenschaften unter besond. Berücksicht. patentamtlich geschützter Erfindgn. u. Neuheiten, hrsg. u. red. v. J. Schanz & Co. Red.: P. Körner. 1. Jahrg. Oktbr. 1894—Septbr. 1895. 12 Nrn. (à ca. 2 Bog. m. Abbildgn.) gr. 4. Berlin, (C. Vogt). n. 10.—

— <u>deutsche</u> technische. Illustriertes Fachblatt f. die gesamte techn. Industrie. Chefred.: A. v. Prollius. 10. Jahrg. 1905. 24 Nrn. (à ca. 24 S.) 4. Berlin, Berliner Druckerei- u. Verlags-Gesellschaft. n. 10.—

— deutsch-evangelische. Illustrierte Wochenschrift. Organ zur Pflege evangel. Kultur im deutschen Volke. Red.: Paul Fleischmann. 1. Jahrg. April—Dezbr. 1907. 39 Nrn. (à ca. 16 S.) 33×23,5 cm. Berlin (NW. 21, Jonasstr. 4), Deutsch-evangel. Verlagshaus. 4.50

— deutsch-französ., s. a. Revue franco-allemande.

Deutsch-französische Rundschau.
cf. ArSt. 6 (1909) S. 28—29.
Zeitschr., die üb. alle wichtigere Vorkommnisse d. geschäftl. u. geistigen Lebens beider Nationen unterrichten und unter Betonung d. frmr. Ideen f. Annäherung beider Völker inner- und außerhalb d. ▭ wirken will.

—— über die Diaspora der Juden und die Judenmission der Kirche. Beiblatt zu „Saat auf Hoffnung". Hrsgbr.: Gustaf Marx. 1. Jahrg. 5 Nrn. gr. 8. (à Nr. 16 S.) Erlangen 886, Deichert'sche Verlagsh. Nachf. *

—— dass. — Hrsgbr.: Gustaf H. Dalman. 2. Jahrg. 1888. 4 Nrn. gr. 8. (à Nr. ca. 16 S.) Ebendas. *

Diplomatische **Rundschau**. Polit.-diplom. Zeitschrift. Chefred.: F. F. Lehmann. Jg 1, Nr 1. Berlin: Hirsch 1909. 4° [09. 9367

— Dresdener. Wochenschrift f. Kritik u. Humor auf allen Gebieten des öffent. Lebens. Red.: Rud. Quanter. 8.—10. Jahrg. 1899—1901. à 52 Nrn. gr. 4. (à ca. 16 S. m. Abbildgn.) Dresden (Zwickauer Str. 24 u. 26). Kunstdruckerei Union. à Jahrg. postfrei n. 4.80

— Dresdener. Wochenschrift f. Kritik u. Humor auf allen Gebieten des öffentl. Lebens. Red.: Otto E. Neumann. 16. u. 17. Jahrg. 1907 u. 1908. à 52 Nrn. (à ca. 16 S. m. Abb.) 31,5×23,5 cm. Dresden (Zwickauer Str. 24), Kunstdruckerei Union. Postfrei. à Jahrg. 5.40

— drogistische. Revue de la droguerie. Illustrierte Zeitschrift f. die wissenschaftl. u. gewerbl. Interessen des Drogistenstandes u. verwandter Berufskreise. Hrsg. u. Red.: Heinr. v. Wuntsch. 1. u. 2. Jahrg. Oktbr. 1900—Septbr. 1902. à 24 Nrn. gr. 4. (IV, 588 u. IV, 570 S.) Zürich (Waldmannstr. 12). H. Brennwald. à Jahrg. n. 10.—; Vierteljährlich n. 3.—

— drogistische. Revue de la droguerie. Zeitschrift f. die wissenschaftl. u. gewerbl. Interessen d. Drogistenstandes u. verwandter Berufskreise. Offizielles Organ des schweiz. Drogisten-Vereines. Red.: A. Eichenberger. 3.—6. Jahrg. Oktbr. 1902—Septbr. 1906. à 52 Nrn. (à ca. 8 S.) gr. 4. Zürich (Waldmannstr. 4). W. Steffen. à Jhrg. n. 10.—; viertelj. n. 3.—

Elektrophysikalische **Rundschau**. Hrsg.: Ernst Ruhmer. Jg 1, H. 1. (Berlin: Ruhmer 1909.) 8° (10 15

Rundschau f. Elektrotechnik u. Maschinenbau, s.: Betriebe, elektrische u. maschinelle.

— elektrotechnische. Illustrirte Zeitschrift zur Verbreitg. nützl. Kenntnisse aus dem Gebiete der angewandten Elektricitätslehre m. besond. Berücksicht. der elektr. Beleuchtg., der Kraftübertragg. u. der ärztl. Elektrotechnik. Red.: Th. Stein. 1. Jahrg. Oktbr. 1883—Decbr. 1884. 15 Hfte. (2 B.) hoch 4. Halle, Knapp. n. 7.50

— dasselbe. 2. u. 3. Jahrg. 1885 u. 1886. à 12 Hfte. (2 B.) hoch 4. Ebend. à Jahrg. n. 6.—

Rundschau, elektrotechnische. Zeitschrift für angewandte Elektricitätslehre. Hrsg. v. C. Grawinkel u. G. Krebs. 4. Jahrg. 1887. 12 Hfte. (à 1½—2 B.) hoch 4. Halle, Knapp. n. 6.—

— dasselbe. Hrsg. v. G. Krebs. 5. Jahrg. 1888. 12 Hfte. (à 1½—2 B.) hoch 4. Ebd. n. 6.—

— dasselbe. 6. Jahrg. Januar — Juni 1889. 6 Hfte. (à $1^1/_2$—2 B.) hoch 4. Ebd. n. 3. —

— dasselbe. Zeitschrift f. die Leistgn. u. Fortschritte auf dem Gebiete der angewandten Elektricitätslehre. Hrsg. v. G. Krebs. 7. Jahrg. Octbr. 1889 — Septbr. 1890. 12 Hfte. (à ca. 20 S.) gr. 8. Stuttgart, J. Maier. n. 6. —

— dasselbe. 8. Jahrg. Octbr. 1890 — Septbr. 1891. 24 Nrn. (2 B. m. Abbildgn.) gr. 4. Frankfurt a/M., Daube & Co. n. 8. —

— elektrotechnische. Zeitschrift f. die Leistgn. u. Fortschritte auf dem Gebiete der angewandten Elektricitätslehre. Red.: G. Krebs. 9.—11. Jahrg. Octbr. 1891—Septbr. 1894. à 24 Nrn. (à $2^1/_4$ Bog. m. Illustr.) Fol. Frankfurt a/M., Expedition. à Jahrg. n. 8. —

— elektrotechnische. Zeitschrift f. d. Leistgn. u Fortschritte auf dem Gebiete d. angew. Elektricitätslehre. Red.: G. Krebs. 12.—16. Jahrg. Octbr. 1894— Septbr. 1899. à 24 Nrn. (à ca. 16 S. m. Ill.) Fol. Frankfurt a/M., Expedition. à Jahrg. n. 8. —
Kann auch halbjährlich bezogen werden.

— elektrotechnische. Zeitschrift f. die Leistgn. u. Fortschritte auf dem Gebiete der angewandten Elektrizitätslehre. Mit Gratis-Beilage: Patent-Liste der „Electrotechn. Rundschau". Red.: G. Krebs. 17.—20. Jahrg. Oktbr. 1899— Septbr. 1903. à 24 Nrn. Fol. (à ca. 12 S. u. 8 S. in gr. 8. m. Abbildgn.) Frankfurt a/M., Expedition. à Jahrg. n. 8. —

— elektrotechnische. Zeitschrift f. die Leistgn. u. Fortschritte auf dem Gebiete der angewandten Elektrizitätslehre. Mit Gratis-Beilage: Patent-Liste der „Electrotechn. Rundschau". Red. i. V.: H. Albrecht. 21. Jahrg. Oktbr. 1903—Septbr. 1904. 24 Nrn. (380 S. m. Abbildgn.) Fol. Frankfurt a/M., Potsdam, Bonness & Hachfeld. n. 8. —

— dasselbe u. polytechnische. Red.: Fr. Liebetanz. 22. Jahrg. Oktbr. 1904—Septbr. 1905. 24 Hefte. (380 S. m. Abbildgn.) gr. 4. Ebd. n. 8. —

— dasselbe. Red.: R. Bauch. 23. Jahrg. 1906. 52 Hefte. (572 S. m. Abb., 16 Taf. u. 11 Kunstbeilagen.) gr. 4. Potsdam, Bonness & Hachfeld. n. 12. —

— elektrotechnische u. polytechnische. Früher: Elektrotechn. Rundschau. Red.: R. Bauch. 24.—27. Jahrg. 1907—1910. à 52 Hefte. (VII, 574; VIII, 532; XI, 534 u. XII, 526 S. m. Abb. u. 10, 14, 22 u. 30 Taf.) 32×24,5 cm. Potsdam, Bonness & Hachfeld. à Jahrg. 12. —

— entomologische (Fortsetzung des entomolog. Wochenblattes), m. Anzeigenbeilage: „Insektenbörse" u. Beilage: „Entomologisches Vereinsblatt". Hrsg. v. Camillo Schaufuss u., vom 27. Jahrg. an, v. Paul Kuhnt. 26. u. 27. Jahrg. 1909 u. 1910. à 24 Nrn. (VII, 147 u. VIII, 180 S. m. Abb.) 31,5×23 cm. Stuttgart [F. Lehmann], Verlag d. Seitz'schen Werkes. à Jahrg. 6. —

— vom Ernst-Agnes-Turm i. Schmölln, S.-A. Namen-, Entfernungs- u. Höhen-Angaben v. O. Beissner. Nach der Natur gez. u. lithogr. v. E. Göpel. (1 farb. Bl.) 51,5×59 cm. Schmölln 905. (R. Bauer). n.n. — 50

RUNDSCHAU, Erotische. Verzeichnis seltener erotischer Memoiren, Romane, Gedichte etc. Kunstverlag Phönix, Budapest.
Verboten von L.-G. Wien, 16. Jänner 1895. § 516. — Kaum noch zu erlangen!

— evangelische. Zeitung f. die Gemeinden u. die Zweigvereine d. Evangel. Bundes. In Verbindg. m. Tube, Baltzer, Blech u. A. hrsg. u. red. v. Bertling. Jahrg. 1890. 4. Quartal. 13 Nrn. (à $^1/_2$—1 B.) gr. 4. Danzig, Kafemann. n. 1. —
Das 1.—3. Quartal s.: Rundschau, westpreußische.

Rundschau, evangelische. Zeitung f. die Gemeinden u. die Zweigvereine d. evangel. Bundes. In Verbindg. m. Tube, Baltzer, Blech u. A. hrsg. u. red. v. Bertling. Jahrg. 1891. 1892. à 52 Nrn. (à $^1/_2$—1 Bog.) gr. 4. Danzig, A. W. Kafemann. à Jahrg. n. 4. —

— evangelische, f. Pommern. Hrsg. v. Chr. Rogge u. R. Harney. Schriftleitung: Harney. 1. Jahrg. 1909. 52 Nrn. (à ca. 8 S.) Lex. 8. Stettin, J. Burmeister. 6. —
Erscheint nicht mehr.

— finanzielle, auf dem Gebiete d. Werthpapiere u kapitalist. Unternehmgn. unt. Berücksicht. d. Hypotheken- u. Versicherungswesens. Hrsg. u. Red.: Mor. Meyer. 1. Jahrg. Febr. — Dezbr. 1896. 47 Nrn. (à ca. 12 S.) gr. 4. Berlin (Krausenstr. 2), Prof. Dr. M. Meyer. n. 15. —

— dasselbe. 2. u. 3. Jahrg. 1897—1898. à 52 Nrn. (Bog.) gr. 4. Ebd. à Jahrg. n. 18. —
Kann auch vierteljährlich bezogen werden.

— finnländische. Vierteljahrsschrift f. das geist., soziale u. polit. Leben Finnlands. Unter Mitwirkg. in- u. ausländ. Gelehrter u. Schriftsteller hrsg. v. Ernst Brausewetter. 1. u. 2. Jahrg. 1901 u. 1902. à 4 Hfte. gr. 8. (III, 338 S. m. 8 Taf. u. II, 344 S.) Leipzig, Duncker & Humblot. à Jahrg. n. 6. —
Erscheint nicht mehr.

Rundschau auf dem Gebiete der Fleischbeschau, des Schlacht- und Viehhofwesens. Von Dr. Alb. Bundle und Georg Glamann. 1. Jahrg. Berlin 1900. Ph. Münch. Vierteljährlich M. 1.25

— auf dem Gebiete der Fleischbeschau, des Schlacht- u. Viehhofwesens. Central-Organ zur Vertretung der in diesen Berufen thät. Beamten. Hrsg. v. Alb. Bundle u. Geo. Glamann. Red.: Alb. Bundle. 2. Jahrg. 1901. 24 Nrn. gr. 4. (à ca. 8 S. m. Abbildgn.) Carlshorst-Berlin. Berlin, O. Elsner. n. 5. —

— dasselbe. Hrsg. v. A. Johne, Alb. Bundle, Geo. Glamann, C. W. Hartenstein, unter Mitwirkg. v. Augstein, Bärner, Froehner u. a. Red.: Alb. Bundle. 3. Jahrg. 1902. 24 Nrn. gr. 4. (à ca. 10 S.) Ebd. n. 5. —

— auf dem Gebiete der Fleischbeschau, des Schlacht- u. Viehhofwesens. Amtliches Organ des Landes-Verbandes preuß. Trichinen- u. Fleischbeschauer-Vereine. Hrsg. v. A. Johne, A. Bundle, G. Glamann, F. W. Hartenstein. Unter Mitwirkg. v. Augstein, Bärner, Beiling u. a. Chefred.: A. Bundle. 4.—6. Jahrg. 1903—1905 à 24 Nrn. (298, 470 u. 454 S.) gr. 4. Berlin [O. Elsner.] Hannover, Rundschau. à Jhrg. n. 5. —

Rundschau auf dem Gebiete der gesamten Fleischbeschau u. Trichinenschau, des Schlacht- u. Viehhofwesens. Amtl. Organ der Landes-Verbände der Fleisch- u. Trichinenschauer-Vereine vom Königr. Preußen, Großh. Hessen (Oberhessen), Mecklenburg-Schwerin u. -Strelitz u. s. w. — Publikationsorgan des Landesverbandes vom Königr. Sachsen. Hrsg. v. A. Johne, A. Bundle, G. Felisch, G. Glamann, F. W. Hartenstein, P. Heine, J. Memmen. Unter Mitwirkg. v. Augstein, Bärner, Beiling u. a. Chefred.: A. Bundle. 7. Jhrg. 1906. 24 Nrn. (404 S.) 4. Hannover, Rundschau. n. 5. —
Die „Zeitschrift f. die ges. Fleischbeschau" wurde hiermit vereinigt.

— auf dem Gebiete der gesamten Fleischbeschau u. Trichinenschau d. Schlacht- u. Viehhofwesens. Amtliches Organ vom Reichsverband deutscher Fleischbeschauer- u. Trichinenschauerverbände, der Landes-Verbände der Fleisch- u. Trichinenschauer im Königreiche Preußen, Bayern, Sachsen, Württemberg usw. Hrsg. v. A. Johne, A. Bundle, G. Felisch, G. Glamann, F. W. Hartenstein, P. Heine, J. Memmen. Unter Mitwirkg. v. Bärner, Beiling, Berndorfner u. a. Red.: A. Bundle, Schneider, Roeßle, Garth, Kuppelmayr. 8.—11. Jahrg. 1907—1910. à 24 Nrn. (384, 384, 388 u. 380 S.) 30,5×22,5 cm. Hannover, Rundschau. à Jahrg. 5.—; geb. 6. 50

Forstliche Rundschau. Monatsbeilage der Deutschen Forst-Zeitung. - Neudamm. Jg. 1-24. 1900-1923. - (M. n. ersch.)

— f. das hannoversche Fortbildungsschulwesen. Organ des Prov.-Verbandes hannov. Gewerbeschulmänner. Im Auftrage des Ausschusses hrsg. v. Chr. Schüttler. Verantwortlich: Chr. Schüttler. 1.—4. Jahrg. 1907—1910. à 12 Nrn. (III, 88; III, 50; III, 52 u. III, 56 S.) 32,5×24 cm. Hannover, Helwing. à Jahrg. 1.50

—— über die Fortschritte und Leistungen der Maschinentechnik und der mechanischen Technologie im In- und Auslande. Hrsg. von E. Nowák. 1. und 2. Jahrg. 1882 und 1883. à Jahrg. 24 Nrn. (à Nr. 1—2 Bog. mit eingedr. Fig.) gr. 4. Leipzig, Knapp. à Jahrg. *

—— dass. — 3. Jahrg. 1884. 24 Nrn. (à Nr. 1—2 Bog. mit eingedr. Fig. und Taf.) gr. 4. Leipzig, Verlag des Maschinenbauer. *
Fortg. u. d. T.: **Rundschau** über die Leistungen und Fortschritte der Maschinentechnik ....

— freie, auf dem wirthschaftlich-, gesellschaftlich- u. ethischen Gebiete der Gegenwart. Halb-Monats-Schrift f. das deutsche Volk aller Stände. Hrsg. unter Mitwirkg. hervorrag. Sozialpolitiker v. C. Reese. 1. Jahrg. 1. April – 10. Octbr. 1891. ca. 12 Nrn. (Bog.) gr. 4. Berlin, Brieger. 3. 25
Erschien nicht weiter.

Frick's **Rundschau**. Belehrendes und unterhaltende Mitteilungen für Freunde der Landwirtschaft. Red. C. Zentzki. Wien: Frick 1886. 8°

Frick's Rundschau. Belehrende und unterhaltende Mittheilungen für Freunde der Land- und Forstwirthschaft, des Garten-, Obst- und Weinbaues, der Haus- und Kellerwirthschaft, der Bienenzucht, des Sports, der Jagd und Fischerei, sowie einschlägiger Wissenschaften und Gewerbe. Redigirt von Hans Sedleczko. 8. Jahrg. 1893. 24 Nrn. Gr.-4. (Nr. 1: $3^1/_2$ B) * 2.—
Wien: Frick

Frick's Rundschau. Belehrende und unterhaltende Mittheilungen für Freunde der Land- und Forstwirthschaft, des Garten-, Obst- und Weinbaues, der Haus- und Kellerwirthschaft, der Bienenzucht, des Sports, der Jagd und Fischerei, sowie einschlägiger Wissenschaften und Gewerbe. Redigirt von Hans Sedleczko. 13. Jahrgang. 1898. 24 Nrn. Gr.-4. (Nr. 1. $3^1/_2$ Bogen) * 2.—
Wien: Frick 1898.

(F) **Frick's Rundschau.** Belehrende und unterhaltende Mitteilung für Freunde der Land- und Forstwirtschaft. 7. Jahrg. 1902. Fol. erscheint in 24 Nrn.
Wien: Frick 1902.

(F) **Frick's Rundschau.** Belehrende und unterhaltende Mitteilungen für Freunde der Land- und Forstwirtschaft etc. 18. Jahrg. 1903. 4°. erscheint in 52 Nrn. kompl. * K 4.—
Wien: Frick 1903.

(F) **Frick's Rundschau.** Belehrende und unterhaltende Mitteilungen für Freunde der Land- und Forstwirtschaft etc. 19. Jahrg. 1904. 4°. erscheint in 52 Nrn. kompl. * K 4.—
Wien: Frick 1904.

Frick's Rundschau. Belehrende und unterhaltende Mitteilungen für Freunde der Land- und Forstwirtschaft etc. 20. Jahrg. 1905. 4°. erscheint in 52 Nrn. kompl. * K 4.—
Wien: Frick 1905.

(F) **Fricks Rundschau.** Belehrende und unterhaltende Mitteilungen für Freunde der Land- und Forstwirtschaft etc. 21. Jahrg. 1906. 4°. erscheint in 52 Nrn. kompl. * K 4.—
Ebd. 1906.

(F) **Fricks Rundschau.** Belehrende und unterhaltende Mitteilungen für Freunde der Land- und Forstwirtschaft etc. 22. Jahrg. 1907. 4°. Erscheint in 52 Nrn. kompl. * K 5.—
Wien: Frick 1907.

(F) **Fricks Rundschau.** Belehrende und unterhaltende Mitteilungen für Freunde der Land- und Forstwirtschaft etc. 23. Jahrg. 1908. 4°. Erscheint in 52 Nrn. kompl. * K 5.—
Wien: Frick 1908.

(F) **Fricks Rundschau.** Belehrende und unterhaltende Mitteilungen für Freunde der Land- und Forstwirtschaft etc. 24. Jahrg. 1909. 4°. Erscheint in 52 Nrn. kompl. * K 5.—
Wien: Frick 1909.

(F) **Fricks Rundschau.** Belehrende und unterhaltende Mitteilungen für Freunde der Land- und Forstwirtschaft etc. 25. Jahrg. 1910. 4°. Erscheint in 52 Nrn. kompl. * K 5.—
Wien: Frick 1910.

Rundschau, Führer und Karte von Salzburg und Umgebung. 46×47 *cm* gefalzt in Umschlag K —.70
Salzburg: Mayr 1904.

Rundschau, Gärtnerische. Hrsg. von E. Tollmann. Wien: Administration 1874–1901. 8°

Rundschau für Gemeindebeamte. Früher: Anzeiger für Gemeindebeamte. Wochenschrift d. Zentralverbandes d. Gemeindebeamten Preussens. Jg 12 ff. Eberswalde 1906 ff. 4°.
12, 1906—15, 1909.

— für Gemeindebeamte. Wochenschrift des Zentral-Verbandes d. Gemeindebeamten Preußens, e. V. Schriftleitung: Bruno Schroeter. 15. u. 16. Jahrg. 1909 u. 1910. à 52 Nrn. (XII, 960 u. XVI, 1040 S.) Lex. 8. Berlin, F. Bahlen. à Jahrg. nn 3.—

—— auf dem Gebiete der Geographie und Naturwissenschaft. Zeitschrift für Deutschlands Lehrer, hrsg. von O. Rade und E. Weise. 1. und 2. Jahrg. 1869 und 1870. à Jahrg. 24 Nrn. (Bog.) 4. Camenz, Krausche. à Jahrg. *

Rundschau, geographische. Hrsg. v. A. Hettler. 1. Bd. Febr. 1896—Jan. 1897. 24 Nrn. (Bog.) gr. 8. Leipzig. Bern (Schauplatzgasse 27, II), A. Hettler. n. 5.—

— dasselbe. Hrsg. v. A. Hettler. 2. Bd. 1897. 24 Nrn. (à ca. 3 Bog.) gr. 8. Zürich, A. Hettler. n. 16. —

— geologische. Zeitschrift f. allgemeine Geologie. Hrsg. v. der geolog. Vereinigg. unter der Red. v. C. Steinmann, W. Salomon, O. Wilckens. 1. Bd. 6 Hefte. (V, 96 u. 354 S. m. 20 Abb. u. 7 Taf.) gr. 8. Leipzig 910. W. Engelmann. 12. —

Rundschau: Gewerkschaftliche Rundschau für die Schweiz
① Publikationsorgan des Schweizerischen Gewerkschaftsbundes. Monatsschrift des Schweizerischen Gewerkschaftsbundes (ab Januar 1927) ③ Die Arbeiterstimme ⑤ 1929 (cont.) ⑥ 4° ⑦ Monatsschrift ⑧ Bern: Unionsdruckerei ⑨ »Bildungsarbeit«, Mitteilungsblatt der schweizerischen Arbeiterbildungszentrale. Gesetz und Recht (Februar 1949 cont.; 4°: alle 2 Monate; Red. Fr. Blocher) ⑩ Schweizerischer Gewerkschaftsbund ⑪ Aug Huggler, Dr. Max Weber, M. Meister, E. F. Rimensberger, Giacomo Bernasconi ⑭ Be: I. ⑮ Französische Ausgabe: Revue Syndicale suisse.

Rundschau: Graphische Rundschau
v. **Korrespondenzblatt** der Schweizerischen Buchdrucker-Gewerkschaft.

— gregorianische. Monatsschrift f. Kirchenmusik u. Liturgie. Hrsg.: Joh. Weiss. Schriftleiter: Joh. Weiss u. Mich. Horn, O. S. B. 1. Jahrg. März 1902—Febr. 1903. 12 Nrn. gr. 8. (184 S.) Graz, Styria. 2. 50

— gregorianische. Monatsschrift f. Kirchenmusik u. Liturgie. Hrsg.: Joh. Weiss. Schriftleiter: Joh. Weiss u. Mich. Horn, O. S. B. 2. Jhrg. 1903. 12 Nrn (à ca. 16 S.) gr. 8. Graz, Styria. n. 2. 50

— dasselbe. Verantwortlich: Jul. Strohmayer. 3. Jhrg. Nebst: Zeitschrift f. Orgel- u. Harmoniumbau. Organ des Vereines der Orgelbaumeister Oesterreichs. Schriftleiter: Mathäus Mauracher. 2. Jahrg. 1904. 12 Nrn. (à ca. 16 u. 4 S.) gr. 8. Ebd. n. 2. 50

— dasselbe. 3. u. 4. Jahrg. 1904 u. 1905. à 12 Nrn. (à ca. 16 S.) gr. 8. Ebd. n. 2. 50
Die Zeitschrift f. Orgel- u. Harmoniumbau erscheint seit 1905 als selbständige Zeitschrift.

Gregorianische Rundschau. Monatschrift für Kirchenmusik und Liturgie. 5. Jahrg. 1906. Gr.-8". erscheint in 12. Nrn. Graz: Styria 1906. kompl. K 3.—

— gregorianische. Monatsschrift f. Kirchenmusik u. Liturgie. Schriftleiter: Mich. Horn, O. S. B. Verantwortlich: Jul. Strohmayer. 6.—9. Jahrg. 1907—1910. à 12 Nrn. (192, 196, 192 u. 184 S.) Lex. 8. Graz, Styria. 6.—8. Jahrg. à 2,50; 9. Jahrg. 3. —

Rundschau, gynaekologische. Zentralorgan f. Geburtshilfe u. Frauenkrankheiten, hrsg. v. L. M. Bossi, R. Chrobak, A. Dührssen u. a., red. v. Osk. Frankl. 1.—4. Jahrg. 1907—1910. à 24 Hefte. (VIII, 984; VIII, 878; VIII, 920 u. VIII, 938 S. m. Abb.) gr. 8. Wien, Urban & Schwarzenberg. 1.—3. Jahrg. à 15.—; 4. Jahrg. 20.—

Rundschau, Hamburgische. Wochenblatt für die Hansestadt und deren Nachbargebiete.
Hamburg: Verl. Expedition 1887–1888. 4°

Rundschau für Handel und Industrie. Unter Mitw. von Just.R. Dr. Fuld, Mainz, [u. a.] hrsg. von Dr. Otto Schmidt, Köln. [Jg 1.] No 1. Köln: Otto Schmidt 1910. 4° 10. 11700 b

Rundschau: Handelsgeographische Rundschau
v. **Senn-Barbieux' St. Galler Handels-Zeitung.**

— d. Handels-Industrie-Angestellten. Organ des Zentralverbandes der Handels- u. Industrie-Angestellten Österreichs, der Union der Geschäftsreisenden, der Vereinigg. der Konsumvereinsangestellten usw. Hrsg. u. Red.: Karl Himmelsdorfer. 1. (10.) Jahrg. Dezbr. 1906—Novbr. 1907. 12 Nrn. (à ca. 8 S.) 38,5×27,5 cm. Prag (II, Stephansgasse 53), Expedition.
Nicht durch den Buchhandel zu beziehen. nnn 2. 40

— handelswissenschaftliche. Unterrichtsblatt zur Verbreitg. kaufmänn. u. staatsbürgerl. Hochschulbildg. Hrsg. v. Walt. Kempin. 1. u. 2. Jahrg. April 1905—März 1907. à 12 Hefte. (à Jahrg. 192 S.) 8. Elberfeld, Walt. Kempin. (Nur direkt.) n. 4. —
Der 1. Jahrgang erschien in Hamburg.

Handelswissenschaftliche **Rundschau,** hrsg. z. Verbreitung kaufmänn. Hochschulbildung. Jg 1, H. 1. Hamburg: Deutschnat. Handlungsgehilfen-Verband (1905). 8° [F.] [07. 333

— handelswissenschaftliche. Unterrichtsblatt zur Verbreitg. kaufmänn. u. staatsbürgerl. Hochschulbildg. Hrsg. v. Walth. Kempin. 3. u. 4. Jahrg. April 1907—März 1909. à 12 Hefte. (à ca. 16 S.) 8. Elberfeld, (Kasinogartenstr. 15), Walth. Kempin. à Jahrg. 4. —

Häusliche **Rundschau.** [Jg. 1], No 1. Berlin: O. Elsner 1906. 4° [J.] [4. 3767

Rundschau, Haustechnische. Jg. 1. ff.
Berlin: Verl. Expedition 1896/97 ff. 8°

— haustechnische. Zeitschrift f. Heizg., Lüftg. u. Beleuchtg., f. Wasserversorgg., Abwasserbeseitigg. u. Kanalisation. Unter Mitwirkg. hervorrag. Fachgenossen hrsg. v. H. Müllenbach. 12.—15. Jahrg. Juli 1907—Juni 1911. à 24 Nrn. (12.—14. Jahrg. à IV, 288 S. m. Abb.) 34,5×24 cm. Halle, C. Marhold. à Jahrg. 12. —

Rundschau am Helenenberge (Magdalensberg) in Kärnten. Klgft., Leon, 1854. Folio Oktav.

— historische. Hrsg. v. A. Hettler. 1. Bd. März 1896—Febr. 1897. 24 Nrn. (Bog.) gr. 8. Ebd. n. 5. —

— homöopathische. Zentralblatt f. die Interessen der Homöopathie. Offizielles Organ der deutschen homöopath. Liga. Publikations-Organ des Berliner Vereins homöopath. Aerzte, sowie vieler and. homöopath. Aerzte- u. Laien-Vereine. Hrsg. u. Red.: K. Dermitzel. 1.—4. Jahrg. 1903—1906. à 12 Nrn. (à ca. 16 S.) gr. 8. Berlin-Gr. Lichterfelde, Expedition. à Jahrg. n. 1. 50

— homöopathische. Zentralblatt f. die Interessen der Homöopathie. Offizielles Organ der deutschen homöopath. Liga. Publikations-Organ des Berliner Vereins homöopath. Aerzte, sowie vieler anderen homöopath. Aerzte- u. Laien-Vereine. Hrsg. u. red. v. Müller-Kypke u. Breustedt. 5.—8. Jahrg. 1907—1910. (IV, 188; IV, 188; IV, 188 u. IV, 136 S.) 30,5×23,5 cm. Charlottenburg (I, Wallstr. 71), Homöopath. Central-Verlag. 5.—7. Jahrg. à 1.50; 8. Jahrg. 2. —

Rundschau am politischen Horizont Ostasiens vom Juli 1898 bis Sept. 1900. Berlin 1900. V: *Siebold, Alexander Frh. v.* (Biogr. Jahrb. 16, 1914, S. 166) (Zeitschr. f. Büch. N. F. 15, 1923, S. 120)

— am politischen Horizont Ostasiens von Juli 1898 bis Septbr. 1900. gr. 8. (IV, 60 S.) Berlin 900. (Leipzig, Buchh. G. Fock) n. 1. 30

Rundschau am politischen Horizont Ostasiens von Juli 1898 bis September 1900. *Berlin: Kisak Tamai 1900.* (60 S.) 8° (00. 1064)

—— humoristische, s. Wochenblatt, humoristisches.

— hygienische. Monatsblätter f. Gesundheits- u. Krankenpflege. Organ d. Vereins „Hygiea". Hrsg. v. Herm. Guttmann. 1. u. 2. Jahrg. 1884 u. 1885. à 12 Nrn. (1/2 B.) gr. 8. Berlin, Steinitz. à Jahrg. n. 4. —
Erscheint nicht mehr.
Fortsetzung u. d. T.: Hygienische Rundschau. Abhandlungen. Nr. 1.

—— hygienische. Abhandlungen aus dem Gebiete der Gesundheits- und Krankenpflege. In zwanglosen Heften. Nr. 1: Guttmann, Herm., über den Scheintod. 8. (12 S.) Berlin N., Chausseestr. 27, 886, Dr. Hermann Guttmann.
Nicht weiter erschienen.

— hygienische. Hrsg. v. Carl Fraenkel, Max Rubner, Hans Thierfelder. 1.—3. Jahrg. 1891—1893. à 24 Nrn. (à ca. 3 Bog.) gr. 8. Berlin, A. Hirschwald. à Jahrg. n. 20. —

— dasselbe. 4. Jahrg. 1894. 24 Nrn. (à ca. 3 Bog.) gr. 8. Ebd. n. 28. —

— hygienische. Hrsg. v. Carl Fraenkel, Max Rubner, Hans Thierfelder, Carl Günther. 5.—8. Jahrg. 1895—1898. à 24 Nrn. (à ca. 3 Bog.) gr. 8. Berlin, A. Hirschwald. à Jahrg. n. 28. —
Kann auch halbjährlich bezogen werden.

— hygienische. Hrsg. v. Carl Fraenkel, Max Rubner, Carl Günther. 9.—12. Jahrg. 1899—1902. à 24 Nrn. gr. 8. (II, 1382; II, 1284; II, 1304 u. II, 1342 S.) Berlin, A. Hirschwald. à Jahrg. n. 28. —

— **hygienische. Hrsg. v. Carl Fraenkel, Max Rubner, Carl Günther. 13.—16. Jahrg. 1903—1906. à 24 Nrn. (1339, 1318, 1356 u. 1490 S.) gr. 8. Berlin, A. Hirschwald. à Jahrg n. 28. —**

— **dasselbe. General-Register. Bd. I—X 1891—1900. Von R. Thiele. (VII, 482 S.) gr. 8. Ebd 904. n. 12. —**

— hygienische. Hrsg. v. Carl Fraenkel, Max Rubner, Carl Günther. 17.—20. Jahrg. 1907—1910. à 24 Nrn. (1570, 1536, 1489 u. 1368 S. m. Abb.) gr. 8. Berlin, A. Hirschwald. à Jahrg. 28. —

Rundschau, jagdliche. Rückblick auf wissenswerthe und interessante Vorkommnisse auf dem Gebiete der Jagd, Kynologie und Waffenkunde während der J. 1885/86, 1886/87, 1887/88. Hrsg. von Frz. Krichler und Osc. Stein. 1.—3. Jahrg. gr. 8. (X, 177; VIII, 145; VIII, 151 S.) Berlin, Baensch. cart. à Jahrg. *

Jährliche **Rundschau** des Deutschschweizerischen Sprachvereins. 1915 ff. Bern '15 ff. 1: Y 1089.

Rundschau: Illustrierte Rundschau
s.a. **In freien Stunden.**

Rundschau, Illustrierte. Illustrierte Zeitschrift für die gesamten Interessen der Produktion und des Handels. Redakteur: Oskar von Krücken. Berlin: A. Eckstein 1898–1902. 8°

— illustr. elsässische. hrsg. v. Carl Spindler. — Revue alsacienne illustrée. 1. Jahrg. 1898. (4. Serie d. Elsässer Bilderbogen. — Images alsaciennes v. C. Spindler u. J. Sattler.) 4 Nrn. (à ca. 24 S. m. Abb. u. z. Tl. farb. Taf.) gr. 4. Strassburg, Schlesier & Schweikhardt. n. 12. —; einz. Nrn. n. 4. —

Rundschau, illustrirte elsässische. — Revue alsacienne illustrée. Red.: Ch. Spindler. 2.—4. Jahrg. (Elsässer Bilderbogen 5.—7. Jahrg.) 1900—1902. à 4 Hfte. gr. 4. (VII, 216; VII, 191 u. VII, 128 S. u. elsäss. Chronik 100, 132 u. 132 S. m. 16, bezw. 20 u. 20 Taf.) Strassburg (J. Noiriel). à Jahrg. n. 12. —; geb. n. 16. —
Der 2. Jahrg. ist vergriffen.

— **illustr. elsässische. — Revue alsacienne illustrée. Red.: Bucher. 5.—8. Jahrg. 1903—1906. à 4 Hefte. (à ca. 36 u. elsäss. Chronik 8 S. m. Taf.) gr. 4. Strassburg i/E. (Brandgasse 2), Administration. à Jhrg. n. 12. —; postfrei n. 13. 60**

— illustrierte elsässische. — Revue alsacienne illustrée. Gegründet durch Ch. Spindler. Red.: Bucher. 9.—12. Jahrg. 1907—1910. à 4 Hefte. (VIII, 212; VIII, 168; VIII, 188 u. VIII, 208 S. m. Abb. u. 9, 19, 20 u. 18 Taf. u. elsäss. Chronik.) 33,5×26 cm. Strassburg, Verlag der elsäss. Rundschau. à Jahrg. 12. —; postfrei 13.60; Ausland 15. 20

— illustrirte, üb. die litterarischen Erscheinungen d. J. 1886. Zugleich e. Weihnachts-Almanach f. Bücherfreunde. 2. Jahrg. Unter Mitwirkg. v. Rud. Doehn, Johs. Emmer, Paul Förster etc. hrsg. v. Gust. Moldenhauer. gr. 8. (IV, 124 S.) Weimar 886. Weissbach. — 75

—— illustrierte, üb. die literarischen Erscheinungen d. J. 1889—1890. Ein Handbuch f. Bücherfreunde. 5. u. 6. Jahrg. 1889 u. 1890. gr. 8. (IV, 100; IV, 90 S. m. Abbildgn.) Elbing, Moldenhauer. à Jahrg. * 1 —; geb. * 1 50
Nicht weiter erschienen.

—— dass. — 5. u. 6. Jahrg. (Erweit. Ausg.) gr. 8. (IV, 40, 100; IV, 48, 92 S. m. Abbildgn.) Ebd. 889,90. à Jahrg. * * 2 50
Nicht weiter erschienen.

— illustrirte, u. Berliner Gerichts-Zeitung. Red.: Geo. Gellert. Verantwortlich: Max Kummerehl. Oktbr.—Dezbr. 1908. 13 Nrn. (à ca. 12 u. 4 S.) 37×27 cm. Berlin, Verlag der illustr. Rundschau. 1. 25
Vergl.: Gerichts-Zeitung, Berliner. — Erscheint nicht mehr.

— **illustr., d. medicinisch-chirurgischen Technik. Internat. Vierteljahrsschrift, unt. Mitwirkg. v. K. Arnd, E. Braatz, F. Dumont etc. hrsg. v. Gust. Beck. 1. Jahrg. 1898. 4 Hfte. (à ca. 6 Bog.) gr. 8. Bern, Berlin, S. Rosenbaum, Verl. n. 10. —**

— illustrirte, der medizinisch-chirurgischen Technik. Internationale Vierteljahrsschrift, unter Mitwirkg. v. K. Arnd, E. Braatz, E. Emmert etc. hrsg. v. Gust. Beck. 2. Jahrg. 1899. 4 Hfte. gr. 8. (352 S.) Berlin, S. Rosenbaum. n 10. —
Erscheint nicht mehr.

— illustrirte weihnachtliche, üb. die literarischen Erscheinungen d. J. 1885. Zugleich e. Weihnachts-Almanach f. Bücherfreunde. Unter Mitwirkg. v. Wilh. Buchner, Rud. Doehn, Johs. Emmer etc. hrsg. v. Gust. Moldenhauer. gr. 8. (IV, 188 S.) Weimar 885. Weissbach. — 75

— f. die gesammte Industrie der Nahrungs- u. Genussmittel unter Berücksicht. der Gesundheitspflege. Hrsg. v. Adf. Bender. 1. Jahrg. 1894. 24 Nrn. (à ca. 1½ Bog. m. Fig.) gr. 4. Berlin, Rosenbaum & Hart. n. 8. —

— industrielle, s.a Uhland, W. H.

— industrielle. s.a Verkehrs-Zeitung.

—— industrielle. Hrsg. von W. H. Uhland. 1. Jahrg. 1887. 50 Nrn. (Bog. mit eingedr. Illustr. und Taf.) gr. 4. [Leipzig, Baumgärtner's Buchh.] Dresden, Kühtmann. *

—— dass. — 2. Jahrg. 1888. 52 Nrn. (Bog. mit eingedr. Illustr. und Taf.) gr. 4. Ebendas. *
Fortsetzung, s. Uhlands Wochenschrift.

— für die Installations-, Beleuchtungsglas- u. Blechindustrie (früher: „Metallindustrielle Rundschau“). Offizielles Organ des Verbandes deutscher Beleuchtungsglashütten, sowie der Vereinigg. deutscher Lampenfabrikanten u. -Grossisten. Red.: J. Goldberg. 18. u. 19. Jahrg. 1909 u. 1910. à 52 Nrn. (1976 u. 2316 S. m. Abb.) 34,5 × 25 cm. Berlin, Ebner & Ungerer. 1909: 6.—; 1910: 8.—

Rundschau für die Interessen der Pharmazie, s.a Rundschau, pharmaceutische.

—— für die Interessen der Pharmacie, Chemie und der verwandten Fächer. Redact.: Emil Graf. 6.—10. Jahrg. 1880—1884. à Jahrg. 36 Nrn. (à Nr. 2—2½ Bog.) 8. Leitmeritz, Pickert. à Jahrg. **

—— für die Interessen der Pharmacie, Chemie, Hygienie und der verwandten Fächer. Redig. von Emil Graf und Adf. Vomáčka. 11. Jahrg. 1885. 52 Nrn. (à Nr. 1½ Bog.) 4. Leitmeritz, Administration. *

—— für die Interessen der Pharmazie, Chemie, Hygienie und der verwandten Fächer. Unter der Leitung von Emil Graf und Adf. Vomáčka. 12.—14. Jahrg. 1886—1888. à Jahrg. 52 Nrn. (à Nr. 1—1½ Bog.) 4. Prag, Selbstverlag. à Jahrg. *

—— für die Interessen der Pharmazie, Chemie, Hygienie u. der verwandten Fächer. Unter der Leitg. v. Emil Graf. 15.—18. Jahrg. 1889—1892. à Jahrg. 52 Nrn. (à Nr. 1—1½ Bog.) gr. 8. Prag, Selbstverlag. à Jahrg. * 14 —

— für die Interessen der Pharmarzie, Chemie, Hygiene u. der verwandten Fächer. Hrsg.: Emil Graf. Unter der Leitg. v. Emil Graf. Adf. Vomáčka u. A. Brestowski. Gegründet 1874. 20. Jahrg. 1894. 52 Nrn. (à ca. 1½ Bog.) Lex.-8. Prag, Brenntegasse 13, Redaction. n. 16. —

— f. d. Interessen d. Pharmacie, Chemie, Hygienie u. d. verw. Fächer. Hrsg.: Emil Graf. Unter der Leitg. v. Emil Graf, Adf. Vomáčka u. A. Brestowski. Gegründet 1874. 21.—24. Jahrg. 1895—1898. à 52 Nrn. (à ca. 20 S.) Lex.-8. Prag (Brenntegasse 13), Redaction. à Jahrg. n. 16. —

— internationale klinische. Centralblatt f. die gesammte prakt. Heilkunde, sowie f. die Gesammtinteressen d. ärztl. Standes. Red.: A. Schnitzler u. B. Weiss. 1. Jahrg. 1887. 52 Nrn. (à 2—3 B.) gr. 4. Wien, Breitenstein. n. 16. —

— dasselbe. Red.: A. Schnitzler. 2. Jahrg. 1888. 52 Nrn. (à 2—3 B.) gr. 4. Wien, Braumüller. n. 16. —

—— internationale klinische. Centralblatt f. die gesammte prakt. Heilkunde, sowie f. die Gesammtinteressen d. ärztl. Standes. Hrsgbr. u. Chef-Redact.: Joh. Schnitzler. 3.—6. Jahrg. 1889—1892. à Jahrg. 52 Nrn. (à Nr. 2—3 Bog.) gr. 4. Mit der Beilage: Klinische Zeit- u. Streitfragen. à Jahrg. 10 Hefte. (à Heft 2—3 Bog.) gr. 8. Wien, Braumüller. à Jahrg. ** 20 —

— dasselbe. Red. unter Mitwirkg. von Baccelli, Bassini, Bernheim u. A. v. Arth. Schnitzler. 7. u. 8. Jahrg. 1893. 1894. à 52 Nrn. (à 2—3 Bog.) gr. 4. Mit den Beilagen: Klinische Zeit- u. Streitfragen. à 10—12 Hfte. (à 2—3 Bog.) u. Therapeutische Blätter. à 12 Nrn. gr. 8. Wien, (A. Hölder). à Jahrg. n. 20. —

— internationale klinische, Fortsetzg., s.: Rundschau, Wiener klinische.

— internationale, f. die gesammte Uhren-Industrie, Goldschmiedekunst, Optik, Mechanik, Elektrotechnik u. Nähmaschinen-Branche. Red.: Herm. Horrmann. 1. u. 2. Jahrg. 1892. 1893. à 26 Nrn. (à 2—2½ Bog. m. Illustr.) gr. 4. Leipzig, L. Bayer. à Jahrg. n. 4. —

Rundschau von der Josefs-Warte auf dem hinteren Föhrenberge bei Perchtoldsdorf. Gezeichnet und bestimmt von Joh. Pabst. Mit Wegkarte 1 : 50000. Photolithographie Gefalzt, in Umschlag —.50
Wien: Verlag des Niederösterreichischen Gebirgsvereines 1892.

— israelitische. Offizielles Organ der Zionist. Vereinigg. f. Deutschland. Zentralblatt f. die jüd. Vereine. Hrsg. v. Heinr. Loewe. 7. Jahrg. 1902. 52 Nrn. gr. 4. (à ca. 8 S.) Berlin (N. W. 6, Marienstr. 18), Dr. H. Loewe. n. 4.—

— israelitische, Fortsetzg., s.: Rundschau, jüdische.

Rundschau: Jüdische Rundschau — Maccabi
s.a. Makkabi.

— jüdische. Organ der Zionist. Vereinigg. f. Deutschland. Red.: Heinr. Loewe. 8. u. 9. Jahrg. 1903 u. 1904. à 52 Nrn. (VI, 568 u. VIII, 472 u. 64 S. in 8.) 4. Berlin (N. 54, Auguststr. 49a), Verlag jüd. Rundschau. à Jhrg. n. 4. —

— dasselbe. Allgemeine jüd. Ztg. f. Deutschland. Red.: Salo Translatour. 10. u. 11. Jahrg. 1905 u. 1906. à 52 Nrn. (VIII, 702 u. VIII, 782 S.) 4. Nebst: Literaturblatt. Hrsg. v. Heinr. Loewe. 1. u. 2. Jahrg. 1905 u. 1906. à 26 Nrn. (VIII, 160 u. VIII, 216 S.) gr. 8. Berlin (C 22. Auguststr. 49a), Verlag jüd. Rundschau. à Jhrg. n. 4. —; auf Kunstdruckpap. n. 8. —; Literaturblatt allein à Jhrg. 2. —; auf Kunstdruckpap. n. 4. —

— jüdische. Allgemeine jüd. Zeitg. Red.: Jul. Becker. 15. Jahrg. 1910. 52 Nrn. (à ca. 12 S.) 40×28,5 cm. Nebst: Literaturblatt. Hrsg. v. Heinr. Loewe. 2. Jahrg. 1906. 26 Nrn. 8. Berlin (S.W. 68, Zimmerstr. 77), Verlag jüd. Rundschau. nnn 5. —
Nicht im Buchhandel.

— auf dem Gebiete der Jugend-, Volks- u. Geschenk-Litteratur f. katholische Eltern, Lehrer u. Erzieher. Red.: J. Dziony. 1. Jahrg. 1894. 6 Nrn. (à ca. 1 Bog.) gr. 8. Breslau, F. Goerlich. n. — 40

— auf d. Gebiete d. Jugend-, Volks- u. Geschenk-Litteratur f. kathol. Eltern, Lehrer u. Erzieher. Red.: J. Dziony. 2. u. 3. Jahrg. 1895—1896. à 6 Nrn. (à 8 S.) gr. 8. Breslau, F. Goerlich. à Jahrg. n. — 40

— dasselbe. 4. u. 5. Jahrg. 1897—1898. 4 Nrn. (à 8 S.) gr. 8. Ebd. à Jahrg. n. — 40

— auf dem Gebiete der Jugend-, Volks- u. Geschenk-Litteratur f. katholische Eltern, Lehrer u. Erzieher. Red.: J. Dziony. 6.—9. Jahrg. 1899—1902. à 4 Nrn. gr. 8. (à ca. 8 S.) Breslau, F. Goerlich. à Jahrg. n. — 40

— auf dem Gebiete der Jugend-, Volks- u. Geschenk-Literatur f. kathol. Eltern, Lehrer u. Erzieher. Red. J. Dziony. 10.—13. Jahrg. 1903—1906. à 4 Nrn. (40, 40, 48 u. 44 S.) gr. 8. Breslau, F. Goerlich. à Jhrg. n. — 40

— auf dem Gebiete der Jugend-, Volks- u. Geschenk-Literatur f. kathol. Eltern, Lehrer u. Erzieher. Red.: Paul Koschate. 17. Jahrg. 1910. 6 Nrn. (60 S.) gr. 8. Breslau, F. Goerlich. — 80

—— juristische, für das katholische Deutschland, hrsg. durch den kathol. Juristenverein zu Mainz. 1.—8. Heft oder 1. Bd. gr. 8. (IV, 330 S.) Frankfurt a. M. 882—85, Foesser Nachf. à Heft * 75 Pf. *

—— juristische, für das katholische Deutschland, hrsg. durch den kathol. Juristenverein zu Mainz. 9.—16. Heft oder 2. Bd. gr. 8. (294 S.) Frankfurt a. M. 885—88, Foesser Nachf. à Heft * 75 Pf. *

— dasselbe. 3. Bd. 1.—3. Hft. gr. 8. (S. 1—116.) Ebd. 889. à Hft. n. — 75

— dasselbe. Ergänzungsheft. gr. 8. Ebd. 890. n. 2. —
Zur Kritik d. Entwurfs e. bürgerlichen Gesetzbuches f. das Deutsche Reich. (III, 116 S.)

— juristische, f. das katholische Deutschland, hrsg. durch den kathol. Juristenverein zu Mainz, 3. Bd. 4. u. 5. Hft. gr. 8. (71 S.) Frankfurt a/M. 891. A. Foesser Nachf. à n. — 75

— dasselbe. Ergänzungshft. (II.) gr. 8. Ebd. 891. n. 2. — (I. II.: n. 4. —)
Zur Kritik d. Entwurfs e. bürgerlichen Gesetzbuches f. das deutsche Reich II. (III, 116 S.)

— justizdienstliche. Organ zur Vertretg. der Fach- u. Standesinteressen deutscher Justizbeamten. Schriftleitung f. Zivilrecht: Frdr. Koppmann, f. Prozeßrecht u. Kostenwesen: A. Wansch, f. Strafrecht u. Sozialwissenschaft: Fritz Auer. 3. Jahrg. 1904. 24 Nrn. (288 S.) Lex.-8. München, [Verlagsanstalt M. Bickel.] Verlag d. Süddeutschen Bauhütte. n. 9. 20
Erschien bis Nr. 12 u. d. T.: Zeitschrift f. d. Gerichtssekretariat.

Rundschau, justizdienstliche. Organ zur Vertretung der Fach- u. Standesinteressen deutscher Justizbeamten. Hrsg. v. Wilh. Dennler, A. Wansch, Max. Kahn. 4. u. 5. Jahrg. 1905 u. 1906. à 24 Nrn. (à ca. 16 S.) Lex.-8. München [C. Haushalter.] Verlag d. Süddtsch. Bauhütte.
Erscheint nicht mehr. à Jahrg. n. 9. 20

Katholische Rundschau: Dec. 2, 1897–1917?

Semi-monthly, 1897–98; weekly, 1898–1917. Roman Catholic. Circulation 1910, 2500; 1914, 2151. Edited & published by Joseph Eckerskorn & John Schott, [with Ed. Meyer as associate editor], Dec. 2, 1897–1898?; edited by Rudolph Krüger, 1898?–1900, by G. Meyer, 1900–02, by Barnabas Held, 1903–10, by Ed. Meyer, 1910–17?; published by Catholic Publishing Co. [Joseph Eckerskorn, manager, 1898–1900, and Bernhard Schwegmann, 1900–17?], 1898–1917
San Antonio, TX

Katholische Rundschau. Verbandsblatt d. Vereine deutscher Katholiken in d. Prov. Posen. Jg. 1, No 1. Krotoschin: Verband d. Vereine deutscher Kath. in d. Prov. Posen 1905. 4° [F.] [illegible]

Rundschau, Kaufmännische. Organ des Vereins deutscher Kaufleute und seiner Hilfskasse. Jg. 1. 1893.
Berlin: F. Aniol. 8°

— kaufmännische. Organ d. Vereins d. deutschen Kaufleute u. s. Hilfskasse. Hrsg. v. Generalrath. Red.: Arnold Perls. Hrsg. in Vertretg. d. Generalraths: F. Aniol. 4.—6. Jahrg. 1896—1898. à 26 Nrn. (Bog.) gr. 4. Berlin (S. 14, Dresdnerstr. 80), F. Aniol. à Jahrg. n.n.n. 2. —
Kann auch vierteljährlich bezogen werden.

— keramische. Illustr. Fachzeitung der Porzellan-, Glas- u. Thonwaaren-Industrie. Red.: F. C. Höna u. Lsc. Motraner-Mainé. 1. Jahrg. Apr.—Dezbr. 1893. 39 Nrn. (à ca. 2½ Bog. m. Taf.) gr. 4. Coburg, Keram. Rundschau. Dietz'sche Hofbuchdruckerei. n. 7. 50

— dasselbe. 2. Jahrg. 1894. 52 Nrn. (à ca. 2½ Bog. m. Taf.) gr. 4. Ebd. n. 10. —

— keramische. Illustr. Fachzeitschrift der Porzellan-, Glas- u. Thonwaaren-Industrie. Red.: G. Besser. 3.—6. Jahrg. 1895—1898. à 52 Nrn. (à ca. 20 S.) gr. 4. Coburg, Dietz'sche Hofbuchdr. à Jahrg. n. 10. —
Kann auch vierteljährlich bezogen werden.

— keramische. Illustr. Fachzeitschrift der Porzellan-, Glas- u. Thonwaaren-Industrie. Red.: G. Besser. 7.—9. Jahrg. 1899—1901. à 52 Nrn. gr. 4. (1214, 1120 u. 1050 S.) Coburg [Dietz'sche Hofbuchdr.] Berlin, Verlagsgesellschaft „Corania". à Jahrg. n. 10. —

— dasselbe. Red: F. C. Höna. 10. Jahrg. 1902. 52 Nrn. gr. 4. (1044 S.) Berlin, Verlagsgesellschaft „Corania". n. 10. —

— keramische. Fachzeitschrift f. d. Porzellan-, Glas-, Ton-, Ziegel- u. Zementindustrie. Red.: Carl Loeser u. C. J. Iversen. 11.—14. Jahrg. 1903—1906. à 52 Nrn. (1224, 1302, 1282 u. 1270 S.) gr. 4. Berlin, Verlagsgesellschaft Corania. à Jahrg. n. 10. —

— keramische. Fachzeitschrift f. die Porzellan-, Steinzeug-, Steingut-, Töpfer-, Glas- u. Emailindustrie. Verkündigungsblatt der Vereinigg. deutscher Porzellanfabriken zur Hebung der Porzellanindustrie, G. m. b. H. usw. Schriftleiter: H. Hecht. 15.—18. Jahrg. 1907—1910. à 52 Nrn. (à ca. 12 S. m. Abb.) 33×24,5 cm. Berlin, Verlag keram. Rundschau. à Jahrg. 10. —

— auf dem Gebiete der deutschen evangelischen Kirche Nord-Amerika's. Historische Skizzen aller evangelischen Kirchenkörper, Lebensbeschreibungen bedeutender Prediger und deren Portraits (Holzschntaf.), nebst anderen theils erbaulichen, theils belehrenden u. unterhaltenden Aufsätzen. Hrsg. von Jak. Conzett u. Joh. Launitz, unter Mitwirkung mehrerer angesehener Prediger der evangel. Benennungen dieses Landes. gr. 8. (270 S.) Pittsburg, Pa. 880. (Philadelphia, Schäfer & Koradi.) n. 2. —

— kirchliche. Von einem Laien, Mitglied der preußischen Landeskirche. [Aus: „Kreuzzeitg."] gr. 8. (32 S.) Berlin 877. Beck. n. — 30

— kirchliche, f. die evangel. Gemeinden Rheinlands u. Westfalens. Hrsg. u. red. v. E. Kühn. 22. Jahrg. 1907. 24 Hefte. (à ca. 16 S.) 8. Duisburg, Verlag der kirchl. Rundschau. nnn 2. —
Nicht durch den Buchhandel zu beziehen.

— koloniale. Monatsschrift f. die Interessen unserer Schutzgebiete u. ihrer Bewohner. Hrsg.: Ernst Vohsen. Schriftleitung: D. Westermann. Jahrg. 1909 u. 1910. à 12 Hefte. (à Jahrg. 784 S. m. Abb.) gr. 8. Berlin, D. Reimer. à Jahrg. 10. —

Rundschau, kommunale. Monatsschrift f. städt. Bau- u. Bodenpolitik, Kommunaltechnik u. Verwaltungswesen. Hrsg.: E. H. Dietzsch. 1. Jahrg. Oktbr. 1907 — Septbr. 1908. 12 Nrn. (Nr. 1 u. 2. 80 S. m. Abbildgn.) Berlin, Deutscher Städteverlag. 16. —; einzelne Nrn. 1. 50.

Kommunale **Rundschau.** Monatsschrift für städtische Bau- und Bodenpolitik. Kommunaltechnik und Verwaltungswesen. Jg. 2 ff.: Halbmonatsschrift für das gesamte Städtewesen. Hrsg. von Ernst Hellm. Dietzsch [u. a.] Jg. 1 H. 3 bis Jg. 5. Berlin: Deutscher Städteverlag, dann R. Hobbing 1907–12. 4°.

— kommunale. Halbmonatsschrift f. das gesamte Städtewesen. Hrsg. v. Saalmann u. Assmann. Verantwortlich: v. Langsdorff, f. den jurist. Tl. Assmann. 3. u. 4. Jahrg. Oktbr. 1909—Septbr. 1911. à 24 Nrn. (3. Jahrg. 744 S.) 30,5×24 cm. Berlin, G. Ziemsen. à Jahrg. 16. —

Konsumgenossenschaftliche **Rundschau**. Organ d. Zentralverbandes u. d. Groß-Einkaufs-Gesellschaft deutscher Konsumvereine. (Red.: Heinrich Kaufmann.) Jg. 1. *Hamburg: H. Kaufmann & Co. 1904.* 4° [F.] [illegible]

— konsumgenossenschaftliche. Organ des Zentralverbandes u. der Großeinkaufs-Gesellschaft deutscher Konsumvereine Hamburg. Red.: Heinr. Kaufmann. 2. u. 3. Jahrg. 1905 u. 1906. à 52 Nrn. (1376 u. 1416 S.) 4. Hamburg, Verlagsanstalt d. Zentralverbandes deutscher Konsumvereine. à Jahrg. n. 6. —

— Koesener. Organ deutscher Corpsphilister. Hrsg. v. Karl Maier. 1. Jahrg. Apr. 1894 — März 1895. 12 Hfte. (2 Bog.) gr. 8. München, J. F. Lehmann's Verl. à Jahrg. n. 4. —

— kynologische. Zeitschrift f. Hund u. Jagd. Red.: E. Lange. Jahrg. 1908. 52 Nrn. (à ca. 16 S. m. Abb. u. Taf.) Lex. 8. Hamburg, Lange & Hansen. (Nur direkt.) 4. —

Landeskirchliche **Rundschau**. Hrsg. v. Landesverein f. Innere Mission in Schlesw.-Holstein. Jg. 1. Bordesholm 1910: Nölke. 4° [illegible]

Rundschau: Landwirtschaftliche Rundschau
s.a. Tages-Anzeiger für Stadt und Kanton Zürich.

— landwirthschaftliche. Organ für die Interessen der Landwirthe. Redact.: Rob. Teßmer. 1. Jahrg. 1886. 24 Nrn. (Bog.) gr. 4. Berlin, Teßmer. *

— dass. — Central-Organ für Landwirthschaft und Gartenbau. Redact.: Rob. Teßmer. 2. Jahrg. 1887. 26 Nrn. Bog. gr. 4. Ebendas. *

— landwirtschaftliche. Mitteilgn. üb. alle neuen Erscheingn. auf d. Gebieten d. Land- u. Forstwirtschaft, d. Garten- u. Weinbaues, d. Geflügel- u. Tierzucht, d. Haus- u. Kellerwirtschaft, d. Sports, d. Jagd u. Fischerei, nebst Referaten üb. wicht. Erfindgn. u. Erfahrgn. f. d. Praxis. Red.: P. Th. Lißner. 1. Jahrg. 1896. 12 Nrn. (Bog.) gr. 8. Berlin, W. Ißleib. n. 2. —

— ledertechnische. Organ f. Theorie u. Praxis der Ledererzeugg. u. Verarbeitg. sowie sämtl. Nebenzweige dieser Industrie. Technischer Tl. v. Die Lederindustrie (Deutsche Gerber-Zeitg.) F. A. Günther. Chefred.: Osk. Krahner. Red.: A. Aschenbach. Jahrg. 1909 u. 1910. à 52 Nrn. (à Jahrg. 416 S.) 33×23,5 cm. Berlin, F. A. Günther & Sohn. à Jahrg. 10. —; f. Abonnenten der Lederindustrie gratis.

— Leipziger, vorm. deutsche Hochschulzeitung. Kritische Wochenschrift f. alle öffentl. Interessen. Red.: Art. Pleißner. 7. Jahrg. 1902. 52 Nrn. gr. 4. (à ca 12 S.) Leipzig [Grübel & Sommerlatte]. K. R. Vogelsberg. à Nr. — 10
Vergl.: Hochschulzeitung, deutsche.

— Leipziger, vormals deutsche Hochschulzeitung. Kritische Wochenschrift f. alle öffentl. Interessen. Verantwortlich: Wilh. Ruland. 8. Jahrg. 1903. 52 Nrn. (à ca. 8 S.) gr. 4. Leipzig, K. R. Vogelsberg. 6. —

— dasselbe. Unabhängige krit. Wochenschrift für alle öffentl. sächs. Interessen. Red.: Fritz Arnhold. 9. Jahrg. 1904. 6 Nrn. (à ca. 8 S.) gr. 4. Ebd. à Nr. — 10
Erscheint nicht mehr.

— über die Leistungen und Fortschritte der Maschinentechnik und der mechanischen Technologie im In- und Auslande. Hrsg. von E. Nowák. 4.—7. Jahrg. 1885—1888. à Jahrg. 24 Nrn. (à Nr. $1\frac{1}{2}$—2 Bog. mit eingedr. Fig.) gr. 4. Leipzig, Verlag des Maschinenbauer. à Jahrg.

— über die Leistgn u. Fortschritte in der Maschinentechnik u. der mechan. Technologie im In- u. Auslande. Hrsg. v. E. Nowák. 8.—11. Jahrg. 1889—1892. à Jahrg. 24 Nrn. gr. 4. (à Nr. $2\frac{1}{4}$—$2\frac{1}{2}$ Bog. m. eingedr. Fig. u. Taf.) Lpz., Verlag d. Maschinenbauer. à Jahrg. 12 —

— üb. die Leistungen u. Fortschritte der Maschinentechnik u. der mechanischen Technologie im In- u. Auslande. Hrsg. v. E. Nowák. 10.—13. Jahrg. 1891—1894. à 24 Nrn. (à $2\frac{1}{2}$ Bog. m. Fig. u. Taf.) gr. 4. Leipzig, Verlag d. Maschinenbauer. à Jahrg. n. 12. —

Rundschau über die Leistgn. u. Fortschritte der Maschinentechnik u. d. mechan. Technologie im In- u. Auslande. Hrsg. v. E. Nowák. 14. Jahrg. 1895. 24 Nrn. (Bog. m. Abb.) gr. 4. Leipzig, Verlag d. Maschinenbauer. 12. —

— literarische. Redig. von Jos. Köhler. 1. Jahrg. 1875. 12 Nrn. (à 2 Bog.) hoch 4. [Aachen, Barth.] Freiburg i. Br., Herder'sche Verlagsh. *
— dass. — 2. Jahrg. 1876. 16 Nrn. (à 2—$2\frac{1}{2}$ Bog.) hoch 4. Ebendas. *
— dass. — 3. und 4. Jahrg. 1877 und 1878. à Jahrg. 18 Nrn. (à 2—$2\frac{1}{2}$ Bog.) hoch 4. Ebendas. à Jahrg. *
— dass. — Hrsg. von J. B. Stamminger. 5. Jahrg. 1879. 18 Nrn. (à $1\frac{1}{2}$—2 Bog.) hoch 4. Ebendas. *
Fortgesetzt u. d. T.: Literarische Rundschau für das Katholische Deutschland. Jg. 6. 1880.

— literarische. Fortsetzung der literar. Beilage zum kirchl. Amtsblatt f. den Bezirk d. königl. Landesconsistoriums in Hannover. Red.: Rahn. Jahrg. 1888—1890. à 10—12 Nrn. gr. 4. (à Nr. 1—2 B.) Hannover, Wolff & Hohorst. à Jahrg. n. 2. —

— literarische. Fortsetzung der literar. Beilage zum kirchl. Amtsblatt f. den Bezirk des königl. Landeskonsistoriums in Hannover. Red.: Rahn. Jahrg. 1891—1893. à 10—12 Nrn. (Bog.) gr. 4. Hannover, Wolff & Hohorst Nachf. à Jahrg. n. 2. —

— literarische. Theolog. Literaturblatt f. d. Geistlichen der hannoverschen Landeskirche. Red.: Rahn. Jahrg. 1895—1898. à 10—12 Nrn. (Bog.) gr. 4. Hannover, Wolff & Hohorst Nachf. à Jahrg. n. 2. —
Kann auch halbjährlich bezogen werden.

— literarische. Theologisches Literaturblatt f. die Geistlichen der hannov. Landeskirche. Red.: Rahn. Jahrg. 1899. 10—12 Nrn. gr. 4. (à ca. 8 S.) Hannover, Wolff & Hohorst Nachf. n. 2. —

Rundschau, litterarische, f. das evangelische Deutschland. Beilage zur „Kirchlichen Korrespondenz". Hrsg. v. R. Pfleiderer. 3. Jahrg. 1894. 12 Nrn. gr. 4. (½ Bog.) Leipzig, Buchh. d. Evangel. Bundes v. C. Braun. n. 1. —

— litterarische, f. d. evang. Deutschland. Beilage zur „Kirchl. Korrespondenz". Hrsg. v. R. Pfleiderer. 4.—7. Jahrg. 1895—1898. à 12 Nrn. (à 4 S.) gr. 4. Leipzig, Buchh. d. Evang. Bundes v. C. Braun. à Jahrg. n. 1. —

Rundschau, litterarische, f. das evangelische Deutschland. Beilage zur „Kirchlichen Korrespondenz". Hrsg. v. R. Pfleiderer. 8.—11. Jahrg. 1899—1902. à 12 Nrn. gr. 4. (à ca. 4 S., bezw. 8 Sp.) Leipzig, Buchh. des ev. Bundes v. C. Braun. à Jahrg. n. 1. —

— literarische, f. das evangelische Deutschland. Beilage zur „Monats-Korrespondenz". Hrsg. von R. Pfleiderer. 12.—15. Jahrg. 1903—1906. à 12 Nrn. (à ca. 8 Sp.) gr. 4. Halle. (Leipzig, C. Braun.) à Jhrg. n. 1. —

— literarische, f. das evangelische Deutschland. Hrsg.: R. Pfleiderer. 16.—18. Jahrg. 1907—1909. à 12 Nrn. (à Jahrg. 120 Sp.) 31,5×23 cm. Halle, Verlag des ev. Bundes. à Jahrg. 2. —
Fortsetz., s.: Bücherschau, deutsch protestantische.

— literarische, für das katholische Deutschland. Hrsg. von J. B. Stamminger. 6. Jahrg. 1880. 21 Nrn. (2 B.) gr. 4. Freiburg i/Br., Herder. n. 10. —

— dasselbe. 7. u. 8. Jahrg. 1881 u. 1882. à 24 Nrn. (2 B.) gr. 4. Ebend. à Jahrg. n. 12. —

— literarische, f. das katholische Deutschland. Hrsg. v. H. B. Stamminger. 9. u. 10. Jahrg. 1883 u. 1884. à 24 Nrn. (2 B.) gr. 4. Freiburg i/Br., Herder. à Jahrg. n. 12. —

— literarische, für das katholische Deutschland. Hrsg. von C. Krieg. 11.—14. Jahrg. 1885—1888. à Jahrg. 12 Nrn. (à Nr. 2 Bog.) gr. 4. Freiburg i. Br., Herder'sche Verlagsh. à Jahrg. *

— literarische, f. das katholische Deutschland. Hrsg. v. C. Krieg. 13.—16. Jahrg. 1887—1890. à 12 Nrn. (2 B.) gr. 4. Freiburg i/Br., Herder. à Jahrg. n. 9. —

— literarische, f. das katholische Deutschland. Hrsg. v. C. Krieg. 17.—20. Jahrg. 1891—1894. à 12 Nrn. (2 Bog.) gr. 4. Freiburg i/B., Herder. à Jahrg. n. 9. —

— literarische, f. d. kathol. Deutschland. Hrsg. v. G. Hoberg. 21.—24. Jahrg. 1895—1898. à 12 Nrn. (à 16 S.) gr. 4. Freiburg i/B., Herder. à Jahrg. n. 9. —

— litterarische, f. das katholische Deutschland. Hrsg. v. G. Hoberg. 25.—28. Jahrg. 1899—1902. à 12 Nrn. gr. 4. (XVI S., 384 Sp.; XVI S., 392 Sp.; XVI S., 384 Sp. u. XVI S., 400 Sp.) Freiburg i/B., Herder. à Jahrg. n. 9. —

— literarische, f. das katholische Deutschland. Hrsg. u. red. von G. Hoberg. 29. u. 30. Jahrg. 1903 u. 1904. à 12 Nrn. (XVI, 408 u. XVI, 392 Sp.) gr. 4. Freiburg i/B., Herder. à Jhrg. n. 9. —

— **dasselbe. Hrsg. u. red. v. Jos. Sauer. 31. u. 32. Jahrg. 1905 u. 1906. à 12 Nrn. (XXIV, 480 u. XVI, 584 Sp.) gr. 4. Ebd. 1905 n. 9. —; 1906 n. 10. —**

— literarische, f. das kathol. Deutschland. Hrsg. u. red. v. Jos. Sauer. 33.—36. Jahrg. 1907—1910. à 12 Nrn. (XXIV, 608; XXIV, 616; XXIV, 636 u. XXII, 632 Sp.) Lex. 8. Freiburg i/B., Herder. à Jahrg. 10. —

— über d. neueste f. Gebildete wichtige Litteratur. Red. v. Weber. Beigabe z. deutsch-evangel. Jahrbuch f. 1899. 1. Jahrg. gr. 8. (III, 79 S.) Berlin 898. Buchh. d. Berliner Stadtmission. — 50

— lithographische. Zeitschrift für Steindruckerei, Zinkdruckerei und verwandte Fächer. Hrsg. von Ferd. Schlotke. 1.—4. Jahrg. 1885—1888. à Jahrg. 48 Nrn. (Bog.) gr. 4. Hamburg, Schlotke. à Jahrg. *
— dass. — 5. Jahrg. 1889. 24 Nrn. (Bog.) gr. 4. Ebendas. *
Erscheint nicht mehr. — 1.—5. Jahrg. zusammen *ℳ 30.—.

— **lutherische. Monatsblatt f. Wahrheit, Recht u. Freiheit in der luther. Gesamtkirche Deutschlands. (Umschlag: Kirchliches Monatsblatt.) Hrsg. v. W. Quistorp. 1. bis 3. Jahrg. 1904—1906. à 12 Nrn. (225, 202 u. 272 S.) gr. 8. Leipzig. Halle, R. Mühlmanns Verl.**
Der 1. Jahrg. erschien in Anklam. à Jhrg. n. 2. —

— lutherische. Monatsblatt f. Wahrheit, Recht u. Freiheit in der luther. Gesamtkirche Deutschlands. Hrsg. v. W. Quistorp. 4. Jahrg. 1907. 12 Nrn. (269 S.) gr. 8. Halle, R. Mühlmann's Verl. 2. —
Erscheint nicht mehr.

Marburger Akademische **Rundschau**. Hrsg. v. Präsidium d. Marburger Freien Studentenschaft. Jg. 1, 1. Marburg: Gleiser 1910. 4° [illegible] 4

Rundschau, Masius'. Blätter für Versicherungswissenschaft, Versicherungsrecht u. bemerkenswerthe Vorgänge im Versicherungswesen. Herausg. von Herm. Oesterley. Neue Folge. Jhg. 1—3. 1889—91. — Red.: W. Bär. Jhg. 4—6. 1892—94. Leipzig gr. 8 . . . .

— s. a. **Masius' Rundschau**.

— medicinisch-chirurgische, s. a. Medizinal-Halle, Wiener.

— medizinisch-chirurgische. Hrsg. von Phil. Markbreiter und Joh. Schnitzler. 6. Jahrg. 1865. 52 Nrn. (à 1—1½ Bog.) gr. 8. Wien. (Braumüller.) *

—— dass. — Monatsschrift für die gesammte prakt. Heilkunde. Hrsg. und redig. von Phil. Markbreiter und Joh. Schnitzler. 7. und 8. Jahrg. 1866 und 1867. à Jahrg. 12 Hefte. gr. 8. (à Heft ca. 80 S.) (Ebendas.) à Jahrg. *
Vgl.: Medizinal-Halle, Wiener.

Rundschau, medizinisch-chirurgische. Monatsschrift für die gesammte prakt. Heilkunde. Hrsg. und redig. von Phil. Markbreiter und Joh. Schnitzler. [Beilage zur „Wiener medizin. Presse“.] 9. und 10. Jahrg. 1868 und 1869. à Jahrg. 12 Hefte. gr. 8. (à Heft ca. 70—100 S.) Wien, Braumüller. à Jahrg. *

—— dass. — Unter Mitwirkung von Auspitz, Baer, Barth, Basch etc. hrsg. und redig. von Karl Bettelheim. 11.—16. [Neue Folge 1.—6.] Jahrg. 1870—1875. à Jahrg. 12 Hefte. (à 5—5½ Bog.) gr. 8. Wien, (Braumüller.) [Urban und Schwarzenberg.] 1870 und 1871 à *
1872—1874 à *
1875 *

Rundschau, medizinisch-chirurgische. Monatsschrift f. die gesammte prakt. Heilkunde. Unter Mitwirkg. von Auspitz, v. Basch, Benedikt etc. red. v. Karl Bettelheim. [Beilage zur „Wiener medizin Presse.“] 12. Jahrg. 1871. 12 Hfte. gr. 8. (1. Hft. 71 S.) Wien, Braumüller in Comm. n. 12. —

— dasselbe. 16. u. 17. [Neue Folge 6. u. 7.] Jahrg. à 12 Hfte. (à 5—5½ B.) gr. 8. Ebend. à Jahrg. n. 10. —

— medicinisch-chirurgische. Monatsschrift f. die gesammte prakt. Heilkunde. Unter Mitwirkung von A. Baer, v. Basch, Biermann etc. hrsg. u. red. von Karl Bettelheim u. W. F. Loebisch. 18—23. Jahrg. 1877—1882. à 12 Hfte. gr. 8. Wien, Urban & Schwarzenberg. à Jahrg. n. 12. —

— medicinisch-chirurgische. Monatsschrift f. die gesammte prakt. Heilkunde. Unter Mitwirkg. v. Bing, Englisch, Eppinger etc. hrsg. v. W. F. Loebisch. 24—27. Jahrg. 1883—1886. à 12 Hfte. gr. 8. (à Hft. 80 S.) Wien, Urban & Schwarzenberg. à Jahrg. n. 12. —

Rundschau, medicinisch-chirurgische. Zeitschrift f. die gesammte prakt. Heilkunde. Red. v. W. F. Loebisch. 28.—31. Jahrg. 1887—1890. à 24 Hfte. gr. 8. (à Hft. ca. 40 S.) Wien, Urban & Schwarzenberg. à Jahrg. n. 12. —

— medicinisch-chirurgische. Zeitschrift f. die gesammte prakt. Heilkunde. Unter Mitwirkg. v. Joh. Baaz, Frhr. v. Buschman, Eppinger u. A. red. v. W. F. Loebisch. 32.—35. Jahrg. 1891—1894. à 24 Hfte (2½ Bog.) gr. 8. Wien, Urban & Schwarzenberg. à Jahrg. n. 12. —

— medicinisch-chirurgische, Fortsetzung, s.: Therapie, die, der Gegenwart.

— medizinische. Zentral-Organ für alle deutschen Aerzte im In- u. Auslande. Chef-Red.: Alfr. Wolff. Oktbr. 1897—Septbr. 1898. 52 Nrn. (à ca. 1 Bog.) gr. 4. Berlin, Berlinische Verlagsanstalt. n. 8. —
Kann auch vierteljährlich bezogen werden.

— medizinische. Zentral-Organ f. alle deutschen Aerzte im In- u. Auslande. Red.: Max Bejach. Jahrg. 1899—1902. à 26 Nrn. gr. 4. (à ca. 10 S. m. Abb.) Berlin, Berlinische Verlagsanstalt. à Jahrg. n. 8. —

— medizinische. Zentral-Organ für alle deutschen Aerzte im In- u. Auslande. Red.: Juttke (i. V.). Jahrg. 1903 u. 1904. à 26 Nrn. (à ca. 8 S.) gr. 4. Berlin, Berlinische Verlagsanstalt. à Jhrg. n. 8. —

Mennonitische Rundschau: 1877–? **Regina, Sask.**
Mennonite weekly. Editor: H.F. Klassen.

Mennonitische Rundschau: Jahrgang 1–46, no. 41. June 5, 1880–Oct. 10, 1923.

Semi-monthly, June 5, 1880–Aug. 15, 1884; weekly, 1884–Oct. 10, 1923. Organ of the Mennonite Church. With the issue of Oct. 17, 1923, removed to Winnipeg, Canada, where it continued to be published by the Mennonite Publishing House. Published in two editions, 1883–Aug. 15, 1884, called "Halbwöchentliche Ausgabe", and "Wöchentliche Ausgabe". For weekly edition, see Mennonitische Rundschau, Wöchentliche Ausgabe. Title varies: Mennonitische Rundschau, June 5, 1880–May 15, 1881; Die Rundschau, June 1, 1881–Dec. 1883; Mennonitische Rundschau, Jan. 1884–Oct. 30, 1901; Mennonitische Rundschau und Herold der Wahrheit, Nov. 6, 1901–1908; Mennonitische Rundschau, 1909–23. Continued from Der Nebraska Ansiedler. Absorbed Der Herold der Wahrheit. Size varies slightly: large quarto to small folio, each issue 4–16 pages. Sub-title: Gewidmet der Mitteilung von Nachrichten aus Mennonitischen Kreisen von Nah und Fern. Circulation: 1895, 2000; 1890, 2500; 1900, 3500; 1908, 5000; 1910, 4500; 1920, 5000. Semi-monthly edition 1883–1889-4- for Mennonites in Russia.
Edited by Johannes F. Harms, June 5, 1880–Jan. 1886; by M. Matueszkiewitz, Feb. 1886–1890; by J. F. Funk, 1891–98; by D. F. Jantzen, 1899–Oct. 1901; by G. G. Wiens, Nov. 1901–Aug. 1903; by M. B. Fast, Feb. 24, 1904–Oct. 1910; by G. G. Wiens, Oct. 19, 1910–May 1920?; by William Winsinger, June 9, 1920–Oct. 10, 1923.
Published by Mennonitische Verlagshandlung, Elkhart, June 5, 1880–1886?; by Mennonite Publishin[g] [C]o., 1887?–1923.
Elkhart, IN

Mennonitische Rundschau: Jahrgang 4–5, Jan. 3, 1883–Aug. 15?, 1884.
Weekly edition of Mennonitische Rundschau, and numbered with it. Sub-title: Wöchentliche Ausgabe.
Elkhart, IN

Rundschau, Metallindustrielle. Berlin: Verl. Expedition. Jg. 1. 1892 ff. 8°

— metallindustrielle. Fachorgan f. Beleuchtungs-, Blech-, Metall-, Maschinen-, Werkzeug-Industrie, sowie f. Installation u. Elektrotechnik. 11. Jahrg. 1902. 52 Nrn. gr. 4. (II, 1260 S.) Berlin, L. Ebner. n. 6. —

— metallindustrielle. Illustriertes Fachorgan für Beleuchtungs-, Blech-, Metall-, Maschinen-, Werkzeug-Industrie, sowie f. Installation u. Elektrotechnik. 12.—15. Jahrg. 1903—1906. à 52 Nrn. (1454, 1760, 1612 u. 1672 S.) gr. 4. Berlin, Ebner & Ungerer.
Die Ausg. m. Taf. erscheint nicht mehr. à Jhrg. n. 4. —

— metallindustrielle. Illustriertes Fachorgan f. Beleuchtungs-, Blech-, Metall-, Maschinen-, Werkzeug-Industrie, sowie f. Installation u. Elektrotechnik. Red.: J. Goldberg. 16. u. 17. Jahrg. 1907 u. 1908. à 52 Nrn. (1712 u. 1820 S.) 34,5×25 cm. Berlin, Ebner & Ungerer. à Jahrg. 4. —
Fortsetzg., s.: Rundschau f. Installations-, Beleuchtungsglas- u. Blechindustrie.

— metaphysische. Monatsschrift zum Studium d. prakt. Metaphysik, Psychologie, oriental. Philosophie u. des ges. Okkultismus. Hrsg.: Paul Zillmann. 1. Jahrg. Juli 1896—Juni 1897. 12 Hfte. (à ca. 110 S.) gr. 8. Zehlendorf (Berlin), P. Zillmann. n. 18. —; einz. Hfte. n. 1. 70

— dasselbe. I. Bd. Aug. 1897—Juli 1898. 12 Hfte. (à ca. 3 Bog.) gr. 8. Ebd. n. 12. —; einz. Hfte. n. 1. —

— dasselbe. Monatsschrift f. philosoph., psycholog. u. okkulte Forschgn., in welcher enth. ist: Archiv für Biomagnetismus, Rundschau f. Astrologie; theosoph. Forum; phrenolog. Rundschau; metaphys. Bücherei. Hrsg.: Paul Zillmann. II. Bd. Aug. 1898—Juli 1899. 12 Hfte. (à ca. 2 Bog.) gr. 8. Ebd. n. 12. —; einz. Hfte. n. 1. —

Midigsche Rundschau: 1883?–1884? Chicago, IL
Weekly.

Rundschau: Milchwirtschaftliche Rundschau
v. Bernische **Blätter** für Landwirthschaft, Wald- und Gartenbau.

Rundschau, Militärische.

— — Rundschau. Monatsschrift für allgemeine Kriegswissenschaft, hrsg. von Prollius. Bd 1—4. Mit Bl. Leipzig 1896. 1897.

— militärische. Monatsschrift für allgem. Kriegswissenschaft. Begründet u. verantwortl. red. durch v. Prollius. 2. Bd. Juli—Dezbr. 1896. 6 Hfte. (à ca. 6 Bog.) gr. 8. Leipzig (Schwägrichenstr. 17), Verlagsanstalt Militär. Rundschau. n. 19. —; einz. Hfte. n. 2. —

— dasselbe. Jahrg. 1897. 3. u. 4. Bd. 10 Hfte. (à ca. 6 Bog.) gr. 8. Ebd. n. 19. —; einz. Hfte. n. 2. —
Weiter nicht erschienen.

Rundschau in der periodischen Militär- u. technischen Literatur. 1889—1893. Wien 1889—1894.

— auf dem Gebiete der inneren Mission, s.: Sonntagsblatt fürs Haus.

Rundschau f. Möbel u. Innendekoration. Illustriertes Central-Organ f. Möbelbau, Innenausbau u. Innendekoration, wie f. die Gesamt-Interessen der holzverarbeit. Industrien überhaupt. Hrsg.: Carl Schnell-Koch. 4. u. 5. Jahrg. 1909 u. 1910. à 12 Nrn. (à ca. 24 S.) 31×23,5 cm. Cassel, Hess. Verlagsanstalt. à Jahrg. 4. —

— auf dem Gebiete der Möbel-Industrie u. der ihr verwandten Industriezweige. Unter Mitwirkg. namhafter Fachmänner hrsg. v. Osc. Donat. 1. Jahrg. Octbr. 1892—Septbr. 1893. 12 Nrn. gr. 4. (Nr. 1. 24 S. m. Abbildgn.) Frankfurt a/M. (Leipzig, E. Baldamus.) [4. —]
Nur Nr. 1 erschien, Fortsetzung wird nicht erscheinen.

—— moderne. Halbmonatsschrift, hrsg. v. J. Joachim u. E. M. Kafka. 3. Bd. u. 4. Bd. 1. Hälfte. April—Decbr. 1891. 18 Hefte. Lex. 8. (à Heft ca. 45 S.) Wien, L. Weiß. * 9 —
Nicht weiter erschienen. — 1. u. 2. Bd., s. Dichtungen, moderne.

— moderne. (Des Pegasus 2. Jahrg.) Hrsg. u. Red.: Rob. Müller-Raabe. Schriftleitung: Max Kirschstein. 1905. Jan.—März. 6 Hefte. (à ca. 24 S.) 8. Berlin (H. Schildberger). n. 1. —
Erscheint nicht mehr.

Molkereitechnische Rundschau. Monatsbeilage z. Schweizerischen Milchzeitung. U. St. 1908—10. 4°.
(1910 Nr. 5 mgl.).

Monatliche Rundschau.
Monthly. Organ of Der Deutsche Christliche Verein Junger Männer von San Francisco (YMCA German Branch).
San Francisco, CA

—— monatliche. Sammlung von Entscheidungen der Gerichte und Verwaltungsbehörden zu Frankfurt a. M. sowie der Entscheidungen des k. Ober-Tribunals in Frankfurter Rechtssachen, hrsg. von der jurist. Gesellschaft in Frankfurt a. M. Jahrg. 1868—1874. à Jahrg. 12 Hefte. (à 2 Bog.) gr. 8. Frankfurt a. M., (Alt.) à Jahrg. *

—— monatliche. Sammlung von Entscheidungen der Gerichte und Verwaltungsbehörden zu Frankfurt a. M., sowie der Entscheidungen des k. Ober-Tribunals und des Reichs-Oberhandelsgerichts in Frankfurter Rechtssachen, hrsg. von der jurist. Gesellschaft in Frankfurt a. M. Jahrg. 1875. 12 Hefte. (à 2 Bog.) gr. 8. Frankfurt a. M. (Alt.)
—— dass. — Jahrg. 1876—1878. à Jahrg. 12 Hefte. (à 1—2 Bog.) gr. 8. (Ebendas.) à Jahrg.
—— dass. — Jahrg. 1879. 12 Hefte (à 1—2 Bog.) gr. 8. Frankfurt a. M., (Alt und Neumann.) *

—— monatliche. Sammlung von Entscheidungen der Gerichte und Verwaltungsbehörden zu Frankfurt a. M., sowie der Entscheidungen des k. Ober-Tribunals und des Reichs-Oberhandelsgerichts in Frankfurter Rechtssachen, hrsg. von der jurist. Gesellschaft in Frankfurt a. M. 14. Jahrg. 1880. 12 Hefte. (à Heft 1—2 Bog.) gr. 8. Frankfurt a. M., (Neumann.) *

—— dass. — Sammlung von Entscheidungen der Gerichte zu Frankfurt a. M., sowie des Kammergerichts und des Reichsgerichts in Frankfurter Rechtssachen, nebst Verfügungen der Steuerbehörden, insbesondere über Stempelfragen. Hrsg. von der jurist. Gesellschaft in Frankfurt a. M. 15.—18. Jahrg. 1881—1884. à Jahrg. 12 Hefte. (à Heft 1—2 Bog.) gr. 8. (Ebendas.) à Jahrg. *

Rundschau, monatliche. Sammlung von Entscheidungen der Gerichte zu Frankfurt a. M., sowie des Kammergerichts und des Reichsgerichts in Frankfurter Rechtssachen, nebst Verfügungen der Steuerbehörden, insbesondere über Stempelfragen. Hrsg. von der jurist. Gesellschaft in Frankfurt a. M. 19. Jahrg. 1885. 12 Hefte. (à Heft 1—2 Bog.) gr. 8. Frankfurt a. M., (Neumann'sche Buchh.) *

— monatliche. Sammlung v. Entscheidgn. der Gerichte zu Frankfurt a/M., sowie d. Kammergerichts u. d. Reichsgerichts in Frankfurter Rechtssachen, nebst Verfüggn. der Steuerbehörden, insbesondere üb. Stempelfragen. Hrsg. v. der jurist. Gesellschaft in Frankfurt a/M. 20.—23. Jahrg. 1886—1889. à 12 Hfte. (à 1—2 B.) gr. 8. Frankfurt a/M., (Neumann). à Jahrg. n. 10. —

Rundschau: Monatliche Rundschau und Reklame-Zeitung
⑤ 1895—? ⑥ 2° ⑦ Monatsblatt ⑧ St. Gallen: Buchdruckerei »Ostschweiz AG«.

— montanische. Hrsg. u. Chefred.: Otto Kauders. 2. Jahrg. 1910. 24 Nrn. (à ca. 24 S.) Lex. 8. Wien, Berlin-Schöneberg, Verlag f. Fachliteratur. 16. —

Montanistische Rundschau. I. Jahrg. Gr.-8°. Erscheint in 24 Nrn. kompl. K 16.—
Wien: Halm und Goldmann 1909

Rundschau, musikalische. Eine illustr. Monatsschrift f. die deutsche Familie. Hrsg. u. Red.: Lud. Klug. 1. Jahrg. Octbr. 1885—Septbr. 1886. 12 Nrn. (2½ B.) gr. 4. Leipzig, (Böhme). n.n. 4. —
Erscheint nicht mehr.

— musikalische. Neue Wiener Musik-Zeitg. u. Blätter f. Kirchenmusik. Organ f. Musiker u. Kunstfreunde. Red.: Jos. Graf. 6. u. 7. Jahrg. 1891. 1892. à 36 Nrn. (à 1—1½ Bog.) gr. 4. Wien. (Leipzig, Literar. Anstalt A. Schulze.) à Jahrg. n. 10. —; Blätter f. Kirchenmusik allein n. 4. —

— dasselbe. Red.: Ernst Piok. 8. Jahrg. 1893. 24 Nrn. (à 1—1½ Bog.) gr. 4. Ebd. 10. —

— dasselbe. Organ f. Musiker, Musik- u. Kunstfreunde. (Neue Wiener Musikzeitung. — Blätter f. Kirchenmusik.) Hrsg. u. Red.: Jos. Graf. 9. Jahrg. 1894. 24 Nrn. m. 12 Musikbeilagen. (à 1—1½ Bog.) gr. 4. Ebd. n. 10. —

— musikalische, Fortsetzg., s.: Rundschau, österreich., f. bild. u. darstell. Kunst.

Musikalische Rundschau. Für d. Red. verantwortl.: Rudolf Kastner. Jg. 1, H. 1. München: Verl. d. Musikal. Rundschau 1905. 4° [F.] [illegible]

Rundschau, musikalische. Red.: Ludwig Weiss. 2. Jahrg. 1906. 24 Hefte. (à ca. 16 S.) Lex.-8. München, Verlag der musikal. Rundschau. n. 6. —

— musikalische. Zeitschrift f. Musik, Literatur u. Theater. Chef.-Red.: Rud. de la Hault, f. Theater u. Literatur: Frz. Paul Johannes, f. Musikalisches usw.: Max Wallberg. 3. Jahrg. Jan.—Septbr. 1907. 18 Hefte. (208 S.) Lex. 8. München (Hessstr. 90), Ludw. Weiss. 4. 50

— dasselbe. Halbmonatsschrift f. Musik, Theater u. Literatur. Chefred.: Max Wallberg, f. Theater u. auswärt. Konzerte: Frz. Paul Johannes. Red.: Ludw. Weiss. 4. Jahrg. Oktbr. 1907—Juni 1908. 18 Hefte. (à ca. 24 S.) Lex. 8. Ebd. 4. 50
Erscheint nicht mehr.

—— naturwissenschaftliche. Wöchentliche Berichte über die Fortschritte auf dem Gesammtgebiete der Naturwissenschaften. Unter Mitwirkung von J. Bernstein, A. v. Koenen, Vict. Meyer, B. Schwalbe und anderer Gelehrten hrsg. 1. Jahrg. 1886. 52 Nrn. (Bog.) hoch 4. Braunschweig, Vieweg und Sohn. *

— naturwissenschaftliche. Wöchentliche Berichte üb. die Fortschritte auf dem Gesammtgebiete der Naturwissenschaften. Unter Mitwirkg. v. J. Bernstein, A. v. Koenen, Vict. Mayer, B. Schwalbe u. anderer Gelehrten hrsg. von W. Sklarek. 2. Jahrg. 1887. 52 Nrn. (B.) hoch 4. Braunschweig, Vieweg & Sohn. n. 11. 50

— dasselbe. 3.—5. Jahrg. 1888—1890. à 52 Nrn. (B.) hoch 4. Ebd. à Jahrg. n. 16. —

— naturwissenschaftliche. Wöchentliche Berichte üb. die Fortschritte auf dem Gesammtgebiete der Naturwissenschaften. Unter Mitwirkg. v. J. Bernstein, W. Ebstein, A. v. Koenen u. anderer Gelehrten hrsg. v. W. Sklarek. 6.—9. Jahrg. 1891—1894. à 52 Nrn. (à ca. 2 Bog. m. Abbildgn.) hoch 4. Braunschweig, F. Vieweg & Sohn. à Jahrg. n. 16. —

— naturwissenschaftliche. Wöchentl. Berichte üb. d. Fortschritte auf d. Gesammtgebiete d. Naturwissenschaften. Unt. Mitwirkg. v. J. Bernstein, W. Ebstein, A. v. Koenen u. and. Gelehrten hrsg. v. W. Sklarek. 10.—13. Jahrg. 1895—1898. à 52 Nrn. (à ca. 16 S. m. Abb.) hoch 4. Braunschweig, F. Vieweg & Sohn. à Jahrg. n. 16. —
Kann auch vierteljährlich bezogen werden.

— naturwissenschaftliche. Wöchentliche Berichte üb. die Fortschritte auf dem Gesammtgebiete der Naturwissenschaften. Unter Mitwirkg. v. J. Bernstein, W. Ebstein, A. v. Koenen u. anderen Gelehrten hrsg. v. W. Sklarek. 14.—17. Jahrg. 1899—1902. à 52 Nrn. hoch 4. Braunschweig, F. Vieweg & Sohn. à Jahrg. n. 16. —; geb. n. 17. 50
14. (XVIII, 672 u. LXIV S.) — 15. (XVIII, 672 u. LXIV S.) 16. (XVIII, 672 u. LXIV S.) — 17. (XX, 672 u. LXVIII S.)

— naturwissenschaftliche. Wöchentliche Berichte üb. die Fortschritte auf dem Gesamtgebiete der Naturwissenschaften. Unter Mitwirkg. v. J. Bernstein, W. Ebstein, A. v. Koenen u. anderen Gelehrten hrsg. v. W. Sklarek. 18. Jahrg. 1903. 52 Nrn. (XVIII, 684 u. 72 S. m. Abb. u. 3 Taf.) hoch 4. Braunschweig, F. Vieweg & Sohn. n. 16. —; geb. n. 18. —

— dasselbe. 19. Jahrg. 1904. 52 Nrn. (XVIII, 672 u. 80 S. m. Abb.) hoch 4. Ebd. n. 19. —; geb. n. 21. —

— dasselbe. 20. u. 21. Jahrg. 1905 u. 1906. à 52 Nrn. (XVIII, 672 u. 80 S. m. Abb. u. XVIII, 694 u. 68 S. m. Abb., 1 Taf. u. 1 Portr.) hoch 4. Ebd. à Jhrg. n. 20. —; geb. n. 22. —

— naturwissenschaftliche. Wöchentliche Berichte üb. die Fortschritte auf dem Gesamtgebiete der Naturwissenschaften. Unter Mitwirkg. v. J. Bernstein, W. Ebstein, A. v. Koenen u. anderen Gelehrten hrsg. u. red. v. W. Sklarek. 22.—25. Jahrg. 1907—1910. à 52 Nrn. (XX, 672; XXII, 672; XXII, 672 u. XX, 672 S.) 31×23 cm. Braunschweig, F. Vieweg & Sohn. à Jahrg. 20. —
Die „Gaea" wurde hiermit vereinigt.

— **nautische.** Internationales Organ f. Schiffs- u. Eisenbahnwesen. Hrsg.: Charles Friedmann. (1. Jahrg.) Juli 1893—Juni 1894. 24 Nrn. (Bog. m. Abbildgn.) gr. Fol. Wien I, Rudolfsplatz 4, Administration. n. 16. —; vierteljährlich n. 5. —

— dasselbe. 2. Jahrg. Juli—Decbr. 1894. 12 Nrn. (Bog. m. Abbildgn.) gr. Fol. Ebd. n. 8. —; vierteljährlich n. 5. —; einzelne Nrn. n. 1. —

— nautische. Internat. Organ für Schiffs- u. Eisenbahnwesen. Hrsg.: Charles Friedmann. 3.—5. Jahrg. 1895—1897. à 24 Nrn. (à ca. 8 S.) gr. Fol. Wien (IX, Lichtensteinstr. 60), Administration. n. 16. —; einz. Nrn. n. 1. —

— dasselbe. Oesterr. Zeitschrift f. See- u. Binnenschifffahrt. Organ f. d. Mittheilgn. d. Donau-Vereins, Verein zur Hebg. d. Fluss- u. Canal-Schifffahrt in Oesterreich. Hrsg.: Charles Friedmann. Red.: Ig. Fleischer. 6. Jahrg. 1898. 24 Nrn. (à ca. 12 S.) Fol. Ebd. n. 16. —
Kann auch vierteljährlich für n. 5. — bezogen werden.

— nautische. Oesterreichische Zeitschrift f. See- u. Binnenschifffahrt. Hrsg.: Charles Friedmann. Red.: Ig. Fleischer. 7.—10. Jahrg. 1899—1902. à 24 Nrn. Fol. (à ca. 8 S.) Wien (IX, Liechtensteinerstr. 32—34), Administration. à Jahrg. n. 16. —; vierteljährl. n. 5. —

— **nautische.** Oesterreichische Zeitschrift f. See- u. Binnenschiffahrt. Hrsg.: Carl Friedmann. Red.: Ig. Fleischer. 12. Jahrg. 1904. 24 Nrn. (à ca. 8 S.) Fol Wien (IX, Liechtensteinerstr. 32—34), Administration. n. 16. —; viertelj. n. 5. —

— **die neue.** Red.: Osk. Bie. 15.—17. Jahrg. der freien Bühne. 1904—1906. à 12 Hefte. (à Jahrg. XVI, 1536 S.) Lex.-8. Berlin, S. Fischer, Verl. à Jhrg. n. 24. —
Erschien früher u. d. T.: Rundschau, neue deutsche.

— die neue. Red.: Osk. Bie. 18. Jahrg. der freien Bühne. 1907. 12 Hefte. (1536 S.) Lex. 8. Berlin, S. Fischer, Verl. 24. —; geb. 30. —

— dasselbe. 19.—21. Jahrg. der freien Bühne. 1908—1910. à 12 Hefte. (1856, 1832 u. 1776 S.) gr. 8. Ebd. à Jahrg. 28. —; geb. 40. —

Neue Berliner Rundschau. Tageskalender und Intelligenzblatt. Red. W. Bechtold. 1850. Nr. 5. S.

— neue deutsche. Freie Bühne. Red.: Osk. Bie. 5. Jahrg. 1894. 2.—4. Quartal. 9 Hfte. (à ca. 7 Bog.) Lex.-8. Berlin, S. Fischer, Verl. Vierteljährlich n. 4. 50
Erschien vom Jan.—März 1894 u. d. T.: Bühne, freie.

— neue deutsche. Red.: Osk. Bie. Der Freien Bühne 6. u. 7. Jahrg. 1895—1896. à 12 Hfte. (à ca. 7 Bog.) Lex.-8. Berlin, S. Fischer, Verl. à Jahrg. n. 18. —

— dasselbe. 8. u. 9. Jahrg. 1897—1898. Red.: Osk. Bie. à 12 Hfte. (à ca. 7 Bog.) Lex.-8. Ebd. à Jahrg. n. 18. —
Kann auch vierteljährlich bezogen werden.

— neue deutsche, der Freien Bühne 10.—13. Jahrg. 1899—1902. Red.: Osk. Bie. à 12 Hfte. Lex.-8. (1322, 1336, 1336 u. 1336 S.) Berlin, S. Fischer, Verl. à Jahrg. n. 18. —

— neue deutsche, der Freien Bühne 14. Jahrg. 1903. Red.: Osk. Bie. 12 Hefte. (VII, 1344 S.) Lex.-8. Berlin, S. Fischer, Verl. n. 18. —
Fortsetzung, s.: Rundschau, die neue.

— neue metaphysische. Monatsschrift f. philosoph., psycholog. u. okkulte Forschgn. in Wissenschaft, Kunst u. Religion. Hrsg. u. Red.: Paul Zillmann. III. u. IV. Bd. 1900 u. 1901. à 12 Hfte. gr. 8. (IV, 424 u. IV, 456 S. m. 16, bezw. 10 Taf.) Gr.-Lichterfelde, P. Zillmann. à Bd. n. 12. —

— dasselbe. V. Bd. 1902. gr. 8. (IV, 272 S. m. 9 Taf.) Ebd. n. 6. —

— neue metaphysische. Monatsschrift f. philosoph., psycholog. u. okkulte Forschungen in Wissenschaft, Kunst u. Religion. Hrsg. u. Red.: Paul Zillmann. XI.—XIII. Bd. Jahrg. 1904—1906. à 6 Hefte. (à ca. 48 S. m. 1 Bildnis.) gr. 8. Gr.-Lichterfelde, P. Zillmann. à Bd. n. 6. —

— neue, metaphysische. Monatsschrift f. philosoph., psycholog. u. okkulte Forschgn. in Wissenschaft, Kunst u. Religion. Hrsg. u. Red.: Paul Zillmann 14.—18. Bd. à 6 Hefte. (à ca. 40 S. m. 2 Taf.) gr. 8. Gr.-Lichterfelde 907—11. P. Zillmann. à Bd. 6. —

— neue musikalische. Prager Musik- u. Theaterzeitg. Hrsg.: Herm. Teibler. 1. Jahrg. Oktbr. 1896—Septbr. 1897. 24 Nrn. (à ca. 20 S.) gr. 8. Prag-Weinberge. München, G. D. W. Callwey. 6. —

Rundschau, Neue musikalische. Red.: Rich. Batka. 1. Jahrgang. Prag, Oktober 1896—September 1897. 2. Jahrgang (erschien als „Ergänzungsblatt zum Kunstwart") München 1897/98. Fortsetzung s. „Kunstwart".

Rundschau, neue philologische. Hrsg. von C. Wagener und E. Ludwig. Jahrg. 1886—1888. à Jahrg. 26 Nrn. (Bog.) gr. 8. Gotha, F. A. Perthes. à Jahrg. *

— neue philologische. Hrsg. v. C. Wagener u. E. Ludwig. Jahrg. 1887—1890. à 26 Nrn. (B.) gr. 8. Gotha, F. A. Perthes. à Jahrg. n. 12. —

Rundschau, neue philologische. Hrsg. v. C. Wagener u. E. Ludwig. Jahrg. 1891. 26 Nrn. (Bog.) gr. 8. Gotha, F. A. Perthes. n. 12. —

— dasselbe. Jahrg. 1892—1894. à 26 Nrn. (Bog.) gr. 8. Ebd. à Jahrg. n. 5. —

— neue philologische. Hrsg. von C. Wagener u. E. Ludwig. Jahrg. 1895—1897. à 26 Nrn. (Bog.) gr. 8. Gotha, F. A. Perthes. à Jahrg. n. 5. —

— dasselbe. Jahrg. 1898. 26 Nrn. (à ca. 24 S.) gr. 8. Ebd. n. 8. —

— neue philologische. Hrsg. v. C. Wagener u. E. Ludwig. Red.: E. Ludwig. Jahrg. 1899—1902. à 26 Nrn. gr. 8. (XII, 624; XII, 624; XIV, 624 u. XIV, 624 S.) Gotha, F. A. Perthes. à Jahrg. n. 8. —

— neue philologische. Hrsg. v. C. Wagener u. E. Ludwig. Red.: E. Ludwig. Jahrg. 1903—1906. à 26 Nrn. (XIV, 624; XII, 624; XIV, 624 u. XV, 624 S.) gr. 8. Gotha, F. A. Perthes. à Jhrg. n. 8. —

— neue philologische. Hrsg. v. C. Wagener u. E. Ludwig. Red.: E. Ludwig. Jahrg. 1907 u. 1908. à 26 Nrn. (X, 624 u. XIV, 624 S.) gr. 8. Gotha, F. A. Perthes. à Jahrg. 8. —
Erscheint nicht mehr.

— neue postalische. Organ der Postverwalter-Vereinigg. Red.: Geo. Förster. 5. Jahrg. 1910. 24 Nrn. (à ca. 16 S.) Breslau, P. Förster. 6. —

Schweizer Rundschau: Neue Schweizer Rundschau s. a. Wissen und Leben.

— neue schweizer. Monatsschrift f. Literatur u. Kunst. 2. Jahrg. Dezbr. 1906—Novbr. 1907. 12 Hefte. (à ca. 24 S.) 31×22 cm. Zürich, A. Bopp. 3. —

— dasselbe. Vierteljahrsschrift f. Literatur u. Kunst. 3. Jahrg. 1908. 3 Hefte. (à ca. 16 S.) 31×22,5 cm. Ebd.
Erscheint nicht mehr. à Heft — 25

— neuphilologische. Bibliographisch-krit. Organ f. german., roman., kelt. u. slav. Philologie, allgem. u. vergleich. Sprachwissenschaft, Litteraturgeschichte u. Volkskunde. Mit Berücksicht. d. neusprachl. Unterrichts. 1. Bd. Mai—Dezbr. 1897. 12 Nrn. (Bog.) gr. 8. Leipzig. Bern (Schauplatzgasse 27, II), A. Hottler. n. 4. —

Rundschau, neuphilologische. 2. Bd. 1898. 24 Nrn. (à ca. 24 S.) gr. 8. Ebd. n. 12. —

— nordische. Eine Monatsschrift, hrsg. v. Erwin Bauer. 1—5. Bd. à 6 Hfte. Lex.-8. (à Hft. ca. 112 S.) Reval 884—86. Lindfor's Erben. à Bd. n. 10. —

— nordische. Eine Monatsschrift, hrsg. von G. v. Falck. 6.—8. Bd. à 6 Hfte. gr. 8. (à Hft. ca. 96 S.) Reval 887. 888. Lindfors' Erben. à Bd. n. 10. —

— okkultistische. Monatsschrift. Organ des deutschen Spiritualisten-Bundes. Hrsg. vom deutschen Spiritualisten-Bund. Red.: Wilh. Wegge. 5. u. 6. Jahrg. 1909 u. 1910. à 12 Nrn. (à ca. 24 S.) gr. 8. Bielefeld, H. Kessemeier. (Leipzig, F. Schneider.) à Jahrg. 1.50

— ostasiatische. 1. Jahrg. 6 Hfte. gr. 8. Shanghai, Deutsche Druckerei u. Verlagsanstalt. à n. — 75
1. Konfuzius u. das heutige China. Vortrag, geh. in Tsingtau im März 1900. Von C. Voskamp. (18 S.) 900.
2. Chinesische Schriftseichen. Von H. Hackmann. (S. 19—42.) 900.
3. Mit dem Dampfer üb. die Yangtze-Schnellen. Von C. Ebbecke. Nebst Mittheilgn. des Kapitäns Breitag. (S. 43—61.) (901.)
4. Chinesische Federzeichnungen. Von H. A. Bach. (S. 63—92.) (901.)
5. Die Belagerung v. Peking. Auszüge aus dem Tagebuch. Von Herm. Bismarck. (S. 93—143.) (901.)
6. Ein Ausflug nach den Yangtze-Grotten. Von H. Betz. (S. 145—161.) (901.)
Erscheint nicht mehr.

Rundschau. — Ostdeutsche Rundschau. Bromberg. 1894—99.

— österreichische. Monatsschrift für das gesammte geistige Leben der Gegenwart. Hrsg. von Ant. Edlinger. 1. Jahrg. 1883. 12 Hefte. (à Heft 6 Bog.) gr. 8. Wien, Graeser. *
Nicht weiter erschienen.

— österreichische. Auslieferung f. Deutschland jetzt: Berlin, G. Stilke.

— österreichische. Hrsg. von Alfr. Frhrn. v. Berger u. Karl Glossy. Red.: Hugo Haberfeld. 1. u. 2. Jahrg. 1.—8. Bd. Novbr. 1904—Oktbr. 1906. à 52 Hefte. (8. Bd. 506 S.) Lex.-8. Wien, C. Konegen. à Bd. n. 6. —

— dasselbe. 3. Jahrg. 9. Bd. Novbr. u. Dezbr. 1906. 4 Hefte. (à ca. 72 S.) Lex.-8. Brünn, F. Irrgang. n. 4. —

— österreichische. Hrsg. von Alfr. Frhrn. v. Berger u. Karl Glossy. Red.: Bruno Heym. 10.—13. Bd. 1907. 24 Hefte. (10. Bd. VI, 489 S.) Lex. 8. Brünn, F. Irrgang. 24. —

-- dasselbe. Hrsg. v. Alfr. Frhrn. v. Berger, Leop. Frhrn. v. Chlumecky, Karl Glossy u. Fel. Frhrn. v. Oppenheimer. Chefred.: Karl Glossy. Verantwortlich: Karl Junker. 14.--25. Bd. Jahrg. 1907--1910. à 24 Hefte. (VI, 486; V, 470; V, 419; VI, 486; V, 498; VII, 474; VIII, 408; VIII, 501; VIII, 483; VIII, 485; VIII, 471 u. VIII, 505 S.) Lex. 8. Wien, C. Fromme. (Für Deutschland: Leipzig, L. Staackmann.) à Bd. 6. —

— österr., f. bild. u. darstell. Kunst. Organ f. Musik, Theater, Kunst u. Litteratur. Vorm. Musikal. Rundschau. — Neue Wiener Musikzeitg. — Blätter f. Kirchenmusik. Hrsg.: Fel. Faith. Red.: Jos. Wiedmann. 10. Jahrg. 1895. 24 Nrn. (à ca. 4 S.) gr. 4. Wien (II, Rembrandtstr. 37), Expedition. n. 10. —

Jg. 1--9. 1886--1894 u. d. T.: Musikalische Rundschau.

— dasselbe, Fortsetzg., s.: Musik- u. Theater-Rundschau f. bild. u. darstell. Kunst.

— pädagogische. Zeitschrift f. Schulpraxis und Lehrerfortbildg. Hrsg. von A. v. Räckler. 1. Jahrg. Juli —Dezbr. 1887. 6 Hfte. (à 2½—3 B.) gr. 8. Wien, (Lechner's Verl.). n. 3. —

— dasselbe. 2.—4. Jahrg. 1888—1890. à 12 Hfte. (à 2½ —3 B.) gr. 8. Ebd. à Jahrg. n. 6. —

— **pädagogische. Zeitschrift f. Schulpraxis u. Lehrerfortbildg. Begründet von Alois v. Räckler, hrsg. v. Frz. Mandl unter Mitwirkg. hervorrag. Schulmänner u. Pädagogen. 5.—8. Jahrg. 1891—1894. à 12 Hfte. (à ca. 8 Bog.) gr. 8. Wien, (R. Lechner & Sohn). à Jahrg. n. 6. —**

— pädagogische. Zeitschrift f. Schulpraxis u. Lehrerfortbildung. Begründet von Alois v. Räckler, hrsg. v. Frz. Mandl unter Mitwirkg. hervorrag. Schulmänner u. Pädagogen. 9.—12. Jahrg. 1895—1898. à 12 Hfte. (à ca. 40 S.) gr. 8. Wien (R. Lechner & Sohn). à Jahrg. n. 6. —

— pädagogische. Zeitschrift f. Schulpraxis u. Lehrerfortbildg. Begründet von Alois v. Räckler, hrsg. v. Frz. Mandl unter Mitwirkg. hervorrag. Schulmänner u. Pädagogen. 13.—16. Jahrg. 1899—1902. à 12 Hfte. gr. 8. (à ca. 48 S.) Wien (R. Lechner & Sohn). à Jahrg. n. 6. —

— **pädagogische. Zeitschrift f. Schulpraxis u. Lehrerfortbildg. Hrsg. unter Mitwirkg. hervorrag. Schulmänner u. Pädagogen. Geleitet v. Heinr. Jessen. 17.—20. Jahrg. 1903—1906. à 12 Hefte. (à ca. 40 S.) gr. 8. Wien (R. Lechner & Sohn). à Jhrg. n. 6. —**

-- pädagogische. Zeitschrift f. Schulpraxis u. Lehrerfortbildg. Hrsg. unter Mitwirkg. hervorrag. Schulmänner u. Pädagogen. Geleitet v. Heinr. Jessen. 21.—24. Jahrg. 1907—1910. à 12 Hefte. (à ca. 40 S.) gr. 8. Wien, R. Lechner & Sohn. à Jahrg. 6. --

Pädagogische Rundschau. Anzeigen u. Besprechungen neu erschienener Lehrmittel u. Bücher aus d. Geb. d. pädagog. Litteratur. [1.] 1901. *Breslau: Priebatsch 1901.* 4°

= Schulzeitung, Schlesische. Monats-Beilage. [04. 5075

Rundschau, pädagogische, auf dem Gebiete des Unterrichtswesens aller Länder. Eine internationale Monatsschrift für prakt. u. wissenschaftl. Fortbildung der Lehrer, hrsg. von **Frdr. Körner.** 2. Jahrg. 1882. 12 Hfte. (à 4 B.) gr. 8. Hildburghausen, Gadow & Sohn. 6. —

cf.: Rundschau auf dem Gebiete des Unterrichtswesens aller Länder.

— pädagogische, auf dem Gebiete d. Unterrichtswesens aller Länder. Eine internationale Monatsschrift f. prakt. u. wissenschaftl. Fortbildg. der Lehrer, hrsg. v. Frdr. Körner. 3—5. Jahrg. 1883—1885. à 12 Hfte. (4 B.) gr. 8. Hildburghausen, Gadow & Sohn. à Jahrg. 6. —

Erscheint nicht mehr.

Rundschau. – Pfälzische Rundschau. – Ludwigshafen. – 16.IX.1899 – 31.III.1935. Fortges. u.d.T.: Neue Abendzeitung.

—— **pharmaceutische. Eine Monatsschrift für die wissenschaftl. und gewerbl. Interessen der Pharmacie und verwandten Berufs- und Geschäftszweige in den Vereinigten Staaten. Hrsg. von Fr. Hoffmann. 3.—6. Jahrg. 1885—1888. à Jahrg. 12 Hefte. gr. 4. (à Heft 24 S.) New-York. (Berlin, Springer.) à Jahrg. ***

—— pharmaceutische. Eine Monatsschrift f. die wissenschaftl. u. gewerbl. Interessen der Pharmacie u. verwandten Berufs- u. Geschäftszweige in den Vereinigten Staaten. Hrsg. v. Fr. Hoffmann. 7.—10. Jahrg. 1889—1892. à Jahrg. 12 Hefte. gr. 4. (à Heft ca. 25 S.) New York. (Berl., Springer.) à Jahrg. * 10 —

— **pharmaceutische. Eine Monatsschrift f. die wissenschaftl. u. gewerbl. Interessen der Pharmacie u. verwandten Berufs- u. Geschäftszweige in den Vereinigten Staaten. Hrsg. v. Fr. Hoffmann. 9.—12. Jahrg. 1891—1894. à 12 Hfte. (à ca. 8 Bog.) gr. 4. New York. (Berlin, J. Springer.) à Jahrg. n. 10. —**

— pharmaceutische. E. Monatsschrift f. d. wissenschaftl. u. gewerbl. Interessen d. Pharmacie u. verw. Berufs- u. Geschäftszweige in den Verein. Staaten. Hrsg. v. Fr. Hoffmann. 13. Jahrg. 1895. 12 Hfte. (à ca. 24 S.) gr. 4. New-York. (Berlin, J. Springer.) n. 10. —

Die Fortsetzg. erschien u. d. T.: Pharmaceutical Review in englischer Sprache.

— pharmaceutische. Wochenschrift f. die Interessen der Pharmacie, Chemie, Hygiene u. der verwandten Fächer. Gegründet 1874. Hrsg. u. geleitet v. Arth. Leo Brestowski. Red.: Adb. Carl Trupp. 25.—28. Jahrg. 1899--1902. à 52 Nrn. Lex.-8. (XVI, 859; XIX, 890; **XVIII, 770 u. XX, 924 S.) Wien (XIII/8, Auhofstr. 190), Verwaltung der pharmaceut. Rundschau. à Jahrg. n. 14. —**

— **pharmazeutische. Wochenschrift f. die Interessen der Pharmazie, Chemie, Hygiene u. der verwandten Fächer. Organ des „Verbandes der Landapothekervereine Oesterreichs". Gegründet 1874. Hrsg. u. Red.: Arth. Leo Brestowski. 29.—31. Jahrg. 1903--1905. à 52 Nrn. (790, 598 u. 598 S.) Lex.-8. Wien (VII/2, Mariahilferstr. 62), Verwaltg. der pharmazeut. Rundschau. à Jhrg. n. 14. —**

— pharmaceutische, u. Zeitung f. die wissenschaftlichen u. gewerblichen Interessen der Pharmacie u. verwandten Berufs- u. Geschäftszweige in den Vereinigten Staaten. Hrsg. v. Fr. Hoffmann. 1—4. Jahrg. 1883—1886. à 12 Hfte. gr. 4. (1. Hft. 28 S.) New York. (Berlin, Springer.) à Jahrg. n. 10. —

—— **philologische. Hrsg. von C. Wagener und E. Ludwig. 1.—4. Jahrg. 1881—1884. à Jahrg. 52 Nrn. (Bog.) Lex.-8. Bremen, Heinsius. à Jahrg. ***

—— **philologische. Hrsg. von C. Wagener und E. Ludwig. 5. Jahrg. 1885. 52 Nrn. (Bog.) Lex.-8. [Bremen, Heinsius.] Berlin, Gaertner's Verlag. ***

Vom 6. Jahrg. an mit der „Wochenschrift für classische Philologie" vereinigt. 1.—4. Jahrg. ist gleichfalls von Gaertner's Verlag übernommen.

—— **photographische. Organ des Club der Amateur-Photographen in Wien. Hrsgbr.: Carl Srna. Redig. von C. Schiendl. Unter besond. Mitwirkung von H. Mallmann und Ch. Scolik. 1. Jahrg. 1887. 12 Hefte. (à Heft 1—2 Bog. mit eingedr. Fig. und Lichtdr.) gr. 8. Wien, (Lechner's Sortiment.) ***

— **dasselbe. Red. v. Ch. Scolik. 2.—4. Jahrg. 1888—1890. à 12 Hfte. (à Hft. ca. 40 S. m. eingedr. Abbildgn. u. Taf.) Halle, Knapp. à Jahrg. n. 12. —**

— photographische. Central-Blatt f. Amateurphotographie. Unabhängige Monatsschrift u. Organ d. „Club der Amateur-Photographen in Wien" etc. Hrsg. u. red. v. Charles Scolik. 5.—7. Jahrg. 1891—1893. à 12 Hfte. gr. 8. (à Hft. ca. 36 S. m. eingedr. Abbildgn. u. Taf.) Halle a/S., W. Knapp. à Hft. n. 1.—

— dasselbe. Zeitschrift f. Freunde der Photographie. Hrsg. u. geleitet v. R. Neuhauss. Unter besond. Mitwirkg. v. Ch. Scolik u. E. Schmidt u. v. Aarland, A. Annacker, P. Braunschweig u. A. 8. Jahrg. 1894. 12 Hfte. gr. 8. (1. Hft. 42 S. m. Abbildgn. u. 3 Taf.) Ebd. à Hft. n. 1.—

— photographische. Zeitschrift f. Freunde d. Photographie. Hrsg. u. geleitet v. R. Neuhauss. Unter bes. Mitwirkg. v. Ch. Scolik u. E. Schmidt u. v. Aarland, Allihn, A. Annacker, Ernst Juhl u. A. 9.—12. Jahrg. 1895—1898. à 12 Hfte. (à ca. 3 Bog. m. Abb. u. Taf.) gr. 8. Halle, W. Knapp. à Hft. n. 1.—

— photographische. Zeitschrift f. Freunde der Photographie. Hrsg. u. geleitet v. R. Neuhauss f. den wissenschaftlichen u. techn. Teil, Ernst Juhl f. den künstler. Teil. Unter besond. Mitwirkg. v. Ch. Scolik, Paul v. Jankó u. a. hervorrag. Fachmänner. 13.—16. Jahrg. 1899—1902. à 12 Hfte. Lex.-8. (à ca. 24 u. 6 S. m. Abbildgn. u. Taf.) Halle, W. Knapp. à Hft. n. 1.—

— photographische. Zeitschrift f. Freunde der Photographie. Hrsg. u. geleitet von R. Neuhauss f. den wissenschaftl. u. techn. Teil, F. Matthies-Masuren f. den künstler. Teil. 17. u. 18. Jahrg. 1903 u. 1904. à 24 Hefte. (17. Jahrg. 830 S. m. 64 Beilagen.) Lex.-8. Halle, W. Knapp. à Jhrg. n. 12.—

— dasselbe, u. photographisches Centralblatt. Zeitschrift f. Freunde der Photographie. Hrsg. v. Neuhauss, F. Matthies-Masuren u. H. Schnauss. Red.: R. Neuhauss. 19. u. 20. Jahrg. 1905 u. 1906. à 24 Hefte. (à ca. 24 S. m. Taf.) Lex.-8. Halle, W. Knapp. à Jhrg. n. 12.—
Das „Photogr. Centralblatt" wurde hiermit vereinigt.

— photographische, u. photographisches Centralblatt. Zeitschrift f. Freunde der Photographie. Hrsg. v. R. Luther, F. Mathies-Masuren u. O. Mente. 21.—24. Jahrg. 1907—1910. à 24 Hefte. (à ca. 16 u. 8 S. m. Abb. u. 4 Taf.) Lex. 8. Halle, W. Knapp. à Jahrg. 12.—

— physiatrische. Zeitschrift f. wissenschaftl. Naturheilkunde u. Volksgesundheitspflege. Zugl. Organ f. d. collegialen u. socialen Interessen d. physiatr. Aerzte. Hrsg. v. Max Böhm unt. Mitwirkg. hervorrag. Fachschriftsteller. 4. u. 5. Jahrg. Juli 1897—Juni 1899. à 12 Nrn. (à ca. 2 Bog.) gr. 8. Chemnitz, Tetzner & Zimmer. à Jahrg. 6.—
Kann auch vierteljährlich bezogen werden.

— physiatrische. Zeitschrift f. wissenschaftl. Naturheilkunde u. Volksgesundheitspflege. Zugleich Organ f. die collegialen u. socialen Interessen der physiatr. Aerzte. Hrsg. v. Max Böhm unter Mitwirkg. hervorrag. Fachschriftsteller. 6. Jahrg. Juli 1899—Juni 1900. 12 Nrn. gr. 8. (à ca. 24 S.) Chemnitz, Tetzner & Zimmer. 6.—

Rundschau, politische, auf katholischem Boden. Eine Fastenbetrachtung in der Zeitenwende des 19. Jahrhunderts. 12. (26 S.) Aschaffenburg 851, Pergay. 2 ng.

— positive, f. die Parochial-Vereine Berlins. Hrsg. unter Mitwirkung v. J. Burckhardt, Karl Herrmann, Irmer ꝛc. von Jul. Koch. 1. Jahrg. 1895. 12 Nrn. (½ Bog.) gr. 8. Berlin (G. Nauck). n.n. 1.50
Weiter nicht erschienen.

— postalische. Zeitschrift f. die geist. Interessen der Post- u. Telegraphen-Beamten. Hrsg. unter Mitwirkg. bewährter Fachmänner. Red.: H. J. Dieckmann. 1. Jahrg. Oktbr. 1902—Dezbr. 1903. 30 Nrn. hoch 4. (à ca. 20 S. m. Abbildgn.) Berlin, C. Heymann. n. 10.—

— postalische. Zeitschrift f. die geist. Interessen der Post- u. Telegraphen-Beamten. Hrsg. unter Mitwirkg. bewährter Fachmänner. Red.: H. J. Dieckmann. 2. bis 4. Jahrg. 1904—1906. à 24 Nrn. (VIII, 428; VIII, 432 u. VIII 432 S. m. Abb.) hoch 4. Berlin, C. Heymann. à Jhrg. n. 8.—

— postalische. Zeitschrift f. die geist. Interessen der Post- u. Telegraphen-Beamten. Hrsg. unter Mitwirkg. bewährter Fachmänner. Red.: H. J. Dieckmann. 5. u. 6. Jahrg. 1907 u. 1908. à 24 Nrn. (VIII, 454 u. VIII, 480 S.) Lex. 8. Berlin, C. Heymann. à Jahrg. 8.—

Rundschau, postalische. Zeitschrift f. die geist. Interessen der Verkehrs-Beamten. Organ des Bundes geprüfter Sekretäre u. Obersekretäre d. Reichs-Post- u. Telegraphenvrwaltg. Red.: Konr. Krolow. 7. u. 8. Jahrg. 1909 u. 1910. à 24 Nrn. (8. Jahrg. VI, 424 S.) Lex. 8. Berlin, C. Heymann. à Jahrg. 10.—

Rundschau auf Reisen nach und in Amerika und Australien, f. Nachbar, der.

— rheinische. 1. u. 2. Heft. gr. 8. Cöln 904. Westdeutscher Schriftenverein. n. — 55
1. Religiöses Leben der deutschen Landbevölkerung im Jahrhundert vor der Reformation. Von Alb. Rosenkranz. (15 S.) n. — 25
2. Betrachtungen über die alttestamentliche Religionsgeschichte Israels. Von Feuring-Bonderulm. (22 S.) n. — 30

— russische medicinische. Monatsschrift f. die gesamte russ. medicin. Wissenschaft u. Litteratur. Unter Mitwirkg. hervorrag. russ. Gelehrter u. Aerzte hrsg. u. red. v. Semjon Lipliawsky u. S. Weissbein. Jahrg. 1902/1903. 12 Nrn. gr. 8. (à ca. 100 S.) Berlin [M. Hirsch]. A. Haussmann. n. 12.—; einz. Nrn. n. 1.50

— russische medicinische. Monatsschrift f. die gesamte russ. medicin. Wissenschaft u. Litteratur. Unter Mitwirkg. hervorrag. russ. Gelehrten u. Aerzte hrsg. u. red. v. Semjon Lipliawsky u. S. Weissbein. 2. bis 4. Jahrg. 1904—1906. à 12 Nrn. (à ca. 64 S.) gr. 8. Berlin, A. Haussmann. à Jhrg. n. 12.—

— russische medicinische. Monatsschrift f. die gesamte russ. medicin. Wissenschaft u. Litteratur. Offizielles Organ der russisch-deutschen medicin. Gesellschaft zu Berlin. Hrsg. u. red. v. Semjon Lipliawsky u. S. Weissbein. 5. u. 6. Jahrg. 1907 u. 1908. à 12 Nrn. (à ca. 64 S.) gr. 8. Berlin, A. Haussmann. à Jahrg. 12.—

(F) Schlesische Rundschau. Halbmonatschrift für Literatur, Kunst, Sport etc. I. Jahrg. 1908. Lex.-8°. Erscheint in 24 Nrn. Troppau: Gollmann 1908. kompl. K 8.—

Schleswig-holsteinische Rundschau. Halbmonatsschrift (Jg. 3: Monatsschrift) f. Kunst, Literatur u. Kultur in Schleswig-Holstein, den Hansestädten u. Nachbargebieten. Hrsg. von Kurt Küchler, Altona. Jg. 2. 3, H. 1-9. [Mehr nicht ersch.] Altona-Ottensen: Adolff 1907-09. 8°
2. 1907-08. 3. 1908-09.
Auf s. u. d. T.: Schleswig-holsteinische Zeitschrift f. Kunst u. Literatur.

— schleswig-holsteinische. Monatsschrift f. Kunst, Literatur u. Kultur in Schleswig-Holstein, den Hansestädten u. Nachbargebieten. Hrsg.: Kurt Küchler. 3. Jahrg. Mai 1908—April 1909. 12 Hefte. (à ca. 32 S. m. Abb.) gr. 8. Altona-Ottensen, Ch. Adolff. 5.—
Erscheint nicht mehr.

Rundschau vom Laibacher Schloßberg. 864 m. 2. Aufl. K 1.— Laibach: Kleinmayr & Bamberg 1904.

Schrattenthal's Rundschau. Zeitschrift für Frauen-Literatur, für der Frauen Kunst und Wissen. Redigirt von Rudolf Drottleff. II. Jahrg. 1894. 24 Nrn. 4. 3.—, pro Semester 1.50
Pressburg: Heckenast Nachf. 1894.

— Zeitschrift f. Frauen-Literatur, f. der Frauen Kunst u. Wissen, s. a. Schrattenthal.

Rundschau. – Schwäbische Rundschau. – Esslingen a.N. – 1.X.1890 – 24.XI.1910.
Vorh. u.d.T.: Eßlinger Anzeiger.
Fortges. u.d.T.: Eßlinger Tagblatt.

Schweizer Rundschau
v. Schweizerische **Rundschau.**

Rundschau: Schweizerische Rundschau — Revue Helvétique — Rivista Elvetica
② Schweizerische Rundschau (1896—Juni 1897) ⑤ 12. 1. 1891—Juni 1897 ⑥ 8° (Vergrößerung April 1891) ⑦ Monatsblatt ⑧ Zürich: Art. Institut Orell Füßli (1891); Bern: Lack Scheim & Co. (1892—1895); Zürich: J. Schabelitz (1896—Juni 1897) ⑩ Unter den Gründern werden angeführt: Numa Droz, Conrad Ferdinand Meyer, Th. v. Liebenau, Virgile Rossel, Karl Spitteler, Jos. Viktor Widmann. — Prof. Dr. Ferd. Vetter, Bern (1891–1895), Albert Müller Verlag Zürich (1896—Juni 1897) ⑪ Prof. Dr. Ferd. Vetter, Bern (1891—1895), Albert Müller Verlag Zürich (1896—Juni 1897); ständiger Mitarbeiter: Virgile Rossel; politische Mitarbeiter: Ständerat Gustav Heinrich Schoch, Schaffhausen; Nationalrat Eduard Eckenstein, Basel ⑫ Die Rundschau sollte der Vermittlung zwischen den durch Sprache und Politik getrennten Landesteilen dienen (bis 1895 dreisprachig) ⑮ Greiner: Der literarische Verkehr der deutschen und welschen Schweiz seit 1848 (1940), p. 79 ff; Locarnini: Die literarischen Beziehungen zwischen der italienischen und der deutschen Schweiz (1946), p. 176 ff; Locarnini in »Civitas« 3, Nr. 4 (Dezember 1947) ⑭ Zh: Z; Be: L.

— schweizerische. — Revue helvétique. — Rivista elvetica. Unter Mitwirkg. von Jos. Ign. v. Ah, Giov. Anasti, Léon Bachelin u. A. hrsg. vom Art. Institut Orell Füßli u. Ferd. Vetter. 1. Jahrg. 1891. 12 Hfte. (à 8—10 Bog.) 8. Zürich, Art. Institut Orell Füßli, Verl. Halbjährlich n. 8. —; einzelne Hfte. à n. 2. —

— dasselbe. Red.: Ferd. Vetter. 2.—4. Jahrg. 1892. 1894. à 12 Hfte. (à 8—10 Bog.) gr. 8. Zürich, Alb. Müller's Verl. à Jahrg. n. 15. —; einzelne Hfte. n. 2. —

— schweizerische. — Revue helvétique. — Rivista elvetica. Hrsg. unt. Mitwirkg. zahlr. Schriftsteller der Schweiz u. d. Auslandes u. begründ. v. Jos. Ign. v. Ah, Giov. Anastasi, Léo Bachelin u. A. Red.: Ferd. Vetter. 5. Jahrg. 1895. 12 Hfte. (à ca. 7 Bog.) gr. 8. Zürich, Alb. Müller's Verl. n. 15. —; einz. Hfte. n. 2. —

— dasselbe. 6. u. 7. Jahrg. 1896—1897. à 12 Hfte. (à ca. 6 Bog.) gr. 8. Ebd. à Jahrg. n. 15. —; einz. Hfte. n. 2. —

Rundschau: Schweizerische Rundschau (Nw—Sz—Zb)
① Monatsschrift für Geistesleben und Kultur (ab 1925) ② Schweizer. Rundschau (1907—1922) Schweizer Rundschau (seit 1944) ⑤ 1900 (cont.) ⑥ 8° ⑦ Monatsblatt ⑧ Stans: Buchdruckerei von Matt (bis 1924); Einsiedeln: Benziger & Co. AG; Zürich: Börsigs Erben (1952) ⑪ Dr. Anton Gisler (bis 1924, dann noch Herausgeber), Dr. Ludwig Suter (bis 1905), Hans von Matt (bis 1924, dann noch Herausgeber), Kaspar Müller (1905—1922), Dr. Carl Doka, Dr. Siegfried Streicher ⑫ kulturpolitisch-kritisch, für positives Christentum, katholisch ⑬ Schweizer Rundschau 50. Jg., Heft 1 ⑭ Lu: Z; Be: L.

— schweizerische. Red.: A. Gisler, L. Suter, Hans v. Matt. 1.—3. Jahrg. 1900/1901—1902/1903. à 6 Hfte. gr. 8. (VIII, 468; VIII, 500 u. VIII, 524 S.) Stans, H. v. Matt & Co. à Jahrg. n. 4. —

— schweizerische. Red.: A. Gisler, K. Müller, Hans v. Matt. 4.—7. Jahrg. 1903/04—1906/07. à 6 Hefte. (4.—6. Jahrg. VIII, 504; VIII, 516 u. VIII, 498 S.) gr. 8. Stans, H. v. Matt & Co. à Jhrg. n. 4. —

— schweizerische. Red.: A. Gisler, K. Müller, Hans v. Matt. 8.—10. Jahrg. 1907/08—1909/10. à 6 Hefte. (à ca. 88 S.) gr. 8. Stans, H. v. Matt & Co. à Jahrg. 4. —

— schweizerische, f. Medizin. Revue suisse de médicine. Hrsg. v. Rodari, Steinmann, Taillens u. a. Unter Mitwirkg. v. Arx, Barraud, Bernhard u. a. Verantwortlich: Steinmann. 2. Jahrg. 1910. 52 Nrn. (XXIV, 1604 S.) gr. 8. Basel, Wackernagel. 13. 60
Vergl.: Revue suisse de médicine.

— vom Sonntagsberge [704 Meter] bei Waidhofen a. d. Ybbs. Vollständiges Panorama, sowohl f. Landals auch Gebirgsaussicht. Lith. qu. gr. Fol. Wien 876. Hölder in Comm. n. — 80

Rundschau: Sozialdemokratische Rundschau
v. **Przeglad** socjaldemokratyczny.

— sociale. Hrsg. vom k. k. arbeitsstatist. Amte im k. k. Handelsministerium. 1.—3. Jahrg. 1900—1902. à 12 Nrn. gr. 8. Wien, A. Hölder. à Jahrg. n. 2. —
1. (XXV, 1000 u. XXV, 876 u. gewerbegerichtl. Entscheidgn. XXX, 224 S.) — 2. (XXXI, 786 u. XXVIII, 882 u. gewerbegerichtl. Entscheidgn. XXVIII, 208 S.) — 3. (XXXI, 943 u. XXXVII, 930 u. gewerbegerichtl. Entscheidungen XXXVII, 208 S.)

Rundschau, soziale. Hrsg. vom k. k. arbeitsstatist. Amte im Handelsministerium. 4.—7. Jahrg. 1903—1906. à 12 Nrn. (912, 1108, 810 u. 750 S. u. gewerbegerichtl. Entscheidgn.) gr. 8. Wien (A. Hölder). à Jhrg. n. 2. —

— soziale. Hrsg. vom k. k. arbeitsstatist. Amte im Handelsministerium. 8.—11. Jahrg. 1907—1910. à 12 Nrn. (1910 Nr. 1. 188 u. gewerbegerichtl. Entscheidungen. 16 S.) gr. 8. Wien, A. Hölder. à Jahrg. 2. —

— socialpolitische. Monatsschrift f. die Geschichte u. Kritik der socialen Bewegg. Hrsgbr. u. Redact.: Karl Munding. 1. Jahrg. Oktbr. 1891 — März 1892. 6 Hefte. gr. 8. (à Heft 80 S.) Lpz., Fr. Richter. * 9 —
Nicht weiter erschienen.

— sozialpolitische. Als Mskr. f. Redaktionen gedruckt. 2. Jahrg. 1902. 26 Nrn. (à ca. 2 Bl.) gr. 4. Frankfurt a. M., Dr. E. Schnapper. n. 3. —
Nicht mehr im Buchhandel.

— social-wirthschaftliche. Halbmonatshefte, hrsg. v. A. Fischel. Red.: J. Klein. 1. Jahrg. 1897. 24 Hfte. (à ca. 12 S.) Lex.-8. Wien. (Leipzig, Literar. Anstalt, A. Schulze.) n. 12. —
Weiter nicht erschienen.

— spiritistische. Monatsschrift f. Spiritismus u. verwandte Gebiete. Central-Organ des Bundes spiritistisch. Vereine. Leiter: Karl Oberimpfler u. seit 1. Octbr. 1901: Wilh. Kuhaupt. 8. u. 9. Jahrg Oktbr. 1900 — Septbr. 1902. à 12 Nrn. gr. 8. (à ca. 24 S. m. Bildnissen.) Berlin (K. Siegismund). à Jahrg. n. 3. —
Vergl.: Psyche.

— dasselbe. Hrsg. v. d. spirit. Loge „Psyche zur Wahrheit" in Berlin. Red.: Jacques Groll. 10. Jahrg. Oktbr. 1902 bis Septbr. 1903. 12 Nrn. gr. 8. (à ca. 24 S. m. Bildnissen.) Ebd. n. 4. —
Erscheint nicht mehr.

— spiritistische. Monatsschrift. Organ des deutschen Spiritualisten-Bundes. Hrsg. vom deutschen Spiritualisten-Bund. Red.: Alb. Donat. 1.—3. Jahrg. Oktbr. 1904—Septbr. 1907. à 12 Nrn. (224, 224 u. 285 S.) gr. 8. Chemnitz (B. Laasch). à Jhrg. 5. —

— spiritistische. Monatsschrift. Organ des deutschen Spiritualisten-Bundes. Hrsg. vom deutschen Spiritualisten-Bund. Verantwortlich: Wilh. Weege. 4. Jahrg. Oktbr. 1907—Septbr. 1908. 12 Nrn. (à ca. 24 S.) gr. 8. Chemnitz, (B. Laasch). (Leipzig, F. Schneider.) 5. —
Fortsetzg., s.: Rundschau, okkultistische.

— stenographische. Monatsschrift f. Stenographen u. Stenographiefreunde. Nachrichten der „Stenograph. Gesellschaft“ (System Gabelsberger) in Leipzig u. des „Damen-Stenographen-Vereins“ (System Gabelsberger) in Leipzig. Hrsg. u. geleitet v. Mil Richter. Mit stenograph. Beilage. 1. Jahrg. 1902. 12 Nrn. gr. 8. (à ca. 8 S.) Leipzig-Neustadt (Eisenbahnstr. 45, IV.), Paul Baumgärtel. n.n. 3. 60
Erscheint nicht mehr.

Studentische **Rundschau** für die Interessen des akademischen Lebens. Organ d. Münsterschen freien Studentenschaft. Jg. 1, Nr. 1. Münster i. W. 1905: Der Westfale. 4° 106. 2390 6

— süd-afrikanische. Organ f. d. Interessen d. Handels u. d. Industrie in Süd-Afrika. Red.: C. H. Schilling. 1. Jahrg. März 1897—Febr. 1898. 24 Hfte. (Bog. m. Abb.) gr. 4. Berlin, F. Schlosser. n. 6. —

— **südamerikanische. Illustr. Monatsschrift f. Politik, Finanzen, Handel, Industrie, Verkehr, Geographie u. Statistik Central- u. Südamerika's. Hrsg. u. Red.: Hugo Kunz. 1. u. 2. Jahrg. Apr. 1893—März 1895. 11 u. 12 Nrn. (à ca. 2 Bog.) gr. 4. Haag u. Berlin-Charlottenburg. (Hamburg, F. W. Thaden.) à Jahrg. n. 6. —**

— südamerikanische. Illustr. Monatsschrift f. Politik, Finanzen, Handel, Industrie, Verkehr, Geographie u. Statistik Central- u. Südamerika's. Hrsg. u. Red.: Hugo Kunz. 3. u. 4. Jahrg. Apr. 1895—März 1897. à 12 Nrn. (à ca. 2 Bog.) gr. 4. Berlin-Charlottenburg. (Hamburg, F. W. Thaden.) à Jahrg. n. 6. —

— dasselbe. Illustr. Monatsschrift zur Vertretung der deutschen Interessen in Süd-Amerika. 5. u. 6. Jahrg. April 1897—März 1899. à 12 Nrn. (à ca. 2 Bog.) hoch 4. Berlin-Charlottenburg. (Hamburg, F. W. Thaden.) à Jahrg. n. 6. —

— süd-amerikanische. Illustr. Monatsschrift zur Vertretg. der deutschen Interessen in Süd-Amerika. Red.: Hugo Kunz. 7. u. 8. Jahrg. April 1899—März 1901. à 12 Nrn. hoch 4. (214 u. 222 S.) Berlin (S. 14, Stallschreiberstr. 5), Nauck'sche Buchdr. à Jahrg. n. 6.—

— dasselbe. Illustr. Monatsschrift zur Vertretg. der deutschen Interessen in Central- u. Süd-Amerika. Begründet 1892 v. Hugo Kunz. Red.: G. Flachsbart. 9. u. 10. Jahrg, April 1901—März 1903. à 12 Nrn. hoch 4. (à Jahrg. 188 S.) Ebd. à Jahrg. 6. —
Der 9. Jahrg. ist von E. Wichtendahl redigiert.

— **südamerikanische. Illustrirte Monatsschrift zur Vertretg. der deutschen Interessen in Central- u. Süd-Amerika. Begründet 1892 v. Hugo Kunz. Red.: Geo. Flachsbart. 11.—14. Jahrg. April 1903—März 1907. à 12 Nrn. (à ca. 12 S.) hoch 4. Berlin. (Hamburg, F. W. Thaden.) à Jhrg. n. 6.—**

— südamerikanische. Illustrierte Monatsschrift zur Vertretg. der deutschen Interessen in Central- u. Süd-Amerika. Begründet 1892 v. Hugo Kunz. Red.: Geo. Flachsbart. 15.—18. Jahrg. April 1907—März 1911. à 12 Nrn. (à ca. 12 S.) Lex. 8. Berlin. (Hamburg, F. W. Thaden.) à Jahrg. 6. —

— südwestdeutsche. Halbmonatsschrift f. deutsche Art u. Kunst. Unter Mitwirkg. v. Fritz Wolbach, Max Oeser u. Gust. Weinberg red. v. Willy Levy. Leitung des elsäss. Teils: Gust. Stoßkopf u. Jul. Greber. 1. Jahrg. 1901. 24 Nrn. gr. 8. (à ca. 32 S.) Frankfurt a/M. (Dresden, Calebow & Co.) n. 4. 80

Rundschau, südwestdeutsche. Halbmonatsschrift f. deutsche Art u. Kunst. Hrsg.: Willy Levy. Schriftleitung: Aug. u. Carlo Philips. Red. seit 1. IV.: Ludw. Brehm. 2. Jahrg. 1902. 24 Nrn. gr. 8. (à ca. 32 S.) Ebd. n. 4. 80
Erscheint nicht mehr.

Rundschau. – T ä g l i c h e Rundschau. – Berlin. – 1.IX.1881 – 31.XII.1922. Fortges. u.d.T.: Neue Tägliche Rundschau.

— tägliche. Zeitung f. Nichtpolitiker, zugleich Ergänzungsblatt zu den politischen Organen jeder Partei. Hrsg. von Frdr. Bodenstedt 1. Jahrg. Septbr. — Decbr. 1881. ca. 100 Nrn. (2 B.) Fol. Berlin, Brigl, n. 16. —; monatlich n. 1. 35

— dasselbe. 2. Jahrg. 1882. 1. u. 2. Quartal. ca. 150 Nrn. (2 B.) Fol. Ebend. n. 8. —

— dasselbe. 2. Jahrg. 1882. 3. u. 4. Quartal. ca. 150 Nrn. (2 B.) Fol. Ebend. n. 10. —

Rundschau, tägliche. Zeitung für Nichtpolitiker, zugleich Ergänzungsblatt zu den polit. Organen jeder Partei. Hrsg. von Friedr. Bodenstedt. 3. Jahrg. 1883. 304 Nrn. (à Nr. 2 Bog.) Fol. Berlin, Brigl. *

—— dass. — 4. Jahrg. 1884. 306 Nrn. (à Nr. 2 Bog.) Fol. Ebendas. *

— für T e c h n i k u. Wirtschaft. Zentralorgan für die Fortschritte der Industrie und Verkehrstechnik, für Socialpolitik, Volkswirtschaft und Verwaltg. Hrsg.: Alfr. Birk. Schriftleiter: K. N. Sille. 1.—3. Jahrg. 1908—1910. à 24 Nrn. (498, 484 u. 480 S. m. Abbild.) 32×24,5 cm. Prag, A. Haase. à Jahrg. 24. —

Rundschau: Technische Rundschau
s.a. Neue Zürcher Zeitung.

Rundschau, technische, s.a. Uhland, W. H

—— technische. Hrsg. von W. H. Uhland. 1. Jahrg. 1887. 50 Nrn. (Bog. mit eingedr. Illustr. und Taf.) gr. 4. [Leipzig, Baumgärtner's Buchh.] Dresden, Kühtmann. *

—— dass. — 2. Jahrg. 1888. 52 Nrn. (Bog. mit eingedr. Illustr. und Taf.) gr. 4. Ebendas. *
Fortsetzung, s. U h l a n d s Wochenschrift.

— technische, auf dem Gebiete der Zuckerindustrie u. Landwirtschaft. Hrsg.: Brier u. Gröger. Juli 1906 bis Jan. 1907. 7 Hefte. (49, 43, 36, 40, 41, 41 u. 27 S. m. Abb.) 4. Prerau. (Leipzig, R. Gerhard.) n. 7. 70
Mehr nicht erschienen.

— technisch-industrielle. Mitteilgn. aus d. Praxis in Patent- u. Musterschutzangelegenheiten. Red.: Herm. Seeber. Jahrg 1897 u. 1898. à 26 Nrn. (Bog. m. Abb.) gr. 4. Nürnberg, Verlag d. bayer. Börsen- u. Handelsblatt. à Jahrg. n. 3. 20
Kann auch vierteljährlich bezogen werden.

— technisch-industrielle. Mitteilungen aus der Praxis in Patent- u. Musterschutzangelegenheiten. Red.: Herm. Seeber. 5. Jahrg. 1899. 26 Nrn. gr. 4. à ca. 12 S. m. Abbildgn.) Nürnberg, Verlag des bayer. Börsen- u. Handelsblatt. n.n.n. 3. 20
Nicht durch den Buchhandel zu beziehen.

— technisch-industrielle. Zeitschrift f. d. Interessen des Hoch- u. Tiefbaues, des Berg-, Hütten- u. Maschinenwesens, sowie der Elektrizitäts- u. Metall-Industrie. Red.: A. Eckhardt u. M. Reuther. 13. und 14. Jahrg. 1907 u. 1908. à 36 Nrn. (à ca. 16 S.) 34,5 ×25,5 cm. Marburg, K. Cauer. à Jahrg. 4. —

— dasselbe. Zeitschrift f. die Interessen d. Berg-, Hütten- u. Maschinenwesens, d. Elektrizitäts- u. Metall-Industrie, sowie des Hoch- und Tiefbaues. Red.: Carl Savelsberg. 15. u. 16. Jahrg. 1909 u. 1910. à 36 Nrn. (560 u. 586 S.) 33×24 cm. Mannheim, Verlag der Rundschau. à Jahrg. nn 4. —

—— theatralische. Blätter für Kritik und Regie. Hrsgbr.: Friedr. Mölle. Redact.: H. Osten. 8. und 9. Jahrg. 1887 und 1888. à Jahrg. 52 Nrn. (Bog.) Fol. Berlin, (Zenker.) à Jahrg. *

— theologische, in Verbindg. m. E. Chr. Achelis. H. Achelis, Baldensperger etc. hrsg. v. W. Bousset. 1. Jahrg. Oktbr. 1897 — Decbr. 1898. 15 Hfte. (à ca. 3 Bog.) gr. 8. Freiburg i/B. Tübingen, J. C. B. Mohr. n. 7. 50

— theologische, in Verbindg. m. E. Ch. Achelis, H. Achelis, Baldensperger etc. hrsg. v. W. Bousset u. W. Heitmüller. 2.—5. Jahrg. 1899—1902. gr. 8. à 12 Hfte. (VI, 480 u. 115 S.; VI, 498 u. 110 S.; IV, 532 u. IV, 522 S.) Tübingen, J. C. B. Mohr. à Jahrg. n. 6.—

— theologische, in Verbindung m. E. Ch. Achelis, Baldensperger, Baltzer u. a. hrsg. v. W. Bousset u. W. Heitmüller. 6.—9. Jahrg. 1903—1906. à 12 Hefte. (8. Jahrg. IV, 558 S.) gr. 8. Tübingen, J. C. B. Mohr. à Jhrg. n. 6. —

— theologische, in Verbindg. mit E. Ch. Achelis, Baldensperger, Baltzer u. A. hrsg. v. W. Bousset u. W. Heitmüller. 10.—13. Jahrg. 1907—1910. à 12 Hefte. (IV, 496; IV, 447; IV, 510 u. IV, 505 S.) gr. 8. Tübingen, J. C. B. Mohr. à Jahrg. 6. —

— therapeutische. Wochenschrift für d. gesamte Therapie des prakt. Arztes. Hrsg.: G. Abelsdorff, A. Albu, G. Anton u. a. Red.: A. Möller. 4. Jahrg. 1910. 52 Nrn. (à ca. 16 S.) 32.5×25.5 cm. Berlin, G. Ehrke. 8. —

— tierärztliche. Tierärztlicher Zentral-Anzeiger. Red.: Schaefer. 9.—11. Jahrg. 1903—1905. à 36 Nrn. (310, 300, 294 u. 416 S. m. Abb.) hoch 4. Friedenau-Berlin (Rheinstr. 21), Kreisveterinärarzt Dr. Schaefer. à Jhrg. n. 6. —

—— auf dem Gebiete der Thiermedicin und vergleichenden Pathologie unter Berücksicht. des gesammten Veterinär-Medicinalwesens. Gleichzeitig Organ zur Vertretung der Interessen des thierärztl. Standes. Redact.: G. Schneidemühl. 1. Jahrg. 1885. 13 Nrn. (Bog.) gr. 4. Osterwieck, Zickfeldt. *

—— dass. — 2. Jahrg. 1886. 52 Nrn. (Bog.) gr. 4. Ebendas. *

—— dass. — Hrsg. von Lemke und J. Buch. Redact.: Lemke. 3. und 4. Jahrg. 1887 und 1888. à Jahrg. 52 Nrn. (à Nr. ca. 1 Bog.) gr. 4. Ebendas. à Jahrg. *
5. Jahrg. u. d. T.: Wochenschrift, Berliner, thierärztliche, (s. d.)

—— thiermedicinische, mit besond. Berücksicht. der vergleichenden Pathologie und des gesammten Veterinär-Medicinalwesens. Hrsgbr.: G. Schneidemühl. 1. Bd.: 1886/87. 26 Nrn. (à Nr. $1\frac{1}{2}$ Bog.) 4. Halle, Knapp. *

— thiermedicinische, m. besond. Berücksicht. der vergleich. Pathologie und des gesammten Veterinär-Medicinalwesens. Gleichzeitig Organ zur Vertretg. der Interessen des thierärztl. Standes. Neue Folge der im J. 1885 begründeten „Rundschau auf dem Gebiete d. Thiermedicin“. Hrsg.: G. Schneidemühl. 2.—4. Bd. 1887/88, 1888/89, 1889/90. à 24 Nrn. ($1\frac{1}{2}$ B.) gr. 4. Halle a/S., Knapp. à Bd. n. 10. —

— thiermedicinische, m. besond. Berücksicht. der vergleich. Pathologie u. d. gesammten Veterinär-Medicinalwesens. Gleichzeitig Organ zur Vertretg. d. Interessen d. thierärztl. Standes. Neue Folge der im J. 1885 begründeten „Rundschau auf dem Gebiete der Thiermedicin“. Hrsg.: G. Schneidemühl. 5. u. 6. Bd. Oktbr. 1890—Septbr. 1892. à 24 Nrn. ($1\frac{1}{2}$ Bog.) gr. 4. Halle a/S., W. Knapp. à Bd. n. 10. —

— f. Deutschlands Uhrmacher, Goldschmiede u. Juweliere. Ein monatl. Bericht üb. in- u. ausländ. fachl. Ereignisse u. Zustände, techn. Fortschritte u. Verfahren, amtl. Publikationen rc., deren Kenntniß f. gen. Fachkreise v. Werth ist. Mit Abbildgn. u. Sonder-Beilagen. 1. Jahrg. Oktbr. 1891—Septbr. 1892. 12 Hfte. (2 Bog.) gr. 8. Wiesbaden, R. Hort. n. 2. 40

— ukrainische. Monatsschrift. Vormals: „Ruthenische Revue“. Hrsg. von Basil Ritter v. Jaworskyj. 4. Jahrg. 12 Hefte. (à ca. 40 S.) 8. Wien (XVIII/3, Frauenfelderstr. 2), Administration. n. 6. —
Vergl.: Revue, ruthenische.

Rundschau, ukrainische. Vormals: „Ruthenische Revue“. Hrsg. u. Red.: Wladimir Kuschnir. 5.—8. Jahrg. 1907—1910. à 12 Nrn. (à ca. 32 S.) 8. Wien, C. W. Stern. à Jahrg. 8. —

— ungarische. Familienmonatsschrift f. Belletristik, Kunst, Literatur, Wissenschaft u. sociale Interessen. Chefred. u. Hrsg.: J. Eug. Kun. Verantwortlich: Omikron. 1. Jahrg. Aug. 1904—Juli 1905. 12 Nrn. (à ca. 16 S.) Lex.-8. Budapest. Verlag d. ungar. Rundschau. n. 7. —

—— über das Unterrichtswesen aller Länder, hrsg. unter Mitwirkung tüchtiger Fachmänner von Konze und H. Klose. 1. Jahrg. 1880/81. 24 Hefte. (à Heft $2\frac{1}{2}$—3 Bog.) gr. 8. Berlin, Ißleib.
Die Fortsetzung bildet: Rundschau, pädagogische.

— dasselbe. Hrsg. u. red. von Ueberschaer. 2. Jahrg. Juni 1881 — Mai 1882. 12 Hfte. (ca. 5 B.) gr. 8. Hildburghausen, Gadow & Sohn. 6. —

Vegetarische **Rundschau** ([1. 2]: Berliner Blätter f. naturgemässe Lebensweise). Monatsschrift f. naturgemässe Lebensweise. Publikations-Organ d. 'Deutsch. Ver. f. harmon. Lebensweise ⟨Vegetarismus⟩' ... ([1. 2]: Hrsg.: Otto Rabe; 3. 4: Maximilian Klein; 11. 12: Schriftleitung: Dr. P[eter] Andries.) Jg. [1]–12. Berlin: Selbstverl. d. Hrsg.; 4. 5: Ver. f. harmon. Lebensweise; 6. 7: M. Breitkreuz; 8: Deutscher Vegetarier-Ver.; 9. 10: M. Breitkreuz in Komm.; 11. 12: A. Lampel in Komm. 1881–92. 11 Bde 8°
[1. 2.] In 1 Bde. 1881. 1882. 3–12. 1883–1892.
Forts. s. u. d. T.: Der Vegetarier. Jg. 22–25; Vegetarische Rundschau. Jg. 26–29; Vegetarische Warte.

—— vegetarische. Monatsschrift für naturgemässe Lebensweise. Publikations-Organ des „Deutschen akadem. Vereins für harmon. Lebensweise“ und des „Berliner Vegetarier-Vereins“. Hrsgbr.: Max. Klein und Otto Rabe. 3. und 4. Jahrg. 1883 und 1884. à Jahrg. 12 Hefte. gr. 8. (à Heft 32 S.) Berlin, (Bohne.) à Jahrg. **
1. und 2. Jahrg. s. Blätter, Berliner, für naturgemässe Lebensweise.

—— vegetarische. Monatsschrift für naturgemässe Lebensweise. Organ des „Deutschen Vereins für harmon. Lebensweise [Vegetarier-Verein]“ etc. Redact.: M. Klein. 5. Jahrg. 1885. 12 Hefte. (à Heft 2 Bog.) gr. 8. Berlin, Breitkreuz. **

—— dass. — Redact.: Paul Breitkreuz. 6. Jahrg. 1886. 12 Hefte. (à Heft 2 Bog.) gr. 8. Ebendas. **

—— dass. — Organ des Deutschen Vegetarier-Vereins etc. Redact.: Paul Breitkreuz. 7. Jahrg. 1887. 12 Hefte. (à Heft 2 Bog.) gr. 8. Ebendas. **

—— dass. — Monatsschrift für vernunftgemässe Lebensweise. Organ des Deutschen Vegetarier-Vereins etc. Leiter: A. Kaemmerer. 8. Jahrg. 1888. 12 Hefte. (à Heft 2 Bog.) gr. 8. Berlin, H. und H. Zeidler. **

Rundschau, vegetarische. Monatsschrift für vernunftgemässe Lebensweise. Hrsg. vom deutschen Vegetarier-Verein. Schriftleiter: P. Andries. 9.—12. Jahrg. 1889—1892. à Jahrg. 12 Hefte. (à Heft 2 Bog.) gr. 8. Berl., (Breitkreuz). à Jahrg. ** 8 —

— **dasselbe. (Früher: Der Vegetarier.) Monatsschrift f. naturgemässe Lebensweise. Vereinsblatt d. deutschen Vegetarier-Bundes. Schriftleiter: E. Hering. 25. u.** 26. Jahrg. 1892. 1893. à 12 Hfte. (2 Bog.) gr. 8. Berlin, (M. Breitkreuz). à Jahrg. n.n. 8. —
Bildet zugleich die Fortsetzg. v. „Der Vegetarier".

— vegetarische. (Früher: D. Vegetarier.) Monatsschrift für naturgem. Lebensweise. Vereinsblatt des deutschen Vegetarier-Bundes. Schriftleiter: Hugo Zeidler. Mitred.: E. Hering. 28. Jahrg. 1895. 12 Hfte. (à 2 Bog.) gr. 8. Berlin-Charlottenburg, H. & H. Zeidler. n.n. 3. —

—— **der Versicherungen oder Sammlung von Rechnungsabschlüssen, Statuten, theoret. und prakt. Fragen, Gesetzen, Verordnungen, Gutachten, Tarifen und allen das Versicherungswesen berührenden Gegenständen. Hrsg. von E. A. Masius. 1. Jahrg. April 1851 — März 1852. 12 Hefte. Lex.-8. Leipzig 851, Expedition.** *

—— **dass. — Hrsg. von Dems. 2. Jahrg. (Bd.) Lex.-8. (IV und 405 S.) Ebds. 852.** *

— verwaltungsrechtliche. 1. Jahrg. 1896. 3 Nrn. (Bog.) gr. 8. Berlin, C. Heymann's Verl. n. 1. —

Rundschau, Volksthümliche homöopathische.
Beilage: Zeitschrift für homöopathische Thierheilkunde.
Rheinfelden: Verl. Expedition 1890. 8°

Rundschau Zweier Welten: Jahrgang 1–6, no. 7, Jan. 1907—July 1912.

Monthly. Sub-title: 1) Organ der deutschsprechenden Gruppen der 'New Immigrants' Protective League, Jan. 1907; 2) Monatsschrift für deutsche Kultur in Amerika, Feb. 1907—Dec. 1910; 3) The German Current Literature, Jan.—Dec. 1911; 4) Review of Two Worlds, Jan.—July 1912. Organ also of New York Deutsch-Amerikanischer Staatsverband, 1908–10. Title varies: DER DEUTSCHE VORKÄMPFER, Jahrgang 1–4, 1907—10. German edition of CURRENT LITERATURE, 1911. Absorbed NEW YORKER ECHO, May 1909. Merged with THE INTERNATIONAL, which continued as THE INTERNATIONAL AND REVIEW OF TWO WORLDS, Jahrgang 5–6, 1911—12, also as new series, vol. 1—2. Large quarto, each issue 12–64 pages; illustrated, including portraits. Circulation: Mar. 1907, 5178; 1909, *10,000*; 1911, *11,200*; 1912, 8000. Edited & published by Louis Viereck, Jan. 1907—Dec. 1910; by Georg Sylvester Viereck, Jan. 1911—July 1912 [also as Viereck Publishing Co., and, in 1912, as Current Literature Publishing Co.].
New York, NY

Die Westliche Rundschau: 1908—1923.?

Democratic weekly. Title varies: NORFOLK UMSCHAU, 1908—11. Circulation: 1910, 2000 (est.); 1920, 3000. Edited by William M. Ahlmann, 1908—11; by Werner Klostermann, 1912; by William M. Ahlmann, 1913—23; published by Ahlmann Brothers, 1908–11, by Rundschau Publishing Co., 1912–23.
Norfolk, NE

Rundschau, westöstliche. Politisch-literar. Halbmonatsschrift zur Pflege der Interessen des Dreibundes. Red.: Karl Siegen. 1. Jahrg. 1894. 1. Sem. 12 Hfte. (à ca. 5 Bog.) Lex.-8. Leipzig u. Dresden. Berlin, Rosenbaum & Hart. Vierteljährlich n. 5. —

— dasselbe. 1. Jahrg. 1894. 2. Sem. 12 Hfte. (à ca. 5 Bog.) Lex.-8. Berlin, Rosenbaum & Hart. Vierteljährlich n. 5. —; einzelne Hfte. 1. —

Jg. 2. ist nicht erschienen.

— westöstliche. Monatsschrift f. Politik, Litteratur u. öffentl. Leben, hrsg. v. Béla Vikár u. Heinr. Stümcke. 3. Jahrg. 1896. 12 Hfte. (à ca. 3 Bog.) gr. 8. Berlin, E. Ebering. n. 7. 50; einz. Hfte. n. 1. —

Rundschau, westpreußische. Zeitung f. die evangel. Gemeinden u. die Zweigvereine d. Evangel. Bundes in Westpreußen. In Verbindg. m. Baltzer, Blech, Goede u. A. hrsg. u. red. v. Bertling. Jahrg. 1890. 1.—3. Quartal. 39 Nrn. (1/2 B.) gr. 4. Danzig, Kafemann. n. 2. 25
4. Quartal s.: Rundschau, evangelische.

—— westpreußische. Zeitg. f. die evangelischen Gemeinden u. d. Zweigvereine d. evangel. Bundes in Westpreußen. In Verbindg. m. Baltzer, Blech, Gaede u. A. hrsg. u. redig. v. Bertling. Jahrg. 1890. 39 Nrn. (à Nr. 1/2 Bog.) gr. 4. Danzig, Kafemann. * * 2 25

— Wiener. Hrsg.: Rud. Strauss. 1. Jahrg. Novbr. 1896—Octbr. 1897. 24 Nrn. (à ca. 40 S.) gr. 8. Wien. (Leipzig, W. Opetz.) n. 16. —; einz. Nrn. n. — 80

— dasselbe. Hrsg.: Ernst Christomanos, Gust. Schoenaich, Fel. Rappaport. Red.: Gust. Schoenaich. 2. u. 3. Jahrg. Novbr. 1897—Octbr. 1899. à 24 Nrn. (à ca. 40 S.) gr. 8. Wien. Leipzig, Expedition. 16. — ; einz. Nrn. n. — 80
Kann auch vierteljährlich bezogen werden.

— **Wiener. Zeitschrift f. Cultur u. Kunst, hrsg. von Const. Christomanos, Fel. Rappaport. Red.: Ant. Lindner. 3. Jahrg. Nr. 25—27. Novbr. u. Dezbr. 1899. 3 Nrn. 4. (S. 585—656.) Wien. (Leipzig, W. Opetz.) à Nr. n. — 80**

— **dasselbe. 4. Jahrg. 1900. 24 Nrn. 4. (à ca. 24 S. m. Bildnissen.) Wien. Ebd. n. 16. —**

— **Wiener. Hrsg. v. Fel. Rappaport. Red.: Ant. Lindner. 5. Jahrg. 1901. 18 Nrn. 4. (à ca. 20 S. m. Taf.) Ebd. n. 9. — ; einzelne Nrn. n. — 60**
Erscheint nicht mehr.

— Wiener klinische. Organ f. die ges. prakt. Heilkunde, sowie f. die Interessen des ärztl. Standes, unter Mitwirkg. von Baccelli, Bassini, Bernheim u. A. red. v. Heinr. Paschkis. 9.—12. Jahrg. 1895—1898. à 52 Nrn. (à 16 S.) gr. 4. M. d. Beilage: Klinische Zeit- u. Streitfragen. à 6 Hfte. (à 2—3 Bog.) gr. 8. Wien, A. Hölder. à Jahrg. n. 20. —
Kann auch vierteljährlich bezogen werden.

Jg. 1-8. 1887-1894 u. d. T.: Rundschau, Internationale klinische.

— Wiener klinische. Organ f. die gesammte prakt. Heilkunde, sowie f. die Interessen des ärztl. Standes, unter Mitwirkg. v. Baccelli, Bernheim, Buchanan u. A. red. v. Heinr. Paschkis. 13. Jahrg. 1899. 52 Nrn. gr. 4. (à ca. 16 S.) Wien, Zitter. n. 20. —

— dasselbe, unter ständ. Mitwirkg. v. F. Alt, St. Bernheimer, A. Biedl u. a. red. v. F. Obermayer u. Carl Kunn. 14.—16. Jahrg. 1900—1902. à 52 Nrn. gr. 4. (à ca. 20 S.) Ebd. à Jahrg. n. 20. —

— **Wiener klinische. Organ f. die gesamte prakt. Heilkunde, sowie f. die Interessen des ärztl. Standes, unter ständ. Mitwirkg. v. F. Alt, St. Bernheimer, A. Biedl u. a. Red. v. F. Obermayer u. Carl Kunn. 17.—20. Jahrg. 1903—1906. à 52 Nrn. (948, 952, 936 u. 940 S.) gr. 4. Wien, Zitter. à Jahrg. n. 24. —**

Rundschau, Wiener klinische. Organ f. d. gesamte prakt. Heilkunde, sowie f. d. Interessen d. ärztl. Standes, unter ständ. Mitwirkung v. L. Alt, St. Bernheimer, A. Biedl u. a. Red. v. F. Obermayer u. Carl Kunn. 21.—24. Jahrg. 1907—1910. à 52 Nrn. (842, 826, 878 u. 826 S.) 33×25,5 cm. Wien, Zitter. à Jahrg. nn 24.—; geb. 30. —

Wirtschafts- und handelspolitische **Rundschau**. Von R. E. May. [1. 2.] Für 1897–98. Berlin: Puttkammer & Mühlbrecht 1898–99. 2 Bde 8° [...]

— wissenschaftliche. Zeitschrift f. die allgemeinwissenschaftl. Fortbildg. d. Lehrers. Hrsg.: M. H. Baege. Okt. 1910—Septbr. 1911. 24 Hefte. (à ca. 24 S.) Lex. 8. Leipzig, Th. Thomas Verl. 6. —

Wöchentliche Rundschau: Jahrgang 1, no. 1—48, Mar. 4, 1908—Jan. 27, 1909.

Independent weekly, which appeared as the week-day issue of the NEUE DEUTSCHE ZEITUNG. Small folio, each issue 8 pages, at subscription rate of $1.50; illustrated. Published by George Schanzbach & Co.
New Orleans, LA

— wöchentliche, über Wolle, Baumwolle, Flachs, Hanf, Seide und verwandte Rohstoffe, deren Handel und Preis auf Märkten des In- und Auslandes, sowie die neuesten und wichtigsten Verbesserungen bei deren Erzeugung und Verarbeitung, nebst Preisangabe der bei letzterer in Anwendung kommenden Farb- und Fettrohwaaren, Metalle, Landes-Produkte, Droguen und Chemikalien an den Hauptthandelsplätzen. Red.: Ed. Amthor. 1. Jahrg. Juni — Decbr. 1854. 30 Nrn. (à 1 Bgn. mit Holzschn. im Text.) Gera, Kanitz. gr. 4. n. 1 ℛ︀.

Rundschau, Wolfs illustrierte. Interessante und spannende Romane, Reise- und Jagd-Abenteuer, Criminalfälle sowie allerlei hervorragende Ereignisse. Bd 1.–2. Dresden: A. Wolf 1880–1881. 4⁰

— zahnärztliche. Red. v. Papsch. 1. Jahrg. 1889. 12 Hfte. gr. 8. (1.—3. Hft. 72 S.) Innsbruck, (Vereins-Buchhandlg. u. Buchdr.). n. 10.—

— zahnärztliche. Centralblatt f. Zahnheilkunde u. Zahntechnik. Red.: Arth. Bornstein. Jahrg. 1898. 52 Nrn. (à ca. 24 S. m. Abb.) gr. 4. Berlin, Berlinische Verlagsanstalt. n. 8.—
Kann auch vierteljährlich bezogen werden.

— zahnärztliche. Centralblatt f. Zahnheilkunde u. Zahntechnik. Red.: Alb. Werkenthin. 8.—11. Jahrg. 1899—1902. à 52 Nrn. gr. 4. (à ca. 16 S.) Berlin, Berlinische Verlagsanstalt. à Jahrg. n. 8.—

— zahnärztliche. Zentralblatt f. Zahnheilkunde u. Zahntechnik. Red.: Alb. Werkenthin. 12.—15. Jahrg. 1903—1906. à 52 Nrn. (à ca. 16 S.) gr. 4. Berlin, Berlinische Verlagsanstalt. à Jhrg. n. 8.—

— zahnärztliche. Zentralblatt für Zahnheilkunde u. Zahntechnik. Red.: Erich Lazarus. 16.—19. Jahrg. 1907–1910. à 52 Nrn. (à ca. 36 S.) 34×24,5 cm. Berlin, Berlinische Verlagsanstalt. à Jahrg. 8.—

— zahntechnische. Zentral-Organ f. d. berufl. Interessen d. ges. Zahnkünstlerstandes. Red.: G. H. Pawelz. Jahrg. 1898. 52 Nrn. (à ca. 24 S.) gr. 4. Ebd. n. 8.—
Kann auch vierteljährlich bezogen werden.

— zahntechnische. Zentral-Organ f. die berufl. Interessen des gesamten Zahnkünstlerstandes. Red.: G. H. Pawelz. Jahrg. 1899—1902. à 52 Nrn. gr. 4. (à ca. 24 S.) Ebd. à Jahrg. n. 8.—

— zahntechnische. Zentral-Organ f. die berufl. Interessen des Zahnkünstlerstandes. Red.: G. H. Pawels. Jahrg. 1903—1906. à 52 Nrn. (à ca. 24 S.) gr. 4. Ebd. à Jhrg. n. 8.—

— zahntechnische. Zentral-Organ für die berufl. Interessen des Dentistenstandes. Red.: G. H. Pawelz. Jahrg. 1907—1910. à 52 Nrn. (à ca. 36 S.) 34×24,5 cm. Ebd. à Jahrg. 8.—

Rundschaukarte vom Inselsberg. Innenkarte in 1:1,500,000. *Gotha: J. Perthes [1904].* (1 Kartenbl. 29×29 cm.) 8⁰ [lith.] [kol.]
Aus: 'Friedrichroda u. Umgebungen' u. 'Tabarz u. Umgebungen'.

Agrippina: [**Rundschreiben** der Loge Agrippina in Köln. 1840—1844.] 4⁰
[Dat.:] den 24. Juni 5840. 2 Bl.
[Dat.:] den 24. Juni 5841. 2 Bl.
[Dat.:] den 24. Juni 5842. 2 Bl.
[Dat.:] den 24. Juni 5843. 2 Bl.
[Dat.:] den 24. Juni 1844. 2 Bl.

Plozk: [**Rundschreiben der Loge Albertine zur Vollkommenheit in Plozk. Dat.:**] **den 12ten July 5809. 2 Bl. 4⁰**

[**Rundschreiben** der Logen Albertine zur Vollkommenheit u. zum Dreieck in Plozk. Dat.:] 1816. 2 Bl. 4⁰

[**Rundschreiben** der Loge Alexander zu den drei Sternen in Ansbach. 1807 bis 1815.] 4⁰
f. 1807, 1808, 1809, 1810, 1811, 1812, 1814, 1815.

[**Rundschreiben** des Freimaurer-Klubs Alexander zu den drei Sternen in Ansbach.] [Dat.:] den 1. Dec. 1879. 4⁰
Bitte um Gewährung unverzinslicher Darlehen, zur Gründung einer eigenen Loge.

[**Rundschreiben** der Loge Alexius zur Beständigkeit, Bernburg, am 24. Juni 1853. Bernburg 1853: Gröning.] 6 Bl. 8⁰
Bericht üb. die Einweihung des neuen Logenhauses u. die Stiftungsfeier der Loge, abgedr. in: FZ. 7 (1853) S. 380—383. Festrede von J. K. L. Zincken: Üb. die Freude des Mrs.

[**Rundschreiben** der Grossloge Alpina:] 24. Juni 1894; 17. Nov. 1900.

[**Rundschreiben.**] Or. Altenburg, am 31. Jan. 1857. [Altenburg 1857: Pierer.] 2 Bl. 4⁰ [Kopftit.]
Abgedr. in: T. 3 (1857) S. 33—35.
Mrisches Glaubensbekenntnis der Loge: Wir glauben an den Segen der Mrei, wir lieben unsre Brr, wir hoffen auf das Bestehen unsres Bundes usw.

[**Rundschreiben.**] Or. Altenburg, am heiligen Johannistage, den 24. Juni 1855. [Altenburg 1855: Pierer.] 2 Bl. 4⁰ [Kopftit.]
Abgedr. in: Amerik.-Deutsche Jahrbücher f. Frmr. 1856 S. 72—81.
Thema: Bauhütte! Was sagest du von dir selbst?

[**Rundschreiben** des Alumnatvereins.] Juni 1910; April 1911; Oktober 1911; Sept. 1912; Nov. 1912.

Rundschreiben der Loge drei goldne Anker zu Liebe und Treue in Stettin im August 1876. Fol. 1 Bl. Lithogr.
Protest gegen die Exclusion Schiffmanns.

[**Rundschreiben** der Loge Apollo in Leipzig. Dat.:] Leipzig, den 24. Junius 5812. 2 Bl. 4⁰
Üb. Missbrauch von mrischen Zertifikaten u. Beglaubigungsschreiben.

[**Rundschreiben** der Loge „Apollo zu den drei Akazien" in Leipzig:]
8. März 1802; 26. Februar 1803.

[Rundschreiben der Brr. Appenrodt, W. A. Frick, G. Grillenberger etc. zu Gunsten des Br. Jos. Gabriel Findel und der Neuherausgabe seiner Schriften.] o. O. [1890]. 1 Bl. 4⁰.
„Allseitig wird es willkommen geheissen"...

[Rundschreiben der Loge „Archimedes zum ewigen Bunde" in Gera.]
20. Okt. 1812.

[Rundschreiben der Loge Archimedes zu den drei Reissbretern in Altenburg. Dat.:] Altenburg, den 15. Sept. 1804. 1 Bl. 4⁰
Einladung zur u. Programm der Einweihung des Logenhauses.

[Rundschreiben der Loge Archimedes zu den drei Reissbretern in Altenburg. Dat.:] Altenburg am 25. Juny 1814. 2 Bl. 4⁰
Betr. den Besuch Blüchers in der Loge, das Verhältnis der Loge in der Kriegszeit u. a. m.

[Rundschreiben der Loge Archimedes zu den drei Reissbretern in Altenburg. Dat.:] Altenburg am 12. Febr. 1845. 2 Bl. 4⁰
Betr. die Feier des 100jährigen Geburtstags Herzogs Ernst II.

[Rundschreiben der Loge „Archimedes zu den 3 Reissbretern" in Altenburg:] 1871; im Juni 1891.

Les Arts et l'amitié: **[Rundschreiben** der Loge Les Arts et l'amitié in Kassel. Dat.:] le 1er jour du 6me mois 5811. 2 Bl. 4⁰

Wolmirstedt: **[Rundschreiben** der Loge „Astraea" im Orient zu Wolmirstedt.]
24. Juni 1832; do. 1835.

[Rundschreiben der Loge Asträa zu den drei Ulmen in Ulm. 1809. 1810.] 4⁰
[Dat.:] am $\frac{26}{6}$ 5809. 2 Bl.
[Dat.:] am $\frac{20}{7}$ 5810. 2 Bl.

[Rundschreiben der Loge Augusta zum goldnen Zirkel in Göttingen vom 10. Nov. 1835. Göttingen 1835.] 16 S. 4⁰
Bericht üb. das Joh.- u. 25jährige Stiftungsfest der Loge, Abriss der Gesch. der Frmrei in Göttingen von G. H. Oesterley, Feier des 50jähr. Mrjubiläums von A. H. L. Heeren.

[Rundschreiben der Loge „Aurora zur ehernen Kette" in Reichenbach:]
24. Juni 1837.

Victoriastiftung: **[Rundschreiben** des geschäftsführenden Ausschusses der Victoria-Stiftung.]
7. Juli 1894.

(Rundschreiben) des geschäftsführenden Ausschusses für die schleswig-holsteinische Erhebungsfeier. Kiel, den 28. Sept. 1897. (Kiel. 1897.) 4⁰.

Rundschreiben (Nr. 2) des stellvertretenden Ausschusses der socialdemokratischen Arbeiterpartei Deutschlands. 8⁰. Dresden, am Neujahrstage 1871.

[Rundschreiben der] Ständige[n] Ausstellungskommission für die deutsche Jndustrie, betr. landwirtschaftliche Ausstellungen in Britisch-Südafrika. Berlin 1909

[Rundschreiben der Loge „Badenia zum Fortschritt" in Baden-Baden.]
Mai 1909.

[Rundschreiben der Loge Balduin zur Linde in Leipzig. Dat.:] Leipzig, den 16. Mai 5809. 1 Bl. 4⁰
Ankündigung der Schliessung der Loge zur Linde unter der Konstitution der GrLL. u. Eröffnung der Loge Balduin zur Linde unter der Grloge von London.

[Rundschreiben der Loge Balduin zur Linde in Leipzig. Dat.:] am 8. Mai 1831. 6 S. 4⁰
Betr. das mrische Korrespondenz-Bureau in Leipzig.

[Rundschreiben der Loge „Balduin zur Linde" in Leipzig:]
8. Mai 1831; 1. Juni 1836; 15. Sept. 1837; 3. Juli 1869.

Rundschreiben der St. Joh. Freimr.-Loge Balduin z. Linde in Leipzig Nr. 3. 1858. 8. 8 S.
Enthalt ein von Marbach verfasstes Freimaurer-Gelübde und die Rede desselben am Stiftungsfeste 1857.

[Rundschreiben der Loge Balduin zur Linde in Leipzig. Dat.:] Leipzig, den 3. Juli 1869. 2 Bl. 2⁰
Darlegung der Ursachen, aus welchen das Beamtenkollegium der Loge Balduin z. Linde sich prinzipiell gegen die Bestrebungen des Vereins deutscher Frmr erklärt. Veranlasst durch die Weigerung der Loge, dem Verein zur Abhaltung einer Jahresversammlung das Logenhaus zu überlassen.

[Rundschreiben der Beamten der Loge Friedrich zur Beständigkeit in Zerbst.] [Dat.:] Zerbst, am 24. Mai 1834. 1 Bl. 4⁰
Die Loge zeigt an, dass sie ihre Arbeiten einstellt.

Preuss. Beamten-Verein zu Hannover. Rundschreiben vom Januar 1900. An die Mitglieder, Vertrauensmänner, Förderer u. Freunde d. Preuss. Beamten-Ver. *(Hannover: Preuss. Beamten-Ver. 1900.)* (8 S.) 8⁰
[Kopfit. 3.] [ℓo. 1082

[Rundschreiben.] Aus dem Or. Bernburg, den 24. Juni 1849. [Bernburg 1849.] 4 Bl. 8° [Kopftit.]
Üb. die 1848er Bestrebungen, Reformen im Mrbunde u. a. m.

Rundschreiben und Bestand-Liste der unter der Gross-Loge des Staates Missouri arbeitenden Johannesloge Meridian Nr. 2 im Or. Süd St. Louis. Gestiftet A. D. 1852. St. Louis, October 1864. gr. 8. 3 Bl.

[**Rundschreiben** der Loge Blücher von Wahlstadt in Luxemburg.] 1824 bis 1858. 4°

[Dat.:] am 24 Juny 5824. 2 Bl.
[Dat.:] am 24. Juny 5825. 2 Bl.
[Dat.:] am 24. Juny 5826. 2 Bl.
[Dat.:] den 24ten Juny 5829. 2 Bl.
[Dat.:] den 24. Juni 5834. 2 Bl.
[Dat.:] 12. Juli 1858. 2 Bl.

Bruderbund: **[Rundschreiben des Frmr.-Vereins „Bruderbund", Wohltätigkeitsverein zum Zwecke der Waisenpflege im Anschluss an die Deutsche Reichsfechtschule in Magdeburg.]**
Mai 1896; 26. Jan. 1903.

[**Rundschreiben** von 12 israelitischen Brüdern betr. Zulassung der Juden zum Besuch in allen deutschen Logen.] [Dat.:] Wesel, im September 5836. 2 Bl. 4°.

[**Rundschreiben** des „Internationalen Bureaus für maur. Beziehungen". Neuenburg.]
April 1907; Oktober 1912.

Rundschreiben der Loge "C a r l ...",
s. R u n d s c h r e i b e n der Loge "Karl ..."

[**Rundschreiben** der Altsch. Loge „Charlotte zu den 3 Nelken" in Meiningen:]
9. März 1781.
Enthält Mitteilungen über das von der Loge eingerichtete Schulmeisterseminar.

[**Rundschreiben** des „Supremo Consejo del Rito Escoces antiguo y aceptado" von Mexico.]
28. Febr. 1899; 24. April 1899.

Rundschreiben der Loge "C o p e r n i c u s Nr. 545 ...",
s. R u n d s c h r e i b e n der Loge "Kopernikus ..."

Rundschreiben (des Departements der auswärtigen Angelegenheiten) an sämmtliche Obrigkeiten in den Herzogthümern Schleswig-Holstein, alles innerhalb des Deutschen Bundesstaats vorhandene Eigenthum der Dänischen Krone in Beschlag zu nehmen, und ein Embargo auf die in Deutschen Häfen befindlichen Dänischen Schiffe und deren Ladungen sofort eintreten zu lassen. Gottorff, den 27. April 1849. 1 Bl. 4°.

[**Rundschreiben** der Loge Deutschland No 3315 in London. Dat.:] London, Dez. 1908. 2 Bl. 2°
Anzeige der Gründung der Loge, Verzeichn. der Stifter u. Ehrenmitgl.

[**Rundschreiben** des Direktoriums der Gr. Mutterloge Friedrich zur grünenden Linde in Magdeburg. Dat.:] Magdeburg den 26. Sept. 1811. 6 S. 4°
Betr. eine Streitigkeit mit dem altschott. Direktorium der Gr. Nat.-M. zu Berlin.

RUNDSCHREIBEN III. 1875. Mit anliegender Abbildung. — Das Freie Deutsche Hochstift für Wissenschaften, Künste und allgemeine Bildung in Goethe's Vaterhause. Betheiligung Deutschlands an der bevorstehenden Feier Italiens zu Ehren Michel Angelos. Frankfurt a. M 1875. (Ohne bes. Titelblatt.) 4°.

[**Rundschreiben** von Eduard von Koscielski und 13 anderen Brüdern.] [Dat.:] Lublinitz 1. Juni 1850.
„Ermuthigt durch die Worte" ...
Bitte um Geldbeiträge zur Erbauung eines evangelischen Gotteshauses.

Rundschreiben Nr. 1—17. Kiel, den 5. Febr. 1906 — 16. Januar 1907. 4° [Kopft.]
Klub der Landwirte, e. V. (zu Kiel).

[**Rundschreiben** der Loge Eleusis zur Verschwiegenheit in Bayreuth:]
15. Juli 1881; 5. Febr. 1884; 17. Juni 1884; Sept. 1886; 20. Juni 1888; 24 März 1890; 15. Nov. 1899; 15. Nov. 1901; Nov. 1918. 21.

Zeitz: **[Rundschreiben der Loge Elisabeth zur festen Burg in Zeitz. 1807. 1828.] 4°**
[Dat.:] den 24ten Juny 1807. 2 Bl.
[Dat.:] am 24. Junius 5828. 2 Bl.

Wachsamkeit: [**Rundschreiben** der Loge Ernst zum Kompass in Gotha. Dat.:] Gotha im Dec. 1852. 2 Bl. 4°
Abgedr.: FZ. 7 (1853) S. 44—46; D e m u t h, K.: Gesch. d. L. Ernst, Gotha. 1882 S. VIII bis XIII.
Mahnung zur Wachsamkeit, veranlasst durch Angriffe auf den Bund.

[**Rundschreiben** der Loge Ernst zum Kompass in Gotha. Dat.:] Gotha am 14. Oct. 1857. 1 Bl. 4°
Rühmt den vors. Mstr. der Loge, den Herzog Ernst II.

Koburg: **[Rundschreiben.]** Aus der g.·. u. v.·. St. Johannis-Loge Ernst für Wahrheit, Freundschaft und Recht im O.·. Coburg, am 31. Okt. 5846. [Koburg 1846.] 2 Bl. 4° [Kopftit.]
Rückblick auf die Gesch. der Loge.

[**Rundschreiben** betr. Errichtung eines Gedenksteins für Karl Christian Friedrich Krause in Eisenberg.] [Dat.:] Eisenberg i. Th. Februar 1879. 1 Bl. 4°.
Trägt die Unterschrift von 14 Brüdern.

RUNDSCHREIBEN I. Neujahr 1878. Vertraulich. — Das Freie Deutsche Hochstift für Wissenschaften, Künste und allgemeine Bildung in Goethe's Vaterhause an alle hochgeehrten Stiftsgenossen! (Bitte um Schutz für das Grab der „Frau Rath" der Mutter Goethe's.) (Ohne bes. Titelbl. Frankfurt a. M. 1878.) 4°.

Rundschreiben, Erstes, und Mitgliederverzeichniss der Mithra Loge Nr. 410 in Chicago. Unter der Jurisdiction der Grossloge des Staates Illinois. 1866. 4. 2 Bl.
Diese Loge wurde gegrundet am 26. Juni 1864.

Kehl: [**Rundschreiben** des Kränzchens „Erwin" in Kehl:]
21. Juli 1870; 31. Dez. 1892.

[**Rundschreiben** der Loge Ferdinand zum roten Adler in Neu-Ruppin. Dat.:] Neu-Ruppin, am 24. Juni 5834. 2 Bl. 4°
Üb. den Tod.

[**Rundschreiben** der Loge Ferdinand zur gekrönten Säule in Hildesheim. 1777.] 1 Bl. 4°
Die Loge arbeitete 1775—1785 nach dem System der Str. Obs.

[**Rundschreiben.**] An die ehrw. gel. Fr. Mr. Brüderschaft aller Oriente. [Unterz.:] Die Loge zum goldnen Apfel. [Dat.:] Dresden 1848. 2 Bl. 8° [Kopftit.]
Üb. Idee u. Ausführung eines von der Loge zu gründenden „Schutz- u. Hilfsvereins", dem auch Nichtmaurer angehören können.

Salzungen: [**Rundschreiben** des Freimaurer-Bundes in Salzungen. o. J.]

[**Rundschreiben** der Freimaurer-Vereinigung auf Borkum. Dat.:] Borkum, den 13. Aug. 1907. 1 Bl. 2°
Aufruf zur Gründung eines Jugendheims auf Borkum.

[**Rundschreiben** der Loge „Die Vereinigten Freunde" in Mainz. 1819 bis 1836.] 4°
[Dat.:] den 27ten Juni 1819. 2 Bl.
[Dat.:] den 2ten Juli 5820. 2 Bl.
[Dat.:] den 1ten Juli 5821. 2 Bl.
[Dat.:] den 29ten Juni 5823. 2 Bl.
[Dat.:] den 4ten Julius 5824. 2 Bl.
[Dat.:] am 17ten Juli 5825. 2 Bl.
[Dat.:] am 2ten Juli 5826. 2 Bl.
[Dat.:] am 24ten Juni 5828. 2 Bl.
[Dat.:] am 21. Juni 1829. 2 Bl.
[Dat.:] am 11. Julius 1830. 2 Bl.
[Dat.:] den 24. Junius 1831. 2 Bl.
[Dat.:] am 28. Aug. 1833. 2 Bl.
[Dat.:] am 16. Febr. 1835. 1 Bl.
[Dat.:] am 20. Dez. 1835. 2 Bl.
[Dat.:] am 24. Juni 1836. 2 Bl.

Joinville: [**Rundschreiben.**] Die Freimaurer-Loge Deutsche Freundschaft zum Südlichen Kreuze, i. O. v. Joinville, an alle Logen und Brüder des Bundes. [Joinville 1862.] 5 Bl. 4° [Kopftit.]
Bitte um Beiträge zum Bau eines Logengebäudes; beigefügt ein Empfehlungsschreiben von H. W. Buek u. ein Verzeichn. der Mitgl. der Loge.

[**Rundschreiben** der Loge „Friedrich zur ernsten Arbeit" in Jena:]
20. November 1894.

[**Rundschreiben** der Loge Friedrich August zu den drei Zirkeln in Zittau. Dat.:] Zittau 1847. 2 Bl. 4°
Tt. 576. Gründungsgesch., Tätigkeit der Loge, ihre Ansichten üb. Aufgabe u. Zweck der Frmrei.

Grossloge „Kaiser Friedrich zur Bundestreue": [**Rundschreiben** der Grossloge „Kaiser Friedrich zur Bundestreue":] 17. Aug. 1892; 22. Sept. 1892.

Lörrach: [**Rundschreiben** der Loge „Friedrich zur Eintracht" in Lörrach:]
15. Okt. 1908; 16. Nov. 1908.

[**Rundschreiben** der Loge „Friedrich zur wahren Freundschaft" in Konitz:]
April 1886.

Aschaffenburg: [**Rundschreiben** der Loge Friedrich Karl Joseph zum goldnen Rade in Aschaffenburg.] 1811.. 4°

Friedrich Karl Josef zum goldenen Rade: [**Rundschreiben** der Loge „Friedrich Carl Joseph zum goldenen Rade" in Aschaffenburg.]
23. April 1812 [Nebst Anhang vom 5. Juni 1912.] Mitteilung von der Schliessung der Loge.

[**Rundschreiben.**] Aus der Freimaurerloge Friedrich zum weissen Pferde im O. von Hannover. [Dat.:] Hannover, am 24. Juni 1848. 2 Bl. 4°
Bericht üb. die Tätigkeit der Loge in d. J. 1846—1848.

[**Rundschreiben** der Joh.-Loge „Friedrich zur aufgehenden Sonne" in Brieg.]
31. Januar 1850.

[**Rundschreiben** der Loge Friedrich zum Tempel in Hildesheim. Dat.:] den 8ten Tag des 4ten Monats 5785. 4°

Friedrich z. Treue: [**Rundschreiben** der Loge „Friedrich z. Treue" in Freiburg i. B.] 2. Juni 1908.

[**Rundschreiben** der Loge „Friedrich zur Vaterlandsliebe“ in Koblenz:]
12. Juni 1804.

[**Rundschreiben** der Loge „Friedrich Wilhelm zur Gerechtigkeit“ in Ratibor:]
24. Juni 1837.

[**Rundschreiben** des General-Kapitels des Ordens der Ritter und Brüder St. Johann des Evangelisten aus Asien in Europa.] [Dat.:] 20. 9. 1750 [d. i. 1790]. 2 Bl. 2⁰
Nachruf für H. H. Frh. v. Ecker u. Eckhoffen.

Rundschreiben des Kgl Generalkonservatoriums der Kunstdenkmale und Altertumer Bayerns. Betreff: Die Pflege und Erforschung der prähistorischen Denkmale. München 1909: Müller. 21 S. 8⁰ [Kopft.]
09. 11370

Rundschreiben des bischöflich-trierschen General-Vicariats in Betreff der von dem Bischof von Trier, Hrn. Wilh. Arnoldi, angeordneten Ausstellung des ungenähten h. Rockes Jesu Christi. gr. 4. (1 B.) Trier 845, Lintz'sche Buchh.

[**Rundschreiben** der Loge „Germania zur deutschen Treue“ in Erlangen:]
1903. 1 Bl. 4⁰.

[**Rundschreiben** der Loge „Globus“ in Hamburg:] 15. Dez. 1898.

Gottfried z. den sieben Sternen: [**Rundschreiben** der Loge Gottfried zu den sieben Sternen in Hamburg. Dat.:] den 31 sten Dec. 1784. 2 Bl. 4⁰

Rundschreiben des Grossbeamten-Collegiums an die Tochterlogen der Grossloge von Hamburg. (Verfasst von Dr. J. Braband.) Hamburg, 25. Nov. 1875. Fol. 3 Bl. mit 2 Beilagen: Schreiben der Loge deutsche Freundschaft zum südlichen Kreuz in Joinville vom 31. Juli und 28. August 1875. Fol. 3 u. 5 Bl.
Betrifft die Entlassung oben genannter Loge.

[**Rundschreiben** der Grossloge von Hamburg. Dat.:] Hamburg, d. 16ten Juny 1843. 2 Bl. 4⁰
Betr. die Unterstützung der Brr, die durch den Brand vom 5.—8. Mai 1842 in Hamburg gelitten. Quittung üb. die eingegangenen Beiträge.

Rundschreiben [der Grloge von Hamburg] an die Tochterlogen und die verbündeten Grosslogen. [Hamburg 1901: Rademacher.] 11 S. 8⁰ [Kopftit.]
Nebst einem Art.: Zur Stiftung unserer neuen Logen. Betr. die Aufnahme der sog. Settegastloge des Hamburger Mutterbundes. Das Rundschreiben abgedr. in: HL. 34 1901) S. 2983—2985.

[**Rundschreiben** der Grossloge von Kurhessen in Kassel.] [Dat.:] den 27. July 1824. 2 Bl. 4⁰

Rundschreiben der Grossloge zur Sonne in Bayreuth vom 9. Januar 1863. Fol. Lithogr. 2 Bl.

Rundschreiben der Gross-Loge zur Sonne im Or. von Bayreuth. [Bayreuth 1869: Burger.] 2 Bl. 4⁰ [Kopftit.]
Aus: ⁰Protokoll der Grloge zur Sonne, Bayreuth, d. d. Kaiserslautern, 24. Okt. 1869.
Abgedr. in: Bh. 12 (1869) S. 401—402; Reform 4 (1869) S. 185—187; T. 15 (1869) S. 180 bis 181; FZ. 24 (1870) S. 41—44; Jahrbuch d. Bauhütten d. Eintrachtsbundes. 1870 S. 17 bis 20; HL. 3 (1870) S. 161—163; Findel, J. G.: Gesch. d. Grloge zur Sonne, Bayreuth. 1897 S. 180—185.
Betr. das römische Konzil.

Rundschreiben der Grossloge zur Sonne im Or.·. von Bayreuth. [Bayreuth 1870: Burger.] 2 Bl. 4⁰ [Kopftit.]
Abgedr. in: Bh. 13 (1870) S. 369—372; FZ. 24 (1870) S. 369—372; HL. 3 (1870) S. 231—234; MitthW. 2 (1870—1871) S. 98—102; Findel, J. G.: Gesch. d. Grloge z. Sonne, Bayreuth. 1897 S. 185—195.
cf. Schweizerische Handels-Ztg. 9 (1870) No 140.
Tt. 411. Antwort auf die Kundgebungen der Alpina, der Loge der „Menschenfreunde“, Brüssel, der 10 Pariser Logen in bezug auf den deutsch-franz. Krieg.

[**Rundschreiben** der Symbol. Grossloge von Ungarn.]
14. März 1879; 22. März 1896.

Grossmeister-Verein Hamburg-Bayreuth-Frankfurt: **Rundschreiben** des Grossmeister-Vereins von Hamburg-Bayreuth-Frankfurt vom Mai 1900. o. O. 1900.] 1 Bl. 4⁰
Abgedr. in: BstF. 9 (1900) S. 83—85; Bk. 19 (1900) No 65; HL. 33 (1900) S. 2913—2914; HZC. 34 (1900—1901) S. 5—6.
Bekanntgebung der Gründung des Grmstrvereins.

Rundschreiben des Grossmeister-Vereins an die Tochter- und Bundeslogen von Hamburg, Bayreuth und Frankfurt a. M.
2. [Hamburg, Rademacher.] [Dat.:] Oktober 1900. 8 S. 8⁰. [Kopftit.]
Vgl. W. 38571.

Zweites **Rundschreiben** des Grossmeister-Vereins an die Tochter- und Bundeslogen von Hamburg, Bayreuth und Frankfurt a. M. [Dat.:] Okt. 1900. [Hamburg 1900: Rademacher.] 8 S. 8⁰ [Kopftit.]
Aus: HL. 33 (1900—1901) S. 2949—2952.
Abgedr. in: Bh. 19 (1900) No 66; HZC. 34 (1900) S. 57—63.
Enth. Mitteilungen üb. d. Ziele u. Zwecke des Frmrbundes.

Aus der gesetzmässigen, verb., ger. und vollk. St. Johannis-Loge Gustav Adolph zu den drei Strahlen. **[Rundschreiben.]** Stralsund, den 14. Nov. 1857. [Stralsund 1857.] 2 Bl. 4^0 [Kopftit.]
Üb. das Verhältnis der Mrei zum Christentum.

Hamburger **Rundschreiben** zur Sammlung von Beiträgen um ein mit Deutschland eng verbundenes, von Dänemark gänzlich geschiedenes Schleswig-Holstein zu erreichen. (Hamburg. 1863.) 4^0.

Rundschreiben der Loge Hermann zum Lande der Berge in Elberfeld vom 15. Sept. 1845 ... O. O. 1845—50. V: *Herrig, Christian Frdr. Ludwig & Carl von Dalen.* (Tt)

[Rundschreiben der Loge „Hermann zur deutschen Treue“ zu Mühlhausen i. Th.:]
9. Juli 1857.

[Autogr.] **[Rundschreiben.]** Die St.·. Joh.·. □ Hermann zum Lande der Berge O.·. v.·. Elberfeld an das Directorium des Bundes der Freimaurer der Grossen National Mutter-Loge zu den drei Weltkugeln in Berlin. [Elberfeld 1846.] 2 Bl. 2^0 [Kopftit.]
Abgedr. in: Bh. 5 (1866) S. 340—341.
Tt. 1041. Betr. Zulassung von Frmrn jüdischen Glaubens.

[Rundschreiben der Loge Hesperus zu Kalisch. 1801—1818.] 4^0
[Dat.:] Am 7. Oct. 5801. 2 Bl.
[Dat.:] am 6ten Aug. 5803. 2 Bl.
[Dat.:] am 24sten Juny 5804. 2 Bl.
[Dat.:] am 24sten Juny 5805. 2 Bl.
[Dat.:] am 29sten Juny 5806. 2 Bl.
[Dat.:] am 20. d. V. Monats. Jahr 5818. 2 Bl.

[Rundschreiben der Loge Hieronymus Napoleon zur Treue in Kassel. 1809 bis 1812.] 4^0
[Dat.:] am 28./4. im J.·. d.·. w.. L.·. 5809. 2 Bl.
[Dat.:] am 25sten des 4. M.·. im J.·. d.·. w.·. L.·. 5810. 2 Bl.
[Dat.:] am 29ten des 4ten M.·. im J.·. d.·. w.·. L.·. 5811. 2 Bl.
[Dat.:] am 25.·. d.·. 4.·. M.·. im J.·. d. w.·. L.·. 5812 2 Bl.

[Rundschreiben aus dem Jahre 1883.] [Unterz.:] Br. aus Ungarn. 1 Bl. 8^0.
Aufforderung zur Unterstützung von Ludw. Lewis.

Worms: **[Rundschreiben** der Loge Johannes zur brüderlichen Liebe in Worms. Dat.:] den 20. Dec.·. 1781. 1 Bl. 4^0

[Rundschreiben.] Die ger.·. u. vollk.·. St.·. Joh.·. □.·. Johannes der Evangelist zur Eintracht im Or.·. von Darmstadt, am 24. Juni 5843. [Darmstadt 1843.] 2 Bl. 4^0 [Kopftit.]
Abgedr. in: L. 8 (1846) S. 7—15.
Betr. die Frage: Kann der Mrbund den Zutritt der Israeliten gestatten? — u. unter welcher Bedingung?

[Rundschreiben.] Die ger.·. u.·. vollk.·. Johannisloge „Zur Edlen Aussicht“ im Or.·. Freiburg i. B. an alle ihre Mitglieder. [Dat.:] Freiburg i. B. 1893. 16 S. 8^0 [Kopftit.]
Jahresbericht u. Rede von E. Volpp: Üb. das Ideal.

[Rundschreiben der Loge „Joseph zur Einigkeit“ in Nürnberg:]
14. April 1822.

Wetzlar: **Rundschreiben** der Loge Joseph zu den drei Helmen in Wetzlar. 1778—1784.] 4^0
[Dat.:] den 31. Jenner 4464. [1778] 1 Bl.
[Dat.:] den 30. Nov. 1779. 1 Bl.
[Dat.:] den 4. Jenner 1780. 2 Bl.
[Dat.:] d. 18. Mart. 1780. 2 Bl.
[Dat.:] den 3. May 5784. 1 Bl.

[Rundschreiben der verbundenen Logen „Irene zu den 3 Sternen“, „Tempel der Wahrheit“ und „Prometheus“ in Rostock.]
Joh. 1845.

[Rundschreiben der Loge Karl zu den drei Adlern im Or. zu Erfurt. 5831/32. Erfurt 1832.] 16 S. 8^0
Üb. Lauheit u. Gleichgültigkeit der Brr gegen die Zwecke des Bundes u. üb. Mystik u. Mystizismus in Beziehung zum Mrtum.

Alstädt: **[Rundschreiben** der Loge Karl August in Alstädt. 1802. 1803.] 4^0

Karlsruhe: **[Rundschreiben** der Loge Karl zur Einigkeit in Karlsruhe. Dat.:] den 25. des 6ten 5809. 2 Bl. 4^0

[Rundschreiben der Loge „Karl zur Eintracht“ in Mannheim:]
25. Dez. 1809; 20. Mai 1885; April 1907; 18. April 1917; 6. Mai 1917.

Carl zum Felsen: **[Rundschreiben** der Loge „Carl zum Felsen" in Altona:] o. J. [1804?]
Betr. die Machenschaften und den Ausschluss des William Danckert.

[Rundschreiben der Loge „Carl zur guten Hoffnung" in Heidelberg:]
5. März 1813.

[Rundschreiben der Loge Karl zum aufgehenden Licht in Frankfurt a. M.] [Dat.:] Frankfurt a. M. 1844. 2Bl. 2°
Protest gegen die von der Frankfurter Grloge aufgestellte Erläuterung des eklektischen Bundesprinzips.

[Rundschreiben der Loge Karl zum roten Löwen in Rendsburg. 1822 bis 1825.] 4°
[Dat.:] am 6 ten Febr. 5822. 2 Bl.
[Dat.:] am 24 ten Febr. 5823. 2 Bl.
[Dat.:] am Tage der Feier des St.·. Joh.·. Festes 5823. 2 Bl.
[Dat.:] am Tage der Feier des St.·. Joh.·. Festes 5825. 2 Bl.

[Rundschreiben der Loge Karl zu den drei Rädern in Erfurt. 1793—1812.] 4°
[Dat.:] den 19. Febr. 5793. 1 Bl.
[Dat.:] den 24. Junii 1807. 2 Bl.
[Dat.:] am St. Johannisfeste des maurerschen Jahres. 5808. 2 Bl.
[Dat.:] 5809. den 24. Jun. 2 Bl.
[Dat.:] am 24 sten Juni 5810. 2 Bl.
[Dat.:] am 24. Junius 5811. 2 Bl.
[Dat.:] im Nov. 5812. 2 Bl.

[Rundschreiben der Loge Karl zu den drei Schlüsseln in Regensburg. 1801—1849.] 4°
[Dat.:] d. 24 ten ds: 9 ten 5801. 2 Bl.
[Dat.:] am 19./3. 5803. 1 Bl.
[Dat.:] am 20. II. 5805. 2 Bl.
[Dat.:] am 25. II. 5806. 2 Bl.
[Dat.:] am 31. XII. 5806. 2 Bl.
[Dat.:] am 19. IV. 5807. 2 Bl.
[Dat.:] am 30. I. 5808. 2 Bl.
[Dat.:] am 26. V. 5809. 2 Bl.
[Dat.:] am 21. IX. 5809. 2 Bl.
[Dat.:] am 1. IV. 5819. 2 Bl.
[Dat.:] den 1 ten d. VII. 5825. 2 Bl.
[Dat.:] den 24. Junius 5828. 2 Bl.
[Dat.:] am St. Johannis-Tag den 24. Juni 5842. 2 Bl.
[Dat.:] am 24. VI. 5845. 2 Bl.
[Dat.:] am 24. Juni 5846. 2 Bl.
[Dat.:] am 24. Juni 5849. 2 Bl.
1799 eröffnet als Forts. der „Wachsenden zu den drei Schlüsseln".

Rundschreiben der Loge Carl zu den 3 Schlusseln in Regensburg. 19 Marz 1803. 4. 1 Bl.
Anzeige von der stattgehabten Beamtenwahl. und der Anerkennung Seitens der Grossloge v. Schweden. Von sämmtlichen Logenbeamten handschriftl. unterzeichnet.

Pappenheim: **[Rundschreiben** der Loge Karl zur Treue in Pappenheim. 1809 bis 1824.] 4° [1818:] 8°
[Dat.:] d. 24. Juni 5809. 2 Bl.
[Dat.:] den 25. Juni 5818. 2 Bl.
[Dat.:] den 24. Juni 5821. 1 Bl.

[Rundschreiben der Loge „Carl zu den 3 Ulmen" in Ulm.]
3. Juli 1853; 1. Sept. 1857; 1. Okt. 1861.

[Lithogr.] **[Rundschreiben.]** Die St. Johannis-Loge Carl zu den drei Adlern im Or. zu Erfurt an die mit ihr in Schrift-Wechsel stehenden Sehr Ehrw. St. Johannis-Logen. 1836/37. [Erfurt 1836: Uckermann.] 20 S. 8° [Umschlagtit.]
Kl. 3018. Üb. Tagesfragen in der Mrei; mrische Publizität (veranl. durch Krauses Veröffentl.); Bericht üb ein Fest, dem Andenken der ersten Begründung des Mrtums in Thüringen geweiht u. a. m.

[Rundschreiben.] Aus der ger.·. u. vollk.·. St. Joh. □ Carl zum Felsen. Or.·. Altona am 18. Sept. 1846. 10 S. 4° [Kopftit.]
Histor.-statist. Rückblick auf die Anfang des 18. Jh. gegründeten Logen, mit bes. Beziehung der in den dän. Staaten vorhanden gewesenen oder noch bestehenden Logen (speziell zu Altona).

[Rundschreiben.] Aus der ger.·. und vollk.·. St. Joh. □ Carl zu den 3 Ulmen im Or.·. Ulm am 1. Mai 1844. [Ulm 1844.] 3 S. 4° [Kopftit.]
Ankündigung der Gründung der Loge.

Saaz: **[Rundschreiben** des Vereins „Kette" in Saaz.]
Januar 1910.

[Rundschreiben des Vereins „Kinderfürsorge" in Düsseldorf.] 4°
[Dat.:] 15. Sept. 1906. 2 Bl.
[Dat.:] 15. Febr. 1908. 2 Bl.

Z. Eintracht: **[Rundschreiben** der Literar. Kommission der Loge z. Eintracht in Neudörfl.]
[1879.]

Kyritz: **[Rundschreiben** der Loge Konstantia in Kyritz. Dat.:] am 14. Mai 5843. 1 Bl. 4°

Rundschreiben der Loge „Copernicus Nr. 545" im Or. von Williamsburgh. 1866. 4. 2 Bl
Mit Mitgliederverzeichniss.

Lutzemburg den 11ten Jenner 1794. | Mein Herr! | Kraft der Vollmacht, welche Uns die | Landstände dieser Provinz ... (Rundschreiben betreffend die freiwilligen Kriegssteuern) ... [Beigedruckt ist das Muster eines:] Verzeichniß der freiwilligen Kriegs-Steuern, welche die Pfarrey A Seiner Majestät zur Bestreitung der Kösten [sic] des gegenwärtigen Krieges gemacht hat. ... [Luxemburg: Witwe J. B. Kleber 1794]
6 S., 4° (325 × 200 mm).

Rundschreiben an sämmtliche Landesbehörden der Herzogthümer Schleswig-Holstein, betreffend das Verhalten beim Rückmarsch der Truppentheile der Deutschen Operations-Armee. Gottorff, den 21. Juli 1849. 1 Bl. 4°.

Rundschreiben der Gr. Landes-Loge der Freimaurer von Deutschland. Berlin, den 24. Juni 1858. 1860 u. 1861. 4. je 2 Bl.

[Rundschreiben der Grossen Landesloge der Freimaurer von Deutschland, resp. ihres Grossmeisters: 10. Mai 1890, 6. Juni 1902.]

***Kuycke, Eug. von:* [Rundschreiben.] Grosse Landes-Loge der Freimaurer von Deutschland. An sämmtliche Ordensabteilungen der Grossen Landes-Loge. Berlin, den 6. Juni 1902. 3 Bl. 4°.**
Zurückweisung der Angriffe von Grotkass (W. 16834) durch den Ordensrat, die Grossbeamten und die Stuhlmeister der Berliner Tochterlogen der Gr. L. L.

Rundschreiben, erlassen von unserem heiligsten Vater Leo XIII., durch göttliche Vorsehung Papst,

— dasselbe v. 28. V. 1902, üb. das allerheiligste Altarssakrament. (Deutsch u. lateinisch.) (41 S.) gr. 8. Ebd. 903. n. — 50

(F) Rundschreiben Sr. Heiligkeit Papst Leo XIII. über die Arbeiterfrage. 1. Auflage. Warnsdorf [1900.] Opitz. 16°. 64 S. K —.10

Rundschreiben, erlassen v. unserem heiligsten Vater Leo XIII., durch göttl. Vorsehung Papst, üb. die Arbeiterfrage. (Lateinisch u. Deutsch.) gr. 8. (85 S.) Freib. i. Br. 891, Herder. * — 80

Rundschreiben Sr. Heiligkeit Papst Leo XIII. an alle Patriarchen, Primaten, Erzbischöfe u. Bischöfe d. kathol. Welt, d. mit d. Apostol. Stuhle in Gemeinschaft stehen „Ueber die Arbeiterfrage". (Einz. authent. deutsche Uebersetzg.) 2. Aufl. gr. 8. (32 S.) Berlin (891). Germania. n. — 10

— erlassen am 15. V. 1891 v. unserem heil. Vater Leo XIII., durch göttl. Vorsehung Papst, üb. die Arbeiterfrage. (Deutsch u. lateinisch.) (3. Abdr.) gr. 8. (85 S.) Ebd. (902). n. — 80

— dasselbe, s.: Volksaufklärung.

— Sr. Heiligkeit d. Papstes Leo XIII. an d. Bischöfe, d. Geistlichkeit u. d. Volk Italiens, erlassen am 5. VIII. 1898. Offic. deutsche Uebersetzg. gr. 8. (15 S.) Ebd. 898. n. — 30

— erlassen am 18. I. 1901 v. unserem heil. Vater Leo XIII., durch göttl. Vorsehung Papst, über d. christl. Demokratie. (Deutsch u. lateinisch.) gr. 8. (33 S.) Ebd. 901. n. — 60

— unf. hl. Vaters d. Papstes Leo XIII. üb. d. Einheit d. Kirche (erlassen am 29. Juni 1896). [Aus: „Bonifacius-Broschüren".] 12. (44 S.) Paderborn 896. Bonifacius-Druckerei. — 15

— dasselbe. (Deutsch u. Lateinisch.) gr. 8. (87 S.) Freiburg i/B. 896. Herder. n. — 80

— erlassen am 19. III. 1902 v. unserem heil. Vater Leo XIII., durch göttliche Vorsehung Papst, beim Eintritt in das 25. Jahr seines Pontifikates. (Deutsch u. lateinisch.) gr. 8. (51 S.) Ebd. 902. n. — 60

— des hl. Vaters Papst Leo XIII. über den göttl. Erlöser. Amtliche deutsche Ausg. 14.—18. Tauf. 8. (23 S.) Köln 901. J. P. Bachem. n. — 10

Rundschreiben, erlassen am 20. Juni 1888 von unserem Heiligsten Vater Leo XIII., durch göttl. Vorsehung Papst, über die menschliche Freiheit. (Deutsch und lateinisch.) gr. 8. (61 S.) Freiburg i. Br. 888, Herder'sche Verlagsh. *
— dass. — Deutsche Übersetzung. gr. 8. (31 S.) Ebendas. 888. *

— dasselbe v. 20. VI. 1888, üb. die menschliche Freiheit. (Deutsch u. lateinisch.) (3. Abdr.) (61 S.) gr. 8. Ebd. (903). n. — 60

— erlassen am 9. V. 1897 v. unserem heil. Vater Leo XIII., durch göttl. Vorsehung Papst, üb. den Heiligen Geist. (Deutsch u. lateinisch.) gr. 8. (41 S.) Freiburg i/B. 899. Herder. n. — 60

Rundschreiben, sämmtliche, erlassen von unserem heiligsten Vater Leo XIII., durch göttliche Vorsehung Papst, an alle Patriarchen, Primaten, Erzbischöfe u. Bischöfe der katholischen Welt, welche in Gnade u. Gemeinschaft mit dem apostolischen Stuhle stehen. 1. Sammlg.: 1878—1880. (Deutsch u. lateinisch.) gr. 8. (XV, 199 S.) Freiburg i/Br. 881. Herder. n. 2. —

Rundschreiben, erlassen von unserem Heiligsten Vater Leo XIII., durch göttl. Vorsehg. Papst, an alle Patriarchen, Primaten, Erzbischöfe u. Bischöfe der kathol. Welt, welche in Gnade u. Gemeinschaft m. dem Apostol. Stuhle stehen. (Deutsch u. lateinisch.) 2. Sammlg.: 1881—1885. gr. 8. (S. 201—333 u. 57 S.) Freiburg i/Br. 887. Herder. n. 2. — (1. u. 2. in 1 Bd.: n. 4. —)

— erlassen v. unserem heiligsten Vater Leo XIII. an alle Patriarchen, Primaten, Erzbischöfe u. Bischöfe der kathol. Welt, welche in Gnade u. Gemeinschaft m. dem Apostol. Stuhle stehen. (Deutsch u. lateinisch.) 3. Sammlg.: 1886—1891. gr. 8. (235 S.) Ebd. 893. n. 2. 10 (1—3.: n. 6. 10)

— erlassen v. Uns. Heiligsten Vater Leo XIII., durch göttliche Vorsehg. Papst. (Deutsch u. Lateinisch.) 4. Sammlg. gr. 8. (309 S.) Ebd. 898. n. 3. — (1—4: n. 9. 10)

Rundschreiben, erlassen v. unserem heiligsten Vater Leo XIII., durch göttliche Vorsehung Papst. (Deutsch u. lateinisch.) 6. (Schluß-)Sammlung. Mit Namen- u. Sachregister zu allen 6 Sammlgn. (V, 134 S.) gr. 8. Freiburg i/B. (904). Herder. n. 2. —; Namen- u. Sachregister allein (22 S.) n. — 60 (Vollständig: n. 14. 10)

— erlassen v. Unserem Heiligsten Vater Leo XIII. über die wichtigsten Pflichten christlicher Bürger. (Deutsch u. lateinisch.) gr. 8. (55 S.) Freiburg i/Br. 890. Herder. n. — 50

— dasselbe v. 10. I. 1890, über die wichtigsten Pflichten christlicher Bürger. (Lateinisch u. deutsch.) (Neue Aufl.) (55 S.) gr. 8. Ebd. (903). n. — 60

— Sr. Heil. Papst Leo XIII. üb. den Rosenkranz u. dessen soziale Bedeutung. Volksausg. gr. 8. (16 S.) Luzern 893. Gebr. Räber & Co. — 30

— erlassen am 22. Septbr. 1891, 8. Septbr. 1892 u. 8. Septbr. 1893 von unserem Heiligsten Vater Leo XIII., üb. den Marianischen Rosenkranz. (Deutsch u. lateinisch.) gr. 8. (35, 27 u. 21 S.) Ebd. 894. n. — 80

— erlassen am 8. Septbr. 1894 v. unserem Heiligsten Vater Leo XIII., üb. den Marianischen Rosenkranz. (Deutsch u. lateinisch.) gr. 8. (25 S.) Ebd. 894. n. — 30

— erlassen am 5. IX. 1895, 20. IX. 1896, 12. IX. 1897 u. 5. IX. 1898 v. unserem heil. Vater Leo XIII., durch göttl. Vorsehung Papst, üb. den marian. Rosenkranz. (Deutsch u. lateinisch.) gr. 8. (25, 19, 19 u. 9 S.) Ebd. 899. n. — 90

Rundschreiben, erlassen am 1. Novbr. 1885 v. Unserem Heiligsten Vater Leo XIII., durch göttl. Vorsehg. Papst, üb. die christliche Staatsordnung. (Deutsch u. lateinisch.) gr. 8. (57 S.) Freiburg i/Br. 885. Herder. n. — 40

— **dasselbe v. 1. XI. 1885, üb. die christliche Staatsordnung. (Lateinisch u. deutsch.) (Neuer Abdr.) (57 S.) gr. 8. Ebd. (908). n. — 60**

— dasselbe, erlassen am 18. Novbr. 1893, üb. das Studium der Hl. Schrift. (Deutsch u. lateinisch.) gr. 8. (69 S.) Freiburg i/B. 894. Herder. n. — 70

— **dasselbe v. 18. XI. 1893, üb. das Studium der Hl. Schrift. (Deutsch u. lateinisch.) (2. Abdr.) (69 S.) gr. 8. Ebd. (908). n. — 80**

Rundschreiben, erlassen am 29. VI. 1881 von Unserem Heiligsten Vater Leo XIII., durch göttliche Vorsehung Papst, über d. Ursprung der bürgerl. Gewalt. (Dtscher. u. latein. Text.) (3. Abdr.) (33 S.) gr. 8. Freiburg i/B. (909). Herder. — 60

— erlassen am 1. VIII. 1897 von unserem heil. Vater Leo XIII., durch göttl. Vorsehung Papst, zur Centenarfeier des sel. Petrus Canisius. (Deutsch u. lateinisch.) gr. 8. (21 S.) Freiburg i/B. 899. Herder. n. — 40

[**Rundschreiben** der Loge Leopold zur Treue in Karlsruhe Dat.:] Carlsruhe, den 8. Sept. 5848. 2 Bl. 4⁰
Anzeige der Reaktivierung der Loge.

[**Rundschreiben.**] Die ger.·. und vollk.·. St.·. J.·.-Loge Leopold zur Treue im Or.·. v.·. Carlsruhe an alle sehr ehrw.·. ger.·. und vollk.·. Logen auf dem Erdenrund. [Dat.:] Karlsruhe 1870. 2 Bl. 4⁰ [Kopftit.]
Abgedr. in: FZ. 25 (1871) S. 33—34.
Franz. Übers. in: V. 2 (1871) S. 39—40.
Engl. Übers. in: Fr. 4 (1871) S. 124.
Tt. 754. Aufruf in deutscher, englischer u. französischer Sprache zur Unterstützung der in Kehl u. Strassburg durch die Belagerung geschädigten Brr.

[**Rundschreiben** der Loge „Leopold zur Treue" in Karlsruhe:]
6. Okt. 1870; Okt. 1908; April 1909.

Lessing: [**Rundschreiben** der Loge „Lessing" in Brooklyn.] Mai 1904.

Valparaiso: [**Rundschreiben** der Loge „Lessing" in Valparaiso, Chile.]
März 1891.

[**Rundschreiben** der Loge „Die Leuchte am goldenen Horn" in Konstantinopel.]
24. Juni 1913.

[**Rundschreiben** der Loge „Libanon zu den 3 Cedern" in Erlangen:]
11. Dez. 1814; 1840; 24. Juni 1873; 1902.

Rundschreiben der Loge Libanon zu den 3 Cedern in Erlangen, September 1835. 4. 3 S.
Besonders über d. Verbot der Theilnahme v. Staatsdienern an d. Mrei in Baiern.

Die Loge zum Frankfurter Adler im Or. Frankfurt a. M. ihren auswärtigen Mitgliedern. [**Rundschreiben.**] Johanni 1877. Frankfurt a. M. 1877: Fey. 32 S. 8⁰ [Umschlagtit.]
Tt. 666. Bericht üb. die Feier des Johannisfestes; Reden von Ernst Rosenberg, J. Creizenach, S. Formstecher, S. Friedberg, Jahresbericht von Ernst Rosenberg.

Rundschreiben [der Loge zum goldenen Apfel in Dresden. Dat.:] 15. Sept. 1849. 1 Bl. 8⁰. [Kopftit.]
Betr. den „Verein für's Leben".

Ziegenhain: [**Rundschreiben** der Loge zur Aufrichtigkeit in Ziegenhain. 1817 bis 1820.] 4⁰
[Dat.:] am 25ten d.·. 6ten Monats im J.·. d.·. w.·. L.·. 5817. 2 Bl.
[Dat.:] am 26. d. 6. Monats im J.·. d.·. w.·. L.·. 5818. 2 Bl.
[Dat.:] am 26. d. 6ten Monats im J.·. d.·. w.·. L.·. 5819. 2 Bl.
[Dat.:] am 24. Tag im J.·. d.·. w.·. L.·. 5820. 2 Bl.

[**Rundschreiben** der Loge „zum aufblühenden Baum" in Eisleben.] 1. März 1841.

[**Rundschreiben** der Loge „zu den 3 eisernen Bergen" in Siegen.]
13. April 1869.

[**Rundschreiben** der Loge zur Beständigkeit in Wien. Dat.:] 5785. 1 Bl. 4⁰

Brudertreue a. d. Elbe: [**Rundschreiben** der Loge „zur Bruderkette" in Hamburg.] 15. Sept. 1845.

[**Rundschreiben** der Loge „zu den 3 Degen" in Halle.] 3. Juli 1811.

[**Rundschreiben** der Loge „Zur Einigkeit" in Frankfurt a. M.:]
6. Juli 1842; April 1919.

Z. Eintracht u. Standhaftigkeit: [**Rundschreiben** der Loge „zur Eintracht und Standhaftigkeit" in Kassel:]
27. Febr. 1849; 28. Okt. 1854; 15. Sept. 1856.

Z. Vollkommnen Eintracht und Freundschaft: [**Rundschreiben** der Loge zur vollkommnen Eintracht und Freundschaft in Kassel. 1818—1823.] 4⁰
[Dat.:] am 24ten des 6ten Monats i.·. J.·. d.·. w.·. L.·. 5818. 2 Bl.
[Dat.:] am 25ten des 6ten Monats i.·. J.·. d.·. w.·. L.·. 5820. 2 Bl.
[Dat.:] den 1sten Aug. 5821. 2 Bl.
[Dat.:] den 24. des 6ten Monats im J.·. d.·. w.·. L.·. 5822. 2 Bl.
[Dat.:] am 20sten des 7ten Monats im Jahre d.·. w.·. L.·. 5823. 2 Bl.

[**Rundschreiben** der Loge zur wahren Eintracht in Wien. 1784. 1785.] 4⁰
[Dat.:] den 12. des 3. Monats 5784. 2 Bl.
[Dat.:] den $\frac{25}{3}$ 5785. 2 Bl.

Hirschberg: [**Rundschreiben** der Loge zu den drei Felsen in Hirschberg. 1801—1806.] 4⁰
[Dat.:] den 16. April 5801. 2 Bl.
[Dat.:] den 16. April 1805. 2 Bl.
[Dat.:] den 1. Juny 5805. 2 Bl.
[Dat.:] den 7ten Tag des 5ten Mondens im Jahre des Lichts. 5806 2 Bl.

[**Rundschreiben** der Loge zu den drei weissen Felsen in Weissenfels. Dat.:] Weissenfels, am Tage St. Johannis des Täufers, 5820. 4 Bl. 4⁰
Bericht üb. Gründung u. Tätigkeit der Loge.

[**Rundschreiben** der Loge zu den drei Flammen in Plauen. 1799—1815.] 4⁰
[Dat.:] den $\frac{XVI.}{XII.}$ 5799. 2 Bl.
[Dat.:] den $\frac{25.}{VI.}$ 5803. 2 Bl.
[Dat.:] den $\frac{24.}{VI}$ 5806. [Neudr. 1877.] 2 Bl.
[Dat.:] am 20. Nov. 1815. 2 Bl.
Tt. 738. 1799, 1803, 1815 in 193; 1806 in 439.

[**Rundschreiben** der Loge „zu den 3 Flammen in Plauen":]
26. Nov. 1815. Einstellung der Arbeiten.

[**Rundschreiben** der Loge zu den vereinigten Freunden in Saarlouis. 1836 bis 1846.] 4⁰
[Dat.:] den 1. Juli 5836. 2 Bl.
[Dat.:] den 24. Juni 5841. 2 Bl.
[Dat.:] am 24. Juni 5846. 2 Bl.
1836, 1846 in 462; 1841

[**Rundschreiben** der Loge zu den wahren vereinigten Freunden in Brünn. 1787—1791.] 4⁰
[Dat.:] am 25. des VIII. 5787. 2 Bl.
[Dat.:] am 24. des VI ten 5788. 2 Bl.
[Dat.:] am 1 ten des X ten 5789. 2 Bl.
[Dat.:] am 24 ten des VI ten 5791. 2 Bl.

Zum Geheimnis der drei Könige: [**Rundschreiben** der Loge zum Geheimnis der drei Könige in Köln. Dat.:] Den 25. Juni 1820. 2 Bl. 2⁰
Die franz. Loge „Le Secret des trois rois" (1774 gegründet) schloss sich 1816 der Grloge R. Y. an, wurde 1822 untätig, 1824 u. d. Namen Agrippina neu errichtet.

Krefeld: [**Rundschreiben** der Loge zur vollkommnen Gleichheit in Krefeld. 1789. 1803.] 4⁰
[Dat.:] am 25. des 4. M. 5789. 2 Bl.
[Dat.:] 58 $\frac{20}{5}$ 03. 2 Bl.

[**Rundschreiben** der Loge zu den drei Granatäpfeln in Dresden. Dat.:] am 12ten Tage des 8ten Monats im Jahre des Lichtes 5786. 2 Bl. 4⁰

[**Rundschreiben** der Loge zum gekrönten goldnen Greif zu Neubrandenburg in Mecklenburg. 1777. 1780.] 4⁰
[Dat.:] den 10ten März 1777. 2 Bl.
[Dat.:] den 22. Jan. 5780. 1 Bl.

[**Rundschreiben** der Grossen Loge von Hamburg resp. ihres Grossmstrs.:] 8. Oktober 1816; 6. April 1894; 14. Januar 1905.

[**Rundschreiben** der Grossen Loge von Hamburg. Dat.:] Hamburg, 1. Juni 1867. 1 Bl. 4⁰
Aufforderung an die Tochterlogen, eine Feier des 150jähr. Jubelfestes der Grloge von England zu begehen.

[**Rundschreiben** der Grossen Loge von Hamburg an die deutschen Grosslogen.] 20. Mai 1901.
Betr. den Settegast-Streit.

[**Rundschreiben** von der Grossen Loge von Hamburg an ihre Tochterlogen] 10. Nov. 1900.
Betr. den Settegast-Streit.

[**Rundschreiben** der Loge zur Halle der Beständigkeit in Warschau. 1819 bis 1820.] 4⁰
[Dat.:] den 1ten März 1819. 2 Bl.
[Dat.:] den 1ten März 1820. 2 Bl.

[Rundschreiben der Loge „zu den 3 Hammern" in Halberstadt.] 25. Juli 1845.

[**Rundschreiben** der Loge zu den drei Hammern in Naumburg a. d. S. Dat.:] Naumburg a. d. Saale, den 26. Sept. 5819. 1 Bl. 4⁰
Kündigt die Schliessung der Loge an.

[**Rundschreiben** der Loge „zu den 3 Hammern" in Naumburg.]
5. Juni 1875.

Leer: [**Rundschreiben** der Loge zur goldnen Harfe in Leer. 1808—1822.] 4°
[Dat.:] am $\frac{XXIV}{VI}$ im Jahre der Welt, 2 Bl.
[Dat.:] am 1sten Febr. 5819. 2 Bl.
[Dat.:] den 24. Juni 1821. 2 Bl.
[Dat.:] den 24. Juni 1822. 2 Bl.

[**Rundschreiben** der Loge „zur goldenen Harfe" in Marienwerder.]
13. April 1829.

Hohenstein: [**Rundschreiben** der Loge zur Harmonie in Hohenstein. 1801 bis 1840.] 4°
[Dat.:] am 14. Aug. 1801. 2 Bl.
[Dat.:] am 30. des 6. Monaths 5802. 2 Bl.
[Dat.:] am 17. des 8. Monaths 5803. 2 Bl.
[Dat.:] am 24. VI. 5804. 2 Bl.
[Dat.:] am 8. Tage des 9. Monats 5805. 2 Bl.
[Dat.:] am 20. VI. 5808. 2 Bl.
[Dat.:] 58 $\frac{2}{VII}$ 10. 2 Bl.
[Dat.:] 58 $\frac{24}{VI}$ 13. 2 Bl.
[Dat.:] 58 $\frac{31}{VI}$ 21. 2 Bl.
[Dat.:] 58 $\frac{24}{VI}$ 40. 2 Bl.

[**Rundschreiben** der Loge „zum aufrichtigen Herzen" in Frankfurt a. O.]
1. Aug. 1785; 18. Nov. 1790.
Das erste Rundschreiben betr. die Errichtung eines Denkmals für Herzog Leopold von Braunschweig. In dem zweiten wird berichtet, dass ein Just. Herm. Dietr. Ludw. Knölcke von 5 französ. Brüdern irregulär in die Freimrei eingeweiht worden sei.

Glogau: [**Rundschreiben** der Loge zur goldnen Himmels-Kugel in Glogau. Dat.:] d. 4. Febr. 1781. 1 Bl. 4°

[**Rundschreiben.**] Aus der Loge zum goldnen Hirsch. Or. Oldenburg, 24. Juni 1846. [Oldenburg 1846.] 1 Bl. 4° [Kopftit.]
Betr. die Frage, ob das engl. Konstitutionenbuch von 1723 eine für die gesamte Maurerwelt allgemein gültige verbindende u. verpflichtende Urkunde sei.

[**Rundschreiben** der Loge „Zum Goldnen Hirsch" in Oldenburg. Dat.:] Oldenburg, 24. VI. 1857. 1 Bl. 4°
Abgedr. in: FZ. 11 (1857) S. 303—304.
Üb. den Wert der mrischen Frühlingsfeste.

Bern: [**Rundschreiben** der Loge „Zur Hoffnung" in Bern:] 1. Juni 1819.
Betr. die Herausgabe des Taschenbuches „Akazienblüthen aus der Schweiz" von Fried. Heldmann.

[**Rundschreiben** der Loge zur gekrönten Hoffnung in Wien. 1788. 1792.] 4°
[Dat.:] 57 $\frac{24}{VI}$ 88. 2 Bl.
[Dat.:] 57 $\frac{16}{XI}$ 92. 2 Bl.

[**Rundschreiben** der Loge zur neugekrönten Hoffnung in Wien.]
20. April 1792.
Betr. Mozarts Tod.

[**Rundschreiben** der Loge „zur gekrönten Hoffnung" in Wien.]
5. Juni 1792.
Betr. die nach Mozarts Tod für seine bedürftigen Angehörigen eingeleitete Sammlung.

Z. Heiligen Joseph: [**Rundschreiben** der Loge zum heiligen Joseph in Wien. 1783. 1793.] 4°
[Dat.:] den 7ten des 8ten Monats 5783. 2 Bl.
[Dat.:] am 12ten März 1793. 2 Bl.

[**Rundschreiben** der Loge zur goldnen Kette in Bunzlau a. Bober. Dat.:] am 24. Juni 5850. 2 Bl. 4°
Üb. die Entstehung der Loge u. deren Grundsätze.

[**Rundschreiben** der Loge „Zum Kompass", Gotha, vom 24. 11. 1790, als Begleitschreiben des Bodeschen „Circular-Briefs". Gotha 1790.] 2 Bl. 4°
Selten.

[**Rundschreiben** der Loge zum goldnen Kreuz in Merseburg. Dat.:] Merseburg, am 24. Juni 1847. VIII S. 8°
Die Aufnahme von Juden betr.

[**Rundschreiben** der Loge zum goldnen Kreuz in Merseburg vom 24. Juni 1856. Merseburg 1856.] 9 S. 8°
Enth. die Festrede zur Feier des 50jähr. Bestehens der Loge von Thielemann: Aufforderung zu wirken u. zu glauben.

Lübben: [**Rundschreiben** der Loge zum Leoparden in Lübben. 1840. 1842.] 4°
[Dat.:] Johannis 1840. 2 Bl.
[Dat.:] am 24sten Juni 1842. 2 Bl.
1840 in 193; 1842 in 215.

Pirna: [**Rundschreiben** der Loge „zur Leuchte am Strome" in Pirna.]
26. September 1902.

[**Rundschreiben** der Loge zum goldnen Leuchter in Warschau. 1799—1801.] 4°
[Dat.:] am 6. Tage d. 4. Monats 5799. 2 Bl.
[Dat.:] am sechsten Tage der 3. Woche des vierten Monats 5800. 2 Bl.
[Dat.:] am 6ten Tage des 4ten Monats 5801. 1 Bl.

[**Rundschreiben** der Loge zum hellen Licht in Hamm. Dat.:] Hamm, den 1. Juli 1853. 2 Bl. 4⁰
Bericht üb. die Feier der 25jähr. Hammerführung des Br. E. Mayer u. üb. die geprägte Erinnerungs-Medaille. Beigefügt ein E. Mayer gewidmetes Gedicht von R. Stern.

[**Rundschreiben** der Loge zu den drei grossen Lichtern in Naumburg. 1828. 1830.] 4⁰
[Dat.:] den 24. Junius 5828. 2 Bl.
[Dat.:] den 25. Sept. 1830. 2 Bl.

Z. Linde: [**Rundschreiben** der Loge zur Linde in Leipzig. 1801—1807.] 4⁰
[Dat.:] am 2. May 1801. 2 Bl.
[Dat.:] den 18ten Tag des 4ten Monats, 5804. 2 Bl.
[Dat.:] am $\frac{25}{6}$ 5805. 2 Bl.
[Dat.:] am $\frac{23}{5}$ 5806. 2 Bl.
[Dat.:] den $\frac{1}{12}$ M. 5807. 2 Bl.

[**Rundschreiben** der Loge zur Linde in Leipzig. Dat.:] Leipzig, den 20sten April 1808. 26 S. 4⁰
Betr. die Abforderung der Konstitution u. Akten der Loge zur Linde durch die GrLL. infolge der Wahl des Br Eckold zum Logenmstr.

Z. Gekrönten Löwen: [**Rundschreiben** der Loge zum gekrönten Löwen in Kassel. Dat.:] den 18. Mart. 5778. 1 Bl. 4⁰

Hagen: [**Rundschreiben** der Loge zum westfälischen Löwen in Hagen. 1802 bis 1815.] 4⁰
[Dat.]: den 25. des IV ten Monats 5802. 2. Bl. [Lithogr.]
[Dat.]: den $\frac{20}{6}$ 5814. 2 Bl.
[Dat.]: den 25. IV. 5815. 2 Bl.

Z. aufgeh. Morgenröte: [**Rundschreiben** der Loge „zur aufgehenden Morgenröte“ in Frankfurt a. M.:]
18. Aug. 1808; 24. Juni 1817.

[**Rundschreiben der Loge „zum Pegasus“ in Berlin:**]
1871. 1 Bl. 4⁰.

Pelikan: [Rundschreiben der Loge „ zum Pelikan" in Hamburg:]
18. Januar 1871.

[**Rundschreiben** der Loge zu den drei Pfeilen in Nürnberg. Dat.:] Nürnberg den 2. II. 5808. 1 Bl. 4⁰
Kündigt an, dass zufolge Verordnung vom 4. Nov. 1799 u. 5. März 1804 Staatsbeamte die Loge haben decken müssen.

[**Rundschreiben** der Loge Zu den drei Pfeilen in Nürnberg. Dat.:] Nürnberg am 17. im VII. 5825. 2 Bl. 4⁰
Üb. die Frage: Was kann die Welt von unserer Verbindung verlangen u. erwarten?

Hirschberg: [**Rundschreiben der Loge „zur heissen Quelle“ in Hirschberg.**]
8. Juli 1836; 10. Febr. 1852.

[**Rundschreiben** der Loge Zum goldenen Rade in Osnabrück. 1907.]

Bromberg: [**Rundschreiben** der Loge zum Ritterkreuz in Bromberg. 1812.] 4⁰
[Dat.:] am 6. März 1812. 2 Bl.
[Dat.:] am 13. Tage des 5. Monden im Jahre 5812. 2 Bl.

[**Rundschreiben** der Loge zum Ritterkreuze in Inowrazlaw. Dat.:] d. 25. Juni 5823. 1 Bl. 8⁰

Z. den drei Gekrönten Säulen: [**Rundschreiben der Loge zu den drei gekrönten Säulen in Prag. Dat.:**] am Joh.-Tage 5785. 2 Bl. 4⁰

[**Rundschreiben** der Loge zu den 3 Säulen am Weinberg in Guben. Dat.:] Guben am 6.ten April 1845. 2 Bl. 4⁰ Lithogr.
Bitte um Unterstützung der durch die Neisse-Überschwemmung Notleidenden u. Verunglückten.

[**Rundschreiben** der Loge „zu den zwei Säulen am Stein“ in Würzburg.]
September 1874.

[**Rundschreiben** der Loge zum silbernen Schlüssel in Bremen.] [Dat.:] den 9/VII. 5791. 2 Bl. 4⁰

[**Rundschreiben** der Loge „Zu den drei Schwertern und Asträa zur Grünenden Raute“ in Dresden. Dat.:] Dresden, am 24. Juni 1861. 2. Bl. 4⁰
Abgedr. in: Bh. 4 (1861) S. 331—334.
cf. Ebendas. S. 337—341 (W. Puhlmann), 369—370 (W. Keller).
Votum von E. A. F. Rumpelt, gen. Walther üb. den 1861 gegründeten Verein deutsch. Frmr.

[**Rundschreiben der Loge zu den** 3 Schwertern in **Dresden.**]
1. Jan. 1826.
Betr. Freimaurer-Institut.

[**Rundschreiben** der Loge zu den drei Schwertern u. wahren Freunden. Dat.:] Dresden im Monat July 1805. 2 Bl. 4⁰

[**Rundschreiben der Loge zur Sicherheit in Pressburg. Dat.:] d. 10 ten des III. 5785. 1 Bl. 2⁰**

Kempten: [**Rundschreiben** der Loge zur aufgehenden Sonne in Kempten. Dat.:] d. $\frac{12}{XI}$ 5794. 2 Bl. 4⁰

[**Rundschreiben** der Loge zur Standhaftigkeit in Potsdam. 1809—1848.] 4⁰
[Dat.:] am 10ten July 5809. 2 Bl.
[Dat.:] am 25. des 10. Monats 5810. 2 Bl.
[Dat.:] am 24sten Tage des 6. M. 5811. 1 Bl.
[Dat.:] am 1sten des 7ten Monats 5814. 2 Bl.
[Dat.:] am 25. des 6. Monats 5815. 2 Bl.
[Dat.:] 58 $\frac{21}{6}$ 17. 1 Bl.
[Dat.:] 58 $\frac{25}{6}$ 20. 1 Bl.
[Dat.:] 58 $\frac{25}{6}$ 21. 1 Bl.
[Dat.:] 58 $\frac{25}{6}$ 22. 1 Bl.
[Dat.:] $\frac{25}{6}$ 5823. 2 Bl.
[Dat.:] 58 $\frac{24}{6}$ 25. 2 Bl.
[Dat.:] 58 $\frac{24}{6}$ 26. 1 Bl.
[Dat.:] 58 $\frac{24}{6}$ 27. 2 Bl.
[Dat.:] 58 $\frac{24}{6}$ 28. 2 Bl.
[Dat.:] 58 $\frac{24}{6}$ 29. 1 Bl.
[Dat.:] 58 $\frac{24}{6}$ 30. 2 Bl.
[Dat.:] den 24. Juni 5832. 2 Bl.
[Dat.:] den 24. Juni 1841. 2 Bl.
[Dat.:] den 24. Juni 1846. 2 Bl.
[Dat.:] den 24. Juni 1847. 7 Bl.
[Dat.:] den 24. Juni 1848. 2 Bl.

Celle: [**Rundschreiben** der Loge zum helleuchtenden Stern in Celle.]
5. Mai 1845.

Z. den drei Gekrönten Sternen: [**Rundschreiben** der Loge zu den drei gekrönten Sternen [seit 1786:] und Redlichkeit in Prag. 1785—1792.] 4⁰
[Dat.:] 57 $\frac{24}{VI}$ 85. 2 Bl. 4⁰
[Dat.:] 57 $\frac{24}{VI}$ 86. 2 Bl.
[Dat.:] 57 $\frac{24}{VI}$ 87. 2 Bl.
[Dat.:] 57 $\frac{24}{VI}$ 88, 2 Bl.
[Dat.:] 57 $\frac{24}{VI}$ 89. 2 Bl.
[Dat.:] 57 $\frac{24}{VI}$ 90. 2 Bl.
[Dat.:] am 8. des VII. 5792. 2 Bl.

Z. d. 3 Sternen: [**Rundschreiben** der Loge „zu den drei Sternen" in Rostock.]
30. Nov. 1915; 3. Okt. 1858; Juli 1900.

Z. den neun Sternen: [**Rundschreiben** der Loge zu den 9 Sternen in Prag. 1791. 1792.] 4⁰
[Dat.:] am 28. Juny 5791. 2 Bl.
[Dat.:] 57 $\frac{24}{VI}$ 92. 2 Bl.

[**Rundschreiben** der Loge „zum Tempel des Friedens" in Metz:]
9. August 1875.

[**Rundschreiben** der Loge „zum Tempel der Pflichttreue" in Krotoschin:]
7. März 1873.

[**Rundschreiben** der Loge „zum stillen Tempel" in Hildesheim:]
26. Mai 1846.

[Lithogr.] [**Rundschreiben** der Loge zum stillen Tempel in Hildesheim. Dat.:] Hildesheim, am 24. Juni 5846. 2 Bl. 4⁰
Bericht üb. die Entstehung d. Loge.

[**Rundschreiben** der Loge „zum Tempel der Wahrheit" in Rostock.]
4. Nov. 1807; 28. Nov. 1807; 16. Febr. 1808.

[**Rundschreiben** der Loge zum wiedererbauten Tempel der Bruderliebe in Worms. Dat.:] Worms 1843. 2 Bl. 4⁰
Üb. die Mrei als eine versöhnende praktische Vermittlerin zwischen Religion u. Philosophie.

[**Rundschreiben** der Loge „zum wiedererbauten Tempel der Bruderliebe" in Worms.]
30. Jan. 1845.

Warendorf: [**Rundschreiben** der Loge zum schützenden Tore in Warendorf. Dat.:] 23. Oct. 5817. 4⁰

[Autogr.] [**Rundschreiben** der Loge zur ostfriesischen Union in Aurich.] 1847 4⁰

[**Rundschreiben** der Loge „Zur Verbrüderung an der Regnitz" in Bamberg.]
3. Mai 1888.

[**Rundschreiben** der Loge zur biederen Vereinigung in Glogau. Dat.:] Gr.-Glogau, am 24. Juni 1853. 2 Bl. 4⁰
Auszug in: FZ. 7 (1853) S. 341—344.
Bericht üb. das 50jährige Stiftungsfest der Loge, Rückblick auf den von der Loge durchlebten Zeitraum.

[**Rundschreiben** der Loge „zur Verschwiegenheit" in Pressburg.]
15. Nov. 1880.

Hof: [**Rundschreiben** der Loge zur goldnen Wage in Hof. 1808—1812.] 4⁰
[Dat.:] am 6. Jun. 5808. 2 Bl.
[Dat.:] am 2. April 5810. 2 Bl.
[Dat.:] den 28. Jun. 5812. 2 Bl.

Friedrich z. ernsten Arbeit: [**Rundschreiben** der Loge „zur Wahrheit und Freundschaft" in Fürth betr. Konstituierung der Loge „Friedrich zur ernsten Arbeit" in Jena.]
Juni 1889.

Kosel: [**Rundschreiben** der Loge zur siegenden Wahrheit in Kosel. Dat.:] am 24. Juni 1841. 1 Bl. 4⁰

[**Rundschreiben** der Loge zur Wahrheit in Wien. Dat.:] den 23. des I. 5786. [Wien 1786.] 2 Bl. 4⁰
Bekanntmachung, dass sich infolge der Frmrverordnung vom 11. Dez. 1785 die Logen zu den drei Adlern, zum Palmbaum u. zur wahren Eintracht unter dem Namen „Zur Wahrheit" zu einer Loge verbunden haben.

[**Rundschreiben** der Loge zu den sieben Weisen in Linz. 1785—1789.] 4⁰
[Dat.:] am 10ten Tag des VI ten Monats 5785. 1 Bl.
[Dat.:] am 10ten Tag des VI. Monats 5786. 1 Bl.
[Dat.:] am 25. Tag des X. Monats 5789. 2 Bl.
1785—1786 in 193; 1789 in 138.

[**Rundschreiben** der Loge „Zur Weltkugel" in Lübeck. Dat.:] Lübeck, im März 1847. 2 Bl. 4⁰
Üb. die Frage: Wen dürfen wir als Br anerkennen u. zu unseren Arbeiten zulassen?

Rundschreiben der Loge zur Ceder in Hannover. Dec. 1857. 2 Bl. 4⁰
Abgedr. in: FZ. 12 (1858) S. 125—126.
Tt. 745a. Begründung, weshalb sich der hannoversche Logenbund auf den Boden des Christentums gestellt hat.

[**Rundschreiben** der Loge „zu den 3 Cedern" in Stuttgart.]
24. Juni 1849; 7. Dez. 1898.

[**Rundschreiben** der unter der Gr. Royal York vereinigten Berliner Logen:]
18. April 1805.
Betr. den Anschluss der Loge zu den 3 Bergen in Freiberg an die Grossloge.

[**Rundschreiben** der fünf vereinigten Logen in Hamburg. Dat.:] Hamburg, den 1. Aug. 1822. 2 Bl. 4⁰
Gegen d. Vorschlag d. □ zu Gera, e. gedr. Monatschr. u. d. Tit.: „Organ f. □□ deutsch. Zunge" hrszugeben.

[**Rundschreiben.**] An sämmtliche Logen des Vaterlandes. [Unterz.:] Die von der Loge zum goldenen Apfel [in Dresden] zur Gründung einer Freimaurer-Mädchen-Erziehungs-Instituts niedergesetzte Deputation. [Dat.:] Dresden, im Monat Juni 1850. 2 Bl. 4⁰ [Kopftit.]
Prospekt.

[**Rundschreiben** der vereinigten Logen zum stillen Tempel und Pforte zur Ewigkeit in Hildesheim. 1822—1833.] 4⁰
[Dat.:] den 18. Sept. 1822. 2 Bl.
[Dat.:] den 30. Oct. 1823. 2 Bl.
[Dat.:] den 14. Sept. 1824. 2 Bl.
[Dat.:] den 24sten Junius 1826. 2 Bl.
[Dat.:] den 24. Junius 1831. 2 Bl.
[Dat.:] den 24sten Junius 1833. 2 Bl.
1822—1826, 1833 in 193; 1831 in 140.

Alfeld: [**Rundschreiben** der Loge Louisa Augusta zu den drei Sternen in Alfeld. 1805—1815.] 4⁰
f. 1805, 1806, 1808, 1809, 1811, 1812, 1813, 1814, 1815.

[**Rundschreiben** der Loge Louise zur gekrönten Freundschaft in Kiel. 1822 bis 1823.] 4⁰
[Dat.:] am ersten May 5822. 2 Bl.
[Dat.:] am 15. Sept. 5823. 2 Bl.

[**Rundschreiben.**] Die St. Johannis-Loge Louise zur Unsterblichkeit im Or. zu Meseritz, am 24. Juni 1855. [Meseritz 1855: Lorenz.] 2 Bl. 4⁰ [Kopftit.]
Abgedr. in: FZ. 9 (1855) S. 343—344.
Bericht üb. die Tätigkeit der Loge u. Klage über die im Brkreise herrschende Lauheit.

Meseritz: [**Rundschreiben.**] Die St. Johannis-Loge Louise zur Unsterblichkeit im Or. zu Meseritz, am 24. Juni 1856. [Meseritz 1856: Lorenz.] 2 Bl. 4⁰ [Kopftit.]
Abgedr. in: FZ. 10 (1856) S. 389—392.
Bericht üb. die Stiftungsfeier der Loge, insbes. die Einweihung der Bildergruppe der Stifter.

Löwenberg i. Schl.: [**Rundschreiben.**] Löwenberg, St. Johannis-Loge zum Wegweiser am 7. Sept. 1845. [Löwenberg 1845.] 2 Bl. 4⁰ [Kopftit.]
Enth. die Gesch. der Loge, vom Redner am Stiftungsfeste vorgetragen.

[Rundschreiben der Loge Ludewig zur Eintracht in Mainz. 1824—1836.] 4⁰
[Dat.:] am 18. T. 7. M. 5824. 2 Bl.
[Dat.:] am 26. T. 6. M. 5825. 2 Bl.
[Dat.:] am 24. T. 6. M. 5826. 2 Bl.
[Dat.:] am 25. T. 6. M. 5827. 2 Bl.
[Dat.:] am 24. T. 6. M. 5828. 2 Bl.
[Dat.:] am 24. T. 6. M. 5829. 2 Bl.
[Dat.:] den 26. Juni 1831. 2 Bl.
[Dat.:] am Johannisfeste 5836. 2 Bl.
[Dat.:] am 24. Juni 1836. 1 Bl.

[Rundschreiben.] Die ger.·. u. vollk. St.·. Joh.·. ▭ Ludewig zur Treue im Or. zu Giessen, im Monat März 5846. [Giessen 1846.] 28 S. 4⁰ [Kopftit.]
Bericht üb. die Tätigkeit der Loge 1844—1845, Rede von K. W. Vix u. Beschreibung der Feier des 25 jährigen Stiftungsfestes der Loge.

Giessen: **[Rundschreiben** der Loge Ludwig zu den drei goldnen Löwen in Giessen. 1778. 1780.] 4⁰
[10. Okt. 1778.] 1 Bl.
[Dat.:] 10. April 1780. 2 Bl.
[Dat.:] May 1780. 1 Bbl.

Rundschreiben der Loge Ludwig zu den 3 Sternen zu Friedberg [illegible] Sept. 1871. 4. 3 S.

Friedberg: Die ger.·. u.·. vollk.·. St.·. Joh.·. ▭ Ludwig zu den drei Sternen im Or.·. zu Friedberg. **[Rundschreiben.]** [Dat.:] Friedberg 1871. 2 Bl. 4⁰ [Kopftit.]
Abgedr.: FZ. 26 (1872) S. 21—22.
Beantragt Errichtung eines Hilfsfonds u. Gründung von Lebensversicherungen.

[Rundschreiben der Loge Luise zum aufrichtigen Herzen in Tilsit. 1801 bis 1804.] 4⁰
[Dat.:] 58 24./VI. 01. 2 Bl.
[Dat.:] den 25sten Juny 1802. 2 Bl.
[Dat.:] den 25sten Junius 1803. 2 Bl.
[Dat.:] den 25ten Juny 1804. 2 Bl.

Z. Eiche: **[Rundschreiben** der Loge „Matthäus zur Eiche" in Leipzig.]
1. Juli 1903.

[Rundschreiben des M. v. St. der Loge „Armin zur deutschen Treue" in Bielefeld.] 1. Febr. 1871. 1 Bl. 8⁰.

[Rundschreiben des Meisters vom Stuhl der Loge Eleusis zur Verschwiegenheit in Bayreuth:]
25. Oktober 1900. 2 Bl. 4⁰.

[Rundschreiben des Meisters vom Stuhl der Loge „Humanitas" in Neudörfl.]
20. Dezember 1873.

Walsrode: **[Rundschreiben** des Meisters vom Stuhl der Loge „Walo zu den 3 Türmen" in Walsrode.]
1. Dez. 1872.

Rundschreiben und Mitglieder-Verzeichniss der unter der Gross-Loge des Staates Missouri arbeitenden St. Johannes Loge Erwin Nr. 121 in St. Louis. 1861. gr. 8. 4 Bl.
Die erste deutsche Loge in St. Louis, gegr. [illegible] Mai [illegible]

Rundschreiben (und Mitgliederverzeichniss) der St. Joh. Loge Franklin Nr. 2 in New York. 1854 u. 1863. 4.
Constituirt den 13. Juni 1853 von der Grossloge zu Hamburg. Das Rundschreiben von 1863 ist abgedr. Bauhütte 1863, S. [illegible]

Cincinnati: **Rundschreiben und Mitgliederverzeichniss der St. Joh. Loge Hanselmann Nr. 208 in Cincinnati, unter der Grossen Loge des Staates Ohio. Cincinnati, 24. Juni 1860. 2 Bl. 2⁰**
Abgedr. in: T. 6 (1860) S. 114—115; Bh. 3 (1860) S. 260—261; A. 22 (1861) S. 321—326.
Enth. Mitteil. üb. das Entstehen dieser am 24. Nov. 1851 gegründeten Loge.

[Rundschreiben.] Zur Mittheilung an sämmtliche Mitglieder der ger. u. vollk. Loge zur Einigkeit in Frankfurt am Main 5802. [Frankfurt a. M. 1802]: Brönner. 31 S., 1 Taf. 4⁰
Kl. 551. Enth. die preisgekrönte Skizze eines Erziehungsplans für die von der Loge gegründete Erziehungsanstalt nebst Abb. der als Preis bestimmten Denkmünze.

[Rundschreiben der Grossen Mutterloge des Eklektischen Freimaurerbundes.] [Dat.:] Frankfurt a. M. 1844. 1 Bl. 2⁰
Abgedr. in: Manifest d. Gründe, welche d. Grosse Mutter-Loge d. Eklekt. Frmr-Bundes bewogen haben, ihre seitherige Tochter-u. Bundes-Loge Carl z. aufg. Licht am 2. Juli 1844 aus d. Eklekt. Bunde zu entlassen. 1844 S. 30—31; Zd. 8 (1844) S. 176 bis 179; Friederich, G.: Mrische Tempelbilder. 1847 S. 80—82; T. 1 (1855—1856) S. 26—27. Auszug in: Wenz, E.: Gesch. d. Loge Carl z. aufg. Licht, Frankfurt a. M. 1891 S. 33.
cf. T. 1 (1855—1856) S. 26—27.
Enth. eine Erläuterung des Prinzips der eklektischen Frmrei.

[Rundschreiben der Grossen Mutterloge des Eklektischen Freimaurerbundes zu Frankfurt a. M.:] 24. Juni 1871; April 1883.

[Rundschreiben der Loge Karl und Eugen Napoléon zur festen Vereinigung am Morgen zu Aschaffenburg.] 1812. 4⁰

[Rundschreiben der Grossen National-Mutterloge zu den drei Weltkugeln:] 28. Febr. 1804; 16. Okt. 1839; 21. Juni 1919.

[**Rundschreiben** der Gr. Nat.-Mutterloge Zu den drei Weltkugeln in Berlin. Dat.:] Berlin, den 24sten Dez. 1817. 2 Bl. 4⁰
Aufforderung zur Rücksendung d. Pränumerations-Liste auf Gädickes Freimaurerlexikon.

Gädicke, Joh. Christian: [**Rundschreiben** der Grossen National-Mutter-Loge zu den drei Weltkugeln in Berlin. Dat.:] Berlin, den 16. März 1818. 2 Bl. 4⁰
Die Exclusion J. Ch. Gädickes aus der Loge zu den drei Seraphinen Berlin, wegen Hrsg. des Frmrlexikons anzeigend. Vgl. dazu: Nr 1294 u. 16745.

[**Rundschreiben.**] Im Orient zu Posen in der ger. und vollk. Loge zum Tempel der Eintracht, den 21. Juni 5820. [Posen 1820.] 2 Bl. 4⁰ [Kopftit.]
[Nebentit.:] Na Wschodzie Poznania w sprawiedliwey i doskonatey Loźy pod nazwiskiem Swiatyni Jedności, dnia 21 Czerwca 5820.
Text deutsch u. poln. Enth. Beschlüsse der Mstrloge in bezug auf die Beiträge zur Logenkasse seitens der Brr.

[**Rundschreiben** des Gr. O. do Rio Grande do Sul.]
1893. 11 S. 8⁰.

— das päpstliche, und die 80 verdammten Sätze erläutert durch Kernsprüche von Männern der Neuzeit, sowie durch geschichtl. und statist. Notizen. 16. (240 S.) Duisburg 865. [Winterthur, Bleuler-Hausheer und Comp.] cart. * -

[**Rundschreiben** der Loge Pforte zur Ewigkeit in Hildesheim 1793—1839.] 4⁰
[Dat.:] 57 $\frac{8}{IV}$ 93. 2 Bl.
[Dat.:] 57 $\frac{22}{X}$ 93. 3 Bl.
[Dat.:] 57 $\frac{25}{I}$ 94. 2 Bl.
[Dat.:] 57 $\frac{0}{VII}$ 95. 2 Bl.
[Dat.:] am Johannisfeste 5796. 2 Bl.
[Dat.:] am S. Johannisfeste 5797. 2 Bl.
[Dat.:] am S. Johannisfeste 5798. 2 Bl.
[Dat.:] 58 $\frac{25}{VI}$ 00. 2 Bl.
[Dat.:] 58 $\frac{X}{VII}$ 01. 2 Bl.
[Dat.:] den 30. Jun. 1802. 2 Bl.
[Dat.:] den 30. Junii 1803. 2 Bl.
[Dat.:] den 27ten Junii 1804. 2 Bl.
[Dat.:] den 26ten Junii 1805. 2 Bl.
[Dat.:] den 26ten Junii 1806. 2 Bl.
[Dat.:] den 30ten Juni 1807. 2 Bl.
[Dat.:] am Johannisfeste 5808. 2 Bl.
[Dat.:] den 28. Jul. 5809. 2 Bl.
[Dat.:] 58 $\frac{27}{VI}$ 10. 2 Bl.
[Dat.:] am Johannisfeste 5814. 2 Bl.
[Dat.:] am 24. Junius 5815. 2 Bl.
[Dat.:] am 24. Junius 5816. 2 Bl.
[Dat.:] am Johannisfeste 5818. 4 Bl.
[Dat.:] am 6. Nov. 1819. 5 Bl.
[Dat.:] am Johannisfeste 5821. 4 Bl.
[Dat.:] am 18ten Junius 1822. 2 Bl.
[Dat.:] am 24sten Juni 1839. 2 Bl.
1793—1821 in 195; 1822 in 140.

[**Rundschreiben** der Loge Pforte zum Tempel des Lichts in Hildesheim. Dat.:] Hildesheim, den 24. Juni 1846. 2 Bl. 4⁰
Betr. Gründung der Loge zum stillen Tempel.

Philantropique: [**Rundschreiben** der Loge „Philantropique" in Mamornitza.]
4. Febr. 1890.
Begleitschreiben zur Übersendung des Festgrusses.

[**Rundschreiben** der Loge „Phöbus Apollo" in Güstrow.] 24. Juni 1883.

Piper, Friedr.: [**Rundschreiben.**] St. Johannis-Loge Phöbus Apollo im O. zu Güstrow, den 24. Juni 1848. [Güstrow 1848.] 1 Bl. 4⁰ [Kopftit.]
Enth. den irrischen Lebenslauf von F. Piper.

Rundschreiben der ger. und vollk. Freimaurer-Loge German Pilgrim, No. 179 in New York. New York 1866: Teubner. 20 S. 8⁰ [Umschlagtit.]
Abgedr. in: Bh. 9 (1866) S. 366—367, 372—375, 380—381.
Tt. 1026. Streitschrift gegen das Sprengelrecht der Grloge von New York.

Rundschreiben. Das R' Pius IX. Zürich 1847 s.a.[Kälin, Robert]

Rundschreiben des Papstes Pius IX., s.a. Pii epistola.

Rundschreiben, Das, Pius IX mit besonderer Berücksichtigung der Schrift: »Die Erwartungen der katholischen Christenheit im 19. Jahrh. ...« Zürich 1847. V: *Wessenberg-Ampringen, Ignaz Heinrich Carl Freih. von.* (Th) (Kn)

Rundschreiben, das, Pius IX. Mit besond. Berücksichtigung der Schrift: Die Erwartungen der kathol. Christenheit im 19. Jahrh. von dem heil. Stuhle zu Rom. gr. 8. (58 S.) Zürich 847, Orell, Füßli & Co. 8 ngl

Rundschreiben des Papstes Pius IX. vom 19. Janr. 1860 und zwei Hirtenbriefe des Bischofs Ignatius von Regensburg über den Primat und den weltlichen Landesbesitz des heiligen Stuhles. Regensburg 860. (Manz.) gr. 8. (32 S.) n. 1⅓ ngr.

Rundschreiben des heiligen Vaters Papst Pius IX. über die Irrthümer unseres Zeitalters u. Verzeichniß derselben. Zur Eröffnung des Jubiläums für das Jahr 1865. Authentische Uebersetzung. St. Gallen 865. Sonderegger. 4. (16 S.) n. 2 ngr.

— — s.a. Litterae encyclicae.

Rundschreiben

— unseres heiligsten Vaters Pius X., durch göttl. Vorsehung Papst. Autoris. Ausg. (Lateinischer u. deutscher Text.) 1. Sammlg. (III, 305 S.) gr. 8. Ebd. (909). 4.—; geb. in Leinw. 5.—

— dasselbe über den hl. Anselm, Bischof v. Canterbury. (21. IV. 1909: Communium rerum.) Autoris. Ausgabe. (Latein. u. dtscher. Text.) (75 S.) gr. 8. Ebd. (909). 1.—

— dasselbe. — Ueber die Jubelfeier der Verkündigung des Glaubenssatzes der unbefleckten Empfängnis Mariä. (2. II. 1904: „Ad diem illum laetissimum".) (37 S.) gr. 8. Ebd. 904. n. — 50

— unseres hl. Vaters des Papstes Pius X. Ueber das Jubiläum vom J. 1904, übers. v. Heinr. Kihn. (18 S.) gr. 8. Würzburg 904. Göbel & Scherer. n. — 20

— dasselbe. Autoris. deutsche Ausg. (Lateinischer u. deutscher Text.) Zum 1800jähr. Jubiläum des Heimgangs Papst Gregors d. Gr. (12. III. 1904: „Iucunda sane".) (45 S.) gr. 8. Freiburg i/B. 905. Herder. n. — 70

— dasselbe, über die Lehren der Modernisten. (8. IX. 1907: „Pascendi dominici gregis".) Autoris. Ausgabe. (Latein. u. dtscher. Text.) (3. Abdr.) (121 S.) gr. 8. Ebd. (908). 1. 20

Rundschreiben Pius X. bei seinem Regierungsantritte. Erlassen IV. X. MCMIII. (Lateinisch u. Deutsch.) (28 S. m. 1 Bildnis.) gr. 8. Luzern 903. (Räber & Co.) — 50

— dasselbe. Zum Regierungsantritt. (4. X. 1903. „E supremi apostolatus cathedra".) (27 S.) gr. 8. Ebd. 904. n. — 40

— dasselbe, über das Studium der Hl. Schrift in den theologischen Lehranstalten. (27. III. 1906: „Quoniam in re biblica".) Autoris. Ausg. (Latein. u. dtscher. Text.) (11 S.) gr. 8. Ebd. (907). — 25

— dasselbe über die Trennung von Kirche u. Staat in Frankreich. (11. II. 1906: „Vehementer nos esse".) Autoris. Ausg. (Lateinischer u. deutscher Text.) (29 S.) gr. 8. Ebd. (907). — 50

— dasselbe. Ueber den religiösen Volksunterricht. (15. IV. 1905: „Acerbo nimis".) (29 S.) gr. 8. Ebd. 905. n. — 50

[**Rundschreiben** der Loge „Pobratim" in Belgrad.] An alle freimaurerischen Grossbehörden, an alle freimaurerische □ der Erde. [Dat.:] 10. (23.) April 1907. 1 Bl. 4°.
Bettelschreiben wegen Erbauung eines Logenhauses.

[**Rundschreiben** der Provinzialloge zu Frankfurt a. M. Dat.:] Frankfurt a. M. 1789. 2 Bl. 2°
Die Verbindung mit der Grloge v. England betr.; gegen die Behauptung, das eklekt. System stehe mit dem Illuminatenorden in Verbindung.

[**Rundschreiben** der Provinzial-Loge von Mecklenburg zu Rostock:] 20. April 1823.

[**Rundschreiben** der] Provinzial-Loge von Niedersachsen in Hamburg, Johannis 1859. [Hamburg: 1859.] 2 Bl. 4° [Kopftit.]
Aufforderung, Liebe u. Frieden in den Logen zu üben.

[**Rundschreiben.**] Die St. Johannis□ Pythagoras Nr. 1 im Aufgang von New York an die geliebten Schwester□□ und Brüder unseres Bundes. New York 1852: Teubner. 16 S. 8°. [Umschlagtit.]

Rundschreiben der St. Joh. Loge Pythagoras Nr. 1 in New York 1. März 1854 u. 1. Februar 1855 (mit 1 Anlage). Fol. 2 u. 4 Bl.

Rundschreiben der provisorischen Regierung an sämmtliche Polizeibehörden der Herzogthümer Schleswig-Holstein, auf 13 namentlich aufgeführte Personen, die der Theilnahme an der Ermordung von Lichnowsky und Auerswald verdächtig sind, vigiliren zu lassen. Schleswig, den 18. October 1848. 1 Bl. und 1 Bl. mit den Signalements. Fol.

[**Rundschreiben** der Loge Ruprecht zu den fünf Rosen in Heidelberg. Dat.:] Heidelberg, den 29ten Aug. 5857. 1 Bl. 4°
Abgedr. in: FZ. 11 (1857) S. 332—333 (Fussnote).
Betr. G. H. Frommanns Entwurf zu einem Witwen- u. Waisen-Pensions-Fonds.

Rundschreiben der Loge Ruprecht z. d. 5 Rosen in Heidelberg vom 14. Octob. 1865 an ihre Schwesterlogen, betreffend die päpstliche Verdammung der Maurerei. Heidelberg. Druck v. Tenner. 1865. 4. 3 S.

[**Rundschreiben.**] Aus der ger. u. vollk. St. Johannis-Loge zu den drei Bergen im Or. von Freiberg, am 24. Juni 5849. [Freiberg 1849.] 1 Bl. 4° [Kopftit.]
Bericht üb. das 50jährige Stiftungsfest der Loge.

[**Rundschreiben.**] Die ger.·. und vollk.·. St. Joh.·. Loge zur Pflichttreue im Or. von Birkenfeld Johannis 1838. [Birkenfeld 1838.] 2 Bl. 4° [Kopftit.]
Üb. die Judenfrage.

[**Rundschreiben.**] Die ger.·. und vollk.·. St.·. Joh.·. □ zu den 3 Cedern im Or.·. von Stuttgart am 18. Juni 1853. [Stuttgart 1853.] 1 Bl. 4° [Kopftit.]
Abgedr. in: FZ. 7 (1853) S. 406—407.
Üb. die Ursache der Lauigkeit im Frmrbunde.

Marienwerder: [**Rundschreiben.**] St. Johannis-Loge zur goldenen Harfe i. O. v. Marienwerder am 19. Aug. 5843. [Marienwerder 1843.] 2 Bl. 4° [Kopftit.]
Bericht üb. die Gründung einer Sterbekasse u. üb. die Bildung eines Witwen- u. Waisen-Pflegevereins.

[**Rundschreiben.**] St. Johannisloge zur goldenen Kette in Bunzlau a. Bober am 24. Juni 5853. [Bunzlau 1853.] 2 Bl. 4° [Kopftit.]
Abgedr. in: FZ. 7 (1853) S. 310—312.
Rückblick auf Tätigkeit u. Erfahrungen der Loge in den Jahren 1850—1853.

[**Rundschreiben.**] Die St. Johannes-Loge zum treuen Verein im O.·. von Wittenberg. am 24. Juni 1854. [Wittenberg 1854.] 2 Bl. 4° [Kopftit.]
Auszug in: FZ. 9 (1855) S. 46—48.
Gesch. der Loge in den 25 Jahren ihres Bestehens.

[**Rundschreiben.**] St. Johannisloge zum bekränzten Cubus im Or. Gnesen, am Joh.-Fest 1854. [Gnesen 1854.] 2 Bl. 4° [Kopftit.]
Bericht üb. das 50jährige Stiftungsfest der Loge.

[**Rundschreiben.**] Aus den unter der Hochw. Gr. Loge von Preussen, genannt Royal-York z. Freundschaft, im Or. von Berlin vereinigten vier St. Johannis-Logen am 24. IV. 5846. [Berlin 1846.] 2 Bl. 4° [Kopftit.]
Üb. die Unmöglichkeit, zur Zeit eine Vereinigung aller deutschen Logensysteme herbeizuführen.

Jauer: [**Rundschreiben.**] St. Johannisloge St. Martin zu den drei goldenen Ähren in Jauer am 11. Nov. 5850. [Jauer 1850.] 1 Bl. 4° [Kopftit.]
Gesch. der Entstehung der Loge, Bericht üb. das 1. Jahr.

Sokrates z. Standhaftigkeit: [**Rundschreiben** der Loge „Sokrates zur Standhaftigkeit" in Frankfurt a. M.:]
22. April 1803. 2 Bl. 8°.
Enthält Mitteil. über die Schwierigkeiten, die der Loge wegen ihrer Konstitution durch die Grossloge Royal York von seiten der Frankfurter Provinzialloge gemacht werden.

Rundschreiben der Statthalterschaft an die hohen Regierungen der deutschen Staaten über das Staatsrecht der Herzogthümer und den Waffenstillstand vom 10. Juli. Gottorf, den 18. Juli 1849 2 Bl. 4°.

Rundschreiben der Christlichen Studentenvereinigung der Schweiz v. Correspondance de l'Association Chrétienne Suisse d'Etudiants.

Rundschreiben der Loge Széchenyi in Arad vom 12. April 1871. Fol. 2 Bl. mit Siegel u. Unterschritten und 1 Beilage (Antrag von Franz Chorin).
Befürwortet die Gründung einer gemeinsamen ungar. Grossloge.

Theodor z. berg. Löwen: [**Rundschreiben** der Loge „Theodor zum bergischen Löwen" in Düsseldorf:]
1. Mai 1908; 10. Jan. 1916; März 1916; Mai 1916.

Rundschreiben üb. die Trennung v. Kirche u. Staat in Frankreich. (11. II. 1906: „Vehementer nos esse".) Autoris. Ausg. (Lateinischer u. deutscher Text.) (29 S.) gr. 8. Freiburg i/B. '07, Herder. —. 50.

Pressburg: **Rundschreiben** der Freim. Unterstützungs-Centrale der Grenzlogen i. Or. Pressburg.] [Dat.:] Wien, November 1898. 2 Bl. 2°.
Betr. Unterstützung der Nachkommen Lortzings. Verzeichnis der Geber.

Rundschreiben der Loge Urania zur Eintracht in Bützow, d. d. 2. Septbr. 1859 u. 10. Dec. 1861. 4. je 2 Bl.

[**Rundschreiben** des Vereins deutscher Freimaurer.]
Juli 1867, März 1870, 1. Mai 1877, 23. April 1878, Mai 1881, Jan. 1883, Okt. 1908, Dez. 1910, Johannistag 1919, Sept. 1920.

Rundschreiben des Vereins für die bergbaulichen Interessen im Oberbergamtsbezirk Dortmund zu Essen. Jg. 1902 u. 1903. Essen-Ruhr, 1902—1903 u. ff.

[**Rundschreiben** der Freien Vereinigung Oberrheinischer Stuhlmeister.]
28. April 1906.

[**Rundschreiben.**] [Unterz.:] Verlag und Redaktion der „Bauhütte". [Dat.:] Frankfurt a. M. im Juli 1891.

[**Rundschreiben** des Verwaltungsrates der Grossloge Alpina:] 19. Dez. 1872; 16. April 1895; Mai 1896; Febr. 1897.

Rundschreiben des Vororts an die Turnvereine des Oberweserbezirks (VII) f. 1864/66, 1867/71, 1872/79, hrsg. v. Kreisausschusse, Kassel, Witzenhausen u. Göttingen, 4°. 3 Bde.

Glückstadt: [**Rundschreiben** der Loge „Wilhelm zum gekrönten Anker" in Glückstadt.] März 1877.

[**Rundschreiben** der Loge „Wilhelm zu den drei Säulen" in Wolfenbüttel.]
1. März 1873.

[**Rundschreiben der Loge Wilhelm zur aufgehenden Sonne in Stuttgart.** Dat.:] Stuttgart, den 18ten des 10. Monats 5835. 1 Bl. 4°
Ankündigung der Gründung der Loge.

[**Rundschreiben** der Loge „Wilhelm zur aufgehenden Sonne" in Stuttgart.]
12. Sept. 1884.

Wilhelm zur Standhaftigkeit: [**Rundschreiben** der Loge Wilhelm zur Standhaftigkeit in Kassel. 1818—1823.] 4°
[Dat.:] am 21sten d.·. 7ten M.·. i.·. J.·. d.·. w.·. L.·. 5818 (am 21sten Julius 1818). 2 Bl.
[Dat.:] am 24. des 6. Monats im J.·. d.·. w.·. L.·. 5819. 2 Bl.
[Dat.:] am 19. des 8ten Mts., i.·. J.·. d.·. w.·. L.·. 5820. 2 Bl.
[Dat.:] am 1ten des 1ten M.·. i.·. J.·. d.·. w.·. L.·. 5822. 2 Bl.
[Dat.:] am 30. des 9ten M.·. im J.·. d.·. w.·. L.·. 5822. 2 Bl.
[Dat.:] am 20. des 7ten Monats, im Jahre d.·. w.·. L.·. 5823. 2 Bl.

[Rundschreiben.] Aus der ger.·. u. vollk.·. St.·. Joh.·. ▭ Wilhelm zum Nesselblatt, im Or.·. v.·. Rinteln in Kurhessen am 25. des 6ten Mts., i.·. J.·. d.·. w.·. L.·. 5820. [Rinteln 1820.] 4 Bl. 4° [Kopftit.]
Betr. die Frage, wie kann der Frmrbund es dahin bringen, dass sich die öffentl. Meinung wieder vorteilhafter üb. ihn ausspricht.

[**Rundschreiben** der Loge Wilhelmine Karoline in Hanau. 1818—1822.] 4°
[Dat.:] am 24. Juny 5818. 2 Bl.
[Dat.:] am 24. Juny 5819. 2 Bl.
[Dat.:] am 24. Juny 5820. 2 Bl.
[Dat.:] am 5ten des 1ten Mts.·. i.·. J.·. d.·. W.·. L.·. 5822. 2 Bl.

Rundschreiben der Loge Wittekind zur Westphälischen Pforte zu Minden den 24. Juni 1827. 4. 4 S.
Vorschlag, die isolirten Brüder ohne Ausnahme vom thätigen Logenverbande auszuschliessen; eine handschriftliche Entgegnung darauf ist beigeheftet. 4. 2 S.

Rundschreiben enthaltend die Worte des Heiles im Geiste Jesu Christi unseres Gottes und Heilandes und auch unsers heiligen Seraphischen Vaters Franziskus, verfaßt und gerichtet an die Laien-Brüder des Kapuziner-Ordens der österreichischen und ungarischen Provinz. Preßburg, 1856. Druck

[**Rundschreiben** der Gr. L. Royal York zur Freundschaft:] 27. Nov. 1885. 4°.
Betr. die Angelegenheit C. G. A. Woywod und C. W. Bleich.

Rundschreiben [illegible] Zeichnung von Beiträgen zu Gunsten [illegible] Kiel [illegible] 11. März 1885 [illegible]

[**Rundschreiben** der Loge „Zorobabel zum Nordstern" in Copenhagen.] 20. Oktober 1839.

Rundschreiben der Loge „Zukunft" Or. Pressburg (Wien) 14. April 1882. 4. hektogr. 2 Bl.
Ein aphoristisches Reformprogramm; unterzeichnet von Dr. Max Neuda, beigefügt war eine dasselbe ergänzende Abhandlung „Maurerische Symbole" von Dr. Julius Goldenberg. — Kritisirt Frmrztg. 1882, S. [illegible] Bauh. 1882, S. 191. Mit Anmerkungen wörtlich abgedruckt in Hamburger Logenblatt. Juni 1882.

Rundschrift. Hrsg. v. den Lehrern der königl. verein. Maschinenbauschulen in Dortmund. qu. 4. (8 S.) Dortmund (901). (Ruhfussche Kunst- u. Buchh.) n. — 20

Rundschrift in einfachen Formen. 2. verb. Aufl. (2 S. m. 1 Abbildg. auf Karton.) gr. 8. Tarnowitz (908). A. Kothe. — 15; 2 Uebungshefte dazu (à 32 S.) à n.n. — 25

Rundschrift in einfachen Formen. 3. Aufl. (2 S.) gr. 8. Breslau (910). A. Kothe. — 15

Rundschrift d. hl. Vaters Leo XIII. gegen die Freimaurer vom 20. Apr. 1884. Mit e. Anh., enth. die kirchl. Strafbestimmngn. 12. (41 S.) Würzburg 884. Bucher. n. — 20

Rund- u. Schönschriften in kaufmänn. Musterformularen, s. a Maier-Rothschild-Bibliothek, Bd. 25.

Rund- und Schönschriften in kaufmännischen Musterformularen. (48 S) (Maier-Rothschild-Bibliothek 25) Berlin (1897)

Rundschriftheft. 4. (20 S.) Aschaffenburg 885. Krebs. n. — 35

Rundsicht üb. Berlin u. Umgegend vom Kreuzberg aus. Steindr. 17×55 cm. Mit Text. 12. (2 S.) Berlin 892. Jul. Straube. n. — 10; in Tondr. n. — 20

Rundsicht vom Hohenstaufen [Höhe 683 Meter]. 2 Stnt. in Tondr. qu. schmal Fol. Göppingen 884, Herwig. In Carton *

Rundsicht vom Pöhlberg bei Annaberg, 833 m. 46 × 18,5 cm. Farbdr. Annaberg 898. Graser. n. — 30

Rundsicht vom Vordernberger Reichenstein (2166 *m*) Hrsg. von d. Section des D. u. Ö. Alpenvereines. 52 × 50 *cm* K —.60
Leoben: Nussler 1902.

Rundspaden, Aug., Ueber die Elektrolyse des Wassers in Berührung mit Silber. gr. 8°. 44 S. (Chemische Dissert.) Göttingen, Vandenhoeck & Ruprecht 1866. M. —.80

Dienstanweisung für Offiziere, Sanitäts-Offiziere und obere Militärbeamte des Beurlaubtenstandes ... Von v. **Rundstedt**, Generalmajor a. D. Als Ms. gedr. Kiel 1906: Donath. 42 S. 8° [10. 3077

Rundstedt, Malita von, a. Badingen, gepr. Kandidatin d. Med. u. Praktikantin an d. Königl. chirurgischen Klinik zu Kiel: Über einen Fall von Fixation und Abknickung der Flexura coli dextra. Kiel 1906: Schmidt & Klaunig. (18 S.) 8°
Kiel, Med. Fak., Ref. Helferich, Diss. v. 23. Nov. 1906
[Geb. 24. Okt. 66 Badingen, Kr. Stendal; Wohnort: Kiel; Staatsangeh.: Preußen; Vorbildung: Realgymn. Magdeburg Reife O. 00; Studium: Göttingen 2, Leipzig 9 S.; Coll. 9. Febr. 06; Approb. 31. Aug. 06.]

Rundstedt, N. v., s. Rundstedt, R. v.

Rundstedt, R. v., die griechische Armee und die Revolution. Berlin 863. Hempel. Lex.-8. (67 S.) n. 15 ngr.

Rundstein, Simon, das Recht der Kartelle, s. a Beiträge, Berliner juristische. 4. Hft.

Das Recht der Kartelle von **Simon Rundstein**. *Berlin: R. v. Decker 1904.* (118 S.) 8° [F.]
→ Beiträge, Berliner Juristische, z. Zivilrecht, Handelsrecht, Strafrecht. H. 4. [04 11819 6

Rundstein, S., tarifrechtliche Streitfragen. (III, 77 S.) 8. Tübingen 907. J. C. B. Mohr. 1. 20

— **die Tarifverträge im französischen Privatrecht.** (X, 121 S.) Lex.-8. Leipzig 905. [C. L. Hirschfeld.] Tübingen, J. C. B. Mohr. n. 3. 40

Die Tarifverträge und die moderne Rechtswissenschaft. Eine rechtsvergleich. Untersuchung. Von Dr. jur. S[zymon] **Rundstein**. Leipzig: C. L. Hirschfeld 1906. (IV, 208 S.) 8° [06. 8774

Rundstroem, Erich, a. Danzig: Das Naturgefühl J.-J. Rousseaus im Zusammenhange mit der Entwickelungsgeschichte des Naturgefühls überhaupt. Königsberg i. Pr. 1907: Hartung. (106 S.) 8°

Königsberg, Phil. Fak., Ref. Schultz-Gora u. Baumgart, Diss. v. 21. Juni 1907

[Geb. 25. Apr. 81 Danzig; Wohnort: Königsberg i. Pr.; Staatsangeh.: Preußen; Vorbildung: Oberrealsch. Elbing Reife O. 02; Studium: Berlin 3, Königsberg 7 S.; Rig. 20. Dez. 06.]

Rundt, Arth., s.: Theater-Kalender.

Rundt, Karl

Rundt, C., ein Spaziergang um Oxford. — A walk round Oxford. Part I—IV. (Berlin 853. Rundt.) qu. Fol. Jedes Heft mit 1 Bl. Text u. 4 lith. Bl. 1 ₰. 15 ngr.

— views of the most picturesque colleges in the university of Oxford. Part I. II. (Berlin 853. Rundt.) Imp.-Fol. Jedes Heft mit 2 Bl. deutschem u. engl. Text u. 5 lith. Bl. 4 ₰. 15 ngr.

Rundt, Karl Ludwig

Rundt, Carl Ludw., Entwurf einer Denkschrift zur Beantwortung der Frage: Wie kann die bildende Kunst zeitgemäß und auf eine ihrer würdige Weise in allen Kunstfächern gefördert und fruchtbar für die Nation und die Künstler gemacht werden? Berlin 859. Nicolai'sche Sorthblg. (Posen, Jagielski.) 4. (8 S.) n. 3 ngr.

Rundy, Dr. J., Gheel, eine Reisestudie oder Colonie u. Asyl. Beitrag zur Geschichte der praktischen Psychiatrie. Bern, Huber u. Co. 1875. 2. —

Runeberg, Joh. Ludw., s. Peschier, E.

Runeberg, Birger, Studien über die bei peritonäalen Infektionen appendikulären Ursprungs vorkommend. sauerstofftoleranten sowie obligat anaëroben Bakterienformen m. besond. Berücksichtg. ihrer Bedeutg. f. d. Pathogenese derartiger Peritonitiden. Akadem. Abhandlg. (303 S. m. 2 Taf.) Lex. 8. Berlin 908. S. Karger. 10. —

Sonderabdruck aus: „Arbeiten aus d. patholog. Institut der Univ. Helsingfors".

Runeberg, Joh. Ludw., nordische Blüthen. Aus dem Schwed. v. Aug. Kluge. 32. (XV, 118 S.) Dessau 873. Barth. n. 1. 25

Runeberg, Joh. Ludw., Dichtungen. Aus dem Schwed. von Ida Meves, geb. Lappe. 1. Bdchn. A. u. d. T.: Die Sagen des Fähnrich Stål. Eine Sammlung Gesänge. 12. (XIX und 111 S. mit 1 lithogr. Musikbeilage in qu. gr. 4.) Leipzig 852, (Hartmann.) *

— dass. — 2. Bdchn.: Nadeschda. 12. (106 S.) (Ebds.) 853. *

Runeberg's, Johan Ludvig, epische Dichtungen. Aus dem Schwed. übers., sowie m. Einleitg., Anmerkgn. u. bibliograph. Anh. versehen v. Wolrad Eigenbrodt. 2 Bde. gr. 8. (III, 322 u. IV, 262 S.) Halle a/S. 891. Niemeyer. n. 10. —

Runeberg, Joh. Ludw., gesammelte Dichtungen. Deutsch von Hans Wachenhusen. 1 u. 2. Bd. 8. 1. Die Sagen des Fähnrich Stahl. Ein Romanzen-Cyclus. (123 S. m. Portr. in Stahlst.) 2. Nadeschda. Neun Gesänge. (91 S.) Leipzig 852, Lorck. (à n. 1/2 ₰) n. 1 ₰ (siehe auch: Bibliothek, Skandinavische, 13 u. 14. Bd.)

— gesammelte Dichtungen. Deutsch von Hans Wachenhusen. 1. und 2. Bd. 8. Leipzig 852, [Wiedemann.] à Bd. * 10 Ngr. *

Inhalt:

Bd. 1. Die Sagen des Fähnrich Stahl. Ein Romanzen-Cyclus. (123 S. mit Portr. in Stahlst.)

" 2. Nadeschda. Neun Gesänge. (91 S.)

— kleine Erzählungen, s. Sammlung schwedischer Novellen.

— Fähnrich Stahls Erzählungen, s. a. Universal-Bibliothek.

Runeberg, Joh. Ludw., Fähnrich Ståls Erzählungen. Ins Deutsche übertragen von Charlotte v. Liebeherr. 12. (VI, 198 S.) Rostock 884. Meyer. n. 3. —

— Fähnrich Stål's Erzählungen. Aus dem Schwed. übers. v. A. Kempe. gr. 8. (XIV, 121 S.) Berlin 895. Deutsche Schriftsteller-Genossenschaft. n. 2. —

Fähnrich Stahls Erzählungen. Eine Sammlung Gesänge von Johan Ludwig Runeberg. Deutsch von Wolrad Eigenbrodt. *Halle a. S.: M. Niemeyer 1900.* (XXXV, 217 S.) 8° [F.]
(Finlands National-Dichtung.)

Runeberg, Joh. Ludw., Fähnrich Ståls Erzählgn. Deutsch v. F. Tilgmann. gr. 4. (VI, 218 S.) Leipzig 902. J. C. Hinrichs' Verl. Geb. in Leinw. n. 6. —

Runeberg, Joh. Ludw., Fähnrich Ståls Erzählungen. Deutsch v. F. Tilgmann. 2., verb. Aufl. (VII, X, 216 S.) Lex. 8. Leipzig 910. J. C. Hinrichs'Verl. In Leinw. kart. 6. —

— dasselbe. 3., verb. Aufl. Mit e. geschichtl. Einleitg. und 1 Titelbild. (Volksausg.) (XVI, 132 S.) 8. Ebd. 910. Geb. in Halbleinw. 1. 50

Runeberg, Joh. Ludw., König Fjalar. Epos aus der nordischen Vorzeit in 5 Gesängen. Deutsch von Ida Meves, geb. Lappe. 8. (81 S.) Leipzig 877. Wartig's Verl. cart. m. Goldschn. n. 2. —

Runeberg's, Joh. Ludw., König Fjalar. Übers. von Gfr. v. Leinburg. 2. Aufl. 8. (202 S.) Hamburg 890. Verlagsanstalt u. Druckerei, A.-G. n. 3. —; geb. n. 4. —; Pracht-Ausg. n. 6. —; geb. n. 10. —

Runeberg, Joh. Ludv., König Fjalar. Eine Dichtg. in 5 Gesängen. In den Versmassen des Originals aus dem Schwed. übertr. v. Rud. Hunziker. (110 S.) 8. Zürich 905. Schulthess & Co. n. 3. —

— s. **Gedichte, einige.**

— ausgewählte Gedichte. Deutsch von Max Vogel. 8. (XI, 162 S.) Leipzig 878. Barth. n. 3. 60

Runeberg, Joh. Ludw., Hanna. Ein Gedicht in 3 Gesängen. Aus dem Schwed. übers. von Johs. van der Smissen. 16. (VIII und 94 S.) Mitau 850, Reyher.

Runeberg, Joh. Ludw., Hanna. En dikt i tre sånger. 8. Helsingfors 851. (Leipzig, Brockhaus.) n. 1/3 ₰

— Hanna. Ein Gedicht in drei Gesängen. Aus dem Schwed. übers. von Johs. van der Smissen. 16. (VIII u. 94 S.) Mitau 852, Reyher. 2/3 ₰

— Hanna. Episches Gedicht in 3 Gesängen. Aus dem Schwedischen von Aug. Kluge. 8. (47 S.) Dessau 877, Barth. *

— kann nicht! Familienbild in 2 Aufzügen. Ins Deutsche übertragen v. Karl Ed. Elfström. 16. (98 S.) Wiburg 871. (St. Petersburg, Hässel.) n. 1. —

— die Könige auf Salamis, s. a. Universal-Bibliothek Nr. 688.

— die Könige von Salamis. Trauerspiel in 5 Aufzügen. Aus dem Schwed. ins Deutsche übertragen von Herm. Paul. gr. 8. (143 S.) Helsingfors 869. (Leipzig, Brockhaus' Sortiment und Antiq.) *

Runeberg, Joh. Ludv., die Könige von Salamis. Trauerspiel in 5 Aufzügen. Aus dem Schwed. ins Deutsche übertragen von Herm. Paul. Helsingfors 869. (Leipzig, Theile.) gr. 8. (143 S.) n. 1 ₰

— Fähnrich Stahls Kriegsgeschichten. Verdeutscht v. Fr. Ohnesorge. (XI, 200 S.) 8. Leipzig 910. O. Leiner. 3.—; geb. 4.—

Runeberg, Joh. Ludv., Unser Land. (In schwed., finn., engl. u. deutscher Sprache.) gr. 8. (12 S.) Helsingfors 873. G. W. Edlund. n.n. 1. 20

— Nadeschda. Neun Gesänge. Aus dem Schwed. von Selma Mohnike. Leipzig 867. Cnobloch. gr. 16. (XIV, 90 S.) n. 12 ngr; geb. mit Goldschn. n. 20 ngr.

—— Nadeschda. Neue Gesänge. Aus dem Schwedischen von Selma Mohnike. 2. Aufl. 16. (XIV, 90 S.) Halle 879, Gesenius' Verlag. cart. * geb. mit Goldschn. *

— des Fähnrichs Stohl Sagen. Eine Liedersammlung. In's Deutsche übers. durch A. Tk. Leipzig 854. Köhler in Comm. 16. (VII, 124 S.) n. 15 ngr

Runeberg, Joh. Ludw., des Fähnrichs Stohl Sagen. Eine Liedersammlung. In's Deutsche übers. durch A. Tk. Leipzig 859. Köhler in Comm. 16. (VII, 124 S.) n. 16 ngr.

— die Sagen d. Fähnrich Stahl. Aus dem Schwed. v. C. F. N. 8. (III, 86 S.) Helsingfors 882. (Leipzig, A. Twietmeyer.) n. 2.—

Runeberg, Joh. Ludw., Fänrik Ståls Sägner. En samling sånger. I. Aus dem Schwed. im Versmasse des Originals übers., mit Einleitung und Anmerkungen versehen von Emil Peters. gr. 4. (36 S.) Berlin 884, Gaertner's Verlag. *

Runeberg, Johan Ludw., Fänrik Ståls Sägner. En samling sånger. II. [Auswahl]. Aus dem Schwed. im Versmasse des Originals übers. von Emil Peters. gr. 8. (33 S.) Berlin 886, Gaertner's Verlag. * 1 —
Aus: Festschrift des Dorotheenstädtischen Realgymnasiums, besonders abgedruckt.
I. Thl. Ebendas. 1884. * ℳ 1.—. — Vgl.: Häckermann, A., Nadeschda.

— der Weihnachtsabend. Gedicht in drei Gesängen, deutsch übersetzt v. Carl Ed. Elfström. gr. 8. (71 S.) Wyburg 852 (Leipzig, Brockhaus.) n. ⅔ ₰

— der Weihnachtsabend. Ein Gedicht in 3 Gesängen. Aus dem Schwed. übers. v. C. F. N. gr. 8. (55 S.) Helsingfors 870. (St. Petersburg, Hässel.) n. 1. 60

Runen, Monatsschrift f. deutsche Dichtkunst u. Kritik. Hrsg.: Carl Buschhorn. 1. Jahrg. 1896. 12 Nrn. (Bog.) gr. 8. Paderborn, Verl. d. Runen. 3 —; einz. Nrn. — 40

'**Runen**'. Monatsschrift f. deutsche Dichtkunst u. Kritik. Hrsg. Carl Buschhorn in Paderborn ... Jg. 1, No 1–8. [Mehr nicht erschienen.] *Paderborn: J. Tewes (1896).* (92 S.) 8° [Umschlagt. F.] [o]. 10678

Runen, finnische, finnisch u. deutsch v. H. R. v. Schröter. Hrsg. v. G. H. v. Schröter. M. 1 Musikbeil. (4.) 8. (12 B.) Stuttgart 834, Cotta.

Runen auf Gustav IV. Adolph. 1837. (Gedicht.) Neuer Druck. hoch 4. (8 S.) Greifswald 847, Otte. n. 4 ngr

Runen finnischer Volkspoesie. Gesammelt und übers. von Jul. Altmann. 8. (XXIV und 158 S.) Leipzig 856, Falcke und Rößler.

Runen finnischer Volkspoesie. Gesammelt und übers. von Jul. Altmann. 2. (Titel-)Aufl. 8. (XXIV und 158 S.) Leipzig (856) 61. [Glauchau, Moritz.] 10 Ngr.; geb.

Rung, Oberst, Behufs Ausbildung der Unter-Officiere im Marschsicherungs- und Patroillen-Dienste. 7. Auflage. 8. (17 S.) * —.16
Klagenfurt: Kleinmayr 1893.

Rung, Oberst, Im Feindesland. 2. Auflage. 16. (17 S.) * —.16
Klagenfurt: Kleinmayr 1893.

Rung, Friedrich [aus Köln-Ehrenfeld]: Beitrag zur Kenntnis des Glyoxalins. . . . Göttingen, Druck d. Dieterich'schen Univ.-Buchdr., 1891; 61 S. 8°
Göttingen, Phil. Fak., Inaug.-Diss. v. [2. März] 1891

Rung, Frdr., Beitrag zur Kenntnis d. Glyoxalins. Diss. gr. 8. (61 S.) Göttingen 891. (Vandenhoeck & Ruprecht.) n. 1. 20

—— Chemisches Handwörterbuch, s. Dammer, Otto.

Rung, G. F. F., s. Dichter, deutsche.

Rung, G. F. F., prosaische u. poetische Lesestücke, aus deutschen Klassikern gesammelt. 8. (25 B.) Kopenhagen 840, Reitzel. *

Rung, H., 12 Kinderlieder von Hoffmann von Fallersleben, für 3 Stimmen componirt. 4. (3½ B.) Kopenhagen 844, Reitzel. -

Rung, Jo. Dan., Casus herniae incarceratae et dysuriae. 19 pp. Lps. 4°.
1788

Rung, Otto, der letzte Kampf. Roman. (292 S.) 8. Berlin 906. S. Fischer, Verl. n. 3. 50; geb. n. 4. 50

Der letzte Kampf. Roman von Otto **Rung**. 2. Aufl. Berlin: S. Fischer 1906. (292 S.) 8° [F.] [07. 9556 II

— Das Unabwendbare. Roman. (Autoris. Übersetzg. aus dem Dän. v. Emilie Stein.) (222 S.) kl. 8. Berlin 909. Oesterheld & Co. 3.—; geb. 4.—

Rung, Richard, a. Cöln-Deutz: Die Bananen-Kultur, ihr Charakter, ihre geographische Verbreitung und ihre wirtschaftliche Bedeutung für die Canarischen Inseln. Gotha 1907: Justus Perthes. (23 S.) 4° ¶ (Erscheint vollst. u. d. T.: 'Charakter, geogr. Verbreitung u. wirtsch. Bedeutung der Bananen-Kultur' mit Kartenbeilagen als Erg.-H. zu Petermanns Mitteilungen.)
Bonn, Phil. Fak., Ref. Rein, Diss. v. 9. Juli 1907
[Geb. 18. Jan. 79 Cöln-Deutz; Wohnort: Cöln-Deutz; Staatsangeh.: Preußen; Vorbildung: Gymn. in d. Kreuzgasse Cöln Reife O. 01; Studium: Münster 1, Berlin 1, Bonn 9 S.; Rig. 1. Aug. 06.]

Runge, Friedlieb Ferdinand.
Berlin 1894. V: *Witt, Otto Nicolaus.* (Cat. d. Stadtbibl. Zürich. Zürich 1864—97.)

Runge: 17 Oden des Horaz deutsch in den ursprünglichen Versmassen. 20 S. – Stargard, Progr. 1863

Runge, A., Eifersucht u. Liebe, od.: Der Radfahrer in der Wassertonne, s. a. Vereins-Bühne.

Runge, A. Eifersucht u. Liebe od. der Radfahrer in der Wassertonne. Lustspiel in 1 Act. gr. 8. (13 S.) Lpz. 891, [L. Weber Sport-Verlag.] * 1 —

Runge, Ad.

Runge. Zwei Abhandlungen über die Cycloide von Pascal mit einem Vorwort. 24 S. 1 Figt.
Berlin, Fr. Werd., Progr. 1853

Runge Über combinatorische Variationen. 19 S.
Berlin, R. G., Progr. 1843

Köhne, Bernh.: Gedächtniss-Rede für den am 27. Mai 1860 in den ewigen Osten eingegangenen Br. Carl Bernh. Wilh. Köhne. Gehalten am 9. Aug. 1860 von [Adolf] **Runge.** Als Ms. gedr. f. BBr. Berlin 1860: Hayn. 16 S. 8⁰

Runge, Alfred *Oscar Otto* [app. Arzt aus Kiel]: Aus d. patholog. Institut zu Kiel. Zwei Fälle von angeborener Hydronefrose ... Kiel, Druck v. C. Jansen, 1895; 18 S., 1 Bl. 8.
Kiel, Med. Fak., Inaug.-Diss. v. [31. Okt.] 1895

Runge, Arthur, Assistent am Pathologischen Institut in Greifswald: Aus der Frauenklinik u. dem Pathologischen Institut der Königl. Universität Greifswald. Zwei Beiträge zur Frage der Blasenmole und des malignen Chorioepithelioms. Greifswald 1907: H. Adler. (44 S.) 8°
Greifswald, Med. Fak., Ref. Martin, Diss. v. 24. Mai 1907
[Geb. 29. Apr. 80 Wusterwitz; Wohnort: Zedlin; Staatsangeh.: Preußen; Vorbildung: Bugenhagen-Gymn. Treptow a. d. Rega Reife O. 99; Studium: Greifswald 4, München 1, Berlin 2, Greifswald 2 S.; Coll. 8. Febr. 06; Approb. 1. Febr. 06.]

Runge, Bernh., Liederbuch mit methodisch geordneten Stimmbildungs- u. Treffübungen. Hrsg. unter Mitarb. v. Karl Gast u. Alois Gusinde. 2 Tle. 8. Berlin, Trowitzsch & Sohn. nn 1. —
1. (Mittelstufe.) (80 S.) (909.) nn — 40
2. (Oberstufe.) (176 S.) (909.) nn — 60

— Singefibel m. methodisch geordneten Stimmbildgs. u. Treffübgn. Hrsg. unter Mitarbeit von Karl Gast u. Alois Gusinde. (32 S.) 8. Ebd. (909). nn — 25

Runge, C. Heinr. Aug.: Theoret.-pract. Anleit. zur Abfass. letztwilliger Verfügungen nach Vorschr. d. bürg. Gesetzbuches. *Lemgo*, Meyer. 810. gr. 8. (20 Gr.)

Runge, Carl .... s. Runge, Karl

Runge, Christian

Runge, C., notitia historicor. et historiae gentis Silesiacae ed. S. B. Klose. Prs. I. 8maj. Bresl. 755. W. G. Korn. 8 ℊ

Runge, Christian. Notitia Historicorum et Historiae Gentis Silesiacae. Vratislav. 1775. II: *Klose, Sam. Benj.* (BrMm)

Runge, Conrad Heinrich, s. Runge, Konrad Heinrich

Runge, Dietrich (Bremen) A. S. 183/15

Dissertatio inauguralis, legale fundamentum culpae in abstracto et concreto (ut dicitur) per interpretationum l. XXXII. Dig. depositi erutum, sistens. Göttingen (Schultze) 5. X. 1751. 88 S.

Gew. · Stadt Bremen. 29547

Runge, Dit., legale fundamentum culpae in abstracto et concreto. 4. Götting. 751. Vandenhöck u. R. 4 ℊ

Runge, E. F., s. Lieder z. Förderung d. sittl. Lebens.

Runge, Emil

Runge, E., mein erstes Buch. (75 S. m. Abb. und 3 farb. Taf.) Lex. 8. St. Petersburg 908. (Eggers & Co.) 3. —

Runge, Emil, a. Gr.-Lichterfelde: Die Landpolitik der ehemaligen südafrikanischen Burenrepubliken. (Berlin: W. Süsserott 1906.) (IV, 43 S.) 8° [F.]
Berlin, Phil. Fak., Ref. Sering, Diss. v. 24. Nov. 1906
[Geb. 8. Sept. 68 Bodenhagen, Kr. Kolberg-Köslin; Wohnort: Groß-Lichterfelde; Staatsangeh.: Preußen; Vorbildung: Gymn. Treptow a. d. Rega, Gymn. Stargard Reife O. 94; Studium: Berlin 4, Greifswald 1, Berlin 2 S.; Rig. 30. Juli 06.]

Runge, E., Leitfaden f. den ersten Unterricht im Deutschen im Anschluß an die Wandbilder für den Anschauungsunterricht v. Hölzel u. Lehmann. gr. 8. (XVI, 130 S.) St. Petersburg 899. (Eggers & Co.) n. 2. —

— mein zweites Lesebuch. Lesebuch f. die 2. Stufe. gr. 8. (XXII, 249 S.) Ebd. 900. n. 2. —

Runge, E., wie wandere ich nach Südamerika aus? Ratgeber f. Auswanderungslustige. 2 Tle. 8. Berlin (908). W. Süsserott. à 1. —
1. Brasilien. (60 S. m. Abbildgn.)
2. Argentinien, Bolivia, Chile, Ecuador, Kolumbien, Paraguay, Peru, Uruguay, Venezuela. (II, 87 S. m. Abb.)

Runge, E[mil]: Wie wandere ich nach Südamerika aus? Ratgeber für Auswandelungslustige. T. 1—3. — Bln: Süsserott [1908—1919].
1. Brasilien. 2. veränd. Aufl. [1908]. [1. Aufl. 1908.]
2. Argentinien, Bolivien, Chile, Ecuador, Kolumbien, Paraguay, Peru, Uruguay, Venezuela. 2. veränd. Aufl. [1908]. [1. Aufl. 1908.]
3. Westermann, Rudolf: Süd-Brasilien als Ziel dt. Auswanderung. [1919].

Runge, Don Enrique, s.: **Runge, Heinr.**

Runge, Ernst, approb. Arzt aus Berlin: **Einhundert supravaginale Amputationen** und vaginale Totalexstirpationen **des myomatösen Uterus.** *Göttingen 1901: Dieterich.* (64 S.) 8°
Göttingen, Med. Diss. v. [17. Apr.] 1901

Runge, Ernst, 100 supravaginale Amputationen u. vaginale Totalexstirpationen des myomatösen Uterus. Diss. gr. 8. (64 S.) Göttingen 901. (Vandenhoeck & Ruprecht.) n. 1. 60

Runge, Ernst, Gynäkologie und Geburtshilfe in ihren Beziehungen zur Ophthalmologie. (III, 164 S.) gr. 8. Leipzig 908. J. A. Barth. 4. 25

Runge, Ernst: Schule und Entwicklung. **Wolgast 1910:** Michaelis. S. 1—13. 4°
Wolgast, RPG, Wilhelms-S OP 1910 (226) [S 10. 367

Runge, Ernst, w. Hilfsl.: Emile **Zola.** Eine Studie. ***Schlawe* 1903: *H. Moldenhauer & S.*** (S. I—XV.) 4°
Schlawe, st. PG m. Realabt., P 1903 (108)

Runge, F., die niederdeutsche Bischofschronik bis 1553. Uebersetzung u. Fortsetzg. der latein. Chronik Erwin Ertmans durch Dietrich Lilie, s.: Geschichtsquellen, Osnabrücker.

Runge, F. F., hauswirthschaftliche Briefe. 1. u. 2. Dutzend. Berlin 866. König's Verl. 8. (III, 166 S., III, 168 S.) Jedes Dutzend n. 12 *ngr.*

— — 3. Dutzend. Oranienburg 867. (Berlin, F. Schulze's Buchh.) 8. (168 S.) n. 12 *ngr.*

Runge, F. W., Turn- und Schulfestfeier, Stoffe u. Entwürfe f. Schulfeste u. Schauturnen im Freien, m. e. Anh. enth.: Festreden, Kriegs- u. Turnspiele, Reigen u. Gruppenübungen, Langensalza 1891, 152 S., 8°.

Runge, Ferd.

Runge, F., kurze Anleitung zum Gebrauche der Wasserkuren für Aerzte und Laien. 4. umgearb. Aufl. 8. (V, 70 S.) Berlin 881, Th. Chr. Fr. Enslin. *

Runge, Ferd., **Beobachtungen auf dem Gebiete der Wasserkuren und anderer physikalischer Heilmethoden.** 8. (56 S.) **Wiesbaden 872, Feller und Gecks.**

—— die Krankenpflege als Feld weiblicher Erwerbsthätigkeit gegenüber den religiösen Genossenschaften. Im Anhang zu den Verhandlungen der Berliner Frauen-Vereins-Conferenz dargestellt. gr. 8. (32 S.) Berlin 870, Habel. (* 50 Pf.) *

Runge, F., die Krankenpflege als Feld weiblicher Erwerbsthätigkeit gegenüber den religiösen Genossenschaften. Im Anh. zu den Verhandlungen der Berliner Frauen-Vereins-Conferenz dargestellt. Berlin 870. Lüderitz' Verl. gr. 8. (32 S.) n. 5 *ngr.*

— Nassau an der Lahn. Beobachtungen auf dem Gebiete der Kaltwasser-Kuren u. der sogenannten Naturheilmethoden. Wiesbaden 869. Kreidel. 8. (32 S.) n. 6 *ngr.*

—— der **Rheumatismus der Muskeln und Gelenke. Ein Beitrag zur Theorie und Behandlung desselben. 8. (VII, 60 S.) Ebendas. 868.** *

—— das Verhalten bei Bade- und Kaltwasserkuren. 1. Aufl. 1869. (IV, 38 S.), und 2. Aufl. 8. (41 S.) Wiesbaden 874, Feller und Gecks. *

Runge, F., das Verhalten bei den Wasserkuren. 3. vollständig umgearb. Aufl. 8. (V, 67 S.) Berlin 877, Enslin. *

—— die Wassercur. Allgemeinverständliche Darstellung des Wesens und der Aufgaben derselben und der bedeutenderen Wasserheilanstalten. 8. (XII, 240 S. mit 12 in den Text gedr. Holzschn.-Abbild.) Leipzig 879, Weber. * *M* 2,50.; geb. *

Runge F. die Wasserkur. (Gesundheitsbücher, Illustrierte 14) Leipzig 1879

Runge, F(erd.) F(riedr.), der Bildungstrieb der Stoffe. Veranschaulicht in selbstständig gewachsenen Bildern. (Fortsetzung der Musterbilder.) gr. Fol. (30 Bl. mit aufgeklebten Farbenproben und Text.) Oranienburg. (Berlin 855, Mittler's Sortimentsh. **

Runge F. F. der Bildungstrieb der Stoffe veranschaulicht in selbständig gewachsenen Bildern fol Oranienburg 1858

Runge, Dr. F. F., Chemie der färbenden Pflanzen. Mit 200 Stoffmustern im Text. Berlin 1850. 8°.

Runge F. F. Chemie d. farbenden Pflanzen. III. Tl: die Kunst d. Farbenbereitung. Mit 200 Stoffmustern. Berlin 1850

Runge, Ferd. Friedr., techn. Chemie d. nützlichsten Metalle f. Jedermann. 2 Abthln. gr. 8. Berlin, Sander'sche Buchh. à 3 Thlr.

Abth. 1. Enth.: Zink, Kadmium, Mangan, Chrom, Wismuth, Antimon u. Arsenik, mit 112 im Text befindl. Taf., worauf d. chem. Verbindn. in Natur dargest. sind. (20 B.) 838.

- 2. Enth.: Uran, Eisen, Nickel, Kobalt, Blei, Zinn, Kupfer, Quecksilber, Silber, Gold u. Platin, mit 108 im Text befindl. Taf., worauf d. chem. Verbindn. in Natur dargest. sind. (24½ B.) 839.

— — Dasselbe. 3. Aufl. Mit zahlreichen Holzschn. im Text und 1 farbigen Spectraltfl. Braunschweig 1871. 8°.

— — Dasselbe. 5. Aufl. Braunschweig 1875. 8°.

—— **Einleitung in die techn. Chemie f. Jedermann. Mit 150 im Text befindl. Taf., worauf d. chem. Verbindn. in natura dargestellt sind. (1. Bd.) gr. 8. (36¾ B.) Berlin 836, Sander'sche Buchh.**

— neueste phytochemische Entdeckungen zur Begründung einer wissenschaftl. Phytochemie. 1e Lieferg. (A. u. d. T.: Anleit. zu einer bessern Zerlegungsweise d. Vegetabilien durch Theorie u. Versuche). (Mit 3 Taf.) gr. 8. Berl. 820. Reimer. 1 *ℛ* 4 *g𝔤* 2e Lieferg. A. u. d. T.: Materialien z. Phytologie. Mit 4 Kpft. gr. 8. Ebd. 821. 1 *ℛ* 12 *g𝔤*

Runge, Ferd. Friedr., Farbenchemie. 1. Thl: Die Kunst zu färben, gegründ. auf d. chem. Verhalten d. Baumwollenfaser zu d. Salzen u. Säuren. M. 108 gefärbt. Probemustern, welche im Texte eingeklebt sind. — A. u. d. T.: Lehrbuch d. prakt. Baumwollenfärberei, nach chem. Grundsätzen bearb. gr. 8. (18½ B.) Berlin 834, (Mittler.)

—— Farbenchemie. 2. Thl.: Die Kunst zu drucken, gegründet auf d. chem. Verhalten d. Baumwollenfaser zu den Salzen u. Säuren. — A. u. d. T.: Lehrbuch d. prakt. Baumwollendruckerei nach chem. Grundsätzen. M. 116 gefärbten Probemustern, welche im Text eingeklebt sind. gr. 8. (19¾ B.) Ber. 842, Mittler, Vrlsh.

1. Thl. Ebendas. 1834. 5 Thlr.

Runge, F(erd.) F(riedr.), Farbenchemie. 3. Thl.: Die Kunst der Farbenbereitung. Mit 200 Stoffmustern, welche im Text eingeklebt sind. A. u. d. T.: Chemie der färbenden Pflanzen. gr. 8. (X und 288 S.) Berlin 850, Mittler und Sohn.

1. und 2. Thl. Ebendas. 1834—42. 10 Thlr.

—— Zur Farben-Chemie. Musterbild für Freunde des Schönen und zum Gebrauch für Zeichner, Maler, Verzierer und Zeugdrucker. 1. Lfg. Dargestellt durch chem. Wechselwirkung. gr. 4. (21 Farbentaf. und 16 S. Text.) Berlin 850, Mittler und Sohn. *

—— Grundlehren d. Chemie f. Jedermann, besond. f. Aerzte, Apotheker, Landwirthe, Fabrikanten, Gewerbtreibende u. alle Diejen., welche in dies. nützl. Wissenschaft gründl. Kenntnisse sich erwerben wollen. 1. Aufl. (20½ B.) 830. 1 Thlr., 2., verm. Ausg. (22¼ B.) gr. 8. Breslau 833, Graß, Barth u. Comp.

Runge, Ferd. Friedr., Grundlehren der Chemie f. Jedermann, besonders f. Aerzte, Apotheker, Landwirthe, Fabrikanten u. Gewerbtreibende u. alle Diejenigen, welche in dieser nützl. Wissenschaft gründl. Kenntnisse sich erwerben wollen. 3., verm. Ausg. Mit 82 (in den Text eingedruckten) Taf., worauf die chemischen Verbindungen in Natur befindlich sind. gr. 8. (29 B.) Berlin 843, G. Reimer.

—— Grundriß der Chemie. 1. Thl. Hrsg. v. dem Vereine zur Verbreitung nützlicher Kenntnisse. gr. 8. (22½ B. mit eingedr. Farbentafeln.) München 846, Franz. *

Runge, F. F., Grundriß der Chemie. 2 Thle. Hrsg. von dem unter Leitung Sr. K. Hoh. des Kronprinzen Max. v. Bayern stehenden Vereine zur Verbreitung nützl. Kenntnisse durch gemeinfaßl. Schriften. Neuer Abdr. gr. 8. (1. Thl.: XXIV u. 333 S. m. eingeklebten Farbenmustern. 2. Thl.: XXXII u. 316 S. m. eingeklebten Farbenmustern.) München 848. 47, Franz. (à n. 1 *ℛ*) n. 2 *ℛ*

— der deutsche Guano in Oranienburg. Ein neues Düngepulver, das den Peru-Guano nicht nur vollkommen ersetzt, sondern auch viel wohlfeiler ist. Berlin 858. Besser's Verlhdlg.) gr. 8. (31 S.) 7½ ngr

Runge, F. F., der deutsche Guano in Oranienburg. Ein neues Düngpulver, das den Peru-Guano nicht nur vollkommen ersetzt, sondern auch viel wohlfeiler ist. gr. 8. (31 S.) Berlin 858, [Franz Duncker.] -

— z. Lebens- u. Stoffwissenschaft d. Thieres. 1e Liefrg. Mit 1 Kpf. gr. 8. Berl. 824. Reimer. 22 *g𝔤*

Runge, F. F., das flache Lehmdach u. d. elast. Theerfirniss, nebst e. chem. Analyse d. Steinkohlentheers. gr. 8. (4 B.) Berlin 837, Sandersche Buchh.

– (Hrsg.), s. Marcet: Unterhaltungen über die Chemie ...

— — **de nova methodo veneficium belladonnae, daturae nec non hyoscyami explorandi. 8. Jenae, Cröker. 819.** -

Runge, Friedlieb Ferd.: De pigmento Indico eiusque connubiis cum metallorum nonnullorum oxydis. Berolini: G. Reimer (1822). (VII, 54 S.) 8°

Berlin, Phil. Diss. v. 3. Juli 1822

– (Übers.), s. Porter, Wilhelm Heinrich: Beobachtungen über die chirurgischen Krankheiten des Kehlkopfs und der Luftröhre ...

– (Übers.), s. Rasori, Giovanni: Theorie der Entzündung.

— Resultate chem. Untersuchungen d. Cynareen, Eupatorinen, Radiaten, Cichoreen, Aggregaten, Valerianeen u. Caprifolien, in Auffindung u. Nachweis. eines dies. Pflanzenfamilien eigenthüml. Stoffes. 4. (2½ B.) Breslau 828, Grass, Barth u. Comp.

Runge, Friedlieb Ferdinand, s. Runge, Ferdinand Friedrich

Runge, Friedr., Prof.: **Beiträge zur Geschichte des Ratsgymnasiums in älterer Zeit.** *Osnabrück 1902: J. G. Kisling.* (S. 3—24.) 4° ¶(Ergänzung d. Geschichte d. Gymn. in d. Festschr. 1895.)
Osnabrück, Rats-G, OP 1902 (353)

Runge, Frdr., Geschichte d. Ratsgymnasiums zu Osnabrück, s.o. Festschrift zur 300jähr. Jubelfeier d. Ratsgymnasiums zu Osnabrück.

Runge, Friedrich: Geschichte des Ratsgymnasiums zu Osnabrück. *Osnabrück, Druck v. J. G. Kisling, 1895;* 1—141 S., 2 Bl. Tab. 8.
Osnabrück, Rats-G, Festschr. 1895**

Runge, Frdr., Geschichte d. Ratsgymnasiums zu Osnabrück. gr. 8. (144 S. m. 4 Tab.) Osnabrück 895. Magdeburg, S. Bühling. n. 3. 50; geb. n. 4. 25

Runge, F[riedrich], Prof.: **Katalog der Schüler-Bibliothek des Ratsgymnasiums.** *Osnabrück 1900: J. G. Kisling.* (76 S.) 8° [F.]
Osnabrück, Rats-G, OP 1900 (342)

Runge, G: Die öffentliche Badeanstalt zu Bremen, nebst einer Beschreibung der mechanischen Einrichtungen von H. Ohnesorge. Bremen 1877

Runge, G., die öffentliche Badeanstalt zu Bremen, begonnen den 1. Mai 1876, vollendet den 15. Novbr. 1877, nebst einer Beschreibung der mechanischen Einrichtungen von H. Ohnesorge. gr. 8. (36 S. m. eingedr. Holzschn. u. 1 Holzschntaf.) Bremen 878. (Hampe. — Tannen.) 1. 50

Runge, G., das neue Opernhaus, academy of music, in Philadelphia. gr. Fol. (7 S. mit eingedr. Holzschn. und 8 Kpfrt. in gr. Fol. und Imp.-Fol.) Berlin 860, Ernst und Korn. *
Aus: Zeitschrift für Bauwesen, besonders abgedruckt.

Runge, G., das neue Opernhaus [Academy of music] in Philadelphia. Mit 8 Kpfrn. 2. Aufl. Fol. (6 S. m. eingedr. Holzschn.) Berlin 882. Ernst & Korn. cart. n. 8. —

Runge, MUDr. G., řád. professor fysiologické chemie na universitě Basilejské. K otázce alkoholu. Přednáška. Slovo k dělníkům. Se svolením autorovým přeložila Dr. Alice G. Masarykova, úvodem opatřil Prof. Dr. T. G Masaryk. Tiskem „Unie“ v Praze. (Zur Alkoholfrage. Vortrag.) 8 (31 S.) K —.30
Wien: Suschitzky 1906.

Runge, Geo., so geht es her im Kriege! Episoden aus d. glorreichen Feldzug v. 1870—71. Schauspiel nebst e. Anh. d. beliebtesten Vaterlands- u. Soldatenlieder. 12. (82 S.) Paderborn 895. F. Schöningh. n. — 60

Runge, H., nöthige Kenntnisse beim Pferdekauf, als Alter, Fehler, Gesundheitszustand rc. für Viehbesitzer u. Pferdehändler. Nebst einem Anhang, betreffend die Gewährleistung der verschiedenen Staaten. Heiligenhafen 860. (Flensburg, Herzbruch.) 16. (113 S.) n. 8 ngr.

Runge, H., Zur Kritik u. Erklärung einiger Oden des Horaz. Pr. 1871. 10 S. 4°. 2.—

Runge, H., Herodots Verhältnis z. griech. Volksglauben. Pr. 1856. 22 S. 4°. 4.50

Runge, H. Versicherungswesen in v. *Rotteck* und *Welkers* Staatslexikon. 3. Auflage. Bd. 14. Leipzig 1866.

Runge, Heinrich

Runge, H., Adjurationen, Exorcismen und Benedictionen, s. Mittheilungen der antiquarischen Gesellschaft in Zürich.

Runge, Heinrich. Adjurationen, Exorcismen und Benedictionen, vorzüglich zum Gebrauch bei Gottesgerichten. Ein Rheinauer Codex des eilften Jahrhunderts. [Mit Einleitung und 1 Tafel hrg.] Von H. R. (Mittheil. Ant. Ges. Zürich. Band 12, Heft 5.) 4. Zürich 1859.

Runge, H., der Berchtolds-Tag in der Schweiz. Eine mythologische Skizze. Zürich 857. Meyer u. Zeller. 8. (39 S.) n. 6 ngr.

Runge, Heinr., German dialogues, s.: Otto, Emil.

— nuevo diccionario de bolsillo inglés-español y español-inglés. (Colección Feller.) 2 Tle. 16. (XVIII, 402 u. XXVI, 367 S.) Leipzig 899. B. G. Teubner. In Leinw. kart. à 1. 20

Runge, H., englische Gespräche (English dialogues) od. engl. Konversations-Schule. Eine method. Anleitg. zum Englisch-Sprechen. gr. 8. (VI, 186 S.) Heidelberg 895. J. Groos. Geb. in Leinw. n. 1. 80

Runge, Heinr., englische Gespräche (English dialogues) od. englische Konversations-Schule. Eine method. Anleitg zum Englisch-Sprechen. (Methode Gaspey-Otto-Sauer.) 2. umgearb. Aufl. (VIII, 168 S.) gr. 8. Heidelberg 904. J. Groos. Geb. in Leinw. n. 1. 80

— französische Gespräche, s.: Otto, Emil.

— spanische Gespräche, s.: Sauer, Carl Marquard.

Runge, Heinrich. Mein Glaubensbekenntniß. Als Manuscript gedruckt. Berlin 1844. 16 S. 8.
— Dasselbe. 2. Abdruck mit einem Nachwort. Berlin, Springer 1844. 16 S. 8.

Runge, Heinrich. Mein Glaubensbekenntniß. II. Berlin 1846. 15 S. 8.

— Gramática elemental de la lengua alemana, s.: Otto, E.

— kurze französische Grammatik f. höhere Lehranstalten. gr. 8. (VIII, 139 S.) Heidelberg 900. J. Groos. Geb. in Leinw. n. 1. 60

— eine Kalendertafel aus d. 15. Jahrh., s. Mittheilungen d. Antiquar. Gesellschaft in Zurich.

Runge, Heinrich. Eine Kalendertafel aus dem fünfzehnten Jahrhundert. [Mit 1 Tafel.] Mittheil. Ant. Ges. Zürich. Band 12, Heft 1. 4. Zürich 1857.

— englische Konversations-Grammatik, s.: Gaspey, Thom.

— französische Konversations-Grammatik, s.: Otto, Emil.

— engl. Konversations-Lesebuch, s.: Gaspey, Th.

— französ. Konversations-Lesebuch, s.: Otto, Emil.

— Lecciones castellanas, s. a. Teubner's kleine Sprachbücher. IV.

Lecciones Castellanas. Kurze prakt. Anleitung z. raschen u. sicheren Erlernen d. Span. Sprache f. d. mündl. u. schriftl. freien Gebr. Von Prof. Heinrich Runge. Mit Ansichten von Madrid, Barcelona, Cordova u. Buenos-Ayres. *Leipzig: B. G. Teubner 1904.* (VI, 181 S.) 8° [Ant. u. J.]
— Sprachbücher, Teubners kleine. 4. [illegible]

— Lehr- u. Lesebuch der engl. Sprache, s.: Köcher, E.

— französ. Lesebuch m. Konversations-Uebungen, s.: Otto, Emil.

— Magistrat und Stadtverordnete. Berlin 1845. 16 S. 8.

— Materialien zum Übersetzen ins Englische, s.: Otto, Emil.

— Materialien zum Übersetzen ins Französische für vorgerücktere Schüler. Ein Supplement zu jeder französ. Grammatik. (Methode Gaspey-Otto-Sauer.) (VII, 199 S.) 8. Heidelberg 908. J. Groos. Geb. in Leinw. 1. 80

Runge, H.,

— Vide: Mittheilungen des Localvereines f. d. Wohl der arbeitenden Klassen.

Runge, H[einrich]: Molière und die Kritik seiner Zeitgenossen. Eisenberg 1908: Kaltenbach. 12 S. 4°
Eisenberg, herz. Christians-G P 1908 (897) [S 08. 388

Runge, H., das Berner Oberland. Mit 20 Ansichten in Stahlst. nach Zeichnungen von Ludw. Rohbock u. A. [Aus des Verf. „Die Schweiz in Original-Ansichten."] Darmstadt 868. Lange. 4. (85 S.) cart. n. 2 ₰; in engl. Einb. mit Goldschn. n. 2 ₰ 20 ngr.

Runge, H., — Pilatus u. St. Dominik, s. Mittheilungen der antiquarischen Gesellschaft in Zurich.

Runge, Heinrich. Pilatus und St Dominik. Unter Benutzung einer Handschrift [Johann] Martin Usteri's von H' R'. [Mit 2 Tafeln] (Mittheil Ant. Ges Zurich .) 4 Zurich 1859
Ausg A (Mittheil . Band 12, Heft 4)
Ausg B (Mittheil [Njbl] 23)

—— der Quellkultus in der Schweiz. gr. 8. (47 S.) Zürich 859, Meyer und Zeller's Verlag. *
Aus: Monatsschrift des wissenschaftlichen Vereins in Zürich, besonders abgedruckt.

— the German reader, s.: Otto, E.

Runge, H (II.), die Schweiz, s. a. Schweiz, die. — Suisse, la.

Runge H[einrich] Die Schweiz in Original-Ansichten ihrer interessantesten Gegenden, historisch merkwurdigsten Stadte, Badeorte, Kirchen und sonstigen ausgezeichneten Baudenkmäler alter und neuer Zeit Nach der Natur aufgenommen und in Stahl gestochen von den ausgezeichnetsten Kunstlern unserer Zeit. Mit einem historisch-topographischen Text von H R'. 3 Bande [/z Mit illustriertem Vortitel.] gr -8 Darmstadt 1863–(1870).
Band 1 Die Urkantone und die Sudostschweiz [Mit 62 Tafeln.] 1867 (*Vortitel 1866)
Band 2 Die Nordschweiz [Mit 42 Tafeln] 1863 (*Vortitel: 1870)
Band 3 Die Westschweiz [Mit 91 Tafeln] 1866

Runge, Heinrich] La Suisse Collection de vues pittoresques avec texte historique-topographique par H. R' Traduit de l'allemand par J T Thevenot. 3 Tomes [*Chacun* avec 1 vignette] gr.-8 Darmstadt 1864–(1870).
Tome 1 Les cantons primitifs et les parties sud-est de la Suisse. [Avec 62 planches] 1864 (*Vortitel 1865)
Tome 2 La Suisse septentrionale [Avec 42 planches] 1861 (*Vortitel 1870)
Tome 3 La Suisse occidentale [Avec 91 planches] 1866

— Kleine englische Sprachlehre, s.: Otto, Emil.

— Kleine französische Sprachlehre, s.: Otto, Emil.

— kleine spanische Sprachlehre, s.: Sauer, Carl Marqu.

— neues deutsch-spanisches u. spanisch-deutsches Taschen-Wörterbuch. Mit e. kurzgefassten Grammatik f. Reise u. Schule. (Colección Feller.) 2 Tle. 16. Leipzig 903. B. G. Teubner. à n. 1. 50
1. Spanisch-deutsch. (XLIV, 470 S.)
2. Deutsch-spanisch. (506 S.)

Runge Henr Ferd (geb Stettin 8 5 1811) Nonnulla de empyemate adjecta morbi historia Berolini 1835 (29 S) 8°
Berlin, Med Diss v 20 Juni 1835

Runge, Hermann [aus Essen in Hannover]: Courtilz de Sandras und die Anfänge des Mercure historique et politique. Ein Beitrag zur Geschichte der periodischen Presse im 17. Jahrhundert.... Halle a. S., Plötz'sche Buchdr. (R. Nietschmann), 1887; 40 S. + 1 Bl. 8°.
Halle, Phil. Fak., Inaug.-Diss. v. [11. Febr.] 1887.

Runge, Herm., Courtilz de Sandras und die Anfänge des Mercure historique et politique. Ein Beitrag zur Geschichte der period. Presse im 17. Jahrh. gr. 8. (84 S.) Berlin 887, W. Weber. * 1 60

Runge, Hermann, a. Hamm i. Westf.: Über einen Fall von Xanthoma tuberosum multiplex. Straßburg i. E. 1905: C. Müh. (30 S.) 8°
Straßburg, Med. Fak., Ref. Madelung, Diss. v. 6. Sept. 1905
[Geb. 11. Jan 76 Hamm; Wohnort: Weißenburg i. E.; Staatsangeh.: Preußen; Vorbildung: Gymn. Hamm Reife O. 96; Studium: Kaiser Wilh.-Akad. Berlin 9 S.; Coll 20. Juli 05; Approb. 16. April 02.]

Runge, H[ermann]: Geschichte des Osnabrücker Buchdrucks. Von Dr. —. Th. 1. 2. Osnabrück 1893[- 1909] : Kisling. 8°
1 1617- 1707. 1893. 2. [1909.]
Aus. Mitteilungen d. hist. Vereins zu Osnabruck. Bd 17 u. 33.

Runge, H., Geschichte des Osnabrücker Buchdrucks. 1. Thl. 1617—1707. [Aus: „Mittheilgn. des histor. Vereins zu Osnabrück".] 8. (S. 181—370 m. 1 Taf. u. 1 Stammtaf.) Osnabrück 893. (Rackhorst) n. 2. —

Runge, Hermann, Oberarzt im Inf.-Reg. Nr. 179: Ueber Sepsis durch Streptococcus vulgaris mit Nachweis der Bakterien im Blute. Leipzig 1909: Georgi. 73 S. 8°
Leipzig, Med. Diss. v. 19. Febr. 1909, Ref. Curschmann
[Geb. 25. Juni 80 Leipzig, Wohnort: Wurzen; Staatsangeh.: Sachsen; Vorbildung: Kgl. Gymn Leipzig Reife O. 99; Studium: Leipzig 11 S.; Coll. 6 März 09; Approb. 22. Juli 04] [U 09. 2862

Runge, Herm., Vanitatum vanitas. (Gedichte.) 12. (126 S.) Göttingen 898. L. Horstmann. n. 1.80; geb. n. 2. 50

Runge, Herm[annus] Gust[avus]. Theses. loco dissertationis de galactopoësi mox edendae Halae (1836) · Ruff. 2 Bl 8°
Halle-Wittenberg, Med Thesen v 10 Mai 1836
Geb [Bremen 3 5. 1812]

(Runge, J. D.,) Auswahl deutscher Lieder, s. a. Auswahl.

(RUNGE) Auswahl deutscher Lieder, mit ein- und mehrstimmigen Weisen (hrsg. von —). Funfte vermehrte Auflage. Leipzig, 1843 Serig'sche Buchh 16°. 416 S (In Berlin, Magistratsbibl.)

— — Dasselbe. 7 Aufl. Ebd. 1850. 8°
Anon.-Lex. I p. 126 (nach Kayser).

Runge, J. D., s. a. Liederkranz, hamburgischer.

—— hamburgischer Liederkranz. gr. 8. (13¼ B.) Hamburg 838, Perthes-Besser u. Mauke.

Runge, J. D., s. Wieselgrén, vom Verläugnen der Aergernisse. — dess. Enthaltung von starken Getränken.

Runge, J. H. C., († d. 7. März 1811.) pädagog. Haustafel, od. nothwend. Verhaltungsregeln f. Aeltern z. pflichtmäß. Erziehung ihrer Kinder. 8. Hamb. 800. (A. Campe). 12 ß Schrbp. 14 ß

Runge, Johann (Neumark) A. S. 203/34

Dissertatio juridica de injustis causis dissensus parentum a nuptiis liberorum.
Präs. Adam Balthasar Werner.
Frankfurt/O. (Zeitler) 20. IV. 1709. 39 S.

29550

Runge, Johann Ferdinand (Guben) A. S. 566/29

Dissertatio iuridica de proxenetis.
Präs. Augustin von Leyser.
Wittenberg (Eichsfeld) 29. VIII. 1747. 32 S.

29551

Runge, Johannes, Jugendkompagnien u. Wehrturnen, Anleitung u. Lehrbuch für Jugendleiter, Leipzig, 60 S., 8°.

Runge, Johs., Leichtathletik. Training, Technik u. Taktik des Laufens u. Springens, s.a. Miniatur-Bibliothek für Sport u. Spiel.

Runge (Johs.). Leichtathletik. Training. Technik u. Taktik des Laufens u. Springens. 1908. Leipzig. 8°. 70 S. m. Abb. M. —.60

Runge, Karl

Runge, C., die Dispersion der Luft, s.: Kayser, H.

Runge, (Carl), analytische Geometrie der Ebene. (IV, 198 S. m. 75 Fig.) gr. 8. Leipzig 908. B. G. Teubner. Geb. in Leinw. 6. —

Runge, Carl, approb. Arzt aus Siebenstern [!], Driburg: Über die Basedow'sche Krankheit. *Göttingen 1902: L. Hofer.* (64 S.) 8°
Göttingen, Med. Diss. v. [22. Juli] 1902

Runge, Carl, über die Basedow'sche Krankheit. Diss. gr. 8. (64 S.) Göttingen 902. (Vandenhoeck & Ruprecht.) n. 1.40

Runge, [illegible] Krümmung [illegible] Krümmung [illegible]
Berlin 188[illegible] 27 S. [illegible]
Berlin, Phil. Diss. [illegible]

Runge, Carl, über die Krümmung, Torsion u. geodätische Krümmung der auf einer Fläche gezogenen Curven. Inaugural-Dissertation. 4. (25 S.) Magdeburg 880. (Berlin, Mayer & Müller.) n. 1. 50

Runge, C., Praxis der Gleichungen, s.a. Sammlung Schubert.

Praxis der Gleichungen von Dr. C[arl] Runge, Hannover. Mit 8 Fig. Leipzig: Göschen 1900. 196 S. 8°
(Sammlung Schubert. 14.) (11. 9937 4

Runge, C. Ueber die Spectren der Elemente, s. Kayser, H.

— u. F. Paschen, üb. die Strahlung des Quecksilbers im magnetischen Felde. gr. 4. (18 S. m. Abbildgn. u. 6 Taf.) Berlin 902. (G. Reimer.) Kart. n. 3. —
Sonderabdruck a.: Abhandlgn. d. preuss. Akad. d. Wiss., Anh."

Runge, C., Theorie u. Praxis d. Reihen, s.a. Sammlung Schubert.

Theorie und Praxis der Reihen. Von Dr. C[arl] Runge, Prof. zu Hannover. Mit 8 Fig. *Leipzig: G. J. Göschen 1904.* (266 S.) 8°
(Sammlung Schubert. 32.) (04. 5..) 11

— s.: Zeitschrift f. Mathematik u. Physik.

— u. J. Precht, über die magnetische Zerlegung der Radiumlinien. (9 S. m. Abbildgn.) gr. 8. Berlin 904. (G. Reimer.) n. - 50
Sonderabdruck aus: „Sitzungsber. d. preuss. Akad. d. Wiss".

— u. F. Paschen

— — über die Zerlegung einander entsprechender Serienlinien im magnetischen Felde. 1. u. 2. Mitteilg. gr. 8. (7 u. 11 S.) Ebd. 902. à n. — 50
Sonderabdrucke aus: „Sitzungsber. d. preuss. Akad. d. Wiss."

Runge, Car. Frid. Ferd. (geb. Oldendorf in Westf. 18. 5. 1834): De musculorum vegetativorum hypertrophia pathologica. Berolini (1857). (25 S.) 8°
Berlin, Med. Diss. v. 5. Aug. 1857

Runge, Karl Heinrich

PREDIGT von den ewigen Strafen der Sünden (von *Carl Heinr. Runge*). Celle 1768.
Anon.-Lex. p. 293 (nach Kayser).

Runge, Karsten, nordische Dramen. (Den Bühnen gegenüber Mscr.) 8. (VII und 236 S.) Hamburg 863, Isermann.

Runge, Karsten, Sänger-Wallfahrt. Gedichte. gr. 16. (X und 127 S.) Altona 861, Mentzel. * 1 Thlr.; geb. *

Runge, Konrad Heinrich

— die Größe der Menschen; ein Lehrgedicht. 8. Celle 760.

— s. Lavater's eigentl. Meinungen &c.

MAN muss auch dem Teufel nicht zu viel aufbürden (von *Conr. Heinr. Runge*). Bey Gelegenheit der Broschüre: Sollte der Teufel wirklich ein Unding seyn? Bremen 1776. Kl. 8°. 426 S. (4 Mk., etwas wasserfl., Adolf Weigel, 1908.)
Anon.-Lex. III. p. 109 (nach Graesse, Winer, Meusel).
Die zweite auf d. Titel erwähnte Schrift fehlt im Lex.

- s. Predigt von d. ewigen Strafen.

- s. Pufendorf, F.: Umschreib. d. hohen Liedes.

Runge, Konr. Hnr., († d. 9. Juni 1792.) Diss. Vindiciae Apostolorum a suspicione erroris, universale judicium diemque mundo fatalem ipsorum iam tempore instare. 4. Götting. 775. Diss. II. 4. Leyden 778.

Runge's, Louis, internationale Eilgut-Tabelle u. Tarifkilometerzeiger ohne Gewähr. Nebst Adress-Tafel-Nachweis v. Speditions-Vermittelungen f. Versandt, Verzollg. u. Reexpedition, farb. Flaggen- u. Telephonkarte v. Deutschland. Bearb. u. hrsg. auf Grund des dem Etablissement von Louis Runge zu Versandtzwecken dien. amtl. Tarifmaterials unter alleiniger Verantwortlichkeit v. C. G. Hildebrandt. Imp.-Fol. Berlin 890. C. G. Hildebrandt. n.n. 2. —

Runge, Ludwig

Runge, L., Beiträge zur Kenntniß der Backstein-Architektur Italiens. Nach seinen Reiseskizzen herausgeg. A. u. d. T.: Essais sur les constructions en briques en Italie. Publiés d'après ses esquisses de Voyage (dans les années 1840, 1841 et 1842.) In 8 Liefg. à 6 lith. Taf. mit Text. 1. Liefg. gr. Fol. Berlin 846, Heymann. n. 2 ₰

Runge, L., Beiträge zur Kenntniß der Backstein-Architectur Italiens. Nach seinen Reiseskizzen hrsg. 8 Lfgn. — Essais sur les constructions en briques en Italie. 8 livrss. Royal Fol. (Titel, 8 Bl. Text u. 47 lith. Taf.) Berlin 847—49, C. Heymann. (à n. 2 ₰) n. 16 ₰

Runge, L., Beiträge zur Kenntniss der Backstein-Architectur Italiens. Neue Folge. 1 — 4. Heft. Nach seinen Reiseskizzen hrsg. Imp. - Fol. (5 Kpfrt., 19 Stnt. und 8 S. deutscher und französischer Text.) Berlin 853—54, Th. Grieben. à Hft. *
Des Verf. erste Beiträge erschienen in Berlin bei C. Heymann 1847—49 und kosten * 16 Thlr.

—— dass. — Neue Folge. Nach seinen Reiseskizzen hrsg. 24 (lithogr. und in Kpfr. gest.) Taf. 2. (Titel-)Ausg. Imp. - Fol. (4 Bl. deutscher und französ. Text.) Berlin 856, Ernst und Korn. *

Runge, L., Beiträge zur Kenntniss der Backstein-Architektur Italiens. Nach seinen Reiseskizzen hrsg. gr. Fol. (11 S. m. 48 Steintaf.) Berlin 885. Wasmuth. geb. n. 36. —

—— Der Glockenthurm des Doms zu Florenz, nebst Entwurf zur Westfaçade des Doms. 1. Ausg. 1853. ** 12 Thlr. 15 Ngr. und 2. Ausg. Imp.-Fol. (5 S. mit 1 lithogr. und 1 lithochrom. Taf.) Berlin 856, Ernst und Korn. **

—— Grundzüge der Vorträge über Bau-Materialien ꝛc. Fol. (100 lithogr. S.) Berlin 853, (C. Heymann.) *

— u. A. Rosengarten, architekton. Mittheilungen über Italien. Eine Auswahl interessanter u. werthvoller Darstellungen. 1 u. 2. Hft. gr. Fol. (10 S., 9 lith. u. 3 lithochrom. Taf.) Berlin 847. 50, G. W. F. Müller. (à n. $2^{5}/_{6}$ ℳ) n. $5^{2}/_{3}$ ℳ

Runge, Max, über die Behandlung der puerperalen Sepsis, s. Sammlung klinischer Vorträge.

Runge, Max [appr. Arzt]: Die Bestimmung der Grösse des Kindes vor der Geburt. Strassburg, Buchdruckerei von R. Schultz u. Comp., Berger-Levrault's Nachfolger, 1875. 8. 32 S.

Runge, Max: Männliche und weibliche Frauenheilkunde. *Göttingen 1899: Dieterich.* (S. 1—21.) 8°
Göttingen, Festrede zur akadem. Preisverteilung 1899

Runge, Max, männliche u. weibliche Frauenheilkunde. Festrede, im Namen der Georg-Augusts-Universität zur akadem. Preisvertheilg. am 5. VI. 1899 geh. gr. 8. (27 S.) Göttingen 899. Vandenhoeck & Ruprecht. n. — 40

Runge, Max, die acuten Infectionskrankheiten in ätiologischer Beziehung zur Schwangerschaftsunterbrechung, s. Sammlung klinischer Vorträge.

—— die Krankheiten der ersten Lebenstage. gr. 8. (VII, 207 S.) Stuttgart 885, Enke. * 4 —

Runge, Max, die Krankheiten der ersten Lebenstage. 2., verm. Aufl. gr. 8. (VIII, 340 S.) Stuttgart 893. F. Enke. n. 7.

Runge, Max, die Krankheiten der ersten Lebenstage. 3. umgearb. Aufl. (XII, 386 S.) gr. 8. Stuttgart 906. F. Enke. n. 8. —; geb. in Leinw. n. 9. —

— der Krebs der Gebärmutter. Ein Mahnwort an die Frauenwelt. Nach e. in Göttingen geh. Vortrage. (28 S. u. 4 Bl.) 8. Berlin 905. J. Springer. n. — 50

— Lehrbuch der Geburtshülfe. gr. 8. (XIII, 504 S. m. 95 Abbildgn.) Berlin 891. J. Springer. Geb. in Leinw. n. 9. —

— dasselbe. 2. Aufl. gr. 8. (XIV, 543 S. m. Abbildgn.) Ebd. 894. In Leinw. geb. n. 9. —

Runge, Max: Lehrbuch der Geburtshülfe v. Dr. Max Runge, O. Prof. ... zu Göttingen. M. zahlr. Abb. im Text. 3. Aufl. Berlin: J. Springer 1896. (XVI, 569 S.) 1 Bd 8°

Runge, Max, Lehrbuch d. Geburtshülfe. M. zahlr. Abb. im Text. 4. Aufl. gr. 8. (XVI, 579 S.) Berlin 898. J. Springer. Geb. in Leinw. n. 10. —

Runge, Max: Lehrbuch der Geburtshülfe von Max Runge, Prof. zu Göttingen. Mit zahlr. Abb. im Text. 5. Aufl. Berlin: J. Springer 1899. (XIV, 584 S.) 8°

— Lehrbuch der Geburtshülfe. 6. Aufl. gr. 8. (XIV, 594 S. m. Abb.) Berlin 901. J. Springer. Geb. in Leinw. n. 10. —
5. Aufl. (XIV, 584 S. m. Abb.) 899. Geb. n. 10. —.

— Lehrbuch der Geburtshülfe. 7. Aufl. (XVI, 608 S. m. Abbildgn.) gr. 8. Ebd. 903. Geb. in Leinw. n. 10. —

Runge, Max, Lehrbuch der Geburtshilfe. Mit 236, darunter zahlr. mehrfarb. Textfig. 8. Aufl. (XII, 540 S.) Lex. 8. Berlin 909. J. Springer. Geb. in Leinw. 15. —

— Lehrbuch der Gynäkologie. gr. 8. (VIII, 468 S. m. 90 Abbildgn.) Ebd. 902. Geb. in Leinw. n. 10. —

— Lehrbuch der Gynäkologie. 2. Aufl. (VIII, 493 S. m. Abbildgn.) gr. 8. Ebd. 903. Geb. in Leinw. n. 10. —

Lehrbuch der Gynäkologie von Max **Runge**, Prof. zu Göttingen. Mit zahlr. Abb. 3. Aufl. Berlin: J. Springer 1907. (VIII, 522 S.) 8° [07. 9138

— Lehrbuch der Gynäkologie. 4. Aufl., bearb. von R. Birnbaum. Mit 211, darunter zahlreich. mehrfarb. Textfig. (VIII, 491 S.) Lex. 8. Ebd. 910. Geb. in Leinw. 14. —
3. Aufl. (VIII, 522 S. m. Abb.) (907.) Geb. 10. —.

— d. neue Universitäts-Frauenklinik in Göttingen, s.: Jahrbuch, klinisches, VI, 5.

Runge, Max: Das Weib in seiner geschlechtlichen Eigenart. Nach einem in Göttingen geh. Vortr. v. Dr. Max Runge, ord. Prof. ... zu Göttingen. 3. neubearb. Aufl. Berlin: J. Springer 1898. (IV, 39 S.) 1 Bd 8°

— das Weib in seiner geschlechtlichen Eigenart. Nach e. in Göttingen geh. Vortrage. 4. Aufl. gr. 8. (IV, 38 S.) Ebd. (900). n. 1. —

— das Weib in seiner geschlechtlichen Eigenart. Nach e. in Göttingen geh. Vortrage. 5. Aufl. (VI, 39 S.) gr. 8. Ebd. 904. n. 1. —

Das Weib in seiner Geschlechtsindividualität. Nach e. in Göttingen gehalt. Vortr. v. Dr. Max **Runge**, o. Prof. . . . zu Göttingen. *Berlin: J. Springer 1896.* (28 S.) 1 Bd 8. [96. 8646

Das Weib in seiner Geschlechtsindividualität. Nach e. in Göttingen gehalt. Vortr. v. Dr. Max **Runge**, o. Prof. . . . zu Göttingen. 2., neubearb. Aufl. *Berlin: J. Springer 1897.* (35 S.) 1 Bd 8. [97. 3641

Runge, O. Die Prüfung u. Untersuchung der Schmiermaterialien f. Locomotiven u. Eisenbahn-Wagen. gr. 8. (24 S. m. Fig.) Prag 892, Calve. * 2 —
Aus: Techn. Blätter, besonders abgedruckt.

Runge, Otto, a. Nürnberg: Über den Einfluß der Stellung von Methyl- und Nitrogruppen zum Methankohlenstoff auf den Farbcharakter der Triphenylmethan-Farbstoffe. Würzburg 1904: H. Stürtz. (105 S.) 8°
Würzburg, Phil. Fak., Ref. Tafel, Diss. v. 17. Sept. 1904
[Geb. 25. Dez. 81 Nürnberg; Wohnort: Nürnberg; Staatsangeh.: Bayern; Vorbildung: Industrieschule Nürnberg Reife Juli 00; Studium: Würzburg 3 S.; Rig. 4. Juli 04.]

Runge, Otto, a. Keilhau in Schwarzburg-Rudolstadt: Die Metamorphosen-Verdeutschung Albrechts von Halberstadt. ⟨T. 1: Das Verhältnis Wickrams zur Metamorphosen-Verdeutschung Albrechts von Halberstadt. T. 2: Albrechts Verhältnis zu Ovid. A. Stil und Sprache § 1—7.⟩ (Berlin: Mayer & Müller 1908.) (VII, 50 S.) 8° ¶ (Erscheint vollst. als „Palaestra" 73.)
Berlin, Phil. Fak., Ref. Roethe, Diss. v. 15. April 1908
[Geb. 8. Okt. 84 Keilhau; Wohnort: Charlottenburg; Staatsangeh.: Schwarzburg-Rudolstadt; Vorbildung: Christians-Gymn. Eisenberg Reife O. 03; Studium: Halle 2, Berlin 7 S.; Rig. 5. Dez. 07.]

Runge, Otto, die Metamorphosen-Verdeutschung Albrechts v. Halberstadt, s. a. Palaestra. 73.

Die Metamorphosen-Verdeutschung Albrechts von Halberstadt. Von Otto **Runge**. Berlin: Mayer & Müller 1908. 158 S. 8°
[Ein T. erschien als Inaug.-Diss. Berlin 1908.]
(Palaestra 73.) [09. 1873 4

Runge, Paul, ein Herbstmanöver! od.: Im Notquartier! s.: Album für Liebhaber-Bühnen.

Runge, Paul, s.: **Hugo v. Montfort, Lieder.**

Runge, Paul (Hrsg.), s. Hugo von Reutlingen: Die Lieder u. Melodien der Geißler des Jahres 1349.

— Der Leutnant in Unterhosen, s.: Album für Liebhaber-Bühnen.

Runge, Paul, die Lieder u. Melodien der Geißler des J. 1349 nach der Aufzeichnung Hugo's v. Reutlingen. Nebst e. Abhandlg. über die italien. Geißlerlieder von Heinr. Schneegans u. e. Beitrage zur Geschichte der deutschen u. niederländ. Geißler v. Heinr. Pfannenschmied. Mit e. Fksm. in Lichtdr. Lex.-8. (VIII, 221 S.) Leipzig 900. Breitkopf & Härtel. n. 10. —

— Die Lieder des Hugo von Montfort mit den Melodien des Burk Mangolt. Leipzig 1906.

— Blunemann u. sein Schwiegersohn od. Ein toller Tag, s.: Zentraltheater.

Runge, Paul, die Sangesweisen d. Colmarer Handschrift u. d. Liederhandschrift Donaueschingen. gr. 4. (XX, 199 S. m. 6 Taf.) Leipzig 896. Breitkopf & Härtel. n. 20. —

Runge, Paul [aus Hamburg]: Studien über Formazylverbindungen ... München, Druck v. V. Höfling, 1894; 72 S. 8.
München, Phil. Fak., Inaug.-Diss. v. 1895

Runge, Phil. Otto, **ausgeschnittene Blumen u. Thiere in Umrissen zum Nachschneiden u. Nachzeichnen gravirt u. hrsg. v. Doris Lütkens, geb. v. Cossel. 1. u. 2. Hft. qu. gr. Fol. (12 Bl.) Hamburg 843, (Perthes-Besser u. Mauke.)** ** à —

Runge, Ph. Otto, Farbenkugel, od. Construktion der Verhältnisse d. Farben zu einander rc., **mit H. Steffens Abhandl. üb. die Bedeutung d. Farben in d. Natur. Mit Kpf. u. 1 Farbentabelle. gr. 4. Hamb. 810. Fr. Perthes. 2 ₰ 12 gl**

Runge, Philipp Otto, Gedanken u. Gedichte, s.a. Statuen deutscher Kultur

Runge, Philipp Otto: Gedanken und Gedichte. Ausgew. u. eingel. von Emil Sulger-Gebing. Muenchen: Beck (1907). 151 S. 8°
(Statuen deutscher Kultur. Bd 16.)

Runge's, Phil. Otto, hinterlass. Schriften. Hrsg. v. dess. ältestem Bruder. 2 Thle. gr. 8. (63 B., 8 Bildwerke u. Musikbeil.) Hamburg 840, 41, Fr. Perthes. *

— die vier Tageszeiten in Umrissen. 4 Bl. Hamb., Perthes u. B. 6 ₰

Runge, Reinhard A. S. 1208/8

Dissertatio inauguralis medica de bile icteri causa ficta. Präs. Johann Georg von Bergen. Frankfurt/O. (Schwartz) 9. VIII. 1710. 9 Bl.

Gew.: Dem Adel des Kreises Friedeberg/Nm.
W. v.: Leonh. Chr. Sturm, George Krüger, Johann Runge (Bruder). 29552

Runge, Th., d. Herren Tod u. Auferstehung. Gefeiert m. Worten der heil. Schrift in Gestalt neuerer Kunstform. gr. 8. (34 S.) Stargard i/Pomm. 887. Just. — 75

Runge, U., s.: Stut-Buch des kgl. preuss. Haupt-Gestüts Trakehnen.

Runge, Victor, Handbuch d. Metallschlägerei u. Bronzefarben-Fabrikation, nebst Anleitung zum Bronziren u. Brüniren. Mit 1 (lith.) Taf. Abbildgn. (in qu. 4.) 8. (56 S.) Quedlinburg 848, Basse. ½ ₰

Runge, W., die Nase in ihren Beziehungen zum übrigen Körper. Mit einem Vorwort von M. J. Rossbach. gr. 8. (IX, 42 S.) Jena 885, Fischer. * 1 20

Runge, W. O., pädagogische Zeitschriften. gr. 8. (122 S.) Leipzig 873. Siegismund & Volkening. n. 1. 50

Runge, W. O., pädagogische Zeitstimmen, s. Sammelmappe, pädagogische.

Runge, Walter: Synthetische Versuche mit Hexahydroanilin und Hexahydro-m-toluidin. Göttingen 1909: Dieterich. 42 S. 8°
Göttingen, Phil. Diss. v. 24. Nov. 1909, Ref. Wallach
[Geb. 2. Sept. 84 Brooklyn; Wohnort: Flushing N.-Y.; Staatsangeh.: Vereinigte Staaten; Vorbildung: Flushing High School bis Juni 02, Calgate Univ. B. Sc. Juni 06; Studium: Göttingen 6 S.; Rig. 29. Juli 09.] [U 10. 1460

***Runge**, Werner, a. Göttingen: Die Therapie der genuinen Epilepsie nebst einem Anhange über die Therapie der übrigen Epilepsieformen mit Berücksichtigung der Literatur der letzten 15 Jahre. Wien: M. Perles 1906. (38 S.) 4°
Heidelberg, Med. Fak., Ref. Erb, Diss. v. 1906
[Geb. 27. Juli 82 Berlin; Wohnort: Göttingen; Staatsangeh.: Preußen; Vorbildung: Gymn. Göttingen Reife O. 01; Studium: Freiburg i. B. 4, Heidelberg 1, Göttingen 1, Heidelberg 4 S.]

Runge, Wilhelm, a. Leipzig-Reudnitz ⟨Königreich Sachsen⟩: Zur Ätiologie der Pityriasis rosea Gibert. Straßburg i. E. 1906: C. Müh. (30 S.) 8°
Straßburg, Med. Fak., Ref. von Krehl, Diss. v. 1. Aug. 1906
[Geb. 17. Jan 77 Leipzig-Reudnitz; Wohnort: Straßburg i. E.; Staatsangeh.: Sachsen; Vorbildung: Gymn. Georgianum Hildburghausen Reife O. 96; Studium: Jena 4, Straßburg 1, München 1, Kiel 1, Jena 3 S.; Coll. 26. Juli 06; Approb. 6. Febr. 01.]

Runge, Wilh., der Bernstein in Ostpreußen, s.a. Sammlung gemeinverständl. Vorträge.

Runge, W., Der Bernstein in Ostpreußen. Zwei Vorträge. Berlin, 1868. 70 S mit 11 Abb.

Runge, Wilh. Der Bernstein in Preussen. Sammlung von Vorträgen, Berlin 1868.

—— die Bernsteingräbereien im Samlande. gr. 4. (32 S. mit 2 lithogr. Taf. in 4. und qu. Fol.) Berlin 869. Ernst und Korn. *
Aus: Zeitschrift für das Berg-, Hütten- und Salinenwesen, besonders abgedruckt.

— über die Betheiligung der Arbeiter am Reingewinn industrieller Unternehmungen. Vortrag, gehalten im Breslauer Gewerbe-Verein am 25. Janr. 1869. Breslau 869. Maruschke & Berendt. gr. 8. (22 S.) n. 7½ ngr.

Runge, Wilh., die Chemie in der deutschen Volksschule. Erster chem. Unterricht in Schule und Haus. 1. Aufl. (32 S.) 1874. * 40 Pf.; 2. verm., nach den neueren wissenschaftlichen Auffassungen umgearb. Aufl. 16. (XXIV, 120 S.) Breslau 877, Morgenstern. cart. *

Runge, Wilh., 160 Etiquettes f. Mineralien Sammlungen, insbesondere f. die mineralog. Unterrichts-Sammlg. der Volksschule u. d. Lehrer-Seminars. 6 Bog. Etiquettes u. 2 B. allgem. Inhalts. Fol. Breslau 874. Morgenstern. In Mappe. n. 2. 40

Runge, W., Flözkarte des Ruhrkohlenbeckens. Auf Grund der oberbergamtlichen Karten zusammengestellt. 1 : 50 000 Dortmund, 1888. Mit 14 Quer- und 3 Längsprofilen.

Runge, Wilhelm [aus Hamburg]: Über Geburtserschwerung durch ungewöhnliche Grösse des kindlichen Rumpfes. . . . Halle a. S., Hofbuchdr. v. C. A. Kaemmerer & Co., 1890; 69 + 1 S. + 1 Bl. 8°
Halle, Med. Fak., Inaug.-Diss. v. 5. Jul. 1890

Runge, W., die Mineralogie in Schule u. Haus. Anleitg. zum mineralog. Unterricht. Mit 18 Holzschn. 4., verm. Aufl. 8. (VIII, 130 S.) Breslau 888. Morgenstern's Verl. n. — 80

Runge W, die Mineralogie in der deutschen Volksschule. Breslau 1873

— die Mineralogie in der deutschen Volksschule. Erster mineralog. Unterricht in Schule u. Haus. Mit 14 Illustr. in Holzschn. 2. verm. Aufl. m. 1 Anh.: Die wichtigsten Grundbegriffe der anorgan. Chemie. gr. 16. (XII, 151 S.) Ebend. 874. n. 1. 20; cart. n. 1. 50

— die Mineralogie in der deutschen Volksschule. Erster mineralog. Unterricht in Schule u. Haus. Mit 18 (eingedr.) Illustr. in Holzschn. 8., verm. Aufl. 16. (IX, 134 S.) Ebend. 877. cart. n. 1. 20

Runge, (Frid.) Guil. (geb. Treptow an d. Rega 3. 8. 1817): De polypo uteri. Berolini (1841). (28 S.) 8°
Berlin, Med. Diss. v. 31. Dez. 1841

— Reisebriefe aus Serbien. gr. 16. (76 S.) Dortmund 875. Köppen. n. — 75

Runge, Wilh. Das Ruhr-Steinkohlenbecken. Mit Genehmigg. d. Hrn. Ministers f. Handel u. Gewerbe, sowie unter Benutzg. d. amtl. Karten- u. Acten-Materials bearb. Lex.-8. (X, 371 S. m. 3 schwarzen u. 9 farb. Taf. in Leinw.-Karton.) Berl. 892, Berliner Lithogr. Institut. geb. * 30 —

Runge. Ueber Vorkommen und Gewinnung des Bernsteins im Samlande. 1867.

Runge, Guilielmus Georgius: Dissertatio ... sistens casum quendam memorabilem angustiae intestini coli descendentis. Halae (1829): Schimmelpfennig. 33 S. 8°
Halle-Wittenberg, Med. Diss. v. 31. Okt. [vielmehr: 4. Nov.] 1829
Geb. Brun[n] bei Friedland (Meckl.-Strelitz) 28. 8. 1805. V. Dzondi's Progr.

Runge, Willi, einfache Seelen. Novellen. (171 S.) 8. Straßburg 907. J. Singer. 2. 50

Cantate von Petiscus mit Musik von Rungenhagen. o. O. u. J. 2 Bl. 8° [Umschlagtit.] Ohne Noten.

Rungenhagen, Karl Friedrich

Henry. Worte, gesprochen in der Sing-Akademie an dem Sarge des Herrn Directors Carl Friedrich Rungenhagen, 24. Dec. 1851. Mit einigen Beilagen und der von Schleiermacher am 18. Mai 1832 zum Gedächtniss Zelter's in der Sing-akademie gehaltenen Rede. Berlin 1852.

[Rungenhagen, Carl Fr.] Nachrichten aus dem Leben und über die Musik-Werke Carl Maria von Weber's. Berlin 1826.

Ruenger, August (sic) Theod. (geb. Stargard in Pomm. 1. 4. 1826): De ... schnade. Berolini (1853). (30 S.) 8°
Berlin, Med. Diss. v. 30. Mai 1853

Rungg, Johann. Behufs Ausbildung der Unteroffiziere im Marschsicherungs- u. Patrouillen-Dienste. Klgft., Bertschinger, 1891. 17 S.

Rungg, behufs Ausbildung der Unteroffiziere im Marschsicherungs- u. Patrouillen-Dienste. 7. Aufl. 12. (17 S.) Klagenfurt 892. (F. v. Kleinmayr.) n. — 32

— im Feindesland. 2. Aufl. gr. 16. (17 S.) Ebd. 892. n. — 32

Rungg, Johann. Besondere Unternehmungen des „Kleinen Krieges" wie Ueberfälle, Hinterhalte u. Nachtgefechte. Klgft., Bertschinger, 1891. 22 S.

Rungger, A.

Rungger: Kurze Kritik der Unsterblichkeitslehre des Cicero. 19 S.–Wien J., Progr. 1866

Rungius, August Moritz

— Abhandl. f. Freunde der Bibel üb. Klima, Naturgeschichte, Sitten u. Gebräuche d. Morgenlandes. 2 Bde. 8. Lpz. 786—89. (Kühne in Wittenb.) 20 gl.

Rungius, Aug. Mor., († d. 9. Juli 1814.) Archiv d. Vorsehung f. die Menschenwelt. 3 Hfte. Herausgg. u. mit e. Vorrede v. Frz. Volkm. Reinhard versehen. 8. Halle 798 u. 99. Ruf. (Reineke). 1 ℳ

— morgenländ. Fragmente f. Freunde d. Bibel. 1s Stck. gr. 8. Dresd. 783. Gerlach. 6 gl.

— interpretatio grammatica Psalm. XLV. 8maj. Dresd. 781. Gerlach. 5 gl.

Ludov. Henr. Rungius oratio de fatis et mutationibus, quibus obnoxia fuit ars medica cum scientia naturali, ratione utriusque ortus et progressus ad hodiernum usque illarum statum. Bremae 1716. 4.

Rungwerth, E., Heimatskunde des Kreises Wolmirstedt. gr. 8. (39 S.) Wolmirstedt 892. Jrxleben, Superint. Raabe. — 60

Rungwerth, E., Heimatkunde des Kreises Wolmirstedt, e. Führer durch die Heimat u. ihre Geschichte. 2., verm. u. verb. Aufl. (88 S.) 8. Magdeburg 907. J. Neumann. — 60

— dasselbe. Illustrierte Ausg. (91 S. m. 14 Taf. u. 1 farb. Karte.) 8. Ebd. 907. Geb. in Leinw. 2. 60

Runic Dobrila: Die Ansiedlungen der Serben im Sichelburger Distrikte.
II. 1910 PN 2967 Diss. Wien, Univ. 1042

Runin, Emanuel Mischnajewsky-
s. Mischnajewsky-Runin. log 14888

Runkel, v., s. Dienst, der, der Bezirkskommandos, Hauptmelde- u. Meldeämter.

Runkel, Alfred: Aus dem pathologischen Institut zu Marburg. Ueber cystische Dottergangsgeschwülste (Enterokystoma, Roth). Hierzu 1 Taf. u. 2 Text-Abbildungen. *Marburg 1897: (R. Friedrich).* (32 S. mit Taf.) 8°
Marburg, Med. Diss. v. 24. Dez. 1897

Runkel, Augustinus *[geb. Glatz 3. 7. 1812]*: Theses theologicae ... pro licentiati s. s. theologiae honoribus rite capessendis. Vratislaviae (1841). (2 Bl.) 8°
Breslau, Kath.-theol. Liz.-Thesen v. 27. März 1841

Runkel, Doroth. Henr. v.

– s. Bianconi: Sendschreiben.

– s. Gottsched, L. A. V.: Briefe.

v. Runkel, Frau Doroth. Henr., geb. Rother, († d. 13. Juni 1800.) Moral f. Frauenzimmer, nebst Anleit. d. Gellertschen Vorlesungen. 8. Dresd. 774. 2e A. 784. N. A. 8. Stendal 796. Franzen u. Gr. 12 gl.

Dor. H. v. Runkel: Moral f. Frauenz., nach Anleit. d. moral. Vorless. *Gellert's* u. a. Sittenlehrer, m. Zuss. *Stendal,* Franzen u. Grosse. 785. 8° 12 gl.

— Samml. freundschaftl. Originalbriefe zur Bildung des Geschmacks f. Frauenzimmer. 3 Thle. gr. 8. Dresd. u. Stendal 777—83. 2e Aufl. 790. Franzen u. Gr. 1 ℳ 20 gl. Dass. im Ausz. 8. Ebd. 783. 16 gl.

– s. Voltaire: Zeiten Ludwig XV.

Runkel, Ferdinand

— s.: Böcklin, Arnold, neben meiner Kunst.

Runkel, Ferd., Böcklin-Memoiren, s.: Böcklin, Angela.

Charlotte von Boyen. Schauspiel in 3 Akten von Ferdinand **Runkel** u. Hans v. Wentzel. Berlin: Vita (1906). (114 S.) 8° [F.]
(Bibliothek moderner Dramen.) [06. 4363

— u. Hans v. Wentzel, Charlotte v. Boyen. Schauspiel in 3 Akten. (Bibliothek moderner Dramen.) (114 S.) 8. Ebd. (907). 1.50

Runkel, Ferd., Cüstrin. Roman. Titelgemälde von Jul. v. Klever. (359 S.) 8. Berlin (904). A. Schall. n. 4.—; geb. in Leinw. n. 5.—

Cüstrin. Roman von Ferdinand **Runkel**. Titelgemälde von Prof. Julius v. Klever. Berlin: A. Schall [1905]. (359 S.) 8° [F.]
= **Verein** d. Bücherfreunde. [Jg. 14, 1.] [05. 13035

Gesetz und Dämon. Roman von Ferdinand **Runkel**. 1. u. 2. Taus. Berlin: Vita (1908). 232 S. 8° [09. 6977

— Gesetz u. Dämon. Roman. 3. Aufl. (II, 232 S.) 8. Berlin-Ch. 908. Vita. 2.50; geb. 3.50

Runkel, Ferd., Raphael Goldschmidt u. Anderes. Geschichten aus d. jüd. Leben. 8. (109 S.) Berlin 895. H. Steinitz, Verl. n. 1.—

-- Der Held v. Omaruru, s.: Erzählungen, 1001, f. Jung u. Alt. Nr. 1.

Runkel, Ferd., Prinz Johann. Detektiv-Roman. (Neue Kriminal-Bibliothek.) 8. (184 S.) Berlin (901). H. Steinitz. n. 2.—

— die neunte Kompagnie, s.a. Armee- u. Marine-Bibliothek. I.

Die neunte Kompagnie. Ein Unteroffizier-Roman von Ferdinand **Runkel**. *Berlin: Boll & Pickardt 1901 (1902).* (166 S.) 8° [F.]
= **Armee**- u. **Marine-Bibliothek**. Bd 1. [02. 10000

Runkel, Ferd., Nora. Novelle. 8. (104 S.) Mannheim 890. Bensheimer's Verl. n. 2.—

Säulen des Staats. Roman von Ferdinand **Runkel**. Berlin: Vita (1907). (307 S.) 8° [F.] [08. 3170

— Säulen des Staats. Roman. 2. Aufl. (307 S.) 8. Berlin-Ch. (907). Vita. 3.—; geb. 4.—

Runkel, Ferdinand, aus Hanau a. M.: **Die Schlacht bei Adrianopel.** *Rostock (1903): C. Boldt.* (48 S.) 8°
Berlin, Phil. Diss. v. 28. Febr. 1903

Ueberholt. Roman aus d. Berliner Radfahrerleben. Von Ferdinand **Runkel**. *Berlin: R. Strauss [1897].* (143 S.) 1 Bd 8. [98. 419

— bis zum Wahnsinn. Roman nach dem Französischen d. Quatrelles. 8. (266 S.) Ebd. 890. n. 3.—

Runkel, Ferd., aus schwerer Zeit. Historisches Festspiel. Zur 250jähr. Gedenkfeier der Befreig. Hanau's am 13. Juni 1636. 12. (67 S.) Hanau 886. Lutz. n. 1.—

RUNKEL, FRIEDRICH. Ueber Alpha-Aethylidenvalerolacton. Würzburg, 1882.

Runkel, Heinrich, s. Bremer, Fried.: Ausgewählte Schriften, 7. u. 8. Thl.

– s. Bremer, Fried.: Morgendämmerungen.

– s. Gasparin, Graf A. v.: Die allgem. Interessen des französ. Protestantismus.

– s. Molière: Sämmtl. Werke.

Runkel, Heinr., Quellenbuch zur Kirchengeschichte für den Unterricht an Lehrerbildungsanstalten. 2 Tle. gr. 8. Leipzig, Dürr'sche Buchh. n. 5.40; geb. n. 6.40
I. Für Präparandenanstalten zusammengestellt. (VIII, 202 S.) 904. n. 2.40; geb. n. 2.80
II. Für Lehrerseminare. (X, 281 S.) 905. n. 3.—; geb. n. 3.60

Runkel, Heinr., Quellenbuch zur Kirchengeschichte f. den Unterricht an Lehrer-Bildungsanstalten u. zum Gebrauch f. Religionslehrer. 2 Tle. Ausg. A. gr. 8. Leipzig, [Dürr'sche Buchh.] Berlin, Union, Zweigniederlassg. Geb. in Leinw. 6.80
1. Für Präparandenanstalten. (VIII, 196 S.) 910. Geb. 2.80
2. Für Lehrerseminare. 2. Aufl. (316 S.) 911. Geb. 4.—

— dasselbe an höheren Mädchenschulen u. weiterführenden Bildungsanstalten. 2 Tle. Ausg. B. gr. 8. Ebd. Geb. in Leinw. 5.90
1. Die alte u. mittelalterl. Kirche. (VIII, 184 S.) 910. Geb. 2.70
2. Die Kirche von der Reformation bis zur Gegenwart. (VIII, 216 S.) 910. Geb. 3.20

Runkel, Heinr., Reallenbuch, s.: Lettau, H.

Runkel, Hermann. Zeitschr., s. Hermann.

Runkel, Joh., aus Köln: Über die **Verwertung des Heroins in der Kinderpraxis.** *Bonn 1900: C. Georgi.* (31 S.) 8°
Bonn, Med. Diss. v. [3. März] 1900

Runkel, Karl: Über **Kernsynthesen** mit Hülfe von α-Oxy-β-naphtoësäurechlorid. *Bonn 1902: C. Georgi.* (32 S.) 8°
Bonn, Phil. Diss. v. 13. Dez. 1902

Runkel, M., s. Invaliden-Klub.

Runkel, Martin, s. Cratinus: Fragmenta.

Runkel, (M. M.,) Cratini veteris comici graeci fragmenta Colleg. et illustr. 8 maj. Lipsiae 827, Hartmann.

Runkel, Mart., preußisches Jahrbuch, s. Jahrbuch, preußisches.

Runkel, Dr. Martin. Preussisches Jahrbuch (enthaltend die neuesten statistischen Mittheilungen über Preussen nebst sonstigen geschichtlich statistischen Abhandlungen.) 1. Jahrg. für 1860, 2. Jahrg. 1861. (3 Bde.) 8. Berlin 1860—1861. 1863.

Runkel, Mart., Carl XIV. Johann König v. Schweden u. Norwegen. Eine biograph. Skizze. 8. (5 B.) Elberfeld 841, Büschlersche Vrlsbuchh.

– s. Palairet, E.: Thesaurus.

– s. Pherecratis fragmenta.

Runkel, Wilhelm: Die Entwickelung des Sparkassenwesens im Großherzogtum Hessen. Frankfurt a. M. 1910: Hauser. 109 S. 8°
Gießen, Phil. Diss. v. 25. Juli 1910, Ref. Biermer
[Geb. 12. Mai 85 Partenheim; Wohnort: Gießen; Staatsangeh.: Hessen; Vorbildung: Realgymn. Mainz Reife O. 04; Studium: Gießen 3, München 1, Gießen 2, Straßburg 1, Halle 1 S.; Rig. 5. März 10.] [U 10. 1300

Runkel-Langsdorff, Gustav, Dipl. Ing. in Freiburg i. B.: Die Folgen des Erwerbs eigener Aktien durch die Aktiengesellschaft. Bonn 1906: S. Foppen. (115 S.) 8°
Jena, Jur. Fak., Ref. Rosenthal, Diss. v. 18. Sept. 1906
[Geb. 27. Juli 79 Neustadt a. H. (Rheinpfalz); Wohnort: Neustadt; Staatsangeb.: Baden u. Preußen; Vorbildung: Realgymn. Karlsruhe Reife M. 03; Studium: München 1, Berlin 1, Bonn 2, Freiburg i. B. 2, Heidelberg 2 S.; Rig. 24. Juli 06.]

Runkel-Langsdorff, G., die Folgen des Erwerbs eigener Aktien durch die Aktiengesellschaft. (XII, 111 S.) gr. 8. Leipzig 906. Duncker & Humblot. n. 2. 80

Runkelrüben-Cultur wie sie in den ... Herrschaften Dürnkrut, Ebenthal und Walterskirchen betrieben wird. [Wien 1847.] V: *Zaworzel, Franz.* (EB)

Runkunkel, Fräul., u. Baron Sturmdrang; e. possirl. Gesch. uns. Zeit, v. K. G. Cramer. 8. Leipz. Benj. Fleischer. 800. -

Runkwitz, Johannes (geb. Altenburg in Sachs.-Altenb. 30. 4. 1859): Fünf Fälle von Gehirntumor. Berlin (1883). (30 S.) 8°
Berlin, Med. Diss. v. 27. Jan. 1883

Runkwitz, K., aus dem Alltagsleben, s. Am häuslichen Herd.

Runkwitz, K., Fibel. Begleitwort, neubearb. von R. Jungandreas. 8. (12 S.) Altenburg 901. (O. Bonde.) n. — 10

— Kinderschatz für Schule u. Haus. 3 Stufen. Altenburg 869. Bonde. gr. 8. n. 25 *ngr.*
1. Für Elementarklassen. Mit Zeichnungen (in eingedr. Holzschn.) von Herm. Fötsch. 2. Aufl. (120 S.) n. 4 *ngr.*; geb. n. 6 *ngr.*
2. Für Mittelklassen. Mit 95 Abbildungen (in eingedr. Holzschn.) u. einem Anh. 2. Aufl. (VIII, 252 S.) n. 7 *ngr.*; geb. n. 10 *ngr.*
3. Für Oberklassen. Mit 140 Abbildungen (in eingedr. Holzschn.) u. einem Anh. (X, 582 S. u. Anh. IV, 35 S.) n. 14 *ngr.*; geb. n. 18 *ngr.*

—— Kinderschatz für Schule und Haus. 3 Stufen. Mit Abbildungen. gr. 8. Altenburg 869—73, Bonde. [1. Stufe. 2.—5. Aufl. (120 S.) * 40 Pf.; 2. Stufe. 2.—4. Aufl. (VIII, 252 S.) * 70 Pf.; 3. Stufe. (X, 582 S. und Anhang IV, 35 S.) * M. 1,40.] * 2 50
—— dass. — 3 Stufen. gr. 8. Ebendas. 874. * 3 60
Inhalt:
Stufe 1. Für Elementarklassen. 6. Aufl. (120 S. mit Zeichnungen in eingedr. Holzschn. von Herm. Fötsch.) * 60 Pf.
" 2. Für Mittelklassen. 5. Aufl. (VIII, 252 S. mit 95 eingedr. Abbild. in Holzschn. und 1 Anhang.) * M. 1.
" 3. Für Oberklassen. 2. Aufl. (VIII, 535 S. mit 132 eingedr. Abbild. in Holzschn.) * M. 2.

Runkwitz, K., Kinderschatz f. Schule u. Haus. 1—3. Stufe. gr. 8. Altenburg 874. Bonde. n. 3. 60
1. Für Elementarklassen. Mit Zeichngn. (in eingedr. Holzschn.) v. Herm. Fötsch. 6. Aufl. (120 S.) n. - 60
2. Für Mittelklassen. Mit 95 (eingedr.) Abbildgn. (in Holzschn.) u. e. Anh. 5. Aufl. (VIII, 252 S.) n. 1. —
3. Für Oberklassen. Mit 132 (eingedr.) Abbildgn. (in Holzschn.) 2. Aufl. (VIII, 535 S.) n. 2. —

Runkwitz, K., Kinderschatz für Schule und Haus. 3 Stufen. gr. 8. Altenburg 875—82, Bonde. * M 3,20.; geb. *
Inhalt:
Stufe 1. Für Elementarklassen. 7.—14. verm. und verb. Aufl. (IV, 120 S.) * 60 Pf.; geb. * 80 Pf.
Stufe 2. Für Mittelklassen. 6.—9. verm. und verb. Aufl. (VIII, 280 S. mit 104 eingedr. Holzschn.-Abbild. und einem Anhang.) * M 1.; geb. * M 1,25.
" 3. Für Oberklassen. 3.—8. verm. und verb. Aufl. (VIII, 560 S. mit 195 eingedr. Holzschn.-Abbild.) * M 1,60.; geb. * M 1,90.

—— dass. — 3 Stufen. (Ausg. für Auswärts.) gr. 8. Altenburg 882, Bonde. *
Inhalt:
Stufe 1. Für Elementarklassen. 14. verm. und verb. Aufl. (IV, 88 S. mit eingedr. Holzschn.-Abbild.) * 40 Pf.
" 2. Für Mittelklassen. 9. verm. und verb. Aufl. (VIII, 232 S. mit 104 eingedr. Holzschn.-Abbild.) * 80 Pf.
" 3. Für Oberklassen. 8. verm. und verb. Aufl. (VIII, 536 S. mit 195 eingedr. Holzschn.-Abbild.) * M 1,40.

Runkwitz, K., Kinderschatz für Schule und Haus. 3 Stufen. gr. 8. Altenburg, Bonde's Verlag. geb. * 3 40
Inhalt:
Stufe 1. Für Elementarklassen. 19.—22. Aufl. (IV, 88 S. mit Abbild.) 886—88. * 60 Pf.
" 2. Für Mittelklassen. Mit einem Anhang. 12. und 13. verm. und verb. Aufl. (VIII, 280 S. mit 104 Abbild.) 886. * M 1.20.
" 3. Für Oberklassen. 10. verm. und verb. und 11. Aufl. (VIII, 560 S. mit 195 Abbild.) 886,87. * M 1.60.

Runkwitz, K., Kinderschatz f. Schule u. Haus. 3 Stufen. gr. 8. Altenburg, Bonde's Verl. geb. n. 3. 40
1. Für Elementarklassen. 24. Aufl. (IV, 88 S. m. eingedr. Abbildgn.) 890. n. — 60
2. Für Mittelklassen. Mit 104 Abbildgn. u. e. Anh. 13., verm. Aufl. (VIII, 208 S.) 886. n. 1. 20
3. Für Oberklassen. Mit 195 Abbildgn. 12. Aufl. (VIII, 560 S.) 889. n. 1. 60

— dasselbe. Ausg. B. Für die 6—8 klassige Volksschule. [In 6 Stufen.] 2.—4. Stufe. gr. 8. Ebd. 889. 890. geb. n. 2. 95
2. Mit 19 Abbildgn. (IV, 108 S.) n. — 75
3. Mit 86 Abbildgn. (IV, 175 S. m. 6 Schreibtaf.) n. 1. —
4. Mit 48 Abbildgn. (IV, 236 S.) n. 1. 20

Runkwitz, K. Kinderschatz f. Schule u. Haus. Ausg. A. f. Landschulen in 3 Tln. gr. 8. Altenb., Bonde's Verlag. * 2 60
geb. ** 3 40
1. Tl. 1. Stufe f. Elementarklassen. 29. Aufl. (IV, 88 S. m. Bildern.) 892. * — 40; geb. ** — 60.
2. Tl. 2. Stufe f. Mittelklassen. 16. Aufl. (VIII, 272 S. u. Anh. 6 S. m. 104 Abbildgn.) 892. ** 1 —; geb. ** 1 20.
3. Tl. 3. Stufe für Oberklassen. 13. Aufl. (VIII, 560 S. m. 195 Abbildgn.) 891. * 1 20; geb. ** 1 60.
—— dass. — Ausg. B. f. Stadtschulen. 1.—6. Stufe. gr. 8. Ebd. * 4 75; geb. ** 6 —
1. Stufe. Für Elementarklassen. 29. Aufl. (88 S.) 892. * — 40; geb. * — 60. — 2. Stufe. (108 S.) 889. * — 50; geb. * — 70. — 3. Stufe. (176 S. m. Anh.) 889. * — 80; geb. * 1 —. — 4. Stufe. (236 S.) 890. * 1 —; geb. ** 1 20. — 5. Stufe. (228 S.) 890. * 1 —; geb. * 1 20. — 6. Stufe. (304 S.) 890. * 1 05; geb. ** 1 30.

Runkwitz, K., Kinderschatz f. Schule u. Haus. Ausg. in 3 Tln. gr. 8. Altenburg, O. Bonde's Verl. n. 2. 60; geb. n.n. 3. 35
1. 1. Stufe, f. Elementarklassen. 30. Aufl. (IV, 88 S. m. Bildern.) 894. n. — 40; geb. n.n. — 60
2. 2. Stufe, f. Mittelklassen. 16. Aufl. (VIII, 272 u. Anh. 6 S. m. 104 Abbildgn.) 892. n. 1. —; geb. n.n. 1. 20
3. 3. Stufe, f. Oberklassen. 13. Aufl. (VIII, 560 S. m. 195 Abbildgn.) 891. n. 1. 20; geb. n.n. 1. 55

— dasselbe. Ausg. f. das Fürstent. Reuß j. L. 3 Stufen. gr. 8. Ebd. 893. n. 2. 60; geb. n.n. 3. 30
1. Für Elementarklassen. (IV, 88 S. m. Abbildgn.) n. — 40; geb. n.n. — 55
2. Für Mittelklassen. (VIII, 284 S. m. 100 Abbildgn.) n. 1. —; geb. n.n. 1. 20
3. Für Oberklassen. (VIII, 584 S. m. 199 Abbildgn.) n. 1. 20 geb. n.n. 1. 55

— dasselbe. Ausg. B. Für die 6- bis 8 klass. Volksschule. 5. u. 6. Stufe. gr. 8. Ebd. 890. n. 2. 5; geb. n.n. 2. 50
5. (IV, 228 S. m. 43 Abbildgn.) n. 1. —; geb. n.n. 1. 20
6. (IV, 300 S. m. 74 Abbildgn.) n. 1. 5; geb. n.n. 1. 30

Runkwitz, K., Kinderschatz f. Schule u. Haus. 1.—3. Stufe. gr. 8. Altenburg (O. Bonde). n. 2. 75; geb. n.n. 3. 55
1. Neubearb. v. R. Jungandreas. 1. Stufe. 1 Schulj. 38. Aufl. (87 S. m. z. Tl. farb. Abb.) 901. n. — 55; geb. n.n. — 70
2. Für Mittelklassen. Mit 104 Abbildgn. u. e. Anh. 23. Aufl. (VIII, 272 u. 8 S.) 899. n. 1. —; geb. n.n. 1. 25
3. Für Oberklassen. Mit 195 Abbildgn. 18. Aufl. (VIII, 560 S.) 899. n. 1. 20; geb. n.n. 1. 60; Ausg. f. das Fürstent. Reuß j. L. 3. Aufl. (VIII, 584 S.) 899. n. 1. 20; geb. n.n. 1. 60

— dasselbe. Ausg. A. Für die einfache Volksschule. (In 3 Stufen.) 2. u. 3. Stufe. gr. 8. Ebd. n. 2. 60; geb. n.n. 3. 35; Ausg. f. das Fürstent. Reuß j. L. zu gleichen Preisen.
2. 2.—4. Schulj. 24. Aufl. (XI, 257 S.) 901. n. 1. 10; geb. n.n. 1. 35; Ausg. f. d. Fürstent. Reuß j. L. 4. Aufl. (XI, 255 S.) 901.
3. Neubearb. v. R. Jungandreas. 5.—8. Schulj. 19. Aufl. (XII, 578 S.) 902. n. 1. 50; geb. in Halbldr. n.n. 2. —; Ausg. f. d. Fürstent. Reuß j. L. 5. Aufl. (XII, 616 S.)

— dasselbe. Ausg. B. Für die mehrklass. Volksschule. (In 5 Stufen.) II.—V. Stufe. gr. 8. Ebd. n. 4. 10; geb. n.n. 5. 20; Ausg. f. das Fürstent. Reuß j. L. zu gleichen Preisen.
II. 2. Schulj. 5. Aufl. (VIII, 82 S.) 901. n. — 50; geb. n.n. — 70; Ausg. f. d. Fürstent. Reuß j. L. (VIII, 82 S.) 901.
III. 3. u. 4. Schulj. 3. Aufl. (VIII, 211 S.) 901. n. — 90; geb. n.n. 1. 10; Ausg. f. d. Fürstent. Reuß j. L. 2. Aufl. (VIII, 209 S.)
IV. 5. u. 6. Schulj. 4. Aufl. (VIII, 335 S.) 902. n. 1. 20; geb. n.n. 1. 50; Ausg. f. d. Fürstent. Reuß j. L. (VIII, 348 S.)
V. 7. u. 8. Schulj. 3. Aufl. (VIII, 479 S.) 902. n. 1. 50; geb. n.n. 1. 90; Ausg. f. d. Fürstent. Reuß j. L. (VIII, 500 S.)

Runkwitz, K., Kinderschatz f. Schule u. Haus. Neubearb. v. R. Jungandreas. I. Stufe. 1. Schulj. 44. Aufl. (VII, 87 S. m. z. Tl. farb. Abbildgn.) gr. 8. Altenburg 903. O. Bonde. n.n. — 50; geb. n.n. — 70

— dasselbe. Ausg. A. Für die einfache Volksschule. (In 3 Stufen.) III. Stufe. 5.—8. Schulj. 20. Aufl. (XII, 576 S.) gr. 8. Ebd. 903. n. 1. 50; geb. in Halbldr. n.n. 2. —

— dasselbe. Ausg. f. das Fürstent. Reuß j. L. II. u. III. Stufe. gr. 8. Ebd. n. 2. 60; geb. n.n. 3. 35
II. Für Mittelklassen. 3. Aufl. (XI, 255 S.) 903. 1. 10; geb. 1. 35
III. 5.—8. Schulj. 6. Aufl. (XII, 615 S.) 903. 1. 50; geb. 2. —

— dasselbe. Ausg. B. Für die mehrklass. Volksschule. (In 5 Stufen.) II.—IV. Stufe. gr. 8. Ebd. n. 2. 60; geb. n.n. 3. 35
II. 2. Schulj. 6. Aufl. (VIII, 82 S.) 903. — 50; geb. — 70
III. 3. u. 4. Schulj. 5. Aufl. (VIII, 211 S.) 903. — 90; geb. 1. 15
IV. 5. u. 6. Schulj. 5. Aufl. (VIII, 335 S.) 903. 1. 20; geb. 1. 50

— dasselbe. Ausg. f. das Fürstent. Reuß j. L. II.—IV. Stufe. gr. 8. Ebd. n. 2. 60; geb. n.n. 3. 35
II. 2. Schulj. 5. Aufl. (VIII, 82 S.) 903. — 50; geb. — 70
III. 3. u. 4. Schulj. 2. Aufl. (VIII, 209 S.) 903. — 90; geb. 1. 15
IV. 5. u. 6. Schulj. (VIII, 348 S.) 903. 1. 20; geb. 1. 50

— pädagogische Reden u. Abhandlungen. Nach d. Verf. Tode hrsg. v. R. Jungandreas. Mit dem Bildnis des Verf. u. e. biograph. Skizze. 8. (XXI, 266 S.) Ebd. 895. n. 3. —; geb. in Leinw. n.n. 3. 60

Runne, Ernst: Kohlenstoff-Stickstoff-Bindung in Aminoketonen und Aminoalkoholen. 1910. 63 S. 8⁰ ¶ Vgl. Archiv d. Pharmazie. Bd 249. 1911.
Braunschweig, Dr.-Ing.-Diss. v. 29. 7. 1910

Runne, Hermann: Beiträge zur Erforschung der Angosturaalkaloide. 1911. 37 S. 8⁰ ¶ Auch in: Archiv d. Pharmazie. Bd 249; Ausz. in: Aus d. Pharmazeut. Institut d. Hzgl. Techn. Hochschule Carolo-Wilhelmina. 1910 [Nr 800] u. in: Apotheker-Zeitung. Jg. 25. 1910.
Braunschweig, Dr.-Ing.-Diss. v. 29. 11. 1910

Runnebaum, Adolf

Runnebaum, A., forstliche Reiseeindrücke aus Nord-Amerika u. d. Weltausstellg. in Chicago. [Aus: „Zeitschr. f. Forst- u. Jagdwesen".] gr. 8. (III, 60 S. m. 1 Fig.) Berlin 895. J. Springer. n. 1. 20

Runnebaum, Adf., die Waldeisenbahnen. Mit zahlreichen in den Text gedr. Fig. u. 17 autogr. Taf. gr. 8. (XV, 104 S.) Berlin 886. Springer. n. 4. —

Runnebaum, Adf. Waldvermessung u. Waldeintheilung. Anleitg. f. Studium u. Praxis. gr. 8. (VIII, 198 S. m. 78 eingedr. Fig. u. 7 Taf.) Berl. 890, Springer. * 5 —; geb. * 6 —

Katalog werthvoller und seltener Kupferstiche, Radierungen, Schabkunstblätter und Lithographien von alten und neuen Meistern zumeist aus d. Nachlass des zu Detmold verstorb. Rechtsanw. **Runnenberg**, darunter e. Ridinger-Samml. sowie d. berühmte Joh. Heinr. Ramberg-Samml. Versteig. zu Berlin ... (1901). *Berlin: (Amsler & Ruthardt 1901).* (118 S.) 8°
(Kupferstich-Auktion 62 v. Amsler & Ruthardt.) [01. 2206

RUNNENBERG, August (Bückeburg): De psoitide. (Titel nach der Urkunde)
12.5.1832 - Urk; F 60
Diss. Ingolst.-Landsh.-Mchn.

RÜNNEWOLFF, Friedrich (Speyer): Ueber den Bruchschnitt.- München: Hübschmann 1843. 24 S.
1.4.1841 - Urk; F 65
Diss. Ingolst.-Landsh.-Mchn.

Runschke, Georg [aus Breslau]: Beiträge zur Kenntniss des (4.6) Dichlor (1.3) xylol's. . . . Freiburg i. B., Buchdr. v. Chr. Ströcker, 1889; 57 S. + 1 Bl. 8°
Freiburg i. B., Phil. Fak., Inaug.-Diss. v. 1889

Der Stadtmajor. Liederspiel in 1 Akt f. Solostimmen, Männerchor u. Klavier-Begleitung verf. u. in Musik gesetzt von Georg **Runsky**. Vollst. Text- u. Regiebuch. Leipzig & Zürich: Gebr. Hug & Co. [1900]. (42 S.) 8° [F.] [07. 14113

Runsky, G., die möblierte Witwe. Einaktiges Lebensbild m. Gesang. Musik vom Verf. (24 S.) kl. 8. Flöha (907). A. Peitz & Sohn. 1. —

Runte, Josef, aus Limburg ⟨Lahn⟩: Der primäre **Leberkrebs.** *Würzburg 1901: A. Boegler.* (28 S.) 8°
Würzburg, Med. Diss. v. 1901

Runtemund, Andr. Aug., Kampfesrosen. Gedichte. 8. (44 S.) Leipzig 898. P. Friesenhahn. n. 1. —

Runtemund, A. A., das fremde Kind, s.: Danner's, G., deutsche Jugendbühne.

Runtemund, Andr. Aug., arme Leute. Dorfgeschichten. (99 S.) 8. Berlin SW. 11 (Luckenwalderstr. 15) (904). E. Hahn. n. 2. —; geb. n. 3. —

Runtzler, H., der gewerbemäßige Gemüsebau od. doppelte u. dreifache Ernten u. Erträge des Bodens m. Gemüse-, Kartoffel-, Spargelbau u. Champignonzucht in mitteleurop. Alpen- u. Gebirgsländern. gr. 8. (V, 250 S.) Aarau 893. H. R. Sauerländer & Co. n. 3. 20

— unsere Haus-, Villen- u. Schloß-Gärten od. die Landschaftsgärtnerei als Gesundheitsfactor u. Bodenrentner in Alpen- u. Gebirgs-Ländern. gr. 8. (III, 112 S.) Baden (Schweiz) 893. Ebd. n.n. 1. 25

Runtzler, H., unsere Haus-, Villen- u. Schloß-Gärten od. d. Landschaftsgärtnerei als Gesundheitsfaktor u. Bodenrentner in Alpen- u. Gebirgs-Ländern. gr. 8. (III, 112 S.) Zürich 898. Aarau, Emil Wirz. 1. 20

Runtzler, H. Schweizer Obstbau. Sorten u. Werthe im Vergleich zu andern Ländern, nebst Vorschlägen zur Hebg. der Exportfähigkeit. gr. 8. (III, 111 S.) Aarau 892, Sauerländer u. Comp. * 1 60

Rünz, Wilhelm: Das Feuerland nach seiner Geschichte, seiner Natur und seinen Bewohnern. Ahrweiler 1910: Plachner. 101 S. 8°
Bonn, Phil. Diss. v. 23. Nov. 1910, Ref. Rein
[Geb. 28. Jan. 83 Kettig; Wohnort: Bonn; Staatsangeh.: Preußen; Vorbildung: Gymn. Koblenz Reife O. 05; Studium: Bonn 1, München 2, Paris 1, Bonn 8 S.; Rig. 13. Juli 10.] [U 11. 518

Runze, Carl Christian, s. Runze, Karl Christian

Runze, Friedrich Wilhelm

Runze, F. W. (W. Nicolaus), Ali d. Boy od. wunderbare Schicksale e. Negerknaben in Ostafrika. Nach d. Tagebüchern e. Sergeanten d. Schutztruppe bearb. u. d. deutschen Jugend gewidmet. 8. (III, 159 S. m. 4 Bildern.) Gotha 897. F. A. Perthes. Geb. in Leinw. n. 3.—

Elternabende für Stadt- und Landschulen. Vorträge gesamm. u. zsgest. von F[riedrich] W[ilhelm] **Runze**. H. 1. *Langensalza: F. G. L. Gressler 1900.* 8° [F.] [00. 10917 3

Runze, F. W., Elternabende f. Stadt- u. Landschulen. Vorträge, gesammelt u. zusammengestellt. 1. u. 2. Hft. 8. Langensalza, Schulbuchh. 1. 35
1. (IV, 58 S.) 900. — 60. — 2. (IV, 72 S.) 902. — 75.

Runze, F. W., Elternabende f. Stadt- u. Landschulen. Vorträge, gesammelt u. zusammengestellt. I. Heft. 2. Aufl. (V, 56 S.) 8. Langensalza 909. Schulbuchh. — 60

Runze, F. W. (M. Nicolaus), zur Fahnenweihe. Festprologe, Reden, Ansprachen u. Sprüche bei der feierl. Weihe der Vereinsfahne. 1. u. 2. Bd. 8. Erfurt (904). F. Bartholomäus. à n. 1. —
1. Im Krieger-, Militär-, Schützen-, Beamten-, kaufmännischen- u. Handwerker-Verein. (IV, 78 S.)
2. Im Turner-, Gesang-, Feuerwehr-, im geselligen-, studentischen-, Radfahrer-, Ruderer- u. Segler-Verein. (IV, 76 S.)

— Gedankenschatz des Redners. Eine reiche Sammlg. v. Citaten zur Verwendg. f. die verschiedensten Reden, systematisch zusammengestellt. 2 Bde. (VII, 112 u. VI, 118 S.) 8. Ebd. (908). à 1. 50

Runze, Friedr. Wilh. [Ps. M. Nicolaus]. Vaterländische Gedenktage f. deutsche Schulen. (Lehrerheft.) 8. (IV, 64 S.) Langens. 889, Wendt u. Klauwell. * — 50; Schülerheft (IV, 34 S.) * — 15

— am Grabe. Lebenslauf u. Grabrede als Handreichg. f. junge Lehrer auf dem Lande. 8. (III, 32 S.) Ebd. 899. n. — 35

Runze, F. W. (M. Nicolaus), Gustav Adolf. Zur Jubelfeier seines 300jähr. Geburtstages am 9. Dezbr. 1894. Als Schulfest bearb. gr. 8. (20 S.) Erfurt 894. H. Neumann. n. — 50

— 25 Kinderlieder f. Schule u. Haus, s. a. Schurig, Volkmar.

— 25 Kinderlieder f. Schule u. Haus. In Musik gesetzt v. Volkmar Schurig. 48. Werk. Illustr. v. E. Walther. (Billige Ausg.) gr. 4. (III, 44 S.) Dresden 898. A. Köhler. n. 2. 50;
m. 12 Vollbild. geb. in Leinw. n. 5. —

— stille Nacht, hl. Nacht! Die Weihnachtsfeier unter dem Christbaum in Bildern aus der hl. Geschichte u. m. Prolog u. Ansprachen f. Schule, Haus u. Gemeinde. Dazu e. Anh.: 3 Ansprachen unter dem Christbaum. gr. 8. (IX, 66 S.) Ebd. 899. — 75

— stille Nacht, hl. Nacht! Die Weihnachtsfeier unter dem Christbaum in Bildern aus der hl. Geschichte u. m. Prolog u. Ansprachen f. Schule, Haus u. Gemeinde. Dazu e. Anh.: 3 Ansprachen unter dem Christbaum. 2. Aufl. (IX, 66 S.) 8. Langensalza 906. Schulbuchh. n. — 75

— Der kleine Patriot. Brandenburg—Preußen—Deutschland. Für das Kindesalter v. 8—12 Jahren. 1. Aufl. (IV, 108 S.); 2. Aufl. 8. (112 S. m. 1 Bild.) Langens. 891, Schulbuchh. * — 50

— Reden bei festlichen Gelegenheiten. 1. u. 2. Hft. 8. Ebd. n. 1. 50
1. 1.—3. Aufl. (IV, 96 S.) 891—893. n. — 70. — 2. 1. u. 2. Aufl. (III, 120 S.) 892. 893. n. — 80.

— Reden bei festl. Gelegenheiten. 1.—3. Hft. 8. Langensalza, Schulbuchh. 3. —
1. 4. Aufl. (IV, 96 S.) 898. n. — 70
2. 3. Aufl. (III, 120 S.) 897. n. — 80
3. 2. Aufl. (VIII, 214 S.) 898. 1. 50

— Reden bei festlichen Gelegenheiten. 2. u. 4. Hft. 8. Ebd. n. 2. 60
2. 4. Aufl. (III, 120 S.) 900. n. — 80
4. (VI, 265 S.) 899. n. 1. 80

— Reden bei festlichen Gelegenheiten. I., III. u. IV. Hft. 8. Ebd. n. 4. 65
I. 5. verm. Aufl. (IV, 127 S.) 903. n. — 90
III. 3. verb. Aufl. (VIII, 218 S.) 904. n. 1. 75.
IV. 2. Aufl. (IV, 270 S.) 905. n. 2. —

— Reden bei festlichen Gelegenheiten. II. Heft. 5. Aufl. (III, 120 S.) 8. Ebd. 909. 1. —

Runze, Frdr. W., Schulfeier zu Kaiser Wilhelm's 90. Geburtstage am 22. März 1887. (Ausg. f. Lehrer.) 8. (8 S.) Langensalza 887. Beyer & Söhne. — 10

— Silentium! Trinksprüche u. Reden unt. Anknüpfg. u. Zugrundelegg. bekannter Kommers- u. Volkslieder. Für fröhl. u. ernste Gelegenheiten geschrieben. 8. (220 S.) Erfurt 897. F. Bartholomäus. 1. 50

— Turn- u. Schulfestfeier. Stoffe u. Entwürfe f. Schulfeste u. Schauturnen im Freien. Mit e. Anh., enth. Festreden, Kriegs- u. Turnspiele, Reigen u. Gruppenübgn. ꝛc. 1.—3. Aufl. 8. (III, 152 S.) Ebd. 891—894. n. 1. 20

— Turn- u. Schulfestfeier. Stoffe u. Entwürfe f. Schulfeste u. Schauturnen im Freien. Mit e. Anh., enth. Festreden, Kriegs- u. Turnspiele, Reigen u. Gruppenübgn. ꝛc. 4. Aufl. 8. (III, 152 S.) Ebd. 900. n. 1. 20

— Turn- u. Schulfestfeier. Stoffe u. Entwürfe f. Schulfeste u. Schauturnen im Freien. Mit e. Anh., enth. Festreden, Kriegs- u. Turnspiele, Reigen u. Gruppenübgn. usw. 5. Aufl. (III, 152 S.) 8. Ebd. 910. 1. 50

— Wie kann durch Unterricht in der Volksschule den Irrlehren der Umsturzparteien entgegengewirkt werden? Konfer. Vortrag. gr. 8. (18 S.) Langens. 889, Beyer u. Söhne. * — 20

— mein Freund Wolf. — Wurzelpeter, s. a. Vogler, Phpp., die alte Mühle.

— dasselbe, s. a. Familien-Bücherschatz.

— mein Freund Wolf, s. a. Verein zur Verbreitung guter Schriften, Zürich. Nr. 54.

— mein Freund Wolf. Wurzelpeter. 2 Erzählgn. M. 1 Bild. — Jensen, Wilh., späte Heimkehr. Novelle. M. 3 Illustr. v. Paul Oßwald. gr. 8. (105 S.) Berlin 897. Schriftenvertriebsanstalt. — 50

— Deutschlands große Zeit 1870—71 in lebenden Bildern, s. a. Festspiel-Halle, deutsche, Hft. 26.

Runze, F[riedr.] W[ilh.]: Deutschlands grosse Zeit 1870–71 in lebenden Bildern. M. Prologen, genauer Anleitg u. Quellenang. der zu stellenden Bilder u. Angabe d. event. Musikbegleitg. Orig.-Dichtgn v. –. Erfurt: F. Bartholomäus [1895.] (34 S.) 1 Bd 8°
= Festspiel-Halle, Deutsche. H. 26.

— Zollernruhm u. Preußenehre. Lese- u. Lernbuch f. die deutsche Jugend. gr. 8. (III, 146 S. m. 4 Karten.) Langens. 892, Schulbuchh. 1 20

Runze, Geo., kurzer Abriß der Geschichte der Philosophie, s.: Deter, Chr. Joh.

Runze, G., die Bedeutung der Sprache f. das wissenschaftliche Erkennen, s. a. Vorträge, philosophische.

Die Bedeutung der Sprache für das wissenschaftliche Erkennen. Von Lic. Dr. Georg **Runze.** Halle a. S.: C. E. M. Pfeffer 1886. (S. 257–310.) 8°
= **Vorträge,** Philosophische. N. F. H. 11. [07. 3159

Runze, Geo., Ethik. Encyklopädische Skizzen u. Litteraturangaben zur Sittenlehre. I. Praktische Ethik. gr. 8. (VIII, 275 S.) Berlin 891. C. Duncker. n. 6. —

Für oder wider das 'Gesundbeten'? Von Prof. D. Dr. Geo **Runze**. *Berlin: C. Duncker 1902.* (17 S.) 8° [Umschlagt.] [02. 6260

Runze, G., Schleiermacher's Glaubenslehre in ihrer Abhängigkeit von seiner Philosophie kritisch dargelegt und an einer Speciallehre erläutert. gr. 8. (V, 106 S.) Berlin 877, Berggold. *

Runze, Geo., der ontologische Gottesbeweis. Kritische Darstellung seiner Geschichte seit Anselm bis auf die Gegenwart. gr. 8. (VIII, 176 S.) Halle 881. Pfeffer. n. 3. 60

—— Grundriss der evangelischen Glaubens- und Sittenlehre 1. und 2 Thl. gr. 8. Berlin 883, C. Duncker. *

Inhalt:

Thl. 1. Allgemeine Dogmatik mit Einschluss der Religionsphilosophie. (IV, 244 S.) *ℳ 3.
» 2. Specielle Dogmatik. (IV, 132 S.) *ℳ 2.

Runze, Geo., Katechismus der Dogmatik, s. a. Weber's illustr. Katechismen.

[F.] Katechismus der Dogmatik v. D. Dr. Georg **Runze**, Prof. ... in Berlin. *Leipzig: J. J. Weber 1898.* (XI, 308 S.) 1 Bd 8. [98. 4557 Be

— Katechismus der Religionsphilosophie, s. a. Weber's illustr. Katechismen.

Katechismus der Religionsphilosophie von Prof. D. Dr. Georg **Runze**. *Leipzig: J. J. Weber 1901.* (X, 324 S.) 8° [F.]
= Katechismen, Webers illustrierte. No 230. [01. 10655

[F.] Die akademische Laufbahn und ihre ökonomische Regelung. E. Wort an die Regierg u. an d. Volksvertretg. Von *** [d. i. Prof. Dr. Georg **Runze**] ... *Berlin: F. Dümmler 1895.* (VIII, 184 S.) 1 Bd 8. [96. 9112

Runze, Geo., Calos Leben u. Wirken, s.: Calo, Ferd. Frdr.

— Metaphysik, s. a. Weber's illustrierte Katechismen.

Metaphysik von D. Dr. Georg **Runze**, Prof. zu Berlin. *Leipzig: J. J. Weber 1905.* (X, 424 S.) 8° [F.]
(Webers ill. Katechismen. Bd 249.) [04. 14977

— Friedrich Nietzsche als Theologe u. als Antichrist, s. a. Fragen d. öffentl. Lebens, I, 5.

[F.] Friedrich Nietzsche als Theologe und als Antichrist. Von Prof. Dr. Geo **Runze**. (4. Taus.) *Berlin: Kritik-Verl. 1896.* (SA. a. d. 'Kritik' H. 84 u. 85.) (22 S.) 1 Bd 8.
= Fragen d. öffentlichen Lebens. II. 5. [96. 4300

— Religion u. Geschlechtsliebe. (53 S.) gr. 8. Halle 909. C. Marhold. 1. —
Sonderabdruck aus: „Ztschr. f. Religionspsychol."

— Der Religionsunterricht e. Gewissensfrage. Schule u. Universität, s. a. Morgenröte, die. I, 2.

Der Religionsunterricht eine Gewissensfrage. Schule u. Universität. Von Prof. Dr. D. Georg **Runze**. Osterwieck: Zickfeldt 1908. 59 S. 8°
(Die Morgenröte. Bd 1, H. 2.) [09. 1866 3

Sprache und Religion. Von Lic. Dr. Georg **Runze**. Berlin: R. Gaertner 1889. (XVI, 235 S.) 8°
= **Runze**: Studien z. vergl. Religionswissenschaft. 1. [6. 1038

—— Studien zur vergleichenden Religionswissenschaft. 1. Heft: Sprache u. Religion. gr. 8. (XVI, 235 S.) Berl. 889, Gaertner. * 6 —

— Studien zur vergleichenden Religionswissenschaft. II. gr. 8. Berlin 894. R. Gaertner. n. 5. —
(I u. II.: n. 11. —)
Unsterblichkeit u. Auferstehung. 1. Tl.: Die Psychologie des Unsterblichkeitsglaubens u. der Unsterblichkeitsleugnung. (IX, 224 S.)

— Studien zur vergleich. Religionswissenschaft. III. D. Zeichen d. Menschensohnes u. d. Doppelsinn d. Jonaszeichens. Glossen u. Materialien zur Erklärg. d. Herrensprüche v. „Zeichen". gr. 8. (VIII, 154 S.) Berlin 897. R. Gaertner. n. 4. — (I.—III.: n. 15. —)

Runze, Georg.: Theses theologicae. Berolini (1879). (2 Bl.) 4°
Berlin, Theol. Thes. v. 17. Juni 1879

Das Zeichen des Menschensohnes und der Doppelsinn des Jonâzeichens. (Glossen u. Materialien z. Erklärg d. Herrensprüche vom 'Zeichen'.) Von D. Dr. Georg **Runze**, ao. Prof. ... zu Berlin. *Berlin: R. Gaertner 1897.* (VIII, 153 S.) 1 Bd 8.
= **Runze**, G.: Studien z. vergl. Religionswissensch. H. 3. [96. 9213

— s.: Zeitschrift f. Religionspsychologie.

Runze, Car. Christ. (geb. Stettin 5. 1. 1811): Nonnulla de psoarum abscessuum pathologia adnexis morbi historiis. Berolini (1834). (29 S.) 8°
Berlin, Med. Diss. v. 7. Juli 1834

Greifenhagen: Geschichte der St. Johannes-Loge Franz zum treuen Herzen im Or. Greifenhagen. Zur Feier ihres 50jährigen Bestehens am 6. Mai 1873 von [Karl Christian Leberecht] **Runze**. Ms. f. Brr. Greifenhagen 1873: [Kundler & S.]. XVI S. 8° [Umschlag-tit.]
Nebst Verzeichn. der Beamten, Ehrenmitgl. u. Mitgl.

Katalog der Bibliothek (Martin) **Runze**- (Theophil) Zolling, Berlin. Deutsche Litteratur d. klass. u. romant. Periode in umfassender Vollständigkeit ... (Vorr.: Paul Müller.) *(Leipzig [1904]: W. Drugulin.)* (XII, 154 S.) 8° [04. 16340

Runze, Max, Kant's Bedeutung auf Grund der Entwicklungsgeschichte seiner Philosophie. Fest-Vortrag, zum 100jähr. Gedenktage des Erscheinens der „Kritik der reinen Vernunft" am 28. März 1881 im Saale des Stadt-Parks zu Berlin geh. 8. (40 S.) Berlin 881. C. Duncker. n. 1. —

Runze, Max, schlichte Blätter. 12. (56 S.) Berlin 894. R. Herzberg. Geb. in Leinw. m. Silberschn. n. 1. 60

— Ludwig Giesebrecht u. Carl Loewe. Zur 350jähr. Gedenkfeier des Stettiner Marienstiftsgymnasiums. gr. 8. (34 S.) Berlin 894. C. Duncker. n. — 80

Runze, Max, Goethe u. Loewe. Studie (als Einleitg. zu Bd. XI u. XII v. Carl Loewes Werken, Gesamtausgabe der Balladen, Legenden, Lieder u. Gesänge). Lex.-8. (21 S.) Leipzig 901. Breitkopf & Härtel. n. — 50

Runze, Max, Handbüchlein der evangelischen Religionslehre f. Kirche, Schule u. Haus. (21 S.) gr. 8. Berlin (903). (R. Skrzeczek.) n. — 20

Runze, Max, beim Königs-Regiment 1870/71. Feldzugserinnergn. e. Kriegsfreiwill. vor Metz, vor Paris, im Jura, unt. Bezugnahme auf d. Tagebuch d. Feldwebels Friehmelt v. R. [11. Kompagnie Grenadier-Regiments König Friedrich Wilhelm IV. (1. Pomm.) Nr. 2.]. M. 4 Taf. Abb. u. 2 Kartenskizzen. gr. 8. (XII, 164 S.) Berlin 896. E. S. Mittler & Sohn. n. 1. 80

— die musikalische Legende. Studie. (Zugleich als Einweisg. in Bd. XIII u. XIV [Legenden] v. „Carl Loewes Werken, Gesamtausg. der Balladen, Legenden, Lieder u. Gesänge".) Lex.-8. (14 S.) Ebd. 902. n. — 50

Runze, Max (Hrsg.), s. Loewe, Karl: Hohenzollern-Album. – Werke.

Runze, Max, Carl Loewe. s. Universal-Bibliothek.

Carl Loewe. Von Dr. Maximilian **Runze**. Leipzig: Ph. Reclam jun. [1905]. (120 S.) 8° [F.]
= **Musiker-Biographien**. Bd 24.
(Universal-Bibliothek. 4668.) [05. 6009

Runze, M., Carl Loewe, e. ästhetische Beurtheilung, s.: Sammlung musikalischer Vorträge.

Runze, M., Loewe redivivus. 8. (XXXI, 415 S.) Berlin 888. C. Duncker. n. 3. —

— Hellmuth v. Ziemietzky, königl. preuß. General der Infanterie. Ein Helden- u. Soldatenbild. (V, 36 S. m. 1 Bildnis.) gr. 8. Berlin 904. E. S. Mittler & Sohn. n. — 75

Runze, Parzival: Über einige pharmazeutisch-chemisch wichtige Verbindungen der offizinellen d-Kampfersäure und zur Kenntnis der Eigenschaften der d-Kampfersäure und der übrigen Kampfersäuren. (Neustrelitz 1910: Bohl.) 30 S. 8°
Berlin, Phil. Diss. v. 12. Mai 1910, Ref. Thoms, Beckmann
[Geb. 27. Sept. 87 Berlin; Wohnort: Berlin-Lichterfelde; Staatsangeh.: Preußen; Vorbildung: Falk-RG. Berlin Reife 09; Studium: Berlin 12 S.; Rig. 2. März 10.] [U 10. 1418

Runze, Walt., All Heil! 100 Orig.-Hilfs-Verse zur Abfassg. gereimter Ansichts-Postkarten bei den verschiedensten Gelegenheiten für Radler u. Radlerinnen. 12. (43 S.) Stuttgart 899. Schwabacher. n. — 40

Zur Fahnenweihe. Festprologe, Reden ... bei d. Weihe d. Vereinsfahne von W[alter] **Runze**. Bd 1. 2. *Erfurt: F. Bartholomäus [1904]*. 2 Bde 8° [F.] [04. 11,11 3

Runze, Walt., der Festredner im Gesang-Verein, s. Buch der Reden.

Der Festredner im Gesang-Verein. Hrsg. von Walter **Runze**. *Mühlhausen i. Th.: G. Danner [1902]*. (96 S.) 8° [F.]
— Buch d. Reden. Bd 1. [02. 11326

Gedankenschatz des I Eine reiche Sammlung von Citaten z. Verwendung f. d. ver en Reden, systemat. zsgest. von W[alter] **Runze**. Bd 1. 2. *Erfurt: F. Bartholomäus [1903]*. 2 Bde. 8° [F.] [03. 2946

Runze, Hilfsbuch zur Ausbildung im Rechnen zur Vorbereitung auf die Prüfungen zum Telegraphisten, hrsg. v. E. Remmers, s. Postbücherei, deutsche. 5. Bd.

Hilfsbuch zur Ausbildung im Rechnen zur Vorbereitung auf die Prüfungen zum Telegraphisten, Betriebsbeamten, Leiter des Päckereidienstes, sowie für Gehobene von Dr. phil. [Walter] **Runze**, hrsg. von E[rnst] Remmers. Berlin: Kamossa & Remmers [1907]. (IV, 147 S.) 8° [F.]
= **Postbücherei**, Deutsche. Bd 5. [07. 3944

Runze, Walt., prakt. heimatliches Kräuterbuch nebst alterprobter Pflanzenheilkunde f. jedermann. Ein zuverläss. Führer u. sicherer Ratgeber beim Aufsuchen u. Bestimmen unserer heimatl. Heilkräuter, sowie bei deren Anwendg. zu Heilzwecken. (86 S.) 8. Berlin (906). S. Mode. n. 1. —

Mit Gott, für Kaiser und Reich! Eine reichhalt. Samml. von Reden u. Toasten an patriot. Fest- u. Gedenktagen d. Krieger- u. Militärvereine. Hrsg. von Walter **Runze**. *Mühlhausen i. Th.: G. Danner [1901]*. (136 S.) 8° [F.] [01. 7981

Für Radfahrer-Vereine. In Sport- u. Spielkreisen. Hrsg. von Walter **Runze**. *Mühlhausen i. Th.: G. Danner [1902]*. (100 S.) 8° [F.]
— Buch d. Reden. Bd 13 [02. 11359

— Reden f. Radfahrer-Vereine ꝛc., s.: Buch der Reden.

— der schlagfertige Redner beim „Hoch auf die Damen". Eine reichhalt. Sammlg. neuer u. origineller Damentoaste u. -Reden, in Poesie u. Prosa, ernsten u. heiteren Inhalts, nebst Festliedern zu Ehren der Damen unter Zugrundelegg. bekannter u. beliebter Melodien. 8. (128 S.) Leipzig (900). Erfurt, F. Bartholomäus. — 60

Der schlagfertige Redner beim 'Hoch auf die Damen'. Eine reichhaltige Sammlung neuer u. origineller Damentoaste u. -Reden, in Poesie u. Prosa ... Hrsg. von Walter **Runze**. *Leipzig: Leipz. Roman-Verl. [Erfurt: F. Bartholomäus 1901]*. (128 S.) 8° [F.]
(Kollektion 'Redner'. No 85.) [03. 418

Runzler, G. Ph., Gebetbuch u. Predigt. 8. Salzburg 801. Mayr. 3 gl

Runzler, Ph., s. Cantu, Ces., Carlambrogio da Montevecchia.

Runzler, W., v. d. schädl. Gewohnheit, die Kinder ohne Muttermilch aufzuziehen. 8. Nördling. 821. Beck. 4 gl

Runzler, Wilh., Beiträge zur Geschichte des Proletariates in der Oberpfalz. 8. (VI u. 37 S.) Nördlingen 851, Beck. 6 ngl

RUODLIEB, der älteste Roman des Mittelalters, nebst Epigrammen. Mit Einltg., Anmerkgn. u. Glossar hrsg. von Fr. Seiler. Halle 1882. 8°. (Br. 4,50; Orig.-Lwd. 5,50.) XI u. 329 S. (2 Mk., br., H. Hugendubel, München, 1909; 3 Mk., Origbd., Conr. Skopnik, Berlin, 1909.)

Ruodolf u. Meginhart, die Uebertragung d. hl. Alexander, s.: Geschichtschreiber, die, der deutschen Vorzeit.

Ruoff, A. J. Fr., über die Cholera und deren specifische Behandlung. gr. 8. Leipzig 838. Schumann. 1/2 rf

Ruoff, A. J. Fr., üb. d. Cholera u. deren specif. Behandlung. gr. 8. (5¾ B.) Leipzig 838, [T. O. Weigel.]

Ruoff, A. J. F.: De fermentatione spirituosa lactis bubuli. Tubingae. 1833.

— s. Ramadge, das Asthma.

—— Repertorium f. d. homöopath. Praxis: Alphabet. geord. u. nach nosolog. Principien dargest. 1. Aufl. (15½ B.) 837. * 1¾ Thlr., 2., mit e. Anh. verm. Ausg. 8. (17 B.) Stuttgart 838, Hallbergersche Vrlsh.
Der Anhang (f. d. Besitzer d. 1. Aufl.) 8. (1½ B.) 837. apart. 3 Gr.

Ruoff, Ant., Predigten auf die Sonn- u. Festtage des Kirchenjahres. Neu herdg. von Frdr. Schröder. 1. u. 2. Jahrg. à 2 Bde. Regensburg 868,69. Manz. gr. 8. [1. Jahrg. 1. Bd. (VIII, 492 S.) 1 rf 7½ ngr., 2. Bd. (208 S.) 18 ngr., 2. Jahrg. 1. Bd. (520 S.) 1 rf 7½ ngr., 2. Bd. (212 S.) 18 ngr.] 3 rf 21 ngr.

Ruoff, Ant., Sonn- u. Feyert.-Predigten. 2 Thle. Fol. Augsb. Wolf. 774.

Ruoff, Frederick. Gesch der ersten Dten Vereinigten Ev Prot Gmde zu Pittsb, Pa, anläßlich ihres 100-jhr Jubs ... Pittsburgh, 1882.

Ruoff, Friedrich: Die ländliche Verfassung des Nordostens des Königreichs Württemberg im 18. Jahrhundert. Stuttgart 1910: Kohlhammer. S. 191—255. 4° ¶ (Aus: Württemb. Jahrbücher f. Statistik u. Landesk. Jg. 1909, H. 2.)
Straßburg, Rechts- u. staatswiss. Diss. v. 30 Juli 1909, Ref. Knapp
[Geb. 16. Sept. 83 Obertürkheim; Wohnort: Stuttgart; Staatsangeh.: Württemberg; Vorbildung: Oberrealsch. Kannstatt Reife 03; Studium: Stuttgart Techn. Hochsch. 2, Straßburg 6 S.] [U 10. 4029

Ruoff, Fritz, aus Minden i. W.: **Beitrag zur Lehre vom Tetanus.** *Erlangen 1898: F. Junge.* (27 S.) 8°
Erlangen, Med. Diss. v. 1898

Ruoff, Georg, aus Frankfurt a/M.: Ueber die Ergebnisse einer erschöpfenden Chlorirung aromatischer Substanzen. Zür. Orell Füssli Cie Dr. 1876. 53 S. 8°.
Zürich, Phil. Diss. [v. 25. Juli 1876].

Ruolandes Liet, s. Grimm, Wilh.

Ruolz, de, höchst wichtige Erfindung f. Juweliere rc. Das Vergolden rc. aller Metalle. Nach d. Franz. des Dumas. gr. 12. (2 B.) Aachen 842, [Fagot.] —

de Ruolz, höchst wichtige Erfindung für Juweliere rc. Das Vergolden rc. aller Metalle. Nach d. Französ. des Dumas. gr. 12. Aachen 842, Roschütz'sche Buchh. 5/12 ℔

— neue Verfahrungsarten zum Vergolden, s. Elkington.

—— das Vergolden rc. aller Metalle u. Geräthe, s. Elkington.

Ruoss, Hermann [in Heilbronn]: Die metrischen Beziehungen der Krümmung reciproker Flächen und Kurven sowie der Flächeninhalte der letzteren. ... (Aus: Math.-naturw. Mitt. Bd. IV. H. 1.) Stuttgart, Druck d. J. B. Metzlerschen Buchdr., 1891; 42 S., 1 Taf. 8°
Erlangen, Phil. Fak., Inaug.-Diss. v. 1891

Ruoss, [Hermann]: Geschichte der Realschule Ludwigsburg. Festrede geh. b. d. Feier d. Erhebung d. Realschule z. Oberrealschule am 17. Sept. 1910. Ludwigsburg 1911: Ungeheuer & Ulmer. 15 S. 4°
Ludwigsburg, OR P 1911 (844 a) [S 11. 408

Ruoss, [Hermann], Prof. Dr.: Unsere Nahrung und Ernährung in chemischer und physiologischer Beziehung. Cannstatt 1905: Cannst. Zeitung. (16 S.) 4°
Cannstatt, k. G. P 1905 (702)

Ruotger's Leben des Erzbischofs Bruno v. Köln, siehe a. Geschichtschreiber der deutschen Vorzeit, 14. Lfg.

Ruotger. Ruotgers Leben des Erzbischofs Bruno von Köln. Nach der Ausgabe der Monumenta Germaniae übersetzt von Dr. Julius von Jasmund. 8. Berlin 1851.
Die Geschichtschreiber der deutschen Vorzeit ... X. Jahrhundert Band 3

(Bruno von Cöln † 965.) Ruotger vita Brunonis — In Pertz Monumenta. Tom. VI. Auch besond. abgedruckt: 1841. Hahns in Hannover. 8 ggr. — 36 kr. Aschbach über Bruno rc. Erzbischof von Cöln — Im „Niederrhein. Jahrb. f. Gesch." 1843.

Ruotgeri vita Brunonis Archiep. Colon., s. Scriptores rerum German. in us. scholar.

Ruotte, Jos., cours de correspondance et d'opérations commerciales, s.: Glauser, Charles.

Rupa, M., das zweite Gesicht in d. Karten. E. neue Methode d. Wahrsagens a. d. Karten. gr. 8. (55 S.) Leipzig 896. [M. Spohr.] E. Fiedler. n. 1. 20; Medium-Karten dazu in Futteral n. 1. —

Rupa, M., das zweite Gesicht in den Karten. Eine neue Methode des Wahrsagens aus den Karten, gestützt auf Enthüllgn. des Spiritismus u. Occultismus! 2. Aufl. (55 S. m. 1 Fig.) gr. 8. Leipzig (903). E. Fiedler. n. 1.20

Rupa, M., das zweite Gesicht in den Karten. Eine neue Methode des Wahrsagens aus den Karten, gestützt auf Enthüllgn. des Spiritismus u. Okkultismus! 3. Aufl. (55 S.) 8. Leipzig 909. M. Spohr. 1. 20

Rūpasiddhi. Das sechste Kapitel der, nach drei singhalesischen Pāli-Handschr. herausgegeben von Albert Grünwedel. Berlin 1883.

Rupčić, Geo., die Felsensprengungen unt. Wasser in d. Donaustrecke „Stenka—Eisernes Thor", m. e. Schlussbetrachtg. üb. d. Felsensprenggn. im Rhein zwischen Bingen u. St. Goar. gr. 8. (63 S. m. 16 Abb. u. 6 Taf.) Braunschweig 897. F. Vieweg & Sohn. n. 3. —

Rupé, Georg Nicolaus, Referendar: Die Wechselverjährung. Borna-Leipzig 1910: Noske. VI, 48 S. 8°
Leipzig, Jur. Diss. v. 2. Febr. 1910
[Geb. 10. Juli 84 Warschau; Wohnort: Dresden; Staatsangeh.: Sachsen u. Preußen; Vorbildung: Vitzthumsches Gymn. Dresden Reife O. 03; Studium: Bonn 4, Leipzig 5 S.; Rig. 25. Jan. 08.] [U 10. 2854

Rupe, Hans, Anleitung zum Experimentieren in der Vorlesung üb. organische Chemie. Zum Gebrauche an Universitäten, techn. Hochschulen u. höheren Lehranstalten, sowie zum Selbstunterricht f. Studierende. (X, 130 S. m. 30 Abbildgn.) gr. 8. Braunschweig 909. F. Vieweg & Sohn. 4.50; geb. 5. 40

Rupe, Hans, die Chemie der natürl. Farbstoffe, s. a. Handbuch der chem. Technologie. V. 4.

Rupe, Hans. Die Chemie der Natürlichen Farbstoffe. Von Dr. H' R', ... Basel. 2 Teile. 8. Braunschweig, Friedrich Vieweg & Sohn, 1900—1909.
[Teil 1.] XII + 332 S. 1900. [M. 8. —]
Teil 2. X + 236 S. 1909. [M. 10. —]
(Zugleich als fünften Bandes vierte Gruppe von Bolley-Engler's Handbuch der chemischen Technologie.)

Rupe, Hans [aus Basel]: Ueber die Reductionsproducte der Dichlormuconsäure. ... München, *Druck v. Wilhelm Keller in Giessen*, 1890; 32 S. 8°
München, Phil. Fak., Inaug.-Diss. v. 1890

Rupé, Hans, Rembrandt. Erinnerungen. (22 S.) 11. 8. Dresden 908. A. Urban. — 80

Rupennest, Anton, aus Lathen a. d. Ems: Durchführung und Erfolge der Agrargesetze im Herzogtum Arenberg-Meppen. *Halle a. S. 1902: (J. J. Lauscher in Papenburg).* (IX, 119 S.) 8° [F.]
Halle, Phil. Diss. v. 1902

Rupert, Der h. [Brixen 1821.] V: *Sinnacher, Franz Anton.* (margr)

– s.a. Rupertus

Rupert, Abtes von Duitz, Auslegung der Offenbarung des hl. Apostels Johannes. Aus dem Lateinischen übersetzt. Augsburg, Doll, 1788, gr. 8°, 2 Bde, 392 und 462 S. samt 50 Seiten Vorrede. 2 Fl.
Der ungenannte Übersetzer war der Jesuit Philipp Steinmayer. Recens. Oberdeutsche allgem. Litt.-Ztg. 1789, 2. Hälfte, S. 614—617.

Rupert, (Abt zu Duiz), Auslegung d. Offenbarung Johannis. Aus d. Latein. v. Ph. Steinmayer. 2 Bde. gr. 8. Augsb. 789. Doll. 1 ℔ 8 gr

Rupert, ..., chronolog. Auszüge aus d. Geschichte des H. Otto VIII. Bischofs v. Bamberg, u. des baier. Herzogs Heinrich d. Schwarzen, z. Beleuchtung e. Münzen. Mit 2 Kpf. Münch., G. Franz. 6 gr

Rupert, E. C., christl. Barmherzigkeit (himmelschreiend). Novelle. Neue [Titel-]Ausg. (92 S.) 8. Berlin [908] (910). H. Vermühler. 2. —

Rupert, E. C., der sündige Bischof. (236 S.) 8. Berlin 906. H. Vermühler. 3. —
Im Deutschen Reiche verboten.

— Himmelschreiend. Novelle. (II, 92 S.) 8. Offenburg (908). Berlin, H. Vermühler. 1. —

Rupert, E. C.: Himmelschreiend. N. Ausg. 1910
s. Rupert: Christliche Barmherzigkeit.

— Im Schutze des heiligen Gewandes. Roman. (279 S.) 8. Berlin (909). H. Vermühler. 3. —

Der Stettmeister. Kulturgeschichtl. Novelle von E. C. Rupert. Berlin: Bermühler [um 1910]. 109 S. 8° A 12. 9998

Rupert, Johann (Nürnberg) Altd. Thl. 2/22

De prima Sethitarum ex domini nomine cognominatione exercitatio theologica ... ex Genes. cap. IV. v. 26.
Präs. Johann Michael Langius.
Altdorf (Meyer) 14. I. 1705. 28 S. 29556

Rupert, Johann (Nürnberg) 4°Misc. 180k/24

De prima Sethitarum ex domini nomine cognominatione exercitatio theologica. Ex Genes. cap. IV. v. 26.
Präs. Johann Michael Langius. Ed. alt.
Altdorf (Kohles) 14. I. 1705. 28 S. 29557

Rupert, Johann (Nürnberg) Altd. Phs. 42/19

Disputatio circularis de columna, ad quam Jesus flagellatus fuisse perhibetur.
Präs. Daniel Wilhelm Moller.
Altdorf (Meyer) 14. IV. 1703. 16 S. 29555

Rupert, Johann (Nürnberg) A. S. 1353/46

Dissertatio philologica de Iove polioucho ad illustrandum locum Act. XIV. 13. Präs. Nikolaus Schwebel.
Altdorf (Hessel) 28. VI. 1740. 16 S.

Gew.: Hieronymus Wilhelm Ebner, Adam Rudolph Geuder, Georg Christoph Volkamer, Burchart Sigismund Holzschuer.
W. v.: Präs., Johann Augustin Dietelmair (Opp.), Christoph Bonaventura Herzer (Opp.) David Baier (Opp.). 29558

Rupert, Johann (Nürnberg) Altd. Phs. 47/2

Commentatio historico-philisophica de notionibus innatis. Pars prior.
Präs. Johann Albert Spisius.
Altdorf (Hessel) 29. VI. 1743. 26 S. 29560

Rupert, Johann (Nürnberg) U. S. Altdorf lose theol.

Prolegomena historicae theologiae h. e. de natura et constitutione historicae theologiae exercitatio.
Präs. Johann Balthasar Bernhold.
Altdorf (Meyer) II. 1742. 32 S.

Gew.: Gustav Philipp Moerlin, Joachim Negelin, Johann Jakob Pfizer, Nikolaus Haeker, Johann Herdegen, Konrad Friedrich Feuerlin, Johann Adam Tresenreuter.
W. v.: Präs., Johann David Baier (Opp.), G. F. Negelein (Opp.), Jakob Christoph Wilhelm Holste (Opp.). 29559

Rupert, L., die Juden unter den Christen. Ein Handbuch für Geistliche und Laien, welche sich über das Verhältniß der Juden zu den Christen belehren wollen. Aus dem Französ. mit Noten und Beilagen. Neue (Titel-)Ausg. gr. 8. (VIII, 288 S.) Schaffhausen (864)71, Hurter'sche Buchh. [Regensburg, Manz.] 1 50
Erschien in erster Ausg. u. d. T.: Kirche und Synagoge.

Rupert, L., die Kirche und die Synagoge. Aus dem Französ. Mit Beilagen von Sebast. Brunner. Schaffhausen 864. Hurter. gr. 8. (VIII, 288 S.) 27 ngr.

Rupert, P., die gottesdienstlichen Handlungen während des Kirchenjahres. Aus dem Latein. v. Joh. Nep. Dischinger. gr. 8. (34½ B.) Schaffhausen 846, Hurter'sche Buchh.

Ruperti, die religiösen Bewegungen der Gegenwart. gr. 8. (8 B.) Charlottenburg 846, Bauer.

Ruperti, der alte Hannoversche Corporal in engl. Diensten. Ein plattdeutsch. Gedicht. 8. (6½ B.) Celle 832, Schulze.

Ruperti, A., d. Buch d. Hauswirtschaftskunde,
— Lesebuch f. Hauswirtschaftskunde, s.: Henck, W.

Ruperti, Christian Friedrich

Ruperti, C. F., einige Festpredigten. gr. 8. Hannov. 820. Hahn. 10 gr.

Ruperti, C. F., Predigt nach d. Beendigung der in Göttingen entstand. Bewegungen. gr. 8. (1½ B.) Göttingen 831, Vandenhoeck u. Ruprecht. Thlr.

Ruperti, Chrstn. Friedr., Predigten. A. d. nachgelass. Handschriften d. Verewigten hrsg. v. Wilh. Chrstn. Friedr. Fraatz. 3 Bde. gr. 8. (81⅓ B.) Göttingen 837, 38, Vandenhoeck u. Ruprecht.
3. Bd. a. u. d. T.: Predigten üb. freie Texte. (31 B.) 838. 1 Thlr. 4 Gr.

—— die kirchl. Vorlesungen d. N. Testam. erläutert. A. d. nachgelass. Handschriften d. Verewigten hrsg. v. Wilh. Chrstn. Friedr. Fraatz. gr. 8. 2 Bde. Göttingen 839, Vandenhoeck u. Ruprecht.
Bd. 1. Die vier Evangelien u. die Apostelgeschichte. (32 B.)
- 2. Die Briefe d. Apostel u. d. Offenbarung Johannis. (27 B.)

— einige Vorsichtsmaßregeln f. diejenigen, die in besondern Andachtsvereinen Nahrung für ihre Frömmigkeit suchen. gr. 8. Götting. 827. Vandenhöck u. R. 4 gr.

Ruperti, F. A., Geschichte d. Darstell. d. Glaubenslehren d. Christenthums v. seiner Stiftung bis auf die neuern Zeiten, insbesondere f. Studirende d. Theologie u. z. Vorbereitung auf ihre Prüfung. gr. 8. Berl. 831. Herbig. 1 rh 12 gr.

Ruperti, F. A., Geschichte der Dogmen, od. Darstell. der Glaubenslehren d. Christenthums v. sein. Stiftung bis auf d. neuern Zeiten, insbesond. f. Studierende d. Theologie u. zur Vorbereit. auf ihre Prüfung. gr. 8. (19 B.) Berlin 831, Herbig.

Ruperti, Frdr., und Ad. **Laun**. fremde Dichtungen in deutschem Gewande. Bremen 862. Heyse. 8. (IX, 312 S.) n. 1 rh 15 ngr.

Ruperti, Friedr., Gedichte. gr. 8. (10½ B.) Bremen 844, Schünemann's Verl. —

Ruperti, Friedr., Gedichte. 2., verm. Aufl. 16. (VIII und 342 S.) Bremen 859, Geisler. * 1 Thlr. 15 Ngr.; geb. *

Ruperti, Frdr., erzählende Gedichte. Inhalt: Johannes u. Magdalene. Der Flüchtling. 8. (86 S.) Bremen 850, Geisler. ½ rh

Ruperti, Friedr., einfache Geschichtn. 8. (VII und 326 S.) Bremen 863, Heyse's Verlag. 1 Thlr. 7½ Ngr.; geb. *

Ruperti, F., poetische Kleinigkeiten, s. a. Kleinigkeiten.

Ruperti, Friedr., poetische Kleinigkeiten. Aus verschiedenen Literaturen gesammelt u. übertragen. Bremen 853. Hampe. 16. (127 S.) n. 15 ngr.

—— dunkles Laub. Jugendgedichte. 16. (III und 140 S.) Bremen 851, Geisler.

NACHTE der Kleopatra (von *Friedrich Ruperti*). „Cleopatra tantae pulcritudinis fuit, ut multi noctem illius morte emerint". Aurelius Victor. Bremen 1857. 8°. 40 S. (60 Pfg. Beck, Nördl., 1892; 80 Pfg. Frdr. Klüber, München, 1905.)
In Beck's Cat. 203, no. 917 als „erotisches Gedicht" bezeichnet.
Anon.-Lex. V. p. 217 (nach Grisebach, Weltlitteratur-Kat. Berlin 1898—1900. I, 293).

Nächte der Kleopatra (von *Friedrich Ruperti*, 1805—67). Bremen, Druck und Verlag von Heinrich Strack. 1857. Kl. 8⁰. 40 S. (In München: P. o. germ. 999 f.)
Vorher waren von R. erschienen: „Dunkles Laub", 1831; „Gedichte", Bremen, Schünemann, 1844.

— Reime und Bilder aus dem Rathskeller und der Künstlerhalle in Bremen. Bremen 862. Gesenius. 8. (IV, 106 S.) n. 24 ngr.

— politische Sonette. 1. Heft. gr. 8. (15 S.) Bremen 848, Geisler.

— ein Tag im Gasthofe. Lustspiel in 5 Akten. Bremen 853. Kühtmann u. Co. 16. (127 S.) n. 20 ngr.

Ruperti, G. F. F., Handbuch d. röm. Alterthümer. 2 Thle. (3 Abthn.) gr. 8. Hannover, Hahn'sche Hofbuchh. Thlr.
Thl. 1. 1. Länder d. röm. Reichs. Die Hauptstadt Rom. 2. Das röm. Volk ohne Bezieh. auf d. Staat. (44 B., 1 Plan v. Rom, gr. Fol., u. 2 Grundr.) 841. 3 Thlr. 8 Gr.
- 2. Abthl. 1. Verfassung d. röm. Staats. (23¾ B.) 842. 1 Thlr. 12 Gr.
- 2. Regierung u. Verwaltung d. röm. Staats. (44¼ B.) 843. 3 Thlr. 4 Gr.

Ruperti, Georg Alex.

— Commentar. in C. Taciti Annales, s. a. Tacitus.

— Commentarii in C. Taciti Annales. 8maj. Götting. 805. Dieterich. 2 ℔ Schrbp. 3 ℔ Velinp. 4 ℔ 12 g, Hbg. Pr. 1 ℔ 8 g Schrbp. 2 ℔ Velinp. 3 ℔

— commentarii perpetui in T. Livii historiarum libros eorumque epitomas. II Voll., f. *Livius*.

— Commentarii in D. I. Iuvenalis satyras XVI. s. a. Iuvenal.

— Commentarii in D. J. Juvenalis satiras XVI. 8maj. Götting. 804. Dieterich. 1 ℔ 8 g Schrbp. 2 ℔ Velinp. 3 ℔ Hbg. Pr. Druckp. 22 g Schrbp. 1 ℔ 8 g Velinp. 2 ℔

Ruperti, G. Alex., commentationes philolog. V Pts. ist dessen neues Mag. II. 2d u. folg.

— — et H. Schlichthorst, Commentationes philologicae Vol. I, III, IV et V. (Vol. II fehlt.) 8. 794—797. Jetzt Heyse in Bremen.

— s. Commentationes theolog.

Ruperti, G. A., des heil. Abendmahls ursprüngliche Bedeutsame und würdige Feyer. gr. 8. Ebend. 821.

— Grundriß d. Geschichts-, Erd- u. Alterthumskunde, Literatur u. Kunst d. Römer. 8. Götting. 794. Vandenhöck u. R. 1 ℔ 20 g 2e Ausg. 8. Ebd. 811. 1 ℔ 16 g

— — a. dems. ist bes. abgedr.: tabulae genealog. s. stemmata nobiliss. gentium Roman.

— s. Juvenal. Satirae XVI.

— s. Livii Pat. historiarum.

— u. H. Schlichthorst, neues Magazin f. Schullehrer. 3 Bde. 8. Götting. 792—97. 5 ℔ II. 2s u. folg. A. u. d. T.: Commentationes philologicae. V Ptes. 8. Bremen 794—97. (Heyse). 5 ℔ Fortses., od. Magazin f. Philologen. 3 Bde. 8. Bremen 796—798. (Taubert in Leipz.) (Heinrichshofen in Magdeb.) 2 ℔

Ruperti's und Schlichthorst's Magazin für öffentliche Schulen u. Schullehrer. Brem. 790.91. 2 Bde. 8. 1 rthl. 8 gr.

— theolog. Miscellen. 1r bis 4r Bd. gr. 8. Hamb. 816—20. (Campe). 5 ℔ 16 g

Ruperti, G. A., Progr. quo Silii I, 1-154. var. lectt. et perpet. adnot. illustrantur. Stadae 788. 4.

— s. Salomo, der Prediger.

— erstes Sendschreiben an die Hrn. Superintendenten, Pröbste u. Prediger in d. Herzogth. Bremen u. Verden, worin man ihnen d. neu geschlossenen Verein empfiehlt u. die diesjähr. Synoden u. General-Kirchenvisitationen ankündigt ꝛc. Nebst e. Predigt. 8. Stade 815.

— s. Silii Italici.

— s. Sylloge commentation.

— Symbolae ad interpretationem sacri codicis. II Fasc. 8. Götting. 782 u. 792. Dieterich. 10 g

— tabulae genealogicae s. Stemmata nobiliss. gentium Roman. 8. Götting. 794. Vandenhöck u. R. 20 g

Ruperti, Geo. Alex., s. Tacitus Opera.

Ruperti, Geo. Alex., Theologumena. 2 Bde. 8. Hamb. 824. Campe. 1 ℔ 4 g

Heinrich Julius Ruperti

Magnesiae albae alcalinae Proprietates ac virtutes. Helmstadii (1772:) Schnorr. XXVIII S. 8⁰
Helmstedt, Med. Diss. v. 3. Nov. 1772

Ruperti, Johann Christian (Weimar) A. S. 1261/20

Disputatio inauguralis medica, exhibens abscessum pulmonum. Präs. Johann Philipp Eysel. Erfurt (Grosch) 23. IX. 1713. 24 S.

W. v.: Joachim Corvinus, Christoph Hellwig, Johann Ephraim Osswaldt, Johann Samuel Marckhardt.

29571

Ruperti, Johann Otto

Ruperti, J. O., das Probiren, in so weit es z. Münzwesen gehört. 8. Braunschw. 763. (W. Rauck in Leipz.) 18 g

Ruperti, J. O., das Probiren in so w. es z. Münzwes. geh. 8. Braunschw. Schröder. 763.

— — dasselbe. 8. Leipz. Sommer.

Johann Otto Ruperti

Das Probiren [Probieren] in so weit diese Wissenschaft zu dem Münzwesen nothwendig gehöret, deren Richtigkeit und Verfahren aus wahren und auf der Natur der Sache selbst beruhenden Gründen hergeleitet und bewiesen... von Johann Otto Ruperti. Braunschweig: Schröder 1765. 368 S. 8⁰

Ruperti, Justus

Ruperti, J., zum Abschiede vom alten Gesangbuch. Eine Kritik. 16. (31 S.) Neumünster 888. Buchhandlung d. Schleswig-Holstein. Schriftenvereins. n. — 20

Ruperti, Just., apostolische Bitten. Antritts-Predigt üb. die Epistel d. 16. Sonntages nach Trin. Eph. 3, 13—21, geh. zu Eutin am 1. Octbr. 1876. gr. 8. (26 S.) Eutin 876. Struve. — 40

Ruperti, Justus, Christenlehre nach dem kleinen Katechismus Dr. Martin Luthers, als Leitfaden f. den Konfirmanden-Unterricht. 8. (88 S.) Norden 885. Soltau. n. — 40; geb. n. — 50; geb. u. durchsch. n. — 75

— Christenlehre nach dem kleinen Katechismus Martin Luther's, als Leitfaden f. den Confirmanden-Unterricht. 2. Aufl. 8. (88 S.) Norden 887. Soltau. n. — 40; geb. n. — 50; u. durchsch. n. — 75

Ruperti, Just., Christenlehre nach dem kleinen Katechismus Martin Luthers, als Leitfaden f. den Konfirmanden-Unterricht. 4. Aufl. 8. (88 S.) Norden 893. D. Soltau. n. — 40

(S) **Ruperti, Just.**, Christenlehre. 893. — O Sonnenschein. 893. (KVL 28.) Jetzt: Leipzig, O. Lenz.

Ruperti, Justus, amerikanische Erinnerungen. Vortrag, gehalten in Kiel, Lübeck und Schleswig. 8. (48 S.) Ebendas. 888. — 60

— f. immer bei einander! Abschiedspredigt üb. Matth. 28, 20, am 5. Apr. 1891 bei seinem Uebertritt aus der Superintendentur d. Fürstent. Lübeck in die Generalsuperintendentur f. Holstein in Eutin geh. gr. 8. (15 S.) Eutin 891. W. Struve. n. — 20

—— wider den „neuen Glauben" des Herrn Dr. Schwab in Bremen. Critische Bemerkungen. gr. 8. (23 S.) Bremerhaven 868, v. Vangerow. * — 50

Ruperti, J., „Ich glaube, darum rede ich!" Sieben Predigten. gr. 8. (IV und 115 S.) Bremerhaven 869, v. Vangerow. *
Hieraus einzeln à * 2½ Ngr.: Die Gnadenschätze der Reformation. Predigt am Reformationsfeste über 2. Tim. 3, 14. 15. (16 S.) — Die Herrlichkeit unsres Christenglaubens. Predigt am 6. Sonntage nach Epiphanias über II. Petr. 1. 16—21. (18 S.) — Jesus lebt, mit Ihm auch ich! Predigt am Ostersonntage über Marc. 16, 1—8. (16 S.) — Das Kommen des Herrn zu Seinem Tempel. Predigt am Feste der Darstellung Jesu über Mal. 3, 1—5. (16 S.) — Des Christenlebens Lauf und Kampf. Predigt am Sonntage Septuagesima über 1. Cor. 9, 24 bis 10, 5. (18 S.) — Wie es uns Kindern Gottes um's Herz wird bei dem Adventrufe: „Der Herr ist nahe!" Predigt am 4. Adventsonntage über Philipper 4, 4—7. (17 S.) — Wie haben wir Diener und Haushalter Christi uns auf den Advent unsres Herrn zu rüsten? Predigt am 3. Adventsonntage über 1. Cor. 4, 1—5. (16 S.)

— zu Jesu! Predigt üb. Matth. 11, 28, bei dem 26. Kongreß f. innere Mission zu Nürnberg am 17. Septbr. 1890 geh. gr. 8. (15 S.) Nürnberg 890. Raw. n. — 20

— komm hernieder u. hilf uns! Predigt, am Missionsfeste, den 6. Juli 1886, im Dome zu Braunschweig üb. Apostelgeschichte 16, 9. 10 geh. gr. 8. (16 S.) Braunschweig 886. Wollermann. n. — 20

— vom heiligen Kriege. Predigt am Missionsfeste in Stade den 4. Oktbr. 1870. gr. 8. (21 S.) Stade 870. Schaumburg. n.n. — 25

Ruperti, Justus, Licht u. Schatten aus der Geschichte des alten Bundes. I. Samuel, der Prophet. Hermannsburg 870. (Leipzig, J. Naumann.) 8. (V, 290 S.) n. 20 ngr.

—— Licht und Schatten aus der Geschichte des alten Bundes. I. Samuel, der Prophet. 3. Aufl. 8. (IV, 291 S.) Hermannsburg 886, Missionshausdruckerei. * 1 50
—— dass. — II. Samuel und Saul, Prophet und König. 8. (VII, 198 S.) Norden 885, Soltau. * 1 50

Ruperti, Justus, Luther in seiner religiösen Bedeutung. Vortrag. gr. 8. (24 S.) Hamburg 883, Nolte. *

Ruperti, Justus, „Niemand, denn Jesus allein!" [Matth. 7, 8.] Predigten. gr. 8. (80 S.) Eutin 880. Struve in Comm. — 75

— f.: Predigten, fünf, bei dem 26. Kongreß f. innere Mission geh.

— das heilige Programm aller Mission, s.: Flugschriften f. Innere Mission.

— o Sonnenschein! Predigten üb. freie Texte. 8. (VII, 144 S.) Norden 890. Soltau. n. 1. 20

— o Sonnenschein! Predigten üb. freie Texte. 2. Aufl. 8. (VII, 144 S.) Norden 893. D. Soltau. n. 1. 20

Ruperti, Just., o Sonnenschein! Predigten üb. freie Texte. 3. Aufl. 8. (VII, 144 S.) Norden 894. D. Soltau. n. 1. 20; geb. n. 2. —

—— Wie lieblich sind deine Wohnungen, Herr Zebaoth! Predigt zur Wieder-Eröffnung der restaurirten St. Michaelis-Stadtkirche zu Eutin am 27. Oktbr. 1878 über Psalm 84, gehalten. gr. 8. (18 S.) (Ebendas.) 878.

Ruperti, Osk., Führer f. Wanderruderer. Hrsg. im Auftrage des deutschen Ruder-Verbandes unter Mitwirkg. des deutschen Ruder-Verbandes u. der deutschen Ruder-Vereine. (VIII, 507 S. m. Fig. u. 7 farb. Karten.) 8. Berlin 910. Wassersport-Verlag. Geb. in Leinw. 6. —

Ruperti-Kalender. Jahrbuch für christl. Familien auf das J. 1887. gr. 8. (96 S. mit eingedr. Illustr. und 1 Taf.) Salzburg, Pustet. — 45
—— dass. — auf die J. 1888 und 1889. gr. 8. (104 S. mit Illustr.; 116 S. mit Illustr.) Ebendas. à Jahrg. * — 40

Ruperti-Kalender. Jahrbuch f. christl. Familien auf d. J. 1891 1893. 4. (à Jahrg. ca. 100 S. m. Abbildgn. u. 1 Titelbild.) Salzb., Pustet. Jahrg. 1891 ** — 60; cart. ** — 72
Jahrg. 1892 u. 1893 à ** — 50; cart. ** — 60

Ruperti-Kalender. Jahrbuch f. christl. Familien auf d. J. 1895. 4. (106 S. m. Abbildgn. u. 1 Titelbild.) Salzburg, A. Pustet. n.n. — 50

Ruperti-Kalender. Jahrbuch für christliche Familien auf das Schaltjahr 1896 nach der gnadenreichen Geburt unseres Herrn und Erlösers Jesu Christi. Mit zahlreichen Illustrationen. 4. (148 S.) Salzburg: Pustet 1895.

Ruperti-Kalender. Jahrbuch für christliche Familien auf das gemeine Jahr nach der gnadenreichen Geburt unseres Herrn und Erlösers Jesu Christi 1898. Gr.-8. (114 u. 44 S.) —.30
Salzburg: Pustet 1897.

Ruperti-Kalender. Jahrbuch f. christl. Familien auf d. J. 1899. 4. (110 S. m. Bild. u. Titelbild.) Salzburg, A. Pustet. n.n. — 60

(F) Ruperti-Kalender. Jahrbuch für christliche Familien auf das gemeine Jahr nach der gnadenreichen Geburt unseres Herrn und Erlösers Jesu Christi 1901. Salzburg. Pustet. Gr.-8°. 110, 48 S. K —.50

(F) Ruperti-Kalender. Jahrbuch für christliche Familien auf das gemeine Jahr nach der gnadenreichen Geburt unseres Herrn und Erlösers Jesu Christi. 1902. Salzburg. Pustet. Gr.-8°. 110, 56 S. mit 1 Tafel K —.50

Ruperti-Kalender. Jahrbuch f. christl. Familien auf d. J. 1903. 4. (112 S. m. Abb. u. Titelbild.) Salzburg, A. Pustet. — 45

Ruperti-Kalender. Jahrbuch f. christl. Familien auf d. J. 1906. (112 S. m. Abbildgn. u. Titelbild.) gr. 8. Salzburg, A. Pustet. — 45

(F) Ruperti-Kalender für das Jahr 1909. Gr.-8°. (112, 56 S.) K —.50
Salzburg: Pustet 1908.

(F) Rupertikalender für das Jahr 1910. Gr.-8°. (112, 56 S.) K —.50
Salzburg: Pustet 1909.

Ruperti-Kalender. Jahrbuch f. christl. Familien auf d. J. 1911. (112 S. m. Abb. u. Titelbild.) gr. 8. Salzburg, A. Pustet. —45

Ruperto, C. E., Gewissensnot. Römischer Roman. (III, 248 S.) 8. Straßburg (905). C. Bongard. n. 2.—

Ruperto-Carola. Illustrirte Fest-Chronik der V. Säcularfeier der Universität Heidelberg. Hrsg. im Auftrage der Commission f. die Presse. Red.: Karl Bartsch. Fol. (244 S.) Heidelberg 886. Bangel & Schmitt. n. 8.—; geb. n. 12.—

Rupertsberger, Mathias, Biologie der Käfer Europas. Eine Uebersicht der biolog. Literatur, gegeben in einem alphabet. Personen- u. systemat. Sach-Register, nebst einem Larven-Cataloge. gr. 8. (XII, 295 S.) Linz 880. (Fink.) n. 6. —

RUPERTSBERGER, Math.: Biologie der Käfer Europas. Eine Übersicht der biologischen Literatur, gegeben in einem alphabetischen Personen- und systematischen Sachregister nebst einem Larven-Cataloge. - Linz a.D. 1880. 295 S. - Dass. ab 1880. ebd. 1894. 308 S.

Rupertsberger, Mathias, d. biologische Literatur üb. d. Käfer Europas v. 1880 an. M. Nachträgen aus früh. Zeit u. e. Larven-Cataloge. gr. 8. (VIII, 308 S.) Niederrana b. Mühldorf, N.-Oe. 894. (Berlin, R. Friedländer & Sohn.) n.n. 10. —

Rupertus, Der hl., Bischof von Salzburg und seine Nachfolger in den 3 ersten Jahrhunderten . . . Salzb. 1882. V: *Jung, Amand.* (Hr)

-- s.a. Rupert

Rupertus, wirtembergischer Fürstenspiegel, s. Fürstenspiegel.

Rupertus der Zweite, s. Homoeopathie, über die.

Rupertus d. Zweite, über d. Homöopathie, s. Ueber.

Rupertus, Der Pfaffe (ps.). — Würtembergischer Fürstenspiegel. Eine Reimchronik vom Pfaffen *Rupertus*. Baden, Verlagscomptoir (Scheitlin u. Z. in St. Gallen), 1850.
Weller, fing. Dr.

Rupertus, System der politischen Chemie m. besonderem Hinblick auf Oesterreich. 8. (IV, 32 S.) Leipzig 871. O. Wigand. n. — 50

Rupertus, (R. v. Beyer), gesammelte Schriften. 1—3. Bd. A. u. d. T.: Allerlei Rau. Novellen u. Erzählungen. 3 Thle. 8. (1099 S.) Pesth 848, Heckenast. Leipzig, G. Wigand. n. 4 ℳ

Rupertus a. S. Norberto, O. Carm., die Heiligung des Tages, s.: Kleweg, Anselm.

RUPERTUS A SS. TRINITATE: Der durch den Todes-Pfeil getroffene doch nicht getödtete Adler, das ist als Todt beweint doch annoch lebende Herr Joseph aus dem Hochgräfl. Haus de Illésháza, Erb-Herr des Schlosses, und Herrschaften Trentschin, Banowez, Szárva, Homsabeck u.s.w. so einer Ehren-Rede an dem dritten Tag dessen Leichbesingnuss zu Trentschin den 22. Hornung 1766 erwiesen. Tyrnau 1766. Gedruckt in der Academischen Collegii Buchdruck. 30 S. - 2"

Rupf, Paul, a. Berlin: Die Zauberkomödie vor Shakespeare. (Berlin 1908: W. Büxenstein.) (VIII, 98 S.) 8°
Berlin, Phil. Fak., Ref. Brandl, Diss. v. 12. Aug. 1908
[Geb. 8. Nov. 80 Berlin; Wohnort: Friedenau; Staatsangeh.: Preußen; Vorbildung: Friedrichs-Werdersche Oberrealsch. Berlin Reife O. 00, Nachprüfung f. Realgymn. 3. Nov. 04; Studium: Berlin 13 S.; Rig. 28. Febr. 07.]

Rupfle, Geo., katholische Arbeiterinnenvereine, s. a. Bücherei, soziale.

Rupfle, Georg: Katholische Arbeiterinnen-Vereine. Ein prakt. Handbüchlein f. d. Vereinsarbeit. — München: Buchh. d. Verbandes südd. kath. Arbeitervereine 1910. 112 S. 8° (Soziale Bücherei [16].)

Rupfle, Josef, cand. med. aus Oberreitnau: Gesichtsfeld-Untersuchungen bei Allgemeinerkrankungen. *München 1895: Kastner & Lossen.* (18 S.) 8°
München, Med. Diss. v. 1899

Ruphy Dictionnaire abrégé français-arabe, à l'usage de ceux qui se destinent au commerce du Levant. 4. Paris et Strasbourg, Treuttel et W.

Rupie, die, mit untermischten asiatischen u. europäischen Anekdoten, a. d. Engl. 8. Berlin, Himburg. 788.

Rupie, die, mit untermischten asiat. u. europ. Anekdoten; aus d. Engl. (v. Chr. Hnr. Reichel). 8. Berl. 788. (Reimer). 12 gr.

Rupie, Die; mit eingestreuten asiatischen und europäischen Anekdoten . . . Berlin 1789 [1788]. V: *Reichel, Chn Heinrich.* (Ky) (MGT) (Adel)

RUPIE, Die. Mit eingestreuten Asiatischen und Europäischen Anekdoten, nebst einigen Nachrichten von dem Leben des Verfassers, und dessen Betrachtungen über die Afrikaner. Aus dem Englischen (des *H. Scot* übersetzt von Chr. H. Reichel). Berlin, 1789. Bey Christian Friedrich Himburg. XXIV, 184 S. 8°. (4 Mk. 50 Pfg., schönes Expl., Max Perl's Berliner Octob.-Auct. 1907, no. 736.)

Rupie, die, mit untermischten Anekdoten rc. 8. Berlin, Himburg. 789. (Reimer.) -

Rüping, Heinrich: I. Beiträge zur Kenntnis der Ketomenthylsäure und Menthoximsäure. II. Leitfähigkeit wässerig-alkoholischer Salzlösungen. *Erlangen 1897: F. Junge.* (38 S.) 8°
Erlangen, Phil. Diss. v. 28. Juli 1897

Rüping, Karl [app. Arzt aus Dortmund]: Ein Fall von Hernia retroperitonealis Treitzii eine Ovarialcyste vortäuschend . . . Tübingen, F. Fues, 1894 ([Umschlagt.:] 1895); 19 S., 2 Taf. 8.
Tübingen, Med. Fak., Inaug.-Diss. v. 1895

Rupnick's, C. P., Italienische Grammatik ohne Uebersetzungsaufgaben. Eine ganz neue, leicht faßliche Methode zum Selbstunterricht. (Auch für Schulen.) In 5 Theilen und 1 Anhang. 8. (336 S.) 3.—
Triest: Rupnick 1889.

Rupnow, A., deutsches Sprachbuch, s.: Pretzel, C. L. A.

Rupp's, Dr., Ausschließung, ihr Verhältniß zu dem Wesen des Gustav-Adolf-Vereines und ihre Bedeutung für dessen Zukunft. Ein Beitrag zur Geschichte des Protestantismus der Gegenwart. gr. 8. (VIII und 51 S.) Weilburg 847, Lanz.

Rupp u. Detroit. Beiträge zur Geschichte der neuesten religiösen Bewegung in Königsberg. gr. 8. (3 B.) Leipzig 846, Gebhardt u. Reisland. (Königsberg, Theile.)

Rupp's litterarischer Nachlaß, nebst Nachrichten über sein Leben. Im Auftrage v. Freunden d. Verstorbenen hrsg. v. P. Schultzky. Jahrg. 1889. 12 Hfte. (2 B.) gr. 8. Königsberg i/Pr., Hübner & Matz. n. 8. —

Rupp's litterarischer Nachlaß, nebst Nachrichten üb. sein Leben. Im Auftrage v. Freunden d. Verstorbenen hrsg. v. P. Schultzky. 2. u. 3. Thl. Oktbr. 1890—Septbr. 1892. à 12 Hfte. (2 Bog.) gr. 8. Königsberg i/Pr., Hübner & Matz. à Jahrg. n. 8. —

Rupp A.: Beziehungen zwischen Erhebung und Niederschlag in den Alpen. 13. Znaim R. 00.
Progr.

Rupp A: Eine Schülerreise in die Ennsthaler-Alpen. 16. Wien II. 2. St. R. 05.
Progr.

Rupp, Adolf, appr. Arzt a. Ingolstadt: Zwei Fälle von Bulbusruptur mit subkonjunktiver Linsenluxation und Herausschleuderungen der Linse aus dem Auge. (Mit 1 Taf.) München 1907: C. Wolf & Sohn. (32 S.) 8°
München, Med. Fak., Ref. Eversbusch, Diss. v. 11. Dez. 1907
[Geb. 9. Okt. 81 Ingolstadt; Wohnort: München; Staatsangeh.: Bayern; Vorbildung: Ludwigs-Gymn. München Reife Juli 01; Studium: München 10 S.; Coll. 11. Dez. 07; Approb. 3. Dez. 07.]

Rupp, Carl Ferdinand, s. Rupp, Karl Ferdinand

Rupp, Chr., kurzgefaßte chronologische Zusammenstellung der biblischen Geschichte, nebst e. Anh.: das Geschlechtsregister Jesu Christi, die Verfassung der Bücher der heil. Schrift u. die Reisen des Apostel Paulus enthltd. Augsburg 865. v. Jenisch & Stage'sche Buchh. gr. 8. (40 S.) 9 ngr.

Rupp, Eduardus: De calculis et concrementis tractus intestinalis vertebratorum. Halis (1865): Lipke. 28 S. 8°
Halle-Wittenberg, Med. Diss. v. 5. Aug. 1865
Geb. Eilenburg 5. 12. 1840. V.

Rupp, Erwin, der Beweis im Strafverfahren. Ein Beitrag zur wissenschaftl. Darstellg. d. deutschen Prozeßrechts. gr. 8. (VIII, 288 S.) Freiburg i/Br. 884. Mohr. n. 7.

Rupp, Erwin [aus Kirchheim u. Teck (Württemb.)]: Ueber die perhalogenirten Phtalsäuren und das Hexajodbenzol ... Kirchheim u. T., Druck d. J. Osswald'schen Buchdr., 1897; 56 S. 8.
Heidelberg, Naturw.-math. Fak., Inaug.-Diss. v. [26. Juli] 1897

Rupp, Erwin, modernes Recht u. Verschuldung. Inaugural-Dissertation. gr. 8. (100 S.) Tübingen 880. (Fues.) n. 2. 40

Rupp, Erwin, Soll u. Haben in Deutsch-Südwest-Afrika. (III, 69 S.) gr. 8. Berlin 904. E. Reimer. n. 1. —

Rupp, Erwin, Dr.: Jodometrische Studien. *Stuttgart 1903: A. Bonz' Erben.* (66 S.) 8°
Freiburg i. B., Phil. Hab.-Schr. v. 1903

Rupp, Friedrich [aus Ottenheim (Baden). Assist. an d. chirurg. Klinik zu Strassburg]: Ueber die Resultate der Wundbehandlung mit Creolin in der Chirurgischen Klinik zu Strassburg i. E. ... Strassburg, Elsäss. Druckerei u. Verlagsanst. vorm. G. Fischbach, 1889; 85 + 1 S. 8°
Strassburg, Med. Fak., Inaug.-Diss. v. 1889

Rupp, Fritz: H. A. O. Reichard, sein Leben und seine Werke. Marburg 1908: (Limpert, Frankfurt a. M.). 146 S. 8°
Marburg, Phil. Diss. v. 24. Sept. 1908, Ref. Elster
[Geb. 16. Juli 75 Frankfurt a. M.; Wohnort: Marburg; Staatsangeh.: Preußen; Vorbildung: Gymn. Dillenburg Reife M. 05; Studium: Marburg 3, München 1, Leipzig 1, Marburg 5 S.; Rig. 1. Juli 08.] [U 09. 3209

Rupp, Gust., Anleitung zur Probeentnahme von Nahrungs- u. Genussmitteln sowie Gebrauchsgegenständen zum Zwecke der chem. u. mikroskop. Untersuchg. gr. 8. (40 S.) Karlsruhe 899. F. Gutsch. n. — 60

(Rupp, Gustav.) Jubiläums-Bericht über die Entwicklung des Evang. Kirchengesangvereins St. Gallen. Hrg. aus Anlass der Feier seines Fünfundzwanzigjährigen Bestehens. 51 S. 8. St. Gallen, Zollikofer, 1902.

Rupp, Gust., die Untersuchung v. Nahrungsmitteln, Genussmitteln u. Gebrauchsgegenständen. Praktisches Handbuch f. Chemiker, Medicinalbeamte, Pharmazeuten, Verwaltungs- u. Justizbehörden etc. 8. (XI, 384 S. m. 115 Abbildgn.) Heidelberg 894. C. Winter. Geb. in Leinw. n. 8. —

— die Untersuchnng v. Nahrungsmitteln, Genussmitteln u. Gebrauchsgegenständen. Praktisches Handbuch f. Chemiker, Medizinalbeamte, Pharmazeuten, Verwaltungs- u. Justizbehörden etc. 2., neu bearb. u. verm. Aufl. 8. (XV, 472 S. m. 122 Abbildgn. u. Tab.) Heidelberg 900. C. Winter. Geb. in Leinw. n. 7. —

Rupp, H., s.: Handelshafen, der, der Saarstädte.

Rupp, H. Bernhard, s. Ruppius, Heinrich Bernhard

Rupp, Hans, die Blumenmaler von Jan Breugel de Blour bis auf die Gegenwart. gr. 8. (IV, 47 S. m. Portr.) Brünn 890. Rohrer. n. 1. 50

Rupp Hans: Schnelligkeit der Lokalisation von Tastreizen auf die Hände bei verschiedenen Stellungen derselben.
1904 Diss. Innsbruck, Univ. 1364

Rupp, Hermann [aus Pforzheim (Baden)]: Ueber die Gültigkeit des Ohm'schen Gesetzes für Salzlösungen grösserer Konzentration. Zürich 1898. 70 S. (Mit 4 Tafeln.) 8°.
Zürich. Phil. Diss. II. 8. 1897/98.

Rupp, J., zur Klosterfrage. Ein Vortrag. [Aus der „religiösen Reform".] Königsberg i Pr 869. Hübner & Matz. gr. 8. (8 S.) n.n. 2½ ngr.

—— Histor. Schul - Atlas von 17 col. Karten. Zunächst z. Gebr. bei d. Lehrb. d. Geschichte d. Hrsgrs. Fol. Königsberg 837, Gebr. Bornträger. *

Rupp, J., Uebersicht d. allgem. Geschichte f. d. oberen Klassen d. Gymnasien, mit genealog. Tab. (auf 4 Bog. gr. Fol.) u. 17 histor. (lithogr. u. ill.) Charten. (Fol.) gr. 8. (25½ B.) Königsberg 837, Gebr. Bornträger. *

Rupp, J. A. F. Bemerkungen über Pädagogik in Uebergangsperioden. 16 S.
Progr. Königsberg A. 1838

Rupp, J. F. Emil: Die elsässisch-neudeutsche Orgelreform. Von J. F. Emil Rupp, Musikdir. Leipzig: Klinner; [Bremen: Schweers & Haake] 1910. 37 S. 8°
Aus: 'Orgel'. Centralbl. f. Kirchenmusiker u. Freunde kirchl. Tonkunst. (Kirchenmusikalisches Archiv. H. 8.)

Rupp, J. G., Grundriß ein. Naturphilosophie. gr. 8. (3¼ B.) Zürich 839, Orell, Füßli u. Comp.

—— das Nichtentstandene u. d. Entstandene. gr. 8. (3¼ B.) Zürich 839, Orell, Füßli u. Comp.

Rupp, Jac., Numi Hungariae hactenus cogniti, quos delineatos, ac e monumentis histor.-numariis illustratos exhibet. — Periodus Arpadiana. 4maj. (23 B. u. 11 Stnt.) Budae 841. (Pesthini, Geibel.) *

Rupp, Jac., numi Hungariae hactenus cogniti, quos delineatos, ac e Monumentis historico-numariis illustratos exhibet. Periodus mixta. Tom. II. 4maj. (21¾ B. u. 15 Taf. Abbild.) Budae 846. (Pesth, Geibel.) *
Tom. I. (Ibid.) 1841. * 2 Thlr. 25 Ngr.

Rupp, Joh. Naturwissenschaftliche Exkursionen. Pädagogische Skizze. 24 S. 8. Progr. G. Linz 1878.

Rupp, Joh., zur Geschichte d. 25jähr. Bestehens d. Anstalt, s.: Bericht, 3., üb. d. k. k. Lehrerinnen-Bildungsanst. in Wien.

Rupp, Io., Dissertatio inaug. theologica de infallibilitate Romani Pontificis extra concilium generale. Heidelberg 1763, 4°.

Rupp, Dr. Johann und Lehmann Josef, Deutsches Lesebuch für die Kurse zur Heranbildung von Arbeitslehrerinnen. Wien 1906. K. k. Schulbücherverlag. Geh. K 2.50, geb. K 2.80.

Rupp, Joann., Dissertatio inauguralis theologica de necessitate credendi et credendorum ad verba apostoli Hebr. 11, 6. Heidelberg. Häner. 1758. 4°. 50 S.

Rupp, **Jh.**, († d. 15. Juni 1776.) praelectiones theologicae. VIII Tomi. 8. Heidelb. 764—67.

Rupp, Joann., Diss. inaug. theologica de sacerdotio Christi ad psalm 109, 4 et Hebr. 5, 6 et 7, 14. Heidelberg. Häner. 1757. 4°. 36 S.

Rupp, Johann Bartholomäus

Rupp, J. Barth., Getränk-Getreide-Maaß-Gewicht- und Zinsberechnung, s. Getränk rc.

Rupp, Jh. Barth., s. Unterricht d. Hebammenkunst.

Rupp, Johannes, appr. Arzt a. Bojanowo (Kr. Rawitsch), Unterarzt im 1. Oberelsäss. Feldart.-Reg. Nr. 15: Über Echinokokkus im Beckenbindegewebe. Im Anschluß an einen in d. chirurg. Klinik d. Kgl. Charité von Herrn Geheimrat Prof. Dr. König operierten Fall. Berlin (1905): G. Schade. (29 S.) 8°

Berlin, Med. Fak., Ref. Hildebrand, Diss. v. 1. Mai 1905

[Geb. 24. Dez. 79 Bojanowo, Prov. Posen; Heimatsort: Bojanowo; Staatsangeh.: Preußen; Vorbildung: Gymn. Lissa Reife O. 99; Studium: Berlin, K. Wilh. Akad. 9 S.; Coll. 29. Apr. 05; Approb. 3. Apr. 05.]

[illegible] Aus dem Indischen übertragen von Jos. Rupp. 1857 [illegible]
Progr. Freising

Rupp: Gnomae Indicae selectae latinis versibus redditae. 64 S. – 8°
Freising, Progr. 1866.

Rupp, Jos., Gnomae indicae selectae latinis versibus redditae. Freising 866. Datterer. gr. 8. (63 S.) 8 ngr.

Rupp, Israel Daniel

Rupp, J. Dan., chronologisch geordnete Sammlung v. mehr als 30,000 Namen v. Einwanderern in Pennsylvanien aus Deutschland, der Schweiz, Holland, Frankreich u. a. St. von 1727 bis 1776, m. Angabe der Namen der Schiffe, d. Einschiffungsortes u. d. Datums der Ankunft in Philadelphia, nebst geschichtl. u. anderen Bemerkgn., sowie Nachweisg. v. mehr als 1000 deutschen u. französ. Namen in New-York vor dem J. 1712. 2. verb. u. verm. Aufl., englisch u. deutsch. 8. (X, 495 S. m. 8 Holzschntaf.) Philadelphia 876. (Schäfer & Koradi.) geb. n. 10. —

Rupp, Jul., offener Brief an Dr. Behnsch. gr. 8. (11 S.) Leipzig 847, Steinacker. 1 1/3 ngr.

Rupp, Jul., offener **Brief** an das Consistorium zu Königsberg. Zugleich als Antwort f. die „Stimme aus der Evangel. Gemeine" u. f. den Prof. der Rechte Dr. Heinr. Fr. Jakobson. gr. 8. (2 B.) Leipzig 846, Otto Wigand. *

— Briefe 1831—84. (VIII, 267 S.) gr. 8. Heidelberg 907. Evangel. Verlag. 2.—; geb. 3. —

Rupp, Jul., der christl. **Glaube** ist der Glaube der Mündigen. Predigt. gr. 8. (1 B.) Königsberg 845, Theile. Thlr.

—— daß die Antwort des Hrn. Prof. der R. Jakobson auf die Frage: was muß die bevorstehende Provinzial-Synode thun? keine Antwort ist. gr. 8. (1 B.) Königsberg 844, Theile.

—— **Erbauungsbuch** f. freie evangel. Gemeinen. Eine Sammlung von sonn- u. festtägl. Vorträgen. 3 Thle. gr. 8. Königsberg 846, 47, Gebr. Bornträger. à 1 Thlr. 6 Ngr.

Thl. 1. Neujahr bis Pfingsten. (21 1/4 B.)
" 2. Pfingsten bis Erntefest. (20 3/4 B.)
" 3. Erntefest bis z. Schluß des Jahres. (20 1/2 B.)

Rupp, Jul., von der Freiheit. Ein Zeugniß für das Evangelium, vom Standpunkte des Protestant. Dissidententhums. Vorträge gehalten vor der Dissidenten-Gemeinde in Königsberg. 2 Thle. Königsberg 856. (Leipzig, E. H. Mayer.) gr. 8. (4 Bl., 336; 322 S.) n. 2 ₰.

Rupp, J., üb. Friedensfeste. Ein Vortrag. gr. 8. (16 S.) Königsberg 873. Braun & Weber. n. — 30

Gedenkblätter. Mittheilungen aus ungedruckten Predigten Dr. Julius **Rupp's.** (Hrsg.: P[aul] Schultzky.) (In 30 Num.) Königsberg: P. Schultzky (3–24: Braun & Weber) 18(96–)99. (120 S.) 8° [Kopft. J.]
[05. 6374 10

Rupp, Jul., die Grenzboten, der paritätische Staat und die freien Gemeinden. Königsberg 859. — Gotha, Stollberg in Comm. gr. 8. (37 S.) n. 3 ngr.

— siehe: **Kirche**, die freie evangelische.

— **Königsberg**, der Gustav-Adolph-Verein u. die Evangelische **Kirche**. gr. 8. (72 S.) Altenburg 847, Pierer. n. 1/3 ₰

Rupp, Jul., Gregor's, d. Bischofs v. Nyssa, Leben u. Meinungen. Zusammengest. u. erläut. gr. 8. (17 B.) Leipzig 834, Dyk.

—— **Mustersammlung** der Beredsamkeit u. Aufgabensammlung f. die oberen Klassen der Gymnasien u. höheren Bürgerschulen. 1. Abtheil. für Prima. gr. 8. (19 3/4 B.) Königsberg 842, Bon. —

Rupp, Jul., Predigten. Aus den letzten Jahren seines Lebens. Hrsg. nach stenograph. Aufzeichngn. gr. 8. (XVI, 628 S.) Leipzig 890. O. Wigand. n. 8. —

—— **christliche Predigten.** 1. u. 2. Samml. gr. 8. Königsberg, Theile. [1. (14 B.) 843. 1 Thlr. 5 Ngr., 2. (18 1/4 B.) 45. 1 Thlr. 15 Ngr.]

—— **christliche Predigten** vor der freien evangelischen Gemeinde in Königsberg gehalten. gr. 8. (IV und 278 S.) Königsberg 849, (Theile.) *

— das Sektenwesen und die freie Gemeinde. Königsberg 859. Theile. Lex.-8. (23 S.) 3 3/4 ngr.

— über den christl. **Staat.** Rede am 15. Octbr. 1842 in der Königl. deutschen Gesellschaft gehalten. gr. 8. Königsberg 842, Voigt. 1/4 ₰

Rupp, Jul., der christliche Staat. Neu aufgelegt u. aus seinen hinterlassenen Papieren ergänzt. gr. 8. (62 S.) Leipzig 892. O. Wigand. n. 1. —

Rupp, Jul., Kant's Stellung zur Reform des Christentums. Eine Ergänzg. des v. demselben 1857 geh. Festvortrags üb. „Immanuel Kant". (Königsberg 1857 in Kommission bei Wilh. Koch.) Zu Kant's 100jähr. Todestag. Aufs Neue abgedr. aus der „Religiösen Reform" v. 1873 (23 S.) gr. 8. Königsberg 904. (W. Koch.) n. — 50

—— die **Symbole** oder Gottes Wort? Ein Sendschreiben an die evangel. Kirche Deutschlands. gr. 8. (1 1/2 B.) Leipzig 846, Otto Wigand. *

—— der **Symbolzwang** u. die protestant. Lehr- u. Gewissensfreiheit. gr. 8. (3 1/8 B.) Königsberg 843, Voigt. *

—— das Verfahren des königsberger Consistoriums gegen den Divisionsprediger Dr. J. Rupp. Mit erläut. Anmerk. u. Beilagen. 8. (20½ B.) Wolfenbüttel 846, Holle'sche Buchh. *

(——) was muß die bevorstehende Provinzial-Synode thun? gr. 8. (¾ B.) Königsberg 844, Theile.
Aus: Christliches Volksblatt ꝛc., besond. abgedruckt.

Rupp, Jul., gesammelte Werke in 12 Bdn. Hrsg. v. Paul Chr. Elsenhans. 3. u. 7. Bd. 8. Leipzig, F. Eckardt. à 6.—; geb. à 7. 50
3. Über Klassiker u. Philosophen der Neuzeit. Von Lessing bis Hegel. Aus der zeitgenöss. Philosophie. Aus den Aufzeichngn. e. Denkers. (XV, 796 S.) 910.
7. Von der Freiheit. Ein Zeugnis f. das Evangelium. Gebete. (XVI, 637 S.) 910.
Bd. 1, 2 u. 4—6 sind noch nicht erschienen.

Karl Ferdinand Rupp

Carolus Ferdinandus Rupp: De Herniis, speciatim incarceratis. Berolini (1829:) Typis Bruschckianis. 40 S. 8°

Berlin, Med. Diss. v. 6. Apr. 1829

Rupp, M., in der Mühle. Erzählung. 8. (187 S.) Stuttgart 882. Richter & Kappler. n. 3. —

Rupp, Otto, über die auf Flächen zweiten Grades liegenden gleichseitigen Hyperbeln. Lex.-8. (10 S.) Wien 882, (Gerold's Sohn.) **
Aus: Sitzungsberichte der k. Akademie der Wissenschaften, besonders abgedruckt.

Rupp, Otto, zur synthet. Theorie der Kreis- u. Kugel-Systeme. [Aus: „Sitzungsber. d. k. Akad. d. Wiss."] Lex.-8. (29 S.) Wien 895. (C. Gerold's Sohn.) n. — 40

Rupp, Otto, Zur synthetischen Theorie der Kreis- und Kugelsysteme. Gr.-8. (29 S.) —.20
Wien: Tempsky 1895.

Rupp, Philip, Ph. B., M. D. aus New-York: Zur Kenntnis der aromatischen Aldehyde. *Freiburg i. B.: Speyer & Kaerner 1901.* (35 S.) 8°
Freiburg i. B., Phil. Diss. v. 1901

Rupp, Philipp Ludwig (Giessen)
Disputatio inauguralis medica de arthritide vaga scorbutica. Giessae [30.] Okt. 1704: Joh. Reinh. Vulpius. 28 S. 4°
pro licentia summos in medicina honores ... rite consequendi.

Rupp, R., Über Dampfturbinen, insbesondere in Parsonsscher Ausführung. Berlin, 1905. 22 S. mit 14 Abb.

„Mehr Licht, mehr Licht!" Festvortrag zur Weihe des neuen Hauses der Loge Goethe im Or. Pössneck von R[einhold] Rupp. [Neustadt 1893: Wagner.] 11 S. 8° [Umschlagtit.]
Mahnung, praktisch zu wirken im Sinne der Königlichen Kunst.

Rupp, Theoph., eddische Studien. Wien 869. (Gerold's Sohn.) gr. 8. (III, 63 S.) n. 16 ngr.

— aus der Vorzeit Reutlingens u. seiner Umgegend. Ein Beitrag zur deutschen Alterthumskunde. Mit 4 Taff. in Holzschn. nach Photogr. u. einem (lith.) Panorama der schwäb. Alb. (in qu. gr. Fol.) 2. verm. Aufl. Stuttgart 869. Mäcken. Lex.-8. (V, 112 S.) n. 1 ℛ 10 ngr.

Rupp, Viktoria, geb. Raudnizty, s. Jenny.

– s. Marianne.

– s. Mutter, Die gute.

Rupp, W. E., alphabet. Verzeichniß aller z. Ober-Donaukreis gehör. Städte, Märkte, Dörfer, Weiler u. Einöden mit eigner Zubenennung ꝛc. gr. 4. Augsb. ... v. Jenisch u. Stage. 1 ℛ 20 ℊ

Rupp, Walter, prakt. Arzt: Aus d. Kgl. chirurg. Univ.-Klinik. Dir. Prof. Dr. E. Lexer. Über Aneurysmen der Arteria glutaea superior. Königsberg i. Pr. 1907: O. Kümmel. (56 S.) 8°
Königsberg, Med. Fak., Ref. Lexer, Diss. v. 26. Juni 1907
[Geb. 10. Jan. 82 Königsberg i. Pr.; Wohnort: Königsberg; Staatsangeh.: Preußen; Vorbildung: Städt. Realgymn. Königsberg Reife O. 00; Studium: Königsberg 4, Tübingen 2, München 1, Königsberg 6 S.; Coll. 19. Juni 07; Approb. 1. Apr. 07.]

Rupp, Wilhelm, Gerichtsrefer.: Der Titularepiskopat in der römisch-katholischen Kirche mit besonderer Berücksichtigung der deutschen Weihbischöfe. Berlin 1910: G. Schade. 110 S. 8°
Breslau, Jur. Diss. v. 22. März 1910, Ref. Brie, Fischer
[Geb. 25. März 85 Schmiegel; Wohnort: Friedrichsort; Staatsangeh.: Preußen; Vorbildung: Gymn. Lissa Reife O. 05; Studium: Berlin 1, Greifswald 1, Genf 1, Breslau 3 S.; Rig. 10. Dez. 08.] [U 10. 527

Rupp, Wilh., die Volkssagen v. Wiener-Neustadt in poetischer Form. (31 S.) 8. Wr. Neustadt (906). A. Folk. n. — 60

Rupp, Wilhelm, Prof.: Wechselbeziehungen zwischen Erde und Mond. Reutlingen 1904: E. Hutzler. (45 S.) 4°
Reutlingen, k. G P 1904 (689)

Ruepp, J., de vindicatione rerum mobilium Germanica. 4maj. Paris 824. (Heidelb., Groos). 16 ℊ

Ruepp, Jos., Ernberg im J. 1809 u. zur Zeit der Napoleonischen Kriege, s.: Knittel, Jos.

Ruepp, Paul, med. pract. von Sarmenstorf, Kt. Aargau, gew. I. Assistenzarzt der chirurg. Klinik in Zürich: Aus der chirurgischen Klinik des Prof. Krönlein. Über den Darmkrebs mit Ausschluss des Mastdarmkrebses. Zür. F. Lohbauer Dr. 1895. 119 S. 8°.
Zürich, Med. Diss. v. 21. Oct. 1895.

Ruppanner, A., das Neue Testament unseres Herrn u. Heilandes Jesu Christi. Mit Erklärgn. u. Nutzanwendgn. hrsg. in Verbindung m. mehreren evangel. Geistlichen. Mit Bildern u. Karten. Rev. Luthertext. 22 Hfte. gr. 8. (IV, 1069 S.) Teufen (900—902). (Bonn, J. Schergens.) n. 11. 25

Ruppanner, Ernst. Über einen Autopsiebefund bei Perthesscher Druckstauung. (Mit 1 Abbildung im Text.) Aus dem pathologisch-anatomischen Institut Basel.... Sonderabdruck aus der Frankfurter Zeitschrift für Pathologie.... Band 2. Heft 4.... III S. + S. 606—615. 8. Wiesbaden, J. F. Bergmann, 1909.

Ruppanner, Ernst. Zur Frage der Cystitis emphysematosa. Von ... E' Ruppaner. (Mit 2 Abbildungen auf Tafel XVII.) Aus dem pathologisch-anatomischen Institut Basel.... Sonderabdruck aus der Frankfurter Zeitschrift für Pathologie.... Band 2. Heft 2/3.... II S. + S. 343—355. 8. Wiesbaden, J. F. Bergmann, 1908.

Ruppanner, E(rnst). Über tuberkulöse Strumen. Ein Beitrag zur Kenntnis der Schilddrüsentuberkulose. (Mit 5 Abbildungen auf den Tafeln XXX—XXXII.) Aus dem patholog.-anatomischen Institut ... und der chirurgischen Klinik ... in Basel. Sonderabdruck aus der Frankfurter Zeitschrift für Pathologie.... Band 2. Heft 4.... II S. + S. 513—547. 8. Wiesbaden, J. F. Bergmann, 1909.

Ruppe, Ed., Predigt für das christliche Volk über das Wort des Herrn am Kreuze: „heute wirst du mit mir im Paradiese sein" nach Ev. Lucä 23, 39—43. Jena 862. F. Frommann. gr. 8. (12 S.) n. 2 ngr.

Ruppel, a.: Verzeichnis d. Abiturienten d. kgl. Realgymnasiums zu Wiesbaden.

Ruppel, A., zur Reichslegation des Erzbischofs Albert v. Magdeburg (1222—1224). (34 S.) gr. 8. Rom 910. Loescher & Co. 1. 60
Sonderabdruck aus: „Quellen u. Forschgn. a. italien. Archiven u. Biblioth."

Ruppel, Adolf: Geschwindigkeiten der Einwirkung von Salpetersäure auf Oxalsäure. Gießen 1908: Heppeler & Meyer. 49 S. 8°
Gießen, Phil. Diss. v. 30. Dez. 1908, Ref. Naumann
[Geb. 21. Okt. 85 Butzbach; Wohnort: Butzbach; Staatsangeh.: Hessen; Vorbildung: Realgymn. Gießen Reife O. 04; Studium: Gießen 2, München 1, Gießen 5 S.; Rig. 10. Okt. 08.] [U 09. 1231

Ruppel, Aloys L(eonhard), a. Neuhof-Opperz b. Fulda: Die wiedergefundene Strassburger Chronik des Johann Georg Saladin. Strassburg 1908: Strassburger Druckerei u. Verlagsanstalt. (46 S.) 4°(8°) (Erscheint vollst. in: Bulletin de la Soc. p. la conserv. d. monuments hist. d'Alsace.)
Münster, Phil. Fak., Ref. Meister, Diss. v. 30. April 1908
[Geb. 21. Juni 82 Neuhof-Opperz; Wohnort: Cassel; Staatsangeh.: Preußen; Vorbildung: Gymn. Hanau Reife O. 04; Studium: Würzburg 2, Marburg 1, Berlin 2, Münster 1, Marburg 1, Münster 1 S.; Rig. 20. Jan. 08.]

Ruppel, Friedrich

Ruppel, F., Anlage u. Bau der Krankenhäuser nach hygienisch-techn. Grundsätzen, s. a. Handbuch der Hygiene, Lfg. 26.

Anlage und Bau der Krankenhäuser nach hygienisch-technischen Grundsätzen. Bearb. v. F. Ruppel; Bauinsp. in Hamburg. M. 304 Abb. im Text. *Jena: G. Fischer 1896.* (IV, 284 S.) 8.
= Handbuch d. Hygiene. Bd 5. Abt. 1. [96. 5441

Ruppel, F[riedrich], Baurat: Deutsche und ausländische Krankenanstalten der Neuzeit. [1909.] VIII, 149 S. 4° ¶ Auch bei Leineweber in Leipzig.
Berlin, Dr.-Ing.-Diss. v. 11. 2. 1910

Ruppel, F., deutsche u. ausländ. Krankenanstalten der Neuzeit. Studien u. krit. Betrachtgn. üb. Anlage u. Einrichtg. grösserer, neuzeitl. Krankenhäuser in Deutschland, Österreich (Wien), Belgien (Antwerpen), Holland, England u. Frankreich (Paris). (VIII, 149 S.) Lex. 8. Leipzig 909. F. Leineweber.
Geb. in Leinw. 12. —

Ruppel, F., das neue allgemeine Krankenhaus in Hamburg-Eppendorf, s.: Zimmermann, C. J. Ch.

— Der moderne Krankenhausbau, s.: Lenhartz, H.

Ruppel, F., die Neubauten des allgem. Krankenhauses St. Georg, Hamburg. s.: Deneke.

Ruppel, F., Wettbewerbs-Entwürfe zu Wohnhäusern f. die Mitglieder (Arbeiter, Beamte etc.) des Bauvereins A.-G. zu Hamburg. Hrsg. im Auftrag des Bauvereins u. m. e. Vorwort versehen. (40 z. Tl. farb. Bl. m. 17 S. Text.) 35,5×24,5 cm. Hamburg (908). (Boysen & Maasch.) In Mappe 10. —

Ruppel, G., manuale pratico di navigazione degli oceani. gr. 8. (XV, 490 S. m. eingedr. Abbildgn. u. Steintaf.) Triest 878. Daso. n. 14. —

Ruppel, Geo., die Wahl Papst Gregors VII. Historische Inaugural-Dissertation. gr. 8. (72 S.) Chemnitz 876. (Jena, Deistung.) n. 1. —

Ruppel, Heinrich

Ruppel, H., s. a. Personal-Handbuch der Volksschul-Lehrer u. Lehrerinnen des Reg.-Bez. Düsseldorf.

Personal-Handbuch der Volksschul-Lehrer und -Lehrerinnen des Regierungsbezirks Düsseldorf 1900. Mit Beihilfe d. beteil. Lehrerkreise bearb. von H(einrich) Ruppel, Lehrer in Altenessen. *Düsseldorf: L. Schwann 1900.* (VIII, 250 S.) (8°) [F.] [01. 7981

Ruppel, Johann Friedrich (Frankfurt/M.) A. S. 302/21

Dissertatio inauguralis de querela inofficiosae donationis fratrum. Präs. Georg Ludwig Boehmer. Göttingen (Schulz) VII. 1751. 44 S.

W. v.: Präs. 29577

Ruppel, Johann Martin (Frankfurt/M.) A. S. 30/7

De delictis extra territorium admissis dissertatio inauguralis. Präs. Ge. Ludwig Böhmer. Göttingen (Vandenhoeck) 31. XII. 1748. 46 S.
29578

Ruppel, Johann Peter (Frankfurt/M.) A. S. 17/7

Dissertatio inauguralis iuridica de praescriptione circa decimas ecclesiasticas et seculares. Präs. Justus Henning Böhmer. Halle (Grunert) 5. X. 1720. 54 S. 29579

Ruppel, Johann Peter (Frankfurt/M.) Halle 1739/3

Dissertatio inauguralis iuridica de praescriptione circa decimas ecclesiasticas et seculares. Präs. Justus Henning Böhmer. Halle (Grunert) 1739. 54 S.

Diss. 5. X. 1720. 29580

Ruppel, Julius, Referendar am Amtsgerichte Glauchau: Die Übertragung dinglicher Rechte an beweglichen Sachen bei Besitz eines Dritten nach dem Bürgerlichen Gesetzbuche für das Deutsche Reich. Borna-Leipzig 1904: R. Noske. (IX, 74 S.) 8° [F.]
Leipzig, Jur. Fak., Diss. v. 13. Dez. 1904
[Geb. 12. Apr. 79 Chemnitz; Wohnort: Glauchau; Staatsangeh.: Sachsen; Vorbildung: Fürstensch. St. Afra Meißen Reife O. 98; Studium: Leipzig 3, Berlin 1, Leipzig 3 S.; Rig. 22. Jan. 02.]

Ruppel, Jul., die Uebertragung dinglicher Rechte an beweglichen Sachen bei Besitz e. Dritten nach dem bürgerlichen Gesetzbuche f. das Deutsche Reich. Diss. (IX, 74 S.) 8. Borna 804. (Glauchau, A. Peschke.) n. 2. —

Ruppel, Karl De comitiorum tributorum et conciliorum plebis discrimine. 18 S. **Progr.** Rg. *Wiesbaden* 1881.

Ruppel, Karl W. [aus Spangenberg]: Die Teilnahme der Patrizier an den Tributkomitien . . . . Heidelberg, Univ.-Buchdr. v. J. Hörning, 1887; 47 S. 8°.
Heidelberg, Phil. Fak., Inaug.-Diss. v. 1887.

Ruppel, Karl W., die Teilname der Patrizier an den Tributkomitien. Inaugural-Dissertation. gr. 8. (47 S.) Heidelberg 887. (Wiesbaden, Moritz und Münzel.) * 1 50

Ruppel, Ludwig, approb. Arzt aus Gotha: Über einen Fall von Darmcarcinom nach Unterleibstrauma (sekundärer subphrenischer Absceß, Peritonitis diffusa). *München 1902: C. Wolf & Sohn.* (20 S.) 8°
München, Med. Diss. v. 1902

Ruppel, O., s.: Jahresbericht der meteorolog. Centralstation Carlsruhe.

Ruppel, Richard, aus Gotha: Über den Fettgehalt der Tier- und Menschenniere. *Würzburg 1904: F. Scheiner.* (18 S.) 8°
Würzburg, Med. Diss. v. 1904

Ruppel, Sigwart, vereinfachte Blitzableiter. (106 S. m. 75 Fig.) kl. 8. Berlin 907. J. Springer. 1. —

Ruppel, Wilhelm, a. Fulda: Über die Berufswahl der Abiturienten Preußens in den Jahren 1875—1899. Eine statistische Studie. Fulda 1904: Fuldaer Actiendruckerei. (43 S.) 8°

Göttingen, Phil. Fak., Ref. Lexis, Diss. v. 3. Nov. 1904

[Geb. 19. Aug. 74 Fulda; Wohnort: Fulda; Staatsangeh.: Preußen; Vorbildung: Gymn. Fulda Reife O. 93; Studium: Marburg 1, Leipzig 4, Marburg 3, Göttingen 4 S.: Rig. 29. Apr. 04.]

Ruppel, Wilhelm [aus Breslau in Schlesien]: Ueber das Di-β-naphtylenketonoxyd. . . . Freiburg i. B., Buchdr. v. Chr. Ströcker, 1889: 40 S. + 1 Bl. 8°

Freiburg i. B., Phil. Fak., Inaug.-Diss. v. 1889

Ruppel, Wilh. G., die Proteïne, s.a. Beiträge zur experimentellen Therapie. 4. Hft.

Die Proteïne. Von Dr. Wilhelm G. Ruppel, Marburg. *Marburg: Selbstverl. von E. Behring (N. G. Elwert in Comm.) 1900.* (XI, 267 S.) 8°
= Beiträge z. experimentellen Therapie. H. 4. [00. 9278

— s: Tuberkulose.

Ruppel, Willy: Das deutsche Banknotengesetz von 1906 im Lichte der Geschichte und Theorie des Banknoten- und Papiergeldwesens. Darmstadt 1908. 184 S. 8°. [2. III. 07.]

Bern. Phil. Diss. 1907/08.

Ruppel, Willy. Das Deutsche Banknotengesetz von 1906 im Lichte der Geschichte und Theorie des Banknoten- und Papiergeldwesens. Diss. Phil. Bern. 184 S. 8. Darmstadt, Joh. Conr. Herbert, 1908.

Ruppel, Willy, das Geschäft in Minenwerten an der Londoner Börse. Ein Handbuch f. Wissenschaft u. Praxis. (VII, 180 S.) gr. 8. Jena 909. G. Fischer. 3. —

— Kleine Reichsbanknoten. Das deutsche Banknotengesetz v. 1906 im Lichte d. Geschichte u. Theorie des Banknoten- u. Papiergeldwesens. (186 S.) gr. 8. Leipzig 908. C. L. Hirschfeld. 4. 50

Rüppel, s.a. Rüppell

[F.] Gedichte v. Helene Rüppel. *Berlin: P. Nitschmann 1897.* (VIII, 140 S.) 1 Bd 8. [97. 1119

Rüppel, Helene, Weihnachtsfestspiele u. Weihnachtsgedichte zum Gebrauch f. Schulen u. Sonntagsschulen. 2. Aufl. 12. (40 S.) Cöthen 895. Schriftenniederlage des evangel. Vereinshauses. n. — 50

— Weihnachtsfestspiele u. Weihnachtsgedichte z. Gebrauch f. Schulen u. Sonntagsschulen. 3. Aufl. gr. 16. (40 S.) Dessau 898. Buchh. d. Evang. Vereinshauses. n. — 50

Ⓖ Rüppel, H., Weihnachtsfestspiele. 898. (KVL 30.) Jetzt: Stuttgart, Holland & Josenhans.

Rüppell, Carl Friedrich, s. Rüppell, Karl Friedrich

Rüppell, E., Breitfussschiene od. Stuhlschiene? [Aus: „Centralbl. der Bauverwaltg."] Fol. (8 S. m. Abbildgn.) Berlin 891. Ernst & Sohn. n. 1. —

Rüppell, Eduard

— Abbild. u. Beschreib. e. neuen od. wenig bekannten Versteinerungen aus d. Kalkschieferformation von Solenhofen. Mit 4 Steintaf. gr. 4. Frankf. a. M. 829. (Schmerber). 20 gl

—— Atlas zu der Reise im nördl. Afrika. 1. Abthl. Zoologie. Hrsg. v. d. Senckenberg. naturforsch. Gesellschaft. 20 Hfte. (od. 5 Abthln.) Fol. Mit grösstenth. ill. Stnt. Frankfurt a. M. 826—31, (Schmerber.) à H. 2 Thlr. 8 Gr., zus. gen.
(Abthl. 1.) Beschreibung d. Säugethiere. (23 B. u. 30 Stnt.)
(- 2.) —— d. Vögel. (15 B. u. 36 Stnt.)
(- 3.) —— d. Amphibien. (6 B. u. 6 Stnt.)
(- 4.) —— d. Fische. (37 B. u. 36 Stnt.)
(- 5.) —— d. wirbellosen Thiere. (13 B. u. 12 Stnt.)
Fortsetz., vgl. unt dess. „neue Wirbelthiere."
Das 9—16. Hft. erschien auch unt. folgenden Titln.:
9.: Neue wirbellose Thiere d. rothen Meers. Bearb. v. Ed. Rüppell u. Fr. S. Leuckart. (6 ill. Taf. u. 5½ B. Text.)
10., 12., 13, 15. u. 16.: Fische d. rothen Meers. Bearb. v. Ed. Rüppell. (29 ill. u. 2 schw. Taf. u. 30 B. Text.)
11.: Säugethiere. Bearb. v. Ph. J. Cretzschmar. (4 ill. u. 2 schw. Taf. u. 4 B. Text.)
14.: Vögel. Bearb. v. Cretzschmar. (6 ill. Taf. u. 3 B. Text.)

—— Beschreib. u. Abbild. v. 24 Arten kurzschwänz. Krabben, als Beitr. zur Naturgeschichte d. rothen Meeres. M. 6 Stnt. gr. 4. (3½ B.) Frankfurt a. M. 850, (Schmerber.)

— Beschreib. u. Abbild. v. 24 Arten kurzschwänziger Krabben, als Beitr. z. Naturgeschichte d. rothen Meeres. Mit 16 Steint. gr. 4. Frankf. a. M. 831. (Brönner). 1 ₰ 12 gl

— Beschreib. u. Abbild. mehrerer neuer Fische im Nil entdeckt. Mit 3 Steint. gr. 4. Frankf. a. M. 829. (Schmerber). 16 gl; Fortsetz. ders. Mit 3 Steintaf. gr. 4. Ebd. 832. 16 gl

Rüppell, Ed., Reise in Abyssinien. 2 Bde. gr. 8. Frankfurt a. M. [Leipzig, Kersten.] [1. (28¼ B. u. 5 Taf.) 838.; 2. (28¾ B. u. 5 Taf.) 840. à * 3 Thlr.] *

— Reisen in Nubien, Kordofan u. d. peträischen Arabien, vorzügl. in geograph.-statist. Hinsicht. Mit 8 Kpf. u. 4 Karten. gr. 8. Frankf. a. M. 829. Wilmans. 5 ₰

Rüppell, Ed., Systematische Uebersicht der Vögel Nord- u. Ost-Africa's nebst Abbildung u. Beschreibung von 50 theils unbekannten, theils noch nicht bildlich dargestellten Arten. Fortsetzung der neuen Wirbelthiere, zu der Fauna von Abyssinien gehörig. Lex.-8. (9¼ B. u. 50 col. Kpfrt.) Frankfurt a. M. 845, (Schmerber'sche Buch.) **

Rüppell, Ed., neue Wirbelthiere, zu der Fauna von Abyssinien gehörig; entdeckt und beschrieben. (Fortsetzung von Dr. Ed. Rüppell's zoologischem Atlas zu dess. Reisen im nordl. Afrika.) 1e — 12e Lfrg. gr. Fol. Frankfurt 835 — 38. (Schmerber.) (à n. 3½ ₰) 42 ₰

—— neue Wirbelthiere zu d. Fauna v. Abyssinien gehörig, entdeckt u. beschrieben v. etc. 13 Hfte. (12. u. 13. Doppelhft.) M. ill. u. schw. Stnt. Fol. Franfurt a. M. 835—40, (Schmerber'sche Buchh.) à * 3⅓ Thlr. *
Sect. Säugethiere. (11 B. u. 14 Stnt.)
- Vögel. (29 B. u. 42 Stnt.)
- Amphibien. (5 B. u. 6 Stnt.)
- Fische. (37 B. u. 33 Stnt.)
Streiche das 1—4. Hft. im 8. Bde.

Rüppell, Julius

Die Amtsthätigkeit des Medicinal-Inspectors Dr. [Peter Anton] Schleisner. Ein actenmäfsiger Beitrag zur Kenntniss der Dänischen Beamtenwirthschaft im Herzogthum Schleswig (v. Julius Rüppel und Johannes Bockendahl). Flensburg. 1864. 8°.

Rüppell, Jul., ärztlicher Beitrag zu dem Criminalprocesse des Mörders J. H. Ramcke aus Halstenbeck. gr. 8. (19¾ B.) Schleswig 845, (Bruhn.) *

Rüppell, J., summarischer Bericht üb. die Irrenanstalt bei Schleswig, den Zeitraum v. 1820 bis 1870 umfassend. Mit 14 lith. Taf. (in gr. 4. u. qu. Fol.) gr. 4. (VIII, 72 S.) Hamburg 872. Haendcke & Lehmkuhl. n. 9. —

Rüppell, Karl Friedrich

Rueppell, Car. Frid. (geb. Berlin 6. 2. 1831): De morbo Brightii. Berolini (1854). (32 S.) 8°

Berlin, Med. Diss. v. 24. Juni 1854

Rüppell, Wilhelm

Rüppel, Lehrbuch der Befestigungskunst als Leitfaden zur Vorbereitung für das Offizier-Examen. Mit 102 Holzschn. (im Text) u. 1 lith. Taf. (in Fol.) Berlin 855. Mittler's Sorthdlg. gr. 8. (XIV, 287 S.) 1 ₰. 22½ ngr.

Rüppel, Maj. a. D., Lehrbuch der Befestigungskunst als Leitfaden zur Vorbereitung für das Offizier-Examen. 3. Aufl. (XII, 395 S.) 1871, und 4. Aufl. umgearb. von Maj. Schotte. gr. 8. (VIII, 388 S.) Berlin 874, Bath. * 6 —

Rüppel, Lehrbuch der Befestigungskunst für Offiziere aller Waffen, mit Berücksichtigung derjenigen Veränderungen, welche sowohl die Befestigungs-Anlagen, als auch deren Angriff u. Vertheidigung, in Folge der verbesserten Feuerwaffen, erleiden werden. Mit 102 Holzschn. (im Text) u. 1 lith. Taf. (in Fol.) 2. Aufl. Berlin 862. Mittler's Sorthdlg. (Bath.) gr. 8. (XII, 204 S.) 1 ₰ 22½ ngr.

Rüppell, Vergleich der Grundsätze f. die taktische Verwendung der deutschen u. der französischen Feldartillerie, s.a. Zeitfragen, militärische. 13. Hft.

Vergleich der Grundsätze für die taktische Verwendung der deutschen und französischen Feldartillerie. Von Major [Wilhelm] Rüppell im Feldart.-Rgt No 59. Berlin: A. Bath 1905. (35 S.) 8° [ʒ]
Aus: Jahrbücher f. d. deutsche Armee u. Marine.
= Zeitfragen, Militärische. H 13, [1.] 105 8:00

Ruppen, Peter Joseph. Die Chronik des Thales Saas, für die Thalbewohner, bearb. und hrg. von P' J' R'.. . 8. Sitten 1851

Ruppen, Peter Joseph. Familien-Statistik der löblichen Pfarrei von St. Niklaus. Gesammelt und geordnet von P' J' R' .... 8. Sitten 1861.

Ruppenthal, Karl, a. Ludwigshafen a. Rh.: Ueber zwei stereoisomere Oxime des Dypnons und Benzalacetophenons. Erlangen 1907: E. Th. Jacob. (38 S.) 8°
Erlangen, Phil. Fak., Ref. Fischer-Paal, Diss. v. 20. Febr. 1907
[Geb. 15. Okt. 76 Ludwigshafen; Wohnort: Erlangen; Staatsangeh.: Bayern; Vorbildung: Realgymn. Mannheim Reife (f. Obersek.) 01; Studium: Erlangen 12 S.; Rig. 14 Jan. 07.]

Ruppersberg, *Albert* Über die Eirene des Aristophanes. 4 (32 S.) **Progr.** G u. Vorsch. *Saarbrücken* 1888 (427)

Ruppersberg, A., üb. die Eirene d. Aristophanes. gr. 4. (32 S.) Saarbrücken 888. (Leipzig, Fock.) n. 1. —

Ruppersberg, Alb., Geschichte der ehemaligen Grafsch. Saarbrücken. Nach Frdr. u. Adf. Köllner neubearb. u. erweitert. 1. Tl. Von der ältesten Zeit bis zur Einführg. der Reformation. Lex.-8. (XV, 320 S. m. Abbildgn. u. 1 Lichtdr.-Taf.) Saarbrücken 899. (C. Schmidtke.) n.n. 3. —; geb. n.n. 4. —

Ruppersberg, Alb., Geschichte der ehemaligen Grafsch. Saarbrücken. Nach Frdr. u. Adf. Köllner neubearb. u. erweitert. 2. u. 3. Tl. gr. 8. Saarbrücken (C. Schmidtke.) n.n. 7. —; geb. in Leinw. n.n. 9. -
2. Von der Einführg. der Reformation bis zur Vereinigg. m. Preußen 1574—1815. Mit 23 Abbildgn. im Text u. 2 Karten. (VI, 419 S.) 901. n.n. 3. —; geb. n.n. 4. —
3. Geschichte der Städte Saarbrücken, St. Johann u. Malstatt-Burbach. Mit 2 Ansichten, 4 Plänen u. 38 Abbildgn. im Text. (VII, 322 S.) 903. n.n. 4. —; geb. n.n. 5. —

Ruppersberg, A(lbert): Das Gymnasium zu Saarbrucken. 1604—1904. St. Johann-Saarbrücken 1904: Saardruckerei. 152 S. 8° [Nachträglich geliefert.]
Saarbrücken, G P 1904** [S 08. 389

Ruppersberg, A., Saarbrücker Kriegs-Chronik. Ereignisse in u. bei Saarbrücken u. St. Johann, sow. am Spicherer Berge 1870. Mit vielen Zeichngn. v. Karl Röchling. gr. 8. (268 S.) Saarbrücken 895. Leipzig, P. E. Lindner. Geb. n. 5. —; bill. Ausg. n. 3. —
Erschien auch in 8 Lfgn. à n. — 50.

— Saarbrücker Kriegs-Chronik. Ereignisse in u. bei Saarbrücken u. St. Johann, sowie am Spicherer Berge 1870. Mit vielen Zeichngn. v. Carl Röchling. 2. verm. u. verb. Aufl. (14.—16. Tauf.) gr. 8. (X, 277 S.) Leipzig 902. P. E. Lindner. Geb. 5. —

— Saarbrücker Kriegs-Chronik. Ereignisse in u. bei Saarbrücken u. St. Johann, sowie am Spicherer Berge 1870. Mit 115 Zeichngn. v. Carl Röchling, 35 Portr. u. 2 Karten. 3. Aufl. (17.—20. Tauf.) (X, 286 S.) gr. 8. Leipzig 906. P. E. Lindner. Geb. 5. —

Ruppersberg, Alb., kurzgefaßte Staatslehre f. höhere Lehranstalten u. zum Selbstunterricht. (46 S.) 8. Breslau 910. F. Hirt. — 50

[Ruppersberg, Albert, Prof.:] Verzeichnis der Lehrerbibliothek des Königlichen Ludwigsgymnasiums zu Saarbrücken. 1. Alte und neuere Sprachen. St. Johann-Saarbrücken 1907: Saardruckerei. (80 S.) 8°
Saarbrücken, k. Ludwigs-G OP 1907 (578)

[Ruppersberg, Albert]: Verzeichnis der Lehrerbibliothek des Königlichen Ludwigs-Gymnasiums zu Saarbrücken. 2. Pädagogik, Altertumskunde, Geschichte u. Erdkunde. St. Johann-Saarbrücken 1908: Pecheur. 73 S. 8° ¶ [Forts. d. P-Beil. 1907.]
Saarbrücken, k. Ludwigs-G u. VS P 1908 (605)** [S 08 390

Ruppersberg, A(lbert): Verzeichnis der Lehrerbibliothek des Königlichen Ludwigs-Gymnasiums zu Saarbrücken. 3. Mathematik, Naturwissenschaft, Theologie, Philosophie, technische Lehrfächer u. Zeitschriften. Saarbrücken-St. Johann 1909: Pecheur. 54, III S. 8° * [Forts. d. P-Beil. 1907. 08.]
Saarbrücken, k. Ludwigs-G u. VS P 1909 (626)** [S 09. 391

Ruppersberg, J. A., Heilsordnung d. Christen. 8. Marb. 763. (Hermann in Frankf.) 4 ₰

Ruppersberg, J. A., Heilsordnung d. Christen. 8. Marb. Keßler. 763.

Ruppersberg, Otto, aus Marburg: **Die hessische Landsteuer bis zum Jahre 1567.** *Bonn 1904: C. Georgi.* **(VI, 99 S.) 8°**
Tübingen, Phil. Diss. v. 1904

Ruppert, üb. d. Frage: Ob nach gescheh. Ehescheid. durch protestant. Consistor. d. kathol. Theile könne erlaubt w., zu einer andern Ehe überzugehen. 8. Frankfurt, Hermann. 804.

Ruppert: **Ueber die Frage: ob nach geschehener Ehescheidung durch protestantische Consistorien dem kathol. Theile könne erlaubt werden, zu einer andern Ehe überzugehn. 8.** *Frankfurt*, **804.** Kettembeil. **(8 Gr.)**

Ruppert, Adolf von, approb. Arzt: **Die croupöse Pneumonie** auf der I. medizin. Klinik und Abteilung **des Herrn** Geheimrats von Ziemssen **in den Jahren** 1890—1900 (incl.). *München 1901: C. Wolf & Sohn.* (20 S.) 8°
München, Med. Diss. v. 1901

Ruppert, August [aus Geisenheim '(Rheingau.)']: **Zur Kenntnis der Sulfaminsäuren und Sulfnitrosaminsäuren der aromatischen Reihe ... Erlangen, k. b. Hofbuchdr. v. A. Vollrath, 1896; 46 S., 1 Bl. 8. .**
Erlangen, Phil. Fak., Inaug.-Diss. v. 28. Okt. 1896

Ruppert, Bruno, Tierarzt aus Zehlendorf bei Berlin: Ueber kongenitale histologische Leberanomalien. (Aus dem veterinär-pathologischen Institut der Universität Bern.) Berlin 1909. 40 S. und drei Tafeln. 8°. S. A. aus dem Archiv für wissenschaftliche und praktische Tierheilkunde. Bd. 35. 1909. [22. II. 07.]
Bern, Vet-med. Diss. 1908/09.

Ruppert, Bruno. Ueber kongenitale histologische Leberanomalien. Aus dem veterinär-pathologischen Institut der Universität Bern. Diss. Vet.-Med. Bern. Mit 3 Tafeln. (Sonderabdruck aus dem Archiv für wissensch. u. prakt. Tierheilkunde. 1909. Bd. 35.) 40 S. 8. Berlin, L. Schumacher, 1909.

Ruppert, Carl v., s. Ruppert, Karl v.

Ruppert, E. C., Verf. von: Christliche Barmherzigkeit. 1910
s. Rupert. A 12 1970

Ruppert, Eduard, aus München: Über **Orthoform und Orthoform neu.** *München 1902: V. Höfling.* (66 S.) 8°
München, Phil. Diss. v. 1902

Ruppert, Franz Caspar, approb. Arzt aus München: **Beitrag zu dem 'sogenannten Endothelkrebs' der serösen Häute.** *Wilhelmshaven 1899: Th. Süss.* (27 S.) 8°
München, Med. Diss. v. 1899

Ruppert, Frdr., Aufgaben u. Fortschritte des deutsch. Werkzeugmaschinenbaues. (XI. 344 S. m. 398 Fig.) 8. Berlin 907. J. Springer. Geb. in Leinw. 6. —

Ruppert, Friedrich. Ueber einige Derivate der Ortho- und Metakresotinsäure. (Basel) Wiesbaden, 1890.

Ruppert, Fritz, prakt. Arzt in Reithofen, Bez.-A. Erding: **Ueber einen Fall von Aneurysma der Aorta abdominalis.** *München 1900: Kastner & Lossen.* (46 S.) 8°
München, Med. Diss. v. 1900

Ruppert, Heinr., Gramática elemental de la lengua alemana, s.: Otto, Emil.

Ruppert, Enrique, gramática de la langue alemana método teórico práctico para uso de los Españoles. (Método Gaspey-Otto-Sauer.) 3. ed. (IX, 485 S. m. 2 Schrifttaf. u. 2 Karten.) 8. Heidelberg 909. J. Groos. Geb. in Leinw. 4.—; clave. (94 S.) Kart. 1. 60

Ruppert, Enrique, **nueva gramática alemana, método teórico-prácico, arreglada para uso de los Españoles.** gr. 8. (VIII, 443 S. m. 1 Schrifttaf.) Heidelberg 891. J. Groos. Geb. in Leinw. n. 5. —;
Clave (98 S.) kart. n. 1. 60

— Nueva gramática alemana. Método teórico-práctico para uso de los españoles. (Método Gaspey-Otto-Sauer.) 2. ed. gr. 8. (VIII, 459 S. m. 2 Schrifttaf., 1 Karte u. 1 Plan.) Heidelberg 902. J. Groos. Geb. in Leinw. n. 4. —; clave. (111 S.) Kart. n. 1. 60

— spanische Konversations-Grammatik, s.: Sauer, Carl Marquard.

Ruppert, Heinr., d. Organisation d. höheren Unterrichts in Spanien. [Aus: „Baumeister's Handb. d. Erziehungs- u. Unterrichtslehre f. höhere Schulen".] gr. 8. (20 S.) München 897. C. H. Beck. n. — 60

Ruppert, Heinr., spanischer Sprachführer. Konversations-Wörterbuch für Reise und Haus. 16. (VI, 526 S.) Leipzig 887, Bibliograph. Institut. geb. * 3 —

Ruppert, Herm., zur Anwendung der Pestalozzi'schen Methode im mathematischen Unterricht. gr. 8. (47 S.) Langensalza 879, Beyer und Söhne. *

Ruppert, Herm., zur Anwendung der Pestalozzi'schen Methode im mathematischen Unterricht. II. gr. 8. (24 S.) Langensalza 881, Beyer und Söhne. *
Aus: Jahrbuch des Vereins für wissenschaftliche Pädagogik, besonders abgedruckt.
I. Ebendas. 1879. * 80 Pf.

Ruppert, Joh., die kathol. Arbeitervereine Süddeutschlands in ihrer ersten Entwicklung, dargestellt auf Grund der Verbands-, Vereins- u. Spezialberichte. Ein Beitrag zur Zeitgeschichte der socialen Thätigkeit der Kirche auf dem Gebiete des christl. Vereinswesens. gr. 8. (IV, 74 S.) Würzburg 900. Göbel & Scherer. n. 1. —

Ruppert, Johann [aus Würzburg]: **Das System Bazard's. Eine staatswissenschaftliche Studie.** . . . Würzburg, Druck v. F. X. Bucher, 1890; 40 S. 8°
Erlangen, Phil. Fak., Inaug.-Diss. v. 1890

Ruppert, Joh., das sociale System Bazard's. Ein Beitrag zur Zeitgeschichte d. Socialismus. gr. 8. (40 S.) Würzburg 890. Bucher. n. — 60

Ruppert, Johannes, **Assistenzarzt an der inneren Abteilung der Krankenanstalt Sudenburg in Magdeburg: Welche Bedeutung hat der nach dem Drehen um die Körperlängsachse auftretende Nystagmus für die Beurteilung des Zustandes des Nervensystems?** Leipzig 1906: B. Georgi. (52 S.) 8°
Leipzig, Med. Fak., Ref. Flechsig, Diss. v. 17. Febr. 1906
[Geb. 15. Juli 74 Sorau; Wohnort: Magdeburg; Staatsangeh.: Preußen; Vorbildung: Gymn. Hirschberg Reife O. 96; Studium: Greifswald 1, Breslau 8 S.; Coll. 17. Febr. 06; Approb. 6. Aug. 01.]

Ruppert, Johannes Richard, appr. Arzt a. Madrid: **Aus d. Pathol.-Anatomischen Institut in Gießen. Ueber einen Fall von Teratoma Ovarii.** Gießen 1907: O. Kindt. (27 S.) 8°
Gießen, Med. Fak., Ref. Bostroem, Diss. v. 25. Mai 1907
[Geb. 19. Nov. 78 Madrid; Wohnort: Gießen; Staatsangeh.: Preußen; Vorbildung: Gymn. Wetzlar Reife O. 99; Studium: Gießen 5, Berlin 2, Gießen 2 S.; Coll. 12. Dez. 04; Approb. 6. Mai 04.]

Ruppert, Jos., über Erziehung, Unterricht u. Versorgung der Blinden. 8. (IV, 64 S.) München 877. Franz. n. — 80

Ruppert, Josef, Referendar bei d. Staatsanwaltschaft, Cöln: **Die Folgen der vom Käufer nicht zu vertretenden Unmöglichkeit der Erfüllung seiner Verpflichtungen.** *Köln 1903: H. Theißing.* (72 S.) 8°
Rostock, Jur. Diss. v. [21. Febr.] 1903

Ruppert, Josef · **Die Lehre von der ästhetischen Erziehung bei Herbart.** Bonn 1910: Hauptmann. 75 S. 8° **¶(Vollst. u. d. T.: Die Lehre v. d. ä. Erzieh. b. d. großen Pädagogen v. Locke bis Herbart, b. Ruppert, Zweibrücken.)**
Bonn, Phil. Diss. v. 21. Dez. 1910, Ref. Dyroff
[Geb. 2. Aug. 86 Zweibrücken; Wohnort: Zweibrücken; Staatsangeh.: Bayern; Vorbildung: Gymn. Zweibrücken Reife Juli 05; Studium: München 4, Marburg 1, Bonn 6 S.; Rig. 20. Juli 10.] [U 11. 519

Ruppert, K. J., Apologie d. Urkunden des Christenthums als Grunds. d. Theologie. 1r u. 2r Thl. gr. 8. Klagenfurt. (Mayr in Salzburg.) 808 – 9.

Plan von Marienbad und seiner Umgebung. Maßst. 1:10.000. Bearb. von Ingenieur Karl **Ruppert**. [Nebst] Erklärung. (Marienbad): F. Gschihay [1905]. (1 Kartenbl. 33×53 cm, 17 S.) 8° [lith.] [kol.] [05. 116,7

Ruppert, Carl v., neues System für Eisen-Brücken grosser Spannweiten. Wien 867. Bartelmus. gr. 4. (32 S. mit eingedr. Holzschn. u. 5 Steintaff. in gr. 4. u. qu. gr. Fol.) n. 1 ₰ 20 ngr.
Auch in französ. Sprache zu gleichem Preise erschienen.

Ruppert, P., le Code pénal Luxembourgeois accompagné de la traduction allemande officielle, annoté de la référence aux articles du Code de 1810 et à ceux du Code révisé, et suivi d'une table alphabétique des matières du Code, d'un tableau de la correspondance des articles du Code de 1810 avec les articles du Code Luxembourgeois, et d'une table chronologique et alphabétique des dispositions spéciales en vigueur, qui forment complément au nouveau Code. 8. (V, 279 u. LI S.) Luxemburg 879. Bück. geb. n. 4. 40

— les lois et règlements sur l'organisation politique et administrative du Grand-Duché de Luxembourg. 16. (II, 459 S.) Ebend. 878. n.n. 6. —

Ruppert, P., les lois et règlements sur l'organisation politique, judiciaire et administrative du Grand-Duché de Luxembourg, recueillis par P. R. 2. éd. entièrement remaniée et complétée jusqu'au 31 décembre 1885. gr. 8. (XII, 924 S.) Luxemburg 885. (Bück.) geb. n. 13. 50

Ruppert, Paul, Rentier Dickchen als Turner, s. a. Bloch's Dilettanten-Bühne.

Ruppert, Paul, Rentier Dickchen als Turner od. Eine Radikalkur. Turner. Posse in 1 Akt, Berlin, 16 S., 16°.

Ruppert, Philipp

Ruppert. Strassburger Adel in der Mortenau, I. u. II., s. Studien, Strassburger, 2. Bd.

Ruppert, Ph., Konstanzer Beiträge zur badischen Geschichte. Altes und Neues. gr. 8. (IV, 156 S.) Konstanz 888, (Sartori.) ** 3 —

Ruppert, Ph. Konstanzer geschichtliche Beiträge. 2. u. 3. Heft. gr. 8. Konstanz, Selbstverlag. [2. Heft. (III, 104 S.) 890. * 4 —; 3. Heft. (II, 252 S.) 892. ** 5 —.] ** 9 —
1. Heft. Ebd. 1888 u. d. T.: Ruppert. Ph. Konstanzer Beiträge zur badischen Geschichte

Ruppert, Ph., Konstanzer geschichtliche Beiträge. 3. u. 4. Hft. gr. 8. (II, 252 u. IV, 129 S.) Konstanz 892. 95. Durlach, Selbstverlag. à 3. —

Ruppert, Ph., Konstanzer geschichtl. Beiträge. 5. Hft. gr. 8. (116 S.) Konstanz 899. (Freiburg i/B., F. P. Lorenz.) n.n. 3. 50

Ruppert, Ph., s.: Chroniken, die, der Stadt Konstanz.

Ruppert, P., Geschichte der Mortenau. 1. Bd. Geschichte des Hauses und der Herrschaft Geroldseck. Mit 2 Tfln. Achern 1882. 8.

Ruppert, Ph., Geschichte der Mortenau. 1. Tl. Geschichte d. Hauses u. der Herrschaft Geroldseck. gr. 8. (II, 501 S. m. 2 Steintaf. u. lith. Titelbl.) Achern 883. (Mannheim, Nemnich.) n.n. 12. —

Ruppert, Ph., Geschichte der Ortenau. I. gr. 8. (132 S.) Achern 878. (Offenburg, Trube.) n. 1. 50

Ruppert, Ph. Die Kriegsereignisse im Breisgau von 1632—1635 und die erste Belagerung Breisachs. 8. Freiburg i. B. 1884.

— die Ruine Limburg u. das Dorf Sasbach a. Rh. [Aus: „Konstanzer Beiträge zur bad. Geschichte".] gr. 8. (III, 21 S. m. 1 geneolog. Tab.) Ebd. 888. n.n. — 50

Ruppert, P., Ufgoviana. I. (Die ältesten Ebersteiner. Mit geneal. Tfln.) Gernsbach 1876. 4.

Ruppert, Phil. Ufgoviana I. 46 S. Progr. *Gernsbach* 1876.

Ph. Ruppert. Ufgoviana II. 48 S. Achern, P 1878

Ruppert, [Philipp]. Urkunden-Beitrag zur Geschichte der Stadt Überlingen. gr.-8. [Lindau i. B. 1888.]
[Schriften des Vereins für Geschichte des Bodensees und seiner Umgebung. Heft 17. Anhang.]

Ruppert, Victor ⟨geb. am 3 Mai 1836 in Kastellaun⟩: De extensione in narcosi chloroformio effecta in contracturis et ancylosibus articuli genu ... Bonnae, form. Carthausianis (1861). 31 S., 1 Bl. 8.
Bonn, Med. Fak., Diss. v. 11 Mai 1861

RUPPERTH, K(ARL) JOSE(EPH): Apologie der Urkunden des Christentums als Grundlage der Theologie dargestellt. Klagenfurt 1808: Gedr. bey F. Leon. - 8°
1. Bd. 1808. XVI, 8, 295, 18 S.
2. Bd. 1808. VII, 192 S.

Rupperth, Karl Jos., Apologie d. Urkunden d. Christenthums als Grundsätze d. Theologie. 2 Thle. gr. 8. Klagenfurth 808 u. 809. (Mayr in Salzb.) 3 ₰ 16 𝒦

Rupperth, K. J., Apologie d. Urkunden d. Christenthums, als Grundlage d. Theologie dargestellt. 2r Thl. gr. 8. Salzb. Mayr. 811.

— Betrachtt. üb. Gewissen, Buße u. Jesu Beispiel im Leben u. Tod; z. Beförder. d. christl. Sinnes. 8. o. O. 805.

RUPPERTH, K(ARL) JOS(EPH): Betrachtungen über Gewissen, Busse, und Jesu Beispiel im Leben und im Tode; zur Beförderung des christlichen Sinnes. Klagenfurt 1805. - 8°

Ruppin [Sachliches OW]

v. Ruppin, Emma, Geschichte voll Leiden, Freuden u. Wander, (v. Jh. Jf. El. v. Wallenrodt). 2 Thle. 8. Lpz. 794. (Aue in Altona). 1 ₰ 4 𝒦

Ruppin, Emma v., e. Gesch. voll Leiden, Freuden u. Wunder. 2 Thle. 8. Leipz. Jacobäer. 794.

Ruppin [Schlagwort]

Ruppin, s.a. Europa. Liebenow.

Ruppin, s.a. Potsdam, Reg.-Bez.

Ruppin. Brandt, C., Karte des Kreises Ruppin, bearb. auf Grund der Generalstabsblätter. 1 : 100,000. 56,5 × 69 cm. Farbendr. u. kolor. Neu-Ruppin 893. P. Howe. n. 2. 75; auf Leinw. in Futteral n.n. 3. 50; m. Stäben n.n. 4. —

Ruppin [Verfasser]

Ruppin, Arthur: Der Anteil der Juden ..., s. Thon, Jakob

Ruppin, Arth., Darwinismus u. Sozialwissenschaft, s.a. Natur u. Staat. 2. Tl.

Darwinismus und Sozialwissenschaft. Von Arthur Ruppin, Dr. phil., Magdeburg. *Jena: G. Fischer 1903.* (VIII, 179 S.) 8°
— Natur u. Staat. T. 2.

— die Juden der Gegenwart. Eine sozialwissenschaftl. Studie. (VI, 296 S.) gr. 8. Berlin 904. [S. Calvary & Co.] Berlin-Halensee, Bureau f. Statistik d. Juden. 4. 80; geb. 5. 50

Die Juden im Grossherzogtum Hessen. Im Auftr. d. Grossloge f. Deutschland U. O. B'nei B'riss bearb. vom Bureau f. Statistik d. Juden. (Verf.: Arthur Ruppin.) Berlin: Lamm 1909. 137 S. 8°
(Veröffentlichungen des Bureaus für Statistik der Juden. H. 6.)

Ruppin, Arth., s.a. Juden, die, in Rumänien.

Die Juden in Rumänien. (Verf.: Dr. Arthur Ruppin.) Berlin: L. Lamm 1908. (40 S.) 8°
— Veröffentlichungen d. Büreaus f. Statistik d. Juden. H. 5.

Die sozialen Verhältnisse der Juden in Rußland. Auf Grund d. Amtl. statist. Materials bearb. v. Bureau f. Statistik d. Juden zu Berlin-Halensee im Auftr. d. Zionist. Aktions-Komitees. (Verf.: Dr. Arthur Ruppin.) Berlin-Charlottenburg: Jüd. Verl. 1906. (68 S.) 8°
= Veröffentlichungen d. Bureaus f. Statistik d. Juden. H. 2.

Ruppin, A., s. Veröffentlichungen d. Bureaus f. Statistik der Juden. 5. Heft.

Ruppin, Arthur, aus Rawitsch: Die Wertlehre Thünen's und die Grenznutzentheorie. Ein Beitrag zur Lehre vom Wert in d. Nationalökonomie. *Halle a. S. 1902: S. Schlesinger.* (49 S.) 8°
Halle, Phil. Diss. v. 21. Juli 1902

— s.: Zeitschrift f. Demographie u. Statistik der Juden.

Ruppin, Carl, s. Ruppin, Karl

Bericht über das Verhältnis der Cl-, SO_3- und σ_0- Werte in einer Reihe von 14 verschiedenen Meerwasserproben gemäss den in den Laboratorien zu Helsingfors, Kiel, Kristiania, Monaco und Nancy erhaltenen Resultaten, erstattet von Ernst Ruppin. Copenhague: Høst en comm. 1910. 17 S. 8°
(Conseil permanent internat. pour l'exploration de la mer. Publications de circonstance. No 55.)

Ruppin, E., über die Oxydierbarkeit des Meerwassers durch Kaliumpermanagat, s.a. Publications de circonstance du conseil permanent internat. pour l'exploration de la mer. Nr. 20.

E. Ruppin Ueber die Oxidierbarkeit d. Meerwassers durch Kaliumpermanganat. 1904 9 S. Fig.

Ruppin, Ernst [aus Leipzig]: Volumenänderungen bei der Neutralisation starker Säuren und Basen ... (Aus: Zeitschr. f. physik. Chem., Bd XIV Heft 3. 1894.) Leipzig, W. Engelmann, 1894; 21 S. 8.
Leipzig, Phil. Fak, Inaug.-Diss. v. [27. Juli] 1894

Ruppin, Karl

Ruppin, Carl, bish. Assistent am Berliner medico-mechan. Institut d. Herrn Sanitätsrat Dr. Schutz ⟨„mechano-therapeut. Institut d. Univ. Berlin"⟩. Nachuntersuchungen über die Böhm'sche Theorie der „habituellen" Skoliose. Leipzig 1907: B. Georgi. (19 S.) 8°
Leipzig, Med. Fak., Ref. Trendelenburg, Diss. v. 24. Okt. 1907
[Geb 10 Juni 72 Ostrowo, Wohnort Bromberg; Staatsangeh.: Preußen; Vorbildung. Gymn Bunzlau (Schlesien) Reife M 92; Studium: Breslau 2, Berlin 8 S; Coll 30 Okt 07, Approb 19 Mai 99.]

Ruppin, Willi: Aus dem Antidotarium des Henri de Mondeville ⟨14. Jahrh.⟩. *Berlin (1898): G. Schade.* (38 S.) 8°
Berlin, Med. Diss v 18. Febr 1898

Ruppiner Schweiz [Schlagwort]

Ruppiner Schweiz, s.: Mark. — Wanderkarten.

Ruppius, G., s. Andrews Beobachtt.

Ruppius, Heinrich Bernhard: Flora Jenensis sive enumeratio plantarum tam sponte circa Jenam, et in locis vicinis nascentium, quam in hortis obviarum. Ed.a Johann Heinrich Schutte, cui acc.Suppl. 472 S., gbd., Abb.

Francofurti & Lipsiae: Baillar 1718

JB 11

Rupp, H. Bernh., Flora Icnensis, ed. ab Haller, c. fig. 8. Ienae, Cuno. 718.

Ruppius, J. G., praes. Polyc. Gttl. **Schacher,** De aegro ex lue venerea in cephalalgiam chronicam delapso. 28 pp. Lps. 4°.
1732

Ruppius, Otto, vier Abende in Mutter Annens Spinnstube. Ein Volksbuch. 16. (16 B.) Langensalza 844, Verlags-Expedition.

– s. Bilderbuch d. Frau Kinderzeitung.

Ruppius, Otto, Buschlerche, s.a Roman-Perlen.

Die Buschlerche Roman von Otto **Ruppius** Berlin· Deutsches Dr.- u. Verlagshaus [1905]. (184 S) 8° [F.]
= Roman-Perlen Jg. 2, H. 4, [3]–H 9, [2.] [05 11388]

Ruppius, Otto, Buschlerche. Roman. (184 S.) Einzelpr. — 30

— Deutsche im fernen Westen. Erzählung f. die reifere Jugend. Frei nach R. v. Jul. Reuper. Illustrationen v. O. S. Faust. (287 S.) 8. Wien 906. Akadem. Verlag. Geb. in Leinw. n. 4. —; Volksausg. kart. n. 2. —

— e. Deutscher, s.a. Romane, d. besten, d. Weltliteratur.

Ruppius, Otto, ein Deutscher. Roman aus der amerikan. Gesellschaft. gr. 16. (322 S.) Leipzig (861)62, Keil.

Ruppius, Otto, ein Deutscher. 2. (Titel-)Ausg. 8. (340 S.) Leipzig (1862) 882. F. Duncker. n. — 80; geb. n. 1.25

— ein Deutscher. (355 S.) 8. Leipzig (906). G. Fock Verl. 1.50; geb. in Leinw. 2.50

Ein Deutscher. Roman von Otto **Ruppius** Berlin. Scherl [1909]. 502 S. 8°
(Bibliothek August Scherl Bd 54–56) [10. 13646]

– s. Egeria.

—— ausgewählte Erzählungen. Neue vom Verf. durchgeseh. Ausg. 1. und 2. Heft. 18. (S. 1—144.) New-York 857. (Philadelphia, Schäfer und Koradi.) à Heft * 12 Ngr. *

Ruppius, Otto Gesammelte Erzählungen aus d dten u dt-anischen Volksleben 15v Phila, 1846-49
1 Der Pedlar NY 1857
2 Das Vermachtnis des Pedlars
3 Das Heimchen; eine Karriere in Amerika
4 Prairieteufel
5 Ein Deutscher.
6 Bill Hammer, eine Spekulation, Waldspinne
7 Zwei Welten
8 Drei Vagabunden
9 Aus dem Schullehrerleben im Westen, ein dter Pferdedieb; der erste Ball in Milw, wie ich im Westen hangen blieb
10 Mary Kreuzer, auf Regierungsland
11 Buschlerche
12 Vermißt, unter Fremden, die Nachbarn
13 Geld und Geist
14 Schlamm u fester Boden; Priester u Bauer, eine Weberfamilie
15 Ein Stück dtes Bauernleben, drei Tage aus dem Leben eines Schullehrers Traumkonig und Schneider

Ruppius, Otto, gesammelte Erzählungen aus dem deutschen und deutsch-amerikanischen Volksleben. 2. Gesammt-Ausg. in 16 Bdn. 1.—5. Bd. 8. Leipzig, Knaur. geb. à Bd. * 1 —
Inhalt:
Bd 1. Der Pedlar. Der Sep.-Ausg. 6. Aufl. (228 S.) 886.
" 2. Das Vermächtniß des Pedlars. Der Sep.-Ausg. 6. Aufl. (S. 229—479.) 886.
" 3. Heimchen. Der Sep.-Ausg. 6. Aufl. (S. 481—636; 591—644.) 886.
" 4. Der Prairie-Teufel. (288 S.) 887.
" 5. Ein Deutscher. (340 S.) 887.
Die 1. Gesamt-Ausg erschien 1874 bei Frz. Duncker in Berlin. Die 2. Gesamt-Ausg. begann zu erscheinen bei F. Neugebauer in Erfurt (Bd. 1 und 2), wurde fortgesetzt von E. Heitmann in Leipzig (Bd. 3—5), 1888 von Grenell und Francke (Leipziger Verlagshaus) und am 1. Mai 1889 von Th Knaur übernommen.

Ruppius, Otto, gesammelte Erzählungen aus dem deutschen u. deutsch-amerikanischen Volksleben. 3. Gesammt-Ausg. in 15 Bdn. 8. Leipzig 889. Knaur. geb. n. 15.50
1. Der Pedlar. Der Separat-Ausg. 7. Aufl. (228 S.) n. 1.—
2. Das Vermächtniß d. Pedlars. Der Separat-Ausg. 8. Aufl. (251 S.) n. 1.—
3. Das Heimchen. Eine Karriere in Amerika. Der Separat-Ausg. 8. Aufl. (206 S.) n. 1.—
4. Prairieteufel. Der Separat-Ausg. 8. Aufl. (288 S.) n. 1.—
5. Ein Deutscher. Der Separat-Ausg. 8. Aufl. (340 S.) n. 1.25
6. Bill Hammer. Eine Speculation. Waldspinne. Der Separat-Ausg. 8. Aufl. (208 S.) n. 1.—
7. Zwei Welten. Der Separat-Ausg. 8. Aufl. (222 S.) n. 1.—
8. Drei Vagabunden. Der Separat-Ausg. 8. Aufl. (273 S.) n. 1.25
9. Aus dem Schullehrerleben im Westen. Ein deutscher Pferdedieb. Der erste Ball in Milwaukee. Wie ich im Westen hängen blieb. Der Separat-Ausg. 8. Aufl. (122 S.) n. 1.—
10. Mary Kreuzer. Auf Regierungsland. Der Separat-Ausg. 8. Aufl. (187 S.) n. 1.—
11. Buschlerche. Der Separat-Ausg. 8. Aufl. (166 S.) n. 1.—
12. Vermißt. Unter Fremden. Die Nachbarn. Der Separat-Ausg. 8. Aufl. (240 S.) n. 1.—
13. Geld u. Geist. Der Separat-Ausg. 8. Aufl. (213 S.) n. 1.—
14. Schlamm u. fester Boden. Priester u. Bauer. Eine Weberfamilie. Der Separat-Ausg. 8. Aufl. (171 S.) n. 1.—
15. Ein Stück deutsches Bauernleben. Drei Tage aus dem Leben e. Schullehrers. Traumkönig u. Schneider. Der Separat-Ausg. 8. Aufl. (231 S.) n. 1.—

Ruppius, Otto, gesammelte Erzählungen aus d. deutschen u. deutsch-amerikan. Volksleben. 4. Gesammt-Ausg. in 5 Bdn. 8. (636, 417, 288, 636, 442, 231 u 644 S.) Leipzig 895. Th. Knaur. Geb. in Leinw. n. 10.—

Gesammelte Erzählungen aus dem deutschen und deutsch-amerikanischen Volksleben von Otto **Ruppius**. Gesammt-Ausg in 15 Bden. Bd 1–15. *Leipzig: Th. Knaur [1895].* 15 Bde 8° [F.]
1 Der Pedlar 8 Aufl 2 Das Vermachtniss d Pedlars 10 Aufl
3. Das Heimchen Eine Karrière in Amerika 10. Aufl
4 Prairieteufel 10. Aufl. 5. Ein Deutscher 9. Aufl.
6. Bill Hammer Eine Speculation Waldspinne 8 Aufl
7 Zwei Welten 9. Aufl 8 Drei Vagabunden 9. Aufl
9. Aus d. Schullehrerleben im Westen Ein deutscher Pferdedieb Der erste Ball in Milwaukie Wie ich im Westen hängen blieb 9. Aufl
10. Mary Kreuzer Auf Regierungsland 9. Aufl 11 Buschlerche. 9 Aufl
12 Vermisst. Unter Fremden Die Nachbarn 9. Aufl.
13. Geld u Geist 9. Aufl
14 Schlamm u. fester Boden Priester u Bauer Eine Weberfamilie. 8. Aufl
15. Ein Stück deutsches Bauerleben Drei Tage aus d Leben e Schullehrers Traumkönig u Schneider 9. Aufl. [05. 747]

—— die Fahrt nach Griechenland. Skizze aus dem wirklichen Leben. 8. (7½ B.) Langensalza 844, Verlags-Expedition. *

Ruppius, Otto, unter Fremden. Erzählung. (104 S.) 8. Mülheim-Ruhr (907). J. Bagel. — 30

—— Geld und Geist. Roman aus dem amerikan. Leben. gr. 16. (247 S.) Berlin 860, [Franz Duncker.] *

—— Geld und Geist. Roman aus dem amerikan. Leben. (2. Aufl.) gr. 16. (247 S.) Berlin 863, F. Duncker. *

— Geld u. Geist. 3. (Titel-)Ausg. 8. (243 S.) Ebend. (1863) 882. n. — 80; geb. n. 1. 25

— Geld u. Geist, s.a. Roman-Perlen.

Geld und Geist. Roman von Otto Ruppius Berlin. Deutsches Dr.- u. Verlagshaus [1905]. (204 S.) 8° [F.]
= Roman-Perlen Jg 2, H. 9, [3] - H. 18, [2.] [05. 11300]

—— Genre-Bilder aus dem deutsch-amerikanischen Leben. gr. 16. (III und 293 S.) Berlin 861, [Franz Duncker.] *

— ernsthafte u. kurzweilige Geschichten, s. Volksbücher, herausgeg. vom Verein 2c.

Ruppius, Otto, Bill Hammer, s.a. Düms' Knaben-Bibl.

— Bill Hammer. Erzählg. aus dem deutsch-amerikan. Volksleben. — Jagdgeschichten v. Heinr. Herold. Mit 5 Farbendr.-Bild. v. M. Schäfer. 12. (71 S.) Wesel 895. W. Düms. Kart. — 50

— u. Rud. Knuffert, Bill Hammer u. andere Erzählungen. (86 S.) 8. Ebd. (907). — 30

— der Hausierer, s.a. Roman-Perlen.

Der Hausierer. Von Otto Ruppius Berlin. Deutsches Dr. u. Verlagshaus [1904]. (S 05-500.) 8° [F.]
= Roman-Perlen [Jg 1], H 2, [2] H 9, [1] [05 11309]

Ruppius, O., Hoch u. Niedrig, oder so sind sie. Skizzen aus dem Leben der Gesellschaft. 1. Bdchn. 1. Aus Berlin. 2. Aus dem thüringer Walde. 3. Aus dem schlesischen Gebirge. gr. 8. (144 S.) Constanz 847, Verlagsbuchhandlung Belle-Vue. 18 ngl

Ruppius, Otto, Hoch und Niedrig, oder so sind sie. Skizzen aus dem Leben der Gesellschaft. 1. Bdchn. 1. Aus Berlin. 2. Aus dem thüringer Walde. 3. Aus dem schlesischen Gebirge. gr. 8. (144 S.) Constanz 847. [Hamburg, Berendsohn.]

– s. Kinderzeitung, Berliner illustrirte.

– s. Kinderzeitung, Illustrirte.

Ruppius, Otto, Lebenskämpfe. Novelle. 8. (218 S.) Dresden 875, Baensch. *

— Die Nachbarn. Erzählung. (128 S.) 8. Ebd. (907). — 30

—— Organ f. das gesammte deutsche Volksschriftenwesen, s. Organ.

– Der Pedlar, s.a. Meyer's Volksbücher.

Ruppius, Otto, der Pedlar, s.a. Romane, die besten, der Weltliteratur.

—— der Pedlar, s.a. Universal-Bibliothek Nr. 1141—1143.

— Der Pedlar, s.a. Von Buch zu Buch.

—— der Pedlar. Roman aus dem amerikan. Leben. 12. (244 S.) New-York 857. (Philadelphia, Schäfer und Koradi.) *
Aus dem „Sonntagsblatt der N. Y. Staats-Zeitung" besonders abgedruckt.

—— dass. — gr. 16. (236 S.) Berlin 859, [Franz Duncker.] *

—— der Pedlar. Roman aus dem amerikan. Leben. (2. Aufl.) gr. 16. (236 S.) Berlin 862, F. Duncker. *

— der Pedlar. 2 Bde. [Aus: „Die besten Romane der Weltliteratur".] 12. (122 u. 194 S. m. Abb.) Teschen 895. K. Prochaska. In 1 Leinwbd. n. 1. —

— der Pedlar. (235 S.) kl. 8. Leipzig (905). G. Fock Verl. Geb. in Leinw. 2. 50

— Prairie-Abenteuer. (299 S.) 8. Ebd. (906). 1. 50; geb. in Leinw. 2. 50

—— der Prairie-Teufel. Roman aus dem amerikan. Leben. gr. 16. (295 S.) Berlin 861, [Franz Duncker.] *

—— Prairieteufel. 3. (Titel-)Ausg. 8. (288 S.) Ebendas. 882. * 80 Pf.; geb. *

— Prairieteufel. Für die Jugend bearb. v. Werner Werther. M. 6 feinen Farbendr.-Bild. nach Aquarellen v. W. Schäfer. 8. (120 S.) Wesel 897. W. Düms. Geb. 1. —

Der Prairieteufel. Roman von Otto Ruppius Berlin: A. Scherl [1908]
(410 S.) 8° [F.]
(Bibliothek August Scherl Folge 1, Bd 30. 31) [08. 15.435]

— Auf Regierungsland. Mary Kreuzer, s.: Universal-Bibliothek f. die Jugend.

— die Schlacht bei Leuthen, s.a. Jugendbibliothek, hrsg. v. Nieritz. Neue Ausg. 30. Bdchn.

—— die Schlacht, bei Leuthen. Sittenbild aus dem vorigen Jahrhundert. 8. (9 B.) Berlin 846, Simion.
Aus: Nieritz, Jugendbibliothek 2c., besond. abgedruckt.

Ruppius, Otto, die Schlacht bei Leuthen. Sittenbild aus dem vorigen Jahrhundert. 2. Aufl. 8. (III und 136 S.) Leipzig 853, [Voigt und Günther.]

— die Schlacht bei Leuthen. Sittenbild aus dem vor. Jahrh. 3. Aufl. gr. 16. (112 S.) Düsseldorf 879. F. Bagel. cart. — 60

— Schlamm u. fester Boden, s.: Volksbücher.

— Eine Spekulation. Erzählung. (96 S.) 8. Mülheim-Ruhr (907). J. Bagel. — 30

— dasselbe, s.a. Ecksteine der neueren Literatur. XII.

—— Mutter Annens Spinnstube, s. Mutter.

—— Südwest. Erzählungen aus dem deutsch-amerikan. Leben. gr. 16. (220 S.) Berlin 863, F. Duncker. *

– s. Taschenbuch für den preuß. Infanteristen.

— 3 Vagabonden. (286 S.) 8. Ebd. (906). 1. 50; geb. in Leinw. 2. 50

– Das Vermächtnis des Pedlars, s.a. Meyer's Volksbücher.

— das Vermächtnis d. Pedlars, s.a. Romane, die besten, d. Weltliteratur, 6. Serie.

—— das Vermächtniß des Pedlars, s.a. Universal-Bibliothek Nr. 1316—1318.

—— das Vermächtniß des Pedlars. Roman aus dem amerikan. Leben. Folge des Romans: Der Pedlar. gr. 16. (258 S.) Berlin 859, [Franz Duncker.] *

— das Vermächtnis des Pedlars. (256 S.) kl. 8. Ebd. (905). Geb. in Leinw. 2. 50

— Vermißt. Erzählung. (108 S.) 8. Mülheim-Ruhr (907). J. Bagel. — 30

— dasselbe, s.a. Volkes, des, Lieblingsbücher.

— aus dem deutschen Volksleben. 2 Bdchn. Leipzig 862. Keil. 16. (2 Bl., 445 S.) 1 ₰ 6 ngr.

Ruppius, Otto, aus dem deutschen Volksleben. 2 Bde. 2. (Titel-)Ausg. 8. (417 S.) Leipzig 882, F. Duncker. * 1 60
geb. * 2 50

– (Red.), s. Volkszeitung für Stadt u. Land.

– die Waldspinne, s.a. Buch für Alle.

Ruppius, Otto, Waldspinne. Ein Genrebild aus dem Südwesten. New-York 856. (Leipzig, Schäfer.) 16. (93 S.) 10 ngr.

— Waldspinne. Ein Genrebild aus dem Südwesten. (115 S.) 8. Mülheim-Ruhr (907). J. Bagel. — 30

— Eine Weberfamilie, s. Unterhaltungs-Bibliothek für das Volk.

— zwei Welten, s.a. Erzählungen, klassische, der Weltliteratur.

— zwei Welten. Roman. Berlin 863. F. Duncker. 16. (232 S.) n. 16 ngr.

—— zwei Welten. 2. (Titel-)Ausg. 8. (224 S.) Ebendas. 882. * 80 Pf.; geb. * 1 25

(F) Ruppius, O., Zwei Welten. Aus dem deutschen und amerikanischen Leben. [Klassische Erzählungen der Weltliteratur. Bd 5. Sammlung Prochaska.] 8°. (183 S.) geb. K 1.—
Teschen: Prochaska 1904.

Ruppius, Otto, gesammelte Werke. Neue Gesammt-Ausg. 1—43. Lfg. gr. 16. (à 80 S.) Berlin 874. Stuttgart, Krabbe. à n. — 40

Ruppius, Otto, gesammelte Werke. Neue Gesammt-Ausg. 6 Bde. in 43 Lfgn. gr. 16. (à Lfg. 80 S.) Berlin 874, F. Duncker. à Lfg. * — 40
1.—4. Bd. à * M. 3,20.; 5. Bd. * M. 2.; 6. Bd. * M. 2,40. * 17 20

—— gesammelte Werke. (In 54 Lfgn.) 1.—8. Lfg. (à Lfg. 4 Bog.) 8. Ebendas. 887. à Lfg. — 30

—— im Westen. Erzählungen aus dem amerikan. Leben. 2 Bdchn. gr. 16. Berlin 862, F. Duncker. à Bdchn. * 16 Ngr. *
Inhalt:
Bdchn. 1. Mary Kreuzer. — Buschlerche. (273 S.)
" 2. Auf Regierungslande. — Vermißt. — Unter Fremden. (244 S.)

—— im Westen. 2 Bde. 2. (Titel-)Ausg. 8. (502 S.) Ebendas. 882. * M 1,60.; geb. * 2 50

Rueppin, v. Bericht über die Kriegs-Übungen der k. württemb. Truppen im Spätjahr 1824. Ludwigsburg 1824. 151 S.

— — Bericht über die Kriegs-Übungen der k. württemb. Truppen im Septbr. 1835. Mit 1 Krtbd. Ludwigsburg 1837. 168 S. 8° u. 4°

Rüpplin, A. v., Aristoteles üb. d. Pflanzenseele. S.-A. s. a. 16 S.

Reise-Erinnerungen aus Ost-Asien. Von Rupprecht Prinz von Bayern. Mit 33 Abb. München: C. H. Beck 1906. (XII, 441 S.) 8° [05. 1401]

Rupprecht, Errichtung e. allgemeinen freiwilligen Beschäftigungs-Anstalt in Graz auf Grund der Hoffer-Stiftung. Referat, dem Landesverbande f. Wohlthätigkeit in Steiermark erstattet. Graz 899.

Rupprecht, Festrede am ersten Säculartage Alexander's v. Humboldt, dem 14. Septbr. 1869 in Burg Derner gehalten. Hettstädt 869. Schnee. gr. 8. (16 S.) n. 2 ngr.

(Rupprecht): Unsere Mitarbeit beim Jugendgericht. (M. Gladbach) o. J. [Kopftit.]

Rupprecht, unsere Preise der nothwendigsten Nahrungsmittel. Nebst einigen Fingerzeigen zum Billiger- u. Besserwerden. gr. 8. (35 S.) Hettstädt 880. Schnee. n. — 40

Rupprecht, A. Th., Methode z. Selbsterlernung d. kaufmänn. Rechnung. gr. 8. Prag 792. Neureutter. 1 ₰ 8 gr

Rupprecht, Bernhard

Rupprecht, B., ein Rundblick auf die Trichinen-Literatur. [Aus: Medicinisch-chirurgische Rundschau.] Wien 866. Czermak. gr. 8. (57 S.) n. 10 ngr.

Rupprecht, Bernhardus (geb. Alsleben a. S. 17. 12. 1815): De ruptura aortae spontanea. Berolini (1839). (27 S.) 8°
Berlin, Med. Diss. v. 10. Aug. 1839

Rupprecht, B., die Trichinenkrankheit im Spiegel der Hettstädter Endemie betrachtet. Hettstadt 864. Hüttig. gr. 8. (IV, 172 S.) n. 1 ₰

Rupprecht, B., Die Trichinenkrankheit im Spiegel der Hettstädter Endemie betrachtet. Hettstädt 64. Schnee.

Rupprecht, der Trichinensucher oder was der Fleischbeschauer wissen, thun und lassen muß, um eine zuverlässige mikroskopische Fleischuntersuchung zu machen. Ein Leitfaden für glückl. Bestehen der Prüfung und Nachprüfung, für gründl. Fortbildung in allen Trichinen-Angelegenheiten und für gesetzl. Anstellung jener Prüfungen. gr. 8. (XIV, 48 S.) Hettstädt 887, Schnee. *

Rupprecht, Conrad, s. Rupprecht, Konrad

Rupprecht, Eduard

Rupprecht, Ed., die Anschauung der kritischen Schule Wellhausens vom Pentateuch. Ihr Wert u. der Weg zur Selbstbehauptg. der Kirche ihr gegenüber. Ein wissenschaftlich begründetes Glaubenszeugnis an die Gegenwart, insonderheit unsere junge theolog. Generation. gr. 8. (77 S.) Leipzig 893. A. Deichert Nachf. n. 1. 20

Rupprecht, Ed., das Christentum u. Ad. Harnack nach dessen 16 Vorlesgn. Eine Untersuchg. u. e. Erfahrungszeugnis an die Kirche der Gegenwart aller Konfessionen. gr. 8. (XV, 278 S.) Gütersloh 901. C. Bertelsmann. n. 4. —; geb. n. 4. 80

Das Christentum von D. Ad. Harnack nach dessen 16 Vorlesungen. Eine Untersuchung und e. Erfahrungszeugnis an d. Kirche d. Gegenw. aller Konfessionen von Ed. Rupprecht. *Gütersloh: C. Bertelsmann 1904.* (XIII, 278 S.) 8° [F.] [01. 4037 3

— das Ende dieses Weltlaufes. Zur Einführg. in die Neutestamentl. Weissagg. den Freunden des prophet. Wortes in der Gemeinde dargeboten. gr. 8. (VIII, 229 S.) München 898. Münchener Handelsdruckerei u. Verlagsanstalt, M. Poeßl. Kart. n. 3. —

Rupprecht, Ed., erste u. „letzte" öffentliche Erklärung auf Pfr. Poppels „offenes Sendschreiben." gr. 8. (34 S.) Nürnberg 873. Löhe. n. — 75

Rupprecht, Ed., s.: Frank, Geheimrat Professor Dr. v.

Rupprecht, Ed., s.: Gaben, mancherlei, s. Geist u. Herz.

Rupprecht, Ed., wissenschaftliches Handbuch d. Einleitg. in d. Alte Testament. gr. 8. (XXIII, 548 S.) Gütersloh 898. C. Bertelsmann. n. 7. —; geb. n. 8. —

[F.] Die Kritik nach ihrem Recht und Unrecht. E. principielle Beleuchtg d. krit. Methode m. Ill. aus d. deutschen Kritik u. Dr. Drivers 'Einleitg' v. Eduard Rupprecht. *Gütersloh: C. Bertelsmann 1897.* (2 Bl., 63 S.) 1 Bd 8. [97. 7037

Des Rätsels Lösung oder Beiträge z. richtigen Lösg d. Pentateuchrätsels f. d. christl. Glauben u. d. Wiss. Unt. bes. Berücks. d. Proff. DD. Köhler, König u. Meinhold v. Eduard Rupprecht ... Abt. 1. 2, 1. 2. *Gütersloh: C. Bertelsmann 1895—97.* 3 Bde 8.

1. Die Lösg f. d. Christenglauben od. d. Zeugnis Jesu Christi u. d. Apostel. 1895. (VIII, 278 S.)
2. Erweis d. Echtheit u. Glaubwürdigkt d. Pentateuch f. d. Wiss. Hälfte 1. 1896. (XXIII, 408 S.) 2. 1897. (IV, 458 S.) [97. 3616

— der Pseudodaniel u. Pseudojesaja der modernen Kritik vor dem Forum des christlichen Glaubens, der Moral u. der Wissenschaft. Ein neues Glaubenszeugnis zur Selbstbehauptg. der Kirche gegenüber der Zweifelsucht auf dem Boden des A. Testaments. gr. 8. (IV, 86 S.) Leipzig 894. A. Deichert Nachf. n. 1. 20

Rupprecht, Ed., das Rätsel des Fünfbuches Mose u. seine falsche Lösung. Eine Reihe krit. Einzeluntersuchgn. u. Zeugnisse. Ein Beitrag zur Lösg. e. brenn. bibl. Zeitfrage m. eingeh. Berücksicht der Quellenscheidg. v. Strack. gr. 8. (160 S.) Gütersloh 894. C. Bertelsmann. n. 2. —

— s. a. Volksbibel, erklärte deutsche.

Rupprecht, Eduard: Erklärte Deutsche Volksbibel in gemeinverständlicher Auslegung und Anwendung mit apologetischer Tendenz hrsg. von Eduard Rupprecht ... Mit 40 Voll- u. über 300 Text-Abb. Altes Testament. (In 26 Lfgn.) Hannover: O. Brandner 18(98)-1900. (1160, 77 S.) 4° (80)

Rupprecht, Ed., Was ist Wahrheit? Oder: Populäre Streifzüge gegen den Unglauben unserer Zeit für aufrichtige Seelen aus allem Volk. Mit einem Vorwort von Grau. 8. (XVI, 174 S.) Nürnberg 875, Löhe's Buchh.

—— dass. — 2. Bdchn. 2 Abthlgn. 8. [Nürnberg, Löhe's Buchh.] Gütersloh, Bertelsmann. [1. Abthl. (X, 221 S.) 876. * M. 1,80.; 2. Abthl. (V, 312 S.) 877. * M. 2,20.] *

—— dass. — 2. verb. Aufl. 8. (XV, 162 S.) Kottbus 879, Gotthold-Expedition.

Rupprecht, F. J., s. Ruprecht, Franz J.

Rupprecht, Franz. s. Ruprecht, Franz J.

Rupprecht, Friedr. Karl. Critisches Verzeichniss der Kupferstich-Sammlung Sr. Excellenz des zu Bamberg verstorbenen Stephan, Freiherrn von Stengel. (Auctions-Katalog.) Bamberg 1825. 8°.

Rupprecht, Fritz v., wenn es dämmert ... (33 S.) 15,5 × 15.5 cm. Wien 910. C. Konegen. 1. —

Rupprecht, Georg [aus Graetz, Prov. Posen]: Beiträge zur chemischen Kenntniss einiger Gesteine u. Mineralien Corsikas. . . . Breslau, Druck v. Emil Soyka (1889); 31 + 1 S. 8°
Erlangen, Phil. Fak., Inaug.-Diss. v. 1889

Rupprecht, *Johann* Georg [aus Leipzig]: Tennysons Naturschilderungen ... Leipzig-Reudnitz, Druck v. O. Schmidt, 1893; 74 S., 1 Bl. 8.
Leipzig, Phil. Fak., Inaug.-Diss. v. [26. Okt.] 1893

Rupprecht, Geo., französisches Übungsbuch, s.: Buchner's Lehrmittel f. den französischen Unterricht.

Rupprecht, Gf.

— Abhandl. v. d. Malz-, Brau- u. Gährungskunst. Mit 1 Kpf. 8. Freiberg. 791. Craz u. G. 9 gr.

Rupprecht, J. G., Malz-Brau- u. Gährungskunst, m. K. 8. Freyb. Craz u. G. 790.

Rupprecht, Gf., († d. 31. Mai 1794.) der gute Feld- u. Hauswirth, nebst Hauswirth in d. sächs. Erzgebirge u. andern gebirg. Gegenden ꝛc. gr. 8. Dresden 788. (Craz u. G. in Freiberg). 16 gr.

Rupprecht, H., die Herrlichkeit d. Wortes Gottes. Predigt üb. 2. Petr. 1, 10, geh. am Bibelfeste zu Nürnberg in der St. Aegidienkirche den 16. Juni 1892. gr. 8. (15 S.) Nürnberg 892. J. Ph. Raw. n. — 20

Rupprecht, H., der Mädchenspiegel. Enthüllungen aus dem Geschlechtsleben des Weibes. (108 S.) 8. Pankow b/Berlin, O. Linser Verl. 1. 50

Rupprecht, Heinr., Hilfsbuch f. Maschinisten u. Heizer, s.: Wurr, E.

— Die Maschinentechnik in der Kali-Industrie. (III, 215 S. m. Abb. u. 2 Taf.) Lex. 8. Berlin (910). Montan-Verlag. Geb. in Leinw. 6. —
Sonderabdruck aus: „Illustr. Jahrb. d. Wirtsch. u. Techn. im deutschen Kalisalz-Bergbau".

— Schmiermittel, s. a. Bibliothek der gesamten Technik.

Schmiermittel. Ihre Herstellung, Verwendung und Untersuchung. Von Heinrich Rupprecht. Mit 59 Abb. Hannover: M. Jänecke 1908. (373 S.) 8°
= Bibliothek d. gesamten Technik. Bd 80. [08. 11079 7

Rupprecht, Jh. Fr. Ldw., Roberts Wanderungen als Handwerksbursche im nördl. Deutschland, z. Unterhaltung f. den deutschen Handwerksstand. 8. Halle 805. Hofbuchhandl. in Rudolst. 20 gr.

Rupprecht, J. F., Roberts Wanderungen als Handwerksbursche im nördl. Deutschl., z. Unterh. f. d. deutsch. Handwerksstand. 8. Halle, Societ. 805.

Rupprecht, Joh. Bapt., üb. d. Chrysanthemum indicum, seine Geschichte, Bestimmung u. Pflege. Ein botan.-prakt. Versuch. gr. 8. Wien, 1833. (Beck.) 1. 5

Rupprecht, J. B., Sonetten-Kranz um Hymens Brautfackel gewunden, bei Gelegenheit der allerhöchsten Verbindung des Erzherzogs Albrecht von Oesterreich mit der Prinzessin Hildegard von Bayern. Lex.-8. (2⅞ B. mit Einfassung.) Wien 814, Beck'sche Universitäts-Buchh. * 20 Ngr.; feine Ausg. m. Golddrucktl. u. Goldschn. *

Rupprecht, Jh. Kſp., die Lehre v. d. Verjährung. Probe einer vollendeten Bearbeit. des gesammten heutigen gemeinen Civilrechts. gr. 8. Würzb. 805. Stahel. 8 gr.

Rupprecht, Joh. Matthäus, die Bergpredigt unsers Herrn u. Heilandes Jesu Christi nach Evang. Sct. Matth. Cap. 5—7. mit erklärenden Bemerkungen. gr. 8. (6¼ B.) Hof 843, Grau.

Rupprecht, Joh. Matth., Erklärung des kleinen Katechismus Luther's in Frage u. Antwort mit beigesetzten Sprüchen, bibl. Geschichten u. den wichtigsten Unterscheidungslehren besonders als Leitfaden zum Unterricht der Confirmanden u. zum Katechismus-Unterricht in Seminarien. 8. (IV u. 117 S.) Nürnberg 851, v. Ebner. 6 ngr.

Rupprecht, J. M., Erklärungen zum kleinen Katechismus Luthers in Frage u. Antwort. Erlangen 868. Deichert. 8. (IV, 106 S.) n. 4 ngr.

—— das Gesetz Gottes. Erklärung der heil. zehn Gebote in 13 Betrachtungen über das erste Hauptstück des kleinen Katechismus Luthers. 8. (9½ B.) Erlangen 843, Heyder.

Rupprecht, Johannes, appr. Arzt a. Dresden: Über säurefeste Bazillen nebst Beschreibung eines Falles von spontaner Froschtuberkulose. Stuttgart: Ernst Heinrich Moritz 1904. (31 S.) 8°
Freiburg i. B., Med. Fak., Ref. Schottelius, Diss. v. 1904
[Geb. 4. Mai 80 Dresden; Wohnort: Dresden; Staatsangeh.: Sachsen; Vorbildung: Königl. Gymn. Dresden Reife O. 99; Studium: Freiburg 4, Leipzig 3, Freiburg 2 S.; Coll. 15. Juli 04.]

Rupprecht, [illegible] De medicamentum [illegible] (32 S.) 8°
Berlin, Med. Diss. v. 23 Sept. 1843

Rupprecht, Karl Johann Fr. W., s. Ruprecht

Rupprecht, Konrad

Rupprecht, Conrad, Die gemeinnützige Arbeitsvermittlung. Vortrag, gehalten im steiermärkischen Gewerbeverein am 17. Jan. 1898. Mitteilungen des steiermärk. Gewerbevereins, Jahrg. 4. (Sep.-Abdr. 8°. Graz 1898.)

Rupprecht, Conr., die Errichtung e. allgemeinen freiwilligen Beschäftigungs-Anstalt in Graz auf Grund der Hoffer-Stiftung. Referat, dem Landesverbande f. Wohlthätigkeit in Steiermark erstattet. gr. 8. (40 S.) Graz 899. (Leuschner & Lubensky.) n.n. — 70

— die Wohnungsfrage. Referat, dem Landesverbande f. Wohlthätigkeit in Steiermark erstattet. gr. 8. (60 S.) Ebd. 899. n.n. — 70

[J.] **Rupprecht,** Ludwig: Justus Mösers soziale und volkswirtschaftliche Anschauungen in ihrem Verhältnis zur Theorie und Praxis seines Zeitalters. Gekr. Preisschr. ... Stuttgart, J. G. Cotta, 1892; IV S., 1 Bl., 173 S. 8.
München, Staatswirtsch. Fak., Inaug.-Diss. v. 1892

Rupprecht, Ludw., militärärztliche Erfahrungen während d. deutsch-französischen Krieges im J. 1870/71. Mit e. (lith.) Kärtchen. gr. 8. (IV, 221 S.) Würzburg 871. Stahel. n. 2. 40

RUPPRECHT, Ludwig (München): Ueber Gelenkmaeuse nebst einer neuen zu ihrer Entfernung angegebenen Operation, nämlich der Operatio subaquosa.- München: Schurich 1862. 16 S.
30.10.1861 - Urk (Titel: De muribus articulorum et nova remotionis operatione sub nomine operatione subaquosa.); F 70
Diss. Ingolst.-Landsh.-Mchn.

Rupprecht, Ludw., die Pathologie und Therapie der Parulis. gr. 8. (32 S. mit eingedr. Holzschn.) München 863, (Lindauer'sche Buchh.) *

Rupprecht, Paul

Rupprecht, P., über angeborene spastische Gliederstarre u. spastische Contracturen, s.: Sammlung klinischer Vorträge.

Rupprecht, Paul, die Krankenpflege im Frieden u. im Kriege. Zum Gebrauch f. Jedermann, insbesondere f. Pflegerinnen, Pfleger u. Ärzte. Mit 442 Abbildgn. gr. 8. (XX, 436 S.) Leipzig 890. F. C. W. Vogel. geb. n. 5. —

Rupprecht, Paul, die Krankenpflege im Frieden u. im Kriege. Zum Gebrauch f. Jedermann, insbesondere f. Pflegerinnen, Pfleger u. Ärzte. 2., umgearb. Aufl. gr. 8. (XII, 441 S. m. 528 Abbildgn.) Leipzig 894. F. C. W. Vogel. Geb. in Leinw. n. 5. —

Rupprecht, Paul, die Krankenpflege im Frieden u. im Kriege. Zum Gebrauch f. Jedermann, insbes. f. Pflegerinnen, Pfleger u. Ärzte. M. 523 Abb. 3., verb. Aufl. gr. 8. (XII, 448 S.) Leipzig 898. F. C. W. Vogel. Geb. in Leinw. n. 5. —

Rupprecht, Paul, die Krankenpflege im Frieden u. im Kriege. Zum Gebrauch f. Jedermann, insbesondere f. Pflegerinnen, Pfleger u. Ärzte. Mit 524 Abbildgn. 4. verb. Aufl. gr. 8. (XII, 460 S.) Leipzig 902. F. C. W. Vogel. Geb. in Leinw. n. 5. —

Rupprecht, Paul, die Krankenpflege im Frieden u. im Kriege. Zum Gebrauch f. jedermann, insbesondere f. Pflegerinnen, Pfleger u. Aerzte. 5. Aufl. (XII, 464 S. m. 521 Abbildgn.) 8. Leipzig 905. F. C. W. Vogel. Geb. in Leinw. n. 5. —

Rupprecht, Paul, die Krankenpflege im Frieden u. im Kriege. Zum Gebrauch f. Jedermann, insbesondere f. Pflegerinnen, Pfleger u. Ärzte. 6. Aufl. (XIV, 473 S. m. 521 Abb.) 8. Leipzig 908. F. C. W. Vogel. Geb. in Leinw. 6. —

Rupprecht, Paul T[raugott] B[ernhard] E[phraim]: Casuistisch-epikritischer Bericht ueber das Stadtkrankenhaus zu Halle a/S. während des Zeitraums vom 1. Mai 1872—1. April 1873. Halle 1873: Waisenhaus. 27 S. 8°
Halle-Wittenberg, Med. Diss. v. 16. Aug. 1873
Geb. Hettstedt (Gebirgskr. Mansfeld) 30. 9. 1846. V.

Rupprecht, Theod. (geb. Weissensee in Thür. [illegible] 1825): De vitiorum in cordis valvulis occurrentium diagnosi physica. Longosalissae (1852). (31 S.) 8°
Berlin, Med. Diss. v. 12. Okt. 1852

Rupprecht, Theod. Wenz., kurzgefaßte Geschichte üb. den Ursprung d. heutigen Ordensklöster, Dom- u. Kollegiat-Stifter im Herzogth. Mähren. gr. 8. Wien 783. Gerold. 16 gr.

— notae historicae in univers. jus canon. II Tom. 8. Cöln 788. Metternich. 2 ℛ

Rupprecht, W., die neue Naturheilmethode. Ein Ratgeber f. Gesunde u. Kranke zur naturgemäßen Behandlg. der Krankheiten, nebst Mitteilgn. üb. die Prießnitzsche u. Kneippsche Heilmethode u. die Luft-, Licht- u. Sonnenbäder usw. (210 S.) 8. Berlin (905). S. Mode. n. 2.25

Rupprecht, W.: Gesunde Wohnungen. Ein Wort für die Baugenossenschaften nach hannoverschem Muster. Göttingen: Vandenhoeck & Ruprecht 1895. = Göttinger Arbeiterbibliothek. 1, 6.

Rupprecht v. Virtsolog. Geschichte des k. k. 60. Infanterie-Regim. Wien 1861

Rupprecht v. Virtsolog, Coloman, Hauptm. im Reg. etc. Geschichte des k. k. 60. L.-Inft.-Reg. gegenwärtig Gustav Prinz von Wasa. Verfasst im Auftrage und nach den Weisungen des Reg.-Commandos. Mit einer Eintheilungsliste sämmtlicher Oberofficiere des Reg. (Mit dem Portrait Sr. k. Hoheit des Prinzen von Wasa.) gr. 8. Wien 1871.

Ruepprecht, Chrn., Herzog Albrecht V. von Baiern und seine Stände. Inaugural-Dissertation. gr. 8. (39 S.) München 883, (Kaiser.) * 1 —

Ruepprecht, Chr., für unsere deutschen Bibliotheken, s.: Kultur u. Fortschritt.

Für unsere deutschen Bibliotheken. Eine wichtige nationale Frage. Von Chr[istian] Ruepprecht. Gautzsch b. Leipzig: Dietrich 1910. 14 S. 8°
(Kultur u. Fortschritt. 309.) [10. 1419] 3

Ruepprecht, Chrn., Münchens Bibliotheken. [Aus: „Münchener Stadt-Ztg."] 8. (80 S.) München 890. Selbstverl. d. Verf., Zieblandstr. 34/II. r. n. 1. —

Rueppr echt, Chrn. **Bibliothek-Handbuch** f. kunstgewerbliche Schulen [Museen]. gr. 8. (60 S.) Münch. 889, Selbstverlag. * 1 20

Ruepprecht, Chrn., die **Büchersammlungen** der Universität München. Geschichtlich-statist. Handbüchlein. gr. 8. (51 S.) Regensburg 892. Nationale Verlags-Anstalt. n. — 80

Ruepprecht, Chrn., d. **Information** d. Kurfürsten Maximilian I. v. Bayern f. s. Gemahlin v. 13 März 1651. [Aus: „Oberbayer. Archiv f. vaterländ. Geschichte".] gr. 8. (12 S.) München 896. (G. Franz' Verl.) — 30

— üb. **Inkunabeln**. [Aus: „Deutsche Buchhändler-Akademie".] gr. 8. (13 S.) Weimar 891. H. Weißbach. n. — 25

— der **Mensch** u. seine Wohnung in ihrer Wechselbeziehung. Eine kulturgeschichtl. Skizze. 12. (24 S.) München 885 (Th. Ackermann's Verl.) n. — 50

— Präsenz- u. Ausleihebibliothek, s. a. **Sammlung** gemeinnütziger Vorträge.

Ruepprecht, Chr[istian]: Präsenz- und Ausleih bibliothek. Von Dr. —. (Prag: Calve in Komm.) 1908. S. 26-36. 8⁰ [Umschlagt.]
(Sammlung gemeinnütziger Vorträge. Nr 354.)

Rueppr echt, Mich., Antwort üb. d. Frage: Ob Baiern mit benachbart. Staaten in eine besond. Mauthlinie treten soll? gr. 8. ... Augsburg 828, Wolff. (Kollmann.)

— einige Worte über die bevorstehend. Wahlen d. Abgeordneten zur 2n Kammer d. Stände des Reichs. 8. Augsb. 830. Kranzfelder. 2 gr.

— über Zölle u. Zollanstalten im Allgem., u. insbesond. in Beziehung auf die Vereinigung mehrerer deutschen Bundesstaaten zu e. gleichen Zollsystem. gr. 8. Nürnb. 825. Bauer u. R. 6 gr.

Ruepprecht, Otto Frh. von, Justizref. in Ravensburg. **Das Recht der Lagergeschäfte nach dem Handelsgesetzbuch vom 10. Mai 1897 und dem bürgerlichen Gesetzbuche.** *Tübingen 1899: H. Laupp jr.* (IV, 72 S.) 8° [F.]
Tübingen, Jur. Diss. v. 1899

Rupp richt, Siegfr., **Anweisung** f. d. weibl. Geschlecht, z. Pflege d. Schönheit u. z. Abhülfe mehrerer Schönheitsmängel. Nebst Angabe d. bewährtesten u. unschädl. Schönheitsmittel. gr. 8. (15¾ B.) Breslau 839, 40, Graß, Barth u. Comp.

—— der **Arzt** als Hausfreund. Ein treuer u. zuverläss. Rathgeber f. Familien-Väter u. Mütter bei d. Krankheiten e. jeden Alters u. Geschlechts. Bearb. nach d. neuesten Fortschritten d. Wissenschaft. 1. Hft. gr. 8. (5 B.) Glogau 840, Flemming.

— — s. a. **Haus-Bibliothek**, kleine, der Land- und Hauswirthschaft.

—— dass. — s. **Hausbibliothek** der Land- und Hauswirthschaft.

Rupp richt, S., der Arzt als Hausfreund. Ein treuer und zuverlässiger Rathgeber für Familien-Väter und Mütter bei den Krankheiten eines jeden Alters und Geschlechts. Bearb. nach den neuesten Fortschritten der Wissenschaft. 2., verm. und verb. Aufl. gr. 8. (XVI und 489 S.) Glogau 854, Flemming's Verlag.

Rupp richt, S., der Arzt als Hausfreund. Ein treuer und zuverlässiger Rathgeber für Familien-Väter und Mütter bei den Krankheiten eines jeden Alters und Geschlechts. Bearb. nach den neuesten Fortschritten der Wissenschaft. 3. Aufl. 1860. 27 Ngr. und 4., verm. und verb. Aufl. gr. 8. (XVI und 489 S.) Glogau 861, Flemming's Verlag.

Rupp richt, S., der Arzt als Hausfreund. Ein treuer und zuverlässiger Rathgeber für Familienväter und Mütter bei den Krankheiten eines jeden Alters und Geschlechts. Bearb. nach den neuesten Fortschritten der Wissenschaft. 5.—7., verm. und verb. (Titel-)Aufl. gr. 8. (XVI und 489 S.) Glogau 863—68, Flemming.

Rupprícht, S., der Arzt als Hausfreund. Ein treuer u. zuverläss. Rathgeber f. Familienväter u. Mütter bei den Krankheiten e. jeden Alters u. Geschlechts. Bearb. nach den neuesten Fortschritten der Wissenschaft. 8. verm. u. verb. Aufl. gr. 8. (XII, 448 S.) Glogau 872. Flemming. geb. 3. —

Rupp richt, S., der Arzt als Hausfreund. Ein treuer und zuverlässiger Rathgeber für Familienväter und Mütter bei den Krankheiten eines jeden Alters und Geschlechts. Bearb. nach den neuesten Fortschritten der Wissenschaft. 9. verm. und verb. Aufl. gr. 8. (XII, 466 S.) Glogau 877, Flemming. geb. *

Rupprícht, S., der Arzt als Hausfreund. Ein treuer u. zuverläss. Rathgeber für Familienväter u. Mütter bei den Krankheiten eines jeden Alters u. Geschlechts. Bearb. nach den neuesten Fortschritten der Wissenschaft. 9., verm. u. verb. Aufl. gr. 8. (XII, 466 S.) Glogau 879. Flemming. geb. n. 3. 50

Rupp richt, S., der Arzt als Hausfreund. Ein treuer und zuverlässiger Rathgeber für Familienväter und Mütter bei den Krankheiten eines jeden Alters und Geschlechts. 10., nach den neuesten Fortschritten der Wissenschaft umgearb. Aufl. gr. 8. (XVI, 484 S.) Glogau 886, Flemming. geb. *

Rupprícht, S., der Arzt als Hausfreund. Ein treuer u. zuverläss. Ratgeber bei den Krankheiten e. jeden Alters u. Geschlechts. 11., nach den neuesten Fortschritten der Wissenschaft umgearb. Aufl. gr. 8. (XX, 360 S.) Glogau 899. C. Flemming n. 3. —; geb. in Leinw. n. 3. 50

(B) **Rupprícht**, S.: Der Arzt als Hausfreund. 1899. (H 98/00. K 32.)
Jetzt: Berlin, J. Gnadenfeld & Co. Erh. Pr. geb. 4.20

—— **Ehrenrettung** d. Vinc. Priesnitz u. seines Heilverfahrens, od. Beleucht. d. Ansichten d. Dr. Ehrenbergs üb. d. Gräfenberger Wasserkuren. 8. (11½ B.) Breslau 840, Max u. Komp.

Rupprícht, **Geschlechtsleben** in der Ehe. (78 S.) kl. 8. Langensalza (905). Verlag Gesundes Leben. n. 1. —

—— von d. **Natur** u. Gesundheitspflege d. Weibes in körperl. u. geist. Bezieh. als Mädchen, Jungfrau u. Frau. Zur Belehr. f. Nichtärzte. gr. 8. (14 B.) Breslau 840, Graß, Barth u. Comp.

Nieren- und Blasenleiden, ihre Ursache u. Heilung. Nebst Beseitigung d. Unterleibskrankheiten nach d. Methode Prießnitz-Gräfenberg. Von Dr. **Rupprícht**. Langensalza: Gesundes Leben [1905]. (IV, 41 S.) 8° [F.] [05. 10489 S

— neuer ärztlicher **Rathgeber**. 1r Jahrg., in 3 Quartalen. gr. 4. Breslau 840. Graß, Barth u. Comp. n. 2 [illegible]

— **Wurmkrankheiten**, **Wassersucht**, **Hämorrhoiden**, **Krampfadern**, **Aderknoten u. Geschwüre**. Die Entstehg. u. Heilg. dieser Krankheiten gemeinverständlich beschrieben nebst den Anwendungsformen der Naturheilmethode bei der häusl. Krankenpflege. (VI, 170 S. m. Abbildgn.) kl. 8. Ebd. (905). n. 2. 25

Wurmkrankheiten, Wassersucht, Hämorrhoiden, Krampfadern, Aderknoten und Geschwüre. Die Entstehung u. Heilung dieser Krankheiten gemeinverständl. beschrieben nebst d. Anwendungsformen d. Naturheilmethode bei d. häusl. Krankenpflege. Von Dr. **Rupprícht**. Mit Abb. Langensalza: Gesundes Leben [1906]. (170 S.) 8° [F.] [06. 8775 S

Rupprícht, Wilhelm, aus Görlitz: **Ueber Pseudarthrosen.** *München 1901: C. Wolf & Sohn.* (79 S.) 8°
München, Med. Diss. v. 1901

Ruppsch od. Nicht-Ruppsch? Eine Lebensfrage f. den heutigen Gust.-Ad.-Verein. Zur Vorbereitung auf die Darmstädter Haupt-Versammlung beantwortet von Gust. Adolphs Glaubensbruder. gr. 8. (VIII u. 67 S.) Magdeburg 847, Falckenberg & Co. n. ⅙ Thlr

Ruprecht der Furchtbare, s. a. **Ritter- und Räubergeschichten**.

RUPRECHT der Furchtbare, Schutzheiliger u. schrecklicher Rächer am Gottesgericht. Eine Reihe Greuelthaten aus d. Barbarei d. Vorzeit wo noch Vehmgerichte u. Räuberhorden herrschten. 3 Bde. Meerane. O. J. (ca. 1845?). 8⁰. (2 Mk. Frz. Teubner, Bonn, c. 1895.)

RITTER Ruprecht der Furchtbare, Schutzheiliger und schrecklicher Rächer am Gottesgericht. Eine Reihe Greuelthaten aus der Barbarei der Vorzeit, wo noch Vehmgerichte und Räuberhorden herrschten. 3 Bde. Meerane, Bruno Hinze, o. J. (1857—58). 8⁰. (3 Mk., Adolf Weigel, 1906; 1 Mk. 20 Pfg., geles. Expl., M. Hauptvogel, Gotha 1909.)

Ruprecht von Freysing (XIV. Jahrh. [illegible]) Bayerisches Rechtsbuch, hrsg. von *L. Westenrieder.* München, bey Joseph Lindauer 1802. 8⁰. Ppbd. m. Ex-libris.
[illegible] Facsim. auf S. 1.

Ruprecht, Knecht, u. andere Legenden u. Märchen in kurzer Darstellg., s.: **Jugendbände, Münchener.** Nr. 3.

Ruprecht, Knecht. **Illustr. Jahrbuch f. Knaben u. Mädchen,** hrsg. v. Herm. Schaffstein. (2. Bd.) (63 S. m. z. Tl. farb. Abb.) Lex. 8. Köln (907). H. & F. Schaffstein. Kart. 3.—

— Knecht, Abenteuer, s.: **Dietrich's Bibliothek** f. die reifere Jugend. 3. Bd.

Ruprecht von der Pfalz, s. **Frey**, Leop.

Ruprecht u. Rudolph, die edlen Räuber. Mit 1 Kpf. 2 Thle. 8. Leipz. 801. Fr. Fleischer. 3 ℳ Holländ. Pap. 4 ℳ

Ruprecht u. Rudolph, d. edlen Räuber, mehr Wahrheit als Roman. 2 Thle. m. 1 K. 8. Leipz. Benj. Fleischer. 807.

Ruprecht, [illegible]

Ruprecht, B. G., Anleit. z. Behandl. d. Bienen, mit besond. Rücksicht f. Schlesien. gr. 8. Bresl. 819. Holäufer. 1 ℳ

Ruprecht, C.: Die Anlage von Hochwassersammelbecken im Okergebiete, s. **Keller**, Hermann

Ruprecht, (C.), Aphorismen u. Beiträge zu der Anschauungslehre in den mathemat. Wissenschaften. gr. 4. (34 S.) Hersfeld 850. Hanau, König in Comm. n. 8 ℳ

Ruprecht, Ed, der gute Hirte. Lieder u. Gedichte zu Jesu Preis. I. 12. (16 S.) Striegau 902. R. Urban. — 15

Ruprecht, Ernst, die Buchhaltung. Eine Erklärung ihrer Grundsätze und Formen. 2. umgearb. und verm. Aufl. gr. 8. (IV, 54 S.) Bielitz 884. (Wien, Graeser.) * 1 —
1. Aufl. erschien im Selbstverlage des Verfassers.

Ruprecht, Ernst, die Buchhaltung. Eine Erklärg. ihrer Grundsätze u. Formen. 3. durchgeseh. [Titel-]Aufl. 12. (90 S.) Wien (884.) 898. C. Graeser & Co. n. 1.—

Ruprecht, Ernst, Die Buchhaltung. Eine Erklärung ihrer Grundsätze und Formen. Dritte, durchgesehene Auflage. 8. (89, S.) —.50
Wien: Graeser 1898.

— die Geschäftsaufsätze d. Gewerbtreibenden. Ein Leitfaden f. den Unterricht an den gewerbl. Fortbildungsschulen u. zugleich Handbuch f. Gewerbtreibende. Im Auftrage u. m. Unterstützg. d. hohen k. k. Ministeriums f. Cultus u. Unterricht hrsg. gr. 8. (IV, 209 S.) Ebend. 884. n.n. — 60

— u. R. **Stübiger**, Geschäftsaufsätze u. allgem. Gewerbevorschriften, s.: **Lehrtexte** f. die österr. gewerbl. Fortbildungsschulen. I.

Ruprecht E. und **Stübiger R.**, Geschäftsaufsätze und allgemeine Gewerbevorschriften. Ein Leitfaden für den Unterricht an gewerblichen Lehranstalten, zugleich Handbuch für Gewerbetreibende. 11. Auflage. Wien 1907. Verlag von Franz Deuticke. Kart. K 1.20.

(F) **Ruprecht**, E. und **Stübiger**, R., Geschäftsaufsätze und allgemeine Gewerbevorschriften. [Lehrtexte für die österr. gewerblichen Fortbildungs- und Fachschulen. I.] 11. Aufl. Gr.-8⁰. (V, 214 S.) kart. K 1.20
Wien: Freytag u. Berndt 1908.

(F) **Ruprecht**, E. und **Stübiger**, R., Geschäftsaufsätze und allgemeine Gewerbevorschriften. 12. Aufl. Gr.-8⁰. (206 S.) kart. K 1.20
Wien: Deuticke 1909.

Ruprecht, Ernst. Die gewerblichen Geschäfts-Aufsätze, s. **Lehrtexte** f. die österreichischen gewerblichen Fortbildungsschulen.

— — Die gewerbl. Geschäfts-Aufsätze. Ein Leitfaden f. d. Unterricht, zugl. Handbuch f. Gewerbtreibende. (Lehrtexte für die österr. gewerbl. Fortbildungsschulen. I.) Anhang: Lesestücke u. Geschäfts-Notizen. 2., verm. u. verbess. Aufl. 8. (210 S.) Ebds. Cart. 36 kr. 1885

Ruprecht, Ernst, Die gewerblichen Geschäftsaufsätze. Ein Leitfaden für den Unterricht, zugleich Handbuch für Gewerbetreibende. Im Anhange Lesestücke und Geschäftsnotizen. 5. unveränderte Auflage. Wien 1890. K. Graeser. (Min.-Erl. 31 December 1889. Z. 25143.) Cartonnirt —.36

Ruprecht, Ernst, Die gewerblichen Geschäfts-Aufsätze. Ein Leitfaden für den Unterricht; zugleich Handbuch für Gewerbetreibende. Im Anhange Lesestücke und Geschäftsnotizen. 6. vermehrte Auflage. Wien 1892. K. Graeser.

Ruprecht, Ernst, Die gewerblichen Geschäftsaufsätze. Ein Leitfaden für den Unterricht an gewerblichen Fortbildungsschulen und Handwerkerschulen, zugleich Handbuch für Gewerbetreibende. 7. verbesserte Auflage. Wien 1898. Karl Graeser Cart. —.45

Ruprecht, Ernst, Die gewerblichen Geschäfts-Aufsätze. Ein Leitfaden für den Unterricht an gewerblichen Fortbildungsschulen und Handwerkerschulen, zugleich Handbuch für Gewerbetreibende. Gr.-8. 7. verbesserte Auflage. [Lehr-Texte für die österreichischen gewerblichen Fortbildungsschulen I.] (IV, 110 S.) Cart. * —.45
Wien: Graeser 1898.

Ruprecht, Ernst, Die gewerblichen Geschäfts-Aufsätze. Ein Leitfaden für den Unterricht an gewerblichen Fortbildungsschulen, zugleich Handbuch für Gewerbetreibende. (Lehrtexte für die österr. gewerbl. Fortbildungsschulen I.) 8. durchgesehene Auflage. 8. (IV, 210 S.) Cart. —.45
Wien: Graeser 1898.

Ruprecht E. und **Stübiger R.**, Geschäftsaufsätze und allgemeine Gewerbevorschriften. Ein Leitfaden für den Unterricht an Werkmeisterschulen, Fachschulen für einzelne gewerbliche Zweige, allgemeinen Handwerkerschulen und gewerblichen Fortbildungsschulen, zugleich Handbuch für Gewerbetreibende. 10. Auflage. Wien 1904 Verlag von Karl Graeser & Kie. Preis, kartoniert 1 K

Ruprecht, E., Geschäftsaufsätze und allgemeine Gewerbevorschriften. 10. Aufl. Gr.-8⁰. (IV, 213 S.) K 1.—
Wien: Deuticke 1906.

Rudolf von Habsburg. Hist. Drama in 5 Acten von Ernst Ruprecht. Bielitz: Selbstverl. 1892. (55 S.) 8° [G.]
(Theater f. d. deutsche Jugend.)

Ruprecht, der Ladenpreis im Buchhandel. Göttingen 889.

Ruprecht, Ernst, e Carlo Krall, Scritture d'affari e nozioni generali sulle industrie, s. Libri di testo per le scuole industriali di perfezionamento. I.

Ruprecht-Krall, Scritture d'affari e nozioni generali sulle industrie. [Libri di testo per le Scuole industriali di perfezioamento I.] (IV, 208 S.) kart. K 1.20
Wien: Deuticke 1906.

Ruprecht-Krall, Scritture d' affari e nozioni generali sulle industrie. Guida nell' instruzione a scuole per capi officina, a quelle speciali per singole industrie e generali di arti e mestieri, nonchè alle scuole professionali di perfezionamente contemporaneamente manuale per gli industriali. 2. Auflage. Karl Graeser & Kie. Wien 1906. Geb. K 1.20.

— lo stilo d'affari nelle aziende industriali, s.: Libri di testo per le scuole industrionali di porfezionamento austriachi.

Ruprecht, Franz J.

Ruprecht, F. J., Algae Ochotenses. Die ersten sicheren Nachrichten über die Tange des ochotskischen Meeres. Imp.-4. (243 S. mit 10 Stnt. in Imp.-4. und Imp.-Fol.) St. Petersburg 850. (Leipzig, Voss.) **
Aus: Middendorff's sibirischer Reise, Bd. I. Thl. 2., besonders abgedruckt.

Ruprecht, F. J., Bambuseae. 4maj. (9³/₄ B. u. 18 Stnt.) Petropoli 839. (Lipsiae, Voss.) *
Aus: Acta Acad. Petrop. Ser. VI. Tom. V. 2. Part. sc. natur., besond. abgedruckt.

Ruprecht, F. J. Ueber einen verkieselten Baumstamm aus der Kirghisen-Steppe. 1859.

— **Bemerkungen über den Bau und das Wachsthum einiger grossen Algen-Stämme, und über die Mittel, das Alter derselben zu bestimmen.** Imp.-4. (14 S. und 1 Stnt. in Fol.) St.-Petersburg 848. (Leipzig, Voss.) **
Aus: Mémoires de l'acad. imp. des sciences naturelles, Tome VI., besonders abgedruckt.

Ruprecht, F. J., decas plantarum Amurensium sive tabulae botanicae X (lith.) ex itinerario D. Maack seorsum editae. St. Petersburg 859. (Leipzig, Voss.) gr. Fol. nn. 5 ℳ

— **Flora Boreali-uralensis. Ueber die Verbreitung der Pflanzen im nördlichen Ural. Nach den Ergebnissen der Ural-Expedition in den J. 1847—1848. Imp.-4. (50 S. mit 3 Stndrt. in Imp.-4. und Fol.) St. Petersburg 854(60). Leipzig, Voss.** **
Vgl.: Ural, der nördliche. 2. Bd.

Ruprecht, F. J., flora Caucasi, s. Mémoires de l'académie impér. des sciences de St. Pétersbourg.

— **Flora Ingrica sive historia plantarum gubernii Petropolitani. Vol. I. gr. 16. (XXVI und 670 S.) St. Petersburg 860. Leipzig, Voss.** **

Ruprecht, F. J., barometrische Höhenbestimmungen im Caucasus, s. Mémoires de l'académie impér. des sciences de St.-Pétersbourg.

Ruprecht (F. J.). Barometr. Hoehenbestimmungen im Caucasus . . . fuer Pflanzengeogr. Zwecke. Petersb. 1863. 4°.

Rupprecht, Franc., Illustrationes Algarum, s. Postels, A.

Ruprecht, F. J., neue oder unvollständig bekannte Pflanzen aus dem nördlichen Theile des stillen Oceans. Der Akademie vorgelegt den 30. Jan. 1852. Imp.-4. (26 S. mit 8 Stnt. in Imp.-4. und Fol.) St. Petersburg 852. (Leipzig, Voss.) **
Aus: Mém. de l'acad. de St.-Petersb. Sc. natur. Tome VII., besonders abgedruckt.

— Sertum Tian-Schanicum, s. Mémoires de l'Académie impér. des sciences de St. Pétersbourg.

— Sertum Tian-Schanicum, s. Osten-Sacken, Baron Fr. v. d.

— species graminum stipaceor., s. Trinius, C. B.

Ruprecht, F. J., Symbolae ad historiam et geographiam plantarum Rossicarum. gr. 8. (252 S. und 6 Kpfrt. in gr. 4.) Petropoli 846. (Leipzig, Voss.) Thlr. **
Aus: Beiträge zur Pflanzenkunde des russ. Reichs, besonders abgedruckt.

Rupprecht, F. J., Symbolae ad histor. et geograph. Plantarum rossicarum. Lex.-8. (15³/₄ B. u. 6 Taf. Abbild.) Petropoli 846. (Lipsiae, Voss.) **
Inhalt: I. Flores Samojed. cisuralensium. II. Distrib. Cryptogam. vascul. III. In histor. stirp. Florae Petropolitanae diatribae. IV. Curae posteriores et Index.

— über das System der Rhodophyceae. [Gelesen d. 14. Februar 1851.] Mit 1 (lith.) Taf. [Aus den Mémoires des sciences naturelles, Tome VII. abgedr.] Imp. 4. (30 S.) St. Petersburg 851. Leipzig, Voss. n. n. ½ ℳ

— **über den Ursprung u. die wissenschaftl. Bedeutung des Tschornosjom oder der Schwarzerde Russlands. Geobotanische Untersuchungen. [Aus: Schriften der kaiserl. Akad. der Wiss. zu St. Petersburg.] St. Petersburg 867. (Leipzig, Voss.) gr. 8. (III, 180 S. mit eingedr. Holzschn., 1 Tab. in 4. u. 1 chromolith. Karte in 4.)** n.n. 1 ℳ 26 ngr.

— die Vegetation des Rothen Meeres u. ihre Beziehung zu den allgem. Sätzen der Pflanzen-Geographie. [Aus den Mémoires de l'académie impériale des sciences; sc. naturelles Tome VI. abgedr.] Imp. 4. (14 S.) St. Petersburg 849. (Leipzig, Voss.) n. n. ⅓ ℳ

— über die Verbreitung der Pflanzen im nördl. Ural, siehe: Beiträge zur Pflanzenkunde des Russ. Reichs, 7. Lfg.

v. Ruprecht, Geo. Jos., († d. . . April 1788.) Eucharistiale Archiconfraternitatis sacrosancti corporis Christi salvatoris; d. i.: 52 Predigten d. allerheil. Altarsacraments. 4. Sulzb. 751.

Ruprecht, Gf. Maurit, freimüth. Gedanken üb. die Schicksale der Religion; in Predigten rc. 8. Steyer 798. (Eurich) in Linz. 6 ℊ

Ruprecht, Gust., s.: Bibliotheca theologica.

Ruprecht, H. J., Hand-Atlas für den Unterricht in der Naturgeschichte aller drei Reiche. Supplement: Wandtafeln zur Naturgeschichte. Von Voigtländer. Dresden 870. Meinhold & Söhne. Imp.-Fol. (8 Chromolith.) **n. 2 ℳ**
Cplt. mit Suppl. n. 10 ℳ

Ruprecht, H. J., tabellarische Uebersicht der Naturproducte aller drei Reiche. [Hauptsächlich nach J. Leunis.] Als Repetitorium u. zum Handgebrauche, zunächst für die mittleren Classen zusammengestellt. Dresden 859. Meinhold & Söhne. Lex.-8. (24 S.) n. 2 ngr.

— **Wand-Atlas für den Unterricht in der Natur-Geschichte aller drei Reiche. Gesammelt, bearb. und nach der Natur gezeichnet. 4 Lfgn. Imp.-Fol. (40 ill. Stnt. mit Register 21 S. in Lex.-8.) Dresden 860, Meinhold und Söhne. à Lfg.** * 2 Thlr. *

Ruprecht, H. J., Wand-Atlas für den Unterricht in der Naturgeschichte aller drei Reiche. Gesammelt, bearb. und nach der Natur gezeichnet. 2. Aufl. in 4 Lfgn. gr. Fol. (40 color. Stnt. mit 21 S. Text in 8.) Dresden 871, Meinhold und Söhne. à Lfg. *ℳ 6. * 24 —

—— dass. — Supplement: Wandtafeln zur Naturgeschichte. Von Voigtländer. Imp.-Fol. (8 Chromolithogr.) Ebendas. 870. * 6 —

Ruprecht, H. J., Wand-Atlas für den Unterricht in der Naturgeschichte aller drei Reiche. Gesammelt, bearb. u. nach der Natur gezeichnet. 3. Aufl. 4 Lfgn. gr. Fol. (à 10 chromolith. Taf.) Dresden 877. Meinhold & Söhne. à n. 6. —

Ruprecht, Hans, unter dem Tannenbaum. Weihnachtsmärchen. 16. (55 S.) Berlin 870. München, Th. Ackermann. geb. 1. —

Ruprecht, J. G., s. R u p p r e c h t , Gf.

Ruprecht, Johann Christoph (Frankfurt/M.) A. S. 23/12

Dissertatio inauguralis juridica de fideicommisso familiae cognatico.
Marburg (Muller) 26. XI. 1739. 24 S.

Gew.: Stadt Frankfurt/M. 29583

Gullmann in A u g s b u r g. — Das Freuden-volle Gullmannisch- und Barbische Taungsr [sic. statt Trauungs]-Fest. Das nach des Himmels Fügen/, Sich im Vergnügen/ Den ... [?] Junii im Jahr 1730. Zu Rothenburg an der Tauber, Abfeyren läßt, Aus Kindlicher Pflicht/Im Wunsch-Gedicht/Im Nahmen aller Geschwister Vorgestellt von denen zu Itzstein studierenden gehorsamsten Söhnen, Joh. Christoph Ruprecht, und Heinrich Albrecht Gullmann. O. O. [Itzstein] Truckts Erdm. Andr. Lyce, Hof- und Cantzley-Buchdrucker [1730]. 2 Bl. *Mit 1 Initiale und 2 Ziervignetten in Holzschnitt.*
Glückwunschgedicht von 56 Versen in mehreren verschiedenen Frakturgrößen gedruckt.

Ruprecht, Joh. Geo., Jahresgeschichten d. Stiftes u. Klosters Waldsassen. Nach der Orig.-Handschrift veröffentlicht v. Frz. Binhack. (39 S.) 8. Regensburg (903). J. Habbel. n. — 40

Ruprecht, Karl, Die Fabrikation von Albumin und Eierconserven. Eine Darstellung der Eigenschaften der Eiweißkörper und der Fabrikation von Eier- und Blutalbumin, des Patent- und Naturalbumins, der Eier- und Dotter-Conserven und der zur Conservirung frischer Eier dienenden Verfahren. Nach dem neuesten Stande der Wissenschaft und Praxis geschildert. Mit 13 Abbildungen. 8. (160 S.) Geh. (Chemisch-technische Bibliothek. Bd. LXXXVIII). 1 fl. 20 kr.
Wien: Hartleben 1881.

Ruprecht, Karl, die Fabrikation von Albumin und Eierconserven. Eine Darstellung der Eigenschaften der Eiweißkörper und der Fabrikation von Eier- und Blutalbumin, des Patent- und Naturalbumins, der Eier- und Dotter-Conserven und der zur Conservirung der frischen Eier dienenden Verfahren. Nach dem neuesten Stande der Wissenschaft und Praxis geschildert. 8. (IV, 158 S. mit 13 eingedr. Holzschn.-Abbild.) Wien 882, Hartleben's Verlag. 2 25

Ruprecht, Karl, die Fabrikation v. Albumin u. Eierkonserven. Eine Darstellg. der Eigenschaften der Eiweißkörper, der Fabrikation v. Eier- u. Blutalbumin, des Patent- u. Naturalbumins, des Albumins f. photograph. Zwecke, der Eier- u. Dotter-Konserven u. der zur Konservierg. frischer Eier dien. Verfahren, sowie der Fabrikation des Kaseins u. der Verwertg. der hierbei sich ergeb. Abfälle. 2., sehr erweit. Aufl. (VII, 156 S. m. 16 Abbildgn) 8. Wien 904. A. Hartleben. n. 2. 25; geb. n. 3. 05

Ruprecht, Karl Johann Fr. W.

Ruprecht, C. J. F. W., siehe c. B i b l i o t h e c a juridica.

Rupprecht, Karl Joh. Fr. W., Bibliotheca juridica oder geordnete Übersicht aller auf dem Gebiete der Staats- und Rechtswissenschaft in Deutschland neu erschienenen Bücher. Bd. 1. 2. Göttingen 1816—19. 8.

Ruprecht, C. J. F. W., s.: B i b l i o t h e c a medico-chirurgica, pharmaceutico-chemica et veterinaria.

Ruprecht, C. J. F. W.,

—— Bibliotheca philologica, s. B i b l i o t h e c a.

Ruprecht, C. J. F. W.: B i b l i o t h e c a theologica, s. B i b l i o t h e c a.

Ruprecht, L., die deutschen Patronymika, nachgewiesen an der ostfriesischen Mundart. Hildesheim 864. (Göttingen, Vandenhoeck & Ruprecht.) gr. 4. (23 S.) n. 8 ngr.

Ruprecht, Louis, praktische Anleitung zum Pianofortespiel. Ein Wegweiser für Lehrer, Hauslehrer, Väter, Mütter und Erzieherinnen beim Unterricht im Pianofortespiel. Leipzig 863. Ruhl. gr. 4. (2 Bl., 109 S.) 1 ₰ 10 ngr.

Ruprecht, Louis, praktische Anleitung zum Pianofortespiel. Ein Wegweiser f. Lehrer, Hauslehrer, Väter etc. beim Unterrichte im Pianofortespiel gr. 4. (108 S.) Leipzig 874. Ruhl. 4. —

Ruprecht, Ludw., siehe: B i b l i o t h e c a philologica.

Ruprecht, Ludw., die deutsche Rechtschreibung vom Standpunkte der historischen Grammatik beleuchtet. gr. 8. 1. Aufl. (55 S.) 1854. und 2., umgearb. Aufl. (IX und 121 S.) Göttingen 856(57,) Vandenhoeck und Ruprecht's Verlag.

Ruprecht, Ludwig G. W. Gesch d Entstehung u Entwicklung des New Yorker Deutschen Apotheker-Vereins ... NY, 1876.

Ruprecht, M., über Starkstromanlagen u. electromedicinische Anschlussapparate m. besond. Berücksicht. neuer Gleichstromumformer f. Galvanokaustik. (IV, 76 S. m. Fig.) 8. Berlin 904. Vogel & Kreienbrink. n. 1. —

Ruprecht, Max: Ein neuer Apparat zur Sterilisation elastischer Katheter. *Tübingen: H. Laupp 1898.* (41 S.) 8° ¶(Aus: Beiträge zur klinischen Chirurgie, Bd 21 H. 3.)
Tübingen, Med. Diss. v. 1898

Ruprecht, Otto, Referendar: Das Verhältnis des Irrtums zum Dissens beim Vertragsabschluß. Borna-Leipzig 1909: Noske. VI, 59 S. 8°
Erlangen, Jur. Diss. v. 23. Juni 1909, Ref. Binder
[Geb. 23. Aug. 86 Hannover; Wohnort: Melle; Staatsangeh.: Preußen; Vorbildung: Gymn. Hannover Reife O. 05; Studium: Göttingen 4, München 2 S.; Rig. 4. Mai 09.] [U 10. 750

Ruprecht, Paul Georg (geb. Muncheberg in d. Mark [11. 4.] 1847): Einfluss der Pocken auf Schwangerschaft und Geburt. Berlin (1872) (35 S.) 8°
Berlin, Med. Diss. v. 10. Juli 1872

Ruprecht, Rud., bibliotheca chemica et pharmaceutica Alphabetisches Verzeichniss der auf dem Gebiete der reinen, pharmaceut., physiolog. u. techn. Chemie in den J. 1858 bis Ende 1870 in Deutschland u. im Auslande erschien. Schriften. Mit e. ausführl. Sachregister. gr. 8. (125 S.) Göttingen 872. Vandenhoeck & Ruprecht. n. 2. 40

Ruprecht, Thdr., Franklin's Leben, s. Bildungs-Halle ꝛc.

Ruprecht, W., vom deutschen Buchhandel. [Aus: „Grenzboten".] gr. 8. (16 S.) Leipzig 887. Grunow. n. — 10

— der Ladenpreis im deutschen Buchhandel. Seine volkswirthschaftl. Bedeutg. u. Berechtigg. 1.—3. Aufl. gr. 8. (8 S.) Göttingen 889. Vandenhoeck & Ruprecht's Verl. — 15

— e. Weg zur Erhaltung d. Provinzialsortiments. gr. 8. (8 S.) Ebd. 889. n. — 20

Ruprecht, Wilh., die Barsortimente. Ein Segen od. e. Gefahr f. den deutschen Buchhandel? gr. 8. (16 S.) Göttingen 891. (Vandenhoeck & Ruprecht.) n. — 20

Ruprecht, Wilh., die Erbpacht. Ein Beitrag zur Geschichte u. Reform derselben insbesondere in Deutschland. gr. 8. (V, 183 S.) Göttingen 882. Vandenhoeck & Ruprecht's Verl. n. 3. 60

Ruprecht, Wilh., gesunde Wohnungen. E. Wort f. d. Baugenossenschaften nach hannov. Muster, s. a. Arbeiterbibliothek, Göttinger, 1, 6.

Ruprecht, Dr. Wilh., Gesunde Wohnungen. Ein Wort für die Baugenossenschaften nach hannoveranischem Muster. (Göttinger Arbeiterbibliothek, 1. Bd., 6. Heft.) 8°. Göttingen 1895.

[F.] Gesunde Wohnungen. (E. Wort f. d. Baugenossenschaften.) Von W[ilhelm] Ruprecht, Göttingen. *Göttingen: Vandenhoeck & Ruprecht 1896.* (81—96 S.) 8.
— Arbeiterbibliothek, Göttinger. Bd 1. H. 6. (96. 3346

Ruprecht, Wilh., die Wohnungen der arbeitenden Klassen in London. Mit besond. Berücksicht. der neueren engl. Gesetzgebg. u. ihrer Erfolge. gr. 8. (IV, 144 S.) Göttingen 884. Vandenhoeck & Ruprecht's Verl. n. 2. 80

Ruprecht-Ransern, Aufruf, s.: **Tholuck, Hans,** der Bund der Landwirthe.

Ruprich, Désirée, Gedichte. (VII, 104 S.) kl. 8. Radegund 910. (Graz, Leykam.) Geb. in Leinw. 2.—

Ruprich, Wenzel, die Berechnung der Devisen nach der vom 1. Jänner 1881 an der Wiener Börse eingeführten neuen Notirung. Lex.-8. (4 S.) Brünn 881. Winiker. n. — 30

—— die Berechnung der im amtlichen Wiener Cursblatt notirten Effecten, Devisen und Valuten, nebst einem Anhang über Zinsenberechnungsvortheile, einer Münz-, Mass- und Gewichtstabelle der wichsigsten Länder und Plätze mit der Verordnung über die Goldzölle. Lex.-8. (53 S.) Ebendas. 879. * 1 20

Ruprich, Wenzel, einige sogenannte Buchführungs-Methoden und Systeme im Vergleiche mit dem Systeme der doppelten italienischen Buchführung. 4. (16 S.) Brünn 879, Winiker's Buchh.

Ruprich, Wenzel, graphische Darstellung der Fluctuation der Curse einiger öst. Börse-Effecten f. die Zeit vom Beginn der Krisis [Anfangs Mai] bis Ende Decbr. 1873. 2 (lith.) Blatt. Fol. Brünn 874. Winiker. n. — 80

Ruprich, Wenzel, Handbuch f. Bankbeamte, Contoristen u. Lernende. 2. Aufl. gr. 8. (III, 122 S.) Brünn 884. Winiker. n. 3. —

Ruprich, Wenzel, der Conto-Corrent oder die laufende Rechnung. Lex.-8. (III, 44 S.) Brünn 880. Winiker. n. 1. 8

RUEPSCHL., Moriz: Die chronologische Folge der Ereignisse in dem Leben Adalberts von Prag. — 1898. 93 S. Diss. Graz, Univ.

RUPSTEIN, F. Das Chloralhydrat. Göttingen, 1869.

Rupstein, Friedr., Dr. Heinr. Phil. Sextro, weil. Ober-Consistor.-Rath rc. zu Hannover. Eine Gedächtnißschr. seines Lebens u. Wirkens wie seiner wohlth. Stiftungen. gr. 8. (9½ B. u. S's Bildn. u. Facsim.) Hannover 839, Hahnsche Hofbuchh. *

Rupstein, J. G. E. Fr., Auswahl von Predigten, in d. Kgl. Schloßkirche zu Hannover gehalt., u. nach d. Reihefolge d. Sonn- u. Feyertage e. Jahrgangs geord. Eine Gabe zum Abschiede. 1. u. 2. Bd. gr. 8. (22 u. 23¾ B.) Hannover 832, Hahn. ü

Ruer, Armin. (geb. Meschede in Westf. 19. 2. 1828): De ancylosibus. Berolini (1851). (25 S.) 8°
Berlin, Med. Diss. v. 19. Aug. 1851

Ruer, Dav. (geb. Meschede 1802): De asthmate Millari. Berolini (1824). (35 S.) 8°
Berlin, Med. Diss. v. 4. Mai 1824

Ruer, Fr. Wlh., s. 1) **Blätter,** vaterländ., f. Westphalen. 1r Jahrg., u. setze hinzu: herausgg. von Fr. Wlh. Ruer. 2) **Dampfapparat.**

Ruer, H. I.: Spinae bifidae ex mala ossium confirmatione initia, s. Murray, Johann Andreas [Praes.]

Ruer, Otto, Referendar: Die sogenannte cessio legis im gemeinen Recht und Bürgerlichen Gesetzbuch. *Berlin: Mayer & Müller 1900.* (67 S.) 8°
Rostock, Jur. Diss. v. [25. Dez.] 1900

Ruer, Rud., Metallographie in elementarer Darstellg. (XII, 312 S. m. 127 Abb. u. 5 Taf.) gr. 8. Hamburg 907. Leipzig, L. Voss. 10.—; geb. 11. 50

Ruer, Rudolf [aus Ramsbeck]: Verhalten der Zimmtsäure und Aethylcrotonsäure bei der Oxydation mit übermangansaurem Kali.... Strassburg, Univ.-Buchdr. v. J. H. Ed. Heitz (Heitz & Mündel), 1889; 92 S. 8°
Strassburg, Math.-Naturw. Fak., Inaug.-Diss. v. 1889

Ruer, Wilh., Irrenstatistik d. Prov. Westphalen, mit Hinweis. auf d. medicin.-topograph. Verhältnisse sämmtl. einzelnen Kreise derselben. gr. 8. (11¼ B.) Berlin 837, Th. Enslin.

Ruer, Wilhelm: Nachrichten über die Jrrenanstalt zu Marsberg im Herzogthum Westfalen, nebst Bemerkungen über die Behandlung der Jrren. 8°
Aus: Zeitschrift für psychische Ärzte. Bd 2. 1818. H. 1.

Ruer, [Wilhelm]: Uebersicht über die in der Jrren-Anstalt zu Marsberg im Jahr 1819 behandelten Kranken, nebst beigefügten Bemerkungen und Krankengeschichten. 8°
Aus: Nasse's Zeitschrift für psychische Aerzte. 1820.

Rurack, Philipp, die Heilanstalt f. Augenkranke, Stiftung bei der Universität Leipzig, zur Zeit des 500jährig. Bestehens der Universität Leipzig 1909. Mit e. Rückblick auf Entstehg. u. Entwickelg. der Anstalt. Dem 25jähr. Bericht v. Ph. Ritterich, dem 50jähr. Bericht v. Coccius u. den Vereins-Jahresberichten entnommen. Mit 1 Bildnis v. Sattler. u. 5 Abb. im Text. (64 S.) gr. 8. Leipzig 909. W. Engelmann. 1. 20

Rural-Gesetzbuch, rheinisches, od. ordnungmäß. Samml. d. auf die administrat., das Forst-, Jagd- u. Fischerei-Wesen, das Prozeß-Verfahren u. die Polizei Bezug habenden, das platte Land in's Besondere betreff. bürgerl. Gesetze. Mit e. Kommentar. Nach d. von d. Akad. d. Industrie rc. zu Paris bekannt gemachten, von e. besond. Commission verfaßten, Ausg. v. J. 1836, u. unt. Bezieh. auf die seit d. J. 1814 in d. Rheinprov. in's Leben getret. gesetzl. Bestimm. bearb., so wie hiernach mit d. nöthigen Zusätzen u. Erläuterungen vers. v. Mor. Pickhardt. gr. 8. (16 B.) Crefeld 839, Schüller.

Ruricii epistulae, s.: **Corpus** scriptorum ecclesiasticorum latinorum.

Rurika. Eine Auswahl interess. Anekdoten, Scenen u. Ereignisse z. Charakteristik d. Russen. Gesammelt u. herausgg. v. J....r. Mit d. Bildn. Kaiser Alexander's I. gr. 12. Berl. 826. Lüderitz. 1 ⅙

Rus, Johann Reinhard

Rus, J. Reinh., Beytrag v. d. allgem. Gnade Gottes. 8. Jena, Hartung. 735.

Rus, J. R., de circumcisione a gentibus ad Judaeos non derivata. Jen 1707. 4.

— harmonia evangelistar. III Tmi. 8. ibid. 727–30.

— introduct. in N. Test. 4. Ienae. 735.

Rus, J. R., Judaea rebus gestis et mirac. Christi clara. Jen. 1733. 4.

Rus, Johann Reinhard [Praes.], s. Juncker, Jo Heinrich: Judaeam rebus gestis et miraculis Christi claram.

Rus, J. R., (I—II Hamb. 1690-91. 4. Jen 1709 4.) de lapidatione Stephani.

Rus, Johann Reinhard [Praes.], s. Pfeiffer, Joh. Jakob: Diss. phil de שׁיבה Messia Gen. XLIX. 10.

Rus, Johann Reinhard [Praes.], s. Schoenwald, Samuel Theodor: De LXX. hebdomadibus Danielis cap. IX. 24. 25. 26. 27.

Rus, M. Jo. Reinh., diss. de Serpente seductore non naturali, sed solo diabolo, ad Genes III. 1—15. Jenae 712 4.

Rus, J. R., de studio martyrii in primitiva ecclesia Jen 1737 4

Rus, J. R., de Zacharia, Joannis patre, non summo pontifice. Jen. 1708. 4.

Rues, S. Jos., Beweis, daß die Zeitrechnung der ersten Welt aus dem hebr. Texte heil. Schrift müsse genommen werden, als ein Beytrag z. allgemeinen Welthistorie. 4. Bayreuth. 748.

Rues, Sim. F., de admissione irregenitor. ad s. coenam 8. Ienae, Croecker. 742.

— Nachr. v. d. Zust. der Mennoniten od. Taufgesinnten 2c. 8. Ebend. 745.

Rusack, W., ein Fall von lymphatischer, lienaler u. myelogener Leukämie. Inaugural-Dissertation. gr. 8. (23 S.) Göttingen 876. (Vandenhoeck & Ruprecht.) n. — 60

Rusak, s.: Sanitäts- u. Medicinalwesen, das, im Reg.-Bez. Stade.

Rüsaus, J. Geo.; Leben u. Hinrichtung, in pragmat., moral. u. psycholog. Hinsicht. 8. Hamb. 804. Nestler u. M. 14 gr.

Rüsbrigh, Bürge, üb. das Alter d. Philosophie u. d. Begriffs v. derselben. Oder: Untersuchung, ob u. in wie fern die Meinung derjen. gegründet ist, welche dafür halten, daß man erst in unsern Zeiten z. wahren Philosophie 2c. gelangt sei. Aus d. Dän. v. J. A. Markussen. 8. Kopenh. 803.

Rusbroch, J., gottselige Schriften. 4 Offenb. 701.

Rusbrock, J., s.: Lichtstrahlen aus den Schriften katholischer Mystiker.

Rusbroek, Joh., vier Schriften in niederdeutscher Sprache. Mit einer Vorrede v. C. Ullmann. gr. 8. (XLII u. 322 S.) Hannover 848, Hahn. 2 ß

Rusca, Ch. Fr. Epigrammata. S. l. 1783. II: *Will, Gg Andreas.* (BB) (ML)

Rusca, Franchino. Untersuchungen über die Haematologie des Meningitis cerebrospinalis epidemica. Aus der medizinischen Klinik der Universität Bern .... Diss. Med. Bern. [Mit 12 Tafeln.] 32 S. 8. Bern, Armbruster Söhne, 1910.

Rusch, des weiland hochgelahrten u. kunstreichen Herrn Philosophiä Kandidatus u. Bettelrichters, Leben. 8. München, Strobl. (Fleischmann.) 788.

Rusch, Adolfus, Berolinensis: De Serapide et Iside in Graecia cultis. (Berolini 1906: H. S. Hermann.) (86 S.) 8°
Berlin, Phil. Fak., Ref. v. Wilamowitz, Diss. v. 22. Dez. 1906
[Geb. 11. Juni 83 Buckow; Wohnort: Berlin; Staatsangeh.: Preußen; Vorbildung: Luisen-Gymn. Berlin Reife O. 02; Studium: Berlin 8 S.; Rig. 12. Juli 06.]

Rusch, Aug., über Volksvertretung. Ein Beitrag zur mecklenb. Reformfrage. gr. 8. (35 S.) Rostock 848, Leopold in Comm. 6 ngr

Rusch, (B.,) medizin. Untersuchungen u. Beobachtungen üb. d. Seelenkrankheiten. Nach d. 2n Original-Ausg. deutsch bearb. u. mit einigen Anmerkk. begleitet v. G. König. gr. 8. Leipz. 825, Cnobloch.

Rusch, Carl, s. Rusch, Karl

Rusch, E., Beiträge zum Studium der neuesten Fortschritte der Spinnerei-Mechanik, s. Kick, F.

Rusch, F., Register, s.: Jahrbücher des Vereins f. mecklenburg. Geschichte u. Altertumskunde.

Rusch [Franz]: Über die Einrichtung von Unterrichtsräumen für Physik. (Goldap 1907: Th. Paukstadt.) (S. 19—23.) 4° [F.]
Goldap, st. RG OP 1907 (18)

Rusch, Fr[anz]: Das Schulfernrohr und was man damit sieht. (Goldap 1909: Paukstadt.) 23 S. 4°
Goldap, k. RG i. E. OP 1909 (18) [S 09. 392

Rusch, Franz. Das Wechselfeld in Drahtrollen. Diss. Phil. [II.] Univ. Zürich. [Mit Figuren.] 25 S. 8. Zürich, Zürcher & Furrer, 1908.

Rusch, Gust., Beobachtungen, Fragen und Aufgaben aus dem Gebiete der elementaren astronomischen Geographie. gr. 8. (24 S.) Wien 887, Hölder. *

— u. Ant. Wollensack, Beobachtgn., Fragen u. Aufgaben aus dem Gebiete der elementaren astronomischen Geographie. 2., verb. u. verm. Aufl. gr. 8. (IV, 38 S.) Wien 894. A. Hölder. n. — 80

— u. Ant. Wollensack, Beobachtungen, Fragen u. Aufgaben aus dem Gebiete der elementaren astronomischen Geographie. 3., verb. u. verm. Aufl. (IV, 56 S.) gr. 8. Wien 904. A. Hölder. n. 1.20

Rusch, Gust., method. Fragen u. Aufgaben aus d. Geographie u. Geschichte. Winke u. Richtlinien f. d. Vorbereitg. auf d. Lehrbefähigungsprüfg., nebst e. Anh. v. Aufgaben für den schriftl. Theil d. Bürgerschulprüfung. 2., verm. Aufl. gr. 8. (III, 49 S.) Wien 897. A. Pichler's Wwe. & Sohn. n. — 80

Rusch, Gustav, Geographie für Bürgerschulen. I. Theil. 6. verbesserte Auflage. Wien. A. Pichler's Witwe & Sohn. (Min.-Erl. v. 12. Juni 1895, Z. 12321.) Geb. 1895. — .55

Rusch, Gustav, Geographie für Bürgerschulen. 2. Theil. 6. Aufl. 8. (118 S.) Geb. —.70
Wien: Pichler 1896.

Rusch, Gust., geograph. Grundbegriffe, s.: Mayer, Jul.

— Grundriß der Geographie, s.a. Reallenbuch.

— Grundriß d. Geographie. Nach Maßgabe d. Lehrpläne f. allgem. Volksschulen bearb. gr. 8. (128 S. m. 75 Abb.) Ebd. 897. Geb. in Leinw. n. 1. —

(F) Rusch, G., Grundriß der Geographie für allgemeine Volksschulen. 3. Aufl. Gr.-8°. (ill. 127 S) geb. K 1.
Wien: Pichler 1903.

Rusch, Gust., Grundriß der Geographie. Nach Maßgabe der Lehrpläne f. allgemeine Volksschulen bearb. Mit 61 in Text gedr. Abbildgn. u. 1 Anh. von 24 farb. u. 3 schwarzen Kartenskizzen. 4., im wesentlichen unveränd. Aufl. (120 u. XVI S.) gr. 8. Wien 905. A. Pichler's Wwe. & Sohn. Geb. n. 1. —

(F) **Rusch**, G., Grundriß der Geographie. Nach Maßgabe der Lehrpläne für allgemeine Volksschulen. 5. Aufl. Gr.-8°. (ill. 119 S.) Wien: Pichler 1907. geb. K 1.20

Rusch, Gust., Grundriß der Geographie. Nach Maßgabe der Lehrpläne f. allgemeine Volksschulen bearb. Mit 63 in den Text gedr. Abb. u. e. Anh. v. 24 farb. u. 3 schwarz. Kartenskizzen. 6. Aufl. Unveränd. Abdr. der 5. Aufl. (120 u. XVI S.) gr. 8. Wien 908. A. Pichler's Wwe. & Sohn. Geb. 1.20

— Grundriß der Geschichte. Mit Benützung bewährter Erzähler f. österreich. allgemeine Volksschulen bearb. 2. Aufl. Nach der neuen Rechtschreibung bericht., sonst unveränd. Abdr. der 1. Aufl. gr. 8. (106 S. m. 43 Abbildgn.) Wien 902. A. Pichler's Wwe. & Sohn. Geb. in Leinw. n. 1. 20

— Grundriß der Geschichte. Mit Benützung bewährter Erzähler f. österreich. allgemeine Volksschulen bearb. 3. Aufl. Nach der neuen Rechtschreibg. bericht., sonst unveränd. Abdr. der 1. Aufl. (106 S. m. 43 Abbildgn.) gr. 8. Wien 904. A. Pichler's Wwe. & Sohn. Geb. in Leinw. n. 1. 20

(F) **Rusch**, G., Grundriß der Geschichte. Mit Benützung bewährter Erzähler für österr. allgemeine Volksschulen. 5. Aufl. Gr.-8°. (ill. 105 S.) Wien: Pichler 1907. geb. K 1.20

(F) **Rusch**, G., Grundriß der Geschichte. Mit Benützung bewährter Erzähler für österr. allgemeine Volksschulen. 6. Aufl. Gr.-8°. (ill. 105 S.) Wien: Pichler 1908. geb. K 1.20

— Grundriß der Geschichte. Mit Benützg. bewährter Erzähler f. österreich. allgemeine Volksschulen bearb. 7. Aufl. Unveränd. Abdr. der 3. Aufl. (106 S. m. 43 Abb.) gr. 8. Wien 910. A. Pichler's Wwe. & Sohn. Geb. in Leinw. 1. 20

— dasselbe, s. a. Realienbuch.

— s.: Hirt's, F., Bilderschatz f. Länder- u. Völkerkunde.

Rusch Gustav: Über das Interregnum. Licht- und Schattenseiten der 2. Hälfte des 13. Jahrh. 24. Wien L.-B.-A. 81.
Progr.

Rusch, G., Kartenskizzen aller Erdteile und Länder. 3. Aufl. 8°. (24 Skizzen) Wien: Pichler 1904. K — 40

Rusch, G., Kartenskizzen aller Erdteile und Länder. 4. Aufl. 8°. (24 S.) Wien: Pichler 1909. K —.40

— Landeskunde von Niederösterreich. (Method. bearb. Texte zu d. vom k. u. k. militär-geograph. Institute in Wien hrsg. Schul-Wandkarten u. Handkarten v. K. Schober. Red. v. K. Schober.) gr. 8. (IV, 135 S. m. 7 Holzschn., 1 Karte u. 2 Kartenskizzen.) Wien 895. R. Lechner's Sort. n. 3. 60

— Landeskunde v. Niederösterreich. (Methodisch bearb. Texte zu den vom k. u. k. militär-geograph. Institute in Wien hrsg. Schul-Wandkarten u. Handkarten v. K. Schober. Red. v. K. Schober.) 2. Aufl. gr. 8. (IV, 133 S. m. 7 Holzschn., 1 Karte u. 2 Kartenskizzen.) Wien 900. R. Lechner's Sort. n. 3. —

— Landeskunde v. Niederösterreich. 3., v. Herm. Vetters, Frdr. König u. Heinr. Pabisch vollst. umgearb. Aufl. (Methodisch bearb. Texte zu den vom k. u. k. militär-geograph. Institute in Wien hrsg. Schul-Wandkarten u. Handkarten v. K. Schober. Red. v. K. Schober.) Mit 13 Holzschn., 1 Karte, 1 (farb.) geolog. Karte (Oleate), 1 geol. Profil u. 1 Formationstabelle. (VIII, 192 S.) gr. 8. Wien (908). R. Lechner's Sort. 3. 60

— Lehrbuch der Erdkunde f. österreichische Mädchenlyzeen. 2 Tle. gr. 8. Wien 902. A. Pichler's Wwe. & Sohn. Geb. in Leinw. n. 3. 20

1. Für die 1. Klasse. Mit 37 Abbildgn. (III, 64 S.) n. 1. 20
2. Für die 2. Klasse. Mit 37 Abbildgn. (126 S.) n. 2. —

— Lehrbuch der Erdkunde für österreichische Mädchenschulen. 3. Tl. — Für die 3.—5. Klasse. (IV, 253 S. m. 77 Abbildgn.) gr. 8. Wien 903. A. Pichler's Wwe. & Sohn. Geb. in Leinw. n. 3. 20 (1.—3.: n. 6. 40)

Rusch Gustav, Lehrbuch der Erdkunde für österreichische Mädchenlyzeen. III. Teil. Für die III. bis V. Klasse. 2., im wesentlichen unveränderte, sonach gemäß Min.-Erl. vom 7. Oktober 1903, Z. 32461, zulässige Auflage. Wien 1906. A. Pichlers Witwe und Sohn. Geb. K 3.20, geb. K 3.60.

— Lehrbuch der Erdkunde f. österreich. Mädchenlyzeen. 1.—4. Tl. gr. 8. Wien, A. Pichler's Wwe. & Sohn. Geb. 9. 30

1. Für die 1. Klasse. 2. Aufl. Im wesentlichen unveränd. Abdr. der 1. Aufl. (III, 64 S. u. 37 Abb.) 907. Geb. 1. 20
2. Für die 2. Klasse. 2. Aufl. In einigen Zahlenangaben bericht., sonst im wesentlichen unveränd. Aufl. der 1. Aufl. (128 S. m. 37 Abb.) 907. Geb. 2. —
3. Für die 3.—5. Klasse. 3. Aufl. In einigen Zahlenangaben bericht., sonst im wesentlichen unveränd. Abdr. der 2. Aufl. (II, 253 S. m. 77 Abb.) 909. Geb. 3. 60
4. Für die 6. Klasse. (148 S. m. 17 Abb.) 907. Geb. 2. 50

— Lehrbuch der Geographie f. österreichische Lehrer- u. Lehrerinnenbildungsanstalten. Mit e. einleit. Abschnitte üb. die Himmelskunde v. Ant. Wollensack. 1. u. 2. Thl. gr. 8. Ebd. Geb. in Leinw. n. 6. —

1. Für den I. u. II. Jahrg. (II, 318 S. m. 91 Abb.) 901. n. 3. 50
2. Für den III. Jahrg. Die österreichisch-ungar. Monarchie. (IV, 197 S. m. 44 Abb.) 902. n. 2. 50

Rusch, G., Lehrbuch der Geographie für österr. Lehrer- und Lehrerinnen-Bildungsanstalten. 1. Teil. 2. Aufl. Gr.-8°. (ill. 318 S.) Wien: Pichler 1903. geb. K 3.50

Rusch Gustav, Lehrbuch der Geographie für österreichische Lehrer- und Lehrerinnen-Bildungsanstalten. Mit einem einleitenden Abschnitte über die Himmelskunde vom Bürgerschuldirektor Anton Wollensack. I. Teil. für den I. und II. Jahrgang. Mit 91 Abbildungen. Preis 3 K 50 h. 1903.

— Lehrbuch der Geographie f. österreichische Lehrer- u. Lehrerinnen-Bildungsanstalten. Mit e. einleit. Abschnitte üb. die Himmelskunde von Ant. Wollensack. 1.—3. Tl. gr. 8. Ebd. Geb. n. 8. —

I. Für den I. u. II. Jahrg. 3. Aufl. Unveränd. Abdr. der 2. Aufl. (IV, 318 S. m. 91 Abbildgn.) 905. n. 3. 50
II. Für den III. Jahrg. Die österreichisch-ungar. Monarchie. 2. Aufl. Im wesentlichen unveränd. Abdr. der 1. Aufl. (IV, 197 S. m. 44 Abbildgn.) 905. n. 2. 50
III. Mit dem einleit. Abschnitte üb. die astronom. Geographie v. Ant. Wollensack. Für den IV. Jahrg. (143 S. m. 34 Abbildgn.) 904. n. 2. —

(F) **Rusch**, G., Lehrbuch der Geographie für österr. Lehrer- und Lehrerinnenbildungsanstalten. II. Teil: Für den III. Jahrg. Die österr.-ungar. Monarchie. 3. Aufl. Gr.-8°. (ill. IV, 197 S.) Wien: Pichler 1907. geb. K 2.50

— Lehrbuch der Geographie f. österreichische Lehrer- u. Lehrerinnen-Bildungsanstalten. I.—III. Tl. gr. 8. Ebd. Geb. 8. —

I. Mit e. einleit. Abschnitte üb. die Himmelskunde v. Ant. Wollensack. Für den I. u. II. Jahrg. 5. Aufl. In einigen Zahlenangaben bericht., sonst im wesentlichen unveränd. Abdr. der 4. Aufl. (II, 318 S. m. 91 Abb.) 909. Geb. 3. 50
II. Für den 3. Jahrg. Die österreichisch-ungarische Monarchie. 5. Aufl. Unveränd. Abdr. der 4. Aufl. (IV, 197 S. m. 44 Abb.) 909. Geb. 2. 50
III. Für den 4. Jahrg. Mit 34 Abb. 3. Aufl. Im wesentlichen unveränd. Abdr. der 2. Aufl. (143 S.) 909. Geb. 2. —

Rusch, G., Lehrbuch der Geographie für österreichische Lehrer- und Lehrerinnenbildungsanstalten. VI. Teil: Für den IV. Jahrg. 2. Aufl. Gr.-8°. (ill. 142 S.) geb. K 2.— Wien: Pichler 1907.

— Alois Herdegen u. Frz. Tiechl, Lehrbuch der Geschichte. Mit Benützg. bewährter Erzähler f. österreich. Bürgerschulen bearb. (IV, 280 S. m. Abbildgn.) 8. Wien 905. A. Pichler's Wwe. & Sohn. Geb. n. 3. 20

Rusch Gustav, Herdegen Alois und Tiechl Franz, Lehrbuch der Geschichte. Ausgabe in drei Teilen. Mit Benutzung bewährter Erzähler für österreichische Bürgerschulen bearbeitet. Wien 1906. A. Pichlers Witwe und Sohn. I. Teil. Mit 25 Abbildungen. Geb. K 1.10. II. Teil. Mit 23 Abbildungen. Geb. K 1.20. III. Teil. Mit 16 Abbildungen. Geb. K 1.20.

(F) Rusch, G., Herdegen, A. und Tiechl, F., Lehrbuch der Geschichte. Ausgabe in drei Teilen. I. Teil. Gr.-8°. (ill. 95 S.) Wien: Pichler 1907. geb. K 1.10

(F) Rusch, G., Herdegen, A. und Tiechl, F., Lehrbuch der Geschichte. Ausgabe in drei Teilen, II. Teil. Gr.-8°. (ill. 108 S.) Wien: Pichler 1907. geb. K 1.20

(F) Rusch, G., Herdegen, A. und Tiechl, F., Lehrbuch der Geschichte. Ausgabe in drei Teilen. III. Teil. Gr.-8°. (ill. 100 S.) Wien: Pichler 1907. geb. K 1.20

.. (F) Rusch, G., Lehrbuch der Geschichte. 2. Aufl. Gr.-8°. (280 S.) Wien: Pichler 1907. geb. K 3.20

(F) Rusch, G., Herdegen, A. und Tiechl, F., Lehrbuch der Geschichte. Mit Benützung bewährter Erzähler für österr. Bürgerschulen. 3. Aufl. Gr.-8°. (ill. IV, 284 S. mit 4 Tafeln) Wien: Pichler 1908. geb. K 3.20

Rusch Gustav, Herdegen Alois und Tiechl Franz, Lehrbuch der Geschichte. Ausgabe in drei Teilen. Mit Benützung bewährter Erzähler für österreichische Bürgerschulen bearbeitet. I. Teil. Mit 25 Abbildungen und einer Tafel. 2., nach dem neuen Lehrplane bearbeitete Auflage. Wien 1908. A. Pichlers Witwe und Sohn. Geb. K 1.40.

Rusch Gustav, Herdegen Alois und Tiechl Franz, Lehrbuch der Geschichte. Ausgabe in drei Teilen. Mit Benützung bewährter Erzähler für österreichische Bürgerschulen bearbeitet. II. Teil. Mit 27 Abbildungen und einer Tafel. 2., nach dem neuen Lehrplane bearbeitete Auflage. Wien 1908. A. Pichlers Witwe und Sohn. Geb. K 1.30.

(F) Rusch, G., Herdegen, A. und Tiechl, F., Lehrbuch der Geschichte für österr. Bürgerschulen. Ausgabe in 3 Teilen. I. Teil. 3. Aufl. Gr.-8°. (ill. 122 S.) geb. K 1.10 Wien: Pichler 1909.

(F) Rusch, G., Herdegen, A. und Tiechl, F., Lehrbuch der Geschichte. Ausgabe in 3 Teilen. II. Teil. 2. Aufl. Gr.-8°. (111 S.) Wien: Pichler 1909. geb. K 1.30

Rusch Gustav, Herdegen Alois und Tiechl Franz, Lehrbuch der Geschichte. Ausgabe in drei Teilen. Mit Benützung bewährter Erzähler für österreichische Bürgerschulen bearbeitet. III. Teil. Mit 34 Abbildungen und 3 Tafeln. 2., nach dem neuen Lehrplane bearbeitete Auflage. Wien 1910. A. Pichlers Witwe und Sohn. Geb. K 1.60.

— Alois Herdegen u. Frz. Tiechl, Lehrbuch d. Geschichte. Mit Benützg. bewährter Erzähler f. österreich. Bürgerschulen bearb. 4. Aufl. Nach d. Lehrplänen v. 1907 bearb. (IV, 267 S. m. 79 Abb., 4 [3 farb.] Taf. u. 4 Stammtaf.) gr. 8. Wien 910. A. Pichler's Wwe & Sohn. Geb. 3. 20

— — — dasselbe. Ausg. in 3 Tln. 8. Ebd. Geb. 4. 30
I. 4. Aufl. Nach dem neuen Lehrplane. Unveränd. Abdr. der 2. Aufl. (III, 122 S. m. 25 Abb. u. 1 Taf.) 910. Geb. 1. 40
II. 3. Aufl. Nach dem neuen Lehrplane. Unveränd. Abdr. der 2. Aufl. (IV, 111 S. m. 27 Abb. u. 1 Taf.) 910. Geb. 1. 30
III. 2., nach d. neuen Lehrplane bearb. Aufl. (127 S. m. 33 Abb. u. 3 farb. Taf.) 910. Geb. 1. 60

— Lehrbuch der Geschichte f. österreichische Mädchenlyzeen. 1. Tl. Für die 2. Klasse. gr. 8. (IV, 123 S.) Wien 902. A. Hölder. Geb. in Leinw. n. 1. 80

— Lehrbuch d. Geschichte f. österreichische Mädchenlyzeen. Mit teilweiser Benützg. bewährter Erzähler hrsg. II. Tl. Für die 3. Klasse. (IV, 179 S.) gr. 8. Wien 904. A. Hölder. Geb. in Leinw. n. 2. —

Rusch Gustav, Lehrbuch der Geschichte für österreichische Mädchenlyzeen. III. Teil. Für die IV. Klasse. Mit 14 Abbildungen. Wien 1906. Alfred Hölder. Geb. K 2.10, geb. K 2.60.

— Lehrbuch der Geschichte f. österreich. Mädchenlyzeen. Mit teilweiser Benützg. bewährter Erzähler hrsg. III. u. IV. Tl. gr. 8. Wien, A. Hölder. Geb. 4. 30
III. Für die 4. Klasse. (IV, 205 S. m. 14 Abb.) 907. Geb. 2. 20
IV. Für die 5. u. 6. Klasse. (V, 193 S.) 909. Geb. 2. 10

(F) Rusch, G., Herdegen, A. und Tiechl, F., Geschichtliches Lehr- und Lesebuch. Gr.-8°. (ill. 182 S.) geb. K 2.40 Wien: Perles 1909.

Rusch Gustav, Herdegen Alois und Tiechl Franz. Geschichtliches Lehr- und Lesebuch. Mit 42 Abbildungen im Texte und einem farbigen Titelbilde. Wien 1909. A. Pichlers Witwe & Sohn. Geb. K 2.40.

— kurzes Lehrbuch der Geographie. Nach Maßgabe des vorgeschriebenen Lehrplanes f. österreich. Bürgerschulen bearb. Ausg. in 1 Bde. 2. Aufl. Unveränderter Abdr. der 1. Aufl. gr. 8. (IV, 156 S. m. 30 Abb.) Ebd. 902. Geb. in Leinw. n. 1. 50

(F) Rusch, G., Kurzes Lehrbuch der Geographie. 3. Aufl. Gr.-8°. (ill. 172 S.) Wien: Pichler 1904. geb. K 1.50

— kurzes Lehrbuch der Geographie. Nach Maßgabe des vorgeschriebenen Lehrplanes f. österreich. Bürgerschulen bearb. Ausg. in 1 Bde. Mit 30 Abbildgn. u. 1 Anh. v. 24 farb. u. 8 schwarzen Kartenskizzen. 4. Aufl. Im wesentlichen unveränd. Abdr. der 3. Aufl. (IV, 156 u. XVI S.) gr. 8. Ebd. 905. Geb. n. 1. 50

(F) Rusch, G., Kurzes Lehrbuch der Geographie. Ausgabe in einem Bande. 5. Aufl. Gr.-8°. (ill. 156 S. mit 3 Karten) geb. K 1.50 Wien. Pichler 1907.

(F) Rusch, G., Kurzes Lehrbuch der Geographie. Nach Maßgabe des vorgeschriebenen Lehrplanes für österr. Bürgerschulen. Ausgabe in einem Bande. 6. Aufl. Gr.-8°. (ill. 156 S. mit 16 Karten) Wien: Pichler 1907. geb. K 1.50

Rusch Gustav, Kurzes Lehrbuch der Geographie. Nach Maßgabe des vorgeschriebenen Lehrplanes für österreichische Bürgerschulen bearbeitete Ausgabe in einem Bande. Mit 89 Abbildungen, 8 farbigen Tafeln und einem Anhang mit 24 Kartenskizzen. 7. Auflage. Nach dem Lehrplan vom Jahre 1907 bearbeitet. Wien 1909. A. Pichlers Witwe & Sohn. Geb. K 2.40.

— Kurzes Lehrbuch der Geographie. Nach Maßgabe des vorgeschriebenen Lehrplanes f. österreich. Bürgerschulen bearb. Ausg. in 1 Bde. Mit 89 Abb., 8 farb. Taf. u. e. Anh. v. 24 Kartenskizzen. 7. Aufl. Nach dem Lehrplane vom J. 1907 bearb. (IV, 209 u. XX S.) gr. 8. Ebd. 910. Geb. 2. 40

Rusch, Gustav, Leitfaden für den Unterricht in der Geographie. Nach Maßgabe des vorgeschriebenen Lehrplanes für österreichische Bürgerschulen bearbeitet. I. Theil (für die 1. Cl. der Bürgerschule). 6. verbesserte Auflage. Gr.-8. (85 S.) Wien: Pichler 1895.

— Leitfaden f. d. Unterricht in der Geographie. Nach Maßgabe d. vorgeschrieb. Lehrplanes f. österr. Bürgerschulen bearb. 3 Thle. gr. 8. Wien, A. Pichler's Wwe. & Sohn. Geb. in Leinw. n. 3. 90
1. (F. d. 1. Classe d. Bürgerschule.) 8. Aufl. Unveränd. Abdr. d. 6., verb. Aufl. (85 S. m. 60 Abb.) 897. n. 1. 10
2. (F. d. 2. Classe d. Bürgerschule.) 6., verb. Aufl. (119 S. m. 64 Abb.) 896. n. 1. 40
3. (F. d. 3. Classe der Bürgerschule.) 4. Aufl. (114 S. m. 59 Abb.) 896. n. 1. 40

— Leitfaden f. den Unterricht in der Geographie. Nach Maßgabe des vorgeschriebenen Lehrplanes f. österreich. Bürgerschulen bearb. 3 Thle. gr. 8. Wien, A. Pichler's Wwe. & Sohn. Geb. in Leinw. n. 3. 90
1. (Für die 1. Classe der Bürgerschule.) 9. Aufl. Unveränd. Abdr. der 6., verb. Aufl. (85 S. m. 60 Abb.) 900. n. 1. 10
2. (Für die 2. Classe der Bürgerschule.) 8. Aufl. Unveränd. Abdr. der 6., verb. Aufl. (119 S. m. 64 Abb.) 901. n. 1. 40
3. (Für die 3. Klasse der Bürgerschule. (5. Aufl.) Nach der neuen Rechtschreibg. u. den Zahlenangaben bericht., sonst unveränd. Abdr. der 4. Aufl. (114 S. m. 59 Abb.) 902. n. 1. 40

Rusch, Gustav, Leitfaden für den Unterricht in der Geographie. Nach Maßgabe des vorgeschriebenen Lehrplanes für österreichische Bürgerschulen bearbeitet. III. Teil (für die 3. Klasse der Bürgerschule). Mit 59 in den Text gedruckten Abbildungen, darunter 9 farbigen Kartenskizzen. 6., verbesserte Auflage. Wien 1902. A. Pichler's Witwe und Sohn. Preis, gebunden 1 K 40 h.

(F) Rusch, G., Leitfaden für den Unterricht in der Geographie. Für österreichische Bürgerschulen. 1. Teil. 10. Aufl. Gr.-8°. (ill. 85 S.) Graz: Moser 1903. geb. K 1.10

Rusch, Gustav, Leitfaden für den Unterricht in der Geographie. Nach Maßgabe des vorgeschriebenen Lehrplanes für österreichische Bürgerschulen bearbeitet. II. Teil (für die zweite Klasse der Bürgerschule). Mit 64 Abbildungen, darunter 15 farbigen Kärtchen. 9., nach der neuen Rechtschreibung und in Zahlenangaben berichtigte Auflage. Wien 1908. A. Pichlers Witwe & Sohn. Preis, gebunden 1 K 70 h.

— Leitfaden f. den Unterricht in der Geographie. Nach Maßgabe des vorgeschriebenen Lehrplanes für österreich. Bürgerschulen bearb. 1.—3. Tl. gr. 8. Wien, A. Pichler's Wwe. & Sohn. Geb. n. 3. 80

1. (Für die 1. Klasse der Bürgerschule.) Mit 60 in den Text gedr. Abbildgn. 11. Aufl. Im wesentlichen unveränd. Abdr. der 10. Aufl. (86 S.) 905. n. 1. 10
2. (Für die 2. Klasse der Bürgerschule.) Mit 64 Abbildgn., darunter 14 farb. Kärtchen. 10. Aufl. In einzen Zahlenangaben bericht., sonst im wesentlichen unveränd. Abdr. der 9. Aufl. (119 S.) 905. n. 1. 70
3. (Für die 3. Klasse der Bürgerschulen.) Mit 59 in den Text gedr. Abbildgn., darunter 9 farb. Kartenskizzen. 7. Aufl. Im wesentlichen unveränd. Abdr. der 6., verb. Aufl. (114 S.) 905. n. 1. —

(F) Rusch, G., Leitfaden für den Unterricht in der Geographie. 1. Teil. (Für die 1. Klasse der Bürgerschule.) 12. Aufl. Gr. 8° (ill. 85 S.) Wien: Pichler 1907. geb. K 1.10

(F) Rusch, G., Leitfaden für den Unterricht in der Geographie. 1. Teil. (Für die erste Klasse der Bürgerschule.) 18. Aufl. Gr.-8°. (ill. 85 S.) Wien: Pichler 1907. geb. K 1.10

(F) Rusch, G., Leitfaden für den Unterricht in der Geographie 2. Teil. (Für die 2. Klasse der Bürgerschule.) 11. Aufl. Gr. 8° (ill. 118 S. mit 14 Karten) Wien: Pichler 1907. geb. K 1.70

(F) Rusch, G., Leitfaden für den Unterricht in der Geographie. Nach Maßgabe des vorgeschriebenen Lehrplanes für österr. Bürgerschulen. 3. Teil. (Für die dritte Klasse der Bürgerschulen.) 8. Aufl. Gr.-8°. (ill. 113 S.) geb. K 1.40 Wien: Pichler 1907.

Rusch Gustav, Leitfaden für den Unterricht in der Geographie. Für österreichische Bürgerschulen. I. Teil. Für die I. Klasse der Bürgerschulen. 14., nach dem Lehrplane vom Jahre 1907 umgearbeitete Auflage. Mit 68 Abbildungen, 6 Farbentafeln und einer Beilage mit 12 farbigen Kartenskizzen. Wien 1908. A. Pichlers Witwe und Sohn. Geb. K 1.60.

Rusch, G., Leitfaden für den Unterricht in der Geographie. Für österr. Bürgerschulen. 1. Teil. (Für die erste Klasse der Bürgerschulen) 15. Aufl. Gr.-8°. (ill. 115 S. mit 6 Farbentafeln und 12 farbigen Kartenskizzen) geb. K 1.60 Wien: Pichler 1908.

(F) Rusch, G., Leitfaden für den Unterricht in der Geographie. Nach Maßgabe des vorgeschriebenen Lehrplanes für österr. Bürgerschulen. 2. Teil. Für die zweite Klasse der Bürgerschule. 12. Aufl. Gr.-8°. (ill. 118 S.) geb. K 1.70 Wien: Pichler 1908.

Rusch Gustav, Leitfaden für den Unterricht in der Geographie. Für österreichische Bürgerschulen. II. Teil. (Für die II. Klasse der Bürgerschulen.) 13., nach dem Lehrplane von 1907 umgearbeitete Auflage. Mit 62 Abbildungen und einer Beilage mit 9 farbigen Kartenskizzen. Wien 1908. A. Pichlers Witwe und Sohn. Geb. K 1.70.

Rusch, Gustav, Leitfaden für den Unterricht in der Geographie für österreichische Bürgerschulen. III. Teil (für die III. Klasse der Bürgerschulen). 9., nach dem Lehrplane von 1907 umgearbeitete Auflage. Mit 58 Abbildungen, 4 Farbentafeln und einer Beilage mit 6 farbigen und 2 schwarzen Kartenskizzen. Wien 1908. Verlag von A. Pichlers Witwe und Sohn. Geb. K 1.80.

— Leitfaden f. den Unterricht in der Geographie. Für österreich. Bürgerschulen. 3 Tle. 8. Wien 910. A. Pichler's Wwe & Sohn. Geb. 5. 10

Inhalt umseitig.

I. (Für die 1. Klasse der Bürgerschule.) Mit 62 Abb., 6 Farbentaf. u. e. Beilage m. 12 farb. Kartenskizzen. 16. Aufl. Im wesentlichen unveränd. Abdr. d. 14. Aufl. (IV, 115 u. VIII S.) Geb. 1. 60
II. (Für die 2. Klasse der Bürgerschule.) 14. Aufl. Nach dem neuen Lehrplane. Unveränd. Abdr. d. 13. Aufl. Mit 62 Abb. u. e. Beilage m. 9 farb. Kartenskizzen. (II, 102 u. VI S.) Geb. 1. 70
III. (Für die 3. Klasse der Bürgerschule.) 10. Aufl. Nach d. neuen Lehrplane. Mit 60 Abb., 4 Farbentaf. u. e. Beilage m. 6 farb. u. 2 schwarzen Kartenskizzen. Unveränd. Abdr. der 9. Aufl. (IV, 130 u. VI S.) Geb. 1. 80

Rusch, Gust., Methodik des geographischen Unterrichts, s. a. Handbuch der speziellen Methodik. III.

Rusch, Gustav, k. k. Prof. Methodik des geographischen Unterrichts. Zweite verbesserte Auflage. 8. (86 S.) Wien: Pichler 1889. —.90

Rusch, Gustav, Methodik des geographischen Unterrichts. 2. verbesserte Auflage. (Handbuch der speciellen Methodik. III. Theil.) 8. (135 S.) —.90 Wien: Pichler 1889.

(F) Rusch, G., Methodik des geographischen Unterrichtes. [Handbuch der speziellen Methodik. 3. Teil.] 6. Aufl. Gr.-8°. (140 S.) Graz: Moser 1903. K 1.80

(F) Rusch, G., Methodik des geographischen Unterrichts. Handbuch der speziellen Methodik. III. Teil. 7. Aufl. 8°. (148 S.) Wien: Pichler 1907. K 2.—

(F) Rusch, G., Methodik des geographischen Unterrichtes. Handbuch der speziellen Methodik. III. Teil. 8. Aufl. 8°. (148 S.) Wien: Pichler 1910. K 2.—

— Methodik des Unterrichts in der Geschichte, s. a. Handbuch der speziellen Methodik. IV.

— — Methodik des Unterrichts in der Geschichte. Zweite verbesserte Aufl. 8. (135 S.) —.60 Wien: Pichler 1889.

— — Methodik des Unterrichts in der Geschichte. 2. verbesserte Auflage. (Handbuch der speciellen Methodik. IV. Theil.) 8. (86 S.) —.60 Wien: Pichler 1889.

Rusch, G., Methodik des Unterrichtes in der Geschichte. 5. Aufl. [Handbuch d. speziellen Methodik. 4. Teil.] 8°. (88 S.) Wien: Pichler 1903. K 1.20

(F) Rusch, G., Methodik des Unterrichtes in der Geschichte. 6. Aufl. (Handbuch der speziellen Methodik. IV. Teil.) 8°. (88 S.) Wien: Pichler 1906. K 1.20

(F) Rusch, G., Methodik des Unterrichts in der Geschichte. 7. Aufl. Handbuch der speziellen Methodik. (IV. Teil.) 8°. (88 S.) Wien: Pichler 1908. K 1.20

Rusch, Gustav. Schicksale und Thaten des k. und k. Infanterie-Regimentes Hoch- und Deutschmeister Nr. 4. Nach Gustav Ritter Amon v. Treuenfest dargestellt 8. Wien 1895.

— A. Herdegen und F. Tiechl

— — — Elementare Staats- u. Gesellschaftskunde auf kulturgeschichtlicher Grundlage. Ein Hilfsbuch f. den geschichtl. u. bürgerkundl. Unterricht. (V, 407 S. m. 83 Abb.) gr. 8. Ebd. 909. 5. —

Rusch, Gustav, Prof. Die wichtigsten Thatsachen aus der Geschichte des k. und k. Inft.-Reg. Hoch- und Deutschmeister Nr. 4. (1696—1878.) Nach der Geschichte des Reg. von Gustav Ritter Amon v. Treuenfest. 8. Wien 1891.

— zur Verbesserung des elementaren Geschichtsunterrichts. Gesammelte Aufsätze üb. Geschichte u. Bürgerlehre. Mit e. Anh. üb. die Ergebnisse d. geograph. u. d. geschichtl. Unterrichts. gr. 8. (III, 136 S.) Wien 893. A. Pichler's Wwe. & Sohn. n. 2. —

— Wandbilder zur österreichischen Geschichte, Text dazu, s.: Gerasch, A.

— s.: Zeitschrift f. Schul-Geographie.

Rusch, Hans: Aus dem Physiologischen Institut zu Rostock. Untersuchungen über die Ernährung des isolierten Säugetierherzens nebst geschichtlichen Studien zur künstlichen Speisung des Herzmuskels. *Greifswald 1898: J. Abel.* (72 S.) 8°
Greifswald, Med. Diss. v. 5. Aug. 1898

Rusch, Heinr., Kubik-Tabellen. Berechnet nach Metermaß. 2 Thle. gr. 8. Pleß 873, Krümmer. [1. Thl. (201 S.) *M 4.; 2. Thl. (449 S.) *M 7,50.] *

—— dass. — zur Bestimmung des Inhalts runder, rechtwinklig beschlagener und geschnittener Hölzer. Berechnet nach dem Metermaß. 2. Aufl. 2 Bde. Berlin 875, Grieben. *
geb. *

Inhalt:
Bd. 1. Kubik-Tabellen zur Bestimmung des Inhalts runder und rechtwinklig beschlagener Hölzer. (201 S.) *M 2.; geb. *M 3.
„ 2. Kubik-Tabellen zur Bestimmung des Inhalts geschnittener Hölzer. (449 S.) *M 4.; geb. *M 5.

Rusch, Heinr., Kubik-Tabellen zur Bestimmung des Inhalts runder, rechtwinklig beschlagener und geschnittener Hölzer. Berechnet nach dem Metermaß. 2 Thle. 2. (Titel-)Aufl. gr. 8. [Berlin (873)76.] Leipzig, Grieben's Verlag. *
geb. *

Inhalt:
Thl. 1. Kubik-Tabellen für runde und rechtwinklig beschlagene Hölzer. (IV, 201 S.) *M 2.; geb. *M 3.
„ 2. Kubik-Tabellen für geschnittene Hölzer. (IV, 449 S.) *M 4.; geb. *M 5.

— Tabellen zur Berechnung v. Waarenpreisen, Arbeitslöhnen, Fuhrlöhnen, Frachten ꝛc. nach der deutschen Reichsmark-Währung. Kleine Ausg. gr. 8. (117 S.) Breslau 874. Kern's Verl. cart. n. 2. 40; Große Ausg. n. 9. —

Rusch, Heinr., Tabellen zur Berechnung von Waarenpreisen, Arbeitslöhnen, Fuhrlöhnen, Frachten ꝛc. nach der Markrechnung. Große Ausg. 2. Aufl. gr. 8. (II, 437 S.) Breslau 881. Kern's Verl. geb. 3. —; kleine Ausg. 2. Aufl. (II, 117 S.) cart. 1. —

Rusch, Joh. Bapt., das Gaugericht auf der Mitsinerwiese od. das kaiserl. Landgericht. gr. 8. (IV, 106 S.) Innsbruck 870. Wagner. n. 2. 40

— Geschichte St. Gerolds des Frommen u. seiner Propstei in Vorarlberg. Nach urkundl. u. literar. Quellen chronologisch dargestellt. [Aus: „Sitzungsber. d. k. Akad. d. Wiss."] Lex.-8. (90 S.) Wien 871. Gerold's Sohn in Comm. n. 1. 40

Rusch, Johann Baptist Emil

Rusch, J. B. E.: Bericht der Minderheit der ständerätlichen Kommission über die Gesetzesvorlage eines Branntweinmonopols für den Bund. (Vom 20. Dezember 1886.) (Bekämpfung des Bundesmonopols.) 8°. 9 S. Bern. 1886.

Rusch, Johann Baptist Emil *s.* Beyel, Werner. Die nächsten Folgen des Kappeler-Krieges. Solothurn 1875.

Rusch, [Johann Baptist Emil]. Quellenstudien zu den zwischen Appenzell Inner- und Ausserrhoden waltenden Hoheitsstreitigkeiten. Mit besonderer Berücksichtigung der bez. bundesräthlichen Botschaft vom 1. Christmonat l. J. 8. Bern 1869.

Rapport de la minorité de la Commission du conseil des états sur le projet de loi relatif au monopole fédéral de l'alcool. (Du 20. decembre 1886.) 8°. 9 p. Berne. 1886.

Rusch, J. B. C., Rede über Lemma 2 des Art. 64 des nationalräthl. Bundesverfassungsentwurfs. 16 Stn. 8. Bern, Druck v. Wyss. 1872

Rusch, J[ohann] B[aptist] E[mil]. Alpines Stillleben. [Mit 1 Tafel.] 8. Lindau 1881.

Rusch, J. B. E., alpines Stillleben. 8. (XI, 167 S.) Lindau 882. Stettner. cart. n. 2. —

Rusch, J. B. E., Wanderspiegel. 8. (VII, 224 S. m. e. Holzschntaf.) Leipzig 873. Liebeskind. n. 4. —

Rusch, Karl

Rusch, Carl: Die Grundverschuldung im Kanton Appenzell I.-Rh. mit besonderer Berücksichtigung der Bodenverschuldung im Bezirk Rüte. Bern 1908: Stämpfli & Co. (37 S.) 4° ¶ [Aus: Zeitschrift f. schweizerische Statistik Jg. 44, 1908.]
(Nicht für den Austausch, lag nicht vor.)
Freiburg i. B., Rechts- u. staatsw. Fak., Ref. Fuchs, Diss. v. 1908
[Geb. 17. Aug. 83 Appenzell (Schweiz); Wohnort: Appenzell; Staatsangeh.: Schweiz; Vorbildung: Gymn. Feldkirch (Österreich), Schwyz (Schweiz) bis Juli 03; Studium: München 1, Bern 2, Freiburg i. Schw. 2, Freiburg i. B. 4 S.; Coll. 22. Febr. 08.]

Rusch, Carl. Die Grundverschuldung im Kanton Appenzell J.-Rh., mit besonderer Berücksichtigung der Bodenverschuldung im Bezirk Rüte. Separatabdruck aus der «Zeitschrift für schweiz. Statistik», 1908. 37 S. 4. Bern ... 1908.
Ausg. A: B', Buchdr. Stämpfli & Cie.
Ausg. B: B' ... (*Aufdruck:* Verlag A. Francke). [fr. 1. 50]

RUSCH, CAROL. CHR. ED., Quintus sensus non tactus sed sensus saturitatis. Diss. inaug. Kiliæ. 1837. P.

Rusch, C. C. E., die Standpunkte der Aerzte u. Laien u. ihre Stellung zu der wissenschaftl. Medicin kritisch beleuchtet. 8. (72 S.) Hamburg 848, Schuberth & Co. n. ⅓ ß (siehe auch: Haus-Bibliothek, kleine medicinische, 5. Hft.)

Rusch, M., Anleitg. z. Gebrauche d. Rechenstabes. Auch f. solche, welche nur d. Kenntnisse d. Volksschule besitzen. gr. 8. (19 S. m. 6 Fig.) Wien 898. A. Pichler's Wwe. & Sohn. n. — 50

Rusch, Aritmetica industriale, s.: Klauser, Adolfo H.

Rusch, Aufgaben für das gewerbliche Rechnen
Wien: Deuticke 1904 kart. K 1.—

Rusch, M., das gewerbl. Rechnen, s.: Klauser, Adf. H.

Rusch, (M.), d. gewerbliche Rechnen, s.: Lehrtexte f. d. österreich. gewerbl. Fortbildungsschulen. II. (Klauser.)

Rusch, M., Sammlung von Aufgaben aus der Geometrie und zwar aus der Planimetrie, ebenen und sphärischen Trigonometrie, Stereometrie und analytischen Geometrie der Ebene. Zum Gebrauche an Gymnasien, Realschulen, höheren Staatsgewerbeschulen und zum Selbststudium. gr. 8. (III, 148 S.) Wien 887, Pichler's Wwe. und Sohn. *

— Sammlung v. Aufgaben f. d. gewerbl. Rechnen an Werkmeister-, Handwerker- u. gewerbl. Fortbildungsschulen. gr. 8. (64 S.) Wien 898. F. Deuticke. Kart. n. 1. —

— Tabelle z. einf. Berechng. d. Wechselräder f. alle auf Leitspindeldrehbänken vorkomm. Gewindesteiggn. 16. (XVI, 149 S.) Ebd. 895. n. 2. —

— s.: Wandbilder zur österr. Geschichte.

Rusch, Max, Referendar: Grund und Umfang der Haftung für Tierschaden. ⟨§ 833 B.G.-B.⟩ Berlin 1905: C. H. Müller. (70 S.) 8°
Rostock, Jur. Fak., Ref. Bernhöft, Diss. v. 18. Nov. 1905
[Geb. 11. März 82 Torgau; Wohnort: Berlin; Staatsangeh.: Preußen; Vorbildung: Sophien-Gymn. Berlin Reife M. 00; Studium: Berlin 7 S.; Rig. 25. Juli 05.]

Rusch, Paul, de Posidonio Lucreti Cari auctore in carmine de rerum natura VI. Dissertatio inauguralis philologica. gr. 8. (52 S.) Gryphiswaldiae 882. (Berlin, Mayer & Müller.) n. 1. 20

Rusch, Paul, Dr.: De **Varrone** Plinii in naturalis historiae libro VIII auctore commentatio. *Stettin 1900: Herrcke & Lebeling.* (S. 3—15.) 4°
Stettin, Stadt-G, chemal. Rats-L, OP 1900 (155)

Rusch, Pet., Geschütz u. Geschoss im Seekriege der Zukunft. Eine Studie üb. die artillerist. Armierung mod. Kriegsschiffe. (35 S.) gr. 8. Pola 908. (Schrinner.) 1. —

— Nitropulver u. Ammonpulver als Treibmittel. Der Weg zu e. erfolgverheiss. Bekämpfg. d. Rohrerosion. (43 S.) gr. 8. Ebd. 909. 1. —

— Verwandschaftsbeziehungen zwischen den Flugbahnen der Flachbahngeschütze. Eine einfache Methode der Schusstafelrechng. u. deren prakt. Verwertg. in der Schiesslehre. (74 S.) gr. 8. Wien 907. (C. Gerold's Sohn.) 1. 50
3 Sonderabdr. a.: „Mittlgn a. d. Geb. d. Seewesens".

Rusch, Richard

Die Geschichte der Kunst und ihre Beziehungen zur ethischen Geschichte der Menschheit. Programmat. Studie e. allgemeinen vergleich. Kunstgeschichte v. Richard Rusch. (Innsbruck): [Selbstverl. 1908]. 8 S. 8° [Umschlagt.] [illegible]

Rusch, Rich., ein hethithischer Kalender. Erläutert u. in seinen Beziehgn. dargestellt. (23 S.) 8. Innsbruck (Schillerstr. 4) (909). Selbstverlag. 3. —

Ruesch, Arn., Edouardo Dalbono, s.: Eckermann, A., Augusto Rodin.

Rüsch, Gabr., Anleit. zu d. richtigen Gebrauch der Bade- u. Trinkkuren überhaupt, mit besond. Betracht. d. schweizer. Mineralwässer u. Bade-Anstalten. 2 Thle. 8. Ebnat 823—26. Keller. 3 ℛ 2e Ausg. 2 Bde. A. u. d. T: Vollständ. Handbuch üb. Bade- u. Trinkkuren überhaupt rc. a) Anleit. z. Erkenntniß d. Natur u. d. richtig. Gebrauch d. Bade- u. Trinkkuren rc. b) die sämmtl. Mineralquellen u. Bäder d. Schweiz, ihre Geschichte u. Beschreib. in systemat. Ordnung mit physischen u. topograph. Anmerkk. Ein Handbuch f. Aerzte, Kranke u. Reisende. Mit 1 Tab. u. 1. Kpf. 8. Bern u. Chur 832. Dalp; (a. Huber u. C.) 4 ℛ 3r Bd. A. u. d. Titeln: Anleit. zu d. richtigen Gebrauche der Bade- u. Trinkkuren überhaupt rc. 3r Thl. Supplement d. generellen u. speciellen Balneographie. — Samml. d. Neuesten u. Wissenswürdigsten im Gesammt-Gebiete d. Balneographie, besond. d. schweizer. Mineralquellen u. Bäder. Mit Titelkpf. 8. Ebd. 832. 1 ℛ 12 gℛ

Rüsch, (Gabriel,) Anleit. zu dem richtigen Gebrauch d. Bade- u. Trinkkuren, überhaupt mit besonderer Betrachtung der schweizerischen Mineralwasser u. Badeanstalten. 2 Thle. 8. Ebnat 823—26, Keller. (St. Gallen, Huber.)

Rüsch, Gabr., der Kanton Appenzell, s. a. Gemälde d. Schweiz, 13. Hft.

Rüsch, Gabr., der Kanton Appenzell, historisch, geographisch, statistisch geschildert. gr. 12. St. Gallen u. Bern 835. Huber u. Comp. n. 11/12 ℛ — Mit 1 Karte n. 1 1/6 ℛ (Vergl. Gemälde der Schweiz 13s Hft.)

Rüsch, Gabr., der Kanton Appenzell in historisch-geographischer Darstellung. Mit besonderer Berücksichtigung seiner Kuranstalten, Alpengegenden u. Industrie. Wohlfeile Ausg. St. Gallen 859. Scheitlin & Zollikofer. 8. (VIII, 312 S. u. 1 Tab. in 4.) 15 ngr.

Rüsch, Gabr., Baden, im Kanton Aargau, historisch, topograph., medizinisch beschrieben. gr. 12. (5 B. u. 1 Ans.) St. Gallen 842, Scheitlin u. Zollikofer.

—— humorist.-malerische Blicke auf Nuolen, s. a. Schweiz, die.

— humorist.-moral. Blicke auf Nuolen am Züricher See im Canton Schwyz, u. Beschreib. d. neuen Badeanstalt daselbst rc. 8. Bern u. Chur 832. Dalp. 16 gℛ Velinp. 22 gℛ

Rüsch, Gab., histor.-geograph. Darstellung des Kantons Appenzell, mit besond. Berücksichtigung seiner Kuranstalten, Alpengegenden u. Industrie. Mit 8 Kpfrn. 8. St. Gallen 844, Tribelhorn. (Scheitlin u. Zollikofer.) 1 ℛ

—— vollständ. Handbuch üb. Bade- u. Trink-Curen überh., od. Anleitung zu deren richt. Gebrauch, mit besond. Betracht. d. schweizer. Mineralwasser u. Bade-Anstalten, ihre Geschichte u. Beschreib. 2 Bde. 2., verm. Ausg. — A. u. d. Ttln.: Anleitung zur Erkenntniß d. Natur u. zu dem richt. Gebr. d. Bade- u. Trink-Curen überh., rc. — Die sämmtl. Mineralquellen u. Bäder d. Schweiz rc., mit phys. u. topograph. Anmerkn. Ein Handb. f. Aerzte, Kranke u. Reisende. 8. (76¼ B., 1 Tab. gr. Fol. u. Ttlkpfr.) Bern 832, Dalp.

—— dass. 3. Bd. — A. u. d. Ttln.: Anleit. zu dem richt. Gebr. d. Bade- u. Trink-Curen überh., rc. 3. Thl. Supplem. d. generellen u. speciell. Balneographie. — Samml. d. Neuesten u. Wissenswürdigsten im Gesammt-Gebiete d. Balneographie, besond. der schweizer. Mineralquellen u. Bäder. 8. (20¼ B. u. Ttlkpfr., wie oben.) Bern 832, Dalp. Thlr.

Rüsch, Gab[riel]. Heiden und seine Molkenkuranstalt im Freihof. [Mit 1 Tafel]. 8. Trogen (1854).

Rüsch, Gab., Heiden und seine Molkenkuranstalt im Freihof. Trogen 855. (St. Gallen, Huber u. Co.) 16. (52 S. u. 1 Lithogr. in 4.) n. 10 ngr.

Rüsch, G., das Bad Pfäfers in seiner neuesten Gestalt. Für Aerzte, Curgäste u. Reisende bearb. Mit 2 (lith.) Abbildgn. 8. (203 S.) St. Gallen 849, Huber & Co. 1 ℛ

Rüsch, Gabriel s. Walser, Gabriel *f*: Neue Appenzeller-Chronik.... Theil 4. Trogen 1831 Appenzeller-Chronick.... (Theil 4.) Schaffhausen 1837.

Rüsch, Gab[riel]. Wirkungen der Heilquellen zu Baden im Kanton Aargau. Ein revidirter Auszug aus seiner historisch-topographisch-medizinischen Beschreibung. 8. St. Gallen 1845.

Ruesch, H(ermann): Der Berliner Getreidehandel unter dem deutschen Börsengesetz. Jena 1907: G. Fischer. (70 S.) 8°
Heidelberg, Phil. Fak., Ref. Rathgen, Diss. v. 23. Febr. 1907
[Geb. 29. Apr. 83 Häven; Wohnort: Häven; Staatsangeh.: Oldenburg; Vorbildung: Gymn. Lübeck Reife O. 02; Studium: Tübingen 1, Berlin 5, Heidelberg 1 S.; Rig. 7. Nov. 06.]

Ruesch, Johann Georg (Sillenbach/Bay.) A. S. 1310/5

Dissertatio medica inauguralis de ratione sanitatis conservanda et vitae prorogandae et prudenti et congruo victus usu.
Altdorf (Hessel) 25. VI. 1743. 32 S. 29488

Rusche: Prüfung eines Wolseley-Turbinen-Separators. (Leipz. 1910). 16 S. (Sartr.). P.

Rusche, Richard, Referendar a. Gernrode a. H.: Die Haftung des Frachtführers. Borna-Leipzig 1907: R. Noske. (VIII, 70 S.) 8°
Leipzig, Jur. Fak., Diss. v. 18. Dez. 1907
[Geb. 13. Sept. 75 Gernrode a. H.; Wohnort: Friedenau-Berlin; Staatsangeh.: Anhalt; Vorbildung: Karls-Gymn. Bernburg a. S. Reife M. 96; Studium: Berlin 3, Halle 4 S.; Rig. 5. Dez. 03.]

Rusche, Waldemar, Medizinal-Prakt. a. Naumburg ⟨Kr. Wolfhagen⟩: Zur Casuistik der Blutgefässgeschwülste der Augenlider und der Orbita. Münster ⟨Westf.⟩ 1907: Westfälische Vereinsdruckerei. (38 S.) 8°
Gießen, Med. Fak., Ref. Vossius, Diss. v. 28. Febr. 1908
[Geb. 10. Juni 82 Naumburg (Kr. Wolfhagen); Wohnort: Geestemünde; Staatsangeh.: Bremen; Vorbildung: Gymn. Bremerhaven Reife M. 01; Studium: Marburg 5, München 3, Gießen 2 S.; Coll. 30. Jan. 07; Approb. 12. Dez. 07.]

Rusche, Wilhelm, städt. Tierarzt u. Vorstand der Auslandsfleischbeschau am Schlachthofe in Köln: Aus dem Physiologischen Institut der Universität zu Bonn. Geh. Mediz.-Rat Prof. Dr. E. Pflüger. Kann Pferdefleisch durch die quantitative Glykogenanalyse mit Sicherheit nachgewiesen werden? (Altenburg 1907: Pierer.) ¶[Aus: Archiv für die gesammte Physiologie des Menschen und der Tiere, hrsg. von E. F. W. Pflüger, Bd 116 H. 6.]
Gießen, Veterinär-Med. Koll., Ref. Frank, Diss. v. 13. Febr. 1907
[Geb. 8. Nov. 75 Meitzendorf, Reg.-Bez. Magdeburg; Wohnort: Cöln; Staatsangeh.: Preußen; Vorbildung: Realgymn. Magdeburg Reife O. 95; Studium: Tierärztl. Hochsch. Berlin 8 S.; Rig. 7. Febr. 07.]

Rüscheler, D. Anfangsgründe der Feldbefestigung. Basel 1829. 8⁰.

Ruschenbusch, Ernst [aus Northeim]: Über Tuberkulose der Lymphdrüsen. . . . Erlangen, k. b. Hof- u. Univ.-Buchdr. v. F. Junge, 1891; 34 S. 8⁰
Erlangen, Med. Fak., Inaug.-Diss. v. Jan. 1891

Ruschenbusch, George, sämmtliche Gedichte bis zum J. 1849. 8. (VIII und 207 S.) Lüneburg 849, Engel's Buchh. •

Rüscher, [Josef] Alois. Göttliche Notwendigkeits-Weltanschauung, Teleologie, mechanische Naturansicht und Gottesidee, mit besonderer Berücksichtigung von Haeckel, Wundt, Lotze und Fechner. IV + 94 S. 8. Zürich, Albert Müller, 1902. [fr. 2. —]
Sep.-Ausg. einer Zürcher Diss., s. Bulletin 1902, S. 207.

Rüscher, Josef Alois. Die Teleologie in ihrem Verhältnis zur Gottesidee, mechanischen Naturansicht und göttlichen Notwendigkeits-Weltanschauung. Eine principielle Untersuchung mit besonderer Berücksichtigung von Haeckel, Wundt, Lotze und Fechner. Diss. Phil. (I.) Univ. Zürich. IV + 95 S. 8. Zürich, Albert Müller, 1902.

Ruscheweyh, E., Handbuch f. den Musikunterricht. (84 S.) 8. Pforzheim (908). O. Riecker. Kart. n. 1. —

Ruscheweyh, E., d. uniformierten deutschen Kapellen (Garde-Infanterie u. Garde du Corps) auf d. Weltausstellg. in Chicago 1893. Ihre Reisen, Aufnahme, Erlebnisse u. Erfolge in d. Vereinigten Staaten v. Nord-Amerika. Mit 16 Illustr. u. 1 Plan von New-York. gr. 8. (160 S.) Pforzheim 895. E. Haug. n. 2. —

Ruscheweyh, Hermann [aus Görlitz]: Ueber die Bedeutung der sogenannten „Ovarial-Hyperaesthesie" . . . Jena, Druck v. B. Engau 1886; 33 + 1 S. 8⁰.
Jena, Med. Fak., Inaug.-Diss. v. [24. Nov.] 1886.

Ruscheweyh, Hermann, über die Bedeutung der sogenannten „Ovarial-Hyperaesthesie." Diss. Jena 1886, G. Neuenhahn. 8⁰. 33 S.

Ruschhaupt, Armin (Frid.) (geb. Jöllenbeck bei Bielefeld 1830): De morte chloroformii inhalationibus inducta. Berolini (1852). (25 S.) 8⁰
Berlin, Med. Diss. v. 1. Okt. 1852

Ruschhaupt, Erich, approb. Arzt aus Bonn: **Aus d. chirurg. Klinik zu Bonn. Ueber ein myxomutös [!] entartetes Gliom des Nervus Opticus.** *Bonn 1900: K. Drobnig's Nachf.* (34 S.) 8⁰
Bonn, Med. Diss. v. [17. Sept.] 1900

Milwaukee: **Festschrift zum 7. Juni 1900 dem Tage der Feier des fünfzigjährigen Jubiläums der ger. u. vollk. Johannis-Freimaurer-Loge Aurora No 30 im Or. Milwaukee, Ver. St. v. N. A. (Gegründet am 16. April 1850.) Nebst Mitglieder-Verzeichniss für das Jahr 1900—1901. Von F. Ruschhaupt. [Milwauke 1900.] 54 S. 8⁰**
Einleitende Betrachtung üb. Zweck u. Ziele des Frmrbundes, Gesch. der Loge.

Ruschhaupt, George

Ruschhaupt, G., Bau u. Leben der Pflanzen. Kurzer Leitfaden zur Einführung in die Anatomie, Physiologie u. Biologie der Pflanzen. 2. Aufl. gr. 8. (IV, 51 S. m. 24 Fig.) Helmstedt 900. F. Richter. n. 1. 60; geb. u. durchsch. n. 2. 25

Ruschhaupt, G., Bau u. Leben der Pflanzen. Kurzer Leitfaden zur Einführung in die Anatomie, Physiologie u. Biologie der Pflanzen. 3. rev. Aufl. (IV, 56 S. m. 24 Fig.) gr. 8. Helmstedt 904. F. Richter. Geb. u. durchsch. n. 2. 40

Ruschhaupt, G., kurzer Leitfaden zum Unterricht in der Systematik u. Biologie der Sporenpflanzen, f. landwirtschaftliche Schulen bearb. gr. 8. (27 S.) Helmstedt 897. F. Richter. Kart. u. durchsch. n. — 80

[F. u. Ant.] **Ruschhaupt,** *George* [Dr.]: Wechselbeziehungen zwischen dem Darwinismus und der landwirtschaftlichen Tier- und Pflanzenzüchtung. Helmstedt, Druck v. J. C. Schmidt, 1892; 51 S. 8.
Helmstedt, landwirtschaftl. S Marienberg, OP 1891 (688)

Ruschhaupt, Walther: I. **Über Abkömmlinge des m-Biscyclohexans und deren Constitution. II. Beitrag zur Beyerschen Dihydropyridinsynthese.** *Bonn 1897: C. Georgi.* (57 S.) 8⁰
Heidelberg, Naturw.-math. Diss. v. [14. Jan.] 1898

Ruschhaupt, Walther, aus Bonn: **Ueber ausgedehnte Darmresectionen.** *Bonn 1901: K. Drobnig's Nachf.* (27 S.) 8⁰
Bonn, Med. Diss. v. [10. Aug.] 1901

Rueschhoff, Clemens, s. Rueschhoff, Klemens

Rueschhoff, (Joan.) Henr. (geb. Münster in Westf. 16. 9. 1836): De lithiasi et de lithotripsia. Berolini (1862). (32 S.) 8⁰
Berlin, Med. Diss. v. 11. Aug. 1862

Rüschhoff, Klemens

Rüschhoff, Clemens [aus Altendorf bei **Essen**]: Ueber Syphilome des musculus sterno-cleido-mastoideus nebst zwei Fällen. . . . Greifswald, Druck v. Julius Abel, 1890; 32 S. 8⁰
Greifswald, Med. Fak., Inaug.-Diss. v. 21. Mai 1890

Ruschitzka, A., Sermo de concordantia in populo christiano. 4maj. Wien ... Heubner. 6 *Xr*

RUSCHITZKA, ANTON: Lobrede auf das Gedächtniss des heiligen Schutzherrn Tirols, als eine . . . Tyrolische Landesgenossenschaft . . . das gewöhnliche Ehrenfest Derselben mit jährlicher feyerlicher Andacht den 22. des Augustmondes 1762 . . . begieng. Wienn gedr. bey Leop. Joh. Kaliwoda. 1762 25 f. - 4⁰

Ruschitzka. Predigt wider die Betteley und das Privat-Almosengeben. *Wien.* **1784**

RUSCHITZKA, ANTON: Predigt von der Einigkeit im Christenthume über Johann 17, 20. 21. Gehalten in der k. k. Hofkapelle, als der hochwürdige Bischof von Fogarasch, Gabriel Gregorius Major von Szarvad feyerlich eingeweihet worden am 4. Majmonat 1773. Wien 1773. Gedr. bey Jos. Kurzböck. 56 S. - 4⁰

Ruschka, Dr. Adalbert, Sanct Adalbert und seine Brüder oder: Der Untergang des Hauses Slavnik. Trauerspiel aus Böhmens Vorzeit in sechs Aufzügen. Den Bühnen gegenüber Manuskript. 8. (82 S.) Budweis, Hansen in Comm. 1869. 80 kr.

Ruschka, Ad.: Die Ausbreitung der grösseren Gemeinden in der diesseitigen Reichshälfte. 4 S. 4⁰ u. Karte. – Prag d. St. RG., Progr. 1873.

Christoph Columbus oder die Entdeckung Amerikas. Weltgeschichtl. Drama mit Chorgesängen in 5 Aufz. u. e. Vorspiele. Von Dr. Adalbert **Ruschka.** Budweis: Selbstverl. (1904). (66 S.) 8⁰ [F.] [07. 6]04

Ruschka: Geographisch-statistische Verhältnisse Böhmens zu den übrigen Ländern d. österr. Kaiserstaates. 8 S. – Klattau, Progr. 1864.

Ruschka, D. A., Finanzer u. Pascher. Volksnovelle aus dem böhmisch-bayer. Waldgebirge. (256 S.) 8. Linz 903. Oberösterr. Buchdruckerei u. Verlags-Gesellschaft. 3. —; geb. in Leinw. 3. 80

Ruschke, Frz., Einführung in das Wesen der äußeren u. inneren Sprache an der Hand des i. (XVI, 136 S.) gr. 8. Hannover 910. C. Meyer. 1. 80

— Die Sprechbewegungen. Kurze Einführg. in die Lautkunde. Für Freunde u. Lehrer der Muttersprache. (XI, 32 S.) gr. 8. Leipzig 909. Dürr'sche Buchh. — 75

Ruschke, Fritz, Referendar in Lichtenstein: Die domizilierte Tratte und ihr Akzept. Zittau 1908: Haupt & Schwager. (44 S.) 8°

Leipzig, Jur. Fak., Diss. v. 1. Mai 1908

[Geb. 22. März 83 Zittau i. S.; Wohnort: Lichtenstein; Staatsangeh.: Sachsen; Vorbildung: Gymn. Zittau Reife O. 02; Studium: Tübingen 1, Leipzig 7 S.; Rig. 21. Febr. 06.]

Gedächtnisspredigt auf den Hochseligen König und Herrn, Herrn Friedrich den Zweyten König von Preussen, welche bey Allerhöchstdesselben betrübten Bahre über den 8ten Vers aus dem 1. B d. Chronik. K. 18. (im Jahr 1786 den 17ten September am 14 S. nach Trinitatis in der Kirche zu Pielburg, Dummersitz und Linde gehalten wurde von J. F. Ruschke Prediger zu Pielburg. Stettin 1786. 8.

Ruschmann, Karl

Ruschmann, Carl: Untersuchungen von Roggen-Körnern verschiedener Herkunft. *Wien: Selbstverl. 1897.* (64 S.) 8°
Leipzig, Phil. Diss. v. [4. Sept.] 1897

Ruschmann, Wilhelm, appr. Arzt a. Oldenburg i. Grh.: Die Resultate der Sehnennaht. München 1904: Kastner & Callwey. (55 S.) 8°

München, Med. Fak., Ref. v. Angerer, Diss. v. 3. Sept. 1904

[Geb. 20. Jan. 78 Hoben, Oldenburg; Wohnort: Oldenburg; Staatsangeh.: Oldenburg; Vorbildung: Gymn. Oldenburg Reife M. 98; Studium: Göttingen 4, München 6 S.; Coll. 14. Juli 04; Approb. 26. März 04.]

(Rusconi, Alberto.) [Besprechung von:] Die Regesten und Urkunden des Familienarchivs der Rusconi in Luzern mit geschichtlicher Erörterung. Von Dr. A[lois] Lütolf.... (Einsiedeln 1878.) (E.) 4. (Como 1879.)

Rusconi, Maur.

Rusconi, M., Descrizione anatomica degli organi della circolazione delle Larve delle Salamandre acquatiche con rami miniati. 4. Pavia. (Vienna, Volke.) 821.

— — della Scoperta del Vaccino politicamente considerata. 8. gr. Ibid. 816. (Ibid.)

Rusconi, Maur.. Observations anatomiques sur la Sirene mise en parallele avec le protée et le têtard de la Salamandre aquatique. Avec six planches Edition tirée a cent exemplaires. Imp.-4. Pavie 837. (Leipz., Köhler.) n.5¹/₃ ₰

RUSCSÁK, ANTON VON REGETERUSZKA: Ehren- und Lobrede, welche an dem hohen Feste des glorwürdigsten Heiligen Aurelii Augustini Bischofs, Beichtigers und Kirchenlehrers, als Regelgeber und Ordenspatron, in ansehnlichen Gotteshause zur heil. Anna, des verehrten Convents der Wohlehrw. Jungfrauen von S. Ursula zu Tyrnau, im J. 1846, vorgetragen Anton Ruscsák. Tyrnau 1847. Gedr. bei Michael Spanraft. 20 S. - gr. 8°

Ruscsák de Regeteruszka, Antonius — olim in Hungaria Parochus. Hilasterion, quo memoriam dedicationis Basilicae Strigoniensis, Oeno-Stamsil altero apud Tirolenses loco exsilii, medius inter S. Bernardi E. D. mellifilui sodales, A. D. 1856, celebravit exul — —. Oeniponti, 1856. Litteris Wagnerianis. (16 S. 8.)

Ruscsák de Regeteruszka, Antonius — olim in Hungaria Parochus. Hilasterion, quo memoriam dedicationis Basilicae Strigoniensis, Oeno-Stamsil altero apud Tirolenses loco exsilii, medius inter S. Bernardi E. D. mellifilui sodales, A. D. 1856, celebravit exul — —. Oeniponti, 1856. Litteris Wagnerianis. (16 S. 8.)

Rusdorf, J. J. de

Rusdorf, de, Mémoires et négociations secrettes p. servir à l'Hist. de l. guerre de 7 ans, rédig. p. Cuhn. II Tom. gr. 8. Leipz. Weygand. 788. (I. 2 Rthlr. 16 gr. II. 2 Rthlr. 20 gr.)

de Rusdorf, ..., Mémoires et négociations secrettes pour servir à l'histoire de la guerre de sept ans, rédig. par E. W. Cuhn. II Vols. gr. 8. Leipz. 789. Weygand. 5 ₰ 12 ₰

— geheime Unterhandll. u. Urkunden zur Geschichte des 30jähr. Krieges; aus d. Französ. v. E. W. Cuhn. 2 Thle. gr. 8. Lpz. 789. Weygand. 5 ₰ 12 ₰

v. Russdorf, J. J. Geheime Unterredungen u. Urkunden zur Geschichte des 30jährigen Krieges. A. d. Frz. von E. G. Cuhn. 2 Bd. 8. Leipzig 1788. 16,50.

Rusdorf, Christoph Heinrich Sebastian (Altenburg)
A. S. 606/5

Dissertatio iuris gentium de iuramento iure gentium incognito. Präs. Christian Heinrich Breuning.
Leipzig (Langenheim) 14. IX. 1752. 20 S.

Gew.: Albert Heinrich Gf. von Schoenburg. 29589

Rusdorff, Johann Joachim von. Consilia, et Negotia Politica . . . Francof. ad M. 1725. II: *Loen, Johann Michael von.* (BrMm)

Rusegger, Jos.: „Aufbereitungs-Process gold- und silberhaltiger Pocherze im salzburgischen Montan-Bezirke", nebst Atlas, Stuttgart 1841. — Vorh.: Preuß. Oberbergamt Dortmund —

Ruseler, Georg

— Graf Anton Günther od. Tilly in Oldenburg. Ein histor. Schausp. in 4 Aufzgn. aus der Zeit des 30jähr. Krieges. 8. (VII, 85 S.) Varel 896. J. W. Acquistapace. n. 1. —; geb. in Leinw. n. 2. —

Ruseler, Geo., Gedichte. 8. (VIII, 166 S.) Varel 896. J. W. Acquistapace. n. 2. —; geb. m. Goldschn. n. 3. —

Gudrun. Ein Schauspiel in 5 Aufz. von **Georg Ruseler**. Zuerst aufgeführt am Grossh. Theater in Oldenburg am 18. April 1897. *Oldenburg & Leipzig: Schulze 1898.* (130 S.) 8° [F.] 93. 190

— in Hölle u. Schattenreich. Litterarische Teufeleien. 8. (III, 59 S.) Ebd. 891. n. — 75

— König Konradin. Ein deutsches Trauerspiel in 5 Aufzügen. 8. (VII, 95 S.) Ebd. 893. n. 1. 50; geb. n. 2. 50

— kleines Lesebuch zur Heimatkunde v. Oldenburg, s.: Schwecke, W.

Ruseler, G., Lesebuch f. Mittelklassen, s.: Bruns, J.

Ruseler, Geo., Deutsches Liederbuch, s.: Göhe, Gust.

— die Macht des Gesanges, s.: Volks-Bücherschatz.

— Michael Servet. Ein Trauerspiel aus der Zeit Calvins. 8. (III, 138 S.) Ebd. 892. n. 1. 50; geb. n. 2. 50

Rufeler, Geo., die Stedinger. Ein Trauerspiel in 5 Aufzügen. Zum erstenmal aufgeführt am Hoftheater in Oldenburg am 2. Novbr. 1890. 2. Aufl. 8. (III, 149 S.) Varel 890. Acquistapace. n. 1.—

— die Stedinger. Ein Trauerspiel in 5 Aufzügen. 3. u. 4. Aufl. 8. (III, 116 S.) Ebd. 891. n. 1.—

— Stoff zu Sprachübungen, s.: Bruns, J.

Ruseler, Geo., die gläserne Wand. Legenden u. kleine Geschichten. 8. Berlin-Schöneberg 908. Buchverlag der „Hilfe". Geb. in Leinw. 2.—

— der Wunderborn. Niedersächsisch-fries. Balladen. (148 S.) gr. 8. Bremen (905). C. Schünemann. n. 2.—; geb. n. 3.—

Ruseler, Geo., Dathans Zweifel. Ein alttestamentl. Trauerspiel in 5 Aufzügen. 8. (VII, 96 S.) Varel 891. J. W. Acquistapace. n. 1.—

Rusen, L. E., de futuro indicativi ambigui linguae graecae cum lingua latina comparatae commentatio. Holmiae 867. (Berlin, Calvary & Co.) gr. 8. (V, 114 S.) n. 20 ngr

Rusén, L. E., unde notiones modorum verbi sint repetendae. Commentatio. Upsaliae 855. (Stockholm, Samson u. Wallin.) gr. 8. (22 S.) n. 6 ngr

RUESENSTEIN, VON.
* Auserlesene chymiche Universal und Particular Processe, welche Herr Baron von Ruesenstein auf seinen zweyen Reisen mit sechs Adepten als Gualdo, Schulz, Fauermann, Koller, Fornegg und Monteschider, erlernet, auch viele selbst davon probirt und mit eigener Hand im Jahr 1664, zusammengetragen hat, und wovon die Originalien in seinem Schloss in einer Mauer gefunden worden sind. Frankfurt und Leipzig, zu finden bey Peter Conrad Monath, 1754. pp. [xvi]–284–[iv], 16mo.

Ruesenstein, ..., auserles. chymische u. Partikularprocesse. 8. Wien 754. (Monath u. K. in Nürnb.) 8 gr

Rusett, E. D. de, der Weg des Lebens. Autorisierte Uebersetzg. v. M. E. (22 S.) 16. Zürich (905). Frankfurt a/M., Verlag Orient. n.n. — 10

Rush, Benjamin

Rush, Benjamin: Beschreibung des gelben Fiebers, welches im Jahre 1793 in Philadelphia herrschte. (An Account of the bilious remitting yellow fever, as it appeared in the city of Philadelphia, in the year 1793. Dt.) Übers. und mit einigen Zusätzen begleitet von P(hilipp) Fr(iedrich) Hopfengärtner... und J(ohann) H(einrich) F(erdinand von) Autenrieth. 472 S., gbd.

Tübingen: Cotta 1796

JB 4.925

— neueste Methode, die Blattern einzuimpfen; aus d. Engl. 8. Ansb. 783. (Gassert). 2 gr

RUSH, Benjamin 1745 - 1813
Die neueste Methode die Blattern einzuimpfen. Eine auf der Universität zu Philadelphia gehaltene Vorlesung von Herrn D. Benjamin Rush.
Aus dem Englischen ins Teutsche übersezt.
Ansbach: Haueisen. 1783. 31 S. 8°.
Bayerische Staatsbibliothek München
Übers. v. The New Method of Inoculating for the Small Pox, Philadelphia 1781.
Frankfurt-Leipziger Meßkatalog, Michaelismesse 1783, S. 717.

RUSH, Benjamin 1745 - 1813
Benjamin Rush; D. der Medicin u. Prof. der Chemie auf der Universität in Pensilvanien, Untersuchung über den Einfluß körperlicher Ursachen auf die Moralität. Eine Vorlesung vor der Amerikanischen philosophischen Societät in Philadelphia den 27sten Hornung 1786 gehalten.
Nach der 2ten Englischen Ausgabe übersetzt von D. A[ugust]. F[riedrich]. A[drian]. D[iel]. in G[ladenbach].
Offenbach: Weiß und Brede. 1787. 93 S. 8°.
Universitätsbibliothek Münster
Übers. v. An Enquiry into the Influence of Physical Causes upon the Moral Faculty, 2. Aufl. Philadelphia-London 1786.
Adrian Diel, 1756-1839

RUSH, Benjamin 1745 - 1813
Untersuchung der Wirkungen öffentlicher Strafen auf die Verbrecher und auf die Gesellschaft von Benjamin Rush, M. D. Professor der Chemie bey der Universität in Pensylvanien.
Aus dem Englischen übersetzt und mit einigen Anmerkungen begleitet.
Leipzig: Gräff. 1792. 56 S. 8°.
Stadtbibliothek Trier
Übers. v. An Enquiry into the Effects of Public Punishments upon Criminals and upon Society, Philadelphia 1787.

RUSH, Benjamin 1745 - 1813
Benjamin Rush ... medicinische Untersuchungen und Beobachtungen.
Aus dem Englischen [von Christian Friedrich Michaelis].
Leipzig: Weidmann. 1792. 6, 358 S. 8°.
University of Pennsylvania Library Philadelphia
Übers. v. Medical Inquiries and Observations, Philadelphia 1789.
Christian Friedrich Michaelis, 1727-1804. Nicht identisch mit dem Sohn des Göttinger Orientalisten und hessischen Feldarzt Christian Friedrich Michaelis, 1754-1814.

— neue medicin. Untersuchungen u. Beobachtt.; aus d. Engl. gr. 8. Nürnb. 797. Bauer u. R. 18 gr

Rush, Benjamin: Medizinische Untersuchungen und Beobachtungen über die Seelenkrankheiten. (Medical Inquiries and observations upon the diseases of the mind. Second edition. Dt.) Teutsch bearb. und mit einigen Anmerkungen begleitet von Georg König. 299 S., gbd.

Leipzig: Cnobloch 1825

JB 4.521

RUSH, Benjamin 1745 - 1813
Benjamin Rush's, der Heilkunde Doctors, Lehrers der Anfangsgründe der Heilkunde und der klinischen Praxis auf der Universität von Pennsylvanien, neue medicinische Untersuchungen und Beobachtungen.
Aus dem Englischen übersetzt von Dr. Christian Friedrich Michaelis ...
Nürnberg: Raspe. 1797. X, 302 S. 8°.
Universitätsbibliothek Münster
Übers. v. New Medical Inquiries and Observations, Philadelphia 1797.
Christian Friedrich Michaelis, 1727-1804. Nicht identisch mit dem Sohn des Göttinger Orientalisten und hessischen Feldarzt Christian Friedrich Michaelis, 1754-1814.

— Unters. d. Wirkungen öffentl. Strafen a. d. Verbrecher ꝛc. a. d. Engl m. Anmerk. 8. Leipz. Gräff. 792.

— Untersuch. d. Wirkungen öffentl. Strafen auf d. Verbrecher; aus d. Engl. mit Anmerkk. 8. Leipz. 792. (Wienbrack). 4 gr

—, B. d. Ursache u. d. Heilart des innerl. Wasserkopfes, od. der Wassersucht der Gehirnhöhlen. Lpz. 8°.

1792

Rush, B., B. d. Ursachen u. d. Heilart des innerl. Wasserkopfes od. d. Wassersucht d. Gehirnhöhlen. Lpz. 8°. Uebers. a. dessen Inquis. and obs. II, 201.

1798

RUSH, Benjamin 1745 - 1813
Benjamin Rush, Doctor der Heilkunde, und Lehrer der Anfangsgründe der Arzneiwissenschaft und der Klinik auf der Universität zu Philadelphia, über die Vortheile, welche das Aderlassen in vielen wichtigen Krankheiten gewährt.
Aus dem Englischen Herausgegeben von Dr. Christian Friedrich Michaelis ...
Leipzig: Meißner. 1800. VI, 88 S. 8°.
Universitätsbibliothek Leipzig
Übers. v. Bd. III-IV der Medical Inquiries and Observations, Philadelphia 1796.
Christian Friedrich Michaelis, 1727-1804. Nicht identisch mit dem Sohn des Göttinger Orientalisten und hessischen Feldarzt Christian Friedrich Michaelis, 1754-1814.

Rush, Benj., üb. die Vortheile d. Aderlassens in vielen wichtigen Krankheiten; aus d. Engl. von Chr. Fr. Michaelis 11. 8. Leipz. 800. (W. Nauck). 9 gl

Rush, B., üb. d. Vortheile d. Aderlassens in vielwicht. Kranth., a. d. Engl. v. Michaelis. 8. Leipzig, Sommer. 810. Rthlr.

Rush, B., B. d. Zustande des Körpers u. Geistes in hohem Alter, nebst einigen Bem. üb. d. Krankh. sehr alter Leute und der bei solchen anzuwendenden Heilmittel. Deutsch. Lpz. 8°.
1792

Rusigk, Johs., die Spinne. Ein Blättlein Liebe, s. a. Theater der Gegenwart. Nr. 7.

Rusigk, Johannes: Die Spinne. Tragikomödie in 1 Aufz. Ein Blättlein Liebe. Drama in 1 Aufz. Berlin: Dramaturg. Inst. 1899. (32 S.) 8⁰
= Theater der Gegenwart. No. 7.

Rusin, Alfred, Das erste Semester des Turnunterrichts in der Volksschule, Wiesbaden 1872, 40 S., 8°.

RUSINOWSKI, Osvaldus: Theoria restitutionis. — (1855) 98 S. 4° (Handschr.) Diss. 115
Diss. Wien, Univ.

Rusk, Robert R., M. A.: Die pragmatische und humanistische Strömung in der modernen englischen Philosophie. Jena 1906: Frommann. (80 S.) 8°
Jena, Phil. Fak., Ref. Eucken, Diss. v. 24. Aug. 1906
[Geb. 6. Juni 79 Ayr; Wohnort: Ayr; Staatsangeh.: England; Vorbildung: Gymn. Glasgow Reife M. 03; Studium: Glasgow 5, Jena 3 S.; Rig. 31. Juli 06.]

Ruska, Jul., s.: Archiv, pädagogisches.

Ruska, Jul., s.: Kazwînî, das Steinbuch.

— Leitfaden der Mineralogie. Eine Einführg. in d. Verständnis der Erscheingn. u. die Kenntnis der Gebilde des Mineralreichs. (VIII, 144 S. m. 215 Abb. u. 9 farb. Taf.) 8. Leipzig 910. Quelle & Meyer. Geb. in Leinw. 2. —

Ruska, Julius *Ferdinand* [aus Bühl]: Das Quadrivium aus Severus bar Šakkû's Buch der Dialoge … (Th. 3 e. gröss. Arb.) Leipzig, Druck v. W. Drugulin, 1896; 79 S. 8.
Heidelberg, Phil. Fak., Inaug.-Diss. v. [20. Febr.] 1896

— s.: Schriftsteller, englische, aus dem Gebiete d. Philosophie, Kulturgeschichte u. Naturwissenschaft.

Ruska, Julius [Dr. Prof.]: Das Steinbuch aus der Kosmographie des Zakarijâ ibn Muḥammad ibn Maḥmûd al-Ḳazwînî übs. u. m. Anm. vers. Kirchhain N.-L., Druck v. M. Schmersow, *1896;* 44 S. 4.
Heidelberg, provisor. OR, P 1896 (633)

— Geologische Streifzüge in Heidelbergs Umgebung. Eine Einführg. in d. Hauptfragen d. Geologie auf Grund der Bildungsgeschichte des oberrhein. Gebirgssystems. Mit zahlr. Orig.-Bildern, Karten u. Profilen. (XI, 208 S.) 8. Leipzig 908. E. Nägele. 3.80; geb. in Leinw. 4. 40

— Was hat der neusprachliche Unterricht an den Oberrealschulen zu leisten? (23 S.) 8. Heidelberg 908. C. Winter, Verl. — 40
Sonderabdr. a.: „Ztschr. f. franz. u. engl. Unterr."

Ruska, J(ulius), (Prof.) Dr.: **Die Wirbeltiere. Nach d. Anforderungen d. Lehrplans d. bad. Oberrealschulen ⟨Pensum d. Untertertia⟩.** *Heidelberg 1902: J. Hörning.* (48 S.) 8°
Heidelberg, OR, P 1902 (694)

Ruska, J., die Wirbeltiere nach vergleichend-anatomischen u. biologischen Gesichtspunkten f. den Gebrauch der Schule dargestellt. 2. Aufl. (60 S. m. Abbildgn.) 8. Leipzig 907. E. Nägele. n. — 80

Ruske, Lotharus (Ludovicus) *(geb. Lublinitz in Oberschles. 13. 10. 1856)*: De A. Gellii noctium Atticarum fontibus quaestiones selectae. Glaciae (1883). (72 S.) 8° *[Im Buchhandel 1883 bei Köhler in Breslau.]*
Breslau, Phil. Diss. v. 18. Dez. 1883

Ruskin, John

— das Adlernest. 6 Vorlesgn. üb. d. Beziehgn. zwischen Kunst u. Wissenschaft. Hrsg. v. S. Sänger. 8. (VII, 112 S.) Straßburg (901). J. H. E. Heitz. Geb. in Leinw. n. 2. 50

— Aphorismen zur Lebensweisheit. Eine Gedankenlese aus den Werken des R. Aus dem Engl. übers. u. zusammengestellt v. Jak. Feis. 8. (V, 180 S.) Ebd. (899). Geb. in Leinw. n. 2. 50

— Chapters on art, hrsg. von S. Saenger, s. a. Schulbibliothek französ. u. engl. Prosaschriften. II. 35.

Chapters on art, a selection from the works of John **Ruskin**. Für d. Schulgebr. bearb., erklärt u. eingeleitet von Dr. S[amuel] Saenger. Mit Bildnis. *Berlin: R. Gaertner 1899.* (XII, 81 S.) 8°
= **Schulbibliothek** franz. u. engl. Prosaschriften aus d. neueren Zeit. Abt. 2. Bdch. 35. [01. 9601

— Grundlagen des Zeichnens. 3 Briefe an Anfänger. Aus dem Engl. übers. u. m. e. Einleitg. versehen von Thdr. Knorr. 8. (XL, 151 S. m. 10 Abbildgn.) Straßburg (901). J. H. E. Heitz. Geb. in Leinw. n. 3. —

Carl Hagemann. Worte (John) **Ruskins**. Minden i. W.: J. C. C. Bruns (1906). (XI, 256 S.) 8°
= **Breviere** ausländischer Denker u. Dichter. Bd 3. [07. 3310

Ruskin, J., der König des Goldflusses oder die schwarzen Brüder. Aus dem Engl. von A. Benson. Mit 2 (lith. u. color.) Bildern. Dresden 861. Kuntze. 16. (56 S.) 6 ngr.

— der König des goldenen Stromes oder die schwarzen Brüder. Steirische Mährchensage. Aus dem Engl. übers. von Henriette Lewald. Stuttgart 861. Thienemann. gr. 16. (2 Bl., 48 S. m. Holzschn.) n. 10 ngr.

— die Königin der Luft. Studien üb. die griech. Sturm- u. Wolkensage. Aus dem Engl. übers. v. Gertr. P. Wolff. 8. (VIII, 190 S.) Ebd. (901). Geb. in Leinw. n. 3. —

Ruskin, John, die Kunst zu lesen. Arbeit. Nach dem Original übertr. v. Johanna Severin. (IV, 99 S.) 8. Halle 907. H. Gesenius. 1.—; geb. in Leinw. 1. 50

— The seven lamps of architecture, s. a. Collection of British authors.

The seven Lamps of architecture. By John **Ruskin**. Copyright ed. Leipzig: Tauchnitz 1907. 334 S. 8°
(Collection of British authors. Tauchnitz Ed. Vol. 3951.) [11. 8709

— unto this last and Munera pulveris, s. a. Collection of British authors.

Unto this Last, and Munera pulveris. By John **Ruskin**. Copyright ed. Leipzig: Tauchnitz 1906. 334 S. 8°
(Collection of British authors. Tauchnitz Ed. Vol. 3910.) [11. 8680

— Diesem Letzten. 4 Abhandlungen über die ersten Grundsätze der Volkswirtschaft. Aus dem Englischen von A. v. Przchowski. 8⁰. Leipzig, Diederichs, 1902. (Ausgewählte Werke, Bd. 5).

Ruskin J, Die sieben Leuchter der Baukunst. (423 S) (Ruskins ausgewählte Werke 1) Leipzig 1900

Ruskin, John: Über Mädchenerziehung. [Of queens' Gardens; 1865.] Nach d. Orig. übertr. u. m. e. biograph. Einl. vers. v. Johanna Severin. — Halle: Gesenius 1907. 84 S. 8°

— — 2. Aufl. 1907.

Ruskin, John. Moderne Maler. 5 Bde., *in 4 Bänden.* 8. Leipzig (**Bd. 3:* Jena), Eugen Diederichs, 1902—1906.

Bd. 1-2: Im Auszug übersetzt und zusammengefasst von Charlotte Broicher. XII + 312 S. 1902. (M. 5. —, geb. 6. —)

Bd. 3: Von verschiedenen Dingen. Aus dem Englischen von Hedwig Broda. [Mit 8 Figuren und 18 Tafeln.] IV + 399 S. 1906. (M. 10. —, geb. 11. —)

Bd. 4: Die Schönheit der Berge. Aus dem Englischen von W[ilhelm] Schoelermann. [Mit 116 Figuren im Text und 35 Tafeln.] VI + 462 S. 1903. (M. 10. —, geb. 11. —)

Bd. 5: Die Schönheit des Blattes — Über Wolkenschönheit — Über Beziehungsbegriffe. Aus dem E' von W. Sch'. [Mit 101 Figuren im Text und 37 Tafeln.] IV + 478 S. 1904. (M. 10. —, geb. 11. —)

J' R'. Ausgewählte Werke in vollständiger Übersetzung. Band 11-12 —15. Buchschmuck von J[ohann] V[incenz] Cissarz-Dresden. Umschlagzeichnung von Otto Eckmann.

— Menschen untereinander, s.a Worte u. Werke, lebende. 4.

John **Ruskin**. Menschen untereinander. Auszüge aus s. Schriften. Auswahl u. Übers. von Maria Kühn. *Düsseldorf & Leipzig: K. R. Langewiesche [1904].* (228 S.) 8°
— **Worte**, Lebende, u. Werke. Bd 4. [14. 7459]

— sechs Morgen in Florenz. Einfache Studien christl. Kunst f. Reisende. Aus dem Engl. übers. v. A. Wilmersdoerffer. 8. (XVI, 220 S.) Ebd. (901). Geb. in Leinw. n. 4.—

— Mornings in Florence, s.a Collection of British authors.

Mornings in Florence. Being simple studies of Christian art for English travellers. By John **Ruskin**. Copyright ed. Leipzig: Tauchnitz 1907. 271 S. 8°
(Collection of British authors. Tauchnitz Ed. Vol. 3986.) [11. 8740

Ruskin, John. Praeterita. Ansichten und Gedanken aus meinem Leben, welche des Gedenkens vielleicht wert sind (Umschlag:* Selbstbiographie John Ruskins). Aus dem Englischen übersetzt und hrg. von Theodor Knorr. 2 Bände. XIV + 294 u. 320 S. 8. Strassburg im Elsass, J. H. Ed. Heitz, 1903. [geb. *je* M. 4. —]**

Ruskin, John. Praeterita. Was aus meiner Vergangenheit vielleicht der Erinnerung wert. Erlebtes und Gedachtes im Umriss. Aus dem Englischen von Anna Henschke. 2 Bände. 8. [*je* M. 5. —, geb. 6. —]

Band 1. [Mit 2 Porträt-Tafeln.] IV + 428 S. Leipzig, Eugen Diederichs, 1903.

Band 2. [Mit 3 Tafeln.] IV + 404 S. Jena, Eugen Diederichs, 1904.

John Ruskin. Ausgewählte Werke in vollständiger Übersetzung. Band 6 *u.* Band 7. Buchschmuck von J[ohann] V[incenz] Cissarz-Dresden (**Band 7:* -Darmstadt). Umschlag-Zeichnung von Otto Eckmann.

— Readings, hrsg. v. Aronstein, s.: Authors, English.

— St. Mark's rest, s.: Collection of British authors.

— Die Schöpferkraft d. Geistes. Lebensrätsel u. Lebenskunst. Nach dem Original übertr. v. Johanna Severin. (IV, 84 S.) 8. Halle 909. H. Gesenius. 1.—; geb. in Leinw. 1.50

Ruskin, John, Sesame and lilies, s.a Collection of British authors.

Sesame and lilies. Three lectures. By John **Ruskin**. Copyright ed. Leipzig: Tauchnitz 1906. 271 S. 8°
(Collection of British authors. Tauchnitz Ed. Vol. 3861.) [11. 8644

— die Steine v. Venedig. 1. u. 2. Bd. Eine Auslese aus dem Werke: „The stones of Venice". Aus d. Engl. übers. u. zusammengestellt v. Jak. Feis. 8. (VII, 131 S.) Ebd. Geb. in Leinw. n. 6.—
1. (VII, 181 S.) (900.) n. 2.—
2. Der Dogenpalast. (VIII, 135 S. m. 18 Taf.) (900.) n. 4.—

— The stones of Venice, s.a. Collection of British authors.

The stones of Venice. Introductory chapters and local indices for the use of travellers while staying in Venice and Verona by John **Ruskin**. Copyright ed. In 2 vols. Vol. 1. 2. Leipzig: B. Tauchnitz 1906. 2 Bde 8°
(Collection of Brit. Authors. Tauchnitz Ed. Vol. 3870. 3871.) [06. 5347 2

— Ausgewählte Stücke, hrsg. v. Rhold. Besser, s.: Hamann's, Alb., Schulausgaben. Nr. 7.

— Vorlesungen über Kunst, s.: Universal-Bibliothek.

— was wir lieben u. pflegen müssen. Eine Sammlung Natur-Ansichten u. Schildergn. aus den Werken des R. Aus d. Engl. übers. u. zusammengest. v. Jak. Feis. 8. (VII, 149 S.) Ebd. 895. Geb. in Leinw. n. 2. —

— was wir lieben u. pflegen müssen. Eine Sammlung Natur-Ansichten u. Schildergn. aus den Werken des R. Aus dem Engl. übers. u. zusammengestellt v. Jak. Feis. 8. (IX, 148 S.) Ebd. (900). Geb. in Leinw. n. 2.—

— Wege zur Kunst. E. Gedankenlese aus d. Werken d. R. Aus d. Engl. übers., zusammengest. u. eingeleitet v. Jak. Feis. I u. II. 8. Ebd. 898. Geb. in Leinw. n. 4.50
I. (XXXVIII, 173 S.) n. 2.50
II. Gothik u. Renaissance. (III, 118 S.) n. 2.—

— Wege zur Kunst. III u. IV. 8. Ebd. Geb. in Leinw. n. 4.50
III. Vorlesungen üb. Kunst. Eine Gedankenlese aus den Werken des R. Aus dem Engl. übers. u. zusammengestellt v. Jak. Feis. Aus seinem Nachlaß hrsg. v. S. Sänger. (V, 87 S.) (901.) n. 2.—
IV. Arata Pentelici. Vorlesungen üb. die Grundlagen der bild. Kunst. Aus dem Engl. übers. v. Thdr. Knorr. Mit 3 Taf. (102 S.) (902.) n. 2.50
I u. II. Ebd. 898. Geb. n. 4.50.

Ruskin, John, ausgewählte Werke in vollständiger Übersetzung. 1.—5., 11. u. 12. Bd. gr. 8. Leipzig, E. Diederichs. n. 22.50; geb. n.n. 28.50
1. Die sieben Leuchter der Baukunst. Aus dem Engl. von Wilh. Schoelermann. Mit 14 Taf. (IV, 423 S.) 900. n. 6.—; geb. n.n. 7.—
2. Sesam u. Lilien. Aus dem Engl. v. Hedw. Jahn. (IV, 266 S.) 900. n. 3.—; geb. n. 4.—
3. Der Kranz v. Olivenzweigen. 4 Vorträge üb. Industrie u. Krieg. Aus dem Engl. v. Anna Henschke. (239 S.) 901. n. 3.—; geb. n. 4.—
4. Vorträge üb. Kunst. Aus dem Engl. v. Wilh. Schölermann. (IV, 240 S.) 901. n. 3.—; geb. n. 4.—
5. Diesem Letzten. 4 Abhandlgn. üb. die ersten Grundsätze d. Volkswirtschaft. Aus d. Engl. v. Anna v. Przychowski. (197 S.) 902. n. 2.50; geb. n. 3.50
11. 12. Moderne Maler. 1. u. 2. Bd. Im Auszug übersetzt u. zusammengefasst v. Charlotte Broicher. (XII, 312 S.) 902. n. 5.—; geb. n. 6.—
Die Bde. 6—10 erscheinen später.

Ruskin, John, ausgewählte Werke in vollständiger Uebersetzung. Buchschmuck v. J. V. Cissarz. Umschlagzeichnung v. Otto Eckmann. 2. 6.—10. u. 13.—15. Bd. 8. Jena, E. Diederichs. n. 73.—; geb. n. 82.—
2. Sesam u. Lilien. Aus dem Engl. v. Hedw. Jahn. 2. Aufl. (IV, 266 S.) 905. n. 3.—; geb. n. 4.—
6. Praeterita. 1. Bd. Was aus meiner Vergangenheit vielleicht der Erinnerg. wert. Erlebtes u. Gedachtes im Umriss. Aus dem Engl. v. Anna Henschke. (428 S. m. 2 Bildnissen.) 903. n. 5.—; geb. n. 6.—
7. Dasselbe. 2. Bd. (404 S. m. Bildnis.) 904. n. 5.—; geb. n. 6.—
8. Steine v. Venedig. 1. Bd. Aus dem Engl. v. Hedw. Jahn. (497 S. m. Abbildgn. u. Taf.) 903. n. 10.—; geb. n. 11.—
9. Dasselbe. II. Bd. (441 S. m. Abbildgn. u. Taf.) 904. n. 10.—; geb. n. 11.—
10. Dasselbe. 3. (Schluss-)Bd. (458 S. m. 12 Taf.) 906. n. 10.—; geb. n. 11.—
13. Moderne Maler. III. Bd. Von verschiedenen Dingen. Aus dem Engl. von Hedw. Broda. (IV, 397 S. m. Abbildgn. u. 18 Taf.) 906. n. 10.—; geb. 11.—
14. Dasselbe. IV. Bd. Die Schönheit der Berge. Aus dem Engl. v. W. Schoelermann. (VI, 461 S. m. Abbildgn.) 903. n. 10.—; geb. n. 11.—
15. Dasselbe. V. Bd. Die Schönheit des Blattes. Ueber Wolkenschönheit. Ueber Beziehungsbegriffe. Aus dem Engl. v. W. Schoelermann. (IV, 477 S. m. Abbildgn.) 904. n. 10.—; geb. n. 11.—

Ruskin, John, wie wir arbeiten u. wirthschaften müssen. E. Gedankenlese aus d. Werken. Aus d. Engl. übers. u. zusammengest. v. Jak. Feis. 8. (VII, 234 S.) Straßburg 896. J. H. E. Heitz. Geb. in Leinw. n. 3. —

Ruskin, J: Wie wir arbeiten und wirthschaften müssen. Deutsch von J. Feis. 2. Aufl. Straßburg (1904?)

[Ruskin, John]. Worte Ruskins. [Hrsg. von] Carl *Hagemann*. Minden i. W. (1906.) 8°.
(Breviere ausländ. Denker u. Dichter, hrsg. v. Carl *Hagemann* u. Edg. Alfr. *Regener*. Bd [illegible])

— der goldene Zauberfluß oder die schwarzen Brüder. Ein Märchen aus Steiermark. Mit Bildern von Rich. Doyle. (Nach der 32. Aufl. des engl. Originals in deutscher Sprache nacherzählt u. Walt. Blumtritt u. Sophie Steinwarz.) (63 S.) München 907. Einhorn-Verlag. Geb. n. 1.50

Rusmeier, s. Rußmeyer

Rusmeyer, s. Rußmeyer

Ruß u. Brand, üb. den. 8. Heilbr. 826. Claß. 6 gr

Russ, Ritter Melchior, von Luzern. O. O. 18?? V: *Liebenau, Theod. v.* (Cat. d. Stadtbibl. Zürich. Zürich 1864—97.)

Ruß, E., Stern u. Krone. Fünf Bilder aus dem Leben e. Propheten. (80 S.) 8. Dresden 908. (C. L. Ungelenk.) Geb. in Leinw. 1. —

Russ, Ernest L., a. Jaasy in Rumänien: Die postembryonale Entwicklung des Darmcanals bei den Trichopteren. ⟨Anabolia laevis. Zett.⟩ ⟨T. 2: Der Mitteldarm.⟩ (Potsdam 1907: E. Stein.) (39 S.) 8° ¶(Erscheint vollst. in einer wissenschaftl. Zeitschrift.)
Berlin, Phil. Fak., Ref. Eilhard Schulze, Diss. v. 15. Juni 1907
[Geb. 2./15. Aug. 80 Jassy; Wohnort: Berlin; Staatsangeh.: Rumänien; Vorbildung: National-Lyzeum Jassy Reife M. 98; Studium: Berlin 8 S.; Rig. 16. Mai 07.]

Ruß, Franz, [illegible]
Separatabdruck

Russ, Frz., Experimentaluntersuchgn. üb. die Luftverbrenng. im elektr. Flammenbogen, s.: **Grau, Aug.**

— und Pokorny, Ernst, [illegible] (mit 3 Text[illegible] S. 122. Bd. [illegible]) vgr.
— — [illegible] (mit [illegible] S. 122. Bd. [illegible]) vgr.
Separatabdruck

Russ, G., Der Fächer. Mit 120 Abbildgn. Bielefeld 1904. Gr. 8°. Eleg. Orig.-Cart. (Mk. 4—.) (2 Mk. 75 Pfg., fast wie neu, M. Edelmann, Nürnb., 1906.)

Russ, G. Ph.

— Nachträge von Fundorten, Arten und Unter-Arten zu der in unserer Festschrift 1858 gegebenen Uebersicht der Gefäss-Cryptogamen, Laub- und Lebermoose der Wetterau. 1863.

Russ, G. Ph., Nachträge zur Phanerogamen-Flora der Wetterau.

Russ, Heinrich: Ueber Fortleitung von entzündlichen Prozessen der Orbita auf die Hirnhäute. *München 1897: Kastner & Lossen.* (32 S.) 8°
München, Med. Diss. v. 1897

Russ, J. F.: Ueber die Ablösung der Servituten u. die dafür zu gebende Entschädigung. *Magdeburg*, Creutz. 835. 38. 11. 4. (3 Thl.)

Russ, Joh., üb. Flachsbau u. Flachsspinnerei. (Deutsch u. französisch.) (Internationaler land- u. forstwirthschaftl. Congress zu Wien 1890, 77. Hft.) gr. 8. (14 S.) Wien 890. (Frick.) n. — 60

Russ, Karl

[J.] Die Amazonenpapageien. Ihre Naturgesch., Pflege u. Abrichtg. Von Dr. Karl Russ. M. 1 Taf. in Farbendr., 7 Taf. in Schwarzdr. u. 3 Holzschn. im Text. *Magdeburg: Creutz 1896.* (X S., 1 Bl., 179 S., 8 Taf.) 1 Bd 8.
97. 855

Ruß, Karl, Arznei- u. Farbewaaren. [Aus der „Waarenkunde für die Frauenwelt."] Breslau 869. Trewendt. 8. (VIII, 304 S.) geb. 20 ngr.

Ruß, Karl, Bilder aus der Vogelstube. Schilderungen aus dem Leben fremdländ. und einheim. Stubenvögel. Mit 4 Holzschn. nach Zeichnungen von Rob. Kretschmer und 1 (eingedr. Holzschn.-)Bilde, gezeichnet von Karl Gerber. gr. 8. (X, 404 S.) [Berlin 882, Gerschel.] Magdeburg, Creutz'sche Buchh. *M 6.; geb. *

Ruß, Karl, Bilder aus der Vogelstube. Schilderungen aus dem Leben fremdländ. u. einheim. Stubenvögel. Mit 4 Holzschn. nach Zeichngn. v. Rob. Kretschmer u. 1 (Holzschn.-)Bilde, gezeichnet v. Karl Gerber. 2. Aufl. 8. (X, 404 S.) Magdeburg 885. Creutz. n. 4. —

Ruß, Karl, naturwissenschaftliche Blicke in's tägliche Leben. 8. (IV und 427 S. mit 27 in den Text gedr. Holzschn.) Breslau 865, Trewendt. geb.

Ruß, Karl, naturwissenschaftliche Blicke in's tägliche Leben. Mit 36 in den Text gedr. Holzschn. 2. verb. u. verm. Aufl. 8. (VIII, 473 S.) Breslau 876. Trewendt. 3. —; geb. 3. 75

— die Brieftaube. Ein Hand- u. Lehrbuch für ihre Verpflegung, Züchtung u. Abrichtung. Mit 12 Holzschn. 8. (XVI, 469 S.) Hannover 877. Magdeburg, Creutz. n. 5. —

Ruß, Karl, deutsche Bürger- und Bauern-Predigten. Eine politische Volksschrift. Bromberg (Berlin) 862. Roskowski. 16. (67 S.) n. 5 ngr.

— durch Feld u. Wald. Bilder aus dem Naturleben. Mit Illustr. von Rob. Kretschmer. Leipzig 868. Brockhaus. gr. 8. (IX, 282 S. mit eingedr. Holzschn. u. 4 Holzschntaf.) n. 3 ₰; geb. mit Goldschn. n. 4 ₰

— durch Feld u. Wald. Bilder aus dem Naturleben. Mit Illustr. (in eingedr. Holzschn. u. Holzschntaf.) v. Rob. Kretschmer. 2. Aufl. 4. (IX, 282 S.) Leipzig 875. Brockhaus. n. 6. —

Ruß, Karl, meine Freunde. Lebensbilder u. Schilderungen aus der Thierwelt. Berlin 866. Böttcher. 8. (VIII, 376 S. mit 4 in Tondr. ausgeführten lith. Zeichnungen.) 1 ₰; geb. 1 ₰ 7½ ngr.

— meine Freunde. Lebensbilder u. Schilderungen aus der Tierwelt. Mit Titelbild in Holzschn., gezeichnet von Ludw. Burger. 2., umgearb. Aufl. gr. 8. (VIII, 370 S.) Berlin 878. Haack. n. 3. —; cart. n. 4. —

— der Graupapagei. Seine Naturgeschichte, Pflege u. Abrichtg. M. 1 Aquarelldr. u. 3 Holzschn. im Text. 8. (VIII, 130 S.) Ebd. 896. n. 1. 80; geb. n. 2. 40

Ruß, Karl, der Graupapagei. Seine Naturgeschichte, Pflege, Abrichtg. u. Züchtg. 2. gänzlich neubearb. u. verm. Aufl. v. Karl Neunzig. Mit e. Aquarelldr., 16 Abb. im Text u. 1 Verbreitungskarte. (VII, 108 S.) 8. Magdeburg 909. Creutz. 2.25; geb. 3. —

— Handbuch f. Vogelliebhaber, -Züchter, u. -Händler. I. u. II. [Kurzgefaßte Ausg. d. Werkes „die fremdländ. Stubenvögel."] gr. 8. Hannover 870. 73. Rümpler. 9. —
1. Fremdländische Vögel. (IV, 377 S.) 3. 75
2. Einheimische Stubenvögel. (XXVI, 403 S.) 5. 25

— Handbuch für Vogelliebhaber, -Züchter u. -Händler. I. u. II. 2., völlig umgearb. Aufl. gr. 8. Hannover 878. 81. Magdeburg, Creutz. à 6. 25
1. Fremdländische Stubenvögel. (VI, 463 S.)
2. Einheimische Stubenvögel. (XII, 462 S.)

Ruß, K., Handbuch f. Vogelliebhaber, -Züchter u. -Händler. I. Fremdländische Stubenvögel. 3., völlig umgearb. Aufl. 8. (XII, 576 S.) Magdeburg 887. Creutz' Verl. n. 6. 50; geb. n. 8. —

Ruß, Karl, Handbuch f. Vogelliebhaber, -Züchter u. -Händler. II. Einheimische Stubenvögel. 3., umgearb. Aufl. 8. (IV, 418 S.) Magdeburg 892. Creutz. n. 6. —; geb. n. 7. 50

Ruß, Karl, **Handbuch** f. Vogelliebhaber, -Züchter u. -Händler. I. Die fremdländ. Stubenvögel, ihre Naturgeschichte, Pflege u. Zucht. 4., v. seinem inzwischen ebenfalls verstorbenen Sohne besorgte Aufl. Mit 6 Farbendruck- u. 32 Schwarzdr.-Taf. 8. (XII, 635 S.) Magdeburg 901. Creutz. n. 6. 50; geb. in Leinw. n.n. 8. —

Ruß, Karl, Handbuch f. Vogelliebhaber, -Züchter u. -Händler. 2. Bd. Einheimische Stubenvögel. 4. gänzlich neubearb. u. verm. Aufl. von Karl Neunzig. Mit über 150 Bildern im Text u. 13 Taf. in Farbendr. (VIII, 480 S.) gr. 8. Mageburg 904. Creutz. n. 6. 50; geb. n.n. 8. —

— Hauswirthschafts-Lexikon. Ein Nachschlagebuch für zahlreiche Vorkommnisse des tägl. Lebens. Breslau 870. Trewendt. 8. (XI, 492 S.) geb. 1 ℛ

— deutsche Heimathsbilder. Schilderungen aus dem heim. Naturleben. Mit 3 sauber in Holzschn. ausgeführten Bildern, nach Zeichngn. v. Emil Schmidt. gr. 8. (VI, 408 S.) Berlin 872. Fr. Schulze's Verl. n. 3. —; in Hlblwd. geb. n. 3. 50; in Lwd. geb. n. 4. —

—— das Huhn als Nutzgeflügel für die Stadt- und Landwirthschaft. 8. (XII, 193 S.) Magdeburg 884, Creutz'sche Buchh. *

— das Huhn als Nutzgeflügel f. die Haus- u. Landwirthschaft. 2., verb. Aufl. Mit 32 Abbildgn. auf 16 Taf. 12. (XIV, 206 S.) Magdeburg 894. Creutz. n. 2. —; geb. n. 2. 50

—— Jahrbuch der Natur. Mit 12 Monatsbildern (in Lichtdr.) v. P. Müller-Kaempff u. Fritz Wachenhusen. 2. illustr. (Titel-)Aufl. 12 Hefte. gr. 8. (XXV, 569 S.) Berl. 891, Oppenheim. à Heft * — 70; * 8 40; geb. * 10 —

— der Kanarienvogel. Seine Naturgeschichte, Pflege, Zucht. [Aus: „Handbuch f. Vogelliebhaber ꝛc."] 8. (IX, 94 S.) Hannover 872. Rümpler. 1. 50

— dasselbe. 2. Aufl. 8. (XI, 195 S.) Ebend. 876. n. 2. 40

—— der Kanarienvogel. Seine Naturgeschichte, Pflege und Zucht. 3. Aufl. 8. (XII, 188 S.) Hannover 880, Rümpler. *
—— dass. — 4. Aufl. 8. (XV, 216 S.) Magdeburg 883, Creutz'sche Buchh. *

—— der Kanarienvogel. Seine Naturgeschichte, Pflege und Zucht. 5. Aufl. 8. (XV, 210 S.) Ebendas. 885. *

—— Der Kanarienvogel. Seine Naturgeschichte, Pflege u. Zucht. 6. Aufl. 8. (XVI, 230 S. m. 20 Holzschn. u. 7 Vollbildern.) Magdeb. 889, Creutz' Verlag. * 2 —; geb. * 2 80

— der Kanarienvogel. Seine Naturgeschichte, Pflege u. Zucht. 10. Aufl. Bearb. u. hrsg. v. R. Hoffschildt. 8. (XVI, 235 S. m. Abbildgn. u. 3 farb. Taf.) Ebd 901. n. 2. —; geb. n. 3. —

— der Kanarienvogel. Seine Naturgeschichte, Pflege u. Zucht. 11. Aufl. Mit 3 Farbendr.-Taf. u. zahlreichen Textbildern. Bearb. u. hrsg. v. R. Hoffschildt. (XVI, 244 S.) 8. Ebd. 906. n. 2. —

Russ, Karl: Zur Kenntnis des Formylfluorens. Würzburg 1910: Becker. 52 S. 8°
Tübingen, Naturwiss. Diss. v. 21. Juni 1910, Ref. Wislicenus
[Geb. 7. März 82 Welzheim; Wohnort: Tübingen; Staatsangeh.: Württemberg; Vorbildung: Gymn. Rottweil Reife M. 00; Studium: Tübingen 9 S.; Coll. 21. Juni 10.] [U 10. 4251

— Lehrbuch der Stubenvögelpflege, s. **Ruß**: Die fremdländischen Stubenvögel. 4. Bd.

—— Lehrbuch der Stubenvogelpflege, -Abrichtung und -Zucht. 2. unveränd. Ausg. (In 17 Lfgn.) 1. Lfg. Lex.-8. (48 S. mit eingedr. Abbild. und 1 Chromolithogr.) Ebendas. 888. *

—— Lehrbuch d. Stubenvogelpflege, -Abrichtung u. -Zucht. 2. unveränd. Aufl. 2.—17. (Schluß-)Lfg. Lex.-8. (S. 49—952 m. Textabbildgn. u. 1 Chromolithogr.) Ebd. 888. à Lfg. * 1 50; * 24 —
1. Lfg. Ebd. 1888. * 1 50. Compl. geb. * 28 —.

— in der freien Natur. Schilderungen aus der Thier- u. Pflanzenwelt. Berlin 865. Böttcher. gr. 8. (VI, 432 S. mit lith. Titel.) 1 ℛ $22\frac{1}{2}$ ngr.; cart. n. 2 ℛ

— — 2. Reihe. Mit einem botan. u. zoolog. Wegweiser. Ebend. 868. gr. 8. (VIII, 469 S. mit 1 Holzschntaf.) 1 ℛ $22\frac{1}{2}$ ngr.; cart. n. 2 ℛ

— in der freien Natur. Schilderungen aus der Thier- u. Pflanzenwelt. 1. Reihe. Mit e. botan. u. zoolog. Wegweiser, e. Titel-Holzschn., gez. v. Emil Schmidt, u. 37 in den Text gedr. Abbildgn. 2. Aufl. gr. 8. (VIII, 447 S.) Berlin 876. Haack. 6. —; cart. 7. —

— Natur- u. Kulturbilder. Mit 2 sauber in Holzschn. ausgeführten Titelbildern nach Zeichnungen von Rob. Kretschmer. Breslau 868. Trewendt. gr. 8. (VIII, 530 S.) 2 ℛ

— das heimische Naturleben im Kreislauf d. Jahres. Ein Jahrbuch der Natur. Unter Mitwirkg. hervorrag. Fachgelehrten u. Kenner. 12 Lfgn. gr. 8. (XXV, 569 S.) Berlin 889. Oppenheim. à n. — 80 (cplt.: n. 10. —; geb. n. 11. 50)

Russ (K.). Das heimische Naturleben im Kreislauf des Jahres. Berlin 1890. 8.

—, die *Papageien*, ihre Naturgeschichte, Pflege, Züchtung u. Abrichtung. Mit 10 chromolithogr. Taf. Ebd. 1881. Roy. 8⁰. Ebenso gebd.
XXVIII—691 S. Auch titulo: Die fremdländischen Stubenvögel . . . . Bd. 3. — Die Bilder zu 1 u. 3 aus d. Anstalt von Th. Fischer in Cassel.

—— die sprechenden Papageien. Ein Hand- und Lehrbuch. 8. (XVI, 404 S.) [Berlin 882, Gerschel.] Magdeburg, Creutz'sche Buchh. *

[F.] Die sprechenden Papageien. E. Hand- u. Lehrbuch v. Dr. Karl **Russ**. 3. verm. u. m. Bildern ausgestatt. Aufl. *Magdeburg: Creutz 1898.* (XV, 342 S., 2 Taf.) 1 Bd 8.
= **Russ**, K.: Sprechende Vögel. Bd 1. [98. 7680

— die Prachtfinken, ihre Naturgeschichte, Pflege u. Zucht. [Aus: „Die fremdländischen Stubenvögel".] 8. (XVIII, 268 S.) Hannover 879. Magdeburg, Creutz. n. 3. 60

— d. Prachtfinken, ihre Naturgeschichte, Pflege u. Zucht. 2., verb. u. verm. Aufl. M. 1 Farbendr.-Taf., 9 Vollbild. u. 9 Textabb. in Schwarzdr. 8. (VIII, 218 S.) Ebd. 898. n. 2. —; geb. n. 2. 60

—— Rathgeber auf dem Wochenmarkte. Eine Ergänzung zu jedem Kochbuch. 8. (VIII und 520 S.) Breslau 867, Trewendt. cart.

Einheimische Stubenvögel. Von Dr. Karl **Ruß**. 4. gänzl. neubearb. u. verm. Aufl. von Karl Neunzig. Mit über 150 Bild. u. 13 Taf. *Magdeburg: Creutz 1904.* (VIII, 480 S.) 8° [F.]
— **Ruß**: Handbuch f. Vogelliebhaber. Bd 2. [04. 6,81 3

—— die fremdländischen Stubenvögel, ihre Naturgeschichte, Pflege und Zucht. 1. Bd. 4.—9. (Schluß-)Lfg. gr. 8. (XXIII, S. 193—710 mit 8 Chromolithogr.) Ebendas. 876—78. à Lfg M 3.
1.—3. Lfg. Ebendas. 1875. à *M 3.
—— dass. — 3. Bd.: Die Papageien, ihre Naturgeschichte, Pflege, Züchtung und Abrichtung. 10 Lfgn. gr. 8. (XXVIII, 891 S. mit 10 Chromolithogr.) Ebendas. 879,80. à Lfg. M 3.
Der 2. und 4. Bd. sind noch nicht erschienen.

—— die fremdländischen Stubenvögel, ihre Naturgeschichte, Pflege und Zucht. 4. Bd.: Lehrbuch der Stubenvogelpflege, -Abrichtung und -Zucht. 1.—6. Lfg. Lex.-8. (S. 1—656 mit eingedr. Holzschn. und 1 Chromolithogr.) Magdeburg 881—85, Creutz'sche Buchh. à Lfg. *M 3. *
—— dass. — 2. (Titel-)Aufl. (In ca. 37 Lfgn.) 1.—25. Lfg. Lex.-8. Ebendas. 884,85. [1. Bd. (XXIII, 710 S. mit 15 Chromolithogr.) *M 27.; 3. Bd. (XXVIII, 891 S. mit 10 Chromolithogr.) *M 30.; 4. Bd. 1.—6. Lfg. (S. 1—656 mit 1 Chromolithogr.).] à Lfg. *M 3. *
Der 2. Bd. ist noch nicht erschienen.

— die fremdländischen Stubenvögel, ihre Naturgeschichte, Pflege u. Zucht. 4. Bd. Lehrbuch der Stubenvögelpflege, -Abrichtg. u. -Zucht. 8. Lfg. gr. 8. (XXVI u. S. 785—950 m. eingedr. Abbildgn. u. 1 Chromolith.) Magdeburg 888. Creutz. n. 4. 50 (4. Bd. cplt.: n. 25. 50)

— die fremdländischen Stubenvögel. II. Bd.: Weichfutterfresser (Insekten- od. Kerbthierfresser, Frucht- u. Fleischfresser), nebst Anh.: Tauben u. Hühnervögel. (In ca. 20 Lfgn.) 1.—9. Lfg. gr. 8. (S. 1—368 m. 5 farb. Taf.) Magdeburg 893. 894. Creutz. à n. 1. 50

— die fremdländischen Stubenvögel. II. Bd.: Weichfutterfresser (Insekten- od. Kerbthierfresser, Frucht- u. Fleischfresser), nebst Anh.: Tauben u. Hühnervögel. 10.—21. Lfg. gr. 8. (S. 369—864.) Ebd. 895—898. à Lfg. n. 1. 50

die fremdländischen Stubenvögel, ihre Naturgeschichte, Pflege u. Zucht. 2. Bd.: Weichfutterfresser (Insekten- od. Kerbthierfresser, auch Wurmvögel genannt, Frucht- od. Beerenfresser u. Fleischfresser). Mit Anh.: Tauben- u. Hühnervögel. Mit 10 chromolith. Taf. 22. Lfg. gr. 8. (XXVIII u. S. 865—928.) Ebd. 899. n. 1. 50; (2. Bd. kplt. kart. n. 33. —; geb. n.n. 36. —)

Die Fremdländischen Stubenvögel, ihre Naturgesch., Pflege u. Zucht von Dr. Karl Russ. 4., von seinem verstorb. Sohne besorgte Aufl. Mit Taf. *Magdeburg: Creutz 1901.* (XII, 635 S.) 8° [F.]
— Russ: Handbuch f. Vogelliebhaber. 1. [illegible]

Russ, Dr. Karl (in Berlin), die *körnerfressenden fremdländischen Stubenvögel*, Hartfutter- oder Samenfresser. Mit 14 chromolithogr. Taf. Hannover, Carl Rümpler, 1875. Roy.-8°. Eleg. Halbfrzbd.
XXIII—710 S. — Auch titulo: Die fremdländ. Stubenvögel, ihre Naturgeschichte, Pflege u. Zucht. Bd. 1.

— Verschönerungs-Mittel und Toiletten-Gegenstände. 8. (VI, 181 S.) Breslau 869, Trewendt. geb. 1
Aus: Waarenkunde für die Frauenwelt, besonders abgedruckt.

— Vögel der Heimat. Unsere Vogelwelt, in Lebensbildern geschildert. Mit 120 Abbildgn. in Farbendr. (In ca. 16 Lfgn.) 1—9. Lfg. gr. 8. (S. 1—272 m. 20 Chromolith.) Prag 886. Tempsky. — Leipzig, Freytag. à n. 1. —

Ruß, K., Vögel der Heimat. Unsere Vögel, in Lebensbildern geschildert. Mit 120 Abbildgn. in Farbendr. 10.—18. (Schluß-)Lfg. gr. 8. (VIII u. S. 273—410 m. 20 Chromolith.) Wien u. Prag 887. Tempsky. — Leipzig, Freytag. à Lfg. n. 1. —

— sprechende Vögel. Ein Hand- u. Lehrbuch. 1. u. 2. Bd. 8. Magdeburg, Creutz. n. 9. —; geb. n. 11. 25
1. Die sprechenden Papageien. 2., verm. Aufl. (X, 457 S.) 887. n. 6. —; geb. n. 7. 25
2. Allerlei sprechendes gefiedertes Volk. [Raben- od. krähenartige Vögel (m. Einschluß der Pfeifkrähen od. Flötenvögel u. der Laubenvögel), Pastorvögel, Starvögel, Drosseln, Kanarienvögel u. Gimpel od. Dompfaff.] (XV, 238 S. m. 5 Illustr.) 889. n. 3. —; geb. n. 4. —

— sprechende Vögel. E. Hand- u. Lehrbuch. 1. Bd. Die sprech. Papageien. 3., verm. u. m. Bildern ausgestatt. Aufl. gr. 8. (XV, 342 S. m. 2 Farbdr.) Ebd. 898. n. 4. 50; geb. n. 5. 50

— zum Vogelschutz. Eine Darstellung der Vogelschutzfrage in ihrer geschichtlichen Entwicklung bis zur Gegenwart, nebst Besprechung aller bisherigen Maßnahmen, sowie der Gesetz-Vorschläge. [Erläuterungen u. Ergänzungen zu sämmtlichen, insbesondere den Gloger'schen Vogelschutzschriften.] 8. (VII, 56 S.) Leipzig 882. H. Voigt. n. — 60

Ruß, Karl, Vogelzucht-Buch. [Stubenvogelzüchtung zum Vergnügen, zum Erwerb u. f. wissenschaftl. Zwecke.] Ein Handbüchlein f. alle Züchter, vornehmlich f. Anfänger. 8. (XV, 92 S. m. 30 Abbildgn.) Magdeburg 891. Creutz. n. 1. 50; geb. n.n. 2. 25

— Vogelzucht-Buch. (Stubenvogelzüchtg. z. Vergnügen, z. Erwerb u. f. wissenschaftl. Zwecke.) E. Handbuch f. alle Züchter, vornehml. f. Anfänger.) M. 13 Taf. in Schwarzdr. u. 30 Abb. im Text. 2., verm. u. verb. Aufl. 8. (XV, 126 S.) Ebd. 896. n. 1. 50; geb. n.n. 2. —

— Vogelzuchtbuch. Ein Handbuch f. Züchter v. Stubenvögeln v. Karl Neunzig. Mit 210 Bildern im Text u. 4 Taf. in Farbendr. 3., gänzlich neubearb. u. verm. Aufl. (XII, 291 S.) 8. Ebd. 907. 4. —

— Waarenkunde für die Frauenwelt. 3 Thle. Ebend. 868. 8. geb. Jeder Thl. 1 ℛ
1. Thl. Nahrungs- u. Genußmittel. (VIII, 572 S.)
2. „ Haus- u. Wirthschaftsgegenstände. (X, 458 S.)
3. „ Arznei-, Farbewaaren u. Schönheitsmittel. (XX, 483 S.)

— die Webervögel u. Widafinken. Ihre Naturgeschichte, Pflege u. Zucht. Mit 13 Holzschn. 8. (XIV, 218 S.) Magdeburg 884. Creutz. n. 3. —

—— der Wellensittich. Seine Naturgeschichte, Pflege und Zucht. 8. (IV, 111 S.) [Hannover 880, Rümpler.] Magdeburg, Creutz'sche Buchh. *

— der Wellensittich. Seine Naturgeschichte, Pflege u. Zucht. 2. Aufl. 8. (IV, 113 S.) Ebend. 886. n. 1. 50

— der Wellensittich. Seine Naturgeschichte, Pflege u. Zucht. 3. Aufl. 8. (IV, 123 S. m. 14 Abbildgn. u. 1 Vollbild.) Ebd. 893. n. 1. 50

— der Wellensittich. Seine Naturgeschichte, Pflege u. Zucht. 4. Aufl. M. 1 Vollbild u. 14 Abb. im Text. 8. (IV, 121 S.) Ebd. 898. n. 1. 50; geb. n. 2. —

— der Wellensittich. Seine Naturgeschichte, Pflege u. Zucht. 5., gänzlich neubearb. u. verm. Aufl. Von Karl Neunzig. (VI, 91 S. m. 31 Abbildgn. u. 1 Farbdr.) 8. Ebd. 905. n. 1. 50; geb. n. 2. 40

Ruß, Karl, s.: Welt, die gefiederte.

Russ, Kilian [app. Arzt aus Gänheim]: Ueber einen Fall von Leberadenom ... Würzburg, P. Scheiner's Buchdr., 1895: 23 S. 8.
Würzburg, Med. Fak., Inaug.-Diss. v. 1895

Russ, Ludovicus: De parotidis exstirpatione. Halis Saxonum 1852: Mueller. 43 S. 8°
Halle-Wittenberg, Med. Diss. v. 6. Juli 1852
Geb. Pfaffenschlag (Oesterreich) 16. 8. 1816. V.
Verf. wurde von der Disputation dispensiert.

Russ, Melchior. M' Russen ... Eidgenössische Chronik: geschrieben im Jahre 1482, und zum Erstenmale hrg. 1832 von Joseph Schneller .... [Mit 1 Tafel.] 8. Bern 1834 (*Umschlag*: 1838).

Russ, Otto. Über Kaiserschnitt an verstorbenen Schwangern. Diss. Med. Univ. Zürich. *Kopftitel:* Aus der Zürcher Universitäts-Frauenklinik. Direktor: Herr Prof. Dr. Th[eodor] Wyder. 29 S. 8. Zürich, Zürcher & Furrer, 1904.

Ruß, Ralph., s.: Ecce, afrantsches.

Russ, Rudolf: Über Reaktions-Beschleunigungen und -Hemmungen bei elektrischen Reduktionen und Oxydationen. Mit 11 Fig. im Text. Leipzig: W. Engelmann 1903. 82 S. 8° ¶ Aus: Zeitschrift f. physik. Chemie. Bd 44.
Karlsruhe, Dr.-Ing.-Diss. v. 16. 2. 1903

Ruß, Viktor, s. Ruß, Viktor Wilhelm

Ruß, Viktor Wilhelm

Russ, Vict., ein **Donau-Elbe-Kanal.** Hrsg. vom Donauverein in Wien. gr. 8. (16 S.) Prag 882, Dominicus. *

—— eine Schifffahrtsstraße Donau-Moldau-Elbe. An das österreich. Abgeordnetenhaus erstatteter Bericht seines Ausschusses für Wasserstraßen. Nebst den Gutachten der Experten: v. Czedik, Steingraber, Deutsch, Oelwein und Pták. gr. 4. (139 S.) Wien 884, (Konegen.) *
Aus: Stenographische Protokolle des Abgeordnetenhauses, besonders abgedruckt.

Ruß, Vict. Wilh., der böhmische Landtag von 1872 bis 1877. Als Rechenschaftsbericht an seine Wähler. gr. 8. (VII, 98 S.) Prag 878, Dominicus.

Russ, Viktor: Der Sprachenstreit in Oesterreich. Ein Beitrag zur sprachl. Ordnung in der Verwaltung. — Wien: Konegen 1884. 91 S.

—— ein Verkehrsministerium. Rede, gehalten bei der Berathung des Staatsvoranschlages im Abgeordnetenhause am 23. April 1879. [Mit Anmerkungen versehener Sep.-Abdr. aus den stenograph. Protokollen des Abgeordnetenhauses. gr. 8. (16 S.) Ebendas. 879. *

— an die Wähler der Landgemeinden der Bezirke Leitmeritz, Lobositz, Auscha, Aussig, Karbitz, Wegstaedtl. Rechenschaftsbericht. gr. 8. (V, 165 S.) Ebend. 879. n. 3. —

Ruß, Vikt., der volkswirtschaftl. Wert d. künstlichen Schiffahrtsstraßen. [Aus: „Deutsche Arbeit".] gr. 8. (15 S.) München 901. (Wien, Lehmann & Wentzel.) n. 1. —

Russ, Walth., zur steuerrechtlichen Behandlung des Substanzverlustes bei Bergwerken. Eine Kritik u. e. Vorschlag. (26 S.) Lex. 8. Teplitz-Schönau 907. A. Becker. 1. —
Sonderabdruck aus: „Der Kohleninteressent".

Rueß, Ant., die Heilquelle zu Ueberkingen im Königr. Württemberg. Beschrieben. gr. 12. (2⅓ B. u. 3 Abbild.) Ulm 839, Fr. Ebner. Thlr.

Ruess, Ferd. [Dr.]: Die tironischen Endungen. München, Buchdr. v. J. B. Lindl (vorm. M. Wild), 1889; 2 Bl., 42 S. 8°
München, k. Luitpold-G, P 1889 *

Ruess, Ferd., die tironischen Endungen. gr. 8. (42 S.) München 889. H. Korff. n. — 50

Ruess, Ferd., Geschichte des Gabelsberger Stenographen-Zentral-Vereins in München von 1849 – 1898, als Festschrift zur Feier des 50jähr. Bestehens des Vereins m. Unterstützg. mehrerer Mitglieder verf. gr. 8. (III, 134 S. m. Bildnissen u. 1 Taf.) München 899. (G. Franz' Verl.) n. 2. —

— **stenographisches Handwörterbuch**, nach Gabelsbergers System in Korrespondenzschrift m. zahlr. Angaben der Satzkürzg. bearb. 12. (III, 274 S.) Neustadt a/H. (900). W. Marnet. Geb. in Leinw. n. 4.25

Ruess, Ferd., stenographisches **Handwörterbuch** nach Gabelsbergers System in Verkehrsschrift mit zahlr. Angaben der Redeschrift. 2., verb. u. m. sämtlichen Beispielen der Systemurkunde verm. Aufl. (III, 280 S.) kl. 8. Neustadt a/H. 906. W. Marnet.
Geb. in Leinw. n. 4. 25

Ruess, Ferd., stenographisches Handwörterbuch nach Gabelsbergers System in Verkehrsschrift m. zahlr. Angaben d. Redeschrift. 3. verb. u. verm. Aufl. (III, 304 S.) kl. 8. Neustadt a/H. W. Marnet.
Geb. in Leinw. 4. 50

L und die Durchschneidung in den tironischen Noten. — Von Dr. Ferdinand Ruess, Stdl. — 1883, Neuburg, ibid. — S. 3 – 23⁸, dabei neun zinkographierte Tafeln.
Progr. Neuburg a. d. D. K. Gymn.

— **Lehrbuch der Stenographie nach dem System Gabelsbergers.** 2 Tle. (VIII, 84 u. 92 S.) gr. 8. Bamberg 904. C. C. Buchner's Verl. n. 2. 80; kart. n. 3. —

Ruess, s.: Rodon, 14, hervorragender Stenographen.

Rüss, F., Symbolae criticae. Gel. 1877. 29 S. u. 1 Taf. 4°.

Festgabe der Königlichen Studienanstalt Neuburg a. D. zur dreihundertjährigen Jubelfeier der K. Julius-Maximilians-Universität Würzburg: Über griechische Tachygraphie. — Von Dr. Ferd. Ruess, Stdl. 1882, Neuburg, ibid. — S. 3–62⁸.
Progr. Neuburg a. d. D. K. Gymn.

Ruess, Ferd., über die Tachygraphie der Römer. gr. 8. (VIII, 55 S., wovon 25 lith.) München 879. Stahl. n. 1. 60

Ruess, Ferd., ausführl. stenographisches Wörterbuch nach Gabelsbergers System, enth. 28 354 Worte in stenograph. Correspondenzschrift, 11096 Worte in stenogr. Debattenschrift. Unt. Berücksicht. d. Wiener Beschlüsse nach d. neuen Schreibweisen bearb. u. hrsg. gr. 8. (V, 345 S.) Neustadt a. d. H. 896. W. Marnet.
9. —; geb. in Leinw. 10. 25

Rüß, Fr., Finnland u. seine Bewohner, m. Charte. gr. 8. Leipz. Göschen. 809.

Ruess, Simon Fr. Aufrichtige Nachrichten v. d. gegenwärtigen Stand der Mennoniten oder Taufgesinnten. Jena, 1743.

Ruess, Thadd., Augsburg vor 100 Jahren. Erinnerungsblatt zur Wende des Jahrhunderts. 8. (51 S.) Augsburg 900. Lampart & Co. n.n. — 75; auf besserem Papier, 4., geb. in Leinw. n. 3.50

Ruess, Th., Augsburg in Wort u. Bild, s.: Probst, O. F.

Rueß, Wilh., Blüthen der Bildung u. Unterhaltung. Ein Buch für die erwachsene Jugend u. das Volk. St. Gallen 868. Altwegg-Weber. 8. (III, 355 S.) 18 *ngr.*

—— zur neuern und neuesten Geschichte des Thurgau's. Kein Pamphlet. Dem thurgauischen Volke gewidmet. 8. (55 S.) St. Gallen 868, Altwegg-Weber.

—— Schweizerische Geschichtsbilder. Ein Buch für die Jugend und das Volk. 8. (184 S. mit 3 Originalbildern.) St. Gallen 867, Altwegg-Weber. cart.

[Ruess, Wilhelm.] P. Gregorius Girard. Ein Charakter- und Lebensbild. Von Severus. 8. St. Gallen und Bern 1853.

Rueß, Wilh., Handbuch d. Naturgeschichte f. höhere Lehranstalten, insbesond. Realschulen, Seminarien u. Gymnasien, u. z. Selbstunterr. bearb. (2 Thle.) gr. 8. (25 B.) Weinfelden 841. (St. Gallen, Huber u. Comp.) *

—— Schweizerischer Jugendgarten. 8. (170 S. mit 3 Originalbildern.) St. Gallen 865, Altwegg-Weber. cart.

——, Konradin, der letzte Hohenstaufe, Trauersp. in 5 Aufz. Lyrisches u. Episches. gr. 12. (6½ B.) Weinfelden 841. (St. Gallen, Huber u. Comp.) *

——, Rosa von Tannenburg. Schausp. in 4 Aufz. f. d. Jugend u. ihre Freunde. gr. 12. (2¾ B.) Weinfelden 840. (St. Gallen 841, Huber u. Comp.) *

—— Rosen und Astern. (Gedichte.) 16. (174 S.) St. Gallen 867, Altwegg-Weber.

—— die Schlacht am Morgarten. Trauersp. in 5 Aufz. Fragment aus Reisebildern. gr. 12. (4⅔ B.) Weinfelden 840. (St. Gallen, Huber u. Comp.) *

Rueß, W., die moderne Schule. Eine Denkschrift. gr. 8. (IV, 84 S.) Freiburg i/Br. 877. Herder. — 90

[Ruess, Wilhelm.] Die Schweiz nach ihrer Vergangenheit und Gegenwart. Studien von Severus. 8. St. Gallen und Bern 1853.

— deutsches Sprachbuch für Schule u. Haus, den gesammten deutschen Unterricht umfassend. St. Gallen 866. Köppel. gr. 8. (VIII, 247 S.) 21 ngr.

— pädagogische Winke für ein naturgemäßes System des Unterrichts in der Volksschule. St. Gallen 866. Altwegg-Weber. 8. (39 S.) 5 ngr.

Russa, Dav., Drillinge. Histor.-romant. Erzählungen. 1. Aufl. (23½ B.) 835. 1½ Thlr., u. neue Ausg. 8. (23½ B. u. farb. gedr. Ttl.) Wismar 838, Schmidt u. v. Cossel's Rathsbuchh.

Russa, Dav., der räthselhafte Fremde, oder: Der Scheintod. Novelle. 8. (21⅛ B.) Leipzig 844, Schreck.

Russa, Dav., Jom Kipur der Versöhnungstag. Novelle. 8. (18¼ B.) Leipzig 831, Leo.

Russa, Dav., d. Liebe e. Sängerin. Erzählg. 12. (128 S.) Gr.-Lichterfelde 896. W. & W. Heichen. n. 1 50

[S.] Die Liebe einer Sängerin. E. Roman aus d. Süden v. David Russa. Berlin: R. Luders & C. [1899]. (128 S.) 1 Bd 8. (Interessante Romanbibliothek moderner Autoren.)

——, Louise. Eine Novelle. 8. (10 B.) Nordhausen 830, Fürst.

Russa, Dav., (D. Assur), Novellen u. Erzählungen. 2 Thle. in 1 Bd. (2. Ausg. v. „Sonst u. Jetzt.") 8. (355 S.) Schwerin 847, Kürschner (jetzt: Hildebrand). 1 ₰

— der Obotrit; ein histor. Roman. 8. Leipz. 833. (832.) Leo. 1 ₰ 8 gr

— der Privatlehrer; e. Novelle. 8. Nordh. 830. Fürst. 1 ₰

—— der Privatlehrer. Eine Novelle. 8. (13 B.) Nordhausen 831, Fürst.

—— der Privatlehrer. Eine Novelle. Neue wohlf. Ausg. 8. (13 B.) Nordhausen 835. [Leipzig, Literar. Museum.]

— Sonst und Jetzt. Novellensammlung. 2 Bde. 8. Schwerin 840. (Kürschner.) (Berlin, Plahn'sche B. Nitze.) n. 1½ ₰

— s. Taschenbuch, Norddeutsches.

Russack, Hans Hermann: Der Begriff des Rhythmus bei den deutschen Kunsthistorikern des XIX. Jahrhunderts. Weida i. Th. 1910: Thomas & Hubert. 111 S. 8°
Leipzig, Phil. Diss. v. 7. Okt. 1910, Ref. Schmarsow, Volkelt
[Geb. 18. Dez. 87 Weißenborn b. Droyßig; Wohnort: Zeitz; Staatsangeh.: Preußen; Vorbildung: Gymn. Zeitz Reife O. 06; Studium: Leipzig 8 S.; Rig. 31. Mai 10.] [U 11. 3100

Russakoff, A[rsenij]: Aus d. Kgl. pathol. Inst. München. Über die Gitterfasern der Lunge unter normalen und pathologischen Verhältnissen. Zugleich e. Beitr. z. Kenntnis d. feinsten Stützsubstanz einiger Parenchyme. Jena 1909: (Lippert, Naumburg a. S.). 33 S. 8° ¶ (Aus: Beiträge z. pathol. Anatomie u. z. allg. Pathol. Bd 45, H. 3.)
München, Med. Diss. v. 17. Mai 1909, Ref. v. Bollinger
[Geb. 21. Juli 85 Twer; Wohnort: Moskau; Staatsangeh.: Rußland; Vorbildung: IV. Gymn. Moskau Reife Mai 03; Studium: Moskau 4, Freiburg i. B. 1, München 5 S.; Rig. 17. Mai 09.] [U 09. 3389

RUSSALKOW, Wladimir, Grausamkeit und Verbrechen im sexuellen Leben. Histor.-psych. Studien über die geheimnisvollen Agentien des Lustmordes, sowie anderer in Verbindung mit der Liebe und Religion auftretender Grausamkeits-Akte. Geisselung, Sadismus, Masochismus. Die Hirschpark-Mysterien und der Marquis de Sade. Budapest 1894. 8°. (Mk. 2—.) (2 Mk., 5. Aufl., br., O. Rauthe, 1909.)

Russalkow, Wladimir, Grausamkeit u. Verbrechen im sexuellen Leben. Historisch-psycholog. Studien. 2. Aufl. 8 (79 S.) Leipzig 897. A. F. Schlöffel. n. 2. —

Russalkow, Wladimir, Grausamkeit u. Verbrechen im sexuellen Leben. Historisch-psycholog. Studien. 3. u. 4. Aufl. 8. (à 79 S.) Leipzig 899. A. F. Schlöffel. n. 2. —

Russalkow, Wladimir, Grausamkeit u. Verbrechen im sexuellen Leben. Historisch-psychologische Studien. 5. Aufl. (64 S.) 8. Leipzig 904. A. F. Schlöffel. 2. —

Russanow, *Andreas* [aus St. Petersburg (Russl.)]: Ueber raumisomere Phenylglyoxime ... Heidelberg, Univ.-Buchdr. v. J. Hörning, 1894; 48 S., 1 Bl. 8.
Heidelberg, Naturw.-math. Fak., Inaug.-Diss. v. [18. Aug.] 1893

Russart, G., u. O. Knop, s. Staats- u. Communal-Adreß-Handbuch f. d. Reg.-Bez. Wiesbaden.

Russart, J. G., s.: Staats- u. Adreß-Handbuch d. Reg.-Bez. Wiesbaden.

Rußbüldt, Wilhelm

Russbüldt, W., s. Andrews Wissensch. v. d. Gesellsch.

Rußbüldt, Wilh., die Antwort auf d. sociale Frage. gr. 8. (60 S.) Leipzig 895. Hamburg, A. Janssen. n. — 60

Rußbüldt, Wilh., d. Antwort auf die sociale Frage. gr. 8. (60 S.) Leipzig 895. Schmargendorf, Verlag „Renaissance". — 50

Rußbüldt, Wilh., die Entwicklung. Der Darwinismus in neuer Auffassung, nebst Anh.: Ein Wort an u. f. das denk. Volk. 8. (32 S.) Berlin 891. R. Siegismund. n. — 25

Rußdorf, E. v., die Diätetik. Bearb. für gebildete Frauen. Berlin 854. Schindler. 16. (VIII, 274 S.) n. 1 ₰. 10 ngr.

v. Rußdorf, E., Eubiotik. Entwurf einer historisch u. psychologisch begründeten Lehre der Glückseligkeit. 8. (VI u. 196 S.) Berlin 852, Hempel. n. ⅔ ₰

—— die Frage der Lebensverlängerung. Drei Vorträge, gehalt. vor dem berliner Publikum. 16. (XXXVII und 64 S.) Berlin 855(56,) Schindler. *

Rußdorf, E. v., diätetischer Haus- und Brunnen-Almanach für 1855 u. 56. 1. u. 2. Jahrg. Ein populärer Rathgeber für den Hausstand u. ein Führer auf Brunnenreisen. Mit 1 (lith.) Eisenbahn- u. Brunnen-Karte (in Fol.). Berlin, Schindler. 16. (VII, 180 S.; 3 Bl., 179 S.) Jeder Jahrg. n. 20 ngr.

—— Lehrbuch der Gesundheitspflege. Mit 10 illustr. Abbildungen (in eingedr. Holzschn.) gr. 8. (X und 331 S.) Erlangen 856(57,) Enke's Vrlgsh. *

Rußdorf, E. v., Lehrbuch der Gesundheitspflege. 2. Bd. A. u. d. T.: Eubiotik. Entwicklung und Kultur der menschlichen Kräfte. 2., verm. und verb. Aufl. 1. Abthl. gr. 8. (XII und 462 S. mit 23 illustr. Abbild. in eingedr. Holzschn.) Erlangen 858, Enke's Verlagsbuchh. *

Rußdorf, E. v., Lehrbuch der Gesundheitspflege. 2. Bd. A. u. d. T.: Eubiotik. Entwicklung u. Kultur der menschlichen Kräfte. 2. verm. u. verb. Aufl. 2. Abth. Erlangen 860. Enke. gr. 8. (VIII, S. 463—830.) n. 1 ℛ 22 ngr.

— populäre Vorträge zur Förderung der Gesundheitskultur. Gehalten ꝛc. in Berlin. Berlin 854. Besser's Verlhdlg. 16. (2 Bl., 115 S.) n. 12 ngr.

de Russdorff, Aemil. (Ern. Henr.) (geb. Ankershagen 1816): De talipedibus. Berolini (1839). (20 S.) 8°
Berlin, Med. Diss. v. 23. März 1839

Russdorf, J. J. de, s. Rusdorf de.

Russe, der, im Auslande. Führer durch West-Europa f. russ. Reisende. (In russ. Sprache.) 8. (VIII, 205 S.) Berlin 899. J. Räde. Kart. n. 3. —

Russe, der, im Auslande. Führer durch West-Europa f. russ. Reisende. (In russ. Sprache.) 8., verb., vergrösserte u. umgearb. Aufl. (VIII, 438 S.) 8. Berlin 905. Stuhr. Geb. in Leinw. n. 5. —

Russe, der, im Ausland. Reiseführer durch das westl. Europa, f. russ. Touristen. 9. durchgeseh. u. erweit. Aufl. (In russ. Sprache.) (IX, 442 S.) kl. 8. Berlin 909. H. Caspari. Geb. 5. —

Russe, der, in Deutschland. Lustspiel in 4 A. v. Kotzebue, s. Taschenbuch f. 1807.

Russe, d. kleine, ein deutsch-russisch ABC Büchlein. Mit viel. Kupf. 8. Halle, Dreyßig. 813.

— — dass. ABC- u. Lesebuch, russ. u. deutsch. 8. Ebendas. 813.

Russe, der kleine, oder Sammlung der zum Sprechen nöthigsten Wörter u. Redensarten, nebst einigen Gesprächen f. das gemeine Leben. Russisch u. Deutsch. Begleitet von den nothwendigsten, die Regeln der Grammatik betreff. Bemerkungen. Lex.-8. St. Petersburg 811, Kurth u. C. Braunschweig, Leibrock. 5/8 ℛ

Russe, ein, üb. das heutige Rußland. Deutsch v. E. Gebbers. 12. (30 S.) Berl. 891, Alb. Voß. * — 50

Russe, Herm. (S. B. Khoß), d. Liebe erstes Buch. (Lyrisch-satyrisch.) 16. (76 S.) Berlin 896. (Kiew [Gendamskaja 37], S. B. Khoß.) n. 1. 50

Russé, S. Zwanzig Mann über Bord. Erlebnisse von 13 Deutschen in der franz. Fremdenlegion. Essen-Ruhr 1910. 148 S.

Rüße, Bernhard, Referendar: Das Recht am eigenen Körper. Lübeck: Schmidt 1909. 52 S. 8°
Jena, Jur. Diss. v. 21. Sept. 1909, Ref. Thon
[Geb. 1. Mai 86 Tripkau a. E.; Wohnort: Lübeck; Staatsangeh.: Lübeck; Vorbildung: Gymn. Lübeck Reife O. 04; Studium: Bonn 1, Berlin 3, Jena 2 S.; Rig. 27. Juli 09.] [U 10. 2267

Russegger, Jos., der Aufbereitungs-Prozess Gold- u. Silber-haltiger Pocherze im salzburg. Montan-Bezirke. Als Beitr. z. Aufbereit. d. Pocherze überhaupt. gr. 8. (12¾ B. u. 1 Atlas m. 30 Taf. Maschinenzeichn.) Stuttgart 841, Schweizerbart'sche Buchh. *

Russegger Josef Ritter von: Beiträge zur Ausmittlung der Abweichung der Magnetnadel durch den Entgegenhalt der aus alten Karten erhobenen Daten mit den Ergebnissen der gegenwärtig, mit Beibehaltung der gleichen Fixpunkte, erneuert vorgenommenen Vermessung (mit 1 Taf.). S. 3. 58 . . . . vgr.
Separatabdruck

— Bericht über das am 30 September 1855 abends gegen 9 Uhr (in Schemnitz) stattgefundene Erdbeben. S. 17. 4.9 . . . . vgr.
Separatabdruck

— Das Erdbeben in Schemnitz am 31. Jänner 1855. S. 15. 58 . . . . vgr.
Separatabdruck

— — Geognostische Gebirgsdurchschnitte. (Aus dem Atlas zu Russegg. Reisen.) Stuttgart. 1843. Folio.

— — Karte des peträischen Arabien und des südlichen Theiles v. Syrien. (Aus d. Atlas zu Russegger's Reisen.) Wien. 1844. Fol.

Russegger. J. Geognostische Karte von Aegypten. (Aus dem Atlas zu Russegger's Reisen.) Wien. 1842. Folio.

— — Geognostische Karte des peträischen Arabiens und des südlichen Theiles v. Syrien. (Aus dem Atlas zu Russegger's Reisen.) Wien. 1847. Fol.

Russegger. J. Geognostische Karte des Libanon und Antilibanon in Syrien. (Aus d. Atlas zu Russegger's Reisen.) Wien. 1842. Fol.

— — Geognostische Karte von Nubien. (Aus dem Atlas zu Russegger's Reisen.) Wien. 1846. Folio.

— — Geognostische Karte von Ost-Sudan. (Aus dem Atlas zu Russegger's Reisen.) Wien. 1846. Folio.

— — Geognostische Karte des Taurus und seiner Nebenzweige. (Aus d. Atlas zu Russegger's Reisen.) Wien. 1842. Fol.

— — Karte der Länder am Tumat und blauen Flusse von Mek al Tali in Roserres bis zu den Gallas. (Aus d. Atlas zu Russegg. Reisen.) Wien. 1843. Fol.

— — Karte von Nubien. (Aus d. Atlas zu Russegg. Reisen.) Wien. 1843. Fol.

— — Karte von Ost-Sudan. (Aus d. Atlas zu Russegg. Reisen.) Wien. 1843. Fol.

— — Karte des Taurus und seiner Nebenzweige. (Aus d. Atlas zu Russegger's Reisen.) Wien. 1842. Fol.

Russegger, Joseph: Reise in Griechenland, Unteregypten, im nördlichen Syrien und südöstlichen Kleinasien, mit besonderer Rucksicht auf die naturwissenschaftlichen Verhältnisse der betreffenden Länder, unternommen in dem Jahre 1836. Th. 1, 2. Stuttgart 1841. 1 Bd. 1102 S.
= Russegger: Reisen in Europa, Asien und Afrika. Bd. 1. 8°.

—— Reisen in Europa, Asien u. Afrika mit besond. Rücksicht auf d. naturwissenschaftl. Verhältnisse d. betreff. Länder, unternommen in d. J. 1835—1841. 1. Bd. 1—4. Abthl. u. Atlas 1. Lfg. (Taf. 1—12. Landschaften, ½ Imp.-Fol.) Lex.-8. (54¾ B., 4 Kart. u. vielen Durchschnitten.) Stuttgart 841, 42, Schweizerbart'sche Buchh. *

Russegger, Jos., Reisen in Europa, Asien u. Afrika, mit besond. Rücksicht auf die naturwissenschaftl. Verhältnisse der betreff. Länder, unternommen in den Jahren 1835—1841. 5—12. Abthl. (oder 1. Bd. 5. Lfg., 2. Bd. 2 Thle. u. 3. Bd.) u. Atlas 2—4. Lfg. (Taf. 13—28 der Landschaften, die Uebersichtskarte, 1 geograph. u. 1 geognost. Karte vom Taurus, 3 Blätter mit Gebirgsdurchschnitten, 1 geognost. Karte des Libanon u. von Aegypten, Karte vom petrüischen Arabien, von Nubien, von Ost-Sudan u. der Länder am Tumat u. blauen Flusse; 20 Taf. mit Abbild. neuer Pflanzen, 12 Taf. mit Abbild. von Fischen in Imp.-Fol. u. 4.) Lex.-8. (140 B.) Stuttgart 843—47, Schweizerbart'sche Bh. *
Der 3. Bd. auch u. d. Tit.: Reise in Unter-Egypten, auf der Halbinsel des Sinai im gelobten Lande unternommen in den Jahren 1838 u. 1839. 1—4. Abthl. u. Atlas 1. Lfg. Ebendas. 1841, 42. * 5 Thlr. 25 Ngr.

Russegger, Jos., Reisen in Europa, Asien und Afrika, mit besond. Rücksicht auf die naturwissenschaftl. Verhältnisse der betreff. Länder unternommen in den J. 1835 bis 1841. Text. 13—15. Abthl. (4. Bd.: Reise in der Levante und in Europa.) gr. 8. (760 S.) Stuttgart 848—49, Schweizerbart'sche Vrlgsh. *

—— dass. — Atlas. 5. und 6. Lfg. Imp.-Fol. (16 theils lithochrom., theils ill. und schw. Stnt. in 4. und Imp.-Fol.) Ebds. 848—49. Preis der 13—15. (letzten) Abthl. des Textes und der 5. und 6. Lfg. des Atlas *
Der Preis des vollständ. Werkes ist * 45 Thlr. 18 Ngr.
Vgl. 10. Bd. 2. Abthl. S. 190.

Russegger, Uebersichtskarte zu den Reisen in Europa, Asien und Afrika, unternommen v. d. k. k. österr. Bergrathe J. Russegger in den Jahren v. 1835 bis 1841. (Aus dem Atlas zu Russegger's Reisen in Europa, Asien und Afrika.) Wien. 1842.

Russel, A., Naturgesch. v. Aleppo rc.; aus d. Engl. übers. v. J. F. Gmelin. 2 Thle. Mit 16 Kpft. gr. 8. Götting. 797 u. 98. Röwer. 4 ₰ 8 gr

Russel, Christian Eberhard (Aurich) A. S. 180/9

Dissertatio juridica inauguralis de suprema principum magistratuumque tutela vel Von der Ober-Vormundschafft. Präs. Johann Gottlieb Heineccius. Rec. Wittenberg (Gerdes) 1732. 52 S.

Diss. 6. VI. 1730. 29591

Russel, George William Erskine, s. Russell.

Russel, James

s.: Russell, James

Russel, John, s. Russell, John Scott

Russel, Jos Eug. Die Packischen Händel. (94) 8. Münster 1875

Russel, Michael, s. Russell

Russel, Patrick

s.: Russell, Patrick

Russel, W., Geschichte v. Amerika; aus d. Engl. v. J. C. Adelung. Mit 4 Karten. gr. 8. Leipz. 779, 80. Schwickert. 7 ₰

— Geschichte d. ält. Europa; nebst e. Uebersicht der Revolutionen in Asien u. Afrika; aus d. Engl. v. G. W. Bartholdy. 3 Thle. 8. Berl. 794—797. Maurers B. 3 ₰ (Vergl. Geschichte v. Europa).

Russel, W., Geschichte d. Ursprungs u. Fortgangs d. gegenwärt. Streites zwischen England u. seinen Colonien; aus d. Engl. gr. 8. Leipz. 780. Schwickert. 1 ₰ 8 gr

Russel, W. H. aus drei Welten. Aus dem Engl. von M. Waldeck. 3 Bde. 8. (III, 208; III, 209; III, 234 S.) Berlin 870, Langmann und Comp. (Leipzig, Zander.) (*M 9.)

Russel-Reynolds: Epilepsie etc. Deutsch von Beigel. Erlangen. 1865.

Russell, Sammlung der Prov.- u. Bez.-Polizei-Vorschriften f. den Reg.-Bez. Trier, s.: Hoppe.

Russell, Ad., s. Gesammt-Verlags-Katalog des deutschen Buchhandels.

Al. Russell Nachricht von dem Zustande der Gelehrsamkeit, vorzüglich der Arzneigelahrtheit zu Aleppo. 2. Ausgabe, erläutert von P. Russell. Uebersetzt mit Anmerkungen von J. Fr. Gmelin. Göttingen 1798. 8.

Russel, Alexander: Beschreibung der Thiere und Gewächse in der Gegend von Aleppo nebst Witterungsbeobachtungen.

Russell, Alexander: Naturgeschichte von Aleppo, enthaltend eine Beschreibung der Stadt, und der vornehmsten Naturerzeugnisse in ihrer Nachbarschaft, zugleich mit einer Nachricht von dem Himmelsstriche, den Einwohnern, und ihren Krankheiten, insbesondere der Pest. Zwote Ausgabe. Durchgesehen, vermehrt und mit Anmerkungen erläutert von Patrick Russell. Uebersetzt, mit einigen Anmerkungen, von Johann Friedrich Gmelin. Bd. 1, 2. Göttingen 1797 u. 1798. 1 Bd. XXXII, 440, (192); VI, 242 S. [15 Tf. fehlen.] 8°.

Russell, Alfr., Handbüchlein der Krankenpflege, s.: Marx.

Russell, Alfred [app. Arzt aus Meppen]: **Über Pericardial-Verwachsungen ... Berlin, Druck d. Nauck'schen Buchdr.,** *1895*; 37 S., 1 Bl. 8.
Leipzig, Med. Fak., Inaug.-Diss. v. 18. Mai 1895

Nicht für den Austausch.

Russell, Archib. B. G., die visionäre Kunstphilosophie des William Blake. Englisch v. R. — Deutsch von Stef. Zweig. (30 S. m. Titelbild.) 8. Leipzig 906. J. Zeitler. n. — 80; Luxusausg. n. 2. —

Russell, C., Photographie mit Trockenplatten. Das Tannin-Verfahren. Nach dem Engl. frei bearb. von A. H. Weiske. 2. sehr verm. Aufl. Berlin 864. Th. Grieben. 8. (VIII, 130 S. m. Holzschn.) n. 25 *ngr.*

Russell, Charles T.

[Russell, C T .] Die wunderbare Geschichte der Weisheit, Liebe und Gnade Gottes. «Die liebe alte Geschichte» von Anfang bis zum Ende. Aus dem Englischen übersetzt von Joh[ann] Kühn in Toledo, Ohio, V. S. *Kopftitel:* Die alte Theologie. — (Millennium-Tages-Anbruch[-Schrift].) 24 S. 8. Thun, Verlag der «Aussicht», 1902. [fr. —. 10, cart. fr. —. 20]

[Russell, Charles T .] Das allgemeine und ewige Gesetz Gottes. Seine Beziehungen zu den Zehn Geboten Israels und ihrem Sabbath-Tag. (Aus Z[ions] W[atch] T[ower, 1894] No. 21 und 22, übersetzt von E[lise] S[chutzbach].) *Kopftitel:* Die alte Theologie. — (Millennium-Tages-Anbruch[- Schrift].) IV + 72 S. 8. Thun, Verlag der «Aussicht», 1904. [fr. —. 20]

Russell, Charles T., Tages-Anbruch. Eine Handleitg. f. Bibelforscher. 1. Bd. Der Plan der Zeitalter. Übers. von Otto v. Zech. (3. Aufl.) 8. (408 S. m. Abbildgn. u. 1 Taf.) Allegheny, Pa. 891. (Stuttgart, J. F. Steinkopf.) n. 1. —

Russell, Charles T., Tages-Anbruch. E. Handleitg. f. Bibelforscher. (Uebers. von Otto v. Zech.) 2. u. 3. Bd. 8. Allegheny, Pa. (Stuttgart, J. F. Steinkopf.)
à n. 1. 50 (1.—3.: n. 4. —)
2. Die Zeit ist herbeigekommen. (414 S.) 891.
3. Dein Königreich komme. (328 S. m. 1 Abb.) 893.

(Russell, Charles-T .) Die Versöhnung von Gott und dem Menschen. 50. Tausend in Deutsch und Englisch. ([Aus dem Englischen übersetzt von] Ed[uard] Pillichody und Gustav Baumann.) 496 S. 8. Allegheny, PA., U. S. A., Watch Tower Bible & Tractat Society; Elberfeld ..., 1903. (M. 1. —, geb. 1. 50)
Millenium-Tages Anbruch. (Eine Handleitung Für Bibelforscher.) Band 5.

[Russell, C T .] Ueber die Weihung nach der Schrift. Predigt Joh(annes) des Täufers — Luc. 3: 1-17 — und Jesu Versuchung in der Wüste — Matth. 3: 13-4: 11 —. Aus dem Englischen übersetzt (von A Sch . — Millennium-Tages-Anbruch-Schrift. [Hrg. durch die] Watch Tower Bible and Tract Society «Bible House» Allegheny, Pa., U. S. A.). 48 S. 8. Grenchen, Guldimann & von Gunten, 1901.

[Russell, Charles T .] Unsere Zeit im Lichte der Bibel. Warum seid ihr die Letzten, den König willkommen zu heissen? 2. Sam. 19: 12. (Aus dem Englischen. Uebersetzt von E[duard] P[illichody].) *Kopftitel:* Die alte Theologie. — (Millennium-Tages-Anbruch [-Schrift].) 24 S. 8. Thun, Verlag der «Aussicht», 1903. [fr. —. 20]

Russell, Clark, s. Russell, William Clark

Russell, D., footprints in the snow, s.: Asher's collection of english authors.

Russell, Dora, Footprints in the Snow, s. Asher's Continental Library.

Russell, Edw. Charl., der vollkomm. engl. Tuch-Appreteur. Nebst d. neuesten engl., franz., niederländ. u. deutschen Erfindungen u. Verbessern. im Walken, Scheren, Rauhen u. Decatiren d. Tuches u. a. Wollenzeuge, u. Abbild. u. Beschreib. aller neuen, dazu erforderl. Maschinen. M. 69 Abbild. 8. (5 B.) Quedlinburg 831, Basse.

Russell, Estelle, s. Collection of Brit. Authors.

Russell, George William Erskine

Russell, Geo. W E., s. a. Collections and recollections.

Collections and recollections. By one who has kept a diary. (George W[illiam] E[rskine] **Russel.**) Copyright ed. In 2 vol. Vol. 1. 2. Leipzig: Tauchnitz 1898. 8°
(Collection of British authors. Tauchnitz Ed. Vol. 3301/2.) [11. 8433

Russell, George W. E., A Londoner's log-book 1901—1902, s.a. Collection of British authors.

A Londoner's Log-Book. 1901–1902. By George W[illiam] E[rskine] **Russell.** Copyright ed. Leipzig: Tauchnitz 1903. 287 S. 8°
(Collection of British authors. Tauchnitz Ed. Vol. 3646.) [11. 8489

Russell, (Lord) J., Geschichte d. engl. Geschichte u. Verfass. v. Heinrichs VII. Regierung an, bis auf die neueste Zeit; aus d. Engl. nach d. 2n, bedeutend verm. Ausg. übers. v. P. C. Kritz. gr. 8. Leipz. 825. Breitkopf u. H. 1 ₰ 12 gl.

— Reise durch Deutschland u. einige südl. Provinzen Oesterreichs, in den Jahren 1820—22. Aus d. Engl. 2 Thle. 8. Leipz. 825, Liebeskind.

Russell, James: Ueber die Krankheiten des Kniegelenkes. (A Treatise on the morbid affections of the knee joint. Dt.) Übers.von (Philipp Wilhelm) Goldhagen. 178 S., gbd.

Halle: Renger 1817

JB 3.373

Rußel, J., üb. die Krankheiten d. Kniegelenkes. Aus d. Engl. übers. v. ... Goldhagen. gr. 8. Halle 818. Renger, 16 gl.

Russell, James, die Volkshochschulen. (The Extension of University Teaching) in England u. Amerika. Deutsch m. Anmerkgn. v. Otto Wilh. Beyer. gr. 8. (112 S.) Leipzig 895. R. Voigtländer. n. 2. 80

Russell, James Earl: The Extension of University Teaching in England and America. A study in practic. Pedagogics ... (= Univ. of the State of New York. Extension Bull., No. 10.) Leipzig, 1895; 1 Bl., 147—253 S. 8.
Leipzig, Phil. Fak., Inaug.-Diss. v. [16. Jan.] 1896

Russell, John Scott

— **Erinnerungen u. Rathschläge 1813—1873. Autoris. deutsche Uebersetzg. nach der 2. Aufl. d. Originals. gr. 8. (XI, 443 S.) Halle 876. Gesenius. n. 8. —**

Russel, J. Scott, die Flotte der Zukunft: Eisen oder Holz? Eine Erwiderung auf mehrere Folgerungen d. Generalen Sir Howard Douglas zu Gunsten hölzerner Schiffe. Ins Deutsche übertragen von J. L. Stipperger. Hamburg 861. Salomon & Co. gr. 8. (IV, 60 S.) 12 ngr.

— **Geschichte der englischen Regierung u. Verfassung von Heinrichs VII. Regierg. bis auf die Gegenwart. Nach der 4. Aufl. übers. v. Karl Lanz. gr. 8. (IV, 326 S.) Freiburg i. B. 872. Scheuble. 2. 40**

Russell, Graf John, Englands auswärtige Politik 1570—1870. Aus dem Engl. v. K. Lanz. gr. 8. (75 S.) Oberhausen 871. Spaarmann. — 75

Englands auswärtige Politik 1570—1870. Vom Grafen [John] **Russel.** Aus dem Engl. von K. Lanz. — Oberhausen u. Leipzig: Spaarmann 1872. 75 S. 8°

Russell, K., Die Verhütung der Brandgefahr bei Benzol-Grubenlokomotiven. Essen-Ruhr, 1907. 6 S. mit 10 Abb.

Russell, Michael

— **Gemälde d. Berberei. — Gemälde von Aegypten. — Palästina oder das heilige Land, s. Kabinetsbibliothek, Edinburger, 5r, 6r, 9r, 12r Thl.**

— — Das Haram von Jerusalem und der Tempelplatz des Moria. Gotha 1866.

Russel, M., u. James B. Fraser, Länder-Gemälde d. Orients, zur Verständniß d. Begebenheiten uns. Zeit. Uebers. v. A. Diezmann u. Joh. Sporschil. 8 Thle. Neue Ausg. 8. (101¾ B. u. vielen Abbildn. u. Karten.) Pesth 840, [Hartleben's Vrls.-Expedit.]
Inh.: Gemälde von Aegypten. 2 Thle. — Palästina od. d. heil. Land. 2 Thle. — Gemälde der Berberei. 2 Thle. Sämmtl. v. Russel, übers. v. Diezmann. — Darstellung von Persien, von Fraser. Uebers. v. Sporschil. 2 Thle.
Vgl. Cabinets-Bibliothek, edinburger, 3—6., 9—12. Thl.

— und James B. Fraser, Esq., Länder-Gemälde des Orients, zur Verstandniß der Begebenheiten unserer Zeit. Uebersetzt von A. Diezmann u. Joh. Sporschil. 8 Thle. (Inhalt: Gemälde von Aegypten. 2 Thle. — Palästina oder das heilige Land. 2 Thle. — Gemälde der Berberei. 2 Thle. Alle 3 von Russel, übersetzt von Diezmann. — Darstellung von Persien, von Fraser. 2 Thle. Von Sporschil übersetzt.) (Mit vielen Abbildd. u. Karten.) N. Ausg. kl. 8. Pesth 840. Hartleben. (Leipzig, Frohberger.) 2 ₰

Russell, Mich., Palästina od. das heil. Land, v. d. frühesten Periode bis zur jetzigen Zeit. A. d. Engl. übers. v. F. A. Rüder. M. 1 Charte (gr. 4.) u. Titkpfr. gr. 8. (20½ B.) Leipzig 833, Kummer.

Russell, Michael: Palästina oder das Heilige Land, von der frühesten Periode bis zur jetzigen Zeit. Aus dem Englischen, übersetzt von F. A. Rüder. Leipzig 1883. VI, 321 S., 1 Tf, 1 Krt. 8°.

Russell, Patrick: Abhandlung über die Pest, nebst einem Anhange, welcher Krankengeschichten und meteorologische Beobachtungen während der Pestzeit enthält. (A Treatise on the plague... Dt.) Th.1 - 2, gbd.

Leipzig: Fritsch 1792 - 1793

JB 5.017

Russel, Patr., üb. die Pest; aus d. Engl. 2 Bde. gr. 8. Leipz. 792 u. 93. (Hahn). 3 ₰

Russell, R. J., English business correspondence taught by an Englishman. Wie im Englischen kaufmänn. Briefe geschrieben werden. (XV, 210 S.) 8. Breslau 910. J. U. Kern. Geb. in Leinw. 2. 80

— English taught by an Englishman. Wie man in England spricht u. reist. (126 S.) gr. 8. Freiburg i/B. 910. J. Bielefeld. Geb. in Leinw. 1. 80

Russell, William

Russell, W., Aus dem Feldlager in der Krim, s. a. Bibliothek der Gegenwart.

Russell, Will., aus dem Feldlager in der Krim. Briefe. Deutsch bearb. von Jul. Seybt. Neue (Titel-)Ausg. Leipzig (855)865. Senf. gr. 8. (XII, 334 S.) 1 ₰

Russel, William, aus dem Feldlager in der Krim. Briefe. Deutsch bearb. von Jul. Seybt. 3. (Titel-)Ausg. gr. 8. (XII, 334 S.) Leipzig (865)74, Senf.

Russell, William. Geschichte von Amerika von dessen Entdeckung an bis auf das Ende des vorigen Krieges ... Aus dem Englischen übersetzt. Leipzig 1779—1780. Ü: *Adelung.* (Kayser, Dtsche Bücherkunde 1827, Bd. II)

RUSSELL, William 1741 - 1793
Geschichte von Amerika von dessen Entdeckung an bis auf das Ende des vorigen Krieges. Nebst einem Anhange, welcher eine Geschichte des Ursprunges und des Fortganges des gegenwärtigen unglücklichen Streites zwischen Groß-Britannien und seinen Colonien enthält, von William Russel, Esq.
Aus dem Englischen übersetzt.
Erster [- Vierter] Band.
Mit Karten.
Leipzig: Schwickert. 1779 [- 1780]. 8°.
Herzog-August-Bibliothek Wolfenbüttel
Übers. v. The History of America, London 1778.
Bd. 4 auch als Separatdruck u. d. T. Geschichte des Ursprunges und des Fortganges des gegenwärtigen Streites zwischen England und seinen Colonien, 1780.

Russel, William Esq. Geschichte des ältern Europa. Nebst einer Uebersicht der Revolutionen in Asia und Afrika. Nach dem Englischen bearbeitet von Georg Wilhelm Bartoldy. (3 Bde.)
8. Berlin 1794—1797.

RUSSELL, William 1741 - 1793
Geschichte des Ursprunges und des Fortganges des gegenwärtigen Streites zwischen England und seinen Colonien.
Aus dem Englischen übersetzt.
Mit einer Charte von Nord-Amerika.
Leipzig: Schwickert. 1780. XIV, 480 S. 8°.
Universitätsbibliothek Heidelberg
Separatdruck v. Russels Geschichte von Amerika, Leipzig 1779-1780, Bd. 4.

—— Kriegstagebuch mit Genehmigung des Verf. bearb. von Max Schlesinger. 8. (VIII, 208 S.) Leipzig 874. Hirzel. *

Russell, William Clark

Russell, W. Clark, die weiße Brigg, s.: Roth. Rich.

—— an Ocean Free-Lance, s. Asher's Collection of English Authors.

— die goldene Hoffnung, s.: Michow-Bücher. 25./26. Bd.

— die Juwelen der Frau Dines, s.: Lutz' Kriminal- u. Detektiv-Romane. 29. Bd.

Russell, W. Clark, the „Lady Maud": schooner yacht, s. Collection of British Authors.

Russell, W. Clark, der Obersteuermann. Roman. 3 Bde. 8. (179, 197 u. 192 S.) Stuttgart 877. Deutsche Verlags-Anstalt. n. 9. —

Russell, W. Clark, der Obersteuermann. Roman. 3 Bde. 8. (197; 197; 192 S.) Stuttgart 877, Hallberger. *
geb. *

— The romance of a midshipman. (VIII, 376 S.) 8. London u. Leipzig 903. T. F. Unwin. 1.50

— a sea queen, s.: Collection of British authors.

Russell, W. Clark, der See-Freibeuter. Nach dem Loggbuch e. See-Freibeuters aus dem J. 1812. 8. (III, 396 S.) Frankfurt a/O. 894. H. Andres & Co. Kart. n. 2. 50; geb. in Leinw. n. 3. —

— Seeromane. Illustr. Gesamtausg. In guter Verdeutschg. Illustr. v. A. Erdmann. 27 Lfgn. gr. 8. Stolp i/P. 892. 893. W. Delmanzo. n. 9.20; geb. n. 12.20
1. Bd. Steuermann Holdsworth. (435 S.) n. 2. 80; geb. n. 3. 80
2. Bd. Seemannslied. (642 S.) n. 3. 20; geb. n. 4. 20
3. Bd. Die Seekönigin. (675 S.) n. 3. 20; geb. n. 4. 20

Russel's, Clark, Seeromane. 1. u. 2. Bd. 8. Stuttgart 898. R. Lutz. à n. 2. 50; geb. à n. 3. 50
1. Das Wrack d. Grosvenor. Ins Deutsche übertr. von H. v. R. (340 u. 7 S. m. 1 Abb.)
2. D. Piraten. Autor. deutsche Bearbeitg. v. Frdr. Meister. 1. u. 2. Aufl. (à 304 u. 7 S. m. 1 Abb.)

— Seeromane. 3.—9. Bd. 8. Stuttgart, R. Lutz. à n. 2.50; geb. à n. 3.50; (vollständig, auf einmal bezogen 21. —; geb. 30. —)
3. Die kleine Lulu. Ins Deutsche übertr. von H. v. R. (331 u. 7 S. m. 1 Abbildg.) 899.
4. Das Auswandererschiff. Autoris. deutsche Bearbeitg. v. Frdr. Meister. (319 u. 7 S. m. 1 Abbildg.) 899.
5. Die Seekönigin. Deutsche Bearbeitg. v. Hans Lindner. (291 u. 7 S. m. 1 Abbildg.) 900.
6. Jacks Brautwerbung. Deutsche Bearbeitg. von H. v. R. (378 u. 7 S. m. 1 Abbildg.) 900.
7. Seemannslied. Deutsche Bearbeitg. v. Hans Lindner. (312 u. 7 S. m. 1 Abbildg.) 901.
8. Das Sträflingsschiff. Autoris. Uebersetzg. v. Frdr. Meister (335 u. 7 S. m. 1 Abbildg.) 902.
9. Steuermann Holdsworth. Deutsche Bearbeitg. von H. v. R. (357 u. 7 S. m. 1 Abbildg.) 902.

-- Seeromane. 1. 3. 4. u. 10. Bd. 8. Stuttgart, R. Lutz. à Bd. 2.50; geb. 3. 50 (Vollständig, auf einmal bezogen: 23.50; geb. 33. 50)
1. Das Wrack des Grosvenor. Deutsche Bearbeitg. von H. v. R. 2.—4. Aufl. (315 S.) (910.)
3. Die kleine Lulu. Ins Deutsche übertr. v. H. v. R. 3. Aufl. (331 u. 7 S. m. 1 Abbildg.) (910.)
4. Das Auswandererschiff. Autoris. Bearbeitg. v. Frdr. Meister. 3. Aufl. (317 u. 7 S. m. Abbildgn.) (910.)
10. Die Goldinsel. Deutsche Bearbeitg. von H. v. R. (320 u. 7 S.) (910.)

— a sailor's sweetheart, s.: Collection of british authors.

— aus drei Welten. Aus dem Engl. von M. Waldeck. 3 Bde. Berlin 870. Langmann & Co. 8. (III, 208; III, 209 u. III, 234 S.) n. 3 ₰

— The yarn of Old Harbour Town, s.: Unwin's library.

Russell, William F[raser]: I. Beiträge zur Stereochemie der Chinaalkaloide. II. Zur Kenntnis der Amidoxime. Weida i. Th. 1910: Thomas & Hubert. 47 S. 8°
Jena, Phil. Diss. v. 18. Mai 1910, Ref. Rabe
[Geb. 16. Juli 87 Glasgow; Wohnort: Glasgow; Staatsangeh.: Großbritannien; Vorbildung: High School Glasgow bis 04; Studium: Glasgow 7, Jena 3 S.; Rig. 28. Febr. 10.] [U 10. 2366

Russell, Will. Howard, Tagebuch meiner Reise durch den Norden und Süden der Vereinigten Staaten in den J. 1861 und 1862. Aus dem Engl. 2 Bde. 1. Aufl. 10 Lfgn. 1863,64. * 3 Thlr. 10 Ngr. und 2. (Titel-)Ausg. gr. 8. (XVI und 777 S.) Altona 866, Mentzel.

Der Russell Recorder: Jahrgang 1–3, no. 41, Sept. 1, 1905—May 28, 1908.
Republican weekly. German edition of Russell Recorder. Circulation: 1908, 1288. Edited by H. A. Dawson, Sept. 1, 1905—Feb. 8, 1907; by the Rev. Paul V. Toerne, Feb. 15—Dec. 14, 1907; by Rudolph L. Frank, Dec. 21, 1907—May 28, 1908; published by The Recorder Publishing Co. [John Zercher, prop.].
Russell, KS

Russen, die, Beschreibung von St. Petersburg u. e. Schilderung s. Einwohner. 8. Leipzig, Rein und Comp. 813 Rthlr.

Russen, die, in den Donaufürstenthümern, s. Conversations-Hefte, illustrirte.

Russen und Engländer, Die, in Neapel . . . Leipzig 1800. V: *Vulpius, Christian August.* (Ky) (MGT)

— die, u. die Engländer in Neapel. Nebst einig. Nachrr., Anekdoten u. Charakterzügen v. Nelson. Mit Kpf. 8. Leipz. 800. Fr. Fleischer. 18 gl

Russen, die, in religiös. u. kirchl. Hinsicht beschrieben. 8. Leipz. Fischer. (Bruder.) 813.

Russen üb. Russland. Ein Sammelwerk. Hrsg. v. Jos. Molnik. (Titelzeichnung v. Iwan Bilibin.) 1. u. 2. Taus. (à XI, 670 S.) gr. 8. Frankfurt a/M. 906. Literar. Anstalt. n. 12. —; geb. n. 14. 50

Die Russen sind da! Tod den Russen!! Zu haben bei L. Schlesinger. 1 Bl. Fol.
Flugblatt. Berlin, 30. Juni 1848.

Russen, die, und die Türken in der Westentasche. 1—4. Aufl. Berlin (854.) Hempel. 64. (32 Bl. u. 5 lith. Karten in 8. u. 16.) 5 *ngr.*

Russen, Melch., Eidgenöss. Chronik; geschrieben im J. 1482, u. zum Erstenmale hrsg. 1832 v. Jos. Schneller. (1. Hälfte.) 8. (10 B.) Bern 834, Jenni, Sohn.

Russen, Melch., Eidgenöss. Chronik; geschrieben im J. 1482 u. zum Erstenmale hrsg. 1832 v. Jos. Schneller. (2. Hälfte vollend. v. J. E. Kopp.) gr. 8. (8⅝ B. u. 1 Stnt.) Bern 838, Jenni, Sohn.

Russes, les, peints par eux-mêmes, par un Russe. (1.) 8. (230 S.) Würzburg 876. Kressner. n. 3. —

Russes, les, peints par eux-mêmes, par un Russe. 2. éd. 8. (230 S.) Würzburg 877. Kressner. n. 3. —

Russes, les, peints par eux-mêmes. Par un Russe. 3. éd. 12. (186 u. 230 S.) Würzburg 885. Kressner. n. 3. —

Rußheim, Karl

Rußheim, Carl, der Jugendfreund. Ein Lehr- u. Lesebuch zur Weckung der Aufmerksamkeit, Bildung des Verstandes u. Veredlung des Herzens. 1. Thl. Für die zarte Jugend. gr. 12. (XII u. 252 S.) Klagenfurt 849, Leon. ⅔ *ℛ*

Russheim, Karl. Materialien u. Aufgaben zu einem zweckmäßigen Unterrichte in der deutschen Sprachlehre in Volksschulen. Klgft., Leon, 1827. 2 Tle. — 2. verb. u. verm. Aufl. 1833. 2 Tle. — 3. verm. Aufl. 1839. 2 Tle. — 4. verm. Aufl. 1845. 2 Tle.

Rußheim, Carl, Materialien zu e. zweckmäß. Unterr. in d. deutsch. Sprachlehre. Ein method. Handb. f. Lehrer u. diejen., welche sich selbst in d. deutsch. Sprachlehre unterrichten wollen. 2 Thle. 2., verb. u. verm. Aufl. 8. (35¼ B.) Klagenfurt 835. (Wien, v. Mösle Wtwe. u. Braumüller.)

Rußheim, Carl, Materialien z. e. zweckmäßig. Unterr. in d. deutschen Sprachlehre. Ein method. Handb. f. Lehrer u. diejen., welche sich selbst in d. deutschen Sprachlehre unterr. wollen. 2 Thle. Wortforschung. — Wortfügung. 3., verm. Aufl. 8. (39 B.) Klagenfurt 839, Leon's Buchh. *

Rußheim, Carl, Materialien zu e. zweckmäß. Unterrichte in der deutschen Sprachlehre. Ein method. Handbuch f. Lehrer u. diejenigen, welche sich selbst in der deutschen Sprachlehre unterrichten wollen. 2 Thle. 4., verm. Aufl. gr. 8. Klagenfurt 845, Leon's Buchh.
Thl. 1. Wortforschung. (17 B.)
" 2. Wortfügung. (16½ B.)

—— Methodik der Rechenkunst in den deutschen Trivial- u. Hauptschulen. Versuch e. Anleitung zu e. den pädagog. Grundsätzen entsprech. Verfahren, wie der Unterricht im Rechnen, von der Kenntniß der Ziffern angefangen bis zu den höhern Rechnungsarten der 4. Classe beyder Jahrgänge einschließlich, den Kindern stets im Geleite des Verstandes ertheilt werden soll. Für Lehrer u. zur Selbstbildung. 8. (25½ B.) Klagenfurt 842, Leon's Bh.

***Russheim**, Karl. Sprachübungen über die Regeln der Wortforschung u. Wortfügung. Klgft., Leon, 1833.

—— Sprachübungen üb. d. Regeln d. Wortforschung u. Wortfügung, eingerichtet nach der f. d. Normal- u. Hauptschulen vorgeschrieb. deutschen Sprachlehre. 8. (16½ B.) Klagenfurt 833. (Wien, v. Mösle Wtwe. u. Braumüller.)
Auszug aus vorstehender Schrift.

Russheim, Karl. Theoretisch-practischer Unterricht in der deutschen Rechtschreibung. Klgft., Leon, 1836. 339 S. — 2. umgearb., verb. u. verm. Aufl. 1852. 357 S.

Rußheim, Carl, theoretisch-practischer Unterricht in der deutschen Rechtschreibung. Darstellung eines method. Verfahrens bei dem Rechtschreibe-Unterricht in Volks- und Unter- Realschulen, mit vielen zur Einübung der Regeln passenden Dictando-Sätzen und einer kurz gefaßten Seelenlehre für reifere Schüler. Für Lehrer und diejenigen, welche sich selbst in diesem Gegenstande vervollkommnen wollen. 2., umgearb. verb. und verm. Aufl. gr. 8. (357 S.) Klagenfurt 852, Leon'sche Buchh.

Russi, Adb., die Umschnürung des Nervus opticus u. deren Folge für's Auge. Inaugural-Dissertation. gr. 8. (70 S. m. 2 Chromo-Photolith.) Bern 880. (Wiesbaden, Bergmann.) n. 2. —

Russiabeß, G., prakt. Grammatik d. neuhellen. Sprache. 2 Thle. gr. 8. (46½ B.) Wien 834. (Leipzig, Michelsen.)

Russicismen in deutscher u. französischer Uebertragung. qu. gr. 8. (63 S.) St. Petersburg 891. (H. Schmitzdorff.) n. 1. 50

Russie, la, en 1859. I. Les réformes et la politique extérieure de l'empire. — II. Situation financière. Mouvement intellectuel. Naumburg 860. Patz. gr. 8. (38 S.) n. 10 *ngr.*

—— la, envahie par les Allemands. Notes recueillies par un vieux soldat, qui n'est ni Pair de France, ni Diplomate, ni Député. 8. (9½ B.) Paris 844, Renouard et Comp. (Leipzig, Michelsen.)

Russie, la, son passé, son présent et son avenir, par un ancien diplomate. 8. (120 S.) Stuttgart 879. Schaber. 3. —

Russie pittoresque, la, sous la direction de M. Jean Czyński, Vignettes de M. J. B. Gatti. Tome I. (Mit 24 Steindrucken.) gr. in-4. Paris 837. (Stuttg., Weise et Stoppani.) n. 2¼ *ℛ*

Russie, La, et la Pologne, esquisse historique . . . Berlin 1834. V: *Knorring, Th. de.* (BrMm)

— la et la Pologne. Esquisse historique p. Th. de K. gr.in-8. Berlin 834. Nauck. n. 2 *ℛ*

Russie, la, en 1844. Système de législation, d'administration et de politique de la Russie en 1844 par un homme d'état russe. 8. (9 B.) Paris 845. Leipzig, Michelsen.

Russin, Die schöne, oder Begebenheiten der Azema. Braunschweig 1766. 1773. Ü: *Zachariae, Friedrich Wilhelm.* (Zimmermann, F. W. Zachariä 1896) (Euph IV, 676) (Zeitschr. f. Büch. N. F. 15, 1923, S. 120)

Russin, Die schoene, oder wunderbare Geschichte der Azema. Braunschweig 1766. N.-A. 1773. V: *Contant Dorville, André Guillaume.* (BGE VI², 575)

Russisch-Litauen [Schlagwort]

Russisch Litauen — Charte von — welche die Gouvernements Witepsk, Minsk, Mohilew nebst dem grössern Theil von Wilno enthält. Verbessert herausgegeben 1807. Nürnberg auf Kosten der Homännischen Erben. 1 : 1,700,000. 1 Bl.

Russisch-Polen [Sachliches OW]

Russisch-Polen und die osteuropäischen Interessen. Ein Mahnruf ... von C. P. Breslau 1870. V: ***Petzet, Christian.*** (Biogr. Jahrb. 10, 1907, S. 38) (Zeitschr. f. Büch. N. F. 15, 1923, S. 120)

Russisch-Polen u. die osteuropäischen Interessen. Ein Mahnruf an das Jahrh. von C. P. Breslau 870. (Leipzig, E. Günther's Verl.) gr. 8. (31 S.) n. 6 ngr.

Russisch-Polen [Schlagwort]

— s. a. Polen.

Russisch-Polen. O'Grady, G., Handkarte v. Russisch-Polen u. den angrenzenden Gouvernements. Sep.-Ausg. der Uebersichtskarte vom westl. Russland in 4 Blättern. 1 : 1,750,000. Nach dem neuesten amtl. Material bearb. Verb. Ausg. Chromolith. gr. Fol. Cassel 888. Fischer. n. 1. —

Russisch-polnischer Industriebezirk [Schlagwort]

Russisch-polnischer Industriebezirk, s.: Industriekarten.

Russisch-Polnisches-Kriegs-Spiel; e. neues Gesellschaftsspiel f. Jung u. Alt. Entworfen u. lithogr. v. R. Nickel. Fol. Nebst 1 Blatt Erklär. in 4. Bresl. 832. (Aderholz). 16 gl.

RUESSKEFER - Wellenthal, Emilius de: De essentia justitiae secundum doctrinam ecclesiae in oppositione ad doctrinam haereticorum inde ab exordio ecclesiae usque Concilium Tridentinum. — (1868) 63 S. 4° (Handschr.) Diss. 226
Diss. Wien, Univ.

[Russ.] **Russkij** v Anglii. Samaja prostaja i legkaja metoda dlja skorago izučenija anglijskago jazyka s pomošč'ju chorošago proiznošenija. Bonn: K. Georgi [1900]. (32 S.) 8° [Umschlagt.]
[Der Russe in England.]
= **Kuntzé**, Méthode Polyglotte. [27.] [05. 198

[Russ.] **Russkij** vo Francii. Samaja prostaja i legkaja metoda dlja skorago izučenija francuzskago jazyka s pomošč'ju chorošago proiznošenija. Bonn: K. Georgi [1897]. (32 S.) 8° [Umschlagt.]
[Der Russe in Frankreich.]
= **Kuntzé**, Méthode Polyglotte. [29.] [05. 200

[Russ.] **Russkij** v Germanii. Samaja prostaja i legkaja metoda dlja skorago izučenija německago jazyka s pomošč'ju chorošago proiznošenija. Bonn: K. Georgi [1897]. (38 S.) 8° [Umschlagt.]
[Der Russe in Deutschland.]
= **Kuntzé**, Méthode Polyglotte. [26.] [05. 197

[Russ.] **Russkij** v Grecii. Samaja prostaja i legkaja metoda dlja skorago izučenija grečeskago jazyka s pomošč'ju chorošago proiznošenija. Bonn: K. Georgi [1900]. (16 S.) 8° [Umschlagt.]
[Der Russe in Griechenland.]
= **Kuntzé**, Méthode Polyglotte. [59.] [05. 229

[Russ.] **Russkij** v Ispanii. Samaja prostaja i legkaja metoda dlja skorago izučenija ispanskago jazyka s pomošč'ju chorošago proiznošenija. Bonn: K. Georgi [1900]. (40 S.) 8° [Umschlagt.]
[Der Russe in Spanien.]
= **Kuntzé**, Méthode Polyglotte. [28.] [05. 199

[Russ.] **Russkij** v Italii. Samaja prostaja i legkaja metoda dlja skorago izučenija italijanskago jazyka s pomošč'ju chorošago proiznošenija. Bonn: K. Georgi [1900]. (32 S.) 8° [Umschlagt.]
[Der Russe in Italien.]
= **Kuntzé**, Méthode Polyglotte. [30.] [05. 201

[Russ.] **Russkij** za-graniceju. Putevoditel' po zapadnoj Evropė dlja Russkich putesestvennikov. Izd. 4. Berlin: Stur 1899 (VIII, 205 S.) 8°
[Der Russe im Auslande. Reiseführer im westl. Europa für russ. Reisende. 4. Ausg.]

[Russ.] **Russkij** za-graniceju. Putevoditel' po zapadnoj Evropė dlja Russkich putešestvennikov. Izd. 6., ispravl., dopoln. i peredělannoe. *Berlin: Štur 1903.* (VIII, 406 S.) 8°
[Der Russe im Auslande. Reiseführer in Westeuropa f. russ. Reisende. 6. verb., vervollst. u. umgearb. Ausg.] [03. 16208

[Russ.] **Russkij** za-graniceju. Putevoditel' po zapadnoj Evropė dlja Russkich putešestvennikov. Izd. 8., ispravl., dopoln. i peredělannoe. Berlin: Stuhr 1905. (VIII, 438 S.) 8°
[Der Russe im Auslande. Führer durch Westeuropa f. russ. Reisende. 8. verb., vervollst. u. umgearb. Aufl.] [05. 15385

Russland [Sachliches OW]

— geograph. Spiel, m. e. hist.-geographisch. Gemälde dies. Reichs. Leipz. Benj. Fleischer.

Russland; ein geographisches Kartenspiel. Liegnitz 1795. V: *Moritz, Friedrich Gottlieb.* (Ky)

Rußland; ein geograph. Kartenspiel (v. Fr. Gli. Moritz). 12. Liegn. 795. Hartknoch in Leipz. 16 gl. in Futteral 1 ₰ 4 gl.

Rußland ein geogr. Lottospiel f. Kinder. 12. Nürnberg, Wieling. 802.

Russland, ein geographisches Gesellschaftsspiel ... Nürnberg 1803. V: *Meynier, Johann Heinrich.* (Fiker)

Rußland, oder Sitten, Gebräuche und Trachten d. sämmtlichen Provinzen dieses Kaiserthums. Mit 110 Kupf. Aus d. Französ. d. Herrn Breton. 6 Bdchn. Taschenformat. Pesth, Hartleben. 816.

Russland. Russische Zeitschrift für Deutsche. Organ zur Belehrung u. Unterhaltung in der russischen Sprache, sowie für die Kunde des russischen Reiches. Hrsg. vom russischen litterarischen Bureau in Leipzig. Red.: B. Manassewitch. 1. Jahrg. 12 Nrn. (B.) Fol. Leipzig 881. (Voss' Sort.) n. 6. —

—— Russische Zeitschrift für Deutsche, Organ zur Belehrung und Unterhaltung in der russ. Sprache, sowie für die Kunde des russ. Reiches. Hrsg. vom russ. litterar. Bureau in Leipzig. Redact.: B. Manassewitsch. 1. Jahrg. 1882. 6 Nrn. Fol. (à Nr. 4 S.) Leipzig, [Voss' Sortiment.] *
Nicht weiter erschienen.

Internat. Ausstellung f. Musik- u. Theaterwesen, Wien 1892. **Russland.** Direction d. Kais. Hoftheater in St. Petersburg u. Moskau. Hrsg. von d. Ausstellungscommission. (Wien 1892: Vernay.) 84 S. 8°

A 12.126,0

Russland. Allgemeiner Zolltarif für den europäischen Handel vom 13.1.1903. (42 S.) 4° Berlin 1903

Russland als Agricultur- und Industrie-Staat, und der Theehandel in Kiachta. Leipz. [1851]. V: *Steinhaus*, *Alex.* (Kat. d. stat. Bureaus. Dresden 1890.)

— unter Alexander I. eine Zeitschrift, s.a. H. Storch.

Rußland. – Rußland unter Alexander I., eine historische Zeitschrift. Bd. 1–9. St. Petersburg u. Leipzig 1804–08. Hrsgeg. v. Heinr. Frh. v. Storck.

Russland unter Kaiser Alexander II. Nikolajewitsch. Zur innern Geschichte und äussern Politik vom Thronwechsel bis zur Gegenwart 1855—60. Leipzig 1860. V: *Buddeus*, *Aurel.* (Klüpfel) (BrVV) (Kat. d. Bibl. d. dtsch. Reichstages. Berlin 1882.)

Rußland unter Alexander II. Nikolajewitsch. Zur innern Geschichte und äußern Politik vom Thronwechsel bis auf die Gegenwart. 1855—1860. gr. 8. (X und 424 S.) Leipzig 860, Brockhaus.

Rußland und die russische Armee. Ein Sattelbuch für den Feldgebrauch. Nebst einem Anhang über die rumän., serb. und bulgar.-ostrumel. Armee. (50 S. mit 1 Taf.) 887; 2.—4. Aufl. (52 S. mit 1 Taf.) 888; 5. Aufl. 12. (64 S. mit 1 Taf.) Leipzig 888, E. H. Mayer. cart. *

Russland in Asien. Bd 1–5. Leipzig: Zuckschwerdt & Co 1889–1902. 5 Bde 8°
1 = Heyfeld, O.: Transkaspien u. s. Eisenbahn. 2. Aufl. 1889.
2 = Krahmer, [Gust.]: Russland in Mittel-Asien. 1898.
[3] = Krahmer: Sibirien u. d. grosse Sibirische Eisenbahn. 1897.
4 = Krahmer: Russland in Ost-Asien (mit bes. Berücks. d. Mandschurei). 1899.
5 = Krahmer: Das Nordöstliche Küstengebiet. 1902.

Russland in Asien. II. Bd. gr. 8. Leipzig 898. Zuckschwerdt & Co. n. 4. 50 (I. u. II.: n. 8. 50)
Russland in Mittel-Asien v. Krahmer. M. 9 Autotyp. (IV, 181 S.)
Bd. I. ist nur als Einzeltitel erschienen: Heyfelder, O., Transkaspien u. seine Eisenbahn.

Russland in Asien. III.—V. Bd. gr. 8. Leipzig, Zuckschwerdt & Co. n. 21. —
III. Sibirien u. die grosse sibir. Eisenbahn. Von Krahmer. Mit 2 Karten. 2. verb. u. vollst. umgearb. Aufl. (VII, 286 S.) 900. n. 7. —
IV. Russland in Ost-Asien (m. besond. Berücksicht. der Mandschurei). Von Krahmer. Mit e. Skizze. (VII, 221 S.) 899. n. 6. —
V. Das nordöstliche Küstengebiet. (Der Ochotskische, Gishiginskische, Petropawlowskische u. Anadyr-Bezirk. Von Krahmer. Mit 2 kolor. Karten. (VII, 296 S.) 902. n. 8. —

Russland in Asien. I. u. VI.—VIII. Bd. gr. 8. Berlin, Zuckschwerdt & Co. n. 21. 50
I. Das transkaspische Gebiet. Von Krahmer. Mit 1 Uebersichtskarte u. 2 Skizzen. (VIII, 232 S.) 905. n. 6. —
VI. Die Beziehungen Russlands zu Persien. Von Krahmer. (VI, 127 S.) Leipzig 903. n. 3. —
VII. Die Beziehungen Russlands zu Japan (m. besond. Berücksicht. Koreas). Von Krahmer. Mit 1 kolor. Karte. (VIII, 221 S.) Leipzig 904. 6. —
VIII. Der ferne Osten. Seine Geschichte, seine Entwicklg. in der neuesten Zeit u. seine Lage nach dem russisch-japan. Kriege. Von C. v. Zepelin. I. Tl.: Zur Geschichte des fernen Ostens bis 1906. Port Arthur u. Dalnij unt. russ. Herrschaft. Die Verbindungen der Mandschurei u. des Amur-Bezirks m. Europa u. die Verkehrsverhältnisse im Innern. Mit 2 Skizzen im Texte u. 1 Karte von Port Arthur u. seinen Umgebgn. u. den v. dem Kriege u. den beim Beginn der Belagerung vorhandenenen Befestiggn. u. seinen Hafenanlagen. (276 S.) 907. n. 6. 50

Russland in Asien. IX. u. X. Bd. gr. 8. Berlin, Zuckschwerdt & Co. 12. 50
IX. Der ferne Osten. Seine Geschichte, seine Entwicklg. in der neuesten Zeit u. seine Lage nach dem russisch-japan. Kriege. Von C. v. Zeppelin. II. Tl.: Der russ. ferne Osten u. seine Besiedelg. Der Amur innerhalb der russ. Grenzen. Die Amurbahn. Schilderung des Amurgebietes (Amurskaja Oblastj). Mit Skizzen des in der russ. Duma angenommenen Entwurfes der Richtg. der Amurbahn u. des Amurgebietes. (VIII, 183 S.) 909. 6. 50
X. Das Ringen Russlands u. Englands in Mittel-Asien. Von M. Grulew. Mit Genehmigg. des Verf. übers. v. Leutn. Rottmann. (XII, 180 S.) 909. 6. —

Russland historisch und strategisch beleuchtet von einem deutschen Officier. Kaiserslautern 1854. V: *Streubel*, *Johann Woldemar.* (ADB)

Rußland historisch und strategisch beleuchtet von einem deutschen Offizier. 1. u. 2. Aufl. Leipzig 854. Remmelmann. (Kaiserslautern, Meuth.) gr. 8. (108 S.) n. 20 ngr.

Russland nach Demidow in Vergleichung mit anderen Monarchien Europas. Leipzig 1852. V: *Neigebaur*, *Joh. Daniel Ferdinand.* (Mitth. Dr. H. Bäsecke.)

Rußland nach Demidow in Vergleichung mit anderen Monarchien Europa's. 8. (VI u. 122 S.) Leipzig 852, Spamer. n. 5/6 ℔

Russland und Deutschland. Leipzig 1847. V: *Kolbe*, *Eduard.* (BrVV)

— u. **Deutschland.** Von ***. gr. 8. (32 S.) Berlin 871. C. Dunker. n. — 50

— u. **Deutschland.** Zeitschrift zur Förderg. der deutsch-russ. Beziehgn. auf allen Gebieten der Industrie, des Handels u. Verkehrs. Red.: M. Schwab. (In deutscher u. russ. Sprache.) 1. Jahrg. März 1901—Febr. 1902. 20 Nrn. hoch 4. (à ca. 32 S.) Berlin, Deutsch-russ. Verlagsgesellschaft. n. 6. —

— — dasselbe. Import- u. Export-Revue. Red.: Sergius L. Golda. (In deutscher u. russ. Sprache.) 2. Jahrg. 1902. 12 Nrn. hoch 4. (à ca. 28 S.) Ebd. 10. —; halbjährlich 5.50; vierteljährlich 3. —

— u. **Deutschland.** Import- u. Export-Revue. Red.: Johs. Wernicke. (In deutscher u. russ. Sprache.) 3.—5. Jahrg. 1903—1905. à 24 Nrn. (à ca. 8 S.) hoch 4. Berlin, Deutsch-russ. Verlagsgesellschaft. à Jhrg. 10. —
Erscheint nicht mehr.

— u. Deutschland v. e. Engländer. gr. 8. (59 S.) Stuttgart 883. Grüninger. n. 1. —

Russland und der Dreibund. Berlin 1889. V: *Kobolsky, Hermann.* (Singer, A., Bismarck in der Literatur. Würzburg 1909. S. 123.)

Rußland u. der Dreibund. gr. 8. (63 S.) Berl. 889, Eckstein Nachf. * 1 —

— das enthüllte, s.a.: **Bibliothek, historische, 9 u. 10. Bd.**

RUSSLAND, Das enthüllte, oder Kaiser Nicolaus und sein Reich. Nach dem englischen Originalwerk Revelations of Russia, bearbeitet v. Adolph Heller. 2 Thle. (c. 1840?)
Harpf's (Königsb. i. Pr.) Leihbibl.-Cat. no. 25,966—67 (ohne Angabe von Ort u. Jahr).

Rußland, das enthüllte, oder Kaiser Nikolaus u. sein Reich. Nach dem engl. Originalwerk Revelations of Russia bearb. v. Ad. Heller. 2 Thle. gr. 8. (45 B.) Grimma 845, Verlags-Comptoir.

Russland u. Europa. Geschichtliche Darstellg. ihrer socialen u. polit. Entwickelg. (In russ. Sprache.) (III, 55 S.) 8. Berlin 903. F. Gottheiner. n. 1. 25

Europäische Russland — Das — mit den angränzenden Ländern in Europa und Asien entworfen und gezeichnet von Theodor Freyherrn v. Liechtenstern, königl. Preuss. Lieutenant im 27. Infant. Regiment. Magdeburg im Verlag bey Ferdinand Rubach. In Stein gravirt von Albrecht Platt in Magdeburg. 1: 6,000,000. 1 Bl.

— **u. Finland.** Vom russ. Standpunkte aus betrachtet. Von Sarmatus. (85 S.) gr. 8. Berlin 903. F. Siemenroth. n. — 60

— und die Orientalische Frage. Von einem Russen. gr. 8. (36 S.) Aachen 860, Mayer. *

Russland und Frankreich, eine historische Vergleichung. Deutschland [Halle] 1814. V: *Baczko, Ludwig Adolph Franz Jos. von.* (Wr)

Rußland u. Frankreich, eine histor. Vergleichung. 8. Deutschland. (Halle, Ruff.) 814.

Rußland: Frei Rußland
① Deutsches Monatsorgan der Freunde der russischen Freiheit ⑤ 1892—1893 ⑥ 4° ⑦ Monatsblatt ⑧ Zürich: Buchdruckerei des Grütlivereins ⑪ Kluge: Russische revolutionäre Presse.

Russland, Ganz. Russisches Buch der Gewerbe, des Handels, der Landwirtschaft, der Verwaltung. Handels und Gewerbe Adresskalender des Russischen Reiches. (In russischer Sprache.) 8. St. Petersburg 1895.

— und die Gegenwart. 1. und 2. Bd. 8. Leipzig, Weidmann'sche Buchh. [1. (V und 346 S.) 1 Thlr. 22½ Ngr., 2. (IV und 254 S.) 851. 1 Thlr. 7½ Ngr.]

Russland und die Gegenwart. Leipzig 1852. V: *Buddeus, Aurelio.* (Zeitschr. f. Büch. N. F. 15, 1923, S. 120) (Briefwechsel Grimm, Dahlmann und Gervinus, hsg. v. Ed. Ippel Berl. 1885)

Russland, Das, der Gegenwart und Zukunft. Von H. N.-V. Leipzig 1883. V: *Neelmeyer-Vukassowitsch, Heinrich.* (Russell XVI, II, 2, 1846.)

Russland, das, der Gegenwart und Zukunft. Politische und nationalökonom. Skizzen, gesammelt während meines langjährigen Aufenthaltes und auf vielen Reisen in dem grossen Reich von H. N......er. gr. 8. (XV, 272 S.) Leipzig 883. [F. Duncker.] Unflad. *

— d. glücksel., unt. d. Regier. d. Kaiser. Anna. 8. Danzig. (Weidmann, Leipz.) 756.

Rußland, in historisch-geographisch-statistischer u. literarischer Hinsicht in d. Jahren 788–89. herausgegeben v. Chanterau, a. d. Franz. 5 Bde. 8. Leipz. Gräff.

— im Jahre 844. Ein Nachtrag zu dem enthüllten Rußland oder Kaiser Nikolaus u. sein Reich bearb. v. Ad. Heller. 8. (7 B.) Grimma 845, Verlags-Comptoir.

Russland am 1. Januar 1871. Von e. Russen. gr. 8. (124 S.) Leipzig 871. Duncker & Humblot. n. 2. 40

Rußland—Japan. Mit Abb. u. 1 Krt. Berlin 1904. 8 S. 4°
(Sond.-Ausg. zu „Überall".)

Russland und Indien. Auf Grundlage russischer und englischer Quellen bearbeitet. Wien 1904. V: *Schön, Joseph.* (KA)

— **u. Indien.** Auf Grundlage russ. u. engl. Quellen bearb. v. J. Sch. (III, 104 S. m. 1 Kartenskizze.) Lex.-8. Wien 904. L. W. Seidel & Sohn. n. 2. 40
Sonderabdruck aus: „Streffleur's öst. militär. Ztschr."

— das junge, in der Dichtung. 2. Aufl. (VII, 126 S.) 16. Leipzig (902). E. L. Kasprowicz. n. 2. —

Russland vor und nach dem Kriege. Leipzig 1879. V: *Eckardt, Jul. Wilhelm Alb. v.* (Landesbibl. Detmold. Kat. d. Zugänge 1869—95. Detm. 1896.) (BrVV)

— vor u. nach dem Kriege. Auch „aus der Petersburger Gesellschaft". 1. u. 2. Aufl. 8. (VI, 467 S.) Leipzig 879. Brockhaus. n. 7. 50

— unter dem Mikroskop. Von einem bekannten Unbekannten. Hamburg 861. B. S. Berendsohn. 12. (XVIII, 459 S.) 1 ₰

— das neue. Nach „Barry's Russia in 1870" u. „Ivan at home". 8. (251 S.) Berlin 873. Bergoold. n. 4. —

— neuverändert., od. Leben Katharina II. Kais. v. Rußl., a. Urkund. 8. Riga, Hartknoch. 767.

Russland, Neuverändertes, oder Leben Catherinä II. Kayserinn von Russland . . . Riga 1769—80. V: *Haigold, Johann Joseph (= August Ludwig von Schlözer).* (BrMm) »1771—72« (CBH)

— — dass. gr. 8. Ebend. 772.

Russland als Ostmark d. Kontinents im Kriege gegen Japan u. . . . . . 1904—5. Beitrag zur Würdigg. der Ereignisse u. Erscheingn. im ostasiat. Kriege. Von v. R. (241 S. m. 2 Taf.) gr. 8. Prag 908. C. Bellmann. 4. —

Russland am Stillen Ozean. Eine zeitgemässe Studie . . . Berlin 1896. V: *Trotha, Thilo v.* (Berl)

Rußland am Stillen Ozean. E. zeitgem. Studie von T. v. T. gr. 8. (35 S.) Berlin 896. Militär-Verlag R. Felix. n. — 80

— und die Russen für zwölf Silbergroschen. Frei nach dem Engl. Leipzig 854. Literatur-Bureau. 8. (110. S.) n. 12 ngr.

Rußland am Scheidewege, s.a Bauer, Erwin

Russland am Scheidewege. Beiträge zur Kenntniss des Slavophilenthums und zur Beurtheilung seiner Politik. gr. 8. (341 S.) Berlin 888, Wilhelmi. *

—— und das Testament Peters des Großen, s. Zeit- und Streitfragen, militärische.

Rußland bei der Thronbesteigung Paul's I. Sittliche und politische Stellung dieses Reiches zu Ende des 18. Jahrhunderts. Leipzig 859. Kollmann. 8. (2 Bl., 236 S.) n. 20 ngr.

— u. die Türkei. Von ***. gr. 8. (24 S.) Ebend. 871. n. — 50

Das veränderte Russland, in welchem die jetzige Verfassung, der Kriegsstand zu Land und zu Wasser vorgestellet werden. 4. M. K. u. Krte. Franckfurt a. M. 1721. N. Aufl. 3 Th. 4. M. 17 Taf. Franckfurt und Leipzig 1744.

Russland, Das veränderte, in welchem die jetzige Verfassung des geist- und weltlichen Regiments . . . vorgestellet werden. Frankf., Leipz. u. Hannover 1738—40. V: *Weber, Frdr. Chn.* (CBH) (MS) (Myl) (Pr) (BrMm) »1721—40« (Bibl. Rinckiana. Lips. 1747.)

— d. veränderte, in welcher d. jetz. Verfassung von ganz Rußland deutlich beschrieben. 3 Thle. m. K. 4. Hannover, Helwing. 744.

— Verdienste um Deutschland. Eine historisch-diplomatische Denkschrift. Hamburg 854. Hoffmann u. Campe. 8. (2 Bl., 161 S.) 1 rf.

— am Vorabend des XX. Jahrh. ***. (In russ. Sprache.) 1.—4. Aufl. 8. (à 160 S.) Berlin 900. 901. H. Steinitz. n. 2. —

— dasselbe. Aus dem Russ. v. Erich Geibel. 8. (120 S.) Ebd. (901). n. 2. —

— wie es ist, s.a.: Bibliothek, historische, 6. Bd.

—— wie es ist, od. Sitten, Gebräuche, Religion u. Regierung in Rußland. Frei n. d. Franz. d. Dupré de St.-Maure geschild. v. X. Kaiser. 1—3. Bd. 8. (42¼ B. u. Titvign.) Leipzig 830, 31, [Böhme.]

— wie es war und was es ist. Eine bis auf die neueste Zeit fortgesetzte Geschichte Rußlands. Mit besond. Berücksichtigung des Hoflebens und der Culturzustände Rußlands seit Peter I. bis auf Nicolaus I. Vom Verf. des „russisch-türkischen Streites und der Widerstand Europa's gegen die russische Politik" rc. Wien 855. Hartleben. 8. (IV, 310 S.) 27 ngr.

Rußland u. die Civilisation. 1. Aufl. (7 B.) 832., 2. Ausg. (6¾ B.) gr. 8. Merseburg 834. (Leipzig, Fort.)

Rußland und die Civilisation. 2e Ausg. gr. 8. Merseburg u. Halle 834. Weidmann. ½ rf.

Rußland [Schlagwort]

Russland, asiat., s.: Asien, Herrich, A.

— s. a.: Atlanten. Stieler.

— s. a.: Atlanten, Sydow & Habenicht.

— s.a. Eisenbahnkarten.

— s.a. Europa. Gaebler.

— s.a. Europa. Noordhoff.

— s.a. Europa. Petermann, A.

— s.a. Generalkarten. Flemming.

— s.a. Geologische Karten. Karte.

— s.a. Geologische Karten. Muschketow.

— s.a. Geologische Karten. Stuckenberg, A.

— s.a. Grenzländer.

— s.a. Hand- und Reisekarten. 47.

— s.a. Länderkarten.

— s.a. Österreich-Ungarn. Liebenow, W.

— s.a. Polen.

— s.a. Schulwandkarten. Sydow.

— s.a. Skandinavien.

— s.a. Verkehrskarten.

— s.a. Westrußland.

Europäischen Russland — Geographische und statistische Charte vom — mit den angrenzenden asiatischen Provinzen. Entworfen und gezeichnet von J. T. Ahrens. Nürnberg bey Christoph Fembo 1815. 1: 4,700,000. 1 Bl.

Russland. Bamberg, K., Schulwandkarte v. Russland. 1:2,500,000. (3. Aufl.) 12 Blatt. Farbendr. à 38,5×46,5 cm. Berlin 892. C. Chun. n. 10.—; auf Leinw. in Mappe n. 16.—; m. Stäben n. 17.50

Russland. Bamberg's Schulwandkarte v. Russland. 1:2,500,000. (4. Aufl.) 12 Blatt à 38,5×44,5 cm. Farbendr. Berlin 896. C. Chun. n. 10.—; auf Leinw. in Mappe n. 16.—; m. Stäben n. 17.50

Russland. Bamberg's, Karl, Schulwandkarte v. Russland. 1:2,560,000. 4. rev. Aufl. (Ausg. m. rot markierten polit. Grenzen.) 12 Blatt à 38,5×47 cm. Farbdruck. Berlin 899. C. Chun. 12.—; auf Leinw. in Mappe n. 16.—; m. Stäben n. 17.50

Russland. Bamberg's, Karl, Schulwandkarte v. Russland. 1:2,560,000. 5. rev. Aufl. 12 Blatt à 38,5×47 cm. Farbdr. Berlin (905). C. Chun. n. 10.—; auf Leinw. in Mappe n. 16.—; m. Stäben n. 17.50

Rußlands Bankerott. Aufsätze zur Warnung u. als Dokumente der Zeitgeschichte aus Plutus, kritische Wochenschrift f. Volkswirtschaft u. Finanzwesen. (Von Geo. Bernhard.) (XI, 126 S.) 8. Berlin-Charlottenburg (906). Plutus-Verlag. n. 1.—

Rußlands u. Deutschlands Befreiungskriege v. der Franzosenherrschaft unter Napoleon Bonaparte, in d. Jahren 1812—15. Zur angenehmen u. belehr. Unterhaltung f. die Jugend. 1r Thl. 8. Quedlinb. 816. Basse. 20 ℊ.

Russlands, die Ethnographie, nach A. F. Rittich, s. Mittheilungen aus Justus Perthes' geograph. Anstalt.

Reussischen Lande — Die Hochfürstlich — gezeich. von C. G. Felbrig 1766. verbessert 1810. Gera zu finden in der F. R. Pl. priv. Papier- und Kunsthandlung. 1 : [illegible]. 1 Bl.

— 's Feyer, od Vaterlandsgesänge f. die glückl. Unterthanen Alexander I. in Jever. 8. Bremen, Comtoir für Lit. 814.

Russland. Freytag's Karte von West- im Massstab 1:1,500,000. Gr.-Qu.-Fol. General- und Strassenkarte nebst angrenz. Ländern bis Wien u. Budapest. Mit lith. Grenzen. Wien. Artaria & Co. In Umschlag gr. 8. 1 fl. 50 kr., ordinäre Ausg. Farbendruck. 50 kr., [illegible] Ausg. allein 40 kr. 1885

Russland. Freytag, G., General- u. Strassenkarte v. West-Russland u. den angrenzenden Ländern bis Wien u. Budapest. 1:1,500,000. Ausg. 1888. Chromolith. gr. Fol. Wien 888. Artaria & Co. n. 2.60

— Freytag's, G., General- u. Strassenkarte v. Westrussland nebst den österreichisch-ungarischen u. deutschen Grenzgebieten. (Wien—Berlin—Riga—Moskau—Odessa.) 3., stark erweit. Ausg. m. Beiträgen v. Karl Peucker. 1:1,500,000. 81×111,5 cm. Farbdr. Wien (906). Artaria & Co. In Karton n. 4.—

— Gerhard, russische Lehr-Karte. Auf das Dreifache vergrösserter Ausschnitt aus der russ. Haupt-Stabskarte 1 : 126,000 m. allen gebräuchl. Signaturen, Abkürzgn. u. Bezeichgn. im Gelände. 41×46,5 cm. Steindr. Leipzig 894. R. Gerhard. n. 1.—; auf Leinw. n. 1.50

Russische Reich — Charte des — und die von den Tartaren bewohnten 12 Länder in Europa und Asia enthaltend. Entworfen von F. L. Güssefeld. Aufs Neue verbessert herausgegeben von Homanns Erben. Nürnberg 1807. 1: 15,000,000. 1 Bl.

Russischen Reichs — Charte von dem westlichen Theile des — Aus der auf Befehl Sr. Kayserl. Maj. Paul I. entworfenen Charte gezogen, nach astronomischen Orts-Bestimmungen berichtiget und erweitert von F. L. Güssefeld. Nürnberg bey Homanns Erben 1805. Solbrig sc. 1 : 6,000,000. 1 Bl.

— Handtke, F., General-Karte vom europäischen Russland. 1:5,000,000. 16. Aufl. Nach den neuesten Materialien ergänzt im kartograph. Institut der Verlagshandlg. Chromolith. gr. Fol. Glogau 889. Flemming. n. 1.50

— Handtke, F., General-Karte vom Europäischen Russland. 1 : 5,000,000. 20. Aufl. Farbendr. 79×64 cm. Glogau 892. C. Flemming. n. 1.50

Russland. Handtke, F., Generalkarte vom europäischen Russland. 1 : 5,000,000. 21. Aufl. 79×64,5 cm. Farbendr. Glogau 895. C. Flemming. n. 1.50

— — General-Karte vom westlichen Russland, nebst Theilen vom Deutschen Reiche u. v. Oesterreich-Ungarn. Nach den neuesten Materialien entworfen u. gezeichnet. 1 : 2,000,000. 2. Aufl. Chromolith. gr. Fol. Ebd. 888. 1.50

Russlands Heer nach dem Krieg. (15 S.) gr. 8. Wien 906. C. W. Stern. --50
Sonderabdruck aus: „Die militär. Welt".

Russlands Industrie u. Handel. Von W. K(owalski). Aus dem Russ. v. E. Davidson. gr. 8. (IV, 183 S.) Leipzig 901. O. Wigand. 4.—
Sonderabdruck aus: „Encyklopäd. Wörterbuch" v. Efron u. Brockhaus".

Europäischen Russland — Hydrographische Karte vom — 1: 4,[illegible]. 1 Bl.

Russischen Reiches — Neueste Karte des — mit der Eintheilung der neu errichteten Statthalterschaften und Kreise. Nach den besten Karten etc. entworfen. Zu haben in Wien bey Artaria u. Comp. 1807. 1: 5,500,000. 5 Bl.

Russischen Reiche — Karte von dem — in Europa. Nach der Karte der Gesellschaft der Künste und Wissenschaften in Petersburg. Augsb. bey Johannes Walch 1804. 1: 6,000,000 circa. 1 Bl.

Reussischen Reichslande — Charte der — mit Bemerkung der einzelnen Besitzungen und vielen Verbesserungen der frühern Zeichnung herausgegeben von Homanns Erben 1804 1: 140,000. 1 Bl.

Russland — Karte von — mit Ang. seiner Erwerbungen seit 1667. Wien, bei L. Sommer (1863?) 1 Bl.

Russland — Karte der **gewerblichen Verhältnisse** im europäischen — etc. Nach dem 1842 auf Veranst. des K. Finanz-Ministerii ersch. Russ. Orig. deutsch herausg. Berlin, bei S. Schropp 1844. Rev. 1852. (4,000,000.) 4 Bl.

Russischen Reiches — Karte des — in Europa, bearb. von Heinr. v. Kiepert. 3,000,000. Berlin 1865, bei Reimer. 6 Bl.

— Kiepert, Heinr., **Karte d. russischen Reichs in Europa. 1 : 3,000,000. 6 Blatt. 6., verb. Aufl. Lith. u. kolor. à 46×61,5 cm. Berlin 893. D. Reimer. n. 10. —; auf Leinw. in Mappe n. 15. —: m. Stäben n. 17. —**

Russischen Laender an der Ostsee — Karte der — und der benachbarten Gegenden entworfen und gezeichnet von C. F. Klöden. Gest. v. Paulus Schm[illegible] Berlin. 1 : 1,100,000. 16 Bl.

Rußlands nächster Krieg. Eine strateg. Studie. gr. 8. (VI, 70 S. m. 2 Karten.) Hannover 888. Helwing's Verl. n. 2. —

Rußland's wahre Lage, s. Europa's brennende Fragen.

— Langhans, Paul, **politische Karte v. Russland zur Veranschaulichung der Stellung des Deutschtums in der russischen Revolution. [Aus: „Deutsche Erde".] 1 : 3,700,000. 60×71 cm. Farbdr.** Mit Begleitworten: Die Deutschen in Rußland (auf dem Umschlag). **Gotha (906). J. Perthes. n. 1. —**

Rußlands inneres Leben. 33jährige Erfahrungen eines Deutschen in Rußland. 3 Bde. gr. 8. (50¾ B.) Braunschweig 846, Westermann. *

—— **inneres Leben.** Drei und dreißigjährige Erfahrungen eines Deutschen in Rußland. 3 Bde. 2. (Titel-)Ausg. gr. 8. (XXI und 780 S.) Braunschweig 854, Westermann. *

Rußlands inneres Leben. Drei und dreißigjährige Erfahrungen eines Deutschen in Rußland. 3 Bde. 2. (Titel-)Ausg. Braunschweig (846.) 855. Westermann. 8. (XIV, 263; 3 Bl., 263; 3 Bl., 254 S.) n. 2 ℛ.

Russia — Tabula — vulgo Moscovia. J. Lhuilier fecit. t Amsterdam. Gedruckt by Frederik de Wit. 1 : 5,000,000. 1 Bl.

Rußlands Novellendichter. Uebertragen und mit biograph.-krit. Einleitungen von Wilh. Wolfsohn. 1—3. Thl. gr. 12. Leipzig, Brockhaus. à Thl. 1 Thlr. 15 Ngr.

Inhalt:
Thl. 1. Helena Hahn. — Alexander Puschkin. (418 S.) 848.
" 2. Nikolaus Pawlow. (278 S.) 848.
" 3. Alexander Herzen. (XIX und 270 S.) 851.

-- O'Grady, G., **Uebersichtskarte vom westlichen Russland. Nach dem neuesten amtl. Material bearb.** 1 : 1,750,000. 4 Blatt. Rev. Ausg. Chromolith. gr. Fol. Cassel 888. Fischer. n. 12. —; **auf Leinw. in Mappe n.n. 15. —; m. Stäben n.n. 16. —**

Russland's Ostseehäfen **m. bes.** Berücksicht. des neuen Kriegshafens v. Libau. Kurze Abhandlg. nebst 4 Skizzen, nach neuesten russ. Quellen bearb. v. R. G. K. gr. 8. (12 S.) Colberg 897. R. Knobloch. n. 1. —

Russlands — Karte des europäischen — und der angr. Länder, mit genauer Bez. der Strassen u. Ang. einiger histor.-phys.-geogr. Hauptmomente. Zusammeng. von Dr. A. Petermann. 6.000,000. Gotha: J. Perthes 1855.

Russland — Karte vom **Süd-Westlichen** — nebst den angrenz. Ländern zusammeng. unter d. Red. v. Dr. A. Petermann 1855. (3,600,000). Gotha: J. Perthes. 1 Bl.

Rußlands

— **Politik u. Heer in den letzten Jahren.** gr. 8. (IV u. 78 S.) Berlin 852, Herbig. n. ½ ℛ

Russische Reich, das, eine Darstellung s. Bevölkerung, Kultur rc. mit Charte. 8. Berl. Hann. 812.

Russischen Reichs — General-Karte von einem Theil des — in Gouvernements und Kreise eingetheilt, wor auf die Post- und andere Hauptstrassen [illegible] Sr. Russisch Kayserlichen Majestät Karten [illegible] im Jahre 1799 entworfen und gestochen. Aus dem Russischen übersetzt etc. Herausgegeben von D. G. Reymann 1802. Gestochen von Ludwig Schmidt in Berlin. 1 : 2,200,000. 9 Bl.

— Rücker, C. G., **General-Karte der russischen Ost-See-Provinzen Liv-, Est- u. Kurland, nach den vollständigsten astronomisch-trigonometr. Ortsbestimmgn. u. den speciellen Landesvermessgn. auf Grundlage der Specialkarten v. C. Neumann, C. G. Rücker u. J. H. Schmidt hrsg. 1 : 605,000. 4 Blatt. Farbendr. gr. Fol. Reval 890. Kluge. n. 10. —**

Russiae Magnae — Moscoviae seu — generalis tabula etc. de novo correcta et edita per Jacobum Sandrart Chalcographum Norimbergensem. 1 : 9.500,000. 1 Bl.

Rußlands

— **glorreiche Selbstaufopferung z. Rettung d. Menschheit.** Mit 1 Kpf. gr. 8. Leipz. 815. Er. Fleischer. 1 ℛ 12 ℊ

Russischen und Türkischen Ländern — Charte von den oberhalb und seitwärts dem schwarzen Meere gelegenen — nach etc. entworfen von D. F. Sotzmann, Königl. Geh. Kriegs-Secretair und Geograph zu Berlin. 1788. D. Berger sculp. 1 : 1,800,000. 1 Bl.

— Specialkarte **v. Europäischen Russland. 1 : 3,000,000. 4 Blatt. gr. Fol. Weimar 888.** Geograph. Institut. **n. 6. —; auf Leinw. n. 10. —;** mit Stäben **n. 12. —**

Russischen Reichs — General-Charte des — Europäischen Antheils nebst den angränzenden Asiatischen Provinzen, nach der großen Charte der Academie zu Petersburg in 100 Blättern, den beigefügten astron. Best. etc. entworfen etc. von Friedrich Wilhelm Streit, Oberlieutenant. Weimar im Verlag des geogr. Instituts 1816. 1 : 6,000,000. 2 Bl.

Rußlands

— **Triumph, od. das erwachte Europa.** 1s—6s Heft. 8. Berl. 813. Achenwall u. C. 3 ℛ Nr. A. 2 Bde. 8. Ebd. 813, 14. Wolf. 6 ℛ

Rußland's Unterrichtswesen. [Rußland von G. Schmid; Russische Ostseeprovinzen von R.; Elementarschule u. Lehrerbildung in Rußland von Herm. L. Strack.] [Aus: „Schmid's Encyklopädie des gesammten Erziehungs- u. Unterrichtswesens, 1. Aufl."] Lex. 8. (483 S.) Leipzig 882. Fues. n. 6.

—— **Verdienste um Deutschland.** Eine historisch-diplomat. Denkschrift. 8. (160 S.) Hamburg 854, Hoffmann und Campe.

— polit. Verhältnisse zu Deutschland 2c. 8. Lpz., Centr.=Cpt. 14 95

Russlands Wehrkraft. Im Mai 1871. gr. 8. (VIII, 235 S. m. 3 Tabellen in gr. Fol.) Wien 871. Seidel & Sohn. n. 4. —

— Wehrkraft. Von E. S. Mit 2 Karten. gr. 8. (IV, 260 S.) Wien 887. Seidel & Sohn. n. 5. —

— Ziele oder von Moskau über die Erde von Ned. Harald. gr. 8. (24 S.) Berlin 877. (Leipzig, Schulze & Co.) n. — 50

Rußland [Verfasser]

Rußland, J. P., Handbuch für den theoretischen Gesangunterricht an deutschen Schulen. gr. 8. (59 S.) Berlin 879. Weidmann. n. — 60

— Liedersammlung für den Gesangunterricht an deutschen Schulen. 4 Hfte. gr. 8. Ebend. 879. 80. n. 2. 40
1. Einstimmige Gesänge. (44 S.) n. — 40
2. Zweistimmige Gesänge. (47 S.) n. — 40
3. Drei- u. vierstimmige Gesänge. (78 S.) n. — 80
4. Ausgewählte Choräle für den gemischten Chor an höheren Lehranstalten. (19 S.) n. — 80

Rußler, Jac., die Kunst der Obstbaumzucht und Beerenobstkultur. Eine bewährte Anweisung zur Anpflanzung und Pflege der Obstbäume, Weinreben, Erdbeeren, der Fruchtsträucher, wie Johannisbeeren, Stachelbeeren, Himbeeren, Brombeeren, der Zwergobstbäume 2c., nebst Anleitung zur Topfobstkultur und Ratschlägen bei der Obsternte, der Aufbewahrung der Früchte, der Obstbenutzung 2c. Nach eigenen prakt. Erfahrungen bearb. 8. (115 S.) Berlin 886, Mode's Verlag.

Russmann, Arthur [aus Frankfurt am Main]: Ueber die Trennung von Barium, Strontium und Calcium .... Berlin, A. W. Schade's Buchdr. (L. Schade), 1887, 38 S. + 1 Bl. 8°.
Berlin, Phil. Fak., Inaug.-Diss. v. 11. Jun. 1887.

Rußmeyer, Michael Christian

Rusmeier, M. C., de gratiosa Dei in patrandis miraculis accommodatione. Gryph. 1732. 4.

— daß Jesus von Nazareth, auch im Leiden e. Prophet mächtig von Thaten und Worten gewesen. 8. Stralsund. 737.

— Erklär. d. 3 Episteln Johannis. 4. Hamburg, Schüler. 717.

— Gedanken von den Wegen Gottes, n. Anhang. 8. Leipz. 735.

— histor. Grundlegung d. Erkenntn. d. Wahrh. z. Gottseligk. 8. Hamb. Bohn. 734.

Rusmeyer, M. C., historia Judae Ischariotae, apostoli et proditoris J. Chr. Gryph. 1742. 4.

Rusmeier, M. C., historia resurrectionis Christi. I—III. Gryph. 1734—35. 4.

— sonderb. Kraft Christi, d. Heucheley zu entdecken. 8. Greifsw. 737.

— labores acad. varii, s. dissertationes XII, orat. VI, programm. IV. 4. Greifsw. (Loeffler, Mannh.) 740.

Rußmeyer, M. Ch., Lehre von der Dreyeinigkeit. 4. Hamb. Schiller. 717.

Mich. Chr. Rusmeyer de lepra Mosaica s. legali. Gryphiswaldae 1723. 4. (Auctoris theologi opus ad 3 Mos. 13. 14.)

Rusmeier, M. C., (Gryph. 1731. 4.) Vechner, G., (s. l. 1678. 4.) de palo Pauli.

— theolog. ascetica, über das Christenth., a. d. Evangelien gez. Greifsw. 732.

— den Umgang Christi mit verschied. Menschen. 8. Ebend. 738.

Russner, Joh., die Elektrizität, s.: Wiesengrund, Bernh.

— elementare Experimental-Physik f. höhere Lehranstalten. 5 Bde. gr. 8. Hannover, Gebr. Jänecke. Geb. in Leinw. à n. 3. 20
1. Mechanik fester Körper. (VI, 148 S. m. 164 Abbildgn.) 900.
2. Mechanik flüssiger u. gasförmiger Körper. Wellenlehre. (V, 162 S. m. 249 Abbildgn.) 900.
3. Die Lehre vom Schall (Akustik), die Lehre vom Licht (Optik). Mit 278 Abbildgn. im Text u. 1 (farb.) Spektraltaf. (VII, 184 S.) 901.
4. Wärme u. Reibungselektricität. Mit 221 Abbildgn. im Text. (VII, 148 S.) 901.
5. Magnetismus u. Galvanismus. Mit 291 Abbildgn. im Text. (VII, 178 S.) 901.

Russner, Johs., elementare Experimental-Physik f. höhere Lehranstalten. 5. (Schluss-)Tl. Magnetismus u. Galvanismus. (VII, 178 S. m. 291 Abbildgn.) gr. 8. Hannover 901. Dr. M. Jänecke. Geb. 3. 20

Russner, Joh., Grundzüge der Telegraphie u. Telephonie f. den Gebrauch an techn. Lehranstalten. gr. 8. (VIII, 274 S. m. 423 Abb. u. 1 Taf.) Hannover 902. Gebr. Jänecke. n. 4. 80; geb. n. 5. 25

Russner, Johannes [Dr.]: Ueber Kondensation in Dampfleitungen und Wärmeschutzmittel. Chemnitz, Druck v. J. C. F. Pickenhahn & Sohn, *1891*; S. 3—39, 3 Taf. 4°
Chemnitz, techn. Staatslehr-A, OP 1891 ••

— Lehrbuch der Physik f. den Gebrauch an höh. Lehranstalten u. zum Selbstunterricht. Mit 776 Abbildgn. im Text u. e. (farb.) Spektraltaf. (IX, 498 S.) gr. 8. Hannover 903. Dr. M. Jänecke. Geb. in Leinw. n. 5. 60

Russo's, Michel-Angelo, Biographie. Aus d. Französ. übersetzt von Carl Friedr. Kaiser. gr. 16. (1 B. u. R's. Bildn.) Dresden u. Leipzig 843, (Arnoldische Buchh.) •

Russo, Achille, Studien üb. die Bestimmung des weibl. Geschlechtes. (V, 105 S. m. 32 Fig.) gr. 8. Jena 909. G. Fischer. 3. —

Russo, Alfred

Russo, A., Anleitung zur praktischen Kaninchenzucht. Gr.-8°. (ill. III, 63 S.) Wien: Frick 1903. K 1 —

Russo, Alfr., Anleitung zur praktischen Kaninchenzucht. 2., verm. u. verb. Aufl. (V, VI, 83 S. m. Abbildgn.) 8. Wien (906). (W. Frick.) n. 1. —

Russo, Michele, aus Wien: **Untersuchung der Rubidium- und Caesiumseifen.** *Heidelberg 1904: H. Dörr.* (46 S.) 8°
Heidelberg, Naturw.-math. Diss. v. 1904

Panik in Rußland. Kulturskizzen von **Russophob**. Berlin: O. Dreyer [1905]. (25 S.) 8° [B.]

Russos, D., *Τρεῖς Γαζαῖοι συμβολαὶ εἰς τὴν ἱστορίαν τῆς φιλοσοφίας τῶν Γαζαίων*. I. *Αἰνείας ὁ Γαζαῖος*. II. *Ζαχαρίας ὁ σχολαστικός*. III. *Προκόπιος ὁ Γαζαῖος*. Diss. 1898. 71 S. 1.20

Russow, Albert, aus Rostock: **Beiträge zur Morphologie des pflanzlichen Zellkerns.** ***Rostock 1899: E. Russow.*** (41 S.) 8°
Rostock, Phil. Diss. v. [3. Dez.] 1898

Russow, Edmund

Russow, E., zur Anatomie resp. physiolog. u. vergleichenden Anatomie der Torfmoose, s.: Schriften, hrsg. v. der Naturforscher-Gesellschaft bei der Universität Dorpat.

Russow, Edm., Beiträge zur Kenntniss der Torfmoose. Dorpat 865. (Gläser's Verlag.) gr. 8. (84 S. mit 5 Steintaff.) n. 20 *ngr.*

Russow, Edm., Betrachtungen üb. das Leitbündel- u. Grundgewebe aus vergleichend morphologischem u. phylogenetischem Gesichtspunkt. gr. 4. (78 S.) Dorpat 875. (Schnakenburg.) n. 1. 80

Russow, Edm., Flora der Umgebung Reval's. Lex.-8. (122 S.) Dorpat 862, (Gläser's Verlag.) *
Aus: Archiv für die Naturkunde Liv-, Esth- und Kurlands, besonders abgedruckt.

Russow (E.). Histologie . . . der Leitbuendel-Kryptogamen . . . Phanerogamen. Petersb. 1872. 4°.

Russow, E., zur Kenntniss der Subsecundum- u. Cymbifoliumgruppe europäischer Torfmoose, nebst e. Anh., enth. e. Aufzählg. der bisher im Ostbalticum beobachteten Sphagnum-Arten u. e. Schlüssel zur Bestimmg. dieser Arten. [Aus: „Archiv f. d. Naturkde. Liv-, Ehst- u. Kurlands".] gr. 8. (167 S.) Jurjew 894. (Leipzig, K. F. Koehler's Sort.) n. 2. -

Russow, F · Zur Kenntniss der Torfmoose. Dorpat. 84 S. mit lith. Tafeln. 1867.
Schul-/Univ.-Schrift

— vergleichende Untersuchungen betr. die Histiologie der vegetativen u. sporenbildenden Organe u. die Entwickelg. der Sporen der Leitbündel-Kryptogamen, s.: Mémoires de l'académie impériale des sciences de St. Pétersbourg.

Russow, Valerian, die Ornis Ehst-, Liv- u. Curland's mit besonderer Berücksichtigung der Zug- u. Brutverhältnisse. Nach dem Tode des Verfassers hrsg. von Th. Plosko. Mit 5 Tab. [Aus: „Archiv f. d. Naturkde. Liv-, Ehst- u. Kurlands".] gr. 8. (216 S.) Dorpat 880. Leipzig, K. F. Köhler in Comm. n. 4. —

Rüssow's, Balth., Livländische Chronik. Aus d. Plattdeutschen übertragen u. mit kurzen Anmerkungen versehen durch Ed. Pabst. gr. 8. (22½ B.) Reval 845, Koppelson. *

Russworm, Gleichen W. F. v., s. Russwurm.

Rußwurm, C., Eibofolke oder die Schweden an den Küsten Ehstlands u. auf Runö. Eine historisch-ethnograph. von der K. Akad. d. W. zu St. Petersburg gekrönte Untersuchung. Mit Urkunden, Tabellen u. (20) lith. Beilagen (in 4.). 2 Thle. Reval 855. (Leipzig, C. Fr. Fleischer.) gr. 8. (XIX, 254; 1 Bl., 424 S.) n. 3 *ℛ*.

Russwurm, C., Nachrichten über das adeliche und freiherrliche Geschlecht Staël von Holstein, esthländischer Linie. Reval 1873. 8.

Russwurm, C., Nachrichten über das Geschlecht von Ungern-Sternberg, gesammelt v. R. v. Ungern-Sternberg. 2 Bde. Reval u. Breslau 1872—77. 8. Nicht im Handel.

Rußwurm, C., Sagen aus Hapsal, der Wiek, Ösel und Runö. Gesammelt u. kurz erläutert. Reval 861. Kluge. gr. 8. (XX, 191 S.) n. 1 *ℛ*

Rußwurm, C., nordische Sagen, der deutschen Jugend erzählt u. mit e. wissenschaftl. Anhange versehen. gr. 12. (17½ B. u. 5 Holzschn. v. L. v. Maydell.) Leipzig 842, Friedr. Fleischer.

Rußwurm, C., das Schloß zu Hapsal in der Vergangenheit u. Gegenwart. Nachrichten aus Geschichte u. Sage gesammelt. gr. 8. (105 S. m. eingedr. Holzschn. u. 1 Holzschntaf.) Reval 877. Kluge. n. 2. 40

Russwurm, C. Wolmars Vertheidigung u. Fall. 1601. 8. Riga 186*

Rußwurm, Carl, s. Russwurm, Karl

Russwurm, Eman., das Leistenbruchband, verbess. u. beschrieben. gr. 8. (2½ B. u. 1 Stnt.) Wien 837, (Braumüller u. Seidel.) *

Rußwurm, Heinr., über den Ablaß. Eine Predigt. gr. 8. (1¼ B.) Augsburg 833. (Lindau, Kranzfelder.)

—— über d. Bedeutung d. Predigtamtes in d. kathol. Kirche. Predigt am 19. Oct. 1834 gehalt. 8. (1½ B.) Augsburg, Kranzfelder.

Rußwurm, H., Blüthen d. Andacht, ein Kränzchen geistl. Poesien z. Erhebung d. Gemüths bei d. Feier d. öffentl. Gottesverehrung rc. Mit 1 Vign. 8. Nürnb. 825. Felsecker. 16 *gr*

— s. Dorner, H., Himmelsharfe

— s. Erzählungen und Gedichte.

Rußwurm, Heinr., Festtags-Predigten. 8. (.. B.) Augsburg 837, Schlosser's Buchh.

(——) Himmelsharfe., s. Himmelsharfe.

Russwurm, H. De imitatione veterum poëtarum, imprimis eorum inter Graecos, qui tragoedias scripserunt. Augsburg, kath. St. A., 1830. 12 S. 4. Progr.

—— das heil. Kreuz u. das Gebet d. Herrn, in 10 Predigten erklärt, nebst e. Zugabe mehr. Festpredigten u. einiger Grabreden. 8. (24 B.) Würzburg 828, [Etlinger'sche Buchh.]

Rußwurm, Heinr., Lieder eines Kranken. Passau 865. Elsässer & Waldbauer. 8. (50 S.) n. 4 *ngr.*

—— neue Lieder eines Kranken. 8. (112 S.) Passau 866, Elsässer und Waldbauer.

—— neueste Lieder eines Kranken. 8. (208 S.) Passau 867, Elsässer und Waldbauer. *

Rußwurm, Hnr., Literaturblatt, s. Kirchenzeitung, Passauer katholische.

—— Passions-Blüthen. 8. (VIII und 280 S.) Passau 867, Elsässer und Waldbauer. *

— vermischte Predigten. 2 Thle. gr. 12. (24½ B.) Augsburg 830, Kranzfelder.

Rußwurm, J., Festpredigt, am 2. Septbr. 1884 in der St. Petrikirche zu Ratzeburg geh. Hrsg. vom Ratzeburger Sedankomité. gr. 8. (14 S.) Ratzeburg 885. (Schmidt.) n. — 20

Rußwurm, J., Grönland, siehe: Nachrichten aus der Heidenwelt.

— Tahiti, s. Nachrichten aus d. Heidenwelt. 4. u. 6. Hft.

Rußwurm, J. G., von d. Christenfreude üb. d. kirchl. Ereignisse. Pred. am Neujahrstage 1837. gr. 8. (1½ B.) Schönberg 837. (Lüneburg, Herold u. Wahlstab.)

— Dr. Mart. Luther, von d. christl. Freiheit. Zur Feier des 3n Jubelfestes d. Reformation. 8. Ratzeburg 817.

Rußwurm, Johann Georg

Rußwurm, Jh. Geo., s. Müller, Hnr., geistl. Erquickstunden. — dess. evangel. Herzensspiegel. — Nachrichten aus d. Heidenwelt.

— s.a. Octavius.

Russwurm, J. G., Octavius. Hamb. 1824. 4.

Russwurm, Jh. Geo., In Achillis scutum ab Homero Iliad. XVIII. 478–608. descriptum, Commentatio. 8. Rudolphopolis 1809.

Rußwurm, Jh. Wilh. Barth., musikal. Altar-Agende. Ein Beitrag z. Erhebung u. Belebung d. Cultus; nebst e. Anhange v. Antiphonien, Responsorien, Motetten, Arien, Hymnen, Chorälen, Collecten, dem Vater Unser u. d. Einsetzungsworten beim Abendmahl. 4. Hamb. 826. Fr. Perthes. 1 ⁄ 16 g

— Nachtrag zur musikal. Altar-Agende. 4. (3½ B.) Hamburg 831, Fr. Perthes.
Dess. „musikal Altar-Agende." Ebendas. 1826. 1 Thlr. 16 Gr.

Rußwurm, Joh. Wilh. Barthol., biblische Fragen an und für meine Confirmanden. 4e unverand. Aufl. 8. Lübeck 832. (v. Rohden.) ¼ ⁄ — 5e unverand. Aufl. 8. Lübeck 834. (Hannover, Hahn.) n. ⅙ ⁄ — 6e verm. u. verb. Aufl. 8. Hannover 837. Hahn. ¼ ⁄

— Johannes, der Donnerer. 8. Stendal 805. Franzen u. G. 1 ⁄

Russwurm, J. W. B., Johannes der Donnerer. Stend. 1806. 8.

— s. Philalethes.

— das Selbstcommuniciren der evangel. Geistlichen. Erörtert u. d. gesammt. evangel. Geistlichkeit u. allen erleucht. Consistorien zur Prüfung u. Beherzig. vorgelegt, nebst einigen Zweifeln u. Einwürfen gegen d. neue Hypothese d. Hrn. D. Hahn üb. d. h. Abendmahl. gr. 8. (4½ B.) Hannover 829, Hahn.

— s. Seneca, Fürstenspiegel.

— krit. Untersuchung üb. d. Ursprung d. Evangelien d. Matthäus, Markus, Lukas u. Johannis, u. ihrer kanon. Auctorität. 1r Thl. 8. Ratzeb. u. Hannov. 797. (Hahn). 18 g

— meine letzten Worte an meine geliebten Schüler. 8. Ratzeburg 809.

Rußwurm, Karl

Rußwurm, Carl, Nachrichten üb. Alt-Pernau. Unterstützt v. dem Rathe der Stadt Pernau u. der Gesellschaft f. Geschichte u. Alterthumskunde der russ. Ostseeprovinzen in Riga. Mit 2 lith. Taf. gr. 8. (VI, 117 S.) Reval 880. (Riga, Kymmel's Verl.) n. 2. 50

Russwurm, Karl, aus Lockwisch, Mecklenbg.-Strel.: **Ueber die Produkte der Condensation des Desoxybenzoins, des Dibenzylketons, des Benzylidenacetophenons und des Benzils mit Bernsteinsäurediaethylester unter dem Einfluss des Natriumaethylates.** *Leipzig 1899: B. Georgi.* (95 S.) 8°
Leipzig, Phil. Diss. v. [7. Febr.] 1899

Rußwurm, W. F., s.a. v. Gleichen.

Russworm, Gleichen W. F. v. genannt: Abhandlung üb. die Saamen- u. Infusionsthierchen u. üb. die Erzeugung; nebst mikroskop. Beobachtungen d. Saamens d. Thiere u. verschiedener Infusionen. Nürnb. 1778. 171 S. 32 Tvl. 4°.

Rust, Friedrich Wilhelm.
Nebst einer kurzen Darstellung seines Lebens und seiner Manier. O. O. 1801. V: *Siebigk.* (HHBD Anhaltina 145)

Rust, Friedrich Wilhelm.
Ein Vorgänger Beethoven's. Köln 1889. V: *Prieger, Erich.* (Ky)

Rust, Friedrich Wilhelm. Ein Vorgänger Beethoven's. (Von Erich Prieger.) gr. 8. (32 S.) Köln 894. P. J. Tonger. n. — 30

Rust, der höhere, (von Aug. Fr. v. Goue). 12. Wetzlar. ...

Rust, das Deichwesen an der unteren Elbe. Im Auftrage des königl. Ministerii für die landwirthschaftlichen Angelegenheiten bearb. Mit 5 Karten in lith. Farbendr. (in Fol.) Berlin 870. Wiegandt & Hempel. Lex.-8. (III, 104 S.) n. 4 ⁄

Rust, die Emin-Pascha-Expedition. gr. 8. (191 S. m. 1 Karte.) Berlin 890. F. Luckhardt. n. 3. —

Rust, gründliche Heilung der syphilitischen Krankheiten in allen ihren Formen durch die homöopathische Kurmethode. Eine Schrift für Aerzte u. Laien. 8. (60 S.) Quedlinburg 850, Basse. ⅓ ⁄

Rust, die evangelischen Volksschulen des Herzogth. Oldenburg nach Besetzung, Einkommensverhältnissen, Schülerzahl rc., nebst hierauf bezügl. amtl. Verfügan. Handbuch f. Schulinspektoren u. Lehrer. 8. (IV, 124 S.) Oldenburg (899). A. Littmann. 1. 60

Rust, die evangelischen Volksschulen des Herzogt. Oldenburg nach Besetzung, Einkommensverhältnissen, Schülerzahl rc., nebst hierauf bezügl. amtl. Verfügan. Handbuch f. Schulinspektoren u. Lehrer. 5. Aufl. (IV, 95 S.) 8. Oldenburg 906. A. Littmann. — 75

Rust, Alexander

RUST, A.: Praktische Anleitung zum Ausroden der Stubben in den Forsten. - Quedlinburg 1847. 22 S.

Rust, A., prakt. Anleitung zum Ausroden der Stubben in den Forsten. Mit 8 Zeichnungen. 12. (22 S. m. 6 Taf.) Quedlinburg 852, Ernst. 1/3 ℛ

—— der Holzberechner. Eine Anleitung zur Berechnung des cubischen Inhalts der verschied. Hölzer, sowohl im runden als behauenen Zustande, nebst angefügten Gebrauchs-Tabellen für rundes und beschlagenes Holz, sowie über Bretter und Latten. Hülfsbuch für Forstbeamte, Holzhändler, Zimmerleute und Bauherrn. 8. (76 S.) Neuhaldensleben 851, Eyraud. Thlr. *

— der Holzberechner. Eine Anleitung zur Berechnung des cubischen Inhalts der verschiedenen Hölzer, sowohl im runden als behauenen Zustande, nebst angefügten Gebrauchs-Tabellen für rundes u. beschlagenes Holz, sowie über Bretter u. Latten. Hülfsbuch f. Forstbeamte, Holzhändler, Zimmerleute u. Bauherrn. 8. (76 S.) Neuhaldensleben 852, Eyraud. n. 1/3 ℛ

Rust, A., der Holzberechner. Eine Anleitung zur Berechnung des cubischen Inhalts der verschied. Hölzer, sowohl im runden als behauenen Zustande, nebst angefügten Gebrauchs-Tabellen für rundes u. beschlagenes Holz, sowie über Bretter u. Latten. Hülfsbuch für Forstbeamte, Holzhändler, Zimmerleute u. Bauherrn. 2. verb. Aufl. Neuhaldensleben (857.) Eyraud. 8. (76 S.) n. 10 ngr

—— die Kolik der Pferde und ihre sichere Heilung. Eine höchst wichtige Schrift für jeden Pferdebesitzer. 8. (VI und 14 S.) Neuhaldensleben 859, Eyraud.

Rust, Alex., die Lungenseuche des Rindviehes, ihre Vorbeugung und Heilung. Eine höchst wichtige Schrift für den Landwirth. 8. Neuhaldensleben 855, Eyraud.

Rust, Zusammenstellung der verschiedenen Münzen, Gewichte, Gemäße für trockene und flüssige Sachen, des Fußmaßes, Ellenmaßes und Flächenmaßes bei Grundstücken, im Vergleich mit den preuß. Münzen, Gewichten rc. für Geschäftsleute und zum Privatgebrauche. 8. (VIII und 51 S.) Neuhaldensleben 853, Eyraud.

Rust, Andreas. Untersuchungen über die biochemische Wirkung von Papain und Papayotin. Diss. Vet.-Med. Bern. 33 S. 8. Cloppenburg, Hermann Imsiecke, (1909).

Rust, C., die Chablonen-Kalligraphie oder das Verfahren vermittelst Chablonen Schönschrift darzustellen, mit einer Beschreibung des dazu erforderl. Apparats. Mit 1 Taf. gr. 8. (14 S.) Delitzsch 847, Eißner. n. 4 ngr

Rust, Carl, s. Rust, Karl

Rust, Conrad, s. Rust, Konrad

Rust, Ernst, die Erziehung des Ritters in der altfranzösischen Epik. Diss. Berlin 1888, Mayer & Müller. 8°. 49 S.

Rust, Ernst [aus Berlin]: Die Erziehung des Ritters in der altfranzösischen Epik .... Berlin, Druck v. C. Rohm, 1888; 49 + 1 S. + 1 Bl. 8°

Berlin, Phil. Fak., Inaug.-Diss. v. 18. Febr. 1888

Rust, Ernst, Lieder u. Gedichte. Zur Benutzg. bei gesell. Vereiniggn. u. festl. Gelegenheiten in Vereinen ehemal. Angehöriger beritt. Truppenteile. (Umschlag: Vereins-Liederbuch f. ehem. Angehörige berittener Truppenteile.) (68 S.) kl. 8. Gera 906. Englert & Ruckdeschel. — 50

Rust, Ernst August: Über einige Tellurderivate von Phenoläthern und Ketonen. *Rostock 1897: C. Boldt.* (38 S.) 8°

Rostock, Phil. Diss. v. [14. Juli] 1897

Rust, F., s.a. Pulo Lantar.

Pulo Lantar. Ein unsauberes Blatt deutscher Kolonialunternehmung. (Verf.: F. Rust, Kap.Lt.a.D.) *Berlin: M. Hildebrandt 1900.* (31 S.) 8° [F.]

[01. 10899

Rust, F., Marinesorgen. (Revision des Flottenprogramms.) (135 S.) 8. Berlin 904. C. A. Schwetschke & Sohn n. 3. —

Rust, Ferdinand, appr. Arzt a. Seulingen: Ueber Parotitis bei Infektionskrankheiten. Leipzig 1906: B. Georgi. (36 S.) 8°

Leipzig, Med. Fak., Ref. Curschmann, Diss. v. 10. Nov. 1906

[Geb. 31. Dez. 77 Seulingen; Wohnort: Alt-Scherbitz; Staatsangeh.: Preußen; Vorbildung: Gymn. Hildesheim Reife M. 00; Studium: Göttingen 1, Leipzig 8 S.; Coll. 26. Nov. 06; Approb. 16. Nov. 05.]

Rust, Frz., die Anwendung des Metermaßes beim Feldmessen. gr. 8. (24 S.) Rostock 871, Kuhn. [Werther's Verlag.] *

Rust, Frz., die Anwendung d. Metermaßes beim Feldmessen. gr. 8. (24 S.) Rostock 871. Werther. n. — 60

Rust, Frdr., Atalante. Dramatische Dichtg. m. Tanz in 3 Aufzügen, m. e. Vorbemerkg. 12. (XVIII, 55 S.) Breslau 893. (P. Schweitzer.) n. — 50

Rust, Frdr., aus neuer Zeit! Poesien. 12. (VI, 152 S.) Breslau 887. Zimmer. n. 1. 50; geb. n. 2. 25

Rust, Friedrich Wilhelm

Rust, Fr. Wlh., Oden u. Lieder aus den besten deutschen Dichtern, mit Begleit. d. Claviers. 2 Samml. qu. 4. Leipz. 784, 796. (Fischer u. F.) 2 ℛ 8 gℓ

F[riedrich] W[ilhelm] **Rust**, (Musikdir. d. Fürsten von Anhalt-Dessau). Vier Sonaten für Pianoforte (oder Laute) und Violine. (Comp. 1791 (4: im März 1795) f. d. Gondelfahrten d. fürstl. Hofes auf d. Wörlitzer See. 1892 z. ersten Male hrsg. von Prof. Dr. W[ilhelm] Rust, Cantor zu Leipzig. [1–4.] *Hamburg: H. Pohle [1892].*) 4 Bde 4° [Umschlagt.]

[1.] No I in Cdur. [2.] No II in Dmoll. [3.] No III in Cdur. [4.] No IV in Bdur.

[04. 129

Rust, Fritz, appr. Arzt: Ueber die Beziehungen zwischen Trauma und cerebraler Arteriosklerose. Leipzig 1909: Georgi. 52 S. 8°

Leipzig, Med. Diss. v. 13. März 1909, Ref. Flechsig

[Geb. 13. Juli 83 Wegeleben; Wohnort: Stötteritz; Staatsangeh.: Sachsen; Vorbildung: König-Albert-Gymn. Leipzig Reife O. 02; Studium: Leipzig 10 S.; Coll. 25. März 09; Approb. 31. Okt. 08.] [U 09. 1863

Rust, Georg [aus Pommern]: Beitrag zur Kenntniss der paroxysmalen Tachycardie. . . . Berlin, gedr. bei L. Schumacher, 1889; 35 S. 8°

Berlin, Med. Fak., Inaug.-Diss. v. 3. Aug. 1889

Rust, Georg (geb. Kleutsch in Schles. 27. 1. 1852): Ueber die Katatonie oder das Spannungs-Irresein. Görlitz 1876. (29 S.) 8°

Berlin, Med. Diss. v. 15. Nov. 1876

Rust, Geo. Fr., Diss. inaug. med. de nonnullis lactis et mammarum vitiis post puerperium. 4. Götting. 784. Dieterich. 2 gℓ

Rust, Gustav, Kammergerichtsreferendar: Die Rechtsfolgen der falschen Todeserklärung. Berlin 1906: E. Ebering. (83 S.) 8°

Rostock, Jur. Fak., Ref. Matthiaß, Diss. v. 5. Sept. 1906

[Geb. 6. Apr. 81 Hannover; Wohnort: Friedenau b. Berlin; Staatsangeh.: Preußen; Vorbildung: Gymn. Linden Reife O. 01; Studium: Berlin 6 S.; Rig. 30. Juli 06.]

Rust, H., prakt. Gutstaxe für den Landgüterhandel in Mecklenburg u. Pommern mit besond. Beziehung auf Hinterpommern. 8. (5¼ B.) Colberg 846, Post. Thlr.

Rust, Hans, Gustav Class' Philosophie, s.a. Abhandlungen zur Philosophie u. ihrer Geschichte. 10. Heft.

Rust, Hans: Gustav Class' Philosophie dargestellt und nach ihren Voraussetzungen untersucht. Leipzig: Quelle & Meyer 1909. 44 S. 8° ¶ (Ersch. vollst. als: Abhandlungen z. Philos. u. ihrer Gesch. hrsg. v. Falckenberg. H. 10.)
Jena, Phil. Diss. v. 6. Dez. 1909, Ref. Eucken
[Geb. 3. Dez. 79 Berlin; Wohnort: Berlin; Staatsangeh.: Preußen; Vorbildung: Französ. Gymn. Berlin Reife M. 98; Studium: Theol. u. Phil. Berlin 9, Jena 1 S.; Rig. 17. Juni 09.] [U 10. 2367

Gustav Class' Philosophie in systematischer Darstellung. Nebst e. Versuche ihrer Weiterbildung von Hans Rust, Dr. phil. Leipzig: Quelle & Meyer 1909. 101 S. 8°
(Abhandlungen z. Philosophie u. ihrer Geschichte hrsg. v. Falckenberg. H. 10.) [09.1849]

[F.] Reichskanzler Fürst Chlodwig zu Hohenlohe-Schillingsfürst und seine Brüder, Herzog von Ratibor, Cardinal Hohenlohe und Prinz Constantin Hohenlohe v. Hermann Rust. (In 2 Hälften.) *Düsseldorf: W. Deiters 1897.* (XL, 931 S., 4 Portr.) 1 Bd 8. [97. 3138

Festcantate der Loge „Drei Goldene Anker zu Liebe und Treue". [Am Ende:] Paul Richter. Comp. Hugo Rust. [Stettin ca 1906.] 1 Bl. 8⁰ [Kopftit.] Ohne Noten: „Es spiegeln drei Anker mit goldigem Glanz . . ." 3.

Rust, J., die Bekehrung zu dem Herrn u. das evangel. Predigtamt. Antritts-Predigt, am Dreieinigkeitsfeste 1847 in d. protestant. Pfarrkirche zu München gehalt. gr. 8. (21 S.) München 847, Fleischmann. 3 ngl

Rust, J. (I.), der Herr ist der evang. Kirche Ruhm u. Hoffnung. Predigt am 16. Sonnt. nach Trinit. zur gottesdienstl. Eröffnung der General-Synode der verein. protestant. Kirche in der Pfalz gehalten. gr. 8. (1¾ B.) Speyer 845, Neidhard's Bh.

— Jesus Christus gestern u. heute u. Derselbe auch in Ewigkeit. Eine Sammlung v. Predigten. gr. 8. (XII u. 443 S.) München 850, Palm. 1⅓ ℳ

—— was sollen christlich-evangel. Gemeinden seyn, u. was sind viele in dieser Zeit? Rede, bei der Installation des Decans Scholler gehalten in Homburg am Sonnt. Miseric. 1844. gr. 8. (1⅛ B.) Speyer, Neidhard's Buchh.

Rust, J. (II.), Wie entgeht man der Armuth? Eine Anweisung, wie man mit Sicherheit zu einem ehrenhaften Wohlstande gelangen, also sich vor der Armuth bewahren u. selbst wieder entreißen kann. gr. 8. (18 B.) Berlin 843, G. Reimer.

Rust, J. F. (I.), üb. d. Ablösung d. Servitute u. d. dafür zu gebende Entschädigung. 2 Thle. 4. (25½ B. u. 1 Tab. u. 36½ B.) Magdeburg 835, 38, Creutz'sche Buchh. à 1½ Thlr.

Rust, J. F. Absenzahlung von Grund-Stücken. Quedlinburg

Rust, J. F., Anleit. zur gründl. Erlernung d. Schachspiels nach d. Regeln d. besten Schriftsteller u. eigener Erfahr. f. Anfänger bearb., u. durch Aufstellung der zweckmäß. neusten Spielarten, Spieleröffnungen u. Endspiele erläut. 8. (13½ B.) Magdeburg 834, Rubach.

Rust, J. F. (II.), Darstellungen merkwürd. histor. Begebenheiten u. Erzähl. a. d. Leben geschichtl. merkwürd. Personen. Eine belehr. Unterhaltungsschr. f. d. Jugend. 12. (4⅝ B. u. 4 ill. Abbild.) Neuhaldensleben 837, Eyraud.

—— histor. Gemälde. Für d. Jugend bearb. 12. (5 B. u. 4 ill. Abbild.) Neuhaldensleben 837, Eyraud.

Rust, J. F., die bei Gemeinheitstheilungen u. Ablösungen von Servituten vorkommenden technischen Arbeiten, nebst Anleitung zur Abschätzung von Grundstücken. 2., verm. Aufl. gr. 8. (17⅛ B.) Quedlinburg 845, Ernst'sche Buchh.

—— üb. Holzersparung im Allgem., u. üb. Anlegung holzerspar. Stuben- u. Koch-Oefen. gr. 12. (2 B. u. 1 Stnt.) Quedlinburg 840, Ernst'sche Buchh.

Rust, J. F. Lebensgeschichte Friedrichs des Grossen. 8. Magdeburg 1840.

—— das Schachspiel des Philidor; od. Samml. interessant. Spiele dess., mit Anmerkn. von ihm selbst u. dem Hrsgeb. Ein Handb. u. Rathgeber f. Schachspieler. 8. (7 B.) Quedlinburg 834, Basse.

Rust & Co., J. H., Vorlagen v. Monogrammen f. Gewerbe u. Industrie in verschiedenen vollständigen Garnituren. 1. Hft. Lex.-8. (30 Bl.) Wien 883. Spielhagen & Schurich. n. 8. —

Rust, J. H., & Co., Zusammenstellung der verschiedenartigsten Schriftgattungen zum Gebrauche für Zeichner, Litografen, Xilografen etc., sowie für Schulen u. Laien zum Studium der Schriftarten. 1. Hft. gr. 8. (32 S.) Wien 877. (Spielhagen & Schurich.) cart. n. 4. —

Rust, Jh. Low. Ant., Abhandl. v. d. Schädlichkeit d. Verläugnung d. vaterländ. Gesinnungen od. d. Patriotismus im Reiche d. Gelehrsamkeit. 4. Wittenb. u. Zerbst 767.

Rust, Jh. Ldw. Ant., († d. .. Oct. 1785.) Abhandl. v. d. Ursachen der Verschiedenheiten u. d. Mängeln d. deutschen Rechtschreibung. 4. Bernb. 762. 1e—5e Fortsetz. 4. Ebd. 763—65. N. Aufl 4. Wittenb. 773. Zimmermann. 6 ℊ

—s.a. Antiquitaten, u. setze hinzu: (v. Jh. Ldw. Ant. Rust).

[Rust, Johann Ludwig Anton, Pseud.:] Ratzeberger, Bruno Ludolf. Antiquitäten. Im Jahr 1774. — Antiquitäten. Zweiter Theil. Im Jahr 1775. [2 Teile in 1 Bde.] O. O. und Dr. [Nürnberg?] 1774—1775. 8°. 18 Bl. 44 S., XVI S. 1 Bl. 268 S. *Mit ornamentalen Titelborduren und einigen Holzschnittzieraten.* Etwas benutzter Pbd. d. Z.

Cf. H.-G. I, 95 (nicht genau übereinstimmend:, „Freie Satyren (auch über Moden)". Damit ist der Inhalt des interessanten Werkes nur oberflächlich gekennzeichnet. Es enth.: „allerhand kleine Aufsätze, gemischte Versuche, Einfälle, patriotische Betrachtungen und Beherzigungen, Erfahrungen, scherz- und ernsthafte Gedanken über verschiedene Materien und Gegenstände aus dem bürgerlichen Leben und dem Reiche der Gelehrsamkeit" usf. nach Sachgebieten wie Religion, Moden, Projektmacher, Handel und Wandel, Freigeister, Ärzte und Heilkunst, gelehrte Possen und Tändeleyen, Aufklärung, Kriege, [illegible], Unnütze [illegible] Beschäftigungen, Jagd, u. ä. geordnet.

— histor.-literar. Nachrr. v. d. jetztlebenden Anhalt. Schriftstellern. 2 Thle. Nebst e. Anhange. 4. Wittenb. 777. Zimmermann. 12 ℊ

— histor.-literar. Nachrr. v. verstorbenen Anhalt. Schriftstellern. 1r Thl. 8. Wittenb. 777. Zimmermann. 6 ℊ

— krit. Nachr. v. e. sonderbaren Ausgabe des seltenen Buches: der unartig deutsche Sprachverderber v. J. 1650. 8. Bernburg 762.

— krit. Nachr. v. e. alten Manuscripte in niederdeutscher Sprache; aus e. geschriebenen Meß- u. Gebetbuche. 4. Bernburg 765. ... Fernere Nachr. v. e. dergl. zweiten Manuscript. 4. Ebd. 766.

Rust, Johann Nepomuk: Arthrokakologie oder über die Verrenkungen durch innere Bedingung, und über die Heilkraft, Wirkungs- und Anwendungsart des Glüheisens bey diesen Krankheitsformen. 195 S., gbd., 8 Taf.

Wien: Heubner & Volke 1817

JB 3.151

Rust, Joh. Nep., Aufsätze u. Abhandlungen aus d. Gebiete der Medicin, Chirurgie u. Staatsarzneikunde. 1. Bd. M. 3 lith. Taf. gr. 8. (31 B.) Berlin 834, Th. Enslin.

Rust, Joh. Nep., Aufsätze u. Abhandlungen aus d. Gebiete d. Medicin, Chirurgie u. Staatsarzneikunde. 2. u. 3. Bd. gr. 8. Berlin, Th. Enslin. [2. (36 B. u. 1 Stnt.) 836. 3 1/4 Thlr., 3. (32 B.) 840. 2 3/4 Thlr.]
1. Bd. Ebendas. 1834. 2 Thlr. 18 Gr.

Rust, Joh(ann) Nep(omuk): Die ägyptische Augenentzündung unter der Königl. Preuß. Besatzung in Mainz. Ein Beitrag zur nähern Kenntniß und Behandlung der Augenkrankheiten. 291 S., gbd., 1 Tab.

Berlin: Reimer 1820

JB 4.244

— üb. die rationelle Behandl. eingeklemmter Brüche. Vorlesung. (Aus dessen Magazin rc. 29r Bd. abgedr.) gr. 8. Berl. 829. Reimer. 4 gr.

— einige Beobachtt. üb. die Wunden d. Luft- u. Speiseröhre rc. gr. 8. Wien 815. Heubner. 4 gr.

—— Einiges üb. d. Cholera. Ein Sendschr. an Se. Excell. d. Kgl. Preuss. wirkl. Geh. Rath u. Kammerherrn, Frh. Alex. v. Humboldt in Paris. gr. 8. (2 1/4 B.) Berlin 832, Th. Enslin.

— üb. den sogenannten Wunderdoktor Grabe. Nebst Mittheil. des amtl. Berichts üb. seine angestellten Heilversuche. gr. 8. Berl. 825. Reimer. 5 gr.

Rust, Joh(ann) Nep(omuk): (Hrsg.):

s.a.: Handbuch, Theoretisch-praktisches, der Chirurgie, mit Einschluss der syphilitischen und Augen-Krankheiten, in alphabetischer Ordnung. Bd 1 - 18. Berlin u. Wien: 1830 - 1836

JB 3.357

—— theoret.-prakt. Handbuch d. Chirurgie, mit Einschluss d. syphilit. u. Augen-Krankheiten; in alphab. Ordn. Unt. Mitwirkung e. Vereins v. Aerzten u. Wundärzten hrsg. 17 Bde. gr. 8. Berlin, Th. Enslin. à 4 Thlr.
Bd. 1. A—And. (47 1/2 B. u. R's. Portr.) 830.
- 2. Anc—Be. (49 1/8 B.) 830.
- 3. Bi—Car (48 1/4 B.) 830.
- 4. Cas—Chi. (51 1/8 B.) 831.
- 5. Chlo—De. (47 5/8 B.) 831.
- 6. Di—E. (47 1/2 B.) 832.
- 7. F—G. (48 1/4 B.) 832.
- 8. H—Hern. (47 1/2 B.) 832.
- 9. Hero—Inh. (44 5/8 B.) 833.
- 10. Inj—Lithl. (46 B.) 833.
- 11. Litho—Men. (48 B.) 834.
- 12. Mer—Pap. (46 B.) 834.
- 13. Para—Pty. (47 B.) 834.
- 14. Puck—Sev. (48 B.) 834.
- 15. Sharp—Syph. (54 B.) 835.
- 16. Sy(ph)—Ulc. Artif. (45 1/2 B.) 835.
- 17. U(lc) Cach.—Z. (51 1/4 B.) 836.

—— dass. — Register-Band. gr. 8. (15 1/4 B.) Ebds. 836.

[Johann Nepomuk Rust:] Ueber die Heilkraft der methodischen Quecksilber- Einreibungen in syphilitischen und nicht syphilitischen Krankheiten. 8°

Aus: Rust's Magazin für die Heilkunde. Bd 1.H.3. 1816.

Angeb. an: Kluge, Karl Alexander Ferdinand: Dr. Carl Heinrich Dzondi's Heilart der Lustseuche geprüft und beurteilt. Berlin 1828.

Rust, Johann Nepomuk: Helkologie oder über die Natur, Erkenntniß und Heilung der Geschwüre, nebst einem Anhange sich hierauf beziehender Beobachtungen. Bd 1 - 2, gbd.

Wien: Camesina 1811

JB 3.356

—— Helkologie od. Lehre von d. Geschwüren. Neu bearb. (10 Hfte.) kl. Fol. (154 B., 12 ill. Kpfrt. u. Bildn. d. Verf.) Berlin 837—42, Th. Enslin.

Ohne d. Kupfer
Die Kupfer apart

Rust, Johann Nepomuk.
Helkologie, oder Lehre von den Geschwüren ... Berlin 1842. II: *Eck, Wilh.* & *Mich. Benedict Lessing.* (BrMm)

Rust, Johann Nepomuk: Helkologie oder Lehre von den Geschwülsten. Neu bearbeitet. 596 S., gbd., Abb.

Berlin: Enslin 1842

JB 3.198

Rust, Joh. Nep., Helkologie oder Lehre von den Geschwüren. Neue f. Minderbegüterte, besond. Studirende, veranstaltete Ausg. ohne Abbild. Fol. (154 B. u. R's. Portr.) Berlin 844, Theod. Enslin.
Die Abbildungen der frühern Ausg., 12 ausgemalte Folliotafeln besonders 6 Thlr.

Rust, Johann Nep(omuk) (Hrsg.):

s.a.: Magazin für die gesammte Heilkunde... Bd 1-55,57-61,63-65. Berlin: 1816-46.

JB 6.064

— — Magazin für die gesammte Heilkunde, mit besonderer Beziehung auf d. milit. Sanit. Wesen. 1r bis 9r Band. Mit Kupf. gr. 8. Ebend. 816 — 21. à 3 Rthlr. 2

— Magazin f. d. gesammte Heilkunde. 10r — 25r Bd. à 3 Hefte. Mit Kupfern. gr. 8. Berlin 822 — 27, Reimer. à 3 Rthl.

— dass., Supplementheft, enthalt. d. vollständ. Register z. 1n — 10n Bde. gr. 8. Berl. 826, Reimer.

— Magazin f. d. gesammte Heilkunde, mit besond. Rücksicht auf d. allgem. Sanitäts-Wesen im Kgl. Preuss. Staate. 26—45. Bd. od. Neue Folge. 2—21. Bd. à 3 Hfte. Jed. Bd. m. 1 Bildn. u. Abbild. gr. 8. Berlin 828—35, Reimer. à Bd.

—— Magazin f. d. gesammte Heilkunde, mit besond. Rücksicht auf d. allgem. Sanitäts-Wesen im K. preuss. Staate. 46—60. Bd. od. Neue Folge 22—36. Bd. à 3 Hfte. Jed. Bd. m. 1 Bild. u. Stnt. gr. 8. Berlin 836—42, G. Reimer. à

—— Magazin für die gesammte Heilkunde. 61—66. Bd. à 3 Hfte. Mit Steintaf. gr. 8. Berlin 843—47, G. Reimer. à Bd.

Rust, Joh(ann) Nep(omuk): Die Medizinal-Verfassung Preußens, wie sie war und wie sie ist. Actenmäßig dargestellt und kritisch beleuchtet. 199 S., gbd.

Berlin: Enslin 1838

JB 5.472

Rust, Johann Nep(omuk) (Hrsg.):

s.a.: Repertorium, kritisches, für die gesammte Heilkunde. Bd 1-32. Suppl. Bd 10. Berlin: 1823-33.

JB 6.065

— krit. Repertorium für die gesammte Heilkunde, s. auch Cholera-Archiv.

Rust, (J. N.,) kritisches Repertorium f. die gesammte Heilkunde. 1r -- 4r Bd. gr. 8. Berlin 823 — 24, Reimer. à 2 Rthl. 12 gr. Rthlr.

— dass. 5r — 17r Bd. v. J. N. Rust u. J. L. Casper, gr. 8. Berl. 824 — 27. à 2 Rthl. 12 gr.

[Johann Nepomuk Rust:] Uebersicht der auf der zweiten chirurgischen Abtheilung im Wiener allgemeinen Krankenhause vom 1. Nov. 1812 bis letzten Oct. 1813 behandelten Krankheiten, mit nosologisch-therapeutischen Bemerkungen. 8°

(= Magazin für die ges. Heilkunde. Bd.1.H.1,S.20-96; H.2.S.193-258; H.3,S.325-353.1816.)

— s. Zeitung, medicinische.

Rust, Joseph, prakt. Arzt aus Heimsbrunn ⟨Ob.-Els.⟩: Das Geschlecht der Fehl- und Totgeburten. ⟨Nach d. Ergebnissen d. Straßburger Klinik in d. Jahren 1873 bis 1900.⟩ *Straßburg i. E. 1902: C. & J. Goeller.* (43 S.) 8°
Straßburg, Med. Diss. v. 1902

Rust, Isaak

—— de nonnullis, quae in theologia nostra aetatis dogmatica desiderantur. Commentat. theolog. 8maj. (5 B.) Erlangae 828, (Palm et Enke.)

Rust, Isaak, ohne evangel. Frömmigkeit ist kein erfolgreiches Studium d. Theologie denkbar. Predigt bei d. Eröffnung d. Vorlesn. üb. christl. Dogmatik zu den versammelt. Zuhörern gesprochen. gr. 8. Frankfurt a. M. 830, Sauerländer.

—— de Blasio Pascale, veritatis et divinitatis religionis christinnae vindice. Commentat. histor.-theolog. Part. I et II. 4. (11½ B.) Erlangae 833, libr. Palm.

— Philosophie u. Christenthum, od. Wissen u. Glauben. gr. 8. Manh. 825. Schwan u. G. 1 ♂ 12 ♀

—— Philosophie u. Christenthum, od. Wissen u. Glauben. 2., verb. u. verm. Aufl. gr. 8. (24½ B.) Mannheim 833, Schwan u. Göt.

Rust, Jos., Predigten u. Casualreden. 1e u. 2e Lfrg. gr. 8. Speyer, Landau u. Grünstadt 838, 39. Neidhard's Buchh. 4 Lfrgg. 1 ♂ — 2e Aufl. 840. ¾ ♂

—— Predigten üb. ausgewählte Texte. 1. Bd. gr. 8. (31½ B.) Erlangen 829, Palm'sche Vrlsbuchh.

—— zwei Predigten, beim Uebergang in e. neuen Berufskreis gehalten. gr. 8. (3½ B.) Mannheim 834, Schwan u. Göt.

—— Rede bei Eröffnung d. Vorlesung ü. Einleit. in d. Dogmatik, mit besond. Rücksicht auf d. Gegensätze, welche d. theolog. Ansicht uns. Tage darbietet. gr. 8. (1¼ B.) Erlangen 828. (Nürnberg, Bauer u. Raspe.)

— Rede bei Eröffnung d. Vorlesungen über christl. Dogmatik. Mit Zugaben. gr. 8. Frankf. a. M. 830. Sauerländer. 6 ♀

—— Stimmen d. Reformation u. d. Reformatoren an die Fürsten u. Völker dies. Zeit. Nebst e. histor. philosoph. Einleit. gr. 8. (15 B.) Erlangen 832, Palm'sche Vrlsbuchh.

Rust, Isaak, welche Forderungen macht die evangel. Kirche an ihre Mitglieder? 8. Manh. 824. Schwan u. G. 3 ♀

Rust, Isaak, wie segensreich e. ernstes Nachdenken üb. d. Erscheinung Jesu Christi auf Erden gerade f. unsere Zeit werden müsse. Eine Predigt, gehalt. am 1. Weihnachtstage 1831. Mit erweit., rechtfertig. u. bestätigenden Anmerkn. gr. 8. (5 B.) Erlangen 832, Palm'sche Vrlsbuchh. Thlr.

Rust, Karl

Rust, Car. (geb. Krakau 9. 12. 1804): De ulcerum diagnosi et aetiologia nonnulla. Berolini (1830). (44 S.) 4°
Berlin, Med. Diss. v. 26. Nov. 1830

Rust, Car., de ulcerum diagnosi et aetiologia nonnulla. Commentat. med.-chirurg. Acced. tab. VII color. (Fol. maj.) 4 maj. (5½ B.) Berolini 831, Th. Enslin.

Rust, Konrad

Rust, Conr., Krieg u. Frieden im Hererolande. Aufzeichngn. aus dem Kriegsj. 1904. Mit zahlr. Abbildgn. u. Skizzen. (XVI, 552 S.) Lex.-8. Groß-Lichterfelde 905. Neu-Temmen, E. Th. Förster. Geb. in Leinw. 10. —

Ludwig Rust's solvirter Curtius, die 12 arithm., geometr. und algebraische Kunstreiche Solutionen. Wolfenb. 4.

Rust, Wilhelm (Red.), s. Postheiri, Der.

Rust-Reckentin, die fundamentarische Landwirthschaft zur Hebung der Bodenrenten und der Landeskultur, mit den Mißwachsverminderungs-Methoden und den landwirthschaftl. Rechts- und Besitzverhältnissen, und mit Inbegriff der Lösung der großen socialen Frage in landwirthschaftl. Beziehung, für die gebildeten, praktisch gesinnten Landwirthe Deutschlands. 1. Bd. gr. 8. (XXX, 254 und Anh. 77 S.) Colberg 855, (Post.) *

Rüst, Beiträge zur Kenntniss der fossilen Radiolarien aus Gesteinen der Kreide. Mit 8 Taf. [Aus: „Palaeontographica".] gr. 4. (33 S. m. 8 Bl. Erklärgn.) Stuttgart 888. Schweizerbart. n. 20. —

Rüst, Beiträge zur Kenntniss der fossilen Radiolarien aus Gesteinen der Trias u. der palaeozoischen Schichten. [Aus: „Palaeontographica".] gr. 4. (S. 107—192 m. 25 Taf. u. 25 Bl. Erklärgn.) Stuttgart 892. E. Schweizerbart. n. 50. —

Rüst, Neue Beiträge zur Kenntniss d. fossilen Radiolarien aus Gesteinen d. Jura u. d. Kreide. [Aus: „Palaeontographica".] gr. 4. (67 S. m. 29 Taf. u. 29 Blatt Erklärgn.) Stuttgart 898. E. Schweizerbart. n. 24. —

Ruest, Anselm, Napoleon I., s.a. Kulturträger.

Napoleon der Erste. Von Dr. A[nselm] Ruest. Berlin & Leipzig: H. Seemann (1908). 96 S 8°
(Kulturträger. Bd 21.) 10. 5785 II

Napoleon der Erste. Von Dr. A[nselm] Ruest. 2. Aufl. Berlin & Leipzig: H. Seemann [1908]. 96 S. 8°
(Kulturträger. Bd 21.) 09. 5398

— William Shakespeare, s.a. Kulturträger.

William Shakespeare. Sein Leben, s. Dichtung. Von Dr. Anselm Ruest. 2. Aufl. Berlin & Leipzig: H. Seemann [1908]. 184 S. 8°
(Kulturträger. Bd 16.) 09. 5393

— Max Stirner. Leben, Weltanschauung, Vermächtnis. 2. Aufl. (336 S.) 8. Berlin (906). H. Seemann Nachf. 2.—; geb. 3. —

— s.: Stirner-Brevier.

Rüst, C., Anleitg. zur Darstellg. anorganischer Präparate. (VI, 90 S. m. 16 Holzschn.) gr. 8. Stuttgart 903. F. Enke. n. 2. —; geb. in Leinw. n. 2. 60

Rüst, Carl, s. Rüst, Karl

Rüst, Chr. Jak. Fr., Diss. inaug. med. sistens infarctus differentias. 4. Götting. 793. Dieterich. 2 gr.

Rüst, Edela, s. a.: Reichel, Emma.

Rüst, Edela, d. Anhöh-Strasse, s.: Eckstein's Miniaturbibliothek.

Rüst, Edela (Frl. Emma Reichel), vom selben Ast. Roman aus Ostpreußen. (357 S.) 8. Berlin (908). Verlag Continent. 3.50; geb. 4.50

— die Atlas-Töchter. Roman aus dem Berliner Kleinleben. (247 S.) 8. Jena 904. H. Costenoble. n. 2.50; geb. n. 3.50

Edela Rüst [d. i. Emma Reichel]. Die Baronsche. Ein Roman aus Ostpreussen. *Berlin: H. Costenoble 1902.* (301 S.) 8° [F.]
(Romane u. Novellen neuzeitl. Schriftsteller. Ausg. Costenoble.)

Edela Rüst [d. i. Emma Reichel]: Die Baronsche. Ein Roman aus Ostpreußen. 2. Aufl. *Berlin: H. Costenoble 1903.* (301 S.) 8° [F.]
(Romane u. Novellen neuzeitl. Schriftsteller. Ausg. Costenoble.) [04. 13653 11

— die Baronsche. Ein Roman aus Ostpreußen. 3. Aufl. (288 S.) 8. Ebd. 906. n. 2.—; geb. n. 3.—
2. Aufl. (301 S.) 903. n. 3.—; geb. n. 4.—.

— Bunt wie das Leben, s. a. Kürschner's Bücherschatz.

Bunt wie das Leben von Edela Rüst [d. i. Emma Reichel]. Berlin, Leipzig: Hillger [1908]. 112 S. 8°
(Kürschners Bücherschatz. Nr 641.) [09.

Rüst, Edela, e. Damenkomitee-Sitzung, s. a. Bloch's, Ludw. Damen-Bühne. Nr. 15.

Eine Damenkomitee-Sitzung. Schwank in 1 Akt von Edela Rüst. *Berlin: E. Bloch (1896).* (14 S.) 8° [F.]
= Damen-Bühne, Ludwig Blochs. No 15.

— Frauenherzen, s. a. Eckstein's mod. Bibliothek.

Frauenherzen. Novellen von Edela Rüst [d. i. Emma Reichel]. 1. bis 10. Taus. *Berlin: R. Eckstein Nachf. [1903].* (96 S.) 8°
= Bibliothek, Ecksteins Moderne. No 21.

— Mammons Geleit, s. a. Eckstein's illustr. Romanbibliothek.

Mammons Geleit. Roman von Edela Rüst [d. i. Emma Reichel]. Mit Buchschmuck von P. Wendling. 1. bis 10. Taus. *Berlin: R. Eckstein Nachf. [1903].* (182 S.) 8°
= Romanbibliothek, Ecksteins illustrierte. Jg. 3, Bd 8.

— Goldsucher. Roman. (352 S.) 8. Berlin (907). Verlag Continent. 3.—; geb. 4.—

—, Grundriss der Technologie, oder wissenschaftliche Beschreibung, Erörterung und Untersuchung aller technischen Verfahrungsarten, welche die Grundlage der gesammten Industrie bilden. Berlin. 1844. 8. 2 Thlr.

— die Liebeskämpfer. Roman. (287 S.) 8. Berlin (905). R. Eckstein Nachf. n. 2.—; geb. n. 3.—

— Der Orgel-Anger, s. a. Bücher, die, des deutschen Hauses.

Der Orgel-Anger. Roman von Edela Rüst [d. i. Emma Reichel]. Ill. von Glatz. Berlin: Buchverlag fürs Deutsche Haus 1909. 304 S. 8°
(Die Bücher d. Deutschen Hauses. Bd 72.)

— d. Recht des Lebens. Der Fledermaus-Ball, s. a. Welt, alle.

Das Recht des Lebens. Der Fledermaus-Ball. Novellen von Edela Rüst [d. i. Emma Reichel]. *Berlin: A. Weichert [1900].* (48 S.) 8° [F.]
= Welt, Alle. Bd 30.

— das Weib des Anderen, s.: Eckstein's Miniaturbibliothek.

Rüst, Ernst

RÜST, E. Beiträge zur Kenntnis der Nitroaldehydazone und ihrer Derivate und zur Umlagerung von Nitroparaffinen. Zürich, 1901.

Rüst, Ernst. Beiträge zur Kenntnis der Nitroaldehydrazone und ihrer Derivate und zur Umlagerung von Nitroparaffinen. Diss. Phil. [II.] Univ. Zürich. 78 S. 8. Zürich, J. Frank, 1902.

Rüst, Georg, approb. Arzt aus Hannover: **Zur Jequiritol-Therapie.** *München 1903: C. Wolf & Sohn.* (39 S.) 8°
München, Med. Diss. v. 1903

Rüst, Jh. Karl Fr., Diss. inaug. med. de metastasibus lactis. 4. Götting. 793. Dieterich. 2 gr.

Rüst, Karl

Rüst, C[arl]. Anleitung zur Darstellung anorganischer Präparate von Dr. C. Rüst, Privatdozent ... [in] Genf. Mit 16 in den Text gedruckten Holzschnitten. VI + 90 S. 8. Stuttgart, Ferdinand Enke, 1903. [M. 2.—]

Rüst, Sebastian. Gesangbuch für die Oberstufe der Volksschule, für Sing- und Sekundarschulen. Im Auftrage der kantonalen st. gallisch-appenzellischen Sekundarlehrerkonferenz hrg. von S' R', Reallehrer in Gossau.... XXIV + 296 S. 8. Zürich *etc.*, Gebrüder Hug & Co., [1904]. [geb. fr. 1. 40]

— der Schulgesang-Unterricht. Reformgedanken u. prakt. Anleitg. (65 S.) gr. 8. St. Gallen 902. Fehr. n. — 70

Rüst, W. A., die Arithmetik. Zunächst f. Divisionsschulen u. sonstige Militair-Unterrichts-Anstalten bearb. gr. 8. (18 B.) Berlin 839, Nicolaische Buchh.

—— die Geometrie u. Trigonometrie. Zunächst f. Divisionsschulen u. sonstige Militair-Unterrichts-Anstalten. gr. 8. (15 B. u. 4 Kpfr.) Berlin 840, Förstner.

Rüst, W. A., Grundriß der Physik. Als Leitfaden zum Gebrauche f. den Unterricht. Mit Holzschn. gr. 8. (132 S.) Berlin 847, Förstner. 18 ngr

Rüst, W. A., Grundriß der Technologie oder wissenschaftl. Beschreibung, Erörterung u. Untersuchung aller technischen Verfahrungsarten, welche die Grundlage der gesammten Industrie bilden. Zum Gebrauche bei technolog. Vorträgen u. zur Selbstbelehrung. gr. 8. (33 B.) Berlin 844, Förstner.

RÜST, W. A.: Die Holzbearbeitungen, oder die technischen Anwendungen des Holzes. - Berlin 1838. 340 S., 4 Taf. - (Die mechan. Technologie Abth. 2)

—— die Mechanik, in Anwend. auf Künste u. Gewerbe. Allgem. verständl. dargest. In 3 Abthln. 1. u. 2. Abth. gr. 8. Berlin 841, Förstner.
A. u. d. Titn.:
Abthl. 1. Die Mechanik fester Körper. Für Praktiker dargestellt. (17¼ B. u. 6 Kpfrt.) 1 Thlr. 12 Gr.
" 2. Die Mechanik flüssiger Körper. Für Praktiker dargestellt. (12 B. u. 4 Kpfrt.) 1 Thlr. 6 Gr.

— die Mechanik in Bezug auf Zusammensetzung d. Maschinentheile. In 3 Bdn. 1r Bd. Die Mechanik fester Körper. Mit 5 Kpfrtaf. gr. 8. Ebd. 840. $1\frac{1}{2}$ rtl

Rüst, W. A. Die Metalle und die Metallfabrikationen. Berlin 1838.

—— die mechan. Technologie. Als Handb. f. d. technolog. Unterr. an techn. Bildungsanstalten u. z. Gebr. akadem. Vorlesn., sowie z. Selbstbelehr. f. angeh. Staatsdiener, Kameralbeamte etc. 4 Abthln. gr. 8. Berlin 838, Nicolaische Buchh.

A. u. d. Ttln.:

Abthl. 1. Die Metalle u. d. Metallfabrikation. (23¼ B. u. 5 Stnt.) 1 Thlr. 20 Gr.
- 2. Die Holzbearbeitungen, od. d. techn. Anwendungen d. Holzes. (21¾ B. u. 4 Stnt.) 1 Thlr. 20 Gr.
- 3. Die Papierfabrikation u. d. techn. Anwendungen d. Papiers. (17½ B. u. 6 Stnt.) 1 Thlr. 16 Gr.
- 4. Das Spinnen u. Weben d. webbaren Fasern. (19½ B. u. 7 Stnt.) 1 Thlr. 20 Gr.

Rustaweli, Schota, der Mann im Tigerfelle. Aus dem Georg. übers. v. Arth. Leist. 8. (IV, 288 S.) Dresden 890. Pierson. n. 3. 50; geb. n. 4. 50

Rusteberg u. Wespy, Statistik d. höheren u. mittleren Mädchen-Schulwesens beider Mecklenburg. 8. (55 S.) Wismar 883. Hinstorff's Verl. n. — 80

Rusteberg, F. G. A., historical development of the Gerund in the english language. gr. 8. (23 S.) Göttingen 874. (Osnabrück, Rackhorst.) n. — 80

Rustebuef's Gedichte. Nach den Handschriften der Pariser National-Bibliothek hrsg. v. Adf. Krossner. gr. 8. (VI, 305 S.) Wolfenbüttel 885. Zwissler. n. 10. —

Rustemeyer, R., Maria, d. Jungfrau vom Stamme Davids, s.: Theater, kleines.

Rustenbach, Wilhelm, Referendar: Der Konkurs des Vereins ohne Rechts-Fähigkeit. *Braunschweig 1904: F. Vieweg & Sohn.* (IV, 55 S.) 8°
Würzburg, Jur. Diss. v. 1904

Küster, C. D., Versuch einer Darstellung d. Theologie Joh. d. T. Leipz. 1796. 4.

Rusterholz, Jh. Hnr., († d. 10. Nov. 1806.) kurze u. gründl. Anweis. f. Landschullehrer, ihre Kinder in kurzer Zeit u. auf eine muntere Weise schön schreiben zu lehren. Mit 2 großen Wandvorschriften. gr. 8. Zürich 807. Neue Ausg. unt. d. T.: Anweis. z. fruchtbaren Unterricht im Schönschreiben auf die leichteste, kürzeste u. wohlfeilste Weise f. die gemeinen Volksschulen. Neue vollständ. Ausg. 8. Zürich 819. Schultheß. 3 gr.

Rusterholz, Jh. Hnr., nachgestochene Vorschriften. 6 Bl. Zürich, Schultheß. à 5 gr. 1 rf. 6 gr.

Rusticocampius (Pseud.), s.a. Bauernfeld, Eduard von

Rusticocampius, ein Buch von uns Wienern, s.a. Buch, ein.

RUSTICOCAMPIUS (ps.), Ein Buch von uns Wienern in lustigen gemüthlichen Reimlein. Leipzig 1858. 8°. (1½ Rthl.) (1 Mk. 20 Pfg. Th. Ackermann, München, 1883; jetzt höher!)

Rustici Elpidii carmen de Christi Jesu beneficiis edidit Herrm. Müller. Göttingen 868. Dieterich. gr. 4. (23 S.) n. 8 ngr.

Rusticius Helpidius Gedicht De Christi Jesu beneficiis. Krit. Text u. Commentar v. W. Brandes. Pr. 1890. 15 S. 4°.

Rusticus, s. a.: Bauer, Max.

Arbeitsteilung und Kulturfortschritt, spez. in gewissen, landwirtschaftl. Konsekutiv-Gewerben. Ein Wort über d. Abhängigkeit sozialer Verhältnisse von d. Lebensinteressen einzelner Berufsstände. Von Rusticus. *Berlin: H. Walther 1902.* (30 S.) 8° [F.] (o3. 8n9

— s. a. Arbeitsteilung u. Kulturfortschritt.

Rusticus (Max Bauer), Favoriten u. Outsiders. Sportliche Weltstadtbilder. 8. (132 S.) Berlin 898. H. Steinitz. n. 1. —

Rusticus, Gottes Offenbarung in Gnade u. Wahrheit. Versuch e. biblisch-theolog. Prinzipienlehre f. Studierende der Theologie u. solche, die es werden wollen. (32 S.) 8. Rothenburg o/T. 905. J. P. Peter. n. — 60

— „Unterwegs". Intime Reiseskizzen f. sportl., literar. u. musikal. Pfadfinder. (111 S.) 8. Leipzig 904. Grethlein & Co. Kart. n.n. 2. 50

— s. a. Volkspartei, die schwäbische.

Die schwäbische Volkspartei. Beleuchtet v. Rusticus. *Berlin: H. Walther 1899.* (30 S.) 1 Bd 8. 102 5095

— vom Start z. Ziel. Sportl. Plaudereien in wechselnder Gangart. 12. (III, 291 S.) Berlin 898. Militär-Verlagsanstalt. n. 2. —

— dasselbe. 2. [Umschlag-]Aufl. 12. (III, 291 S.) Ebd. (898). 898. n. 3. —; geb. n. 4. —

Rusticus, Maximilian

Rusticus, M., s.a. Residenz-Briefe, rückhaltslose.

Rusticus, Maxim., rückhaltslose Residenz-Briefe. Ein Wintertagstraum. 2. Aufl. 8. (IX, 103 S.) Berlin 878. Klönne & Müller. n. 1. 50

Rustig, Sigismond, ou le naufrage du Pacifique. Nouveau Robinson par Marryat. Traduit de l'anglais par Charl. Brandon. 2. édit. br. 8. (VIII und 309 S. mit eingedr. Holzschn.) Leipzig 862, Teubner. cart.

Rustig, Sigismond, ou le naufrage du Pacifique. Nouveau Robinson par Marryat. Trad. de l'anglais par Charles Brandon. 3e édit. 8. (VIII, 325 S. mit eingedr. Holzschn. und 1 Plan in Holzschn.) Ebendas. 876.

Rüstig, s.a. Sigismund Rüstig.

Rüstig, Sigismund, der bremer Steuermann. Ein neuer Robinson nach Capitain Marryat . . . Leipzig 1843. Wohlfeile Ausgabe 1844. V: *Laube, Heinrich.* (Ullrich, Robinson u. Robinsonaden. Weimar 1898.)

Rüstig, Sigismund, der Bremer Steuermann. Ein neuer Robinson, nach Marryat frei für die deutsche Jugend bearb. 3. Aufl. Mit 94 (eingedr.) Bildern. 8. (XII u. 384 S. m. Holzschn.) Leipzig 848, Teubner. — 4. Aufl. 8. (XII u. 384 S. m. eingedr. Holzschn. u. 3 Holzschnitttaf.) Ebd. 851. 1¼ ϱ

Rüstig, Sigismund, der Bremer Steuermann. Ein neuer Robinson, nach Capit. Marryat frei für die deutsche Jugend bearb. 5. Aufl. Mit 94 Bildern (Holzschn. im Text). Leipzig (856.) Teubner. 16. (XIII, 385 S.) 24 ngr.

Rüstig, Sigismund, der bremer Steuermann. Ein neuer Robinson, nach Capitain Marryat frei für die deutsche Jugend bearb. 6. Aufl. 1859. und 7. Aufl. br. 8. (XIII und 385 S. mit 94 Bildern in eingedr. Holzschn.) Leipzig 861, Teubner.

Rüstig, Sigismund, der Bremer Steuermann. Ein neuer Robinson, nach Capit. Marryat frei für die deutsche Jugend bearb. 8.—10. Aufl. 8. (XIII und 385 S. mit eingedr. Holzschn. und 1 Holzschntaf.) Leipzig 862—65, Teubner. cart.

Rüstig, Sigismund, der Bremer Steuermann. Ein neuer Robinson nach Capit. Marryat frei für die deutsche Jugend bearb. 10—12. Aufl. Leipzig 865—69. Teubner. 8. (XIII, 385 S. mit eingedr. Holzschn. u. 1 Holzschntaf.) cart. 24 ngr.

Rüstig, Sigismund, der Bremer Steuermann. Ein neuer Robinson nach Capitain Marryat frei für die deutsche Jugend bearb. 12.—14 Aufl. 8. (XIII, 384 S. mit eingedr. Holzschn. und 2 Holzschntaf.) Leipzig 869—75, Teubner. cart.

Rüstig, Sigismund, der Bremer Steuermann. Ein neuer Robinson, nach Marryat frei für die deutsche Jugend bearb. 15.—17. Aufl. Mit 94 (eingedr. Holzschn.-)Bildern in 1 Bde. 8. (XII, 384 S.) Leipzig 876—78, Teubner. geb.

Rüstig, Sigismund, der Bremer Steuermann. Ein neuer Robinson, nach Kapit. Marryat frei f. die deutsche Jugend bearb. 18. Aufl. Mit 94 Bildern in 1 Bde. 8. (XI, 381 S.) Leipzig 883. Teubner. geb. 2. 40

Rüstig, Siegismund, der Bremer Steuermann. Ein neuer Robinson, nach Kapitän Marryat frei für die deutsche Jugend bearb. 19. Aufl. 8. (XI, 381 S. mit 94 Bildern von A. Bande.) Leipzig 887, Teubner. cart.

Rustige, C., d. Lieutenants erste Liebe. Soldatenroman. 8. (299 S.) Berlin 896. R. Eckstein Nachf. n. 2. 50

— dasselbe, s. a. Eckstein's Reisebibliothek.

— Memoiren e. Schwadronsbockes. Militär-Humoreske. 8. (136 S.) Berlin 895. Neufeld & Henius. n. 1. —

Rustige, Heinr., Eberhard im Bart. Historisches Schauspiel in 5 Akten. Stuttgart 863. Schweizerbart. 8. (87 S.) n. 15 ngr.

Rustige, Heinr., Gedichte. gr. 16. (13 B.) Frankfurt a. M. 845, Sauerländer's Verl. *

Rustige, Heinr., Filippo Lippi. Drama in fünf Aufzügen. 8. (IV u. 116 S.) Stuttgart 852, Frz. Köhler. n. 18 ngr.

Rustige, Heinr., Kaiser Ludwig, der Baier. Historisches Schauspiel in 5 Akten. 8. (101 S.) Stuttgart 860, Schweizerbart'sche Verlagsbuchh.

Rustige, Heinr., der Maler in Uniform. Illustr. v. Emil Rumpf. gr. 8. (102 S.) Stuttgart 890. Krabbe. n. 1. —

Rustige, H., das Poetische in der bildenden Kunst, s. a. Volks-Bibliothek, neue illustrirte.

Rustige H, d. Poetische in d. bildenden Kunst. (N. ill. Volksbibl. II, 1) Stuttgart 1876

— Reime u. Träume im Dunkelarrest. 8. (107 S.) Stuttgart 876. Levy & Müller. n. 2. —; cart. m. Goldschn. n. 2. 40

Rustige, Heinrich, Referendar: Die rechtliche Stellung des Handelsvolontärs. Stuttgart 1908: Deutsche Verlagsanstalt. (70 S.) 8°
Tübingen, Jur. Fak., Ref. Rietschel, Diss. v. 1. Juni 1908
[Geb. 26. Febr. 84 Stuttgart; Wohnort: Stuttgart; Staatsangeh.: Württemberg; Vorbildung: Eberhard-Ludwigs-Gymn. Stuttgart Reife M. 02; Studium: Tübingen 4, München 1, Tübingen 2 S.; Rig. 5. März 08.]

Rustige, Heinr., Konrad Widerhold. Dramatisches Charakterbild in 5 Akten. Stuttgart 856. Bach. 8. (96 S.) n. 15 ngr.

Rustige, Karl. Aus Garnison u. Manöver, s. Eckstein's Reisebibliothek.

— Graf Lunara, s.: Eckstein's Reisebibliothek.

Rustige, Carl, im Sturme der Zeit, s.: Weichert's Wochen-Bibliothek.

— „Waren einst zwei edle Polen". Militär-Humoreske. 8. (126 S.) Berlin 894. J. L. B. Laverrenz. n. 1. —

RUSTING, S VAN Schau-Platz des Todes, oder Todten-Tanz in Kupffern und Versen vorgestellet Ehemals von Sal van Rusting Med Doct in Nieder-Teutscher Sprache nun aber in Hoch-Teutscher, mit nothigen Anmerckungen herausgegeben von Johann Georg Meintel Nurnberg, P C Monath, 1736 8°. *Figurenreiches Titelkupfer (Der Tod als Herrscher uber die Welt)*, 31 Bl 375 S und 30 *Kupfer* Guter neuerer HLdbd

Rustler, Mich., das sogenannte Chronicon Universitatis Pragensis. Mit e. Vorwort v. Adf. Bachmann. gr. 8. (IV, 44 S.) Leipzig 886. Voit & Co. n. 1. 20

Rustmann, Otto, zur Frage der Mobiliar-Feuerversicherung im Königr. Bayern, s. a. Wirtschafts- u. Verwaltungsstudien. XIII.

Zur Frage der Mobiliar-Feuerversicherung im Konigreiche Bayern Von Dr Otto **Rustmann** *Leipzig: A Deichert 1901.* (VIII, 81 S) 8° [J]
= **Wirtschafts-** u. **Verwaltungsstudien** mit bes. **Berücks Bayerns.** 13 (01. 1013)

Rustmann, Otto, aus Lingen: **Geschichte und Statistik der Mobiliar-Feuerversicherung im Königreiche Bayern.** *Naumburg a. S. 1901: Lippert & Co.* (49 S.) 8° ¶[Erschien vollst. 1901 als Wirtschafts- u Verwaltungsstudien mit besond. Berücks Bayerns, 13]
Würzburg, Jur Diss. v 1901

Rustmann, W., die Provinz Hannover. Heimatkunde für Schule und Haus. 8. (IV, 306 S. mit 1 chromolithogr. Karte.) Osnabrück 885, [Beith.] Pillmeyer. *

—— dass. — 2. wohlf. (Titel-)Ausg. 8. (IV, 306 S. mit 1 Karte.) Osnabrück (885), Pillmeyer. *

Rustmann, W., die Prov. Hannover. Heimatkunde f. Schule u. Haus. 2. wohlf. (Titel-)Ausg. 8. (IV, 306 S. m. 1 Karte.) Osnabrück 889. Pillmeyer. n. 1. —

Rustmann, W., u. W. Vollmer. Kleine Heimatskunde. Lernbuch zu dem Buche: Der heimatkundl. Unterricht f. die Schulen der Prov. Hannover. gr. 8. (III, 41 S. m. eingedr. Karten-Skizzen.) Hannov. 890, Meyer. * — 30
Hauptwerk. Ebd. 1888. * 2 20; geb. * 2 60.

Rustmann, W., u. W. Vollmer, kleine Heimatskunde f. die Schulen der Prov. Hannover. Mit 13 Karten. 3. verb. Aufl. (48 S.) 8. Hannover 907. C. Meyer. — 30

— alte Steine in neuer Fassung. Bilder u. Sagen aus der Prov. Hannover. 8. (VIII, 191 S.) Hannover 886. Meyer. n. 2. 40; geb. n. 3. 40

—— und W. Vollmer, der heimatkundliche Unterricht für die Schulen der Provinz Hannover. gr. 8. (VIII, 206 S. mit 1 Titelbilde Kaiser Friedrich im Kreise seiner Familie, 52 Abbild. und 13 Karten im Text und 3 Stammtaf.) Ebendas. 888. *M 2.20.; geb. *

Rüstow, Alex., Briefe eines democrat. Offiziers, s. Briefe.

Rüstow, Alex., der Küstenkrieg. gr. 8. (66 S.) Berlin 849, Springer. n. 8 ngr

Rüstow, Alexander: Der Lügner. Theorie, Geschichte und Auflösung. Leipzig 1910: Teubner. IV, 145 S. 8° ¶(Soll erweit. u. verb. im Buchh. ersch. ebd.)
Erlangen, Phil. Diss. v. 17. Sept. 1910, Ref. Hensel
[Geb. 8. April 85 Wiesbaden; Wohnort: Berlin-Halensee; Staatsangeh.: Preußen; Vorbildung: Bismarck-Gymn. Wilmersdorf Reife M. 03; Studium: Phil. Göttingen 3, München 3, Jura Berlin 4 S.; Rig. 28. Juli 08.] [U 11. 993

Rüstow, Cäsar

— die neueren gezogenen Infanteriegewehre. Ihre wahre Leistungsfähigkeit und die Mittel, dieselbe zu sichern. (Mit 4 in den Text gedr. Holzschn.) 1. u. 2. unveränd. Aufl. Darmstadt 862. Zernin. gr. 8. (76 S.) 12½ ngr

Rüstow, Cäsar, die Kriegshandfeuerwaffen. Eine genaue Darstellung ihrer Einrichtung in den europ. Armeen, ihrer Anfertigung, ihres Gebrauchs u. ihrer allmähligen Entwicklung. Mit 201 in den Text eingedr. Holzschn. Berlin 857. Mittler's Sorthdlg. gr. 8. (XVI, 291 S.) n. 1 Thlr. 20 ngr

—— die Kriegshandfeuerwaffen. Eine genaue Darstellung ihrer Einrichtung in den europ. Armeen, ihrer Anfertigung, ihres Gebrauchs und ihrer allmäl. Entwickelung. 2. Bd. gr. 8. (XII und 395 S. mit 151 in den Text eingedr. Holzschn. und 3 angehängten Tab. in 4.) Berlin 864, Bath. *

Rüstow, Caesar, Leitfaden durch die Waffenlehre. Nach den über den Unterricht an den königl. Divisions-Schulen gegebenen allerh. Bestimmungen bearb. 1. Aufl. (IV und 154 S.) 1852. * 15 Ngr. und 2., völlig neu bearb. Aufl. 8. (XVIII und 224 S.) Erfurt 855, Weingart. *

— Leitfaden durch die Waffenlehre. Nach den über den Unterricht an den Königl. Divisions-Schulen gegebenen Allerh. Bestimmungen bearb. 853. (2 Bl., 154 S.) n. 15 ngr — 2. völlig neu bearb. Aufl. Erfurt 855. Körner'sche Buchhdlg. gr. 8. (XVIII, 224 S.) n. 25 ngr

Rüstow, Caesar, das Minié-Gewehr und seine Bedeutung für den Kriegsgebrauch. gr. 8. (X und 86 S. mit 22 in den Text gedr. Holzschn.) Berlin 855, Mittler's Sortimentsb. Thlr. *

Rüstow, Wilh., der Angriff auf die Krim und der Kampf um Sebastopol. Uebersichtlich dargestellt. (Vom Beginn des Feldzugs bis zum Wiener Traktat. Anfangs Septbr. bis 2. Dezbr. 1854.) Frauenfeld 855. Verlagscomptoir. (Zürich, Meyer u. Zeller.) 8. (2 Bl., 59 S.) n. 8 ngr

—— Anleitung zu den Dienstverrichtungen im Felde für den Generalstab der eidgenössischen Armee. gr. 16. (XV und 288 S. mit 9 lithogr. Plänen in qu. 8. und 4.) Basel 855, Schweighauser's Verlag.

Rüstow, Wilh., Annalen des Königr. Italien. 1861—1863. 4 Bücher. 8. Zürich 864, Meyer und Zeller's Verlag. *
Inhalt:
Buch 1. Das Ministerium Cavour. (IV und 263 S.) * 1 Thlr. 5 Ngr.
» 2. Das Ministerium Ricasoli. (III und 319 S.) * 1 Thlr. 18 Ngr.
» 2. Das Ministerium Rattazzi. (319 S.) * 1 Thlr. 6 Ngr.
» 4. Vom Tag von Aspromonte bis zum Schluss der ersten Legislaturperiode, 21. Mai 1863. (230 S.) * 1 Thlr. 6 Ngr.

—— die preußische Armee und die Junker. br. 8. (56 S.) Hamburg 862, O. Meißner. *

Rüstow, Wilh., die russische Armee. Wien 867. Hilberg? gr. 8. (61 S.) 15 ngr

Rüstow, Wilh., Graf Arnim-Boytzenburg: Ueber die Vereidigung des Heeres auf die Verfassung. Beleuchtet. gr. 8. (24 S.) Berlin 849, Gerhard (jetzt: Grobe). 3 ngr

— Atlas zu Caesar's gallischem Krieg in 15 (lith.) Karten (wovon 2 in Buntdr.) u. Plänen für Studirende u. Militärs. Stuttgart 868. Exped. der Freya. Lex.-8. 22½ ngr

Rüstow, Wilh., militärische Biographieen. I. (Bd.) David, Xenophon, Montluc. gr. 8. (XLVI und 504 S.) Zürich 858, Meyer und Zeller's Verlag. *

— siehe: Brief eines democrat. Offiziers.

Rüstow, F. W., der Cäsarismus. Sein Wesen u. sein Schaffen, aufgewiesen an einer kurzen Geschichte der römischen Cäsaren von Augustus bis auf die Theilung des Weltreiches. gr. 8. (139 S.) Zürich 879. Schmidt. n. 2.50

—— und H. Köchly, Einleitung zu C. Julius Cäsar's Commentarien über den gallischen Krieg, s. Köchly, H.

— Erinnerungen aus dem italienischen Feldzuge von 1860. 2 Thle. Mit 1 (lith.) Briefe Garibaldi's in Facsim. Leipzig 861. Brockhaus. gr. 8. (XII, 571 S.) n. 3 Thlr. 10 ngr

— die Feldherrnkunst des 19. Jahrhunderts. Zum Selbststudium u. für den Unterricht an höheren Militärschulen. Zürich 857. Schultheß. gr. 8. (2 Bl., 795 S. u. 2 lith. Taf. in 4.) 3 Thlr. 6 ngr

— die Feldherrnkunst des 19. Jahrh. Zum Selbststudium u. für den Unterricht an höheren Militärschulen. 2., umgearb. u. bis Ende 1866 fortgeführte Aufl. Zürich 867. Schultheß. gr. 8. (VIII, 912 S. mit 2 Steintaff. in 4.) 3 Thlr. 21 ngr

—— die Feldherrnkunst des 19. Jahrh. Ein Handbuch zum Nachschlagen, zum Selbststudium und für den Unterricht an höheren Militärschulen. 3., mit einer Schilderung des amerikan. Bürgerkrieges verm. und bis zur Gegenwart fortgeführte Aufl. 12 Lfgn. oder 2 Bde. gr. 8. (518 S. mit 1 Stnt.; 625 S.) Zürich 878,79, Schulthess. à Lfg. ℳ 1,50.

—— die ersten Feldzüge Napoleon Bonaparte's in Italien und Deutschland 1796 und 1797. gr. 8. (VIII und 604 S. mit 14 lithogr. Kriegskarten in 4., gr. 4. und Fol.) Zürich 867, Schultheß. *

—— Geschichte der Infanterie. 2 Bde. gr. 8. Gotha 857. 58. [Nordhausen, Förstemann's Verlag.] à Bd. * 2 Thlr. *
Inhalt:
Bd. 1. Bis auf den Anfang des 17. Jahrhunderts. (VII und 382 S. mit eingedr. Holzschn.)
» 2. Vom Anfang des 17. bis zur Mitte des 19. Jahrhunderts. (VII und 400 S. mit eingedr. Holzschn.)

— Geschichte der Infanterie. 1. Bd.: bis auf den Anfang d. 17. Jahrh. — 2. Bd.: vom Anfang d. 17. Jahrh. bis zur Mitte des 19. Jahrh. Gotha 857, 58. Scheube. gr. 8. (VII, 382 S.; VII, 400 S. m. Holzschn. im Text.) Jeder Bd. n. 2 Thlr.

—— Geschichte der Infanterie. 2 Bde. 2. (Titel-)Ausg. gr. 8. (XIV und 782 S. mit 132 eingedr. Holzschn.) Nordhausen (857,58)64, Förstemann's Verlag.

Rüstow, W., Geschichte der Infanterie. 2 Bde. Mit 132 Holzschn. 3. Ausg. gr. 8. (VII, 382 u. V, 400 S.) Leipzig 884. Förstemann. n. 6. —

—— Geschichte des ungarischen Insurrectionskrieges in den J. 1848 und 1849, mit Karten und Plänen. 4 Abthlgn. oder 2 Bde. gr. 8. (1. Bd. 399 S. mit 2 lithogr. und ill. Karten in qu. Fol. und Imp.-Fol., 2. Bd. 409 S. mit 2 lithogr. Karten in gr. Fol.) Zürich 860. 61, Schultheß. à Abthl. * 1 Thlr. 15 Ngr. *

—— Geschichte Julius Cäsars von Kaiser Napoleon III. Commentirt. Nebst erklär. Karten und Plänen in Farbendr. 9 Lfgn. (Schluß des Textes.) gr. 8. (VIII und 588 S.) Stuttgart 865—67, Expedition der Freya. à Lfg. 10 Ngr.

— u. H. Köchly, Geschichte des griechischen Kriegswesens von der ältesten Zeit bis auf Pyrrhos. Nach den Quellen bearb. Mit 134 in den Text eingedr. Holzschn. u. 6 lith. Taf. gr. 8. (XVIII u. 436 S.) Aarau 852, Verlags-Compt. n. 2 ℛ 24 ngr

— die Grenzen der Staaten. Eine militärisch-politische Untersuchung. Ebend. 868. gr. 8. (101 S. mit eingedr. Holzschn.) 14 ngr

Rüstow, Wilhelm. La guerra del 1866 in Germania ed in Italia. Descrizione storica e militare di Guglielmo R'.... Versione dall' originale tedesco di G Bizzozero.... 2da ed. con la pianta della battaglia di Custoza. 8. Milano, (Zurigo, Ginevra...) 1866 (*Umschlag: 1867).

— Ein Handbuch zum Nachschlagen, zum Selbststudium und für den Unterricht an höheren Militärschulen. 3., mit einer Schilderung des amerikanischen Bürgerkrieges verm. und bis zur Gegenwart fortgeführte Aufl. 1. Bd. 1792—1815. Mit 2 Figurentaf. 2. Bd 1815 bis zur Gegenwart. (2 Bde.) 8. Zürich 1878—1879.

— militärisches Hand-Wörterbuch, s. a. Hand-Wörterbuch, militärisches.

Rüstow, W. Militärisches Hand-Wörterbuch nach dem Standpunkte der neuesten Literatur und mit Unterstützung von Fachmännern bearbeitet und redigirt von ...... 1.—2. Bd. und 1 Bd Nachtrag. (3 Bde.) 8. Zürich 1858—1868.

— militärisches Handwörterbuch nach dem Standpunkte der neuesten Literatur und mit Unterstützung von Fachmännern bearb. u. redig. 1—8. Liefg. Zürich 858. Schultheß. gr. 8. (1. Bd.: 3 Bl., 526 S.; 2. Bd.: S. 1—128.) Jede Liefg. n. 10 ngr.

— militärisches Handwörterbuch nach dem Standpunkte der neuesten Litteratur und mit Unterstützung von Fachmännern bearb. u. red. 9—13. (letzte) Liefg. Zürich 859. Schultheß. gr. 8. (2. Bd.: S. 129—483.) Jede Liefg. n. 10 ngr.

Rüstow, W. Von der zweckmässigen Heeresbildung u erfolgreichen Kriegführung u ihren Hindernissen (731) 8. Coburg 1863. 9.00.

Rüstow W., Oberstbrigadier. Von der zweckmässigen Heeresbildung und erfolgreichen Kriegführung und ihren Hindernissen. Zur Frage des Uebergangs vom stehenden Heerwesen zum Milizsystem. Zweite, verm. Ausg. Mit einem Anhang: Die stehenden Heere, das Milizsystem und der „arme Conrad". 2. Ausgabe. 8. Coburg 1866.

—— Heerwesen und Kriegführung C. Julius Cäsars. Lex.-8. (XV und 184 S. mit dem in Stahl gest. Portr. Cäsars nach einer antiken Büste im königl. Museum zu Berlin und 3 Stnt. in qu. gr. 4.) Gotha 855, Scheube. *

—— Heerwesen und Kriegführung C. Julius Cäsars. 2., verb. Aufl. gr. 8. (XVI und 184 S. mit dem Portr. Cäsars nach einer antiken Büste im Königl. Museum in Berlin in Stahlst. und 3 Stnt. in gr. 4.) Nordhausen 862, Förstemann's Verlag. *

Rüstow, Wilh., von den Hindernissen einer zweckmäßigen Heeresbildung und erfolgreichen Kriegführung. Militärische Blätter für das Volk. 12 Lfgn. Lex.-8. (XIII und 734 S.) Coburg 862,63, Streit's Verlag. à Lfg. 7½ Ngr.

Rüstow W, Kommentar z. Gesch. Julius Cäsars v. Napoleon III. Lfg 1 u 2 Stuttgart 1865

— der Krieg von 1805 in Deutschland und Italien. Als Anleitung zu kriegshistorischen Studien bearb. Mit 30 in den Text gedr. Holzschn. Frauenfeld 853. Verlags-Comptoir. (Zürich, Meyer u. Zeller.) gr. 8. (XII, 440 S.) n. 2 ℛ. 20 ngr.

—— der Krieg von 1805 in Deutschland und Italien. Als Anleitung zu kriegshistor. Studien bearb. gr. 8. (XII und 430 S. mit 30 in den Text gedr. Holzschn.) Frauenfeld 854, Verlags-Comptoir. *

—— der Krieg von 1805 in Deutschland und Italien. Als Anleitung zu kriegshistor. Studien bearb. 2. (Titel-)Aufl. gr. 8. (XII und 440 S. mit 30 in den Text gedr. Holzschn.) Zürich (853)59, Meyer und Zeller's Verlag. *

Rüstow, W[ilhelm]. Der Krieg von 1866 in Deutschland und Italien politisch-militärisch beschrieben. Mit [6] Kriegskarten. 8. Zürich 1866.

— der Krieg von 1866 in Deutschland u. Italien, politisch-militärisch beschrieben. Mit Kriegskarten. 4 Abthlgn. Zürich 867. Schultheß. gr. 8. (570 S. mit 6 chromolith. Karten in gr. 4. u. Fol.) 3 ℛ 3 ngr.

— — 2. durchges. Aufl. 4. Abdr. Ebend. 867. gr. 8. (VI, 570 S. mit 6 chromolith. Karten in gr. 4. u. Fol.) 3 ℛ 3 ngr.

— der deutsch-dänische Krieg 1864 politisch-militärisch beschrieben. Mit Kriegskarten und Plänen. Zürich 864. Schultheß. gr. 8. (722 S. u. 4 lith. Karten in Fol.) 3 ℛ 9 ngr.

—— der italienische Krieg von 1848 und 1849. Mit einer kurzen Kriegstheorie in krit. Bemerkungen über die Ereignisse. gr. 8. (570 S. mit 6 lithogr. und ill. Blättern, Karten und Plänen in gr. 4., qu. Fol. und gr. Fol.) Zürich 862, Schultheß. *

—— der italienische Krieg 1859 politisch-militärisch beschrieben. 1—3., durchgeseh. Aufl. gr. 8. (418 S. mit 3 lithogr. und ill. Kriegskarten in gr. Fol. und Imp.-Fol.) Zürich 859—60, Schultheß.

—— der italienische Krieg 1860 politisch-militärisch beschrieben. Des „italienischen Krieges" 2. Bd. 4 Lfgn. gr. 8. (626 S. mit 8 lithogr. und ill. Karten in 4., Fol. und Imp.-Fol.) Zürich 860. 61, Schultheß. à Lfg. 22½ Ngr.

Rüstow, W. Der italienische Krieg 1860. (626.) 8. M. 7 Krtn. Zürich 1861. — 3. Aufl. 1862. 9.00.

—— der Krieg und seine Mittel. Eine allgemein fassliche Darstellung der ganzen Kriegskunst. Mit einem ausführl. Sach- und Namenregister. gr. 8. (II und 734 S.) Leipzig 856, G. Mayer. *

—— der orientalische Krieg in seiner neuesten Phase 1877 und 1878. 7 Lfgn. gr. 8. (II, 719 S. mit 24 eingedr. Karten.) Zürich 877,78, Orell, Füssli und Comp. *

— der Krieg um die Rheingrenze 1870 politisch und militärisch dargestellt. Mit Kriegskarten und Plänen. 6 Abthlgn. gr. 8. Zürich 870,71, Schultheß. [1. Abthl. (152 S.) ℳ 2,10.; 2. Abthl. (158 S. mit 3 chromolithogr. Karten in 4. und Fol.) ℳ 2,70.; 3. Abthl. (169 S. mit 2 chromolithogr. Karten in gr. 4. und Fol.) ℳ 2,70.; 4. Abthl. (147 S.) ℳ 2,10.; 5. Abthl. (139 S. mit 2 chromolithogr. Karten in gr. Fol.) ℳ 2,70.; 6. Abthl. (148 S. mit 1 lithogr. Karte in Imp.-4.) ℳ 2,70]

—— der Krieg gegen Rußland. Politisch-militärisch bearb. Mit Plänen und Portr. 2 Bde. gr. 8. Zürich, Schultheß. [1. (VIII und 653 S. mit 3 lithogr. Plänen in 4. und Fol.) 855. 2 Thlr., 2. (IV und 281 S. mit 1 lithogr. Plan in 4.) 856. 1 Thlr.]

—— der Krieg in der Türkei. Zustände und Ereignisse auf der Balkanhalbinsel in den J. 1875 und 1876. Mit Karten und Plänen. 5 Lfgn. gr. 8. (416 S.) Zürich 876,77, Schultheß.

— Kriegspolitik u. Kriegsgebrauch. Studien u. Betrachtgn. gr. 8. (328 S.) Ebend. 876. n. 6. —

Rüstow, Wilhelm: Griechische Kriegsschriftsteller, s. Köchly, H.

— die Lehre von der Anwendung der Verschanzungen nach den allgemeinen Grundsätzen der Kriegskunst für Offiziere aller Waffen bearbeitet. Mit 13 in den Text gedr. Holzschn. Frauenfeld 853. Verlags-Comptoir. (Zürich, Meyer u. Zeller.) gr. 8. (VIII, 296 S.) n. 1 ₰. 10 ngr.

— die Lehre vom neueren Festungskrieg. Für Offiziere aller Waffen bearb. 2 Bde. Mit 9 Steindrtaf. (in 4. u. Fol.) Leipzig 860. Förstner. (Felix.) gr. 8. (VIII, 740 S.) n. 4 ₰ 10 ngr.

—— die Lehre vom Gefecht aus den Elementen neu entwickelt für die Gegenwart und nächste Zukunft. 3 Lfgn. gr. 8. (VIII und 703 S. mit eingedr. Holzschn.) Zürich 864,65, Meyer und Zeller's Verlag. *

— die Lehre vom Gefecht aus den Elementen neu entwickelt für die Gegenwart und nächste Zukunft. 2. wohlfeile (Titel-)Ausg. gr. 8. (VIII, 703 S. mit 52 in den Text eingedr. Holzschn.) Stuttgart (865)75, Meyer und Zeller's Verlag.

—— die Lehre vom kleinen Kriege. gr. 8. (368 S. mit 6 Stnt.) Zürich 864, Schultheß.

— das preußische Militairbudget für 1862. Ein Hülfsbüchlein für die preuß. Wahlversammlungen und das neue Abgeordnetenhaus. Berlin 862. Janke. gr. 16. (108 S.) n. 15 ngr.

—— zur Militärfrage. Sechs Briefe an einen Abgeordneten. gr. 8. (60 S.) Hamburg 863, O. Meißner. *

— die Militärschule. Allgemeine Einleitung in das Studium der Kriegswissenschaft für Militärs, Staatsmänner u. Lehrer. Zürich 868. Schultheß. gr. 8. (VI, 124 S.) 15 ngr.

—— der deutsche Militärstaat vor und während der Revolution. 1. Aufl. gr. 12. (209 S.) 1850. 20 Ngr. und 2., neu bearb. und verm. Aufl. 8. (VIII und 301 S.) Zürich 851, Kiesling's Vrlgsh.

— die Reform des eidgenössischen Generalstabes. (Abdr. aus der Neuen Zürcher-Zeitung.) Zürich 859. (Orell, Füßli & Co.) gr. 8. (53 S.) 7½ ngr.

Rüstow, W. Die Schlacht bei Vionville u. Mars-la-Tour, 16. Aug. 1870. 8. M. 1 Pl. Zürich 1874. fr. 2.50.

— Strategie u. Taktik der neuesten Zeit. Ergänzungen zu d. Verf. strateg. u. takt. Schriften. Zum Selbststudium u. f. den Unterricht an Militärschulen in erläut. Beispielen aus der neuesten Kriegsgeschichte. Mit Plänen und Croquis. 1—3. Bd. gr. 8. (VIII, 454; 509 u. 513 S. 2 lith. Karten in qu. Fol.) Zürich 872—75. Schultheß. n. 21. 30

— allgemeine Taktik, nach dem gegenwärtigen Standpunkt der Kriegskunst bearb. Mit erläuternden Beispielen. Zürich 858. Schultheß. 8. (X, 474 S. u. 14 lith. Taf. in 4. u. Fol.) n. 2 ₰. 8 ngr.

—- allgemeine Taktik nach dem gegenwärtigen Standpunkt der Kriegskunst bearb. Mit erläut. Beispielen. 2., umgearb. und bedeutend erweit. Aufl. gr. 8. (XVI und 576 S. mit 15 Stnt. in 4. und Fol.) Zürich 868, Schultheß. *

— Taktik der verbundenen Waffen für die schweizerische Bundesarmee. Düsseldorf 855. Scheller. 8. (XII, 344 S. u. 6 lith. Taf. in 4.) n. 1 ₰. 15 ngr.

—— Untersuchungen über die Organisation der Heere. gr. 8. (XXIII und 587 S.) Basel 854(55,) Schweighauser's Verlag.

— Untersuchungen über die Organisation der Heere. Neue (Titel-)Ausg. Basel (855). 868. Schweighauser. gr. 8. (XXIII, 587 S.) n. 3 ₰ 15 ngr.

— Untersuchungen über die Organisation der Heere. Wohlfeile Ausg. gr. 8. (XXIII, 587 S.) Basel 875. Schweighauser. n. 4. —

— die Wahrheit über den Preußischen Wehrgesetzentwurf. Nördlingen 860. Beck. gr. 8. (30 S.) 6 ngr.

— zur Warnung vor den Compensationen in der preußischen Militärfrage. Sechs Briefe an einen Abgeordneten. Hamburg 863. O. Meißner. gr. 8. (64 S.) n. 10 ngr.

— was hat die Schweiz von einem Angriffe der heil. Alliance zu fürchten. gr. 8. (31 S.) Zürich 850, Kiesling. — 2. Aufl. gr. 8. (31 S.) Ebd. 850. n. 1/6 ₰

Rustowsky, Max., der glückl. Hazardspieler, od. gründl. Anweis., d. Hazardspiel in allen seinen Feinheiten u. Consequenzen rc. kennen zu lernen. 8. Ilmenau 827. Voigt. 6 gr.

Rüstungen, die vorzüglichsten, und Waffen der k. k. Ambraser-Sammlung in Original-Photographien von And. Groll. Mit histor. u. beschreib. Texte von Ed. v. Sacken. 1—5. Liefg. Wien 857, 58. Braumüller. Fol. (Text: S. 1—52.) Jede Liefg. mit 8 photogr. Bl. n. 5 ₰.

Rüstungen und Waffen, die vorzüglichsten, der k. k. Ambraser-Sammlung in Orig.-Photographien herausg. und beschrieben nebst biograph. Skizzen von Ed. v. Sacken. 6—16. (letzte) Liefg. Wien 859—62. Braumüller. Fol. (Text: 1. Bd.: S. 53—88.; 2. Bd.: XII, 69 S.) Jede Liefg. mit 8 photogr. Bl. n. 5 ₰

(Rüstzeug der Gegenwart. Bd 1.) 22. Aufl. Köln a. Rh.: Bachem [1908]. 8° [illegible]

Rüstzeug im Kampf gegen den Ultramontanismus. Zeugnisse u. Erfahrgn. aus der jüngsten Vergangenheit, vornehmlich aus der bad. Klosterbewegg., gesammelt u. dargestellt v. e. krit. Beobachter. Mit e. Vorwort v. Karl Brunner. 1. u. 2. unveränd. Aufl. (VIII, 198 S.) gr. 8. Karlsruhe 907. J. J. Reiff. 2.50; geb. in Leinw. 3. 20

Ruszczynski, E., kurzgefaßte Methodik des fremdsprachlichen Unterrichts, s.: Schwochow, H.

Ruszczyński, Napoleon [aus Labischin]: Ein Fall von Echinococcus der rechten Niere .... Greifswald, Druck v. Julius Abel, 1886; 32 S. 8°.
Greifswald, Med. Fak., Inaug.-Diss. v. 9. Nov. 1886.

RUSZINYAK, Johannes: De commercio personali trium magnorum Cappadocum cum invicem secundum eorum epistolas respectis et ceteris eorundem operibus. — (1906) 237 S. 4° (Handschr.) Diss. 650
Diss. Wien, Univ.

RUT v. Birken (ps.), Klitsch-Klatschl Geschichten von Rute, Stock und Peitsche in Schule und Haus. Pressburg, Hartleb (c. 1907). (Mk. 3—.)
Wurde confiscirt.

Rutar, Simon

Rutar, S., guida di Spalato o Salona, s.: Jolić, L.

Rutar, Simon Argivska ravnica. 8 (S. 3—14).
Progr. K. k. Staats-Unterg. *Laibach* 1894.
Die Ebene von Argos.

Rutar, Sim., römische Strassen u. Befestigungen in Krain, s.: Premerstein, Ant. v.

Rutari, A., Berlin in Freud u. Leid, s.: Eckstein's Reisebibliothek.

Rutari, A., Ernst Kossak. Eine Schilderung seines Lebens und seiner Werke. Mit 1 Bildnisse Kossak's in Lichtdr. 8. (128 S.) Berlin 884, Eckstein Nachf. *

Rutari, A., Londoner Skizzenbuch. Leipzig 1906. 8°.

Rutari, A., Londoner Skizzenbuch. 2. Aufl. (V, 292 S. m. 11 Vollbildern.) gr. 8. Leipzig 907. H. A. L. Degener. n. 3. 20; geb. n. 4. —

Ruete, s. Memoiren einer arabischen Prinzessin.

Ruete, Alfred [E.], a. Hamburg: **Aus der Direktorial-Abteilung des Eppendorfer Krankenhauses** (Direktor: Prof. Dr. Lenhartz). **Über Gallertcarcinose des Peritoneums. Straßburg** i. Els. 1907: C. Müh & Cie. (24 S.) 8°
Straßburg, Med. Fak., Ref. v. Krehl, Diss. v. 8. Juli 1907
[Geb. 28. Jan. 82 Hamburg; Wohnort: Hamburg; Staatsangeh.: Hamburg; Vorbildung: Gymn. Johanneum Hamburg, Gymn. Martino-Katharineum Braunschweig Reife O. 01; Studium: Heidelberg 3, Freiburg i. B. 1, Heidelberg 2, München 2, Straßburg 3 S.; Coll. 7. März 07; Approb. 22. Juli 06.]

Ruete, C. G. Theod., s.: Augenleuchten, das, u. die Erfindung d. Augenspiegels.

Ruete, C. G. Thdr., der Augenspiegel u. das Optometer für pract. Aerzte. Mit 1 Steindrucktaf. (in Fol.) gr. 8. (IV u. 32 S.) Göttingen 852, Dieterich. n. 1/2 ℛ

Ruete, C. G. Th., **Beitrag zur Physiologie des Fiebers.** gr. 8. (51 S.) Göttingen 848, Vandenhoeck und Ruprecht.
Aus: Göttinger Studien. Jahrg. 1847, besonders abgedruckt.

Ruete, C. G. Theod., klinische Beiträge zur Pathologie u. Physiologie der Augen u. Ohren. Nach der numerischen Methode bearb. Erstes Jahresheft. gr. 8. (23 1/4 B.) Braunschweig 843, Vieweg u. Sohn. *

—— bildliche Darstellung der Krankheiten des menschlichen Auges. 1. und 2. Lfg. A. u. d. T.: Physikalische Untersuchung des Auges. gr. Fol. (VIII und 63 S. mit 1 schw. und 7 ill. Kpfrt. und zahlreichen in den Text gedr. Holzschn.) Leipzig 854, Teubner. *

—— dass. — 3—6. Lfg. gr. Fol. (XII und XCIV S. mit 17 ill. Kpfrt.) Ebds. 854—56. à Lfg. * 6 Thlr. *

Ruete, C. G. Thdr., bildliche Darstellung der Krankheiten des menschlichen Auges. 7—9. Lfg. gr. Fol. (XII und 82 S. mit 14 ill. und 1 schw. Kpfrt. und zahlreichen in den Text gedr. Holzschn.) Leipzig 859. 60, Teubner. à Lfg. * 6 Thlr. 20 Ngr. *

Ruete, C. Geo. Thdr., über die Existenz der Seele vom naturwissenschaftlichen Standpunkte. gr. 8. (XI und 102 S.) Leipzig 863, Teubner.

—— Explicatio facti, quod minimae paulum lucentes stellae tantum peripheria retinae cerni possint. 4. (8 S.) Leipzig 859, Dürr'sche Buchh.

—— Lehrbuch der Ophthalmologie f. Aerzte u. Studirende. Mit zahlreichen in den Text eingedruckten Holzstichen. (4 Lfgn.) gr. 8. (52 1/4 B.) Braunschweig 845, 46, Vieweg u. Sohn. à Lfg. * 1 Thlr. *

— Lehrbuch der Ophthalmologie für Aerzte und Studirende. 2 Bde. 2. umgearb. u. verm. Aufl. Mit zahlreichen in den Text eingedr. Holzschn. Braunschweig 853—55. Vieweg. gr. 8. (XXI, 443 S.; XV, 752 S.) n. 5 ℛ. 25 ngr

— Lehrbuch der allgemeinen Therapie. gr. 8. (XIV u. 421 S.) Göttingen 852, Dieterich. n. 2 ℛ

—— das Ophthalmotrop. gr. 8. (2 5/8 B. u. 2 eingedr. Holzschn.) Göttingen 845, Vandenhoeck u. Ruprecht.
Aus: Göttinger Studien 1845 besond. abgedruckt.

— ein neues Ophthalmotrop. Zur Erläuterung der Functionen der Muskeln und brechenden Medien des menschlichen Auges. Mit 1 Kpfrtaf. (in Fol.) Leipzig 857. Teubner. gr. 8. (IV, 96 S.) 27 ngr

Ruete, C. G. T., die Scrophelkrankheit, insbesond. d. scrophulöse Augenentzündung. gr. 8. (14 3/4 B. u. 8 z. Thl. col. Stnt.) Göttingen 838, Dieterichsche Buchh. *

Ruete, C. G. Thdr., das Stereoscop. Eine populäre Darstellung mit zahlreichen erläuternden (eingedr.) Holzschn. und mit 20 stereoscop. Bildern (wovon 16 lithogr. und 8 ill.) gr. 8. (VIII und 106 S.) Leipzig 860, Teubner. *

Ruete, C. Geo. Thdr., das Stereroscop. Eine populäre Darstellung mit zahlreichen erläut. Holzschn. u. mit 27 stereoscop. Bildern in einer Beilage. 2. verm. u. verb. Aufl. Leipzig 867. Teubner. gr. 8. (XII, 188 S.) n. 2 ℛ

— Uebersicht der in den Jahren 1862—1864 in der Augenheilanstalt zu Leipzig verrichteten Lappen-Extractionen. Leipzig 867. Dürr'sche Buchh. gr. 4. (8 S.) 3 ngr

—— neue Untersuchungen u. Erfahrungen üb. d. Schielen u. seine Heilung. Ein Beitr. z. Physiologie d. Gesichtssinnes. gr. 8. (9 3/4 B. u. 3 Holzschn.) Göttingen 841, Dieterichsche Buchh. *

Ruete. Daniel Ferdinand: Vorschriften zum Plan- und Karten-Zeichnen mit einer Art. Berge nach einem gradirten Maasstab zu zeichnen. Stade 1817. 8 S., 12 Tf. 8°.
IB 2413

Ruete, Edm., Gedichte. (165 S.) 8. Bremen 909. G. Winter Verl. 2.—; geb. in Leinw. 3. —

— Paul Heyse. (53 S.) kl. 8. Ebd. 910. 1.—

Ruete, Edm., die Correspondenz Ciceros in den J. 44 und 43. Historische Dissertation. gr. 8. (V, 122 S.) Marburg 880, Elwert'sche Verlagsh. *

Ruete, Edmund: Die Correspondenz Ciceros in den Jahren 44 und 43. Marburg, N. G. Elwert'sche Verlags-Buchhandlung, 1883. 8 IV, 122 S.

Ruete, Edm., Lebensmühen. Verse. (VII, 183 S.) 8. Goslar (906). F. A. Lattmann. Geb. in Leinw. n. 3. —

Ruete, Edm., die Rechtsverhältnisse hinsichtlich gemeinschaftlicher Mauern. Nach römischem Rechte dargestellt. gr. 8. (5 B.) Bremen 843, Schünemann's Vrlgsh.

Ruete, F., Vorschriften z. Plan- u. Gartenzeichnen, mit einer Art Berge nach einem gradirten Maaßstabe zu zeichnen. Mit 12 lithogr. Kpft. qu. 8. Hannov. 822. Hahn. 1 ℛ 12 gℛ

Ruete, H., Anthologie, s.: Bibliothek, pädagogische.

Ruete, H. A., s. Pestalozzi. Zeitschrift.

Ruete, Hermann

— Anthologie geistlicher Lyrik aus neuerer u. neuester Zeit, s.a. Bibliothek, pädagogische.

Ruete, Herm., Anthologie geistlicher Lyrik aus neuerer u. neuester Zeit. Zum Gebrauch für Lehrer u. Seminaristen hrsg. gr.8. (XII, 95 S.) Hannover 878. Meyer. n. 1. —

Ruete, Herm. Herzog Ernst II. v. Sachsen-Coburg-Gotha u. sein Anteil an den Einheitsbestrebungen d. deutschen Volkes. Rede am Sedanfest. gr. 8. (29 S.) Gotha 892, Thienemann. * — 40

Ruete, Herm., Großherzog Friedrich v. Baden u. die nationale Einigg. Deutschlands. Festgruß z. 70. Geburtstage am 9. Septbr. 1896. gr. 8. (48 S. m. 2 Bild.) Hannover 896. C. Meyer. n. — 40

Ruete, Herm., biblisches Historienbuch, s.: Fiedler.

Ruete, Herm., Ludw. Heinr. Christoph Hölty. Sein Leben und Dichten, dargestellt. gr. 8. (IV, 77 S.) Guben 883, Berger's Buchh.

— 7 Jahrhunderte aus der Geschichte Bederkesa's, eine historische Skizze. 8. (32 S.) Stade 877. Schaumburg in Comm. n.n. — 40

— d. kleine Katechismus Dr. Mart. Luthers, s.: Fiedler.

— deutsches Lesebuch für die Oberstufe mehrklassiger Schulen, s.: Schumann, J. Ch. G.

— der Religionsunterricht in der Schule u. in der Confirmationsstunde, namentlich in ihrem gegenseitigen Verhältnisse. Ein Vortrag. 8. (30 S.) Hannover 877. Meyer. n. — 40

— der Unterricht in Lesen u. Litteratur, vornehmlich an Schullehrer-Seminarien. Eine historisch-methodologische Abhandlung. gr. 8. (VIII, 113 S.) Leipzig 883. Dürr'sche Buchh. n. 1. 80

Ruete, Herm., welche Anforderungen stellt der kaiserl. Erlaß vom 1. Mai 1889 üb. die Bekämpfung socialistischer u. kommunistischer Ideen an uns rücksichtlich der Behandlung des Katechismus in Schul- u. Konfirmandenunterricht? Vortrag in der Seminarkonferenz f. Geistliche u. Lehrer am 5. Juli 1892, am Tage der 75jähr. Jubelfeier des Seminars u. Waisenhauses in Neuzelle. gr. 8. (43 S.) Leipzig 893. Dürr'sche Buchh. n. — 60

Ruete, Herm., Kaiser Wilhelm d. Große als Christ, Mensch, Soldat u. Herrscher. E. Charakterbild. gr. 8. (55 S. m. 1 Bildnis) Leipzig 897. Dürr'sche Buchh. n. — 50

Ruete, Isaac, Verbindung des Leidens und des Todes Jesu, mit e. rechtschaffn. Gottesfurcht der Christen. 8, Bremen. 745.

Ruete, Nik. Hnr., s. Erhörung, von der unfehlbaren.

Ruete, Said, ein Fremdenbuch aus Theben. gr. 8. (36 S.) Berlin 900. Liebheit & Thiesen. 1. —

Ruete, Said, meine Reisen in Syrien u. Palästina, s.a. Verhandlungen d. deutschen Kolonial-Gesellschaft.

Said Ruete, Prem.-Lt. Meine Reisen in Syrien und Palästina m. bes. Berücks. d. dort. Deutschen Tempelgemeinden. M. 1 Kt. Vortrag ... Berlin: D. Reimer 1898 (2 Bl., 277 S., 1 Kt.) 8.
— Deutsche Kolonial-Gesellschaft. Abt.: Berlin-Charlottenburg. Verhandlungen 1897/98. H. 6.

Ruete, Dr. Th., Das Stereoscop. Eine populäre Darstellung mit zahlreichen erläuternden Holzschnitten, 27 stereoscopischen Bildern u. 1 Beilage. 2. Aufl. Leipzig 1867. 8°.

Ruete, Theodor [Praes.], s. Haake, Julius Hermann: Nonnulla de graviditate abdominali.

Ruete, Theodor [Praes.], s. Human, Karl Otto: De conditionibus quibus ileotyphus fiat recidivus.

Ruete, Theodor [Praes.], s. Lommatzsch, Karl Friedr. Maxim.: Ad phosphorum.

Rutebeuf, s. Tjaden, Heinrich Peter.

Rutenbeck, Ernst, a. Hannover, Referendar am kgl. Landgericht zu Hagen i. W.: Der Gegensatz der sogenannten Konversion zur Bestätigung nicht gültiger Rechtsgeschäfte nach gemeinem Recht und Bürgerlichem Gesetzbuche. Borna-Leipzig: R. Noske. (x, 83 S.) 8°
Erlangen, Jur. Fak., Ref. Siber, Diss. v. 17. Apr. 1907
[Geb. 15. März 81 Hannover; Wohnort: Hagen i. W.; Staatsangeh.: Preußen; Vorbildung: Gymn. Hamm Reife O. 00; Studium: Heidelberg 1, Berlin 1, München 2, Kiel 2 S.; Rig. 22. Febr. 07.]

Rutenberg, Adf., der Fluch der bösen Tat. Aus den Papieren e. Untersuchungsrichters. (96 S.) 8. Berlin 905. Norddeutsche Verlags-Anstalt L. Hohenstein & Co. n. 1. —

Rutenberg, Adf., Gedankenfreiheiten. Offenherzige Betrachtungen über Menschenthum, Kunst und Literatur. 1. und 2. (Titel-) Aufl. der Studien und Kritiken. gr. 8. (V, 177 S.) Berlin 874,78, Staude.

Rutenberg, Ad., die Jesuiten des 19. Jahrhunderts. 2. Aufl. gr. 8. (1½ B.) Berlin 845, Vossische Buchh. *

—— Monatsschrift f. Volkswirthschaft rc., s. Monatsschrift.

Rutenberg, Adf., die dramatischen Schriftsteller des zweiten Kaiserreichs. 1. Aufl. 1872, und 2. Aufl. gr. 8. (95 S.) Berlin 874, Staude. *

—— aesthetische Studien. 16. (IV, 187 S.) Berlin 868, Rauh.

— Studien u. Critiken. gr. 8. (184 S.) Ebend. 874. n. 3. —

Rutenberg, Ad., Willensfreiheit, Moralität und Strafjustiz. Reflexionen und Erfahrungen. gr. 8. (VI, 38 S.) Leipzig 882, O. Wigand.

— „von der Zinne der Partei". Literarische Kriegs- u. Friedensbilder. gr. 8. (VII, 262 S.) Berlin 877. Denicke. n. 4. —

Rutenberg, Ad., von der Zinne der Partei. Literarische Kriegs- u. Friedensbilder. 8. (262 S.) Leipzig 887. Brehse. n. 3. —; herabg. auf n. 1. 50

Rutenberg, Agathe [Pseud.]
s.a. Nalli-Rutenberg, Agathe [Wirkl. Name]

Rutenberg, Agathe, Novellen 2 Bde. Leipzig 861. Hübner. 8. (VI, 501 S.) 1 ℛ 10 ngr.

Rutenberg, Agathe, Allan Orville. Roman. 3 Bde. Leipzig 858. Hübner. 16. (284; 235; 209 S.) 2 ₰.

— Rosa. Ein Lebensbild. Leipzig 857. Hübner. 16. (192 S.) 20 ngr.

Rutenberg, E., die heilige Elisabeth. gr. 8. (VII, 184 S.) Gotha 884. F. A. Perthes. n. 3. —; geb. n. 4. 80

Rutenberg, E., die Geburt d. heiligen Christ. Ein Weihnachtsfestspiel f. das Puppentheater in 4 Akten. 12. (30 S.) Bielefeld 889. Velhagen & Klasing. n. — 50

Rutenberg, E., Jesus von Nazareth. Ein Epos. 8. (III, 368 S.) Bielefeld 888, Velhagen und Klasing. geb. *

Rutenberg, E., e. Leben. Gedichte. 8. (XIV, 311 S.) Bremen 895. C. E. Müller. n. 4. —; geb. n.n. 5. —

—— Sanct Nepomuk. Tragödie in 5 Acten. gr. 8. (143 S.) Wien 884, Rosner. *

Rutenberg, Herm.

— kurze Geschichte d. Reformation; ein Volks- u. Schulbüchlein. 8. Bremen 817.

Rutenberg, Herm., prakt. katechet. Handbuch üb. d. hannöv. Katechismus, s.a. **Handbuch.**

Rutenberg, prakt. katechetisches Handbuch üb. den hannövrischen Katechismus. 2s Heft. 8. Lüneb. Herold u. W. 815. (à 5 gr.) geh.

Rutenberg, Herm., praktisch-katechetisches Handbuch üb. den hannöverischen Katechismus für Lehrer. 3s, 4s, 5s Heft. 8. (Lüneburg, Herold und Wahlstab in Comm.) 816. à 5 Gr

— neuer Bremer Münze od. Exempelbuch d. Arithmetik f. Anfänger mit Auflösung d. schwersten Aufgaben. 8. Brem. 808. 2e A. ... 3e A. 818. Verfasser.

— Bremische Wochenschrift für die Jugend u. ihre Freunde. 8 Bremen 790. Fortsetz. unt. d. T.: Magazin für die Jugend. 8. Ebd. 801.

Rutenberg, Otto v., Edelmann und Bauer. Fortsetzung von „Mecklenburg in Kurland." Leipzig 864. Engelmann. 8. (54 S.) n. 10 ngr.

Rutenberg, Otto v., Geschichte der Ostseeprovinzen Liv-, Esth- und Kurland von der ältesten Zeit bis zum Untergange ihrer Selbständigkeit. 2 Bde. Mit einem Namen- und Sachregister und 1 (lithogr.) Karte von Liv-, Esth- und Kurland zur Ordenszeit (in gr. Fol.) gr. 8. Leipzig 859. 60, Engelmann. [1. Bd. (XVI und 424 S.) 2 Thlr. 22½ Ngr., 2. Bd. (XVI und 550 S.) 2 Thlr. 7½ Ngr.]

—— Gudrun. Ein Schauspiel in 5 Aufzügen. (Der Bühne gegenüber Mscr.) 8. (143 S.) Leipzig 862, (Engelmann.)

Rutenborn, A., aus der Lichtpauspraxis. Zahlreiche Winke u. Rathschläge f. Jeden, der auf dem Lichtpauswege Zeichngn. zu vervielfältigen hat od. das Lichtpausverfahren noch auszuüben gedenkt, f. die Praxis mitgetheilt. gr. 8. (15 S.) Dortmund 891. (Leipzig, K. F. Koehler's Barsort.) n. — 80

Rütenbrock [Schlagwort]

Rütenbrock, s.: Geologische Karten. Karte (Preussen).

Rutenbüchlein. Lieder u. Gesänge, welche gemeinschaftlich am sogen. Rutenfest in Ravensburg gesungen werden. (14 S.) kl. 8. Ravensburg (905). Dorn. n. — 15

Ruetenick, Bernhardus: *De Elocutione Sophoclis. [66] S. 8° (4°) Halle-Wittenberg, Phil. Diss. v. 19. April 1848
Geb. [Demerthin (Kr. Ostprignitz) 3. 3. 1825]

Ruetenick, Karl August, s. Ruetenik.

Ruetenik, Carl August, s. Ruetenik, Karl August

Ruetenik, Hermann Julius

[—] Deutsche Amerikaner in Kirche und Staat von 1626 bis zur Gegenwart. *Cleveland, O.: Lauer & Mattil 1892. (6), 15—316 S., ill.*

Rütenik, ..., (Pred.,) Aeußerung ꝛc., s. Jonas, L., Bericht über die dritte Jahres-Versammlung ꝛc.

Bahnbrecher der Deutsch Reformierten Kirche in den Ver. Staaten von Nord-Amerika. Von H[ermann] J[ulius] Ruetenik. Cleveland, Ohio: Central Publ. House (1901). 113 S. 8° Ing. 1138

--Erlebnisse eines alten Pfarrers in Amerika. Cleve. n. d.

--Die ersten Dten in N-A als Pioniere u Mitbegründer unserer amerikanischen Freiheit. Cleveland, 1890.

Rütenik, H. J., Handbuch der christlichen Kirchen-Geschichte für Prediger u. Gemeinde-Glieder. 2 Thle. 8. (VIII, 408 u. VII, 439 S.) Cleveland, O. 876. (Philadelphia, Schäfer & Koradi.) geb. n. 8. —

[Ruetenik, Hermann Julius]: Berühmte deutsche Vorkämpfer für Fortschritt, Freiheit und Friede in Nord Amerika. Von 1626—1888. *Einhundert und fünfzig Biographien. Cleveland, O.: Forest City Bookbinding Co. 1888. 500 S., ill.*

Ruetenik, Karl August

Rütenik, Carl Aug., zur Erinnerung an das hundertjährige Bestehen der Nieder-Oderbruchs-Dörfer Neu-Levin, Neu-Barnim und Neu-Trebbin. Enthaltend geschichtliche Nachrichten und die zu Neu-Levin am 26. Aug. 1855 gehalt. Jubel-Predigt. gr. 8. (63 S.) Wriezen 855, (Köhler.) **

Rütenick, Karl Aug., der christl. Glaube, nach d. luther. Katechismus in katechet. Vorträgen zusammenhängend dargest. 8. (12 B.) Berlin 829, Dümmler. Thlr.
Hieraus ist der 1. Thl. d. nachfolgenden Werkes entstanden.

—— dass. 2. Thl. — A. u. d. T.: Sittenlehre, mit Zuziehung Schleiermacher'scher Predigten aus d. Begriff d. Reichs Gottes entwickelt, u. zur Berücksichtig. beim Konfirmanden- u. höh. Schul-Unterr. 8. (35½ B.) Ebds. 832.

—— die christl. Lehre f. Konfirmanden. 1. Thl.: Glaubenslehre. — A. u. d. T.: Der christl. Glaube, nach d. apostol. Bekenntnisse katechetisch entwickelt u. z. Benuzung bei dem Konfirmanden- u. höh. Schulunterr. hrsg. 2., verm. Ausg. 8. (18¼ B.) Berlin 834, Dümmler.

—— die christliche Lehre für Konfirmanden. 3. Thl. A. u. d. T.: Entwurf zu einem Leitfaden für evangelische Geistliche, welche im Konfirmanden-Unterricht den Begriff der Kirche zu Grunde legen und die Sittenlehre mit der Glaubenslehre verbinden wollen. Ein Beitrag zur Katechetik. 8. (VIII und 123 S.) Berlin 853, Dümmler's Verlag. *

Rütenik, Karl Aug., Predigt üb. I. Petri Kap. 2, Vers 17, am Tage vor d. Geburtsfeste d. Königs geh. in d. Nikolaikirche zu Freienwalde a. O. gr. 8. (1½ B.) Berlin 835, Dümmler.

RUTENSCHERZE in der Domestikenstube. Privatdruck. (190*.) (Mk. 3—.) (3 Kr. 60 H. W. Schindler, Pressburg. 1910.)

RUTENSCHLOSS, Das, am Gardafee. Privatdruck. 1906. 8°. 72 S.
Verb. d. Ldg. I Berlin 38 J. 475/21.

RUTENSPIELE und Liebesabenteuer der Miß Ophelia Cox. Aus dem Englischen überfetzt von T. v. L. 8°. 120 S. (ca. 1908.)
Verb. d. Ldg. I Berlin 38 J. 36/12.

Rutenspiele und Liebesabenteuer der Miss Ophelia Cox. (Modern sports in the Westend of London.) Privatdruck. (Mk. 12—.)
Für März 1909 angekündigt.

TANTE Anna's Rutenzucht. Mit Illustrationen Pressburg, Hartleb (190*). (Mk. 2—.)

Rüter. Ueber Galater 3, 20 nebst englischen Uebersetzungsproben. 24 S.
Neu-Stettin, Progr. 1860

Rueter, Gottfried. Predigten ... Hamburg 1785. H: *Ebersbach, Chn Heinrich.*' (Ky) (schr)

Rüter, Gf., Predigten, nach seinem Tode herausg. (v. Chr. H. Ebersbach). gr. 8. Hamb. 785. (Campe). 6 gr

Rüter, Heinr., Choralvorspiele, s.: Rinck, Chrn. Heinr.

Rütor, Heinrich: Das Kapitol. *Halberstadt (1898): C. Doelle & Sohn.* (1, 47 S.) 4°
Halberstadt, k. Dom-G, OP 1898 (243)

Rüter, Henricus: De metonymia abstractae notionis pro concreta apud Aeschylum. Halis Saxonum (1877): Karras. 30 S. 8°
Halle-Wittenberg, Phil. Diss. v. 14. Apr. 1877
Geb. Iserlohn 10. 9. 1855. V.

Rüter, Heinrich Locke's „Versuch über den menschlichen Verstand" auf seine Originalität und Neuheit hin untersucht. 4 (15 S.).
Progr. Dom-G. *Halberstadt* 1886 (216).

[**Rueter,** Henricus Christophorus]: *De auctoritate Ctesiae in rebus gestis Assyriorum. 22 Bl. 4° (2°)
Halle-Wittenberg, Phil. Diss. v. 13. Juli 1866
Geb. [Gütersloh (Westf.) 18. 1. 1839]
Ersch. u. d. T.: De Ctesiae Cnidii fide et auctoritate. Bielefeld 1873: Küster. 32 S. 8° (4°) Gütersloh, Gymn.-Progr.

Rüter, Herm. Die Gleichgewichtslage und Bewegung eines nahezu astatischen Nadelpaares. 19 S. Progr. *Marne* 1877.

Rüter, Herm. Heinr. [illegible] Uelzen [illegible] Iris-Tuberculose. Wiesbaden [illegible] S. 8° • Aus: Archiv f. Augenheilkunde [illegible]
Berlin, Med. Diss. [illegible]

Rueter, Hugo, (Gesanglehrer): **Lehrplan für den Gesang-Unterricht in der Vorschule und den unteren Klassen des Matthias-Claudius-Gymnasiums.** *Wandsbeck 1903: F. Puvogel.* (S. I—VIII, 1—4.) 4°
Wandsbeck, Matthias-Claudius-G m. R u. VS, P 1903 (333)

Kurzgefasste Darstellung der Gründung und Entwicklung der höheren Bürgerschule (Realschule) zu Itzehoe v. **J. Rüter.** Siehe in: 1. Progr. der höheren Bürgerschule zu Itzehoe. Itzehoe. 1869. 4°.

Rede, gehalten bei der ersten von unserer Anstalt begangenen Feier des Geburtstages Sr. Majestät (Wilhelms I.) v. **J. Rüter.** Siehe in: (4.) Progr. der höh. Bürgerschule zu Itzehoe. Itzehoe. 1872. 4°.

Der Unterricht im Englischen auf Realschulen, ein Referat. Von **J. Rüter.** Siehe in: (2.) Progr. der höheren Bürgerschule zu Itzehoe. Itzehoe. 1870. 4°.

Rüter, Jh. Gf., Diss. inaug. jurid. sistens jus mariti circa bona paraphernalia ex legibus Romanis ac patriis illustratum. 4. Götting 781. Dieterich. 2 gr

Rutgers, Ant., oratio de academiis origine universitatum. Accedit fatorum academiae anno 1848—1849 enarratio. gr. 8. (28 S.) Lugduni Batav. 849. (Lipsiae, T. O. Weigel.) n. ⅓ ß

Rutgers, Ant., Historia Jemanae sub Hasano Pascha etc., s. Historia.

Rutgers, Friedr. Ludw., Disquisitio de fundamento quo Johanne auctore fidem sibi habendam nitl voluerit Christus. gr. 8. (XV und 118 S.) Leiden 860, Brill. **

Rutgers, J.: Sexuelle Abstinenz und Lebensenergie. — Berlin: Selbstverl. d. Bundes 1909. 25 S. 8° (Schriften des Deutschen Bundes f. Mutterschutz. Nr 17.)
Aus: Die neue Generation. Jg. 5, H. 7.

Rutgers, J., die Entwicklungsgeschichte der Religion. Autoris. Übersetzg. v. E. Adelaar-Fürth. (Bibliothek der Aufklärg.) (46 S.) 8. Frankfurt a/M. 909. Neuer Frankfurter Verlag. – 60

— Rassenverbesserung. Malthusianismus u. Neumalthusianismus. Einzig berecht. Übersetzung v. Martina G. Kramers. Mit Einführg. v. Marie Stritt. (V, 303 S.) gr. 8. Dresden 908. H. Minden. 3. –; geb. n 4. —

Rütgers, H. Zur Kenntnis einiger Abkömmlinge des Paradichlorbenzols. In-8°. 45 S. Basel. Dissert. 1894

Ruth

—— Eine Erzählung, s. Ausland, das belletristische.

— Ein Roman, s. Bibliothek der besten Engl. u. Franz. Romane.

Ruth. A novel, s. Collection of British authors.

Ruth, ex versione LXX interpretum, secundum exemplar Vaticanum recognitum . . . Jenae 1788. H: *Kordes, Berend.* (ADB) (Ky) (MGT) (Kordes, Schlesw.-holst. u. eutin. Schriftst. Schleswig 1797.)

Ruth, ex versione LXX interpret., secund. exempl. Vatican. recogn. a L. Bos. (Cur. B. Kordes). 8. Jena 788. Cuno. (Schmid). 2 gl.

Ruth, oder die gekrönte häusliche Tugend, in sechs Gesängen. Zürich 1795. V: *Gesner, Georg.* (Ky) (MGT)

— od. die gekrönte häusl. Tugend, in 6 Gesängen, (v. G. Gesner). 8. Zürich 795. Ziegler. 20 gl.

Ruth. Eine Erzählung von der Verfasserin von Mary Barton . . . Aus dem Englischen übersetzt von Dr. C. Büchele . . . Stuttgart 1853. V: *Gaskell, Elizabeth Cleghorn.* (EB)

Ruth. Ein religiöses Schauspiel in 5 Aufzügen. 16. (52 S.) Münster 874. Aschendorff. n. — 20

Ruth. Erzählung aus Erzbischof Otto's Zeiten v. Caritas. 8. (267 S.) Halle 885. Fricke's Verl. n. 2. —

Ruth od. Segnung u. Ruhe. 8. (19 S.) Elberfeld 895. R. Brockhaus (durch J. Faßbender). n. — 06

Ruth Ein Singspiel nach d. heil. Schrift zsgest. f. Jungfrauenvereine e. christl. Gemeinschaften. Hrsg. v. Verband d. Evang. Jungfrauenvereine Deutschlands. Berlin: Selbstverl. d. Verbandes 1907. (15 S.) 8° [5.] Kt. 1910

The Book of Ruth in Hebrew with a Critically-revised Text, Various Readings and a Grammatical and Critical Commentary; to which is appended the Chaldee Targum . . . By Charles H. H. Wright. London. Leipzig 1864.

— das Buch; aus d. Hebr. übers. mit Anmerkk. v. Geo. Riegler. gr. 8. Würzb. 812. Stahel. 9 gl.

— das Büchlein; aus d. Hebr. übers. v. Thadd. Ant. Dereser. 8. Frankf. 806. Varrentrapp. 4 gl. Augsb. 807. Kranzfelder. 4 gl.

Ruth, das Büchlein, zu einer weitern häusl. Erbauung bearbeitet v. J. B. Paur. 8. Linz, Haslinger, (Leipzig, Liebeskind in Comm.) 817.

Ruth Clarke, od. das wohl angewandte Pfund. Eine wahre Geschichte. 16. (2 B.) Basel 833, Schneider.

Ruth and her friends, s. Series for the young.

— die Geschichte der; aus d. Hebr. übers. v. Gli. Müller. gr. 8. Leipz. 758.

— und die kleine Jane, od.: Gnadenblüthen. Nach dem Engl. 16. (95 S.) Cleveland 871. (Philadelphia, Schäfer & Koradi.) geb. n. 1. —

Ruth, die kleine. Aus dem Engl. 16. (44 S.) Herborn 878, Buchh. des Nassauischen Colportagevereins. *

—— dass. — Eine Erzählung für Jung und Alt. 2. Aufl. gr. 16. (III, 44 S.) Ebendas. 879. * 20 Pf.; geb. geb. mit Goldschn. *

Ruth, die kleine. Eine Erzählung für Jung u. Alt. 3. Aufl. gr. 16. (III, 44 S.) Herborn 880. Buchh. des Nassauischen Colportagevereins. n. — 20; geb. — 75; m. Goldschn. n. 1. —

Ruth, die kleine. Eine Erzählung für Jung und Alt. 3. Aufl. 12. (44 S.) Herborn 881, Buchh. des Nassauischen Colportagevereins. * 20 Pf.; geb. geb. mit Goldschn. *

Ruth, die kleine. Eine Erzählg. f. Jung u. Alt. 5. Aufl. 12. (44 S.) Herborn 892. Buchh. d. Nass. Colportage-Vereins. n. — 20

Ruth, die Moabitin, eine morgenländische Geschichte von F. J. Flörk, 8. Stendal, 795. Franzen. 8 ggl.

Ruth u. Rosa oder die zwei dienstfertigen Mädchen. Cincinnati 860. (Philadelphia, Schäfer & Koradi.) 16. (138 S. mit 3 Holzschntaff.) geb. n. 12 ngr.

Ruth, das Waisenmädchen, od. Gottes Wege sind wunderbar 8. (73 S.) Berlin 888. Deutsche Evangel. Buch- u. Tractat-Gesellschaft. n. — 50

Ruth, Festpredigt zum 25jährigen Regierungs-Jubiläum Sr. Königl. Hoh. des Großherzogs Friedrich von Baden. Gehalten den 29. April 1877 in der katholischen Stadtpfarrkirche in Rastatt. gr. 8. (15 S.) Rastatt 877. Hanemann. n. — 20

Ruth, s.: Volumina, quinque.

Ruth, Alca, s.: Lambrecht, Nanny.

Ruth, Emil

Ruth, E., Gedichte. 8. ($8^{1}/_{4}$ B.) Hanau 836, (Edlersche Buchh.)

Ruth, Emil, Geschichte von Italien vom J. 1815 bis 1850. 2 Bde. gr. 8. (XIV, 907 S.) Heidelberg 867, Bassermann'sche Verlagsh. [Frankfurt a. M., Völcker's Verlag.] (* M. 12.) *

Ruth, E., Geschichte der italienischen Poesie. 2 Thle. gr. 8. Leipzig, Brockhaus. [1. ($37^{7}/_{8}$ B.) 844. 2 Thlr. 24 Ngr., 2. ($45^{1}/_{2}$ B.) 47. 3 Thlr. 6 Ngr.]

Ruth, E., Geschichte des italienischen Volks unter der Napoleonischen Herrschaft als Grundlage einer neuesten Geschichte Italiens. Leipzig 859. G. Mayer. (Altona, Haendcke & Lehmkuhl.) gr. 8. (VI, 95 S.) 15 ngr.

Ruth, Emil, Studien über Dante Allighieri, ein Beitrag zum Verständniss der göttlichen Komödie. Tübingen 853. L. F. Fues. gr. 8. (1 Bl., 287 S.) 1 Thlr.

Ruth, Franz

— Über einen neuen Beweis des Pohlke'schen Fundamentalsatzes der klinogonalen Axonometrie (mit 3 Textfiguren. S. 100. Ha[illegible] . . . vgr.
Separatabdruck

Ruth, Frz., über eine besondere Erzeugungsweise des orthogonalen Hyperboloides und über Büschel orthogonaler Kegel und Hyperboloide. Lex.-8. (30 S. mit 1 lithogr. Taf.) Wien 879, (Gerold's Sohn.) *
Aus: Sitzungsberichte der k. Akademie der Wissenschaften, besonders abgedruckt.

Ruth Fr.: D. Junia Juvenala sat. V. ot VII. (Des D. Junius Juvenalis V. u. VII. Satire). [Übersetzung]. (15). Caslau 93.
Progr.

— Über den [illegible] Kreiskegel [illegible] vgr.
Separatabdruck

— Theorie der logarithmischen Rechenschieber als Anleitung für die Benützung der 5 beigegebenen auf Carton lith. Massstäbe u. zum Gebrauche für den Selbstunterricht. Mit 5 in den Text gedr. Holzschn. gr. 8. (VI, 46 S.) Graz 878. Leuschner & Lubensky in Comm. n.n. 1. —; die 5 lith. Massstäbe n.n. 2. —

Ruth, Ge. Leonh., Utrum capiti frigus magis an calor conducat. 28 pp. Altd. 4°.

1728

Ruth, H., die neue Strafprozeß-Ordnung für das Großherzogth. Baden, s. a. Strafprozeß-Ordnung, die neue.

Ruth, H., die neue Strafprozeß-Ordnung für das Großherzogthum Baden in ihrer gegenwärtigen Gültigkeit, mit dem Einführungsedikt u. den auf das Strafverfahren Bezug habenden Gesetzen, Verordnungen u. Belehrungen. Unter kurzer Hinweisung auf den französ. Strafprozeß u. die badische Literatur zusammengestellt. Heidelberg 856. Mohr. 16. (XV, 372 S.) n. 1 Thlr.

Ruth, J. Geo., Samml. geistl. Reden u. Gedichte. 8. Breslau, Korn d. ält. 759.

Ruth, Joh. Heinr., deutsche Sprachlehre f. Schulen. 8. (7 B.) Frankfurt a. M. 834, Jäger.

— Mei Josef isch G'freiter, s.: Vereinstheater.

Ruth, Karl, „mein Josef ist Gefreiter", s.: Vereinstheater.

— Ein rechter Mann zur rechten Zeit, s.: Mehratter.

— Vorübung zum Parademarsch auf der Schusterstube, s.: Herrenbühne.

— Weihnachtsfeierklänge od. . . . . u. niemand fragt nach ihnen, s.: Weihnachtsbühne.

Ruth, Marie

Ruth, M. v., drei Losungsworte. Erzählg. 8. (265 S.) Dresden 897. E. Pierson. n. 1.

Rüth, Max., Abhandl. v. d. Cölibat. . . . Freiburg . . .

— üb. die Folgen d. Cölibats d. Geistlichen auf d. Wohl kathol. Staaten; e. Abhandl. 8. Freiburg 786. Wagner. 3 gr.

— drei Sendschreiben an Erich Servati üb. d. Cölibat d. kathol. Geistlichen. 8. Freiburg 786.

Ruth, Max, der Verteidiger im schweiz. Strafprozessrecht, s. a. Abhandlungen zum schweiz. Recht, 4. Hft.

Ruth, Max. Der Verteidiger im schweiz. Strafprozessrecht. XVI + 170 S. 8. Bern, Stämpfli & Cie.
Ausg. A: Diss. Jur. Bern. 1904.
Ausg. B: 1905. [fr. 3. 60.] — Abhandlungen zum schweizerischen Recht, hrg. von Dr. Max Gmür, Professor.... Heft 4.

Der Verteidiger im schweiz. Strafprozeßrecht. Von Dr. jur. Max Ruth, Advokat in St. Gallen. Bern: Stämpfli & Cie 1905. (XVI, 170 S.) 8°
— Abhandlungen z. schweizerischen Recht. H. 4.

Ruth, Paul [pr. Arzt, aus Berlin]: Ueber die Wirkung einiger Gelseminin-Verbindungen auf Kaltblüter ... Berlin, C. Vogts Buchdr., *1896*; 27 S., 2 Bl. 8.
Berlin, Med. Fak., Inaug.-Diss. v. 17. Nov. 1896

Ruth, Rudolf, Referendar: Das eheliche Güterrecht und Gütererbrecht der übergeleiteten Ehen im Bereiche der Rechte der Provinzen Starkenburg und Oberhessen. Mainz: Diemer 1910. 188 S. 8° ¶(S. 33 ff. im Buchh. ebd.)
Gießen, Jur. Diss. v. 26. Sept. 1910, Ref. A. Schmidt
[Geb. 21. Juli 88 Büdingen; Wohnort: Büdingen; Staatsangeh.: Hessen; Vorbildung: Gymn. Büdingen Reife O. 06; Studium: Freiburg i. B. 3, Berlin 1, Gießen 3 S.; Rig. 4. Febr. 10.] [U 11. 1320

Ruth, Rud., das eheliche Güterrecht. u. Gütererbrecht der übergeleiteten Ehen im Bereiche der Rechte der Provv. Starkenburg u. Oberhessen. (VI, S. 33—188 u. III S.) gr. 8. Mainz 910. J. Diemer. 3.—

Rüth, Carl Joseph, s. Rüth, Karl Joseph

Rüth, Hugo, approb. Arzt aus Mitterteich: Ein Fall von primärem Sarkom der Niere im Kindesalter. *München 1900: C. Wolf & Sohn.* (45 S.) 8°
München, Med. Diss. v. 1900

Rüth, Karl Joseph

RÜTH, Carl Joseph (Mitterteich): De notis haemorrhagias praesagientibus.- Landishuti: Storno 1820. 50 S., 5 Bl.
23.3.1820 - Pe 380; F 58
Diss. Ingolst.-Landsh.-Mchn.

RÜTH, Ludwig (München): De rheumatismo articulorum acuto.- München: Mühlthaler 1871. 13 S.
16.3.1869 - Urk (Titel: De rheumatismo acuto.); F 72; Chr 1868/69,14
Diss. Ingolst.-Landsh.-Mchn.

RÜTH, Maxim., Abhandlung vom Cölibat . . . . Freyburg . . . . (fing.?)

FOLGEN des geistlichen Cölibats auf das Wohl katholischer Staaten (von *Maxim. Rüth*). Freiburg (?). 1786. Rarl
Vgl. Gradmann, Gelehrtes Schwaben, S. 530.

SENDSCHREIBEN, Erstes, zweytes und drittes, an Erich Servati über den Cölibat der katholischen Geistlichen (von *Maxim. Rüth*). Freyburg (fing.) 1786. 8°.
Cfr. Gradmann, l. c.; Anon.-Lex. IV. p. 75.

RÜTH, Wilhelm (Mitterteich): Einige Beiträge zur toxischen Wirkung des Quecksilberoxycyanids.- München: Kastner & Callwey 1912. 34 S.
28.7.1893 - Chr 1893/94,12; U 12.6452
Diss. Ingolst.-Landsh.-Mchn.

RÜTH, Wilhelm (Mitterteich): Meningitis cerebro-spinalis nebst zwei Krankengeschichten.- München: Weiss 1866. 20 S.
26.7.1855 - Urk; F 68
Diss. Ingolst.-Landsh.-Mchn.

* Ruthard Arrevalo u. das Mädchen v. Libanon, eine Wundergeschichte aus d. Zeit d. Belagerung Wiens. Von Ludwig Dellarosa. 2 Thle. 8. Krems. (Leipz. Schmidt.) 802.

Ruthard, Friedr., gründliche Anleitung die Zither spielen zu lernen. Nebst 50 Uebungsstücken in fortschreitender Ordnung, und mit angemerktem Fingersatze. Lex.-8. (37 S.) Stuttgart 847, (Müller'sche Vrlgsh.) *

Ruthard, Friedr., gründliche Anleitung die Zither spielen zu lernen. Nebst 50 Uebungsstücken in fortschreitender Ordnung, u. mit angemerktem Fingersatze. Lex. 8. (37 S.) Stuttgart 847, Wagner in Comm. n. 1⅙ Thlr.

Ruthards Abenteuer; od. die beyden Sänger. Oper in 3 A. 8. Wien, Wallishausser. 1808.

Ruthardt, Adf., Chormeister-Büchlein. Eine Sammlg. 41 kurzgefasster Biographien. 8. (VI, 60 S. m. 8 Taf. Portraits.) Leipzig 890. Gebr. Hug. n. — 75

Ruthardt, Adf., s., Eschmann, J. Carl, Wegweiser durch die Clavier-Litteratur.

Ruthardt, Adf., das Clavier. Geschichtl. Abriss d. Ursprungs, sowie der Entwickelung d. Styls u. der Technik dieses Instrumentes. 12. (V, 60 S.) Leipzig 888. Gebr. Hug. n. 1. —

Ruthardt, Adf., Wegweiser durch d. Klavier-Litteratur, s.: Eschmann, J. C.

— Wegweiser durch die Literatur d. Männergesanges. 8. (III, XV, 94 S.) Leipzig 892. Gebr. Hug. n. 1. 20

Ruthardt, Carl, s. Ruthardt, Karl

Ruthardt, Ernst, Einführung in das lateinische Schul-Vocabular und in das latein. Elementarbuch. 8. (IV und 115 S.) Breslau 862, Korn.

—— lateinisches Elementarbuch im Anschlusse an das lateinische Schul-Vocabular. Lateinischer und deutscher Uebersetzungsstoff, nebst kurzgefaßter Formenlehre. 8. (322 S.) Breslau 862, Korn.

— Loci memoriales. 8. ibid. 841. 6 1/4 ngr

—— et Jul. Zastra, Loci memoriales etc., s.a. Loci.

— et Jul. **Zastra,** Loci memoriales cum accessione locorum auxiliarium. Pars I. 8. ibid. 845. 6 1/4 ngr — idem. Pars II. 8. ibid. 845. 1/4 thl

Ruthardt, Ern., et Arm. Schedler, Loci memoriales metrici, s.a. Loci.

— et Arm. **Schedler,** Loci memoriales metrici et poëtici. 8. ibid. 845. 1/3 thl

Ruthardt, Ernst, Lateinisches Schul-Vocabular. Lern- und Uebungsstoff. Breslau 858. Max u. Co. gr. 8. (XXIV, 174 S.) n. 10 ngr

Ruthardt, Ernst, lateinisches Schul-Vocabular. Lern- und Uebungsstoff. 2. Aufl. 1862. und 3., durchgeseh. Aufl. gr. 8. (IV und 212 S.) Breslau 867, Korn.

Ruthardt, Ernst, Vorschlag u. Plan e. äußeren u. inneren Vervollständigung d. grammatikal. Lehrmethode, zunächst f. d. latein. Prosa entwickelt. Im Anh.: Beil. zu d. Loci Memoriales. gr. 8. (24 1/2 B.) Breslau 841, Max u. Komp. Thlr.

Ruthardt, Frdr., Schule für die Hand-Harmonika. Leichtfassliche Anleitung dieses bekannte Volksinstrument durch Selbstunterricht nach musikalischen Regeln in kurzer Zeit rein und gründlich spielen zu lernen. 2. verm. Aufl. Stuttgart 862. Ebner. qu. 4. (21 S.) 10 ngr

Ruthardt, Karl

Ruthardt, Karl, Kronik der Weltgeschichte. Zusammenstellung des Wissenswürdigsten aus der Sage und Geschichte von den ältesten Zeiten bis zur Gegenwart, mit specieller Berücksicht. Deutschlands und Oesterreichs. (In ca. 12 Lfgn.) 1.—4. Lfg. 8. (S. 1—240.) Stuttgart 879, Levy und Müller. à Lfg. * 50 Pf.

Ruthardt, Karl, Kronik der Weltgeschichte. Zusammenstellung des Wissenswürdigsten aus der Sage und Geschichte von den ältesten Zeiten bis zur Gegenwart mit specieller Berücksicht. Deutschlands und Österreichs. Ein Handbuch mit Registern zur Belehrung, Orientirung und Repetition. 5.—14. (Schluß-) Lfg. 8. (XII, S. 529—684.) Stuttgart 881, Levy und Müller. à Lfg. 50 Pf.; compl. geb.

Ruthardt, Karl, Chronik der Weltgeschichte. Zusammenstellung des Wissenswürdigsten aus Sage u. Geschichte von den ältesten Zeiten bis zur Gegenwart, m. besond. Berücksicht. Deutschlands u. Oesterreichs. 2. Aufl. Neu bearb. v. E. Hesselmeyer. 2 Bde. gr. 8. Stuttgart 900. Levy & Müller. à n. 4 50; in 1 Leinw.-Bd. n. 11. —
1. Altertum u. Mittelalter bis zum Interregnum. (VIII u. S. 1—392.)
2. Neuere u. neueste Zeit. (VII u. S. 393—766.)

—— und Wilh. Föhr, patriotisches Gedenkbuch in Prosa und Poesie von der Auflösung des deutschen Reichs im J. 1806 bis zur Wiederaufrichtung desselben im J. 1871. 8. (XVI, 333 S.) Stuttgart 878, Levy und Müller. *
geb. mit Goldschn. *

— u. Rob. Böhm, Hilfsbüchlein zu Holzers Uebungsstücken. 1. Abth. Stück 1—50. gr. 8. (27 S.) Tübingen 879. Fues. geb. n.n. — 50

— — dasselbe. 1 Abth. Stück 1—70. 2., verb. u. verm. Aufl. gr. 8. (VI, 72 Sp.) Ebend. 881. n. — 80

— — vollständiges Verzeichniß der griechischen Verba anomala, sowie der schwierigeren Einzelformen im Anschluß an die Klasseneintheilung von Curtius u. Koch bearb. gr. 8. (50 S.) Cannstatt 879. Bosheyer. n. — 60

Ruthardt, K., u. R. **Böhm,** Verzeichnis der griechischen Verba anomala, sowie der schwierigeren Einzelformen, im Anschluß an die Klasseneinteilg. v. Curtius u. Koch bearb. 2., verm. Aufl., besorgt v. R. Böhm. gr. 8. (III, 57 S.) Cannstatt 889. Bosheyer. n. — 75; geb. n. 1. —

Ruthart, G. Th. Ist die Altenburg bei Bamberg wirklich das Castrum Babenbergk Regino's zu d. J. 902 906 u. die civitas Papinberc der Urkunde von 973? Blick in die Urgeschichte der Stadt Bamberg. (44) 4. Bamberg 1875.

Ruthe, s.: Realienbuch, Nicolai'sches.

Ruthe, E., u. C. **Harwig,** stenographisches Lese- u. Uebungsbuch nach Gabelsberger's System. 13. völlig umgearb. Aufl. gr. 16. (42 S.) Braunschweig 899. Schulbuchh. n. — 40

Ruthe, E., u. C. **Harwig,** stenographisches Lese- u. Uebungsbuch nach Gabelsberger's System. 8., verb. Aufl. 12. (42 S.) Braunschweig 894. Schulbuchh. n. — 40

Ruthe, E., u. C. **Harwig,** Stenographisches Lese- u. Uebungsbuch nach Gabelsberger's System. 12. Aufl. 12. (42 S.) Braunschweig 898. Schulbuchh. n. — 40

Ruthe, E., u. C. Harwig, stenograph. Lese- u. Uebungsbuch nach Gabelsberger's System. 16., nach den Berliner Beschlüssen umgearb. Aufl. (42 S.) kl. 8. Braunschweig 906. Schulbuchhandlung. n. — 40

Ruthe, E., und C. Harwig, Lese- und Übungsbuch für Gabelsbergische Stenographen. 1. und 2. Aufl. gr. 8. (32 autogr. S.) Braunschweig 886, (Schulbuchhandlung.) **

—— —— Lese- und Uebungsbuch für Gabelsberger'sche Stenographen. 3. und 4. Aufl. 12. (42 autogr. S.) Ebendas. 886,88. *

Ruthe, E., u. C. Harwig, Lese- u. Uebungsbuch f. Gabelsberger'sche Stenographen. 5., verb. Aufl. 12. (42 autograph. S.) Braunschweig 890. Schulbuchhandlg. n. — 40

Ruthe, E., u. C. Harwig. Lese- u. Uebungsbuch f. Gabelsberger'sche Stenographen. 6. Aufl. 16. (42 autogr. S.) Braunschw. 891, Schulbuchh. * — 40

Ruthe, Johann Friedrich

Ruthe, Joh. Friedr., Flora d. Mark Brandenburg u. der Niederlausitz. M. 2 lith. Taf. 2., verm. u. verb. Aufl — A. u. d. T.: Versuch e. Naturgeschichte der Mark Brandenburg u. d. Niederlausitz. — Pflanzen. gr. 8. (44¼ B.) Berlin 834, Lüderitz.

— Flora d. Mittelmark, enthalt. getrocknete Exemplare u. vollständ. Beschreib. aller Pflanzen, welche in d. Mittelmark wild wachsen, mit Angabe d. Nutzens od. Schadens, des Standortes u. d. geograph. Verbreitung. 1e Centurie. Fol. Berl. 822. Logier. 4 ₰ 20 gr.

Ruthe, J. Fr., auf der Flucht vor den Strickreitern im Königr. Westfalen 1809–1811, s. a. Aus der Zeit der schweren Not. III.

Auf der Flucht vor den Strickreitern im Königreich Westfalen 1809 bis 1811. Selbsterlebnisse von J(ohann) F(riedrich) **Ruthe**, weil. Oberl. in Berlin. Braunschweig: W. Scholz 1906. (70 S.) 8° [F.]
Aus: (Ruthe): Leben, Leiden u. Widerwärtigkeiten e. Niedersachsen.
= **Zeit**, Aus der, d. schweren Not. 3. (08. 13130

Ruthe, Joh. Friedr., und Frz. Herm. Troschel, Handbuch der Zoologie, s. Troschel, Frz. Herm.

Ruthe, J. F., u. A. F. A. Wiegmann, Handbuch der Zoologie, siehe: Wiegmann, A. F. A.

— s. **Herold, der erste Berliner.**

— Versuch e. Naturgeschichte d. Mark Brandenburg u. der Niederlausitz. Pflanzen, A. u. d. T.: Flora der Mark Brandenburg u. der Niederlausitz. 1r Thl. gr. 8. Berl. 827. Logier. 1 ₰ 12 gr.

Ruthe, Paul (Hrsg.), s. Hausen, Friedrich: Nicolaisches Realienbuch.

RUTHE, Mme. E. (geb. Prinzessin v. Omán u. Zanzibar). Memoiren einer arabischen Prinzessin. 2 Bde. 2. Auflage. Mit Portrait. Berlin 1886. 8°. (Mk. 10—.) (3 Mk. 50 Pfg., Hfrz., C. Kirsten, Hamburg, 1909.)
Ed. I. von demselben Jahre. (1 Mk. 50 Pfg. G. Priewe, 1895.)
— Nicht erotisch.

Ruthel, Karl, goldene Regeln u. Winke f. d. Obstbaumzucht. Nach d. Erfahrgn. bedeut. Fachmänner zusammengest. Plakat. 64×48 cm. Burgbernheim 897. Windsheim, F. Herold. — 50; eum Pr. n.n. 30

Ruthemeyer, B., Maschinenfabrik und Eisengießerei: Preislisten usw. (1910) ff. Soest

Ruthemeyer, H., die Elektrizität im Eisenbahnbetriebe. Gemeinverständlich dargestellt u. erläutert durch 43 Abbildgn. (VIII, 84 S.) 8. Berlin 910. K. Amthor. Geb. in Leinw. 1. 80

Ruthemeyer, Willy, Referendar in Düsseldorf: **Beitrag zur Lehre von der Wandelung und Minderung im B.G.B. und die Geltendmachung der Ansprüche im Prozeß.** Düsseldorf 1907: C. Schaab. (IX, 68 S.) 8°
Leipzig, Jur. Fak., Diss. v. 2. Jan. 1907
[Geb. 22. Aug. 80 Düsseldorf; Wohnort: Düsseldorf; Staatsangeh.: Preußen; Vorbildung: Hohenzollern-Gymn. Düsseldorf Reife O. 01; Studium: Straßburg 5, Berlin 1, Bonn 2 S.; Rig. 27. Mai 05.]

Rüthen [Schlagwort]

Rüthen, s.: Preussen. Messtischblätter.

Ruthenburg, Alexander (geb. am 4 Dez. 1804 in Rüthen Westf.): De syphilide ab aliis atque a partibus genitalibus exeunte observationes quaedam . . . Bonnae, ex off. Neusseriana (1830). VI, 16 S., 1 Bl. 4.
Bonn, Med. Fak., Diss. v. 4 Juni 1830

Ruthendorf, Przewoski, Otto v., approb. Arzt aus Brusa: **Aus d. pathol. Institut zu Kiel. Über die Befunde bei plötzlichen Todesfällen.** *Kiel 1900: K. Jansen.* (32 S.) 8°
Kiel, Med. Diss. v. [8. März] 1900

Ruthenia, od. 1r—6r Jahrg. d. St. Petersburg. Monatsschrift, herausgg. v. F. E. Schröder u. J. B. Albers. 6 Jahrga. in 18 Bdn. 8. St. Petersb. u. Riga 805—810. Meinshausen. à Jahrg. 6 ₰ — Ruthenia, oder: deutsche Monatsschrift in Rußland. Von J. B. Albers u. F. E. Brehe. 7r Jahrg. 1r u. 2r Bd. Jan.—Aug. 1811. 8. Ebd. Deubner. 3 ₰

Ruthenia. Zeitschrift f. die Reußen-Lande, f. allgemeine Belehrung und Unterhaltung. Redact. D. Bockelmann (1.) Jahrg. 1846. 52 Numm. (Bog.) 4. Schleiz 846, Wagner'sche Buchh. n. 1⅓ ₰ Für 1845, s. Zeitschrift für Reuß. Landeskunde.

Rutheno Ungarica grammatica. 8 maj. (6 B. incl. 1¼ B. gr. 4.) Viennae 834, Wenedikt.

Ruthenus, Karl

Ruthenus, Carl, Herr Prof. Höpfner u. seine Ansichten öffentlich in Schutz genommen. gr. 8. (1 B.) Leipzig 832, [Berger'sche Briefbuchh.]

—— der formale Supernaturalismus, od. der einzig mögl. Weg zu e. Ausgleichung d. streitenden theolog. Parteien. gr. 8. (7 B.) Leipzig 834, Rein.

Rüther, Anton, approb. Arzt aus Bleiwaesche i. Westf.: **Aus d. chirurg. Klinik zu Giessen. Ueber die mit dem Behring'schen Diphtherie-Heilserum in der chirurgischen Klinik in Giessen in der Zeit vom 1. I. 1897 bis 31. XII. 1901 erzielten Erfolge.** *Giessen 1902: Heppeler & Meyer.* (33 S.) 8°
Giessen, Med. Diss. v. 1902

Ruether, [illegible]
Berlin, Med. Diss. v. [illegible]

Rüther, [Eduard], Dr.: **Napoleon I. und Polen in den Jahren 1806 und 1807.** (T. 1.) *Hamburg 1901: Lücke & Wulff.* (25 S.) 4° ¶ [= Phil. Diss. Rostock 1901.]
Hamburg, R in Eimsbüttel, P 1901 (803)

Rüther, [Eduard], Dr.: **Napoleon I. und Polen in den Jahren 1807—1812.** (T. 2.) *Hamburg 1902: Lücke & Wulff.* (30 S.) 4° ¶ [Forts. d. P-Beil. 1901.]
Hamburg, R in Eimsbüttel, P 1902 (819)

Rüther, E., die Verfassung u. Rechtsentwicklung des Landes Hadeln im Mittelalter. (23 S.) 8. Hannover 909. E. Geibel. 1. —
Sonderabdruck aus: „Jahresber. d. Männer v. Morgenstern".

Ruether, Gerhard (geb. am 3 Sept. 1844 in Beverungen a. d. Weser): Die lokale Anaesthesie . . . Bonn, gedr. bei J. F. Carthaus (1868). 26 S., 1 Bl. 8.
Bonn, Med. Fak., Diss. v. 14 Aug. 1868

Rüther, H., s. a. Urkundenbuch des Klosters Neuenwalde.

URKUNDENBUCH DES KLOSTERS NEUENWALDE. Im Auftrage des Stader Vereins für Geschichte und Altertümer und mit Unterstützung der Bremischen Ritterschaft bearbeitet von H. RÜTHER. Mit 1 Karte und 5 Lichtdrucktafeln. Hannover und Leipzig 1905. Hahn'sche Buchhandlung. 8°.

Rüther, R., zur Sichtbarkeit des Schweinepesterregers. (63 S. m. Abbildgn.) gr. 8. Hannover 910. M. & H. Schaper. 1.50

Rüther, Th., „haltet Frau Musika in Ehren." Rede gehalten am Jahrestage der bockhorner Liedertafel. 8. (1 B.) Oldenburg 811, Schulzesche Buchh.

Rutherford u. Fenwick, elementare Sätze aus der Coordinaten-Geometrie für zwei Dimensionen nebst ihrer Anwendung bei den Beweisen der interessantesten Theoreme. Aus d. Engl. übers. u. mit einem Nachtrage versehen von Aug. Wiegand. gr. 8. Halle 845, Lippert u. Schmidt. 6 ngl

Rutherford, Ernest

Rutherford, E., Mitteilungen der Radiumkommission der kaiserl. Akademie der Wissenschaften. III. Untersuchungen über die Radiumemanation. I. Volumen der Emanation. [Aus: Sitzungsber. d. k. Akad. d. Wiss., mathem.-naturw. Klasse. Bd CXVII. Abt. IIa.] Gr.-8°. (18 S. mit 1 Tafel.) † K —.65
Wien: Höder 1908.

Rutherford, E., die Radioaktivität. Unter Mitwirkg. des Verf. ergänzte autoris. deutsche Ausg. v. E. Aschkinass. (X, 597 S. m. Fig.) gr. 8. Berlin 907. J. Springer. n. 16.—; geb. in Halbldr. n. 18.50

Rutherford, E., radioaktive Umwandlung, s. a. Wissenschaft, die. 21. Heft.

Radioaktive Umwandlungen [Radioactive transformations]. Von E[rnest] **Rutherford**, prof., Montreal. Übers. von M. Levin. Mit 53 Abb. Braunschweig: F. Vieweg & Sohn 1907. (VII, 285 S.) 8°
= **Wissenschaft**, Die. H. 21. [07. 6640

— Untersuchgn. üb. die Radiumemanation, s.: Mitteilungen der Radium-Kommission der kaiserl. Akademie der Wissenschaften. III.

und Robinson H., Wärmeentwicklung durch Radium und Radiumemanation (mit 5 Textfiguren) S. 121. IIa 1908 [illegible] 1.10
— — Über die Masse und die Geschwindigkeiten der von den radioaktiven Substanzen ausgesendeten α-Teilchen (mit 1 Taf. und 3 Textfiguren) S. 122. IIa 1855 [illegible] 1.30
Separatabdruck

Rutherford, John (Schottland) A. S. 1150/13

Disputatio medica inauguralis, de nephritide.
Präs. Jacobus Vallan.
Utrecht (vande Water) 2. VII. 1709. 7 S.

Gew.: Patricius Scott de Ancrum. 29593

Rutherford's, Sam., Briefe nebst e. kurzen Abriß sein. Lebens. A. d. Engl. 2 Thle. gr. 8. (10 u. 10¼ B.) Berlin 834, 35, Eichler. à 8 Gr.

Rutherford's, (Pfarrer zu Anwoth) Samuel, Briefe nebst e. kurzen Abriß seines Lebens. Aus d. Engl. 1r u. 2r Thl. gr. 8. Berlin 834, 35. (Thome,) n. ⅔ ℛ

Rutherford, Sam., Briefe. Mit einer Biographie desselben von Carl Frdr. Ledderhose. Basel 863. Spittler. gr. 8. (XXIV, 264 S.) n. 24 ngr.

Rutherford's, Samuel, geistliche Trostbriefe nebst kurzem Abriß seines Lebens. 2 Bdchn. (in e. Bd.) Aus dem Engl. übers. u. hrsg. von Fr. Focke. 2. durchgesch. Aufl., m. empfehl. Vorworte v. Rudolph. Kögel. gr. 8. (XII, 313 S.) Berlin 873. Eichler. n. 3. —

Rutherford, W. Gunion, zur Geschichte des Atticismus. Zwei Abhandlungen. Übers. von A. Funck. gr. 8. (45 S.) Leipzig 883, Teubner. *
Aus: Jahrbücher für classische Philologie, besonders abgedruckt.

Rutherford, William, die vollständ. Lösung numerischer Gleichungen, bei welcher durch ein u. dasselbe Verfahren sowohl die imaginären, als auch die reellen Wurzeln leicht bestimmt werden. Aus d. Engl. übers. von Aug. Wiegand. gr. 4. (IV u. 30 S.) Halle 849, Schmidt. n. ½ ℛ

Ruthiere, Claude Carloman de. Geschichte der Revolution in Russland im Jahre 1762. Aus dem Französischen. Deutschland (Hamburg) 1797. Neue Aufl. Germanien (Strassburg) 1797(?). Ü: *Tobiesen, L. H.* (wr)

Ruthin, St. Abtey, od. der liebenswürd. Findling; aus d. Engl. 8. Leipz. 785. Schwickert. 1 ℛ

Ruthing, Alexander: Über chemische Unterschiede im Verhalten desmotroper Verbindungen in Lösungsmitteln und über Formyldesoxybenzoin. Würzburg 1910: Becker. 80 S. 8°
Tübingen, Naturwiss. Diss. v. 27. April 1910, Ref. Wislicenus
[Geb. 21. Aug. 87 Riga; Wohnort: Tübingen; Staatsangeh.: Rußland; Vorbildung: Stadt-Realsch. Riga; Studium: Techn. Hochschulen Riga, Hannover, Univ. Tübingen 4 S.; Coll. 27. April 10.] [U 10. 4252

Ruthinger, Marcel, a. Metz: Die Irreducibilitätsbeweise der Kreisteilungsgleichung. Straßburg i. Els. 1907: C. Müh & Cie. (119 S.) 8°
Straßburg, Math.-naturw. Fak., Ref. Weber, Diss. v. 17. Juni 1907
[Geb. 13. Dez. 85 Straßburg i. E.; Wohnort: Metz; Staatsangeh.: Elsaß-Lothringen; Vorbildung: Lyzeum Metz Reife M. 03; Studium: Straßburg 7 S.]

Ruthland, der Lady Amalie, Familienbegebenheiten. 2 Thle. 8. Eisenach 791. Bärecke. 1 ℛ

Rüthlein, Heinr., die Villa. Lustspiel in Darmstädter Mundart in 2 Akten. (74 S.) 8. Darmstadt 910. H. L. Schlapp. — 50

Rüthling, J. F., komisches Allerlei, s. Vorträge, komische.

—— der sächsische Dorfschulmeister. Komischer Vortrag. 32. (21 S.) Potsdam 847, Janke.

Rüthling, J. F., komische Gedichte u. Vorträge. Gesammt-Ausg. Nebst einer Biographie des Verstorbenen u. einem interessanten Briefwechsel mit Seidelmann. 8. (IV u. 180 S.) Potsdam 850, (Berlin) Janke. $^5/_{12}$ ℛ

Rüthling, Paul, s. a. Dilettanten-Theater f. Damen.

Rüthling, Paul, Dilettantentheater f. Damen. Eine Orig.-Sammlg. v. heiteren u. ernsten Vorträgen, Solo- u. Duoscenen, Lustspielen, leb. Bildern u. Gelegenheits-Aufführgn. aller Art. Mit Beiträgen v. E. Mensch, Anna v. Krane u. a. 1. Sammlg. 8 Hfte. 8. (399 S.) Stuttgart 893. Levy & Müller. Subskr.-Pr. à Hft. — 60; Einzelpr. à n. — 75 (1. Sammlg. kplt.: n. 5.—; geb. n. 6. 20)

— dasselbe. 9.—14. Hft. = 2. Sammlg. 1.—6. Hft. gr. 8. (S. 1—288.) Ebd. 894. Subskr.-Pr. à Hft. — 60; Einzelpr. à — 75

Rüthling, Paul, Dilettantentheater f. Damen. Eine Orig.-Sammlg. v. heiteren u. ernsten Vorträgen, Solo- u. Duoscenen, Lustspielen, leb. Bildern u. Gelegenheits-Aufführgn. aller Art. M. Beiträgen v. E. Mensch, Anna v. Krane u. a. 15.—17. Hft. (2. Sammlg. 7.—9. Hft.) 8. (S. 289—434.) Stuttgart 895. Levy & Müller. Subskr.-Pr. à — 60; Einzelpr. à n. — 75; (kplt. à Sammlg. n. 5. —; geb. m. Goldschn. n.n. 6. 20)

— dasselbe, s. a.: Dilettanten-Theater f. Damen.

— famos! Der neue Familien- u. Vereins-Humorist. Eine fortlauf. Sammlg. v. humorist. Vorträgen u. Aufführgn. f. e. od. mehrere Personen [Damen u. Herren]. Mit faßl. Anleitg. zum wirksamen Vortrage, sowie prakt. Winken f. Regie, Kostüm, Maske, Dekoration u. Requisiten. 1. u. 2. Jahrg. à 12 Hfte. (à ca. 3 Bog.) gr. 8. Ebd. 892. 893. Subskr.-Pr. à Hft. n. — 75; Einzelpr. à n. — 90; à Jahrg. geb. in Leinw. n. 10. —

— dasselbe. 3. Jahrg. 1.—10. Hft. (Der ganzen Reihe 25.—34. Hft.) (à ca. 3 Bog.) gr. 8. Ebd.
Subskr.=Pr. à Hft. n. — 75; Einzelpr. à n. — 90

— dasselbe. 4. Jahrg. 12 Hfte. (D. ganzen Reihe 37.—48. Hft.) gr. 8. (576 S.) Ebd. 895—897. Subskr.=Pr. à Hft. — 75; Einzelpr. à Hft. n. — 90 (4. Jahrg. kplt. geb. in Leinw. [IV, 580 S.] n. 10. —)
Bei Hft. 2—6 war Herm. Förtsch Mitherausgeber.

— famos! D. neue Familien= u. Vereins=Humorist. E. fortlauf. Sammlg. v. humorist. Vorträgen u. Aufführgn., Schwänken, Couplets (m. Noten), Pantomimen ꝛc. f. e. od. mehr. Personen [Damen u. Herren]. M. faßl. Anleitg z. wirksamen Vortrage, sow. prakt. Winken f. Regie, Kostüm, Maske, Dekoration u. Requisiten. 3. Jahrg. 11. u. 12. Hft. (Der ganzen Reihe 35. u. 36. Hft.) gr. 8. (S. 481—579.) Stuttgart 895. Levy & Müller.
Subskr.=Pr. à — 75; Einzelpr. à n. — 90 (kplt. à Jahrg. n. 9. —; geb. n. 10. —)

— dasselbe. 5. Jahrg. 1.—3. Hft. (Der ganzen Reihe 49.—51. Hft.) gr. 8. (S. 1—144.) Ebd. 898.
Subskr.=Pr. à — 75; Einzelpr. à n. — 90

— Famos! Der neue Vereins=Humorist. Eine fortlauf. Sammlg. von humorist. Vorträgen u. Aufführungen, Schwänken, Couplets (m. Noten), Pantomimen ꝛc. f. e. od. mehrere Personen [Damen u. Herren]. Mit faßl. Anleitg. zum wirksamen Vortrage, sowie prakt. Winken f. Regie, Kostüm, Maske, Dekorationen u. Requisiten. 5. Jahrg. 4.—12. Hft. (Der ganzen Reihe 52.—60. Hft.) gr. 8. (S. 145—576.) Stuttgart 899—901. Levy & Müller. Einzelpr. à n. — 90; Subskr.=Pr. à — 75

— dasselbe. Begründet v. R. 6. Jahrg. 1. u. 2. Hft. (Der ganzen Reihe 61. u. 62. Hft.) gr. 8. (96 S.) Ebd. (902).
Einzelpr. n. — 90; Subskr.=Pr. à — 75

Ruthner, Anton, die Alpenländer Oesterreichs u. die Schweiz. Eine Parallele der Naturschönheiten des österreich. u. schweizer Hochlandes. gr. 8. Wien 843, Braumüller u. S. n. 1/4 ℛ

**Ruthner, Ant. v., Berg= und Gletscher=Reisen in den österreichischen Hochalpen. gr. 8. (XVII und 414 S. mit 6 Abbild. in Farbendr. und 1 chromolithogr. Gebirgskarte in Fol.) Wien 864, Gerold's Sohn. * 4 Thlr.; geb. *
geb. mit Goldschn. ***

Ruthner. Anton von. Berg- und Gletscher-Reisen in den österreichischen Hochalpen. [2 Bände. *je* Mit illustriertem Umschlag.] 8. Wien 1864–1869.
[Band 1.] (Aus den Tauern.) Mit 6 Abbildungen in Farbendruck und einer Gebirgskarte.
[Band 2.] Aus Tirol. Berg- und Gl.-Reisen .... Neue Folge. [Mit 4 Abbildungen in Farbendruck und 1 Karte.]

Ruthner, Ant. v., das Königr. Böhmen, die Markgrafsch. Mähren und das Herzogth. Schlesien in malerischen Orig.-Ansichten seiner reizendsten Landschaften, großartigsten Naturschönheiten und seiner bedeutendsten Städte in 14 photographisch treu ausgeführten Stahlst. Mit beschreibendem Text seiner Geschichte, seines Culturlebens und seiner Topographie. Lex.=8. (212 S.) Wien 880, Perles. *
Aus: Das Kaiserthum Oesterreich und Königreich Ungarn, besonders abgedruckt.

— vom Hohen Goldberg in Rauris. Vortrag in der Jahres=Versammlg. am 4. Nov. 1875. [Aus: „Mittheilgn. d. Ges. f. Salzb. Landeskunde".] gr. 8. (11 S.) Salzburg 876. (Dieter.) n. — 20

von **Ruthner,** Anton: Aus dem österreichischen Hochgebirge. Ersteigung der Hohen Wildspitze im Oetzthale. ([S.-A.] Mittheilungen der k. k. Geographischen Gesellschaft in Wien. Jahrg. 6. 1862.) Wien 1863. 28 S. 8°.

von **Ruthner**, Anton: Höhenmessungen aus der Tauernkette. ([S.-A.] Mittheilungen der k. k. Geographischen Gesellschaft in Wien. Jahrg. 5. 1861.) Wien 1862. 3 S. 8°.

— das Herzogthum Kärnten u. Krain ꝛc. ꝛc. in 12 Stahlst. Lex.=8. (170 S.) Ebend. 880. n. 5. —

— das Küstenland u. das Königreich Dalmatien ꝛc. ꝛc. in 4 Stahlst. Lex.=8. (126 S.) Ebend. 880. n. 4. —

Ruthner, A. v., Los v. Rom. Hochlands=Roman. 8. (III, 306 S.) Stuttgart 902. H. Koch. n. 3. —

von **Ruthner,** Anton: Das Maltathal in Kärnthen. Ersteigung des Hochalpenspitzes. ([S.-A.] Mittheilungen der Geographischen Gesellschaft in Wien. Jahrg. 5. 1861.) Wien 1861. 28 S. 8°.

— Nieder=Oesterreich ꝛc. ꝛc. in 33 Stahlst. Lex.=8. (408 S.) Ebend. 880. n. 9. 60

— Ober=Oesterreich ꝛc. ꝛc. in 14 Stahlst. Lex.=8. (224 S.) Ebend. 880. n. 6. 40

von **Ruthner,** Anton: Der Olperer im Tuxer Hauptkamme. ([S.-A.] Jahrbuch des Oesterreichischen Alpen-Vereines. Bd. 3. 1867.) Wien 1867. 42 S. 8°.

Ruthner, Dr. Anton v., Mitglied der k. k. geographischen Gesellschaft in Wien etc. **Das Kaiserthum Oesterreich und Königreich Ungarn.** In malerischen Originalansichten seiner reizendsten Landschaften und grossartigsten Naturschönheiten, seiner bedeutendsten Städte und ausgezeichnetsten Bauwerke in Stahlstichen. Mit beschreibendem Text seiner Geschichte, seines Culturlebens und seiner Topographie. I. Bd. 1. Abth. mit 1 Titelkupfer und 55 Stahlstichen. 2. Abth. mit 1 Titelkupfer und 60 Stahlstichen. II. Bd. 1. Abth. mit 1 Titelkupfer und 53 Stahlstichen. 2. Abth. mit 1 Titelkupfer und 38 Stahlstichen. (4 Bde.)
gr. 8. Wien, Darmstadt **1871—1878.**

Ruthner, Ant. v., das Kaiserth. Oesterreich und Königr. Ungarn in malerischen Orig.=Ansichten seiner reizendsten Landschaften u. großartigsten Naturschönheiten, seiner bedeutendsten Städte und ausgezeichnetsten Bauwerke in photographisch treu ausgeführten Stahlstichen. Mit beschreib. Text seiner Geschichte, seines Culturlebens und seiner Topographie. 5—59. Lfg. hoch 4. (S. 161—320 m. je 3 Stahlst.) Wien 876. Perles. à n. 1. —; feine Ausg. à n. 1. 80; Künstler=Ausg. Imp.=4. à n. 1. 80;
Pracht=Ausg. Imp.=4. à n. 3. —

Ruthner, Ant. v., das Kaiserthum Oesterreich u. Königreich Ungarn in malerischen Orig.=Ansichten seiner reizendsten Landschaften u. großartigsten Naturschönheiten, seiner bedeutendsten Städte u. ausgezeichn. Bauwerke in photographisch treu ausgeführten Stahlstichen. Mit beschreibendem Text seiner Geschichte, seines Culturlebens u. seiner Topographie. 60—80. [Schluß=]Lfg. hoch 4. (S. 330—1088.) Wien 877—79. Perles. n. 20. 70; feine Ausg. n. 36. 70; Künstler=Ausg. Imp.=4. n. 38. 60; Pracht=Ausg. Imp.=4. n. 61. 30 (cplt.: n. 79. 70; feine Ausg. n. 142. 90; Künstler=Ausg. n. 150. 70; Pracht=Ausg. n. 238. 30)
Lfg. 60—78. à n. 1. —; feine Ausg. à n. 1. 80; Künstler Ausg. à n. 1. 90; Pracht=Ausg. à n. 3. —
Lfg. 79. 80. n. 1. 70; feine Ausg. n. 2. 50; Künstler Ausg. n. 2. 50; Pracht=Ausg. n. 4. 70

Ruthner, A. v., die Paschawirtschaft an den deutschen Hoftheatern. Enthüllungen aus dem internen Leben u. Treiben der deutschen Hoftheater, anläßlich der Affaire Speidel-Mottl contra „Bayr. Kurier". (99 S.) 8. München (907). Verlag „Tasmania". 1. 50

— das Herzogthum Salzburg in 7 Stahlst. Lex.=8. (160 S.) Ebend. 880. n. 5. —

von **Ruthner**, Anton: Skizzen aus dem Stubaier Gebirge. ([S.-A.] Jahrbuch des Oesterreichischen Alpen-Vereines. Bd. 2. 1866.) Wien 1866. 64 S., 1 Krt. 8°.

von **Ruthner**. Anton: Skizzen aus der Zillerthaler Gebirgsgruppe. ([S.-A.] Mittheilungen der k. k. Geographischen Gesellschaft in Wien. Jahrg. 8. 1864. Heft 2.) Wien 1865. 68 S. 8°.

— das Herzogthum Steyermark ꝛc. ꝛc. in 5 Stahlst. Lex.=8. (153 S.) Ebend. 880. n. 4. —

Ruthner, Ant. v., aus Tirol. Berg- u. Gletscher-Reisen in den österreich. Hochalpen. Neue Folge. Wien 869. Gerold's Sohn. gr. 8. (VIII, 464 S. mit 4 Chromolith. u. 1 lith. Karte in qu. Fol.) n. 4 ℛ; in engl. Einb. n. 4 ℛ 20 ngr.

— die gefürstete Grafschaft Tirol u. Vorarlberg ꝛc. ꝛc. in 40 Stahlst. Lex.-8. (144 S.) Ebend. 880. n. 9. 60

von Ruthner, Anton: Uebergang von Rofen im Oetzthale über die Vernagt- und Gepaatsch-Ferner nach dem Kaunerthale. ([S.-A.] Jahrbuch des Oesterreichischen Alpen-Vereines Bd. 1. 1865.) Wien 1865. 28 S. 8°.

von Ruthner, Anton: Uebergang von Stubai nach dem obersten Passeier. ([S.-A.] Jahrbuch des Oesterreichischen Alpen-Vereins. Bd. 4. 1868.) Wien 1868. 37 S. 8°.

von Ruthner, Anton: Wanderungen auf dem Glocknergebiete (Neue Folge.) ([S.-A.] Mittheilungen der k. k. Geographischen Geselischaft in Wien. Jahrg. 6. 1862.) Wien 1863. 37 S. 8°.

von Ruthner, Anton: Die Zugspitze im bayerischen Oberlande. ([S.-A.] Jahrbuch des österreichischen Alpen-Vereins. Bd. 3. 1867.) Wien 1867. 36 S., 1 Tf. 8°.

Rüthnick, [Otto]: [1. • De conditionibus quibus subiectae sunt duae sectiones conicae jacentes in planitie secundi ordinis sive in superficie coni.] 16 S. 4° (2°) — [2. • Dasselbe deutsch.] 27 S. 4° (2°)
Halle-Wittenberg, Phil. Diss. v. 26. Okt. 1867
Geb. [Brandenburg a. d. Havel 6. 9. 1841]
Die deutsche Fassung ersch. u. d. T.: Über zwei auf einer Oberfläche 2. Ordnung liegende Kegelschnitte. Frankfurt a. O. 1880: Trowitzsch. 15 S., 1 Taf. 8° (4°) Friedrichs-Gymn., Progr.

Rüthnick, Otto Darstellung der Entwicklung der Gesetze des Stofses von Cartesius an. 4 (S. 1–11).
Progr. Ritter-Akad. *Brandenburg a. H.* 1890 (68)

Rüthnick, Otto Über zwei auf einer Oberfläche zweiter Ordnung liegende Kegelschnitte. 15 S. u. Taf. **Progr.** G. *Frankfurt a/O.* 1880.

Rüthnick, Otto [Dr., Oberl.]: Sammlung von Aufgaben aus der Stereometrie zum Gebrauche in I. — Darstellung der Entwicklung der Gesetze des Stosses von Cartesius an. Brandenburg a. d. Havel, Druck v. G. Matthes (1890); 1 Bl., 12, 11 S. 4°
Brandenburg, RAk, OP 1890

Rüthnick, Richard, Dr.: Die Politik des Bayreuther Hofes während des siebenjährigen Krieges. Vornehmlich nach archivalischen Quellen dargestellt. Bayreuth 1905: L. Ellwanger. (117 S.) 8° [F.] [Aus: Archiv f. Geschichte u. Altertumskunde v. Oberfranken.]
München, Phil. Fak., Ref. v. Heigel, Diss. v. 12. Juli 1905
[Geb. 27. Nov. 81 Zachow, Regbzk. Potsdam; Wohnort: Wiesbaden; Staatsangeh.: Preußen; Vorbildung: Ludwigsgymn. München Reife Juli 00; Studium: Göttingen 4, München 5 S.; Rig. 6. März 05.]

Rüthning, Gustav

Rüthning, G., s.: **Bericht üb. die Tätigkeit des Oldenburger Vereins f. Altertumskunde u. Landesgeschichte.**

Rüthning, Gustav: Der Festungskrieg und die Schlachten im deutschen Reiche vom Anfang des X. bis zur Mitte des XIII. Jahrhunderts. Halle a/S. 1880: Plötz. 41 S. 8°
Halle-Wittenberg, Phil. Diss. v. [9. März] 1880
Geb. Havelberg 2. 1. 1854. V.
Verf. erlebte die Diplomerneuerung 1930 als Geheimer Studienrat, Oberstudienrat a. D. in Oldenburg i. O., vgl. Anh. Nr. 723.

Rüthning, Gust., Geschichte der oldenburg. Post. Denkschrift zur Eröffng. das Dienstbetriebes im neuen Reichspostgebäude. (VII, 91 S. m. 7 Taf. u. 1 Karte.) gr. 8. Oldenburg 902. G. Stalling's Verl. Kart. n. 3. —

Rüthning, Gust., Landeskunde d. Großherzogt. Oldenburg. Zunächst zur Ergänzg. der Schulgeographie von E. v. Seydlitz hrsg. gr. 8. (39 S. m. Holzschn. u. 2 Karten.) Breslau 893. F. Hirt. Kart. n. — 50

Rüthning, Gust., Landeskunde des Großherzogt. Oldenburg. Zunächst zur Ergänzg. der Schulgeographie von E. v. Seydlitz hrsg. Mit e. Karten- u. Bilderanhang. 2., verb. Aufl. gr. 8. (56 S.) Breslau 901. F. Hirt. Kart. n. — 75

— Landeskunde des Großherzogt. Oldenburg. (Heimatkunden, zunächst zur Ergänzg. der Schulgeographie von E. v. Seydlitz.) Mit e. Bilderanh. 3., durchgeseh. u. erweit. Aufl. (68 S.) gr. 8. Breslau 906. F. Hirt. Kart. n. — 75

Rüthning, Gustav [Dr.]: Tilly in Oldenburg und **Mansfelds Abzug aus Ostfriesland. Nach den Quellen des Grossherzoglich oldenburgischen Haus- und Centralarchivs. Mit einem Plan der Festung Oldenburg zur Zeit des Grafen Anton Günther.** Oldenburg, Druck v. G. Stalling, 1890; S. 1–24, 1 Plan; 4°
Oldenburg, st. Olt u. VS, P 1890

Rüthning, Gust., Tilly in Oldenburg u. Mansfeld's Abzug aus Ostfriesland. Nach den Quellen d. Grossherzogl. oldenburg. Haus- u. Central-Archivs. Mit e. Plan der Festung Oldenburg zur Zeit d. Grafen Anton Günther. gr. 4. (24 S.) Oldenburg 890. Stalling's Verl. n. 1. —

Rüthning, *Gustav Adolf* Katalog der Bibliothek der Städtischen Ober-Realschule zu Oldenburg. 8 (1 Bl., 81 S.).
Progr. Städt. Ober-Rsch. *Oldenburg* 1895.
Nicht im Tauschverkehr.

Rüthning, Paul, Vergangenheiten. Gedichte u. Skizzen. 8. (91 S.) Dresden 897. E. Pierson. n. 1. 50; geb. n. 2. 50

Ruths, Alex., Hertha Ruland. Roman. 1. u. 2. Tauf. (468 S.) 8. Berlin 906. S. Fischer, Verl. n. 5. —; geb. n.n. 6. —

Ruths, Ch., Heerestragödie u. Völkerversöhnung. Aus dem Alexanderzug. (IV, 161 S.) 8. Darmstadt 909. H. L. Schlapp. 2.40; geb. 3. 20

Ruths, Chr., Sturm vor der Hochzeit, s.: Schatzbuch der Romane.

Ruths, Christoph

Experimental-Untersuchungen über Musikphantome u. e. daraus erschlossenes Grundgesetz der Entstehg, d. Wiedergabe u. d. Aufnahme v. Tonwerken. Von Dr. Ch. **Ruths** ... *Darmstadt: Kommr. v. H. L. Schlapp; (Dr. v. G. Otto) 1898.* (XX, 455 S.) 1 Bd 8.
= **Ruths,** Ch.: Inductive Untersuchungen üb. d. Fundamentalgesetze d. psychischen Phänomene. Bd 1. (97. 8695

Eine neue Forschungsmethode. Von Dr. Ch. **Ruths.** *Darmstadt: Kommr. v. H. L. Schlapp; (Dr. v. G. Otto) 1898.* (IV, 43 S.) 1 Bd 8.
= **Ruths,** Ch.: Inductive Untersuchungen üb. d. Fundamentalgesetze d. psychischen Phänomene. Allg. Einleitg. (97. 8695

Ruths, Chrph., üb. den Magnetismus weicher Eisencylinder. Nebst e. Anh.: Ueber den Magnetismus verschieden harter Stahlsorten. gr. 4. (III, 55 S.) Dortmund 876. Krüger. n. 1. 50

— Sonnenstrahl und Arbeitskraft der Menschheit. Ein Bild aus Naturwissenschaft und Industrie der Neuzeit. In der Kölner Lese-Gesellschaft und dem Dortmunder Gewerbe-Verein während der Winter 1878 und 1879 in freien Vorträgen behandelt. 8. (VII, 103 S.) Ebendas. 879. *

Ruths, Chrph., Sonnenstrahl u. Arbeitskraft der Menschheit. Ein Bild aus Naturwissenschaft u. Industrie der Neuzeit. In der Kölner Lese-Gesellschaft u. dem Dortmunder Gewerbe-Verein während der Winter 1878 u. 1879 in freien Vorträgen behandelt. 8. (VII, 103 S.) Dortmund 880. Krüger. n. 1. 25

Inductive Untersuchungen über die Fundamentalgesetze der psychischen Phänomene. Von Dr. Ch. **Ruths.** Allg. Einleitg [&] Bd 1. *Darmstadt: Kommr. H. L. Schlapp; (Dr. v. G. Otto) 1898.* 8. (97. 8695

Ruths, Clara, s. Ruths, Klara

Ruths, Heinrich, zu Darmstadt: **Das Wesen und die Bedeutung der Freien Wirtschaft in der heutigen Landwirtschaft.** *Darmstadt 1899: C. F. Winter.* (VII, 79 S.) 8° [F.]
Jena, Phil. Diss. v. (20. Juli) 1898

Ruths, Heinr., d. Wesen u. d. Bedeutg. d. freien Wirtschaft in d. heut. Landwirtschaft. gr. 8. (VII, 77 S.) Darmstadt 899. C. F. Winter'sche Buchdr. n. 1. 50

Ruths, Johann Georg

— Psalmen in neuen Liedern nach bekannten Melodien. 8. Bresl. 762.

Ruths, Jh. Geo., († ...) Samml. geistl. Reden u. Gedichte. 8. Bresl. 759. J. F. Korn. 10 gr.

Ruths, Johs., Versuche zur Bestimmung der Widerstände v. Förderanlagen, s.a. Mitteilungen über Forschungsarbeiten auf dem Gebiete des Ingenieurwesens.

Ruths, Johannes: Versuche zur Bestimmung der Widerstände von Förderanlagen. 1909. 38 S., 10 Taf. 4° ¶ Auch in: Mitteilungen über Forschungsarbeiten auf d. Gebiete d. Ingenieurwesens. H. 85. 1910.
Hannover, Dr.-Ing.-Diss. v. 13. 7. 1908

Ruths, Klara

Ruths, Clara, prakt. Kochbuch f. d. feine u. bürgerliche Küche m. bes. Berücksicht. kleiner Frühstücks- u. Abend-Gerichte. gr. 8. (422 S. m. Abb.) Bremen 898. G. A. v. Halem. Geb. in Leinw. 6. –

Ruths, Rudolf [aus Hamburg]: Die französischen Fassungen des Roman de la belle Helaine ... Greifswald, Druck v. F. W. Kunike, 1897; 2 Bl., 148 S. 8.
Greifswald, Phil. Fak., Inaug.-Diss. v. 1897

Ruths, Valentin. Landschaftliche Studien aus Nord-Deutschland. Nach der Natur und auf Stein gezeichnet. Hamburg. Fol.

Ruths, Val., landschaftliche Studien. 1—4. Heft. Hannover (855.) C. Hornemann. qu. Fol. Jedes Heft von 6 lith. Bl. n. 22½ ngr.
Inhalt: 1.: Holzwerk etc. — 2.: Vordergründe. — 3.: Bäume. — 4.: Bäume u. Landschaften.

Ruths, Valentin. Landschaftliche Vorlagen für Schul- und Privatunterricht. Nach den eigenen Naturstudien auf Stein gezeichnet. Hamburg 1879. Fol.

Ruths, Valentin. Vorlagen für den Unterricht im Landschaftszeichnen. Nach den eigenen Naturstudien auf Stein gezeichnet. Hamburg 1879. Fol.

Rüti. Das Kloster R', Stiftung der Freiherren von Regensberg ... s. Vögelin, F[riedrich] Salomon. Das Kloster Rüti .... Zürich 1862.

Rüti, R[udolf]. Neue Schweizer-Lieder. Eine Sammlung der besten und bekanntesten (*Umschlag: beliebtesten) Lieder für sangeskundige (*Umschlag: frohe) Kreise. Stereotyp-Ausg. (Umschlag: Nr. 589 d.) 128 S. 8. Reutlingen, Ensslin & Laiblin, [1901]. [M. –.40]

Rütjes, da capo! oder die Karsch'sche Flugschrift: „Der Schildknappe des Teufels &c." beleuchtet u. nach Verdienst gewürdigt. gr. 8. (IV, 132 S.) Essen 879. Fredebeul & Koenen. 1.50

— der Teufel u. der Herr Medicinalrath Karsch oder: Gegen des Letzteren „Naturgeschichte des Teufels". Die wahre Lehre vom Teufel u. noch manches Andere in's Licht gesetzt. gr. 8. (148 S.) Ebend. 878. 1.80

Rütjes, A., die Parabel vom verlornen Sohne in fünf Fastenpredigten betrachtet. 12. (90 S.) Münster 852, Coppenrath. ¼ ß

(Rütjes, G.,) Der Pseudo-Reformator des 19. Jahrh. u. seine Pamphlete. Ein Mahnruf aus der niedern kath. Geistlichkeit vom Niederrhein an Joh. Ronge als Antwort auf dessen revolutionären Aufruf „an die niedere kath. Geistlichkeit", mit Berücksichtigung der übrigen Schreiben des Verfassers. Regensburg, Manz, 1845, gr. 8°. 75 Bf.

Rutjes, Heinrich, s. Rutjes, Heinrich Gisbert

Rütjes, Heinrich Gisbert

Rütjes, Heinr., zur Anticharakteristik oder Beleuchtung der Flugschrift des Pastor Lic. C. W. Krummacher, betitelt: Zur Charakteristik der neuesten römisch-katholischen Polemik, veranlaßt durch das Buch: „„Triumph der wahren Kirche"" &c. gr. 8. (70 S.) Emmerich 858, Romen.

Rütjes, H., sechs Charakterbilder aus der Leidensgeschichte unseres Herrn, in eben so vielen Fasten-Predigten zur Betrachtung dargestellt. gr. 12. (88 S.) Emmerich 853, Romen.

— die letzten Dinge des Menschen. Fastenpredigten. gr. 8. (109 S.) Paderborn 859, Schöningh. *

Rütjes, H., die letzten Dinge des Menschen. Fastenpredigten. 2. Aufl. 8. (112 S.) Paderborn 897. F. Schöningh. n. 1. –

Rütjes, Heinr., die Erstlinge meiner Muse. (Gedichte.) 16. (18 B.) Emmerich 841, Romen. *

Rütjes, Hnr., die Erstlinge meiner Muse. (Gedichte.) 16. Emmerich 841, Romen. (Leipzig, Hermann.) n. ⅔ ß

Rütjes, H. G., der wahre u. der falsche Fortschritt. Ein Wort zur Beherzigung an das christl. Volk. Emmerich 866. Romen. gr. 8. (16 S.) 2½ ngr.

. Wider die Freimaurer. Bluntschli's Pfeil gegen die Jesuiten trifft nicht sie, sondern ihn selbst und seine Partei. Von H[einr.] G[isbert] Rütjes. Emmerich: Romen 1872. 102 S. 8°
Tt. 1764. Veranl. durch die Beschlüsse des deutschen Protestantenvereins wider die päpstliche Unfehlbarkeit u. den Jesuitenorden. 358.

Rütjes, Heinr., die Geschichte des hochheil. u. allgem. Conciliums von Trient, dessen Kanones u. Beschlüsse in ihrem Bildungsgange u. wesentl. Inhalte, Personen u. Zustände, nach Pallavicini mit Rücksicht auf Sarpi u. A. übersichtl. dargestellt. Festgabe zur 3. Säcularfeier der letzten Synode. gr. 8. (36 B. u. 1 Stahlst.) Münster 846, Theissingsche Buchh.

— Geschichte des brandenburg-preußischen Staates von den ältesten Zeiten bis auf unsere Tage, mit besond. Berücksicht. der deutschen und confessionellen Politik desselben. 6 Lfgn. gr. 8. (X und 805 S.) Schaffhausen 858,59, Hurter'sche Buchh. à Lfg. 12 Ngr.

. Für die Jesuiten! Kurzgefasste Geschichte der Gesellschaft Jesu im Gegensatze zum Protestantismus und zum Freimaurerthum. Von H[einr.] G[isbert] Rütjes. 2. Aufl. Emmerich: Romen 1872. 54 S. 8°
Recens: FZ. 26 (1872) S. 125.
Tt. 2728. 1. Aufl. war nicht nachzuweisen. 439.

— der ägyptische Joseph. Sieben Fastenbetrachtungen (einschließlich der Charfreitagspredigt) gehalten in der St. Martinipfarrkirche zu Emmerich. gr. 8. (VI und 146 S.) Paderborn 862, Schöningh.

— Leben des Caspar del Bufalo, s.a. Leben.

— Leben des ehrwürdigen Dieners Gottes Caspar del Bufalo, Chorherrn an der St. Marcuskirche zu Rom, und Gründers der Congregation der Missionäre vom kostbaren Blute unseres Herrn Jesu Christi. Nach dem Italien. bearb. u. mit Anmerkungen und Zusätzen bereichert. Emmerich 861. Romen. 8. (VIII, 287 S. u. lith. Portr.) n. 16 ngr.

—— Leben, Wirken und Leiden Sr. Heiligkeit des Papst-Königs Pius IX. von seinen frühesten Jugendjahren bis zur Gegenwart. 26 Lfgn. gr. 8. (1356 S. mit 7 Chromolithogr. und 1 Stahlst.) Oberhausen 868—70, Spaarmann. [Cöln, Düster.] à Lfg. 60 Pf.

—— dass. — Im Zusammenhang mit den gleichzeit. Weltbegebenheiten dargestellt. Volks-Ausg. gr. 8. (IV, 687 S.) Ebendas. 872.

—— Lehrpredigten über christliche Erziehung, oder vollständ. Unterricht über sämmtl. Pflichten, welche christl. Eltern ihren Kindern gegenüber zu erfüllen haben, vor Zuhörern auf dem Lande gehalten, demnächst für ein größeres Publikum bearb. 8. (IX und 239 S.) Münster 855, Theissingsche Buchh.

—— mein Reich ist nicht von dieser Welt oder die weltl. Papstgewalt weder mit dem Evangelium, noch mit der social-polit. Weltordnung in Widerspruch. Eine umfassende, größtentheils durch gegnerische Autoritäten gestützte Apologie des Papstthums nach seiner weltl. Seite. 12 Abendunterhaltungen. gr. 8. (XII und 348 S.) Emmerich 863, Romen. *

—— Der liberale Tischlermeister, oder: Widerlegung der landläufigen Einwendungen gegen die Religion. Eine Dorfgeschichte. Frei nach dem Französ. Paderborn, Bonifatius-Druckerei, 1872, kl. 8°, 176 S., 90 Pf. (Vergriffen.)

—— Triumph der wahren Kirche. Eine Gegengabe gegen die 3. Aufl. des „Duisburger Katechismus der Unterscheidungslehren" und gegen gewisse feindselige Kundgebungen der Gegenwart. gr. 8. (XVI und 389 S.) Emmerich 858, Romen. *

Rütjes, H. G., Katholische Übersetzung des Duisburger Katechismus über die Unterscheidungslehren ohne alle fremdartige Beimischung für alle, welche ihr Heil suchen. Aus dem Dekanate Kempen. Regensburg, Pustet, 1857, 8°, 48 S., 50 Pf. — 2. Aufl. 1858.

Rütjes, Heinr., die Wahrheit u. ihr Zerrbild od. die römisch-kathol. Kirchenlehre gegenuber der „Vertheidigung des duisburger Katechismus v. Herm. Joh. Gräber," dargelegt u. gewürdigt. 1. Aufl. * 15 Ngr. u. 2., verb. u. verm. Aufl. 8. (à 23 B.) Emmerich 845, Romen. Thlr. *

— die Wahrheit u. ihr Zerrbild oder die römisch-kathol. Kirchenlehre gegenüber der „Vertheidigung des Duisburger Katechismus von Herm. Jh. Gräber, Mitarbeiter des Katechismus", dargelegt u. gewürdigt. 8. Emmerich 845, Romen. (Leipzig, B. Hermann.) n. 1/2 ℛ — 2. Aufl. 845. n. 2/3 ℛ

Rutilius Claudius Namatianus

Rutilius Namatianus, d. Claudius, Heimkehr. Uebersetzt u. erläutert v. Itasius Lemniacus. Mit 2 (lith.) Plänen (in qu. Fol.) u. 5 in den Text gedr. Abbildgn. (in Holzschn.) gr. 8. (VI, 207 S.) Berlin 872. v. Decker. n. 6. —

– Itinerarium

— — Ed. C. F. Schmid. Lüneb. 721. 8.

— — Integris J. G. Graevii et Th. J. ab Almeloveen anim. ed. Andr. Goetzius. Altorph. 741. 8. Ib. 743. 8.

— — Accurate rec. C. T. Damm. Brandenb. 760. 8. Dammii Paraphrasis perpetua carminum Rutilii. Ib. 760. 8.

Rutilii, Claud., Itinerarium, seu de reditu, quae supersunt recensuit, varietatem lect. et Gli. Cortii notarum in Rutil. fragm. addidit J. C. Kappius. 8maj. Erlang. 766. Palm. 4 ℊ

— — Rec. var. lectt. et G. Cortii notas add. J. C. Kappius. Acc. Harlesii Epistola. Erlang. 786. 8. 4 gr.

— Itinerarium, s. de reditu, quae supersunt. 8. maj. Erl. Palm. 786.

— — Cum selectis var. lectt. atq. integr. notis Graevii, Almeloveenii et Cortii. Curante J. C. Gruber. Norimb. 804. 8. 14 gr.
Am besten steht das Gedicht in Burmanni Poët. lat. min. Tom. II.; und in Wernsdorfii Poet. lat. min. Tom. V. P. I.

Rutilii, C. C., Numatiani, Itinerarium cur. I. S. Gruber. 8. maj. Nürnb. Bauer. (Schmidmer.) 804.

Rutilii, Claud. Numatiani, viri clarissimi, de reditu suo libri duo cum paraphrasi perpetua ed. Chr. Tob. Damm. Mit 1 Karte. 8. Berl. 760. . . . 5 ℊ

Rutilius, Claud. Namat., de reditu suo lib. II. Rec. et illustr. Aug. Wilh. Zumptius. 8. (16 B. u. 1 Stnt.) Berolini 840, Dümmler.

Rutilii Namatiani, Claudii, de reditu suo libri II. Accedunt Hadriani Flori Apuleii Anniani Sereni aliorumque saec. a. u. c. X. poetarum reliquiae. Recensuit et praefatus est Lucian Mueller. Leipzig 870. Teubner. 8. (XII, 61 S.) 7½ ngr.

Vitae tripartitae ICtor. veterum a Bern. RUTILIO, J. BERTRANDO et Guil. GROTIO conscriptae. Junctim edid. et Βίοις νομικῶν notas adj. J. Chr. FRANCK. *Hal.* 718. 4.

Rutilius Lupus, P.

Rutilii Lupi, P., de figuris sententiarum et elocutionis libri duo, recens. et not. adj. Dav. Ruhnken. Acced. Aquilae Romani, et Julii Rufiniani de eodem argumento libri. 8. Leyden 768. Luchtmans.

— de figuris sententiarum et elocutionis libri duo, item Aquilae Romani et Julii Rufiniani de eodem argumento libri. Ex recens. et cum integris adnotationibus Dav. Ruhnkenii accurate edid. multisque accessionibus locuplet. Car. Hnr. Frotscher. 8maj. Leipz. 831. Volkmar. 1 ℛ 12 ℊ

Rutilius, Lup. P., de figuris sententiarum et elocutionis lib. II. In us. scholar. explan. Frid. Jacob. 8maj. (4½ B.) Lubecae 837, libr. de Rohden.

Rutilii Lupi, P., de figuris sententiarum et elocutionis libri duo, item Aquilae Romani et Iulii Rufiniani de eodem argumento libri. Ex recensione et cum integris adnotationibus Davidis Ruhnkenii accurate edidit, multisque accessionibus locupletavit Car. Henr. Frotscher. Edit. (II.) nova, observationum appendice aucta. 8maj. Lipsiae 841, libr. Serig. 1½ ℛ

Rutimayer s. Rütimeyer.

Rütimeier, L., s. Rütimeyer, Ludwig

(Rütimeyer, A[dolf].) Zum Andenken an ... Johannes Born von Herzogenbuchsee. (Gebet und Leichenrede bei seiner Begräbnissfeier, den 28. März 1865, gehalten von A. R', Pfr.) 8. *o. O.*

Rütimeyer, L[eopold]. Ein Fall von Gastrospasmus chronicus bei Magencarcinom. Von ... Dr. L. R' in Basel. [Mit 1 Figur.] (Sonder-Abdruck [aus:] Archiv für Verdauungs-Krankheiten mit Einschluss der Stoffwechselpathologie und der Diätetik ... [Bd. 7].) II S. + S. 67—80. 8. Berlin, S. Karger, 1901.

Rütimeyer, L[eopold]. Über die geographische Verbreitung und die Diagnose des Ulcus ventriculi rotundum, mit besonderer Berücksichtigung des chemischen Verhaltens des Magensaftes und der occulten Blutungen. Ein Beitrag zum regionären klinischen Verhalten des Magengeschwürs von Dr. L. R', Dozent in Basel. VIII + 128 S. gr.-8. Wiesbaden, J. F. Bergmann, 1906. [M. 3. 60]

Rütimeyer, Ludwig. s. Alpen, Die Tessiner.

Rütimeyer, L. Ueber schweizerische Anthracotherien. (Aus d. Verh. d. Naturf. Gesellsch.) Basel. 1855. 8.

Rütimeyer, L[udwig]. Über schweizerische Anthracotherien. ⟨SA.⟩ 8. [Basel 1857.]

— — Ueber Anthracotherium magnum und hippoideum. (Aus d. Verh. d. Naturf. Geselisch.) Basel. 1856. 4.

Rütimeyer, L[udwig]. Ueber Anthracotherium magnum und hippoideum. [Mit 2 Tafeln. A.] 4. [Zürich 1857.]

Rütimeyer, L., über die Art des Fortschritts in den organischen Geschöpfen. Eröffnungsrede bei der 59. Jahresversammlung [21. Aug. 1876] der schweizerischen naturforschenden Gesellschaft in Basel. gr. 8. (30 S.) Basel 876. Georg. n. 1. 20

Rütimeyer, L. Ueber Art und Race des zahmen europäischen Rindes. Braunschweig 1866. 4.

Rütimeyer, L. Über die Aufgabe der Naturgeschichte. 1865.

Rütimeyer, L. Über den Bau von Schale und Schädel bei lebenden und fossilen Schildkröten. Basel 1873.

Rütimeyer, L., üb. den **Bau** v. Schale u. Schädel bei lebenden u. fossilen Schildkröten als Beitrag zu e. paläontolog. Geschichte dieser Thiergruppe. [Aus: „Verhandlgn. d. naturf. Ges. in Basel".] gr. 8. (137 S.) Basel 874. Schweighauser's Verl. n. 2. 50

Rütimeyer, L. Beiträge zur miocenen Fauna der Schweiz. 1861.

—— **Beiträge zu der Geschichte der Hirschfamilie. I. Schädelbau. gr. 8. (61 S.) Basel 882, [Schweighauserische Verlagsb.] Schwabe. ***
Aus: Verhandlungen der naturforschenden Gesellschaft in Basel, besonders abgedruckt.

Rütimeyer, L., Beiträge zu einer natürlichen Geschichte der Hirsche. 2 Thle. Mit 10 Taf. gr. 4. (95; 122 S.) Zürich 881,83. (Berlin, Friedländer und Sohn.) **
Aus: Abhandlungen der schweizer. paläontologischen Gesellschaft, besonders abgedruckt.

Rütimeyer L. Beiträge zu einer palaeontologischen Geschichte der Wiederkauer. 1865.

Rutimeyer, Ludw., Beiträge zur Kenntniss der fossilen Pferde und zu einer vergleichenden Odontographie der Hufthiere im Allgemeinen. gr. 8. (143 S. mit 4 Stnt.) Basel 863, (Bahnmaier's Verlag.) *
Aus: Verhandlungen der naturforschenden Gesellschaft in Basel, besonders abgedruckt.

Rütimeyer, L. Neue Beiträge zur Kenntniss des Torfschweines. 1864.

—— **weitere Beiträge zur Beurtheilung der Pferde der Quaternär-Epoche. gr. 4. (34 S. mit 3 lithogr. Taf.) Zürich 875. (Basel, Georg. — Berlin, Friedländer und Sohn.) ****
Aus: Abhandlungen der schweizer. paläontologischen Gesellschaft, besonders abgedruckt.

Rütimeyer, L. Weitere Beiträge über das zahme Schwein und das Hausrind. Basel 1878.

— **Bemerkungen** zu den fossilen Fischen v. Sumatra, s.: **Abhandlungen** der schweizer. paläontolog. Gesellschaft.

Rütimeyer, Leop., **Bericht** üb. die ethnographische Sammlung der Universität Basel, s.a. **Kollmann**, J.

Rütimeyer, L: Bericht über die ethnographische Sammlung des Basler Museums für das Jahr 1902. Basel 1903

Rütimeyer, L[udwig]. Bericht an das Tit. Sanitäts-Collegium von Basel-Stadt über die Brunnenmessungen in Basel von 1865 bis 1869. [Mit 1 Tabelle und 3 Tafeln.] 8. Basel 1870.

Rütimeyer, L[udwig]. Bericht über die Vermessungsarbeiten am Rhonegletscher im Jahre 1887. SA. 8. [Bern 1888.]

Rütimeyer, L. Die Bevölkerung der Alpen. 1864.

Rütimeyer, L[udwig]. Ueber einige Beziehungen zwischen den Säugethierstämmen alter und neuer Welt. Erster Nachtrag zu der eocänen Fauna von Egerkingen. [Mit 1 Tafel.] (Abhandl. Schweizer. Paläont. Ges. Vol. 15.) 4. (Basel und Genf, Lyon... 1888.)

Rütimeyer, L., üb. einige **Beziehungen** zwischen den Säugethierstämmen alter u. neuer Welt. 1. Nachtrag zu der eocänen Fauna v. Egerkingen. [Aus: „Abhandlgn. der schweiz. paläontolog. Gesellsch."] gr. 4. (63 S. m. 1 Taf.) Basel 889. (Georg. — Berlin, Friedländer & Sohn.) n.n. 4. 80

— über **Bilharziakrankheit**, s.: **Mittheilungen** aus Kliniken u. medicinischen Instituten der Schweiz.

Rütimeyer, L., die Bretagne. Schilderungen aus Natur und Volk. gr. 8. (VII, 153 S.) Basel 883, Georg. *

Rütimeyer, Ludwig. Briefe und Tagebuchblätter (1851—1893). Hrg. von Leopold Rütimeyer. Einleitung: Lebens- und Charakterbild Rütimeyers von L[udwig] E[mil] Iselin und Paul Sarasin. Mit dem Bildnis Rütimeyers [Tafel]. Anhang: Drei Gedenkreden Rütimeyers. VIII + 224 S. 8. Frauenfeld, Huber & Co., 1906. [fr. 4.—]

Rütimeyer, L. Über Brunnenmessungen in Basel 1865–69. Basel 1870.

—— und Wilh. **His**, **Crania helvetica.** Sammlung schweizer. Schädelformen. gr. 4. (VIII und 63 S. mit 6 Tab. in gr. 4. und qu. Fol. mit Atlas von 82 lithogr. Doppeltaf. in qu. Fol.) Basel 864, Georg's Verlag. In Mappe. * *

— **Leop.** Ueber den Durchtritt suspendirter Partikel aus dem Blut ins Lymphgefäss-System. Ein experimenteller Beitrag zur Frage der Permeabilität d. Gefässwand. Inauguraldissertation. Basel, Druck von J. G. Baur. 1881.

Rütimeyer, L. Über Encheiziphius, ein neues Cetaceen-Genus. 1857.

— **Erinnerung** an Dr. Ludw. Imhoff. Vorgetragen in der Sitzg. der naturforschenden Gesellschaft vom 4. Novbr. 1868. gr. 8. (15 S.) Basel 869. Schweighauser. n. — 40

Rütimeyer, L., die Fauna der Pfahlbauten in der Schweiz. Untersuchungen über die Geschichte der wilden und der Haus-Säugethiere von Mittel-Europa. gr. 4. (248 S. mit eingedr. Holzschn. und 6 Stnt. Abbildungen in qu. Fol.) Basel 861, Bahnmaier's Verlagsb. *

Rütimeyer, L[udwig]. Die Fauna der Pfahlbauten der Schweiz. [Mit Figuren und 6 Tafeln.] (N. Denkschr. Schweizer. Ges. für Naturwiss. Bd. 19.) 4. (Zürich 1862.)

— die **Fauna** der Pfahlbauten in der Schweiz. Untersuchungen über die Geschichte der wilden und der Haus-Säugethiere von Mittel-Europa. Mit Holzschn. (im Text) u. 6 (lith.) Taf. Abbildgn. (in Fol.) Ebend. 864. gr. 4. (248 S.) n. 3 ℛ 10 *ngr.*

(R[ütimeyer], L[udwig].) L[eonhard] Fininger († 1869). [Necrolog.] Als Manuscript gedruckt für die Mitglieder des Basler S. A. C. 8. ([Basel] 1869.)

Rütimeyer, L. Ueber Form und Geschichte des Wirbelthier-Skelettes. Basel. 1856. 8

Rütimeyer, L., die **Grenzen** der Thierwelt. Eine Betrachtung zu Darwin's Lehre. Basel 868. Schweighauser. gr. 8. (72 S.) n. 15 *ngr.*

— die **Grenzen** der Thierwelt. Eine Betrachtung zu Darwin's Lehre. Neue (Titel-)Ausg. gr. 8. (72 S.) Basel (1868) 881. Schweighauser. n. 1. 60

— **über die Herkunft unserer Thierwelt. Eine zoogeograph. Skizze. Mit einem Verzeichniss der fossilen u. leb. schweizer. Säugethiere u. einer chromolith. Karte (in 4.) zur Andeutung der Geschichte der Thierverbreitung im Allgemeinen. Basel 867. Georg's Verlag. gr. 4. (57 S.) n. 1 ℛ 6 *ngr.***

Rütimeyer, Ludwig *s.* His, Wilhelm *I.* Crania helvetica. Basel und Genf 1864 – Keller, Ferdinand. Pfahlbauten. 7. Bericht. Zürich 1876 –

Rütimeyer, L. Die Knochenhöhle von Thayingen bei Schaffhausen. 4.

— s. Lang, Franz, und Rütimeyer, Ludwig.

Rütimeyer, L. Litteratur zur Kenntniss der Alpen 1866?

Rütimeyer, L., Vom Meer bis nach den Alpen. Schilderungen von Bau, Form und Farbe unseres Continentes auf einem Durchschnitt von England bis Sicilien. Oeffentliche Vorträge gehalten in Bern im Jahre 1854. Bern 854. Dalp. 8. (2 Bl., 307 S.) n. 1 ₰. 2 ngr.

Rütimeyer, L. Rathsherr Peter Merian. Programm zur Rektoratsfeier der Universität Basel. In-4°, 61 S. Basel, H. Georg (in Comm.) *1883*. 1 50

Rütimeyer, L., siehe: *Mitteilungen aus Kliniken.*

Rütimeyer, L[udwig]. Über das schweizerische Nummulitenterrain. mit besonderer Berücksichtigung des Gebirges zwischen dem Thunersee und der Emme. [Mit 5 Tafeln.] 4.

Ausg. A (N. Denkschr. Schweizer. Ges. für Naturwiss. Band 11.) (Zürich 1850.)

Ausg. B. Diss. [Med. Bern] Bern 1850.

Rutimeyer, L[udwig]. Ueber Pliocen und Eisperiode auf beiden Seiten der Alpen. Progr. Univ. Basel. 4. Basel 1875.

— **über Pliocen u. Eisperiode auf beiden Seiten der Alpen. Ein Beitrag zu der Geschichte der Thierwelt in Italien seit der Tertiärzeit. Mit e. Karte in Farbendr. (in qu. gr. Fol.), e. lith. Ansicht (in qu. gr. Fol.) u. in den Text eingedr. Holzschn. Imp.-4. (80 S.) Basel 876. Georg. n. 8. —**

Rütimeyer, L. Über die Renthier-Station von Veyrier am Salève. 4.

(Rütimeyer, L[udwig].) Das Rheinwaldgebirge. Itinerarium für den S. A. C. 1872. 8. Basel 1872.

— der Rigi. Berg, Thal u. See. Naturgeschichtliche Darstellg. der Landschaft. Mit e. Karte in Farbendr. u. 14 Illustr., nach Skizzen d. Verf. auf Holz gezeichnet v. A. Stieler, geschnitten v. A. Closs. 4. (VII, 160 S.) Basel 877. Georg. geb. n. 16. —

— die Rinder der Tertiär-Epoche, nebst Vorstudien zu einer natürlichen Geschichte der Antilopen. 2 Thle. Mit 7 (lith.) Doppeltaf. u. (eingedr.) Holzschn. [Aus: „Abhandlungen d. schweizer. paläontolog. Gesellsch."] gr. 4. (208 S.) Zürich 877. 78. Basel, Georg. — Berlin, Friedländer & Sohn. n.n. 16. —

Rütimeyer, L[udwig]. Eocaene Säugethiere aus dem Gebiet des Schweizerischen Jura. [Mit 5 Tafeln und 3 Nachträgen.] (N. Denkschr. Schweizer. Ges. für Naturwiss. Band 19.) 4. (Zürich 1862.)

1. Nachtrag s. u. d. T.: Rütimeyer, L[udwig]. Ueber einige Beziehungen zwischen den Säugethierstammen alter und neuer Welt. [Basel und Genf, Lyon ... 1888.]

2. Nachtrag s. u. d. T.: Rutimeyer, L[udwig]. Uebersicht der eocanen Fauna von Egerkingen .... [Basel und Genf, Lyon ... 1890.]

3. Nachtrag s. u. d. T.: Rütimeyer, L[udwig]. Die eocäne Saugethier-Welt von Egerkingen Zurich 1891.

— die eocäne Säugethier-Welt v. Egerkingen. Gesammtdarstellung u. 3. Nachtrag zu den „Eocänen Säugethieren aus dem Gebiet d. schweizer. Jura [1862]". [Aus: „Abhandlgn. d. schweiz. paläontolog. Gesellsch."] gr. 4. (153 S. m. Holzschn., 8 Taf. u. 8 Bl. Erklärgn.) Zürich 891. (Berlin, R. Friedländer & Sohn. n.n. 16. —

Rütimeyer, L[udwig]. Die fossilen Schildkröten von Solothurn und der übrigen Juraformation. Mit Beiträgen zur Kenntniss von Bau und Geschichte der Schildkröten im Allgemeinen. Mit 17 lithographirten Tafeln, wovon 9 Doppeltafeln. (N. Denkschr. Schweizer. Ges. für Naturwiss. Band 25.) 4. (Zürich 1873.)

L[udwig] **Rütimeyer.** Gesammelte Kleine Schriften allgem. Inhalts aus d. Gebiete d. Naturwiss. Nebst e. autobiogr. Skizze. Hrsg. v. H. G. Stehlin ... Bd I. II. *Basel: Georg & C. 1898.* 2 Bde 8.

I. Autobiographie. Zoolog. Schriften. Mit 1 Portr., 1 Kte u. 6 Holzschn. (1 Bl., IV S., 1 Bl., 400 S., 1 Portr., 1 Kte)

II. Geogr. Schriften. Necrologe. Verz. d. Publicationen. Mit 1 Holzschn. (2 Bl., 455 S.)

[98. 875

— — Ueber lebende und fossile Schweine. (Aus d. Verh. d. Naturf. Gesellsch.) Basel. 1857. 8.

Rütimeyer, L. Bernhard Studer. 1887.

— über Thal- u. Seebildung. Beiträge zum Verständniss der Oberfläche der Schweiz. Basel 869. Schweighauser. gr. 8. (VII, 160 S. mit eingedr. Holzschn. u. 1 Steintaf. in Buntdr. in qu. 4.) n. 1 ₰ 10 ngr.

— **über Thal u. See-Bildung. Beiträge zum Verständniss der Oberfläche der Schweiz. 2. Ausg. gr. 8. (VII, 144 S. m. 1 chromolith. Karte in gr. 4.) Basel 874. Schweighauser's Verl. n. 4. —**

(Rütimeyer, L[udwig].) Die Tessiner-Alpen. Itinerarium für den S. A. C. 1873. 8. Basel 1873.

— Uebersicht der eocänen Fauna v. Egerkingen, nebst e. Erwiderg. an Prof. E. D. Cope. [Aus: „Verhandlgn. der naturforsch. Gesellsch. in Basel".] gr. 8. (34 S. m. 6 Holzschn.) Basel 890. Georg. n. 3. —

—— **Untersuchung der Thierreste aus den Pfahlbauten der Schweiz,** s.a. **Mittheilungen der antiquarischen Gesellschaft in Zürich.**

Rütimeyer, L[udwig]. Untersuchung der Thierreste aus den Pfahlbauten der Schweiz. (Mittheil. Ant. Ges. Zürich. Band 13, Abth. 2, Heft 2.) 4. Zürich 1860.

Rütimeyer, L[udwig]. Die Veränderungen der Thierwelt in der Schweiz seit Anwesenheit des Menschen. 8. Basel.

[1. Ausg.] Mit [8] in den Text gedruckten Holzschnitten. 1875.

Neue Ausg. Mit 8 in den T. gedr. H. 1881

—— **die Veränderungen der Thierwelt in der Schweiz seit Anwesenheit des Menschen. Neue (Titel-)Ausg. gr. 8. (99 S. mit 8 in den Text gedr. Holzschn.) Basel 881, [Schweighauserische Verlagsh.] Schwabe.** *

Rütimeyer, L., über die geograph. Verbreitung u. die Diagnose des Ulcus ventriculi rotundum m. besond. Berücksicht. des chem. Verhaltens des Magensaftes u. der occulten Blutungen. Ein Beitrag zum regionären klin. Verhalten des Magengeschwürs. (VII, 118 S.) Lex.-8. Wiesbaden 906. J. F. Bergmann. n. 3.60

Rütimeyer, L., siehe: *Verhandl. d. Naturf. Ges.*

Rütimeyer, L. Versuch einer natürlichen Geschichte des Rindes. 1866? 4. Schluss fehlt.

Rütimeier L.: Versuch einer natürlichen Geschichte d. Rindes in seinen Beziehungen zu den Wiederkauern im Allgem. 2 Abth. (1 Vol.). Genf u. Basel 1867. (277) S. 6 Tvl. 4°.

Rutishauser, Carl Albert, s. Rutishauser, Karl Albert

Rutishauser, Fritz. Experimenteller Beitrag zur Stabkranzfaserung im Frontalhirn des Affen. Diss. Med. Univ. Zürich. *Kopftitel:* Aus dem hirnanatomischen Universitäts-Laboratorium des Herrn Prof. Dr. (C[onstantin]) v. Monakow in Zürich. — ([Mit 3 Tafeln.] Neudruck [aus:] «Monatsschrift für Psychiatrie und Neurologie»..., Band 5, 1899.) 27 S. 8. Berlin, S. Karger, 1902.

Rutishauser, Jerem., Kunstbuch f. Veredlung der Bäume u. deren Krankheits-Operationen. 16. (2 B. u. 1 Stnt.) Constanz 845, Meck.

Rutishauser, Karl Albert

Rutishauser, Carl Albert. Chicago die Königin des Westens. <Nach meinen amerikanischen Reiseerinnerungen.> 8. St. Gallen 1890.

Rutishauser, Carl Albert. Reiseerinnerungen und Schicksale in den Vereinigten Staaten von Nordamerika. 8. Herisau 1896.

Rutishauser, Carl Alb., 24 Wochen im Gebirge! Ein Bild aus dem Prätigauer Natur- u. Volksleben als Beitrag zur Characteristik dieses Theiles unseres Alpengebietes. gr. 8. (157 S.) Luzern 880. (Chur, Rich.) n. 1. 50

RUTISHAUSER, RUDOLF. Ueber die vier isomeren Monooxyxanthone. Breslau, 1893.

Ruetius, Christian Georg Theodor

Decanus Senior et Reliqui Assessores Facultatis Medicae Lipsiensis
Memoriam Ernesti Gottlobi Bosii, Prof. Therap. p.o. quondam meritissimi die XXIII. M. Sept. a. MDCCCLIII. hora IX. illustris ictorum consensu in auditorio iuridico pie celebrandam indicunt.

Inest: [Christian Georg Theodor] Ruetii commentatio de signis morborum ex oculorum habitu sumptis.

Rutkowski, [Boleslaus] von, appr. Arzt: Ueber 28 Frühoperationen der Perityphlitis acuta. Leipzig 1905: B. Georgi. (24 S.) 8°
Leipzig, Med. Fak., Ref. Trendelenburg, Diss. v. 19. Juni 1905
[Geb. 19. Mai 76 Piotrkowitz, Kr. Strelno; Wohnort: Graudenz; Staatsangeh.: Preußen; Vorbildung: Gymn. Graudenz Reife O. 96; Studium: Berlin 10 S.; Coll. 19. Juli 05; Approb. 13. März 05.]

Rutkowski, Eduard, Ueber die graue Substanz der Hemisphären des kleinen Gehirns. Diss. Dorpat. 8°. 71 pp. 1861.

Rutkowski, Mathias von *(geb. Kosten in Pos. 14. 1. 1845)*: Die künstliche Frühgeburt in Rücksicht auf die Catheterisation. Tarnier's Blase und Kiwisch's Douche. Breslau 1872. (37 S.) 8°
Breslau, Med. Diss. v. 2. [vielmehr 3.] Juli 1872

Rutkowski, Walther von, approb. Arzt aus Berlin: **Zwei Fälle von Poliomyelitis anterior chronica beim Erwachsenen.** *Leipzig 1901: B. Georgi.* (25 S.) 8°
Leipzig, Med. Diss. v. (12. März) 1901

Rutland

Rutland, d. Lady Amalie,. Familienbegebenh. 2 Thle. 8. Eisenach. (Sommer, a. Hinrichs in Leipz.) 799.

Rütli, s.a. Tages-Anzeiger, Luzerner.

Rütli, das. Ein Liederbuch für Männergesang. 2., verm. u. verb. Aufl. St. Gallen 867. Sonderegger. 8. (VIII, 512 S.) n. 12 ngr.

RÜTLI, Das. Ein Liederbuch für Männergesang. 5. unveränd. Aufl. St. Gallen. J. J. Sonderegger. 1870. 8°. VIII u. 560 S. (In Berlin, Magistratsbibl.)

Rütli, das. Ein Liederbuch für Männergesang. 3. stark verm. und verb.—15. unveränd. Aufl. 8. (VIII, 560 S.) St. Gallen 870—76, Sonderegger. (*M. 1,60.) *

—— dass. — 2. Sammlung. 1. Bdchn., enth. 53 Originalcompositionen, und 2. Bdchn., enth. 50 Originalcompositionen. Ster.-Ausg. 8. (IV, S. 1—156; IV, S. 157—312.) Ebendas. 872,74. à Bdchn. * 80 Pf. *

Rütli, das. Ein Liederbuch für Männergesang. 3. Sammlung. 1. Bdchn., enthaltend 69 Orig.-Compositionen. 8. (VIII, 176 S.) St. Gallen 879. Sonderegger. n. 1. —

Rütli, das, Liederbuch für Männergesang. Partitur. 17. Aufl. 35$^1/_2$ Bogen. St. Gallen, J. J. Sonderegger. 1880 **2 —**

Rütli, (Das). Ein Liederbuch für Männergesang. 19. unveränd. Auflage. Stereotypausgabe. In-8°, 568 S. St. Gallen, J. J. Sonderegger. 1881

Rütli, das. Ein Liederbuch f. Männergesang. 3. Sammlg. 2. Bdchn., enth. 115 Orig.-Compositionen. 8. (VIII u. S. 177—608.) St. Gallen 883. Sonderegger. n. 2. — (I—III, 2.: n. 6. 40)

Rütli, das. Ein Liederbuch f. Männergesang. 26., unveränd. Aufl. Ster.-Ausg. 8. (VIII, 560 S.) St. Gallen 888. Sonderegger. n. 1. 80

Rütli, das. Ein Liederbuch f. Männergesang. 32., unveränd. Aufl. Ster.-Ausg. 8. (VIII, 560 S.) St. Gallen 896. J. J. Sonderegger. n. 1. 80

Rütli, das. Ein Liederbuch f. Männergesang. 33. unveränd. Aufl. Ster.-Ausg. 8. (VIII, 560 S.) St. Gallen 899. J. J. Sonderegger. n. 1. 80

Rütli, das. Ein Liederbuch f. Männergesang. 35. verm. Aufl. Ster.-Ausg. (VIII, 608 S.) kl. 8. St. Gallen 904. [J. J. Sonderegger.] H. Honer. n. 1. 80

Rütli
① Centralorgan freisinniger Urschweizer ② Das Rütli (ab 2. 7. 1874) ③ Waldstätter Bote (Gersau) und Obwaldner Wochen-Zeitung (Sarnen) ⑤ 15. 12. 1873 (1. Probe-Nummer)—21. 12. 1875 ⑥ 2° ⑦ wöchentlich 3× ⑧ Küßnacht a. R.: J. J. Nigg (vorher Gersau) (15. 12. 1873—7. 3. 1874). Aktionär-Gesellschaft des »Rütli« (12. 3. 1874—31. 12. 1874). J. Schwerzmann (2. 1. 1875—21. 12. 1875) ⑩ ein Komitee ⑪ Sebastian Schmidlin, Luzern (1874). J. Schwerzmann (1875) ⑫ freisinnig ⑬ BGSZ: 1058; Freier Schweizer, Sonder-Nr. 1877—1952; Luzerner Tagblatt 1954, Nr. 55 ⑭ Sz: K. A.; Be: L.

Das **Rütli.** Fach- u. Verbandszeitung der in Deutschland lebenden Stallschweizer u. verw. Berufsgenossen. Wochenschrift f. d. gesamte Viehhaltung u. d. Molkereiwesen. Amtl. Organ d. 'Stallschweizer-Vereins Ostpreußen'. Gratis-Beil.: Ill. Unterhaltungsblatt. Jg. 1, No 1—11. [Mehr nicht erschienen.] Bartenstein: O. Mundt 1905. (22 Bl.) 2° [Kopft. J.] 1.6.63.10

Rutlidge, Oeuvres diverses. II Vol. 8. Laus. Pott. (Sommer à Leipz.) 777.

Rütlifeier. Schweizerische Rütli- und Schillerf' am 10. November 1859. Festalbum und patriotisches Neujahrsblatt. ([Mit Beiträgen von Ignaz Paul Vital] Troxler, Gottfried Keller, Leonz Füglistaller.) 4. Aarau 1860.

Rütli- und Schillerfeier, schweizerische, am 10. November 1859. Fest-Album und patriotisches Neujahrsblatt. Aarau 860. Christen. 4. (48 S.) n. 16 ngr.

Rütlinger, J. J.

Rütlinger, (J. J.,) ländliche Gedichte. 2 Bdchn. gr. 12. Ebnat 823 — 24. Keller. (Leipz., Kayser.)

Rütlinger, J. J., sämmtl. (ländl., z. Theil schweizerische) Gedichte. (3 Bdchn.) 2e verb. Aufl. mit einer Worterklär. gr. 12. Chur 831. (Wienbrack in Leipz.) 1 ℳ

— Tagebuch auf einer Reise nach Nordamerika, im Jahre 1823. Mit vielen interess. Bemerkk. über die durchreisten Länder u. Meere, u. besond. üb. Nordamerika. gr. 12. Ebnat 826. Keller. (Leipz., Kaysers B.) 16 𝔤𝔯

— poet. Versuche. 8. St. Gallen 824. (Huber u. C.) 22 𝔤𝔯

Rutowski Thaddäus von: Herders Philosophie der Geschichte.
1878 PN 117 Diss.Wien. Univ. 10

Rutrich, Ladislaus, Sacrae supellectilis materia, mensura propria et nitor, apposita nova mensura metrica cum notis. Wien, L. Mayer, 1877.

Ruts, Ch., inductive Untersuchgn. üb. d. Fundamentalgesetze d. psychischen Phänomene Allgem. Einleitg.: E. neue Forschungsmethode. gr. 8. (IV, 43 S.) Darmstadt 898. (H. L. Schlapp) n. 1. 20

— dasselbe 1. Bd. A. u. d. T.: Experimental-Untersuchgn. üb. Musikphantome u. e. daraus erschloss. Grundgesetz d. Entstehg., d. Wiedergabe u. d. Aufnahme v. Tonwerken. gr. 8. (XX, 465 S.) Ebd. 898. n. 8. —

Rüts, Alfred v., a. Halberstadt: Die Rechtsstellung des Erwerbers eines bestehenden Handelsgeschäfts unter Lebenden bei Fortführung der Firma. Leipzig: O. Wigand 1907. (119 S.) 8°
Leipzig, Jur. Fak., Diss. v. 11. Juli 1907
[Geb. 21. Jan. 83 Berlin; Wohnort: Halberstadt; Staatsangeh.: Preußen; Vorbildung: Gymn. Sangerhausen Reife O. 04; Studium: Tübingen 3, Leipzig 3 S.; Rig. 11. Juli 07.]

Rüts, Karl v.: Die Duellgegnerschaft. Der Versuch e. Verständigung mit d. ehrlichen Duellvertheidigern. Von C[arl] v. Rüts, Mitgl. d. Antiduell-Liga. Berlin: Schall & Rentel (1902). (34 S.) 8°

Rüts, Karl v.: Die Duellgegnerschaft. Der Versuch e. Verständigung mit e. ehrlichen Duellvertheidigern von C[arl] v. Rüts. 2. erw. Aufl. Berlin: Schall & Rentel 1903. (39 S.) 8°

Rüts, Helene v., entscheidende Lebensstunden [geschrieben 1868]. Die Macht der Liebe [geschrieben 1864]. Die letzte u. die erste Novelle der Verf. v. „Stolz u. Still." Mit dem (lith.) Portr. der Verf. gez. v. Engelbach. 8. (132 S.) Berlin 873. Rauh. 2. —

Marie. In Demuth muthig. E. Novelle v. Helene v. Rüts. 3. Aufl. *Halle a. S.: Strien (1897).* (208 S.) 1 Bd 8. [97. 1871 H.

Stolz und Still. E. Novelle v. Helene v. Rüts. 4. Aufl. *Halle a. S.: Strien (1897).* (160 S.) 1 Bd 8. [97. 7832 H.

Rüts, Otto von, approb. Arzt: **Das primäre Carcinom der Lebergallengänge.** *Leipzig: G. Fock 1899.* (44 S.) 8°
Leipzig, Med. Diss. v. 8. Mai 1899
(Nur in beschränkter Zahl für den Austausch)

Rüts, Sally v., Märchen u. Erzählungen für Kinder von 7—12 Jahren. 8. (III, 171 S.) Halle 880. Strien. cart. n. 2. —

Rutsch, C.

Rutsch. Chronik u. Beschreibung von Nakel. (IV. 48) 8. Nakel, Bromberg 1875. 0,75.

Rutsch, C., Chronik und Beschreibung von Nakel. Nach amtl. Quellen und zuverlässigen Privat-Mittheilungen bearb. gr. 8. (IV, 48 S.) Nakel 879. (Bromberg, Mittler'sche Buchh.) *

— Eupen und Umgegend. Nebst 1 (lithogr.) Karte der Umgegend von Eupen (in Fol.). gr. 8. (II, 301 S.) Eupen 879. (Aachen, M. Jacobi.) *

— die Mosel u. ihre Seitenthäler. Ein Reisehandbuch. gr. 16. (XVI, 111 S.) Trier 879. Lintz. cart. n. 1. 50

— die Umgegend von Eupen in landschaftlicher u. geschichtlicher Beziehung mit einem Auszuge aus der Geschichte des ehemal. Herzogthums Limburg. Mit einem (lith.) Plane der Umgegend von Eupen. gr. 8. (160 S. mit 1 Steintaf.) Aachen 878. M. Jacobi. n. 1. 60

— Wanderungen durch die Thäler der Mosel, Ahr u. Nahe mit landschaftl. u. geschichtlichen Schilderungen. gr. 8. (XII, 339 S.) Trier 879. Lintz. n. 3. —

Rutsch, Conrad, s. Rutsch, Konrad

Rutsch, Aemil. (Eduard. Rich.) (geb. Warschau 1820): De strepitu praesystolico in stenosi ostii venosi. Berolini (1840). (38 S.) 8°
Berlin, Med. Diss. v. 24. März 1840

Rutsch, Fr.: Die Kocher'schen Radikaloperationen des Larynxcarcinoms seit 1890. Leipzig 1899. 41 S. 8°.
Bern. Med. Diss. 1898/99.

Rutsch, Konrad

RUTSCH, Conrad (Mannheim): Ueber Trippermetastasen.- München: Lentner (1848). 16 S.
9.8.1848 - Urk (Titel: De metastasibus gonorrhoicis.); F 67
Diss. Ingolst.-Landsh.-Mchn.

Rutsch, Wilh., Buchführung f. Handwerker. Ein in Form e. Aufgabe gehaltener kurzer Entwurf f. das Tischler- u. Schlosser-Gewerbe zum Gebrauch in Handwerkerschulen u. zum Selbstunterricht. 8. (V, 60 S.) Brieg 883. (Kroschel.) n. — 80

— dasselbe. Schul-Auszug, enth. Inventuren u. Geschäftsvorfälle d. 2. Thls., betr. das Schlosser-Gewerbe. 8. (18 S.) Ebend. 883. n. — 20

— dasselbe. Schul-Auszug f. d. Tischler-Gewerbe. 8. (14 S.) Ebend 883. n. — 20

Ruetsch, A., Vade — et manemecum Clericorum Saecularium, seu, varia pia exercitia Clericorum Saecularium tam pietati, quam commoditati accommodata. 12. Augsb. 764. Wagner. 8 𝔤𝔯

Rütsch, M. Jos.

— Ostbayerns Mineralproduktion. gr. 8. (31 S.) München 849, Henzel. n. 8 ngr

— Ostbayerns Mineralproduktion. gr. 8. (31 S.) München 849, [Rieger'sche Buchh.] *

Rütsch, M. Jos., die Natur der Volkswirthschaft mit besonderer Anwendung auf Bayern. gr. 8. (IV u. 130 S. m. 2 Tab. in qu. gr. Fol.) Erlangen 850. Palm. 3/4 ℳ

Rütsche, Paul, d. kaufmänn. Bildungswesen d. Schweiz im J. 1903, s.: **Gesellschaft, schweizer., f. kaufm. Bildungswesen. 2.**

Rütsche, Paul s. Meister, Ulrich, und Rütsche, Paul.

Rütsche, Paul [von Zürich]: **Der Kanton Zürich und seine Verwaltung zur Zeit der Helvetik (1798—1803).** Zürich 1900. 345 S. 1 Bl. 8°.
Zürich. Phil. Diss. I. S. 1899/1900.

Rütsche, Paul, der Kanton Zürich zur Zeit der Helvetik (1798–1803). gr. 8. (346 S.) Zürich 900. Fäsi & Beer. n. 4. 40

Rütschi, Emil. Beiträge zur Chirurgie der Hirntumoren nach Erfahrungen an der chirurgischen Klinik des Herrn Prof. Dr. [Ulrich] Krönlein in Zürich. Diss. Med. Univ. Zürich. 106 S. 8. Zürich, Orell Füssli, 1905.

Ruetschi, Gebr., üb. Anschaffung u. Unterhalt v. Kirch-Geläuten. Anleitung f. die tit. Kirchenvorsteherschaften. gr. 8. (50 S. m. 10 Taf.) Aarau 883. (Christen.) n. 1. 80

[RUTSCHMANN David], Neues Rädergebaude von . . . – a. S. Caetano, Augustiner Baarfusser . . . Kurzbeck. Wien 1791 1 vol. 117 S. + 1 Kupfer

Rutschugi-Posten [Schlagwort]

Rutschugi-Posten, s.: Kolonialkarten.

Rutschung, Die, an der Südostbahn zwischen Sattel und Steinerberg bei Km 16,5. Zürich 1890. V: *Heim, Alb.* (BSchwLk V, 9 h)

Rutstein, Jacob, a. Rimoschi (Rußland): Klinik der Adenomyome des Uterus. Berlin (1907): E. Ebering. (29 S.) 8°
Berlin, Med. Fak., Ref. Olshausen, Diss. v. 6. Febr. 1907
[Geb. 18. Nov. 81 Rimoschi, Rußland; Wohnort: Rimoschi; Staatsangeh.: Rußland; Vorbildung: Gymn. Sluzk Reife O. 01; Studium: Wien 6, Berlin 6 S.; Rig. 1. Febr. 07.]

Rutta, C., s. Rutta, Karl

Rutta, Karl

Rutta's, Carl, Exercitienreden für seine Alumnen. Mit Fragmenten zu seiner Biographie herausg. von **Ant. Ruland** Würzburg 857. Stahel. 8. (203 S.) n. 20 ngr

Rutta, C., Trauerrede auf Papst Leo XII. gr. 8. (1½ B.) Würzburg 829, Stahel.

Rutta, R. M., s. Rutta, Rudolf

Rutta, Rudolf

Rutta, R. M., die römisch-katholische Arzneiwissenschaft d. i. Wunderkräfte der Sympathie u. ihre Wirkgn. auf den Menschen. Aus den besten u. ergiebigsten Kloster- u. Volksquellen geschöpft u. m. vielen schätzbaren, erprobten 220 Hausmitteln versehen. 16. (192 S.) Wien 873. Wenedikt. n. 1. 50

Rutta, Rud., die Beamten-Societät. Versuch auf Grundlage von Intelligenz unter dem Beamtenstande aller Verwaltungszweige sowohl Geselligkeit und Gemeinsinn zu erregen, als auch ohne Verletzung des Decorums reichliche Einnahms-Quellen zu eröffnen, welche nachhaltig auf deren Familien wirken. Prag 860. (Storch.) gr. 8. (134 S.) n. 20 ngr

Rutta. Kours-Tabellen. Steindruck und Verlag des **V. Wacha** in Prag. 1856 (142 S. 16.)

Rutta, Rud., das Lotto als Sparkasse, oder: Das Geheimniß, mit Verstand, Glück und einem Stammkapital von 10 Gulden — nach 10 Jahren Frau und Kinder versorgen zu können. gr. 8. (12 S.) Pesth 854, Geibel. *

— der denkende **Lottospieler,** oder: Wie muß man spielen, um sehr viel zu gewinnen? Nach mathematischen Grundsätzen beantwortet von einem durch die Lotterie reich gewordenen. Wien 853. Wenedikt in Comm. 16. (32 S.) 6 ngr.

Rutta, R. M., *k. k. wirkl. Oberstaatstelegraphist in Prag.* Das letzte Mittel. Arithmetische Resultate zur schnellen Bestimmung der Einsätze, Gewinnste und Hintanhaltung grösserer Verluste in der k. k. österr. Zahlen-Lotterie ec. ec. *Prag* 1857. Druck v. *Franz Rohliček.* 63 S., kl. 8°.

— das **Pferdefleisch** als Nahrungsmittel aller Stände. Eine Anleitung wie dasselbe schmackhaft zubereitet und behandelt wird. Für Herrschafts-, Bürger- und Soldatenküchen eingerichtet. Pesth 854. Emich. (Pfeifer.) 16. (20 S.) n. 4 ngr

— die fünf **Unbekannten** d. denkenden Lotto-Ruffspielers. Garantirter Reingewinn jährl. 44 bis 450 fl. Mit vielem im Drucke noch nicht erschienenen, sehr genauen Extracto-, Ruf- u. Amben-Berechngn. 16. (107 S.) Ebend. 873. n. 1. 50

Rutte, Frz., ein Sträußchen. Gedichte. gr. 16. (VIII u. 107 S.) Wien 847, Jasper, Hügel & Manz. 18 ngr In Engl. Einb. m. Goldschn. 24 ngr

Rutte, Frz., historisch-geographisches Wörterbuch zum Schulgebrauche. gr. 8. (III, 67 S.) Wien 885. Hölder. n. — 96

Rutte, Albert von. Ausflug auf das Wildhorn im Saanenland [Mit 1 Tafel. A.] 8. [Bern 1862.]

Rütte, Alb. v., Erklärung der schwierigen dialekt. Ausdrücke in Jeremias Gotthelfs gesammelten Schriften, s. **Gotthelf's** gesammelte Schriften.

Rütte, Alb. v. Die letzten Lebensstunden Alb. von Rütte. Bern 1882. 4

Rütte, Ed[uard] von. Predigten gehalten in Stettlisburg am 10. und 17. August 1862, anlässlich der Abnahme der alten Glocken und der Einweihung der neuen G[l] wie des Kirchhofs und der Leichenhalle. 8. Thun 1862.

Rütte, E[ugen] v[on]. Zu den durch elektrischen Starkstrom hervorgerufenen Unglücksfällen. Diss. Med. Bern. 33 S. 8. Bern, Stämpfli & Cie., 1901.

Rutten, I. M. R., die diluvialen Säugetiere der Niederlande. (VI, 116 S. m. 2 Taf., 2 Karten u. 2 Bl. Erklärungen.) 31×23,5 cm. Berlin 909. R. Friedländer & Sohn. 5.—

Rütten, Christian, a. Lövenich: Das Bogenspektrum von Samarium. Bonn 1905: P. Hauptmann. (26 S.) 8°
Bonn, Phil. Fak., Ref. Kayser, Diss. v. 16. Mai 1905
[Geb. 19. Jan. 81 Lövenich, Bz. Aachen; Heimatsort: Lövenich; Staatsangeh.: Preußen; Vorbildung: Friedr. Wilh.-Gymn. Cöln Reife O. 01; Studium: Marburg 2, Freiburg i. B. 1, Bonn 4 S.; Rig. 1. März 05.]

Rütten, Felix: Martin Donk (Martinus Duncanus) 1505—1590. Münster i. W. 1906: Aschendorff. (IV, 61 S.) 8° ¶(Teil der Arbeit, das Ganze erscheint im Verlage von Aschendorff, Münster). *

Münster, Theol. Fak., Ref. Pieper, Diss. v. 22. Juni 1906

[Geb. 7. Jan. 81 Kempen, Rhein; Wohnort: Appeldorn, Dekanat Calcar; Staatsangeh.: Preußen; Vorbildung: Gymn. Thomäum Kempen Reife 99; Studium: Münster 8 S.; Rig. 18. Juni 06.]

Martin Donk (Martinus Duncanus), 1505–1590. Biogr. Beitrag z. niederländ. Kirchengeschichte von Dr. Felix **Rütten**. Münster i. W.: Aschendorff 1906. (VIII, 106 S.) 8°
[Ein T. erschien als Inaug.-Diss. Münster 1906] [07. 3453

Ruetten, Franz Hubert (geb. Hillensberg bei Aachen 9. 12. 1831): De perityphlitide. Berolini (1858). (32 S.) 8°
Berlin, Med. Diss. v. 6. Sept. 1858

Rütten, Johannes: Die Hymnen im katholischen Religionsunterricht der höheren Schulen. Bonn, Univ.-Buchdr. v. C. Georgi, 1895; 1 Bl., 56 S. 4.
Bonn, OR m. PG, OP 1895 (502)

Rütten, Peter [aus Oberkrüchten (Rheinland)]: Das Carcinom auf der Basis des Atheroms. . . . Würzburg, Paul Scheiner's Buchdr., 1888; 22 S. + 1 Bl. 8°
Würzburg. Med. Fak., Inaug.-Diss. v. 1888

Rütten, Wilhelm, (studiorum praefectus in collegio Ludgeriano): Studien zur mittelalterlichen Bußlehre mit besonderer Berücksichtigung der älteren Franziskanerschule. *Münster i. W. 1902: Aschendorff.* (88 S.) 8°
Münster, Kath.-theol. Diss. v. (18. Dez.) 1902

Rütten, Wilh., Studien zur mittelalterl. Busslehre m. besond. Berücksicht. der älteren Franziskanerschule. (88 S.) gr. 8. Münster 902. Aschendorff. 1.50

Rüttenauer, Benno, Aphorismen aus Stendhal. Ueber Schönheit, Kunst u. Kultur. Ausgezogen u. in deutscher Uebersetzg. zusammengest. 8. (XXIV, 192 S.) Straßburg (901). J. H. E. Heitz. Geb. in Leinw. n. 3. —

Rüttenauer, Benno, Aphorismen aus Stendhal. Ueber Schönheit, Kunst u. Kultur. Ausgezogen u. in deutscher Uebersetzg. zusammengestellt. 2. Bdchn. (IV, 172 S.) 8. Straßburg (904). J. H. E. Heitz. Geb. in Leinw. n. 3. —

Rüttenauer, Benno, der kleine Bolland od. Acta Santorum minora, d. i. 20 frommheitere Legenden, in anmut. u. höchst erbaul. deutsche Reime gebracht v. P. Hilarius à la Santa Clara, O. Q. S. F. 8. (VII, 88 S.) München 893. Dr. E. Albert & Co., Sep.-Co. n. 1. 50

— s.: **Dürer, Albr., unserer lieben Frauen Leben.**

— unmoderne Geschichten. 8. (VII, 293 S.) Heidelberg 894. G. Weiß, Verl. n. 3. 20; geb. in Leinw. n. 4. 40

— unmoderne Geschichten. 2. [Titel-]Aufl. 8. (VII, 293 S.) Heidelberg [894] 901. Kassel, G. Weiß, Verl. n. 2. —; geb. in Leinw. n. 2. 80

— Karl Haider. (S. 139—158 m. Abb. u. 6 [1 farb.] Taf.) 36,5×27 cm. München (909). F. Hanfstaengl.
Sonderabdr. aus: „Die Kunst uns. Zeit". 4. —

[F.] Heilige. Legenden und Historien in Prosa v. Benno **Rüttenauer**. *Heidelberg: G. Weiss 1895.* (2 Bl., 300 S.) 1 Bd 8. [97. 7398

— Jesus Christus als sittliches Ideal. (53 S.) 8. München-Schwabing (905). E. W. Bonsels & Co. n. 1. —

— der Kampf um den Stil, s.: Ueber Kunst der Neuzeit. 11. Hft.

— Kunst u. Handwerk, s.a. Ueber Kunst d. Neuzeit.

— Symbolische Kunst, s. Ueber Kunst der Neuzeit.

— Larissa, s.: Seemann's kleine Unterhaltungsbibliothek. Nr. 14.

— heilige Legenden u. Historien in Prosa. 2. [Titel-]Aufl. 8. (III, 294 S.) Heidelberg [895.] 901. Kassel, G. Weiß, Verl. n. 2. —; geb. in Leinw. n. 2. 80

HILARIUS à la (!) Santa Clara, P. (d. i. *B. Ruttenauer),* 20 frommheitere Legenden in anmutige u. höchst erbauliche deutsche Reime gebracht von —. München, o. J. (189*). 8°.

— Maler-Poeten, s.: Über Kunst der Neuzeit. 3.

Rüttenauer, Benno, Cranachs Persönlichkeit u. sein Werk, s.: [Cranach.] Aus Cranachs Holzschnitten.

[F.] Zwei Rassen. Roman v. Benno **Rüttenauer**. *Berlin: S. Fischer 1898.* (3 Bl., 310 S.) 1 Bd 8. [97. 7873

Rüttenauer, Benno, Siebenschön. Ein April-Mai-Märchen in Reimen. 12. (VII, 116 S.) Leipzig 884. Liebeskind. n. 2. —

— Sommerfarben, s.: **Reclam's Novellen-Bibliothek.**

Rüttenauer, B., Sommerfarben, s.: Universal-Bibliothek.

— Studienfahrten. Farbenskizzen m. Randglossen aus Gegenden der Kultur u. Kunst. 8. (III, 215 S.) Straßburg (901). J. H. E. Heitz. n. 4.

— der neue Troubadour, s.a. Kürschner's, Jos., Bücherschatz.

Rüttenauer, Benno: Der neue Troubadour. Eine Reisegesch. in 7 Abenteuern. Von —. Mit Ill. von A. v. Schrötter. Berlin, Eisenach, Leipzig: H. Hillger [1901]. (125 S.) 8°
= Bücherschatz, Kürschners. No 251.

— **Walpurgisnächte.** Am Mägdefelsen. Der Kampf m. dem **Marmorbild. Meister Ambrogios Himmelfahrt,** s.a. **Kürschner's, Jos.,** Bücherschatz.

Rüttenauer, Benno: Walpurgisnächte. Am Mägdefelsen. Der Kampf mit dem Marmorbild. Meister Ambrogios Himmelfahrt. Von —. Mit Ill. von E. Ranzenhofer. Berlin, Eisenach, Leipzig: H. Hillger [1900]. (128 S.) 8°
= Bücherschatz, Kürschner's. No 178.

— Weltgeschichte in Hinterwinkel. Aus den Denkwürdigkeiten e. ehemal. schwäb. Ziegenhirten. 2. Aufl. (88 S.) kl. 8. Düsseldorf 909. [Verlag d. „Rheinlande".] München, G. Müller. Geb. 2. —

— Zeitiges u. Streitiges. Ein litterar. Skizzenbuch. 8. (VII, 265 S.) Ebd. 895. n. 3. 20

Rüttenscheid [Schlagwort]

Rüttenscheid, s.: Essen.

***Ruttenstock,* Jak.,** institutiones historiae ecclesiasticae N. Test. Vol. I., II. Smaj. Wien 832. Wallishauser. 4 fl 12 gr.

Ruttenstock, Jac., Institutiones historiae ecclesiasticae N. T. Tom. III. 8 maj. Viennae 834. Wallishauser. $1^2/_3$ ℛ (I. — III. $6^1/_6$ ℛ)

— Predigt am Fest der Erscheinung Christi. gr. 8. Wien 826. Wallishauser. 4 ℊ

— Predigt am Feste d. Himmelfahrt Christi, in d. Franziskanerkirche zu Wien gehalten am 20. Mai 1819 bei Gelegenheit d. priesterl. Jubelfeier des Hrn. Victor, Guardian d. Convents. gr. 8. Wien 829. Wimmer. 3 ℊ

Rutter, J. O. N., das Ganze d. Gasbeleuchtung, nach ihrem jetz. Stantpunkte. Nebst e. Anh., enth. Bemerkn. üb. d. Gasproduction u. Gasbeleuchtung. 8. ($28^1/_2$ B. u. 10 Stnt.) Quedlinburg 835, Basse.

Rutter, J. O. N. — F. R. A. E. Die Vortheile der Gasbeleuchtung für Privathäuser. Aus dem Englischen des — — übersetzt. 8. (48 S.) Wien. Gedruckt bei Karl Gerold und Sohn. 1853.

Rutter, Stef., Repartitions-Schlüssel zur Berechnung der f. Landes-, Gemeinde- u. Schulbedürfnisse 2c. auf die direkten Steuern entfallenden Umlagen von ½ Procent bis einschließlich 99 Procent u. vom Betrage pr. 1 kr. bis 100,000 fl. Zum Gebrauche f. die Steuerämter, dann Gemeindeämter, Straßenausschüsse 2c., sowie f. jeden Steuerzahlenden u. Geschäftsmann. gr. 8. (110 S.) Klagenfurt 876. Leon. 3. 60

Rutter, Thomas Francis, a. London: Die katalytischen Eigenschaften des Vanadins. Leipzig 1906: Metzger & Wittig. (63 S.) 8°

Leipzig, Phil. Fak., Ref. Ostwald-Hantzsch, Diss. v. 23. Nov. 1906

[Geb. 21. Sept. 73 London; Wohnort: London; Staatsangeh.: England; Vorbildung: B. Sc. London Nov. 93; Studium: London 10, Leipzig 4 S.; Rig. 28. Juli 06.]

Rütter, Arnold, die Pflanzenwelt im Dienste der Kirche f. Geistliche u. Laien. 1—3. Thl. gr. 8. Regensburg, Pustet. à n. 1. 40

1. Die Pflanzenwelt als Schmuck d. Heiligthumes u. Frohnleichnamsfestes im Allgemeinen u. Besondern f. Geistliche u. Laien. Mit 52 Abbildgn. 2. verm. Aufl. (X, 150 S.) 886.
2. Die besten Altarblumen im Topf u. ihre Specialcultur. Mit 68 Abbildgn. 2. Aufl. (VIII, 158 S.) 886.
3. Die besten Altarblumen im Garten u. ihre Cultur u. Verwendung. Mit 110 Abbildgn. (VIII, 173 S.) 886.

Rütter, Arnold, die Pflanzenwelt im Dienste der Kirche f. Geistliche u. Laien. 1. u. 3. Thl. gr. 8. Regensburg, F. Pustet. à n. 1. 40; geb. in Halbchagrin à n. 2. —

1. Die Pflanzenwelt als Schmuck d. Heiligthums u. Fronleichnamsfestes im Allgemeinen. Für Geistliche u. Laien. 3., verm. Aufl. (VIII, 160 S. m. 73 Abbildgn.) 891.
3. Die besten Altarblumen im Garten, ihre Cultur u. Verwendung. 2., gänzlich umgearb. Aufl. (XVI, 190 S. m. 142 Abbildgn.) 894.

Rütter, Arnold, die Pflanzenwelt im Dienste d. Kirche f. Geistliche u. Laien. 2. u. 4. Thl. gr. 8. Regensburg, F. Pustet. n. 3. 40 (kplt.: n. 7. 20; in 2 Bde. geb. n. 8. 60)

2. D. besten Altarblumen im Topf u. ihre Spezialcultur. 3., gänzl. umgearb. Aufl. (XII, 180 S. m. 103 Abb.) 896. n. 1. 50
4. Die kirchliche Strauß- u. Kranzbinderei, jew. Errichtung v. Triumphbögen, erläut. v. R. (VIII, 191 S. m. 91 Abb.) 895. n. 2. —

Rütter, Arnold, die Pflanzenwelt im Dienste der Kirche f. Geistliche u. Laien. I Tl. Die Pflanzenwelt als Schmuck des Heiligtumes u. Fronleichnamsfestes im Allgemeinen f. Geistliche u. Laien. 4. verm. u. umgearb. Aufl. (XII, 180 S. m. 65 Abb.) 8. Regensburg 906. F. Pustet. n. 1.40

Rütter, Arnold, die Pflanzenwelt als Schmuck des Heiligthumes und Fronleichnamsfestes im Allgemeinen und Besonderen für Geistliche und Laien. gr. 8. (VI, 152 S. mit 53 eingedr. Holzschn.-Abbild.) Regensburg 883, Pustet. *

Rutter, Johann, Oeffentliches Sendschreiben an Herrn Doctor [Paul Ignaz Vital] Troxler. 8. Luzern 1831.

[1. Aufl.] — 2. Aufl.

Rüttermann, *Jacob Heinrich* Hugo [aus Essen a. d. Ruhr]: Parotitis nach Ovariotomie ... Berlin, C. Vogt's Buchdr., *1893*; 29 S., 1 Bl. 8.

Berlin, Med. Fak., Inaug.-Diss. v. 4. Aug. 1893

v. Ruttershausen, Roger, († 1785.) s. **Vertheidigung** der 12 Briefe Seedorfs.

Rüttgers, F. H., prakt. Anleitung z. Kopfrechnen in methob. geordneten Uebungen u. Aufgaben f. Elementarschulen u. höhere Lehranstalten. 1. u. 2. Hft. 8. Schwelm 846, Scherz.

Hft. 1. Behandlung der ganzen Zahlen in unbenannten u. benannten Größen. ($4^1/_2$ B.) 3 Ngr.
„ 2. Die Brüche. (9 B.) 6 Ngr.

Rüttger, Jos., Gedichte. gr. 12. ($7^5/_6$ B.) Mannheim 841, Bensheimer.

RÜTTGER, Jos., Panorama der Liebe. (Ziemlich zahme Gedichte.) 2 Thle. München 1847—48. 8°. (2 Mk., Th. 2 apart, L. Rosenthal, 1907.)

Rüttgers, Paulus, Rhenanus: De accusativi, genetivi, dativi usu in inscriptionibus archaicis cretensibus. Bonnae 1905: C. Georgi. (47 S.) 8°

Bonn, Phil. Fak., Ref. Elter, Diss. v. 26. Juli 1905

[Geb. 2. März 80 Vluyn; Heimatsort: Hülsdonk bei Mörs; Staatsangeh.: Preußen; Vorbildung: Gymn. Mörs Reife O. 99. Studium: Heidelberg 3, Bonn 4 S.; Rig. 24. Febr. 04.]

Rüttgers, Severin, s.: [Chodowiecki, Daniel.] Aus den Kupferstichen Daniel Chodowieckis.

— Über die literarische Erziehung als e. Problem d. Arbeitsschule. Ein Beitrag zur Reform des Sprachunterrichts u. der Lesebücher f. die deutsche Jugend. (X, 156 S.) 8. Leipzig 010. B. G. Teubner. 1.80; geb. in Leinw. 2. 20

— Die Geschichte v. d. Lachstälern, Laxdoela Saga, s.: Wanderer, die. VII, 1.

— Eine schreckliche Geschichte v. Robert dem Teufel, Herzog v. der Normandie, s.: Schaffstein's Volksbücher f. die Jugend.

— Wunderbare Geschichte v. der edlen u. schönen Melusina. — Eine lesenswürdige Historie vom Herzog Ernst in Bayern u. Österreich usw., s.: Simrock, Karl.

— Eine schöne u. lustige Historie v. den 4 Haimonskindern u. ihrem Roß Baiart, s.a. Schwab, Gust.

— — Eine schöne und lustige Historie von den vier Haimonskindern und ihrem Roß Baiart, was sie für ritterlicher Taten zu Zeiten Karls des Großen begangen haben. Aus d. deutschen Volksbüchern wiedererzählt von Gustav Schwab, neu hrsg. von Severin Rüttgers. — Köln: Schaffstein [1907]. 149 S. (Schaffsteins Volksbücher für d. Jugend. 45.) 5.

8.12502

— — 2. Aufl. Ebd. 1907. 149 S. (Schaffsteins Volksbücher für d. Jugend. 45.) 1:N. 09.1604[45].

8.12503

— s.a. Holzschnitte deutscher Meister aus der Blütezeit der Holzschneidekunst.

Holzschnitte deutscher Meister aus der Blütezeit der Holzschneidekunst (erste Hälfte d. 16. Jhs). Hrsg. v. Jugendschriften-Ausschuß d. Allg. Lehrervereins Düsseldorf. Mit e. Einl. u. Text von Severin **Rüttgers**. Berlin: Fischer & Franke [1909]. 21 Taf. 2°

(Hausschatz deutscher Kunst d. Vergangenheit. 12.) [11. 1918 11

— 3 Legenden aus den deutschen Volksbüchern v. den unschuldig bedrängten Frauen Genovefa, Hirlanda u. Griseldis, s.: Schaffstein's Volksbücher f. die Jugend.

— Ein kurzweilig Lesen v. Fortunatus m. seinem Seckel u. Wunschhütlein, s.: Simrock, Karl.

— s.: Ostade, Adriaen van, Radierungen.

— s.: Reinecke der Fuchs

— s.: Wundergeschichten, zwei, aus den deutschen Volksbüchern.

Rütti. 25. Jahresbericht der landwirthschaftlichen Schule Rütti, pro 1884. Mit Bildniss von Reg.-Rath Weber sel. und Kulturplan. In-4°, 56 S. Bern, Suter & Lierow.

Rüttihubelbad, Das, bei Bern und seine Umgebungen ... 4. Aufl. Basel 1903. V: *Türler, Emil Aug.* (BBullschw 3, 1903)

Rüttimann, Carl, s. Rüttimann, Karl

Rüttimann, Dr. J. J. Zürich 1876. V: *Schneider, Albert.* (Cat. d. Stadtbibl. Zürich. Zürich 1864—97.)

Rüttimann; Biographie von Prof. Dr. J. J. Rüttimann. (von Dr. A. Schneider) (S. A. a. d. N. Z. Zeitung.) 22 Stn. 8. Zürich, Druck von Zürcher & Furrer. 1876. —. 50

Rüttimann, Alois

Rüttimann, A., Leichenrede bei der Beerdigung d. hochwürdigsten gnädigen Herrn Abt Dr. Heinrich Schmid, † am 28. Decbr. 1874, geh. in der Stiftskirche zu Einsiedeln am 2. Januar 1875. gr. 8. (11 S.) Einsiedeln 875. Benziger. n. — 20

Rüttimann, Alois, Rede, gehalten am Wallfahrtsorte Maria Bildstein zu Benken, den 8. September 1856. [Mit 1 Tafel.] 8. Einsiedeln und New-York 1856.

Rüttimann, Carl, s. Rüttimann, Karl

Rüttimann, Hans. Unfallstatistik der Baugewerbekasse des Bezirkes Zürich vom 1. Januar 1894 bis 31. Dezember 1902. Diss. Med. Univ. Zürich. Separatabdruck aus der «Zeitschrift für schweizerische Statistik», Jahrg. 1904. 36 S. 4. Bern, Stämpfli & Cie., 1904.

Rüttimann, Heinrich: Statistischer Beitrag zur Epidemiologie der Diphtherie im Kanton Zürich überhaupt 1881—87, und speziell in den Bezirken Winterthur und Andelfingen 1884—86. Bern 1899. 56 S. 4°.
Bern. Med. Diss. 1898/99.

Rüttimann, J., s. Rüttimann, Jacob J.

Rüttimann, Jacob J.

Rüttimann, J., das nordamerikanische Bundesstaatsrecht verglichen mit den politischen Einrichtungen der Schweiz. (In 2 Thln.) 1. Thl. Zürich 867. Orell, Füßli & Co. gr. 8. (XVI, 459 S.) n. 2 ₰ 20 ngr

Rüttimann, J. J., das nordamerikanische Bundesstaatsrecht verglichen m. den politischen Einrichtungen der Schweiz. 2. Thl. 1. u. 2. Abthlg. gr. 8. (VII, 290 u. VIII, 406 S.) Zürich 872. 76. Orell, Füßli & Co. n. 13. — (cplt.: n. 21. —)

Rüttimann, J[acob]. Ueber die Freiherren von Regensberg ([des Dr. Friedrich] Locher). 8. Zürich 1867.
Ausg. A.
Ausg. B (Beilage zur „Zürcher-Freitagszeitung" Nr. 48.)

— über die Freiherren v. Regensberg. Zürich 867. Orell, Füßli & Co. 8. (39 S.) n. 5 *ngr*

[Rüttimann, Jacob.] Dr. Jonas Furrer. Geboren ... 1805 in Winterthur, gestorben den 25. Juli 1861 in Ragatz. [Necrolog.] SA. 8. Zürich 1861.

Rüttinger, J. J., ländliche Gedichte. 2e verb., mit einer deutl. Worterklärung verm. Aufl. 8. Chur 831. Grubenmann. 1 ₰

Rüttimann, J., zur Geschichte und Fortbildung der zürcherischen Rechtspflege, s. Vorträge, akademische.

Rüttimann, über die Geschichte des schweizerischen Gemeindebürgerrechts. Akademischer Vortrag gehalten am 20. Februar 1862 im Großrathssaale in Zürich, nebst Zusätzen und Beweisstellen. Zürich 862. Orell, Füßli & Co. gr. 8. (77 S.) n. 10 *ngr*

—— die zürcherischen Gesetze, betr. die Organisation der Rechtspflege, s.a. Gesetze.

Rüttimann, J., die Zürcherischen Gesetze betreffend die Organisation der Rechtspflege u. das Strafverfahren (Schwurgerichte) mit Erläuterungen herausg. Zürich 853. Schultheß. 8. (2 Bl., 287 S.) 24 *ngr*

—— üb. einige, weder in Verträgen noch in Verbrechen liegende Gründe von Obligationen. gr. 8. (.. B.) Zürich 838, Orell, Füßli u. Comp.

(Rüttimann, J[acob].) Gutachten betreffend die Rechte, welche dem Kanton Basel-Landschaft an den die Stadt Basel umgebenden Festungswerken zustehen. [2 Theile.] 8. 1859–1860.
[Theil 1.] Gutachten ... Liestal 1859.
[Theil 2] *u. d. T.:* Nachtrag zu dem Gutachten ... und Erwiederung auf die Bemerkungen des Herrn Dr. F[riedrich] L[udwig] von Keller ... Zürich 1860.

[Rüttimann, Jacob.] Dr. Fr[iedrich] L[udwig] von Keller [1799–1860]. (Nekrolog.) SA. 8. Zürich 1861.

— Kirche u. Staat in Nordamerika. gr. 8. (191 S.) Basel 871. Amberger. n. 3. —

Rüttimann, J[ak.]. Kirche und Staat in Nordamerika. Festschrift verfasst von Dr. J. Rüttimann, Professor an der Universität Zürich. (S. III: Herrn Geheimen Rath Dr. Robert v. Mohl überreicht diese Schrift zur Feier des Jubiläums der ihm vor 50 Jahren verliehenen Doktorwürde am 27. August 1871 die staatswissenschaftliche Fakultät der Universität Zürich.) Zür. D. Bürkli Dr. u. Verl. 1871. 7 Bl., 191 S. 8°.

Rüttimann, J., Ueber die der schweizerischen Eidgenossenschaft für Realisirung des Bundesrechtes zu Gebote stehenden Organe und Zwangsmittel. Zürich, Polytechnikum 1862.
Progr.

— Rechtsgutachten über die Frage: In wie weit durch die Eisenbahn-Konzessionen der Kantone u. die Beschlüsse der Bundesversammlung betr. die Genehmigung derselben für die betheiligten Gesellschaften Privatrechte begründet worden seien. Zürich 870. (Meyer & Zeller's Verlag.) gr. 8. (97 S.) n. 10 *ngr*

— kleine vermischte Schriften juristischen u. biographischen Inhalts. Nebst seiner Biographie u. Portr. (in Lichtdr.) gr. 8. (307 S.) Zürich 876. Orell, Füßli & Co. Verl. n. 6. —

Rüttimann, J., üb. d. engl. Strafrechtspflege. Amtl. Bericht an d. züricher Gesetzes-Revisions-Kommission. 8. (7¼ B.) Zürich 837. (Stuttgart, Hoffmann'sche Vrlsh.)

Rüttimann, J. J. Verhältniss der Staatsgewalt zur Gesellschaft. Zürich 1858.

Rüttimann, J., der englische Civil-Proceß mit besonderer Berücksichtigung des Verfahrens der Westminster Rechtshöfe. gr. 8. (XVI u. 284 S.) Leipzig 851, B. Tauchnitz. 2 ℳ

Rüttimann, Karl, die zugerischen Allmendkorporationen, s.a. Abhandlungen zum schweizer. Recht. 2. Hft.

Rüttimann, Carl. Die zugerischen Allmendkorporationen von Dr. K' R'.... XII + 207 S. 8. Bern, Stämpfli & Cie., 1904. [fr. 3.60]
Abhandlungen zum schweizerischen Recht, hrg. von Dr. Max Gmür, Professor.... Heft 2.

Rüttimann, Carl. Die zugerischen Allmendkorporationen. [Mit 2 Kartenskizzen im Text.] XII + 207 S. 8. Bern, Stämpfli & Cie., 1904.
Ausg. A: Diss. Jur. Bern von K' R'....
Ausg. B: ... von Dr. K' R'.... [fr. 3.60.] — Abhandlungen zum schweizerischen Recht, hrg. von Dr. Max Gmür, Professor.... Heft 2.

(Rüttimann, Carl.) Rekurs und Interpretationsbegehren der Waldgenossenschaft Steinhausen an den h. Kantonsrat des Kantons Zug. (Januar 1903. [Von] K' R', Sohn. [Mit] Anhang: Freiheitsbrief der Gemeinde St' ... 1542, confirmiert ... 1670.) 18 S. 8. Zug, Rey & Kalt.

Rüttimann, Phpp. Ant., das Geheimniß der hl. hl. Dreieinigkeit und seine Analogien. gr. 8. (VII, 135 S.) Lindau 887, Stettner.

[Rüttimann, Vincenz.] Beurkundete Darstellung des Einfalls der Stände Schwytz, Unterwalden (Nid-dem-Wald), Zug und Glarus in die Stadt Luzern am 29ten April 1798 samt Bemerkungen. 8. Luzern 1798.

RUETTIN, THEODOSIUS: LOB- und TRAUER-REDE über den Tod des NICOLAI aus dem Hochgräflichen Haus Zichy de Vásonykö. / so an dem Tag dessen Schmerzvollen Leich-Besingnuß in Eigener Closter-Kirchen zu Klein-Maria-Zell zu Alt-Ofen den 28. Hornung 1758 vorgetragen von P. Theodosio. Ofen 1758. Gedruckt bey Leopold Frantz Landerer 9 f. - 2'

Rüttinger, C., s. Rüttinger, Konrad

Rüttinger, Ferd., amtl. Haupt-Katalog u. Führer der Ausstellg. f. Handwerk u. Gewerbe, Kunst u. Gartenbau, Wiesbaden 909, m. Lageplan u. Situationsplänen der Hallen. Hrsg. v. d. Ausstellungs-Leitg. Mit Vorwort v. C. Spielmann. (144 S.) 8. Wiesbaden 909. (A. Venn.) nn — 50

Rüttinger, Jh. Geo., Handbuch üb. den Katechismus Lutheri. 16 Bdchn. 8. Hildburgh. 798. Hanisch. (Er. Fleischer in Lpz.); (a. Taubert). 16 ℊ

Rüttinger, Konrad

Analytische Auflösung einer algebraischen Aufgabe. Von Dr. C. Rüttinger, Lectorats-Verweser u. P. der Phys. u. Naturgesch. — 1831. Ebend. — S. 3–12.
Progr. Bamberg

Algebraische Darstellung der Centralstoßgesetze fester Körper. Von Dr. Conr. Rüttinger, P. d. Phys. am L. — 1824. Bamberg, Klebfadel. — S. 3–23.
Progr. Bamberg

Ruttke, Einrichtungen u Zwecke d. öffentl. Feuerversicherungsanstalten und ihre Bedeutung für die Landeswohlfahrt. (24 S) (Strassburg) 1907

Ruttledge, Cornelius Butler, geb. Farmington in England 13. 6. 1855: Ueber die Complicationen der Schwangerschaft und Geburt mit Gebärmutterkrebs. Berlin (1876). (37 S.) 8°
Berlin, Med. Diss. v. 2. Nov. 1876

Rüttlinger, J. J., sämmtl. (ländl., zum Theil Schweizerische) Gedichte. (3 Bdchn.) 2., verb., mit e. deutl. Worterklärung verm. Aufl. gr. 12. (20 B.) Chur 831. (Leipzig, Wienbrack.)

Ruttloff, Curt, s. Ruttloff, Kurt

Ruttloff, Kurt

Ruttloff, Curt, Zahnarzt a. Stralsund: Transplantationsversuche an Lumbriciden. Vereinigung invers gelagerter Teilstücke unter Überwindung der Polarität. Mit 22 Fig. im Text. Marburg 1908 (Leipzig: Breitkopf & Härtel). (43 S.) 8°
Marburg, Phil. Fak., Ref. Korschelt, Diss. v. 22. April 1908
[Geb. 26. Mai 81 Stralsund; Wohnort: Stettin; Staatsangeh.: Preußen; Vorbildung: Realgymn. Stralsund Reife O. 00; Studium: Berlin 3, Greifswald 4, Marburg 4 S.; Rig. 18. Dez. 07.]

Ruttmann, W. J., die Ergebnisse d. bisherigen Untersuchgn. zur Psychologie des Zeichnens. (VII, 53 S. m. 2 Fig. u. 4 Taf.) gr. 8. Leipzig 911. E. Wunderlich. — 80

Ruttner, Frz., die Mikroflora der Prager Wasserleitung, s.a. Archiv f. die naturwiss. Landesdurchforschung v. Böhmen.

Die Mikroflora der Prager Wasserleitung von Franz Ruttner. Prag: F. Řivnáč in Komm. 1906. (IV, 47 S.) 4°(8°)
= Archiv d. naturw. Landesdurchforschung v. Böhmen. Bd 13, No 4. [06. 9104

Ruttor, Jul., die Kreis-Haupt- u. Universitätsstadt Würzburg nebst Umgebung. Kurzer, aber genauer Wegweiser f. Fremde u. Einheimische, nach authent. Quellen bearb. Mit e. genauen Plane der Stadt u. den neuesten Stadterweitergn. 16. (VII, 103 S.) Würzburg 874. Frank. n. 1. —

Ruttrich, Franz, k. u. k. Oberlieut. Organisation der bewaffneten Macht Oesterreich-Ungarns nebst einem Anhange enthaltend Bestimmungen des Train- und Verpflegswesens im Kriege, sowie des Wehrgesetzes vom Jahre 1889. In tabellarisch graphischer Weise zusammengestellt. 3. (verm.) Auflage. 8. Oedenburg 1895.

Rutty, William (Mitarb.). s. Abhandlungen. Zweier gelehrter Engelländer.

Rutty, W., I) Abhandl. von d. Theilen, durch welche der Harn geht. II) J. Pearson, Beschreib. d. Harnblase. 2 Abhandll.; aus d. Engl. v. G. L. Huth. Mit 9 Kpf. gr. 8. Nürnb. 759. (Campe). 1 ℳ

Rutty, W., u. J. Pearson, Abhandl. v. d. Theilen, durch welche der Harn gehet ꝛc. m. K. gr. 8. Nürnb. Seligmann. (Campe.) 759.

Rutz, Albert *Richard* [aus Barkenfelde (West-Pr.)]: Behandlung der congenitalen Hernien des Processus vermiformis ... Berlin, L. Schueler's Buchdr. *1896*; 28 S., 2 Bl. 8.
Berlin, Med. Fak., Inaug.-Diss. v. 11. Aug. 1896

Rutz, J., Luther-Jubiläums-Reden, s.: Christa, E.

Rutz, J. A., Festrede, s.: Einweihung, die, der St. Matthäuskirche.

Chuo cha kidachi. Hilfsbuch der deutschen Sprache für die Schulen in Deutsch-Ostafrika von Oswald Rutz. 2. verb. u. verm. Aufl. Tanga 1904: Kommunal-Dr. VIII, 216 S. 8° [05. 1653

Rutz, Osw., u. Paul **Blank,** chuo cha masomo. Lesebuch f. d. Schulen in Deutsch-Ostafrika. gr. 8. (XII, 157 S. m. Abb. u. 5 farb. Karten.) Berlin 898. (C. Heymann's Verl.). Geb. n. 3. —

Rutz, Osw., u. Paul **Blank,** chuo cha masomo. Lesebuch f. die Schulen in Deutsch-Ostafrika. 2. verb. u. verm. Aufl. gr. 8. (XIII, 175 S. m. Abb. u. 5 farb. Karten.) Berlin 901. C. Heymann. Geb. n. 3. —

Njia ndikayo kwa kuandika vizuri. Methodische Anweisung und Lehrgang des Unterrichts im Schönschreiben für die Schulen in Deutsch-Ostafrika von Oswald Rutz. Tanga 1905: Kommunal-Dr. 16 S. 8° [05. 1033]

Rutz, Ottmar, a. Fürth: **Die gesetzliche Befristung. Eine bürgerlich-rechtliche Untersuchung.** München 1905: C. Gerber. (66 S.) 8°
Würzburg, Jur. Fak., Ref. v. Burckhard, Diss. v. 19. Febr. 1905
[Geb. 15. Juli 81 Fürth; Wohnort: Fürth; Staatsangeh.: Bayern; Vorbildung: Wilhelmsgymn. München Reife Juli 01; Studium: München 8 S.; Rig. 1. Febr. 05.]

Rutz, Ottmar, **die gesetzliche Befristung. Eine bürgerlich-rechtl. Untersuchg. (IV, 66 S.) 8. München 906. J. Schweitzer Verl.** **n. 1. 80**

Rutz, Ottmar, neue Entdeckungen v. der menschlichen Stimme. (VIII, 158 S.) Lex. 8. München 908. C. H. Beck. 5. —

Sprache, Gesang und Körperhaltung. Handbuch z. Typenlehre Rutz von Dr. Ottmar **Rutz**. München: C. H. Beck 1911. VI, 151 S. 8° [10. 10597]

Ruetz, Alfred, aus Riga: **Zur Geschichte der russischen Valutareform. Die Währungspolitik Russlands in den Jahren** 1881—1895. *(Stettin 1899: F. Hessenland.)* **(88 S.) 8° [Umschlagt.]** ¶(Teil einer grösseren Arbeit.)
Freiburg i. B., Rechts- u. staatswiss. Diss. v. 1899

Ruetz, C., dass die Kirchenmusik göttl. Ursprungs sei. Lübeck 1750. 8.

Rütz, C. Th., s. Rütz, Karl Theodor

Rütz, Franz Georg Christoph

s. J. Chr. Baum, Versuch.

— Beantw. d. Frage: Worin h. d. Verrätherey Judas bestanden? 8. Haag. (Wittekind, Eisenach.) 779.

— üb. die eigentl. Beschaffenheit d. Verrätherei d. Judas Ischarioth. 8. Haag 779. (Bärecke in Eisenach). 6 gr.

Rüz, Frz. Geo. Cph., († d. 31. Dec. 1802.) das Bild eines Volkes, das in Kriegszeiten Gott um Hülfe fleht. gr. 8. Wesel 784. ... 3 gr.

s. Gesangbuch f. Haag.

— **Sendschreiben an Walch üb. 2 Stellen im 39n Bde der Berliner Bibliothek. gr. 8. Wesel 783. ... 7 gr.**

Rüz, Karl Thdr., Abhandl. über die wichtigsten religiösen Gegenstände. 8. Marb. 805. Krieger. 12 gr.

— **das Neu-Westphalen, od. Versuch e. Geographie des Königr. Westphalen f. d. Bürger u. Landmann. gr. 8. Frankf. a. M. 810. Gebhardt u. K. 18 gr.**

— **Versuch eines neuen Katechismus d. christl. Religionslehre f. Schullehrer u. die schon erwachsene Jugend in d. Bürger- u. Landschulen. 8. Marb. 809.**

Rütz, Kaspar

Ruetz, Ksp., († d. 20. Dec. 1755.) widerlegte Vorurtheile vom Ursprunge der Kirchenmusik, u. klarer Beweis, daß die gottesdienstl. Musik sich auf Gottes Wort gründe. 8. Lübeck 750. Donatius. 4 gr.

— widerlegte Vorurtheile von d. Beschaffenheit d. heutigen Kirchenmusik rc. 8. Lübeck 752. Donatius. 4 gr.

— widerlegte Vorurtheile von d. Kirchenmusik u. von den dazu erforderl. Unkosten. 8. Rostock 755. Bödner. 4 gr.

— Vorurteile

— — von den Wirkungen der Kirchenmusik. 8. Rost. Bödner. 755.

Ruetz, Otto, Anleitung zur Prüfung von Trinkwasser und Wasser zu technischen Zwecken, nebst Methoden zur Beurtheilung des Trinkwassers. 8. (38 S.) [Neuwied 882, Heuser's Verlag.] Berlin, Zimmer.

Ruetz, Otto, **Anleitung zur Prüfung von Trinkwasser und Wasser zu technischen Zwecken, nebst Methoden zur Beurtheilung des Trinkwassers.** 2. (Titel-)Aufl. 8. (VI, 38 S.) [Neuwied 885, Heuser's Verlag.] Stuttgart, Zimmer's Verlag.

—— Verfälschungen der Nahrungs-, Genussmittel und Consumartikel leicht und sicher nachzuweisen. Eine Anleitung zur Untersuchung derselben nach leichten Methoden und wissenschaftl. Grundsätzen, nebst den Gutachten des Reichsgesundheitsamtes. 2. (Titel-)Aufl. gr. 8. (VIII, 125 S. mit vielen Abbild. für Apotheker, Droguisten, Chemiker etc.) Ebendas. 885. ℳ 3.—; geb. *

— wie lassen sich Verfälschungen der Nahrungs-, Genussmittel u. Consumartikel leicht u. sicher nachweisen. Eine Anleitung zur Untersuchung derselben nach leichten Methoden u. wissenschaftlichen Grundsätzen mit Gesetz betr. den Verkehr mit Nahrungs-, Genussmitteln u. Gebrauchsgegenständen, sowie den Gutachten der Reichsgesundheitsämter u. vielen (eingedr. Holzschn.-) Abbildungen. gr. 8. (VI, 126 S.) Ebend. 883. 3. —; geb. n. 4. —

— die wissenschaftlichen u. gewerblichen Ziele der deutschen Pharmazie. Eine soziale u. wirtschaftliche Studie, nebst Interpretation der Reichs- u. Landesgesetze, sowie früherer Bestimmgn. gr. 8. (84 S.) Leipzig 884. E. Günther. n. 1. 50

Rützebeck, Holger, d. Monument, s.: Universal-Bibliothek.

Rützebeck, Holger, dänischer Sommer, s.: Universal-Bibliothek.

Rützel, Andr., Geographie des Königreichs Bayern für deutsche Schulen. Zur Erwerbung der nothwend. Kenntniß des Vaterlandes und zur Erweckung, Beförderung und Begründung der Liebe zu König, Volk und Vaterland mit Rücksicht auf die neue Gerichtseintheilung bearb. gr. 8. (96 S.) Kitzingen 861. (Würzburg, Kellner.) *

Rützel, Andr., Lehrgang für den praktischen Gesangunterricht. Enth. 496 unterrichtlich geordnete Uebungen. Ein-, zwei-, drei- und vierstimmige Sätze, Lieder und Choräle, welche Takt und Notenlesen, Stimmbildung, eine deutl. Aussprache im Gesange und Veredelung der Sitten begründen. Für Chorgesangschulen nach rationeller Methode bearb. 3 Thle. qu. 4. München, kgl. Central-Schulbücher-Verlag. cart. **

Inhalt:
Thl. 1. Der einstimmige Gesang [288 Uebungen]. Mit einer Theorie des Gesanges. (123 S.) 872. ** 90 Pf.
" 2. Der zweistimmige Gesang [107 Uebungen]. (120 S.) 875. ** ℳ 1,20.
" 3. Der drei- und vierstimmige Gesang [101 Uebung]. 877. (160 S.) ** ℳ 1,75.

Rutzen, Victor, Lehrstoff u. Leitfaden für katechetische Behandlung des kleinen Katechismus Luthers im Schul- u. Konfirmanden-Unterricht. 8. (89 S.) Neu-Ruppin 880. Petrenz in Comm. cart. — 60

Rützenhof, F. Karte über die Lage und die nächste Umgebung der Stadt **Lennep** in Bezug auf das hierselbst neu zu erbauende Posthaus. 1827. 1 Bl. c. Hz.

Rutzky, Hauptm. Andr., Artillerie-Lehre. Theorie und Praxis der Geschoss- und der Zünder-Construction. gr. 8. (XII, 432 S. mit 108 Fig. auf 4 lithogr. Taf. in qu. Fol.) Wien 871, Lehmann und Wentzel. [Teschen, Prochaska.] (*ℳ 8.) *

Rutzky, Andr., Bewegung und Abweichung der Spitzgeschosse, Einfluss der gegenseitigen Stellung des Mittelpunctes des Luftwiderstandes und des Schwerpunctes auf die Lageänderung der Rotations-Axe und daraus abgeleitete Folgerungen für Geschoss- und Geschütz-Construction. Lex.-8. (VIII und 75 S. mit 2 Stnt. in qu. Fol.) Wien 861, Gerold's Sohn. *

Rutzky, Andr., die Einrichtung und die Construction der gezogenen Geschütze. gr. 8. (VIII und 287 S. mit 7 Stnt. in qu. Fol.) Wien 863, Markgraf. *

Rutzky, A. Die Einrichtung und Construction der gezogenen Geschütze. Wien 1864. 8°.

Rutzky, Andr., die Einrichtung u. die Construction der gezogenen Geschütze. 2., bedeutend verm. Aufl. (In 2 Abthlgn.) 1. Abthl. u. 2. Abthlg. 1. Hälfte. Wien 866,67. C. A. Müller. gr. 8. [1. Abthl. (S. 1—192 mit 4 Steintaff. in qu. Fol.) n. 1 ℛ𝓅 20 ngr., 2. Abthl. 1. Hälfte. (S. 193—278 mit 3 Steintaff. in qu. 4.) n. 28 ngr.] n. 2 ℛ𝓅 18 ngr.

Rutzky, Andreas, k. k. Hauptmann und Professor an der Artillerie-Akademie in Mähr.-Weisskirchen. Die Einrichtung und die Construction der gezogenen Geschütze. 2. berichtigte Auflage. Mit 7 Tafeln. (Donation Liechtenstein.) 8. Wien 1869.

— Grundlagen f. neue Geschoß- u. Waffen-Systeme. Mit e. (lith.) Taf. (in qu. gr. 4.) gr. 8. (90 S.) Teschen 876. Prochaska. n. 1. 60

— — und Otto v. Grahl, das Schiesspulver und seine Mängel. Ein Beleg für die Nothwendigkeit eines neuen Schiesspräparats. Lex.-8. (VII und 125 S.) Wien 863, Typographisch-literarisch-artistische Anstalt. *

— — — das gezogene Schiesswoll-, Feld- und Gebirgs-Geschütz (nach Lenk's System) in seiner Eintheilung, Einrichtung, Ausrüstung, Bedienung und Verwendung. gr. 8. (IV und 144 S. mit 9 Stnt. in gr. 4. und qu. Fol. und mehreren eingedr. Holzschn.) Wien 862. Leipzig, R. Hoffmann. *

— Theorie u. Praxis der Geschoß- u. der Zünder-Konstruktion. Mit Taf. Wien 1871. 432 S.

Rutzky, A., die Theorie der Schießpräparate. Wien 1869. 8.

Rützou S.: Die Chinarinden ... v. F. A. Flückiger. (Berl. 1883). Refereret. [Kbh.] (1883). 16 S. (Særtr.). 4°.

— die Theorie der Schiesspräparate u. die Geschossbewegung in den Feuerwaffen [innere Ballistik]. Wien 870. Sallmayer & Co. gr. 8. (X, 360 S. mit eingedr. Holzschn.) n. 2 ℛ𝓅 12 ngr.

Ruutz-Rees, L. E. Selbsterlebtes während der Belagerung von Lucknow. Aus d. Engl. Leipzig 1858. 8°.

Ruvarac, Hilarion, Draga, Danica u. Rosa. [Aus: „Wissenschaftl. Mittheilgn. aus Bosnien u. d. Hercegovina" 2. Bd.] Lex.-8. (10 S.) Wien 894. (C. Gerold's Sohn.) n. — 40

Ruvarac, Hilarion, Katharina, die Tochter Tvrtko's I, 1353—1377 Banus u. 1377—1391 Königs v. Bosnien. [Aus: „Wissenschaftl. Mittheilgn. aus Bosnien u. d. Hercegovina" 2. Bd.] Lex.-8. (6 S.) Wien 894. (C. Gerold's Sohn.) n. — 40

Ruvarac, Hilarion, zwei bosnische Königinnen. [Aus: „Wissenschaftl. Mitteilgn. aus Bosnien u. der Hercegovina", 3. Bd.] Lex.-8. (17 S.) Wien 895. (C. Gerold's Sohn.) n. — 60

— das Kloster Ozren, s.: Vitanović, Timotheus.

— die Privilegien des Hauses Ohmučević-Grgurić. Mit 2 Anhängen: Die Burgruine Tuholjgrad v. W. Radimský, u. Ein alter Plan der Župa Smučka v. Vid Vuletić-Vukasović. [Aus: „Wissenschaftl. Mittheilgn. aus Bosnien u. d. Hercegovina" 2. Bd.] Lex.-8. (13 S. m. 1 Abbildg.) Wien 894. (C. Gerold's Sohn.) n. — 60

— d. Regierg. d. Banus Tvrtko (1353—1377), s. a. Mitteilungen, wissenschaftl., aus Bosnien u. d. Hercegovina, Bd. 4.

Ruvarač, Hilarion, Die Regierung des Banus Turko (1353—1377). Mit drei Excursen. Lex.-8. (20 S.) Wien: Gerold's Sohn 1896. —.20

— Zażablje in der Hercegovina, dem alten Hum. Mit e. Nachworte v. Pet. Bošnjak. [Aus: „Wissenschaftl. Mittheilgn. aus Bosnien u. d. Hercegovina" 2. Bd.] Lex.-8. (8 S.) Ebd. 894. n. — 40

Ruvarac, Vasa, die Abfluss- u. Niederschlagsverhältnisse v. Böhmen, s. a. Abhandlungen, geograph., V.

Die Abfluss- und Niederschlagsverhältnisse von Böhmen v. Dr. Vasa **Ruvarac** nebst Untersuchgn üb. Verdunstg u. Abfluss v. grösseren Landflächen v. Prof. Dr. Albrecht **Penck**. M. 1 Kt., 2 Taf. u. zahlr. in d. Text gedr. Tab. *Wien: E. Hölzel 1896.* (2 Bl., 80 S.) 4.(8.)
= **Abhandlungen, Geographische,** hrsg. v. A. Penck. Bd V. H. 5. .96 1.4.6

von Ruville, Albert [aus Potsdam]: Die Auflösung des preussisch-englischen Bündnisses im Jahre 1762 '(nach archival. Quellen bearb.)' ... Berlin, H. Peters, 1892, 1 Bl., 59 S., 1 Bl. 8.
Berlin, Phil. Fak., Inaug.-Diss. v. 15. Juni 1892

Bayern und die Wiederaufrichtung des Deutschen Reichs. Von Prof. Dr. A[lbert] v. **Ruville**. 2. Aufl. Berlin: Walther 1909. 376 S. 8° [11. 11753 10

Ruville, A. v., Dante u. Beatrice. Schauspiel in 5 Aufzügen. gr. 8. (III, 131 S.) Berlin 890. Peters. n. 2. —

Ruville, Alb. v., das deutsche Einigungswerk im Lichte des amerikanischen. gr. 8. (V, 128 S.) Halle 902. M. Niemeyer. n. 2. 40

— Die Nährkraft der kathol. Kirche. 11.—20. Taus. (16 S.) Lex. 8. Ebd. 910. — 30

Ruville, Alb. v., William Pitt (Chatham) u. Graf Bute. E. Beitrag zur inneren Geschichte Englands unt. Georg II. gr. 8. (III, 119 S.) Berlin 895. J. Guttentag. n. 2. —

Ruville, Alb. v., William Pitt, Graf v. Chatham. 3 Bde. (XII, 447; VIII, 480 u. VIII, 456 S. m. 1 Bildnis u. 5 Kartenskizzen.) gr. 8. Stuttgart 905. J. G. Cotta Nachf. n. 24.—; geb. in Halbfrz. n. 29.—

[F.] **von Ruville,** Albert [Dr. phil.]: Die Kaiserliche Politik auf dem Regensburger Reichstag von 1653—54 ... Berlin, J. Guttentag, 1896; 1 Bl., 124 S. 8.
Halle, Phil. Fak., Hab.-Schr. v. 30. Juni 1896

— das Deutsche Reich e. monarchischer Einheitsstaat. Beweis f. den staatsrechtl. Zusammenhang zwischen altem u. neuem Reich. gr. 8. (V, 294 S.) Berlin 894. J. Guttentag. n. 6.—

Dr. Albert v. **Ruville,** Univ.Prof. Das Zeichen des echten Ringes. Berlin: Walther 1910. XIV, 166 S. 8° [11. 6172

— Zurück zur heiligen Kirche. Erlebnisse u. Erkenntnisse e. Convertiten. 1.—18. Aufl. (149 S.) gr. 8. Ebd. 910. 2.—; geb. 3.—

Sechs Lieder für eine Singstimme mit Klavierbegleitung komp. von Dora **Rux.** No 1–6. Tempelhof-Berlin: Eisoldt & Rohkrämer [1907]. 6 Bde 4° [F. u. Ant.]
1. Begegnung (Eichendorff) f. mittl. Stimme.
2. Nachtgebet (Eichendorff) f. mittl. Stimme.
3. Im Dörfchen unter d. Linde (Karl Julius Rodemann) f. mittl. Stimme.
4. Herbstgefühl (Karl Gerok) f. mittl. Stimme.
5. Die Muschel (Gertrud Freiin le Fort) f. hohe Stimme.
6. An d. Waldvögel (Eichendorff) f. hohe Stimme. [07. 9557

Rüxleben, Wally Baronin von [Wirkl. Name],
s.a. Carmer, Hans [Pseud.]

Rüxleben, Wally v., wie meine Sehnsucht stille ward. Neue Lieder. (X, 141 S.) kl. 8. Berlin 910. M. Warneck. Geb. in Leinw. 2.50

Rüxner. Anfang, Ursprung und Herkommen des Thurnier's inn Teutscher Nation. (Mit Holzschnitten.) Siemern 1532. 4°.

Ruxton, F. G., Leben im fernen Westen, siehe: Jenseits d. Oceans.

— Trapperleben im fernen Westen, siehe: Bibliothek, Europäische, 551 u. 552. Bd.

RUYSBROECK, JAN VAN, OSA. Des Ehrwürdigen Vaters D. Johannis Rusbrochii ... Doctor Ecstaticus. Bestehend auß allen desselben sehr Gottseligen Schrifften ... Alles ins Teutsche treulichst übersetzet von G. J. C. Und mit einer Vorrede herauß gegeben. von GOTTFRIED ARNOLD. Offenbach, Bonav. de Launoy, 1701. 4°. *Gestochenes sechsteiliges Frontispiz*, Vortitel, Titel, 10 Bl. (falsch paginiert: 24). 96 S. 178 Bl. 180, 34, 93, 192, 61 S. u. 8 Bl. I.d. d. Z.
Sehr seltene erste deutsche Gesamtausgabe, da auch einzelne Schriften R's scheinen vorher in hochdeutscher Sprache nicht gedruckt worden zu sein.

Ruysbroeck, Joh. van, die Zierde der geistl. Hochzeit. — Vom glänzenden Stein. — Das Buch v. der höchsten Wahrheit. Drei Schriften des **Mystikers** R. (1293–1381). Aus dem Fläm. übers. v. Frz. A. Lambert. gr. 8. (XII, 226 S.) Leipzig (901). Th. Grieben. n. 3.—; geb. in Leinw. n. 4.—

Ruysbroek, Johs., das Büchlein von der Vollkommenheit der Kinder Gottes und die Summa des ganzen geistl. Lebens. Nebst etlichen Zugaben von Geo. Carl Schmidt. gr. 16. (120 S. mit Ruysbroeks Leben und Bildn. in Holzschn.) Neu-Ruppin 862, Oehmigke. cart. *

Ruysch, Otto, der „rote Wander". Ein Lebensbild K. F. W. Wanders. Mit Benutzg. seines handschriftl. Nachlasses, seiner Schriften, Prozeßakten u anderer Quellen. 8. (III, 213 S. m. Bildnis in Stahlst.) Hamburg-Uhlenhorst 892. C. F. W. Boelkner. n. 3.—

Ruyschius, F., opera omn. anatom. med. chirurg. IV Vol. c. fig. 4. Lips. 751.

Ruysch, Dr. W. P. Die Trunksucht und ihre Heilung. Festschrift, herausgegeben von dem Niederländischen psychiatrischen Verein anlässlich des 25jähr. Bestehens. Hertogenbusch 1896. 251 S.

Ruyter, Michael, oder der Lohn des Verdienstes ... Gera 1799. V: *Möller, Christian Friedrich.* (Ky) (MGT)

Ruyter, Mich.; oder der Lohn des Verdienstes, e. Lesebuch f. junge Leute, (v. Chr. Fr. Möller). 8. Gera 799. Heinsius. 18 g.

Ruyter, B., der ächte kleine Holländer. Anleitung, die holländ. Sprache in 8 Tagen ohne Lehrer richtig lesen, schreiben u. sprechen zu lernen. 16. (160 S.) Hamburg 888. Berendsohn. geb. n. —80

Ruyter, Erich, Referendar: Die **lex commissoria beim Pfandrechte.** Nach gemeinem Rechte u. dem **Rechte d. Bürgerl.** Gesetzbuchs f. d. Deutsche Reich. *Greifswald 1903: J. Abel.* (30 S.) 8°
Greifswald, Jur. Diss. v. [24. Dez.] 1903

Ruyter, Gustav de

de **Ruyter,** Gust. [geb. Quakenbrück 4. 3. 1862]: Einige Fälle von Syphilis congenita mit besonderer Berücksichtigung des Verhaltens d. Lebercirrhosen bei dieser Krankheit. Berlin (1885). (26 S.) 8°
Berlin, Med. Diss. v. 27. Juli 1885

Ruyter, G. de, u. E. Kirchhoff, Compendium der allgemeinen u. speciellen Chirurgie. Für Studirende u. Aerzte. 2 Thle. 12. Berlin 892. S. Karger. Geb. in Leinw. n. 11. 80
1. **Allgemeine Chirurgie.** (XII, 268 S. m. Abbildgn.) n. 5.—
2. **Specielle Chirurgie.** (XVI, 321 S. m. 81 Abbildgn.) n. 6. 80

Ruyter, G. de u. E. **Kirchhoff,** Compendium der allgemeinen u. speciellen Chirurgie. Für Studirende u. Aerzte. 2 Thle. 2., verm. u. verb. Aufl. 8. Berlin, S. Karger. Geb. in Leinw. n. 12.—
1. Allgem. Chirurgie. (XII, 231 S. m. 39 Abb.) 896. Geb. n. 5.—
2. Spec. Chirurgie. (XVI, 340 S. m. 88 Abb.) 896. Geb. n. 7.—

Ruyter, G. de, u. E. **Kirchhoff,** Compendium der allgemeinen u. speciellen Chirurgie. Für Studirende u. Aerzte. 2 Thle. 3. verm. u. verb. Aufl. Berlin, S. Karger. Geb. in Leinw. n. 12.—
1. Allgemeine Chirurgie. 8. (VIII, 252 S. m. 44 Abb.) 901. n. 5.—
2. Specielle Chirurgie. 12. (XVI, 348 S. m. 88 Abb.) 900. n. 7.—

Ruyter, G. de, u. E. Kirchhoff, Compendium der allgemeinen u. speciellen Chirurgie. Für Studirende u. Aerzte. 2 Tle. 12. Berlin, S. Karger. Geb. in Leinw. n. 12.—
1. **Allgemeine Chirurgie.** 4. vielfach verm. u. verb. Aufl. (VIII, 264 S. m. 48 Abbildgn.) 906. n. 5.—
2. **Specielle Chirurgie.** 4. verm. u. verb. Aufl. (XVI, 348 S. m. 88 Abbildgn.) 905. n. 7.—

Ruyter, G. de, u. E. **Kirchhoff,** Compendium der allgemeinen Chirurgie. Für Studierende u. Ärzte. 5. vielfach verm. u. verb. Aufl. (VIII, 272 S. m. 48 Abb.) kl. 8. Berlin 910. S. Karger. Geb. in Leinw. 5.—

— Kompendium der speziellen Chirurgie. Für Studierende u. Ärzte. 5. verm. u. verb. Aufl. (XII, 355 S. m. 88 Abb.) kl. 8. Ebd. 908. Geb. in Leinw. 7.—

Ruyter, Willem de, unter der Burenflagge. Aus den Erlebnissen e. deutschen Missionars. Histor. Roman aus Transvaal. 8. (165 S.) Berlin (900). W. R. Berndt. 1.—

De Ruijter de Wildt, Johannes Catharinus [aus Arnheim, Holland]: Synthese des 1,3-Dioxychromons und über die Constitution des Limettins. Leiden 1902. 45 + 1 S. 8°.
Bern. Phil. Diss. 1902/1903.

Ruijter de Wildt, Johannes Catharinus de. Synthese des 1,3-Dioxychromons und Ueber die Constitution des Limettins. Diss. Phil. Bern. [Mit Figuren und 1 Tabelle.] VIII + 47 S. 8. Leiden, J. J. Groen & Sohn, 1902.

Ruez, Johann

— s. Aufruf an die kathol. Fürsten u. Bischöfe.

Ruez, Jh., († d. 19. Juli 1811.) Wer ist ein gültiger König? Eine Predigt am Geburtsfeste Sr. Maj. des Königs v. Würtemberg. 8. Ulm 808. Wohler. 1¼ ℛ

Ruos, Josef Wilhelm, approb. Arzt aus Amöneburg: Aus d. Pathol. Institut d. Universität Marburg. Über Kugelthromben des Herzens. *Marburg 1902: H. Bauer.* (30 S.) 8°
Marburg, Med. Diss. v. 5. Juni 1902

Růže Duchownj Ragská — spasitelné wůně, to gest: Wraucně modlitby rannj a wecernj, též při Mssi swaté. Gakož také Litanie o umucenj Páně, Loretanská a ke wssem Swatým též pobožné modlitby. W Gindřichowě Hradci, 1856. Tisk a sklad Aloisia Josefa Landfrasa. (246 S. und 2 Bl. 8.) (Die geistige Paradies-Rose von erlösendem Dufte, d. i. inbrünstige Morgen-, Abend-, Meßgebete. Wie auch Litanei von dem Leiden Chisti 2c. Neuhaus, 1856. Gedruckt bei A. J. Landfraß.) (Böhmisch.)

Růže římská aneb: cti otce a matku. Povídka pro dospělejší mládež dle německé vzdělaná od Jos. Zimmermanna. 2. vydání. Prag 864. Stýblo. 12. (162 S. u. 1 Holzschntaf.) n. 5 ngr.

Ružió, Dušan [aus Gross-Bečkerek '(Ungarn)']: Die Bedeutung des Demetrios Chomatianos für die Gründungsgeschichte der serbischen Autokephalkirche ... Jena, G. Neuenhahn Univ.-Buchdr., 1893; 47 S. 8.
Jena, Phil. Fak., Inaug.-Diss. v. 1893

Ružička, Anton (Hrsg.), s. Patriot, Der. 1800.

Ružička, Aug. G, Lehrbuch der Forstwirtschaft, s.: Eckert, Frz.

Ružička, Joh., u. Karl Nič, das Telephon. Entstehen, Entwickelung, gegenwärt. Stand u. Verwendg. desselben. Für d. Telephonbeamten sow. f. d. Telephonabonnenten u. alle and. Interessenten. (M. d. einschläg. Verordngn. u. Instructionen u. 64 Text-Fig.) 8. (III, 200 S. m. 1 Formular.) Prag 895. F. Řivnáč. n. 3. —

(B) **Ružička**, J., u. K. Nič., d. Telephon. 895. (KBL 30.) Erm. Pr. 2.40

Ružička, Johann —. Der kleine Zeichner, oder: 20 Vorlegeblätter. Zusammengestellt und zum Anschauungsunterrichte für die Schuljugend eingerichtet und gezeichnet von — —. 1854. Q.-4. (2) Bl.) Neuhaus. Druck von Alois Landfraß. 1854.

Ruzicka, Jos., Denkschrift z. 50jähr. Jubelfeier d. Einweih. d. Bethauses f. d. Gottesdienst d. deutschen evangel. Gemeinde in Prag. — A. u. d. T.: Diplomat. Gesch. d. deutschen evangel. Gemeinde augsburg. Confession, sowie ihres Bethauses u. ihrer Schule in d. k. Hauptstadt Prag, nebst e. histor. Entwickel. d. evangel.-luther. Kirche in Böhmen überh. u. e. biograph. Album sämmtl. Prediger d. gen. Gemeinde. gr. 8. (12½ B. u. 11 Stnt.) Prag 841, (Ehrlich.) *

Ružička, Josef, Erstes vollständiges alphabetisches Waaren-Verzeichniß aller im Handel vorkommenden Artikel mit den Ein- und Ausfuhr-Zöllen in der österreichisch-ungarischen Monarchie und den Zollvereinsstaaten, giltig vom 1. Januar 1869 an, oder die Zolltarife Oesterreichs und des Zollvereins in alphabetischer Gegenüberstellung nach den Schlagworten der Waaren geordnet, unter welchen dieselben im Handel vorkommen, jede Waarenpost im Zusammenhange mit der tarifmäßigen Benennung, der zur Declarirung erforderlichen Daten, der Tarifsposten, der Vertragspositionen und den Zollsätzen sammt den ämtlichen österreichischen und zollvereinsländischen Bestimmungen und Vorschriften, betreffend die Behandlung der Waaren und die Anwendung der Tarife, den Tarabestimmungen und Reductionstabellen für Gewicht und Hohlmaße auf Grund der vertragsmäßig mit 1. Jänner 1869 ins Leben tretenden Aenderungen und mit Berücksichtigung aller für Oesterreich und den deutschen Zollverein erflossenen Erläuterungen zusammengestellt. 1866. gr. 8. (132 u. 76 S.) Prag, Mercy. 2 fl.

Růžička, Jos., erstes vollständiges u. alphabetisches Waaren-Verzeichniß aller im Handel vorkommenden Artikel mit den Ein- u. Ausfuhr-Zöllen in der österreichisch-ungarischen Monarchie u. den Zollvereinsstaaten giltig vom 1. Januar 1869 an oder die Zolltarife Oesterreichs u. des Zollvereins in alphabetischer Gegenüberstellung sammt den ämtlichen österreichischen u. zollvereinsländischen Bestimmungen u. Vorschriften. Prag 869. Linnekogel & Funk. gr. 8. (132 Tabb. u. 26 S. Text.) n. 1 ℛ 10 ngr.

Růžička, Jos., Zolltarif der österreichisch-ungarischen Monarchie in Verbindg. m. dem Zolltarif d. Zollvereines. In alphabet. Gegenüberstellg. nach den Schlagworten der Waaren geordnet, unter welchen dieselben im Handel vorkommen, jede Waarenpost im Zusammenhange m. den tarifmäß. Benenngn., den zur Declarirg. erforderl. Daten, den Tarifsposten, den Vertragspositionen u. den Zollsätzen sammt den amtl. österreich. u. zollvereinsländ. Bestimmgn. u. Vorschriften, betr. die Behandlg. der Waaren u. die Anwendg. der Tarife, den Tarabestimmgn. u. Reductionstabellen f. Gewicht u. Hohlmaße, auf Grund der vertragsmäßig m. 1. Januar 1869 ins Leben getretenen Aendergn. u. m. Berücksicht. aller f. Oesterreich u. den deutschen Zollverein erflossenen Erläutergn. m. e. Nachtrage enth. die Verändergn., Zusätze u. Ergänzgn. bis Ende Octbr. 1872. [Zugleich 2. Ausg. d. alphabet. Waaren-Verzeichnisses.] gr. 8. (206 S.) Prag 873. Mercy. 2. 40

Ružička, Leopold: Über Phenylmethylketen. 1911. 91 S. 8° ¶ Ausz. in: J. Liebig's Annalen d. Chemie. Bd 380.
Karlsruhe, Dr.-Ing.-Diss. v. 21. 12. 1910

Ružička, Rud., Beiträge zur Erklärung der nomina segolata im Hebräischen. (19 S.) Lex.-8. Prag 904. (F. Řivnáč.) n. — 30
Sonderabdruck aus: „Sitzungsber. d. böhm. Ges. d. Wiss."

Růžička, Rud., konsonantische Dissimilation in den semitischen Sprachen, s. a. Beiträge zur Assyriologie u. semitischen Sprachwissenschaft. VI, 4.

Růžička, Rudolf: Konsonantische Dissimilation in den semitischen Sprachen von —. Leipzig: Hinrichs 1909. IV, 268 S. 8°
(Beiträge z. Assyriologie u. semit. Sprachwissenschaft. 6, 4.)

Ružička-Ostoić, Camilla, Transcription d. türkisch bearbeiteten Lustspieles Ajjar-i Hamza. Nach dem Molière'schen Lustspiele: Les fourberies de Scapin. Mit Wiedergabe der arab. Schrift durch latein. Buchstaben, nebst e. Anh. v. türkisch-deutschen Wörtern. 8. (90 S.) Wien 883. Lechner's Verl. n. 2. 40

— Transcription d. v. der k. u. k. orientalischen Akademie in Wien hrsg. osmanischen Lesebuches u. Briefstellers. gr. 8. (15 S.) Wien 882. Lechner's Verl. n. — 80

— Transcription der ins Türkische übersetzten „Evangelisten", d. h. Wiedergabe der arab. Schrift durch latein. Buchstaben, nebst e. Anh. v. türkisch-deutschen Wörtern. I. Matthäus. Nach der Ausg. der englisch-amerik. Bibel-Gesellschaft v. 1877 u. 1878. 8. (XIV, 104 S.) Ebend. 883. n. 2. 40

Ružička-Ostolć, Camilla, deutsch-türkisches Wörterbuch, s.a. Szelei, Thdr.

Ružička-Ostolć, Camilla, türkisch-deutsches Wörterbuch mit Transcription d. Türkischen. 8. (XII, 556 S.) Wien 879. Lechner's Verl. in Comm. n. 14. —

Ružiczka, E. T., de disciplina arcani ad firmandas traditiones perquam necessaria. Olmuc. 1776. 4.

Ružička, Fr.: Der Lehrer als Arzt. Wien 1877. 47 S. m. Abb.

Ružitschitsch, Episkop Nikanor, d. kirchlich-religiöse Leben bei den Serben. gr. 8. (VIII, 57 S.) Göttingen 896. (Akadem. Buchh. v. G. Calvör.) — 75

Gross-Zupan Stephan Nemanja u. seine Bedeutung für den serbischen Staat u. die serbische Kirche v. Episkop Nik[anor] Ruzitschitsch, ... Jena: Dr. r. B. Engau 1897. (XII, 100 S.) 1 Bd 8.

Ruzitska's, Armin, Taschenbuch v. Budapest u. Umgebung. 1906. Enth. in alfabet. Reihe sämmtl. Gassen, Strassen u. Plätze der Hauptstadt, die Pläne der einzelnen Bezirke in Taschenformat, sowie auch die Vororte Ujpest, Rákospalota u. Erzsébetfalva; die Sehenswürdigkeiten, öffentl. u. private nenenswerthe Institute in alfab. Reihenfolge, den neuesten farb. Plan v. Budapest, sowie die Umgebungskarte m. Bezeichng. der Ausflugsorte nach den neuesten amtl. Quellen. (LXIV, 32 S.) 16. Budapest, A. Ruzitska. Kart. — 60

Unter dem roten Halbmond [Under the red crescent]. Erlebnisse e. Arztes bei d. türk. Armee im Feldzuge 1877/78. Von Dr. med. C. S. Ryan. Autor. Uebers. von H. v. Natzmer. Mit Portr. Osman Paschas. Stuttgart: R. Lutz 1901. (377 S.) 8° [F.]
= Memoirenbibliothek. [1, 15.]

Ryan, Ed., Geschichte der Wirkungen der verschied. Religionen auf die Glückseligkeit u. Sittlichkeit des Menschengeschlechts, in älterer u. neuerer Zeit; aus dem Engl. mit Anmerkk. u. Abhandll. v. Chr. W. Kindervater. gr. 8. Leipz. 793. Weygand. 1 ₰ 8 ℊ

Ryan, John, die Zubereitung von Flachs, Flachsbaumwolle u. Flachswolle nach dem Clauffen'schen Verfahren; nebst einer Beschreibung der dabei angewendeten chem. u. mechan. Hülfsmittel, u. Clauffens Bleichmethode f. vegetabil. Fasern, Garne u. gewebte Stoffe. Deutsch herausg. von Thdr. Kell. Mit (eingedr.) Holzschn. gr. 8. (XIV u. 79 S.) Braunschweig 852, Vieweg & Sohn. n. ²/₃ ₰

Ryan, Michael

— Abhandl. üb. die ansteckend. Fieber rc.; aus d. Französ. übers. v. J. K. F. Leune. 8. Leipz. 790. Schneider. 6 ℊ

Ryan, Mich., Bemerkk. üb. die Gesch. u. Heilart des Asthma; aus d. Engl. 8. Leipz. 796. Weygand. 12 ℊ

Ryan, Mich., Illustrations of Midwifery, a complete Atlas and companion to all obstetric works. Part I—IV. (Mit 4 Steintafeln.) gr. 8. London 839, 40. (Leipzig, T. O. Weigel.) n. 2²/₃ ₰

Ryan, Mich., Observ. on the history and cure of the asthma, in which the propriety of using the cold bath in that disorder is fully considered. 227 pp. Lond. 8°. A. d. Engl., Lpz. 1796. 8°. Gött. Anz. 1795, p. 551. Salzb. med. chir. Zt. 1796, III, 209. N. A. D. B. XXXI, p. 307. Tode, med. J. III, 1. St., p. 52. A. L. Z. 1777, n. 250.

1793

— the Philosophy of marriage, in its social, moral and physical relations; with an account of the diseases of the genito-urinary organs which impair or destroy the reproductive function, and induce a variety of complaints; with the Physiology of generation in the vegetable and animal kingdoms; being part of a course of obstetric lectures delivered at the North London School of medicine, Charlotte Street, Bloomsbury, Bedford Square. 3. edit. 8. the same 839. (the same.) n. 2¹/₃ ₰

— Prostitution in London, with a comparative view of that of Paris and New York, as illustrative of the capitals and large towns of all countries; and proving moral depravation to be the most fertile source of crime, and of personal and social misery; with an account of the nature and treatment of the various diseases, caused by the abuses of the reproductive function. Illustrated by numerous plates. 8. the same 839. n. 4¹/₄ ₰

— Untersuchung der Natur u. Kur der Lungenschwindsucht; aus d. Engl. (v. S. Hahnemann). 8. Leipz. 789. Weygand. 12 ℊ

Ryan, Michael. Untersuchung der Natur und Cur der Lungenschwindsucht... Leipzig 1790. Ü: *Hahnemann, Samuel.* (MGT) (EngM) »1789« (Ky)

Ryan, P. J., some of the causes of modern religious skepticism. A lecture, delivered in St. John's church, St. Louis, on Sunday evening, Dec. 17th, 1882. 8. (52 S.) St. Louis 883. Freiburg i/Br., Herder. 1. 20

Ryba, Fr., über e. Calamarien-Fruchtstand aus dem Stiletzer Steinkohlenbecken. gr. 8. (4 S. m. 1 Taf.) Prag 901. (F. Řivnáč.) n. — 30
Sonderabdr. aus: „Sitzungsber. d. böhm. Gesellsch. d. Wiss."

— Leitpflanzen der palaeozoischen Steinkohlenablagergn. in Mittel-Europa, s.: Hofmann, A.

— über e. neues Megaphytum aus dem Miröschauer Steinkohlenbecken. gr. 8. (6 S. m. 4 Taf.) Prag 899. (F. Řivnáč.) n. — 96

Ryba, F., Studien üb. das Kounowa'er Horizont im Pilsner Kohlenbecken. (29 S. m. 4 Taf) gr. 8. Prag 906. (F. Řivnáč.) n. 1. 20
Sonderabdruck aus: „Sitzungsber. d. böhm. Ges. d. Wiss."

— zur Verbreitung der Kreideformation auf dem Blatte „Čáslau u. Chrudim". gr. 8. (5 S.) Ebd. 902. n. — 12
Sonderabdr. aus: „Sitzungsber. d. böhm. Gesellsch. d. Wiss."

Ryba, Gust., die Abbaumethoden des Leobener Braunkohlenrevieres, s.a. Sammlung berg- u. hüttenmännischer Abhandlungen.

Die Abbaumethoden des Leobener Braunkohlenreviers. Von Ingen. Gustav Ryba. (Mit 9 Taf.) Kattowitz: Gebr. Böhm 1907. (89 S.) 8°
Aus: Berg- u. Hüttenmännische Rundschau.
= Sammlung Berg- u. Hüttenmännischer Abhandlungen. H. 9.

Ryba, Gust., die elektr. Signalvorrichtungen der Bergwerke. (X, 168 S. m. 203 Abbildgn.) gr. 8. Brüx 906. A. Kunz. n. 5. 50; geb. in Leinw. n. 6. 50

Ryba, Johann Ernest, s. Ryba, Josef Ernst

Ryba, Josef Ernst

— Karlsbad u. seine Heilquellen. Enthalt. e. Anweis. zum Gebrauch d. Mineralwasser von Karlsbad rc. Mit 1 Karte. 8. Prag 827. Kronberger u. W. 1 ₰ 8 ℊ

Ryba (J. E.), Karlsbad und seine Heilquellen. Ein Handbuch für Kurgäste, enthaltend eine ausführliche Anweisung zum Gebrauche der Mineralwässer von Karlsbad, nebst einer genauen Beschreibung dieses Brunnenortes in physikalischer, historischer, topographischer und pittoresker Hinsicht. Prag 1828. 8. Mit 1 Karte.

Ryba, Jos. Ernest, Karlsbad u. seine Mineralquellen, in ihren wichtigsten Beziehungen, besond. in Hinsicht d. zweckmäß. Anwend. ihres Wassers als Heilmittels, zunächst f. Kurgäste dargest. gr. 8. (22¾ B. u. 1 geogn. Karte.) Prag 836, [Kronberger u. Rziwnatz.]

Ryba, Joh. Ernest, Karlsbad u. seine Mineralquellen. 2., umgearb. u. mit nachträglichen Zusätzen verm. Aufl. gr. 8. (24½ B. u. 1 geognost. Karte.) Prag 844, [Kronberger'sche Buchh.]

Ryba, **J. E.,** de statu febrium nervoso in genere, comment. analytico-nosologica. 8maj. Prag 824. (Kronberger u. W.) 16 gr

Ryba, (J. E.,) de statu febrium nervoso in genere, comment. analytico-nosologica. 8maj. Pragae 825, Kronberger et W.

Rybaczek Michael: Logischer Bau der mathematischen Beweise. (ruth. Text). 26. Kolomea ruth. G. 02.
Progr.

Rybark, Joseph: Die Steigerung der Produktivität der deutschen Landwirtschaft im neunzehnten Jahrhundert. Merseburg 1905: F. Stollberg. (55 S.) 8°
Breslau, Phil. Fak., Ref. Wolf, Diss. v. 15. Juni 1905
[Geb. 4. Febr. 72 Bralin i. Schles.; Heimatsort: Bralin; Staatsangeh.: Preußen; Vorbildung: Progymn. Kempen i. P., Kgl. Gymn. Beuthen O./S Reife O. 93; Studium: Breslau 18 S.; Rig. 11. Jan. 05.]

Rybark, Jos., die Steigerung der Produktivität der deutschen Landwirtschaft im 19. Jahrh. (IV, 55 S.) Lex.-8. Berlin 905. P. Parey. n. 2. —
Sonderabdr. a.: „Mittlgn. d. landw. Institut d. Univ. Breslau".

Rybark, J: Die Steigerung der Produktivität der deutschen Landwirtschaft im neunzehnten Jahrhundert. Berlin 1906

Ryberg, Nicolaus A. S. 1202/5

Specimen fatorum medicinae in morbo famoso, medicabili quidem sed vix tollendo podagra.
Präs. Georg Detharding.
Kopenhagen (Höpffner) 7. IV. 1734. 56 S.

29594

Rybička, A., O českém zvonařství, s. Abhandlungen der Classe für Philosophie etc. der k. böhm. Gesellschaft der Wissenschaften.

Rybicki, Stanisl. Ritter v., u. Jac. Ritter v. **Mikuli,** Bau-Vorschriften f. Eisenbahnen. E. Sammlg. v. auf d. Bau u. d. Erhaltg. d. Eisenbahnanlagen Bezug hab. gesetzl. Bestimmungen, verwaltungsbehördl. Anordngn., gerichtl. Entscheidgn. etc. etc. M. Genehmigg. d. k. k. Eisenbahn-Ministeriums unt. Benützg. amtl. Quellen zusammengestellt. 4 Thle. 8. (XII, 1204 S.) Wien 896. Hof- u. Staatsdruckerei. n. 12. —

— — dasselbe. 1. Nachtrag. 8. (40 S. m. 7 Abb.) Ebd. 897. n. — 80

Rybka, Heinr., Bruder Elias v. Cortona, der 2. General d. Franziskaner-Ordens. Historische Inaugural-Dissertation. gr. 8. (74 S.) Leipzig 874. C. G. Naumann in Comm. n. 1. 50

Rybka, Theodor, Arzt: Aus d. Kgl. Universitäts-Poliklinik f. Hautkranke in Königsberg i. Pr. Zur mercuriellen Behandlung der Lues. *Königsberg i. Pr. 1903: O. Kümmel.* (40 S.) 8°
Königsberg, Med. Diss. v. 20. Mai 1903

Rybnik [Schlagwort]

Rybnik, s.: Beuthen.

Rybnik, s.: Industriekarten.

Rybnik, Kreis, s.: Kreiskarten.

Rybnik, Kreis, s.: Oppeln, Reg.-Bez.

Rybok, Viktor, Arzt a. Bogutschütz: Der juvenile Diabetes mit tödlichem Ausgang. Rostock 1907: Adlers Erben. (31 S.) 8°
Rostock, Med. Fak., Ref. Martius, Diss. v. 30. Sept. 1907
[Geb. 27. Febr. 79 Bogutschütz; Wohnort: Bogutschütz; Staatsangeh.: Preußen; Vorbildung: Gymn. Kattowitz; Studium: Breslau 1, Berlin 1, Greifswald 2, Erlangen 3, Rostock 2 S.; Coll. 22. Dez. 05; Approb. 12. Dez. 05.]

Ryccardi de Sancto Germano notarii chronica, s. Scriptores rerum germanicarum.

Rychlak, Jos., Commontarius in librum Oseo prophetae. gr. 8. (297 S.) Krakau 897. (Buchh. der poln. Verlags-Gesellschaft.) n.n. 6. —

— de malo. gr. 8. (102 S.) Ebd. 893. n.n. 1. 60

v. **Rychlewicz,** Johann [app. Arzt aus Kalisz, Königr. Polen]: Zusammenstellung der mehrfachen Geburten, welche in dem Zeitraume vom 1. Mai 1884 bis zum 1. Mai 1889 in der Kgl. Universitäts-Frauenklinik in München stattgefunden haben .... München, Buchdr. v. M. Ernst, 1889; 57 + 1 S. + 8 Bl. 8°
München, Med. Fak., Inaug.-Diss. v. 1890

Rychlicki, Stanislaus: Analytische Aufgaben nebst Auflösungen. Für d. Prima d. Gymnasien. *Wongrowitz 1901, P. Schwarz.* (42 S.) 8°
Wongrowitz, k. G, P 1901 (185)

Rychlicki, Stanislaus: Physikalische Aufgaben aus der Mechanik nebst Auflösungen für die Prima höherer Lehranstalten. Wongrowitz, Druck v. P. Schwarz, 1890; 47 S. 8°
Wongrowitz, k. G, OP 1890

Rychlicki, Stanisl., physikalische Aufgaben aus der Mechanik nebst Auflösungen f. die Prima höherer Lehranstalten. gr. 8. (47 S.) Wongrowitz 890. (Lewandowski.) n.n. 1. —

Rychlicki, Stanislaus: Physikalische Aufgaben aus der Optik nebst Auflösungen für die Prima höherer Lehranstalten. Wongrowitz, Druck v. P. Schwarz, 1895; 20 S. 8.
Wongrowitz, k. G, P 1895 (171)

Rychlicki, Stan. Das Folium des Descartes. 20 S. u. Taf. *Wongrowitz* 1881.
Progr.

Rychlicki, St[anislaus], Prof.: Die Regen- und Gewitter-Verhältnisse von Wongrowitz während d. Jahre 1890 1899. (*Wongrowitz 1903: P. Schwarz.*) (12 S.) 4°
Wongrowitz, k. G, P 1903 (202)

Rychna, Jos., zur Construction der Salubritätsziffer. Einige Bemerkgn. zu den jüngsten Wiener Beschlüssen d. internationalen statist. Institutes betr. der Sterblichkeitsziffer. gr. 8. (30 S.) Prag 892. H. Dominicus. n. — 70

— die Prager Mortalitäts-Normalien u. ihre Revisionsbedürftigkeit. Ein Beitrag zum Prager Mortalitätsstreite. gr. 8. (20 S.) Ebd. 898. n. — 40

Rychna, Jos., die Nativitäts- u. Mortalitäts-Ausweise der k. k. statist. Central-Commission in Wien u. des kaiserl. Gesundheitsamtes in Berlin. Eine krit. Studie über die Revisionsbedürftigkeit der period. Geburten- u. Sterbefälle-Ausweise derselben, als weiterer Beitrag zum Prager Mortalitätsstreite. gr. 8. (54 S.) Prag 900. (Bursik & Kohout.) n. 1. —

Rychna, Josef: Die N a t i v i t ä t s - und Mortalitäts - A u s - w e i s e der k. k. statistischen Central-Commission in Wien und des kais. Gesundheitsamtes in Berlin. Eine krit. Studie. Von --. Prag: Selbstverl. 1900. 56 S. 8°

— die Salubritätsindicatoren. Ein Beitrag zur Salubritätstaxation der Städte. gr. 8. (50 S.) Ebd. 894. n. 1. —

— die Salubritätsziffer. Ein Beitrag zur Salubritätstaxation der Städte überhaupt u. Prags insbesondere. gr. 8. (23 S.) Ebd. 891. n. — 60

Rychna, Jos., über Schüler-Epidemien. Beobachtungsresultate nebst Vorschlägen zur Verhütung und Verhinderung der Weiterverbreitung derselben. 1. und 2. Aufl. gr. 8. (IV, 71 S. mit 5 Tab. und 1 Karte.) Prag 887, (Dominicus.) *

Rychner, Alfred, l'architecture en Suisse aux différentes époques, s. Lambert, André.

Rychner, C. Eine neue Methode der Refraktionsbestimmung im umgekehrten Bilde. Mit Taf. In-8°. 33 S. Zürich. These. 1894.

Rychner, Eugen, Arzt aus Aarau (Kt. Aargau): Eine neue Methode der Refraktionsbestimmung im umgekehrten Bilde. [S. A. aus: Beiträge zur prakt. Augenheilkunde — Deutschmann, Heft 14, S. 1—34]. Hambg L. Voss 1894. 1 Bl., 33 S. 8°.
Zürich. Med. Diss. [v. 30. April 1894].

Rychner, Eug., e. neue Methode der Refraktionsbestimmung im umgekehrten Bilde. Diss. gr. 8. (33 S. m. 4 Fig.) Hamburg 894. L. Voss. n. 1. —

Rychner, Johann Jakob

Rychner, J. J., Abhandlung über das Thierarznei-Institut der Hochschule zu Bern. gr. 4. (26 S. m. 1 lith. Taf.) Bern 847. (Huber & Co.) n. 16 ngr.

Rychner, J. J., das Buch f. d. Landmann, od. was Pferde- u. Rindviehbesitzer thun u. lassen sollen, um zu Nutz u. Freud Hausthiere aufzuziehen, anzukaufen, zu füttern u. zu pflegen, in gesunden wie in kranken Tagen. 2., unveränd. Ausg. gr. 8. ($19^3/_4$ B. u. 3 Holzschn.) Bern 840, Fischer.

Rychner, J. J., das Buch für den Landmann oder was er thun und lassen solle, um zu Nutz und Freud Hausthiere anzukaufen, zu füttern, aufzuziehen und zu pflegen, in gesunden wie in kranken Tagen. 3. verm. u. verb. Aufl. Mit 3 Holzschn. Schaffhausen 861. Brodtmann. gr. 8. (IV, 246 S. u. 3 Holzschntaf. in 8. u. Fol.) 24 ngr.

Rychner, J. J., das Buch f. den Landmann. 2. Thl. Die durch das Bundesgesetz aufgestellten Hausthierseuchen, ansteck. Hausthierkrankheiten u. deren Heilg., sammt Bundesgesetz üb. polizeil. Maßregeln gegen Viehseuchen. gr. 8. (IV, 136 S. m. 2 Formularen in qu. Fol.) Schaffhausen 874. Brodtmann. n. 1. 80 (I. II.: n. 4. 20)

—— Bujatrik, od. systemat. Handbuch d. äußerl. u. innerl. Krankheiten d. Rindviehes. 1. Aufl. unt. etwas veränd. Titl. ($24^3/_4$ B.) 835. $1^3/_4$ Thlr., 2., stark verm. u. verb. Aufl. gr. 8. ($41^3/_4$ B.) Bern 841, Fischer.

—— Bujatrik oder systematisches Handbuch der äußerlichen und innerlichen Krankheiten des Rindviehes. 3., verm. und verb. Aufl. gr. 8. (XXIV und 628 S.) Bern 851, [Blom.] *

— Bujatrik oder systematisches Handbuch der äußerlichen u. innerlichen Krankheiten des Rindviehes. 3. stark verm. u. verb. Aufl. gr. 8. (XXIV u. 628 S.) Bern 851, Jenni Vater. n. $2^1/_2$ ℛ

—— und Ed. Im-Thurn, Encyklopädie d. gesammten theoret. u. prakt. Pferde- u. Rindvieh-Heilkunde in alphab. Ordn. 4 Bde. 1. Aufl. 836 — 38. * 11 Thlr., u. neue, unveränd. Ausg. gr. 8. (à 182 B.) Bern 840, Fischer. à * $1^{11}/_{12}$ Thlr. *

— u. Ed. Im-Thurn, Encyklopädie der gesammten theoretischen u. prakt. Pferde- u. Rindvieh-Heilkunde, in alphabet. Ordnung bearb. 3. u. 4. Bd. Neue wohlf. Ausg. gr. 8. Bern 841, Fischer. à Bd. n. $1^{11}/_{12}$ ℛ

(Rychner, J(ohann) J(akob)): Eine Epistel über die Thierquälerei. 7 S.(S.55 - 61), gbd.

Bern: Fischer 1842
in: Rychner, J.J.: Die Hundswuth, ihre Kenntniß, Ursachen, Folgen und Verhütung...
1842

JB 5.204

Rychner, J. J., Hippiatrik, od. systematisches Handbuch der äußerlichen u. innerl. Krankheiten des Pferdes u. ihrer Heilung. 2 Bde. gr. 8. Bern, Fischer:
Bd. 1. Der chirurgische Theil. (48 B.) 842. 3 Thlr. 10 Ngr.
" 2. Die innerlichen Krankheiten. (36 B.) 843. 2 Thlr. $12^1/_2$ Ngr.

—— Hippiatrik oder systemat. Handbuch der äußerl. und innerl. Krankheiten des Pferdes und ihrer Heilung. 2., unveränd. Ausg. 2 Bde. Mit Abbildungen. gr. 8. (1341 S. und 6 Stnt. in 4.) Bern 847, [Blom.]

– -- Hippiatrik, oder syst. Handbuch der äusserl. u. innerl. Krankheiten d. Pferdes. (II.) Mit 6 Taf. Abb. in 4°. (1341 S.) Bern 47. Fiala. M. 17.25

Rychner, J. J., Hippiatrik oder systemat. Handbuch der äußerl. u. innerl. Krankheiten des Pferdes u. ihrer Heilung. 2. unveränd. Ausg. 2 Bde. Mit 6 (lith.) Taf. Abbild. (in 4.) gr. 8. (1341 S.) Bern 847, Fischer. $5^3/_4$ ℛ

Rychner, J(ohann) J(akob): Die Hundswut, ihre Kenntniß, Ursachen, Folgen und Verhütung. Ein Buch zur Belehrung, Staatsbeamten Hausvätern, Hundebesitzern und der Jugend gewidmet. Gekrönte Preisschrift. 53 S., gbd.

Bern: Fischer 1842
beigedr.: (Rychner, J.J.): Eine Epistel über die Thierquälerei. 1842

JB 5.204

—— die Hundswuth, ihre Kenntniß, Ursachen, Folgen u. Verhütung. Ein Buch z. Belehrung, Staatsbeamten, Hausvätern, Hundebesitzern u. der Jugend gewidmet. Preisschrift. gr. 12. ($2^5/_8$ B.) Bern 843, Fischer.

Rychner, J. J., Leitfaden zur Beurtheilung des Pferdes. Mit 4 Steint. gr. 8. Bern 828. Jenni. 19 ggr.

Rychner, J. J., Leitfaden zur Beurtheilung des Pferdes. M. 4 Tfln. 2. Aufl. Bern, K. J. Wyss. 8. 1875 3. —

—— Naturgeschichte d. krankhaften Zustandes d. Hausthiere, od. Grundlagen zu e. naturgerechten allgem. Pathologie u. Therapie derselben. gr. 8. ($26^1/_4$ B.) Bern 840, Fischer.

—— Naturgeschichte des krankhaften Zustandes der Hausthiere, od. Grundlagen zu e. naturgerechten, allgem. Pathologie u. Therapie derselben. 2., verm. u. verb. Ausg. gr. 8. (27¼ B.) Bern 843, Fischer.

Rychner, J. J., spezielle Pathologie und Therapie der nutzbarsten Hausthiere für Thierärzte und gebildete Landwirthe. 2 Thle. Bern 854. Jent u. Reinert. 8. (XXXVI, 108; 2 Bl., 594 S.) 2 ꝛꝑ. 7½ ngr.

—— die Pferde- u. Rindviehzucht u. das Prämiensystem in der Republik Bern. Preisschrift. 8. (8¾ B.) Bern 843, Fischer. *

—— Stand u. Fortgang d. Thierheilkunde bis z. J. 1837. Eine Berichterstattung an d. Versammlung schweizer. Thierärzte zu Olten am 11. Sept. 1837. gr. 8. (3¼ B.) Bern 837, [Fischer.]

— Taschenbuch der Veterinär-Semiotik, oder Anleitung zur Untersuchung u. Bestimmung der Krankheiten der wichtigsten Hausthiere. gr. 16. (151 S. m. 1 Tab. in gr. 4.) Bern 849. (Jent & Reinert.) 21 ngr

Rychner J. J.: Das Thierarznei-Institut d. Hochschule zu *Bern*. Univ.-Progr. Bern 1847. 26 S. 1 Tvl. 4°.

Rychner, J. J., Versuch durch mehrere Vorschläge mittelbar dem Wesen der Hundswuth näher zu kommen. gr. 8. Aarau 827. Sauerländer. 6 gr

— s. Zeitschrift f. Rindviehkunde.

Rychner, Rob., in welschen Landen: Aus meinem Tagebuch. Gedichte. 8. (71 S.) Aarau 898. H. R. Sauerländer & Co. n. 1. –

Rychner, Wilhelm (Aarau, Schweiz)
Dissertatio inauguralis medica de aetate et temporibus morborum.
Giessae-Hassorum [29.] Nov. 1717: Vidua J.R. Vulpii. 76 6. 4°
pro licentia summos in arte medica honores ... legitime impetrandi

Rychner-Rapin, R[obert]. Des Schweizers Heimath. Neujahr 1908. [Gedichte. Mit 1 Vignette.] 10 S. 8. Moudon, J. Kretz.

Rychner-Rapin, R[obert]. Die Matterhorn-Mont Cervin-Bahn. Gedicht. [Mit 1 Ansicht.] (Lausanne, im Mai 1908.) II + 11 S. 8. Moudon, J. Kretz.

Rychner-Rapin, R[obert]. Das Ungewitter vom Juni 1910. Gedicht. [8 S.] 8. Lausanne, Fritz Ruedi, (1910). fr. —. 20
[1. Aufl.] — 6. Aufl.

Rychnovsky, Ernst, Leo Blech. Eine biographisch-ästhet. Studie. Buchschmuck v. Frau Sidonie Springer-Steger. (56 S. m. 1 Bildnis.) gr. 8. Prag 905. Dürerverlag. n. 1. 20

Dalibor. Oper in 3 Akten. Text von Josef Wenzig. Musik von Friedrich Smetana. Dichtung u. Musik erl. von Dr. Ernst **Rychnovsky**. Berlin: Schlesinger [1907]. (22 S.) 8° [F.]
= **Opernführer**. No 117.
(Schlesingersche Musik-Bibliothek.) [08. 10358

— Leo Blech's Das war ich, s.: Opernführer.

— Josef Haydn, s.: Sammlung gemeinnütziger Vorträge.

— Johann Friedrich Kittl, s.a. Studien zur Geschichte der Musik in Böhmen. III. IV.

Rychnovsky, Ernst: Johann Friedrich Kittl. Ein Beitrag z. Musikgeschichte Prags. Von Dr. –. 1. 2. Prag: Verein f. Gesch. d. Deutschen in Böhmen. 1904. 8°
Erw. aus: Mitteil. d. Ver. f. Gesch. d. Deutschen in Böhmen. Jg. 42. 43.
(Studien z. Geschichte d. Musik in Böhmen. 3. 4.)

(F) **Rychnovsky,** E., Johann Friedrich Kittl. Ein Beitrag zur Musikgeschichte Prags. [Studien zur Geschichte der Musik in Böhmen. III.] Gr.-8°. (46 S.) † Prag: Calve 1904. K —.80

Rychnovsky, E., Johann Friedrich Kittl. Ein Beitrag zur Musikgeschichte Prags. II. [Studien zur Geschichte der Musik in Böhmen. IV.] Gr.-8°. (72 S.) † Prag: Calve 1905. K —.90

· Robert Schumann, s.a. Sammlung gemeinnütziger Vorträge.

Rychnovsky, E.: Robert Schumann. Zur 100. Wiederkehr seines Geburtstages. [Sammlung gemeinnütziger Vorträge. Nr. 381.] Prag: Calve 1910. 8°

Flauto Solo. Musikal. Lustspiel in 1 Aufz. Dichtung von Hans v. Wolzogen. Musik von Eugen d'Albert. Dichtung u. Musik erl. von Dr. Ernst **Rychnovsky**. Berlin: Schlesinger [1907]. (21 S.) 8° [F.]
= **Opernführer**. No 113.
(Schlesingersche Musik-Bibliothek.) [08. 10359

Rychnowsky, Ernst, Eugen d'Albert's Tiefland, s.a. Opernführer.

Tiefland. Musikdrama in e. Vorspiel u. 2 Aufz. Text ... von Rudolf Lothar. Musik von Eugen d'Albert. Erl. von Dr. Ernst **Rychnovsky**. Berlin: Schlesinger [1907]. (24 S.) 8° [F.]
= **Opernführer**. No 77.
(Schlesingersche Musik-Bibliothek.) [08. 10341

Ryck, Richard

—— s.a. Abhandlungen, juristische.

Ryck, Rich.: Der Irrthum bei Rechtsgeschäften. Berlin 1885.
(in: Jur. Abhandlungen. Festgabe f. Beseler.)

Ryck, Rich., die Lehre v. den Schuldverhältnissen nach gemeinem deutschen Recht. Mit Rücksicht auf particulare u. fremdländ. Gesetzgebg. systematisch dargestellt. I. gr. 8. (V, 128 S.) Berlin 883. v. Decker. n. 2. 50

Ryck, Rich., die Lehre von den Schuldverhältnissen nach gemeinem deutschem Recht. Mit Rücksicht auf particulare und fremdländ. Gesetzgebung systematisch dargestellt. II. gr. 8. (IV, S. 129—336.) Berlin 887, v. Decker's Verlag. *

Ryck, Rich. Die Lehre v. den Schuldverhältnissen nach gemeinem deutschen Recht. Mit Rücksicht auf particulare u. fremdländ. Gesetzgebg., sowie den Entwurf e. bürgerl. Gesetzbuches f. das Deutsche Reich systematisch dargestellt. III. gr. 8. (XV u. S. 337—503.) Berl. 889, v. Decker. * 3 50

Ryck, Rich., die Obligatio. gr. 8. (48 S.) Leipzig 878. B. Tauchnitz. 1. 20

Kgl. Niederländ. Meteorol. Inst. Magnetische Beobachtungen in der Schweiz in den Jahren 1896 und 1897 ausgeführt von Dr. van **Rijckevorsel** u. Dr. W. van Bemmelen. *Amsterdam: H. G. Bom 1899.* (46 S.) 4° [00. 7749

Rijckevorstel, van, Konstant auftretende secundäre Maxima u. Minima in dem jährlich. Verlauf d. meteorologisch. Erscheinungen. 2 Abteilgn. (89 u. 15 S. m. 6 Taf.) 4. Rotterdam 905. W. J. van Hengel. n. 7. 50

Rijckevorstel, van, konstant auftretende secundäre Maxima u. Minima in dem jährlichen Verlauf der meteorologischen Erscheinungen. 3.—5. Abtlg. (38 S. m. 6 Taf.) 31,5×24 cm. Rotterdam 907.08. W. J. van Hengel. 4. 50

Ryckii, Theod., Joh. Geo. Graevii, Nicolai Heinsii ad Adr. Blyenburgum, et Adr. Blyenburgi ad diversos epistolae ineditae. Edidit, commemorationem meritorum gentis Blyenburgicae in patriam literasque et annotationes adjecit G. D. J. Schotel. 4maj. (18 B.) Hagae Comitum 843, Noordendorp. *

Rydberg, Gust, zur Geschichte d. französischen ə. I. u. II. gr. 8. Upsala. (Leipzig, O. Harrassowitz.) n. 7. 50

I. D. Entstehung des ə-Lautes. (67 S.) 896. n. 2. 50
II. Übersicht d. geschichtl. Entwickelg. d. ə in alt- u. neufranzös. Zeit bis Ende d. 17. Jahrh. (S. 69—202.) 897. n. 5. —

Rydberg, Gust., zur Geschichte des französischen ə. II. 2. Übersicht der geschichtl. Entwickelg. des ə in alt- u. neufranzös. Zeit. Die vorlittorar. Entwickelg. der frz. Monosyllaba. gr. 8. (II u. S. 203—408.) Leipzig 899. O. Harrassowitz. n. 5. —
I u. II 1. Ebd. 896. 897. n. 7. 50.

Rydberg, Gust., zur Geschichte des französischen ə. II. 3 u. 4. Lex.-8. Upsala. Leipzig, O. Harrassowitz. n. 11. —
3. Monosyllaba im Französischen: Artikelformen u. Objektspronomina. (VII u. S. 409—618.) 904. n. 6. —
4. Monosyllaba im Französischen: Die Entwickelg. des lat. ego. (III u. S. 619—754.) 906. n. 5. —

Rydberg, Gust., zur Geschichte des französischen ə. II. 5. Monosyllaba im Französischen: Demonstrative Komposita, Relativa, Konjunktionen, Adverbien. (Gedruckt m. Unterstützg. aus Staatsmitteln.) (S. 755—1099.) Lex. 8. Upsala 907. (Leipzig, O. Harrassowitz.) 10. —

Rydberg, Johannes Robert

Elektron, der erste Grundstoff. Von J[ohannes] R[obert] Rydberg. Prof. (Mit 2 Taf.) Lund: (Gleerup; Berlin: Junk) 1906. 30 S. 8°
[og. 14562 11

Rydberg, Jos., römische Cäsaren in Marmor, s.: Bibliothek der Gesamtliteratur.

Rydberg, Victor

Rydberg, Vikt., Abenteuer des kleinen Vigg am Heiligabend. Aus dem Schwed. v. L. Cornelius. (23 S. m. 2 Vollbildern.) 8. Darmstadt (908). Steglitz, P. Hobbing. nn — 25

— Klein Viks Abenteuer am Weihnachtsabend, s. a. Kleinkindergarten. Nr. 58.

Klein Viks Abenteuer am Weihnachtsabend. Von Victor Rydberg. *Berlin: Schriftenvertriebsanst. 1902.* (16 S.) 8° [F.]
= Kleinkindergarten. No 58. [oj. 6803

Rydberg, Vict., der letzte Athener, s. a. Bibliothek der Gesamtlitteratur.

Rydberg, Viktor: Der letzte Athener. Roman von —. Deutsch von M[arie] C. Fiesel. Mit e. Vorbemerkung u. d. Bilde d. Verf. Halle a. S.: O. Hendel (1901). (VI, 448 S.) 8°
(Bibliothek d. Gesamtlitteratur d. In- u. Auslandes. No 1530—41.)

Rydberg, Vict., der letzte Athenienser. Culturhistorischer Roman. Aus dem Schwed. von Emil J. Jonas. Autoris. Ausg. 4 Bde. 8. (208; 219; 249; 260 S.) [Leipzig 875, E. J. Günther.] Berlin, Nicolai'sche Buchh. *

Rydberg, Viktor: Römische Cäsaren in Marmor von —. Aus d. Schwed. übertr. (autor. Übers.) von Josef Fredbärj. Mit Bildn. Halle a. S.: Hendel [1909]. 206 S. 8°
(Bibliothek d. Gesamtliteratur d. In- u. Auslandes. Nr. 2153—2157.)

— Römische Kaiser in Marmor. Lebensbilder der ersten röm. Cäsaren. Aus dem Schwed. v. E. Cornelius. (172 S.) 8. Ebd. 907. 1. 20

— dasselbe. (Ausg. m. 8 Bildnissen.) (172 S.) 8. Ebd. 907. 1.50; geb. in Leinw. 2. 20

— Römische Legenden v. d. Aposteln Paulus u. Petrus. Aus dem Schwed. übertr. (autoris. Übersetzg.) v. Jos. Fredbärj. (125 S.) 8. Wismar 907. H. Bartholdi. 1. 50

— römische Sagen üb. die Apostel Paulus u. Petrus. Aus dem Schwed. v. Emil J. Jonas. Autoris. Ausg. 8. (75 S.) Leipzig 876. Theile. n. 2. —; cart. m. Goldschn. n. 2. 50

Rydberg, V., Singoalla, s. Universal-Bibliothek Nr. 2016.

Rydberg, Vikt., Leibniz' Theodicee u. der Schopenhauer-Hartmannsche Pessimismus. Vorlesungen. Aus dem Schwed. übertr. v. Jos. Fredbärj. (Autoris. Uebersetzg.) (177 S.) gr. 8. Leipzig 903. J. A. Barth. n. 3. 60

— Der Waffenschmied. Erzählung aus der Reformationszeit. Autoris. Übersetzg. aus dem Schwed. v. Franziska Rosenbach-Merkel. (VII, 222 S.) 8. Darmstadt 908. Steglitz, P. Hobbing. 2.50; geb. 3. 75

— u. K. D. Wiggin, zwei Weihnachtsgeschichten v. armen u. reichen Kindern. I. Abenteuer des kleinen Vigg am Heiligabend. Von R. Aus d. Schwed. v. E. Cornelius. — II. Die Geschichte v. Vogels Weihnachtsröschen. Von W. Aus dem Engl. v. M. v. K. (56 S. m. Abbild. u. 5 Vollbildern.) 8. Ebd. (908). Kart. 1. —

Rydelii, opuscula lat. 8. maj. Upsal, Acad. 779.

Rydenius, Peter Alexander

Rydenius, Alex., († d. 27. Oct. 1823.) s. a. Auswahl aus Rydenius poet. Nachlasse.

Rydenius, Peter Alexander. Auswahl aus [seinem] poetischen Nachlass . . . Reval 1827. H: *Köhler, Gottfried.* (GGr)

Ryder, Admiral. Bestimmung der Entfernungen von Schiffen auf See. Aus dem Englischen nach ..... von Capitain zur See Hassenstein, Commandant S. M. Artillerieschiffes „Renown“. 8. Kiel 1871.

Ryder, Arthur William, aus Oberlin, Ohio, U.S.A.: Die Ṛbhu's im Ṛgveda. *(Leipzig: O. Harrassowitz in Komm.) 1901.* (49 S.) 8°
Leipzig, Phil. Diss. v. [12. März] 1901

Ryder, Arth. William, die Ṛbhu's im Ṛgveda. Diss. gr. 8. (49 S.) Gütersloh 901. (Leipzig, O. Harrassowitz.) n.n. 1. 60

Rydlewski, Celestyn, appr. Arzt: Aus d. Psychiatr. u. Nerven-Klinik d. Univ. zu Greifswald. Über Psychosen bei Tabes dorsalis. Posen 1909: Dziennik Poznański. 45 S. 8°
Greifswald, Med. Diss. v. 30. Sept. 1909, Ref. Voß, Schultze
[Geb. 5. April 75 Jarotschin; Wohnort: Posen; Staatsangeh.: Preußen: Vorbildung: Friedrich-Wilhelms-Gymn. Posen Reife O. 96; Studium: Breslau 1, Greifswald 8 S.; Coll. 25. Juni 09; Approb. 29. März 01.] [U 10. 1587

Rydygier, L., d. Behandlg. d. Gelenkstuberculose. Nach klin. Vorträgen bearb. [Aus: „Wiener Klinik".] gr. 8. (64 S. m. 28 Illustr.) Wien 895. Urban & Schwarzenberg. n. 1. 60

— dasselbe, s.: Klinik, Wiener, 1895, Hft. 1. u. 2.

Rydygier, L., über Pylorusresection, s.: Sammlung klinischer Vorträge.

Rydygier, L., wie soll man chloroformiren?, s.: Sammlung klinischer Vorträge.

Ryemer, Johs., Nordhieser Schnurren. Gesammelt u. ausgegeben v. R. 3. Hft. 12. (S. 33—48.) Nordhausen 884. (G. Wimmer Buchh.) n.n. — 20

— dasselbe. 4. Hft. 8. (S. 49—64.) Nordhausen 896. (C. Haacke.) n. — 20

Ryf, Andreas, s. Ryff.

(**Ryf, J[ohannes]. Zusammenfassende Darstellung der Sachlage [betr. den] staatsrechtlichen Rekurs der Schweiz. Kreditanstalt in Zürich vom 4. Oktober 1901 in Sachen Steuertaxation, [eingereicht]) An das h. Bundesgericht in Lausanne. (Zürich, den 30. September 1903.) 33 S. 4. [Zürich, Orell Füssli, 1903.]**

Ryf, J[ohannes]. Rechtsgutachten über die Frage des Reinertrages der Bahnunternehmung, zu Handen der hohen Bundesversammlung erstattet den Aktionären der Berner-Oberland-Bahnen. (1907 Februar 28.) 11 S. kl.-fol. Zürich, Schulthess & Co.

Ryf, Joh[annes], von Horgen [Kt. Zürich]: Die Rechtskraft der Incidententscheidung über Präjudicialrechte. (Horgen C. Weiss Dr. 1867). 62 S., 1 Bl. 8°.
Zürich, Jur. Diss. v. 16. März 1867.

Ryff. Andreas R', Kaufmann in Basel.... Basel 1871 s.a. [Vischer-Sarasin, Adolf].

Ryff, Andr., s.a. Rappenkrieg, der.

Ryf, Andreas. Der Rappenkrieg . . . Basel 1833. II: *Müller, Nicl.* (BrMm)

Ryff, Andreas. Der Rappenkrieg. Anfang, Mittel und End. Alles von dem ... Hauptmann A' R'... beschrieben. 1594. [Mit 1 Tafel.] 8. Basel 1833.

Ryff, Andreas. Der Stadt Basel Regement und Ordnung 1597. [Hrg. von Rudolf Wackernagel. Mit 1 Vignette.] 8. (Basel 1888.)
(... Andreas Heusler bringt zum 17. März 1888 Dank und Glückwunsch dar die historische und antiquarische Gesellschaft zu Basel.)

Ryff, Andreas. ⟨Circkell der Eidtgnoschaft von A' R'⟩ s. Meininger, Ernest. Une chronique suisse inédite du XVIme siècle....

Ruff, Julie

Ryff, J., Bericht des Frauenkomitee Bern über seine Erhebungen der Frauenthätigkeit auf dem Gebiete der Philanthropie u. a. m., erstattet am Kongress für die Interessen der Frauen in der Schweiz, Genf, 8.—12. Sept. 1896. gr. 8⁰. Bern, A. Siebert, 1896.

Ryff, J, Bericht d. Frauenkomitee Bern üb. seine Erhebungen der Frauenthätigkeit auf d. Gebiete d. Philanthropie u. a. m., erstattet am Kongress f. die Interessen d. Frauen in d. Schweiz, Genf, 8.—12. September 1896. gr. 8. (57 S.) Bern 896. C. Sturzenegger. n. — 50

Ryff, Frau J[ulie]. Die Grundlagen und soziale Bedeutung der gegenseitigen Hülfs-Gesellschaften der Schweiz. Nach den Berichten von Herrn Professor Dr. Hermann Kinkelin ... über die von ihm bearbeiteten ... Ergebnisse der Aufnahmen von 1865 und 1880, veranstaltet von der Schweizerischen statistischen Gesellschaft. Nebst einem Anhang betreffend Aufnahme von Art. 34bis der Schweizerischen Bundesverfassung. II + 32 S. 8. Bern, A. Francke, 1903. [fr. —. 80]

Ryff, Frau Julie. L'organisation et l'importance sociale des Caisses de secours mutuels en Suisse. Par Mme Julie Ryff.... D'après l'enquête organisée en 1865 et 1880 par la Société suisse de statistique et les rapports de M. le Dr Hermann Kinkelin.... Suivi d'un Appendice concernant l'art. 34bis de la Constitution fédérale. II + 31 p. 8. Berne, A. Francke, 1903. [fr. —. 80]

Ryff, Walther Hermann: Kurtzes Handbüchlein, und Experiment, vieler Artzneyen, durch den gantzen Cörper deß Menschens, von dem Haupt biß auff die Füß. Sampt lebendiger Abcontrafactur etlicher fürnembsten und gebräuchlichsten Kräuter, und darauß gebrandten distillierten Wassern, Krafft und Tugend. Jetzund von neuem...gemehret und gebessert. Sampt dem Experiment-Büchlein von Zwantzig Pestilentz-Wurtzeln des...Tarquinius Schnellenberg.
229 Bl., gbd., Abb.
Straßburg: Städel 1700
an: Sincerus, Iatrophilus: Kurtze und gründliche Unterweisung... Die dritte Edition. 1719
JB 1.335

Ryff, Walther Hermann: Traktätlein vom Urin und Pulß. 35 S.(S. 196-230), gbd.
Langensalza: Martini 1771
(Urin-Büchlein, darinnen einem jeden frommen Menschen... 2.)
JB 1.079

Ryffel, Heinrich. Die schweizerischen Landsgemeinden. XVI + 342 S. 8. Zürich, Schulthess & Co., 1903 (*Umschlag: 1904). [fr. 7. —]
(Buch 1: Geschichte; Buch 2: Gegenwart: Anhang: Zukunft.)

Ryffel, Heinrich. Die schweizerischen Landsgemeinden nach geltendem Rechte. Diss. Staatsw. Univ. Zürich. II + 130 S. 8. Zürich, Schulthess & Co., 1903.
(= Teil 2 eines Buches über die schweizerischen Landsgemeinden in Geschichte und Gegenwart.)

Rygier-Nalkowska, Sofia, der Prinz, s.a. Aus Nord u. Süd.

(F) **Zofia Rygier-Nałkowska.** Der Prinz. Roman. [Aus Nord und Ost. V. Bd.] 8°. (230 S.) Wien: Konegen 1908. K 1.80

Ryhiner, von, die Stadt Bern unt. dem Schirme d. Grafen v. Savoyen. Bern, Walthard. (Aarau, Sauerländer in Comm.) 813

v. Ryhiner, ..., die Stadt Bern, unter dem Schirme der Grafen v. Savoyen. (Aus d. schweizer. Geschichtsforscher abgedr.) 8. Bern 813. Walthard. (Leipz., Schmidt). 6 gr.

Ryhiner, Achilles. Italienische Reise von A. R. [Hrg. von Rudolf Wackernagel. Mit 2 Vignetten. A.] 8. [Basel 1900.]

Ryhiner, Carl Emanuel, s. R y h i n e r , Karl Emanuel

Ryhiner, Daniel: De bona f a m a . (Resp.: Joseph Socin). 11 S.-- Basel, Jur.Diss.v. 7.Nov.1727.

Ryhiner, Emanuel: De h o m i n e absolute et ratione Dei spectato. (Resp.: Hieronymus Gemusaeus). 23 S.- Basel, Jur.Diss.v. 25.Nov.1727.

Ryhiner, G. De deminutivis Plautinis Terentianisque. In-8°. 72 S. Basel, (Georg & Co.). These. 1894

Ryhiner, G., s.: V e r h a n d l u n g e n der 49. Versammlung deutscher Philologen u. Schulmänner.

Ryhiner, Heinrich A. S. 1344/44

Dissertatio physico-mathematica, de elasticitate aeris in variis atmosphaerae locis.
Präs. Johann Rudolph Stehelin.
Basel (Thurnisius) 3. IX. 1748. 11 S.

29595

Ryhiner, **Jh. Hnr. I., († 1781.) Diss. inaug. de febri semitertiana. 4. Basel 754.**

Ryhiner, Joh. Heinr., [Basel]. Dissertatio inauguralis medica de hemitritaeo sive febre semitertiana.
Basel, Med. Diss. 1754

Ryhiner, Joh.Heinrich: De i n f a n t i c i d i o quandoque licito, s.a.S t a e h e l i n , Joh. (Praes.)

Ryhiner, Johann Heinrich A. S. 1369/39

Disquisitio philosophica de infanticidio quandoque licito. Präs. Johann Stehelin.
Basel (Thurnisius) 14. I. 1749. 10 S.

29599

Ryhiner, **Jh. Hnr. II., f.** *Itineraire* **de la Ville de Bale.**

Ryhiner, Johann Heinrich A. S. 1342/30

Structurae artificiosae machinae Lahireanae, eclipsium (solis) et (lunae) scrutionio aptae, ratio et emendatio. Cum annexis ex variis matheseos partibus desumtis. Präs. Ludwig Wentz.
Basel (Eckenstein) 27. VIII. 1748. 12 S.

29598

Ryhiner, Joh.Heinrich: T h e s e s ex philosophia morali, s. E r z b e r g e r , Joh.Georg (Praes.)

Ryhiner, Joh.Heinrich: T h e s e s philosophicae.(Resp.: Joh.Jakob Bachofen). 8 S.-- Basel, Jur.Diss.v.19.Sept.1760.

Ryhiner, Joh.Heinrich: T h e s e s philosophicae miscellaneae, s. F a l c k e i s e n , Joh.Jakob (Praes.)

Ryhiner, Karl Eman., s.a. E r l ö s u n g , die, vom Dasein.

[R y h i n e r , Carl Emanuel.] Die Erlösung vom Dasein. [Hrg. vom Curatorium der Freien Academischen Stiftung zu Basel.] XVIII + 288 S. 8. Leipzig, C. G. Naumann, 1902. [M. 4. —]

Ryhiner, Leonhard: T h e s e s juridicae miscellaneae, s. R a i l l a r d , Jeremias (Praes.)

Ryhiner, Peter: De f u n d a m e n t o juris naturae et gentium quod continetur. Evang.Matthaei cap.7 vers.2. (Resp.: Joseph Socin). 7S.– Basel, Jur.Diss.v. 11.Nov.1727.

Ryhiner, Peter: P o s i t i o n e s philosophicae (ex physica, jure naturae (21), pneumatologia).(Resp.: Joh.Christoph Roques) 7 S.– Basel, Phil.Diss.v. 12.Mai 1739.

R y h i n e r , Peter. Vita ... Samuelis Werenfelsii (1657–1740), ss. Theol. ... in Acad. Basil. Professoris, ... die XVI. Maji a. MDCCXLI. delineata a Petro R.... Accedunt variorum Epicedia. 4. Basileæ.
Mit Porträt-Tafel

(R y h i n e r , [Rudolf Friedrich].) Die Stadt Bern unter dem Schirme der Grafen von Savoyen. SA. 8. Bern 1813.

Ryhiner, W., f.: Z u r Erinnerung an Joh. Jakob Weber z. Schleife.

Rijk, J. A. de, respice finem. Eine niederländ. Skizze „altkathol." Zustände im 19. Jahrh. gr. 8. (44 S.) Regensburg 872. Pustet. — 30

Rykaczewski, E., grammaire de la langue polonaise contenant les régles appuyées sur les exemples tirés des meilleurs auteurs polonais destinée principalement à l'usage des écoles polonaises à Paris. Berlin 861. Behr. gr. 8. (VIII, 243 S.) 2 ℛ

Rykaczewski, E., Grammatyka języka włoskiego zawierająca prawidła wydobyte z uwagi nad przykładami ze wzorowych włoskich pisarzów, tudzież ćwiczenia z polskiego na włoski język. (Grammatik der italienischen Sprache mit Beispielen aus den Schriften klassischer italienischer Schriftsteller gezogenen Regeln, so wie Uebungen zum Uebersetzen aus dem Polnischen in das Italienische.) gr. 8. (320 S.) Berlin 859, Behr's Buchh. *

Rykaczewski, E., Słownik języka polskiego podług Lindego i innych nowszych Źródeł. 2 tomy. 12. (1157 S.) Berlin (873). B. Behr's Verl. 5. —

Rykatschew, M., üb. den Auf- u. Zugang der Gewässer d. Russischen Reiches, s.a. R e p e r t o r i u m f. Meteorologie.

Rykatschew, M.: Ueber den Auf- und Zugang der Gewässer des Russischen Reiches. Mit 3 Tafeln. St. Petersburg 1887. 312 S., 3 Krt.
= Supplementband zum Repertorium für Meteorologie. 2. 4°.

Rykatschew, M., Resultate der magnetischen Beobachtungen am Konstantinow'schen Mess-Institut in Moskau in den J. 1879—1888. [Aus: „Repertorium f. Meteorologie".] gr. 4. (80 S. m. 1 Taf.) St. Petersburg 890. (Leipzig, Voss' Sort.) n. 8. 75

Rykatschef, M., Schwankungen des Wasserstandes im oberen Laufe der Wolga in Zusammenhang mit den Niederschlagen. (Mém. de l'Acad. Imp. des Scienc. de St. Pet., VIIIe Serie, Classe Phys.-math. Vol. II, No. 8.) (In russ. Sprache.) St. Petersburg 1895.

Rykatschew, Die Vertheilung der Winde und des Luftdruckes am Caspischen Meere. (Repert. für Meteorol., herausgeg. von der kais. Akad. der Wissensch. Bd. XI, No. 2.) 1887.

Rykatschew, M., d. Zusammenhang zwischen Wasserstandsschwankungen u. Niederschlag im Gebiete d. oberen Wolga. Ein Beitrag zur allgem. Frage d. Hochwasserprognose. Aus d. Russ. übertr. u. m. ein. Anmerkgn. hrsg. v. H. Gravelius. gr. 8. (IX, 45 S. m. 2 Taf.) Dresden 897. Gewerbebuchhandlung E. Schürmann. n. 2. 50

De nieuwe Duitsche **Rijkswet** op de binnenscheepvaart '(Rivier- en Kanaal-Scheepvaart)'. In kracht tredende op 1 Januari 1896. M. bijvoegsel bevattende de artikeln van h. Duitsche Wetboek van Koophandel, d. 'Gewerbe-Ordnung', d. Konkurs-Ordnung ... Nederl. vertaling d. de Redaktie d. Rhein.-Holl. Schiffahrt-Ztg te Ruhrort a. d. R. *Oberhausen (Rheinl.): Gedr. b. R. Kuhne [1897].* (1 Bl., 40, 13 S.) 1 Bd 8. [97. 5656

Rijkswet, de nieuwe duitsche, op de binnenscheepvaart (Rivier- en kanaalscheepvaart). In kracht tredente op 1. T. 1896. Met bijvoegsel bevattende de artikelen van het duitsche wetboek van koophandel, der „Gewerbe-Ordng.", der Konkurs-Ordng. en van het burgerlijke wetboek, zoover deeze in betrekking staan tot de wet op d. binnenscheepvaart. Nederlandsche Vertaling door de Redactie der rhein.-holl. Schifffahrt-Zeitg. te Ruhrort a. d. Rijn. gr. 8. (40 u. 13 S.) Oberhausen 896. (Duisburg, H. Bautzmann.) n. 1. 50

Ryl, Heinrich. Ueber das 2-Brom-3-Aethoxyflavon. Beitrag zur Kenntnis der Hydrolyse von Eiweisskörpern. Diss. Math.-Naturw. Freiburg in der Schweiz. [Mit 1 Textfigur.] 50 S. 8. Bern, Gottfr. Iseli, 1902.

Ryle, John Charles

Ryle, John C., arm u. reich. Eine Betrachtg. üb. Luc. 16, 19—23. 2. Aufl. Hrsg. v. der Wupperthaler Traktat-Gesellschaft. 8. (28 S.) Barmen 875. Wiemann. n. — 20

Ryle, J. C., die Bergpredigt unseres Herrn u. Heilandes ausgelegt. Nach dem Engl. von Hausig. Berlin 867. E. Beck. 8. (40 S.) 1½ ngr.

Ryle, J. C., Betest Du? Nebst angehängten Beispielen über den Segen des Gebets. 853. (136 S.) — 5. Aufl. Bremen 857. J. G. Heyse. 16. (64 S.) 4 ngr

Ryle, J. C., betest du? New-York 865. (Philadelphia, Schäfer & Koradi.) 32. (112 S.) geb. n. 10 ngr.

— betest du? 12. Aufl. (Ster.-Ausg.) Barmen 866. Berlin, E. Beck. 8. (42 S.) n.n. 1¼ ngr.

Ryle, J. C., Betest du? 17. Aufl. 1872. * 15 Pf., und 18. Aufl. Hrsg. von der Wupperthaler Traktat-Gesellschaft. gr. 16. (42 S.) Barmen 874, Wiemann.

Ryle, J. C., Betest Du? 8. (44 S.) Barmen 880, Wiemann. *

Ryle, J. C., betest Du? 12. (32 S.) Hamburg 895. (Elberfeld, Verlag d. Bethesdavereins.) — 15

Eine Herzensfrage an den Leser: Betest Du? ⟨Nach d. Engl. von Pfarrer [John Charles] Ryle⟩. Hrsg. von Albert Bührmann, Pastor, Potsdam. *Potsdam: 'Siloah' [1900].* (16 S.) 8° [F.]
— Bührmann: Die Macht des Gebetes. 1. [03. 13259

Ryle, John Charles, betest Du? (Umschlag: 26. Aufl. [72.—74. Taus.].) (46 S.) kl. 8. Barmen (908). Wuppertaler Traktat-Gesellschaft. — 12

— betrachtet eure Wege! Hrsg. v. der Wupperthaler Traktat-Gesellschaft. gr. 16. (32 S.) Ebend. 876. n. — 20

—— Betrachtet eure Wege. 8. (32 S.) Ebendas. 881.

— Bibelstunden über das Evangelium St. Matthäi. Aus dem Engl. von Karl Ed. Reineck. Berlin 857. W. Schultze. gr. 8. (XII, 322 S.) n. 1 ₰.

—— der Bischof, der Pastor und der Prediger. Drei biograph. Vorträge nebst einem einleitenden Versuche über einige hauptsächl. Bedürfnisse der Kirche Englands in gegenwärt. Zeit. Aus dem Engl. br. 18. (VIII und 202 S.) Berlin 856(57,) Evangelische Buchh. *

— bist du bereit? Eine Frage zum neuen Jahre. 16. (8 S.) Ebend. 872. n. — 4

— bist du ein Erbe? Betrachtung über Römer 8, 14—17. 5. Aufl. (Ster.-Ausg.) Berlin 867. E. Beck. 8. (30 S.) n. 1 ngr.

— bist du e. Erbe? Betrachtg. üb. Röm. 8, 14—17. [Ster.-Ausg.] Hrsg. v. der Wupperthaler Traktat-Gesellschaft. 8. (30 S.) Ebend. 876. n. — 20

Ryle, J. C., brauchst Du e. Freund? 8. (20 S.) Barmen 883. (Wiemann.) — 12

— Buße od. Verdammniß. Betrachtung üb. Lukas 13, 3. [Ster.-Ausg.] Hrsg. v. der Wupperthaler Traktat-Gesellschaft. gr. 16. (36 S.) Ebend. 875. n. 20

— u. D. Horatius **Bonar**, Briefe üb. die vom Herrn Pearsall Smith geh. Convention in Brigthon. [Aus: „The Record."] 16. (15 S.) London 875. (Hamburg, Nolte.) n. — 20

— ohne Christus. Eine Weihnachtsbetrachtung. Hersg. von der Wupperthaler Traktat-Gesellschaft. Barmen 870. (Klein.) 8. (16 S.) n. 2 ngr.

— Den du lieb hast, der ist krank. Ein Wort an Kranke u. Gesunde. (24 S.) 8. Neuruppin (910). F. W. Bergemann. — 15

— denke an Lot! [Ster.-Ausg.] 16. (24 S.) Ebend. 871 n. — 10

—— Denke an Lot! 8. (26 S.) Ebendas. 880.

— die in der Wahrheit wandelnden Kinder. Ebend. 869. 16. (24 S.) 1½ ngr.

— echt oder unecht? Eine zeitgemäße Frage. gr. 16. (16 S.) Barmen 871. (Klein.) n. — 20

— er kann selig machen immerdar. Gedanken über Hebr. 7, 25. Barmen 870. Klein. gr. 16. (24 S.) n. 2 ngr.

Ryle, John Charles, auslegende Gedanken über die Evangelien. 1. Bd. Das Evangelium St. Matthaei. Berechtigte deutsche Uebersetzg. v. Rhold. Herold. (IV, 293 S.) gr. 8. Frankfurt a/M. 908. D. Brandner. 3.—

— Gedenke des Sabbathtages, daß du ihn heiligest! Nebst angehängten Beispielen über den Segen der Sonntagsfeier. Bremen 857. J. G. Heyse in Comm. 8. (64 S.) n. 2 ngr.

— von Gethsemane bis Golgatha. Auslegung der Leidensgeschichte nach Matthäus. Nach dem Engl. v. Hausig. 16. (44 S.) Barmen 872. Wiemann. n. — 20

— glaubst du? Eine Frage an Jedermann. Herbg. von der Wupperthaler Traktat-Gesellschaft. Barmen (Klein.) gr. 16. (32 S.) n. 2 ngr.

—— Glaubst du? Eine Frage an Jedermann. Hrsg. von der Wupperthaler Traktat-Gesellschaft. gr. 16. (32 S.) Ebendas. 869. *

—— Halt ihn heilig! Worte über Sonntagsheiligung. gr. 12. (48 S.) Berlin 856(57,) (Evangelische Buchh.) *

— handelt, bis daß ich wiederkomme. Gedanken üb. Luc. 19, 11—13. [Galv.-Ausg.] Hrsg. v. der Wupperthaler Traktat-Gesellschaft. 8. (31 S.) Ebend. 875. n. — 20

—— Hast du Frieden? Eine Frage an Jedermann. gr. 16. (32 S.) Barmen 870. Wiemann. *

Ryle, J. C., hast du Frieden? Eine Frage an Jedermann. 3. Aufl. 12. (32 S.) Barmen 894. Wupperthaler Traktat-Gesellschaft. n. — 10

—— Heilige ihn! Ein Wort über die Sonntagsheiligung. 8. (32 S.) Ebendas. 881.

—— der Herr und die beiden Schächer. Gedanken über Lucas 23, 39—43. Hrsg. von der Wupperthaler Traktat-Gesellschaft. 5. Aufl. 8. (24 S.) Ebendas. 874.

— ich habe dir etwas zu sagen! Eine Ansprache nach Luc. 7, 40. Ebend. 869. 16. (11 S.) n. 1 ngr.

Ryle, John Charles: Ich will mit dir sein. Von J[ohn] C[harles] Ryle, Bischof von Liverpool. Barmen: Wupperthal. Trakt.-Ges. [1901]. (16 S.) 8°
[Schriften d. Wupperthaler Traktatgesellschaft.] No 712.

— ich will m. dir sein. 12. (16 S.) Ebd. 902. n. — 10

— ist dein Herz rechtschaffen? Ebend. 868. 16. (20 S.) n. 2 ngr.

Ryle, John C., die Kirche auf den Felsen gebaut. Hrsg. von der Wupperthaler Traktat-Gesellschaft. 8. (19 S.) Barmen 875. Wiemann. *

— das Kreuz. 4. Aufl. [Ster.-Ausg.] Hrsg. v. der Wupperthaler Traktat-Gesellschaft. 8. (27 S.) Ebend. 875. n. — 20

Lasset euch begnügen. Von J[ohn] C[harles] Rylo, Bischof von Liverpool. *Barmen: Wupperthal. Trakt. Ges. [1901].* (16 S.) 8° [δ]
=[Schriften d. Wupperthaler Traktatgesellschaft.] No 711. [02.65.16]

—— Lebst du, oder bist du todt? Eine Frage an Jedermann. 12. (23 S.) Cincinnati 859. (Philadelphia, Schäfer und Koradi.) *

Ryle, John Charles: Lehren aus Neros Hause. Von J[ohn] C[harles] Ryle, Bischof von Liverpool. Barmen: Wupperthal Trakt.-Ges. [1901]. (16 S.) 8°
[Schriften d. Wupperthaler Traktatgesellschaft.] No 710.

— Lehren aus Neros Hause. 12. (16 S.) Ebd. (902). n. — 10

— Nicht Sein! Ein Traktat über die Wirkungen des heiligen Geistes. Betrachtung über Römer 8, 9. (Ster.-Ausg.) Barmen 866. (Berlin, E. Beck.) 8. (31 S.) n. 1 ngr.

—— Nicht Sein! Ein Traktat über die Wirkungen des heil. Geistes. Betrachtung über Röm. 8, 9. 8. (31 S.) (Ebendas.) 882.

—— fünf Predigten. Uebers. aus dem Engl. von B. S. v. Lemson. 16. (379 S.) Berlin 862, (Beck.) *—
Inhalt:
Waizen oder Spreu? Eine Frage zum Antritt des Jahres. (80 S.) Einzeln * 4 Ngr.
Lebendig oder todt? (61 S.) Einzeln 3 Ngr.
Kommet zu Jesu, so werdet ihr Ruhe finden für eure Seelen. (26 S.) Einzeln 1½ Ngr.
Sind dir deine Sünden vergeben? Eine Frage an Alle, die selig werden wollen. (128 S.) Einzeln * 5 Ngr.
Schau auf deinen Weg; wohin führt er dich? Ermahnung eines Predigers an seine Gemeinde. (84 S.) Einzeln * 4 Ngr.

— Predigten für Kinder. Nebst Erzählungen für Kinder. Aus dem Engl. Bremen 859. Heyse in Comm. 16. (V, 294 S. m. Holzschn. u. 22 Holzschntaf.) n. 20 ngr.

— prüfet alles. Gedanken üb. 1. Thess. 5, 21. Hrsg. v. der Wupperthaler Traktat-Gesellschaft. 8. (20 S.) Ebend. 875. n. — 10

— Ratschläge f. junge Männer. Übers. v. G. Holtey-Weber. 2. Aufl. (139 S. m. Titelbild.) kl. 8. Chemnitz (910). G. Koezle. Geb. in Leinw. 1. 50

—— Ringet! 12. (23 S.) Cincinnati 859. (Philadelphia, Schäfer und Koradi.) *

— Ringet! Betrachtungen über Luc. 13, 24. Barmen 866. (Berlin, E. Beck.) 8. (28 S.) 1½ ngr.

— schläfest du? Eine aller Beherzigung werthe Frage. Barmen 868. (Klein.) 16. (13 S.) n. 2 ngr.

— deine Seele! Betrachtungen über Marc. 8, 36. 37. Herbg. von der Wupperthaler Traktat-Gesellschaft. Ebend. 870. 8. (27 S.) n. 2 ngr.

Ryle, J. C., seid ihr heilig?, s. a. Brosamen.

Ryle, J. C., seid ihr heilig? Nach dem Engl. 32. (77 S.) Frankfurt a. M. 852, Brönner. 4 ngr.

— seid ihr wiedergeboren? 5. Aufl. (Ster.-Ausg.) Barmen 865. (Berlin, E. Beck.) 8. (24 S.) n. 1 ngr.

— seid ihr wiedergeboren? 7. Aufl. [Ster.-Ausg.] 16. (24 S.) Ebend. 872. n. — 10

—— Seid ihr wieder geboren? 8. (24 S.) (Ebendas.) 882.

— Sind dir deine Sünden vergeben? Eine Frage an Alle und Jede, die selig werden wollen. Uebers. aus dem Engl. von B. R. v. Lemson. Berlin 853. W. Schultze in Comm. 16. (114 S.) n. 5 ngr.

Ryle, John Charles: Thue, was du kannst. Von J[ohn] C[harles] Ryle, Bischof von Liverpool. Barmen: Wupperthal. Trakt.-Ges. [1901]. (16 S.) 8°
[Schriften d. Wupperthaler Traktatgesellschaft.] No 708.

— thue, was du kannst. 12. (16 S.) Ebd. (902). n. — 10

—— Wachet! Eine Auslegung des Gleichnisses von den zehn Jungfrauen. Hrsg. von der Wupperthaler Traktat-Gesellschaft. 8. (44 S.) Ebendas. 874. *

— die Wahl d. Glaubens. Gedanken üb. Hebr. 11, 24—26. 6. Aufl. Ster.-Ausg. Hrsg. v. der Wupperthaler Traktat-Gesellschaft. 8. (24 S.) Ebend. 876. n. — 10

— Wahl oder Qual. Predigt über Luc. 13, 3. Aus dem Engl. von C. Rehfueß. 1. u. 2. Aufl. Elberfeld 868. (Barmen, Klein.) 8. (48 S.) 3 ngr.

—— kernige Wahrheiten. Aus dem Engl. von einer Pilgerin nach dem neuen Zion. gr. 16. (V und 358 S. mit 1 Holzschn.) Leipzig 854(55,) Löschke.

— Waizen oder Spreu? 10. Aufl. 1866. u. 11. Aufl. Ster.-Ausg. (Berlin 867. E. Beck.) 8. (32 S.) n. 1 ngr.

—— Waizen oder Spreu? 13. Aufl. [Ster.-Ausg.] Hrsg. von der Wupperthaler Traktat-Gesellschaft. 8. (32 S.) Barmen 874, Wiemann.

—— Waizen oder Spreu? 8. (32 S.) (Ebendas.) 882.

—— Was ist deine Hoffnung? 12. (23 S.) Cincinnati 859. (Philadelphia, Schäfer und Koradi.) *

— Was ist v. Christus zu halten? Eine zeitgemäße Frage an jedermann.' (20 S.) 8. Neuruppin (910). F. W. Bergemann. — 15

— was kostet es? Eine wichtige Frage. Barmen 869. (Klein.) 16. (20 S.) 1½ ngr

—— Was kostet es? Eine wichtige Frage. 16. (20 S.) Elberfeld 869. (Barmen, Wiemann.)

Ryle, John Charles: Was lehret uns die Erde? Von J[ohn] C[harles] Ryle. Bischof von Liverpool. Barmen: Wupperthal Trakt.-Ges. [1901]. (15 S.) 8⁰
[Schriften d. Wupperthaler Traktatgesellschaft.]. No 707.

Ryle, J. C., was lehrt uns die Erde? 12. (15 S.) Barmen (902). Wupperthaler Traktat-Gesellschaft. n. — 10

— der einzige Weg. Zeitgemäße Betrachtungen über Apostelgesch. 4, 12. (Berlin 866. E. Beck.) 8. (24 S.) 1½ ngr.

—— Wen da dürstet, der komme! gr. 16. (24 S.) (Ebendas.) 879. *

[F.] Werden wir im Himmel einander kennen? u. andere Aufsätze. Von J[ohn] C[harles] Ryle, Bischof v. Liverpool. '(Autoris. Übs. nach d. 46. engl. Aufl.)' 3. Aufl. *Barmen: Wupperth. Traktat-Ges. [1895].* (130 S.) 1 Bd 8. [96. 5035

— werden wir im Himmel einander kennen? u. andere Aufsätze. (Autor. Uebersetzung nach der 46. engl. Aufl.) 4. Aufl. 16. (130 S.) Barmen 896. Wupperthaler Traktat-Gesellschaft. Geb. n. — 75

Ryle, John Charles: Werden wir im Himmel einander kennen? Von J[ohn] C[harles] Ryle, Bischof von Liverpool. Barmen: Wupperthal. Trakt.-Ges. [1901]. (16 S.) 8⁰
[Schriften d. Wupperthaler Traktatgesellschaft.] No 706.

dasselbe u. andere Aufsätze. (Autoris. Übersetzg. nach der 46. engl. Aufl.) 5. Aufl. 16. (128 S.) Ebd. (901). n. 1. —; geb. n. 1. 75

— werden wir im Himmel einander kennen? 12. (16 S.) Ebd. (902). n. — 10

— wie liesest du? Frei nach dem Engl. 5. Aufl. [Ster.-Ausg.] Hrsg. v. der Wupperthaler Traktat-Gesellschaft. 8. (55 S.) Ebend. 875. — 30

— Wie sollte ein Kind erzogen werden? Bremen 861. Verlag des Tractathauses. 8. (36 S.) ¾ ngr.

—— wirst du selig werden? Eine Frage an Jedermann. 8. (32 S.) Berlin 867, Beck. *

— wirst du selig werden? Eine Frage an Jedermann. 2 Aufl. Hrsg. v. der Wupperthaler Traktat-Gesellschaft. 8. (32 S.) Ebend. 875. n. — 20

— wo bist Du? Hrsg. v. der Wupperthaler Traktat-Gesellschaft. gr. 16. (27 S.) Ebend. 876. n. — 20

—— Wo sind deine Sünden? Eine Frage an Jedermann. 16. (28 S.) Barmen 872, Wiemann.

Ryle, John Charles: Ein Wort für Frauen. Von J[ohn] C[harles] Ryle. Bischof von Liverpool. Barmen: Wupperthal. Trakt.-Ges. [1901]. (16 S.) 8⁰
= Schriften d. Wupperthaler Traktatgesellschaft. No 709.

— ein Wort f. Frauen. 12. (16 S.) Ebd. (902). n. — 10

—— ein Wort an die Gemeinden. 8. (20 S.) Berlin 867, Beck. *

Ryle, J. C., ein Wort der Liebe u. Ermahnung an Jünglinge. 8. Aufl. (48 S.) kl. 8. Barmen (904). Wuppertaler Tractat-Gesellschaft. n. — 12

Ein Wort der Liebe und Ermahnung an Jünglinge. Von J[ohn] C[harles] Ryle. 3. Aufl. Barmen: Wuppertaler Traktat-Gesellsch. [1905]. (48 S.) 8° [F.]
— [Schriften d. Wuppertaler Traktat-Gesellschaft.] No 596. [06. 6649

Rylieff, K.

— Думы. Berlin 859. F. Schneider. 8. (82 S.) 15 ngr.

— полное собранiе сочиненiй, s. (Biblioteka) Библiотека русскихъ авторовъ.

(Rylieff.) — Рылѣевъ, К., Сочиненiя. Berlin 860. F. Schneider. gr. 8. (V, 179 S.) 1 Thlr

— СТИХОТВОРЕНIЯ. Ebend. 857. 8. (44 S.) 15 ngr.

— Стихотворенiя. Съ его жизнеописанiемъ. Leipzig 862. Gerhard. 16. (230 S.) 1 Thlr

Rylieff, K., ВОЙНАРОВСКIЙ. Поэма. Berlin 857. F. Schneider. 8. (55 S.) 15 ngr.

— Войнаровскiй. Поэма. 3. Изданiе. Ebend. 861. 16. (67 S.) n. 10 ngr.

RYLKO, Paulus: De authentia Vulgatae. — (1894) 76 S. 4⁰ (Handschr.) Diss. Wien, Univ. Diss. 554

Ryll, Alfred, Gerichtsassessor: **Bedeutung der Rechtskraft im Sinne des § 293 Abs. 2 der Civilprocessordnung.** *Greifswald 1898: J. Abel.* (49 S.) 8°
Greifswald, Jur. Diss. v. 1898

Ryll, Gerhard: Die Böhmische Politik bei der Königswahl Adolfs von Nassau. Marburg 1909: Friedrich. 66 S. 8°
Marburg, Phil. Diss. v. 22. April 1909, Ref. v. der Ropp
[Geb. 21. Dez. 84 Freystadt i. Schl.; Wohnort: Marburg; Staatsangeh.: Preußen; Vorbildung: Landesch. Pforta Reife O. 03; Studium: Marburg 2, Göttingen 1, Berlin 1, Marburg 5 S.; Rig. 16. Dez. 08.] [U 09. 3210

Ryll J. Th., Dr.: Über Ortsversetzungen durch Rechnung oder über die Elemente der Lagerechnung. 1. Teil. S. 1. 38 . . . . vgr.
— — 2. Teil. S. 3. 62 . . . . vgr.
Separatabdruck

Ryll, Ludov. (geb. Posen 29.9.1821): De a b s c e s s i b u s lymphaticis. Berolini (1848). (28 S.) 8°
Berlin, Med. Diss. v. 1. Nov. 1848

Rylsky, Alfons Ritter v. Tafeln zur numerischen Berechnung der Schwingungsdauer eines Pendels bei verschiedenen Amplituden. 34 S. 8. **Progr.** G. III. Bez. *Wien* 1881

R y l s k i, Alfr. Ritter v., Leitfaden für den Unterricht im Volapük. 2. verm. und auf Grundlage der Beschlüsse des Volapükisten-Congresses in München geänderte Aufl. 8. (III, 80 S.) Dresden 888, Pierson's Verlag. *

Rymarkiewicz, Josephus (Benedictus) *(geb. Fraustadt in Pos. 21. 3. 1828)*: De funiculi umbilicalis prolapsu. Vratislaviae (1855). (32 S.) 8°
Breslau, Med. Diss. v. 1. März 1855

Rymarkiewicz, K(alixtus) Anton. (geb. Pschow in Schles. 15. 10. 1824): De mutationibus organismi muliebris, quae praeter organa sexualia graviditate efficiuntur. Berolini (1850). (26 S.) 8°
Berlin, Med. Diss. v. 29. Jan. 1850

R y m a r k i e w i c z. Ueber die Conjugation im Polnischen. 41 S.
Posen, M. G., Progr. 1852

Rymaroli, L., s.: Ephemeriden d. Jisch Schachejeth.

Rymbegla, s. rudimentum computi ecclesiastici et annomalis vetor. Islandor. c. fig. 4maj. Kopenh. 780. Pelt. 5 ß (bei Bonnier). 3 ß

Rymels worin de leven Kartüffeln na Verdienst lowt u. beschrewen wart . . . O. O. 1787. V: *Döhren, Jacob von.* (schr)

Rymen-Serkau, die Verworfenheit d. jesuitischen Sittenlehre. Quellenmässig bearb. (52 S.) gr. 8. Berlin (N.W. 21, Turmstr. 37) 904. (R. Meyer.) n. — 50

Die Verworfenheit der jesuitischen Sittenlehre. Quellenmäßig bearb. von **Rymen**-Serkau. *Berlin: Selbstverl. (1904).* (52 S.) 8° [04. 13458

Ryminski, Graf Alex. Suwarow, Kriegsgeschichte, s. Fr. Anthing.

R y m o w i c z, V[incenz]. Die Philosophie von Joseph Goluchowski und ihre Abhängigkeit von Schellings Weltanschauung. Diss. Phil. Freiburg ⟨Schweiz⟩. 119 S. 8. Freiburg ⟨Schweiz⟩, St.-Paulus-Druckerei, 1903.

R y m s z a, Adam. Ein Beitrag zur Toxikologie der Pikrinsäure. Diss. gr. 8. (134 S.) Dorpat 889, (Karow). 2 —

Rymsza, Waclaw, vergleichende Untersuchungen üb. den Zusammenhang zwischen dem Refractionszustande der Augen u. dem Schädelbau. Diss. gr. 8. (65 S.) Jurjew (Dorpat) 892. (E. J. Karow.) n. 1.50

van Rÿn, Jacobus Joseph Louis [Niederländ. Apotheker aus Venlo '(Holland)']: Ueber das Carpaïn, das Alcaloid der Blätter von Carica Papaya Linné ... Marburg, Univ.-Buchdr. v. J. A. Koch, 1892; 81 S., 1 Bl. 8.
Marburg, Phil. Fak., Inaug.-Diss. v. [6. Jan.] 1893
18*

Die **Glykoside**. Chem. Monographie d. Pflanzenglykoside nebst systemat. Darstellung d. künstl. Glykoside. Dr. J. J. L. van **Rijn**, Dir. d. landw. Reichsversuchsstat. in Mastricht. *Berlin: Gebr. Borntraeger 1900.* (XVI, 511 S.) 8° [00. 10306

Ryn, Willem van, die **S t e r e o c h e m i e** d. Stickstoffs. Gekrönte Preisschrift v. d. Universität Zürich. gr. 8. (148 S. m. Fig.) Zürich 897. E. Speidel. n. 4 —

RIJN, WILLIAM VAN. [Cont'd.]
Die Stereochemie des Stickstoffes. Zürich, 1898. 8vo. Ill.
Gekrönte Preisschrift.

R y n - V a a r t en Ryn-Handel, (over,) voornamelyk met betrekking tot het Koningryk der Niederlanden. gr. 8. Cleve 827, Char.

v. Rynarzewska, geb. v. Normann, W., Veilchenstrauß. Eine Samml. kleiner Gedichte. 8. Coblenz 828. R. Gel. B. 16 gr.

R y n a r z e w s k a, geb. v. Normann, W. v., Veilchenstrauß. Eine Samml. kleiner Gedichte. 8. (6¼ B.) Coblenz 828, [Hergt.]

Rynberg, G. van, s.: **F o l i a neuro-biologica.**

Rundsjun, Joh., Diabetes mellitus bei Ischias u. Ischiadicus-Verletzung. Inaugural-Dissertation. gr. 8. (27 S.) Jena 877. (Deistung.) n. — 50

R y n e r t, Josef. Ueber die Anzeigepflicht des Versicherungsnehmers beim Abschluss des Versicherungsvertrages nach Binnenversicherungsrecht. Diss. Staatsw. Univ. Zürich. Genehmigt ... 15. Februar 1908. VIII + 138 S. 8. Luzern, H. Keller, [1908].

Ryneveld, L., Handbuch zur Erlernung der holländischen Handelscorrespondenz, nebst den nöthigen Anmerkungen u. Sammlung der gebräuchlichsten Formulare ꝛc. gr. 8. (XVI u. 128 S.) Bremen 852, Geisler. 1/2 Thlr.

Rijnhart, Susie C., Wanderungen in Tibet, s.: **F a m i l i e n b i b l i o t h e k,** Calwer. 60. Bd.

Ryniker, J. J., die Garantien des allgemeinen Wohls. 2. Aufl. Mit einem Anh.: Die Inquisition im Uri im J. 1865. Der Ausdruck der öffentl. Meinung gegen dieselbe. Die Prügeldiskussionen der Bundesversammlung. Bern 865. (Jent & Reinert.) 8. (100 S.) n. 11 ngr

Ryno's, u. seiner Schwester Minona, Leben u. Liebe, (v. Fr. Kind.) 2 Thle. 8. Züllichau, Darnmann. 804—5. (I. 1 Rthlr. II. 16 gr.)

R y n o, C., Proteste gegen den Protestantismus u. die Reform. In Auszügen aus alten Schriften u. Bezügen auf moderne Verhältnisse. gr. 8. (6¾ B.) Berlin 846, Adolf u. Comp. *

Rypka Johann: Probcn einer arabischen und einer alt-osmanischen Uebersetzung des persischen Gulistân. II. 1910 PN 2915 Diss. Innsbruck, Univ. 2910

Rypl Dr. M.: Die Beziehungen der Slaven und Avaren zum oström. Reiche unter der Regierung des Kaisers Heraclius. 27. Budweis R. 88.
Progr.

Rypl, M., Mluvito česky?, s.: Staubek, A.

Rypl, M.: Die politischen Verhältnisse zwischen Deutschland und Böhmen während der Regierung der Könige Přemysl Otakar I. und Wenzel I. 38 S. – Budweis, R., Progr. 1889.

Rypl, Matthias: Methodisches Elementarbuch ...., s. Ritschel, August

Rypl, Matthias, method. Lehr- u. Übungsbuch der böhmischen Sprache f. deutsche Mittelschulen u. verw. Lehranst. 1. u. 2. Tl. gr. 8. Wien u. Prag 898. F. Tempsky. — Leipzig, G. Freytag.
Geb. in Leinw. n. 5. 70
1. (V, 196 S.) n. 2. —. — 2. (VII, 342 S.) n. 3. 70.

Rypl, Dr. Matthias, Methodisches Lehr- und Übungsbuch der böhmischen Sprache für deutsche Mittelschulen und verwandte Lehranstalten. I. Teil. 2., umgearbeitete Auflage. Wien 1903. F. Tempsky. Preis, geheftet 1 K 50 h, gebunden 2 K.

Rypl, Dr. Matthias, Methodisches Lehr- und Übungsbuch der böhmischen Sprache für deutsche Mittelschulen und anverwandte Lehranstalten. I. Teil. (Für zwei Jahrgänge.) 3. Auflage (3., im wesentlichen unveränderte, allgemein zulässige Auflage.) Wien 1905. F. Tempsky. Geh. K 1.50, geb. K 2.—.

Rypl, Dr. Matthias, Methodisches Lehr- und Übungsbuch der böhmischen Sprache für deutsche Mittelschulen und verwandte Lehranstalten. I. Teil. 4. Auflage. Wien 1907. F. Tempsky. Geh. K 1.60, geb. K 2.10.

Rypl, Dr. Matthias, Methodisches Lehr- und Übungsbuch der böhmischen Sprache für deutsche Mittelschulen und verwandte Lehranstalten. I. 5., durchgesehene Auflage. Wien 1910. F. Tempsky. Geh. K 1.60, geb. K 2.10. (Min.-Erl. vom 7. Jänner 1910 Z. 52220 ex 1909.)

Rypl, Matthias, kurzgefaßte Schulgrammatik der böhm. Sprache f. höh. Classen deutscher Mittelschulen u. verwandter Lehranstalten. gr. 8. (IV, 138 S.) Wien 899. F. Tempsky. — Leipzig, G. Freytag. Geb. in Leinw. n. 1. 80

Rypl, Matthias, kurzgefaßte Schulgrammatik der böhmischen Sprache f. höhere Klassen deutscher Mittelschulen u. verwandter Lehranstalten. 2., umgearb. Aufl. (141 S.) 8. Wien 906. F. Tempsky. Geb. n. 1. 80

Ryšánek, Adalbert

Ryšánek A.: Ablenkung einer Magnetnadel durch einen Magnetstab oder durch einen Kreisstrom und eines Kreisstromes durch einen andern in den beiden Hauptlagen, m. 10 Fig. 20. Znaim 75.
Progr.

Ryšánek, Adalb., der hydraulische Druck und das gehinderte Fliessen in Röhren. gr. 8. (15 S.) Znaim 881, Fournier und Haberler. *

Ryšánek, Adalbert Versuch einer dynamischen Erklärung der Gravitation. 8 (S. 3–22, 1 Taf.). Progr. K. k. G. *Znaim* 1887.

Ryšavý, Dom., měřictví a rýsování pro II. třídu nižších reálních škol. Oddělení I. Plochoměrství. S 106 vyobrazeními. Prag 863. Kober. gr. 8. (99 S.) n. 12 ngr.

— zobrazující měřictví [Géométrie descriptive] pro vyšší reální školy. Oddělení 1. S 90 vyobrazeními. Ebend. 862. gr. 8. (114 S.) n. 17 ngr.

— — Oddělení 2. pro V. a VI. třídu. S 140 vyobrazeními. Ebend. 863. gr. 8. (182 S.) n. 1 *ℛ* $1\frac{1}{2}$ ngr.

Ryser, Alb., Anton der Werkführer od. Leichtsinn u. Gottvertrauen. Nach wahren Begebenheiten zusammengestellt. 12. (64 S.) Bern (898.) (Barmen, Elim, Buchh. des Blauen Kreuzes.) n. — 35

(Ryser, Albert.) Jubiläumsbericht 1880-1905 — des Blaukreuzvereins der Stadt Bern, vorgetragen bei Anlass der Gründungsfeier. Ostern 1905. [Mit 2 Porträts.] II + 44 S. 8. Bern, Agentur des Blauen Kreuzes (Buchdr. J. Fischer-Lehmann, 1905).

Ryser, [Emil]. Rede im Trauerhaus von Herrn Pfarrer R' in Bern gehalten am 8. Dezember 1893 zu Ehren des Herrn Alt-Nationalrat Ludwig Karrer sel. Geboren ... 1830. Gestorben den 5. Dezember 1893. [Mit Porträt.] 8. Zofingen.

Ryser, E., was soll aus deiner Tochter werden? 2. verm. u. verb. Aufl. (48 S.) 8. Zürich,(909). (A. Frick.) nn — 35

Ryser, Hans. 50 Fälle von Extrauteringravidität als Beitrag zur ektopischen Schwangerschaft. Diss. Med. Bern. [Mit 2 Tabellen.] 16 S. 8. Bern, Ott & Bolliger, 1902.

Ryss, Arkady: Diagnose und Therapie chirurgischer Nierenerkrankungen. Halle a. S. 1909: Kaemmerer. 56 S. 8° Halle, Med. Diss. v. 30. März 1909, Ref. v. Bramann
[Geb. 25. Mai 75 Rostow; Wohnort: Rostow; Staatsangeh.: Rußland; Vorbildung: Staats-Realsch. Isbum Reife Juni 03, Ergänzungsprüf. Asow M. 07; Studium: Halle 10 S.; Rig. 20. März 09.] [U 09. 1618

Ryss, August

Ryß, A., Abhandlung üb. die Einführung d. feinwolligen Schafzucht im Großherzogthum Würzburg. 8. Würzb. Stahel. 812.

— über die Ausrottung d. Schafraude u. Verbesserung d. Schäfereien rc. 8. Würzb. 816. Stahel. 3 *gr*

Ryss, August: Etwas über Veterinär-Medicin als ein Programm zu der ... öffentl. Prüfung ... in d. Thierarzney-Institute. Würzburg 1810. 26 S., 1 Kupfertaf.

— Progr. Etwas über Veterinär-Medicin. Mit 1 Kpf. gr. 4. Würzb. 811. Stahel. 6 *gr*

Ryß: Über den Fortgang der Anstalt zur Veredelung der Schafzucht im Großherzogtum Würzburg. Würzburg 1813.

— üb. den Fortgang d. Anstalt zur Veredlung der Schafzucht im Großherzogth. Würzburg, nebst Bemerkk. üb. d. Lämmerzucht u. Fütterungsgrundsätze der Zuchtschäfereien. 8. Würzb. 816. Stahel. 4 *gr*

Ryß, A., Handbuch d. prakt. Arzneimittellehre f. Thierärzte. 8. Würzb. 812. 2e A. 819. 3e A. 821. 4e A. 825. Stahel. 16 *gr* (A. u. d. T.: Handbuch üb. die Wirkung u. Gebrauch d. vorzügl. Heilmittel f. Thiere.)

Ryss A.: Handbuch d. praktischen Arzneymittellehre f. Thierärzte. 2. durchaus verb. u. verm. Aufl. Würzb. 1818. 188 S.
(O. m. Tit.: Handb. üb. die Wirkung ...).

Ryß, Aug., Handbuch d. prakt. Arzneimittellehre f. Thierärzte. — A. u. d. T.: Handb. üb. d. Wirkung, Gabe, innerliche u. äußerl. Anwend. der bekanntest. u. vorzügl. Heilmittel f. Thiere, in alphabet. Ordn. 5., verb. u. verm. Aufl. gr. 8. (13¼ B.) Würzburg 833, Stahel.

Ryß, (A.,) Handbuch über die Wirkungen, Gabe, innerliche u. äußerl. Anwendung d. vorzügl. Heilmittel f. Thiere. A. u. d. T.: Handbuch d. prakt. Arzneimittellehre. 4e Aufl. gr. 8. Würzburg 825, Stahel.

— Mittheilungen aus dem Gebiete d. Landwirthschaft, insbesond. üb. Veredlung der Schafe, u. Paarung in nächster Blutverwandtschaft bei d. Viehzucht, nebst e. Abhandl. üb. die Klauenkrankheit der spanisch. Schafe in Deutschland 2c. gr. 8. Leipz. 821. Cnobloch. 16 gl

— Mittheilungen über die Wollenwäsche, u. der Behandlungsweise; die Schafe zu waschen, um eine schöne u. tadellose Pelzwäsche zu bewirken. 8. Würzb. 825, Etlinger.

— Mittheilungen üb. die Wollenwäsche, u. der Behandlungsweise: die Schafe zu waschen, um eine schöne u. tadellose Pelzwäsche zu bewirken. 8. Würzb. 826. Etlinger. 4 gl

— Progr. Ueber die Organisation des Veterinar-Instituts zu Würzburg. gr. 8. Würzb. 808. Stahel. 4 gl

Ryss, s.a. System, neues.

Ryß: Neues System einer naturgemäßen einfacheren und wenig kostspieligen Bodenkultur des Weinlandes. Würzburg 1834.

Ryss, August: Gerichtliche Tierarzneikunde zum Behuf veterinarischer Vorlesungen, und für Gerichtsärzte. 148 S., gbd.

Würzburg: Stahel 1808

JB 5.900

Ryss A.: Ueber Verhältniss u. Einfluss d. Thier-Arzneikunde auf die gesammte Haus- u. Landwirthschaft. Progr. Würzb. 1815. 41 S. P.

— über Vieh-Assekuranz-Kredit-Anstalt. gr. 8. (5 B.) Würzburg 831, Strecker.

Ryss, Sonja: Maria Magdalena in der toskanischen Malerei des Trecento. Heidelberg 1909: Hörning. 61 S. 8°

Heidelberg, Phil. Diss. v. 24. Mai 1909, Ref. Thode

[Geb. 5./18. Jan. 84 Rostov am Don; Wohnort: Rostov; Staatsangeb.: Rußland; Vorbildung: Gymn. Lausanne Reife Juli 02; Studium: Berlin 3, Heidelberg 5 S.; Rig. 1. März 09.] [U 09. 2018

Ryssel, Carl Victor, s. Ryssel, Victor

v. Ryssel, Cr. Chr., († d. 3. Juli 1805.) s. Abhandl. der militär. Theorie.

Ryssel, Johann Jakob von

Ryssel, J. J. de, — Catalogus libror. praestantiss. J. J. de Ryssel. Vitemb. 744. 2 P. 8. 1 rthl. 8 gr.

Ryssell, Johann Jakob von (Leipzig) an: A. S. 826/36

Disseratio inauguralis (de nundinis).
Halle (Hendel) 1724. S. 17-24.

Diss. Erfurt 1692. 29608

Ryssel, Vict., ein Brief Georgs, Bischofs der Araber, an den Presbyter Jesus, aus dem Syr. übers. und erläutert. Mit einer Einleitung über sein Leben und seine Schriften. gr. 8. (118 S.) Gotha 883, F. A. Perthes. *
Aus: Theologische Studien und Kritiken, besonders abgedruckt.

Ryssel, Victor (Hrsg.), s. Dillmann, August: Die Bücher Exodus und Leviticus.

Ryssel, Vict., d. Bücher Exodus u. Leviticus, s.: Handbuch, kurzgef., z. Alten Testament.

— s. Fürst, Jul., hebräisches und chaldäisches Handwörterbuch.

Ryssel, V., s.a. Georg's, d. Araberbischofs, Gedichte u. Briefe.

Ryssel, V., Georgs d. Araberbischofs Gedichte u. Briefe aus dem Syr. übers. u. erläutert. gr. 8. (XX, 240 S.) Leipzig 891. S. Hirzel. n. 7. —

— Gregorius Thaumaturgus. Sein Leben und seine Schriften. Nebst Uebersetzung zweier bisher unbekannter Schriften Gregors aus dem Syrischen. gr. 8. (VIII, 160 S.) Leipzig 880, Fernau. *

Ryssel, Car. Vict., de Elohistae Pentateuchici sermone commentatio historico-critica. gr. 8. (IV, 92 S.) Leipzig 878. Fernau. n. 2. —

Ryssel, Vict., die Synonyma des Wahren und Guten in den semitischen Sprachen. gr. 8. (III, 54 S.) Leipzig 872, Lorentz. *

Ryssel, Vict., Untersuchungen über die Textgestalt und die Echtheit des Buches Micha. Ein krit. Commentar zu Micha. gr. 8. (VIII, 281 S.) Leipzig 887, Hirzel. *

— über den textkritischen Werth der syrischen Uebersetzungen griechischer Klassiker. 2 Thle. gr. 4. Ebendas. [1. Thl. (48 S.) 880. * M 2,40.; 2. Thl. (56 S.) 881. * M 2,80.] *

Ryssel, Wilhelm

— und L. H. Jöhrens, Handbuch zu Krancke's arithmetischem Exempelbuch für Schulen. Für Lehrer und zum Selbstunterricht. [Zum 2. Heft des Exempelbuchs gehörig.] gr. 8. (VII, 312 S.) Hannover 874, Hahn'sche Buchh. *

Ryssel, Wilh., vollständiges praktisches Lesebuch der Stenographie, s. Knövenagel, Jul.

Rytschkow, Nik., Tagebuch seiner Reise durch verschied. Provinzen des Russisch. Reichs 1769—71; aus d. Russ. v. Chr. Hnr. Hase. Mit Kpf. gr. 8. Riga 774. Hartknoch in Leipz. 1 ℛ 8 gl

Rytschkow, Pet., Historie v. Kasan, alt. u. mittl. Zeit. gr. 8. Ebend. 772.

— Orenburgische Topographie, od. Beschreib. des Orenburgisch. Gouvernements; aus d. Russ. v. J. Rodde. 2 Thle. Mit 4 Karten. gr. 8. Riga 772. Hartknoch in Leipz. 1 ℛ 8 gl

Rytschkow, Pet., Versuch e. Historie v. Kasan, alter u. mittl. Zeit; aus d. Russ. v. J. Rodde. gr. 8. Riga 772. Hartknoch in Leipz. 12 gl

Ryß und Zyro, Reden bei d. Eröffnungs-Feier d. Mädchen-Sekundarschule e. Einwohner-Vereins in Bern, geh. d. 3. Febr. 1836. gr. 8. (1½ B.) Bern, [Fischer.]

Rytz, A[lbrecht]. Der Berner Maler Albert Anker. Ein Lebensbild. [Mit 2 Vignetten und 4 Tafeln.] IV + 80 S. 8. Bern, Stämpfli & Cie., 1911. [fr. 1. 60]

Rytz, A. Beiträge zur Kenntniss der erratischen Bildungen im Kanderthale. 1869.

Rytz, A., Verzeichnis der Mitglieder des bernischen Ministeriums und ihrer Stellungen. Mit Benützung amtlicher Quellen. Neue Ausg. (IV+126 S.) 8. Bern, Stämpfli & Cie. 1907. cart. fr. 3. 50.
(Die letzte Ausgabe ist 1895 erschienen.)

Rytz, Dan. Albr., Carl Albrecht Reinhold Baggesen, Pfarrer am Münster zu Bern, e. Lebens- u. Zeitbild aus der bernischen Kirche, vorzugsweise auf Grund seines schriftl. Nachlasses entworfen. Mit e. einleit. Vorwort v. H. Gelzer. Mit Baggesen's (Holzschn.-)Portr. gr. 8. (XII, 318 S.) Basel 884. Riehm. n. 4. 50

Rytz, H., siehe: *Rytz, L.*

Rytz, L.

– la bonne cuisinière bourgeoise ou instruction pour préparer de la meilleure manière les mets usités soit dans la vie ordinaire, soit pour les occasions de fêtes, accompagnée d'un tableau représentant la manière d'arranger les plats sur la table. 6. édit., revue, corrigée et augmentée de 82 recettes d'après la 9. édit. allemande. Ebend. 865. gr. 8. (XVI, 418 S.) 1 ℛ 6 *ngr.*

Rytz, L., (née Dick), la bonne cuisinière bourgeoise ou instruction pour préparer de la meilleure manière les mets usités soit dans la vie ordinaire, soit pour les occasions de fêtes, accompagnée d'un tableau représentant la manière d'arranger les plats sur la table. 7. édit. revue, corrigée et augmentée d'après la 10. édit. allemande. Berne 868. Wuterich-Gaudard. gr. 8. (XVI, 416 S.) 1 ℛ 6 *ngr.*

Rytz, L., née Dick, la bonne cuisinière bourgeoise, ou instruction pour préparer de la meilleure manière les mets usités soit dans la vie ordinaire, soit pour les occasions de fêtes. Accompagnée d'un tableau représentant la manière d'arranger les plats sur la table. 8. éd., revue, corrigée et augmentée. gr. 8. (XV, 422 S.) Bern 874. Wüterich-Gaudard. 3. 60

Rytz, L., née Dick, la bonne cuisinière bourgeoise ou instruction pour préparer de la meilleure manière les mets usités soit dans la vie ordinaire, soit pour les occasions de fêtes, accompagnée d'un tableau représentant la manière d'arranger les plats sur la table. 10. éd. 8. (XX, 401 S.) Bern 886. Wyss. cart. n. 3. 40

Rytz, L. La bonne cuisinière bourgeoise ou instruction pour préparer de la meilleure manière les mets usités soit dans la vie ordinaire soit pour les occasions de fêtes. 11. éd. revue, corr. et augm. In-8⁰. 410 p. Berne, K. J. Wyss. 1896.

Rytz, L., geb. Dick, neues Berner Kochbuch oder Anleitung die im gewöhnlichen Leben sowohl als bei Festanlässen üblichen Speisen auf die schmackhafteste Art zuzubereiten, nebst einer bildlichen Darstellung, wie die Gerichte auf dem Tische gefällig zu ordnen sind. 9. um 82 Recepte verm. Aufl. Bern 864. Wüterich-Gaudard. gr. 8. (XXIV, 462 S.) 1 ℛ 6 *ngr.*

Rytz, L., geb. Dick, neues Berner Kochbuch oder Anleitung die im gewöhnl. Leben sowohl als bei Festanlässen übl. Speisen auf die schmackhafteste Art zuzubereiten, nebst einer bildl. Darstellung, wie die Gerichte auf dem Tische gefällig zu ordnen sind. 9., um 82 Recepte verm. Aufl. 1864. und 10., verm. Aufl. gr. 8. (XXIV und 462 S.) Bern 867, Wüterich-Gaudard.

Rytz, L., geb. Dick, neues Berner Kochbuch oder Anleitung die im gewöhnl. Leben sowohl als bei Festanlässen übl. Speisen auf die schmackhafteste Art zuzubereiten, nebst einer bildlichen Darstellung, wie die Gerichte auf dem Tische gefällig zu ordnen sind. 11. Aufl. gr. 8. (XXIV, 449 S.) Bern 871, Wüterich-Gaudard.

Rytz, L., geb. Dick, Berner Kochbuch oder Anleitung, der im gewöhnlichen Leben, sowohl als bei Festanlässen üblichen Speisen auf die schmackhafteste Art zuzubereiten, nebst einer bildlichen Darstellung, wie die Gerichte auf dem Tische gefällig zu ordnen sind. 14. Aufl., neu bearb. und verm. durch Hedwig Rytz. gr. 8. (XXIV, 415 S.) Bern 887, Wyß. cart. *

Rytz, L., geb. Dick, Berner Kochbuch, od. Anleitg., die im gewöhnl. Leben sowohl als bei Festanlässen übl. Speisen auf die schmackhafteste Art zuzubereiten. 15. Aufl., neu bearb. u. verm. v. Hedw. Rytz. 8. (XXIV, 415 S.) Bern 893. K. J. Wyß. Kart. n. 3. 40

Rytz, L., geb. Dick, Berner Kochbuch od. Anleitg., die im gewöhnl. Leben sowohl als bei Festanlässen üblichen Speisen auf d. schmackhafteste Art zuzubereiten. 16. Aufl., neu bearb. u. verm. durch Hedw. Rytz. 8. (XXIV, 418 S.) Bern 899. K. J. Wyß. Kart. n. 3. 40

Rytz, L., geb. Dick, Berner Kochbuch od. Anleitung, die im gewöhnl. Leben sowohl als bei Festanlässen übl. Speisen auf die schmackhafteste Art zuzubereiten. 17. Aufl., neu bearb. u. verm. v. Hedw. Rytz. (XXIII, 402 S.) 8. Bern 907. K. J. Wyß. Kart. 3. 40

Rytz, geb. Dick, L., neues schweiz. Kochbuch, od. Anleit. die im gewöhnl. Leben sowohl als bei Fest-Anlässen üblichen Speisen auf d. schmackhafteste Art zuzubereiten; nebst e. bildl. Darstell., wie d. Gerichte auf d. Tisch gefällig zu ordnen sind. 2., verm. u. verb. Aufl. 8. (23½ B.) Bern 836, (Dalp.) •

Rytz, Otto, s.: „Es steht geschrieben!"

Rytz, Walther. Beiträge zur Kenntnis der Pilzflora des Kientales. ⟨Berner Oberland.⟩ Separat-Abdruck aus den «Mitteilungen» der Naturforschenden Gesellschaft in Bern. [aus dem Jahre] 1907. 16 S. 8. [Bern, K. J. Wyss, 1907.]

Rytz, Walther. Beiträge zur Kenntnis der Gattung Synchytrium. ⟨Aus dem botanischen Institut Bern.⟩ ⟨Vorläufige Mitteilung.⟩ Abdruck aus dem Centralblatt f. Bakteriologie, Parasitenkunde u. Infektionskrankheiten. Abteilung II.... Band 16. 1906. No. 14/16. II S. + S. 511—512. 8. Jena, Gustav Fischer.

Rytz, Walther. Beiträge zur Kenntnis der Gattung Synchytrium. Diss. Phil. Bern. Mit [Figuren und] 1 Tafel. (Abdruck aus dem Centralblatt f. Bakteriologie. Parasitenkunde u. Infektionskrankheiten. Abteilung II.... Band 18. 1907. No. 19/21 u. 24/25.) II + 48 S. 8. Jena, Gustav Fischer, 1907.

Rytz, Juro, Reden bei der Eröffnungs-Feier der Mädchen-Sekundarschule eines Einwohner-Vereins in Bern, gehalten den 3. Febr. 1836. gr. 8. Bern 836. Fischer u. Comp. ⅛ ℛ

Rywosch, David, aus Witebsk. Ueber die giftige Wirkung der Gallensäuren nebst einem Anhange über die Giftigkeit der Gallenfarbstoffe (Bilirubin und Biliverdin). Diss. Dorpat. 8⁰. 61 pp. mit einer Tabelle.
Abgedruckt in: „Arbeiten des pharmakologischen Institutes zu Dorpat." Herausgegeben von Prof. Dr. R. Kobert. Bd. VII. Stuttgart, Ferdinand Enke. 1891.

Rywosch, Dav., üb. die giftige Wirkung der Gallensäuren, nebst e. Anh. üb. die Giftigkeit der Gallenfarbstoffe [Bilirubin u. Biliverdin]. Diss. gr. 8. (62 S.) Juriew (Dorpat) 891. (E. J. Karow.) n. 1. 20

Rzach, Alois

Analekta zur Kritik und Exegese der Sibyllinischen Orakel. Von Alois **Rzach**. (Wien: A. Hölder in Komm. 1907.) (58 S.) 8° [Umschlagt.]
= **Sitzungsberichte** d. Kais. Akademie d. Wiss. in Wien. Phil.-hist. Kl. Bd 156, Abh. 3. 07. 13594

Rzach, A., Sibyllinische Analekta. 1890. 16 S.

Rzack, A.: Zu Apollonios Rhodios, s. Studien, Wiener. 8. Jg.

Rzach, Alois, neue Beiträge zur Technik des nachhomerischen Hexameters. [Aus: „Sitzungsber. d. k. Akad. d. Wiss."] Lex.-8. (128 S.) Wien 882. Gerold's Sohn in Comm. n. 2. —

Rzach, Alois, der Dialekt d. Hesiodos. [Aus: „Jahrb. für class. Philol. 8. Suppl.-Bd."] gr. 8. (112 S.) Leipzig 876. Teubner. n. 2. 80

– Die neuen Papyrusfragmente des Hesiodos, s.a. Studien, Wiener. 10. Jg.

—— grammatische Studien zu Apollonios Rhodios. Lex.-8. (173 S.) Wien 878, (Gerold's Sohn.) *
Aus: Sitzungsberichte der k. Akademie der Wissenschaften, besonders abgedruckt.

Rzach, Alois, kritische Studien zu den sibyllinischen Orakeln. [Aus: „Denkschr. d. k. Akad. d. Wiss."] Imp.-4. (134 S.) Wien 890. (Tempsky.) n. 6. 80

Rzach, Alois, metrische Studien zu den sibyllinischen Orakeln. [Aus: „Sitzungsber. d. k. Akad. d. Wiss."] gr. 8. (80 S.) Wien 892. (F. Tempsky.) n. 1. 60

—— Studien zur Technik des nachhomerischen heroischen Verses. Lex.-8. (194 S.) (Ebendas.) 880. *
Vorstehende zwei Schriften sind aus: Sitzungsberichte der k. Akademie der Wissenschaften, besonders abgedruckt.

Rzach, A., Das Studium des Griechischen in s. Bedeutung für Bildung u. Unterricht. Gel. 1904. 50 S. 1.—

— Die handschriftl. Ueberlieferung d. hesiodischen Theogonie. S.-A. 1897. 56 S. 1.25

Rzach, A.: Hesiodische Untersuchungen. 56. Prag. Kleins. 75. Progr.

Rzaczynsky, Gabr., hist. nat. curiosa regni poloni annexarumq. provinciar. 4. Sendomir. 721. Rthlr.

Rzehack, Frz., neu bearb. Post- u. Reisebuch von Wien nach allen Erb- u. auswärt. Ländern u. Staaten Europens. In 5 Abtheill. 12. Wien 793. Rthl. 12 ƒ

Rzehak A.: Beitrag zur Kenntnis der Conchylienfauna Mährens. (12). Brünn L. R. 91.
Progr.

Rzehak (A.), Der Brünner Clymenienkalk. M. 3 Taf. Brünn 1910. S. 150—216.
Aus: Zeitschrift d. Mähr. Landesmuseums. Bd 10, H. 2.

Rzehak, A., Ergebnisse der mikroskopischen Untersuchung des Trinkwassers der Stadt Brünn. gr. 8. (28 S. mit 1 Taf.) Brünn 886, Knauthe.

Rzehak, A., die Foraminiferen d. kieseligen Kalkes v. Nieder-Hollabrunn u. d. Melettamergels der Umgebung v. Bruderndorf in Niederösterreich. [Aus: „Annalen d. k. k. naturhistor. Hofmuseums".] Lex.-8. (14 S. m. 1 lith. Taf.) Wien 888. Hölder. n. 2. —

Rzehak, A., die Foraminiferenfauna der alttertiären Ablagerungen v. Bruderndorf in Niederösterreich, m. Berücksicht. d. angebl. Kreidevorkommens v. Leitzersdorf. [Aus: „Annalen d. k. k. naturhistor. Hofmuseums".] Lex.-8. (12 S.) Wien 891. A. Hölder. n. — 80

Rzehak, A., über ein. merkwürdige Foraminiferen aus dem österreich. Tertiär. [Aus: „Annalen d. k. k. naturhistor. Hofmuseums".] Lex.-8. 18 S. m. 2 Taf.) Wien 895. A. Hölder. n. 3. —

Rzehak, A., Führer durch das Höhlengebiet v. Brünn, s.: Makowsky, A.

— prähistorische Funde aus Eisgrub u. Umgebung. (48 S. m. Abb.) gr. 8. Brünn 905. (C. Winiker.) n.n. 1. 20
Sonderabdruck aus: „Ztschr. d. mähr. Landesmuseums".

Rzehak A.: Die „grusinische Militärstraße". 10. Brünn LR. 05.
Progr.

Rzehak, A., die Brünner Trinkwasserfrage. 8. (53 S.) Brünn 899. F. Irrgang. n. — 40

— der Unterkiefer v. Ochos. Ein Beitrag zur Kenntnis des altdiluvialen Menschen. (26 S. m. 5 Fig. u. 2 Taf.) gr. 8. Ebd. 906. n. 1. 20
Sonderabdr. a.: „Verhandl. d. naturforsch. Vereines in Brünn".

— die geologischen Verhältnisse der Umgebung v. Brünn, s.: Makowsky, A.

Rzehak, Emil C. F., zur Charakteristik d. Eier des Steppenadlers (Aquila orientalis Cab.). [Aus: „Annalen d. k. k. naturhistor. Hofmuseums."] Lex.-8. (4 S.) Ebd. 894. n. — 40

Rzehak, Emil C. F., charakterlose Vogeleier. Eine oolog. Studie. [Aus: „Annalen d. k. k. naturhistor. Hofmuseums".] Lex.-8. (6 S.) Wien 893. A. Hölder. n. — 60

Rzehak, Frz., Prieborn. Histor. Erzählung aus Sachsens vergangenen Tagen. 8. (III, 179 S. mit dem Bildniß des Verf.) Leipzig 888, (F. Schneider.)

Rzehulka, A., die Gewinnung der Arsenikalien, s.a. Sammlung berg- u. hüttenmännischer Abhandlungen.

Die Gewinnung von Arsenikalien. Von A. **Rzehulka**. Kattowitz: Gebr. Böhm 1908. (36 S.) 8°
Aus: Berg- u. Hüttenmännische Rundschau.
= **Sammlung** Berg- u. Hüttenmännischer Abhandlungen. H. 18. (08. 3030

- Über Metall-Legierungen, s.a. Sammlung berg- u. hüttenmännischer Abhandlungen.

Über Metall-Legierungen. Von A. **Rzehulka**. Kattowitz: Gebr. Böhm 1907. (42 S.) 8°
Aus: Berg- u. Hüttenmänn. Rundschau.
— Sammlung Berg- u. Hüttenmännischer Abhandlungen. H. 4. (07. 4639

Die Sprengstoffe in der bergmännischen Praxis. Von A. **Rzehulka**. Kattowitz: Böhm 1910. 41 S. 8°
Aus: Berg- u. Hüttenmänn. Rundschau.
(Sammlung Berg- u. Hüttenmännischer Abhandlungen. H. 66.) (11. 3311

-- Der gegenwärtige Stand der Nickelgewinnung m. besond. Berücksicht. der Betriebe bei Frankenstein in Schlesien, s.a. Sammlung berg- u. hüttenmännischer Abhandlungen.

Rzehulka, A.: Der gegenwärtige Stand der Nickelgewinnung mit besond. Berücks. d. Betriebe bei Frankenstein in Schlesien. Von –. Kattowitz: Böhm 1908. 58 S. 8°
Aus: Berg- u. Hüttenmännische Rundschau.
Sammlung berg- u. hüttenmännischer Abhandlungen. H. 32.)

— Die Tone u. ihre Verwendung f. den Hüttenbetrieb, s.a. Sammlung berg- u. hüttenmännischer Abhandlungen.

Die Tone und ihre Verwendung für den Hüttenbetrieb. Von A. **Rzehulka.** Kattowitz: Gebr. Böhm. 1907. (48 S.) 8°
Aus: Berg- u. Hüttenmännische Rundschau.
— **Sammlung** Berg- u. Hüttenmännischer Abhandlungen. H. 8. [08. 3240

Rzehulka, A., die oberschles. Zinkgewinnung u. ihre Fortschritte, s.a. Sammlung berg- u. hüttenmänn. Abhandlungen.

Die oberschlesische Zinkgewinnung und ihre Fortschritte. Von A. **Rzehulka.** Kattowitz: Gebr. Böhm 1906. (23 S.) 8°
Aus: Berg- u. Hüttenmänn. Rundschau.
— **Sammlung** Berg- u. Hüttenmännischer Abhandlungen. H. 2. [07. 4637

Rzehulka, Ernst *(geb. Chwosdek bei Lublinitz in Oberschles. 2. 10. 1850)*: Theodulf, Bischof von Orléans, Abt der Klöster St. Bénoît zu Fleury und St. Aignan in Orléans. (Breslau) [1875.] (64 S.) 8° [F. u. Ant.]
Breslau, Phil. Diss. v. 31. Mai [1875]

Rzepecki, Jan v., üb. die bis jetzt unbekannt gebliebenen Gedichte v. Zbigniew Morsztyn. gr. 8. (69 S.) Poson 884. (Breslau, Köhler.) n. 1. —

Rzepecki, Jan (Białynia) von *(geb. Berlin 23.6.1858)*: Ueber die bis jetzt unbekannt gebliebenen Gedichte von Zbigniew Morsztyn. Posen: Selbstverl. 1884. (67 S.) 8° *[Im Buchhandel 1884 bei Köhler in Breslau.]*
Breslau. Phil. Diss. v. 13. Aug. 1884

Rzepecki, Ludovicus Vladislaus *(geb. Wypalanki in Pos. 13. 9. 1832)*: De orbita cometae qui anno 1854 primus apparuit. Vratislaviae (1857). (14 S.) 4° *(In d. Vita u. laut Diplom: de Białynia Rzepecki.)*
Breslau, Phil. Diss. v. 20. Juni 1857

Rzepka, Franz Jos., der Localbahnen-Rummel. Eine Illustration. (15 S.) gr. 8. Wien 893. A. Amonesta. n. — 60

Rzepka, R., die unverhofft Verlobten, s.: Theater, kleines.

***Rzepnicki*, Frz., vitae praesulum Poloniae, Lithuaniae res praecip. illor. tempor. gestae, ad ann. 1760. III Tomi. Poson. 766. (J. F. Korn in Bresl.) 2 ℳ**

Rzepnikowski, Theofil (geb. Radowisk in Westpr. 5. 1. 1843): Ueber Trismus und Tetanus. Berlin (1867). (32 S.) 8°
Berlin, Med. Diss. v. 30. Juli 1867

Rzesacz, Ernst, s.a. Altena, Karl Ernst.

Der junge Goldschmied. Dichtung von Karl Ernst Altena. ⟨Dr. Ernst **Rzesacz.**⟩ Mit e. Vorbemerkung u. d. Bilde d. Dichters. (5. Aufl.) *Halle a. S.: O. Hendel (1903).* (VI, 175 S.) 8° [F.]
(Bibliothek d. Gesamtlitteratur d. In- u. Auslandes. No 1670–72.) [03. 10931

***Rzesinsky*, J. H. St., de Justino Trogi Pompeii epitomatore. Acc. Descriptio Codicis Cracoviensis cum integra et accur. lect. variet. inde excerpta. 8. Krakau 826. (Weigel in Leipz.) 9 𝒢𝓇**

Rzesiński, J. H. S., s. Processus juris civilis Cracoviensis.

Rzesnitzek, Emil, zur Frage der psychischen Entwickelg. der Kindersprache. gr. 8 (IV, 86 S.) Breslau 899. G. P. Aderholz. — 90

Rzesnitzek, Florian. Das Verhältnis der Fables von John Dryden zu den entsprechenden mittelenglischen Vorlagen. Diss. Phil. I. Univ. Zürich. 178 S. 8. Ratibor, Franz Lindner, 1903.

Rzesnitzek, Franz

Rzesnitzek, Frz., s.: Jean Paul, Levana.

Rzesnitzek: [Umschlagt.:] Geschichtlicher Lern - und Wiederholungs s t o f f . . . bearb. v. Rzesnitzek, Kreisschulinsp. Ausg. A in 1 Heft f. d. Mittel- u. Oberstufe einfacher Volksschulen. M. zahlr. Abb. im Text.
Breslau: F. Hirt 1899. (48 S.) 1 Bd 8°

Geschichtlicher Lern- und Wiederholungsstoff. Nach d. minist. Generalverordnung v. 18. Okt. 1890 u. unter bes. Berücks. der behördl. Ausführungs-Bestimmungen bearb. von **Rzesnitzek,** Kreisschulinsp. Ausg. B. in 2 Heften. H. 1. 2. *Breslau: F. Hirt 1899–1900.* 2 Bde 8° [F.]
1. Für d. Mittelstufe mehrkl. Volksschulen. 2. Aufl. 1899.
2. Für d. Oberstufe mehrkl. Volksschulen. 1900. [01. 4685 2

Rzesnitzek, F., geschichtlicher Lern- u. Wiederholungsstoff. Nach der ministeriellen Generalverordng. vom 18. X. 1890 u. unter besond. Berücksicht. der behördl. Ausführungs-Bestimmgn. bearb. Ausg. A in 1 Hfte. f. die Mittel- u. Oberstufe einfacher Volksschulen. Mit zahlr. Abbildgn. im Text. 2. verb. Aufl. gr. 8. (48 S.) Breslau 901. F. Hirt. n. — 25

Geschichtlicher Lern- und Wiederholungsstoff. Nach d. minist. Generalverordn. v. 18. Okt. 1890 u. unter besond. Berücks. d. behördl. Ausführungs-Bestimmungen bearb. von Fr[anz] **Rzesnitzek,** Kreisschulinsp. Ausg. A in 1 H. f. d. Mittel- u. Oberstufe einfacher Volksschulen. Mit zahlr. Abb. 3. durchges. Aufl. Breslau: F. Hirt 1903. (48 S.) 8° [Umschlagt. F.] [07. 11724 2

Rzesnitzek, Frz., geschichtlicher Lern- u. Wiederholungsstoff. Nach der ministeriellen Generalverordng. vom 18. X. 1890 u. unter besond. Berücksicht. der behördl. Ausführungs-Bestimmgn. bearb. Ausg. A in 1 Hefte f. die Mittel- u. Oberstufe einfacher Volksschulen. Mit zahlr. Abbildgn. im Text. 4., durchgeseh. Aufl. (48 S.) 8. Breslau 906. F. Hirt. n. — 25

— dasselbe. Ausg. B in 2 Heften f. die mehrklass. Volksschule. Mit 1 Titelbilde u. zahlreichen Abbildgn. im Text. gr. 8. Ebd. 906. n. — 85
1. Für die Mittelstufe. 4., durchgeseh. Aufl. (48 S.) — 35
2. Für die Oberstufe. 3., durchgeseh. Aufl. (64 S.) — 50

— s.: Monatsblätter f. die Schulaufsicht.

— Schulpsychologie, Unterrichts- u. Erziehungslehre, für Lehrer u. Lehrerseminare bearb. (260 S.) gr. 8. Leipzig 911. [Dürr'sche Buchh.] Berlin, Union, Zweigniederlassg. 3.—; geb. in Leinw. 3. 60

— s.: Unterricht, der gesamte, auf der Unter-, Mittel- u. Oberstufe der zweisprach. Volksschule.

— s.: Volksschule, die zweisprachige.

Rzesnitzek, kurzer Wegweiser f. den Unterr. in unseren Volksschulen. M. bes. Berücksicht. zweisprach. Verhältnisse. gr. 8. (63 S.) Breslau 898. F. Hirt. Kart. n. — 80

Rzeszów [Schlagwort]

Rzeszów, s.: Europa. Liebenow.

Rzetkowski (T.). Beit. zur Physiologie des Laubblaetter bei etiolirenden Dikotyledonen. Warschau, 1875.

Rzewuski, A., siehe: *Zeitschrift f. Amateur-Photogr.*

Rzewuski, Graf H., Denkwürdigkeiten des Pan Severin Soplica, Mundschenk von Parnau, s. Universal-Bibliothek Nr. 701—704.

Rzewuski, Paweł Ks., Opis życia i czynów Pana Jezusa i z tychże wyprowadzone nauki dla młodzieży, z piętnastego wydania niemieckiego przełożył. 12. Warschau 846, Orgelbrand. Dziełko ozdobione 8 rycinami na stali 1 1/2 ℳ ditto bez rycin 5/6 ℳ

Rzewuski, Romuald Boleslaus Eduard von, Untersuchungen über den anatomischen Bau von Strongylus paradoxus Mehl. Mit einem Beitrag zur Entwickelungsgeschichte desselben. Diss. Leipzig 1887, Gustav Fock. 8°. 36 S. mit 2 Taf.

von Rzewuski, Romuald Boleslaus Eduard: Untersuchungen über den anatomischen Bau von Strongylus paradoxus Mehl. Mit einem Beitrag zur Entwickelungsgeschichte desselben .... Leipzig, Druck v. J. B. Hirschfeld, 1887; 36 S. + 1 Bl. u. 2 Taf. 8°
Leipzig, Phil. Fak., Inaug.-Diss. v. 20. Sept. 1887

Ksiądz Król. Powieść socyalna przez Pawła Rzeźnika. Poznań: Księgarnia św. Wojciecha 1903 (auf d. Umschl.: Berlin: Nakl. 'Robotnika' 1903). (193 S.) 8°
[Der Priester Król. Soziale Erzählung.] [ks. 395

Rzeznik, Pawell, Pfarrer Krul. Socialer Roman. (192 S.) gr. 8. Berlin 902. Verlag des „Arbeiter". n. 1. —

Rziha, Adolf. Der Rodelsport, mit Berücksichtigung der übrigen Schlittensporte. Hrg. vom Wintersport-Club des Oe[sterreichischen] T[ouristen-]C[lub] Wien. [Illustrationen:] 16 Kunstblätter [Tafeln] und 36 Textbilder [sowie illustrierter Umschlag]. XII + 134 S. 8. München und Wien, Gustav Lammers, 1908. [geb. M. 3. 50]
In Text und Abbildungen (4 Tafeln) auch die Schweiz betr.

Rziha, Adolf, Wie lerne ich Rodeln, m. Abb., 1. u. 2. Aufl., München u. Wien 1909 u. 1910, 29 S., u. 37 S., 8°. 2 Bde.

Rziha, Adf., wie lerne ich Rodeln. 2. Aufl. (37 S. m. 34 Abbildgn.) 8. München 910. [G. Lammers.] Verlag d. dtsch. Alpenzeitung. Kart. —60; geb. 1. —

Rziha, Ed., die methodische u. kriegsgemäße Ausbildung der Compagnie. Für die k. k. Fußtruppen als Unterrichtsbehelf. gr. 8. (III, 100 S. m. 2 Steintaf.) Olmütz 871. (Wien, Seidel & Sohn.) n. 2. 40

—— Handbuch des praktischen Pionierdienstes und der Fortification zum Gebrauche für die k. k. Kadeten- und Divisions-Schulen der nicht technischen Waffen, sowie zum Selbststudium für die Aspiranten-Prüfung. 1. und 2. Lfg. gr. 8. (III, S. 1—108 mit 4 Stnt. in qu. 4.) Olmütz [Wien] 869, Hölzel. à Lfg. *ℳ 1,40. *

Inhalt:
Lfg. 1. Aussteck- und Profilier-Arbeiten; Erzeugung des Schanz-Materials, Erd- und Verkleidungs-Arbeiten.
" 2. Bau der Straßen und Eisenbahnen, ihre Ausbesserung, Zerstörung und Herstellung, Lager-Arbeiten, Flußübergänge.

Rziha, E. v., u. J. **Seidener**, Starkstromtechnik. Taschenbuch f. Elektrotechniker. Mit 602 Textabbildgn. 2 Lfgn. (XXIII, 1168 S.) 8. Berlin 909. W. Ernst & Sohn. 20.—; geb. in Leinw. n 21. —

– Dasselbe, s.a. Starkstromtechnik.

Ržiha, Ed., **die Theorie der Minen basirt auf die Wellenbewegung in concentrischen Kugelschichten. Versuch einer systemat. Minentheorie. (Als Mscr. gedr.) gr. 8. (VIII und 214 S. mit eingedr. Holzschn. und 3 Stnt. in qu. Fol.) Lemberg 866. (Wien, Seidel und Sohn.) ***

Rziha, Frz., die Bedeutung d. Hafens v. Triest f. Oesterreich. Vortrag geh. im deutschen polytechn. Vereine in Prag. [Aus: „Technischen Blättern".] Lex.-8. (39 S. m. 1 Holzschntaf.) Wien 873. Hölder. n. 1. —

v. Rziha, Fr. Die Bohrfestigkeit der Gesteine. Abdruck. Wien, 1868.

Ržiha, F. v., s.a. Dynamit, das.

(Ržiha, F. v.) Das Dynamit und seine culturhistorische und technische Bedeutung. Wien 1896. 8°.

Ržiha, Frz., der Einfluss der Naturwissenschaften auf die Ingenieur-Baukunst. Vortrag, geh. im Vereine zur Verbreitung naturwissenschaftlicher Kenntnisse in Wien am 27. Febr. 1878. 8. (72 S.) Wien 878. Braumüller in Comm. n. — 60

— der englische Einschnitts-Betrieb. Ein Beitrag zum Erdbau. [Aus „techn. Blätter."] Mit e. (lith.) Taf. (in gr. 4.) gr. 8. (31 S. m eingedr. Holzschn.) Berlin 872. Ernst & Korn. n. 2. —

— **Eisenbahn-Unter- u. Oberbau, s.a. Ausstellungs-Bericht, officieller, über die Wiener Weltausstellung.**

Rziha, F: **Eisenbahn-Unter- und Oberbau. (Wiener Weltausstellungs-Bericht.** Gruppe 18. Section 2) Bd 1—3. 1876—1877

— die ehemalige Judith-Brücke zu Prag, das erste große Ingenieur-Werk in Böhmen. [Aus: „Mittheilungen d. Ver. f. Gesch. d. Deutschen in Böhmen".] gr. 8. (36 S.) Prag 878. (Leipzig, Brockhaus' Sort.) n. — 80

— die Ossegg-Teplitzer Katastrophe. Allgemein erläutert. [Aus: „Neue freie Presse".] Mit 1 (lith. u. color.) Karte (in qu. gr. Fol.). gr. 8. (4 S.) Wien 879. Gerold & Co. n. 1. 60

Ržiha, Frz., **Lehrbuch der gesammten Tunnelbaukunst. Mit ca. 600 in den Text eingedr. Holzschn. 1.—4. Lfg. 1. Hälfte. gr. 4. Berlin, Ernst und Korn. [1. Lfg. (1. Bd. S. 1—160.) 864. * 2 Thlr., 2. Lfg. 1. Hälfte. (S. 161—246.) 865. * 1 Thlr., 2. Lfg. 2. Hälfte. (S. 247—398.) 866. * 2 Thlr., 3. Lfg. (S. 399—638.) 866. * 2 Thlr., 4. Lfg. 1. Hälfte. (III und S. 639—723 und 2. Bd. S. 1—61.) 867. * 2 Thlr.] ***

—— Lehrbuch der gesammten Tunnelbaukunst. Mit 652 in den Text eingedr. Holzschn. 4. Lfg. 2. Hälfte, 5. Lfg. in 2 Hälften und 6. Lfg. 4. Berlin, Ernst und Korn. [4. Lfg. 2. Hälfte. (2. Bd. S. 63—246.) 869. *ℳ 6.; 5. Lfg. 1. Hälfte. (S. 247—422.) 870. *ℳ 6.; 2. Hälfte. (S. 423—590.) 871. *ℳ 6.; 6. Lfg. Schluss. (XII, S. 591—868.) 872. *ℳ 9.] *

—— dass. — 2 Bde. 2. Aufl. 4. (III, 723; XII, 868 S., mit 652 in den Text eingedr. Holzschn.) Ebendas. 874. *

Ržiha, Frz. Ritter v., das Problem der Wiener Wasserversorgung. [Aus: „Neue freie Presse".] gr. 8. (63 S.) Wien 894. A. Hartleben. n. 1. 60

— Studien üb. die Bewilligung v. Eisenbahn-Bauten im Duxer Braunkohlen-Reviere. hoch 4. (IV, 74 S.) Prag 871. Calve. n. 2. 40

Ržiha, Frz., Studien üb. Steinmetz-Zeichen. [Mit 69 (lith.) Taf. u. 46 Text-Illustr.] gr. 4. (59 S.) Wien 883. (Gerold's Sohn.) n. 10. —

Studien über Steinmetz-Zeichen. Von Franz Rziha. Mit 69 Taf u. 36 Text-Ill. Wien: Hof- u. Staatsdr. 1883. 57 S. 4⁰
Recens: Bh. 28 (1885) S. 246—247; L. 9 (1886) S. 96.
Tt. 803a. Behandelt die Steinmetzzeichen von den ältesten Zeiten bis zum Schluss des Mittelalters, u. auch die Entstehung der Frmrei aus den mittelalterlichen Baugenossenschaften.

Rziha, F. Chronologische Tabellen der wichtigsten Begebenheiten, welche das Pulver und die bergmännische Sprengarbeit betreffen. Prag. 1866.

—— **die neue Tunnel-Baumethode in Eisen angewendet bei den Tunnelbanten zu Naensen und Ippensen auf der herzogl. Braunschw. Holzmindener Eisenbahn. Ein Vorläufer des Lehrbuchs der gesammten Tunnel-Baukunst. gr. 4. (VI und 59 S. mit 1 Chromolithogr. und 33 in den Text eingedr. Holzst.) Berlin 864, Ernst und Korn.** *

Rziha, Fr. Vorträge über Eisenbahnbau. Mit Tafeln. Wien 1880. fol. Autogr.

— **böhmische Zinngefässe. [Aus: „Mittheilgn. d. k. k. Centralcommission zur Erforschg. u. Erhaltg. der Kunst- u. histor. Denkmale".] gr. 4. (13 S. m. 1 Fig. u. 4 Taf.) Wien 892. (Kubasta & Voigt.) n. 2. 40**

Rziha (H.). Der Rodelsport mit Berücksichtigung d. übrigen Schlittensporte. Illustr. Mainz. 1908. geb. M. 3.50

Rziha, Karl, Änderung d. Peltiereffektes Ni-Cu zwischen 20 u. 800⁰ C. (8 S. m. 3 Fig.) gr. 8. Wien 907. A. Hölder. — 35
Sonderabdruck aus: „Sitzungsber. d. k. Akad. d. Wiss."

Rziha, Raim., alphabet. Verzeichniss jener gerichtlichen Entscheidungen, Verfüggn u. Beschlüsse, gegen welche nach den Bestimmgn. d. neuen Civil-Prozessordnung, Jurisdictionsnorm u Executionsordnung kein od. kein abgesondertes Rechtsmittel zulässig ist. 8. (15 S.) Wien 898. M. Perles. n. — 40; geb. n. 1. 20

Rziha, Raim., alphabet. Verzeichniss aller in d. neuen Civilprocess-Ordng., Jurisdictionsnorm u. Executionsordng., dann im Mahnverfahren vorkommenden gesetzl. Fristenbestimmgn. unt. Hinweis auf d. bezügl. Paragraphen der genannten Gesetze 8. (14 S.) Wien 898. M. Perles. n. — 40; geb. n. 1. 20

Rzikowsky, Johann Rudolf

— praenotiones pastorales ad usum praeficiendorum. 8maj. Wien 780. Ghelen. 12 ℛ

Rzikowsky, I. R., scientia pietatis pro foro pol. med. 8. Vien. Trattner. (Tendler.) 767.

Rzuchowski, Leo Dunin Ritter v., Antwort auf das Rundschreiben des Fürsten Minister Gortschakof vom 7. (19.) Jänner 1867. (Ein Beitrag zur Leidensgeschichte der kathol. Kirche in Russisch-Polen.) Nach dem Poln. bearb. Wien 867. Sartori. gr. 8. (32 S.) 4 ngr

Rzut oka obywatelski. Po za siebie i przed się. Berlin 862. Academische Buchhdlg. gr. 8. (VI, 80 S.) n. 20 ngr

— — Ciąg dalszy. Leipzig 864. Brockhaus in Comm. gr. 8. (2 Bl., 115 S.) n. 20 ngr

Rzut oka obywatelski po za siebie i przed sie. Ciag dalszy. Leipzig 866. (Brockhaus' Sort.) gr. 8. (III, 115 S.) n. 20 ngr

Rzyszczewski, Leon., Codex diplomaticus Poloniae, } s. Codex.
—— et Ant. Muczkowski, Codex diplomaticus Poloniae, }

S. Lady Franciska, u. Lady Caroline, Gesch. a. d. Engl. 3 Thle. 8. Leipz. Junius. 764.

S. C.! Die Korps u. ihre Stellungnahme zur deutschen Studentenschaft. Ein offenes Wort üb. die korpsstudent. Bestrebgn. unserer Zeit u. ihre Gefahren f. das deutsche Studententum. 8. (16 S.) Lpz. 890, [Bouman] Gottwald. — 30
Vgl.: Cyclus akadem. Broschüren.

S. H. T. von L. D. G. (Graf Louis De Geer) Verfasser des „Herzklopfens auf Dalwik." Aus dem Schwed. 8. Berlin 844, Morin. 1 ₰

Sá, Eduard Dally Alves de, das Handelsrecht, Wechselrecht, Seerecht u. Konkursrecht v. Portugal, s.: Handelsgesetze, die, des Erdballs.

Sâ da Bandeire, Vicomte, Der Sklavenhandel und die Bill des Lord Palmerston. 8⁰. Hamburg 1840.

Sá de Miranda, Francisco de, poesias. Edição feita sobre cinco manuscriptos ineditos e todas as edições impressas, acompanhada de um estudo sobre o poeta, variantes, notas, glossario e um retrato por Carolina Michaëlis de Vasconcellos. gr. 8. (16, CXXXVI, 949 S. m. 1 Tab. u. Portr. d. Verf.) Halle 885. Niemeyer. n. 30. —; Ausg. auf Büttenpap. in Halbfrzbd. 45. —

Saabye, s. Egede-Saabye.

Saabye, Hans Egede

—— Bruchstükke eines Tagebuches gehalten in Grönland in den Jahren 1770 bis 1778. Aus d. Dän. übers. v. G. Fries. M. einer Vorr. d. Uebersetzers, enthaltend einige Nachrichten v. der Lebensweise d. Grönländer, der Mission in Grönland ... (etc.). Hamb. 1817. (82) 190 S. 1 Kt.

Saabye, H. E., Bruchstücke eines Tagebuchs, gehalten in Grönland in den Jahren 1770—78, aus d. Dän. übers. v. G. Fries. Mit 1 Charte. 8. Hamburg, Perthes und Besser. 817.

Saacke, Friedrich

Saacke, Fr., denkwürdige Erinnerungen aus einer vierjährigen Reise durch Süddeutschland, Holland und England nach den Freistaaten des mittleren Südamerika. 2 Thle. gr. 12. Wolfenbüttel 844, Holle. 2 ₰

Saadeddini annales turcici, ed. Kollar a Kereszten. Fol. Wien 755.

Saadi, s. S a d i .

Saadja ben Joseph al-Fajjûmi (Saadja Gaon)

—— Leben u. Werke, s. Harkavy, A. Studien u. Mittheilungen a. d. kaiserl. öffentl. Bibliothek zu St. Petersburg.

Saadia al-Fajjûmi's arabische Danielversion. Nach e. Mscr. der kgl. Bibliothek in Berlin zum ersten Male hrsg., m. Einleitg. u. Anmerkgn. versehen. Von H. Spiegel. (16 u. XXXVI S.) 8. Berlin 906. (L. Lamm.) 2. 50

Saadja fajjumi, Emunot we-Deot oder Glaubenslehre, s. Religionsphilosophen, die jüdischen.

Saadja el-Fajjumi, sefer emunot we-deot oder Glaubenslehre und Philosophie in zehn Abschnitten. (In hebräischer Sprache.) Leipzig 859. (Berlin, Adolf & Co.) gr. 8. (202 S.) n. 1 ₰ 20 ngr.

Saadia, G., das Buch Hiob, übersetzt u. erklärt. Nach Handschriften der Bodlejana u. der königl. Bibliothek in Berlin, hrsg. u. m. Anmerkgn. versehen v. J. Cohn. gr. 8. (112 S.) Altona 889. (Berlin, Mayer & Müller.) n. 3. —

Sa'adja b. Jûsuf al-Fajjûmi, Kitâb al-Amânât wa'l-I'tiqâdât. Hrsg. v. S. Landauer. gr. 8. (XXI, 320 S.) Leiden 881. Brill. n.n. 8. —

Die religionsphilosophische Lehre Saadja Gaons [**Sa'adjā Gāon**]. Über die Hl. Schrift. Aus d. Kitâb al Amânât wal Itiqâdât übers. u. erkl. von Dr. Wilhelm Engelkemper. *Münster: Aschendorff 1903.* (VIII. 74 S.) 8°
— Beiträge z. Geschichte d. Philosophie d. Mittelalters. Bd 4, H. 4.

Saadja's arabischer Midrasch zu den zehn Geboten. Hersg., ins Hebräische u. Deutsche übertragen von Wilh. Eisenstädter. Wien 868. (Herzfeld & Bauer.) gr. 8. (XII, 34 S.) n. 10 ngr.

Saadia Al-fajjûmi's arabische Psalmenübersetzung. Nach e. Münchener Handschrift hrsg. u. ins Deutsche übertragen v. S. H. Margulies. 1. Thl. gr. 8. (IV, 51 u. 26 S.) Breslau 884. (Preuss & Jünger.) n. 2. 40

Saadi Al-fajjûmi's arabische Psalmenübersetzung u. Commentar. (Psalm 50—72.) Nach e. Münchener u. e. Berliner Handschrift hrsg., übers. u. m. Anmerkgn. versehen v. S. Baron. gr. 8. (83 u. XXIX S.) Berlin 900. M. Poppelauer. n. 2. 50

Saadja Al-fajjûmi's arabische Psalmenübersetzung u Commentar (Psalm 73—89). Nach e. Münchener, e. Berliner u. e. Oxforder Handschrift hrsg., übers. u. m. Anmerkgn. versehen v. Siegfr. Galliner. (85 u. XXVII S.) gr. 8. Berlin 903. M. Poppelauer. n. 2. 50

— dasselbe. (Psalm 107—124). Nach e. Münchener u. e. Berliner Handschrift hrsg., übers. u. m. Anmerkgn. versehen v. J. Z. Lauterbach. (67 u. XXV S.) gr. 8. Ebd. 903. n. 2. 50

— dasselbe. (Psalm 125—150). Nach e. Münchener u. e. Berliner Handschrift hrsg, übers. u. m. Anmerkgn. versehen v. Bernh. Schreier. (Diss.) (51 u. XXIII S.) gr. 8. Berlin 904. L. Lamm. n. 2. 50

Saadiae, R. Phijum., Versio Iesaiae arab. inedita, q. Bodleano ed. ad mod. chrest. arab. bibl. gloss. perp. instr. H. E. G. Paulus. II fasc. 8. maj. Jenae, Stahl. 790.

R. Saadiae Phijumensis v e r s i o Iesaiae Arabica cum aliis speciminibus Arabico-biblicis ... nunc primum edidit atque ... glossario perpetuo instruxit Henr. Eberh. Gottl. Paulus. Fasciculus I. II. Jena: Schmid 1790. 91.

Saage: De locis quibusdam a Xenophonte et Platone sumtis disputatur. 23 S. – Progr. Braunsberg 1860.

Saage, die Verordnungen üb. den Rang der höh. Beamten des Preussischen Staates. Gesammelt u. erläutert. (III, 100 S.) gr. 8. Berlin 905. R. v. Decker. n. 2. —; geb. in Leinw. n. 2. 80

Saage, Joh. Mart., Codex diplomaticus Warmiensis, s. Zeitschrift für die Geschichte u. Alterthumskunde Ermlands.

—— Scriptores rerum Warmiensium, s. Scriptores.

Saage, M.

Saage, Dr., über die Anforderungen der Naturforschung in der jetzigen Zeit. Eine Rede, am 7. August 1839 gehalten. gr. 8. Braunsberg 840. (Leipzig, Wuttig) n. 1/6 ₰

Saage, üb. d. Anforderungen d. Naturforschung in d. jetzigen Zeit. Eine Rede, am 3. Aug. 1839 geh. gr. 8. (2 B.) Braunsberg 840. [Dorpat,] Model. Thlr. •

—— Catalogus plantarum circa Brunsbergam sponte crescentium.
Braunsberg, Progr. 1846

Saage, M.: Zur Metamorphose der Pflanzen. 18 S. – Progr. Braunsberg 1854.

—— zoolog. Tafeln, nebst e. systemat. Anordn. d. Termini, welche z. Verständniß d. einzelnen Thierklassen nöthig sind, f. Gymnasien entworfen. Angehängt ist eine Tafel üb. d. hauptsächl. untergegang. Thiergeschlechter. gr. Fol. (9 B.) Braunsberg 840, [Dorpat,] Model.

Saager, A., s.: Lenclos, Ninon de, von der Liebe, den Frauen u. der Galanterie.

Saager, A.: Drei mal hundert Tausend T e u f e l ! Das lustigste Anekdotenbuch. 2. Aufl. Stuttgart: Lutz [1909]. 228 S. 8°
(Anekdoten-Bibliothek. Bd 10.)

— Drei mal hundert Tausend Teufel!, s. Anekdoten-Bibliothek.

Saager, Adolf, aus Stuttgart: Über **Derivate des Phenoxazins.**
Stuttgart 1902: A. Bonz' Erben. (47 S.) 8°
Heidelberg, Naturw.-math. Diss. v. 1902

Saager, Adolf. Die Welt der Materie. Eine gemeinverständliche Darstellung der Chemie. Mit 3 Tafeln und [illustriertem Umschlag, sowie] 39 Textabbildungen gezeichnet von Max Müller ⟨Basel⟩. 1. bis 10. Tausend. VIII + 190 S. 8. Stuttgart, Strecker & Schröder, 1907. (M. 2. —, geb. 2. 80)

Rationelle Erweiterung und Vervollkommnung des Schachspieles. Von Albert **Saaghy** v. Saagh. Basel: A. Saaghy 1898. (62 S.) 8°

Saaghy v. Saagh, Alb., ration. Erweiterg. u. Vervollkommng. d. Schachspiels. gr. 8. (62 S. m. Diagr.) Basel 898. (A. Goering.) n. 2. —

Saaghy de Saagh, Alb. Le jeu des échecs agrandi et perfectionné d'après une méth. rationelle. Trad. de l'allemand avec autorisation de l'auteur p. *Jules Martin.* Illustré de 25 diagrammes. In-8°. 56 p. Berne, E. Hoffmann. 1898. 2 —

Saaghy, de. Le Jeu des Echecs, illustré (éd. franç.) In-8°. 100 p. Berne. Imprimerie Hoffmann. 2 — 1899.

Saakat Scheber. 8. Leipzig 846, C. L. Fritzsche. n. 1/6 ₰

Saake, [W]. Ein bislang unbekannter Faktor des Höhenklimas. Separatabdruck aus der Münchener medizinischen Wochenschrift [Jahrg. 51,] No. 1, 1904 [Januar 5]. 4 S. 4. [München, J. F. Lehmann.]

Saake, W.. Messungen des elektrischen Potentialgefälles, der Elektrizitätszerstreuung und der Radioaktivität der Luft im Hochthal von Arosa (Schweiz). (Sonderabdruck aus) Physikalische Zeitschrift. Jahrg. 4. No. 23. Seite 626—632. 6 S. 4. (Leipzig, S. Hirzel, 1903.)

Saake, Wilhelm [aus Wolfenbüttel]: Studien über Glykogen ... (Aus d. Zeitschr. f. Biologie.) München, Druck v. R. Oldenbourg, 1893; 57 S. 8.
Heidelberg, Med. Fak., Inaug.-Diss. v. [8. Mai] 1893

Saal [Schlagwort]

Saal a. d. S., s.: Bayern. Karte

Saal [Verfasser]

Saal, das Kuppelgebäude f. den grossen Refractor des astrophysicalischen Observatoriums auf d. Telegraphenberge bei Potsdam. gr. Fol. (12 S. m. 14 Abbildgn. u. 3 Taf.) Berlin 901. W. Ernst & Sohn. Kart. n. 10. — Sonderabdruck aus: „Zeitschrift f. Bauwesen".

Die Photographie in den Tropen mit den Trockenplatten. Ein Ratgeber f. Tropenreisende u. Liebhaber d. Lichtbildkunst von Afr. [! Alfred] **Saal.** Halle a. S.: W. Knapp 1908. (VIII, 112 S.) 8°
— **Encyklopädie** d. Photographie. H. 62. (ad. 1140)

Saal, Ant., üb. d. Nutzen u. die Nothwendigkeit, die Jugend in d. Schulen, vorzügl. in d. Landschulen, im Singen der Choralmelodien zu unterrichten zc. 4. Rostock 820.

Saal, C. Th. B., d. Anlage, Bestellung u. Pflege d. Mistbeete. 8. Weimar, 1844. Neue T.-Ausg. 1847. Voigt. (— 17½) — 5

Saal C. Th. B.: Die Cultur d. Sommerlevkoyen u. das Geheimniss ihrer Samenerziehung. Weimar 1843. 126 S. Ebda.

Saal, C. Th. B., die letzte Stunde, od.: der Tod von allen Seiten betrachtet. Beruhigungen f. Alle, welche sich d. Auflösung nahe fühlen u. f. die, welche an d. Gräbern ihrer Lieben weinen. 8. (11½ B.) Weimar 840, Voigt.

Saal, C. Th. B., Wanderbuch für junge Handwerker. Mit 1 Karte von Deutschland. 12. Weimar 837. Voigt. 3/4 ₰

— **Wanderbuch für junge Handwerker.** 2. verm. u. verb. Aufl. Mit 1 color. Karte von Deutschland. 12. Ebend. 842. 3/4 ₰

Saal, C. Th. B., Wanderbuch für junge Handwerker oder populäre Belehrungen über die Geschichte, Eintheilung, Rechts-, Zunft- und Innungsverhältnisse zc. der Handwerker zc. Nebst Zugaben, eine Beantwortung der Auswanderungsfrage, eine Nachweisung der bedeutendsten Gewerbs- und Vervollkommnungsplätze und Beschreibung ihrer Merkwürdigkeiten zc. 3. verm. zc. Aufl. Nebst 1 (lith. u. color.) Karte von Deutschland (in 4.), mit allen bis jetzt bestehenden Eisenbahnen. Weimar 858. Voigt. 12. (XII, 290 S.) 22½ ngr.

Saal, E. M. vom, d. Badeleben im alten Rom, s. a. Studien, kleine.

Saal, E. M. v., Das Badeleben im alten Rom. E. kulturgeschichtl. Studie. 1895. 29 S.

Saal, Fr. O., der künstliche Gaumen, e. Beitrag zur Ergänzg. der Staphyloplastik. Mit 3 erläut. (lith.) Taf. gr. 8. (33 S.) Coblenz 870. Hölscher. n. 1. 20

Saal, Gustav (geb. am 11 Aug. 1850 in Köln): Ueber Magenektasie ... Bonn, Buchdr. v. P. Neusser (1872). 38 S., 1 Bl. 8.
Bonn, Med. Fak., Diss. v. 23 Dez. 1872

Saal, Hermann, Referendar am Großherzogl. Sächs. Amtsgericht Weimar: Die Wirkungen des Kontokurrentvertrages nach geltendem Recht, in Sonderheit auf Grund der Bestimmungen der §§ 355—357 des Handelsgesetzbuches vom 10. Mai 1897. Weimar 1907: F. Roltsch. (IX, 58 S.) 8°
Jena, Jur. Fak., Ref. Fehr, Diss. v. 24. Dez. 1907
[Geb. 15. Febr. 84 Weimar; Wohnort: Weimar; Staatsangeh.: Sachsen-Weimar; Vorbildung: Gymn. Weimar Reife O. 03; Studium: Freiburg i. B. 4, Jena 3 S.; Rig. 24. Sept. 07.]

Verzeichniss der Büchersammlung der ger. u. vollk. St. Johannisloge Armin zur deutschen Treue im Or. Bielefeld. [Zsgest. von J. Saal, G. Fischer.] [Dat.:] Bielefeld, Johannisfest 1888. 35 S. 8° [Umschlagtit.] 430.

Saal, Just. Hnr., († d. 18. Mai 1794.) s. Abendzeitvertreib in Erzähll. 11 Bdchn.

Saal, Just. Hnr., s. Goldoni, sämmtl. Lustspiele.

Saal, Nikolaus

Saal, N., de Aristone Chio et Herillo Carthaginiensi, stoicis, commentatio. Pars I.: De Aristonis Chii vita, scriptis et doctrina. gr. 4. (38 S.) Coloniae 852. (J. & W. Boisserée.) n. 1/3 ₰

Saal, N. De Appio Claudio Caeco commentatio historica. 26 S.
Köln, kath., Progr. 1842

Saal: De demorum Atticae per tribus distributione. P.I. Demos tribus Erechtheidis tenens. 39 S. II. Demos tribus Aegeidis tenens. 42 S.–Köln kth., Progr. 1860, 1867

Saal, N., de demorum Atticae per tribus distributione. Partic. I, demos tribus Erechtheidis tenens. Cöln 860. (Boisserée.) gr. 4. (39 S.) n. 10 ngr.

Saal, N., de demorum Atticae per tribus distributione. Partic. II., demos tribus Aegeidis tenens. Cöln 867. (Boisserée.) gr. 8. (42 S.) n. 10 ngr.

Saal, Nicolaus (geb. am 26 Aug. 1810 in Trier): Rhiani quae supersunt ... Bonnae, typ C. Georgii 1831. 3 Bl., 89 S., 3 Bl., 8.
¶ Erschien zugleich selbständig bei Weber in Bonn u. d. T.: Rhiani Benaei etc. Bonn, Phil. Fak., Diss. v. [12 Sept.] 1831

Saal, Nic., s. *Rhiani* Benaei.

Saal, Otto [aus Bonn]: Ueber Elemi und Tacamahaca. Bonn 1904. 77 S. 8°. [26. II. 04.]
Bern. Phil. Diss. 1903/1904.

Saal, Otto. Über Elemi und Tacamahaca. Diss. Phil. Bern. 77 S. 8. Bonn, Carl Georgi, 1904.

Saalbach, Agnese, s. Agnese.

Saalbach, Agnese, oder Begebenheiten im Gasthofe zu Heidesheim. 8. Leipz. Wevaand. 815.

Saalbach, Henriette, die kleine sächsische Köchin, oder: Die auf 15jähr. Erfahrungen begründete Kochkunst im bürgerl. Hausstande, in welchem man ohne großen Kostenaufwand die verschiedenartigsten Speisen äußerst nahrhaft u. schmackhaft herstellen kann. Allen Frauen u. Mädchen gewidmet. 2. verb. u. verm. Aufl. Mit 1 (lith.) Abbildg. 12. (XII u. 72 S.) Dresden 852, Türk. ¹/₆ ₰

Saalbach, Henriette, die kleine Sächsische Köchin oder: Die auf 15jährige Erfahrungen begründete Kochkunst im bürgerlichen Hausstande, in welchem man ohne großen Kostenaufwand die verschiedenartigsten Speisen äußerst nahrhaft und schmackhaft herstellen kann. 3. verb. rc. Aufl. Mit 1 (lith.) Abbildg. Dresden 854. Türk. 12. (XII, 72 S.) 5 ngr.

Saalbach, Henriette, die kleine sächsische Köchin oder: Die auf 15jährige Erfahrungen begründete Kochkunst im bürgerlichen Hausstande, in welchem man ohne großen Kostenaufwand die verschiedenartigsten Speisen äußerst nahrhaft und schmackhaft herstellen kann. Allen Frauen und Mädchen gewidmet. 4., verb. und verm. Aufl. 16. (XII und 77 S. mit 1 Abbild. in Holzschn.) Dresden 859, Türk.

Saalbach, Henr., die kleine sächsische Köchin oder: die auf 15jährige Erfahrungen begründete Kochkunst im bürgerlichen Hausstande, nach welcher man ohne großen Kostenaufwand die verschiedenartigsten Speisen äußerst nahrhaft und schmackhaft herstellen kann. Allen Frauen u. Mädchen gewidmet. 4. Aufl. 859. — 5. Aufl. 862. — 6. Aufl. 863. — 7. verm. u. verb. Aufl. Mit 1 Abbildg. (in Holzschn.) Dresden 864. (Leipzig, Priber.) 16. (VIII, 86 S.) n. 5 ngr.

Saalbach, Henriette, die kleine sächsische Köchin oder die auf 15jähr. Erfahrungen begründete Kochkunst im bürgerlichen Hausstande, nach welcher man ohne großen Kostenaufwand die verschiedenartigsten Speisen äußerst nahrhaft u. schmackhaft herstellen kann. Allen Frauen u. Mädchen gewidmet. 8—10., verm. u. verb. Aufl. Dresden 865—67. (Leipzig, Priber.) 16. (VIII, 88 S. mit 1 Abbild. in Holzschn.) n. 5 ngr.

Saalbach, Henriette, die kleine sächsische Köchin oder die auf 15jähr. Erfahrungen begründete Kochkunst im bürgerl. Hausstande, nach welcher man ohne großen Kostenaufwand die verschiedenartigsten Speisen äußerst nahrhaft u. schmackhaft herstellen kann. Allen Frauen u. Mädchen gewidmet. 14. u. 15., verm. u. verb. Aufl. Mit einer (Holzschn.-)Abbildung. gr. 16. (VIII, 93 S.) Dresden 878. 82. Axt in Comm. n. — 50

Saalbach, Henriette, die kleine sächsische Köchin od.: die auf 15jähr. Erfahrgn. begründete Kochkunst im bürgerl. Hausstande. 17., verm. u. verb. Aufl. 16. (VIII, 92 S. m. 1 Abbildg.) Dresden 891. Axt. — 50

Saalbach, Henriette, die kleine sächsische Köchin od.: Die auf 15jähr. Erfahrgn. begründete Kochkunst im bürgerl. **Hausstande, nach welcher man ohne großen Kostenaufwand die verschiedenartigsten Speisen äußerst nahrhaft u. schmackhaft herstellen kann.** Allen Frauen u. Mädchen gewidmet. 18. verm. u. verb. Aufl. 12. (VIII, 103 S.) Dresden (899). F. Axt. n. — 50

Saalbahn-Karte. Fol. Jena 872, Doebereiner. * — 50

Saalbeck, Andreas, Tierarzt: Aus d. hygien. Inst. d. Tierärztl. Hochsch. zu Dresden. Ist das Tuberkulin zur Feststellung der Tuberkulose am lebenden Hausgeflügel zu gebrauchen? Dresden 1909: Schönfeld. 63 S. 8°
Leipzig, Veterinär-Med. Diss. v. 26. Febr. 1909, Ref. Klimmer
[Geb. 14. März 83 Schwandorf i. B.; Wohnort: Dresden; Staatsangeh.: Bayern; Vorbildung: Gymn. Regensburg Reife Juli 03; Studium: München Tierärztl. Hochsch. 8 S.; Coll. 3. März 09; Approb. 19. Juni 07.] [U 09. 2864

Saalbesitzer-Zeitung. Zentral-Organ f. die Interessen der gesamten Saalbesitzer, Konzertgarten- u. Konzertlokal-Inhaber. Offertenblatt f. alle interessierten Branchen. Hrsg. unter Mitwirkg. hervorrag. Fachleute v. Paul Ludwig. 1.—3. Jahrg. 1904—1906. à 24 Nrn. (268, 268 u. 286 S.) 4. Leipzig, Brückner & Niemann. à Jhrg. n. 6. —

Saalbesitzer-Zeitung, deutsche. Zentral-Blatt f. die Interessen der gesamten Saalbesitzer u. Konzertlokal-Inhaber. Offizielles Organ des Bundes der Saal- u. Konzertlokal-Inhaber Deutschlands. Obligatorisches Organ des Verein der Saalbesitzer v. Berlin u. Umgegend, des Verein der Saal- u. Konzertlokal-Inhaber Bremens usw. Offertenblatt f. alle interessierten Branchen. Hrsg. unter Mitwirkg. hervorrag. Fachleute v. Paul Ludwig. Nebst: Artisten-Tribüne. Offertenblatt f. Theater-Gesellschaften, Sänger- u. Burlesken-Ensembles, Kapellen, Musik-Ensembles aller Art usw. 4.—7. Jahrg. 1907—1910. à 24 Nrn. (à ca. 16 S.) 31×24 cm. Leipzig, (Brückner & Niemann). à Jahrg. 6. —

Saal-Blätter oder Jenaische Wöchentliche Nachrichten. — 5.(?)1.1827 – 1827, Nr. 18.
Vorh. u. fortges. u.d.T.: Privilegirte Jenaische Wöchentliche Anzeigen.

Saalborn, Beiträge zur Chronik der Stadt Sorau in der Nieder-Lausitz. 1. Hft. Nebst e. (chromolith.) Plane d. Lagers u. Gefechts bei Sorau. (in qu. gr. 4.) gr. 8. (48 S.) Sorau 876. Linke. n. — 80

Saalborn, Chronik der Schützengilde in Sorau N.-L. 8. (131 S.) Sorau 880. (Zeidler.) n. 1. —

Saalborn: Geschichte der Schützengilde in Sorau, Niederlausitz. Sorau, 1880. 2595

Saalborn. Das Lager bei Sorau und das Gefecht am 2. Sept. 1759. Sorau 1876. 8°. (Aus: Saalborn: Beiträge zur Chronik d. Stadt Sorau.

(Saalborn.) Die Sorauer Lagerkarte vom Jahre 1733. (Sorau 1879.) 8°. (Aus: Neues Lausitzisches Magazin.)

Saalborn, einige noch unerledigte Schul-Fragen in Betreff des Religionsunterrichtes in der evangelischen Volksschule. Ein Begleitschreiben zu dem Buche: „Der religiöse Unterrichtsstoff rc." Pritzwalk 864. Schuhr. 8. (18 S.) 1½ ngr.

— u. Jul. **Schmidt**, Sprachproben in der altbäuerischen **Mundart aus dem Kreise Sorau in der Nieder-Lausitz. Nebst: Resultate der prähistor. Forschungen im Kreise Sorau.** Mit 4 (eingedr.) Holzschn. [Aus: „Neues Lausitz. Magazin".] gr. 8. (57 S.) Ebend. 881. n. 1. —

— der religiöse Unterrichtsstoff für [1-, 2-, 3-, 4-, 5- und 6-klassige] evangelische Volksschulen in Stadt und Land, ausgewählt und vertheilt in Curse in Gemeinschaft mit E. Meyer und F. Müller. 2. Aufl. Ebend. 864. gr. 8. (IV, 47 S.) n. 10 ngr.

— Wochentabelle für die Schule, nach den allgemeinen Bestimmungen von 1872 aus dem Lehrplane zusammengestellt. 2. Aufl. qu. gr. Fol. Ebend. 882. n. — 50

Saalborn, Adolf

Saalborn, s. a. Jahres-Bericht über die Leistungen u. Fortschritte in der Forstwirthschaft.

SAALBORN, Adolf (Hrsg.): Jahresbericht über die Leistungen und Fortschritte in der Forstwirthschaft. - Frankfurt/M. 1879-1887. Jg. 1-9. - 10. Jg. u. d. T.: Bericht über die Leistungen und Fortschritte im Waldbau für die zehn Jahre 1879-1888. Wiesbaden 1889. XII, 176 S., 5 Abb., Anh..

Saalborn, Bericht üb. die Leistungen u. Fortschritte im Waldbau f. die 10 Jahre 1879—88. Zusammengestellt f. ausüb. Forstmänner u. Privatwaldbesitzer u. hrsg. Als Ersatz d. X. Jahrg. [1888] d. Jahresberichts üb. Leistgn. u. Fortschritte in der Forstwirthschaft. Mit e. Anh.: Literatur-Verzeichniß pro 1888. gr. 8. (XII, 176 S. m. dem Bildniß d. Verf. u. 5 in den Text gedr. Holzschn.) Wiesbaden 889. Bechtold & Co. n. 2. 60

Saalborn, R., das Projektionszeichnen, s.: Back, H.

Saalbote, der. Eine Volksschrift für Leser aus allen Ständen. Herausg. v. J. J. Maurer. Jahrg. 1848. 1 u. 2. Hft. 4. (à 16 S.) Naumburg, Maurer. (Weißenfels, Sueß.) (à n. 2 ngr) n. 4 ngr

Saal-Buch, das, des Benedictiner-Stiftes Göttwig etc., s. Fontes rerum austriacarum.

Saalburg [Sachliches OW]

Saalburg, die. Mitteilungen der Vereinigung der Saalburgfreunde. Hrsg. vom Vorstande der „Vereinigg. der Saalburgfreunde". Red.: A. Koster. Nr. 17. (S. 285—304 m. Abbildgn.) 8. Gross-Lichterfelde-West (Carlstr. 89), Vereinigg. der Saalburgfreunde. Nicht im Handel.

Saalburg, die. Ein Vademecum f. Besucher Homburgs. Hrsg. vom Verkehrs-Bureau, Bad Homburg v. d. Höhe. 7. Ausg. (82 S. m. Abbildgn.) gr. 8. Homburg 903. G. Sauerbrei. — 20

Die **Saalburg**. Ein Vademecum f. Besucher Homburgs. Hrsg. v. Verkehrs-Bur., Bad Homburg v. d. H. 8. Ausg. (Bad Homburg v. d. H.: G. Sauerbrei) 1903. (32 S.) 8° [Umschlagt.] [07. 17366 4

Saalburg [Schlagwort]

Saalburg. Karte des Römerkastells Saalburg m. Umgebung. Photoalgraph. bearb. in der kartogr. Abtlg der königl. preuss. Landesaufnahme 1:2,500. 42,5× 42,5 cm. Farbdr. Berlin 906. (R. Eisenschmidt.) n.n. — 50

Saalburg-Jahrbuch. Bericht d. Saalburgmuseums. [1.] 1910. Frankfurt a. M.: Baer (1910). 4° A 14.743

Saale [Sachliches OW]

Saale, die. Stenographische Blätter zur Unterhaltung u. Belehrung. Red. von Buckel. Jahrg. 1868. 12 Nrn. (Bgn.) Jena 868. (Doebereiner.) gr. 16. n. 10 ngr.

Die mittlere **Saale** u. Nebentäler, Karte f. d. Weitere Umgebung Jena's. (Zu Dr. Leonhardt's Führer von Jena.) Maaßst. 1:150,000. *Jena: Döbereiner [1903]; Lith. H. Schröder.* (1 Kartenbl. 30×41 cm mit Legende.) 8° [kol.]
[Umschlagt.:] Spezialkarte f. d. weitere Umgegend von Jena. Mittleres Saaletal mit Nebentälern ... [03. 12309

Saale [Schlagwort]

Saale, s.: Stromkarte.

Saalegebiet [Schlagwort]

Saalegebiet. Dürkop, Alb., das Saalegebiet v. Saalburg bis Kahla. 1:100,000. 40 × 50 cm. Farbdr. Saalfeld 898. W. Wiedemann. — 60

Saale-Kalender auf das J. 1899. Nach statist. Material u. amtl. Quellen bearb. 4. (72 S. m. Abb. u. 1 Wandkal.) Naumburg, G. Pätz. — 40

Saalen, Lina v., Anekdote aus ihren u. andern Papieren, v. C. G. Pfeffel, m. K. 8. Leipz. Joachim.

Saaler, Bruno, appr. Arzt, a. Frankfurt a. M.: Beitrag zur Beurteilung der Geistesstörungen nach Kopfverletzungen, insbesondere über den Korsakow'schen Symptomenkomplex im Gefolge von Gehirnerschütterung und die Beziehung der Kopfverletzung zur arteriosklerotischen Demenz. Leipzig 1906: B. Georgi. (41 S.) 8°
Leipzig, Med. Fak., Ref. Flechsig, Diss. v. 8. Mai 1906
[Geb. 7. Mai 83 Frankfurt a. M.; Wohnort: Lankwitz; Staatsangeh.: Preußen; Vorbildung: Lessing-Gymn. Frankfurt a. M. Reife O. 01; Studium: München 7, Berlin 1, Marburg 1 S.; Coll. 8. Mai 06; Approb. 9. Jan. 06.]

Saaletal [Schlagwort]

— s. a.: Vogtland.

Saalethal. Albert, F., Karte d. oberen Saalethales. 1:100,000. Neue Ausg. m. Eisenbahnen. Chromolith. Fol. Plauen 887. Kell. n. — 50; m. color. Grenzen, in Carton n. — 90

Saalethal. Albert, F., Karte des oberen Saalethales. 1:100,000. 2. Aufl. 35×27,5 cm. Farbendr. Plauen 893. A. Kell. n. — 50

Saaletal. Hossfeld, Carl, Höhenschichtenkarte des oberen Saaletales. 1:100,000. 57×48 cm. Farbdr. Eisenach (903). H. Kahle. n. 1. 50

Saaletal. Liebenow, W., Spezialkarte des mittleren Saaletaales m. Nebentälern. Nach den neuesten amtl. Unterlagen entworfen. Bearb. v. Hans Ravenstein. 1:300,000. 38,5×31 cm. Farbdr. Jena (909). Akadem. Buchh. — 70

— Spezialkarte des mittleren Saaletales m. Nebentälern. Umgebungskarte f.: Buttstädt, Eckartsberga, Grossheringen usw. 1:150,000. 2. Aufl. 40×30,5 cm. Farbdr. Jena (905). Döbereiner Nachf. n. — 60

— Wanderkarte für das obere Saaletal u. d. Frankenwald. Zeichng. v. E. Brossmann. Ergänzungen v. J. Bühring. 1:50,000. 72×62 cm. Farbdr. Mit Text. (19 S.) 8. Lobenstein (908). F. Krüger. 1. —

Saaletal, anhaltisches, s.: Anhalt. Weyhe.

Saale-Zeitung. –
Halle. Vor 1876 – 31.XII.1933.
Vorh. u.d.T.: Bote für das Saalthal.
Fortges. u.d.T.: Mitteldeutschland-Saale-Zeitung.

Saalfeld [Sachliches OW]

Saalfeld, Carl, oder Geschichte eines relegirten Studenten. O. O. 1782. V: *Cramer, Carl Gottlob.* (KY) (MGT)

Saalfeld, Karl, od. Geschichte eines relegirten Studenten, (o. N. Glo. Cramer). 8. Leipz. 782. (Knobloch). 16 gr

Saalfeld, Carl, eines relegirten Studenten, Gesch. 8. Leipz. Böhme. 782.

Saalfeld an d. Saale, Thüringens steinerne Chronik in Wort u. Bild. qu. 12. (27 S. m. 12 Ansichten.) Saalfeld 898. C. Niese. n. — 80; geb. n. 1. —

Saalfeld [Schlagwort]

Saalfeld a. d. S., s.: Preussen. Monatlschblätter

Saalfeld, s.: Rudolstadt.

Saalfeld, s.: Thüringen.

Saalfeld [Verfasser]

Saalfeld, siehe auch Salfeld.

Saalfeld, Adam Fr. Wilhelm

— die Beschaffenheit des v. Todten erweckten Leibes, vernunft- u. schriftmäßig untersucht. 8. Lpz. (Erf.) 758. Schröder. 4 gr

Saalfeld, A. F. W., Beschaffenheit der von den Todten erweckten Leiber. Erf. 759. 8.

Saalfeld, Adm. Fr. Wlh., († ...) überzeugender Beweis d. Göttlichkeit der heil. Schrift im Ganzen, u. aus jeden einzelnen besonders. Mit einer Vorr. v. Jh. Fr. Bahrdt. 8. Leipz. 755. Müller. 12 gr

— kurze Erläuter. d. Lebens unsers Erlösers Jesus, nach d. besondern Zweck der ersten drei heil. Schreiber desselben. 8. Leipz. 758.

Saalfeld, Ad. Fr. W., von Träumen, ihren Gattungen und Kennzeichen zur Vertheidigung der göttlichen und der durch diese geschehenen Offenbarung. Frkf. 753. 8.

— Abhandl. von Träumen, ihren Gattungen u. Kennzeichen, z. Vertheidigung d. göttl. Träume. 8. Erf. 753. Schröder. 3 gr

Jutta von Turneck. Dramat. Gedicht in 4 Aufzügen von C. **Saalfeld.** *Neisse: F. Huch 1903.* (103 S.) 8° [F.] [03. 6785 2

Saalfeld, Edmund

Saalfeld, Edm., praktischer Arzt u. Kosmetik. (Nach e. im Herbst-Aerztekurs geh. Vortrage.) (4 S.) Lex. 8. Leipzig 910. B. Konegen. 1. —
Sonderabdruck aus: „Reichs Medizinal-Anzeiger".

Saalfeld, Edm., die Behandlung d. Trippers beim Manne. [Aus: „Aerztl. Praktiker".] gr. 8. (16 S.) Hamburg 892. Gebr. Lüdeking. n. — 50

Saalfeld, Edm. (Gotthold) (geb. Stettin 22. 5. 1862): Ein Beitrag zur Lehre vom Delirium acutum. Berlin (1885). (35 S.) 8°
Berlin, Med. Diss. v. 8. Aug. 1885

— e. Fall v. Naevus verrucosus unius lateris. [Aus: Allg. med. Central-Zeitg."] gr. 8. (4 S.) Berlin 893. O. Coblentz. n. 1. —

Saalfeld, Edm., über e. noch nicht beschrieb. Hautkrankheit. [Aus: „Allg. med. Central-Zeitg."] gr. 8. (1 S.) Berlin 895. O. Coblentz. n. 1. —

Über Haut- und Haarpflege. Von Dr. Edmund Saalfeld, Berlin. *Halle a. S.: C. Marhold 1901.* (16 S.) 8° [F.]
— Volksbücherei, Medizinische. H. 11. [04. 1003] 3

— üb. Kosmetik. [Aus: „Therapeut. Monatshefte".] 12. (II, 46 S.) Berlin 892. J. Springer. n. 1. —

Kosmetik. Ein Leitfaden f. prakt. Ärzte. Von Dr. Edmund **Saalfeld** in Berlin. Mit 14 Fig. Berlin: J. Springer 1908. (VIII, 122 S.) 8° [08. 4737

— Kosmetik. Ein Leitfaden f. prakt. Ärzte. 2., verm. u. verb. Aufl. (VIII, 133 S. m. 15 Fig.) 8. Berlin 909. J. Springer. Geb. in Leinw. 3. 60
1. Aufl. (VIII, 122 S. m. 14 Fig.) 908. Geb. 3. 00

— s.: Neisser, A., stereoscop. medicin. Atlas, Lfg. 17.

— wann dürfen Gonorrhoische heirathen? 1. u. 2. unveränd. Aufl. 12. (24 S.) Berlin 894. Fischer's med. Buchh. n. — 60

Saalfeld, Friedrich.
s. Saalfeld, Jakob Christoph Friedrich

Saalfeld, Günther Alexander (E. A.)

Bausteine zum Deutschtum. Gesammelte Aufsätze von Dr. Günther **Saalfeld**, Gymn.Oberl. a. D. Leipzig: H. Rohde 1905. (VIII, 250 S.) 8° [F.]
[05. 6376

(B) **Saalfeld, Günth., Bausteine z. Deutschtum. 905.** (RBL 31.) Jetzt: Berlin, Verl. d. allg. deut. Sprachvereins.

Saalfeld, Günther A., lose Blätter. Zu Nutz u. Frommen des allgem. deutschen Sprachvereins hrsg. gr. 8. (VIII, 143 S.) Berlin 895. W. Ernst & Sohn. n. 1. 40

Saalfeld, G. A., C. Julius Cäsar. Sein Verfahren gegen die gall. Stämme vom Standpunkte der Ethik u. Politik unter Zugrundelegung seiner Kommentarien u. der Biographie des Sueton. gr. 8. (34 S.) Hannover 881. Hahn. n. — 80

— Der griech. Einfluss auf Erziehung u. Unterricht in Rom. 1882. 24 S.

Saalfeld, Günther Alex. E. A., Feuer, Wind u. Rauch, – über die Fremdwörter, besonders im Deutschen, s.: Sammlung gemeinnütziger Vorträge.

Saalfeld, Günther Alxdr, Über die Fremdwörter, besonders im Deutschen. Prag 1882.] 8.
( ): Samml. gem.-n. Vorträge. Nr. 80. . . . . (D.)

— Fremd- u. Verdeutschungs-Wörterbuch. Eine umfass. Sammlg. v. Fremdwörtern m. ausführl. Verdeutschgn. u. sprachl. Ableitgn. nebst geschichtl. Einleitg. Ein Handbuch f. jedermann. gr. 8. (478 S.) Berlin 898. O. Seehagen. n. 6. —; geb. n. 7. 50
Erschien auch in 6 Lfgn. à n. 1. —.

— Fremd- u. Verdeutschungswörterbuch. 3. Aufl. (5.—14. Taus.) In neuer Rechtschreibg. u. bis auf die jüngste Zeit fortgeführt. (XVI S. u. 1032 Sp.) gr. 8. Berlin 911. F. Knoblauch & Co. Geb. in Halbleinw. 3. —

Saalfeld, G. A., de bibliorum sacrorum vulgatae editionis graecitate. gr. 8. (XVI, 180 S.) Quedlinburg 891. Ch. F. Vieweg. n. 7. 50

Saalfeld, G. A., de bibliorum sacrorum vulgatae editionis graecitate. gr. 8. (XVI, 180 S.) Quedlinburg 891. Tübingen, J. C. B. Mohr. n. 7. 50

— deutsch-lateinisches Handbüchlein der Eigennamen aus der alten, mittleren u. neuen Geographie, zunächst f. den Schulgebrauch zusammengestellt. gr. 8. (XII, 738 Sp.) Leipzig 885. C. F. Winter. n. 4. —

— Haus u. Hof in Rom im Spiegel griechischer Kultur. Kulturgeschichtliche Beiträge zur Beurteilg. d. klass. Alterthums, an der Hand der Sprachwissenschaft gewonnen. gr. 8. (VII, 274 S.) Paderborn 884. F. Schöningh. n. 4. —

— Helgoland, s.: Sammlung gemeinnütziger Vorträge.

— der Hellenismus in Latium. Kulturgeschichtliche Beiträge zur Beurteilg. d. klass. Altertums, an der Hand der Sprachwissenschaft gewonnen. Lex.-8. (VII, 281 S.) Wolfenbüttel 883. Zwissler. n. 6. —

Saalfeld, Alex., index graecorum vocabulorum in linguam latinam translatorum quaestiunculis auctus. gr. 8. (VIII, 86 S.) Berlin 874. Berggold. n. 2. —

Island, s.: Sammlung gemeinnütziger Vorträge. 361.

Saalfeld, G. A. Italograeca. Kulturgeschichtliche Studien auf sprachwissenschaftlicher Grundlage. 1. Heft: Vom ältesten Verkehr zwischen Hellas und Rom bis zur Kaiserzeit. 23 S. *Prenzlau* 1882
Vgl. des Verf. Italograeca 1. Heft 49 S. 2. Heft. Handel und Wandel der Römer, im Lichte der griechischen Beeinflussung betrachtet. 78 S. 8. Hannover 1882, Hahn. 2 Mk 40 Pf.
Progr.

— Italograeca. Kulturgeschichtliche Studie, auf sprachwissenschaftl. Grundlage gewonnen. 1. u. 2. Hft. gr. 8. Ebend. 882. n. 3. 40
1. Vom ältesten Verkehr zwischen Hellas u. Rom bis zur Kaiserzeit. (49 S.) n. 1. —
2. Handel u. Wandel der Römer, im Lichte der griech. Beeinflussung, betrachtet. (78 S.) n. 2. 40

Saalfeld, G. A., aus der Jugendzeit. Sammlung echter deutscher Kinderlieder alter u. neuer Zeit. Mit Abbildgn. v. L. Richter, H. Bürkner, L. Venus u. F. Werkmeister. gr. 8. (92 S.) Danzig 888. Axt. cart. 1. 50

— Katechismus der deutschen Rechtschreibung. 12. (VII, 353 S.) Leipzig 895. J. J. Weber. Geb. in Leinw. n. 3. 50

— Küche u. Keller in Alt-Rom, s. Sammlung gemeinverständlicher wissenschaftlicher Vorträge. 417.

— Küche u. Keller in Alt-Rom. Gel. 1883. 48 S.

Saalfeld, Günther Alex. (E. A.), die Lautgesetze der griechischen Lehnwörter im Lateinischen, nebst Hauptkriterien der Entlehnung. Sprachwissenschaftliche Untersuchg. gr. 8. (XI, 131 S.) Leipzig 884. C. F. Winter. n. 2. —

— griechische Lehnwörter im Lateinischen. (Ergänzungen u. Nachträge zum Index graecorum vocabulorum in linguam latinam translatorum.) gr. 4. (40 S.) Wetzlar 877. (Berlin, Berggold.) n. 1. 60

— vom Lotto u. wider dasselbe. Vortrag. 8. (88 S.) Blankenburg 888. Fulda. n. 1. —

— die neue deutsche Rechtschreibung, s. a. Zeitfragen d. christlichen Volkslebens.

Saalfeld, Günth. Alxdr, Die neue deutsche Rechtschreibung. Heilbronn 1885. 8.
Ist: Zeitfr. d. chr. Volksl. Bd. 10. Nr. 6. . . . . (IIC.)

[F.] Schreib' Deutsch! Das Büchlein von der deutschen Briefstellerei. E. bequeme u. handl. Anweisg z. Abfassg v. Briefen, Anzeigen, Urkunden u. dgl. m. v. Dr. Günther A. **Saalfeld**, Mitgl. d. Gesammtvorstandes ... d. Allg. Deutschen Sprachver. *Berlin: O. Seehagen 1897.* (IX, 210 S.) 1 Bd 8. [97. 5915

— Sprachreinigendes u. Sprachvereinliches. Splitter u. Balken. gr. 8. (71 S.) Berlin 888. Reinecke. n. 1. 50

— Straßenpflaster u. Kutschwagen, s.: Sammlung gemeinnütz. Vorträge.

— tensaurus italograecus. Ausführliches historisch-krit. Wörterbuch der griech. Lehn- u. Fremdwörter im Lateinischen. gr. 8. (IV, 1184 Sp.) Wien 884. Gerold's Sohn. n. 20. —

Saalfeld, A. G. (E. A.), De Graecis vocabulis in linguam Latinam translatis. 1874. 33 S.

— griechisches Vokabularium systematisch f. die Schule bearb. gr. 8. (XI, 161 S.) Paderborn 884. F. Schöningh. n. 1. 80

— Wegweiser auf dem Gebiete der Eigennamen [deutsch-lateinisch u. lateinisch-deutsch] aus der alten, mittleren u. neuen Geographie, f. die unteren u. mittleren Stufen der höheren Lehranstalten bearb. nach dem „Deutsch-latein. Handbüchlein" etc. 8. (IV, 146 S.) Leipzig 885. C. F. Winter. n. — 60

Vaterländischer Schriftenverband (V. S. V.). 'Deutsches Wort – Deutscher Hort!' Von Dr. Günter **Saalfeld**. Berlin: Schriftenverband 1910. 14 S. 8°
(Flugschriften des V. S. V. 3.) [10. 10124

Saalfeld, Jakob Christoph Friedrich

SAALFELD, Jac. Cph. F.: Cursus juris publici delineatio. *Gott.*, Brose. 811. 8maj. (3 Gr.)

Saalfeld, Jak. Cph. Fr. De domanis optimaque eorum administratione commentatio. 8° maj. Göttingen, Brose, 1807.

— Essai sur l'importance commerciale et politique des trois villes libres hanseatiques de Hamburg, Lübeck et Bremen. gr. 8. Hamb. 810. Perthes u. B. 16 gr.

Saalfeld, Fr., allgemeine Geschichte d. neuesten Zeit, seit dem Anfang d. franz. Revolution in Bdes 1ste und 2te Abthl. gr. 8. Leipz. u. Altenb. Brockhaus. 815.
Druckp. (1ste 2 Rthlr. 2te 1 Rthlr. 8 gr.)
Schreibp. (1ste 3 Rthlr. 2te 1 Rthlr. 12 gr.)

— allgem. Geschichte d. neuesten Zeit, seit d. Anfange d. franz. Revolution, in 4 Banden oder 8 Abtheilungen. gr. 8. Ebend. 815 — 21. (I. 1 u. 2te Abtheil. 3 Rthlr. 8 Gr. II. oder 3te u. 4te Abtheil. 3 Rthlr. 4 Gr. III. od. 5te u. 6te Abth. 5 Rthlr. 20 Gr. IV. 1ste od. 7te Abth. 3 Rthlr. 8 Gr.)

— allgem. Geschichte d. neuesten Zeit, seit dem Anfange der französ. Revolution. 4r Bd. 2e od. 8te Abthlg. Nebst Register über d. ganze Werk. gr. 8. Leipz. 823, Brockhaus. 2 Rthl. 12 gr. Alle 4 Bände in 8 Abthlgen 815—23. 18 Rthl. 4 gr. Schreib-Pap.

— Geschichte d. Universität Göttingen, s. J. S. Pütter, Versuch e. Gelehrten-Geschichte. 3r Thl.

— Geschichte des holländ. Colonialwesens in Ostindien. 2 Bde. 8. Götting. 811. Dieterich. 1 ₰ 20 gl (A. u. d. T.: Allgem. Colonialgeschichte d. neuern Europa's. 3r u. 4r Thl.)

— Geschichte des holländischen Colonialwesens in Ostindien. (3 und 4 Bd. aus: „Allgemeine Colonialgeschichte des neueren Europas. 1. Abth. Geschichte des europäischen Colonialwesens in Ostindien".) (2 Bde.) 8. Göttingen 1812—1813.

— Geschichte des portugies. Colonialwesens in Ostindien. 8. Götting. 810. Röwer. 22 gl (A. u. d. T.: Allgem. Colonialgeschichte d. neuern Europa's, 2r Thl.)

—— Geschichte des portugiesischen Colonialwesens in Ostindien. (Aus: „Allgemeine Colonialgeschichte des neueren Europas 1. Abth. Geschichte des europäischen Colonialwesens in Ostindien".) (XXII, 278 S.) 8. Göttingen 1810.

— Geschichte Napoleon Buonaparte's. 2 Thle. gr. 8. Leipz. u. Altenb. 815, 17. 2e gänzl. umgearb. Aufl. unt. d. T.: Geschichte Napoleon Buonaparte's, od. Grundriß d. Geschichte d. neuesten europ. Staatensystems unserer Zeit von d. J. 1796 bis 1815. 2 Thle. gr. 8. Lpz. 816, 17. Brockhaus. 5 ₰ 12 gl

Saalfeld, J. C. Fr. Geschichte Napoleon Buonaparte's. 2 Bde. 8. Altenburg 1816. 17. 2. Aufl. 2 Bde. 8. Leipzig 1817. 16,50. 3. verb. Aufl. 2 Bde. 8. Stuttgart 1818.

— Grundriß eines Systems d. europ. Völkerrechts. gr. 8. Götting. 809. Röwer. 20 gl

— Grundriß zu Vorlesungen üb. die Geschichte d. neuesten Zeit. 8. Götting. 821. Vandenhöck u. R. 12 gl

Saalfeld, Jakob Christoph Fr.: „Grundriss zu Vorlesungen über National-Oekonomie und Finanzen", Göttingen 1822 (Vandenhöck & Ruprecht). — Vorh.: UB Göttingen (Sign. Pol. III 646).

Saalfeld, Jak. Chys. Fr.: „Grundriss zu Vorlesungen über die Politik", Göttingen 1821 (Vandenhöck & R.).

Saalfeld, Jak. Cph. Fr., Grundriß zu Vorlesungen üb. das positive europ. Völkerrecht. 8. Götting. 821. Vandenhöck u. R. 6 gl

— Handbuch des westphäl. Staatsrechts. gr. 8. Götting. 812. Dieterich. 1 ₰ 8 gl

Saalfeld, Friedr., Handbuch d. positiven Völkerrechts. 8. (25½ B.) Tübingen 833, Osiander. Thlr.

— allgemeine Kolonialgeschichte des neuen Europas. 3r u. 4r Band. Auch unt. d. Titel: Geschichte des holländ. Kolonialwesens in Ostindien. 1r u. 2r Bd. 8. Ebend. 811.

Saalfeld, Jakob Christoph Friedrich, s. Loose, J. H.: Kleine Geographie.

– s. Martens, G. F. v.: Nouveau Recueil des Traites d'Alliance.

Saalfeld, Jakob Christoph Friedrich, s. Nemesis.

Saalfeld, Jak. Cph. Fr., Diss. de quaestione illa: num principi liceat ministros publicos incognita causa dimittere. 4. Heidelb. 808. Mohr. 4 gl

Saalfeld: „Comm. num principi liceat ministros publicos incognita causa dimittere", Heidelberg 1808 (Mohr & Zimmer).

— Recueil historique des Lois constitutionelles et des Reglemens généraux d'Administration, etc. II Tom. 8. Götting. 809 u. 10. Röwer. 3 ₰ 8 gl

— Recueil historique des Lois constitutionelle etc. Auch unt. dem Titel: Recueil historique des réglémens généraux d'administration publiées en France depuis la Révolution jusqu'à présent.

— Staatsrecht v. Frankreich. 2 Bde. gr. 8. Götting. 813 u. 14. Röwer. 3 ₰ 20 gl

— üb. das polit. System v. Frankreich, vorzügl. in Beziehung auf Holland. 8. Bremen 814. Heyse. 12 gl

Saalfeld, Wilhelm [aus Stettin]: Die Lungensyphilis und ihr Verhältnis zur Tuberculose ... Freiburg i. B., Buchdr. H. Epstein, 1894; 48 S. 8.
Freiburg i. B., Med. Fak., Inaug.-Diss. v. 1894

Saalfeld, Wilh., die Strafbarkeit der Uebertragung v. Geschlechtskrankheiten. (Ein Beitrag zur Bekämpfg. derselben.) gr. 8. (8 S.) Berlin 902. J. Goldschmidt. n. 1. —
Sonderabdruck aus: „Deutsche medicin. Presse".

Saalfrank, Georg Heinrich

Die Hauptursachen, warum bei dem bisherigen Gedeihen der meisten Zöglinge an dem Gymnasium und der lat. Schule zu Regensburg dennoch seit vier und zwanzig Jahren manche Schüler mißriethen. Von Saalfrank, St. R. — 1836. Ebend. — S. 3–16.
Progr. Regensburg

Perfecti, quem Gymnasii dicimus, professoris imago primariis adumbrata lineamentis. Scrips. Saalfrank, G. Conr. et P. — 1826. Ebend. — S. 1–4.
Progr. Regensburg.

Saalfranck, (G. H.,) Orationes lat. 5., s. Orationes.

Saalfrank, G. H., Rede am 31. Aug. 1831 bei der öffentl. Preisevertheilung d. Studienanstalt zu Regensburg vorgetragen. gr. 8. Regensb. 831. (Erlang., Heyder). 2 gl

SAALHEIM, Louise, oder Liebe und Leidenschaft, eine Geschichte in Briefen. Mannheim. Löffler. 1808. 8°. (2/3 Rt.)
Zweite gedr. ebd. 1805. 8°. VIII–218 S. Mit Titelkpfr. — Tübingen — Zahm

Saalia. Blätter zur Belehrg. u. Unterhaltg. f. Stenotachygraphen alten Systems. Schriftleiter: Geo. Flock. 1. Jahrg. Mai 1898 — April 1899. 24 Nrn. (à ca. 24 S.) gr. 8. Halle a/S. (Kleine Ulrichstr. 9), Stenotachygraphen-Verein „Saalia". n.n. 2.40

Saalinhaber, der. Offiz. Organ des Verbandes der sächs. Saalinhaber. Offertenblatt f. alle beteil. Branchen. Red.: A. Thomas. 2. Jahrg. 1906. 26 Nrn. (à ca. 8 S.) 4. Dresden-N. (Hauptstr. 17/19), A. Nisse. n.n.n. 4. — Nicht durch den Buchhandel zu beziehen.

Saalkreis [Schlagwort]

— s. a.: **Halle.**

Saalkreis, s.a.Merseburg.

— Oschatz, O., Karte des Saalkreises u. des Stadtkreises Halle. 1 : 200,000. 2. Aufl. Lithogr. u. color. gr. 4. Halle 887. Reichardt. n. — 10

Saalkreis. Oschatz, H., Karte d. Saalkreises u. d. Stadtkreises Halle. 1 : 200,000. 19. Tausend. Farbendr. 23,5×21 cm. Halle a/S. 891. J. M. Reichardt. n. — 20

Saalkreis. Oschatz, H., Karte des Saalkreises u. des Stadtkreises Halle. 1 : 200,000. 20.—24. Taus., bearb. v. Edler. 24×21 cm. Farbendr. Halle 895. J. M. Reichardt. n. — 20

Saalkreis. Oschatz, H., Wandkarte des Saalkreises. Mit Höhenschichten v. F. Edler. 1 : 40,000. Halle 888. Reichardt. Auf Leinw. m. Stäben. n. 18. —

Saalmann, [illegible] Berlin [illegible] 1841 [illegible] 28 S. [illegible] 8°
Berlin, Med. Diss. v. [illegible] Aug. 1841

Saalmann, Ferdinand (Franz Rabanus)

Saalmann, Ferd., descr. *febris* urticatae, scarlatinae et purpureae. 4. Münster Perrenon. (Coppenrath.) (et. Wolf, Augsb.) 790.

— descriptio febrium etc. VIII Ptes. Münster 791. Aschendorff 1 ₰ 8 gr

— descriptio febrium acutarum ordinar. et febrium catarrhal. 4. Münster 790. (Coppenrath). 6 gr

— descriptio febrium intermittentium in genere etc. 4. Münster 791. (Coppenrath). 8 gr

— descript. febrium malignarum in gen. et spec. sic dictarum, catarrhal. malign. etc. 4. Münster 791. (Coppenrath). 7 gr

Saalmann, F., Descriptio phrenitidis et paraphrenitidis Monasterii in Westphalia circa medium mensis Martii grassari incipientium vere contagiosarum, eorumque factae curationis. 45 pp. Monast. 4°. A. D. B. XCV, 149.

1788

— descript. phrenitidis et paraphrenitidis monasterii in Westphalia. 4. Münster 788. (Coppenrath). 3 gr

— descript. pleuritidis, peripneumoniae, pleuropneumoniae et anginae, earumque curatio. 4. Münster 789. N. Aufl. 796. (Coppenrath). 6 gr

Saalmann, F., Descriptio rheumatismi acuti, et delucidatio quinquaginta aphorismorum *Hippocratis* ad rheumatismum tum acutum tum chronicum, item ad phrenitidem et paraphrenitidem, ad pleuritidem, peripneumoniam, pleuropneumoniam et anginam, duobus libellis priori anno a me descriptos, pertinentium. 180 pp. Monst. 4°.

1789

— descript. rheumatismi acuti, et Dilucidatio in Hippocrat. aphorism. 4. Münster 789. (Coppenrath). 9 gr

Saalmann, Ferd(inand): Descriptio variolarum, morbillorum, febris erysipelatosae et colicae acutae. 84 S., gbd.

Monasterii in Westphalia: Perrenon 1790

— Fieberlehre; aus d. Latein. mit Anmerkk. (v. Chr. Fr. Niceus). gr. 8. Bresl. 793. W. G. Korn. 1 ₰ 16 gr

Saalmann, Ferdinand (Franz)
Fieberlehre ... Breslau 1793. Ü: *Niceus, Christian Friedrich.* (Adel) (Ky) (MGT)

Saalmann, [illegible]
Berlin, Med. Diss. v. [illegible] Sept. 1843

M. SAALMÜLLER, Lepidopteren von Madagascar. Neue und wenig bekannte Arten zumeist aus der Sammlung der Senckenberg'schen naturforschenden Gesellschaft zu Frankfurt am Main unter Berücksichtigung der gesammten Lepidopteren-Fauna Madagascars. Herausgegeben im Auftrage der Gesellschaft. Abth. 1.: Rhopalocera, Heterocera: Sphinges et Bombyces mit 7 chromolithographischen Tafeln. Ausgegeben Mai 1884. Frankfurt am Main 1884. Im Selbstverlag der Gesellschaft. 4°.

Saalmüller, M., Lepidopteren v. Madagascar. Neue u. wenig bekannte Arten zumeist aus der Sammlg. der Senckenberg'schen naturforsch. Gesellschaft zu Frankfurt a/M., unter Berücksicht. der gesammten Lepidopteren-Fauna Madagascars. Hrsg. im Auftrage der Gesellschaft. 2 Abthlgn. gr. 4. Frankfurt a/M. 891. (M. Diesterweg.) à n.n. 40. —; auf Velinpap. à n n. 45. —
1. Rhopalocera, Heterocera. Sphinges et Bombyces. (216 S. m. 7 farb. Taf. u. 6 Bl. Erklärgn.)
2. Heterocera: Noctuae. Geometrae. Microlepidoptera. Angefangen v. M. S. u. nach dessen Tode abgeschlossen durch L. v. Heyden. (S. 249—531 m. 8 farb. Taf., 1 Bildnis in Lichtdr. u. 8 Bl. Erklärgn.)

(ii) **Saalmüller,** M., Lepidopteren v. Madagaskar. 891. (KBl. 28.) Jetzt: Frankf. a/M. (Viktoria-Allee 7), Senckenberg. naturforsch. Gesellsch. Erm. Pr. nn 30. —

Saalnixe, die, s. a. Fulda.

Saal-Nixe, Die. Eine Sage der Vorzeit. Leipzig 1795. V: *Vulpius, Chn. Aug.* Vgl. Jb. d. Sammlg. Kippenberg 6 (1926), S. 87. — Dies ist der Titel der ersten Auflage.

Saalnixe, die, Sage der Vorzeit. 8. Lpz. Rein. 795.

SAALNIXE, Die, eine Sage der Vorzeit. Zweyte ganz umgearb. Auflage. Mit einem Anhange: über Sitten und Gebräuche deutscher Vorzeit. 2 Bde. Mit Kupf. Leipzig. Rein und-Comp., 1804. 8° (1½ Rthl.)

Saalschütz, Joseph Levin

Saalschütz, Jos. L., Archäologie der Hebräer. Für Freunde des Alterthums u. zum Gebrauche bei akadem. Vorlesungen. 2 Thle. Königsberg 855, 56. Bornträger. 8. (1. Thl.: XVIII, 366 S. u. 4 lith. Taf. 2 ₰. 6 ngr; 2. Thl.: XII, 512 S. 2 ₰. 24 ngr) 5 ₰.

Saalschütz, Jos. Levin, die geist. Ausbildung d. israelit. Jugend, im Lichte d. Religion. Reden u. Einsegnungs-Epiloge, nebst Vorbemerkn. u. Beilagen, z. Gesch. u. Organisation d. Religions-Schule. gr. 8. (7½ B.) Königsberg 838, Unzer.

— die Ehe, nach biblischer Vorstellung von dem Werthe des Weibes. Bei der Feier der Vermählung Sr. K. Hoh. des Prinzen Friedrich Wilhelm von Preußen in der Synagoge zu Königsberg gesprochen. Königsberg 858. (Gräfe u. Unzer.) gr. 8. (8 S.) 3 ngr

(Saalschütz, Jos. Lewin,) Einleitung in d. Kenntniß d. hebr.-bibl. Schriften rc., s. Einleitung.

— Form und Geist der biblisch-hebräischen Poesie. I. Strophenbau und Versrhythmus. II. Charakter und Inhalt. III. Naturanschauung und Naturpoesie. Königsberg 853. Unzer. gr. 8. (IV, 116 S.) n. 20 ngr

Saalschütz, J. L., von d. Form d. hebr. Poesie, nebst einer Abhandl. üb. die Musik der Hebräer. Mit Vorwort von A. Hahn. Mit 1 Steintaf. gr. 8. Königsb. 825. Unzer. 3 ₰

—— Forschungen im Gebiete d. hebrä.-aegypt. Archäologie. I. — A. u. d. T.: Zur Gesch. d. Buchstabenschrift, in besond. Bezieh. auf Hebräer, Phönicier, Griechen u. Aegypter. gr. 8. (6½ B. u. 1 Stnt.) Königsberg 838, Unzer.

Saalschütz, Jos. L., Forschungen auf d. Gebiete der Hebräisch-Aegyptischen Archäologie. II u. III. (Hft.) A. u. d. T.: Zur Kritik Manetho's, nebst einer Beilage: Hermapions Obelisken-Inschrift, u. die Manethonischen Hyksos. gr. 8. (XIV u. 110 S.) Königsberg 851, Samter. n. ¾ ₰

—— Geschichte u. Würdigung der Musik bei d. Hebräern, im Verhältniss zur sonst. Ausbildung dies. Kunst in alter u. neuer Zeit, nebst e. Anh. üb. d. hebr. Orgel. M. 1 Stndr. 8. (9½ B.) Berlin 829, Fincke.

Saalschütz, Jos. Lev., Hauptprincipien, bei Entwerfung einer zeitgemäßen Liturgie f. den Israelitischen Gottesdienst. Ein amtliches Gutachten. gr. 8. Königsberg 845, Gräfe u. Unzer. n. ⅙ ₰

—— über die Hieroglyphen-Entzifferung. Eine Habilitations-Vorlesung zu Königsberg gehalten. gr. 8. (28 S.) Königsberg 851, Samter. *

(——) Katechisationen üb. d. Israelit. Gotteslehre. s. Grundlage...

—— Mahnungen an Gott u. Ewigkeit, z. Beförder. wahrhaft israelit. Lebensweihe. 1. Gabe. 8. (6¼ B.) Königsberg 840, Unzer.

— Predigt bei Eröffnung der in der Synagoge zu Königsberg sonntäglich stattfindenden Andachts-Stunden gehalten. gr. 8. (15 S.) Ebd. 847. 3 ngr

— Predigt u. Homilie, bei der Einweihung des Israelitischen Bethauses in Oletzko am 2. u. 4. Sept. 1841 gehalten. Die Einweihungs-Agende ist beigedruckt. Lex.-8. (Ebd.) 842. ⅙ ₰

— das Mosaische Recht, mit Berücksichtigung des spätern Jüdischen. 1. Thl. Lex.-8. Berlin 846, Heymann. 2½ ₰

—— das mosaische Recht, mit Berücksicht. des spätern Jüdischen. 2. Thl. gr. 8. (XXXIV und S. 437—880 und 16 S. Register.) Berlin 848, C. Heymann.
1. Thl. Ebendas. 1846. 2 Thlr. 15 Ngr.

— das Mosaische Recht, nebst den vervollständigenden thalmudisch-rabbinischen Bestimmungen. Für Bibelforscher, Juristen und Staatsmänner. 2. verm. u. verb. Aufl. Berlin 853. C. Heymann. gr. 8. (XXXIV, 880 S. u. 23 Bl.) 5 ₰.

—— Sabbath-Blatt, s. Sabbath-Blatt.

— die classischen Studien u. der Orient. Zur geneigten Erwägung, der diesjähr. Versammlung Deutscher Philologen, Schulmänner u. Orientalisten ergebenst vorgelegt. gr. 8. (16 S.) Königsberg 850, Samter. 3 ngr

—— Thau, als Frühlings- u. Lebensgabe. Gottesdienstl. Vortrag. gr. 8. (1⅛ B.) Königsberg 840, Gräfe u. Unzer. *

— über Ursprung u. früheste Beschaffenheit unserer musikalischen Instrumente, siehe: Unterhaltungen, Königsberger naturwissenschaftliche.

Saalschütz, Jos. Lev. Zur Versöhnung der Confessionen, oder Judenthum und Christenthum in ihrem Streit und Einklang. Königsberg, Gräfe und Unzer 1844. 95 S. 8.

Saalschütz, Joseph Levin, s. Vocabularium zum hebr. Gebetbuche.

—— Worte z. Gedächtnisse d. Königes Friedrich Wilhelm III. in d. Synagoge zu Königsberg am 19. Juli 1840 gesprochen. Lex.-8. (1 B.) Königsberg, Gräfe u. Unzer. *

Saalschütz, Louis

Saalschütz, L., kosmogenische Betrachtungen. [Aus: „Schriften d. physikal.-ökonom. Gesellsch. zu Königsberg".] gr. 4. (32 S. m. 1 Taf.) Königsberg 889. (Berlin, Friedländer & Sohn.) n. 1.50

Saalschuetz, Lud., de non periodica mutatione caloris terrae. Dissert. inaug. mathematico-physica. Königsberg 861. (Schubert & Seidel.) gr. 8. (16 S.) n. 3 ngr

Saalschütz, Louis, der belastete Stab unter Einwirkung einer seitlichen Kraft. Auf Grundlage des strengen Ausdrucks für den Krümmungsradius. Mit Holzschn. im Text u. 3 lith. Taf. gr. 8. (XXXI, 247 S.) Leipzig 880. Teubner. n. 9. —

Saalschütz, Louis, Theorie der Evolventen-Verzahnung. [Mit einer lith. Fig.-Taf. (in 4.)] Königsberg 870. Hübner & Matz. gr. 8. (38 S.) n. 12 ngr

Saalschütz, Louis, Vorlesungen üb. die Bernoullischen Zahlen, ihren Zusammenhang m. den Secanten-Coefficienten u. ihre wichtigeren Anwendungen. gr. 8. (VIII, 208 S.) Berlin 893. J. Springer. n. 5. —

Saalschütz, Louis, Ueber die Wärme-Veränderungen in den höheren Erdschichten unter dem Einflusse des nicht-periodischen Temperaturwechsels an der Oberfläche. (Aus den „Astronomischen Nachrichten" besonders abgedruckt.) Altona 1861. (S. 5542)

— üb. Zahlzeichen der alten Völker. Vortrag. [Aus: „Schriften d. physikal.-ökonom. Gesellsch. zu Königsberg".] gr. 4. (5 S.) Königsberg 893. (W. Koch.) n. — 20

Saaltal [Sachliches OW]

Saalthal, das, u. die neue Saalbahn. Führer f. Touristen von Camburg durchs Saalthal nach Saalfeld. Mit 1 (lith.) Karte (in qu. 4.) u. mehreren Illustr. (in eingedr. Holzschn. u. 1 Holzschntaf.) gr. 16. (22 S.) Leipzig 874. Bauer. n. — 60

Saaltal [Schlagwort]

Saalthal, s.: Apolda.

Saalwächter, Fritz, Referendar in Angermünde: Die Abnahme beim Werkvertrag. Greifswald 1907: J. Abel. (57 S.) 8°
Greifswald, Jur. Fak., Ref. Jung, Diss. v. 13. Juli 1907
[Geb. 3. Juli 84 Sczyglowitz, Kr. Rybnik, Oberschl.; Wohnort: Angermünde; Staatsangeh.: Preußen; Vorbildung: Kgl. Wilhelms-Gymn. Berlin, Gymn. Steglitz Reife O. 03; Studium: Tübingen 3, Berlin 2, Greifswald 2 S.; Rig. 13. Mai 07.]

Saalwürk, Dr. von, die Ratanhiawurzel und ihr Extract. Eine tabellarische medizinische Darstellung in 2 Blättern. Fol. Stuttgart, Satiler (in Comm.) 818. Rthlr.

Saam, Ernst: I. Ueber den zeitlichen Verlauf der Einwirkung des Kaliumpermanganats auf Wasserstoff, Kohlenoxyd und einige organische Gase. II. Ueber die beiden allotropen Formen des Monochlorjods und über das Jodtrichlorid. *Heidelberg 1898: J. Hörning.* (31 S.) 8°
Heidelberg, Naturw.-math. Diss. v. [24. März] 1898

Saam, Fr., (†...), s. Darthula.

Saame, Otto, Dr. phil., appr. Arzt: Zur Casuistik der Verletzung des Sehorganes bei Radfahrern. Giessen 1910: v. Münchow. 25 S. 8°
Gießen, Med. Diss. v. 24. Mai 1910, Ref. Vossius
[Geb. 29. März 76 Eschwege; Wohnort: Gießen; Staatsangeh.: Preußen; Vorbildung: Gymn. Laubach Reife O. 98; Studium: Gießen Chem. 13, Med. 8 S.; Coll. 28. Jan. 10; Approb. 19. Mai 10.] [U 10. 1103

Saame, Otto, aus Giessen: Ueber die elektrochemische Reduction der Nitrobenzonitrile. *Giessen 1900: v. Münchow.* (43 S.) 8°
Giessen, Phil. Diss. v. 1900

Saamenkabinett aller deutschen Holzarten, in Form eines Folianten, inwendig in 100 Fächer abgetheilt u. mit Gläsern verschlossen. Nürnb., Campe. 18 fl.

Saamenkabinett aller deutschen Holzarten, in Form eines Folianten, inwendig in 100 Fächer abgetheilt und mit Gläsern verschlossen. Nürnberg um 1800?.

Saamenkörnchen, 4, s. Eckardtshausen.

Saamenkörner. Eine Weihnachtsgabe für Sonntagsschulen und Familien-Kreise. gr. 16. (72 S. mit 2 Holzschnt.) New-York 860. (Philadelphia, Schäfer und Koradi.) geb. * -

Saamenkörner d. Gebets. Ein Taschenbüchlein f. d. Kinder d. Kirche, f. Alt u. Jung. 16. (10 B.) Nördlingen 840, Beck'sche Buchh.

Saamenkörner zur Volksbildung in Teutschland. 1ste Samml. 8. Neustadt a. d. O., Wagner. 817. -

Saamenkörnlein auf ein gutes Erdreich; ein Gebetbüchlein f. gutgesinnte Christen, aus P. A. Jais Lehr- u. Gebetbuch gezogen. Schriftart. 18. Augsb. 827. Rieger. 3 gr.

Saamkopf, Frz., das Billardspiel, oder gründliche Anweisung, durch Selbstunterricht ein fertiger Billardspieler zu werden. Ein Versuch, Anfängern auf theoretisch-prakt. Weise das Spiel zu erleichtern. Braunschweig 856. (Ramdohr.) 8. (242 S. u. 15 Taf. in 4.) n. 2 Rthlr.

Saanenland, Das. Herausgegeben von der Gemeinnützigen Gesellschaft in Saanen. Thun 1905. V: *Würsten, Robert.* (BBullschw 17, S. 211)

Saar, Ferdinand v. Festblatt. Dem heimatl. Dichter Ferdinand v. Saar zum 60. Geburtstage. Hrsg. vom Verein f. deutsche Literatur „Ostarrichi". Geleitet v. Viet. Folgel-Foldegg u. Wilh. Arth. Hammer. Orig.-Beiträge v. C. Bruch-Sinn, M. Eggersberg, V. Feldegg u. a. Fol. (7 S. m. Bildnis.) Wien 893. (Leipzig, Schaumburg-Fleischer's Verl.) n. — 50

Saar, Carl, s. Saar, Karl.

Saar, Ferdinand von

Marie Fürstin zu Hohenlohe und Ferdinand von Saar. Ein Briefwechsel. 8°. (XXXV, 246 S.) K 5.40, geb. K 6.80
Wien: Reisser 1909.

— Briefwechsel, s. a. Hohenlohe, Fürstin Marie zu.

Saar, Ferd. v., Camera obscura. Fünf Geschichten. 8. (VII, 210 S.) Heidelberg 901. Kassel, G. Weiß, Verl. n. 2. 40; geb. in Leinw. n. 3. 20

Camera obscura. 8 Geschichten von Ferdinand v. Saar. 2., verm. Aufl. *Kassel: G. Weiß 1901.* (262 S.) 8° [F.] [4. 1, 8, 4

Saar, Ferd. v., Camera obscura. 8 Geschichten. 2., verm. Aufl. (VII, 262 S.) 8. Kassel 904. Ohlau, F. Leichter. n. 3. —; geb. in Leinw. n. 4. —

Saar, Ferd. v., Wiener Elegien. 1.—3., durchgeseh. Aufl. 12. (47 S.) Heidelberg 893. 894. G. Weiß, Verl. n. 1. 50; geb. m. Goldschn. n. 2. —

— österreichische Festdichtungen. (46 S. m. Bildnis.) 8. Wien (903). Th. Daberkow. Geb. in Leinw. n. 1. —

— dasselbe, s.: National-Bibliothek, allgemeine Nr. 334.

Saar, Ferd. v., Frauenbilder. Zwei neue Novellen. [Der Novellen 4. Sammlung.] Ginevra. Geschichte e. Wienerkindes. 8. (V, 211 S.) Heidelberg 892. G. Weiß, Verl. n. 3. —; geb. in Leinw. m. Goldschn. n. 4. 20

Ferdinand v. Saar, Conte Gasparo. Berlin: Vita [1898]. (44 S.) 8° [F.]
= Geschichten, Kurze. 1, 11, [1.] [5. 3348

Saar, Ferd. v., Gedichte. 8. (X, 219 S.) Heidelberg 882. Weiß' Verl. n. 3. 60; geb. m. Goldschn. n. 5. —

Saar, F. v., Gedichte. 2., verm. Aufl. 8. (XII, 265 S.) Heidelberg 888. Weiß' Verl. n. 3. 60; geb. n. 5. —

— Gedichte. 3. Aufl. (X, 269 S.) 8. Kassel 904. [G. Weiß.] Ohlau, F. Leichter. n. 3. —; geb. in Leinw. n. 4. 20

— neue Gedichte u. Novellen. 12. (VIII, 291 S.) Ebd. 899. n. 3. 60; geb. in Leinw. n. 4. 60

Saar, Ferd., v., die Geigerin. Novelle. 16. (73 S.) Heidelberg 875. G. Weiß. cart. m. Goldschn. n. 1. 80

— Ginevra. Die Troglodytin, s.: Reclam's Novellen-Bibliothek.

— Ginevra. Die Troglodytin, s.: Universal-Bibliothek.

Saar, Ferd. v., Kaiser Heinrich IV. Ein deutsches Trauerspiel in 2 Abthlgn. Heidelberg, Weiß. 8. 1 ℛ 20 ngr
1. Abthl. Hildebrand. (223 S.) 865. 1 ℛ
2. " Heinrichs Tod. (130 S.) 867. 20 ngr.

— Kaiser Heinrich IV. Dramatisches Gedicht in 2 Abtheilgn. 2., verb. Aufl. in e. Bde. 8. (III, 262 S.) Ebend. 872. n. 4. —

Kaiser Heinrich IV. Ein deutsches Trauerspiel in 2 Abt. von Ferdinand v. Saar. 3. Aufl. 1. Hildebrand. 2. Heinrichs Tod. *Kassel: G. Weiß 1904.* (255 S.) 8° [F.] [04. 8590 4

— **Kaiser Heinrich IV. Ein deutsches Trauerspiel in 2 Abtlgn. 3. Aufl. I. Hildebrand. II. Heinrichs Tod. (X, 255 S.) 8. Kassel 904. Ohlau, F. Leichter. n. 4.—**

Saar, Ferd. v., Herbstreigen. 3 Novellen. (Der Novellen 5. Sammlung.) (Herr Fridolin u. s. Glück. — Ninon. — Requiem d. Liebe.) 12. (277 S.) Heidelberg 897. G. Weiß, Verl. n. 3. 60; geb. in Leinw. n. 4. 60

— Herbstreigen. 3 Novellen. Hrsg. v. Jak. Minor. 2. bis 3. Taus. (163 S.) 8. Leipzig 909. Hesse & Becker Verl. 2.—; geb. in Leinw. 3. —

Hermann und Dorothea. Ein Idyll in 5 Gesängen von Ferdinand v. Saar. *Kassel G. Weiss 1902* (86 S.) 8° [F.] [illegible] 4

— Innocens. Ein Lebensbild. Ebend. 866. 16. (84 S.) cart. mit Goldschn. 15 ngr.

— Innocens. Eine Novelle. 2. durchgeseh. Aufl. 16. (84 S.) Ebend. 871. cart. m. Goldschn. n. 1. 40

— dasselbe. 3. Aufl. 16. (84 S.) Ebend. 874. cart. m. Goldschn. n. 1. 80

— Innocens. Novelle. 4. Aufl. 12. (88 S.) Ebd. 892. Geb. in Leinw. n. 2. 40

— Innocens. Novelle. 5. bis 6. Taus. (87 S.) kl. 8. Ebd. (909). Geb. in Leinw. 1. 20

— Schloß Kostenitz. Novelle. 8. (138 S.) Ebd. 893. n. 2. —; geb. in Leinw. n. 3. 20

— s.: Lyrik, deutsche, der Neuzeit.

Saar, Ferd. v., Marianne. Eine Novelle. gr. 16. (70 S.) Heidelberg 873. G. Weiß. geb. m. Goldschn. n. 2. —

Saar, Ferdinand von
Marianne. Berlin 1885.
In: Novellenschatz, Neuer deutscher. Bd 7.

— Novellen aus Oesterreich. [Innocens. Marianne. Die Steinklopfer. Die Geigerin. Das Haus Reichegg.] 8. (277 S.) Ebend. 877. n. 4. 20; geb. n. 5. 40

— Novellen aus Oesterreich. 2., durchgeseh. Aufl. 8. (261 S.) Ebd. 894. n. 4. —; geb. in Leinw. n. 5. —

— Novellen aus Oesterreich. 1. Ausg. in 2 Bdn. 8. Ebd. 897. n. 10. —; geb. in Leinw. n. 12. —
1. (367 S.) n. 4. 80; geb. n. 5. 80
2. (395 S.) n. 5. 20; geb. n. 6. 20

Novellen aus Oesterreich von Ferdinand v. Saar. In 2 Bden. 3. u. 4. Taus. Bd 1. 2. *Kassel: G. Weiß 1904.* 2 Bde 8° [F.] [04. 1545 4

Saar, Ferd. v., Novellen aus Oesterreich. 2 Bde. 3. u. 4. Taus. (367 u. 395 S.) 8. Kassel 904. Ohlau, F. Leichter. n. 10. —; geb. in Leinw. n.n. 11. —; eleg. geb. n.n. 12. —

— Novellen aus Österreich. Hrsg. v. Jak. Minor. Mit e. Bildnisse des Dichters u. e. Briefe als Handschriftenprobe. 5. bis 6. Taus. (3 Tle. in 2 Bdn.) (225, 115 u. 345 S.) kl. 8. Leipzig (909). Hesse & Becker Verl. 4.—; geb. in Leinw. 6. —

— drei neue Novellen. [Vae victis! Der „Excellenzherr". Tambi.] 8. (VII, 183 S.) Ebend. 883. n. 3. —; geb. m. Goldschn. n. 4. 20

—— Novellen. 3. u. 4. Sammlung. 8. Ebd. * 6 60; geb. * 9 —
3. Schicksale. Drei Novellen. (Lieutenant Burda. Seligmann Hirsch. Die Troglodytin.) (271 S.) 889. * 3 60; geb. * 4 80.
4. Frauenbilder. Zwei neue Novellen. (Ginevra. Geschichte e. Wienerkindes.) (V, 211 S.) 892. * 3 —; geb. m. Goldschn. * 4 20.
1. u. 2. Sammlung unter Einzeltiteln:
Novellen aus Oesterreich. Ebd. 1877. * 4 20; geb. * 5 40. — Drei neue Novellen. Ebd. 1883. * 3 —; geb. m. Goldschn. * 4 20.

— die Pincelliade. Ein Poem in 5 Gesängen. 2. Aufl. 8. (81 S.) Ebd. 897. n. 1. 25

— Schicksale. Drei Novellen. [Der Novellen 3. Sammlg.] (Lieutenant Burda. Seligmann Hirsch. Die Troglodytin.) 8. (271 S.) Ebd. 889. n. 3. 60; geb. n. 4. 80

— die Steinklopfer. Eine Geschichte. gr. 16. (77 S.) Ebend. 874. geb. m. Goldschn. n. 1. 75

— Tambi. Mit Einleitg. v. Alfr. Walheim, s.: Graeser's Schulausgaben klassischer Werke.

— Tambi, s.: Volksbücher, Wiesbadener, Nr. 41.

— Tempesta. Trauerspiel in 5 Akten. 8. (100 S.) Ebend. 881. n. 2. —

Saar, Ferd. v., Thassilo. Tragödie in 5 Akten. 8. (141 S.) Heidelberg 886. Weiß' Verl. n. 2. 40

— **Tragik des Lebens. 4 neue Novellen. (III, 204 S.) 8. Wien 906. Wiener Verlag. n. 2. 50; geb. n. 4. —**

— Tragik des Lebens. 4 Novellen. Hrsg. v. Jak. Minor. 2. bis 3. Taus. (144 S.) kl. 8. Leipzig (909). Hesse & Becker Verl. 1.50; geb. in Leinw. 2. 50

— Doktor Trojan. Conte Gasparo. Sündenfall, s.: Hesse's, Max, Volksbücherei.

Ferdinand v. Saar, Doktor Trojan. Berlin: Romanwelt 1897. (36 S.) 8° [F.] = Geschichten, Kurze. 1, 4. [1.] [03. 3304

Saar, Ferdinand von: Sämtliche W e r k e in 12 Bden. Im Auftr. d. Wiener Zweigver. d. Deutschen Schillerstiftung mit e. Biogr. d. Dichters von Anton Bettelheim hrsg. von Jakob Minor. Mit 5 Bildn., e. Wiedergabe d. Grabdenkmals, u. e. Briefe als Handschriftprobe. Bd 1-12. Leipzig: Hesse [1909]. 8°
1. Ferdinand v. Saars Leben u. Schaffen von A. Bettelheim.
2. 3. Gedichte. 1. 2. 4. Dichtungen in Versen. 5. 6. Dramen. T. 1. 2.
7.-12. Novellen aus Österreich. 1-6.
(Max Hesses Neue Leipziger Klassiker-Ausgaben.)

Saar's, Ferd. v., sämtliche **Werke** in 12 Bdn. Im Auftrage des Wiener Zweigvereins der deutschen Schillerstiftg. m. e. Biographie des Dichters v. Ant. Bettelheim hrsg. v. Jak. Minor. Mit 5 Bildnissen, e. Wiedergabe des Grabdenkmals des Dichters u. e. Briefe als Handschriftenprobe. (215, 227, 192; 136, 294, 308; 225, 115, 345; 273, 186 u. 189 S.) kl. 8. Leipzig (909). Hesse & Becker Verl. 8.—; in 4 Bde. geb., Leinw. 10.—; feine Ausg., Halbfrz. 14.—; Luxusausg., Liebh.-Halbfrz. 18.—; auf starkem Papier 11.—; in 8 Bde. geb., Leinw. 15.—; Halbfrz. 20.—

— die beiden de **Witt**. Trauerspiel in 5 Acten. 8. (96 S.) Ebend. 875. n. 2. 25

— die beiden de **Witt**. Trauerspiel in 5 Acten. 2., neubearb. Aufl. 8. (122 S.) Ebend. 879. n. 2. 20

— eine **Wohlthat**. Volksdrama in 4 Acten. 8. (125 S.) Ebend. 886. n. 2. 20

Saar, Frz. Rolf Frhr. v., Träume e. Jugend. Mit Buchschmuck v. Hanna Pick-Rieder. (VII, 253 S.) 8. Dresden (908). E. Pierson. 3.—; geb. n 4.—

Saar, Heinr., die Heilquellen Böhmens. Uibersichtl. dargestellt. gr. 8. (53 S.) Prag 847, Calve. n. 1/3 ₰

SAAR, Hermann: Ueber luetische Tracheo-Bronchostenosis.- München: Kastner & Lossen 1897. 28 S.
24.1.1898 - Chr 1897/98,19; Jv 1897/98,218
Diss.Ingolst.-Landsh.-Mchn.

Saar, Jul. C., Jungbronnen. 8. (VII, 171 S.) Dresden 900. E. Pierson. n. 2. 50; geb. n. 3. 50

Saar, Karl

Saar, C., angebetete Elisabeth! Lustspiel in 1 Act. gr. 16. (44 S.) Wien 876. Wallishausser. n. 1. 40

Saar, Karl, ich habe keine Zeit, s. Unterhaltungs-Bibliothek.

Saar, C., die Lustspiel-Concurrenz, } s.: Theater-Repertoir, Wiener.

—— die Schule der Mütter, s. Theater-Repertoir, Wiener.

Saar, Klaus v. der, zwischen Volksschule u. Kaserne. Ein Mahnwort u. Wegweiser f. Geistliche, Lehrer u. Jugendfreunde. (IV, 90 S.) kl. 8. Paderborn 907. F. Schöningh. — 50

Saar, Max *Friedrich Heinrich* [aus Neustettin]: Ueber die Aetiologie der Appendicitis ... Berlin, Druck v. E. Ebering, *1897*; 26 S., 3 Bl. 8.
Berlin, Med. Fak., Inaug.-Diss. v. 10. Aug. 1897

Saar, R., zu Jesu Füßen! Brosamen aus den „Stillen Tagen" im Asyl Rämismühle v. 8. bis 11. IV. 1902. 12. (VII, 56 S.) Rämismühle (902). (Gotha, Missionsbuchh. P. Ott.) n. — 30

Saar, Richard: Über die Einwirkung von Benzoyl- und Phtalylchlorid auf Oxy- und Amidobenzoësäureester in Gegenwart von Aluminiumchlorid. *Greifswald 1897: C. Sell.* (23 S.) 8°
Greifswald, Phil. Diss. v. 27. Okt. 1897

Saar, Rich., ausführl. theoret. **Handbuch** der Stenographie, als Erläutergn. zur Systemurkunde, Fortbildungsbuch f. Stenotachygraphen u. Hülfsmittel f. Unterrichtsleiter hrsg. gr. 8. (71 u. VIII S.) Halle 901. (E. Anton.) n. 1.—

— die **Stenographie** in der akademisch gebildeten Welt. Darlegungen f. Laien u. Stenographen. Mit e. Schrifttaf. 8. (52 S.) Leipzig 899. (J. H. Robolsky.) n. — 80

Saarabien vor Gericht. Bericht üb. den Prozeß Hilger gegen Krämer unter Benutzg. stenograph. Aufzeichngn. (181 S.) gr. 8. Berlin 904. Buchh. Vorwärts. n. — 50

SAARBACH, LUDWIG. Ueber die Einwirkung von Phenolen auf halogensubstituirte Fettsäuren. Leipzig, 1879.

Saarbourg, Conr. (geb. Zel an d. Mosel [illegible] 12. 1851): Atrophie und Hypertrophie in ihrer [illegible] Bedeutung für die Oekonomie des Organismus. Berlin (1874) ([illegible] S.) 8°
Berlin, Med. Diss. v. 2[illegible] Febr. 1874

Saarbrücken [Sachliches OW]

Vor **Saarbrücken** oder: Er hat Courage. Von A. v. L. *Berlin: Christl. Zeitschriftenverein 1896.* (16 S.) 8° [F.]
= [**Festaufführungen** f. Kriegervereine. H. 1.] [illegible]

Saarbrücken [Schlagwort]

Saarbrücken, s.: Geologische Karten (Elsass-Lothringen).

— s.: Trier, Reg.-Bez.

— s. a.: Deutschland. Uebersichtskarte.

Saarbrücken. Ludt, A., Handkarte des Kreises Saarbrücken. Für den Schul- u. Privatgebrauch bearb. 1 : 75,000. 42×43 cm. Farbdr. Trier (903). F. Lintz. n. — 40

Saarbrücken. Ludt, A. Wandkarte des Kreises Saarbrücken. 1 : 25,000. 4 Blatt à 65×69 cm. Trier (898). H. Stephanus. Auf Leinw. m. Stäben n.n. 18.—

Saarbrücken. Müller, Gust., Special-Karte der Umgegend v. Saarbrücken u. St. Johann. 1 : 75,000. Chromolith. Imp.-Fol. Nebst Ortsverzeichniss. 8. (19 S.) Saarbrücken 889. Klingebeil. n. 6.—

— Müller, Gust., Specialkarte der Umgegend v. Saarbrücken u. St. Johann. 1:75,000. 2. Aufl. 68×76 cm. Farbdr. Saarbrücken 901. C. Schmidtke. 2. 50

Saarbrücken. Pharus-Plan v. Saarbrücken. (Umschlag: Gross-Saarbrücken.) 1 : 10,000. 40,5×78,5 cm. Farbdr. Saarbrücken-St. Johann (910). Bock & Seip. — 75

— Schneider, H., Stadt-Plan von Saarbrücken. 1 : 12,500. 31×57 cm. Farbdr. Mit Strassenverzeichnis am Fusse. Saarbrücken 909. C. Schmidtke. — 35

— Touristen-Karte f. die Umgebg. v. Saarbrücken-St. Johann u. die benachbarten Gebiete. 1 : 100,000. 44×64 cm. Farbdr. St. Johann (908). W. Rudolph. 1.25

Saarburg [Schlagwort]

Saarburg (Rheinland), s.: Deutschland. Karte (Abt. Preussen). — Preussen. Messtischblätter. — Trier, Reg.-Bez.

— s. a.: Rheinprovinz. Liebenow.

Saarburg. Beyer, Entfernungskarte des Kreises Saarburg (Reg.-Bez. Trier). 1: 80,000. Mit Benutzg. der Kataster- u. Generalstabskarten bearb. im J. 1895. 42 × 47 cm. Lith. u. kolor. Mit Text am Fusse. Saarburg 897. R. Hegner. n. 1. 75

— Herber, Ph. H., Schul-Wandkarte des Kreises Saarburg. 1 : 35,000. 4 Blatt à 60 × 52,5 cm. Farbendr. u. kolor. Trier 895. H. Stephanus. n.n. 8. —; auf Leinw. n.n. 12. —; u. lackiert n.n. 13. —

Saarburg. Karte v. Saarburg u. Umgegend. 1:100,000. 39×33,5 cm. Photolith. u. Farbdr. Bruchsal (901). O. Katz. — 40; auf Leinw. — 60

Saare, A., u. Thiele, neues u. vollständiges Handels- u. Gewerbe-Adressbuch nebst Ortlexikon der gesammten Schweiz. (In 5 Hftn.) 1—3. Hft. gr. 8. (S. 1—136.) Zürich 876. Saare & Thiele. à n. 1. 60

Saare, A., u. Thiele, neues u. vollständiges Handels- u. Gewerbe-Adressbuch nebst Ortslexikon der gesammten Schweiz. 4—6. (Schluss-)Hft. gr. 8. (1. Bd. IV u. S. 137—47 u. 2. Bd. XXVI, 146 S. m. 1 chromolith. Karte in qu. gr. Fol.) Zürich 877. Schweizerisches Antiquariat. à n. 1. 60

Die Fabrikation der Kartoffelstärke. Von Prof. Dr. O(scar) **Saare**, Vorsteher des Laborat. des Ver. d. Stärke-Interessenten in Deutschland. M. zahlr. in d. Text gedr. Abb. u. 5 Taf. *Berlin: J. Springer 1897.* (XII, 577 S., 5 Taf.) 1 Bd 8. [97. 8644

Die Industrie der Stärke und der Stärkefabrikate in den Vereinigten Staaten von Amerika und ihr Einfluss auf den englischen Markt. Von Dr. O. **Saare**, Vorst. d. Versuchsstation des Ver. d. Stärke-Interessenten in Deutschland. M. 8 Textfig. *Berlin: J. Springer 1896.* (IV S., 120 S.) 1 Bd 8. [96. 4301

Saare, O: Verzeichniß der Stärkefabriken im Deutschen Reiche. 2. Aufl. Berlin 1893

Saareinsberg [Schlagwort]

Saareinsberg, s.: Geolog. Karten. Specialkarte (Elsass-Lothringen).

Saareinsberg, s.: Preussen. Messtischblätter.

Saargebiet [Schlagwort]

Saargebiet, s.: Moselgebiet.

Saargebiet, s.: Radfahrerkarten. Mittelbach. — Weinbaukarten.

Saargemünd [Schlagwort]

Saargemünd, s.: Geolog. Karten (Elsass-Lothringen).

Saarindustrie und Handel. Amtliches Organ der Handelskammer Saarbrücken, der Südwestdeutschen Eisenberufsgenossenschaft, des Vereins zur Wahrung der gemeinsamen wirtschaftl. Interessen der Saarindustrie usw. Jg. 8—10 (1903—1905) [Schluß]. St. Johann, 1903—1905.
[Seit Juli 1906 u. d. T.:]
Wirtschaftszeitung. Südwestdeutsche. Amtliche Wochenschrift der Handelskammer Saarbrücken, des Vereins zur Wahrung der gemeinsamen wirtschaftlichen Interessen der Saarindustrie usw. Jg. 11—13 (1906—1908). St. Johann, 1906—1908 u. ff.

Saarkalender 1904. Hrsg. vom Kunst- u. Gewerbeverein f. das Saargebiet, Saarbrücken. (86 S.) schmal Fol. Saarbrücken (H. Hecker). n. 1. —

Saarlouis [Schlagwort]

Saarlouis, s.: Rheinprovinz, Liebenow, W.

Saarlouis, Kreis, s.: Trier, Reg.-Bez.

Saarlouis. Hessler, Schulwandkarte des Kreises Saarlouis. Nach den besten Quellen bearb. 1 : 25,000. 4 Blatt. Chromolith. Imp.-Fol. Saarlouis 889. Schreder. Auf Leinw. m. Stäben u. Rollvorrichtg., lackiert. n.n. 20. —

Saarmann, Theodorus: Adnotationes in Oenomai fragmenta (Euseb. praep. evang. V 19—36 et VI 7). Dortmund, Druck v. W. Crüwell, 1889; S. 25—36; 4°
Dortmund, G, OP 1889 (336)

Saarmann, [Theodor]: Einweihung des neuen Anstaltsgebäudes am 8. Mai 1909. S. 8, 1 Abb. 4.
Progr. Städt. Progymn. *Lünen a. d. Lippe* 1910 (505)

Saarmann, Th., de Oenomao Gadareno. Diss. inaug. gr. 8. (31 S.) Lipsiae 887. (Bonn, Behrendt.) n. 1. —

Saarons-Rosen. Bilder u. Klänge f. Stunden der Weihe. 16. (12 S.) Leipzig 888. Baldamus, Sep.-Cto. cart. m. Goldschn. n. — 75

Original-Negretti-Heerde *Saarow*, **Kreis Demmin in Vorpommern, Eigenthümer Kammerherr v. Meyenn. Photogr. v. Lutze u. Witte. (U. St. 1858). 12 fotogr. Tvl. 1 Mappe. Fol.**

Saarpost. –
Saarbrücken. – 25.VI.1904 – 30.VI.1920.

Saar-Thal, s. Nahe- und Saar-Thal.

Clotten, Saar- u. Mosel-Weinbau-Karte f. den Reg.-Bez. Trier. Im Auftrage der königl. Regierg. zu Trier angefertigt im J. 1868 unter der Leitg. v. C. Nach den Kataster-Karten zusammengetragen durch Glasener, gezeichnet durch Dienz. 2., im J. 1890 veränd. Aufl. 1:50,000. 126×38 cm. Farbendr. Trier 890. F. Lintz. n. 3. —; auf Leinw. in Mappe n.n. 4. 50

Saar-Zeitung. –
Saarbrücken. – 22.IX.1848 – 31.XII.1860.
Vorh. u.d.T.: Saarbrücker Anzeiger.
Fortges. u.d.T.: Saarbrücker Zeitung.

Saar-Zeitung. –
Saarlouis. – 1.X.1872 – 29.II.1944.

Saar-Zeitung. – Saar- und B l i e s - Z e i t u n g . –
Neunkirchen. – 1879(?) – 31.VIII.1940.
Vorh. u.d.T.: Blies-Zeitung.

Saarzeitung. – Saar- und M o s e l z e i t u n g . –
Trier. – 3.VII.1848 – 1.VIII.1853.
Fortges. u.d.T.: Neue Trier'sche Zeitung.

Saarzeitung. – Saar- und M o s e l z e i t u n g . –
Trier. – 1.I.1875 – 31.III.1896.

Saas, Carl. Unsere Ferienreise, Vom 11. bis 20. Juli 1906. [Reisebericht von] K'S'. [Mit 10 Tafeln.] 30 S. 8. Winterthur, J. Kaufmanns Wwe., 1907.
(Ferienreise *der* Maturanden des Winterthurer Gymnasiums und der Industrieschule, *nach* Brescia, Gardasee, Verona *etc.*)

Saas-Fee [Schlagwort]

Saas-Fée, s.: Schweiz, Atlas.

Saass, Karl: Beobachtungen über den Erfolg der v. Behring'schen Immunisierungs-Impfungen gegen Tuberkulose bei Rindern und über die daraus geschöpften Erfahrungen bezügl. der Dauer einer Immunität. Wien 1909. 37 S. 4⁰
Wien, Vet.-med. Diss. v. 1909.
Aus: Tierärztl. Zentralblatt. Bd 32.

Saat, die, des Bösen, v. Gustav Schilling. 2 Thle. 8. Dresd. Arnold. 815.

— **u. Ernte**, s.: Gabelsberger-Bibliothek 16. Bd.

—– u. Ernte, s. Immergrün.

Saat und Ernte. Eine Zeitschr. auf d. Gebiete d. spec. Seelsorge. Im Vereine mit mehr. ausgezeichn. Seelsorgern u. christl. Theologen, hrsg. v. Alb. Heinr. Theod. Thym u. Joh. Heinr. Ludw. Schröder. 1. u. 2. Jahrg. 1841 u. 42. à 4 Hfte. 8. Berlin, [J. A. Wohlgemuth.] 1841. * 2½ Thlr., 42. * 1⅔ Thlr.] *

Saat u. Ernte. Eine Zeitschrift aus d. Gebiete der speciellen Seelsorge. Hrsg. v. Alb. Heinr. Theod. Thym. 3. Jahrg. 1843. 4 Hfte. 8. Berlin, J. A. Wohlgemuth, Verl. *
1. u. 2. Jahrg. 1841 u. 1842. Ebendas. * 4 Thlr. 5 Ngr.

Saat und Ernte. Erzählungen für die Jugend und ihre Freunde. 1. u. 2. Bdchn. Elberfeld 862. Hassel's Sorthdlg. 16. Jedes Bdchn. n. 12½ *ngr.*
1. Bdchn.: Der Klausner, oder: die geraubte Tochter. Erzählung aus der Zeit des 30jährigen Krieges von W. B. Mit 1 (lith.) Bilde. (258 S.)
2. Bdchn.: Der Vater Tim, oder die Hugenotten und ihre Kämpfe. Ein historisches Gemälde für die reifere Jugend und ihre Freunde aus dem 16. Jahrh. von W. B. (VI, 317 S.)

Saat u. Ernte. Erzählungen für die Jugend u. ihre Freunde. 3—6. Bdchn. Elberfeld 868—70. Langewiesche. 16. geb. Jedes Bdchn. n. 16 *ngr.*
3. Antoine Perrier, oder der Aufstand in den Cevennen. Ein histor. Gemälde für die reifere Jugend u. ihre Freunde aus dem 16. Jahrh. von W. B. (VI, 213 S.)
4. Sam oder die Morgenröthe der Niederlande. Ein histor. Gemälde für die reifere Jugend u. ihre Freunde aus dem 16. Jahrh. von W. B. (271 S.)
5. Korporal Tom, oder der untergeschobene Brief. Ein histor. Gemälde für die reifere Jugend u. ihre Freunde aus der schottischen Reformationszeit. Von W. B. (256 S.)
6. Stephan Fern. Eine Geschichte für die Jugend u. ihre Freunde. Autoris. Uebersetzung von Frau v. G. (240 S.)

Saat u. Ernte. Erzählungen f. die Jugend u. ihre Freunde. 1. 2. 7. u. 8. Bdchen. 16. Elberfeld 872. 73. Langewiesche's Sort. geb. à n. 1. 60
1. Der Klausner od. die geraubte Tochter. Erzählung aus der Zeit d. 30jähr. Krieges v. W. B. 2. Aufl. (256 S.)
2. Der Vater Tim od.: Die Hugenotten u. ihre Kämpfe. Ein histor. Gemälde f. die reifere Jugend u. ihre Freunde aus dem 16. Jahrh. v. W. B. 2. Aufl. (320 S.)
7. Marion od. der Engpaß v. Angrona. Ein histor. Gemälde f. die reifere Jugend u. ihre Freunde aus der Geschichte der Waldenser v. W. B. (224 S.)
8. Der Löwe aus Juda. Eine Erzählg. f. die reifere Jugend u. ihre Freunde. Frei nach dem Engl. v. W. B. (211 S.)

— **u. Ernte.** Erzählungen für die Jugend u. ihre Freunde. Hrsg. vom Elberfelder Erziehungs-Verein. 9—13. Bdchn. gr. 16. Elberfeld 878. (Faßbender.) à n. 1. 25; geb. à n. 1. 50
9. Die beiden Helden oder der Alte vom Rheingrafenstein. Ein Blatt aus der Geschichte der Reformation v. W. B. (IV, 210 S.)
10. Der alte Ben oder der geflickte Mantel. Ein histor. Gemälde aus der Reformationszeit v. W. B. (255 S.)
11. Der Husar wider Willen. Eine Erzählung aus der Zeit d. 7jähr. Krieges v. W. B. (254 S.)
12. Der Sohn der Alpen. Eine Erzählung aus den Religionskämpfen der Schweiz v. W. B. (257 S.)
13. Weiß u. Schwarz. Eine Erzählung aus den Tagen der Sclavenbefreiung in Jamaika v. W. B. (292 S.)

— **u. Ernte.** Erzählung f. die Jugend u. ihre Freunde. 1—3., 8., 9., 14. u. 15. Bdchn. 12. Elberfeld, Buchh. d. Erziehungs-Vereins. geb. à 1. 25
1. Der Klausner od. die geraubte Tochter. Erzählung aus der Zeit d. 30jähr. Krieges v. W. B. 3. Aufl. (255 S.) 875.
2. Der Vater Tim od. die Hugenotten u. ihre Kämpfe. Ein histor. Gemälde aus dem 16. Jahrh. v. W. B. 3. Aufl. (300 S.) 875.
3. Antoine Perrier od. der Aufstand in den Cevennen. Ein histor. Gemälde aus dem 18. Jahrh. v. W. B. (247 S.) 879.
8. Der Löwe aus Juda. Eine Erzählg. f. die reifere Jugend u. ihre Freunde. Frei nach dem Engl v. W. B. 2. Aufl. (220 S.) 884.
9. Die beiden Helden od. der Alte vom Rheingrafenstein. Ein Blatt aus der Geschichte der Reformation v. W. B. 2. Aufl. (214 S.) 884.
14. Trübe Zeiten. Eine Erzählg. aus dem Revolutionsjahre 1848 v. W. B. (294 S.) 879.
15. Eigene Wege. Eine Erzählg. nach geschichtl. Thatsachen von W. v. Osterau. (231 S.) 884.

— **u. Ernte.** Erzählungen f. die Jugend u. ihre Freunde. 1., 2., 4. u. 5. Bdchn. gr. 16. Elberfeld, Buchh. des Erziehungs-Vereins. Geb. in Leinw. à n. 1. 50
1. Der Klausner od. die geraubte Tochter. Erzählung aus der Zeit des 30jähr. Krieges v. W. B. 4. Aufl. (301 S.) 893.
2. Der Vater Tim od. die Hugenotten u. ihre Kämpfe. Ein histor. Gemälde f. die reifere Jugend u. ihre Freunde aus dem 16. Jahrh. v. W. B. 4. Aufl. (359 S.) 893.
4. Sam od. die Morgenröte der Niederlande. Ein histor. Gemälde f. die reifere Jugend u. ihre Freunde aus dem 16. Jahrh. v. W. B. 3. Aufl. (335 S.) 894.
5. Korporal Tom od. der untergeschobene Brief. Ein histor. Gemälde f. die reifere Jugend u. ihre Freunde aus der schott. Reformationszeit. Von W. B. 3. Aufl. (263 S.) 894.

Saat u. Ernte. 6.—10. u. 15. Bdchn. 12. Elberfeld, Buchh. des Erziehungsvereins. Geb. in Leinw. à 1. 50
6. Der Burgvogt od. feurige Kohlen. E. Erzählg. aus d. Zeiten d. deutschen Bauernkrieges f. d. reif. Jugend u. ihre Freunde v. W. B. 2. Aufl. (311 S.) 895.
7. Marion od. d. Engpaß v. Angrona. E. histor. Gemälde f. d. Jugend u. ihre Freunde aus d. Geschichte d. Waldenser v. W. B. 3. Aufl. (255 S.) 895.
8. Der Löwe aus Juda. E. Erzählg. f. d. reif. Jugend u. ihre Freunde v. W. B. 3. Aufl. (200 S.) 896.
9. Die beiden Helden od. d. Alte v. Rheingrafenstein. E. Blatt aus d. Geschichte d. Reformation f. d. reif. Jugend u. ihre Freunde v. W. B. 3. Aufl. (235 S.) 896.
10. Ben, der alte, od. der geflickte Mantel. E. histor. Gemälde aus d. Reformationszeit f. d. reif. Jugend u. ihre Freunde v. W. B. 2. Aufl. (296 S.) 897.
15. Wege, eigene. E. Erzählg. nach geschichtl. Thatsachen v. W. B. 2. Aufl. (258 S.) 897.

— u. **Ernte.** 3., 11., 14. u. 16.—18. Bd. gr. 16. Elberfeld, Buchh. des Erziehungs-Vereins. Geb. in Leinw. à. n. 1. 25
3. Perrier Antoine, od.: der Aufstand in den Cevennen. Ein histor. Gemälde f. die reifere Jugend u. ihre Freunde, aus d. 18. Jahrh., v. W. B. 4. Aufl. 5., 6. u. 7. Taus. (269 S.) (899.)
11. Husar, der, wider Willen. Eine Erzählg. f. die reifere Jugend u. ihre Freunde aus der Zeit des 7jähr. Krieges v. W. B. 2. Aufl. 5., 6. u. 7. Taus. (301 S.) (900.)
14. Zeiten, trübe. Eine Erzählg. aus dem Revolutionsjahr 1848, f. die Jugend u. ihre Freunde v. W. B. 4. Aufl. 4., 5. u. 6. Taus. (330 S.) (900.)
16. Aus Henri Arnauds Heldenleben. Eine Volkserzählg. als Festgruß zum 200jähr. Waldenserjubiläum des J. 1899. Von Imman. Weitbrecht. 2 Tle. in 1 Bd. Mit e. Bildnis v. Henri Arnaud. (V, 296 S.) (899.)
17. Erbin, die, v. Fritzburg. Eine Erzählg. aus der Reformationszeit. (304 S.) (901.)
18. Ueberwunden. Eine Erzählg. aus d. 1. Jahrh. (280 S.) (902.)

— — 12., 19. u. 20. (Schluß-)Bd. 16. Elberfeld, Buchh. des Erziehungs-Vereins. Geb. in Leinw. à n. 1. 25
12. Sohn, der, der Alpen. Eine Erzählg. aus den Religionskämpfen der Schweiz f. die reif. Jugend v. W. B. 3. Aufl. (224 S.) (904.)
19. Aus Nacht z. Licht. Erzählung a. d. 4. Jahrh. (303 S.) (903.)
20. Ritter, die, v. Adlerstein. Eine Erzählg. aus dem 15. Jahrh. (400 S.) (904.)

Saat u. Ernte. 2. 13. 21. u. 22. Bd. kl. 8. Elberfeld, Buchh. des Erziehungs-Vereins. Geb. in Leinw. 5. 50
2. Tim, der Vater, od.: Die Hugenotten u. ihre Kämpfe. Ein histor. Gemälde aus dem 16. Jahrh. f. die reifere Jugend u. ihre Freunde v. W. B. 5. Aufl. (352 S.) (909.) Geb. 1. 25
13. Weiß u. Schwarz. Erzählg. aus den Tagen der Sklavenbefreig. in Jamaika. Der reiferen Jugend u. ihren Freunden dargeboten v. W. B. 2. Aufl. (261 S.) 906. Geb. 1. 25
21. Pater Renaldo od. die Macht des Evangeliums. Eine Erzählg. aus der Glaubensverfolgg. in Spanien unter Königin Isabella. Der reiferen Jugend u. ihren Freunden dargeboten. Von G. Holtey-Weber. (220 S.) (907.) Geb. 1.25; erh. Pr. 1. 50
22. Mit Gott wollen wir Taten tun! Eine Erzählg. aus der Camisardenzeit unter Ludwig XIV. Der reiferen Jugend u. ihren Freunden dargeboten. Von G. Holtey-Weber. (253 S.) (909.) Geb. 1. 50

Saat und Ernte

— — Altes u. Neues vom Landwirt — f. den Landwirt. I. Jahrg. 1. u. 2. Heft. 8. Leipzig, Asgard-Verlag. 1. 20
1. Die gebräuchlichsten Futtermittel des Handels. Von Paul Krische. 1.—5. Taus. (31 S.) 908. — 60
2. Vorträge, landwirtschaftliche, f. Soldaten. Von Agricola. (20 S.) 908. — 60

Saat und Ernte

— — auf d. Missionsfelde. Illustr. Blätter f. d. erwachsene Jugend. Hrsg. v. Jul. Richter u. Paul Richter. 1. Jahrg. 1899. 12 Nrn. (à ca. 8 S.) gr. 8. Gütersloh, C. Bertelsmann. n. 1. —; m. d. evangel. Missionen zusammen n. 3. 75

— — auf dem Missionsfelde. Illustrierte Blätter für die erwachsene Jugend. Hrsg. v. Jul. Richter u. Paul Richter. 2.—4. Jahrg. 1900—1902. à 12 Nrn. gr. 8. (à ca. 8 S.) Gütersloh, C. Bertelsmann. à Jahrg. n. 1. —; m. den evangel. Missionen n. 3. 75

— — auf dem Missionsfelde. Illustr. Blätter f. die erwachsene Jugend. Hrsg. v. Jul. Richter u. Paul Richter. 5.—8. Jahrg. 1903—1906. à 12 Nrn. (à Jhrg. 96 S.) Lex.-8. Gütersloh, C. Bertelsmann. à Jhrg. 1. —; m. den evangel. Missionen n. 3. 75

— — auf dem Missionsfelde. Illustrierte Blätter f. die erwachsene Jugend. Hrsg. v. Paul Richter. 9.—12. Jahrg. 1907—1910. à 12 Nrn. (à Jahrg. 96 S.) Lex. 8. Gütersloh, C. Bertelsmann. à Jahrg. 1.—; m. den evangel. Missionen 3. 75

Saat und Garben. Eine Sammlung d. besten Romane d. In- u. Auslandes. 1. Jahrg. 12. Hefte. Lex. 8. (M. 4 col. Bild. od. nach Wahl 2 große schwarze Bilder als Prämie gratis.) Wien, Lechner. 1860/61.
Inhalt: Montépin, d. blutige Hand. — Manzoni, d. Sünden d. Väter. — Aimard. Kampf u. Verrath.

Saat und Garben. Sammlung der besten Romane und Novellen des In- und Auslandes. 2. Bd. 12 Hefte. Lex. 8. (à 48 S.) Mit 4 col. oder 2 großen schw. Bildern als Gratisprämien. Wien, Lechner's Sev. Cto. 1861/62. à 40 kr.
Inhalt: Capendu, Marcof von St. Malo. — Hirsch, Der Leuchtthurmwächter von Arzew. — Manzoni, Der Weg durch Dornen. — Gemeinnütziges.

Saat und Garben zur Beachtung und Betrachtung aus deutschen Prosackern. Berlin 1855(56). H: *Forck, L.* (Hdschr. Mitth. von Friedrich Müller, München) (Kürschners Deutscher Literatur-Kalender XII, 190)

Saat und Garben. Zur Beachtung und Betrachtung aus deutschen Prosaikern. 856. — 2. Aufl. Berlin 857. Guttentag. 16. (VIII, 312 S.) 1 ₰

Saat und Garben. Zur Beachtung und Betrachtung aus deutschen Prosaikern. 3. Aufl. Berlin 860. Guttentag. 16. (VIII, 328 S. u. 1 Lithogr.) 1 ₰

Saat u. Garben. Zur Beachtung u. Betrachtung aus deutschen Prosaikern. 5. Aufl. Berlin 868. Guttentag. In engl. Einb. mit Goldschn. n. 1 ₰ 10 ngr.

— **u. Garben.** Zur Beachtg. u. Betrachtg. aus deutschen Prosaikern. 5. Aufl. 16. (VIII, 328 S.) Berlin 870. Guttentag geb. m. Goldschn. In Cart. 4. —

Saat, von Göthe gesäet. Ein Handbuch für Aesthetiker und junge Schauspieler. Weim. u. Leipz. 1808. V: *Reinhold, Carl Wilh. (= Zacharias Lehmann).* (GGr)

Saat v. Göthe gesäet dem Tage der Garben zu reifen. Handbuch f. Aesthetiker u. junge Schauspieler. 8. Lpz. 808. Cnobloch. 1 ₰

Saat auf Hoffnung. Zeitschrift für die Mission der Kirche an Israel, in vierteljährlichen Heften herausg. von Delitzsch u. Becker. Organ der evangelisch-lutherischen Missionsvereine für Israel in Sachsen und Bayern. 1. u. 2. Jahrg. 1863 u. 64. à 4 Hefte (à 3—4 Bgn.). Leipzig, Naumann in Comm. gr. 8. Jeder Jahrg. n. 10 ngr.

Saat auf Hoffnung. Zeitschrift für die Mission der Kirche an Israel, in vierteljährl. Heften herausg. von Delitzsch u. Becker. Organ der evangel.-luther. Missionsvereine in Israel für Sachsen u. Bayern. 3—7. Jahrg. 1865—69. à Jahrg. 4 Hefte (à ca. 50—60 S.). Leipzig, (J. Naumann.) (Erlangen, Deichert.) 3. u. 4. Jahrg. à n. 10 ngr.; 5—7. Jahrg. à n. 12 ngr.

— — 7. Jahrg. 1. Suppl.-Heft. (Johannis 1870.) Ebend. 870. gr. 8. (56 S.) n. 6 ngr.

— **auf Hoffnung.** Zeitschrift f. die Mission der Kirche an Israel, in vierteljährlichen Heften. hrsg. v. Delitzsch u. Becker. 8. u. 9. Jahrg. 1871 u. 1872 à 4 Hfte. gr. 8. (à Hft. 59 S.) Erlangen, Deichert. à Jahrg. n. 1. 20

— dasselbe. 10. u. 11. Jahrg. 1873 u. 1874 à 4 Hfte. gr. 8. (à Hft. 72 S.) Ebend. à Jahrg. n. 1. 40

— dasselbe. 12. u. 13. Jahrg. 1875 u. 1876 à 4 Hfte. gr. 8. (1. Hft. 82 S.) Ebend. n. 1. 50

Saat auf Hoffnung. Zeitschrift für die Mission der Kirche an Israel, hrsg. v. Frz. Delitzsch. Organ des evangelisch-luther. Centralvereins für die Mission unter Israel. 14—19. Jahrg. 1877—1882. à 4 Hfte. gr. 8. (à Hft. ca. 73 S.) Erlangen, Deichert. à Jahrg. n. 1. 50

Saat auf Hoffnung. Zeitschrift üb. die Mission der Kirche an Israel, hrsg. v. Frz. Delitzsch. Organ d. evangelisch-luther. Centralvereins f. die Mission unter Israel. 20—23. Jahrg. 1883—1886. à 4 Hfte. gr. 8. (à Hft. 76 S.) Erlangen, Deichert. à Jahrg. n. 1. 50

Saat auf Hoffnung. Zeitschrift f. die Mission der Kirche an Israel, hrsg. v. F. Delitzsch. Organ d. evangelisch-luther. Centralvereins für die Mission unter Israel. 24. u. 25. Jahrg. 1887. 1888. à 4 Hfte. gr. 8. (à Hft. ca. 80 S.) Leipzig, Deichert Nachf. à Jahrg. n. 1. 50

— dasselbe, unter Mitwirkg. v. F. Delitzsch u. W. Faber hrsg. von G. H. Dalman. 26. Jahrg. 1889. 4 Hfte. gr. 8. (à Hft. ca. 64 S.) Leipzig, Akademische Buchhandlg. (W. Faber). n. 1. 50

— dasselbe. 27. Jahrg. 1890. 4 Hfte. gr. 8. (à Hft. ca. 64 S.) Ebd. n. 2. —

Saat auf Hoffnung. Zeitschrift f. die Mission der Kirche an Israel, unter Mitwirkg. v. Frz. Buhl u. L. Anacker vierteljährlich hrsg. v. Wilh. Faber. Organ des evangelisch-luther. Centralvereins f. die Mission unter Israel, begründet v. Frz. Delitzsch. 28.—31. Jahrg. 1891—1894. à 4 Hfte. (à 4 Bog.) gr. 8. Leipzig, Verlag der Akadem. Buchh. (W. Faber). à Jahrg. n. 2. —; m. den Schriften des Institutum Judaicum (4 Nrn.) n. 4. —

Saat auf Hoffnung. Zeitschrift f. d. Mission d. Kirche an Israel, unt. Mitwirkg. v. Frants Buhl u. L. Anacker vierteljährl. hrsg. v. Wilh. Faber. Organ d. evangelisch-luther. Centralvereins f. d. Mission unter Israel, begründ. v. Frz. Delitzsch. 32.—35. Jahrg. 1895-1898. à 4 Hfte. (à 4 Bog.) gr. 8. Leipzig, Ev.-luth. Centralverein f. Mission unter Israel.
à Jahrg. n. 2. —; m. d. Schriften d. Institutum Judaicum (4 Nrn.) n. 4. —

Saat auf Hoffnung. Zeitschrift f. die Mission der Kirche an Israel. Organ des evang.-luth. Centralvereins f. Mission unter Israel, begründet v. Frz. Delitzsch. Im Auftrage des Vereins unter Mitwirkg. von Rud. Kittel vierteljährlich hrsg. v. Ludw. Anacker. 36.—39. Jahrg. 1899—1902. à 4 Hfte. gr. 8. (à 3—4 Bog.) Leipzig, Ev.-Luth. Centralverein f. Mission unter Israel.
à Jahrg. n. 2. —

**Saat auf Hoffnung. Zeitschrift f. die Mission der Kirche an Israel. Organ des evang.-luth. Zentralvereins f. Mission unter Israel, begründet v. Frz. Delitzsch. Im Auftrage des Vereins unter Mitwirkg. v. R. Kittel vierteljährlich hrsg. von Otto v. Harling. Mit der Beilage: Friede üb. Israel! 40.—43. Jahrg. 1903—1906. à 4 Hefte. (256, 208, 174 u. 232 S.) 8. Leipzig, Ev.-Luth. Zentralverein f. Mission unter Israel.
à Jhrg. n. 2. —**

Saat auf Hoffnung. Zeitschrift f. die Mission der Kirche an Israel. Organ des evang.-luth. Zentralvereins f. Mission unter Israel, begründet v. Frz. Delitzsch. Im Auftrage des Vereins in Verbindg. m. Kittel u. P. Krüger vierteljährlich hrsg. von Otto v. Harling. Mit der Beilage: Friede üb. Israel! 44.—47. Jahrg. 1907—1910. à 4 Hefte. (192, 208, 192 u. 194 S.) 8. Leipzig, Ev.-luth. Zentralverein f. Mission unter Israel.
à Jahrg. 2. —

Saat und Ernte, Politische, des Jahres 1847. Historisches Taschenbuch auf das Jahr 1848. Grimma 1848. H: *Benno, J. Er.* [?]. (BrMm)

Saat und Ernte, politische, des J. 1847. Historisches Taschenbuch auf das Jahr 1848. 8. (332 S.) Grimma 848. [Wurzen,] Verlags-Comptoir.

Saathoff, Lübhard, approb. Arzt aus Kiel: **Aus d. pathol. Institute zu Kiel. Ein Fall von fast völliger fibröser Entartung der rechten Herzkammer.** *Kiel 1902: H. Fiencke.* (16 S.) 8°
Kiel, Med. Diss. v. [11. März] 1902

Saatkamp, Johann Andreas

Saatkamp, J. Andr., Futterkräuter und Futtergräser für Oekonomen mit den Originalien. H. 1. 2. 3. von H. Einhof. Mit getrockneten Pflanzen. Celle 1801—4. Fol.

Saatkamp, Jh. Andr., Futterkräuter u. Futtergräser, f. Oekonomen. Mit den Originalen. 1s—3s Heft. (3s Heft v. H. Einhof). Fol. Zelle 802. Schulze. 4 ℔

Saatkamp, Johann Andreas.
Futterkräuter und Futtergräser . . . Zelle 1802. V (Heft 3): *Einhof, Heinr.* (Ky)

Saatkorn: Das Saatkorn
⑤ 12. 1. 1837 (Probenummer) ⑥ 4° ⑦ Wochenblatt ⑧ Liestal: Johann Adam Stohler ⑩ der Drucker ⑪ der Drucker ⑫ der Drucker ⑭ Be: L ⑮ Annonce im »Baseilandschaftlichen Volksblatt« (I) Nr. 45, 30. 12. 1836.

Saatkörner. Erzählungen des deutschen Hausfreunds. 1. u. 2. Jahrg. Juli 1879—Juni 1881. à 52 Nrn. ($1^1/_2$ B. m. eingedr. Holzschn.) gr. 4. Leipzig, Kempe. à Jahrg. 5. 20

Saatkörner, christliche. (Von Ottilie Schwahn.) I. Serie. 10 Büchelchen m. Texten in Poesie u. Prosa. 16. (à 4—6 S. m. je 1 Farbendr.) Nürnberg 894. Th. Stroefer. n. 1. —

Saatkörner aus der evangelisch-lutherischen Kirche. Nr. 1—5 u. 7—11. gr. 16. Elberfeld (Baedeker). à n. — 10

1. Errettungen, wunderbare. 2. verm. Aufl. (44 S.) (898.)
2. Antworten, gute. (48 S.) (895.)
3. Die Schönheit der Kirche. Kurze Beschreibg. unserer ev.-luth. Kirche in Preußen. Von H. Matschoß. (48 S.) 895.
4. Johann Georg Hamann der „Magus im Norden" Von G. Sommerfeld. (24 S.) 895.
5. Darf ein Lutheraner am unierten Abendmahl teilnehmen? Ein Aufsatz. Von Jul. Nagel. Aufs neue hrsg. u. beantwortet v. Nagel. 2. Aufl. (32 S.) 896.
7. Die große Sekte. Gedanken üb. den Sektengeist in der Union. Von Seehawer. (26 S.) 899.
8. Aus dem Leben des alten Klingsiek. Von ihm selbst erzählt. Hrsg. v. G. Sommerfeld. 2. Aufl. (28 S.) (900.)
9. Johannes Knipstrow, der erste General-Superintendent Pommerns, wolgastischen Teiles. Kurzer Überblick üb. das Leben u. Werk e. treuen Zeugen Christi, e. festen Lutheraners u. e. gesegneten Dieners seiner Kirche. Von M. Welcker. (40 S.) (901.)
10. Ein Wort an lutherische Eltern. Wie muß das Elternhaus die luther. Schule in ihrer Arbeit fördern? Referat auf der luther. Schulkonferenz in Freystadt im J. 1901. Von Herm. Schmeling. (32 S.) (902.)
11. Ein Wort an luther. Lehrer. Wie erziehen wir die Kinder zur Bekenntnistreue? Referat auf der X. luther. Schulkonferenz. Von Johs. Stiemke. (28 S.) (902.)

**Saatkörner aus der evangelisch-lutherischen Kirche. Nr. 2 u. 12—15. kl. 8. Elberfeld, Luther. Bücherverein.
à nn. — 10**

2. Antworten, gute. 2. Aufl. (48 S.) (905.)
12. Auf der Flucht. (16 S.) (905.)
13. Eine Königsgeschichte. Von E. G. Kellner. (15 S.) (905.)
14. Eine Liebes- u. e. Bekenntnisgeschichte. Von E. G. Kellner (24 S.) (905.)
15. Frau Henriette Jordan, geb. Raab. Von B. Schubert. (24 S.) (905.)

Schwelm: Instruktion für die Brüder Beamten und deren Stellvertreter [der Loge z. westfälischen Löwen. Unterz.:] Ernst **Saatweber.** [Dat.:] Schwelm 1909. 1 Bl. 8° [Kopftit.] **398.**

Saatz, Augustus Armin. (geb. Fürstenwalde an d. Spree 20. 1. 1818): De fonte Huberti medicato in Budae convalli. Berolini (1842). (32 S.) 8°
Berlin, Med. Diss. v. 5. Febr. 1842

Bericht über die Ergebnisse der Enquête betr. d. Stand d. Kurpfuscherei in d. Prov. Brandenburg u. d. Stadtkreise Berlin im Auftr. d. Aerztekammer erstattet von Dr. [Hermann] **Saatz**. *(Berlin [1900]: P. Zühlcke.)* (14 S.) 4° (oo. 503)

Saatz, Herm. (geb. Merseburg 12. 12. 1851): Ueber die differentielle Diagnose der Geschwülste im weiblichen Becken. Berlin (1872). (20 S.) 8°
Berlin. Med. Diss. v. 22. Aug. 1872

Saatzer, Josef

Saatzer, J., specielle Methodik der Unterrichtssprache. Ein Handbuch f. Lehramtszöglinge d. 4. Jahrganges an den Lehrer- u. Lehrerinnen-Bildungsanstalten u. zur Vorbereitg. auf die Lehrbefähigungsprüfg. f. Volksschulen. gr. 8. (IV, 164 S.) Eger 888. (Götz.) n. 1. 20

Saatzer, Jos., das erste Schuljahr. Spezielle Methodik des Unterrichtes in der Elementarklasse. Mit besond. Rücksicht auf J. Heinrich's „Schreib-Lese-Fibel" für Lehrer und Lehramtskandidaten bearb. gr. 8. (IV, 133 S.) Prag 878, Tempsky.

Saatzer, Jos., das erste Schuljahr. Specielle Methodik des Unterrichtes in der Elementarclasse. Mit besond. Rücksicht auf J. Heinrich's „Schreib-Lese-Fibel" für Lehrer u. Lehramtscandidaten bearb. 2., verm. Aufl. gr. 8. (VII, 156 S.) Prag 881. Tempsky. n. 1. 40

Saatzer, Jos., das erste Schuljahr. Specielle Methodik d. Unterrichtes in der Elementarclasse. 3. Aufl. gr. 8. (VIII, 180 S.) Prag 885. Tempsky. — Leipzig, Freytag. n. 1. 40; Einbd. n.n. — 30

— das erste Schuljahr. Specielle Methodik d. Unterrichtes in der Elementarclasse. [Der speciellen Methodik d. Volksschulunterrichtes 1. Thl.] 4., verm. Aufl. gr. 8. (IV, 196 S.) Prag 889. Tempsky. — Leipzig, Freytag. n. 1. 40; geb. n.n. 1. 80

Saatzer, Jos., das 1. Schuljahr. Specielle Methodik des Unterrichtes in der Elementarclasse. 5., verb. Aufl. (Der speciellen Methodik des Volksschulunterrichtes 1. Thl.) gr. 8. (IV, 202 S. m. Abbildgn.) Wien u. Prag 894. F. Tempsky. — Leipzig, G. Freytag. Geb. in Leinw. n. 2. —

(F) **Das erste Schuljahr. Specielle Methodik des Unterrichtes in der Elementarclasse. Von Josef Saatzer. 6. Auflage, bearbeitet von Franz Frisch. Wien und Prag. 1900. Tempsky. Gr.-8°. 159 S. Geb. K 2.—**

Saatzer, Jos., das erste Schuljahr. Spezielle Methodik des Unterrichtes in der Elementarklasse. 7. Aufl., bearb. v. Jul. John. (154 S. m. Abb.) 8. Wien 907. F. Tempsky. — Leipzig, G. Freytag. Geb. 2. 20

— das zweite Schuljahr. Specielle Methodik des Unterrichtes auf der 2. Stufe der Volksschule. [Der speciellen Methodik des Volksschulunterrichtes 2. Thl.] gr. 8. (IV, 176 S. m. 4 Steintaf.) Ebend. 879. n. 1. 60

— das zweite Schuljahr. Specielle Methodik d. Unterrichtes auf der zweiten Stufe der Volksschule. [Der speciellen Methodik d. Volksschulunterrichtes 2. Thl.] 2. Aufl. gr. 8. (III, 184 S.) Ebend. 883. n. 1. 60

Saatzer, J., das zweite Schuljahr. Specielle Methodik d. Unterrichtes auf der 2. Stufe der Volksschule. [Der spec. Methodik d. Volksschulunterrichtes 2. Thl.] 3., verm. Aufl. gr. 8. (VI, 184 S. m. Abbildgn.) Prag 889. Tempsky. — Leipzig, Freytag. n. 1. 60; geb. n n. 2. —

— das 2. Schuljahr. Specielle Methodik d. Unterrichtes auf der 2. Stufe der Volksschule. (Der speciellen Methodik d. Volksschulunterrichtes 2. Thl.) 4. Aufl. gr. 8. (IV, 184 S. m. Abbildgn.) Ebd. 893. Geb. in Leinw. n. 2. 40

Saatzer, Jos., das zweite Schuljahr. Spec. Methodik des Unterrichtes auf der zweiten Stufe der Volksschule. 5. Aufl., bearb. v. Frz. Frisch. gr. 8. (IV, 148 S.) Wien u. Prag 898. F. Tempsky. — Leipzig, G. Freytag. Geb. in Leinw. n. 2. 40

— Das zweite Schuljahr. Spezielle Methodik des Unterrichtes auf der zweiten Stufe der Volksschule. 6. Aufl. Neu bearb. v. Jul. John. (170 S. m. 87 Abbildgn. u. 16 farb. Taf.) 8. Ebd. 908. Geb. 2. 40

— das dritte Schuljahr. Specielle Methodik des Unterrichtes auf der 3. Stufe der Volksschule. [Der speciellen Methodik des Volksschulunterrichtes 3. Thl.] gr. 8. (III, 272 S.) Ebend. 882. n. 2. 40

— das dritte Schuljahr. Specielle Methodik d. Unterrichtes auf der 3. Stufe der Volksschule. 2., den neuen Lehrplänen angepaßte Aufl. [Der speciellen Methodik d. Volksschulunterrichtes 3. Thl.] gr. 8. (VI, 256 S.) Ebend. 886. n. 2. 20; Einbd. n.n. — 30

— das 3. Schuljahr. Specielle Methodik d. Unterrichtes auf der 3. Stufe der Volksschule. 3., verm. Aufl. [Der speciellen Methodik d. Volksschulunterrichtes 3. Thl.] gr. 8. (VI, 274 S.) Ebd. 890. Geb. in Leinw. n. 2. 60

Saatzer, Josef, Das dritte Schuljahr. Specielle Methodik des Unterrichtes auf der dritten Stufe der Volksschule. (Der speciellen Methodik des Volksschulunterrichtes dritter Theil.) 4. durchgesehene und erweiterte Auflage. Gr.-8. (VI, 273 S.) In Lnwd. geb. 1.60
Prag: Tempsky; Leipz.: Freytag 1896.

— das vierte Schuljahr. Specielle Methodik d. Unterrichtes auf der 4. Stufe der Volksschule. [Der speciellen Methodik d. Volksschulunterrichtes 4. Thl.] gr. 8. (VI, 332 S.) Ebend. 885. n. 2. 80; Einbd. n.n. — 40

— das vierte Schuljahr. Specielle Methodik d. Unterrichtes auf der 4. Stufe der Volksschule. [Der spec. Methodik d. Volksschulunterrichtes 4. Thl.] 2., verm. Aufl. gr. 8. (VIII, 402 S.) Ebd. 889. n. 3. 60; geb. n.n. 4. —

— das 4. Schuljahr. Specielle Methodik d. Unterrichtes auf der 4. Stufe der Volksschule. (Der speciellen Methodik d. Volksschulunterrichtes 4. Thl.) 3., durchgeseh. Aufl. gr. 8. (IV, 402 S. m. Abbildgn.) Ebd. 894. Geb. in Leinw. n. 4. —

— das 4. Schuljahr. Specielle Methodik des Unterrichtes auf der 4. Stufe der Volksschule. 4., veränd. Aufl., bearb. v. Frz. Frisch. gr. 8. (VI, 306 S.) Ebd. 901. Geb. in Leinw. n. 4. —

— das fünfte Schuljahr. Specielle Methodik d. Unterrichtes auf der 5. Stufe der Volksschule. gr. 8. (VII, 426 S.) Ebend. 886. n. 3. 20; Einbd. n.n. — 40

Saaher, Josef, Das fünfte Schuljahr. Specielle Methodik des Unterrichtes auf der fünften Stufe der Volksschule. (Der speciellen Methodik des Volksschulunterrichtes. 5. Thl.) 2. vermehrte Aufl. Gr.-8. (VIII, 433 S.) In Lnwd. geb. 2.—
Prag: Tempsky; Leipz.: Freytag 1889.

— das 5. Schuljahr. Specielle Methodik des Unterrichtes auf der 5. Stufe der Volksschule. (Der speciellen Methodik des Volksschulunterrichtes 5. Thl.) 3., verb. Aufl. gr. 8. (VI, 389 S) Ebd. 896. — Leipzig, G. Freytag. Geb. in Leinw. n. 4. —

— Sprachbücher. 1—4. Hft. Aufgabensammlung zur schriftl. Verarbeitg. d. grammat. Stoffes f. die 2—5. Unterrichtsstufe der Volksschule. Im Anschlusse an d. Verf. 2—5. Thl. der speciellen Methodik d. Volksschulunterrichtes. gr. 8. Ebend. n.n. 1. 92
1. Für die 2. Stufe. (56 S.) 884. n.n. — 32
2. Für die 3. Stufe. (80 S.) 884. n.n. — 40
3. 4. Für die 4. u. 5. Stufe. (90 u. 111 S.) 885. à n.n. — 60

Saatzig [Schlagwort]

Saatzig. Hilscher, A., Karte des Kreises Saatzig. 1:180,000. 29 × 40,5 cm. Farbendr. Stargard 895. J. Weber. Auf Leinw. in Etui n. 1. 50

— — dasselbe. Für den Schul- u. Privatgebrauch. 1:75,000. 4 Blatt à 43 × 61,5 cm. Farbendr. Ebd. 895. n.n. 9. —; auf Leinw. in Mappe n. 12. —; m. polierten Stäben n.n. 13. -

de Saavedra, Don Angelo, Herzog v. Rivas, der Aufstand in Neapel 1647. Aus d. Franz. übers. gr. 8. (VIII u. 339 S.) Leipzig 850, Teubner. 1 ₰ 21 ngr

Saavedra, Dario, musikalische Kultur. Populäre Abhandlgn. üb. Musik u. ihre erzieher. Bedeutg. (155 S.) 8. Leipzig 909. Modernes Verlagsbureau. 2. —

Saavedra y Fajardo, Diego de

Saavedra, Didaci, Abriß e. christl. polit. Prinzen in 5i Sinnbild. 12. Jena. 706.

Saavedra, Didaci, Idea principis christ. politici, symbolis expressa. c. fig. fol. Viennae. 749. Rthlr.

Saavedra, Diego, Locuras de Europa, dialogo posthumo, 8. Lips. 748.

— d. gel. Republik. 8. Leipzig, Gleditsch. 748.

— d. Thorheiten von Europa, in e. Gespr. 8. Ebendas. 748.

Saaz [Schlagwort]

Saaz, s.: Hopfenbaukarte.

Saaz, Stadt. Plan der königl. Stadt Saaz. 1:5000. 46×38 cm. Farbdr. Ebd. (903). n. — 50

Saaz, Bez. Stelzig, Heinr., Karte des Bez. Saaz. Hrsg. vom k. k. Bez.-Schulrate in Saaz. 1:100,000. 83,5×31 cm. Farbdr. Saaz (903). A. Ippoldt's Nachf. n.n. — 25

— — Wandkarte des Bez. Saaz. Hrsg. vom k. k. Bezirksschulrate. 1:25,000. 4 Blatt à etwa 65×60,5 cm. Farbdr. Ebd. (903). n. 12. 50

Saballch, G., Guida archeologica di Zara con illustrazioni araldiche. 12. (VIII, 514 u. XXXII S.) Zara 897. (Internat. Buchh., H. v. Schönfeld) n. 3. —

Sabalitschka, P., Hülfsbuch beim Unterr. im Schreiben, Lesen, Rechnen u. in d. Religion. Auf d. bayer. Normalschulschrift basirt. gr. 8. (6 B., incl. $2^1/_2$ B. lith. Vorschriften.) Bamberg 839, Literar.-artist. Institut. •

Sabalitschka, P., vollständ. Lehrbuch der christkathol. Religion, in Fragen und Antworten nach dem Bamberger Diöcesan-Katechismus. Oder der Bamberger Diöcesan-Katechismus ausführlich erklärt, und mit gnädigster Genehmigung des Erzbischöfl. Ordinariats herausg. 1r Thl. Einleitung zum christkathol. Religionsunterrichte und christkathol. Glaubenslehren. 8. Bamberg 835. Lachmüller. $7/_{12}$ ₰

—— vollständ. Lehrbuch d. christ-kathol. Religion in Fragen u. Antworten nach d. bamberger Diöcesan-Katechismus. I. Thl. Einleit. z. christkathol. Religionsunterr. u. christkathol. Glaubenslehren. 8. (27 B.) Bamberg 835, Lachmüller (Züberlein.)

—— die wichtigsten Namen, Jahrzahlen, Orte u. Personen a. d. bibl. Gesch. in chronolog. Reihenfolge, zu Vorlagen beim Schönschreibunterr. im 2. Curs d. I. Klassen d. deutschen Werktagsschulen. qu. kl. 4. (10 lith. Bl.) Bamberg 836, Lachmüller (Züberlein.)

—— die Schreibschule, e. Samml. kurzer u. leichtfaßl. Sätze aus d. Religions- u. Sittenlehre, so wie d. bibl. Gesch. zu d. Schön- u. Diktandoschreibübungen in d. II. Klassen d. deutschen Werktagsschulen. A. u. d. T.: Kurze Denksprüche relig. Inhalts, u. Regeln üb. d. Pflichten geg. Gott, d. Obrigkeit u. d. Menschen. gr. 12. ($1^3/_4$ B.) Bamberg 836, Lachmüller. (Züberlein.)

Sabalitschka, P., die Schule der heil. Religion. Ein Hülfs-Lehr- u. Lesebuch üb. d. Unterrichts-Gegenstand Gott, f. die niedern Classen d. Volksschulen, zunächst f. Stadtschulen. Nach Grundsätzen der Elementarschule f. das Leben bearb. gr. 8. Bamb. 829. Drausnick. 6 gl 2e Ausg. mit deutsch. u. engl. Vorschriften z. Schönschreiben. Ebd. 830. 4 gl

— die Vorschule z. Schule d. heil. Religion. Eine Fibel f. jene Schulen, welche d. Lesen durch d. Schreiben lehren. 8. Bamb. 830. Drausnick. 3 gl

Sabaullla, Hafen von, s.: Seekarten.

Sabarth, Bergwerks- und Hütten-Karte von Oberschlesien nebst einem alphabet. Verzeichniss der Gruben und Hütten, mit Angabe ihrer Besitzer, der Produktion im J. 1867 und Zahl der Arbeiter. 1:100,000. Fol. (32 S. Text in 8.) Breslau 869, Mälzer. [Gera, Griesbach.] • 4 50

Sabarth, Alex., Keime künftiger Revolutionen in der octroyirten Verfassung vom 5. Decbr. 1848. Eine Warnung. gr. 8. (16 S.) Breslau 849. Schulz & Co. 2 ngr

Sabarth, Alexander, Justizcommissarius, „Preußen soll fortan in Deutschland aufgehen". Zuschrift an seine preußischen Mitbürger. Creutzburg, L. Müller, 1848. 14 S. 8⁰.

Sabarth, Friedr., das Chloroform. Eine Zusammenstellung der bisher über dasselbe gemachten wichtigsten Erfahrungen u. Beobachtungen, vorzüglich in physiolog. u. medizin. Beziehung. Würzburg 866. Stahel'sche Buchh. Lex.-8. (VIII, 276 S.) n. 1 $\mathscr{B}$ 12 ngr.

Sabarth, Frid. (geb. Breslau 25. 2. 1827): De hydrophobia. Berolini (1851). (20 S.) 8°

* Berlin, Med. Diss. v. 8. Nov. 1851

Sabarth, Friedrich. Wegweiser in die Umgegend von Charlottenbrunn. Breslau 1835. MV: *Berndt, Johann Chn Gottlieb.* (Nowack, Schles. Schriftst.-Lex. Bresl. 1836—43. I, 12.)

Sabarth, Fr., Wegweiser in d. Umgegend von Charlottenbrunn. Für die Besucher dieses Curortes. 16. Breslau 835. (Graß, Barth u. Comp.) n. ¹⁄₆ $\mathscr{B}$

Sabas, Specimina palaeographica codicum graecorum et slavonicorum bibliothecae Mosquensis synodis, sacc. VI—XVII. gr. 4. (IV und 46 S. mit 63 Stnt., wovon 2 in Buntdr. und 34 in Tondr., in gr. 4. und Fol.) Moscau 863. (Leipzig, Kittler.) *

Sabaschnikoff, Alexis, a. Moskau ⟨Rußland⟩: Untersuchungen über Kalkstickstoff und Stickstoffkalk. Langensalza 1908: Beyer & Söhne. (45 S.) 8°
Leipzig, Phil. Fak., Ref. Kirchner-Beckmann, Diss. v. 2. Mai 1908
[Geb. 28.(15.) März 83 Moskau; Wohnort: Moskau; Staatsangeb.: Rußland; Vorbildung: III. klass. Gymn. Moskau Reife 01; Studium: Moskau 1, Techn. Hochschule Dresden 3, Univ. Leipzig 5 S.]

Karl Friedrich Wilhelm Sabat

Carolus Fridericus Guilelmus Sabat: De Ventriculo perforato. Berolini (1823:) Feister. 22 S. 4
Berlin, Med. Diss. v. 29. Okt. 1823

Sabath, G., Die Stellung der Heimarbeiter zur Errichtung von Betriebswerkstätten. 8°. Hamburg 1902.

Sabath, Rudolf, Ref. in Berlin: Das Glücksspiel. Seine strafrechtliche Bedeutung. Berlin 1905: W. Pilz. (VI, 52 S.) 8°
Münster, Jur. Fak., Ref. Rosenfeld, Waentig, Diss. v. 28. Nov. 1905
[Geb. 1. Febr. 76 Ottweiler; Wohnort: Berlin; Staatsangeh.: Preußen; Vorbildung: Wilh.-Gymn. Berlin Reife M. 96; Studium: Berlin 12 S.; Rig. 4. Okt. 05.]

Das Glücksspiel. Seine strafrechtl. u. wirtschaftl. Bedeutung. Von Dr. iur. Rudolf **Sabath**. Berlin: Struppe & Winckler 1906. (VI, 52 S.) 8°
[Erschien auch als Inaug.-Diss. Münster 1905.] (07 3411

Sabathier de Cabres, Catherine II., sa cour et la Russie en 1772. Berlin 861. Asher & Co. gr. 8. (X, 113 S.) n. 1 $\mathscr{B}$

Sabatier, Traité complet d'Anatomie, ou Descript. de toutes les parties du corps humain. 18 Vol. av. fig. gr. 8. Paris. (Sommer à Leipz.) 798.

Sabatier, Traité complet d'Anatomie; ou description de toutes les parties du corps humain. IV Vols. avec fig. gr. 8. Leips. Sommer. 798.

Sabatier, A., Guillaume le Taciturne, s. Conférences strasbourgeoises, trois.

Sabatier, A. Launen des Schicksals; a. d. Franz. Strassburg 1789. Ü: *Treitlinger, Johann Christian.* (Ky)

Sabatier, Launen des Schicksals; aus d. Französ. (von Jh. Chr. Treitlinger). 2 Thle. 8. Straßb. 789. (Leipz., Hinrichs). 1 $\mathscr{B}$

Sabatier, André. Du crédit public et particulier. Des moyens d'acquitter indistinctement la dépense de tous les services et d'opérer des améliorations dans les diverses branches de l'Économie politique. 4°. 1798. Une partie de cet ouvrage a été traduite en allemand. 8°. Hamburg 1799.

Sabatier, Antoine

Sabatier, ..., Sitten, Gewohnheiten u. Gebräuche d. alten Völker, in alphabet. Ordnung. Nach d. Französ. mit Anmerkk. v. H. W. Berisch. 2 Bde. gr. 8. Baireuth u. Prag 777—781. Gerle. 2 $\mathscr{B}$

— **Sitten und Gebräuche der alten Völker,** siehe Sitten.

VÖLKERLEXICON, Charakteristisches, oder Sitten und Völkergebräuche der neuesten Zeiten. Nach dem Französ. des *(Antoine) Sabbathier* (so!) (von Henrich Wolfgang Behrisch). O. O. (Bayreuth) 1778. 8°. (3 Mk. Gust. Fock, Lpz., 1907.)
Anon.-Lex. IV. p. 1 (nach Kayser).

Vgl. Völkerlexikon, ...

Sabatier, (Louis) Auguste

Sabatier, die christlichen Dogmen, ihr Wesen und ihre Entwicklg. Rede, geh. den 4. Novbr. 1889 in der Aula der protestantisch-theolog. Fakultät zu Paris, in deutscher Uebersetzg., m. Anmerkgn. u. e. Nachwort hrsg. v. M. Schwalb. gr. 8. (47 S.) Leipzig 890. O. Wigand. — 75

Sabatier, Aug., theologische Erkenntnistheorie. Ein krit. Versuch. Ins Deutsche übertr. v. Aug. Baur. 8. (IV, 63 S.) Freiburg i/B. 896. Tübingen, J. C. B. Mohr. n. — 90

Die Religion und die moderne Kultur. Vortrag auf d. 1. religionswiss. Kongr. in Stockholm geh. 1897 von August **Sabatier**. Mit Genehm. d. Verf. aus d. Franz. übers. von Dr. G[eorg] Sterzel. Freiburg i. B., Leipzig & Tübingen: J. C. B. Mohr 1898. (52 S.) 8°
= [**Sammlung** gemeinverständl. Vorträge u. Schriften aus d. Geb. d. Theol. u. Religionsgeschichte. 11.] (04. 9580

Religionsphilosophie auf psychologischer und geschichtlicher Grundlage. Von Dr. theol. August **Sabatier** ... Autor. deutsche Übs. v. Dr. theol. August Baur, Dekan in Weinsberg. *Freiburg i. B., Leipzig & Tübingen: J. C. B. Mohr 1898.* (XX, 320 S.) 1 Bd 8. (98. 7199 Gr

Sabatier, J. Die Glasmalerei in Frankreich. A. d. Franz. Berlin 1841. Ü: *Frick, Gg.* (BrMm)

Sabatier, J., iconographie d'une collection choisie de cinq milles médailles romaines, byzantines et celtibériennes. 1—5. livr. Fol. (CXX S. m. 30 lith. Taf. u. 30 Bl. Text.) St. Pétersbourg 847. (Berlin, Mittler & Sohn.) cmplt. n. n. 65 $\mathscr{B}$

Sabatier, J. C., die Gesetze d. Ableitung, in physiolog. u. therapeut. Hinsicht untersucht. Eine gekr. Schrift. Uebers. v. H. E. Flies. gr. 8. (9 B.) Quedlinburg 837, Basse.

Sabatier, L., Die kathol Kirche gerechtfertigt von dem Vorwurfe, als begünstige sie den politischen u. kirchlichen Despotismus. Aus d. Franz übersetzt Augsburg, Kollmann (Ulm, Ebner), 1843. gr 12°, 4,75 Mk
Recens Histor.-polit. Blätter 1843, Bd. 2, S. 63—4.

Sabatier, Paul, s.: Franciscus Bartholus de Assisio, tractatus de indulgentia S. Maria de Portiuncula.

Sabatier, Paul, Leben d. hl. Franz v. Assisi. Autoris. u. durch Orig.-Mitteilgn. d. Verf. bereich. Uebersetzg. d. 9. Orig.-Aufl. v. M. L. gr. 8. (VI, LXVIII, 346 S.) Berlin 895. G. Reimer. n. 7.

[F.] Leben des Heiligen Franz von Assisi von Paul Sabatier. Deutsch von Margarete Lisco. Neue Ausg. vermehrt d. E. neues Kap. a. d. Leben d. hl. Franziscus u. e. krit. Studie: D. Bewilligg d. Portiuncula-Ablasses. M. 1 Bildn. *Berlin: G. Reimer 1897.* (IV S., 1 Bl., LXVIII, 411 S., 1 Taf.) 1 Bd 8. [97 493]

Sabatier, P., les libéraux, où sont-ils? Discours prononcé à l'occasion de la fête de l'Union libérale d'Alsace. 8. (19 S.) Paris 888. (Strassburg, Treuttel & Würtz.) n.n. —40

— s.: Regula antiqua fratrum et sororum de paenitentia.

Sabatier, Paul, zur Trennung der Kirchen vom Staat. Mit Genehmigg. des Verf. übers. (72 S.) gr. 8. Berlin 907. [C. A. Schwetschke & Sohn.] Verlag d. deutschen Monistenbundes. 1.50
Erweit. Sonderabdr. aus: „Deutschland".

Zur Trennung der Kirchen vom Staat [A propos de la séparation des Églises et de l'État]. Von Paul Sabatier. Mit Genehm. d. Verf übers. Berlin: C. A. Schwetschke & Sohn 1907. (72 S.) 8° [F.]
Erw aus: Deutschland, Monatsschrift f. d gesamte Kultur [07 3034]

Sabatier, Raphael Bienvenu

Sabatier, Raph. Bieno, operative Chirurgie. Neue Ausg. 1r Thl. A. u. d. T.: G. Dupuytren, allgem. operat. Chirurgie, herausgg. von L. J. Sanson u. L. J. Bégin. Aus d. Französ. mit Anmerkk. u. Zusätzen v. K. Chr. Hille. gr. 8. Dresd. 826. Hilscher. 2 ℛ 8 𝒦

Sabatier, R. B., operative Chirurgie. Neue Ausgabe unter Dupuytren's Leitung hrsg. v. L. J. Sanson u. L. J. Bégin. A. d. Franz. übers., mit Anmerkn. u. Zusätzen begl. v. Karl Chrstn. Hille. 1. Thl. 2. Ausg. — A. u. d. T.: Gu. Dupuytren's allgem. operat. Chirurgie ꝛc. 2. Ausg. gr. 8. (28¼ B.) Heidelberg 834, Groos.

[Raphael Bienvenu] Sabatiers [Sabatier: De la Medecine operatoire. Deutsch:] Lehrbuch für praktische Wundärzte, in welchem diejenigen Operationen, welche am haufigsten vorkommen, abgehandelt sind. Aus d. Franz. übers. u. mit Anm. u. Zusätzen begleitet von Wilhelm Heinrich Ludwig Borges. Th. 1 - 3. Berlin: Rottmann 1797 - 99. 8°
Th. 1: 1797.
Th. 2: 1798.
Th. 3: 1799.

Sabatier, (Raphaël Bienvenu): Lehrbuch für praktische Wundärzte, in welchem diejenigen chirurgischen Operationen, welche am häufigsten vorkommen, abgehandelt sind. (De la Médecine opératoire... Dt.) Übers. und mit Anmerkungen und Zusätzen begleitet von Wilhelm Heinrich Ludwig Borges. Th.1 - 3, gbd.

Wien: mit v.Ghelenschen Schriften 1800

Sabatier, Raph. Bieno. Vergleichungstabelle zwischen den Auflagen und jährlichen Ausgaben Englands 1797, und denen der Republik im J. 6. 8°. Hamburg (A. Campe) 1799.

Sabatier de Castres, Lettres crit., moral. et politiques. 12. Erfurt 802. Hennings in Gotha. 12 𝒦

— Notes importantes sur l'Ouvrage p. Fontaine. gr. 8. 793.

— Pensées et observat. moral. et polit. pour servir à la Connoiss. des vrais princ. du Gouvernement. gr. 8. Wien 794. Sammer. 2 ℛ 20 𝒦

Sabatini, Peter, a. Wien: Untersuchungen über die Tragezeit bei unseren wichtigsten Haustieren, beeinflußt durch Frühreife, Erstgeburt, sowie Zahl und Geschlecht der Foeten. Jena 1908: A. Kämpfe. (107 S.) 8°
Jena, Phil. Fak., Ref. v. Nathusius, Diss. v. 9. März 1908
[Geb. 10 Dez. 77 Wien; Wohnort: Wien; Staatsangeh.: Österreich; Vorbildung: Gymn. Budweis, Einj.-Freiw.-Z. O. 96; Studium: Landw. Akad. Tetschen-Liebwerd 6, Univ. Halle 3, Jena 2 S.; Rig. 20. Dez. 07.]

Sabbagh, Michel

Sabbagh, Mich., Beschreib. d. Kunst- u. Taubenpost, welche seit d. Zeit d. Eröffnung gebraucht wird; aus d. arab. Handschrift übersetzt, mit e. kurzen Biographie d. Verf. u. mit Anmerkk. begl. v. Th. F. K. Arnold. 8. Erfurt 816. Müller. (Leipz., Weygand). 8 𝒦 (Vergl. Briefpost, blitzgeschwinde, auch mit neuem T.: Erfindung, Briefe in belagerte Plätze zu bringen).

— frische Blüthen d. arab. Literatur u. Dichtkunst, gedichtet unter d. Himmel v. Paris; aus d. Arab. übers. v. Thdr. F. K. Arnold. 8. Erfurt 812.

Sabbag (Sabbagh), Mich., die *blitzgeschwinde Briefpost*, od. sinnreiche Kunst des Orients, *Tauben* zum Bestellen der Briefe abzurichten. Nach d. Arab. des — — (von *G. W Lorsbach*). Herborn, in d Buchhandl. d. hohen Schule, 1806. 8° Brtbd
40 S. — Abgedr. im Freimüthigen, od Berlinischen Unterhaltungs-Blatt, Jahrg VI Heft 1 — Michael Sabbag (d i Farber) war ein zu Paris lebender morgenländ Christ Obige Schrift ist ein Auszug aus La colombe messagère plus rapide que l'éclair, plus prompte que la nue par Michel Sabbagh. Trad de l'Arabe en françois (avec le texte en regard) par A-J Silvestre de Sacy Paris, imprimerie impériale 1805

Sabbagh, Michel. Die blitzgeschwinde Briefpost ... Herborn 1806. Ü: *Lorsbach, Georg Wilhelm.* (HThPP)

Sabbagh, M., die Brieftaube, schneller als der Blitz, flüchtiger als die Wolke. Aus dem Arab. Nebst einem Anh.: Beiträge zur Geschichte der Tauben-Post v. C. Löper. 8. (55S.) Strassburg 879. Trubner. n. 1. 50

Ṣabbāg's, Mīḫā'īl, Grammatik der arabischen Umgangssprache in Syrien u. Aegypten. Nach der Münchener Handschrift hrsg. v. H. Thorbecke. gr. 8. (X, 80 S.) Strassburg 886. Trübner. n. 4. —

Sabbako, ein hist. polit. Vers. f. d. Bürger u. Landmann. 8. Grätz, Ferstl. 793.

Sabban, Paul: Die Dünen der südwestlichen Heide Mecklenburgs und über die mineralogische Zusammensetzung diluvialer und alluvialer Sande. *Rostock 1897: Adler's Erben.* (52 S. mit Taf. u. Kt.) 4° [F.]
Rostock, Phil. Diss. v [30. Juni] 1897

Sabban, P[aul]: Die Dünen der südwestlichen Heide Mecklenburgs und über die mineralogische Zusammensetzung diluvialer u. alluvialer Sande. Rostock: Leopold in Comm. 1897. 52 S. 4°
(Mittheilungen aus d. Großherzogl. Mecklenburg. Geologischen Landesanstalt. 8.)

Der Erzbetrüger **Sabbatai** Sevi, der letzte falsche Messias der Juden, unter Leopolds I Regierung. Im J. d. Welt 5066, u. d. 1660sten nach Christi Geburt. Halle: bey Chr. P. Francken 1700. [Facs.-Neudr.] [Berlin: L. Lamm 1907.] (32 S.) 8° [F.] [08. 6073

Sabbath [Sachliches OW]

Prinzessin **Sabbath**. Erzählungen von Hermann Blumenthal [u. a.] Berlin & Leipzig: Seemann [1908]. 281 S. 8°
(Jüdischer Novellenschatz. 1.)

Sabbath, Prinzessin, s. u. Novellenschatz, jüdischer. I.

Schabbath [**Šabbāt**]. Der Mischnatractat 'Sabbat' ins Deutsche übers. u. unter besond. Berücks. d. Verhältnisses z. Neuen Testament mit Anm. versehen von Dr. Georg Beer. Tübingen: J.C.B. Mohr 1908. (XII, 120 S.) 8°
= **Mischnatractate**, Ausgewählte, in deutscher Übersetzung. 5. [08. 1931

Sabbath, Gottgeheiligter, gläubiger Kinder Gottes. Freyberg 1726. V: *Luther, Martin* [?]. (Myl)

Sabbath gläubig. Kinder Gottes, in Erklär. d. Evangel. 4. Freyberg. 726.

Sabbath, Der, der Juden in seinem Verhältniß zum christlichen Sonntage. Hamburg 1830. V: *Pauli, C. W.* [*Pauli, Joh. Wilh.* (?)] (Hauptkat. d. Univ.-Bibl. Tübingen. G. Nachtr. 14.)

Sabbath, der, der Juden in seinem Verhältnisse zum christl. Sonntage. gr. 8. Hamb. 830. Perthes u. B. 4 gr.

Sabbath, Lustiger, an welchem Voigtsdorf ... heilige Erstlinge opfert. Hirschberg [1755]. V: *Schwerdtner, Jonath. Gottlieb.* (Nent)

Sabbath od. **Sonntag?** Eine bibl. Betrachtg. üb. diese neuerdings wieder so viel besprochene Schriftlehre. Von K. L. M. (16 S.) kl. 8. Bitterfeld 900. Schmiedeberg, F. E. Baumann. n. — 15

— — Widerlegung der Irrlehre der Sabbathisten auf Grund des Wort Gottes. (25 S.) 8. Bern 905. K. J. Wyß. n. — 25

Der **Sabbath** und der Tag des Herrn. Elberfeld: R. Brockhaus 1906. (47 S.) 8° [F.]
= [**Schriften** z. Erbauung d. Gläubigen.] No 204. [07. 1600

Sabbath u. **Vorsabbath**. Eine Anweisung zum Herzensgebet. gr. 8. Nördlingen 843. (Beck.) 1¾ ngr

Sabbath u. **Vorsabbath**. Eine Anweisg. zum Herzensgebet. 4. Aufl. 8. (32 S.) Nürnberg 872. Löhe. — 15

Der **Sabbath**, wie er im Worte Gottes bekannt gemacht wird. Aus d. Engl. übers. u. als Ms. gedr. (3. Aufl.) Herrnhut 1895: G. Winter. (61 S.) 8° [F.] [05.9.10

Sabbath [Verfasser]

Sabbath, Samuel, aus Jerusalem: Zur **Kenntnis der Konstitution der Silberammoniakverbindungen.** *Rostock 1903: Adlers Erben.* (78 S.) 8°
Rostock, Phil. Diss. v. [24. Juni] 1903

Sabbath-Blatt. Unter Mitwirkung des J. L. Saalschütz herausg. von Herm. Sommerfeld. 1843. 1. Halbjahr. 26 Numm. (½ Bog.) gr. 4. Elbing, Neumann-Hartmann. n. ⅔ ß

— dass. 2. Halbjahr. Unter Mitwirkung der DD. J. L. Saalschütz u. J. Fürst. 26 Numm. (½ Bog.) gr. 4. Leipzig, C. L. Fritzsche. n. ⅔ ß

— dass. 3. Jahrg. 1844. 52 Numm. (½ Bog.) gr. 4. Ebend. n. 1⅔ ß

— dass. 4. u. 5. Jahrg. 1845 u. 1846 à 52 Numm. Red. Ad. Jellinek. 4. Ebend. à n. 1⅓ ß

Sabbathfrage, die, im Lichte d. Gesetzes u. Evangeliums. Von e. Liebhaber der ewigen Wahrheit. 8. (32 S.) Basel 893. (Missionsbuchh.) n. — 15

Sabbat-Gebet, das gewöhnliche — nebst dem ... und dem Mussaph-Gebet für ... Anhang zu Bereschith. Prag, 1855. Druck von M. J. Landau. Eigenthum und Verlag von Wolf Pascheles. (45 Bl. 16.)

Sabbat-Gebet, das gewöhnliche — nebst dem ... und dem Mussaph-Gebet für ... Anhang zu Debarim. Prag, 1855. Druck von M. J. Landau. Eigenthum und Verlag von Wolf Pascheles. (50 Bl. 16.)

Sabbat-Gebet, das gewöhnliche — nebst dem ... und dem Mussaph-Gebet für ... Anhang zu Schemoth. Prag, 1855. Druck von M. J. Landau. Eigenthum und Verlag von Wolf Pascheles. (52 Bl. 16.)

Sabbath- und Festgesänge, Israelitische —. Gesammelt zum Gebrauche bei der öffentlichen Gottesverehrung. Pesth. 1855. Druck von Emil Müller. (80 S. kl. 8.)

Sabath- und Festgesänge, Israelitische, gesammelt zum Gebrauche bei der öffentlichen Gottesverehrung. Pest 1855. N. A. 1859. 1860. H: *Meisel, Wolf Alois.* (Ku)

Sabbathianer, Der, s. Gil Blas, Der jüdische

Sabbathianer, Die, oder die Schöpsen-Familie, Fortsetzung des jüdischen Gil-Blas. Leipzig 1835. V: *Korn, F.* (= Friedrich Nork = Selig Kohn) (EB)

Sabbathianer, die, od. d. Schöpsenfamilie. Fortsetz. d. jüd Gil Blas. 8. (15 B.) Leipzig 835, Friese.

SABBATHIER, Franc.: Dissertation sur l'époque de la souveraineté des Papes qui a remporté le prix de l'Academie Royale de Berlin. *Berlin.* 764. 4.

Sabbathklänge. Wochenblatt für Jedermann. Begründet 1859 v. Stursberg, hrsg. v. E. Modersohn. 42.—44. Jahrg. 1900—1902. à 52 Nrn. gr. 8. (à ca. 8 S.) Mülheim a/R., Buchh. des ev. Vereinshauses. à Jahrg. n.n. 2. —

Sabbathklänge. Wochenblatt f. Jedermann. Begründet 1859 v. Stursberg, hrsg. v. E. Modersohn. 45.—48. Jhrg. 1903—1906. à 52 Nrn. (à ca. 16 S.) gr. 8. Mülheim a/Ruhr, Buchh. des ev. Vereinshauses. à Jhrg. n.n. 2. —

Sabbathklänge. Wochenblatt f. Jedermann. Begründet 1859 v. Stursberg, hrsg. v. Ernst Modersohn. 49.—51. Jahrg. 1907—1909. à 52 Nrn. (à Jahrg. 832 S.) gr. 8. Mülheim-Ruhr, Buch- u. Kunsth. des ev. Vereinshauses. à Jahrg. 2.60; geb. 3. —

— Illustrierte Wochenschrift f. das christl. Haus. Begründet 1859 v. P. W. Stursberg. Hrsg. vom evgl. Vereinshaus in Mülheim-Ruhr durch F. Achilles u. W. Kleienburg. 52. Jahrg. 1910. 52 Nrn. (832 S.) gr. 8. Ebd. 3. 80

Sabbathkläng.-Traktate, vierseitige. I.—III. Serie, enth. 100 Ex. Nr. 101—120, 121—140 u. 141—160. 8. Mülheim-Ruhr. Neumünster, Vereinsbuchh. G. Ihloff & Co. à Ser. — 60

Sabath-Lieder —. Pieśń Szabasowa. (Polnisch und Deutsch.) 8. (2 Blatter.) Lemberg. Druck von M. F. Poremba. 1854.

Sabbath- und Festlieder, zweistimmige israelitische, für kleinere Synagogen-Gemeinden, vor und nach den gottesdienstl. Vorträgen zu singen. qu. 16. (32 S.) Ems 855, Kirchberger.

Sabbaths-Beschäftigung, Fr. M. M. N. g. F. v. d. O. B. Gottgeheiligte, mit erbaulichen auf alle Sonn- und Fest-Tage schicklichen Liedern . . . Altdorf 1750. V: *Neubauer, Maria Marg. geb. Fritz von der Obern Bürg.* (Bibliotheca Norica Williana. Altdorf 1772--78. I, 3. 182.)

Der Sabbathschul-Freund : 186[illegible]

[illegible] Allegheny, Pa., Mai – Sept. 1869, Dubuque, Oct. 1869 [illegible]
Edited & published by the Rev. John [illegible] Schmidt von der Launitz, 1862 [illegible], by the Rev. J. [illegible] Moeller & the Rev. L. J. Boell, 1876 [illegible], published by the Konvention.
Dubuque, IA

Sabbathschul-Freund, der. 1. Jahrg. 1863. 12 Nrn. (½ Bog. mit eingedr. Holzschn.) gr. 4. West-Manchester, Pa. (Philadelphia, Schäfer und Koradi.)

Der Sabbath-Schul Freund : 1899–1900. St.Louis, MO
Edited by John F. Miller, 1899–1900.

Sabbaths=Freude --- , H. Sabbaths=Freude - - - in der Hoch-
fürstl. Hof=Capelle zu Carols=Ruhe, Durlach (1718).
siehe Johann Laurentius Hölzlein.

Sabbathsweihe. Bearbeitung der 150 Psalmen Davids von frommen deutschen Dichtern. Ein Haus- und Familienbuch zur religiösen Erbauung, dargeboten von H. v. Sydow. 8. (X und 382 S.) Greiz 859, (Bredt.) 25 Ngr.; geb.

Sabbathsweihe, s. u. Sydow, H.

Sabbathtag, der, für den Landmann. Basel 868. (Spittler.) 16. (24 S.) 1 ngr.

The Sabbath Visitor : vol. 1–21, 1874–1895.
Weekly. Jewish paper, which Postal states, was at first published partly in German. Title varies: HEBREW SABBATH SCHOOL VISITOR, 1874–80. Edited & published by Rabbi Dr. Max Lilienthal, 1874–95, other editors: Kaufmann Kohler, Isadore Wise, David Phillipson, C. E. Bloch.
Cincinnati, OH

Sabbatier, Dictionnaire abrégé p. l'intellig. des Auteurs classiq. grecs et lat. IX Vol. gr. 8. Basle, Serini. 772 – 775.

Sabbattini, Gian Francesco, Don Adone, s.: Waldmüller, Rob.

Sabel, Der alte, oder eine kirchenpolitische Disciplinar-Untersuchung. Bozen 1902. V: *Sigmund, Josef.* (Margr)

Sabel, Leitfaden in der Pferde-Kenntniß für Unteroffiziere der Kavallerie u. Artillerie. Mit erläuternden Abbildgn. Berlin 855. Mittler u. Sohn. gr. 8. (XII, 79 S. u. 1 lith. Taf. in Fol.) 15 ngr.

Sabel, Dr., aus den letzten 3 Tagen der Verbrecherin Christiana Beckenbach, s. Kleinschmidt, Dr.

Sabel, E., Anleitung zur Hühnerzucht für den Landmann, nebst Tabellen zur Gewinnberechnung. gr. 8. (32 S.) Trier 879. Lintz. n. — 40

— Anleitung zur Hühnerzucht u. zur Züchtung der Truthühner, Gänse u. Enten. 2., verm. u. verb. Aufl. 12. (VI, 106 S.) Ebend. 881. cart. n. 1. —

Sabel, E., Anweisung zu ergiebiger Kaninchen-Züchtg. 8. (62 S. m. 1 Abbildg.) Leipzig 891. Exped. der Geflügel-Börse. (R. Freese.) n. — 80

Sabel, E., Geflügelzucht, s.: Pribyl.

— die Mittel zu wirksamer u. schneller Förderung der Geflügelzucht behufs Vermehrung der Eier- u. Fleisch-Produktion. gr. 8. (24 S.) Ebend. 881. n. — 60

— Naturgeschichte u. Anweisg. zur Züchtg. d. Perlhuhn, Truthuhn u. Pfau. [Aus: „Geflügel-Börse".] 8. (54 S.) Ebd. 893. n. 1. —

Sabel, E., Naturgeschichte u. Anweisung zur Züchtung v. Perlhuhn, Truthuhn u. Pfau. 2. Aufl. gr. 8. (46 S.) Leipzig (896). Exped. der Geflügel-Börse. 1. —

Sabel, E., die Wild- u. Haus-Enten. Naturgeschichtliches u. Anweisg. zur Züchtg. derselben. Ein Handbuch für Liebhaber von Wassergeflügel, Besitzer von Parkteichen, Jäger u. Züchter. gr. 8. (XI, 96 S. m. 1 Taf.) Leipzig 886. Exped. der allgem. deutschen Geflügelzeitg. n. 1. 50

— Züchtungs-Lehre, s. Hand-Bibliothek für Geflügel-Zucht u. Sport.

Sabel E.: Züchtungs-Lehre. Dresd. 1882. 63 S. P. (Hand-Bibliothek für Geflügel-Zucht u. Sport. 1. Th.)

Sabel, Gottlob Julius Adolf, staatlich geprüfter Handelslehrer u. Institutsdirektor in München: Die kaufmännische Bilanz. Pfersee-Augsburg 1908: A. Hieber. (165 S.) 8° [J.]
Heidelberg, Phil. Fak., Ref. Gothein, Diss. v. 11. Mai 1908
[Geb. 3. Jan. 67 Gochsheim (Baden); Wohnort: München; Staatsangeh.: Baden; Vorbildung: Gymn. Bamberg Reife M. 86; Studium: Erlangen 8, München 10 S.; Rig. 29. Febr. 08.]

Sabel, G. Ad., die kaufmännische Bilanz. Eine wissenschaftlich-krit. Feststellg. des heut. Standes ihres Wesens u. ihrer Bedinggn., sowie e. Einführg. in ihre Grundlagen, in ihre Aufstellg. u. in die Kritik der Bilanzen, m. e. Anh. üb. die monatl. Statistik in der Buchhaltg. (VI, 165 S.) gr. 8. München 908. J. Lindauer. 3. —

— die doppelte italienische Buchführung. 2. verm. u. völlig umgearb. Aufl. 8. (72 u. 8 S.) Ebd. 900. Kart. n. 2. 50

— die einfache kaufmännische Buchführung. 3. verb. u. verm. Aufl. 8. (64 u. 8 S.) Ebd. 900. Kart. n. 1. 80

Sabel, G. Ad., die vereinfachte doppelte, sowie die amerikanische Buchführung. 2. verm. u. völlig umgearb. Aufl. 8. (95 S. m. 2 Taf.) München 900. (M. Kellerer.) Kart. n. 3. 50

— Lehrbuch des kaufmännischen Rechnens. 2. Aufl. 8. (119 S.) Ebd. 900. Geb. n. 3. 50

Sabel, Henri [aus Hildesheim]: Beiträge zur Lehre vom peptischen Geschwür des Oesophagus. . . . Göttingen, Druck d. Dieterisch'schen Univ.-Buchdr., 1891; 43 S. 8°
Göttingen, Med. Fak., Inaug.-Diss. v. [24. Febr.] 1891

Sabel, Henri, Beiträge zur Lehre vom peptischen Geschwür d. Oesophagus. Diss. gr. 8. (43 S.) Göttingen 891. (Vandenhoeck & Ruprecht.) n. 1. —

Sabel, J. Chr. W., Vermächtniß im Sinne u. Geiste A. H. Francken's, f. diejenigen Jünglinge d. Waisenhaus-Anstalt in Glauchau, welche Theologie studiren. gr. 8. Halle 816. (Waisenhaus-B.) 8 gr.

Sabel, (J. J.), Antrittspredigt. gr. 8. (1 B.) Heidelberg 840, C. F. Winter. Tblr.

— Predigt bei der Feier des Buchdruckerjubiläums in Heidelberg, gehalten am 24. Juni 1840. gr. 8. Ebd. 840. 1½ gr

Sabel, J. Ph., die Offenbarung Johannis aus dem Zusammenhange der messianischen Reichsgeschichte nach Analogie der Schrift für Freunde der christlichen Weissagung ausgelegt. Heidelberg 861. K. Winter. gr. 8. (XXVIII, 419 S.) n. 2 ₰ 8 ngr.

Sabel, J. Ph., christlicher Religions-Unterricht. Heidelberg 855. K. Winter. 12. (IV, 55 S.) n. 5 ngr.

Sabel, Robert

Sabel, Rob., s.: Familien-Kalender, allgemeiner.

— Lach bir a wing! Schläsische Geschichtel u. Gedichtel. (IV, 145 S.) 8. Schweidnitz (909). L. Heege. 1.50; geb. in Leinw. 2. —

Sabel, Rob., Liederbüchel f. gemittliche Leute. 100 Lieder aus der Schläsing, ausgewählt. 1. Hft. 12. (80 S. m. 2 Bildnissen.) Striegau 902. A. Hoffmann. n. — 25

Sabel, Rob., Liederbüchel f. gemittliche Leute. 2 Hundert Lieder aus der Schläsing, ausgewählt. (2. Heft. 102 Lieder m. Melodienangabe.) (72 S. m. 2 Bildnissen.) 12. Striegau 903. [A. Hoffmann.] Schweidnitz, L. Heege. n. — 25

— Liederbüchel f. gemittliche Leute. 1. u. 2. Hundert Lieder aus der Schläsing, ausgewählt v. S. 2. Aufl. (80 u. 76 S. m. 6 Taf.) kl. 8. Ebd. (910). — 50

— Märchen u. Sagen. Mit (farb.) Bildern v. Aloys Sieberath. (89 S.) 8. Limburg 907. Kongregation der Pallottiner. Geb. in Leinw. n. 2. 50

— Märchen u. Sagen. Mit (farb.) Bildern v. Aloys Sieberath. (II. Bd.) (85 S.) 8. Limburg 907. Kongregation der Pallottiner. Geb. in Leinw. 2. 50

— Der Palffy-Husar, s.: Aus dem deutschen Osten. 6. Bd.

— s.: Schläsinger, der gemittliche.

— Sunntig-Nochmitts. Schläsche Humoresken, Gedichte u. Skizzen. (III, 156 S.) gr. 8. Schweidnitz 904. L. Heege. n. 1. 50; geb. n. 2. —

— Sunntig-Nahmitts. Schläsche Humoresken. Gedichte u. Skizzen. 3.—4. Tauf. (III, 160 S.) 8. Schweidnitz (908). L. Heege. 1.50; geb. in Leinw. 2. —

Sabel, Rob., der Räuberhauptmann Burghardt Waldsteiner, s.: Aus dem deutschen Osten. 5. Bd.

— wull geschpeißam! Schlesische Humoresken, Skizzen u. Gedichte. 1. u. 2. Tauf. (VII, 160 S. m. Bildnis.) 8. Ebd. (906). n. 1. 50; geb. n. 2. —

Säbel u. Feder. Zum 60. Geburtstag Carl Baron Torresanis. Mit Beiträgen von Marie v. Ebner-Eschenbach, Detlev Frhrn. v. Liliencron, Ferd. v. Saar, Stef. Milow, Heinr. v. Schullern u. a. Hrsg. v. Carl M. Danzer. (III, 111 S.) Lex.-8. Dresden 906. E. Pierson. n. 4. —

Säbelfechtschule, deutsche. Eine kurze Anweisg. zur Erlerng. des an unseren deutschen Hochschulen gebräuchl. Säbelfechtens. Hrsg. vom Verein deutscher Fechtmeister. (VII, 70 S. m. 27 Abbildgn.) kl. 8. Leipzig 907. J. J. Weber. Geb. in Leinw. 1. 50

Sabell, Ed. Wilhelm

Sabell, Ed. W., die Cholera. Ihre Entstehg. u. Verbreitg., ihr Wesen, ihre Verhütg. u. Heilg. Nach zehnjähr. Beobachtgn. u. Erfahrgn. populär u. praktisch dargestellt. gr. 8. (39 S.) Berlin 871. Geelhaar. n. — 50

Sabell, Ed. Wilh., zu Goethe's 130. Geburtstag. Festschrift zum 28. Aug. 1879. gr. 8. (XX, 91 S.) Heilbronn 879. Henninger. n. 2. 40

— Literatur der sogenannten Lehnin'schen Weissagung, schematisch u. chronologisch dargestellt. In 3 Abthlgn. gr. 8. (VIII, 112 S.) Ebend. 879. n. 3. 50

— — Ueber den Namen Mephistopheles. (Sep.-Abdr.) 1879. 8°. (1 Mk. 25 Pfg. Jul. Neumann, 1908.)

SABELL, E. W., Ueber den Trudenfuss und die Hexensprüche in Goethe's Faust. (Sep.-Abdr.) 1879. 8°. (1 Mk. Jos. Jolowicz, 1908.)

Sabellus, Marcus Antonius

Sabelli, Ma. Ant., Opera, s. Summa diversor. tractuum et revolutionum. VI Tomi. fol. Colon. 707.

Säbel-Tasche, die, Skizzen aus d. Leben eines Husaren. Gesammelt durch P. v. F. 8. (10½ B.) Schwedt 834. (Berlin, Oehmigke.)

Sabersky, Dav. (geb. Hoyerswerda 21. 11. 1822): De haemorrhagiis. Berolini (1847). (31 S.) 8°
Berlin, Med. Diss. v. 8. Apr. 1847

Sabersky, Fritz, Referendar in Berlin: Der Inlands- und Auslandsbegriff der Reichsgesetze in seiner Anwendung auf das Verhaeltnis von Mutterland und Schutzgebieten. Potsdam (1907): E. Stein. (IV, 69 S.) 8° [J.] ¶(Erschien gleichzeitig u. d. T.: „Der koloniale Inlands- und Auslandsbegriff" in Berlin bei W. Süsserott.)
Berlin, Jur. Fak., Ref. Kahl, Diss. v. 20. Juni 1907
[Geb. 3. Juli 80 Gut Seehof b. Teltow; Wohnort: Gut Seehof b. Teltow; Staatsangeh.: Preußen; Vorbildung: Prinz-Heinrichs-Gymn. Berlin Reife M. 98; Studium: Berlin 1, Straßburg 1, Berlin 4 S.; Rig. 5. März 07.]

Der koloniale Inlands- und Auslandsbegriff. Der Inlands- u. Auslandsbegriff d. Reichsgesetze in s. Anwendung auf d. Verhältnis von Mutterland u. Schutzgebieten von Dr. jur. Fritz **Sabersky**. Berlin: W. Süsserott 1907. (IV, 69 S.) 8° [07. 15791]

Sabersky, Heinr., Betonungswörterbuch der italienischen Sprache. Ein Hilfsbuch zur richt. Betong. der italien. Wörter, einschliessl. der Zeitformen u. Eigennamen, m. Angabe der Aussprache. Eine Ergänzg. zu allen italien. Wörterbüchern. gr. 16. (XX, 173 S.) Berlin 900. B. Behr's Verl. Kart. n. 1. 20

Sabersky, Heinrich [aus Grünberg i/Schl.]: Das parasitische i im Alt- und Neuprovenzalischen. I. Theil .... Berlin, Mayer & Müller, 1888; 2 Bl. + 17 S. 8°
Freiburg i. B., Phil. Fak., Inaug. Diss. v. 1888

Sabersky, H., zur provenzalischen Lautlehre. Parasitisches i u. die damit zusammenhäng. Erscheingn. gr. 8. (100 S.) Berlin 888. Mayer & Müller. n. 2. 80

Methode Toussaint-Langenscheidt. Original. Brieflicher Sprach- u. Sprech-Unterricht f. d. Selbststudium Erwachsener. Italienisch von Dr. Heinrich **Sabersky** unter Mitw. von Prof. Gustavo Sacerdote. Als Ms. gedr. (36 Briefe, 7 Beil., Sachreg.) Berlin-Schöneberg: Langenscheidt 1906. (Getr. Pag.) 4°(8°) [06. 6346]

Sabersky, Heinr., s. Methode Toussaint-Langenscheidt, italienisch.

— über einige Namen von Bergen, Thälern, Weilern, Weiden u. Hütten in der Umgebung v. Madonna di Campiglio. gr. 8. (XI, 54 S. m. 1 Karte.) Strassburg 899. K. J. Trübner. n. 1. —

Das Verhältnis des Italieners zu seiner Landessprache aus De Amicis, L'idioma gentile. 2 Vorträge, geh. in Berlin. Von Dr. Heinrich **Sabersky**. Berlin: Ebering 1909. 79 S. 8°
(Romanische Studien. H. 9.) [10. 731 2]

– Das Verhältnis des Italieners zu seiner Landessprache aus De Amicis, l'idioma gentile, s. Studien, romanische. 9. Heft.

[J.] Ein Winter in Ägypten. E. Reisebeschreibg v. Dr. H. **Sabersky**. M. 16 Bildern u. 1 Kt. *Berlin: Schall & Grund [1896]*. (x S., 2 Bl., 304 S., 1 Portr., 1 Kt.) 1 Bd 8. [97. 2467]

Sabersky, Peter [aus Muskau]: Mineralogisch-petrographische Untersuchung argentinischer Pegmatite mit besonderer Berücksichtigung der Structur der in ihnen auftretenden Mikrokline. . . . (Aus: Neues Jahrb. f. Mineralogie etc. 1890. Beil.-Bd. VII.) Stuttgart, E. Schweizerbart'sche Verlagsh. (E. Koch), 1890; 3 Bl. + 47 + 1 S. + 1 Bl. u. 1 Taf. 8°
Berlin, Phil. Fak., Inaug.-Diss. v. 8. Aug. 1890

Sabetti, Aloys., compendium theologiae moralis, a P. Joa. Petro Gury, S. J., primo oxaratum et deinde a P. Ant. Ballerini ejusdem societatis adnotationibus auctum, nunc vero ad breviorem formam redactum atque ad usum seminariorum hujus regionis accomodatum. gr. 8. (VIII, 956 S.) Woodstock, Maryland 884. Einsiedeln, Benziger & Co. n. 20. —; geb. n. 25. —

Sabetti, Aloys., S. J., Compendium theologiae moralis a Joanne Petro Gury, S. J., primo conscriptum et deinde ab Antonio Ballerini, ejusdem societatis, adnotationibus auctum, nunc vero ad breviorem formam oxaratum atque ad usum seminariorum hujus regionis accommodatum. Ed. XV., novis curis expolitior. gr. 8. (XIV, 896 S.) Regensburg 898. F. Pustet. n. 7. —; geb. in Halbleinw. n. 9. 60

Sabiel, Fr., Versuch z. Beantwort. d. Preis-Aufgabe: Welches sind die besten Mittel, Feuersgefahr u. Feuersbrünste auf d. platten Lande zu verhindern? — Auf Befehl d. Königl. Ministerii aus d. gemeinnütz. Blättern besond. abgezogen u. hrsgg. v. Frz. G. F. Schläger. 4. Hannov. 829. (Helwing). 8 gr.

Der Pächter Karl Friedrich Sabin. Ein merkwürdiges Opfer der Ungerechtigkeit im preußischen Staate. Nebst einem Schreiben an Friedrich Wilhelm III. und Bemerkungen über den Großkanzler Goldbeck, Kabinetsrath Beyme u. s. w. Leipzig, Gräff, 1808. 8°. (1 Rthl.) Sehr selten! (15 Mk. E. Frensdorff, 1909.)

Sabin, Karl, Friedrich, der Pächter; ein merkwürd. Opfer d. Ungerechtigkeit im preuß. Staate rc. 8. Leipz. 808. (Wienbrack). 1 ℛ

Sabin, J., 12 Jahre deutscher Parteikämpfe (1881—1892), s.: Schriften, deutsche, f. nationales Leben.

— die Sprache der Presse u. d. Parlaments, s.: Schriften, deutsche, f. Litteratur u. Kunst.

Sabin, K[arl]: Der Schulgarten der Realschule zu Barmen im Dienste des Unterrichts. Barmen 1907: A. Schmidtmann. (S. 3—13.) 4°
Barmen, R OP 1907 (619)

Sabina, Markgräfin zu Brandenburg, s. Göschel, J. G.

Sabina von Herfeld oder die Gefahren einer feurigen Einbildung. Aus dem Französischen. Von J. F. W. u. F. 2 Bde. Glogau 1799. V: *Révéroni de Saint-Cyr, Baron Jacques Antoine de.* (BGE III², 152—153)

Sabina v. Herfeld, od. die Gefahren einer feurigen Einbildung. 2 Thle. 8. Glogau 799. N. Günter'sche B. 1 ℛ

Sabina, Karel

Sabina, K., d. verkaufte Braut, s. Smetana, Frdr.

Sabina, Karl, Die verkaufte Braut. (Prodaná nevěsta.) Komische Oper in drei Aufzügen. Text. Musik von Friedrich Smetana. Inhalt und Scenarium. 8. (18 S.) —.10
Prag: Böhm. Nationaltheater 1892.

Sabina, Karel, dějepis literatury česko-slovenské. Sešit I—IX. Prag 860—64. Storch. Lex.-8. (S. 1—864.) Jedes Heft n. 12 ngr.

— duchovný komunismus. Ebend. 861. Lex.-8. (75 S.) n. 12 ngr.

— na poušti, s. Besedy, slovanské.

Sabinchen, unser, s. Kühling's, A., Volks-Schaubühne.

SABINERINNEN, Die geraubten. O. O. u. J. 8⁰. (In München: Eur. 91, 1.) Rar!

Sabinin, D., s. A. Puschkin, Geschichte des Pugatschew'schen Aufruhrs.

Sabinus, J., ernsthafte Oper in 3 A. Pressburg 1787. V: *Schüller*. (GGr)

Sabinus, Julius, eine ernsthafte Oper nach d. Ital. frei bearbeitet. Nürnberg 1791. V: *Heiden*, *Nicolaus Adam*. (Ky) (MGT) (will)

Sabinus, Julius; ein ernsthaftes Singspl.; nach d. Italien. (v. Nikl. Adm. Heiden). 8. Nürnb. 791. Schneider u. W. 5 gr

Sabinus, Julius,. Ein ernsthaftes Singsp. n. d. Ital. 8. Nrnb. Weigel. 791.

Sabinus [Pseud.], s. Schoene, Karl Friedrich

Sabinus, die große Kanzlei. Ein Wiener Advokatenroman. 2. Aufl. (151 S.) 8. Berlin 908. Herm. Walther. 2. —

Die große Kanzlei. Ein Wiener Advokatenroman. Von **Sabinus**. 3. Aufl. Berlin: Walther 1908. 151 S. 8⁰ [09. 10,06

SABINUS, Von den Damen an die Damen. Rosen-Epistel mit untermischten Humoren u. angenehmen Pikanterien über das Siebengestirn „Jugend — Schönheit — Leben — Liebe — Treue — Ehe — Glück", Sieben Postscripten, Erinnerungen u. cris d'allarme an die Männer, u. einem Sonettenkranze: das Jahr u. seine Monate — das Leben u. seine Zeiten; von —. Hamburg, bei F. W. L. Meuch, 1825. Kl. 8⁰. 3 Bog. Selten!
A. G. Schmid, Gallerie deutscher pseud. Schriftst. Grimma 1840. Kl. 4⁰. p. 169—170.

Sabinus, von d. Damen an die Damen. — Rosen-Epistel mit untermischten Humoren u. angenehmen Pikanterien üb. das Siebengestirn „Jugend, Schönheit, Leben, Liebe, Treue, Ehe, Glück." Sieben Postscripten-Erinnerungen u. cris d'allarme an die Männer u. e. Sonettenkranz.. 8. Hamb. 825. (Leipz., Magazin f. Ind.) 8 gr

Sabinus, Georg

Praecepta poetica et alia, selecta a J. H. Acker. Rudolst. 711. 8.

Sabinus Secundus

— auf jetzige Zeit applicirende Todesfälle, und mit was vor einer Condition eine Verwahrung darin passiren kann; herggg. v. G. Schulter. 4. Chemnitz 772.

Sabini Secundi, Versuch e. Hebammen-Examens, (von G. Schuster). 8. Chemnitz 774. (W. Nauck in Leipz.) 2 gr

Sabirowsky, Clemens [aus Bad Oeynhausen]: Ein Fall von Pachymeningitis interna haemorrhagica ... Erlangen, k. b. Hofbuchdr. v. A. Vollrath, 1895; 25 S. 8.
Erlangen, Med. Fak., Inaug.-Diss. v. 15. Nov. 1895

Sabl, M.

— s.: Kalender f. österreichische Amts-, Gemeinde- u. f. praktische Arzte.

Sabl, M., s.: Kalender f. beamtete u. praktische Ärzte.

Sablé, Madeleine de Souvré, Marquise de

Sablé, de Marquisin v., 100 vernünft. Maximen, mit 366 moral. Bildern erläut. 8. Leipz. 734.

Sabler, G. Beobachtungen über die irdische Strahlenbrechung. Dorpat 1839. 4.

Sabler, G.: Beschreibung der zur Ermittelung des Höhenunterschiedes zwischen dem Schwarzen und dem Caspischen Meere, mit Allerhöchster Genehmigung auf Veranstaltung der Kaiserlichen Akademie der Wissenschaften in den Jahren 1836 und 1837 von G. Fuss, A. Sawitsch und G. Sabler ausgeführten Messungen, nach den Tagebüchern und den Berechnungen der drei Beobachter zusammengestellt. Im Auftrage der Akademie herausgegeben von Wilhelm Struwe. (Vorausgestellt ist der an die Akademie über dies Werk abgestattete kritische Bericht des Herausgebers.) St. Petersburg 1849. CXVIII, 408 S., 1 Tf., 1 Krt. 4⁰. [II 3756

Sabler, G., Beschreibung der zur Ermittelung des Höhenunterschiedes zwischen dem Schwarzen u. Caspischen Meere ausgeführten Messungen, siehe v. Fuss, G.

Sabler, Thom. Fr., († d. 3. Dec. 1812.) Diss. inaug. de sanguinis motus causis ac legibus. 4. Erlang. 790. (52 S.)

Sabler, Thom. Wlh., specimen inaug., sistens observationes et animadversiones de coxalgia. 8. Dorpat 824. (51 S.)

Sabljak: Historisch-topographische Skizze von Zengg. – Zengg. Progr. 1853

Sablowsky, Der Partheygänger nach der Mode. Eine Abhandlung. Krakau 1758. 4.

Sablukoff, N. A., Aufzeichnungen üb. die Zeiten des Kaisers Paul I. u. über das Ende dieses Herrschers. (In russ. Sprache.) 8. (X, 134 S.) Leipzig (902). E. L. Kasprowicz. n. 2. 50

Sabo, Ernst (*geb. Leobschütz 17.12.1837*): De morbo Brightii. Vratislaviae (1864). (23 S.) 8⁰
Breslau, Med. Diss. v. 16. Nov. 1864

Sabor, Chrysost. Ferdinandi von, Beschreibung der Naturgeheimnisse. 735. 8.

Collection Sabouroff, la. Monuments de l'art grec. Fol. Berl. 885—87. Lpz., Hiersemann. [* 375 —] ** 240 —

Sammlung

— Sabouroff, die. Kunstdenkmäler aus Griechenland. 2 Bde. Fol. Berl. 883—87. Lpz., Hiersemann. [* 375 —] ** 240 —

Sabranski, Osc. v., die Holzbrandtechnik in allen ihren Anwendgn. Mit Berücksicht. d. Brennens auf Leder u. Stoff. Anleitg. f. Dilettanten. 12. (74 S. m. 8 Taf.) Wien 891. A. Hartleben. n. 1. 50

Sabranski, Osk. v., die Holzbrandtechnik in allen ihren Anwendungen. Mit Berücksicht. des Brennens auf Leder u. Stoff. Anleitg. f. Dilettanten. 2., verm. u. verb. Aufl. (VII, 48 S. m. 10 Taf.) 8. Wien (909). A. Hartleben. 1.50; geb. 2.20

Sabrino, Dictionnaire nouveau français espagnol et latin. II Vol. gr. 4. Paris et Strasb. König. 789.

Sabudski [Russe]
s. Zabudskij. [illegible] 7

Sabudski, N., Untersuchungen üb. die Bewegung der Langgeschosse. Übers. von Ritter v. Eberhard. (X, 154 S. m. 2 Taf.) gr. 8. Stuttgart 909. F. Grub. 6.80

Sabudski, N., die Wahrscheinlichkeitsrechnung, ihre Anwendung auf das Schiessen u. auf die Theorie des Einschiessens. Mit Genehmigg. des Verf. übers. von Ritter v. Eberhard. (XVII, 458 u. XXIII S. m. 2 Taf.) gr. 8. Stuttgart 906. F. Grub. n. 8.80; geb. n. 10.—

de Sabunde, Raimundus, theologia naturalis seu liber creaturarum, ad optimarum editionum fidem denuo recognitus. 8. (XXVIII u. 648 S.) Solisbaci 852, v. Seidel (jetzt: Regensburg, Pustet). 2 ℳ

Sacc, Friedrich (Neuchatel)
Ueber das Leinöl, seine physikalischen und chemischen Eigenschaften und seine Oxydationsprodukte.
[In: Annalen d. Chemie u. Pharmacie, Bd 51 (1844) 213.]
Dr. phil. Giessen 3.6.1844.

Saccardi, Dominico Agostino. Leben des heiligen Patriarchen Joseph, des Nährvaters Jesu Christi, geschichtlich dargestellt. Aus dem Italienischen. Nebst einem Anhange von Betrachtungen zur Verehrung des heiligen Joseph. Vom h. A. M. v. Liguori. Regensburg 1843. Ü: *Passy, Anton*. (Russell IX, 710)

Saccardi, Augustin, Leben des heil. Patriarchen Joseph, des Nährvaters Jesu Christi geschichtl. dargestellt. A. d. Italien. Nebst e. Anhange von Betrachtungen v. Alph. Maria v. Liguori. 8. (19 B. u. 1 Stahlst.) Regensburg 843, Manz. –
Vgl. Bibliothek, wohlf., guter katholischer Bücher. 2. Reihenfolge. 1. u. 2. Bdchn.

Saccardo, Pietro Andrea

Saccardo, P. A., chromotaxia s. nomenclator colorum polyglottus additis speciminibus coloratis ad usum botanicorum et zoologorum. gr. 8. (22 S. m. 2 farb. Taf.) Patavii 891. (Berlin, R. Friedländer & Sohn.) n. 2.—

Saccardo, P. A., chromotaxia seu nomenclator colorum polyglottus additis speciminibus coloratis ad usum botanicorum et zoologorum. Ed. II. gr. 8. (22 S. m. 2 Farbentaf.) Patavii 894. (Berlin, R. Friedländer & Sohn.) n. 2.

Saccardo, P. A., fungi italici autographice delineati [additis nonnullis extra-italicis, asterisco notatis]. Fasc. 1—XXXII. [Tab. 1—1280.] gr. 4. (320 autogr. u. color. Bl.) Patavii 877—82. (Berlin, Friedländer & Sohn.) n. 123.—

Saccardo, P. A., fungi italici autographice delineati. [Additis nonnullis extra-italicis asterisco notatis.] Fasc. 33—38 (Finis). [Tab. 1281—1500.] gr. 4. (25 autogr. u. color. Bl.) Patavii 883. 86. Berlin, Friedländer & Sohn.) n. 24. — (cplt.: n. 152. —)

— genera Pyrenomycetum schematice delineata. Illustratio adcommodata ad usum sylloges Pyrenomycetum ejusdem auctoris. gr. 8. (14 Steintaf. m. 8 S. Text.) Ebend. 883. n. 6. —

Saccardo, P. A., Icones fungorum, s.: Berlese, A. N.

— Icones fungorum javanicorum, s.: Penzig, O.

—— s. Michelia.

Saccardo, P. A., mycologiae Venetae specimen. [Adjectae sunt (lith.) tab. color. XIV.] gr. 8. (215 S.) Patavii 873. (Berlin, Friedländer & Sohn.) n. 9. —

— mycotheca Veneta sistens fungos Venetos exsiccatos. Centuria I—III. 4. (à 100 aufgeklebte Pilze) Ebend. 874. 75. à n. 14. —

Saccardo, P. A., sylloge fungorum omnium hucusque cognitorum. Pyrenomycetes. Vol. I. gr. 8. (XIX, 768 S.) Patavii 882. (Berlin, Friedländer & Sohn.) n.n. 40. —

— sylloge fungorum omnium hucusque cognitorum. Vol. II—IV. gr. 8. Ebend. n.n. 131. 20
(I—IV.: n.n. 171. 20)
II. Pyrenomycologiae universae continuatio et finis. (813 S., Nachträge LXIX Bl. u. Reg. 77 S.) 883. n.n. 48.
III. Sphaeropsideae et Melanconieae. (860 S.) 884. n.n. 43. 20
IV. Hyphomycetes. (807 S.) 886. n.n. 40.

— dasselbe. Additamenta ad voll. I—IV. curantibus A. N. Berlese et P. Voglino. gr. 8. (IV, 484 S.) Ebd. 886. n.n. 24. —

Saccardo, P. A., sylloge fungorum omnium hucusque cognitorum. Vol. V—VIII. gr. 8. Patavii 887—889. (Berlin, Friedländer & Sohn.) n. 210. — (I—VIII.: 381.20
V. Sylloge hymenomycetum omnium hucusque cognitorum digessit P. A. Saccardo collaborantibus J. Cuboni et V. Mancini. Vol. I. Agaricineae. (1146 S.) n. 58. —
VI. Hymenomycetes. 2. [Polyboreae, Hydneae, Thelephoreae, Clavarieae, Tremellineae.] (928 S.) n. 46. 40
VII. Pars 1: Gasteromyceteae, Phycomyceteae, Myxomyceteae, Index alphabet. et repertorium. (S. 1—448; 1—30.) n. 26. 40
VII. Pars 2: Ustilagineae et Uredineae, auct. J. B. de Toni. (S. 449—882; 31—59.) n. 23. 20
VIII. Discomyceteae et Phymatosphaeriaceae, auctore P. A. Saccardo. — Tuberaceae, Elaphomycetaceae, Onygenaceae, auctore J. Paoletti. — Laboulbeniaceae, auctore A. N. Berlese. — Saccharomycetaceae, auctore J. B. De-Toni. — Schizomycetaceae, auctoribus J. B. De-Toni et Com. V. Trevisan. (XVI, 1143 S.) n. 56. —

— sylloge fungorum omnium hucusque cognitorum. Vol. IX. X. gr. 8. Ebd. n.n. 83. 20 (kplt.: n.n. 465. —)
IX. Supplementum universale, sistens genera et species nuperius edita necnon ea in sylloges additamentis praecedentibus jam evulgata nunc una systematice disposita. Pars I. Agaricaceae - Laboulbeniaceae. (1141 S.) 891. n.n. 44. 80
X. Supplementum universale. Pars II. Discomyceteae — Hyphomyceteae. Additi sunt fungi fossiles auctore A. Meschinelli. (XXX, 964 S.) 892. n.n. 38. 40
Das im Jahre 1886 erschienene Suppl.: Additamentum ad voll. I—IV, ist vergriffen u. durch die in den Bdn. IX u. X gegebene Neubearbeitung überflüssig geworden.

— sylloge fungorum omnium hucusque cognitorum. Vol. XI. Supplementum universale. Pars III. Adjectus est index operis universalis. gr. 8. (VII, 753 S.) Ebd. 895. n.n. 38. 50
Komplett nur noch antiquarisch zu beziehen.

— dasselbe. Appendix, sistens elenchum fungorum novorum qui post editum vol. XI sylloges usque ad finem Decembris 1895 innotuerunt. [Aus: „Hedwigia"] gr. 8. (L S.) Dresdae 896. Ebd. n.n. 2. 50

— dasselbe. Vol. XII. Pars I. 2 Fasc. gr. 8. Berlin 897. Gebr. Borntraeger. n.n. 54. 50
Index universalis et locupletissimus generum, specierum, subspecierum, varietatum hospitumque in toto opere (vol. I - XI) expositorum auctore P. Sydow. (VIII, 1053 S.)

Saccardo, P. A., sylloge fungorum omnium hucusque cognitorum. Vol. XII. Pars II. Fasc. I. u. Vol. XIII (Vol. XII Pars II. Fasc. 2.) gr. 8. Berlin 898. Gebr. Borntraeger. n.n. 77. — (XII, 1 u. II, 1. u. 2.: n.n. 131. 50)
Index universalis et locupletissimus nominum plantarum hospitum specierumque omnium fungorum has incolentium, quae usque ad finem anni 1897 innotuerunt, concinnavit P. Sydow. (VII, 1340 S.)

Saccardo, P. A., Sylloge fungorum omnium hucusque cognitorum. Vol. XIV et XVI. gr. 8. Patavii. (Berlin, R. Friedländer & Sohn.) n.n. 131. 20
XIV. Supplementum universale pars IV. Auctoribus P. A. Saccardo et P. Sydow. Adjectus est index totius operis. (VI, 1316 S.) 899. n n. 66. 40
XVI. Idem pars V. Auctoribus P. A. Saccardo et P. Sydow. Adjectus est index totius operis. (V, 1291 S.) 902. n.n. 64.80

— Sylloge fungorum omnium hucusque cognitorum. Vol. XVII et XVIII. gr. 8. Patavii. (Berlin, R. Friedländer & Sohn.) n.n. 97. 60
XVII. Supplementum universale pars VI. Hymenomycetae — Laboulbenolmycetae. Auctoribus P. A. Saccardo et D. Saccardo fil. Adjecta est bibliotheca mycologica. Auctore J. B. Traverso. (CVII, 991 S.) 905. n.n. 55. 20
XVIII. Dasselbe, pars VII. Discomycetae — Deuteromycetae. Auctoribus P. A. Saccardo et D. Saccardo fil. Adjectus est index universalis una cum singulorum generum familia et anno institutionis. (VII, 839 S.) 906. n.n. 42.40

Saccardo, P. A., sylloge fungorum omnium hucusque cognitorum. Vol. XIX. gr. 8. Patavii (910). (Berlin, R. Friedländer & Sohn.) nn 58. 40
XIX. Index iconum fungorum enumerans eorundem figuras omnes hucusque editas ab auctoribus sive antiquis sive recentioribus. Ductu et consilio P. A. Saccardo congessit J. B. Traverso. A—L. (XI, 1158 S.)

Sacchero, G. Clarissa Harlowe. Dramma lirico in tre atti. Musicato dal Maestro N. Perelli. *Vienna*. Tip. *Pichler*. 24 S., 8°.

Sacchetti, Franco

Sacchetti, Fr., la Battaglia delle Vecchie con le Giovani. Canti due. Ima Ediz. illustrata con note da Basilio Amati di Savignano. 8, gr. Bologna. 820. (Vienna, Volke.)

SACCHETTI, Franco (geb. ca. 1335, † nach 1410), Die (223) Novellen des —, Bürgers von Florenz. Ins Deutsche übertragen, mit einem Lebensbild des Autors und einem literarhistorischen Anhang versehen von Dr. Hanns Floerke. 3 Bde. Mit Portrait. München, Georg Müller, 1907. 8°. (In Hprgt. à Bd. Mk. 10—; Luxusausgabe auf van Geldern, in Ganzprgt., in Cartons, à Bd. Mk. 20—.) (30 Mk., tadelloses Gelegenheitsexpl., eleg gebd. in Hprgt., in Cartons, Adolf Weigel, 1910.)
Einmalige Auflage von 800 numer. Expll. — Bildet auch Bl. 1—3 der Serie „Perlen" älterer romanischer Prosa. Lustige, oft auch groteske und gepfefferte Geschichten aus dem Florenz des 14. Jahrhunderts. Da mehrere derselben stark gewürzt sind, der Übersetzer sich aber nicht dazu entschliessen konnte, eine Ausgabe in usum Delphini zu veranstalten, musste ihre Veröffentlichung auf dem Subskriptionswege erfolgen. — Von den „Trecento Novelle" des Vf. sind nur 223 auf uns gekommen.
Orig. Delle novelle di *Franco Sacchetti*, cittadino fiorentino, parte prima e seconda. 2 vol. Firenze 1724. Gr. 8° (16 Mk., bel expl. de la 3me impression suivant Gamba, vélin, Adolf Weigel, 1908.) — Novelle. 2 vol Milano 1804. (Citirt R. Haubold in s. Diss. üb. B. des Periers.)

Sacchetti, des Bürgers v. Florenz Franco, Novellen, s.a. Perlen älterer romanischer Prosa. II. III.

Sacchetti, Franco, ausgewählte Novellen, s.: Bibliothek, italienische.

— italienische Novellen aus dem XIV. Jahrh. Uebersetzung u. Vorwort v. Carlo Fasola. 12. (III, VIII, 72 S.) Marburg 892. (München, H. Lukaschik.) n. 1.—

Sacchetti, Lorenz

Sacchetti, L., quanto sia facile l'inventare decorazioni teatral guida elementare. Dedicata a quella gioventù la quale fosse inclinata a questa arte. (Italien. u. Deutsch.) 4 maj. (4 B.) Praga 830, (Borrosch u. André.)

—— faßl. Unterricht in d. Anfangsgründen d. Theater-Mahlerei. Allen Jünglingen, welche in diese Kunstschule eingeführt zu werden wünschen, gewidm. (Deutsch u. Italien.) gr. 4. (4 B.) Prag 830, (Borrosch u. André.)

Sacchi, I., in principia theoriae Brunonianae animadv. 8. maj. Papiae. (Wolf, Lips.) 795.

Sacchini, Francesco

Sacchini, Juvencius u. Kropf, S. J., Erläuterungsschriften z. Studienordng. d. Gesellschaft Jesu, s.: Bibliothek d. kathol. Pädagogik, X.

Sachini, P., üb. die Lektüre, ihren Nutzen u. die Vortheile sie gehörig anzuwenden. Nach d. Latein. deutsch bearb. u. mit e. Anh. begleit. v. H. Walchner. 8. Karlsr. 832. Groos. 12 gr

Sacchini, Frz., Ratio libros c. profectu legendi et methodus biblioth. ordin. 8. Lips. (Frommann, Jena.) 738.

Sacco, Alb.

Sacco, A., Reisebilder und Erzählungen. 8. Berlin 841. (Reichardt u. Comp.) 1/2 rf

Sacco, Alb., Reise-Skizzen u. Erzählungen. gr. 12. (6 1/4 B.) Magdeburg 837, (Baensch.)

Sacco, Alb., Reise-Skizzen und Erzählungen. gr. 12. Magdeburg 837. (Richter.) n. 2 rf

Sacco, Ludwig: Neue Entdeckungen über die Kuhpocken, die Mauke und die Schaafpocken. Aus d. Ital. übers. von Wilhelm Sprengel. Mit e. Vorr. von Kurt Sprengel. Leipzig 1812. X, 182 S.

Sacco, Ldw., neue Entdeckung üb. die Kuhpocken, die Mauke u. Schafpocken; Aus d. Ital. v. W. Sprengel. Mit e. Vorrede u. Anmerk. v. Kurt Sprengel. Mit 4 illum. Kpf. 8 Leipz. 812. Kühn. 1 rf 12 gr

Sacco, Ludw., Neue Entdeckung üb. d. Kuhpocken, die Mauke und Schafpocken. A. d. Ital. v. W. Sprengel. Mit Vorrede von Kurt Sprengel. Mit 4 illustr. Kpfrn. Leipzig 12. Weigel. M. 4.50

Anleitung zur Diagnostik der Abdominaltumoren [Indirizzo alla diagnosi dei tumori addominali] unter Zugrundelegung der Palpation. Eine klin. Erl. z. Palpation d. Abdomens von Prof. Dr. G[iulio] L[uigi] **Sacconaghi**, Pavia. Nach d. italien. vom Autor verb. Ausg. übers. von Dr. V. Plitek in Triest. Mit e. Vorw. von Prof. Dr. C(arl) v. Noorden in Wien. Mit 90 Abb. Berlin: Karger 1910. XII 418 S. 8° [10. 51]

— Die interlobäre exsudative Pleuritis, s.: Abhandlungen, Würzburger, aus dem Gesamtgebiet der prakt. Medizin. X, 7.

Sacerdos summo sacerdoti Christo Jesu se in solitudine associans, sive exercitia spiritualia ad usum Parochorum, Sacerdotumque. Clagenfurti, Kleinmayr, 1769. 352 S.

Sacerdos pie celebrans. Edid. J. Th. Rahfeldt. Monasterii 855. Regensberg. 24. (VIII, 185 S.) n. 10 ngr.

Sacerdos pie celebrans. Monast. 1855. V: *Rahfeldt, Joh. Theodor.* (RASS;

Sacerdos curatus in oratione privata et visitatione infirmorum, seu manuale precum selectarum cum compendio curae infirmorum ad usum commodum sacerdotum in cura animarum laborantium praeprimis in dioec. Ratisbonensi nec non in archid. Monaco-Frisingensi et in dioec. Augustana (auctore Chrph. Höflinger). 12. (272 S.) Ratisbonae 852, Manz. 1/2 ₰

Sacerdote, Amalia

Methode Toussaint-Langenscheidt. Der Kleine Toussaint-Langenscheidt. Mit Angabe d. Aussprache nach d. phonet. System d. Methode Toussaint-Langenscheidt. Italienisch. Zur schnellsten Aneignung d. Umgangssprache durch Selbstunterr. Reisesprachführer ... Verf. von A. **Sacerdote**. Berlin-Schöneberg: Langenscheidt [1906]. (XIII, 229, 338 S.) 8° [Ant. u. F.] [07. 193]

Sacerdote, A., Italienisch, s. Toussaint-Langenscheidt, der kleine.

Methode Toussaint-Langenscheidt. Land und Leute in Italien. Zsgest. von A **Sacerdote**. Berlin-Schöneberg: Langenscheidt [1906]. (VIII, 453. 44 S.) 8°
(Langenscheidt's Sachwörterbücher) [07. 193]

— Land u. Leute in Italien, s. Langenscheidt's Sachwörterbücher.

Sacerdote, Gustavo, Italienisch f. Kaufleute. Handbuch der italien. Handelskorrespondenz u. Buchführg., enth. die gebräuchlichsten Formulare sowie e. deutsch-italien. Handelswörterbuch. (VII, 108 S.) Lex. 8. Berlin-Schöneberg 910. Langenscheidt's Verl. 2.—; geb. 2. 50

— Italienische Konversations-Grammatik zum Schul- u. Privat-Unterricht m. besond. Berücksicht. der Übungen im mündl. Gebrauch der Sprache. 1. u. 2. Tl. 8. Ebd. Geb. in Leinw. 5. 50
1. (XII, 221 S.) 908. Geb. 2. 50
2. (XIV, 271 S.) (910.) Geb. 3. —

— Italienisches Lesebuch. I. u. II. Tl. 8. Ebd. Geb. in Leinw. 5. 50
I. Nel bel paese. Manuale della lingua italiana parlata, compilato ad uso degli stranieri. (XII, 258 S.) 8. (909.) Geb. 2. 50
II. Letture italiane. Raccolta di prose e poesie moderne, scelte e annotate ad uso degli stranieri. (VII, 263 S.) (908.) 2.50; geb. 3. —

— s.: Methode Toussaint-Langenscheidt, italienisch.

— Deutsch-italienische Phraseologie, in systematischer Ordnung nebst e. Vocabolário sistemático verf. u. m. Aussprachezeichen versehen. (XII, 246 S.) 8. Berlin-Schöneberg (910). Langenscheidt's Verl. Geb. in Leinw. 3. —

Methode Toussaint-Langenscheidt. Taschenwörterbuch der italienischen und deutschen Sprache. Mit Angabe d. Aussprache nach d. phonet. System d. Methode Toussaint-Langenscheidt. Zsgest. von Gustavo **Sacerdote**. T. 1. 2. Berlin-Schöneberg: Langenscheidt [1905]. 2 Bde 8°
[Nebent.:] Dizionario tascabile italiano-tedesco. Compilato da G. Sacerdote.
1. Italienisch-Deutsch. 2. Deutsch-Italienisch.
(Langenscheidts Taschenwörterbuch f. Reise, Lektüre u. Konversation.) [05. 1360]

— Taschenwörterbuch der italienischen u. deutschen Sprache. Mit Angabe der Aussprache nach dem phonet. System der Methode Toussaint-Langenscheidt. 2 Tle. kl. 8. Berlin-Schöneberg, Langenscheidt's Verl. Geb. in Leinw. à n. 2. —; [1905] in 1 Bd. n. 3. 50
1. Italienisch-Deutsch. (XXXVI, 470 S.)
2. Deutsch-Italienisch. (XII, 480 u. 40 S.)

[F.] **Sach**, August [Prof. Dr.]: Die Behandlung der wirtschaftlichen und gesellschaftlichen Fragen im Geschichtsunterricht m. bes. Berücks. d. Prov. Schleswig-Holstein. Hadersleben, gedr. in d. Buchdr. v. W. L. Schütze, 1896; 14 S. 4.
Hadersleben, k. G, P 1896 (284)

Sach, Aug., Bilder aus der Weltgeschichte, s.: Keck, H.

Sach, August. Hans Brüggemann. Ein Beitrag zur Kunstgeschichte der Herzogthümer. (Mit einer Photographie des Schleswiger Altarblatts.) Schleswig 1865. 4°.

Sach, Aug., Hans Brüggemann. Ein Beitrag zur Kunstgeschichte der Herzogthümer. Mit 1 Photogr. des Schleswiger Altarblatts von Brüggemann von Fr. Brandt in Flensburg. Schleswig 868. Schulbuchh. Lex.-8. (31 S.) n. 20 ngr.

Sach, Aug., Hans Brüggemann u. s. Werke. Ein Beitrag zur Kunstgeschichte Schleswig-Holsteins. 2, völlig neubearb. Aufl. gr. 8. (VII, 133 S.) Schleswig 895. J. Bergas. n. 2. 40

— Charakterspiegel in Sage u. Geschichte. gr. 8. (VII, 530 S.) Ebend. 880. 5. 25; cart. 6. —

Die geschichtlich bedeutsamen Doppelnamen im Herzogtum Schleswig. Ein Vortrag, auf der Versammlung des Schleswig-Holsteinischen Philologen-Vereins zu Neumünster am 8. Mai 1910 geh. v. August **Sach**. Hadersleben. o. J. 8°
Abgedruckt aus „Die Nordmark". Jg. 13. Nr. 4. 15. Nov. 1910.

Sach, Aug., Geographie der Prov. Schleswig-Holstein u. d. Fürstent. Lübeck. Für 2 Stufen. 6. Aufl. der Grünfeld'schen Geographie. 8. (80 S.) Schleswig 886. Bergas. cart. n. — 60

Sach, Aug., Geographie der Prov. Schleswig-Holstein u. d. Fürstent. Lübeck. Für zwei Stufen. 7., verb. Aufl. der Grünfeld'schen Geographie. 8. (V, 86 S. m. 1 Karte in Farbendr.) Schleswig 890. Bergas. cart. n. — 70

[F.] Geographie der Provinz Schleswig-Holstein und des Fürstentums Lübeck v. Prof. Dr. August **Sach**. Für 2 Stufen. 8. verb. Aufl. *Schleswig: J. Bergas 1897.* (IV, 75 S., 1 Kt.) 1 Bd 8. [97. 1633]

Geographie der Provinz Schleswig-Holstein und des Fürstentums Lübeck von Prof. Dr. August **Sach**. Für 2 Stufen. 9. verb. Aufl. Schleswig: J. Bergas 1904. (IV, 86 S.) 8° [F.] [05. 576]

— Geschichte des Schlosses Gottorp. Beitrag zur speciellen Geschichte Schleswigs. 1. Heft. Ebend. 865. gr. 4. (18 S. mit 1 lith. Karte in qu. Fol.) 9 ngr.

Sach, August: Geschichte des Schloszes Gottorp. Beitrag zur speciellen Geschichte Schleswigs. 4°
Heft 1. Separatabdruck aus dem Schulprogramm der Schleswiger Domschule. Mit 1 lithogr. Karte. Schleswig. 1865.
(Heft 2.) Neuere Geschichte des Schloszes Gottorp. Ebd. 1866.

— Geschichte der Stadt Schleswig nach urkundlichen Quellen. Mit 2 Plänen u. e. Ansicht (lith. in Fol. u. gr. Fol.) gr. 8. (XVI, 342 S.) Schleswig 875. Bergas. n. 12. —

— die deutsche Heimat. Landschaft u. Volkstum. Mit Abbildgn. nach Orig.-Aufnahmen u. Zeichngn. v. F. Knab, A. Lewy u. F. Lindner, in Holz gest. vom xylograph. Institut v. O. Roth in Leipzig. gr. 8. (XII, 660 S.) Halle 885. Buchh. d. Waisenhauses. 7. 50; Einbd. n.n. 2. —

Sach, Aug., die deutsche Heimat. Landschaft u. Volkstum. 2. verb. u. verm. Aufl. Mit 41 Text-Abbildgn. u. 22 Vollbildern nach Zeichngn. von T. v. Eckenbrecher, F. Knab, A. Lewy u. a. gr. 8. (XI, 666 S.) Halle 902. Buchh. des Waisenhauses. n. 7. 50; geb. in Leinw. n. 10. —

— zur Heimathskunde. Die Provinz Schleswig-Holstein, s. Keck u. Johansen, vaterländ. Lesebuch.

— zur Heimathskunde. Schleswig-Holstein in geschichtlichen u. geographischen Bildern. Sep.-Abdr. des Anh. „Schleswig-Holstein" aus dem vaterländischen Lesebuch für die evangelische Volksschule Norddeutschlands. 6. Aufl. gr. 8. (56 S.) Ebend. 877. n. — 40

— Asmus Jakob Carstens Jugend- u. Lehrjahre nach urkundlichen Quellen. gr. 8. (VII, 277 S.) Halle 881. Buchh. d. Waisenh. n. 4. —

Sach, Aug., Deutsches Leben in der Vergangenheit. Bd. 1. 2. Halle 1889—90. 8.

— deutsches Leben in der Vergangenheit. 1. u. 2. Bd. gr. 8. (VIII, 806; VI, 875 S.) Halle a/S. 889. 891. Buchhandlg. d. Waisenhauses. à n. 6. —; geb. n. 7. 50

Sach A, deutsches Leben in der Vergangenheit. 2 Bde Halle 1890. 91

— norddeutsches Lesebuch, s.: Keck, H.

— vaterländisches Lesebuch, s.: Keck, H.

— Joachim Rachel, ein Dichter u. Schulmann des 17. Jahrh. Mit 3 litterar.-histor. Anh. Schleswig 869. Schulbuchh. gr. 8. (66 S.) n. 9 ngr.

Sach, [August], Prof. Dr.: Rede bei der Gedächtnisfeier für den Fürsten Bismarck. *Hadersleben 1899: W. L. Schütze.* (S. 17—20.) 4° [Umschlagt.] [F.]
Hadersleben, k. G (Johanneum), P 1899 (263)

Sach, Aug., Graf Friedrich v. Reventlou und Wilhelm Hartwig Beseler. Ein Vortrag am 18. Febr. 1886 in der Aula der königl. Domschule vor den Mitgliedern des Provinziallandtages gehalten. gr. 8. (36 S.) Schleswig 886, Bergas. *

— d. Herzogt. Schleswig in s. ethnograph. u. national. Entwickelg. 1. Abtlg. gr. 8. (V, 143 S.) Halle 896. Buchh. d. Waisenhauses. n. 2. 80

— das Herzogt. Schleswig in seiner ethnographischen u. nationalen Entwickelung. 2. Abtlg. gr. 8. (III, 336 S.) Halle 899. Buchh. des Waisenhauses. n. 5. 20
1. Abt. Ebd. 896. n. 2. 80.

— das Herzogt. Schleswig in seiner ethnograph. u. nation. Entwickelung. III. Abtlg. (VIII, 510 S.) 8. Halle 907. Buchh. des Waisenhauses. n. 8. — (Vollst.: 16. —)

— Schleswig-Holstein in geschichtlichen u. geographischen Bildern. [Sep.-Abdr. d. Anh. „Schleswig-Holstein" aus dem vaterländ. Lesebuch f. die evangel. Volksschule Norddeutschlands.] 6. Aufl. gr. 8. (56 S.) Halle 875. Buchh. d. Waisenh. n. — 40

— Schleswig-Holstein in geschichtlichen u. geographischen Bildern. 9. Aufl. gr. 8. (64 S.) Ebend. 881. n. — 40

— Schleswig-Holstein in geschichtlichen u. geographischen Bildern. 11. Aufl. gr. 8. (64 S.) Halle 885. Buchh. d. Waisenhauses. n. — 40; als Anh. zu dem Vaterländischen u. Norddeutschen Lesebuch n.n. — 20

— Schleswig-Holstein in geschichtlichen und geographischen Bildern. 14. Aufl. 8. (64 S.) Ebd. 890. n. — 40; als Anh. zum vaterländ. Lesebuch n.n. — 25

Sach, Aug., Schleswig-Holstein in geschichtlichen u. geographischen Bildern. 15. Aufl. gr. 8. (64 S.) Halle 892. Buchh. d. Waisenhauses. n. — 40

— Schleswig-Holstein in geschichtl. u. geograph. Bildern. (Anh. z. vaterländ. Lesebuch.) 16. Aufl. gr. 8. (64 S.) Ebd. 895. n. — 40

Schleswig-Holstein in geschichtlichen und geographischen Bildern von Prof. Dr. August Sach. (20. Aufl.) (Halle: Waisenhaus [1904].) (65 S.) 8° [Kopft. F.]
Vaterl. Lesebuch. Anh.
[05. 1493 3

Sach, August: Die schola trivialis sive particularis und das paedagogium publicum in Schleswig während des 16. Jahrhunderts. Mit 3 Beilagen. Schleswig. 1873. 4°

Sach, August Der Ursprung der Stadt Hadersleben und die Verleihung des Stadtrechts durch Herzog Waldemar IV. im Jahre 1292. Inhalt: 1. Über den Namen Hadersleben. 2. Über Alter und Ursprung der Stadt Hadersleben. 3. Herzog Waldemar IV. und die Verleihung des Stadtrechts. (Umschlagtitel: . . . Waldemar IV.) 4 (25 S.).
Progr. Kgl. G. u. Rprg. *Hadersleben* 1892 (278).
Vollständig u. d. T.: . . . und das Stadtrecht Herzog Waldemars IV. vom Jahre 1292. Festschrift z. 600jähr. Jubelfeier der Stadt. Mit einer Ansicht der alten Stadt u. 6 Siegelabdrücken. Lex. 8 (VII, 80 S.). Ebenda, (J. Dreesen Nachf.). ℳ 2, —.

— der Ursprung der Stadt Hadersleben u. das Stadtrecht Herzog Waldemars IV. vom J. 1292. Festschrift zur 600jähr. Jubelfeier der Stadt. Mit 1 Ansicht der alten Stadt u. 6 Siegelabdrücken. Lex.-8. (VII, 80 S.) Hadersleben 892. (J. Dreesen Nachf.) n.n. 2. —

Šach, Jan, česká fraseologie. Sestavena zvláště v prospěch studujících na školách gymnasiálních a reálních, z nejvýtečnějších spisovatelů od nejstarší doby až do Komenského. Prag 862. Kober. gr. 8. (75 S.) n. 10½ ngr.

Sach, Johann Heinrich Christoph

Sach, Joh. Hnr., Deutschlands wilde Gewächse nach dem Linné'schen Geschlechtssysteme geordnet und durch sorgfältige Zusammenstellung der von ihnen bekannten Wahrheiten dem Liebhaber möglichst kennbar gemacht. Th. 1. Bd. 1. Berlin 1804. 8.

Sach, Jh. Hnr. Cph., Deutschlands wildwachsende Gewächse nach dem Linnéischen Geschlechtssystem geordnet. 1r Thl. 1r Bd. 8. Berl. 804. Akadem. B. 1 ₰ 8 gr.

Šach Leopold: (Festrede zur Feier des 70. Geburtstages Sr. Majestät des Kaisers und Königs Franz Josef I). (čech. T.). (5). Holleschau R. 01.
Progr.

Sacharjah, d. Buch des Propheten, neu übers. u. erklärt von Chr. G. Thuba. 8. Schwerin 802. Bödner. 8 gr.

Sacharja, der Prophet. V. d. Verf. d. Propheten „Habakuk“ u. „Haggai“ u. d. „christl. Hausschatzes“. 8. (III, 296 S.) Berlin 897. Deutsche evang. Buch- u. Tractat-Gesellschaft. n. 2. —

Sacharja, der Prophet, auf der Kanzel der evangel. Hofkirche in Dresden. Ein offenes Wort an Hrn. Oberhofpred. Dr. Harleß über seine am 22. Juli d. J. gehaltene Landtagspredigt u. zugleich ein Votum gegen das Einschmuggeln pharisäischer Grundsätze in die evangel. Kirche (v. Ed. Sparfeld). gr. 8. (16 S.) Leipzig 850, Matthes. — 2—5. Aufl. gr. 8. (à 16 S.) Ebd. 850. n. 2 ngr (siehe: Noch einmal der Prophet Sacharja.)

Sachariasohn, Osc., Hadassa. Gebet- u. Andachtsbuch für israelit. Frauen u. Mädchen. Unter Mitwirkg. v. M. Kayserling, M. Güdemann, A. Schniedl u. Jul. Fischer. 2., verb. Aufl. (VIII, 223 S.) kl. 8. Budapest (VI, Königsgasse 20) 902. O. Geyer. Geb. m. Goldschn. n. 3. —

SACHARIEFF, Grigor (Schiroka-Luka): Ein Fall von operativ behandeltem Pleura-Empyem mit Durchbruch nach der Lunge.- München: Kastner & Lossen 1899. 25 S.
26.4.1899 - Chr 1898/99,14; Jv 1898/99,220
Diss. Ingolst.-Landsh.-Mchn.

Sacharjin, G. A., klinische Abhandlungen. gr. 8. Berlin 890. Hirschwald. n. 2. 40
1. Ueber den klinischen Unterricht. — 2. Die Calomel-Therapie. — 3. Ueber Blutentziehung. — 4. Die Lues des Herzens. (V, 89 S.)

Sacharjin, G. A., klinische Vorträge. 1. Hft. A. Klinik der Unterleibskrankheiten u. functionellen Störgn. d. Nervensystems. I. B. Ueber den innerl. Gebrauch der Mineralwässer. gr. 8. (XII, 135 S.) Berlin 892. A. Hirschwald. n. 3. —

Sacharoff, N., Amoebae malariae [hominis]. Specierum variarum icones microphotographicae. gr. 8. (10 Taf. m. eingedr. u. 1 Bl. Text.) Tiflis 892. (Berlin, Boas & Hesse.) n. 10. —

Sacharoff, N., das Eisen als das thätige Prinzip der Enzyme u. der lebendigen Substanz. Ins Deutsche übers. v. M. Rochtsamer. gr. 8. (IV, 83 S. m. 15 Abbildgn.) Jena 902. G. Fischer. n. 2. 50

Sachau, Eduard

— der erste Chalife Abu Bekr. (22 S.) gr. 8. Berlin 908. (G. Reimer.) n. 1. —

—— s. **Albêrûnî, Chronologie orientalischer Völker.**

Sachau, Eduardus: De Aljavâlîqî ejusque opere quod inscribitur [arab.:] Ma'rib adjecta textus particula. Halis Saxonum (1867): Lork in Leipzig. 8, [arab.:] 32 S. 8°
Halle-Wittenberg, Phil. Diss. v. 31. Jan. 1867
Geb. Neumünster (Holst.) 20. 7. 1845. V.
[Sondertit. arab.] — Im Buchhandel Halis Saxonum (Berlin: Calvary) 1867. 46 S. 8° — Verf. erlebte die Diplomerneuerung 1917 als Geheimer Oberregierungsrat und ordentlicher Universitäts-Professor für semitische Sprachen in Berlin.

Sachau, Eduard, s.: **Archiv f. das Studium deutscher Kolonialsprachen.**

Sachau, Ed., neue Beiträge zur Kenntniss der zoroastrischen Literatur. [Aus: „Sitzungsber. d. k. Akad. d. Wiss.“] Lex.-8. (50 S.) Wien 871. Gerold's Sohn in Comm. n. — 80

— u. Joh. **Holetschek,** e. Berechnung der Entfernung d. Sonnen-Apogaeums v. dem Frühlingspunkte bei Albîrûnî. Mit 3 (eingedr. Holzschn.-) Fig. [Aus: „Sitzungsber. d. k. Akad. d. Wiss.“] Lex.-8. (26 S.) Wien 876. (Gerold's Sohn.) n. — 60

Sachau, E., Bericht üb. die Eröffnung d. Seminars f. Orientalische Sprachen an der königl. Friedrich-Wilhelms-Universität zu Berlin u. einige auf das Seminar bezügliche Schriftstücke. gr. 4. (20 S.) Berlin 888. Asher & Co. n.n. — 50

Sachau, Ed., am Euphrat u. Tigris. Reisenotizen aus dem Winter 1897—1898. Mit 5 Kartenskizzen u. 32 Abbildgn. gr. 8. (VIII, 160 S.) Leipzig 900. J. C. Hinrichs' Verl. n. 3. 60; geb. n. 4. 60

— das Berliner Fragment des Mûsâ Ibn 'Ukba. Ein Beitrag zur Kenntniss der ältesten arab. Geschichtslitteratur. (26 S. m. 1 Taf.) gr. 8. Ebd. 904. n. 1. —
Sonderabdruck a.: „Sitzungsber. d. preuss. Akad. d. Wiss.“

—— Theodori Mopsuesteni fragmenta. Syriaca e codicibus musei britannici nitriacis edidit atque in latinum sermonem vertit. 8. (VII, 175 S.) Leipzig 869, Engelmann. 7 —

— s. Gawâlîkî's Almuarrab.

— zur ältesten Geschichte d. muhammedanischen Rechts. [Aus: „Sitzungsber. d. k. Akad. d. Wiss.“] Lex.-8. (25 S.) Ebend. 870. n. — 50

— zur Geschichte u. Chronologie v. Khwârizm. I. u. II. [Aus: „Sitzungsber. d. k. Akad. d. Wiss.“] Lex.-8. (36 u. 46 S.) Ebend. 873. 74. à n. — 60

s.: Ibn Saad Biographien Muhammeds usw.

— e. altaramäische Inschrift aus Lycien. [Mit 1 Taf.] [Aus: „Sitzungsber. d. k. Akad. d. Wiss.“] Lex.-8. (7 S.) Wien 887. (Tempsky.) n. — 40

Sachau, Ed., über die Lage von Tigranokerta. [Aus: „Abhandlgn. d. k. Akad. d. Wiss. zu Berlin“.] Mit 2 (chromolith.) Karten. gr. 4. (92 S.) Berlin 881. (Dümmler's Verl.) n. 5. —

— Litteratur-Bruchstücke a. Chinesisch-Turkistan. (15 S. m. 1 Taf.) Lex.-8. Berlin 905. (G. Reimer.) n. — 50
Sonderabdruck aus: „Sitzungsber. d. preuss. Akad. d. Wiss.“

Sachau, Ed., s.: Mitteilungen d. Seminars f. oriental. Sprachen etc. zu Berlin.

— über den zweiten Chalifen Omar. Ein Charakterbild aus der ältesten Geschichte des Islams. gr. 8. (32 S.) Berlin 902. (G. Reimer.) n. 1. —
Sonderabdruck aus: „Sitzungsber. d. preuss. Akad. d. Wiss.“

Drei aramäische Papyrusurkunden aus Elephantine. Von Eduard **Sachau.** Mit 1 Taf. Berlin: Akad. 1907. (46 S.) 4°
Aus: Abhandlungen d. Kgl. Preuß. Akad. d. Wiss. v. J. 1907. [07. 16899

— Drei aramäische Papyrusurkunden aus Elephantine. Neudr. (46 S. m. 2 Taf.) Lex. 8. Berlin 908. G. Reimer. Kart. 2. 50
Sonderabdr. aus: „Abhandlgn. d. preuss. Akad. d. Wiss.“

Muhammedanisches Recht nach Schafiitischer Lehre v. Eduard **Sachau.** (Darin: Arabischer Text des 'Abû-Sugâ nach Baguri ...) *Stuttgart & Berlin: W. Spemann 1897.* (XXXII, 879, 27 S.) 1 Bd 8.
= **Lehrbücher** d. Seminars f. Oriental. Sprachen zu Berlin. Bd 17. [98. 1480

—— syrisch-römisches Rechtsbuch, s. Bruns, K. G.

— s.: Rechtsbücher, syrische.

Sachau, Ed., Reise in Syrien u. Mesopotamien. Mit 2 (chromolith.) Karten v. Heinr. Kiepert, 18 Abbildgn. u. 22 Lichtdr.-Bildern. gr. 8. (X, 478 S.) Leipzig 883. Brockhaus. n. 20. —; geb. n. 22. —

Sachau, E., Ueb. die Reste d. syr. Uebersetzungen classischgriech., nichtaristotel. Litteratur unter den Nitrischen Handschriften d. Brit. Museums. S.-A. s. a. 12 S. —.60

— Skizze des Fellichi-Dialekts v. Mosul. [Aus: „Abhandlgn. d. k. preuss. Akad. d. Wiss. zu Berlin".] gr. 4. (92 S.) Berlin 895. (G. Reimer.) n. 5. —

— indo-arabische Studien zur Aussprache u. Geschichte d. Indischen in der 1. Hälfte d. XI. Jahrh. Mit e. Fcsm. e. arab. Handschrift. [Aus: „Abhandlgn. d. k. preuss. Akad. d. Wiss. zu Berlin".] gr. 4. (50 S.) Berlin 888. (G. Reimer.) n. 4. 50

— s.: Syriaca inedita.

Verzeichniss der syrischen Handschriften der Königlichen Bibliothek zu Berlin von Eduard Sachau. (Abth. 1. 2.) Berlin: A. Asher & Co. 1899. 2 Bde. 4°.
= Handschriften-Verzeichnisse d. Königlichen Bibliothek zu Berlin. Bd 23. [ill.] 1661

— kurzes Verzeichniss der Sachau'schen Sammlung syrischer Handschriften auf der königl. Bibliothek zu Berlin. Nebst Übersicht d. alten Bestandes. gr. 8. (XXVIII, 35 S.) Berlin 885. (Asher & Co.) n. 2. —

— arabische Volkslieder aus Mesopotamien. Mitgetheilt v. E. S. [Aus: „Abhandlgn. d. k. preuss. Akad. d. Wiss."] gr. 4. (96 S.) Ebd. 889. n. 6. —

Sachau, Gerhard, Referendar in Berlin: **Der nicht rechtsfähige Verein als Unternehmer eines Handelsgewerbes.** Stuttgart 1905: Druck der Union Deutsch. Verlagsgesellschaft. (39 S.) 8° ¶[Nur 12 Exempl. abgeliefert.]
Rostock, Jur. Fak., Ref. Lehmann, Diss. v. 10. Juni 1905
[Geb. 15. Nov. 82 Berlin; Wohnort: Berlin; Staatsangeh.: Preußen; Vorbildung: Prinz Heinrichs-Gymn. Schöneberg-Berlin Reife M. 00; Studium: Tübingen 3, Berlin 3 S.; Rig. 15. Jan. 04.]

Sachau, Johann [approb. Arzt aus Kleinrade]: Zur Aetiologie und Prophylaxis des Puerperalfiebers .... Kiel, Druck v. Schmidt & Klaunig, 1886; 37 + 2 S. 8°.
Kiel, Med. Fak., Inaug.-Diss. v. 14. Aug. 1886.

Sachau, Johann, zur Aetiologie und Prophylaxis des Puerperalfiebers. Diss. Kiel 1886, Haeselersche Sort.-Buchh. 8°. 37 S.

Sachau, Otto, Referendar: Eigentum, Grundschuld, Eigentümer-Grundschuld. Berlin 1909: G. Reimer. 60 S. 8°
Rostock, Jur. Diss. v. 25. Jan. 1910, Ref. Lehmann
[Geb. 23. Febr. 86 Berlin; Wohnort: Gettorf; Staatsangeh.: Preußen; Vorbildung: Bismarck-Gymn. Wilmersdorf Reife O. 05; Studium: Tübingen 3, Berlin 3 S.; Rig. 2. Aug. 09.] [U 10. 3876

Sache, Die, der neuen preussischen Agende und Union, neu beleuchtet . . . Stuttgart 1835. V: *Thiel, Johann Carl Frdr. August.* (Nowack, Schles. Schriftst.-Lex. Bresl. 1836—43. V, 161.) (ADB 30, 699)

Sache, die, der neuen preuß. Agende u. Union, neu beleuchtet f. ihre Freunde u. Gegner in ein. Handschreiben an zwei luther. Geistliche in Schlesien, mit mehr. Beiln. gr. 8. (7 B.) Stuttgart 835, J. F. Steinkopf.

Sache, die deutsch-evangelische, in den Ostmarken. Vorträge, geh. bei der 21. Generalversammlg. des Evangel. Bundes in Braunschweig. Ostpreußen: Thomaschki. — Westpreußen u. Posen: Raddatz. — Schlesien: Müller-Bernhardin. (15, 22 u. 13 S. m. 2 farb. Karten.) 8. Leipzig 908. Halle, Verlag des Evangel. Bundes. — 20

Die gerechte Sache Frankreichs und Oesterreichs gegen Grossbrittanien u. Hannover. (Mit Anmerkungen.) Frankfurth u. Leipzig 1757. im September. 4.

Sache, Die gerechte, Grossbritanniens und Chur-Hannovers gegen Frankreich und Oesterreich. Hannover 1758. V: *Strube, David Georg.* (ML) (Ky)

— die gerechte, Großbritanniens u. Kur-Hannovers gegen Frankreich u. Oesterreich, (von D. G. Strube). 4. Hannov. 758. Hahn. 4 gr.

Sache, Die gerechte, der evangel. Lutherischen Kirche . . . gegen die Anklagen Andr. Redigers behauptet. Hamburg 1770. V: *Göze, Joh. Melch.* (Holz)

Sache, Die gerechte, Chursachsens. Erfurt im November 1756. V: *Schumann, Gottlieb* (?). (Preußische Staatsschriften. III. Berlin 1892. S. 347 f.)

Die gerechte Sache Chur-Sachsens. Erfurt im Nov. 1756. 4. (24 S.)

Sache, Die, der Griechen die Sache Europas. Leipz. 1821. V: *Tzschirner, Hnr. Gottlieb.* (Ky) (MGT) »Griechenlands« (NN)

Sache, die, der Griechen, die Sache Europa's. gr. 8. Leipzig, W. Vogel. 821.

Sache (Die gute) der Bauern und Pfarrer in Kriegssteuern. gr. 8°. Mannheim, Löffler, 1804.

Die gute Sache der Freymaurerey in ihrer Würde dargestellt. Mit einem Anh. der einen authentischen Auszug aus der Fundamental-Constitution der grossen Mutter-Loge Royale York zur Freundschaft in Berlin und ein vollständiges Verzeichnis der Mitglieder derselben enthält. Als Ms. gedr. f. Brr. Züllichau: Frommann 1798. 132 S. 8°
cf. Taschenbuch f. Frmr. 1800 S. 76—123, 271 bis 297.
Kl. 2942. Nach d. Anon. Lex. wurde diese Ausg. von R. K. F. L. Schlicht besorgt, e. andere Ausg.: °Lüttich [Züllichau] 1798 von J. A. Fessler.

Sache, Die gute, der Freymaurerey in ihrer Würde dargestellt. . . . Züllichau 1798. V: *Schlicht*, *Rud.* (Kl) (SJL)

Sache, Die gute, der Freimaurer. Lüttich [Züllichau] 1798. V: *Fessler*, *Ignaz Aurel.* (Wr) (Ky) »Jena« (Th)

—Gottes, die gute, bei Zurechn. des Falles. 8. Hildburgh. 754 Hanisch. 12 ℛ

Sache, Die gute, der deutschen Hierarchie, bei Deutschlands Wiedergeburt. Augsburg 1815. V: *Ziegler*, *Gregor Thomas.* (Th) (schmal)

—die gute, d. deutschen Hierarchie bei Deutschlands Wiedergeburt. 8. Augsb. 815. (Bolling). 3 ℛ

— die gute, d. göttlich. Offenbar. 8. Coburg, Ahl. 748.

— die gute, der Seele, ihre eigenen Angelegenheiten u. die aus dem Menschen u. der Vergangenheit entwickelte Geschichtszukunft. gr. 8. Braunschweig 843. (Leipzig, Hermann.) n. 5/6 ₰

Sache, die gute, der Union u. neuen Preuß. Agende; eine Vertheidigung ders. wider d. gehäss. Anfeindungen e. evangel.-luther. Geistlichen, welcher in seiner Schrift: „das trennende Unionswerk," sowohl die Union, wie d. neue Preuß. Agende auf d. liebloseste verunglimpft. Von e. protestant. Pfarrer d. Preuß. Oberlausitz. gr. 8. (2 B.) Bunzlau 834, Appun.

SACHE, Die gute, des Cölibatgebotes für die katholische Priesterschaft, von *X. Y. Z.* Germanien 1805.
Weller, fing. Druckorte. I. p. 204.

Sache, die heilige, der Heiden-Mission. Erster Bericht der Ravensberger Missions-Hülfs-Gesellschaft, vom Jahre 1842. 2. Aufl. gr. 8. Gütersloh 843, Bertelsmann. 1/8 ₰

Zur Sache des Hermesianismus. Sion 1837. 8. Beilage.

Sache, die holsteinische, im J. 1857. gr. 8. (24 S.) Hamburg 858, Perthes-Besser und Mauke.

Sache, Die, liegt so einfach. Wien 1895. V: *Piwonka*, *Wilhelm Ritter von.* (EB)

Sache, die, liegt so einfach. E. kleiner Beitrag zur Lösg. e. wicht. Zeitfrage v. Wilhelm ***. gr. 8. (8 S.) Wien 895. C. Vetter. n. — 20

Zur Sache d. Fridericianschen Lyceums zu Cassel. — Beleucht. einer v. Stadtrathe zu Cassel weg. angebl. stiftungswidr. Behandl. d. Anstalt angestellt. Klage. *Cassel*, Bohné. 836. gr. 8. (6 Gr.)

Sache, über die polnische, insbesondere die der preussischen Polen. Durch die Verhandlungen des Verein. Landtages vom 5. Mai, u. den gegenwärtigen Polenprocess hervorgerufene Bemerkungen. gr. 8. (84 S.) Berlin 847, Lindow. 1/4 ₰

Sache, Preussens gerechte. Ein Wort zur Verständigung. Stuttgart 1869. V: *Kemmler*, *Gottlob.* (UBTüb F, Nachtr. 6) (Kat. d. ständ. Bibl. Stuttg. 1907. S. 228.)

Sache, Die, Theresiens und Friedrichs... Wien u. Berlin [Bremen] 1759. V: *Casparson*, *Wilh. Johann Christian Gustav.* (MGT) (HS) (Wr)

Die Sache Theresiens u. Friederichs nach ihrer inneren Beschaffenheit. oder Gedanken aus der Kriegskunst, Politik und neuesten Geschichte über den gegenwärt. Krieg und Zustand Europens Mit Anmerkungen über die Anmerkungen des Erfinders der Grundsäulen — — nebst einem Anhange dieser Schrift. Ausg. 2. Wien und Berlin 1759. 4.

Die Sache Theresiens und Friederichs nach ihrer inneren Beschaffenheit. Theil 2. Wien u. Berlin eod. 4.

Sache. [Ignaz Paul Vital] Troxler's Sache auf's Neue waltend in Luzern im Jahr 1832. (Bericht der Justiz- und Polizeikommission ....) 8. *o. O.* [1832].

Sache, die unmögliche; e. Lstspl. 8. Wien 784. Kurzböck. 4 ℛ

Zur Sache Weingarts. Verhandlungen der am 15. Dez. 1899 im Architektenhause in Berlin abgeh. Versamml. über d. Amtsenthebung d. Pastors Weingart in Osnabrück. *Berlin: G. Reimer 1900.* (36 S.) 8° [J.]

Sache, Die wichtige, des geistlichen Redners. Ein Lehrgedicht. Coburg 1767. V: *Seiler*, *Georg Friedrich.* (Fiker)

Sache, Die, wie sie ist, oder der wahre Fürst und der wahre Diener. Frankfurt 1767. V: *Creutz*, *Friedrich Casimir Carl von.* (zuwzür 1912)

Sache, Die, wie sie ist, oder der wahre Fürst und der wahre Minister. Frankfurt a. M. 1767. V: *Creutz*, *Frdr. Casimir Carl Freiherr von.* (Weber) (Adel) (ML)

Sachen, Allerhand so. Neuestes Volkslied. Wien [1885. V: *Lorens*, *Carl.* (EB)

Sachen, die besten. 16. (176 S.) Cleveland 871. (Philadelphia, Schäfer & Koradi.) geb. n. 1. 50

—lehrreiche u. unterhaltende, üb. Träume u. Nachtwandl. rc., s. a. Jh. Chr. Hennings, von Träumen rc.

— lehrr. u. unterh., über Träume u. Nachtwandl. rc. (ist ein N. Titel v. Hennings v. Träum- u. Nachtwandl. 785.) 8. Weimar, Hoffmann. 802.

Sachen, Lesbare, beym Verdauungsgeschäft und am Putztische. St. Petersburg u. Leipzig 1783. V: *Kotzebue*, *August Friedrich Ferdinand.* (BGE) (Wr)

Sachen, lesbare, beim Verdauungsgeschäfte u. am Putztische. Zwanzig Begebenheiten. 8. Leipz. 783. Dyck. 1 ♂

— die, des unglückl. Montbailly u. dess. Ehefrau; nebst e. Gedicht v. Voltaire; aus d. Französ. übers. u. mit Anmerkk. begleit. v. Just. Claproth. gr. 8. Götting. 774. Vandenhöck u. R. 4 gl

Sachen, nützl., f. den gemeinen Mann, um Betrügereien zu entlarven rc. 8. Leipz. 796. (Joachim). 12 gl

Sachen, süsse. Ein Weihnachts-Malbuch (in Postkarten) f. brave Kinder. (12 [6 farb.] perforierte Bl.) kl. 8. Nürnberg (909). Th. Stroefer. — 50

Sachen, tolle! Buntes Allerlei in Bild u. Wort. 8. (96 S.) Berlin 896. A. Weichert. — 50

Sachenbacher, F. X., arithmet.-mathemat. Grundlinien zum Gebrauche d. denkenden Jugend. 8. Landsh. 815. Krüll. 4 gl

Sachenbacher, Carl Ludw., der Justizmord. Berufung eines Verfolgten an die öffentliche Meinung. München 865. (Bittner.) gr. 8. (88 S.) 5 ngr.

Sacher: Die Analyse der Lichtquellen. 23 S.– Salzburg, Progr. 1861.

Sacher: Die geographischen, meteorologischen und erdmagnetischen Konstanten Tarnow's 11 S. –Tarnow, Progr. 1851

Sacher: Die inducirten elektrischen Ströme. 20 S.– Salzburg, Progr. 1855.

Sacher, A., zur Kenntniss der Wirkung der Zinksalze. Diss. gr.8. (128 S.) Jurjew (Dorpat) 893. (E. J. Karow.) n. 2. 50

Sacher, Anton Martin

Sacher, A. M., die Lösg. d. Tantiemenfrage nebst e. krit. Beleuchtg. d. Ziele d. Gesellschaft d. Autoren, Componisten u. Musikverleger in Wien. gr. 8. (83 S.) Wien (XVII/2, Grundsteingasse 41) 898. Selbstverlag. 1. 60

Sacher's, Ant. Mart., musikalische Mittheilungen. Musikpädagogische Fachzeitschrift. 1. Jahrg. 1899. 4 Nrn. gr. 4. (à ca. 8 S.) Wien (XVI/2, Grundsteingasse 41), A. M. Sacher. 2. —; einzelne Nrn. — 50

Sacher, C. U. Einiges zur Einleitung in die Grundformen der Poesie, insbesondere in die epische Lektüre. Brüx, O. G., 1862. 13 S. 4. Progr.

Sacher, Eduard

Sacher Ed.: Betrachtungen über die Umwandlung der Kräfte. 9. Krems L.-B.-A. 86. Progr.

Sacher, Ed., vier Denkfehler d. heut. civilis. Menschheit. E. Denkschrift, als Anregg. z. Studium d. Gesellschaftskunde d. Lehrern d. Volkes gewidmet. gr. 8. (38 S.) Krems 897. (F. Oesterreicher.) n. — 60

Sacher, Ed., die Gesellschaftskunde als Naturwissenschaft. gr. 8. (VIII, 368 S. m. 2 Fig.) Dresden 899. E. Pierson. n. 4. —

Sacher, Ed., Grundzüge der Mechanik der Gesellschaft. I. Theoretischer Theil. 8. (247 S.) Jena 881. Fischer. n. 3. —

Sacher, Eduard: Wiener Kochbuch. Unt. Mitwirkung v. Carl Blun, u. August Mauer. (Vollst. in 22 Lief. mit zahlr. Illustrationen.) 8⁰. Lief. 1–2. (S. 1–64.) Wien: A. Cerny 1883, (Forts. siehe Mauer.)

Sacher, Eduard. Die Massenarmut. Ihre Ursache und Beseitigung. [Mit 2 Figuren.] 82 S. 8. Berlin-Bern, John Edelheim, 1901. [M. 1. 50]

Sacher, Ed., Die Massenarmut. Ihre Ursache und Beseitigung. 2. Aufl. gr. 8⁰. Berlin, Akad. Verl. f. soc. Wiss., 1900.

— die Massenarmut. Ihre Ursache u. Beseitigung. 2. Aufl. gr. 8. (82 S. m. 2 Fig.) Berlin (901). [Dr. J. Edelheim.] Leipzig, R. Lipinski. n. 1. 50

Sacher, Ed., einige neue physikalische Versuche. Als Beitrag zur Theorie der Erdbildg. gr. 8. (15 S. m. eingedr. Holzschn.) Salzburg 876. (Mayri.) n. — 40

Sacher, Hans

Sacher, H., Entwurf e. Vereinfachung der Tonschrift. 1 Bl. gr. Fol. Wien 889. Selbstverlag, IV, Heumühlgasse 8. n. — 40

— Gesanghefte f. Schule u. Haus. 8 Hfte. qu. gr. 4. (11, 17, 19, 19, 19, 21, 23 u. 23 S.) Nebst Erläutergn. (Für die Hand d. Lehrers u. Erziehers.) gr. 8. (III, 82 S.) Wien 889. Manz. In Enveloppe. n. 1. 80

— üb. den Gesangunterricht, insbesondere das Treffenlehren. gr. 8. (III, 57 S.) Ebd. 887. n. 1. 20

Sacher, Hans, unsere Tonschrift. Kurzer Rückblick auf deren Werdegang sowie auf die Vorschläge zu deren Verbesserg., ferner e. neuer Vorschlag f. Tonbenenng. u. Notenschrift. (III, 64 S. m. 4 Bl. in qu. gr. 4.) gr. 8. Wien 908. A. Pichler's Wwe. & Sohn. n. 1. 20

Sacher, Hermann: Die Kartell-Organisation der russischen Zucker-Industrie auf Grund des Steuergesetzes von 1895 und die vorangegangenen Bestrebungen. ***Breslau 1901: H. Fleischmann.*** **(78 S.) 8°**
Breslau, Phil. Diss. v. 18. Dez. 1901

Sacher, J. R., Materialien zum Dictando aus d. dreifachen Reiche der Natur, aus d. Erd- u. Himmelskunde. 8. Saaz 832. (Eggenberger in Prag). 8 gl

(S[acher, Johannes Chrysostomus].) [Hyazinth] Bayers letzte Worte vor und während dem Hingange zur Richtstätte.... 8. Liestal 1851.

Sacher, Julius Friedrich. Über die Zersetzungsspannung von geschmolzenem Natriumhydroxyd und Bleichlorid. Diss. Phil. [II.] Univ. Zürich. [Mit Figuren.] 80 S. 8. Leipzig, Metzger & Wittig, 1901.

Sacher, Karl, aus dem Herzen. Gedichte. 16. (IV, 122 S.) Braunschweig 899. R. Sattler. n. 2. —; geb. n. 3. —

Sacher, Karl, kleine Kirchengeschichte f. evang. Schulen. gr. 8. (20 S.) Leipzig 898. E. Wunderlich. n. — 20

Sacher, Karl: Seerosen. Hans Lange. 2 Erzählungen. Kolberg: Prange [1909]. 20 S. 8⁰ [Umschlagt.]
(Pommersche Volksbucher. H. 9.)

Sacher, Karl, Seerosen. — Hans Lange, s. a. Volksbücher, pommersche. 9. Heft.

SACHER, Leopold (Schreiberhau): Casuistischer Beitrag zu den Fracturen der Schädelbasis mit consecutiver Amaurose.- München: Bresl. Gen.-Buchdr. 1891. 30 S., 1 Bl.
4.3.1891 - Chr 1890/91,20; Jv 1890/91,234
Diss. Ingolst.-Landsh.-Mchn.

Sacher-Masoch's „Auf der Höhe". Ein Beitrag zur Charakteristik der philosemit. Presse. Von *⁎*. gr. 8. (16 S.) Leipzig 885. (Lemme.) n. — 30

Sacher-Masoch, Aurora von,
s. Sacher - Masoch, Wanda von.

Sacher-Masoch, Leopold Ritter von

Sacher-Masoch, Leop. v., die Abenteuer d. Frans van Mieris u. andere Malergeschichten. 12. (233 S.) Mannheim 892. J. Bensheimer's Verl. n. 3. —

Sacher-Masoch, L. v, der kleine Adam; Sascha u. Saschka, s.: Collection Spemann.

L[eopold] v. Sacher-Masoch. Der kleine Adam. *Stuttgart, Berlin, Leipzig: Union [1900].* (177 S.) 8° [F.]
= Romane, Moderne, aller Nationen. 17. [01 13087

— Amor m. dem Korporalstock u. Eine Frau auf Vorposten. 2 Novellen aus den russ. Hofgeschichten. 8. (94 S.) Berlin 886. Jacobsthal. n. 1. —

Sacher-Masoch, Leop. v., Amor m. d. Korporalstock u. E. Frau auf Vorposten. Zwei russ. Hofgeschichten. [Aus: „Russ. Hofgeschichten".] 6. Aufl. 8. (S. 97—180.) Berlin 895. Neufeld & Henius. n 1. —

Sacher-Masoch, die Aesthetik des Häßlichen. Erzählung. 8. (118 S.) Berlin 880. Eckstein's Nachf. n. 2. 50

Sacher-Masoch, Leop. v. (Hrsg.), s. Auf der Höhe.

Sacher-Masoch, Leop. v., der Aufstand in Gent unter Kaiser Carl V. Schaffhausen 857. Hurter. gr. 8. (XII, 352 S.) n. 1 Rthl. 24 ngr.

— Basyl der Schatzgräber u. andere seltsame Geschichten. 8. (152 S.) Leipzig 880. Wartig's Verl. n. 2. —

— vom Baume des Schweigens. Tag u. Nacht in der Steppe. 2 galiz. Novellen. 2. Aufl. 8. (148 S.) Ebd. 895. n. 1. —

— dasselbe, s.: Neufeld's Reisebibliothek.

— die Bluthochzeit zu Kiew. Ariella. Zwei Liebesgeschichten. 8. (82 S.) Ebend. 886. n. 1. —

— im Böhmerwald. Mein Freund Wodakoski, s.: Universal-Bibliothek, jüdische.

— Bühnenzauber. Theater-Roman in 2 Bdn. 8. (251 u. 267 S.) Ebd. 893. n. 6. —; geb. 8. —

— ein Damen-Duell. Eine russ. Hofgeschichte. 8. (76 S.) Ebend. 885. n. 1. -

— u. Gust. Kaegeler, e. Damen-Duell. Lustspiel in 3 Aufzügen. 8. (144 S.) Erfurt 893. [Leipzig, Baumeister's Verl.] Braunschweig, A. Limbach. n. 2. —

DONAU-VENUS, Die. Berlin, Klinger.
Verboten v. Kr.-G Neutitschein, 13. III. 1901. § 516

DONSKI, Graf. Eine galizische Geschichte 1864 2 Aufl. Schaffhausen 1864. 8⁰. (1 Rthl. 24 Sgr.) (2 Mk. 60 Pfg List & Francke, Lpz, 1910, 2 Kr. 80 H. A. H. Huber, Salzburg, 1909.)

„Die erste, anonym erschienene Auflage ist von der österreichischen und deutschen Kritik als eine hervorragende Schöpfung bezeichnet worden und hat allenthalben grösstes Aufsehen erregt. Halb Roman, halb Sittenschilderung, enthält dieses Werk Schilderungen des Volkslebens, der Culturmomente das landschaftlich und ethnographisch Charakteristische in einer überraschenden Frische und Anschaulichkeit der Darstellung."

Sacher-Masoch, Leop. v., Graf Donski. Eine galizische Geschichte 1846. 2. Aufl. Schaffhausen 864. Hurter. 8. (VII, 423 S.) 1 Rthl. 27 ngr.

Sacher-Masoch, zur Ehre Gottes! Ein Zeitgemälde. 8. (203 S.) Leipzig 872. Bern, Frobeen & Co. 3. —

Sacher-Masoch, Leop. v., zur Ehre Gottes. 8. Leipzig 872. Berlin, Neufeld. 3 —

— — Dasselbe. 2. Aufl. Berlin, o. J. 8⁰. (Mk 3—)

— zur Ehre Gottes! Roman. 3. Aufl. 8. (205 S.) Berlin 894. Neufeld & Henius. n. 2. —

— — Dasselbe. Leipzig, o J. (190*) 8⁰ (1 Mk 50 Pfg B. Seligsberg, 1911)

— die Einsamen. 12. (83 S. m. 1 Lichtdr.) Mannheim 891. J. Bensheimer's Verl. n. 2. —; geb. m. Goldschn. 3. —

— der Emissär. Eine galizische Geschichte. Prag 863. Credner. gr. 8. (95 S.) n 14 ngr

— das Erntefest. Die Todten sind unersättlich. Zwei Novellen. 8. (98 S.) Ebend. 886. n. 1. —

ERNTEFEST, Das, und Die Todten sind unersattlich. 2 Novellen. Berlin 1887. 8⁰. (Mk. 1—.)

ERZÄHLUNGEN, Lustige, aus dem Osten. 2 Bde. Breslau 1893. 8⁰. (Mk. 5—.) (2 Mk. A. Graeper, 1897.)

EUDOXIA, die Sangerin, und andere galizische Geschichten. Berlin, o. J. 8⁰. (Mk. 1—.)

— Eudoxia d. Sängerin u. and. galiz. Geschichten. 2. Aufl. 8. (166 S.) Berlin 895. Neufeld & Henius. n. 1. —

— dasselbe, s.: Neufeld's Reise-Bibliothek.

— d. Flötenspieler v. Bornini, s.: Hausbuch, deutsches.

— der Flötenspieler v. Bornim, s.: Schatzbuch der Romane.

Sacher-Masoch, Leop., die geschiedene Frau. Passionsgeschichte eines Idealisten. 2 Bde. Leipzig 870. Kormann. 8. (VIII, 149 u. 155 S.) n. 1 *rℓ* 20 *ngr.*

— die geschiedene Frau. Passionsgeschichte e. Idealisten. 2 Thle. 2. Aufl. 8. (VIII, 149 u. 155 S.) Halle 872. Gesenius. n. 4. 50

Sacher-Masoch, L. v., grausame Frauen. Novellen. (III, 93 S.) 8. Leipzig (906). Leipziger Verlag. n. 1. —

Sacher-Masoch, Leopold v., grausame Frauen. 1.—6. Bd. 8. Leipzig (907). Leipziger Verlag. à 1. —
1. Sphinxe. (112 S.) — 2. Starke Herzen. (113 S.) — 3. Sieger u. Besiegte. (111 S.) — 4. Amazonen. (111 S.) — 5. Richter u. Henker. (112 S.) — 6. Weiberrache. (114 S.)

— Frauenrache u. Eine weibliche Schildwache. 2 russ. Hofgeschichten. 8. (77 S) Ebend. 885. n. 1. —

— ein Gewiest reich d. Pompadour u. and. Liebesgeschichten. Novellen. 6. Aufl. 8. (S. 237—256 u. 7—78.) Berlin 895. Neufeld & Henius. n. 1. —

Sacher-Masoch, Leopold R[r] von
Galizische Geschichten. Novellen.
Leipzig: Günther 1875. 258 S. 8°

— galizische Geschichten. Novellen. 8. (258 S.) Bern 877. Frobeen & Co. n. 3. —

— galizische Geschichten. Novellen. 2. Aufl. 8. (261 S.) Ebend. 886. n. 3. —

— galizische Geschichten. Novellen. 3. Aufl. 8. (127 S.) Ebd. 896. n. 4. —

— — Dasselbe. 5. Aufl. Leipzig, o. J. (c. 1908). 8°. (Mk. 4—.) (2 Mk. B. Seligsberg, Bayreuth, 1911.)

— galizische Geschichten. Novellen. Neue Folge. 8. (293 S.) Bern 881. Frobeen's Verl. n. 3. —

— dasselbe. Neue Folge. 4. Aufl. 8. (148 S.) Ebd. 896. n. 4. —

— harmlose Geschichten aus der Bühnenwelt. 8. (161 S.) Leipzig 878. Wartig's Verl. n. 1. 50

— lustige Geschichten aus dem Osten. 8. (295 S.) Breslau 893. Schles. Verlags-Anstalt. n. 4. —; geb. n. 5. —

Sacher-Masoch, Leop. v., lustige Geschichten aus dem Osten. (Neue [Titel-] Ausg.) 8. (295 S.) Breslau (893) 898. Schles. Buchdruckerei ꝛc. n. 2. —

— polnische Geschichten. 8. (312 S.) Breslau 887. [Schottländer.] Schlesische Verlagsanstalt. n. 4. 50; geb. n. 5. 50

Polnische Geschichten. Von (Leopold v.) **Sacher**-Masoch. 2. Aufl. Breslau: Schles. Verl.-Anst. 1906. (347 S.) 8° [F.] (Kollektion Schottlaender.) [07. 3833]

— polnische Ghetto-Geschichten. 8. (VIII, 180 S.) München 886. Franz' Verl. n. 3. —

— Gläubiger als Heirathsstifter. Humoristische Novelle. 8. (71 S.) Berlin 886. Jacobsthal. n. 1. —

— die Gottesmutter. [Neue Ausg.] 8. (VIII, 208 S.) Berlin 888. Neufeld & Henius. 1. 50

HAJDAMAK. Novelle. Berlin, o. J. 8°.

— der Hajdamak. Novelle. 8. (117 S.) Leipzig 882. Morgenstern. geb. n. 2. 50

— der Hajdamak. [Neue Ausg.] 8. (VIII. 117 S.) Ebd. 888. 1. —

HASARA Raba. Novelle. Berlin, o. J. 8°. (Mk. 1—.) (60 Pfg. der Vorige.)

—— Hasara Raba. Novelle. 8. (174 S.) Ebendas. 882. geb. * 2 50

— Hasara Raba. [Neue Ausg.] 8. (VIII, 174 S.) Ebd. 888. 1. —

— falscher Hermelin. **Kleine Geschichten aus der Bühnenwelt. gr. 8. (285 S.) Leipzig 873. Ebend. 4. 50**

— falscher Hermelin. Kleine Geschichten aus der Bühnenwelt. (1. Bd.) Neue (Titel-)Ausg. Mit Illustr. von K. Klič. 8. (285 S.) Bern (1873) 877. Frobeen's Verl. 3. —

— falscher Hermelin. Kleine Geschichten aus der Bühnenwelt. 3. Aufl. m. 7 Illustr. v. Klič. 8. (298 S.) Ebend. 884. n. 3. —

— falscher Hermelin. Kleine Geschichten aus der Bühnenwelt. 4. u. 5. Aufl. m. 7 Illustr. v. Klič. 8. (III, 298 S.) Berlin 894. Neufeld & Henius. n. 4. —

— falscher Hermelin. **Kleine Geschichten aus der** Bühnenwelt. 6. Aufl. m. 7 Illustr. v. Klič. 8. (III, 298 S.) Berlin 897. Neufeld & Henius. 4. —

— — Dasselbe. 2 Bde. Berlin, o. J. (c. 1900). 8°. (Mk. 8—.) (5 Mk. W. A. Gabriel, Berlin, c. 1902; 3 Mk. 50 Pfg., B. Seligsberg, Bayreuth, 1911.)
Band I: Der Dämon der Jungfräulichkeit. — Adam und Eva. — Tugend beim Ballet. — Ein harmloser Blaubart. — Ein galanter Landesvater. — Die neue Pompadour. — Der weibliche Pandur. — Flegeljahre eines Idealisten u. s. w. Band II: Der liebenswürdige Kurfürst. — Der neue Jupiter. — Soubretten. — Ein platonischer Harem. — Die Schamlosen. — Amor auf der Börse. — Miß Ella. — Eine unheilige Tochter des heiligen Vaters. — Die drei Peruvianerinnen u. s. w.

Sacher-Masoch. Falscher Hermelin. Kleine Geschichten aus d. Bühnenwelt. Neue Folge. In-8°. Bern, Frobeen & Cie. 1879 (VIII, 343 S.)

— dasselbe. Neue Folge. 2. Aufl. 8. (VIII, 343 S.) Ebend. 884. n. 4. —

— dasselbe. Neue Folge. 3. Aufl. 8. (VIII, 343 S.) Ebd. 894. n. 4. —

— dasselbe. Neue Folge. 4. Aufl. 8. (VIII, 343 S.) Ebd. 897. n. 4. —

— der neue Hiob. Roman. 8. (384 S.) Stuttgart 878. Cotta. n. 4. 50

HOCHZEIT, Die, von Kiew. — Die verliebte Redaktion. (c. 1880.) 8°. (1 Mk. 50 Pfg., Gust. Klötzsch, Lpz., 1885.)

—— deutsche Hofgeschichten. Geschichten aus der Zopfzeit. 8. (92 S.) Leipzig 888, Laudien. *

— deutsche Hofgeschichten. Geschichten aus d. Zopfzeit. 3. Aufl. 8. (III, 89 S.) Leipzig 890. Laudien. n. 1.—

SACHER-MASOCH, Leop. Ritter v. Russische Hofgeschichten. Historische Novellen. 2 Bde. Leipzig 1873. 8°. (2 Mk. Isaak St. Goar, Frf. a. M., 1909.)
Inhalt des I. Bandes: Die letzten Tage Peter des Großen. — Die Hochzeit im Eispalast. — Frauenrache. — Die weibliche Schildwache. —
Inhalt des II. Bandes: Diderot in Petersburg. — Ein Damenduell. — Das neue Paris.

— russische Hofgeschichten. Historische Novellen. 4 Bde. 8. (243, 214, 244 u. 216 S.) Ebend. 873. 74. à n. 3.—

— —, Russische. Historische Novellen. 4 Bde. Leipzig 1873—77. 8°. (Mk. 15—.) (5 Mk. etwas fleckig, M. Edelmann, Nürnb., c. 1905.)
Meist Skandalgeschichten vom Hofe Katharina's II.

— russische Hofgeschichten. 3 Bde. Neue Ausg. 8. Berlin 887. Jacobsthal. à Bd. n. 3. —
1. Die letzten Tage Peter's des Großen. — Amor mit dem Korporalstock. — Eine Frau auf Vorposten. — Die Kunst geliebt zu werden. — Nur die Todten kehren nicht wieder. (313 S.)
2. Ungnade um jeden Preis. — Ein Damen-Duell. — Eine Kaiserin beim Profoß. — Nero im Reifrock. — Venus und Adonis. — Das Märchen Potemkin's. (247 S.)
3. Zwei Soiréen der Eremitage. — Diderot in Petersburg. — Der neue Paris. — Eine Hochzeit im Eispalast. — Frauenrache. — Eine weibliche Schildwache. (293 S.)

—— Russische Hofgeschichten. Liebesgeschichten und Novellen. 8. (419 S.) Berl. 891, Neufeld u. Henius. 5 —

— russische Hofgeschichten. Liebesgeschichten u. Novellen. 6. Aufl. 8. (III, 467 S.) Ebd. 898. 5. —

Sacher-Masoch, [Leopold Ritter von]: Russische Hofgeschichten. Liebesgeschichten u. Novellen. 7. Aufl. Berlin: Neufeld & Henius [1898]. (467 S.) 8°

— — Dasselbe. 11. Aufl. Leipzig, o. J. 8°. (2 Mk., wie neu, B. Seligsberg, 1911, ohne Theilesangabe.)

—— Wiener Hofgeschichten. Historische Novellen. 1. Bd.: Maria Theresia und die Freimaurer. 8. (196 S.) [Ebendas.] 873. 2 50

— Wiener Hofgeschichten. Historische Novellen. 2 Bde. 8. Leipz.: Günther 1873.76. à n. 2. 50

—— Wiener Hofgeschichten. Historische Novellen. 2. (Schluß-) Bd. 8. (201 S.) Bern 877, [Frobeen und Comp.] Berlin, Neufeld. *
1. Bd. Ebendas. 1873. * M 2,50.

Sacher-Masoch, L. v., Wiener Hofgeschichten. Novellen. 8. (201 S.) Berlin 885. Jacobsthal. n. 2. —

— Wiener Hofgeschichten. Novellen. 4. Aufl. 2 Tle. in 1 Bde. 8. (198 u. 200 S.) Ebd. 893. n. 4. —

— Wiener Hofgeschichten. Novellen. 7. Aufl. 3 Tle. in 1 Bd. 8. (III, 198, 118 u. 80 S.) Berlin (896). Schreiter. 4.—

— — Dasselbe. 9. Aufl. Ebd., o. J. 8°. (Mk. 4—.) (2 Mk. B. Seligsberg, 1911.)

HYÄNE, Die, der Pussta. Berlin 1885. 8°. (Mk. 1—.) (50 Pfg., A. Graeper, 1897.)

— Basil Hymen. Novelle. 8. (169 S.) Leipzig 882. Morgenstern. geb. n. 2. 50

Sacher-Masoch, L. v., Basil Hymen. [Neue Ausg.] 8. (VIII, 169 S.) Berlin 888. Neufeld & Henius. 1. —

—— die Ideale Unserer Zeit. Roman in 4 Büchern. 1.— 3. Aufl. 8. (IX, 196; 230; 209; 221 S.) Bern 875,76, Haller. *

— der Ilau. 8. (VI, 184 S.) Ebend. 882. geb. n. 2. 50

— der Ilau. [Neue Ausg.] 8. (VIII, 184 S.) Berlin 888. Neufeld & Henius. 1. 50

Sacher-Masoch, Don Juan von Kolomea, s. Novellenschatz, deutscher.

— Judengeschichten. gr. 16. (128 S.) Leipzig 878. Wartig's Verl. n. 1. 50

—— dass. — 3. Sammlung. 8. (271 S.) Ebendas. 877. *

— neue Judengeschichten. 8. (209 S.) Leipzig 881. Morgenstern. n. 4. —

— polnische Judengeschichten, s.: Universal-Bibliothek, jüdische.

— der Judenraphael. 8. (157 S.) Ebend. 882. geb. n. 2. 50

— der Judenraphael. [Neue Ausg.] 8. (VIII, 159 S.) Ebd. 888. 1. 50

— ewige Jugend u. andere Geschichten. 8. (113 S.) Berlin 886. Jacobsthal. n. 1. —

— das schwarze Cabinet. 8. (166 S.) Leipzig 882. Morgenstern. geb. n. 2. 50

— naturalistische Cabinetstücke. Hrsg. v. S.-M. 2 Bde. 8. (338 S.) Mannheim 891. Bensheimer's Verl. à n. 1. 50

— naturalistische Cabinetstücke. 2 Bde. 3. resp. 4. Aufl. 8. (188 u. 158 S.) Ebd. 893. à n. 1. 50

—— eine Kaiserin beim Profoß und Nero im Reifrock. Zwei russ. Hofgeschichten. 8. (94 S.) Ebendas. 885. *

Die Kartenschlägerin. Novelle von L[eopold] v. **Sacher**-Masoch. Mit Ill. von A. Lewin. Berlin, Eisenach, Leipzig: H. Hillger [1906]. (110 S.) 8° [F.]
— **Bücherschatz**, Kürschners. No 495. [07. 13313]

— die Kartenschlägerin, s. a. Kürschner's Jos., Bücherschatz.

— der alte Castellan. 8. (126 S.) Ebend. 882. geb. n. 2. 50

— der alte Castellan. [Neue Ausg.] 8. (VIII, 128 S.) Berlin 888. Neufeld & Henius. 1. —

KAUNITZ. Kulturhistorischer Roman in 2 Büchern; 1. Buch: Kaunitz und Voltaire. 2. Buch: die Epigramme Friedrichs des Großen. Prag 1864. 8°. Vergriffen! (3 Mk. 60 Pfg., Taussig, 1904.)

—— Kaunitz. Kultur-histor. Roman. 2 Bde. 8. Prag 865, Credner.

Inhalt:
Bd. 1. Kaunitz und Voltaire. (197 S.)
» 2. Die Epigramme Friedrich des Großen. (227 S.)

Sacher-Masoch, Leopold R[r] von

Kaunitz. Kultur-hist. Roman. Neue Ausg. Bd 1.2. Leipzig: Günther 1873. 8°

1. Kaunitz und Voltaire.
2. Die Epigramme Friedrich des Großen.

— — Dasselbe. Neue Ausgabe. Ebd., o. J. (c. 1908). 8°. (Mk. 3—.) (3 Mk. 50 Pfg., B. Seligsberg, 1911.)

KEUSCHHEITS-Kommission, Die. Novelle. 4. Aufl. Berlin. o. J. 8°.

— die Keuschheits-Kommission. Novelle. 4. Aufl. [Aus: „Wiener Hofgeschichten".] 8. (80 S.) Ebd. 893. n. 1. —

— die Keuschheits-Kommission. Novelle. 5. Aufl. 8. (80 S.) Berlin 895. Neufeld & Henius. n. 1. —

— fahrende Komödianten u. and. Novellen. 3. Aufl. 8. (142 S.) Ebd. 895. n. 1. —

— dasselbe, s.: Neufeld's Reisebibliothek.

— der letzte König der Magyaren. Historischer Roman. 3 Bde. 1. Ausg. 1867 u. 2. (Titel-)Ausg. Jena 870. Costenoble. 8. (831 S.) 4 ℳ

Die Kunst geliebt zu werden und Nur die Todten kehren nicht wieder. 2 Erzählungen aus d. russ. Hofgeschichten von [Leopold v. Sacher-Masoch. *Berlin: R. Jacobsthal 1885.* (93 S.) 8° [F.]
—[Bücherei, Bunte. Bd 2.] [04. 7310

— die Kunst geliebt zu werden u. Nur die Toten kehren nicht wieder. Zwei russ. Hofgeschichten. [Aus: „Russ. Hofgeschichten".] 6. Aufl. 8. (S. 187—273.) Berlin (899). [Neufeld & Henius.] Leipzig, Bibl. Anstalt, A. Schumann. 1. —

— jüdisches Leben in Wort u. Bild. Orig.-Illustr. v. Gérardin, Alph. Levy, Emil Levy u. A. 28 Vollbilder in Heliograv. u. zahlreiche Text-Illustr. u. Vignetten. 10 Lfgn. gr. 4. (XVI, 280 S.) Mannheim 890. Bensheimer's Verl. à n. 2. 50 (cplt.: n. 25. —; geb. m. Goldschn. n. 30. —)

— jüdisches Leben in Wort u. Bild. Orig.-Illustr. v. Gérardin, Alph. Levy, Emil Levy u. A. 27 Vollbilder in Heliogr. u. zahlreiche Text-Illustr. u. Vign. 2. unveränd. (Titel-) Aufl. gr. 4. (XVI, 280 S.) Mannheim 892. J. Bensheimer's Verl. n. 25. —; geb. m. Goldschn. n. 30. —; in 10 Lfgn. à n. 2. 50

— dasselbe. Orig.-Illustr. von Gérardin, Alph. Levy, Emil Levy u. A. 27 Vollbilder, in Heliogr. u. zahlreiche Text-Illustr. u. Vign. 2. unveränd. (Titel-) Aufl. Neue bill. Ausg. 10 Lfgn. gr. 4. (XVI, 280 S.) Mannheim 893. J. Bensheimer's Verl. à Lfg. n. 1. 50 (kplt.: n. 15. —; geb. n. 20. —)
Diese billige Ausg. wird nicht mehr geliefert.

— jüdisches Leben in Wort u. Bild. Mit vielen Text-Illustr. u. Vignetten von Gérardin, Alph. Levy, Emil Levy etc. Neue billige Ausg. 3. Aufl. (In 15 Lfgn.) 1.—13. Lfg. hoch 4. (XI u. S. 1—262.) Mannheim 898. J. Bensheimer's Verl. à Lfg. — 50

— jüdisches Leben in Wort u. Bild. Mit vielen Text-Illustr. u. Vignetten v. Gérardin, Alphons Levy, Emil Levy etc. (Neue bill. Ausg.) 3. Aufl. 14. u. 15. (Schluss-)Lfg. hoch 4. (VII u. S. 263—342.) Mannheim 899. J. Bensheimer's Verl. à — 50

— Die Liebe des Plato. Mit 5 Illustr. v. Frz. v. Bayros. (144 S.) 8. Leipzig (907). G. H. Wigand. 4. —

— — Dasselbe. Numer. Luxus-Ausgabe. Holländ. van Geldern Bütten. Gebd. in apart. Ganzldrbd. (Mk. 12—.)
Erschien zuerst in „Das Vermächtnis (s. weiter unten) Kains", als 4. Novelle des ersten Theils: „Die Liebe" betit.
Einen besonderen Reiz gewinnt die vorliegende Neuausgabe dieser Meisternovelle *Sacher-Masoch's* durch eine Anzahl von Lichtdrucken voll feinsten und intimsten Reizes, mit denen Marquis Franz von Bayros das Buch geschmückt hat.

Sacher-Masoch, Leop. v., Liebesgeschichten. Novellen. 5. Aufl. 8. (V, 376 S.) Berlin 894. Neufeld & Henius. n. 4. —

— dasselbe. Neue Folge. 3. Aufl. 8. (411 S.) Ebd. 894. n. 4. —

— Liebesgeschichten. Novellen. Neue Folge. 4. Aufl. 8. (III, 411 S.) Berlin (898). Schreiter. 4. —

— Liebesgeschichten aus verschiedenen Jahrhunderten. Novellen. 1—3. Sammlg. 8. (250, 263 u. 271 S.) Leipzig 874—77. Bern, Frobeen & Co. n. 4. —

— Liebesgeschichten aus verschiedenen Jahrhunderten. Novellen. 1. u. 2. Sammlung. Neue (Titel-)Ausg. Mit Illustr. von K. Klič. 8. (250 u. 263 S.) Bern (1874) 877. Frobeen's Verl. à 4. —

—— Liebesgeschichten aus verschiedenen Jahrhunderten. Novellen. 3. Aufl. 8. (256 S.) Berlin 884, Jacobsthal. * 3 —

—— Liebesgeschichten aus verschiedenen Jahrhunderten. Novellen. 2. Samml. 8. (265 S.) Ebendas. 886. *

— — Dasselbe. 8. Aufl. 2 Bde. Berlin, o. J. (c. 190*). 8°. (Mk. 8—.) (3 Mk. Lipsius & Tischer, 1908, 3 Mk. 50 Pfg. B. Seligsberg, 1911.)

— Magaß, der Räuber. Zwei galiz. Geschichten. 8. (75 S.) Ebend. 885. n. 1. —

— Magaß, der Räuber. — Unser Deputirter. Zwei galiz. Geschichten. 8. (75 S.) Ebendas. 886. *

MAGASS, der Räuber. — Unser Deputirter. 2 galizische Geschichten. Berlin 1887. 8°. (50 Pfg., J. Halle, München, 1905.)
Vorher: Leipzig 1886. 8°. (Mk. 1—.) (50 Pfg. A. Graeper, 1891.)

— Magaß, d. Räuber u. andere Novellen. 3. Aufl. 8. (127 S.) Berlin 895. Neufeld & Henius. n. 1. —

— dasselbe, s.: Neufeld's Reisebibliothek.

— Malergeschichten. Novellen. 2. (Titel-)Aufl. von „Die Abenteuer d. Frans v. Mieris". 12. (236 S.) Mannheim 892. J. Bensheimer's Verl. n. 3. —; geb. 4. —

Den Bühnen gegenüber Ms. Der Mann ohne Vorurtheil. Histor. Lustspiel in 5 Akten von [Leop. Ritter v.] Sacher-Masoch. [Leipzig 1866: Leiner.] 132 S. 2 Taf. 8°
(Deutsche Schaubühne. 5.)

[Dasselbe.] Leipzig: Günther 1874. 110 S. 8°
Recens: A. 28 (1867) S. 334—336.
Tt. 2690. Verherrlicht J. v. Sonnenfels; betr. den Kampf der Frmr u. Jesuiten a. Hofe Maria Theresias.

— ein Mann wird gesucht. Roman. 8. (234 S.) Berlin 879. Teschner & Rosenhauer. n. 5. —

MARCHANDE de modes-Mädchen, Das, und andere Geschichten von den Messalinen Wiens. Berlin, o. J. 8°.

— das Marchande de modes-Mädchen u. and. Geschichten v. den Messalinen Wiens. [Aus: „Messalinen Wiens".] 6. Aufl. 8. (113 S.) Berlin 895. Neufeld & Henius. n. 1. —

MARIA Theresia und die Freimaurer. Historische Novelle. Leipzig 1872. 8°.

Maria Theresia und die Freimaurer. Histor. Novelle von Leop. v. Sacher-Masoch. Leipzig: Günther 1873. 196 S. 8°.
in: Sacher-Masoch, L. v.: Wiener Hofgeschichten. 8. Aufl. o. J. 1.
Recens: Bh. 16 (1873) S. 116—117.
TB. 371. Hat den Kampf zwischen Jesuiten u. Frmrn zum Inhalte. 215.

MENSCHEN, Gute, und ihre Geschichten. Ein Novellenbuch. Berlin, o. J. 8°. (Mk. 3—.) (1 Mk. 50 Pfg., A. Graeper. 1897.
Inh.: Gläubiger als Heirathsstifter. — Die verliebte Redaktion. — Aus einer anderen Welt.

— gute Menschen u. ihre Geschichten. Novellen. gr. 16. (277 S.) Ebend. 874. n. 4. —

— gute Menschen u. ihre Geschichten. Novellen. Neue (Titel-)Ausg. Mit Illustr. von H. Würtz. 8. (277 S.) Basel (1874) 877. Frobeen's Verl. 4. —

— gute Menschen u. ihre Geschichten. Ein Novellenbuch. [Gläubiger als Heirathsstifter. Die verliebte Redaction. Aus e. anderen Welt.] 8. (281 S.) Ebend. 886. n. 3.

— — Dasselbe. Leipzig, o. J. (190*). 8°. (Mk. 4—.) (1 Mk. 50 Pfg., B. Seligsberg, 1911.)

MESSALINEN, Die, Berlins. Realistische Novellen und Sittenbilder aus dem high life der Reichshauptstadt, von*** *(Sacher-Masoch).* Berlin 1887. 8°. 209 S. (Mk. 3.—.) (2 Mk. Jürgensen & Becker, Hamburg; 1 Mk. 50 Pfg. Friedr. Klüber, München.) (In Dresden eine Ausgabe Berlin, o. J.)
— — Dasselbe. 2. Aufl. Ebd. 1889. 8°. (1 Mk. 50 Pfg. M. Edelmann, Nürnb.; 3 Mk. W. A. Gabriel, Berlin.)

— — Dasselbe. 5. Aufl. Ebd., o. J. 8°. (1 Mk. 50 Pfg. A. Graeper, Barmen.)

— — Dasselbe. 9. Aufl. Ebd. o. J. 8°. 373 S. (Mk. 3.—.) (1 Mk. 50 Pfg. Max Jaeckel, Potsdam.)

MESSALINEN, Die, Berlins (s. d.). Realistische Novellen und Sittenbilder aus dem high life der Reichshauptstadt. 12. Aufl. Leipzig, o. J. (190*). 8°. (Mk. 3—.) (2 Mk., wie neu. B. Seligsberg, 1911.)
Sacher-Masoch wohl untergeschoben.

— — Dasselbe, titulo: Die Messalinen der Spree. Neue Augabe. Berlin, o. J. 8°. (2 Mk. W. A. Gabriel, Berlin.)

SACHER-MASOCH, Leop. Ritter v. (geb. 27. Jan. 1836 zu Lemberg in Galizien). Die Messalinen Wiens. Geschichten aus der guten Gesellschaft. Leipzig 1873. 8°. 328 S. (6 Mk. 50 Pfg. Taussig, Prag, 1907.)

— die Messalinen Wiens. Geschichten aus der guten Gesellschaft. 8. (328 S.) Ebend. 874. 4. 50

— — Dasselbe. Bern 1877. 8°. (Mk. 6—.) (3 Mk., eleg. Lwdbd., K. Th. Volcker, Frf. a. M., 1878.)

— die Messalinen Wiens. Geschichten aus der guten Gesellschaft. 2. Aufl. 2 Bde. 8. (158 u. 170 S.) Ebend. 878. à n. 2. —

— die Messalinen Wiens. Geschichten aus der guten Gesellschaft. 2 Bde. 3. Aufl. 8. (159 u. 175 S.) Ebend. 884. n. 4. —

— —. Die. Wiens' Geschichten aus der guten Gesellschaft. 2 Bde. 4. Aufl. Berlin 1886—87. 8°. 158+174 S. (Mk. 4—.) (1 Mk. 50 Pfg., Frdr. Klüber, München, c. 1902.; 2 Mk. 50 Pfg., M. Edelmann, Nurnb., 1906.)
Vorher: Leipzig 1873. 8°. 328 S. Erste Ausgabe. (Mk. 4,50.) (6 Mk. 50 Pfg. Taussig, 1907; 1 Mk., gebrauchtes Leihbibl.-Expl., F. Geibel, 1907.) — Bern 1877. 8°. (Mk. 6—.) (3 Mk., eleg. Lwdbd., Völcker, Frkf. a. M., 1878.) — Berlin 1885. 8°. (1 Mk. 40 Pfg. C. Winter, Dresden, 1895.)
Karl Wallstein nennt als Verfasser: *Emil Mario Vacano.*
Aus dem Inhalt: Unter der Peitsche. — Karneval der Liebe. — Ein Hirschpark in der Provinz. — Eine gute Partie. — Die Frau nach der Mode. — Im Venusberg u. s. w.

— — Dasselbe. 5. Aufl. Berlin, o. J. 8°. (Mk. 4—.) (2 Mk. A. Graeper, 1891.)

— die Messalinen Wiens. Geschichten aus der guten Gesellschaft. 2 Thle. in 1 Bd. 7. Aufl. 8. (II, 158 u. 174 S.) Ebd. 895. n. 4. —

— — Dasselbe. Berlin, Neufeld & Henius.
Verboten v. L. G. Lemberg, 17. X. 1896. § 516.

— — Dasselbe. 8. Aufl. Ebd., o. J. 8°. (1 Mk. Jos. Jolowicz, Posen, 1908.)

— die Messalinen Wiens. Geschichten aus der guten Gesellschaft. 10. Aufl. 2 Tle. in 1 Bd. 8. (II, 168 u. 174 S.) Ebd. (898). 4. —

— — Dasselbe. 13. Aufl. Ebd., o. J. (190*). 8°. (Mk. 4—.) (1 Mk. 80 Pfg., B. Seligsberg, 1911.)

— — Dasselbe, titulo: Die Messalinen an der Donau. (190*.) (3 Mk., zus. mit den „Messalinen Berlins". W. A. Gabriel, Berlin, c. 1905.)

— kleine Mysterien der Weltgeschichte. 8. (82 S.) Leipzig-Reudnitz 886. O. Schmidt. n. 1. —

MYSTERIEN, Kleine, der Weltgeschichte. 3. Aufl. Leipzig. o. J. 8⁰. (Mk. 1—.) (60 Pfg., A. Graeper, 1897.)

[Aut. u. F.] Entre nous. Roman v. Leopold v. Sacher-Masoch. M. Ill. v. M. Ränike. *Berlin, Eisenach, Leipzig: H. Hillger [1898].* (128 S.) 1 Bd 8. — Bücherschatz, Kürschners. No 02. 109 547

— Entre nous, s. a. Kürschner's Bücherschatz.

— hinterlassene Novellen. 1. u. 2. Bd. Dresden 901. H. R. Dohrn. n. 3. —
1. Grausame Frauen. (95 S.) n. 2,—. — 2. (111, 93 S.) n. 1.—.

PARADIES, Das, am Dniester. Roman. Berlin, o. J. 8⁰. (Mk. 1—.) (50 Pfg. A. Graeper, 1897.)

—— das Paradies am Dniester. Novelle. 8. (84 S.) Leipzig 882, Morgenstern. geb. * 2 50

— das Paradies am Dniester. [Neue Ausg.] 8. (VIII, 84 S.) Berlin 888. Neufeld & Henius. 1. —

— der neue Paris u. Eine Hochzeit im Eispalast. 2 russ. Hofgeschichten. 8. (110 S.) Berlin 885. Jacobsthal. n. 1. —

— die verliebte Redaction. Humoristische Novelle. 8. (121 S.) Ebend. 886. n. 1. —

—— Im Reich der Töne. Musikalische Novellen. 12. (III, 282 S. m. 1 Lichtdr.) Ebd. 891. * 4 —; geb. m. Goldschn. 5 —

— das Rendezvous zu Hochstädt, s: Reiselectüre.

— die Republik der Weiberfeinde. Roman in 2 Büchern. 4 Bde. 8. (150, 177, 114 u. 90 S.) Leipzig 878. Wartig's Verl. n. 9. —

SACHER-MASOCH, Rina. Roman. Aus dem Französischen übersetzt von Hugo Horden. Wien, Fritz Sachs (um 1905). 8⁰.
Verb. d. Ldg. Düsseldorf 12 J. 788/07.

— Rococo. Bilder aus der Zopfzeit. 8. (80 S.) Leipzig 888. Laudien. n. 1. —

—— Sascha und Saschka, s. Collection Spemann.

— die Satten u. die Hungrigen. Roman. 2 Bde. 8. (292 u. 259 S.) Jena 894. H. Costenoble. n. 9. —

SATTEN, Die, und die Hungrigen. Roman. 2 Bde. Berlin (c. 1908). 8⁰. (Mk. 6—.) (2 Mk. 80 Pfg., wie neu, B. Seligsberg, 1911.)

— soziale Schattenbilder. Aus den Memoiren e. österreich. Polizeibeamten. Ein Seitenstück zu „Falscher Hermelin", kleine Geschichten aus der Bühnenwelt desselben Verf. 8. (274 S.) Halle 873. Gesenius. n. 4 50

— die Schlange im Paradies. Russischer Sittenroman in 3 Bdn. 8. (209, 223 u. 243 S.) Mannheim 890. Bensheimer's Verl. n. 9. —

— die Schlange im Paradies. Russischer Sittenroman in 3 Bdn. 3. unveränd. (Titel-)Aufl. 8. (209, 223 u. 243 S.) Mannheim 892. J. Bensheimer's Verl. n. 6. —

—— eine Schlittenfahrt und andere Geschichten. 8. (91 S.) Berlin 886, Jacobsthal. *

SCHÖNHEIT u. Fürstenhuld. Geschichte morganatischer u. legitimirter Fürsten- u. Grafen-Ehen in Deutschland. Nebst Mitteilgn. über damit verwandte Erscheinungen u. einem Inhalts- u. Namen-Register. (Vf.: *Leopold* Ritter *v. Sacher-Mosach.*) Halle 1874. 8⁰. (3 Mk. Dieterich, Göttingen, 1907.)
Fehlt im Anon.-Lex. V.

— die Seelenfängerin. Roman. 2 Bde. 8. (308 u. 328 S.) Jena 886. Costenoble. n. 9. —

SEELENFANGERIN, Die. Roman. 2 Bde. Berlin (c. 1908) 8⁰. (Mk. 9—.) (3 Mk. 50 Pfg., wie neu, B. Seligsberg, 1911.)

— Afrikas Semiramis. Roman, hrsg. von C. F. v. Schlichtegroll. 8. (236 S.) Dresden 901. H. R. Dohrn. n. 3. —

SERAPH. — Zwei Koniginnen — Die vier Temperamente. Novellen. Breslau 1888. 8⁰. (Mk. 4,50.) (1 Mk 50 Pfg. A. Graeper, 1897.)

— Silhouetten. Novellen u. Skizzen. 2 Bde. 8. (149 u. 156 S) Leipzig 879. Schulze & Co. n. 5. —

—— unsere Sclaven, s. Theater-Repertoir, Wiener.

— zwei Soiréen der Eremitage. Diderot in Petersburg. Zwei russ. Hofgeschichten. 8. (105 S.) Berlin 886. Jacobsthal. n. 1. —

— Frau v. Soldan. 8. (248 S.) Leipzig 884. Morgenstern. geb. n. 1. —

— Frau v. Soldan. [Neue Ausg.] 8. (VIII, 248 S.) Berlin 888. Neufeld & Henius. 1. 50

[F.] Die Stumme. Roman. Turandot. Novelle. Von Leopold v. Sacher-Masoch. M. 25 Ill. v. M. Ränike. *Berlin, Eisenach, Leipzig: H. Hillger [1897].* (127 S.) 1 Bd 8. — Bücherschatz, Kürschners. No 32. 97. 6299

die Stumme. — Turandot, s. a. Kürschner's Bücherschatz.

—— ein weiblicher Sultan. Historischer Roman. 3 Bde. 8. (213; 210; 189 S.) Leipzig 873, E. J. Günther. [Bern, Frobeen und Comp.]

SULTAN, Ein weiblicher (Kaiserin Elisabeth vor Russland, die berüchtigte Messaline). Historischer Roman 3 Bde. Bern 1877. 8⁰. (Mk. 9—.) (4 Mk. 50 Pfg. M. Edelmann, Nürnb., c. 1905.)
Vorher: Leipzig 1873. 8⁰ (Gmähle's Leihbibl., München no. 31, 781—83.) (2 Mk. 80 Pfg. Th. Ackermann, 1883.)

—— Ein weiblicher Sultan. Historischer Roman. 2 Thle in 1 Bd. (2. Aufl.) 8. (382 S.) Berl. 891, Neufeld u. Henius. * 4 —

Sacher-Masoch, L. v., Ein weiblicher Sultan (Katharina II.). 4. Auflage. Berlin, o. J. (c. 1900). 8⁰. (Mk. 4—.) (2 Mk. Adolf Weigel, 1908.)

— ein weiblicher Sultan. Historischer Roman. 6. Aufl. 8. (382 S.) Berlin (900). [Neufeld & Henius.] Leipzig, Bibl. Anstalt, A. Schumann. 4. —

— — Dasselbe. 8. Aufl. Berlin, o. J. (190*). 8⁰. (Mk. 4—.) (2 Mk. A. Graeper, 1891; 1 Mk. 80 Pfg. B. Seligsberg, 1911.)

—— die letzten Tage Peter des Großen. Eine russ. Hofgeschichte. 8. (126 S.) Berlin 886, Jacobsthal. *

— aus dem Tagebuche eines Weltmannes. Causerien aus der Gesellschaft u. der Bühnenwelt. Leipzig 869. Kormann. 8. (VII, 223 S.) n. 1 ℳ

— aus dem Tagebuche e. Weltmannes. Causerien aus der Gesellschaft u. der Bühnenwelt. 2. (Titel-)Aufl. 8. (VII, 223 S.) Halle 872. Gesenius. n. 3. —

Der erste Tempel der Wahrheit in Wien. Histor. Novelle von [Leop., Ritter v.] Sacher Masoch. o. O. u. J.
Holländ. Übers. von Br J. L. Ferneden in: MW. Ser. 2 Jg. 10 (1873) No 35, 36, 38 bis 40, 42–50.
TB. 372.

— Terka. Die Maus. Maria im Schnee. 8. (266 S.) Breslau 894. Schles. Verlags-Anstalt. n. 4. —; geb. n. 6. —

— Terka. — Die Maus. — Maria im Schnee. (Neue [Titel-]Ausg.) 8. (266 S.) Ebd. (894) 898. n. 2. —

— das Testament. Novelle. 8. (224 S.) Leipzig 882. Morgenstern. geb. n. 2. 50

—— das Testament. [Neue Ausg.] 8. (VIII, 224 S.) Berlin 888, Neufeld und [Mehring] Henius.

— Ungnade um jeden Preis. Eine russ. Hofgeschichte. 8. (74 S.) Ebend 886. n. 1.

—— Ungarns Untergang und Maria von Oesterreich. Zum Theil nach Urkunden des k. k. Staatsarchivs zu Wien. gr. 8. (166 S.) Leipzig (861)62, T. O. Weigel. *

— Venus u. Adonis u. Das Märchen Potemkins. 2 russ. Hofgeschichten. 8. (79 S.) Ebend. 885. n. 1. —

— Venus u. Adonis u. Das Märchen Potemkins. Zwei russische Hofgeschichten. [Aus: „Russ. Hofgeschichten".] 6. Aufl. 8. (40 u. 35 S.) Ebd. 895. n. 1. —

— Venus u. Adonis u. Das Märchen Potemkins. Zwei russ. Hofgeschichten. 7. Aufl. 8. (40 u. 35 S.) Berlin (900). [Neufeld & Henius.] Leipzig, Bibl. Anstalt, A. Schumann. 1. —

— Venus im Pelz. Novelle. 2. Aufl. 8. (188 S.) Dresden 901. H. R. Dohrn. n. 3. —

— Venus im Pelz. Novelle. 3. Aufl. Illustrirte Ausg. (205 S.) 8. Dresden 904. Leipzig, Leipz. Verlag. n. 5. —

— Venus im Pelz. Novelle. Illustrierte Ausg. (205 S. m. eingedr. Bildnis.) 8. Leipzig (910). Leipziger Verl. 5. —

Sacher-Masoch, Leopold Ritter von: Im Venusberg u. andere Geschichten von den Messalinen Wiens. Bern: o. J. [ca. 1875].

— — Im Venusberg und andere Geschichten von den Messalinen Wiens. Berlin. o. J. (189*). 8°. (Mk. 1—.) (60 Pfg. C. Winter, Dresden, 1895; 70 Pfg. H. Hugendubel, München, 1903.)

— — Dasselbe. 6. Aufl. Berlin. o. J. 8° (Mk. 1—.) (60 Pfg., C. Winter, Dresden, 1895.)

— im Venusberg u. and. Geschichten v. d. Messalinen Wiens. 6. Aufl. 8. (S. 114–158 u. 5–51.) Ebd. 895. n. 1. —

VERMACHTNISS, Das, Kains. 2 Thle. in 4 Bdn. (I: Die Liebe. 2 Bde. II: Das Eigenthum. 2 Bde.) Stuttgart 1870–77. 8°. (11+12 Mk.) (Cplt. 12 Mk. L. Rosenthal, 1910; I apart: 4 Mk. 50 Pfg. der Vorige; II apart: 5 Mk. A. Graeper, 1907.)
Renommirtestes Werk des Verfassers.

— das Vermächtniß Kains. Novellen. 1. Thl. Die Liebe. 2 Bde. Stuttgart 870. Cotta. 8. (V, 401 u. V, 528 S.) n. 3 ℳ

Sacher-Masoch, das Vermächtniss Kains. Novellen. II. Thl. Das Eigenthum. 2 Bde. 510 und 555 S. 8. Bern, G. Frobeen & Co. 1877.

—— das Vermächtniß Kains. Novellen. 2. Thl.: Das Eigenthum. 2 Bde. 8. Bern 877. Leipzig, Morgenstern. * 12 —

— das Vermächtniß Kains. Novellen. 1. Thl. Die Liebe. 2 Bde. 3. Aufl. 8. (401 u. 550 S.) Stuttgart 878. Cotta. n. 10. —; geb. n. 12. —

— — Dasselbe. Th. I (die Liebe). 2 Bde. Mit Kürnberger's Einleitung. New-York, o. J. 4°. (2 Mk. 50 Pfg Taussig, 1907.)

VOLKSGERICHT. Novelle. Berlin, o. J. 8°. (Mk. 1—.) (60 Pfg. Jos. Jolowicz, Posen, 1908.)

Sacher-Masoch, Volksgericht. Novelle. 8. (104 S.) Leipzig 882. Morgenstern. geb. n. 2. 50

— das Volksgericht. [Neue Ausg.] 8. (VIII, 104 S.) Ebd. 888. 1. —

— aus e. andern Welt. Eine Novelle. 8. (87 S.) Ebend. 886. n. 1. —

— über den Werth der Kritik. Erfahrgn. u. Bemerkgn. gr. 8. (88 S.) Leipzig 873. Bern, Frobeen & Co. n. 1. —

—— s. Zelte Jakobs.

— Sabbathai Zewy. Die Judith v. Bialopol. 2 Novellen. 8. (76 S.) Ebend. 886. n. 1. —

— zu spät. Die Kartenschlägerin. Novellen. 8. (238 S.) Breslau 891. Schles. Verlags-Anstalt. n. 4. —; geb. n. 5. —

— Zu spät. — Die Kartenlegerin. Novellen. (Neue [Titel-]Ausg. 8. (238 S.) Breslau (891) 898. Schles. Buchdruckerei ꝛc. n. 2. —

Sacher-Masoch, Wanda [eig. Aurora] von, s.a. Dunajew, Wanda von.

Sacher-Masoch, L. v., die Damen im Pelz. Geschichten u. Novellen. 2 Bde. 2. Aufl. 8. (159 u. 148 S.) Berlin 895. Neufeld & Henius. à n. 1. —

— dasselbe. 2 Tle. in 1 Bd. 4. Aufl. 8. (XI, 159 u. 148 S.) Ebd. 896. n. 4. —

Sacher-Masoch, L. v., die Damen im Pelz. Geschichten u. Novellen. 2 Bde. 6. Aufl. 8. (XI, 159 u. 148 S.) Berlin (900). [Neufeld & Henius.] Schreuer. à 1. —

SACHER-MASOCH, Wanda v., Meine Lebensbeichte. Memoiren. 1.—5. Tausend. 8⁰. Mit 2 Portr. (Wanda u. ihr Gatte). Berlin und Leipzig, Schuster & Loeffler, 1906. 500 S. (Mk. 5—; eleg. gebd. 6—.) (3 Mk. 50 Pfg. Adolf Weigel, 1908; 3 Mk. Theod. Ackermann, München, 1909.)

Sacher-Masoch, Wanda v., meine Lebensbeichte. Memoiren. 1.—5. Taus. (519 S. m. Bildnis.) 8. Berlin 906. Schuster & Loeffler. n. 5. —; geb. n. 6. —

Sacher-Masoch, Wanda v., Masochismus u. Masochisten. Nachtrag zur Lebensbeichte. (94 S.) kl. 8. Berlin (908). H. Seemann Nachf. 2.—; geb. 3. —

Sacherklärung, Historisch-rechtliche, über die Pflichten und Rechte der Agnaten der Würtemb. Erbregenten-Familie in Betreff der Wiederherstellung od. theilweiser Abänderung der vertragsmäßigen Landesgrundverfassung des Würtemb. Stammlandes nach den Haus und Landes Grundgesetzen. London u. Paris 1817. V: *Paulus, Heinr. Eberh. Glob* für *Prinz Paul von Württemberg.* (Kat. d. ständ. Bibl. Stuttg. 1907. S. 261).

Sacherklärung, historisch-rechtliche, über die Pflichten und Rechte der Agnaten der Wirtembergischen Erbregentenfamilie, in Betreff der Landesgrundverfassung ꝛc. gr. 8. (Heidelberg, Mohr und W. in Comm.) 818.

Sächerl, Alois

Des heiligen Cäcilius Cyprianus, Bischofs von Karthago und Martyrers, Abhandlung über die Einheit der Kirche. Uebersetzt und mit einigen Bemerkungen begleitet von A. Sächerl, P. der Moral- u. Pastoraltheol. — 1829. Ebend. — S. 3 — 10.
Progr. Amberg

Sächerl, A., s. Cyprianus, Büchlein v. der Sterblichkeit ꝛc.

[F.] Bausteine. Gedanken üb. d. künftige Gestaltg unseres höh. Schulwesens v. A. Sachert in Hesselbach b. Gummersbach. *Mohrungen: Selbstv.; Dr. v. C. L. Rautenberg [1897].* (63 S.) 1 Bd 8. [9i. 3611]

Sacheverell, Henry. Triumph der Christen, oder die Pflicht für unsere Feinde zu bethen; a. d. Engl. Braunschweig 1715. Ü: *Biel, Johann Christian.* (Adel)

Gehoer! — nur einen Augenblick ... Ein Schrei von Sagitta [d. i. Kurt Sachisthal]. Treptow b. Berlin: Zack 1908. 15 S. 8° [Umschlagt.]

Gehoer! — Nur einen Augenblick! ... Ein Schrei von Sagitta. 6.—10. Taus. Treptow b. Berlin: B. Zack 1908. (15 S.) 8° [Umschlagt.] [08. 4078 6

Am Rande des Lebens. Gedichte d. namenlosen Liebe von Sagitta [d. i. Kurt Sachisthal]. Als Ms. gedr. Treptow b. Berlin: Zack 1900. 64 S. 8°
(Sachisthal: Buecher d. namenlosen Liebe. 5.) [11. 1461]

Sachisthal, Kurt: Der Wagenbau auf der Berliner Gewerbe-Ausstellung 1896, s. Nesselmann, Alfred

SAGITTA'S Bücher der namenlosen Liebe. Band II: Wer sind wir? 1908. Gr. 8⁰. 62 S. (Privatdruck auf Bütten, 1000 Expll., br. Mk. 4—.)
Kurz besprochen (von Dr. Alfr. Kind), in: Blätter f. Bibliophilen. Heft 2, März 1908, S. 108.

Sach-Katalog der Bibliothek des landwirtschaftl. Vereins in Bayern. München 1849. Mit Nachträgen von 1858, 1870 u. 1888.

Sachkundiges. In Beziehung auf Weltkundiges. Hamburg 1841. V: *Röding, Johann Friedrich Wilhelm.* (Schr)

Sachlich, Ernst, der praktische Milchwirth. Ein Buch f. jeden Landwirth zur Anregg. im wirthschaftl. Denken u. Thun. In 41 Gesprächen m. theilweiser Benutzg. einiger Aufsätze d. „Dorfboten". Mit e. Anh., enth. Futtertabellen. gr. 8. (VIII, 252 u. 15 S. m. Abbildgn.) Prenzlau 893. A. Mieck. Kart. n. 4. —

Sachoder, Alexander, a. Nischni-Nowgorod: Studien über das Lehrsystem Quesnays. Greifswald 1907: J. Abel. (46 S.) 8°
Greifswald, Phil. Fak., Ref. Oldenberg, Diss. v. 22. Aug. 1907
[Geb. 21. (8.) Dez. 85 Nischni-Nowgorod; Wohnort: Moskau; Staatsangeh.: Rußland: Vorbildung: Gymn. Nischni-Nowgorod Reife O. 03; Studium: Genf, Greifswald, zus. 8 S.; Rig. 13. Mai 07.]

Šachovskaja, s. Schahovskoy.

Sachregister d. Abhandlungen u. Berichte d. mathematisch-phys. Classe der kgl. sächs. Gesellschaft d. Wissenschaften 1846—1895. Lex.-8. (III u. S. 65 —184.) Leipzig 897. (B. G. Teubner.) n. 2. 50

— allgem. literarisches, 1e Abtheil. (Literatur d. J. 1821.) Ein nach den Materien alphabet. geordneter Katalog. 8. Leipz. 822. Müller. 6 gr

Sachregister, Allgemeines, über die wichtigsten deutschen Zeit- und Wochenschriften. . . . Leipzig 1790. V: *Beutler, Johann Heinrich Christian & Johann Christian Friedrich Gutsmuths.* (Euph I, 160 f.) (Ky) (ErschDL) (MGT)

— allgem., üb. die wichtigsten deutschen Zeit- u. Wochenschriften (v. J. H. Chr. Beutler). gr. 8. Lpz. 790. Weygand. 3 ₰ 8 gr

— alphabet. zu d. Amtsblättern großherzogl. Ministeriums d. Innern u. d. Justiz, Sektion f. Justizverwaltg. f. 1879—1893. gr. 4. (179 S.) Darmstadt 895. (G. Jonghaus.) n. 3. 20

Sachregister, alphabetisches, zu den Amtsblättern großherzogl. Ministeriums der Justiz 1879—1905. (232 S.) Lex. 8. Darmstadt (907). Buchh. großherzogl. Staatsverlags. 4. —

Sachregister, alphabetisches, zum Archiv für die Praxis des gesammten im Großherzogth. Oldenburg geltenden Rechts, Bd. I—IV. gr. 8. (32 S.) Oldenburg 849, Schulze. n. 1/6 ₰

Sachregister, alphabetisches, von den in den Jahrgängen des Kalenders für den Sächsischen Berg- und Hütten-Mann und zugehörigen Jahrbuches von 1827 bis mit 1840 enthaltenen freien Aufsätzen, Notizen, Nachrichten, Patenten u. Verordnungen, soweit solche nicht den laufenden, regelmäßig wiederkehrenden statistischen Nachrichten zugehören. Zusammengestellt von M. F. G. Herausgeg. u. verlegt von der Königl. Bergacademie zu Freiberg. gr. 8. Dresden 841. (Freiberg, Craz u. Gerlach.) n. 5/12 ₰

Sachregister, Alphabetisches, zum Dienst-Reglement für das k. u. k. Heer. II. Theil. Von V. M. 8. (22 S.) In Comm. —.30
Wien: Seidel 1897.

[S.] Alphabetisches Sachregister zu dem Entwurf eines Bürgerlichen Gesetzbuchs und dem Entwurf eines Einführungsgesetzes in der Fassung der Reichstagsvorlagen. Nebst e. Uebersicht üb. d. Verweisgn. *Berlin: C. Heymanns 1896.* (2 Bl., 102 S.) 1 Bd 8. [illegible]

— alphabetisches, zu dem Gesetze betr. die zürcherische Rechtspflege vom 2. Christmonat 1874 u. zu der obergerichtl. Verordng. zu diesem Gesetze vom 19. Christmonat 1874. Von e. züricher. Justizbeamten. 8. (63 S.) Zürich 875. Orell, Füßli & Co. n. 1. 50

—— alphabetisches, über die Gesetze, Verordnungen, amtliche Bekanntmachungen im württemberg. Regierungsblatt und Staatsanzeiger von 1858 bis Dezbr. 1869. gr. 8. (40 S.) Stuttgart 870, Schober.

— alphabetisches, über den I. bis incl. XXI. Jahrg. der jurist. Zeitung für das Königr. Hannover. 8. (239 S.) Lüneburg 847, Herold & Wahlstab. n. 3/4 ₰

— alphabetisches, der wichtigsten technischen Journale, s. Philipp, D.

— alphabet., zu Griesingers Commentar üb. das würtemberg. Landrecht, s. L. F. Griesinger.

— alphabetisches, zu der Militair-Ersatz-Instruction für den norddeutschen Bund vom 26. März 1868. Auf Veranlassung des königl. preuß. Kriegs-Ministeriums. Berlin 868. v. Decker. 8. (43 S.) n. 4 ngr.

Sachregister, alphabetisches, zur deutschen Muster-Zeitung für Färberei, Druckerei, Bleicherei ɪc. Redig. von Wilh. Grüne jun. Jahrg. 1850—1853. gr. 4. (X S.) Berlin 854, (Th. Grieben.) *

Sach-, Namens- u. Orts-Register, alphabet., zum Amts-Blatt der Königl. Regierung zu Marienwerder für 1834. 4. Marienwerder 835. Baumann. 1/6 ₰

Sach-Register, alphabet., zu d. Proceß-Ordnung f. die Untergerichte im Königr. Hannover v. 5. Oct. 1827. 8. Celle 828. Schulze. 4 gr. Schrbp. 6 gr.

— alphabetisches, zum Strafgesetzbuch f. die Preuß. Staaten, s.: Strafgesetzbuch (Schirmer in Jülich).

Sachregister, alphabetisches, zur Deutschen Wehrordnung u. Heerordnung. Auf Veranlassung d. königl. preuß. Kriegsministeriums. 8. (103 S.) Berlin 889. Mittler & Sohn. n. — 55

Sachregister, alphabetisches, zur deutschen Wehrordnung u. Heerordnung. (D. V. E. No. 142a.) (108 S.) 8. Berlin 904. E. S. Mittler & Sohn. n. — 60; kart. n. — 80; geb. in Leinw. n.n. — 90

— alphabet.-systemat., üb. d. Regierungsblatt f. das Königr. Würtemberg u. üb. die, z. Regierungsbl. gehör. General-Rescripte, Edikte u. Ordnungen von 1806—1830. 4. Stuttg. 832. Metzler 2 ₰ 8 gr

— alphabetisches-systematisches, über das Regierungs-Blatt f. d. Königr. Württemberg von 1806 bis einschließlich 1850, nebst dem Ergänzungsband. gr. 8. (IV u. 1472 gesp. S. od. 46 B.) Stuttgart 852, Metzler. n. 2⅓ ₰

— zu dem Amtsblatte d. Königl. Regierung in Trier von 1816 —1840. gr. 8. Trier 841, Lintz. n. 1 ₰

—zum Archiv f. Civil- u. Criminal-Recht d. K. Preuß. Rheinprovinzen, s. Archiv.

Sachregister zum Archiv f. Civil- u. Criminal-Recht der K. Preuß. Rheinprovinzen, s. Uebersicht.

Sachregister zu den Aufsätzen und Berichten in den Jahrgängen 11—22 ⟨1898—1909⟩ [der] Schweizerische[n] Zeitschrift für Strafrecht.... Bern 1910 s. Zeitschrift.

— ausführliches, zum Gesetz vom 26. Decbr. 1871, betr. den Vollzug der Einführung d. Strafgesetzbuches f. das deutsche Reich in Bayern. 8. (4 S.) Würzburg 872. Stahel. — 10

—— ausführliches, zu dem Strafgesetzbuch und der Strafproceßordnung für das Königr. Sachsen, s. Doenzel, G., ausführliches Sachregister.

—— ausführliches, zu der Strafproceßordnung für das Königr. Sachsen. Von einem Beamten. 8. (IV und 96 S.) Leipzig 856, O. Wigand. *

Sachregister zu den 8 Bänden der Sammlung der Gesetze und Verordnungen für das Fürstenth. Hohenzollern-Sigmaringen. Enthält die Jahrgänge vom 10. März 1808 bis 22. Februar 1852. hoch 4. (94 S.) Sigmaringen 856(57), Liehner'sche Buchh. Thlr. *

Sachregister der Berathungsgegenstände des Landeseisenbahnrathes 1883—1895. *Berlin 1896: W. Moeser.* (46 S.) 4° [S.] [illegible]

— chronologisches u. alphabetisches, zur Gesetz-Sammlung f. das deutsche Reich. 1867 bis 1871 incl. 4. (26 S.) Berlin 872. C. Heymann's Verl. n. 1. —

Sachregister zu dem Entwurfe eines bürgerlichen Gesetzbuches für das deutsche Reich, s. Entwurf eines bürgerl. Gesetzbuches ɪc.

— zu dem Entwurfe e. Civilproceßordnung f. den norddeutschen Bund. gr. 4. (III, 184 S.) Berlin 871. v. Decker. n. 2. 50

Sachregister, alphabetisch geordnetes, üb. das Einkommensteuergesetz, die Ausführungsverordnung u. Instruction dazu. Zum Handgebrauch f. die Mitglieder der Einschätzungscommissionen. gr. 16. (12 S.) Dresden 875. Huhle. n. — 25

Alphabetisch und jahrgangsweise geordnetes Sachregister aller in den Mittheilungen über Gegenstände des Artillerie und Genie-Wesens in den Jahren 1892 bis 1899 enthaltenen Aufsätze, Notizen und kleinen Notizen Zusammengestellt von der Redaction der „Mittheilungen". Wien. 1900. In Comm. Waldheim. Gr.-8°. 68 S. K 1.—

Sach- und Namen-Register, Alphabetisch geordnetes, über die sechs Jahrgänge der neuen Schleswig Holsteinschen Provinzialberichte . . . Eutin 1816. V: *Petersen, Georg Peter.* (LS)

— zu den 5 französischen Gesetzbüchern. Von einem prakt. Juristen. Hrsg. von Joh. Cramer. [Mit dem Umschlagstitel: Supplementband zu allen deutschen Ausg. der 5 franz. Gesetzbücher.] (Neue Titel-Ausg.) gr. 16. (486 S.) Aachen 849, Schulz. 1/2 ℛ

Sachregister der Innung der Zukunft (1854 - 1865) und der Blatter für Genossenschaftswesen (1866 - 1900). Berlin Guttentag 1901.

Sachregister technischer Journale zum Gebrauche für Ingenieure, Architecten, Chemiker u. Gewerbtreibende. Hrsg. von dem Verein „Hütte." 1. Jahrg. 1863. Berlin 864. Ernst & Korn. 8. (VI, 164 S.) n. 20 ngr.

Sachregister technischer Journale zum Gebrauche für Ingenieure, Architecten, Chemiker u. Gewerbtreibende. Hersg. von dem Verein „Hütte." 2. Jahrg. 1864. Berlin 865. Ernst & Korn. 8. (VI, 209 S.) n. 25 ngr.

Sach- und Namenregister zu den Mittheilungen seliger Geister durch die Hand der Maria Kahlhammer und den Mund der Creszentia Wolf, sowie zu den übrigen Kundgebungen aus eben diesen Quellen. München 861. (Franz.) gr. 8. (VIII, 65 S.) n. 8 ngr.

SACH- UND NAMEN-REGISTER zu H. A. Bueck's Werk: Der Centralverband Deutscher Industrieller. Berlin. Druck: Deutscher Verlag. (Ges. m. b. H.) 8°.

Sach- und Ortsregister der Jahrgänge 1854 bis 1863 des Verordnungsblattes für den Dienstbereich des kaiserl. königl. österreichischen Finanzministeriums. Verfasst von der Redaction des Verordnungsblattes für den Dienstbereich des k. k. österreichischen Finanzministeriums. (Verordnungsblatt nicht vorhanden.) 4. Wien 1864.

Sach- u. Personen-Register zu d. Geschichten schweizer. Eidgenossenschaft v. Johann(es) v. Müller u. R. Glutz-Blotzheim. gr. 8. Bern 832. Jenni. (Frankf., Streng). Schrbp. 1 ℛ 12 𝒢

Sach-Register zur Post-Dienst-Instruction und zur Dienst-Instruction für Post-Expediteure. Erfurt (855.) Bartholomäus. gr. 4. (60 S.) n. 18 ngr.

Sach-Register üb. sämmtl. Großherzogl. Badische Regierungsblätter vom Jahre 1803 – 1834, auch für die Besitzer der Original-Sammlung eingerichtet. .. Carlsruhe ... Marx. $1\frac{5}{12}$ ℛ

—— des deutschen Reichs-Anzeigers und Kgl. Preuß. Staats-Anzeigers für 1876—1878. gr. 8. (à ca. 36 S.) Berlin 877—79, (C. Heymann's Verlag.) à Jahrg. ** — 50

Sach-Register zu den Sammlungen von Vorschriften, Anweisungen und sonstigen Aufsätzen in Beziehung auf den Dienst der Militär-Beamten der Königl. Preuss. Armee. Berlin 1816. V: *Konewka.* (Verz. d. Büchersamml. d. Friedr.-Wilh.-Inst. Berl. 1890.)

—der in d. Amtsblättern d. königl. Regierung zu Liegnitz f. d. Zeitraum v. 4. Mai 1811 bis 31. Dec. 1817 enthalt. Verordnn. u. Bekanntmachungen. 4. Liegn. 818. Kuhlmey. 1 ℛ 4 𝒢

Sach- u. Namen-Register, vollständ. alphabetisches, üb. d. Archiv f. die civilistische Praxis. Bd. I—27. nebst Beilagen u. die gießener Zeitschrift f. Civilrecht u. Proceß. Bd. 1—20. gr. 8. ($12\frac{1}{2}$ B.) Heidelberg 846, J. C. B. Mohr.

— vollständigstes alphabetisches, zu dem Strafgesetzbuche für den norddeutschen Bund. Ein unentbehrl. Hülfsmittel für jeden Staatsbürger. Bearb. von e. prakt. Juristen. Gera 870. Griesbach. gr. 8. (48 S.) n. 5 ngr.

— vollständiges alphabetisches zu dem Strafgesetzbuche f. den norddeutschen Bund. Ein unentbehrl. Hilfsmittel f. jeden Staatsbürger. Bearb. v. e. prakt. Juristen. 2. Aufl. 8. (48 S.) Gera 871. Griesbach. n. — 50

Sachregister, vollständiges alphabetisches, zu dem Strafgesetzbuche für den Norddeutschen Bund. 2. Auflage. Gera 1872

— vollständiges, über C. G. Kayser's Bücher-Lexicon. (Von Alex Bliedener.) gr. 4. Leipzig 838. Schumann. n. $4\frac{1}{3}$ ℛ — Nachtrag: Erläuterung hierzu, von L. Schumann. 840. gratis.

Sach- u. Gesetzregister, vollständiges, zu Glücks Commentar über die Pandekten vom 1.—19. Thl. 1. Bd. Sachregister A—M. 2. verb. Aufl. 2. Bd. 1) Sachregister N—Z. 2) Gesetzregister. gr. 8. Erlangen 841, Palm'sche Verlagsh. (1. Bd. $2\frac{2}{3}$ ℛ — 2. Bd. 2 ℛ) $4\frac{2}{3}$ ℛ

Sach-, Wort- u. Stellen-Register zu G. C. Knapp's Vorlesungen über die christl. Glaubenslehre rc. (Für die Besitzer der 1n Aufl.) gr. 8. Halle 836. Waisenhaus-Buchh. 1/2 ℛ

Sachrow, Karl, aus Arnswalde: Über die **Vengeance d'Alexandre** von Jean le Venelais (Jehan li Venelais). *Halle a. S. 1902: H. John.* (74 S.) 8°
Halle, Phil. Diss. v. 1902

Sachs [Sachliches OW]

Sachs, Hans, v. Fr. Furchau. In 2 Abtheill. (1e Abtheil. die Wanderschaft. 1 ℛ 8 𝒢 2e Abtheil. der Ehestand. 2 ℛ 8 𝒢) gr. 8. Leipz. 819. Brockhaus. 3 ℛ 16 𝒢

Sachs, Hans. Ein Lebensbild aus der Reformationszeit. Eine Festgabe zur Enthüllg. d. Denkmals in Nürnberg am 24. Juni 1874. 8. (16 S.) Nürnberg 874. Löhe. n. — 25

Sachs, Hans. Ein Lustspiel v. Jovialis. gr. 8. (X, 212 S.) Tübingen 877. Fues in Comm. n. 2. 40

Sachs, Hans. Der Meistersänger als evangel. Zeuge. Dramat. Scene, zur Darstellg. in evang. Vereinen verf. v. e. Nürnberger Geistlichen. gr. 8. (19 S.) Nürnberg 894. (J. Ph. Raw's Verl.) n.n. – 35

Sachs, Hans, in München 1840. (Gedichte.) gr. 8. (2 B.) München 840, (Franz.) *

Sachs, Hans, u. die Reformation, hrsg. von Rich. Boozmann, s.: Angermann's Bibliothek f. Bibliophilen. 1. Bd.

—— der Volksdichter, und seine Dichtungen. Eine Bibliographie von E. Weller. Mit Portr. 8. Nürnberg 868, Heerdegen. (* ℳ 2.)

Ein zweiter Hans **Sachs** (Johannes Weinrich auf d. Iberg b. Heiligenstadt). Als Ms. gedr. o. O. (1905). (2 Bl.) 4° [Kopft. F.] [07. 13167 3]

Sachs [Verfasser] (vgl. Sax)

Sachs, üb. die Hepatitis der heissen Länder, die darnach sich entwickelnden Leber-Abscesse u. deren operative Behandlung. [Aus: „v. Langenbeck's Arch. f. klin. Chir."] gr. 8. (99 S.) Berlin 876. Hirschwald. n. 2. 40

Sachs, v., üb. die Keimung der Cocospalme. gr. 8. (3 S.) Würzburg 886. Stahel. — 20

Sachs, s.: Nachprüfung des v. Neisser u. Sachs angegebenen Verfahrens zur forensischen Unterscheidung v. Menschen- u. Tierblut.

Sachs, s.: Verfassungsrevision.

Sachs, die Verwendung des Eisenbetons im Hochbau, s.: Kullrich.

Sachs, Abr. (geb. Märkisch-Friedland [illegible]). Conspectus morborum organicorum cordis sive de cognoscendis morbis cordis et valvularum epitome. Berolini (1831). (26 S.) 8°
Berlin, Med. Diss. v. 31. Dez. 1831

Sachs, Adalbert, prakt. Arzt aus Schönlanke [!]: Ueber angeborene Defekte der Schlüsselbeine. *Leipzig 1902: B. Georgi.* (29 S.) 8°
Leipzig, Med. Diss. v. (5. Dez.) 1902

Sachs, Heinr. Carl. Adolph (geb. Langula in Thür. [illegible]). De [illegible] apud Homerum et Hesiodum capita VI. Berolini [illegible] 8°
Berlin, Phil. Diss. v. [illegible] März [illegible]

Sachs, Adf., Gabriele Maren, | s. a. Theater, neues Wiener.
— der Privat-Detectiv,
— bei der Volkszählung,

Theater, Neues Wiener. Nr. 145. Inh.: Adolf Sachs. Gabriele Maren. Schauspiel in 4 Aufzügen. 8. (56 S.) —.60
Wien: Künast 1893.

Theater, Neues Wiener. Nr. 146. Inh.: Adolf Sachs, Bei der Volkszählung. Schwank in einem Aufzuge. 8. (21 S.) —.60
Wien: Künast 1893.

Sachs, Alb., Hertha. Ein Heldensang v. Rügen. 8. (VII, 100 S.) Berlin 893. Bibliograph. Bureau. n. 2. —; geb. n. 3. —

Sachs, Albert (geb. Berlin [illegible]). De [illegible]. Berolini 1823. (37 S.) 8°
Berlin, Med. Diss. v. 22. Dez. 1823

Sachs, Albe., Beschreibung d. elastischen Ligaturwerkzeuges u. der birnförm. Brenneisen. M. 1 Stnt. (gr. Fol.) gr. 8. (2¼ B.) Berlin 829, Reimer.

Sachs, (Dr.) Alb., Betrachtt. üb. die unter d. 31. Jan. 1832 erlassene Instruction durch welche das in Betreff der asiat. Cholera im preuß. Staate zu beobachtende Verfahren fortgesetzt wird. Für Aerzte u. Verwaltungsbeamte. 1r Nachtr. z. Tagebuche üb. d. Verhalten der bösart. Cholera in Berlin. gr. 4. Berl. 832. Hirschwald. 6 K

Sachs, Albertus: De tragicorum Graecorum carminibus astrophis et nuntiorum orationibus. (Berolini: Trenkel 1909.) 66 S. 8°
Berlin, Phil. Diss. v. 26. Juni 1909, Ref. v. Wilamowitz-Moellendorff
[Geb. 3. Febr. 86 Berlin; Wohnort: Berlin; Staatsangeh.: Preußen; Vorbildung: Luisen-Gymn. Berlin Reife M. 04; Studium: Berlin 8 S.; Rig. 18. Febr. 09.]
[U 09. 262

Sachs, Albert: Gründliche Darstellung der gebräuchlichsten äusseren pharmaceutischen Heilmittel in therapeutischem Bezuge, für angehende Practiker in der Medicin und Chirurgie. (Mit Ausschluß der Augenheilmittel). Th.1, 376 S., gbd., 1 Tab.

Berlin: Amelang 1827

Sachs, Alb., s. medicinische Denkwürdigkeiten.

Sachs, Albert: Zur Kenntnis der Magendrüsen bei krankhaften Zuständen .... Breslau, Druck v. Th. Schatzky, [1886]; 8 + 66 S. u. 1 Taf. 8°.
Breslau, Med. Fak., Inaug.-Diss. v. 28. Jul. 1886.

Sachs, Alb., zur Kenntnis der Magendrüsen bei krankhaften Zuständen. gr. 8. (VII, 64 S. m. 1 Steintaf.) Breslau 886. (Köhler.) n. 1. —

— s. J. D. Larrey, chirurg. Klinik.

—— neues Ophthalmophantom. Erfund. u. beschrieben 8. ... Berlin 827, Reimer.
Aus d. „Journal d. pract. Heilkunde, hrsg. v. Hufeland u. Osann," besond. abgedruckt.

—— Tagebuch üb. d. Verhalten d. bösart. Cholera in Berlin, s. Tagebuch.

Sachs, Andreas Ernst (Magdeburg) A. S. 753/40

Disputatio juridica de jure imaginum.
Präs. Johann Friedemann Schneider.
Halle (Zeitler) X. 1703. 55 S. 29610

Sachs, Arminius [Silesius]: De quattuor panegyricis qui ab Eumenio scripti esse dicuntur .... Halis, *typ. A. Jacoby, Berolini*, 1885; [illegible] 8°.
Halle, Phil. Fak., Inaug.-Diss. v. 26. Okt. 1885.

Sachs, Arminius, de quattuor panegyricis qui ab Eumenio scripti esse dicuntur. Diss. Halle 1885, Lippertsche Buchh. 8°. 34 S.

Sachs, Aron, appr. Arzt u. Assist. am Sanat. f. Lungenkranke zu Müllrose: Die Gynäkologie in der Bibel und im Talmud. Leipzig 1909: Lehmann. 30 S. 8°
Leipzig, Med. Diss. v. 11. Aug. 1900, Ref. Zweifel
[Geb. 7. Dez. 79 Tauroggen; Wohnort: Müllrose; Staatsangeh.: Rußland; Vorbildung: Gymn. Offenbach Reife O. 02; Studium: München 6, Leipzig 5 S.; Coll. 13. Aug. 09; Approb. 4. Mai 09.]
[U 09. [illegible]

Sachs, Arthur, Dr., Assist. am Mineral. Inst. d. Univ. Breslau: Aus d. Mineral. Institut d. Universität Breslau. Ueber Anpassungserscheinungen bei Karlsbader und Bavenoer Verwachsungen des Kalifeldspathes. *Breslau 1903: H. Fleischmann.* (53 S.) 8°
Breslau, Phil. Hab.-Schr. v. 8. Jan. 1903

Die Bodenschätze Schlesiens. Erze, Kohlen, nutzbare Gesteine. Von Dr. Arthur **Sachs,** Privatd. Leipzig: Veit & Co. 1906. (VIII, 194 S.) 8° [illegible]

— die Erze, ihre Lagerstätten u. hüttentechnische Verwertung. Für Studierende an Universitäten, techn. Hochschulen u. Borgakademieen. (IX, 74 S. m. 25 Abbildgn.) 8. Wien 906. F. Doutioke. n. 2. —

Sachs, A., über die Krystallform des Rothnickelkieses. gr. 8. (6 S.) Berlin 902. (G. Reimer.) n. — 50
Sonderabdruck aus: „Sitzungsber. d. preuss. Akad. d. Wiss."

Sachs, Arthur, aus Breslau: Aus d. chemischen Institut d. Universität Breslau. Über einige mit Hilfe des Methylacetessigesters dargestellte Pyridinderivate. *Breslau 1898: Th. Schatzky.* (45 S.) 8°
Breslau, Phil. Diss. v. 21. Dez. 1898

Sachs, A., tabellarische Übersicht der technisch nutzbaren Minerale. Für Studierende der Naturwissenschaft., Berg- u. Hüttenleute, Chemiker u. Ingenieure. (IV, 43 S.) gr. 8. Wien 909. F. Deuticke. 1.50

— Wesen u. Wert der Mineralogie. Vortrag, geh. in der Akademie des Humboldtvereines. gr. 8. (12 S.) Breslau 902. J. U. Kern. n. —40

Sachs, Aug., Beschreibung der Heuscheuer. Ein Blättchen für das Album der Gebirgswanderer. Glatz 864. Hirschberg's Buchh. 16. (28 S.) 3 ngr.

— Bad Reinerz u. seine Umgebungen. Ein Führer u. Wegweiser für Kurgäste u. Touristen. Ebend. 862. 16. (125 S.) 7½ ngr.

Sachs, B., die Hirnlähmungen der Kinder, s.: Sammlung klinischer Vorträge.

Lehrbuch der Nervenkrankheiten des Kindesalters f. Ärzte u. Studier. v. Dr. B. Sachs, Prof. ... an d. New York Polyclinic. Ins Deutsche übertr. v. Dr. B. Onuf-Onufrowicz, Doc. an d. New. York Polycl. M. 162 Abb. u. 1 lithogr. Taf. Autoris. Übs. *Leipzig & New York: F. Deuticke 1897.* (XIX, 534 S., 1 Taf.) 1 Bd 8. [illegible]

Sachs, B., Lehrbuch d. Nervenkrankheiten des Kindesalters f. Aerzte u. Studier. Ins Deutsche übertr. v. B. Onuf-Onufrowicz. Autoris. Uebersetzg. gr. 8. (XIX, 534 S. m. 162 Abb. u. 1 lith. Taf.) Wien 897. F. Deuticke. n. 14.—

Sachs, Barney [aus Newyork]: Über den Einfluss des Rückenmarks auf die Harnsecretion. Strassburg, Karl J. Trübner, 1882, 8. II, 46 S.

Sachs, Baruch, aus Jerusalem: Zur Diagnose der Bauchdeckentumoren. *Berlin: M. Günther 1902.* (30 S.) 8°
Berlin, Med. Diss. v. 2. Mai 1902

Sachs, Benjamin *(geb. Jauer 18. 10. 1830)*: De sanatione morborum quae sponte fit deque methodo curandi quae fertur exspectativa. Vratislaviae (1852). (24 S.) 8°
Breslau, Med. Diss. v. 18 Nov. 1852

Sachs, Benno *(geb. Jauer 31 5 1831)*: De ileo. Vratislaviae (1854). (30 S.) 8°
Breslau, Med. Diss. v. 19. Mai 1854

Sachs, Berth., um die Ehre. Ein Volksdrama (in 4 Akten). gr. 8. (73 S.) Diessen (902). Jos. C. Huber. 2.—

Sachs, Bertholdus *(geb. Ottmachau in Oberschles. 24. 3. 1836)*: De necrosi phosphorica. Vratislaviae (1859). (29 S.) 8°
Breslau, Med. Diss. v. 16. [vielmehr 18.] Nov. 1859

Sachs, C. ..., s. Sachs, K. ...

Sachs, E., zur Prognose u. Therapie des Kindbettfiebers. (Aus der gynäkologisch-geburtshilfl. Abtlg. d. Rudolf Virchow-Krankenhauses.) (20 S. m. eingedr. Kurven.) gr. 8. Leipzig 909. B. Konegen. 1.—
Sonderabdruck aus: „Der Frauenarzt".

Sachs, Edmund: Beiträge zu der Lehre vom Uebergange der Harze in das Blut. Diss. Dorpat 1862. 30 S. 8°

Sachs, Eduard, Kammergerichtsref.: Die Wirkungen der Konfusion nach Römischem Rechte und dem Rechte des Bürgerlichen Gesetzbuches. *Berlin: J. Guttentag 1898.* (87 S.) 8°
Greifswald, Jur. Diss. v. 1898

Sachs, Emil, s. Oelschläger, Herm., eine Harzer Bade-Erinnerung.

Sachs, Emil, die Revision des Handelsrechts in Belgien, s. Zeitschrift für das gesammte Handelsrecht.

Sachs, Erich, ein Lebensmorgen. Skizzen. gr. 8. (64 S.) Berlin 900. E. Ebering. n. 1.50

Sachs, Erich, von den Wegen des Lebens. Verse u. Prosa. (77 S.) gr. 8. Dresden 906. E. Pierson. n. 2.—; geb. n. 3.—

— Worte der Seele. Ein Gedichtbuch. gr. 8. (VII, 72 S.) Dresden 900. E. Pierson. n. 1.—; geb. n. 2.—

Sachs, Ernst: Die puerperalen Erkrankungen und Todesfälle der septischen Abteilung der Straßburger Frauenklinik 1891–1901. *Berlin 1902: Rosenthal & Co.* (54 S.) 8°
Straßburg, Med. Diss. v. 1902

Sachs, Eugen [aus Patschkau i. Schl.]: Beiträge zur Statistik des Lupus .... (Sep.-Abdr. aus Vierteljahresschr. f. Dermatol. u. Syphil. 1886. II.) *Wien* (1887); 2 Bl + 14 S. u. 1 Taf. 8°.
Heidelberg, Med. Fak., Inaug.-Diss. v. 1887.

Sachs, Eugen [pract. Arzt]: Hat der Chibret'sche Vorschlag die Prothesis des menschlichen Auges durch die Einheilung eines Thierauges zu ersetzen eine practische Bedeutung? ... Breslau, Buchdr. H. Proskauer jr. (1887); 37 S. + 1 Bl. 8°.
Breslau, Med. Fak., Inaug.-Diss. v. 22. Jan. 1887.

Sachs, E., hat der Chibret'sche Vorschlag, die Prothesis d. menschlichen Auges durch die Einheilung e. Thierauges zu ersetzen, e. practische Bedeutung? Inaug.-Diss. gr. 8. (37 S.) Breslau 887. (Köhler.) n. 1.—

Sachs, Dr. Eug., Wohnungsnot im Gesichte der Gesundheitslehre. Vortrag, geh. im Gewerbeverein zu Dresden. gr. 8°. Dresden, Albanus, 1890. (20 S.)

Sachs, F. L. A. v., Stammtafel der Familie von Sachs. Brünn 1891. fol.

Sachs, Fr s. Schnars, C[arl] W[ilhelm]. Neuester Schwarzwaldführer. Heidelberg 1891.

Sachs, Franz, aus Berlin: Untersuchungen über Derivate alkylierter Phtalimide. *Berlin 1898: A. W. Schade.* (33 S.) 8°
Berlin, Phil. Diss. v. 21. Dez. 1898

Sachs, Franz Karl de (Wetzlar)
Commentatio juridica inauguralis de usuris fructuum.
Giessae 12. Dez. 1765: Braun. (8), 39 S. 4°
pro summis in utroque jure honoribus rite legitimeque consequendis

Sachs, Friedrich Wilhelm

Sachs, Frid. Guil. (geb. Wahrenberg an d. Elbe 22. 10. 1826): De vitris ocularibus eorumque usu in presbyopia et myopia. Berolini (1850). (26 S.) 8°
Berlin, Med. Diss. v. 4. Apr. 1850

Sachs, Fritz, Alias, s.: Universal-Bibliothek.

Fritz **Sachs**. Gedichte. Langensalza: J. Beltz 1908. (45 S.) 8° [F.] Kt. 1473:

SACHS, Fritz (Lüben): Ueber Harnacidität.- München: Wolf 1903. 48 S.
28.5.1903 - Chr 1902/03,26; Jv 1902/03,315
Diss. Ingolst.-Landsh.-Mchn.

— Hunger nach Rosen. Märchen, Skizzen u. Zwiegespräche. (59 S.) 8. Ebd. 909. 1. —

Sachs, Fritz, a. Kattowitz: Aus dem physiologischen Institut der Universität Heidelberg. Direktor: Prof. Dr. A. Kossel. Ist die Nuclease mit dem Trypsin identisch? Heidelberg 1905: J. Hörning. (30 S.) 8°
Heidelberg, Med. Fak., Ref. Kossel, Diss. v. 1906
[Geb. 22. Mai 81 Kattowitz; Wohnort: Berlin; Staatsangeh.: Preußen; Vorbildung: Gymn. Berlin Reife O. 00; Studium: Freiburg i. B. 1, Berlin 6, Heidelberg 2 S.; Coll. 6. März 05; Approb. 21. Sept. 06.]

Sachs, Fritz, Kammergerichtsreferendar: Die rechtliche Natur der Sachen des § 95 B.G.B. Berlin o. J.: J. Rosenbaum. (VIII, 44 S.) 8° [F.]
Rostock, Jur. Fak., Ref. Matthiaß, Diss. v. 20. Okt. 1907
[Geb. 4. Sept. 78 Berlin; Wohnort: Berlin; Staatsangeh.: Preußen; Vorbildung: Friedrichs-Gymn. Berlin Reife O. 98; Studium: Heidelberg 1, Berlin 5 S.; Rig. 13. Juni 06.]

Sachs, G. Tob. Ldw., († d. 6. Mai 1814.) Diss. inaug. Historia naturalis duorum Leucoaethiopum, auctoris ipsius et sororis ejus. 8maj. Sulzb. 812. v. Seidel. 10 Ngr.

Sachs, Gustav — Theatralisches Angedenken. Den Freunden der Kunst zum Schluße der Gastvorstellungen ehrfurchtsvoll gewidmet von — —. Troppau, 1856. Druck von Adolph Traßler. (7 S. 8.)

Sachs, H., Anweis. der Treiberei schädl. Kanker, od. die kleine Spinne zu vertilgen. 8. Berl. 804. Belitz. 2 Gr.

Sachs, H., Betrachtungen über Schrift und Stenographie. Ein Vortrag, im „Deutschen Verein für Kunst und Wissenschaft [German Athenaeum]" zu London am Dienstag, den 23. Febr. 1886 gehalten. gr. 8. (60 S. mit 2 Taf.) London 886. Leipzig, Hartmann. *

Sachs, H., die gesprochenen Laute der englischen Sprache und die Schriftzeichen, welche zur Darstellung derselben benutzt werden. Eine umfassende und naturgemäße wissenschaftl. Behandlung der gesamten modernen Aussprache des Englischen. 8. (XII, 400 S.) London 882. (Leipzig, Hartmann.) * 3 50

— Untersuchungen über die Bildungsverhältnisse der ozeanischen Salzablagerungen, s.: Hoff, J. H. van't

Gedichte. Von Hanns Sachs, Kgl. Ger.Ass. †. Straßburg i. E. & Leipzig: Singer 1907. 80 S. 8° A 12.1671

Sachs, Hans

—— Leben, s. Lützelberger, E. K. J.

—— Leben und ausgewählte Dichtungen rc., s. Genée, Rud.

—— [Lebensbild], s. Schumann, G.

— Ausgewählte Aufführungen. 1.—3. Heft. kl. 8. Stuttgart, Holland & Josenhans. à — 40
1. Sprachlich erneuert u. f. die Darstellg. frei bearb. v. Hugo Ch. Schwarzkopf. 3. Aufl. (30 S.) (907.)
2. Gottes verborgene Gerichte. Untreue schlägt ihren eigenen Herrn. (Sprachlich erneuert u. f. die Darstellg. frei bearb. v. Hugo Ch. Schwarzkopf. 3. Aufl. (40 S.) (909.)
3. Alexander der Große u. Diogenes. Der unersättliche Geizhunger. Frei bearb. v. Rud. Herrmann. (24 S.) (908.)

— Auswahl seiner Dichtungen, s.: Schroedel's, H., Jugendbibliothek.

— Auswahl aus seinen Dichtungen, hrsg. v. U. Zernial, s.: Velhagen & Klasing's Sammlung deutscher Schulausgaben.

— eine Auswahl f. Freunde d. ältern vaterländ. Dichtkunst von J. A. Göz. 4 Bdchn. Mit 4 Kpf. gr. 12. Nürnb. 824—30. Bauer u. R. 2 Rthlr.

Hans Sachs. Eine Auswahl für Freunde der ältern vaterländischen Dichtkunst, von Johann Adam Göz. Nürnberg, 1829. 1830. 8°. 1—4. Bdchn. Mit H. S. Portrait u. TK.

——, Grübel und seine Collegen. Auswahl der besten und vorzüglichsten Gedichte in Nürnberger Mundart von Hans Sachs bis auf die neueste Zeit. Neue (Titel-)Aufl. 8. Ebendas. 873. geb. (M 2,50.)
Vgl.: Lützelberger, Ernst K. J.

Sachs, Hans. Eine Auswahl aus dessen Werken herausg. von Geo. Wilh. Hopf. 2 Bdchn. Nürnberg 856. J. L. Schmid. 16. (VIII, 342 S. u. Portr. in Holzschn.; VI, 343 S.) Jedes Bdchn. n. 22½ ngr.

— Auszüge aus seinen Schriften. Mit 1 Kpf. 16. Zwickau 823. Gebr. Schumann. 9 Gr.

Sachs, H., über die Beziehungen zwischen Toxin u. Antitoxin, s.: Ehrlich, P.

— vier Dialoge. Herausg. von Reinhold Köhler. Weimar 858. Böhlau. gr. 8. (4 Bl., 126 S.) n. 20 ngr.

Sachs, Hans, Dichtungen, s. Dichter, deutsche, des 16. Jahrh.

SACHS, Hans. Dichtungen zur Geschichte der Stadt Wien, nach handschriftl. u. literar. Quellen hersg. von Kabdebo. 2. Aufl. Wien 1878. 8°. (1 Kr. 80 H. Carl Greif, 1914.)

— das heiß' Eißen, s.: Lustspiel-Abend, historischer.

— dasselbe, s.: Theater, neues Wiener.

Sachs, Hans
Das heiß' Eysen. Fastnachtspiel. Auf frewdiger Schawbine eröffnet. Von Hanns Sachs.
Wien: Rosner 1876. 8°
Weiterer Inhalt:
Ayrer, Jakob: Die ehrliche Bäckerin mit ihren drei vermeinten Liebsten. Possenspiel.
Prehauser, Gottlieb: Hanswurst der traurige Küchelbäcker und sein Freund in der Noth.

— das heiß' Eisen, e. Nürnberger Fastnachtsspiel. Schwank in 1 Act. Für die neuere Bühne eingerichtet v. Rud. Genée. gr. 16. (28 S.) Wien 876. Wallishausser. n. 1. —

— sämtl. Fabeln u. Schwänke, s.: Neudrucke deutscher Litteraturwerke d. XVI. u. XVII. Jahrh. Nr. 164—169.

Sachs, H.: Sämtliche Fabeln und Schwänke. In chronolog. Ordnung nach den Originalen hrsg. v. E. Goetze. Halle 1893—94. 2 Bde

— Zwo Fasnachtspil Das Erst v. e. rockenstuben, Das ander Von dem Eulenspiegel m. den blinden. (20 S.) 8. Frankfurt a/M. (905), Gebr. Knauer. n. — 40

Sachs, Hans. Fastnachtspossen. Ein toll u. ausgelassen Spiel, säuberlich gesammelt u. ans Licht gestellet durch *Richard Hugo.* In 8°. 101 S. Zürich, Verlagsmagazin (J. Schabelitz). 1897.

— s. a. Fastnachtspossen.

—— Fastnachtspiele, s. Neudrucke deutscher Litteraturwerke des XVI. und XVII. Jahrh.

Drei Fastnachtspiele von Hans Sachs. Das heiße Eisen. Das Narrenschneiden. Der tote Mann. Leipzig & Wien: Bibl. Inst. [1894]. (50 S.) 8° [F.]
(Meyers Volksbücher. No 1073.) [06. 1170]

(F) Drei Fastnachtspiele von Hans Sachs. Für die moderne Bühne frei bearbeitet von Carl Maria Klob. „Das heisse Eisen." „Der Bauer im Fegefeuer." „Der Eulenspiegel mit den drei Blinden." Wien. [1899.] Szelinski. 8°. 150 S. fl. 1.20

— ein Hans Sachs-Abend. 3 Fasnachtspiele: Der Krämerskorb, das Narrenschneiden, der Roßdieb zu Fünsing. (Nebst einigen Schwänken.) Bearb. u. eingeleitet v. Aug. Schnizlein. (78 S.) 8. Rothenburg o/T. 905. J. P. Peter. n. — 75

— Flugblätter mit Holzschnitten u. untenstehendem Gedicht in Typentext, in derselben Gestalt, wie sie zuerst auf einzelne Bogen gedruckt, vom Bürger u. Landmann um etliche Kreuzer gekauft, an die Wände u. Thüren der Wohnstuben geklebt worden sind, auf Handpapier i. J. 1821 reproducirt. Die Holzschnitte sind von d. Original-Holzstöcken d. Derschau'schen Sammlg. abgedruckt. Gr. Fol.
Unter den 17 Nrn.: Nr. 1. König David im Ehebruch mit Bathseba vnd Mörderey mit Vria. Holzschn. mit untensteh. 3spalt. 86 zeil. Typentext. (3 Mk. B. Seligsberg, Bayreuth, 1907.) — Nr. 2. Die Judith mit Holoferne, ob der Belegerung der statt Bethulia. Holzschnitt mit 4 spalt. 200zeil Gedicht in Typentext. (3 Mk., l. c.) — Nr. 3. Susanna mit d. zweyen falschen Richtern. Holzschnitt v. Hans Schauflin mit 5spalt. 300zeil. Gedicht in Typentext. (3 Mk. 50 Pfg., l. c.) — Nr. 16. Viererley Wirkungen des Weins. 4spalt. 250zeil. Gedicht. (1 Mk., l. c.)

— Frau Wahrheit will niemand beherbergen. Von der Lisabetha, e. Kaufherrn Tochter. Der fahrende Schüler im Paradies, s.: Burchard, Gust., Hans Sachs-Dramen.

Sachs, Hans: Ausgew. Gedichte, s. Meyer's Volksbücher.

— sehr herrliche Schöne und wahrhafte Gedicht, Fabeln und gute Schwenck. In einem Auszuge aus dem ersten Buch, mit beygefügten Worterklärungen von J. H. H. (J. H. Häßlein). Mit Porträt, gestochen von H. J. Tyroff, und Titelvignette. Nürnberg, im Raspischen Verlag, 1781. 8°. XXIV, 415 S.
Goedeke II, 411.

Sachs, Hans. Sehr herrliche, schöne und wahrhafte Gedicht, Fabeln und gute Schwenk ... Nürnberg 1781. H: *Häslein, Johann Heinrich.* (Ml.) (Ebert) (Ky) (BrMm) (Neuer dtscher Bücherschatz [v. K. Biltz]. Berl. 1898. S. 142.)

Aus dem neuen Werke: Hans Sachsens kurzweilige Gedichte und Poemata. Würzburg: Stuber [1871]. 7 S. 8° [Umschlagtit.]
Gedicht zur Einweihung der Loge zu den zwei Säulen am Stein.

Das Gemerkbüchlein des Hans Sachs „(1555 - 1561)" nebst e. Anhange: Die Nürnberger Meistersinger-Protocolle von 1595 - 1605. Hrsg. v. Karl Drescher. *Halle a. S.: M. Niemeyer 1898.* (VIII, 230 S.) 1 Bd 8.
= Neudrucke deutscher Litteraturwerke d. XVI. u. XVII. Jahrh. No 149 - 152. [98. 9157 h.]

Sachs, H[ans]: Klaus Groth. Sein Leben und seine Werke. Ein deutsches Volksbuch. M. 1 Kupferdr. Kiel & Leipzig: Lipsius & Tischer 1899. (XII, 452 S., 1 Portr.-Taf.) 8°

Gruß an Nürnberg von Hamburg. Hans Sachs Trostlied niederdeutsch vom Jahre 1565. Nürnberg, 1853. 8°. 4 Bl.
Herausgeber Joh. Geffcken.

Sachs, Hans, die Hämolysine u. ihre Bedeutung f. die Immunitätslehre. (72 S.) gr. 8. Wiesbaden 902. J. F. Bergmann. n. 1. 60
Sonderabdruck aus: „Ergebnisse d. patholog. Anatomie".

Sachs, Hans, die Hämolysine u. die cytotoxischen Sera. Ein Rückblick auf neuere Ergebnisse der Immunitätsforschg. (S. 515—644.) Lex. 8. Wiesbaden 907. J. F. Bergmann. 3. —
Sonderabdr. aus: „Lubarsch-Ostertag, Ergebnisse".

Sachs, Hans, d. Meisters, Historien u. gute Schwänke. Herausgg. v. Conr. Spät, gen. Frühauf (W. A. Gerle). 8. Pesth 818. Hartleben. 20 gr Hbg. Pr. 12 gr

— — Historien und gute Schwänke. Herausgegeben von K. Spät, gen. Frühauf. (W. G. Gerle.) Pesth 1818.

Sachs, Hans, (psdn.) üb. die Juden u. Christen; ein Wort z. rechten Zeit am rechten Ort, in Reime gezwungen. 8. Berl. 804. Maurers B. 5 gr

Sachs, Hans, zur Kenntnis der Derivate des Anthrachinons. Diss. (35 S. m. 1 Taf.) gr. 8. Freiburg i/B. 904. Speyer & Kaerner. n. 1. 20

Sachs, Hans, die ungleichen Kinder Evä, wie sie Gott der Herr anredt, hat 19 Personen und 5 Actus. Comedia. Mit Orig.-Zeichngn. von Carl Andreae in Holzschn. Leipzig 861. Naumann in Comm. Lex.-8. (47 S.) n. 1 ngr

Hans Sachs' Komödien. In freier Bearb. u. mit scen. Angaben vers. von Gustav Burchard. Mit d. Bildn. von Hans Sachs. *Halle a. d. S.: O. Hendel (1899).* (IV, 63 S.) 8° [F.]
= Bibliothek d. Gesamtlitteratur d. In- u. Auslandes. No 1327. [00. 3239

— der Krämerskorb, s.: Genée, Rud., Hans Sachs.

Sachs, Hans, Kreisturnfest, s.: Vereins-Bühne. Nr. 20.

Sachs, Hans, Kreisturnfest. Lustspiel in 3 Akten. gr. 16. (80 S.) Berlin 893. G. F. Lenz. n. 1. —

— Der Kuhdieb, s.: Jugend- u. Volksbühne.

Sachs, Hans [II.] Josef Lanner. Ein Lebensbild. gr. 8. (8 S.) Wien 889, Eberle u. Comp. — 40

— Lieder u. Gedichte in Auswahl, s.: Teubner's Sammlung deutscher Dicht- u. Schriftwerke f. höhere Töchterschulen.

Sachs, Hans, ein Lobgedicht auf Regensburg, mit erläut. Anmerkungen von Jos. Rud. Schuegraf. 8. Regensburg 845. (München, Franz.) n. 6¼ ngr

— ein Lobspruch der Stadt Salzburg. Mit e. literaturgeschichtl. Einleitg. u. Wort- u. Sacherklärgn. hrsg. v. Emil Haueis. [Aus: „Mittheilgn. d. Gesellsch. f. Salzb. Landeskde."] gr. 8. (36 S.) Salzburg. Wien 895. C. Konegen. n. 1. —

—— Lobspruch der Hauptstadt Wien in Oesterreich. Zum erstenmale nach dem handschriftl. Texte hrsg. und mit einer Einleitung und Anmerkungen versehen von Emil Haueis. gr. 8. (22 S.) Wien 876, (Hölder.) * 1 —

— das Märchen vom Schlaraffenland. Mit 6 Farbendr.-Bildern nach Orig.-Zeichnungen von H. Schlitt. gr. 4. (4 S.) Wesel 879. Düms. cart. — 75

— die Wittenbergisch Nachtigall, die man jetzt höret veberall, samt der Klagred ob der Leich Doct. Mart. Luthers. Zur Erinnerung an den vor 300 Jahren aus der Welt geschiedenen theuren Glaubenshelden von neuem an's Licht gestellt durch Otmar F. A. Schönhuth. 16. Stuttgart 846. (Würzburg, Volgt u. Mocker.) n. 4 ngr

— die Wittenbergische Nachtigall, die man jetzt höret überall. Ein allegor. Gedicht. Sprachlich erneuert u. m. Einleitg. u. Anmerkgn. versehen v. Karl Siegen. Mit dem Holzschn., sowie m. Luther's (chromolith.) Wappen u. fcsm. Handschrift. gr. 8. (84 S.) Jena 883. Mauke. n. 1. 50

(F) Die Wittenbergische Nachtigall. Von Hans Sachs. (Deutsche Lehr- und Wehrschriften. Heft I.) Cilli. 1899. Adler. 16°. 25 S. fl. —.12

— die Wittenbergische Nachtigal, s.a. Lehr- u. Wehrschriften, deutsche. 1. Hft.

- Orig.-Melodien, s.: Puschman, Adam, Singebuch.

Sachs, Hans: Ein guter Rat für junge Frauen. Eulenspiegel und der Bauer mit dem grünen Tuch. 2 Fastnachtsspiele. Für d. Dorf- u. Vereinsbühne frei bearb. von Rudolf Herrmann. Berlin: Deutsche Landbuchh. 1909. 24 S. 8°
(Die Dorfbühne. H. 3.)

— Ein guter Rat f. junge Frauen. Eulenspiegel u. der Bauer m. dem grünen Tuch, s.a. Dorfbühne, die. 3. Heft.

— Der Roßdieb zu Fünsing m. den tollen diebischen Bauern, s.: Volksbühnenwerke.

[F.] Hans Sachs ausgew. u. erl. v. Prof. Dr. Karl Kinzel. 3. verb. Aufl. *Halle a. S.: Buchh. d Waisenh. 1898.* (VI S., 1 Bl., 120 S.) 1 Bd 8.
= Denkmäler d. Älteren deutschen Litteratur. [Abth.] III. [Bd] 1. [98. 10823 H.]

Hans Sachs, ausgewählt u. erl. von Prof. Dr. Karl Kinzel. 4. verb. Aufl. Mit 1 Bildn. *Halle a. S.: Waisenhaus 1902.* (120 S.) 8° [F.]
= Denkmäler der Älteren deutschen Literatur f. d. litteraturgesch. Unterr. an höh. Lehranst. 3, 1. [02. 14037]

Hans Sachs ausgew. u. erl. von Prof. Dr. Karl Kinzel. 5. verb. Aufl. Mit 1 Bildn. d. Hans Sachs. Halle a. S.: Waisenhaus 1905. (120 S.) 8° [F.]
— Denkmäler d. Älteren deutschen Literatur f. d. literaturgesch. Unterr. an höh. Lehranst. 3, 1. [05. 11990 3]

Hans Sachs ausgew. u. erl. von Prof. Dr. Karl Kinzel. 6. verb. Aufl. Mit e. Bildn. d. Hans Sachs. Halle a. S.: Waisenhaus 1907. (120 S.) 8° [F.]
— Denkmäler d. älteren deutschen Literatur. 3, 1. [08. 634 3]

Hans Sachs. Ausgew. u. erl. von Prof. Dr. Karl Kinzel. M. 1 Bildn. 7. u. 8. verb. A. Halle a. S.: Waisenhaus 1909. 120 S. 8°
(Denkmäler d. älteren deutschen Literatur f. d. literaturgesch. Unterr. an höh. Lehranst. 3, 1.) [11. 13679]

— ausgewählt u. erläut. v. Karl Kinzel, s.a. Denkmäler der älteren deutschen Litteratur.

— s.a. Bötticher, G., u. K. Kinzel, Denkmäler der älteren deutschen Litteratur.

Hans Sachs. In e. Auswahl s. Gedichte, Schwänke u. Dramen hrsg. von Richard Zoozmann. (Stuttgart: Greiner & Pfeiffer 1905.) 247 S. 8°
(Bücher d. Weisheit u. Schönheit.)

— in e. Auswahl seiner Gedichte, Schwänke u. Dramen, s.a. Bücher der Weisheit u. Schönheit.

— s.: Literaturdenkmäler, deutsche, des 16. Jahrh.

SACHS, Hans
(F) Hans Sachs und andere Dichter des 16. Jahrhunderts. Für den Schulgebrauch herausgegeben von Dr. Heinrich Drees. (Freytags Schulausgaben und Hilfsbücher für den deutschen Unterricht.) Wien und Prag. 1900. Tempsky. 8°. 126 S. Geb. K —.80

— u. andere Dichter des 16. Jahrh. Für den Schulgebrauch hrsg. v. Heinr. Drees. 2. Aufl. (121 S.) kl. 8. Leipzig 908. G. Freytag. — Wien, F. Tempsky. Geb. — 80

— u. Joh. Fischart, nebst e. Anh.: Brant u. Hutten, ausgew. u. erläut. v. Jul. Sahr, s.: Sammlung Göschen.

Sachs, Hans, im Gewande seiner Zeit oder Gedichte dieses Meistersängers in derselben Gestalt, wie sie zuerst auf einzelne mit Holzschnitten verzierte Bogen gedruckt verbreitet worden sind. Gotha 1821. V: *Becker, Rud Zacharias.* (Mitth. Prof. Dr. H. Ullrich-Brandenburg a. H.)

— im Gewande seiner Zeit, od. Gedichte dieses Meistersängers in derselben Gestalt, wie sie zuerst auf einzelne mit Holzschnitten verzierte Bogen gedruckt ꝛc. überall unter d. deutschen Volke verbreitet wurden. (24 Originalholzschnitte). Imper.-Fol. Gotha 821. Becker. 4 ℔

Sachs, Hans, als Humorist in seinen Gedichten und Schwänken. Sprachlich erneuert, ausgewählt u. eingeleitet v. Otto Band. (138 S.) 8. München 907. Hans Sachs-Verl. 1. 80

— ausgewählte Schauspiele. Sprachlich erneuert u. für die Aufführg. frei bearb. v. H. Schwarz. 1. Hft. 12. (48 S.) Cöthen 889. Schriften-Niederlage des evangel. Vereinshauses. n. — 25

— ausgewählte Schauspiele. Sprachl. erneuert u. f. d. Aufführg. frei bearb. v. Hugo Th. Schwarzkopf. 1. u. 2. Hft. 12. Cöthen. Dessau, Buchh. d. evang. Vereinshauses. à n. — 60
1. 2. Aufl. (30 S.) 896. — 2. (II, 42 S.) 897.

— Schwänke, sprachlich erneuert v. Ad. Wildner, s.: Jugendschatz, hrsg. vom deutschen Landeslehrerverein in Böhmen. 4. Bdchn.

— Schwänke, s.: Sammlung altdeutscher Werke in neuen Bearbeitungen.

SACHS, HANS, Schwänke, herausgeg. und mit den nöthigsten Worterklärungen begleitet von JOH. ADOLPH NASSER. Kiel. 1827.

— Schwänke, herausgg. u. mit Worterklärr. begleitet v. J. A. Nasser. 8. Kiel 827. (Universitäts-B.) 1 ⁄ 4 ⁄.

Des weyland Nürnberger Handwerksmeisters Hans Sachsons lustige Schwänke, mit Bildern verzieret von Georg Barlösius und deutschem Publico zu Nutz u. Frommen neu ediret. *Berlin: Fischer & Franke [1899].* (24 Bl.) 8° [Umschlagt. F.]
— Jungbrunnen. [2.] (99. 4493

Sachs, H. Zwei Schwänke, mit Wörtererklärungen. [Leipzig 1791.] H: *Häslein, Johann Heinrich.* (will)

— der hürnen Seufried, s.: Neudrucke deutscher Litteraturwerke des XVI. u. XVII. Jahrh.

— Spruchgedichte, s.: Sammlung altdeutscher Werke in neuen Bearbeitungen.

— Stände u. Handwerker, s.: Amman, Jost.

Sachs, Hans: Der Teufel und das alte Weib. Der gestohlene Schinken. 2 Fastnachtsspiele. Für d. Dorf- u. Vereinsbühne frei bearb. von Rudolf Herrmann. Berlin: Deutsche Landbuchh. 1909. 25 S. 8°
(Die Dorfbühne. H. 2.)

— Der Teufel u. das alte Weib. Der gestohlene Schinken, s.a. Dorfbühne, die. 2. Heft.

— Lustige Tragedi u. traurige Comedi. (IV, 152 S.) 8. Wien 910. C. Konegen. 2.—; geb. 3. —

Hans Sachs-Tragödien In freier Bearb. von Gustav Burchard. Mit d. Bildnis von Hans Sachs. Halle a.S.: O. Hendel [1905]. (IV, 81 S.) 8° [F.]
(Bibliothek d. Gesamtlitteratur d. In- u. Auslandes. No 1932.) (06. 3307

Hans Sachs-Tragödien, bearb. v. Gust. Burchard, s.a. Bibliothek der Gesamtlitteratur.

SACHS, Hans (geb. 5. Nov. 1494 zu Nürnberg, † ebd. in der Nacht vom 19. auf den 20 Jan. 1576, begraben am 21. Jan.) — Ernstliche Trauerspiele, liebliche Schauspiele, seltsame Fastnachtsspiele, kurzweilige Gespräche, Fabeln samt andern lächerlichen Schwänken u. Possen. Herausg. v. Büsching. 3 (starke) Bde. Nürnberg 1819—24. Gr. 8°. Längst vergriffen! (15 Mk. Scheible, c. 1905:)
Sehr gesuchte Ausgabe. Viel Derbes enthaltend. Mit schönem Portrait, Titelkupfer u. einigen hübschen Kupfervignetten im Texte, wobei eine freie.

Sachs, (Hans,) ernstl. Trauerspiele, liebliche Schauspiele, seltsame Fastnachtsspiele rc. Herausgeg. von J. G. Büsching. 3s Buch. — A. u. d. T.: Altdeutsche Schaubühne des Hans Sachs. gr. 8. Nürnb. 824, Schrag. 2 Rthl. — Schreib. mit Kupf.

Sachs, Hans, ernstl. Trauerspiele, liebliche Schauspiele, seltsame Fastnachtsspiele rc. Herausg. v. J. G. Büsching, s. a. Hans Sachs Werke,

Meister Hans **Sachs** anno salutis 1558 am 23. Tag Julij des Ur-Hamlet erster Dichter. (Historia. Fengo, ein Fürst in Itlandt, erwürget sein Bruder Horwendillum. Hrsg.: Walther List. Leipzig: List 1910.) 4 Bl. 8°(4°) (11. 1711

Sachs, Hans, approb. Arzt aus Kattowitz: **Aus d. III. med. Klinik d. Kgl. Charité in Berlin (Direktor: Geh. Medicinalrat Prof. Dr. Senator). Ueber das Verhalten der Laevulose im Stoffwechsel.** *Leipzig 1900: B. Georgi.* (44 S.) 8°
Leipzig, Med. Diss. v. (15. Juni) 1900

Sachs, Hans, Werke, s.: National-Litteratur, deutsche.

— Werke, herausgegeben von G. Büsching. 2 Bände. gr. 8. Nürnberg, Schrag. 816. 819. Schreibp. Ausgabe mit dem Bildniß des Hans Sachs und mehreren Holzschnitten. à 2 Rthlr. 16 Gr.

— — Druckpap. Ausgabe ohne Kupfer und Holzschnitt. (1r Bd. 1 Rthlr. 2r Bd. 2 Rthlr.)

Sachs, (Hans,) Werke. Herausgegeben von G. Büsching. 3r Bd. gr. 8. Nürnb. 824, Schrag. 2 Rthl. Schreibpap. Mit Titelkupfer u. Wign.

— Ausgewählte Werke. (2. Aufl.) 2 Bde. gr. 8. Leipzig 911. Insel-Verlag. 10. —; geb. in Halbleinw. 12. —; in Halbperg. 14. —
1. Gedichte. (XII, 322 S. m. Abb. u. 1 Notenbeilage.)
2. Dramen. (350 S. m. Abb.)

— dasselbe. Eingeleitet u. in unserer Schreibg. hrsg. v. Albr. Keller. (218 S.) 8. Frankfurt a/M. 908. M. Diesterweg. 1.60; geb. in Leinw. 2.40

— dasselbe, s.: Diesterweg's deutsche Schulausgaben.

Sachs, H.: Ausgewählte dramatische Werke. Erneuert, mit Einl. u. Anm. vers. v. K. Pannier. Leipzig 1880. 271 S. (Reclams Univ.-Bibl. 1381—1382.)

— ausgewählte dramatische Werke,
— ausgewählte poetische Werke,
} s.a. Universal-Bibliothek Nr. 1381, 1382; 1283 und 1284.

Sachs, H. — Ausgewählte poetische Werke. Sprachlich erneuert, mit Einl. u. Anm. vers. v. K. Pannier. Leipzig 1879. 258 S. (Reclams Univ.-Bibl. 1283—1284.)

— Sachs, Hans: (Sämtliche Werke). Hrsg. von Ad. v. Keller u. Edm. Goetze. 23 Bde. Tübingen 1870–95 = Bibliothek des Litterar. Vereins. 102–106. 110. 115. 121. 125. 131. 136. 140. 149. 159. 173. 179. 181. 188. 191. 193. 195. 201. 207.

— s.: Zeitschrift f. Immunitätsforschung.

Sachs, Hans, der Jüngere [Pseud.],
s.a. Sanders, Daniel

Etwas Altes und Neues aus Pohlen und Dantzig. Von *Hanns Sachsen dem Jüngern*, Nürnbergischem Meistersinger zu Dantzig. In Knittel-Versichter Arbeit auf der Leipziger Neu-Jahr-Messe abgesungen. O. O. 1735. 40 SS. Mit Titelkpfr. 4°. Rar! (8 Mk. Hans Lommer, Gotha, 1911.)

Sachs, Hans, v. Straubing, üb. d. baierischen Landtag. gr. 8. Nürnb. 802. Stein. 3 ⁄

Sachs, Hans, v. Straubing, 2 Schreiben an Hilarius Bieder. Nürnb. Stein. 802. (1s 5 gr. 2s 6 gr.) Rthlr.

Sachs, Hans Ernst, Arzt a. Berlin: **Über die Ätiologie und Therapie der vaginalen Atresieen. Berlin 1905: G. Schade.** (56 S.) 8°
Freiburg i. B., Med. Fak., Ref. Krönig, Diss. v. 19. Nov. 1905
[Geb. 18. Jan. 82 Berlin; Wohnort: Freiburg i. B.; Staatsangeh.: Preußen; Vorbildung: Sophien-Gymn. Berlin Reife O. 00; Studium: Berlin 6, Freiburg i. B. 3 S.; Coll. 2. Juni 05.]

Sachs, Hans Hermann, Referendar am Landgericht Görlitz i. Schl.: Worin unterscheiden sich die Vorschriften des Bürgerlichen Gesetzbuches über das Recht des Besitzers auf Ersatz von Verwendungen (§ 994 ff.) von den Vorschriften des corpus iuris civilis? *München 1902: C. Wolf & Sohn.* (VIII, 112 S.) 8°
Rostock, Jur. Diss. v. [7. März] 1903

Sachs, Hans Michael: (Aus d. Infektionsabt. d. Rudolf-Virchow-Krankenh. in Berlin. Dirig. Arzt: Jochmann.) Meningismus bei Scharlach. Berlin: Karger 1910. 25 S. 8° ¶ (Aus: Jahrbuch f. Kinderheilkunde. Bd 73. N. F. Bd 23.)
Berlin, Med. Diss. v. 29. Juli 1910, Ref. Heubner
[Geb. 30. Juni 85 Berlin; Wohnort: Berlin; Staatsangeh.: Preußen; Vorbildung: Wilhelms-Gymn. Berlin Reife O. 03; Studium: Berlin 5, Würzburg 1, Berlin 4 S.; Coll. 21. Juli 10; Approb. 15. Juli 09.] [U 10. 87

Sachs, Heimannus *(geb. Patschkau in Schles. 27. 11. 1832)*: Observationes de linguae structura penitiore. Vratislaviae (1856). (20 S., 2 Taf.) 4° *[Im Buchhandel 1856 bei Aland in Breslau.]*
Breslau, Med. Diss. v. 26. Nov. 1856

Sachs, Heinrich

Sachs H., Bau u Tätigkeit d. menschl. Körpers. (160 S.) (A. Nat. u Gw. 32) Leipzig 1901

Bau und Tätigkeit des menschlichen Körpers. Von Dr. med. Heinrich **Sachs**, Privatd. in Breslau. 2., verb. Aufl. Mit 37 Abb. Leipzig: B. G. Teubner 1907. (158 S.) 8° [F.]
= **Natur**, Aus, u. Geisteswelt. Bdch. 32. [07. 5044

Bau und Tätigkeit des menschlichen Körpers. Von Dr. med. Heinrich **Sachs**. Mit 37 Abb. 3. verb. Aufl. Leipzig: Teubner 1910. 152 S. 8°
(Aus Natur u. Geisteswelt. Bdch. 32.) [11. 18369 I I

Sachs, Heinr., Bau u. Tätigkeit des menschlichen Körpers, s. a. **Aus Natur u. Geisteswelt.**

Sachs, Heinrich [Dr. med.]: **Die Entstehung der Raumvorstellung aus Sinnesempfindungen ... Breslau, Schletter'sche Buchh.,** 1897; 1 Bl., 42 S., 1 Bl. 8.
Breslau, Med. Fak., Hab.-Schr. v. 9. Febr. 1897

Die Entstehung der Raumvorstellung aus Sinnesempfindungen v. Dr. med. Heinrich **Sachs**, ... Privdoc. a. d. Univ. *Breslau: Schletter 1897.* (1 Bl., 42 S., 1 Bl.) 1 Bd 8.
= **Abhandlungen,** Psychiatrische. Heft 5. [98. 3330 II

— die **Entwicklung** d. Gehirnphysiologie im 19. Jahrh. (Vortrags-Cyclus der psycholog. Gesellschaft zu Breslau üb. die Entwicklg. der Psychologie u. verwandter Gebiete des Wissens u. des Lebens im 19. Jahrh.) gr. 8. (29 S. m. 3 Abb.) Berlin 902. Herm. Walther. n. 1.—
Sonderabdruck aus: „Zeitschr. für pädag. Psychologie u. Pathologie".

— u. C. S. **Freund,** die Erkrankgn. des Nervensystems nach Unfällen m. besond. Berücksicht. der Untersuchung u. Begutachtung. gr. 8. (X, 581 S. m. 20 Abbildgn.) Berlin 899. Fischer's medicin. Buchh.
n. 15.—; geb. n. 16. 50

— 32 Frontalschnitte durch e. Grosshirnhemisphäre, s.: **Hahn,** Ernst.

Gehirn und Sprache. Von Dr. Heinrich **Sachs**, Privatd., Breslau. (Mit 6 Abb. auf Taf. 1.) Wiesbaden: J. F. Bergmann 1905. (128 S.) 8°
= **Grenzfragen** d. Nerven- u. Seelenlebens. H. 36. [05. 7151

Sachs, Heinrich: Das Hemisphärenmark des menschlichen Grosshirns. 1. [einz.] Der Hinterhauptlappen. Mit e. Vorw. von C[arl] Wernicke. Mit 3 Abb. u. 8 Taf. Leipzig: G. Thieme 1892. (31 S.) 4°
= Arbeiten aus d. psychiatr. Klinik in Breslau. 1.

Sachs, Heinr., L'Italia e il suo re. Note d'un modesto osservatore. Tradusse dal tedesco Umberto Paolini. (60 S.) gr. 8. Berlin 907. A. Unger. 1. 20

Sachs, Heinr. (geb. Halberstadt 8. 2. 1863): Ueber amyotrophische Lateralsclerose. Berlin (1885). (34 S.) 8°
Berlin, Med. Diss. v. 26. Febr. 1885

Sachs, Hein. (geb. Woischnik in Schles.): De pustula maligna. Berolini (1848). (27 S.) 8°
Berlin, Med. Diss. v. 25. Nov. 1848

— Die Unfallneurose, ihre Entstehung, Beurteilung u. Verhütung. Eine krit. Studie. (122 S.) gr. 8. Breslau 909. Preuss & Jünger. 3. —

— **Vorträge** üb. Bau u. Thätigkeit d. Grosshirns u. die Lehre v. der Aphasie u. Seelenblindheit f. Aerzte u. Studirende. gr. 8. (VII, 290 S. m. 6 Lichtdr.- u. 11 photolith. Taf.) Breslau 893. Preuss & Jünger.
n. 10. —

Sachs, Helena: Statistischer Beitrag zur Kenntnis der einfachen und periodischen Melancholie. Zürich 1899. 24 S. 8°.
Zürich. Med. Diss. 1898/99.

Sachs, Hermann: Alliterationen und Assonanzen in den carmina des Horatius. I. 19 S. 4.
Prog. Dreizehnte Realschule (Höh. Bürgerschule) *Berlin* 1903 (139).

Sachs, Herm., Alliterationen u. Assonanzen in den carmina des Horatius. I. Progr. (19 S.) gr. 4. Berlin 903. Weidmann. n. 1. —

Sachs, Hermann: Geschlechtswechsel im Französischen. Ein Versuch der Erklarung desselben. (I. Ursprüngliche Neutra.) ... Frankfurt a. O., K. Hofbuchdr. Trowitzsch u. Sohn, 1886; 2 Bl. + 44 S. + 1 Bl. 8°.
Göttingen. Phil. Fak., Inaug.-Diss. v. 1886.

Sachs, Hermann, Geschlechtswechsel im Französischen. Ein Versuch der Erklärung desselben. (I. Ursprungliche Neutra.) Diss. Göttingen 1886. Dieterichsche Univ.-Buchh. 8°. 44 S.

Sachs, Hermann, Dr.: Über **Konzentration im neusprachlich-grammatischen Unterricht.** Eine Ergänzung zu d. Lehrplänen d. Kgl. Berger-Oberrealsch. zu Posen. ***Posen 1902: Merzbach.*** (74 S.) 8° [F.]
Posen, k. Berger-G u. Berger-OR, P 1902 (183)

Sachs, Herm., de quattuor panegyricis qui ab Eumenio scripti esse dicuntur. Dissertatio inauguralis philologica. gr. 8. (33 S.) Halis Sax. 885. (Berlin, Mayer und Müller.) *

Sachs, H., Wörterschatz zu Ovid's Metamorphosen. 1. Hft. Buch I, Vers 1—451. gr. 8. (32 S.) Berlin 888. König & Gaertner. n. — 40

**Sachs, Herm., Wörterschatz zu Ovids Metamorphosen. 2. Hft. [I, 748—II, 435; 680—706; III, 1—137.] gr. 8. (29 S.) Berlin 889. Th. Fröhlich. n. — 40
(1. 2.: n. — 80)**

— Wörterschatz zu Xenophon's Anabasis. 1. u. 2. Hft. Buch I u. II. gr. 8. (32 u. 28 S.) Ebd. 888. à n. — 40

— **Wörterschatz zu Xenophons Anabasis. 3.—5. Hft. gr. 8. Ebd. n. 1. 30 (1—5.: n. 2. 20)**
3. Buch III. (28 S.) 889. n. — 40; 2., verb. Aufl. (26 S.) 894. n. — 50. — 4. Buch IV. (28 S.) 891. n. — 40. — 5. Buch V. (36 S.) 894. n. — 50.

Sachs, Herm., Wörterschatz zu Xenophons Anabasis. 1., 2., 4., 6. u. 7. Hft. gr 8. Berlin, Th. Fröhlich. à Hft. n. — 50

1. Buch I. 2., verb. Aufl. (35 S.) 894.
2. Buch II. 2., verb. Aufl. (32 S.) 897.
4. Buch IV. 2., verb. Aufl. (32 S.) 896.
6. Buch VI. (32 S.) 895.
7. Buch VII. (38 S.) 895.

Sachs, Herm., Wörterschatz zu Xenophons Anabasis. 1. u. 3. Hft. Buch I u. III. 3. verb. Aufl. gr. 8. (35 u. 32 S.) Berlin 900. Th. Fröhlich. à n. — 60

Sachs, Hermann Jakob

Sachs, Herm. Jac. (geb. Berlin 1812) De orchitide. Berolini (1837. 29 S.) 8°
Berlin. Med. Diss. v. 5. Sept. 1837

Sachs. Hermine, aus Breslau: Peter von Struve. Ein Beitrag zur russischen Nationalokonomie. Breslau 1904. 109 S. 8°. [15. VII. 04.]
Bern. Phil. Diss. 1904/1905

Sachs, Hermine. Peter von Struve. Ein Beitrag zur russischen Nationalökonomie. Diss. Phil. Bern. 109 S. 8. Breslau, Grass, Barth & Comp., 1904.

Sachs, Hirsch: Die Partikeln der Mischna. *Kirchhain N.-L. 1897: M. Schmersow.* (51 S.) 8°
Giessen, Phil. Diss. v. 1897

Sachs, Hirsch, die Partikeln d. Mischna. Diss. gr. 8. (51 S.) Kirchhain 897. (Berlin, Mayer & Müller.) n. 1. 50

Sachs, Hugo. Lied u. Wort. 12. (III, 55 S.) Dresd. 889, Pierson. * 1 —; geb. m. Goldschn. * 2 —

Sachs, Hugo, neue einfache Ornamente, s: Kühnel, Rich.

Sachs, Hugo, Untersuchungen üb. den Processus vaginalis peritonei als prädisponirendes Moment f. die äussere Leistenhernie. gr. 8. (151 S. m. 4 Steintaf.) Dorpat 885. (Karow.) n. 3 —

— Vorlagen für modernen Flächenschmuck, s.: Kühnel, Rich.

Sachs, Hugo, Wahl oder Ernennung? Eine Studie über die Kardinalfrage bei Begründung von Gewerbegerichten. 8. (18 S.) Breslau 880. Hepner. — 50

Sachs, J. F., de religione Christi populari a philosophorum audacia vindicanda. Quedlinb. 1807. 8.

Sachs, Jacques, s. a. Adressbuch der Holz-Interessenten Oesterreich-Ungarns.

Sachs, Jacques, Adressbuch d. Holz-Interessenten Oesterreich-Ungarns m. Bosnien u. Herzogowina. M. Benützg. amtl. Daten bearb. Hrsg. v. der Red. d. „Oesterr. - Ungar. Contralblatt f. Walderzeugnisse". 2. Jahrg. gr. 8. (IV, 112 S.) Wien 897. (W. Frick.) Kart. n.n. 6. —

— dasselbe. Nachtrag 1898. gr. 8. (IV, 27 S.) Ebd. 898. n.n. 1. 20

Sachs, Jacques, Adressbuch d. Holz-Interessenten Oesterreich-Ungarns m. Bosnien u. Herzogowina. Mit Benutzg. amtl. Daten bearb. Hrsg. von der Red. des „Oesterr.-ungar. Centralblatt fur Walderzeugnisse". IV. Jahrg.: Nachtrag 1898/99. gr. 8. (IV, 46 S.) Wien, Sachs' Verl. n.n. 2. —

— dasselbe. V. Jahrg.: Nachtrag 1900. gr. 8. (68 S.) Ebd. n. 2. —; (Hauptwerk m. Nachtrag 1900 n. 6. —)

Sachs, Jacques (Hrsg.), s. Approvisionierungs-Zeitung, Wiener.

Sachs, Ignaz, Referendar in Eisfeld: Der Doppelverkauf einer Sache nach dem B.G.B. Coburg 1907: Union. (84 S.) 8°
Jena, Jur. Fak., Ref. Thon, Diss. v. 10. Dez. 1907
[Geb. 25. April 83 Bibra (Meiningen); Wohnort: Eisfeld; Staatsangeh.: Sachsen-Meiningen; Vorbildung. Realgymn. Weimar Reife O. 03, Gymn. Weimar Ergänzungszeugnis O. 04; Studium: Leipzig 2, Heidelberg 1, Leipzig 2, Jena 3 S.; Rig. 15 Okt. 07]

Sachs, Jo. Ge.: Discursus philos.-jur. de utilitate et moralitate testamentorum adversus dissertationem Thomasianam de origine successionis testamentariae a. 1705. Halae habitam. Erfordiae et Lipsiae 1732.

Sachs Johann: Die Formen des Pronomens deser im 11. und 12. Jahrhundert.
1908 PN 2413 Diss Wien. Univ 247

Sachs, Johann Christian

Q. D. B. V. Adorationes in memoriam viri, dum viveret, maxime venerandi et doctissimi Jacobi Friderici Maleri Sereniss. March. Bada-Durlacensi a consiliis ecclesiasticis Gymnasii Rectoris etc. etc. die XXXI. Mensis Maii MDCCLXV. Eius emortuali anniversario in publico Auditorio hor. II. pomerid. habendas Musarum patronos atque amicos perofficiose invitat et de Gymnasii Rectoribus pauca praefatur Jo. Christianus Sachs illustris Gymnasii Rector Serenissi Princ. consil. eccles. Assessor et historiae Professor. Carolsruhae typis Macklotianis.

Ordo oratorum:

I. *Nicolaus Sander*, Emmendingensis, de discentium officio erga defunctos praeceptores dicet latine.

II. *Joan. Godofredus Stoesser*, Carlsruhensis, scholarum contemtores ut exiguos et impios animos, perstringet carmine latino.

III. *Joan. Christoph. Dibold*, Heilbronnensis, de laboribus docentium circa mores discentium, aget germanice.

IV. *Joan. Bernard. Ziegler*, Obereggenhemio Sausenburgicus, labores docentium circa cultum divinum apud discentes, describet graece.

V. *Joan. Ernest. Wilhelm. Ihlzig*, Ittersbacensis, labores docentium circa intellectum discentium exponet oratione latina.

VI. *Christian Ludov. Schweickhard* Carlsruhensis, mathesin omnes alias disciplinas iuvantem commendabit gallice.

VII. *Joan. Leonh. Walz*, Loeracensis, vitam Rectoris beate defuncti describet oratione vernacula.

VIII. *Joan. Samuel. Schlotterbeck*, Eutingensis, mortem generi humano inimicam sistet carmine teutonico rhythmis libero.

IX. *Frid. Carol. Ludov. de Vaurendorf*, Eques Altenburgensis, felicitatem praeceptorum publicorum depinget, versibus germanicis.

Tum vero *Fridericus Wilhelmus Maler*, beate defuncti Rectoris natu maior filius, decennis, classis tertiae alumnus, praemisso supremo ad parentem alloquio dignas auditorio gratias aget germanice.

P. P. In illustri Caroli Hesycheo d. XXV Maii A. O. R. MDCCLXV. 4°. 12 S.
Karlsruhe, P 1765

Sachs, Jh. Chr., († d. 29. Juni 1789.) kurze Beantwort. d. Frage: ob des Markgrafen Hermann's IV. v. Baden Gemahlin, Irmengard, Herzog Heinrichs d. Schönen od. Langen älteste Prinzessin gewesen sei? 4. Karlsr. 760.

Johann Christian Sachs. Beiträge zur Geschichte des Hochfürstlichen Gymnasii zu Carlsruhe. Bei der feyerlichen Erinnerung der vor 200 Jahren geschehenen Stiftung desselben und seinem eigenen Amtsjubiläo. Von Johann Christian Sachs, Hochfürstl. Markgräfl. Kirchenrath und des Gymnasii Illustris Rector und Professor. Bey J. G. Müller, älterem Hochfürstl. etc. Buchdrucker. 1787. 22 S.

Vor der Einleitung in die Schrift: Joanni Christiano Sachsio Ser. March. Bad. a consiliis sacris Gymnasii Ill. Rectori Praeceptori suo et annis et munere et meritis maxime venerabilis de Jubilaeo scholastico gratulabundus pia vota gratissimi animi pignus solvit eius observantissimus quondam discipulus Christ. Bernh. Gockel, Past. Oppid. Emmending. Primar 2 S. 23 Hexameter.
Karlsruhe, P 1787

— breviarium historiae ecclesiasticae N. T. in tabulas digestum. 8. Karlsr. 760.

— Einleit. in die Geschichte d. Markgrafschaft u. d. markgräfl. altfürstl. Hauses Baden. 5 Thle. 8. Karlsr. 764—773. (Braun). 3 ℔ — Auszug daraus. 8. Ebd. 778. 8 gr.

Johann Christian Sachs. Zu denen Reden von der Gemüthsruhe, welche von einigen Studiosis des Gymnasii illustris in dem Auditorio publico Freytags den 6. April, Nachmittags um 2 Uhr, werden abgelegt werden, erbittet die hohe und geneigte Gegenwart der Gönner und Freunde unserer studierenden Jugend gehorsamst und ergebenst, und handelt zugleich kürzlich von dem Leben Marggrav Hermann des III. von Baden und dessen Kindern Johann Christian Sachs, Histor. et Poës. Prof.
Carlsruhe, gedruckt mit Heldischen Schriften. 1759. 4°. 16 nicht nummerierte Seiten. Karlsruhe, P 1759

Sachs, Jh. Gtthlf. Fr., Fragen u. Antworten z. Gebrauch bei öffentl. Katechisationen. gr. 8. Heidelb. 814. (Hermann in Frankf.) 3 gl

— Leitfaden z. Unterricht in d. christl. Lehre mit Confirmanden. gr. 8. Karlsr. 806. 2e Aufl. 819. Müller. 6 gl

— Rede am Geburtsfeste d. Kurfürsten Karl Friedrichs, üb. die in diesem Lande (Baden) geförderte intellectuelle Bildung, d. 22. Nov. 1804 gehalten. ... (Pforzheim) 804.

Sachs, Johann(Isaak)Jakob (Hrsg.), s.u.Almanach, Medicinischer.

Sachs, Joh. Jac., medicin. Almanach f. d. J. 1836 — 38. 1 — 3. Jahrg. gr. 12. Berlin, Heymann. [836. (13 1/3 B., 2 Tab. u. v. Autenrieth's Bildn.) 1 1/2 Thlr., 37. (20 1/6 B. u. C. W. Hufeland's Bildn.) 1 2/3 Thlr., 38. (19 5/6 B. u. S. G. v. Vogel's Bildn. u. Facsim.) 1 1/3 Thlr.] Hrbgs. Pr. zusamm.

—— dass. f. d. J. 1839 — 42. 4 — 7. Jahrg. gr. 12. Berlin. [Nordhausen, Büchting.] [839. (18 1/4 B. u. L. D. A. Bartel's Bildn. * 1 1/2 Thlr., 40. (18 1/2 B. u. Kreisig's Bildn.) * 1 2/3 Thlr., hrbgs. Pr. à * 1 Thlr., 41. (28 B. u. Blumenbach's Bildn.) 42. (28 1/12 B. u. J. N. Rust's Bildn.) à * 1 2/3 Thlr.] *

Sachs Jh. Jak., medicinischer Almanach für die Jahre 1836 — 1841. 1r – 4r Jahrg. (Mit Bildniß u. Facsimiles.) gr. 12. Berlin, Heymann. 1r J. 1 1/2 ß, 2r J. 1 2/3 ß, 3r J. n. 1 1/3 ß, 4r J. 1 1/2 ß — 5r u 6r J., bei Liebmann u. Comp., à n. 1 2/3 ß

Sachs, Jh. Jac., medicinischer Almanach für das Jahr 1842 u. 1843, 7. u. 8. Jahrg. Mit Bildniß. gr. 12. Berlin, Liebmann u. Comp. à n. 1 2/3 ß

Sachs, Joh. Jac., medicinischer Almanach f. d. Jahr 1843. 8. Jahrg. gr. 8. (24 1/3 B. u. Astley Cooper's Bildn.) Berlin 842. [Nordhausen, Büchting.] *

— ders. für 1844—1847. A. u. d. T.: Repertor. Jahrbuch für die neuesten u. vorzügl. Leistungen rc. 11.—14. Jahrg. 12. 11.—13. Jahrg. Nordhausen 844—46, Schmidt. à n. 1 5/6 ß 14. Jahrg. bearb. von W. Hoffbauer. Berlin (846) 847, Expedition. n. 5/6 ß — 9. u. 10. Jahrg. f. unt.: Jahrbuch rc.

—— dass. für 1844—46. A. u. d. Ttl.: Repertorisches Jahrbuch f. die neuesten u. vorzügl. Leistungen der gesammten Heilkunde, m. Rundblicken auf d. neueste ärztliche Tagesgeschichte. 11—13. Jahrg. 12. Ebds. [11. (32 B.) 12. (32 B.) 13. (30 1/3 B.) à * 1 Thlr. 25 Ngr.] *

—— dass. f. d. J. 1847. A. u. d. Ttl.: Sachs' repertor. Jahrbuch etc. Bearb. v. Wilh. Hoffbauer. 14. Jahrg. 8. (46 1/4 B.) Berlin, 846, (47,) Exped. d. medicin. Central-Zeitg. *

Sachs', (J. J.), medicinischer Almanach f. das Jahr 1848. Neue Folge. II. Mit der Biographie des früheren Herausg. von W. Hoffbauer u. dem (lith.) Bildniss des Ersteren. A. u. d. T.: Sachs' repertorisches Jahrbuch für die neuesten u. vorzüglichsten Leistungen der gesammten Heilkunde, mit einer Uebersicht der neuesten ärztl. Tagesgeschichte. Bearb. v. mehreren Aerzten. XV. Jahrg. 8. (CII. 456 u. 71 S.) Berlin 848. Expedition der medicin. Central-Zeitung. — für das J. 1849. Neue Folge. III. A. u. d. T.: Sachs' repertor. Jahrbuch etc. Bearb. von Abarnell u. mehr. Aerzten. XVI. Jahrg. 8. (VI u. 407 S.) Ebd. 849. — für die J. 1850—1853. Neue Folge. IV—VII. A. u. d. T.: Sachs' repertorisches Jahrbuch etc. Bearb. v. L. Posner. XVII — XX. Jahrg. 8. (1850: XXIV u. 534 S. 1851: .. u. ... S. 1852: XVIII u. 498 S. 1853: XXVI u. 513 S.) Ebd. 1848. 1850—53: à n. 1 5/6 ß 1849: n. 1 1/2 ß

—— dass. — für die Jahre 1850 — 53. Neue Folge. 4—7. Bearb. von L. Posner. 17—20. Jahrg. 8. Ebds. [17. (XXIV und 534 S.) 850., 18. (... S.) 851., 19. (XVIII und 498 S.) 852., 20. (XXVI und 513 S.) 852. à * 1 Thlr. 25 Ngr.] *

Sachs' (, Joh. Jac.,) medicinischer Almanach für die J. 1854 — 57. Neue Folge. 8—11. A. u. d. T.: Sachs' repertorisches Jahrbuch für die neuesten und vorzüglichsten Leistungen der gesammten Heilkunde, mit einer Uebersicht der neuesten ärztl. Tagesgeschichte. Bearb. von L. Posner. 21—24. Jahrg. 8. Berlin, Expedition der medicinischen Central-Zeitung. [1854. (XIX und 498 S.) 854., 1855. (XXVII und 518 S.) 854., 1856. (XIX und 500 S.) 855. 1857. (XXI und 544 S.) 856. à Jahrg. * 1 Thlr. 25 Ngr.] *

Sachs' (J. J.) medicinischer Almanach für die J. 1858—62. Neue Folge XII—XVI. A. u. d. T.: Sachs' repertorisches Jahrbuch für die neuesten und vorzüglichsten Leistungen der gesammten Heilkunde, mit einer Uebersicht der neuesten ärztlichen Tagesgeschichte. Bearb. von L. Posner. XXV—XXIX. Jahrg. 8. Berlin, Expedition der medicinischen Centralzeitung. [1858. (XVI und 578 S.) 1859. (XXVI und 582 S.) 1860. (VI und 554 S.) 1861. (XX und 552 S.) 1862. (XXVIII und 508 S.)] à Jahrg. *

Sachs, (J. J.), medicinischer Almanach für das J. 1863. Neue Folge XVII. A. u. d. T.: Sachs' repertorisches Jahrbuch für die neuesten und vorzüglichsten Leistungen der gesammten Heilkunde, mit einer Uebersicht der neuesten ärztl. Tagesgeschichte. Bearb. von L. Posner. 30. Jahrg. 8. (VI und 530 S.) Berlin 863, Expedition der medicinischen Central-Zeitung. cart. *

—— dass. — für die J. 1864 — 68. Neue Folge 18 — 22. A. u. d. T.: Sachs' repertorisches Jahrbuch für die neuesten und vorzüglichsten Leistungen der gesammten Heilkunde. Bearb. von H. Rosenthal und L. Waldenburg. 31. — 35. Jahrg. 8. (460, 488, 456, 488, 492 S.) Ebendas. à Jahrg. *

Sachs' medicinischer Almanach für das J. 1870. A. u. d. T.: Repertorisches Jahrbuch für die neuesten und vorzüglichsten Leistungen der gesammten Heilkunde. Bearb. von H. Rosenthal. 37. Jahrg. 8. (XII, 515 S.) Berlin 870, Exped. der Medicin. Central-Zeitung. cart. *

Sachs' medicinischer Almanach für die J. 1871 — 1885. Neue Folge 25. — 39. Jahrg. A. u. d. T.: Sachs' repertor. Jahrbuch für die neuesten und vorzüglichsten Leistungen der gesammten Heilkunde. Bearb. von H. Rosenthal. 38.— 52. Jahrg. 8. (à Jahrg. ca. XVI, 600 S.) Berlin, Expedition der Medicin. Central-Zeitung. cart. à Jahrg. * 6 —

—— über d. Cholera auf deutschem Boden, u. ihre bisher bewährteste Präservativ- u. Heilmethode. Zunächst als vielseitig gewünschter Nachtr. zu dess. größeren Schrift: „Allgem. Lehren von d. epidem. u. ansteck. Krankheiten rc." 8. (2 1/4 B.) Berlin 831, Vereins-Buchh.

Sachs, J. J., Erinnerungsblätter für gebildete Leser aus allen Ständen 1r – 8r Jahrg. ... — 9r Jahrg. 8. Berlin 840. Lewent. Mit Einschluß d. dazu gehör. Conversf.-Lexic. n 2 2/3 ß

Sachs, Joh., Erinnerungsblätter f. gebildete Leser rc., s. a. Erinnerungsblätter.

— die vielfachen Fehler u. Uebel in d. jetzigen häusl. u. öffentl. Erziehung, mit Andeutt. z. Vermeiden derselben nach d. nothwendigen künftigen Stellung d. Erziehungswissenschaft. Eine dringende Mahnung an Eltern, Lehrer u. Erzieher. 8. Berl. 830. Vereinsbuchh. 12 gl

— ärztliches Gemälde d. weibl. Lebens im gesunden u. krankhaften Zustande, aus physiolog., intellectuellem u. moral. Standpunkte. Ein Lesebuch f. Deutschlands Frauen. 8. Berl. 829. Vereinsbuchh. 1 ß 20 gl

— praktisches Geschäfts-Taschenbuch für Aerzte, in 12 Monats-Heften für die Jahre 1837 — 1839. Mit tabellar. u. anderen nützl. Zugaben. gr. 16. Berlin, Hirschwald. In Futteral à n. 5/6 Thlr — Mit einer Tasche von gepreßtem Leder à n. 1 Thlr — dass. für d. J. 1840. gr. 16. Ebd. 839. Liebmann u. Comp. 5/8 Thlr — Mit 1 Tasche in gepreßtem Leder 3/4 Thlr

—— prakt. Geschäfts-Taschenbuch f. Aerzte, in 12 Monats-Heften f. d. J. 1837 — 40. Mit tabellar. u. and. nützl. Zugaben. gr. 16. (à ca. 24½ B.) Berlin, [Nordhausen, Büchting.] 5/8 Thlr., mit einer Tasche v. gepresst. Leder.

— prakt. Geschäfts-Taschenbuch für Aerzte in 12 Monatsheften für das Jahr 1841—1843. 5.—7. Jahrg. 8. Berlin, Liebmann u. Co. à 5/8 Thlr — Mit 1 Ledertasche à 3/4 Thlr

---- Grundriß der Diätetik bei d. Gebr. aller Mineralwasser, u. besond. der in d. Struveschen Trinkanstalten. 8. (4¼ B. u. Titvign.) Berlin 830, Vereins-Buchh.

— Chr. Wlh. Hufeland. Ein Rückblick auf sein 70jähr. Leben u. Wirken, beim 12. Aug. 1832. gr. 8. Berl. 832. Hirschwald. 6 gr.

—— repertor. Jahrbuch f. d. Leistungen d. gesammten Heilkunde im J. 1837—41. 6—10. Jahrg. à 2 Bde. (1. Die Heilkunde Deutschlands. — 2. Die Heilkunde d. Auslandes.) gr. 8. Leipzig, Engelmann. [837. 1. (29½ B.) * 2 Thlr., 2. (18¾ B.) 839. * 1 Thlr.; 38. 1. (27 B.) * 1⅚ Thlr., 2. (17½ B.) 840. * 1 Thlr.; 39. 1. 2. (49¾ B.) 840. * 4 Thlr.; 40. 1. 2. (42½ B.) 841; 41. 1. 2. (46½ B.) 842, 43 à 3⅔ Thlr.] *

Der 2. Bd. a. u. d. T.: Uebersicht d. vorzüglichsten Ergebnisse aus d. medicin. Literatur d. Auslandes.

Ist d. Fortsetzung v.: Bluff, M. J., die Leistungen u. Fortschritte d. Medizin etc., vgl. dies.

Sachs, J(ohann Isaak) J(akob)(Hrsg.):

s.a. Übersicht, M(atthias) J(osef) Bluffs, der Leistungen und Fortschritte der Medizin im Jahre 1837-1841. Leipzig: 1838-1842

Sachs, Jh. Jac., repertorisches Jahrbuch rc. 11. Jahrg. s. eben Almanach.

— allgem. Lehren von d. epidem. u. ansteckenden Krankheiten, insbesond. d. Cholera, u. den zu ihrer Hemmung od. Minderung geeigneten Maaßregeln. 8. Berl. 831. Vereinsbuchh. 8 gr.

—— Nachtrag zur Würdigung der zeitherigen literar. Umtriebe der Hren.: J. Minding, Geh. Rath Dieffenbach, Buchhändler Hirschwald, Dr. Ippel, Lessing u. Vetter, gegen mich. M. e. Separat-Anhang f. die Hren. Kalisch u. Bischoff. gr. 8. (5¾ B.) Berlin 843. [Nordhausen, Büchting.] * -

(——) die Versammlung d. deutsch. Naturforscher u. Aerzte in Berlin im J. 1828, s. Versammlung.

Sachs, J(ohann Isaak) J(akob): Zur Würdigung der zeitherigen literarischen Umtriebe gegen mich. 54 S., gbd.

Berlin: (Liebmann) 1842
aus: Extra-Beilage zu No.82 der Allg.Medic. Central-Zeitung. Jg.1842

Sachs, J(ohann Isaak) J(akob): Würdigung der zeitherigen literarischen Umtriebe der Herren J(ulius) Minding, Geh.Rath (Johann Friedrich) Dieffenbach, Buchhändler Hirschwald und Dr. (Michael Benedikt) Lessing gegen mich. Mit einem Separat-Anhang für die Herren M(oritz) Kalisch und Prof.(Christian Heinrich Ernst) Bischoff. 91 S., gbd.

Berlin: Liebmann 1843
aus: Extra-Beilage zu No.104 der Allgem.Medicin.Central-Zeitung. Jg.1843

Sachs, Johann Jakob, s. Zeitung, Berliner medicinische.

—— allgem. medicin. Zentral-Zeitung, s. Central-Zeitung.

Sachs, J(ohann)(Isaak) J(acob) (Hrsg.):

s.: Zentralzeitung, Berliner medicinische, vom Neuesten und Wissenswerthen aus der gesammten Heilkunde des In- und Auslandes. Jg 3-14. Berlin: 1834-45.

— s. Central-Zeitung, Berlin. Medicinische.

Sachsius, Johann Rudolph (Straßburg)
Dissertatio inauguralis juridica de doctore juris minore restituendo et non restituendo in integrum.
Gissae [15.] Sept. 1707: Joh. Reinh. Vulpius. 32 S. 4°
pro licentia summos in utroque jure honores et privilegia doctoralia obtinendi.

Sachs, Johann Rudolph (Strassburg) A.S. 211/19

Dissertatio juridica de victore in expensas condemnando. Präs. Bernhard Ludwig Mollenbecius. Giessen (Vulpius) XII. 1705. 48 S.

Gew.: Friedrich Schrag, Rudolph Seubert, Christoph Melchior Sachs (Vater).
W.v.: Präs., J.J. Wieger.

Dr. Joseph Sachs. Über die Aufgabe des Malfati, ihre Erweiterungen und die Lösungen 29 S. Durlach, P 1885

Sachs, J. Beitrag zur Kenntnis des α- und β Naphtylaethers. In-8°. 54 S. Bern. These. 1894.

Sachs, Jos., die ewige Dauer der Höllenstrafen, neueren Aufstellungen gegenüber principiell erörtert. gr. 8. (66 S.) Paderborn 900. F. Schöningh. n. — 80

Grundzüge der Metaphysik im Geiste des hl. Thomas v. Aquin. Unt. Zugrundelegg d. Vorlesgn v. Dr. M[athias] Schneid, bischöfl. Lyceumsrektor zu Eichstätt, hrsg. v. Dr. Joseph Sachs, Prof. ... in Regensburg. 2., verm. u. verb. Aufl. *Paderborn: F. Schöningh 1896.* (VIII, 253 S.) 1 Bd 8. [96. 8448]

Grundzüge der Metaphysik im Geiste des hl. Thomas von Aquin. Unter Zugrundelegung d. Vorlesungen von Dr. M. Schneid, Lyceumsrektor, hrsg. von Dr. Joseph Sachs, Prof. in Regensburg. 3. verm. u. verb. Aufl. Paderborn: F. Schöningh 1907. (VIII, 276 S.) 8° [07. 7151 6]

-- Hochschulfragen. (VII, 93 S.) gr. 8. Regensburg 910. Verlagsanstalt vorm. G. J. Manz. 1.50

Sachs, Joseph [pr. Zahnarzt aus Oppeln]: Die Duhring'sche Krankheit '(Dermatitis herpetiformis)' ... Halle a. S., Druck v. E. Karras, 1897; 2 Bl., 22 S., 1 Bl. 8.
Halle, Med. Fak., Inaug.-Diss. v. 25. Juni 1897

Sachs, J., Lehrbuch der ebenen Elementar-Geometrie [Planimetrie]. 2. u. 3. Tl. Für den Schulunterricht u. das Selbststudium bearb. nach System Kleyer. gr. 8. Stuttgart 890. J. Maier. n. 8. 20 (1. u. 2.: n. 10. 20)
2. Der Winkel u. die parallelen Linien. Nebst e. Sammlg. gelöster u. ungelöster Aufgaben, m. den Ergebnissen der ungelösten Aufgaben. Mit 201 Erklärgn. u. 113 in den Text gedr. Fig. (V, 104 S.) n. 2. 20
3. Die geometr. Gebilde u. Lagen-Verändergn. Die einfachen Vielecke. Bearb. nach System Kleyer. (VIII, 335 S. m. 343 Fig.) n. 6. —
1. Tl. s.: Kleyer, A.

Sachs, J., Lehrbuch der ebenen Elementar-Geometrie (Planimetrie). Für das Selbststudium u. zum Gebrauch an Lehranstalten bearb. nach System Kleyer. 4.—7. Thl. gr. 8. Stuttgart, J. Maier. n. 18. — (1—7.: n. 28. —)
4. Die Lehre vom Kreis. Die geometr. Oerter u. die merkwürd. Punkte d. Dreiecks. Nebst e. Sammlung gelöster u. ungelöster Aufgaben, m. den Ergebnissen der ungelösten Aufgaben. Mit 529 Erklärgn. u. 230 in den Text gedr. Fig. (VIII, 261 S.) 892. n. 6. —
5. Die Flächen der geradlin. Figuren. Nebst e. Sammlg. gelöster u. ungelöster Aufgaben, m. den Ergebnissen der ungelösten Aufgaben. Mit 346 Erklärgn. u. 96 in den Text gedr. Fig. (VIII, 161 S.) 893. n. 4. —
6. Proportionalität der Strecken. Nebst e. Sammlg. gelöster u. ungelöster Aufgaben, m. den Ergebnissen der ungelösten Aufgaben. Mit 378 Erklärgn. u. 90 in den Text gedr. Fig. (VIII, 175 S.) 893. n. 4. —
7. Die Aehnlichkeit der geradlin. Figuren. Nebst e. Sammlg. gelöster u. ungelöster Aufgaben, m. den Ergebnissen der ungelösten Aufgaben. Mit 394 Erklärgn. u. 78 in den Text gedr. Fig. (VIII, 165 S.) 894. n. 4. —

Sachs, J., Lehrbuch d. ebenen Elementar-Geometrie (Planimetrie). 8. Tl.: D. Anwendg. d. Aehnlichkeit auf d. Lehre v. Kreis. Nebst e. Sammlg. gelöster u. ungelöster Aufgaben, m. d. Ergebnissen d. ungelösten Aufgaben. M. 505 Erklärgn. u. 135 in d. Text gedr. Fig. Für d. Selbststudium u. z. Gebrauche an Lehranst. bearb. nach System Kleyer. gr. 8. (VIII, 226 S. m. 1 Tab.) Stuttgart 897. J. Maier. n. 5. — (1.—8.: n. 33.)

Sachs, J., Lehrbuch der projektivischen (neueren) Geometrie (synthetische Geometrie, Geometrie der Lage). 1. u. 2. Tl. Für das Selbststudium u. zum Gebrauche an Lehranstalten bearb. (Kleyer's Encyklopädie der gesamten mathem., techn. u. exakten Natur-Wissenschaften.) gr. 8. Stuttgart. [J. Maier.] Bremerhaven, L. v. Vangerow. n. 11. —
1. Elemente u. Grundgebilde. Projektivität. Dualität. Nebst e. Sammlg. gelöster u. ungelöster Aufgaben, m. den Ergebnissen der ungelösten Aufgaben. Mit 361 Erklärgn. u. 97 in den Text gedr. Fig. (IV, 182 S.) 900. n. 5. —
2. Harmonische Gebilde. Entstehung der Kegelschnitte. Sätze v. Pascal u. Brianchon. Nebst e. Sammlg. gelöster u. ungelöster Aufgaben, m. den Ergebnissen der ungelösten Aufgaben. Mit 445 Erklärgn. u. 135 in den Text gedr. Fig. (III, 220 S.) 901. n. 6. —

Sachs, J., Lehrbuch der projektivischen (neueren) Geometrie (synthetische Geometrie, Geometrie der Lage). 3. Tl.: Pol u. Polare. Mittelpunkteigenschaften. Involution. Brennpunkteigenschaften der Kurven 2. Grades. Nebst e. Sammlg. gelöster u. ungelöster Aufgaben, m. den Ergebnissen der ungelösten Aufgaben. Mit 550 Erklärgn. u. 172 in den Text gedr. Fig. Für das Selbststudium u. zum Gebrauche an Lehranstalten bearb. (Kleyer's Encyklopädie der gesamten mathemat., techn. u. exakten Natur-Wissenschaften. (IV, 334 S.) gr. 8. Bremerhaven 907. L. v. Vangerow. 8. —
1. u. 2. Tl. Ebd. 900. 901. 11. —

— Leitfaden zum Unterricht in der projektivischen Geometrie. Nebst zahlreichen Aufgaben. (IV, 48 S. m. 92 Fig.) gr. 8. Ebd. 907. Kart. 1. —

— Tabelle d. Elemente d. regelmäss. Vielecke. [Aus: „S., Lehrbuch d. ebenen Elementar-Geometrie".] gr. Fol. Ebd. 897. n. — 60

Sachs, Joseph: Tafeln zum mathematischen Unterricht. *Leipzig 1898: B. G. Teubner.* (78 S.) 4°
Baden, grossh. G, MP 1898 (632)

Sachs, Joseph: Tafeln zum mathematischen Unterricht. Zusammengestellt von J. S. (78 S.) **Progr.** Großh. G. *Baden* 1898 (632)
Ia. Dezimalbruchverwandlung aller echten Brüche mit Nennern 1—120. Ib. Natürliche Reihe aller echten Brüche mit Nennern 1—250.

Sachs, Joseph, Prof. Dr.: Tafeln zum mathematischen Unterricht. Leipzig 1905: B. G. Teubner. (24 S.) 4°
Baden, großh. G P 1905 (726)

Sachs, Joseph: Tafeln zum mathematischen Unterricht. 24 S. 4. 22 S. 4. **Progr.** Großherz. Gymn. *Baden* 1905 (726). 1908 (794).
II. Tafel aller ganzzahligen Lösungen der pythagoreischen Gleichung $x^2 + y^2 = z^2$: a) für alle Werte von z von 1—2000; b) für die „Hypotenusen" von 2000—5000 nebst Faktorenzerlegung dieser Zahlen von 1—5000; c) für alle Werte von x von 1—500. III. Quadrate aller ganzen Zahlen von 1—10500. IV. Tafel aller ganzzahligen (rationalen) schiefwinkligen Primdreiecke.

Sachs, Joseph: Tafeln zum mathematischen Unterricht. 3. Leipzig 1908: Teubner. 22 S. 4° ¶ [Forts. d. P-Beil. 1898. 1905.]
Baden, großh. G P 1908 (794) [S 08. 391

— Tafeln zum mathematischen Unterricht. (II, 120 S.) Lex. 8. Leipzig 908. B. G. Teubner. 6. —

Sachs, I[sidor] (geb. Jassy 28. 2. 1858): Ueber die Indication zur Laparotomie bei Extrauterin-Schwangerschaft. Berlin (1881). (31 S.) 8°
Berlin, Med. Diss. v. 12. Aug. 1881

Sachs, Isidore. L'Italie, ses finances et son développement économique depuis l'unification du royaume 1859—1884 d'après des documents officiels. 8°. Berlin, Walther et Apolant, 1885.

Sachs, I[sidor] S., a. Kalisch: Untersuchungen über den Einfluss der Erde bei der drahtlosen Telegraphie. Frankfurt a. M. 1905: Knauer. (53 S.) 8°
Gießen, Phil. Fak., Ref. Drude, Diss. v. 22. Mai 1905
[Geb. 10. Okt. 70 Kalisch (Russ. Polen); Wohnort: Frankfurt a. M.; Staatsangeh.: Preußen; Vorbildung: Gymn. Kalisch, Reife O. 89; Studium: Riga T.H. 9, Karlsruhe T.H. 4 S.; Rig. 28. Febr. 05.]

Armenlied. Comp. von Jul. Sachs. [Unterz.: Heinr.] Schw[arzschild]. [Frankfurt a. M.] o. J. 2 Bl. 8° [Umschlagtit.]

[Dasselbe.] Gedicht von Heinr. Schwarzschild. Ebendas. o. J. 2 Bl. 8°
Ohne Noten: „In der ernsten Stunde, . . ." 193. Ged. in 140.

Der Freimaurerbund. Gedicht von Heinr. Schwarzschild. In Musik gesetzt für Basssolo, Chor und Piano von Jul. Sachs. (Op. 71.) Bremen: Praeger & Meier [usw.] o. J. 5 S. 2° [Umschlagtit.]
Mit Noten: „Maurerbund, du edler Bund, . . ." 460.

Der Freimaurerbund. Gedicht von Heinr. Schwarzschild. In Musik gesetzt für Bass-Solo, Chor und Piano von Jul. **Sachs.** Gesungen bei der Feier des fünfundsiebenzigjährigen Jubiläums der Loge zur aufgehenden Morgenröthe im Or. Frankfurt a. M. 4. Nov. 1883. Frankfurt a. M. [1883]: Fey. 2 Bl. 8⁰ [Umschlagtit.]
Ohne Noten: „Maurerbund, du edler Bund, ..."
140.

[Lied.] Ihrem vielgeliebten Br. Nathan Hanau am goldnen Jubeltage der [ ] zur aufgehenden Morgenröthe [in Frankfurt a. M.] die Brüder. 13. Juny 5858. Comp. von Jul. **Sachs.** [Frankfurt a. M. 1858.] 2 Bl. 8⁰ [Umschlagtit.]
Ohne Noten: „Wer ist's, der mit dem schneeigweissen Haare, . . ."

Der Tempelbau. Kantate für die Säkularfeier des eklektischen Freimaurerbundes, 18. März 1883. Beginn des neuen Jahrhunderts. Gedichtet von Veit Valentin, in Musik gesetzt für Solo, Männer- und Frauen-Chor, Violin-Solo, Orgel und Pianoforte von Jul. Sachs. Frankfurt a. M. [1883]: Kumpf & Reis. 4 Bl. 8⁰ [Umschlagtit.]
Ohne Noten: „Der Tag erwacht..." 25a.

Seinem lieben Br Adolf gewidmet. Ein königlich Weib. In Musik gesetzt für eine tiefe Stimme mit Piano von Jul. **Sachs.** (Op. 70.) Bremen: Praeger & Meier [usw.] o. J. 9 S. 2⁰ [Umschlagtit.]
Mit Noten: „Es geht durch alle Lande . . ."
460.

Weihegesänge zur Feier der Aufnahme der Loge zur aufgehenden Morgenröthe zu Frankfurt a. M. in den eklektischen Bund. In Musik gesetzt von Jul. **Sachs.** [Frankfurt a. M. 1873: Kumpf & Reis.] 2 Bl. 8⁰ [Umschlagtit.]
2 Lieder ohne Noten: „Weihgesang" von H. Weismann, „Der Maurerbund" von H. Schwarzschild. 100. 140.

Sachs, Julius

Sachs, Jul., gesammelte Abhandlungen üb. Pflanzen-Physiologie. 2 Bde. gr. 8. Leipzig, W. Engelmann. n. 29. —; geb. n.n. 33. —
1. Abhandlung I bis XXIX, vorwiegend üb. physikal. u. chem. Vegetationserscheingn. (X, 674 S. m. 46 Textbildern.) 892. n. 16. —; geb. n.n. 18. —
2. Abhandlung XXX bis XLIII, vorwiegend üb. Wachsthum, Zellbildg. u. Reizbarkeit. (III u. S. 675—1243 m. 80 Textbildern u. 10 lith. Taf.) 893. n. 13. —; geb. n.n. 15. —

Sachs, Jul., über die Anordnung der Zellen in jüngsten Pflanzentheilen. [Mit 1 lith. Taf. (in qu. gr. 4.).] [Aus: „Verhandlungen der phys.-med. Gesellschaft".] gr. 8. (26 S.) Würzburg 877. Stahel. n. 1. 40

Sachs, J., s.: Arbeiten d. botan. Instituts in Würzburg.

Sachs, Julius [aus Kowno, Russland]: Die Beziehungen des Gehirns zur Körperwärme und zum Fieber. (In Gemeinschaft mit Herrn Dd. med. Ed. Aronsohn angestellte experimentelle Untersuchungen.) . . . (Aus Pflügers Archiv für Physiologie.) Bonn, Univ.-Buchdr. v. Carl Georgi, 1885; 4 + 70 + 2 S. u. 1 Taf. 8⁰.
Berlin, Med. Fak., Inaug.-Diss. v. 30. Okt. 1885.

Sachs, Jul., Blütenbildung, s.: Arbeiten des botanischen Instituts in Würzburg.

— s.: Contes choisis d'auteurs suisses.

— Über die Durchleuchtung der Pflanzentheile [illegible] 1 Taf. S. 43. II [illegible] vgr.
Separatabdruck

Sachs, Julius [aus Berlin]: Die Eisverhältnisse der arktischen Gebiete. I. Das Gletschereis. . . . Halle a. S., Druck d. Buchdr. d. Waisenhauses, 1889; 2 Bl. + 54 S. + 1 Bl. 8⁰
Halle, Phil. Fak., Inaug.-Diss. v. 7. Nov. 1889

— Erfahrungen über die Behandlung chlorotischer Gartenpflanzen. [Aus: „Arbeiten aus dem botan. Institut in Würzburg".] gr. 8. (29 S.) Leipzig 889. Engelmann. n. — 60

— chlorotische Gartenpflanzen, s.: Arbeiten d. botanischen Instituts in Würzburg.

SACHS, Julius: Geschichte der Botanik vom 16. Jahrhundert bis 1860. - München 1875. 612 S. - (Gesch. d. Wiss. i. Dtschld. Neuere Zeit Bd. XV)

— Geschichte der Botanik vom 16. Jahrh. bis 1860, s.a. Geschichte der Wissenschaften in Deutschland.

— Grundzüge der Pflanzen-Physiologie. [Aus: „Lehrbuch der Botanik."] Mit 37 Abbildgn. in (eingedr.) Holzschn. gr. 8. (VIII, 270 S.) Leipzig 873. Engelmann. n. 8. —

Sachs J.: Handbuch d. Experimental-Physiologie d. Pflanzen . . . Leipz. 1865. 514 S. Fig.
(= Hofmeister W.: Handb. d. physiolog. Botanik. Bd. 4; se ovf.).

Sachs, J., Handbuch der Experimental-Physiologie der Pflanzen, s. Handbuch der physiologischen Botanik.

Sachs, J. Z. Keimungsgesch. d. Gräser. 1862. (S.-A.)

— Lehrbuch der Botanik nach dem gegenwärtigen Stande der Wissenschaft bearb. Mit 358 Abbildungen in (eingedr.) Holzschn. Leipzig 868. Engelmann. gr. 8. (XII, 632 S.) n. 4 ₰ 10 ℔.

— Lehrbuch der Botanik nach dem gegenwärtigen Stand der Wissenschaft bearb. 2. verm. u. theilweise umgearb. Aufl. Mit 453 Abbildgn. in (eingedr.) Holzschn. gr. 8. (XII, 688 S.) Leipzig 870. Engelmann. n. 13. —

— dasselbe. 3. abermals verm. u. stellenweise umbearb. Aufl. Mit 461 (eingedr.) Abbildgn. in Holzschn. gr. 8. (XVI, 848 S.) Ebend. 873. n. 14. —

— Lehrbuch der Botanik, nach dem gegenwärtigen Stand der Wissenschaft bearb. 4., umgearb. Aufl. Mit 492 (eingedr.) Abbildungen in Holzschn. gr. 8. (XVI, 928 S.) Leipzig 874. Engelmann. n. 14. 75

Sachs, Julius (geb. Münsterberg in Schles. 19. 4. 1834): De leucaemia adjecta descriptione casus singularis. Berolini (1856). (31 S.) 8°
Berlin, Med. Diss. v. 12. März 1856

Sachs, Jul., über eine Methode, die Quantitäten der vegetabilischen Eigenwärme zu bestimmen. Lex.-8. (8 S.) Wien 858, (Gerold's Sohn.) *

Sachs, Julius, Dr.: Über eine Methode, die Quantitäten der vegetabilischen Eigenwärme zu bestimmen. S. 26. 326 . . . . vgr.
Separatabdruck

Sachs, Jul., physiologische Notizen. Als Sonderabdr. aus d. Zeitschrift: „Flora" 1892—1896 hrsg. u. bevorwortet v. K. Goebel. M. Bild v. Julius Sachs. gr. 8. (IV, 187 S.) Marburg 898. N. G. Elwert's Verl. n. 4. 50

— über die Porosität des Holzes. Vorläufige Mittheilung. gr. 8. (19 S.) Würzburg 877. Stahel. — 45

—— s. Prantl, K., Lehrbuch der Botanik.

Sachs, Jul., über einige neue mikroskopisch-chemische Reactionsmethoden. Mit 2 (lith.) Taf. (in 4.) (Aus den Sitzungsber. d. k. Akad. d. Wiss.) Wien 859. Gerold in Comm. gr. 8. (34 S.) n. 14 *ngr.*

— Über einige neue mikroskopisch-chemische Reactionsmethoden (mit 2 Taf.): 1. Kupfervitriol und Kali als mikrochemisches Reagens. 2. Über mikroskopische Nachweisungen von Eiweissstoffen in den Zellen. S. 36. . . . . vgr.
Separatabdruck

— über die gesetzmässige Stellung der Nebenwurzeln der ersten und zweiten Ordnung bei verschiedenen Dicotyledonen-Gattungen. Mit 2 (lith.) Taf. (in 4.) (Aus d. Sitzungsberichten d. k. Akad. d. W.) Ebend. 858. gr. 8. (16 S.) n. 10 *ngr.*

—— physiologische Untersuchungen über die Keimung der Schminkbohne (Phaseolus multiflorus.) Lex.-8. (65 S. mit 3 Stnt. in qu. Fol.) Wien 859, (Gerold's Sohn.) *
aus: Sitzungsberichte der k. Akademie der Wissenschaften, Jahrg. 1859, besonders abgedruckt.

— Vorlesungen üb. Pflanzen-Physiologie. gr. 8. (XI, 991 S. m. 455 eingedr. Holzschn.) Leipzig 882. Engelmann. n. 22. —

— Vorlesungen üb. Pflanzen-Physiologie. 2., neu bearb. Aufl. Mit 391 Fig. in Holzschn. gr. 8. (XII, 884 S.) Leipzig 887. Engelmann. n. 18. —; geb. n.n. 20. —

— über die Wirkung d. durch e. Chinin-Lösung gegangenen Lichts auf die Blüthenbildung. [Vorläufige Mittheilg.] gr. 8. (1 S.) Ebend. 886. — 15

—— über die Wirkung der ultravioletten Strahlen auf die Blütenbildung, s. Arbeiten des botanischen Instituts in Würzburg.

Sachs, Karl

Sachs, C. Les Auzels cassadors, poème provençal de Daude Pradas, publié avec une introduction. I. partie. Brandenburg, R., 1865. 32 S. 4. **Progr.**

Sachs, C(arl), Beiträge zur Kunde alt-französischer, englischer und provenzalischer Literatur aus französischen und englischen Bibliotheken. gr. 8. (75 S.) Berlin 857, Nicolai'sche Verlagsbuchh. *

Sachs, Karl, Friedr. Diez, u. die romanische Philologie. Vortrag, geh. auf der Philologen-Versammlung zu Wiesbaden im Sept. 1877. gr. 8. (16 S.) Berlin 878. Langenscheidt. — 60

Sachs, Karl: Excursions et voyages, s. Schulbibliothek franz. u. engl. Prosaschriften ...

Sachs, C.: Die Galmei- und Bleierzwäsche der Neuhof-Grube bei Beuthen O.-S. Kalk b. Köln (1895)

Sachs, Carl, über Gesteinsbohrmaschinen im Allgemeinen, u. speciell über deren Anwendung, mit comprimirter Luft getrieben, beim Streckenbetrieb auf der Galmey-Grube Altenberg bei Aachen. Aachen 865. Benrath & Vogelgesang. gr. 8. (39 S. mit 6 Steintaff. in qu. Fol.) 27 *ngr.*

—— und Ed. Fiedler, wissenschaftliche Grammatik der englischen Sprache, s. Fiedler, Ed.

Sachs, Karl, s. Guizot, Fr. P. G., allgem. Geschichte der europ. Civilisation

Sachs, C. In welchem Zusammenhange steht die lyrische Kunstpoesie der Provenzalen mit der mittelalterlichen Kunstpoesie der Franzosen, Italiener, Spanier, Portugiesen und Deutschen? Berlin, Luisenstädt. R., 1854. 37 S. 4. **Progr.**

Sachs, Carl, aus den Llanos. Schilderung einer naturwissenschaftlichen Reise nach Venezuela. Mit (eingedr.) Abbildungen (in Holzschn. u. einer Holzschntaf.). gr. 8. (369 S.) Leipzig 878. Veit & Co. n. 9. —

Sachs, Karl. s. Napoleon - Gallerie.

Scènes et esquisses de la vie de Paris. Mit Einl. u. Anm. bearb. von Prof. Dr. K[arl] Sachs. 1. *Glogau: C. Flemming 1902.* 8°
— **Schriftsteller, Englische u. französische, d. neueren Zeit.** Bdch. 10. Ausg. A.

Scènes et esquisses de la vie de Paris. Avec préf. et notes par Prof. Dr. Dr. K[arl] Sachs. 1. *Glogau: C. Flemming 1902.* 8°
— **Schriftsteller, Englische u. französische, d. neueren Zeit.** Bdch. 10. Ausg. B.

— synchronistische Tabelle zur politischen u. Literär-Geschichte Frankreichs u. Englands. Nebst Anh. Zum Gebrauch in den oberen Klassen der Schulen zusammengestellt. gr. 8. (II, 21 S.) Berlin 879. Langenscheidt. n. — 60

Sachs, Karl, traités de chimie, **s.: Schulbibliothek französ. u. engl. Prosaschriften aus der neueren Zeit.**

—— le Trésor de Pierre de Corbiac en vers provençaux, publié en entier avec une introduction et des extraits du Bréviaire d'amour de Matfre Ermengau de Beziers, de l'Image du Monde de Gautier de Metz et du Trésor de Brunetto Latini. gr. 4. (34 S.) Brandenburg 859, (Wiesike.) *

Sachs, Carl (geb. Neisse 16. 9. 1853): Physiologische und anatomische Untersuchungen über die sensiblen Nerven der Muskeln. Berlin (1875). (34 S.) 8° * Die Diss. ist Teil einer von d. med. Fak. d. Univ. Berlin gekrönten Preisschrift, welche vollständig abgedruckt ist im Archiv f. Anat., Physiol. u. wiss. Medicin Jg 1874.
Berlin, Med. Diss. v. 27. Febr. 1875

Sachs, C., Untersuchungen am Zitteraal, Gymnotus electricus. Nach dessen Tode bearb. von E. du Bois-Reymond. Mit 2 Abhandlungen von G. Fritsch, 40 Holzschn.-Abbildgn. und 8 lith. Taf. gr. 8⁰. XXVIII, *446 S.* Leipzig, Veit & Co. 1881. M. 26.—

Sachs, C[arl]. Wörterbuch zu Alfred Córésole, Scènes militaires ⟨Englische und französische Schriftsteller der neueren Zeit, Bändchen 23⟩. Bearbeitet von Professor Dr. K. Sachs. 8 S. 8. Glogau, Carl Flemming, 1903. [M. —.30]

Sachs, Carl, encyklopädisches französisch-deutsches u. deutsch-französisches Wörterbuch nebst genauer u. durchgäng. Angabe der französ. Aussprache nach dem phonet. System der Methode Toussaint-Langenscheidt. Große Ausg. 1. Thl.: Französisch-deutsch. (In 17 Liefgn.) 1.–7. Liefg. Berlin 869,70. Langenscheidt. 4. (XXIV u. S. 1—536.) Jede Liefg. 9 *ngr.*

Sachs, Carl, encyclopädisches französisch-deutsches u. deutsch-französisches Wörterbuch nebst genauer u. durchgäng. Angabe der französ. Aussprache nach dem phonet. System der Methode Toussaint-Langenscheidt. Große Ausg. 1. Thl.: Französisch-deutsch. 8—21. (Schluß-)Lfg. 4. (VIII u. S. 537—1640.) Berlin 871. Langenscheidt. 14. 60 (1. Thl. cplt. n. 27. —; geb. n. 30. –)

Sachs, K., und C. **Villatte**: Encyklopädisches französisch-deutsches und deutsch-französisches Wörterbuch. Große Ausg. 2. Aufl. Berlin
Th. 1. Französisch-Deutsch. 1877
Th. 2. Deutsch-Französisch. 1874

Sachs, Carl, encyklopädisches französisch-deutsches und deutsch-französisches Wörterbuch nebst genauer und durchgäng. Angabe der französ. Aussprache nach dem phonet. System der Methode Toussaint-Langenscheidt. Große Ausg. 2. Thl.: Deutsch-französisch. 1.—7. Lfg. Lex.-8. (XXXII, S. 1—528.) Berlin 874,75, Langenscheidt's Verlagsh. à Lfg. *M 1,20. *

Sachs, Karl, encyklopädisches Wörterbuch der französischen und deutschen Sprache. Mit Angabe der Aussprache nach dem phonet. System der Methode Toussaint-Langenscheidt. Große Ausg. 2. Thl.: Deutsch-französisch. Von C. Villatte und K. Sachs. 8.—27. (Schluß-)Lfg. hoch 4. (S. 529—2119.) Berlin 876—79, Langenscheidt'sche Verlagsh. à Lfg. * M 1,20.; 2. Thl. compl. * geb. in Halbfrz. *

1. Thl. *M 28.; geb. in Halbfrz. *M 32., und 2. Thl. 1.—7. Lfg. Ebendas. 1869—75. à Lfg. *M 1,20.

Sachs, Carl, encyclopädisches französisch-deutsches u. deutsch-französisches Wörterbuch nebst genauer u. durchgäng. Angabe der französ. Aussprache ꝛc. Große Ausg. 2. Thl. Deutsch-französisch. 1—11. Lfg. Lex.-8. (XXXII u. S. 1—848.) Berlin 874—76. Langenscheidt. à Lfg. n. 1. 20

— encyklopädisches Wörterbuch der französischen u. deutschen Sprache. Mit Angabe der Aussprache nach dem phonet. System der Methode Toussaint-Langenscheidt. Große Ausg. 2. Thl. Deutsch-französisch. 12—27. (Schluß-) Lfg. hoch 4. (S. 849—2119.) Ebend. 877—80. à n. 1. 20

Sachs, K., und C. **Villatte**,: Encyklopädisches französisch-deutsches und deutsch-französisches Wörterbuch. Große Ausg. 6. resp. 7. Aufl. Berlin
Th. 1. Französisch-Deutsch. 1890
Suppl. 7. Aufl. Berlin-Schöneberg (1907?) [Der 15. und 16. Aufl. beigeb.]
Th. 2. Deutsch-Französisch. 1891

—— u. Césaire Villatte. Encyklopädisches französisch-deutsches und deutsch-französisches Wörterbuch ꝛc. Große Ausg. 2 Thle. gr. Lex. 8. Ebd. * 66 —; geb. * 74 —

1. Französisch-deutsch. Von Karl Sachs. 7. Aufl. (1640 S.) 890. * 28 —; geb. * 32 —.
2. Deutsch-französ. von Césaire Villatte u. Karl Sachs. 6. u. 7. verb. Aufl. (2160 S.) 889,92. * 38 —; geb. * 42 —.

— französisch-deutsches **Supplement-Lexikon. Eine Ergänzg. zu Sachs-Villatte, encyklopäd. Wörterbuch, sowie zu allen bis jetzt erschienenen französisch-deutschen Wörterbüchern. Unter Mitwirkg. v. Césaire Villatte bearb. Lex.-8. (XVI, XVI, 829 S.) Berlin 894. Langenscheidt. n. 10. —; geb. n. 11. 50**

Sachs, K., und C. **Villatte**: Encyklopädisches französisch-deutsches und deutsch-französisches Wörterbuch. Große Ausg. 5. Aufl.: Französisch-deutsches Suppl.-Lexikon. Berlin 1900 [Der 12.—14. Aufl. beigeb.]

Sachs, K., und C. **Villatte**: Encyklopädisches französisch-deutsches und deutsch-französisches Wörterbuch. Große Ausg. 12. Aufl. Berlin
Th. 1. Französisch-Deutsch. 1901

Sachs, K., und C. **Villatte**: Encyklopädisches französisch-deutsches und deutsch-französisches Wörterbuch. Große Ausg. 13. Aufl. Berlin
Th. 1. Französisch-Deutsch. 1902
Beigeb.: Suppl. 5. Aufl. Berlin 1900
Th. 2. Deutsch-Französisch. 1903

Sachs, K., und C. **Villatte**: Encyklopädisches französisch-deutsches und deutsch-französisches Wörterbuch. Große Ausg. 14. Aufl. Berlin-Schöneberg
T. 1. Französisch-Deutsch. 1905

Sachs, Karl, u. Césaire **Villatte**, enzyklopädisches französ.-deutsches u. deutsch-französisches **Wörterbuch**. Mit Angabe der Aussprache nach dem phonet. System der Methode Toussaint-Langenscheidt dargestellt v. G. Langenscheidt. Unter Benutzg. zahlr. Beiträge v. Bernh. Schmitz. Große Ausg. 2 Tle. m. Supplement. Lex. 8. Berlin-Schöneberg, Langenscheidt's Verl. à 38. —; geb. in Halbfrz. à 42. —; Suppl. zu Tl. I allein 10. —; geb. 11. 50

1. Französisch-Deutsch. Nebst Suppl. 15. durchgeseh. u. verb. Ster.-Aufl. (XXIV, XVI, 1630, IV, VIII u. XVI, 829 S.) 907.
2. Deutsch-Französisch. 14. durchgeseh. u. verb. Ster.-Aufl. (XXXII, IV, 2120 S.) 908.

Sachs, K., und C. **Villatte**: Encyklopädisches französisch-deutsches und deutsch-französisches Wörterbuch. Große Ausg. 15. Aufl. Berlin-Schöneberg
T. 1. Französisch-Deutsch. 1907
Beigeb.: Suppl. 7. Aufl. Berlin-Schöneberg (1907?)
T. 2. Deutsch-Französisch. 1909

Methode Toussaint-Langenscheidt. Sachs-Villatte. Enzyklopädisches französisch-deutsches und deutsch-französisches Wörterbuch. Mit Angabe d. Aussprache nach d. phonet. System d. Methode Toussaint-Langenscheidt dargest. von Prof. G. Langenscheidt. Unter Benutzung zahlr. Beiträge von Dr. Bernhard Schmitz von den Prof. Dr. Karl **Sachs** u. Césaire Villatte. Grosse Ausg. 16. durchges. u. verb. Ster.-Aufl. T. 1. 2. Berlin-Schoneberg: Langenscheidt [um 1907.] 4⁰(8⁰)

[Nebent.:] Sachs-Villatte. Dictionnaire encyclopédique franç.-allemand et allemand-franç. Éd. complète A 14. 2004. 5

Sachs, K., und C. **Villatte**: Encyklopädisches französisch-deutsches und deutsch-französisches Wörterbuch. Große Ausg. 16. Aufl. Berlin-Schöneberg
T. 1. Französisch-Deutsch. (1910?)
Beigeb.: Suppl. 7. Aufl. Berlin-Schöneberg (1907?)

— **dasselbe. Große Ausg., s. a. Villatte, Césaire.**

—— dass. — Hand- und Schul-Ausgabe. [Auszug aus der großen Ausg.] 1. Thl.: Französisch-deutsch. Lex.-8. (XXXII, 736 S.) Ebendas. 873. *M* 4.50.: aet

Sachs, Karl, encyklopädisches französisch-deutsches und deutsch-französisches Wörterbuch, enthaltend unter Anderem für beide Sprachen: Den in der Académie und Sanders gegebenen Wortschatz; die gebräuchlichsten Ausdrücke des prakt. Lebens, des Handels und der Industrie ꝛc.; die Neologismen und Fremdwörter; die gebräuchlichsten Eigennamen ꝛc.; die Konjugation aller Zeitwörter; die Angabe der Etymologie, der nothwendigsten Homonymen, Antonymen und Synonymen ꝛc.; sowie die Aussprache [letztere nach dem phonet. System der **Methode Toussaint-Langenscheidt dargestellt durch G. Langenscheidt]. Unter Benutzung zahlreicher, von Bernh. Schmitz gelieferter Beiträge. Hand- und Schul-Ausg. [Auszug aus der großen Ausg.] 2 Thle. Lex.-8. Berlin 880, Langenscheidt'sche Verlagsh. à Thl. *M 6. ***

Inhalt:
Thl. 1. Französisch-deutsch. 3. und 4. nach der 1878r Aufl. der Académie durchges. und verb. Ster.-Aufl. (LVI, 738 S.)
" 2. Deutsch-französisch. (XVI, 905 S.)

—— dass. — Hand- und Schul-Ausg. [Auszug aus der großen Ausg.]. 2. Thl.: Deutsch-französisch. Lex.-8. (1129 S.) Ebendas. 880. *M 6.; geb. in Halbfrz. *

1. Thl. Ebendas. 1873. *M 6.; geb. in Halbfrz. *M 7,25.; compl. 2 Thle. geb. in Halbfrz. *M 13,50.

Sachs, Karl: Encyklopädisches französisch-deutsches und deutsch-französisches Worterbuch. Hand- und Schul-Ausgabe. 7. Aufl. Berlin 1881

Sachs, K., und C. Villatte: Encyklopädisches französisch-deutsches und deutsch-französisches Wörterbuch. Hand- und Schul-Ausg. 8. Aufl. Berlin 1881
Th. 1. Französisch-Deutsch.
Th. 2. Deutsch-Französisch.

Sachs, Karl, encyklopädisches französisch-deutsches und deutsch-französisches Wörterbuch (auch u. d. T.: Dictionnaire encyclopédique français-allemand et allemand-français), enthaltend unter Anderem für beide Sprachen: Den in der Académie und Sanders gegebenen Wortschatz; die gebräuchlichsten Ausdrücke des prakt. Lebens, des Handels und der Industrie 2c.; die Neologismen und Fremdwörter; die gebräuchlichsten Eigennamen 2c.; die Konjugation aller Zeitwörter; die Angabe der Etymologie, der nothwendigsten Homonymen, Antonymen und Synonymen 2c.; sowie die Aussprache, letztere nach dem phonet. System der Methode Toussaint-Langenscheidt dargestellt durch G. Langenscheidt. Unter Benutzung zahlreicher, von Bernh. Schmitz gelieferten Beiträge. Hand- und Schul-Ausg. [Auszug aus der großen Ausg.] 47. durchgeseh. und verb. Ster.-Aufl. 2 Thle. Lex.-8. Berlin 888, Langenscheidt'sche Verlagsb.
à Thl. ℳ 6.—.
2 Thle. in 1 Bd. geb.
In 2 Bde geb.

Inhalt:
Thl. 1. Französisch-deutsch. (I—XLVIII, 736 S.)
„ 2. Deutsch-französisch. (XLIX—LVI, 920 S.)

Sachs, K., encyklopädisches französisch-deutsches u. deutsch-französisches Wörterbuch. Unter Benutzg. zahlr., v. B. Schmitz gelieferten Beiträge. Hand- u. Schul-Ausg. [Auszug aus der großen Ausg.] 50., verb. Ster.-Aufl. gr. 8. (LVI, 740 u. 920 S.) Berlin 889. Langenscheidt. 12. —; in 1 Bd. geb. 13. 50; in 2 Bde. à 7. 25

Sachs, Karl. Encyklopädisches französisch-deutsches u. deutsch-französisches Wörterbuch. Hand- u. Schul-Ausg. [Auszug aus der großen Ausg.] 48.-67. durchgeseh. u. verb. Ster.-Aufl. gr. 8. (LVI, 740, 920 S.) Berl. 889—92, Langenscheidt. 12 —; geb. in 1 Bd. 13 50
In 2 Bdn. à Bd. 6 —; geb. à Bd. 7 25

Sachs, K., und C. Villatte: Encyklopädisches französisch-deutsches und deutsch-französisches Worterbuch. Hand- und Schul-Ausg. 69. Aufl. Berlin 1892
Th. 1. Französisch-Deutsch.
Th. 2. Deutsch-Französisch.

— encyklopädisches französisch-deutsches u. deutsch-französisches Wörterbuch. Unter Benutzg. zahlreicher, v. Bernh. Schmitz gelieferten Beiträge. Hand- u. Schul-Ausg. [Auszug aus der großen Ausg.] 70., durchgeseh. u. verb. Ster.-Aufl. gr. 8. (LVI, 740 u. 920 S.) Ebd. 893. 12. —; in 1 Bd. geb. 13.50; in 2 Bde. à 7. 25

Sachs, Karl: Encyklopädisches französisch- deutsches und deutsch-französisches W ö r t e r b u c h . . . Hand- und Schul-Ausgabe. 72. Auflage. Berlin 1893. 4°

Sachs, Karl, encyklopäd. französisch-deutsches u. deutsch-französisches Wörterbuch, enth. u. A. f. beide Sprachen: Den in d. Académie u. Sanders enthalt. Wortschatz; d. gebräuchlichsten Ausdrücke d. prakt. Lebens, d. Handels u. d. Industrie 2c., sow. d. Aussprache, letztere nach d. phonet. System d. Methode Toussaint-Langenscheidt, dargest. durch G. Langenscheidt. Unter Benutzg. zahlr. v. Bernh. Schmitz gelief. Beiträge. Hand- u. Schul-Ausg. [Auszug aus d. großen Ausg.] 78.—81., durchgeseh. u. verb. Ster.-Aufl. gr. 8. (LVI, 660 u. 853 S.) Berlin 895. Langenscheidt 12. —; in 1 Halbfrz.-Bd. geb. 13. 50; in 2 Bde. à 7. 25; geb. à 6. —

Sachs, Karl, u. Villatte, encyklopäd. französ.-deutsches u. deutsch-französ. Wörterbuch. Mit Angabe der Aussprache nach d. phonet. System d. Methode Toussaint-Langenscheidt. Hand- u. Schul-Ausg. (Auszug aus der grossen Ausg.) Unter Mitwirkg. v. E. Schmitt u. Karl Sachs. Neu-Bearbeitung 1900. 125.—134. Taus. 2 Tle. Lex.-8. (XXXII, XVI, XX, 856, 14 u. 802 S.) Berlin 900. Langenscheidt. à 6.50; geb. in Halbfrz. à 8 —; in 1 Bd. geb. 15. —; Luxusausg. (Jubiläums-Ausg.) auf stärkerem Pap., m. 2 Bildn., in 2 Halbfrz.-Bdn. à 15.

— — dasselbe. Neu-Bearbeitung 1900. 135.—144. u. 145.—154. Taus. 2 Tle. Lex.-8. (à XXXII, XVI, XX, 856, 14 u. 1163 S.) Ebd. 901. 902. à 6. 50; geb. in Halbfrz. à 8. —; in 1 Bd. 13. —; in 1 Halbfrz.-Bd. 15 —

Sachs, K., und C. Villatte: Encyklopädisches französisch-deutsches und deutsch-französisches Wörterbuch. Hand- und Schul-Ausg. Neu-Bearb. Berlin 1900
T. 1. Französisch-Deutsch. 165.—179. Tausend. 1905
T. 2. Deutsch-Französisch. 165.—174. Tausend. 1904

Sachs, K., und C. Villatte: Encyklopädisches französisch-deutsches und deutsch-französisches Wörterbuch. Rev. Ausg. Berlin-Schöneberg 1905
T. 1. Französisch-Deutsch. 190.—199. Tausend. 1906
T. 1. Französisch-Deutsch. 240.—269. Tausend. 1909
T. 2. Deutsch-Französisch. 180.—189. Tausend. 1905
T. 2. Deutsch-Französisch. 190.—199. Tausend. 1906

— — dasselbe. Hand- u. Schulausg. (Auszug aus d. großen Ausg.) Unter Mitwirkg. des E. Schmitt v. Karl Sachs. Rev. Ausg. 1905. 2 Tle. Lex. 8. Ebd. 907.
Geb. in Halbfrz. à 8.—; in 1 Halbfrz.-Bd. 15. —
I. 200.—209. Taus. (XXXIV, XVI, XX, 856 S.)
II. 200.—204. Taus. (VIII, 14, 1160 u. 4 S.)

Geschichte der Freimaurer-Loge Friedrich zur Tugend im Or. Brandenburg a. d. H. 1779—1879. Festschrift zur Säcular-Feier am 9. Nov. 1879. [Von Karl Ernst Aug. **Sachs.**] Brandenburg a. d. H. 1879: Wiesike. IV, 47 S. 8°
S. 41—47: Verzeichn. der hammerführenden Beamten von 1779—1879. 23. 25.

Sachs, Karl Gotthelf A. S. 1323/6

Meditationes in theoriam sensuum generalem, a celeberrimo domino Nicolao Hartsoeckero traditam.
Präs. Gottfried Polykarp Müller.
Leipzig (Titius) 18. IV. 1722. 44 S. 29619

Sachs, Karl Jak., de statu generis humani originali. Dissert. inaug. quam amplissimi Philosophorum ordinis autoritate etc. gr. 4. Berl. 831. Logier. 8 g.

Sachs, [illegible]

Sachs, Karl Wilhelm (Breslau) **A. S. 1198/8**

Dissertatio inauguralis medica de vasis umbilicalibus natorum et adultorum.
Präs. Johann Heinrich Schulze.
Halle (Hilliger) III. 1733. 26 S.

Gew.: Georg Wilhelm Sachs (Vater).
W. v.: Daniel Mindner, Jo. Chr. Meisner. 29620

Sachs, Konrad

Sachs, Conr., einfache Mittel zur Verbesserung der Brennöle, d. h. selbige hell, sparsam u. geruchlos brennend zu machen. Nebst einer Anweisung, um Fässer öldicht zu machen, sowie zur Bereitung billiger 2c. Döchte, einer guten Oelseife 2c. Ein Handbüchlein für kleine u. große Haushaltungen. gr. 8. (32 S.) Heilbronn 847, Landherr. 6 ngl.

Sachs, Curt, s.: Beethoven's, Ludw. van, Briefe.

Sachs, Curt, s.: Handzeichnungen grosser Meister.

— s.: Monatshefte der kunstwissenschaftl. Literatur.

— Musik u. Oper am kurbrandenburgischen Hof. (299 S.) 8. Berlin 910. J. Bard. 10.—; geb. in Leinw. 12. —

Musikgeschichte der Stadt Berlin bis zum Jahre 1800. Stadtpfeifer, Kantoren u. Organisten an d. Kirchen städt. Patronats nebst Beiträgen z. allgem. Musikgeschichte Berlins. Von Dr. Curt **Sachs**. Berlin: Gebr. Paetel 1908. (225 [vielm. 325] S.) 4°(8°) [08, 17286

Sachs, Curt, aus Berlin: **Das Tabernakel mit Andrea's del Verrocchio Thomasgruppe an Or San Michele zu Florenz.** Ein Beitrag zur Florentiner Kunstgeschichte. ⟨Kap. 2.⟩ *(Straßburg 1904: J. H. E. Heitz.)* (17 S.) 8° ¶ [Erschien vollst. 1904 als: Zur Kunstgesch. d. Auslandes, H. 23.]
Berlin, Phil. Diss. v. 13. Febr. 1904

Das Tabernakel mit Andrea's del Verrocchio Thomasgruppe an Or San Michele zu Florenz. Ein Beitrag z. Florentiner Kunstgesch. von Curt **Sachs**. Mit 4 Lichtdr. *Straßburg: J. H. E. Heitz 1904.* (44 S.) 4°(8°)
Ein Teil erschien als Inaug.-Diss. Berlin 1904.
= **Kunstgeschichte**, Zur, d. **Auslandes**. H. 23. [04, 16600

Sachs, L., Korn-Achren der Landwirthschaft, oder kurzgefasste praktische Mittheilungen aus dem Neuesten der Land-, Garten- und Hauswirthschaft. 1—10. Heft. Berlin 861. 63. Exped. d. medicin. Central-Zeitung. 8. (1. Samml.: XII, 334 S.; 2. Samml.: IX, 314 S.) Jedes Heft 5 ngr.

— landwirthschaftliche Notizen über Acker-, Forst-, Garten- und Hauswirthschaft mit Benutzung der neuesten Journale und Bücher des In- und Auslandes zusammengestellt und für praktische Landwirthe bearb. 1. Sammlung. Ebend. 861. 8. (XII, 334 S.) 1 ℛ

Sachs, L[eon]: Zur Berechnung räumlicher Fachwerke: Allgemeine Formeln für statisch bestimmte und insbesondere statisch unbestimmte Kuppel-, Zelt- und Turmdächer. Mit 3 Taf. Berlin: Ernst 1905. 56 S., 3 Taf. 4° ¶ Auch als Buch.
Darmstadt, Dr.-Ing.-Diss. v. 12. 7. 1905

Sachs, Ludwig

Sachs, Ludov. (geb. Sohrau in Oberschles. 24. 12. 1836): De arthritide nodosa s. deformante. Berolini (1861). (32 S.) 8°
Berlin, Med. Diss. v. 27. Juli 1861

Sachs, Ludov. (geb. Oppeln März 1818): De catalepsi. Berolini (1845). (29 S.) 8°
Berlin, Med. Diss. v. 7. Febr. 1845

Sachs, Ludw., die Heilkraft des kalten Wassers [nach Prießnitz's systemat. Anwendung] auf wissenschaftl. Prinzipien zurückgeführt. Den Aerzten u. dem gebildeten Publikum gewidmet. 8. (XII u. 100 S.) Berlin 848, Adolf & Co. 12 ngr.

Sachs, Ludov. (geb. Gernrode in Anh. 29. 1. 1835): De tabe dorsuali. Berolini (1857). (30 S.) 8°
Berlin, Med. Diss. v. 7. Aug. 1857

Sachs, Ludwig, a. Wien: **Über magnesium-organische Verbindungen.** (Berlin 1905: G. Schade.) (78 S.) 8°
Berlin, Phil. Fak., Ref. Fischer, Landolt, Diss. v. 24. Juni 1905
[Geb. 15. Febr. 82 Wien; Heimatsort: Berlin; Staatsangeh.: Österreich; Vorbildung: Erzherzog Rainer-Gymn. Wien Reife Juli 00; Studium: Wien 2, Berlin 5 S.; Rig. 8. Juni 05.]

Sachs, Ludwig Wilhelm

Lud. Guil. Sachs anulecta ad variolarum origines spectantia; diss. pro loco. Regiomonti 1823. 8. — *Dein sub titulo:* De originibus variolarum liber. Ibid. 1824. 8.

Sachs, Ritter Ldw. Wlh., die China u. die Krankheiten welche sie heilt. Ein pharmakologisch-therapeut. Versuch. gr. 8. Königsb. 831. Bornträger. 22 g.

— die Cholera, s. Verhandl. d. physikal.-medicin. Gesellschaft zu Königsberg üb. die Cholera. 2r Bd.

Sachs, Ludw. Wilh., Einiges z. Erinnerung an Lessing, e. Wort an uns. Zeit. Ein Vortr. geh. in d. deutschen Gesellschaft zu Königsberg am preuß. Krönungsfeste 1839. gr. 8. (3¼ B.) Berlin, Veit u. Comp.

— Grundlinien zu einem natürl. dynam. System d. Medicin. 1r Thl. gr. 8. Berl. 821. Reimer. 2 ℛ 12 g.

— Grundriß d. Diätetik bei d. Gebrauch aller Mineralwasser, u. besond. der in d. Struveschen Trinkanstalten. 8. Berl. 830. Vereinsbuchh. 8 g.

—— Handbuch d. natürl. Systems der prakt. Medicin. 1. Thl. 1. u. 2. Abthl. gr. 8. Leipzig, Voss.
Abth. 1. Die Grundzüge d. Systems u. d. erste Ordnung d. Entzündungen enth. (32½ B.) 828. 2 Thlr. 8 Gr.
- 2. Die zweite Ordn. d. Entzündungen enth. (34½ B.) 829. 3 Thlr.

—— und Fr. Ph. Dulk, Handwörterbuch d. prakt. Arzneimittellehre, zum Gebr. f. angeh. Aerzte u. Physici. 1. u. 2. Thl. (od. 3 Abthln. A—On.) gr. 8. Königsberg, Gebr. Bornträger. [1. (55 B.) 830. 4 Thlr. 12 Gr., 2. 1. (43½ B.) 832. 3 Thlr. 16 Gr., 2. (51½ B.) 833. 3 Thlr. 20 Gr.]

—— dass. — **Neue Ausg. in monatl. Lfgn. 1—14. Lfg. gr. 8. (149¼ B.) Ebds. 835.** à

—— und Friedr. Phil. Dulk, Handwörterbuch d. prakt. Arzneimittellehre z. Gebr. f. angeh. Aerzte u. Physici. 15—21. Lfg. od. 3. Bd. (7 Lfgn.) (Op. — Z u. pharmazeut. u. patholog.-therapeut. Register.) gr. 8. (81 B.) Königsberg 836—39, Gebr. Bornträger.
1. u. 2. Bd. (A—On.) Ebendas. 1830, 33. 12 Thlr.

—— die **Homöopathie** u. Herr Kopp. **Eine Kritik der Schrift d. Letztern üb. erstere, nebst e. Sendschr. an Hrn. Hof- u. Medicinalrath etc. Ritter Dr. Clarus. gr. 8. (17½ B.) Leipzig 834, Brockhaus.**

—— das Opium. Ein pharmakolog.-therapeut. Versuch. gr. 8. (17 B.) Königsberg 836, Gebr. Bornträger.

Sachs, (L. Wilh.,) de originibus variolarum liber. 8 maj. Regiomonti 824, (Bornträger.)

Sachs, Ritter Ldw. Wlh., de accuratiori rheumatismi et arthritidis diagnosi prodromus. Comment. 8maj. Lpz. 827. Voss. 6 g.

—— Quaestionum neuropathologicar. spec. 4maj. (4½ B. Regimontii Pr. 837, Frat. Borntraeger.

—— das **Quecksilber. Ein pharmakolog.-therapeut. Versuch. gr. 8. (23½ B.) Königsberg 834, Gebr. Bornträger.**

— offenes Sendschreiben, die Cholera betreff. 8. (2 B.) Königsberg 831, Gebr. Bornträger.

—— das Spiessglanz. Ein pharmakolog.-therapeut. Versuch. gr. 8. (14¾ B.) Königsberg 838, Gebr. Bornträger.

Philadelphus [d. i. **Sachs**, Ludw. Wilh.]: Der Staat, die Kirche und die Kölner Angelegenheit, oder: zu welchem Ausgange wird die Kölner Angelegenheit führen? Nebst e. Beil. Braunschweig 1838.

Sachs, Ludw. Wilh., Symbola ad curationem Phthiseos emendandam. Commentat., qua viro perill. Chrstph. Guil. Hufeland, Doctoratus in medic. impetrati semisecularia gratulatur Universitas literar. Regiomont. 4. (3 B.) Regiomontii 833, Fratr. Borntraeger. Thlr

Versuch zu einem Schlussworte über S.Hahnemann's homöopathischen System, nebst einigen Conjecturen. Von Ludwig Wilhelm Sachs. Leipzig: Voss 1826. 94 S. 8°
[Umschlagt.:] Sachs: Über Hahnemann's homöopathisches System.

— üb. Wissen u. Gewissen. Reden an Aerzte. gr. 8. Berl. 826. Reimer. 1 ₰ 16 ℊ

Sachs, M., Album von Nassau, s. Album.

Sachs, M. E., Untersuchungen üb. das Wesen der Tonarten. gr. 8. (91 S.) Dommin 884. Frantz. n. 2. —; geb. n. 2. 40

Sachs, Ma[illegible] (geb. [illegible]) [illegible] 1845 [illegible]
Berlin, Med. Diss. v. 2[illegible] Sept. 1845

Sachs, Martin [Pseud.], s. Göchhausen, Ernst Aug. Ant. von

Sachs, Mart., (Er. Aug. Ant. v. Göchhausen), meines Vaters Hauschronica; ein launiger Beitrag z. Lebensweisheit, Menschen- u. Weltkunde ec. 8. Erf. 790. Keyser. 1 ₰ 4 ℊ

Meines Vaters Hauschronika, ein launiger Beytrag zur Lebensweisheit, Menschen- und Weltkunde. Mit Belegen, Anecdoten und Characterzügen. Hrsg. von Martin Sachs. Erfurt: Keyser 1790. XLIV, 516 S. 8°
cf. Die neuesten Religionsbegebenheiten. 13 (1790) S. 477—491.
Spielt verschiedentlich auf die Illuminaten an.

SACHS, Max., Im Konkubinenstock. Humoreske. (S.-A. aus d. Feuilleton der „Süddeutschen Presse".) München, Pollner, 1882. 8⁰. 19 S. Zahm.

Sachs, Max, a. Breslau: Das Krankenkassenwesen in Stuttgart bis 1904. Bielefeld 1907: A. Gerisch & Co. (141 S.) 8° [J.]
Tübingen, Staatsw. Fak., Ref. v. Schönberg, Diss. v. 10. Dez. 1907
(Nur in beschränkter Anzahl für den Austausch)
[Geb. 23. Sept. 83 Breslau; Wohnort: Breslau; Staatsangeh.: Preußen; Vorbildung: Gymn. Breslau Einj.-Freiw.-Zeugnis; Studium: Handels-Hochsch. Leipzig 4, Univ. Tübingen 5 S.; Rig. 14. Juli 06.]

Sachs, Meyer *(geb. Breslau 15. 10. 1798)*: Dissertatio ... sistens pathogeniam hydropis scarlatinam insequentis. Vratislaviae (1822). (32 S.) 8°
Breslau, Med. Diss. v. 15. Nov. 1822

Sachs, Michael, approb. Arzt aus Berlin: Zur conservativen Behandlung der chronischen Mittelohreiterungen. *Leipzig 1901: B. Georgi.* (30 S.) 8°
Leipzig, Med. Diss. v. (20. Juli) 1901

Sachs, Mich., Beiträge zur Sprach- u. Alterthumsforschung. Aus jüdischen Quellen. 1. Hft. gr. 8. (VIII u. 188 S.) Berlin 852, Veit & Co. n. 1 ₰

Sachs, Mich., Beiträge zur Sprach- und Alterthumsforschung. Aus jüdischen Quellen. 2. Heft. Berlin 854. (Leipzig,) Veit u. Co. gr. 8. (2 Bl., 210 S.) n. 1 ₰.

[J.] Michael Sachs und Moritz Veit. Briefwechsel hrsg. v. Ludwig Geiger. *Frankfurt a. M.: J. Kauffmann 1897.* (1 Bl., XXIV, 108 S., 2 Portr.) 1 Bd 8. [97. 5217]

— s. Bücher, die vier und zwanzig, d. heil. Schrift.

Sachs, Mich., Festgebete der Israeliten, s. Festgebete.

Sachs, Mich., Festgebete der Israeliten mit vollständigem, sorgfältig durchgeseh. Texte. Neu übers. und erläutert. 9 Thle. (Deutscher Ritus.) Druckpap. 11. Aufl. gr. 8. Breslau 887, Koebner.
Inhalt:
Thl. 1—4. Rosch-ha-Schanah und Jom Kippur. (368; 333; 140; 565 S.) ℳ 6.—.
„ 5—9. Sukkoth, Peßach und Schabuoth. (393; 346; 367; 403; 431 S.) ℳ 8.—.

—— dass. — 9 Thle. Velinpap. 10. Aufl. gr. 8. Ebendas. 887. [1.—4. Thl. ℳ 7.50.; 5.—9. Thl. ℳ 10.—.]

Sachs, M., Festgebete der Israeliten m. vollständigem, sorgfältig durchgeseh. Texte. Neu übers. u. erläutert. 9 Thle. (Deutscher Ritus.) Druckpapier. 12. Aufl. gr. 8. Breslau 889. Koebner. 14. —; 5 Einbde. ohne Goldschn. à n.n. — 70; m. Goldschn. à n.n. 1. 20; 9 Einbde. ohne Goldschn. à n.n. — 70; m. Goldschn. à n.n. 1. 20
1—4. Rosch-ha-Schanah u. Jom Kippur. (368, 333, 140 u. 565 S.) 6. —
5—9. Sukkoth, Peßach u. Schabuoth. (393, 346, 367, 403 u. 431 S.) 8. —

Sachs, Mich. [Machsor]. Festgebete der Israeliten m. vollständigem, sorgfältig durchgeseh. Texte. Neu übers. u. erläutert. 9 Thle. (Deutscher Ritus.) 13. Aufl. gr. 8. Bresl. 891, Jacobsohn u. Comp. 14 —; Velinpap. 17 50
1.—4. Thl. Rosch-ha-Schanah u. Jom Kippur. (V, 330, XXXVIII; 308, XXV; V, 92, XLVIII; V, 562, III S.) 6 —; Velinpap. 7 50. — 5.—9. Thl. Sukkoth, Pessach u. Schabuoth. (VI, 368, XXV; VI, 322, XXIV; VI, 340, XXVII; VI, 406, XXV S.) 8 —; Velinpap. 10 —.
12. Aufl. erschien 1889 bei Koebner in Breslau.

Sachs, Mich., Festgebete der Israeliten m. vollständigem, sorgfältig durchgesehenem Texte. Neu übers. u. erläutert. 9 Thle. (Deutscher Ritus.) 13. Aufl. gr. 8. Breslau 892. W. Jacobsohn & Co. 14. —; Velinpap. 17. 50; Einbde. in Leinw. à n n.n. — 55; in Doppelbdn. à n.n.n. — 65; m. Goldschn. à n.n.n. — 90; in Doppelbdn. à n.n.n. 1. 15
1—4. Rosch-ha-Schanah u. Jom Kippur. (V, 330, XXXVIII; 308, XXV; V, 92, XLVIII u. V, 562, III S.) 6. —; Velinpap. 7. 50
5—9. Sukkoth, Pessach u. Schabuoth. (VI, 368, XXV; VI, 322, XXIV; VI, 340, XXVII u. VI, 406, XXV S.) 8. —; Velinpap. 10. —

—— dass. — (Nach poln. Ritus.) 9 Thle. gr. 8. Ebendas. [1.—4. Thl. 16.—18. Aufl. (368; 333; 140; 565 S.) 885—88. ℳ 6.—.; 5.—9. Thl. 13. und 14. Aufl. (393; 346; 367; 403; 431 S.) 886,88. ℳ 8.—.]

Sachs, Mich., Festgebete der Israeliten m. vollständigem, sorgfältig durchgesehenem Texte. Neu übers. u. erläutert. (Nach poln. Ritus.) 9 Thle. gr. 8. Breslau 886. Koebner. wie der deutschen Ritus zu gleichem Preise.
1—4. 17. Aufl. (368, 333, 140 u. 565 S.) — 5—9. 13. Aufl. (393, 346, 367, 403 u. 431 S.)

— dasselbe. 9 Thle. (Polnischer Ritus.) Druckpapier. gr. 8. Ebd. 887. 14. —; Einbde. wie beim deutschen Ritus.
1—4. 18. Aufl. 6. —. — 5—9. 14. Aufl. 8. —.

— dasselbe. 9 Thle. Velinpapier. gr. 8. Ebd. 887. 17. 50; Einbde. wie beim deutschen Ritus.
1—4. 17. Aufl. 7. 50. — 5—9. 13. Aufl. 10. —.

—— dass. — 9 Tle. (Polnischer Ritus.) gr. 8. Ebd. 892. 14 — Velinpap. 17 50
1.—4. Tl. Rosch-ha-Schanah u. Jom Kippur. 20. Aufl. (V. 330; XXXVIII; 308, XXV; V. 92, XLVIII; V. 562, III S.) 6 —; Velinpap. 7 50.
5.—9. Tl. Sukkoth, Pessach u. Schabuoth. 16. Aufl. (VI. 368, XXV; VI. 322, XXIV; VI, 378, XXV; VI, 406, XXV S.) 8 —; Velinpap. 10 —.

— dasselbe. 9 Thle. (Polnischer Ritus). gr. 8. Ebd. 893. 14. —; geb. in 5 Leinwbde. n. 17. 50; m. Goldschn. n. 20. —; in 9 Bde. n. 20. 30; m. Goldschn. n. 24. 80
1—4. Rosch-ha-Schanah u. Jom Kippur. 21. Aufl. (V, 330, XXXVIII; 308, XXV; V, 92, XLVIII u. V, 562, III S.) 6. —; geb. in 2 Leinwbde. n. 7. 40; m. Goldschn. n. 8. 40; in 4 Bde. n. 8. 80; m. Goldschn. n. 10. 80.
5—9. Sukkoth, Pessach u. Schabuoth. 17. Aufl. (VI, 368, XXV; VI, 322, XXIV; VI, 378, XXV u. VI, 406, XXV S.) 8. —; geb. in 3 Leinwbde. n. 10. 10; m. Goldschn. n. 11. 60; in 5 Bde. n. 11. 50; m. Goldschn. n. 14. —.

— das Gebetbuch der Israeliten, mit vollständigem, sorgfältig durchgeseh. Texte. Neu übers. u. erläutert. 4. Aufl. Berlin 864. Gerschel. (Liebrecht.) gr. 8. (IV, 75 S.) n. 24 ngr.

—— das Gebetbuch der Israeliten mit vollständigem, sorgfältig durchgesehenem Texte. Neu übers. und erläutert. 15.—17. Aufl. Ausg. auf Druckpap. gr. 8. (VI, 502 S.) Ebendas. 886—88. *M* 2.40.; geb. *
geb. in Leinw. *M* 3.50.; mit Goldschn. *
Ausg. auf Velinpap.
geb. in Leinw. mit Goldschn.
geb. in Sammt mit Metallschloß, Beschlägen und Mittelstück *
geb. in Sammt mit Schloß, Elfenbeinbeschlägen und Mittelstück *
geb. in echten Sammt mit Schloß 2c. *

— das Gebetbuch d. Israeliten m. vollständigem, sorgfältig durchgesehenem Texte. Neu übers. u. erläutert. 18. Aufl. Ausg. auf Druckpapier. gr. 8. (VI, 502 S.) Ebd. 890. 2. 40; geb. in Leinw. 3. 50; m. Goldschn. n. 4. —; Ausg. auf Velinp. 3. 50; geb. in Leinw. m. Goldschn. 5. —; in Sammt m. Schloß, Elfenbeinbeschlägen u. Mittelstück n. 9. 50; in echten Sammt m. Schloß 2c. n. 14. —

—— Siddur, das Gebetbuch der Israeliten m. vollständigem, sorgfältig durchgeseh. Texte. Neu übers. u. erläutert. 19. Aufl. Auf Druckpap. gr. 8. (VI, 482; XX S.) Bresl. 891, [Koebner]. Jacobsohn. 2 40; geb. 3 50; m. Goldschn. * 4 —

— das Gebetbuch der Israeliten m. vollständigem, sorgfältig durchgeseh. Texte. Neu übers. u. erläutert. 19.—21. Aufl. Auf Druckpap. gr. 8. (VI, 482 u. XX S.) Ebd. 891—893. n. 2. 40; geb. in Leinw. n. 3. 50; m. Goldschn. n. 4. —

Sachs, Mich., Gebetbuch d. Israeliten m. vollst. sorgfält. durchgeseh. Texte. Uebers. u. erläut. Neueste Ausg. 8. (IV, 540 u. XV S.) Prag 898. J. B. Brandeis. 1. 50; geb. in Halbleinw. 1. 80; in Leinw. 2. 50; m. Goldschn. 3. 50

Sachs, Michael, die religiöse Poesie der Juden in Spanien. gr. 8. Berlin 845, Veit u. Comp. $1^3/_4$ Thlr.

Die religiöse Poesie der Juden in Spanien. Von Dr. Michael Sachs. Zum 2. Male mit biogr. Einl. u. ergänz. Anm. hrsg. von Dr. S[imon] Bernfeld. *Berlin: M. Poppelauer 1901.* (XX, 365, 51 S.) 8° [F.] [01. 7985]

Sachs, Mich., Predigten. Aus dessen schriftl. Nachlaß herausg. von Dav. Rosin. 2 Bde. in 6 Liefgn. Berlin 867—69. Gerschel's Verl. gr. 8. Jede Liefg. n. 20 ngr.
1. Bd. Festpredigten. Sabbatpredigten zum ersten u. zweiten Buche Moses. (VI, 505 S.)
2. Bd. Sabbatpredigten zum dritten, vierten u. fünften Buche Moses. (II, 454 u. X S.)

Sachs, Mich., Predigten. Stimmen vom Jordan und Euphrat. Ein Buch für's Haus. 2 Bde. 2. Aufl. 16. Berlin 868, Gerschel. *
geb. 1 Bd. mit Goldschn. *
geb. in 2 Bdn. mit Goldschn. *
Inhalt:
Bd. 1. Mit Beiträgen von Mor. Veit. (XIX, 268 S.)
» 2. Hrsg. von M. Lazarus. (XVII, 301 S.)

Sachs, Mich., die Psalmen. Uebers. u. erläut. gr. 8. ($14^1/_8$ B.) Berlin 835, Veit u. Comp.

Sachs, Mich., s. Psalmen.

Sachs, Michael. Rabbiner. Segens-Spruch über die Opfer des 18. und 19. März. An ihren Särgen gesprochen am 22. März 1848. Literarisches Institut. 1 Bl. 8.
Flugblatt. Berlin, 22. März 1848.

Sachs, Mich., Stimmen vom Jordan und Euphrat. Ein Buch für's Haus. Mit Beiträgen von Mor. Veit. Berlin 853. (Leipzig,) Veit u. Co. 16. (XVI, 395 S.) n. 1 Thlr. 20 ngr.

— Stimmen vom Jordan u. Euphrat. Ein Buch für's Haus. 2 Bde. 2. Aufl. Ebend. 868. 16. n. 1 Thlr. 20 ngr.; in engl. Einb. mit Goldschn. n. 2 Thlr.; in 2 Bdn. n. 2 Thlr. 10 ngr.
1. Bd. Mit Beiträgen von Mor. Veit. (XVII, 268 S.)
2. Bd. Herausg. von M. Lazarus. (XVII, 301 S.)

— Stimmen vom Jordan u. Euphrat. Ein Buch fürs Haus. 2 Bde. 12. Frankfurt a/M. 891. Kauffmann. In 1 Bd. geb. m. Goldschn. n. 5. —
1. Mit Beiträgen v. Moritz Veit. 3. Aufl. Mit dem Bildnis d. Verf. (XXII, 267 S.)
2. Hrsg. v. M. Lazarus. 2. Aufl. (VIII, 297 S.)

Sachs, Michael [app. Arzt aus Frankfurt a. M.]: Die diagnostische Verwertbarkeit des Nierenballottements ... Berlin, C. Vogts Buchdr., *1895;* 26 S., 1 Bl. 8.
Leipzig, Med. Fak., Inaug.-Diss. v. [1. Juni] 1895

Sachs, Nathan, hebräische Grammatik, s. Ollendorff, H. G.

Sachs, Nathan, H. G. Ollendorff's neue Methode in 6 Monaten eine Sprache lesen, schreiben u. sprechen zu lernen. N'thiboth laschon ibrith. Anleitung zur Erlernung der hebräischen Sprache. Für den Schul- u. Privat-Unterricht. Frankfurt a. M. 870. Jügel's Verl. 8. (IV, 550 S.) cart. n. 1 Thlr. $7^1/_2$ ngr.
Schlüssel dazu. (III, 195 S.) cart. 14 ngr.

Sachs, Oscar *(geb. Bunzlau 1. 12. 1844)*: Die Entwickelung der Carcinome. Breslau 1869. (36 S., 1 Taf.) 8° *[Den Tauschexemplaren fehlt die Tafel.]*
Breslau, Med. Diss. v. 9. Dez. 1869

Sachs, Otto [aus Marburg]: **Über die Einwirkung von Diazotoluolen und Diazophenolen auf β-Naphtylamin. Hydrazimidoverbindungen des β-Naphtylamins .... Marburg, C. L. Pfeil'sche Univ.-Buchdr.,** 1886; 40 S. 8°.
Marburg, Phil. Fak., Inaug.-Diss. v. 29. Jul. 1886.

Sachs, Otto, Gedichte. 8. (VIII, 111 S.) Prag 894. J. G. Calve. n. 2. —

Sachs, Otto, von zwei Geschwistern. Mit e. Vorwort v. J. J. David u. d. Portr. d. Verf. 8. (IX, 203 S.) Berlin 898. Schuster & Loeffler. 3. —; geb. 4. 50

SACHS, Richard (Breslau): Ein Beitrag zur Aetiologie der Pneumonie. München: Lehmann 1891. 1 Bl., 20 S.
5.2.1890 – Chr 1889/90,28; Jv 1890/91,255 (Prom.-Datum: 1891)
Diss. Ingolst.-Landsh.-Mchn.

Sachs, Rich., e. Beitrag zur Aetiologie der Pneumonie, s. a. Abhandlungen, Münchener medicinische.

Sachs, Rich., neue blumige Flächenmuster. (8 farb. Taf.) 33×25,5 cm. Plauen (910). Ch. Stoll. 6.—

Die Gicht-Therapie in Karlsbad. Von Dr. Richard Sachs, Brunnenarzt in Karlsbad. *Berlin: S. Karger 1901.* (48 S.) 8° [01. 1173]

Sachs, R., Ideen f. Zeichner u. Maler. 1. u. 2. Serie. gr. Fol. (à 8 Taf.) Plauen (901). Ch. Stoll. à Serie n. 8.—

Sachs, Roman, Die Argeer im römischen Kultus. 2 Programme der Studienanstalt zu Metten, 1866 u. 1868. Landshut, Thomann, 4°, 28 u. 36 S.
Zu dem 1. Progr. vgl. die Inhaltsangabe Litt. Handw. 1867, S. 116.

SACHS [S.] Der kluge Bauer oder d. Buch f. d. Bürger u. Landmann. Wucherer, Wien 1785.

— der kluge Bauer. 4 Thle. 8. Wien, Schaumburg. 79⁰.

Sachs, ..., s. Bauer, der kluge.

Sachs, Salomo

—— kurzer Abriß d. theoret. u. prakt. Arithmetik. 8. (5½ B.) Berlin 833, Schüppel.

—— kurzer Abriß d. reinen u. prakt. Geometrie. (Ohne Kpfr.) 8. (7½ B.) Berlin 833, Schüppel.

Sachs, Sal., kurzer Abriß d. angewandten Mathematik (Ohne Kpfr.) 8. (17¾ B.) Berlin 835, Schüppel. Thlr

Sachs, Sal., die Ankunft im Olymp, ein unterhaltendes u. belehrendes Spiel. Berl. 815. Stuhr. 12 gr

— Anleit. z. Erd-Baukunst (Pisé-Bau); mit Anwend. auf alle Arten v. Stadt- u. Landbauten, nebst e. vollständ. Lehre von d. Konstruction d. Tonnen-, Kappen- u. Kreuzgewölbe in reinem Lehm, u. von d. Anfertigung feuersicherer Dächer ohne alles Holzwerk, auch e. Anweis., die Fundamente bis auf den Baugrund in bloßem Lehm anzufertigen. Mit 4 Kpft. in Fol. gr. 8. Berl. 825. Amelang. 2 ℛ 12 gr

Sachs, Sal., Anweisung z. Anfertig. e. neuen völlig feuerfesten u. absolut wasserdichten Dachbedeckung f. ganz flache Dächer [Altane], mittelst eigend dazu erfund. Harzplatten u. ganz eigenthüml. geformter Steinfliesen ꝛc. gr. 8. (4 B. u. 1 Kpfrt.) Berlin 837, Förstner. Thlr.

— Anweisung zur Berechnung u. Anfertigung der Bau-Anschläge. Für Architecten, Baubeamte, Bauhandwerker, Hausbesitzer ꝛc. Mit Bezug auf die Werke von Triest, Gilly, Sachs, Wolfram ꝛc. 8 Hefte. Mit Figurentafeln. gr. 8. Berlin 842, Schlesinger'sche Buchh. 6 1/12 ℛ — Die Hefte einzeln: Heft I. Der Maurer. Mit 8 Fig.-Taf. 1 1/6 ℛ — II. Der Steinmetz, Bildhauer, Stucateur, Bronceur u. Vergolder. Mit 12 Fig.-Taf. 1 ℛ — III. Der Zimmermann. Mit 13 Fig.-Taf. 1 1/3 ℛ — IV. Der Tischler, Schlosser und Schmidt, Nagelschmidt, Drathflechter, Glaser, Anstreicher u. Lackirer, und Tapezirer. Mit 2 Fig.-Taf. 2/3 ℛ — V. Der Gelb- u. Glockengießer, Spritzen- u. Feuerlöschgeräthmacher u. Böttcher. Mit 5 Fig.-Taf. 7/12 ℛ — VI. Der Töpfer, Lehmer u. Stacker, und Decker flacher Dächer in Lehm u. a. Stoffen. Mit 1 Fig.-Taf. 1/3 ℛ — VII. Der Brunnenmacher, Dammsetzer, Drechsler u. Seiler. Mit 2 Fig.-Taf. 1/2 ℛ — VIII. Der Klempner, Kupferschmidt, Schieferdecker, Stroh- u. Rohrdecker, Spließ- Schindel- u. Spohndecker. Mit 2 Fig.-Taf. 1/2 ℛ

— Auflösung d. in Meyer Hirsch Samml. v. Beispielen, Formeln u. Aufgaben aus d. Buchstabenrechnung u. Algebra enthalt. Gleichungen u. Aufgaben. 8. Berl. 810. 2e A. 817. 3e A. 821. 4e verb. 829. Duncker u. H. 1 ℛ 16 gr — Supplement zu d. Auflösungen d. Meyer Hirschischen Aufgaben aus d. Buchstabenrechn. u. Algebra. 8. Edd. 811. Wolf. 4 gr

Sachs, S., Auflösungen der in Meier Hirsch's Sammlung von Beyspielen ꝛc. aus der Buchstabenrechnung und Algebra enthaltenen Gleichungen und Aufgaben. 3te Aufl. 8. Berlin, Duncker und Humblot. 820.

Auflosungen der in Meier Hirsch's Sammlung von Beispielen etc. enthaltenen Gleichungen und Aufgaben. ... Von S. Sachs. 4., verb. Aufl. Berlin: Duncker & Humblot 1829. X,438 S. 8°

Sachs, S. Auflösung der in Meier-Hirschs Sammlung enthaltenen Gleichungen und Aufgaben. 4. A. Stuttgart 1833.

—— Auflösungen der in Meier Hirsch's Sammlung v. Beispielen ꝛc. aus d. Buchstabenrechnung und Algebra enth. Gleichungen u. Aufgaben. 5., verb. Aufl. 8. (28 B.) Berlin 839, Duncker u. Humblot.

— Auflösungen der in Meier Hirsch's Sammlung von Beispielen ꝛc enthalt. Gleichungen und Aufgaben. Zum Selbstunterricht bestimmt. 6. Aufl. gr. 8. Berlin 844, Duncker u. Humblot. 1 2/3 ℛ

Sachs, Salomo, Auflösungen der in Meyer Hirsch's Sammlung von Beispielen ꝛc. enthaltenen Gleichungen u. Aufgaben. Zum Selbstunterricht bestimmt. 7. Aufl. gr. 8. (X u. 438 S.) Berlin 849, Duncker & Humblot. 1 2/3 ℛ

Sachs, S., Auflösungen der in Meier Hirsch, Sammlung von Beispielen ꝛc. enthaltenen Gleichungen u. Aufgaben. Zum Selbstunterricht bestimmt. 9. durchgeseh. Aufl. Berlin 859. Duncker & Humblot. gr. 8. (VI, 438 S.) 1 ℛ 20 ngr.

Sachs, S., Auflösungen der in Meier Hirsch, Sammlg. v. Beispielen ꝛc. enth. Gleichungen u. Aufgaben. Zum Selbstunterricht bestimmt. 11. verm. u. verb. Aufl. v. G. Valentin. gr. 8. (IV, 316 S.) Altenburg 875. H. A. Pierer. n. 5.—

Sachs, S. Auflösungen zu Meyer Hirsch' Sammlung aus der Buchstabenrechnung.
12. Auflage. Altenburg, 1882.

Sachs, S., Auflösungen der in Meier Hirsch, Sammlung v. Beispielen u. s. w. enth. Gleichungen u. Aufgaben. Zum Selbstunterricht bestimmt. 13., verb. u. m. e. Anh. verm. Aufl. v. G. Valentin. gr. 8. (IV, 356 S.) Altenburg 892. H. A. Pierer. n. 5.—

Sachs, S., Axen-Parallelismus. Eine Denkschrift über die wahre Lage der Sonnen- und Erdachse im Weltenraume. Durch eine Maschine erläutert. gr. 8. Berlin 844, Schropp u. Comp. 1/6 ℛ

—— der wohlerfahrene Bauherr. Ein Handb. f. Hausbesitzer u. Alle die es werden wollen, od. vollständ. auf Praxis gegründ. Belehrung üb. Alles, was bei dem Kauf städtischer u. ländl. Grundstücke, so wie bei dem Ausbau od. Neubau e. Hauses wahrzunehmen ist, um gut zu kaufen, wohlfeil, zweckgemäß u. fest zu bauen, auch d. Mängel d. gelieferten Arbeiten u. Materialien sogleich zu erkennen, sich durch bündige Contracte geg. Bevortheilungen aller Art sicher zu stellen ꝛc. Nebst e. Anh.; auch e. vollständ. Bau-Tarif. 8. (14 B. u. 7½ B. Tab. gr. 4.) Berlin 832, Schüppel.

— über d. Bau=Recht in sein. ganzen Umfange, od. Grundlage e. vollständ. u. zeitgemäß verbess. Bau=Ordnung. Ein Handb. f. Baumeister, Juristen, Polizei=Beamte, Grundbesitzer, so wie f. Jeden, der üb. d. Rechte bei Bau=Anlagen aller Art sich gründlich unterrichten will. 2 Thle. gr. 8. (39¼ B.) Berlin 831, Schüppel.

— allgem. Bau=Tarif, od. genaue Angabe d. Preise aller Bauarbeiten u. Materialien, welche sowohl bei Neubauten als Reparaturen am gewöhnlichsten vorkommen. In Bezieh. auf das vom Verf. hrsg. „Bau=Recht," Thl. II. Tit. 9. 3. Abschn. Für Baumeister, Juristen, Polizeibeamte u. Grundbesitzer. qu. gr. 4. (8½ B.) Berlin 833, Schüppel.

— Beschreib. e. neu erfundenen Dach=Construktion, zu städtischen u. ländl. Gebäuden aller Art anwendbar, welche nicht blos wasserdicht u. dauerhaft, sondern auch v. außen u. innen völlig feuerfest ist, u. alle Vortheile der flachen, mit Metall gedeckten Dächer gewährt, ohne kostbarer als die gewöhnl. Strohbedachung zu sein. Mit 1 Kpft. gr. 8. Berl. 829. Schüppel. 12 gr. 2e verm. Aufl. mit 2 Kpf. 829. 16 gr.

Sachs, Sal., Darstell. geometr. Wahrheiten f. den Künstler rc. u. überhaupt f. den Nichtmathematiker. Mit 4 Kpft. gr. 8. Berl. 806. Himburg. 1 Thlr.

— Diagonon, eine Maschine zur versinnlichten Anschauung der sphärisch=astronom. Kreise u. Winkel, wie solche in Folge der täglichen Axendrehung der Erde am Himmel gedacht werden. Erfunden u. beschrieben. gr. 8. Berlin 844, Schropp u. Comp. ⅓ Thlr.

— Elementar=Unterricht in d. reinen u. angewandt. Mathematik, so wie in den damit in Bezieh. stehend. Wissenschaften. Durchaus faßl. u. praktisch dargest., u. f. den Gebr. in Kunst=, Gewerbe= u. Bürgerschulen, auch zum Selbstunterr. entworfen. 3 Thle. 8. (98½ B. u. 76 Kpft. qu. gr. 4.) Berlin 833—35, Schüppel.
Diese 3 Thle. werden einzeln auch unter folgenden Titln. ausgegeben:
Lehrbuch d.theor.u.prakt.Arithmetik.
Lehrbuch d.reinen u.prakt.Geometrie.
Lehrbuch d.angewandten Mathematik.

Sachs, Salomo, cylindrisches Ellipto=Tellurium. Lithographische Abbildung desselben, nebst einem kurzen Nachtrag zu der 1850 herausgekommenen Schrift: Das Sonnen=System rc. gr. 4. (8 S.) Berlin 852, Lassar in Comm. n. ⅙ Thlr.

— Ueber die Existenz des Luft= und Wasserdrucks. In Beziehung zu den dagegen gemachten Einwürfen des Hrn. Baron v. Drieberg. Ein Beitrag zur neueren Physik. gr. 8. Berlin 845, Springer. n. ⅓ Thlr.

— der Glaube meiner Väter oder wie verhält sich Moral u. Religion zum reinen Mosaismus? nebst neuen Ansichten von unserer persönl. Fortdauer nach dem Tode u. Grundzüge einer auf astronomische Wahrheiten sich stützenden Natur=Religion. gr. 8. (VI u. 168 S.) Berlin 851, Lassar. n. ½ Thlr.

Sachs, S[alomo]: Grundriß von Berlin. Neue Aufl. Berlin. 1837, Lithographie. kol. 1 Bl. Fol.. 43,5/53,5 cm.

Sachs, S.: „Neuester und vollständig rechnender Haushalter und Kaufmann", Halle 1815 (Waisenhaus-Buchhandlung).

— neuester u. vollständ. rechnender Haushalter u. Kaufmann. 8. Halle 815. (Schlesinger in Berl.) 18 gr.

— der Lehmbau, durchaus verbessert und bewährt durch 20jährige praktische Erfahrung, nebst der doppelten Harzplattendeckung, wie solche sich neuerdings als die wohlfeilste, dauerhafteste u. zweckgemäßeste Methode zur Deckung flacher Dächer herausgestellt hat. Ein prakt. Handbuch für Jeden, der sowohl auf dem Lande, als in der Stadt mit überaus geringen Kosten, stattliche, trockene u. feuerfeste Gebäude zu erbauen wünscht. Mit 1 Kupfert. gr. 8. Berlin 841, Förstner. ⅚ Thlr.

— Lehrbuch d. theoret. u. prakt. Arithmetik, od. Inbegriff alles Wissenswürdigen aus d. Gebiete d. niederen u. höh. Arithmetik. Mit steter Rücksicht auf d. Anwend. f. d. Leben. 8. (21 B.) Berlin 833, Schüppel.

— Lehrbuch d. reinen u. prakt. Geometrie, od. Inbegriff alles Wissenswürdigen aus d. Gebiete d. niederen geometr. Wissenschaften. Mit steter Rücksicht auf d. Anwend. f. d. Leben. M. 16 Kpfr. 8. (21 B.) Berlin 833, Schüppel.

— Lehrbuch d. angewandt. Mathematik, od. Inbegriff alles Wissenswürdigen aus d. Gebiete dynam., opt. u. akustischen Wissenschn. Mit steter Rücksicht auf d. Anwend. f. d. Leben. Nebst 60 Kpfr. 8. (56½ B.) Berlin 835, Schüppel.
Hiernach sind als Leitfaden für d. Lehrer u. als Anhalt f. d. Schüler beim Repetiren, bearbeitet:
Kurzer Abriß d.theor.u.prakt.Arithm.
" " d.reinen u.prakt.Geom.
" " d.angewandten Mathematik.

— Moira, od. die Reise durchs Leben. Zur Unterhaltung in den Winterabenden. Fol. Berl. 817. Amelang. 20 gr.

— der verbess. Pisé=Bau; ein Beitr. z. Vervollkommnung des Staatshaushaltes, nebst Bemerk. üb. ein, auf Befehl rc. ausgeführtes Militär=Oekonomie=Gebäude v. 400 Fuß Länge. 8. Berl. 822. (Dunker u. H.) 12 gr.

— Plan v. Berlin, nach d. neuesten Abänderr. Berl. 816. N. Aufl. 827. Schlesinger. auf Velinp. schwarz 18 gr. ill. 1 Thlr. 4 gr. auf Leinwand in Futt. 1 Thlr. 18 gr.

— der wahre Prophet in allen Verhältnissen d. Lebens. Ein neu erfund. Spiel. gr. 12. Berl. 815. Amelang. 12 gr.

— der wahre Prophet in allen Verhältnissen des Lebens. Ein neuerfundenes Spiel. 2te verb. Aufl. 12. Ebend. 817.

— gemeinnütziges Rechenbuch, im Zusammenhang mit Auflösungen aus d. Algebra. 8. Berl. Braunes. 811.

— gemeinnütz. Rechenbuch im Zusammenhange mit arithmet. Auflösungen der aus d. Algebra entlehnten Aufgaben. 8. Berl. 811. Rücker. 1 Thlr. 8 gr.

— gemeinnütziges Rechenbuch im Zusammenhange mit arithmetischen Auflösungen d. aus d. Algebra entlehnten Aufgaben. 2te wohlfeile Ausgabe. 8. Berlin, Rücker. 819.

— neu erfundene Rechen=Maschine, die bei allen vorkommenden Rechnungsarten auf eine sehr leichte u. sehr einfache Weise multiplicirt u. dividirt rc. In Form eines Triangels auf Holz geklebt, nebst Erklär. Berl. 817. Schlesinger. 1 Thlr. 12 gr.

Sachs, S., Sammlung von arithmetischen Auflösungen algebraischer Aufgaben. Zum Schul=Unterricht. Berlin 855. G. Reimer. 8. (IV, 64 S.) 10 ngr

— Samml. v. Bauanschlägen f. alle Zweige d. bürgerl. Baukunst. Ein Taschenbuch für Architekten, Gewerksmeister u. Bauherrn. 8. Berl. 828. Boß. 1 Thlr. 8 gr.

— die Schieferdeckerkunst in ihrem ganzen Umfange, prakt. dargest. Ein Beitr. z. bürgerl. Baukunst. gr. 8. (5 B. u. 12 Kpfrt.) Berlin 836, [Förstner.]

— das Sonnen=System od. neue Theorie vom Bau der Welten. Mit 2 Kupfertaf. (in qu. Fol.) u. 4 Holzschn. gr. 8. (XXX u. 210 S.) Berlin 850, Schlesinger'sche Buchh. 1⅓ Thlr.

— Spezial=Bau=Reglement f. d. Stadt Berlin. Mit Erläutern. Nebst e. Anh., welcher die im Allgem. Landrecht zerstreuet befindl. Bau=Gesetze enthält. 8. (7½ B.) Berlin 838, Förstner.

— allgem. Straßen- u. Wohnungsanzeiger, od. Addreßbuch für Berlin. qr. 8. Berl. 814. Duncker u. H. 1 ₰ 8 gr. Mit 1 Grundriß. 2 ₰

— ein Tag in Potsdam. Ein unterhaltendes Würfelspiel, nebst einer Beschreib. u. 51 Ansichten d. vornehmsten Gebäude ꝛc. gr. 8. Berl. 819. Amelang. 1 ₰

— vollständ. Unterricht in d. Anfertigung d. Bauanschläge. Mit 1 Kpf. gr. 8. Berl. 827. Amelang. 3 ₰ 18 gr.

— Verstandesübungen f. die Jugend, zum Gebrauch f. Schulen. 8. Berl. Braunes. 811.

—— unterhalt. Verstandesübungen aus d. Gebiete d. mathemat. Analysis. Schulmännern, Eltern u. Erziehern gewidmet. I—V. Classe. gr. 12. Berlin, [Förstner.] à * ⅓ Thlr. *
Classe I. Für Kinder v. 6—10 Jahren. 1. Hft. (4 B.) 836.
" II. Für Kinder v. 10—12 Jahren. 1. Hft. (4 B.) 836.
" III. Für Kinder v. 12—14 Jahren. 1. Hft. (4 B.) 836.
" IV. Für Schüler üb. 14 Jahre. 1. Hft. (4 B.) 836.
" V. Für Schüler üb. 16 Jahre. 1. Hft. (4⅔ B.) 837.

— Versuch, algebraische Aufgaben vom 1sten Grade mit 1 u. 2 unbekannten Größen, ohne Algebra, aufzulösen. 8. Berl. 799. (Leipz. Joachim). 8 gr.

— ein Tag in Berlin. Ein unterhaltendes Würfelspiel, nebst 41 Ansichten d. vornehmsten Gebäude u. Statuen dieser Residenz. 2e verb. Aufl. Fol. Berl. 817. Amelang. 1 ₰

Sachs, Salomo, Das Welt-System.

Sachs, Samuel

— was heißt f. die Bedürfnisse d. Zeit predigen. gr. 8. Sulzb. 815. v. Seidel. 4 gr.

Sachs, Sam., († d. 6. Dec. 1822.) üb. den Werth religiöser Begräbnißfeierlichkeiten. 8. Nürnb. 818. Riegel u. W. 4 gr.

... Die Gymnastik im Hause, ein unentbehrliches Hilfsmittel der Gesundheitspflege und Krankenpflege für Personen jeglichen Alters. 3. verm. u. verb. Aufl. zsgest. unter spec. Berücks. d. patentierten Sachs-Kugelstab-Apparate v. Stanislaw Sachs ... *Berlin: (Dr. e. A. Schulze. Rixdorf) 1899.* (16 S., 1 Taf.) 1 Bd 8. [99 1770

Sachs, Stanislaw, die Gymnastik im Hause, e. unentbehrl. Hilfsmittel der Gesundheits- u. Krankenpflege f. Personen jegl. Alters. 4. verm. u. verb. Aufl., zusammengestellt unt. specieller Berücksicht. der patent. Sachs-Kugelstab-Apparate. Mit 1 Übungstaf. (in gr. Fol.) m. 28 Abbildgn. gr. 8. (24 S. m. Abbildgn.) Berlin (N., Oranienburgerstr. 15) 900. Selbstverlag. — 30

Sachs, Stanislaw, Sachs-Apparat f. Zimmer-Gymnastik Gesunder u. zur Hebg. v. Bewegungsstörgn. nach Krankheiten. 12. (81 S. m. 17 Abb.) Berlin (W., Leipzigerstr. 13) 897. Selbstverlag. — 40

Sachs, Th., des Tierfreundes Tage-Buch. 8. (IX, 365 S.) Heidelberg 900. J. Hörning. Geb. in Leinw. n. 2.40

Sachs, Thdr., Hänsel u. Friedel. Ein Märchenspiel in 6 Bildern f. große u. kleine Kinder. (II, 128 S.) 8. Dresden 908. E. Pierson. 1.50

Sachs, Walther, Referendar in Berlin: Falsche und verfälschte Wechsel. Borna-Leipzig 1908: R. Noske. (VII, 68 S.) 8°
Leipzig, Jur. Fak., Diss. v. 3. Jan. 1908
[Geb. 28. Aug. 82 Breslau; Wohnort: Berlin; Staatsangeh.: Preußen; Vorbildung: Gymn. Patschkau (Schles.) Reife O. 01; Studium: Freiburg i. B. 1, Berlin 1, Freiburg i. B. 1, Berlin 4 S.; Rig. 11. März 05.]

Sachs, Wilh., Architektur-Skizzen aus Tirol. Reise-Aufnahmen baul. Denkmäler der Tiroler Bauweise. (51 Lichtdr.-Taf. m. 5 S. Text.) 33,5×25 cm. Wien 910. A. Schroll & Co. In Leinw.-Mappe 20. —

Sachs, *Wilhelm* [app. Arzt]: Beitrag zur Behandlung der Olecranonfrakturen ... (Aus: Beitr. z. klin. Chir., Bd XI Heft 2.) Tübingen, H. Laupp, 1893; 2 Bl., 16 S. 8.
Freiburg i. B., Med. Fak., Inaug.-Diss. v. 1893

Sachs, Guil.: De morborum pectoris acutorum diagnosi. Vratislaviae (1840). (36 S.) 8°
Breslau, Med. Fak., Hab.-Schr. v. 1. Juli 1840

Sachs, Wlh., s. Frank, Jh. Pet., de medicina clinica opera.

Sachs, Wilh., Pflege der Zähne, s.: Clasen, F. E., die Haut u. das Haar.

Sachs, Will., die Heilgymnastik im Hause, nebst e. Anleitg. u. Beschreibg. zum Gebrauche d. preisgekrönten, patentirten, verstellbaren, heilgymnast. Muskelstärker-Turn-Apparates. E. Mittel, d. Gesundheit zu erhalten, zu kräftigen u. Krankheiten zu heilen f. beide Geschlechter u. jedes Alter. gr. 8. (36 S. m. Abb.) Berlin 897. Cassirer & Danziger. n. 1. —

Sachs, Will., die Heilgymnastik im Hause, nebst Anleitg. u. Beschreibg. z. Gebrauch des Muskelstärker-Turn-Apparates. gr. 8. (36 S. m. 30 Abb.) Berlin 897. [Cassirer & Danziger.] H. Schildberger. n. 1. —

Sachs, Willy

Sachs, W., Betrachtungen üb. die Grenzen des chirurgischen Könnens. Vortrag, geh. im naturwissenschaftl. Verein zu Mülhausen i. Els. gr. 8. (19 S.) Basel 894. C. Sallmann. n. 1. —

Sachs, Willy [aus Münsterberg i. Schl.]: **Giebt es einen Ersten Schwangerschaftsmonat? ... Berlin, Buchdr. v. Gustav Schade (Otto Francke) (1887); 30 S. + 1 Bl. 8°.**
Berlin, Med. Fak., Inaug.-Diss. v. 6. Aug. 1887

Sachs, Willy, giebt es einen Ersten Schwangerschaftsmonat? Diss. Berlin 1887, Mayer & Müller. 8°. 30 S.

Sachs, Willy, die Kohlenoxyd-Vergiftung in ihrer klinischen, hygien. u. gerichtsärztl. Bedeutung. Monographisch dargestellt. Mit e. Spectraltaf. gr. 8. (IX, 237 S.) Braunschweig 900. F. Vieweg & Sohn. n. 4

Sachs, Wladyslaw

Sachs, W. Über die Reduktion des Phenetol-azo-dimethylanilins u. des m-Xylol-azo-dimethylanilins. In-8°. 45 S. Bern. These. 1895.

Sachs, Wolf [pr. Arzt]: **Ueber die von den Lymphgefässen ausgehenden Neubildungen am Auge ... Jena, Gustav Fischer, 1889; 29 S. + 1 Bl. 8°**
Königsberg, Med. Fak., Inaug.-Diss. v. [29. März] 1889

Sachs v. Löwenheim, Er. Sam., († d. 8. Jan. 1799.) s. Historie, zur, von Schlesien.

Sachs-Müke, Paul, aus Breslau, Unterarzt im 4. Thüring. Inf.-Reg. No 72: Die Differentialdiagnostischen Beziehungen des Morvan'schen Symptomenkomplexes zur Lepra und zur Syringomyelie. *Magdeburg 1901: E. Baensch jun.* (35 S.) 8°
Berlin, Med. Diss. v. 19. Juli 1901

Sachs-Zittel, L., die Erholungsreise. Lustspiel in 3 Aufzügen. (102 S.) 8. Straßburg 905. (C. Bongard.) n. 2. —

— der Minister kommt! Touristenepisode in 1 Akt. (49 S.) 8. Strassburg 905. J. Singer. n. 1. 50

Sachse, der. Illustrierte Wochenschrift. Red.: Max Zerbst. 1. Jahrg. Oktbr.—Dezbr. 1901. 13 Nrn. gr. 4. (à ca. 16 S.) Dresden. Berlin (S. W. 47, Wilhelmshöhe 21), Dr. Dietze. 1. 50
Erscheint nicht mehr.

Sachse, der gemüthliche. 9.—11. Jahrg. 1904—1906. à 52 Nrn. (à Jhrg. 832 S. m. Abbildgn.) Lex.-8. Leipzig, A. Bergmann. à Jhrg. 5. 20; geb. 7. 50

Sachse, der gemütliche. Verantwortlich: H. Köhler. 12.—15. Jahrg. 1907—1910. à 52 Nrn. (à ca. 16 S. m. Abb.) Lex. 8. Leipzig, A. Bergmann. à Nr. — 10

Sachse, ..., (Jh. Fr. Röhr), wer ist Consequent? Reichardt od. Tzschirner? od. keiner v. beiden? Beantwort. in Briefen an einen Freund. gr. 8. Zeitz 811. Webel. 4 gr

Sachse, Wer ist consequent? siehe a. Wer ist consequent?

Sachse, A., Kaiser Wilhelm-Anekdoten. Humoristische u. ernste Episoden aus dem Leben d. Kaisers Wilhelm. Gesammelt u. bearb. 8. (IV, 79 S.) Leipzig 886. Zangenberg & Himly. n. 1. —

Sachse, Adolf

Sachse, Adf., üb. Xenophons Agesilaus. Inaugural-Dissertation. gr. 8. (38 S.) Göttingen 875. (Jena, Deistung.) n. — 60

Sachse, Adolf Die Quellen Plutarchs in der Lebensbeschreibung des Königs Agesilaos. 4 (29 S.). G Fridericianum *Schwerin* 1888 (612).
Progr.

Sachse, Arnold

Sachse, A., Verordnungen, betr. das Schulwesen d. Reg.-Bez. Arnsberg. Aus amtl. Quellen zusammengestellt. gr. 8. (XX, 316 S.) Breslau 889. F. Hirt. geb. n. 4. —

Sachse, Arnold, Verordnungen, betr. d. Schulwesen d. Reg.-Bez. Arnsberg. Aus amtl. Quellen zusammengest. 2., neu bearb. Aufl. gr. 8. (XXIV, 436 S.) Arnsberg 898. F. W. Becker. n. 4. 25; geb. n. 5. —

Verordnungen, betreffend das Schulwesen des Regierungsbezirks Arnsberg. Aus amtl. Quellen zsgest. von Dr. [Arnold] **Sachse**, Schulrat. 3. Aufl., neu bearb. von Dr. Riemenschneider, Schulrat. (Nachwort von Eichhorn, Schulrat.) *(Arnsberg: F. W. Becker 1902.)* (XXVI, 546 S.) 8° [F.] [03. 3479

Verordnungen betreffend das Schulwesen des Regierungsbezirks Arnsberg. Aus amtl. Quellen zsgest. von Dr. [Arnold] **Sachse**, Geh. Reg. u. Schulr., unter Mitw. von Dr. Körnig, Reg. u. Schulr. 4. Aufl. Arnsberg: Becker 1910. XXXI, 657 S. 8° [11. 3189

Sachse, Arnold, Versuch einer Geschichte der Darstellung willkürlicher Functionen einer Variablen durch trigonometrische Reihen. Inaugural-Dissertation. gr. 8. (56 S.) Göttingen 879. (Vandenhoeck & Ruprecht.) n. 1. 40

Sachse, Arnold, Versuch einer Geschichte der Darstellung willkürlicher Funktionen, s. Abhandlungen zur Geschichte der Mathematik.

Sachse, Benno [pr. Zahnarzt in Leipzig]: Beiträge zur Kenntniss der Entwicklung der Schneidezähne bei Mus musculus ... (Aus d. Deutsch. Monatsschr. f. Zahnheilk.) Leipzig, Druck v. A. Th. Engelhardt, 1894; 2 Bl., 41 S., 1 Bl., 1 Taf. 8.
Leipzig, Phil. Fak., Inaug.-Diss. v. [12. Febr.] 1895

Sachse, C. A., siehe: Album f. Bühnen.

Sachse, C. A., statistisches Handbuch für Bühnenvorstände, Bühnenkünstler und Bühnenfreunde. 1. Jahrg. 1. Abth. Hamburg 853. (Trupp.) gr. 8. (XII, 194 S. u. 1 Holzschn.) nn. 1 ℛ

Sachse, C. F. Wilh., erster Leitfaden beim Unterr. im Lesen. 8. (2 B.) Leipzig 837, Friese.

Sachse, C. H., Orpheus. Sammlung beliebter Gesänge. 1. Thl. Lieder für Männerstimmen. Plauen 861. Neupert. 8. (2 Bl., 156 S.) 7½ ngr.

Sachse, Carl, s. Sachse, Karl.

Sachse, Christian Friedrich Heinrich

Sachse. Dem Bruder C. F. H. Sachse zur Feier des 2. Juli 1859. Die Loge Archimedes z. d. 3 Reissbretern zu Altenburg. 4. 2 Bl. — Zum 50jähr. Mrjubil.

Sachse, Chrn. Frdr. Heinr., Gedichte. Nebst einer Auswahl nachgelassener Gedichte seines Sohnes Rud. Sachse. Altenburg 861. Schnuphase. 16. (XII, 318 S.) n. 1 ℛ

Sachse, Chr. Fr. Hnr., christl. Gesänge bei Beerdigungen u. bei d. Todtenfeier, 1ste Gabe. 8. Altenb. 824. Schnuphase; (a. Barth in Leipz.) 2 gr

Maurerrede, gehalten den 31. Jan. 1825 als am 84sten Stiftungsfeste der g. u. v. Loge Archimedes zu den drei Reissbretern in Altenburg vom Br Ch[ristian] F[riedr.] H[einr.] Sachse. Auf Verlangen der Brr als Ms. f. dieselben in den Druck gegeben. Altenburg [1825]: Hofbuchdr. 16 S. 8° [Umschlagtit.]
Abgedr. in: AZ. 1825 S. 99—113.
Üb. Baugegenstand, Bauzweck u. Baustoff des Frmrs. 193. 358 a.

Maurerrede, gehalten am Johannesfeste 1825 in der Loge Archimedes zu den drei Reissbretern in Altenburg vom Br. Chr[istian] Friedr. Heinr. **Sachse**. Altenburg [1825]: Hofbuchdr. 14 S. 8° [Umschlagtit.]
Aus: AZ. 1825 S. 312—323.
Üb. Weltbürgertum als die eigentliche Idee der Frmrei. 358.

— Predigt z. Eröffnung d. Landtages f. d. Herzogth. Sachsen-Altenburg, am 12. Juni 1832. gr. 8. Altenb. 832. Schnuphase. 2 gr

Sachse, Christ. Friedr. Heinr., Predigt zur Eröffnung des Landtags für das Herzogthum Sachsen=Altenburg am 7. Nov. 1836. gr. 8. Altenburg 836. Schnuphase. 1/8 ß

— Predigt zur Eröffnung des Landtags für das Herzogthum Sachsen=Altenburg am 16. Nov. 1840. gr. 8. Altenburg 840. Helbig. 1/8 ß

— Predigt zur Eröffnung des Landtags für das Herzogthum Sachsen=Altenburg am 2. Decbr. 1844. gr. 8. Altenburg 844, Helbig. 4 ngl

Sachse, Chrn. Frdr. Heinr., Predigt zur Eröffnung des Landtags f. das Herzogth. Sachsen=Altenburg am 12. Juni 1851. gr. 8. (18 S.) Altenburg 851, Jacob. n. 1/12 ß

Sachse, Chr. Fr. Hnr., Predigten, gehalten in der Herzoglichen Schloßkirche zu Altenburg. Eine Gabe für Freunde, die sie gewünscht. 1. Bdchen. gr. 8. Altenburg 842, Schnuphase'sche Buchh. (C. R. Stauffer.) 1 ß

Sachse, Chrn. Friedr. Heinr., Rede bei der feierlichen Beisetzung Sr. Hoh. des verewigten Herzogs und Herrn, Herrn Georg, weil. regier. Herzogs von S.=Altenburg, zu Altenburg gehalten am Morgen des 8. August 1853. Altenburg 853. Jacob. gr. 8. (16 S.) nn. 2½ ngr

— u. Heinr. Ferd. Hempel, Reden bei der Beerdigung des verewigten Herrn Dr. Friedrich Gotthilf Fritsche, Consist.=R., Gen.=Superint. u. Oberpfr., gehalten d. 7. Jan. 1851. gr. 8. (19 S.) Altenburg 851, Jacob. 3 ngl

— Reden bei der Vermählungsfeier Sr. K. Hoh. des Erbgroßherzogs Nicolaus Friedrich Peter v. Oldenburg u. J. Hoh. der Prinzessin Elisabeth Pauline Alexandrine v. Sachsen=Altenburg gehalten am 10. u. 11. Febr. 1852. gr. 8. (23 S.) Altenburg 852, Schnuphase. 3 ngl

[Sachse, Christian Friedrich Heinrich:] Die Fürstenhäuser Sachsen-Altenburg. Ein historischer Abriss, mit Rücksicht auf die Altenburgische Landesgeschichte überhaupt. Altenburg. 1826. 8°

— s. Fürstenhäuser, die, Sachsen-Altenburg.

Traumgesicht eines Maurers. Ein Vortrag, gehalten am Johannesfeste 1826 in der g. u. v. St. Johannesloge Archimedes zu den drei Reissbretern in Altenburg, vom Br Chr[istian] Fr[iedr.] H[einr.] Sachse. Als Ms. gedr. f. BBr. Altenburg [1826]: Hofbuchdr. 24 S. 8° [Umschlagtit.]
Abgedr. in: AZ. 4 1826 S. 218—231; Dietrich, E. G.: Aus vergangenen Tagen. 1889 S. 140 bis 149.

—— Worte u. Gesänge z. Beerdigungsfeier d. D. Friedr. Hesekiel, Consistorialraths ꝛc. in Altenburg. Am Karfreitagsmorgen d. 17. April 1840. gr. 8. (1 B.) Altenburg, (Pierer.) *

Sachse, Christian Gottlieb

Sachse, Chr. Gli., der Christ als Philosoph; ein Lesebuch. 3 Thle. 8. Hildburgh. 785. Hanisch. 21 gl

— s. Geschichte göttl. Offenbarungen.

LINDENHEIM; wieder eine Familiengeschichte in Briefen (von *Chrn. Gottlieb Sachse*). O. O. 1788—90. Rar!
Anon.-Lex. III. p. 78 (nach Meusel u. Kayser).

Sachse, Chr. Gli., s. Lindenheim.

Sachse, Dan., Schatten und Licht des Heiligthums, oder Geheimnißpredigt des Alten und Neuen Testam. ꝛc. 4. Cöthen. 735.

Sachse, E., Dreiecks-Tabellen zum Gebrauch bei trigonometrischem Unterricht und bei der Korrektur mathematischer Arbeiten. Rawicz 1867.
Schul-/Univ.-Schrift

Sachse, Edm., 50 Choralvorspiele. 2 Hfte. qu. gr. 4. Borna (R. Noske). 2. 50
1. (12 S.) (901.) 1. —. — 2. (16 S.) (902.) 1. 50.

Sachse, F., Handwörterbuch Deutscher Synonymen zum Gebrauche für Schule u. Haus. 2. völlig umgearb. u. verm. Aufl. von: „Abelmann's Synonymik." Leipzig 856. Wengler. 16. (IV, 332 S.) n. 20 ngr

Sachse, F., Handwörterbuch deutscher Synonymen zum Gebrauche für Schule u. Haus. 4., überarb. u. verm. Ausg. von Abelmann's Synonymik. Luxemburg 866. Bück. 8. (VI, 349 S.) n. 20 ngr

— Hilfsbuch f. den evangelischen Religionsunterricht in den Berliner Gemeindeschulen, s.: Wichmann, A.

Sachse, Über Johannes den Täufer im Mittelalter. Berlin 1866. 8.
J.-Ber. hoh. Stadtknabenschule Berlin.

— s.: Lesebuch, deutsches, f. mehrklassige Schulen.

Sachse, [F.,] Ueber das Plattdeutsche und sein Verhältniss zum Hochdeutschen. Berlin 1867. 8.
Enth. in: Jahresber. u. d. hoh. Knabenschule zu Berlin

Sachse, üb. d. Verstandescultur d. Deutschen im Mittelalter. Berl. 28 p 1864
Schul-/Univ.-Schrift

SACHSE, Ueber Volks- und Kinderdichtung nebst einigen Westphälischen Volks- und Kinderliedern. (Progr.) Berlin 1869. 8°.

Sachse, F. R., De carmine Iliadis quod Carolus Lachmannus XVI. esse voluit. 1869. 28 S.

Sachse, F. W. G., histor. Gemälde u. Darstellungen. 8. Züllichau 823. Darnmann. 1 ß 8 gl

Sachse, F. W. G., histor. Gemälde u. Darstellungen. Ein Lesebuch für höhere Klassen in Schulen. gr. 8. Züllichau 823. (Baumgärtner in Leipz.) 1 ß 8 gl Hbg. Pr. 12 gl

— Geschichte d. Stadt Frankfurt a. d. O., nebst topograph.=statist. Bemerkk. üb. dieselbe u. Beschreib. ihrer vorzügl. Merkwürdigkk. 8. Frankf. a. d. O. 830. Tempel. 1 ß 12 gl

Sachse, Fr. Emil Rede zur Feier des 25jährigen Stiftungsfestes der Buchhändlerlehranstalt am 6. Jan. 1878. 10 S. Buchh. *Leipzig* 1878.
Progr.

Sachse, Franz, aus Berlin: Das **Aufkommen der Datierungen nach dem Festkalender in Urkunden der Reichskanzlei und der deutschen Erzbistümer. Ein Beitrag zur Chronologie d. Mittelalters.** ***Erlangen 1904: Junge & Sohn.*** (128 S.) 8°
Erlangen, Phil. Diss. v. 21. Juni 1904

Das Aufkommen der Datierungen nach dem Festkalender in Urkunden der Reichskanzlei und der deutschen Erzbistümer. Ein Beitrag z. Chronologie d. Mittelalters. Von Franz **Sachse**. Erlangen: F. Junge in Komm. 1904. (128 S.) 8°
Erschien auch als Inaug.-Diss. Erlangen 1904. [es. 6010 11]

Sachse, Franciscus. De puerili Graecorum institutione
Halle-Wittenberg, Phil. Diss. v. 8. Jan 1838
Geb [Borgeln (Kr Soest) 20 5 1808]
Ms fehlt.

Sachse, Frz. Ad., des blinden, Leben, von ihm selbst dictirt u. bearb. von A. Wichmann. 2 Thle. 8. Gera 801. Heinsius. 1 ℛ 8 𝒢

Sachse, Fr. Ad., des blinden, Leben v. ihm selbst dictirt. 8. Leipz. Rein. 805.

Sachse, Friedrich

Sachse, Frdr., die Anfänge der Büchercensur in Deutschland. Leipzig 870. Lissner? gr. 8. (53 S.) 7½ ngr.

Sachse, F., üb. Arbeiterbildung. Ein Beitrag zur Lösg. dieser pädagog. Frage. gr. 8. (50 S.) Leipzig 893. O. Klemm's Sort. n. — 50

Sachse, Frdr., zum Aufsatzschreiben in d. Volksschule. Anreggn u. Gesichtspunkte. 2. Aufl. gr. 8. (52 S.) Leipzig 898. A. Hahn. n. — 75

Sachse, F., zum Aufsatzschreiben in der Volksschule. Anregungen u. Gesichtspunkte. 3. Aufl. gr. 8. (52 S.) Leipzig 900. A. Hahn. n. — 75

Sachse, F., zum Aufsatzschreiben in der Volksschule. Anregungen u. Gesichtspunkte. 4. Aufl. (51 S.) 8. Leipzig 910. A. Hahn. — 80

Sachse, die Aufsatzthemen in der Volksschule. Vortrag, gehalten auf der Bezirkskonferenz zu Leipzig den 12. Nov. 1885. gr. 8. (16 S.) Leipzig 886, (O. Klemm.) **

— s.: Schulmann, der praktische.

Sachse, Frdr. Zur Schulreform. Anregungen u. Gesichtspunkte besonders in Rücksicht auf die Volksschule. 12. (IV, 188 S.) Lpz. 891. Klemm's Sort. * 1 50

Sachse, F., unsere Zeit u. die Zucht der Schule, s.: Vorträge, geh. in der Pädagogischen Gesellschaft zu Leipzig.

Sachse, Frdr. Aug., s.: Lieder eines alten Thomaners.

Sachse, Frid Otto (geb Halle a S 1812) De coxarthrocace Berolini (1839) 32 S 8°
Berlin, Med Diss v 19 Dez 1839

Sachse, Fritz: Die Behandlung der Wanderniere. *Halle a. S. 1898: C. A. Kaemmerer & C.* (46 S.) 8°
Halle, Med. Diss. v. 13. Aug. 1898

Sachse, G., Lehrbuch f. den evangelischen Religionsunterricht an höheren Schulen, s.: Jonas, R.

Sachse, Geo. Fr., Gesänge zur Erhöhung geselliger Freuden, gesammelt u. herausgg. 8. Eisenb. 805. Schöne. 12 𝒢; a. Grieshammer in Leipz. 8 𝒢

Sachse, Gottfried (Liegnitz) A. S. 1158/48

Dissertatio inauguralis medica de sanatione per accidens. Präs. Georg Ernst Stahl.
Halle (Henckel) (21.) II. 1707. 40 S. 29622

Sachse, Gotthold [Prof. Dr., Dir.]: *Bericht über seine Einführung als Direktor der Anstalt.* Bartenstein, gedr. bei Gebr. Kraemer, 1897; 19—20 S. 4.
Bartenstein, k. G, P 1897 (2)

Sachse, Gotthold, Dir. Prof. Dr.: Gedankengang des Römerbriefes. Bartenstein Ostpr. 1904: J. H. Neumann. (19 S.) 8°
Bartenstein, k. G P 1904 (2)

[Ant. u. J.] Sachse, Gotthold [Direktorats-Verweser Prof. Dr.]: Geschichte der höheren Lehr-Anstalt zu Hohenstein in Ostpreussen während ihres fünfzigjährigen Bestehens. Osterode Ostpr., gedr. in d. Albrechtschen Buchdr., 1895; 36 S., 1 Taf. 4.
Hohenstein in Ostpr., k. G, P 1895 (5)

Sachse, Aemilius Godoholdus. Quaestionum Lysiacarum specimen. Halis Saxonum (1873: Matthias in Meseritz). 49 S. 8°
Halle-Wittenberg, Phil Diss. v. 3. Nov. 1873
Geb. Kainscht (Kr Meseritz) 11. 8. 1851. V

Sachse, Gotthold Über die dreifsigste Rede des Lysias 4 (43 S) Progr. Friedrich Wilhelms-G *Posen* 1886 (116)

Sachse, Ghold., üb. die 30. Rede d. Lysias 4. (43 S.) Leipzig 886. Fock. n. 1. 50

Sachse, Ghold., griechische Schulgrammatik, s.: Koch, Ernst.

Sachse, Gustavus Mauricius: *Quaestionum de M Tulli Ciceronis quae fertur oratione cum senatui gratias egit specimina ad priorem potissimum orationis partem pertinentia 57 S 4° (2°)
Halle-Wittenberg, Phil Diss v 4 Marz 1875
Geb. [Merseburg 5 11. 1852]

Sachse, H, Der Stand der deutschen Berggesetzgebung Das Verhalten des preußischen Landtages) Vortrag Bochum, 1905 20 S (Kh 218

Sachse, H. E., Erinnerungen an die Entstehung u. Entwicklung der Magdeburger freien Gemeinde. Eine Festschrift zur Jubelfeier d. 25jähr. Bestehens derselben am 29. Novbr. 1872. gr. 8. (99 S.) Berlin 873. (Rubenow.) n 1. —

Sachse, H. E., die Nothwendigkeit der Bildung freier Gemeinden außerhalb der Kirche. Rede, gehalten am 10. Octbr. 1850. gr. 8. (23 S.) Dessau 850. (Fritsche.) n. 2 ngr

— Trauer-Rede am Sarge Leberecht Uhlich's geh. zu Magdeburg am 27. März 1872. 3. Aufl. 8. (17 S.) Ebend. 872. — 25

— drei Vorträge. Mit einem Vorworte über den Unglauben an „Gott, Tugend u. Unsterblichkeit." gr. 8. (59 S.) Magdeburg 852, Fabricius. n. ⅙ ℛ

Sachse, Hans, Assistent bei Sanitätsrat Dr. Ahlers, Stavenhagen: Aus der Medicinischen Klinik der Universität Rostock. Ueber die Jodreaktion der Leukocyten. Rostock 1905: C. Hinstorff. (51 S.) 8°
Rostock, Med. Fak., Ref. Martius, Diss. v. 10. Juni 1905
[Geb. 7. Juli 80 Schwerin i. M.; Wohnort: Stavenhagen; Staatsangeh.: Meckl.-Schw.; Vorbildung: Gymn. Schwerin Reife M. 99; Studium: München 1, Freiburg i. B. 1, Rostock 7 S.; Coll. 7. Juli 04; Approb. 2. Juli 04.]

Sachse, Heinrich [Pseud.], s. Loewe, Heinrich

Sachse, Heinr., Antisemitismus u. Zionismus, s.: Aufklärungsschrift, jüdische.

Zionistenkongress und Zionismus eine Gefahr? E. zeitgemässe Betrachtg. Von Dr. Heinrich Sachse. 2. Aufl. Beilage zu No. 9 des 'Zion'. *Berlin: H. Schildberger 1897.* (54 S.) 1 Bd 8.
— Aufklärungsschrift, Jüdische. [No] u. [97 6731

Sachse, *Franz Wilhelm Heinrich* Hermann [app. Arzt aus Dortmund in Westph.]: Beitrag zur Klinik und Bedeutung der Morbilli adultorum ... Leipzig, Druck v. A. Edelmann, *1893;* 1 Bl., 18 S. 8.
Leipzig, Med. Fak., Inaug.-Diss. v. 24. Juli 1893

Sachse, Hermann: Über einige Derivate des Dianthryls ...
Berlin, A. W. Schade's Buchdr. (L. Schade) 1889; 34 S. + 1 Bl. 8°
Berlin, Phil. Fak., Inaug.-Diss. v. 27. Jul. 1889

Sachse, J. G., Gedächtnißpredigt auf d. Grafen Friedr. Magnus zu Solms rc. 8. Zwickau 801. (Leipz., Weigel). 2 Gr.

Sachse, J. G., Gesänge für Schule u. Haus, zur Veredelung des Gesanges u. Herzens. 2. Aufl. 8. Budissin 842, Bautzen, Reichel. n. 1/24 Thlr.

— Singstunden der Volksschule. Eine Sammlung von 27 Tontreffübungen, 11 Canons, 65 zweistimm. Gesängen und 82 Choralmelodieen. 2. Aufl. gr. 8. Ebend. 842. 1/4 Thlr.

Sachse, J. H., kleines Turnbuch für Volksschullehrer, d. i. die niedere Gymnastik in der Volksschule. Ein Leitfaden für Seminaristen u. künftige Volksschullehrer. Mit 1 lith. Taf. 16. Grimma 844, Verlags-Compt. 1/8 Thlr. — 25 Expl. 2 1/4 Thlr.

Sachse, J. H., kleines Turnbuch für Volksschulen, das ist die niedere Gymnastik in der Volksschule, m. Abb., Grimma, 67 S., 1 Taf., 16°.

Sachse, Johannes, bacc. iur., a. Zwickau, Referendar b. Rechtsanwalt Dr. iur. Stöß in Zwickau: Der Minderkaufmann und § 25 Absatz 1 Satz 1 H.G.B. Zwickau i. S. 1908: Eichhorn & Posern. (VII, 70 S.) 8°
Leipzig, Jur. Fak., Diss. v. 25. März 1908
[Geb. 24. April 82 Zwickau (Sachsen); Wohnort: Zwickau; Staatsangeh.: Sachsen; Vorbildung: Gymn. Zwickau Reife O. 01; Studium: Leipzig 8 S.; Rig. 18. Febr. 05.]

Sachse, Johann Christoph

Sachse, Jh. Cph., Leben rc., s. Gilblas d. Deutsche.

Sachse, Joh. Dav., Choralmelodieen zu den Liedern d. gebräuchlichsten Kirchengesangbücher, mit besond. Berücksichtig. d. merseburger u. dresdener Gesangbuches alphabet. geordnet. Nebst einigen neuern Melodieen u. d. vierstimm. Chorgesängen z. Liturgie. 8. (5 1/4 B.) Halle 839, [Knapp.]

Sachse, Joh. David, Choralmelodieen zu den Liedern der gebräuchlichsten Kirchengesangbücher, mit besond. Berücksichtigung des Merseburger u. Dresdener Gesangbuches alphabetisch geordnet. Nebst einigen neuern Melodieen u. den vierstimm. Chorgesängen zur Liturgie. 8. Halle 839. Kümmel. 4 1/2 Gr.

Sachse, Johann David Wilhelm

Sachse, Jh. Dav. Wlh., üb. Angina; (aus d. medicin.-chirurg. Encyklopädie abgedr.) gr. 8. Berl. 828. Boike. 16 Gr.

Sachse, W., über Angina. gr. 8. (8 1/2 B.) Berlin 828, [Veit u. Comp.]
Aus dem „Encyclop. Wörterbuch d. med. Wissensch." besond. abgedruckt.

Beiträge zur genaueren Kenntniß und Unterscheidung der Kehlkopfs- u. Luftröhren-Schwindsuchten. Von Wilhelm Sachse. Hannover: Helwing 1821. XXVI, 260 S. 8°
(= Wichmann, Johann Ernst: Ideen zur Diagnostik. Bd 4.)

Sachse W.: Beobachtungen u. Bemerkungen üb. Kuhpocken m. Rücks. auf die Einwendungen d. Herrn Herz. Berl. u. Stett. 1802. 302 S.

— Beobachtt. u. Bemerkk. üb. die Kuhpocken mit Rücksicht auf die Einwendungen d. Hofr. Herz. 8. Berl. 804. Nicolai. 1 Thlr. 4 Gr.

Sachse, J(ohann) D(avid) W(ilhelm): Medicinische Beobachtungen und Bemerkungen.
Bd 1 - 2, gbd.

Berlin: Nicolai 1835 - 1839
Bd 1 - (2): Sachse, J.D.W.: Ueber die Wirkungen und den Gebrauch der Bäder, besonders der Seebäder zu Doberan. 1835 - 1839

— Leben L. F. B. Lentins, s. Lentins Beitrr.

— Leben A. G. L. Lentins. gr. 8. Lpz. W. Vogel. 808.

Sachse, J. D. W., über die neu eingerichtete Milch- u. Molken-Anstalt in Verbindung mit Seebädern u. dem innern Gebrauch des Meerwassers am Strande zu Doberan. gr. 8. (VI u. 92 S.) Schwerin 848, Kürschner (jetzt: Hildebrand). n. 2/3 Thlr.

— Vertheidigung der Ostsee-Bäder gegen die Verunglimpfungen mehrerer Aerzte, besonders des Dr. Mühry, und Nachtrag zu meiner Bade-Literatur. 8. Schwerin 837. Kürschner. (Berlin, Plahn'sche Buchh.: Nitze.) n. 2/3 Thlr.

— Verzeichniss von Bildnissen von Aerzten u. Naturforschern seit den ältesten bis auf unsere Zeiten, mit Biographien. 1. Hft. Abano—D'Azzogujoi. gr. 8. (VI u. 93 S.) Schwerin 847, Kürschner in Comm. (jetzt: Hildebrand). n. 2/3 Thlr.

Sachse, J(ohann) D(avid) W(ilhelm): Ueber die Wirkungen und den Gebrauch der Bäder, besonders der Seebäder zu Doberan. Bd 1 - (2), gbd.

Berlin: Nicolai 1835 - 1839
(Sachse, J.D.W.: Medicinische Beobachtungen und Bemerkungen. Bd 1 - 2)

— das Wissenswürdigste üb. die häutige Bräune. (Eine Preisschrift). 1r Bd. 8. Lübeck 810. Niemann. (Hannov., Hahn). 1 Thlr. 16 Gr. 2r Bd. Hannov. 812. Helwing. 2 Thlr.

Sachse, Jh. Fr., († d. 4. Febr. 1831.) Klopstock u. seine Verdienste; eine Vorlesung z. Feier seines Andenkens in seiner Vaterstadt. gr. 8. Hamb. 803. Perthes u. B. 6 Gr.
Vgl. Sachse, Thom. F.

— Programma. — Praemissa est Car. Ferd. Rankii Conrect. de Cornelii Nepotis vita et scriptis commentatio. 4. Quedlinb. 827. Basse. 12 Gr.

Sachse, J. F. Quaestio de libror. M. T. Cicer., qui sunt de officiis, indole atque proposito. 14 S. . . . . .
Quedlinburg, Progr. 1825

Sachse, Johann Friedrich (Hartenstein) A. S. 564/47

Specimen continens caput iuris controversi de differentia cautionis rem pupilli salvam fore ex iure Romano et foro hodierno.
Präs. Christian Heinrich Breuning.
Leipzig (Rumpf) 2. X. 1769. 8 S. 29623

Sachse, Johann (M.) Josef

Sachse, J. M. J., Anleitung zur Handhabung der dem „Allgemeinen deutschen Rechenbuche“ zu Grunde gelegten Substitutions-Methode. Zugleich e. Handbuch f. Jedermann, der sich an der Hand d. populären Rechnens m. den Elementen der Buchstabenrechng. bekannt machen will. gr. 8. (VI, 128 S.) Coblenz 873. Hölscher. n. 1. 20

Sachse, J. J., 60 praktische Aufgaben aus dem Gebiete der Kranken-, Unfall-, Invaliden- u. Altersversicherung, angeschlossen an kurz erläuterte Bestimmgn. der betr. Gesetze. Ein Ergänzungsheft zu jedem Rechenbuche. 8. (12 S.) Osnabrück 891. B. Wehberg. n. — 10

Sachse, J. J., die Ausbildung in der Mathematik. Ein Wegweiser f. Lehrer u. Seminaristen. 8. (76 S.) Leipzig 880. Siegismund & Volkening. n. — 60

— dasselbe. 2. Hft.: Beleuchtung u. allseitige Widerlegung der Antwort, mit welcher die Herren Hoffmann u. Klein meine Brochüre: „Die Ausbildung in der Mathematik ꝛc.“ beehrt haben. 8. (31 S.) Ebend. 881. n. — 30

Zur mechanischen Drittelung eines Winkels u. die planimetr. Bestimmung e. Grades d. Kreislinie. Von J[ohannes] J[osef] **Sachse**, Schulrat. Heiligenstadt (Eichsfeld): F. W. Cordier (1906). (39 S.) 8° [07. 3433 3

— Geschichte u. Theorie der Erziehungsstrafe. gr. 8. (IV, 278 S.) Paderborn 879. F. Schöningh. n. 2. 50

— Geschichte u. Theorie der Erziehungsstrafe. 2., verb. Aufl. gr. 8. (VIII, 304 S.) Paderborn 894. F. Schöningh. n. 3. —

Sachse, J. J., 5 Grablieder f. kathol. Lehrer- u. Gesang-Vereine. 8. (12 S.) Heiligenstadt 898. F. W. Cordier. n. — 75

— die deutsche Grammatik in ihren Grundzügen. Ein zugleich f. den Selbstunterricht bestimmtes Hand- u. Uebungsbuch zum Gebrauche an Mittelschulen, Präparanden-Anstalten, Schullehrer-Seminarien u. den unteren u. mittleren Klassen anderer höherer Lehranstalten. 1—4. Curs. 8. Freiburg i/Br. 874. Herder. à n. — 35
1. Allgemeine Wort- u. Satzlehre. (IV, 43 S.)
2. Wortarten u. Wortbildung. (55 S.)
3. Die Syntax. (55 S.)
4. Allgemeine Stilistik u. Poetik. (62 S.)

Sachse, J. J., die deutsche Grammatik in ihren Grundzügen. Ein zugleich f. den Selbstunterricht bestimmtes Hand- u. Übungsbuch zum Gebrauche an Mittelschulen, Präparanden-Anstalten, Schullehrer-Seminarien u. den unteren u. mittleren Klassen höherer Lehranstalten. 1. Kurs. Allgemeine Wort- u. Satzlehre. 2. Aufl. gr. 8. (VII, 47 S.) Freiburg i Br. 883. Herder. n. — 40

— die deutsche Grammatik in ihren Grundzügen. Ein zugl. f. d. Selbstunterr. bestimmtes Hand- u. Uebungsbuch zum Gebrauche an Mittelschulen, Präparanden-Anstalten, Schullehrer-Seminarien u. den unt. u. mittl. Klassen höh. Lehranst. 1.—4. Kurs. 8. Freiburg i/B. Herder. n. 1. 90
1. Allgem. Wort- u. Satzlehre. 3., verb. Aufl. (VII, 45 S.) 898. n. — 50
2. Wortarten u. Wortbildg. 2., verb. Aufl. (IV, 67 S.) 895. n. — 40
3. Die Syntax. 2., verb. Aufl. (IV, 65 S.) 895. n. — 40
4. Allgem. Stilistik u. Poetik. 2., verb. Aufl. (IV, 82 S.) 895. n. — 60

— Mathematik für deutsche Lehrerbildungs-Anstalten u. Lehrer. I—IV. Thl. u. V. Thl. 1. u. 2. Hft. gr. 8. Leipzig 878—82. Siegismund & Volkening. n. 15. 75
I. Elementare Arithmetik. (308 S.) n. 3. —
II. Allgemeine Arithmetik u. Algebra. (316 S.) n. 4. —
III. Planimetrie. Mit 6 (autogr.) Fig.-Taf. (160 S.) n. 2. 50
IV. Berechnende Planimetrie u. Stereometrie. Nebst 4 (lith.) Fig.-Taf.) in gr. 4. (232 S.) n. 3. —
V. 1. Die welsche Praktik. (IV, 90 S.) n. 1. 25; geb. n. 1. 50
2. Das kaufmännische Rechnen. (VI, 180 S.) n. 2. —; geb. 2. 60

— dasselbe. 5. Tl. 3. u. 4. Hft. gr. 8. Ebend. 884. à n. 2. —; geb. à n. 2. 60
3. Das landwirthschaftliche Rechnen. (141 S.)
4. Das technische Rechnen. (160 S.)

— dasselbe. Resultate zu den Aufgaben vom 1., 2. u. 4. Tl. 8. Ebend. 880. 81. cart. n. 4. 50
1. Elementare Arithmetik. (63 S.) n. 1. 70
2. Allgemeine Arithmetik u. Algebra. (85 S.) n. 1. 80
4. Berechnende Planimetrie u. Stereometrie. (35 S.) n. 1. —

— Mathematik f. deutsche Lehrerbildungs-Anstalten u. Lehrer. 1. Tl.: Elementares Rechnen. 2. Aufl. gr. 8. (295 S.) Leipzig 885. Siegismund & Volkening. n. 3. —; geb. n. 3. 60

— die deutsche Orthographie in Regeln u. Beispielen. Ein Uebungs- u. Wörterbuch f. Deutschlands Elementarschulen u. höhere Unterrichtsanstalten, sowie f. den Schulgebrauch bearb. 8. (71 S.) Leipzig 874. Peter. n. — 60

Sachse, J. (M.) J., allgemeines deutsches Rechenbuch f. höhere Unterrichtsanstalten, Fortbildungs- u. gehobene Elementarschulen, sowie zum Selbstunterrichte den Zeiterfordernissen entsprechend bearb. 2 Thle. gr. 8. Koblenz 873. Hölscher. n. 2. 75
1. Theoretisches Rechnen. (VII, 185 S.) n. 1. —
2. Praktisches Rechnen. (XII, 310 S.) n. 1. 75

— der Rechenunterricht an Elementarschulen u. höheren Unterrichtsanstalten in der seinem Charakter würdigen u. v. den Zeiterfordernissen gebotenen Umgestaltung. Reformvorschläge. gr. 8. (114 S.) Ebend. 874. n. 1. 50

Sachse, J. J., der Rechenunterricht in der Volksschule, s.: Hesse's, M., Lehrer-Bibliothek.

— d. Lehrers Rüstzeug im Kampfe der Schule gegen die Socialdemokratie. Allen Vaterlandsfreunden gewidmet. gr. 8. (VIII, 212 S.) Leipzig 891. M. Hesse. n. 2. 25

— Übungsbuch f. e. praktischen, geistbildenden u. erziehlichen Rechenunterricht. 4 Hfte. 8. Osnabrück 886. Wehberg. n.n. 1. 15
1. (50 S.) n.n. — 25
2—4. (72, 72 u. 84 S.) à n.n. — 30

— Ubungsbuch f. e. praktischen, geistbildenden u. erziehlichen Rechenunterricht. 1.—4. Hft. 8. Osnabrück, Wehberg. n.n. 1. 15
1. 3. Aufl. (48 S.) 889. n.n. — 25. — 2. 3. Aufl. (64 S.) 889. n.n. — 30. — 3. 2. Aufl. (64 S.) 887. n.n. — 30. — 4. 2. Aufl. (68 S.) 887. n.n. — 30.

— Übungsbuch f. e. praktischen, geistbildenden u. erziehlichen Rechenunterricht. 1.—3. Hft. 8. Osnabrück, B. Wehberg. n.n. — 85
1. Rechenfibel. 4. Aufl. (48 S.) 892. n.n. — 25. — 2. 5. Aufl. (64 S.) 894. n.n. — 30. — 3. 4. Aufl. (64 S.) 893. n.n. — 30

— dasselbe f. e. prakt. ꝛc. Rechenunterricht. Hft. 1—4 u. 5A. u. B. 8. Ebd. n.n. 1. 92
1. Rechenfibel. 6. Aufl. (48 S.) 896. n.n. — 25
2. 6. Aufl. (64 S.) 895. n.n. — 30
3. 6. Aufl. (64 S.) 898. n.n. — 30
4. 4. Aufl. (80 S.) 895. n.n. — 36
5A. Für die oberen Klassen v. Knabenschulen. 2., verb. Aufl. (68 S.) 895. n.n. — 36
5B. F. d. oberen Klassen v. Mädchenschulen. (79 S.) 896. n.n. — 35

Sachse, J. J., Übungsbuch f. e. praktischen, geistbildenden u. erziehlichen Rechenunterricht. (Ausg. A f. mehrklass. Schulen.) Hft. 1—4 u. 5B. 8. Heiligenstadt (899). (E. Wetzel.) n. 1. 55
1. Rechenfibel. — Zahlenkreise v. 1—100. 7. Aufl. (48 S. m. Abbildgn.) n. — 25
2. Zahlenkreis von 1—∞. 7. Aufl. (64 S.) n. — 30
3. Decimalen, mehrfach benannte Zahlen u. Brüche. 6. Aufl. (64 S.) n. — 30
4. Die bürgerl. Rechnungsarten. 5. Aufl. (60 S.) n. — 35
5B. Für die ober. Klassen v. Mädchenschulen. Die Prozentrechng. — Kalkulation über Stoffe aus der Küchenverwaltg. u. Haushaltung. — Kostenanschläge u. Kalkulationen über gewerbl., kaufmänn. u. landwirtschaftl. Stoffe. — Münz-, Effekten- u. Wechselrechng. 2. Aufl. (71 S.) n. — 35

Übungsbuch für einen praktischen, geistbildenden und erziehlichen Rechenunterricht. Von J[ohannes] J[osef] Sachse, Schulrat. (2 ff.: Ausg. A.) H. 1–5 A. B. *Heiligenstadt: E. Wetzel in Komm.* (5: *Osnabrück: B. Wehberg) 1895 [– ca. 1902].* 6 Bde 8° [J.]
1. Rechenfibel. Zahlenkreise von 1–100. 9. Aufl.
2. Zahlenkreis von 1–∞. 10. Aufl.
3. Decimalen, mehrf. benannte Zahlen u. Brüche. 8. Aufl.
4. Die bürgerl. Rechnungsarten. 6. Aufl.
5. A. Für d. oberen Klassen von Knabenschulen. Die Prozentprozentrechnung . . . 2. verb. Aufl. 1895.
5. B. Für d. oberen Klassen von Mädchenschulen. Die Prozentprozentrechnung . . . 2. Aufl.

— dasselbe. Ausg. in 3 Hftn. f. einfache Schulverhältnisse. 8. Ebd. n.n. — 95
1. (50 S.) 886. n.n. — 25. — 2. (54 S.) 887. n.n. — 30. — 3. (94 S. m. Fig.) 887. n.n. — 40.

— dasselbe. Ausg. in 3 Hftn. f. einfache Schulverhältnisse. 3. Hft. 2., verb. Aufl. 8. (104 S.) Ebd. 893. n.n. — 40

— dasselbe. Ausg. (B) f. einf. Schulverhältnisse in 3 Hftn. 8. Ebd. n. 1. 05
1. Rechenfibel. Zahlenkreise v. 1—100. 6. Aufl. (48 S.) 896. n. — 25
2. Für die Mittelstufe. 4. Aufl. (56 S.) 896. n. — 30
3. Für d. Oberstufe. Decimalen, Brüche, bürgerl. Rechnungsarten u. Raumberechngn. 4. Aufl. (104 S. m. Fig.) 898. n. — 50

— dasselbe. (Ausg. B f. einfache Schulverhältnisse.) 3 Hfte. 8. Ebd. (899). n. 1. 05
1. Rechenfibel. — Zahlenkreise von 1—100. 7. Aufl. (48 S. m. Abbildgn.) n. — 25
2. Für die Mittelstufe. 5. Aufl. (56 S.) n. — 30
3. (Für die Oberstufe.) Decimalen, Brüche, bürgerl. Rechnungsarten u. Raumberechngn 4. Aufl. (101 S.) n. — 50

— Übungsbuch f. e. praktischen, geistbildenden u. erziehlichen Unterricht in der Raumlehre. 8. (65 S. m. Fig.) Ebend. 886. n.n. - 50

Übungsbuch für einen praktischen, geistbildenden und erziehlichen Unterricht in der Raumlehre. Von J[ohann] J[osef] Sachse, Kreisschulinsp. 2. verb. Aufl. *Osnabrück: B. Wehberg 1895 (1896).* (62 S.) 8° [J.]

Übungsbuch für einen praktischen, geistbildenden u. erziehlichen Unterricht in der Raumlehre. Von J[ohannes] J[osef] Sachse. 3. verb. Aufl. *Heiligenstadt: E. Wetzel in Komm. [1899].* (63 S.) 8° [J.] [ω. 6209 3

— der praktische, geistbildende u. erziehliche Unterricht im Rechnen u. in der Raumlehre. 1. u. 2. Tl. gr. 8. Ebend. 886. n. 5. —
1. Allgemeine Methodik d. Rechnens. (XV, 231 S. m. 2 Steintaf.) n. 2. 25
2. Didaktik d. Rechenunterrichts. (VIII, 272 S.) n. 2. 75

— der praktische, geistbildende u. erziehliche Unterricht im Rechnen u. in der Raumlehre. III. Tl.: Methodik u. Didaktik der Raumlehre. Mit 80 Zeichngn. im Text u. 2 Fig.-Taf. gr. 8. (VIII, 224 S.) Ebd. 887. n. 2. 50 (I—III.: n. 7. 50)

— der praktische, geistbildende u. erziehliche Unterricht im Rechnen u. in der Raumlehre. 1. Tl. Allgemeine Lehrkunde d. Rechenunterrichtes. 2., verb. u. verm. Aufl. gr. 8. (VIII, 240 S. m. 1 Taf.) Ebd. 893. n. 2. 25

— der prakt., geistbild. u. erziehl. Unterricht im Rechnen u. in der Raumlehre. II. Thl. Verfahrungskunde des Rechenunterrichtes. 2., verb. Aufl. gr. 8. (X, 290 S.) Ebd. 895. n. 4. — (1. u. 2.: n. 6. 25)

— der praktische, geistbildende u. erziehliche Unterricht im Rechnen u. in der Raumlehre. 3. Thl. Führer durch den Raumlehrunterricht der Volksschule. 8. (109 S. m. Fig.) Ebd. (899). Geb. n. 1. 50

Sachse, Ioannes Conradus Guilelmus: • De fide. 97 S. 4° (2°)
Halle-Wittenberg, Phil. Diss. v. 17. Nov. 1842
Geb. Langensalza 22. 3. 1819. V.

Apperzeption und Phantasie in ihrem gegenseitigen Verhältnis. Von K[arl] Sachse, Rektor. Langensalza: H. Beyer & Söhne 1904. (25 S.) 8°
= Magazin, Pädagogisches. H. 243. [06. 6063

Einfluß des Gedankenkreises auf den Charakter. Von K[arl] Sachse, Magdeburg. *Langensalza: H. Beyer & Söhne 1900.* (35 S.) 8°
= Magazin, Pädagogisches. H. 155. [03. 11530

Sachse, C., Geschichte und Beschreibung der alten Stadt Rom. Ein historisch-topographisches Handbuch zur Förderung eines gründlichen Studii der classischen Schriftsteller. Mit Grundrissen und Planen. Hannover 821. 8.

— Geschichte u. Beschreib. d. alten Stadt Rom; ein topograph. Handbuch zu Förderung e. gründl. Studiums d. röm. Schriftsteller. 1r Thl. Die Stadt Rom während d. Könige u. des Freistaats. Mit 1 Grundr. u. 2 Pl. gr. 8. Hannov. 824. Helwing. 2 ₰ 12 ℊ 2r u. letzter Thl. aus d. hinterlass. Papieren d. Verstorb. mit 5 Steindr. u. Pl. gr. 8. Ebd. 828. 2 ₰

Sachse, K., Lebensbeschreibung des Diktators Sulla. 8. Leipzig 1791. — 8. ib 1810.
Vgl. Sachse, Ludwig.

Die Lüge und die sittlichen Ideen. Von K[arl] Sachse in Magdeburg. *Langensalza: H. Beyer & Söhne 1896.* (16 S.) 1 Bd 8.
= Magazin, Pädagogisches. H. 83. [96. 9:04

SACHSE, Carl: Zur Pflanzengeographie des Erzgebirges. Programm. - Dresden 1855. 52 S.

— Versuch einer kurzgefaßten histor.-topographischen Beschreibung d. Stadt Rom, von Erbauung bis auf Constantin. 8. Hannover, Helwing. (Schulbuchhandlung in Braunschweig.) 810.

Sachse, Karl, († ...) Versuch e. kurzgefaßten histor.-topograph. Beschreib. der Stadt Rom, von ihrer Erbauung bis auf Constantin d. Großen; als begleitenden Leitfaden zu seinem zugleich dabei befindl. illum. Plane d. alten Stadt Rom. gr. 8. Hannov. 812. Helwing. 1 ₰ 12 ℊ Hbg. Pr. 18 ℊ

Sachse, K., Versuch eines Lehrb. d. griechischen u. römisch. Literargesch. u. classischen Literatur, f. Gymnasien. 8. Halle, Hemmerde u. Schw. 810.

— Versuch eines Lehrbuchs d. griech. u. röm. Literargesch. u. class. Literatur, f. Gymnasien. 8. Halle 810. Schwetschke u. S. 16 ℊ

Sachse, Carl Fr., Die Regen-Verhältnisse im Dresdener Elbthal von 1847—62. Ein Beitrag zur Witterungs-Geschichte Sachsens. Dresden 1863. (S. 5555)

(Sachse, Carl, Fr.), Uebersicht der meteorologischen Beobachtungen in Dresden 1842. Hierzu 1 Tab. (Aus: Kuchenmeister, Zeitschrift. II.)

Sachse, Karl Robert, s. Sachße, Karl Robert.

Sachse, Karl Fr., Der Witterungscharakter des Jahres 1858. (2., 3. u. 4. Mitth.) (Separ.-Abdr. aus dem „Dresdener Journal".) (S. 5517)

Sachse, C. Tr., s. Zeitung, allgem. deutsche naturhistorische.

Sachse, L.A. (Resp.): Diss. de longaevitate ex animi moderamine, s. A l b e r t i, M. (Praes.)

Sachse, Leo Rechenunterricht und Rechenbuch. Eine historisch-kritische Studie mit besonderer Beziehung auf das Gymnasium. 31 S. **Progr.** *Jena* 1884.

(Sachse, Ludw.) Catilina. 8. Halberstadt.
Vgl. C a t i l i n a .

Sachse, L., Lebensgeschichte d. Dictat. Sulla; ein histor. Versuch. 1r Thl. 8. Leipz. 791. Sommer. (Rauck). 10 gr
Vgl. Sachse, Karl.

Sachse, Margar., auf meiner G e i g e ist e. Ton. Gedichte. (VIII, 84 S.) 8. Dresden (907). E. Pierson. 2. —; geb. n 3. —

-- S t i m m e n des Tages. Gedichte. (84 S.) 8. München 910. R. Piper & Co. 2.—; kart. 3. —

Sachse, Max, über das Leben u. die Lieder des Troubadours Wilhelm IX., Graf v. Poiton. Inaugural-Dissertation. gr. 8. (VI, 57 S.) Leipzig 882. Schlömp. n. 1. —

Sachse, Max Der geographische Unterricht an Realschulen. 17 S. **Progr.** *Meerane* 1878.

Sachse, O., Die Salinen-Industrie der Vereinigten Staaten von Nordamerika. Vortrag Lüneburg, 1905. 55 S. mit 5 Abb. [Gd 27

Sachse, [Oskar]: **Anleitung** zum Übersetzen aus dem Französischen ins Deutsche. *Eutin 1899: G. Struve.* (16 S.) 4° [Ant. u. F.]
Eutin, grossh. G m. Realabt., OP 1899 (712)

Sachse, Otto, auf krummer Au. Historische Novelle. 8. (106 S.) Budweis 878. Hansen n. 1. 60

— Sommerfrische. Plauderei in 1 Acte. 8. (24 S.) Leipzig 877. Rasch & Co. in Comm. — 50

— der gute Vater. Plauderei in 1 Acte. 8. (24 S. m. autogr. Musikbeilage in 4.) Ebend. 877. — 50

Sachse, Paul, aus Berlin: **Fichte's nationalökonomische Anschauungen.** *Heidelberg 1902: K. Rössler.* (70 S.) 8°
Heidelberg, Phil. Diss. v. 1902

Sachse, P., Diphtheritis, s.: Hausbücher, medizinische.

Sachse, Paul (Adolph Herm.) geb. Woldenberg in d. Neum. [illegible] 1842: Ueber Myelitis und einen Fall von Myelitis acuta. Berlin 1867. 32 S. 8°
Berlin, Med. Diss. v. 7. Aug. 1867

Sachse, Paul, Schutzmaßregeln gegen die Cholera. (Beilage zu dem Erlaß d. Minist. d. geistl. pp. Angelegenheiten vom 28. Juli 1892.) Plakat. Fol. Berlin 892. v. Decker. 10 Stück n. — 50

Sachse, R., E. H. **Angaryd** u. E. **Harzanger**, die Fortschritte der losen Wollen- u. Wollengarn-Färberei [unecht u. walkecht] seit 1881. Ergänzungen zu Sachse, die Wäscherei, Bleicherei u. Färberei v. Wollengarnen f. Walkwaaren. Mit 39 Farbproben auf 5 Taf., deren Farbtöne m. den gegebenen Vorschriften übereinstimmen. gr. 8. (V, 101 S.) Leipzig 886. G. Weigel. n. 7. 50

Sachse, R., zum Gottesbegriff. Studie. (VII, 139 S.) gr. 8. Halle 904. C. A. Kaemmerer & Co. n. 2. 50

Sachse, R., die Wäscherei, Bleicherei u. Färberei von Wollengarnen für Walkwaaren in ihrem ganzen Umfange. Ein systematisches u. praktisches Hülfs- u. Lehrbuch für Färberei-Techniker u. Wollwaarenfabrikanten. Mit 96 gefärbten Proben auf 12 Taf., deren Farbtöne nach den gegebenen Vorschriften erzeugt wurden. gr. 8. (104 S.) Leipzig 881. G. Weigel. n. 12. —; geb. n. 14. 50

Sachse, R., E. H. Angaryd u. E. Harzanger
— — — die Wäsche, Bleicherei u. Färberei v. loser Wolle u. Wollengarnen, unecht sowie walkecht, in ihrem ganzen Umfange. Ein systemat. Hilfs- u. Lehrbuch f. Färberei-Techniker u. Wollenwaaren-Fabrikanten, Filz- u. Hutfabriken. 2. verb. u. verm. Aufl. v. Sachse, die Wäscherei, Bleicherei u. Färberei v. Wollengarnen f. Walkwaaren. Mit 135 gefärbten Proben auf 17 Taf., deren Farbtöne m. den gegebenen Färbvorschriften übereinstimmen. gr. 8. (V, 100 u. 104 S.) Ebend. 886 n. 17. 50; geb. n. 19. 50

Sachse, (Friedrich) Richard

Sachse, [F. R.], Beiträge zur Geschichte des Thomasklosters und der Thomasschule. 4. (40 S.) Leipzig 880, (Hinrichs'sche Buchh.) *

Sachse, Richard Zur Geschichte des Thomasklosters und der Thomasschule. 40 S. **Progr.** Thom. *Leipzig* 1880

Sachse, Richard: Das unorganische e im Orrmulum, zugleich eine Untersuchung über die Flexionsweise Orrms. Halle a/S. 1881: Schneider in Eisleben. 74 S. 8°
Halle-Wittenberg. Phil. Diss. v. [12. Nov.] 1881
Geb. Eisleben 19. I. 1857. V.
Verf. erlebte die Diplomerneuerung 1931 als Realgymnasial-Professor a. D in Berlin-Charlottenburg

Sachse, Richard, Prof. Dr.: **Katalog der Schüler-Bibliothek.** Charlottenburg 1906: A. Gertz. (88 S.) 8° [F.]
Charlottenburg, st. RG OP 1906 (116)

Sachse, Richard [Prof. Dr.]: Das Tagebuch des Rektors Jakob Thomasius. Leipzig, Druck v. A. Edelmann, Univ.-Buchdr., 1896; 1 Bl., 36 S. 4.
Leipzig, Thomas-G, OP 1896 (552)

Sachse, Rich., d. Tagebuch d. Rektors J a k o b T h o m a s i u s. Progr. 4. (36 S.) Leipzig 896. (J. C. Hinrichs' Sort.) n. 1. 20

Sachse, Richard [Prof. Dr.]: Jakob Thomasius, Rektor der Thomasschule. Leipzig, Druck v. A. Edelmann, Univ.-Buchdr., 1894; 1 Bl., 34 S. 4.
Leipzig, Thomas-G, OP 1894 (543)

Sachse, Rich., Jakob Thomasius, Roktor der Thomasschule. Progr. 4. (34 S.) Leipzig 894. (J. C. Hinrichs' Sort.) n. 1. 20

Sachse, Rob. (Justinus Herm.) (geb. Königsberg in d. Neum. 1. 3. 1810): De pneumonia neonatorum. Berolini 1835. (29 S.) 8°
Berlin, Med. Diss. v. 25. Sept 1835

Sachse, Rudolf, Referendar in Ehrenfriedersdorf i. S.: Die Gesellschafterbeschlüsse in der Gesellschaft mit beschränkter Haftung. Borna-Leipzig 1908: R. Noske. 64 S.) 8° [F.]
Leipzig, Jur. Fak., Diss. v. 4. Juni 1908
[Geb. 26. Sept. 82 Leipzig; Wohnort: Ehrenfriedersdorf im Erzgebirge; Staatsangeh.: Sachsen; Vorbildung: Nikolai-Gymn. Leipzig Reife O. 02; Studium: Leipzig 2, München 1, Leipzig 5 S.; Rig. 12. Febr. 06.]

Sachse, Thom. F., Klopstock und s. Verdienst, eine Vorles. z. Feyer seines Andenkens in seiner Vaterstadt. gr. 8. Hamb. Perthes. 803.

Vgl.Sachse,Joh.Fr.

Sachse, Thuiskon Friedrich

Sachse, Th. Fr., Anweisung für Schultheißen, Schöppen und Vorsteher der Land-Gemeinden in dem Großherzogth. Sachsen-Weimar-Eisenach zur geschickten Verwaltung ihrer Aemter. Nach den bestehend. Gesetzen, namentl. der neuen Land-Gemeinde-Ordnung bearb. gr. 8. Weimar 840. (Hoffmann.) 11/12 ₰

Sachse, Thuiskon Frdr., Erörterung einiger Fragen über die Gesammthuthung und deren Ablösung in dem Großherzogthum Sachsen-Weimar-Eisenach. Weimar 860. Böhlau. gr. 8. (22 S.) 3¾ ngr.

Sachse, Th. Fr., Handbuch d. Großherzoglich-Sächs. Privatrechts. gr. 8. Weimar 823. Ind.-Compt. 3 ₰ 12 gl

Sachse, Th. Fr.: Handbuch d. Grossh. Sächs. Privatrechts. *Weimar*, **Land.-Ind.-Compt. 824. gr. 8. (3 Thl. 12 Gr.)**

— die Nutzungsrechte der Bürger am Gemeindegute in dem Großherzogthum Sachsen-Weimar-Eisenach. Ebend. 859. gr. 8. (24 S.) 3 ngr.

Sachse, U.: Nekrolog auf A. Lehmann. Berlin 1889

SACHSE, ULRICH. Ueber eine Dinitrosulfobenzolsäure und einige ihrer Derivate. Greifswald, 1877.

Das Wiederauffinden der Bouvet-Insel durch die deutsche Tiefsee-Expedition. Von Kapitän W. **Sachse.** Mit Taf. 1–9 u. 1 Abb. (Jena: G. Fischer 1905.) (34 S.) 4°
= **Ergebnisse,** Wissenschaftliche, d. deutschen Tiefsee-Expedition auf d. Dampfer Valdivia 1898–1899. Bd 10, Lfg 1. [05. 6608]

Canossa. Hist. Untersuchung von **Walther Sachse.** (H. 1.) [Mehr nicht erschienen.] *Leipzig: Th. Thomas 1896.* (57 S.) 8° [03. 10680]

Sachse, *Adolf* **Werner [aus Neuhaldensleben]: Ueber Resorption der Nahrung bei Verschluss des Gallenblasenganges. Aus d. medicin. Klinik d. Hrn Geh.-Rath Gerhardt . . . Berlin, gedr. bei L. Schumacher, 1894; 26 S., 3 Bl. 8.**
Berlin, Med. Fak., Inaug.-Diss. v. 16. März 1894

Sachse, Wilh., der thüringische Bienenzüchter, ein auf 30jähr. Erfahrungen gegründ. u. besond. f. Anfänger in d. Bienenzucht bestimmtes Werkchen. 8. (7½ B.) Weißensee 833, Häßler.

Sachse, Wilh., der thüringische Bienenzüchter, ein auf 30jähr. Erfahrungen gegründetes und besonders für Anfänger in der Bienenzucht bestimmtes Werkchen. 8. Weißensee 833. (Sondershausen, Eupel.) ½ ₰ — 2e Ausg. 8. Leipzig 836. (Fritsche.) n. 11 gl

Sachse, Wilh., der Bienenzüchter, e. auf 30jähr. Erfahrn. gegründ. u. besond. f. Anfänger in d. Bienenzucht bestimmtes Werkchen. 2. Ausg. 8. (7½ B.) Leipzig 830, (Fritsche.)

Sachse, Wilhelm: Inwieweit kann man sich nach dem B.G.B. gegen Belästigungen durch Tiere (Hunde, Katzen, Hühner, Tauben und Bienen) des Nachbarn schützen? Wohlau 1906: Dr. Schulze. (IX, 42 S.) 8°
Heidelberg, Jur. Fak., Ref. Endemann, Diss. v. 8. März 1907
[Geb. 2. Jan. 81 Glogau; Wohnort: Glogau; Staatsangeh.: Preußen; Vorbildung: Kgl. evang. Gymn. Glogau Reife O. 01; Studium: München 1, Berlin 1, Breslau 4 S.; Rig. 2. Nov. 05.]

Sachse, Wilhelm, bacc. jur. aus Leipzig, Referendar am Kgl. Amtsgericht Johanngeorgenstadt: **Die Leihe nach dem Bürgerlichen Gesetzbuche für das Deutsche Reich.** *Borna-Leipzig 1901: R. Noske.* (IV, 69 S.) 8°
Leipzig, Jur. Diss. v. 1904

Sachse, Wilhelm Franz Martin

Sachse, Guil. Franc. Mart. (geb. Charlottenburg 27. 4. 1839): De morbis intoxicatione saturnina effectis. Berolini (1860). (32 S.) 8°
Berlin, Med. Diss. v. 10. Aug. 1860

Sachsel, Eugen, aus Wien: Über **Bildungs- und Löslichkeitsverhältnisse** der Doppelsalze des Eisenchlorids mit den Chloriden der Alkalimetalle. *(Berlin 1904: F. Weber.)* (37 S.) 8°
Berlin, Phil. Diss. v. 9. Juli 1904

Sachsel, Eug., über Bildungs- u. Löslichkeitsverhältnisse der Doppelsalze des Eisenchlorids m. den Chloriden der Alkalimetalle. Diss. (37 S. m. Fig.) 8. Berlin 904. O. Rothacker. n. 1.—

Sachsel, Eugen, Handbuch der Lack- u. Firnisindustrie, s.: Seeligmann, Frz., u. E. Zieke.

Sachsen [Sachliches OW]

Sachsen. Geognostische Karte des Landes zwischen Magdeburg und Cassel. Berlin. 1835. Folio.

Sachsen unter König Albert. D. Entwicklg. d. Königr. Sachsen auf allen Gebieten des Volks- u. Staatslebens in d. J. 1873—1898. (E. Volksbuch), hrsg. v. sächs. Volksschriften-Verlag z. Jubiläumstage d. Thronbesteigg. Sr. Maj. d. Königs Albert z. 29. X. 1898. Mit 167 Bild. 4. (VIII, 385 S.) Leipzig 898. Sächs. Volksschriften-Verl. Geb. in Leinw. n. 7. 50
Erschien auch in 15 Lfgn. à — 40.

Das Seiner Königlichen Majestät in Preussen weh- und demüthig anredende Sachsen. 1757. 4. 4 Bl. 7 Str.
Monarch der Preussen, blickst du Sachsen
Noch immer ohne Mitleid an.

Sachsen, Das befreyte. Clagenfurt, Kleinmayr, 1760. Quart. 8 S.

Sachsen in Bildern. Lithogr. Abbildungen der Städte Sachsens, bedeutender u. wichtiger Dörfer, merkwürdiger u. interessanter Straßen, Plätze, Kirchen, Schlösser, Gebäude rc. mit geschichtlich u. statistisch erläut. Text. Redig. von Fr. Geo. Wieck. 1. Bd. 1.—12. Heft. qu. 4. (Mit 86 Tafeln.) Chemnitz 841, 42. (Häcker.) (à 3 ngl) 1 ₰ 6 ngl — 2. Bd., redig. von F. W. Kretschmar. 1. u. 2. Heft. Mit 12 lithogr. Taf. qu. 4. Ebend. 843, Häcker. à 3 ngl

Sachsen und der norddeutsche Bund. Leipzig 1866. V: *Witzleben, Cäs. Dietr. von.* (Kat. d. Bibl. d. dtsch. Reichstages. Berl. 1882.)

Sachsen u. der norddeutsche Bund. Leipzig 866. B. Tauchnitz. gr. 8. (30 S.) 3 ngr.

Sachsen, Das galante. Franckfurth am Mayn 1734 nebst Vorrede u. Zueignungs Schrift an die galante u. gelehrte Welt. Amsterdam (Offenbach) 1735. Offenb. a. Mayn 1734. 1735. Neue Aufl. 1735. 1736. 1737. Franckf. a. M. 1739. Amsterdam (Offenbach) 1746. Neue Aufl. Offenbach am Mayn (Th. 2. Altona) 1742. Offenbach 1753, 1766. 1770. 1779. V: *Pöllnitz, Carl Ludwig Wilhelm Baron von.* (BGE I², 135—136)

Sachsen, Das galante. A. d. Französischen. Amsterdam [Offenbach] 1735. N. A. 1748. V: *Pöllnitz, Carl Ludwig Wilh. Freih. von.* (BrMm) (Wr) »1734« (BGE)

Sachsen, das galante. 5 Thle. 8. Frkf. a. M. 766. Varrentrapp. 12 gr — Dass. Französisch. 8. Ebd. 765. 12 gr

Sachsen, Das Herzogthum, in historischer und statistisch-geographischer Hinsicht ... Berlin 1815. V: *Pölitz, Carl Heinrich Ludwig.* (EngG) (Ky)

—das Herzogthum, in histor. u. statist.-geograph. Hinsicht nach d. Tractat vom 18. Mai 1815, (von K. H. L. Pölitz). gr. 8. Berl. 815. Nicolai. 9 gr

Sachsen u. seine Hoffnungen. Eine polit. Denkschr. d. Septemberwochen 1830, v. † Karl v. Steinbach (Karl Hase). 8. (10 B.) Leipzig, Weidmann.

Das Jauchzende **Sachsen** .. Ausführliche Relation Der besondern Merckwürdigkeiten, die sich bey dem ... Königl. Polnischen und Chur-Fürstl. Sächsischen Lust-Campement bey Mühlberg in Sachsen ... 1730 zugetragen. Neustadt 1730 [illegible]

Sachsen, das industrielle. Adreßbuch der sämmtlichen Fabrikanten im Kgr. Sachsen. Herausg. von Mor. Böhme. 2. bericht. u. vervollständ. Aufl. Chemnitz 858. Focke. 12. (3 Bl., 108 S.) n. 12 ngr.

Die Sachsen bei Königgrätz. (16.) fol. Leipzig 1866. 0.50.

— die, bei Königgrätz. Leipzig 867. Weber. Fol. (16 S. mit eingedr. Holzschn.) n. 5 ngr.

Sachsen, das Königreich. Statistisch geograph. Uebersicht nach den neuesten authent. Quellen f. den Schul- u. Privatgebrauch bearb. Schul-Ausg. m. 1 (chromolith.) Karte (in qu. Fol.) 16. (16 S.) Leipzig 873. Bauer. n. — 50; Ausg. m. 2 (chromolith.) Karten n. — 75

Sachsen, das Königreich. Schulgeographie, für die Hand der Kinder hrsg. von einem prakt. Schulmanne. Mit Rössel's (chromolithogr.) Karte von Sachsen und Krug's (chromolithogr.) Karte der betreffenden Kreishauptmannschaft. gr. 8. (16 S.) Meißen 881, Schlimpert. *

Sachsen, Das Königreich. Schulgeograhie, für die Hand der Kinder herausg. von einem praktischen Schulmanne. Meissen 1884. V: *Sörgel, S.* (Russell, XVI, III, 1, 281.)

Sachsen, das Königr. Schulgeographie, f. die Hand der Kinder hrsg. v. e. prakt. Schulmanne. Mit Rössel's (chromolith.) Karte v. Sachsen u. Krug's (chromolith.) Karte der betr. Kreishauptmannschaft. gr. 8. (16 S.) Meißen 884. Schlimpert. n. — 25

—das Königreich, unter König Anton I., oder: Handlexicon über alle im Königr. Sachsen gelegenen Städte, Flecken, Dörfer, Ritter- u. Freigüter, Hammerwerke, Vorwerke, Mühlen rc. nach ihren Lagen, Gerichtsbarkeiten, geistl. Verhältnissen u. richtig bestimmten Postbestellkreisen, mit Angabe der Stunden-Entfernung von denselben. 8. Leipz. 830. Lauffer. 18 gr

Sachsen, das Königreich, in historisch-statistisch-topographischer Beziehung. 1—3. Liefg. Leipzig 859. Schrader & Co. Fol. (Text S. 1—28.) Jede Liefg. m. 1 Lithogr. in Farbendr. n. 6 ngr.

Sachsen, das Königreich, in historisch-statistisch-topographischer Beziehung. 2. Aufl. 1—3. Lfg. Fol. (28 S. mit 3 Stnt. in Tondr.) Leipzig 860, [Matthes.] à Lfg. * 6 Ngr. *

Sachsen, d. Königreich, in allen seinen Beziehungen, oder übersichtliche Darstellung seiner Geschichte, Geographie, Staatsverfassung, Staatsverwaltung u. Staatskräfte, der Civil- u. Militairbehörden mit ihren Titulaturen, der Unterrichts-, Gewerbs-, Gesundheits- u. Heilanstalten, milden Stiftungen rc., nebst Anleitung zur Fertigung schriftl. Aufsätze rc. (Des unterweisenden Haussecretairs für das Königreich Sachsen 1r Thl.) gr. 8. Leipzig 840. Polet. 1 Thlr

— das Königreich, nach den neuesten officiellen Materialien und Mittheilungen des sächs. statistischen Vereins entworfen. 1835. Gezeichnet u. lithogr. in der kön. sächs. Kammeral-Vermessung u. Graviranstalt in Dresden. Roy.-Fol. Leipzig, Barth. — Mit der Eintheilung nach Kreisen in ständischer Beziehung, — nach Amtshauptmannschaften, — nach den Aemtern u. königl. Gerichten, — nach d. Haupt-Zoll- u. Steuerdistrikten n. 5/6 Thlr

— dass. 1835. Colorirt nach den Grenzen der Bergamtsreviere. — Nach Kreisen in ständischer Beziehung. — Nach den bäuerl. Wahlbezirken. — Nach d. städt. Wahlbezirken. - Nach d. Haupt-Zoll- u. Steuerdistrikten. Lithogr. Roy.-Fol. Ebd. n. 5/6 Thlr

— das Königreich, Thüringen und Anhalt dargestellt in malerischen Originalansichten ihrer interessantesten Gegenden, Städte, Badeorte, Kirchen, Burgen und sonstigen ausgezeichneten Baudenkmälern alter und neuer Zeit. Nach der Natur aufgenommen von L. Rohbock u. C. Koehler, in Stahl gest. von den ausgezeichnetsten Künstlern unserer Zeit. Mit historisch-topograph. Text. 1. Abth. Das Königr. Sachsen. 1—31. Liefg. Darmstadt 856—58. Lange. gr. 8. (S. 1—280.) Jede Liefg. mit 3 Stahlst. n. 8 ngr.; chines. Pap. n. 16 ngr.; Prachtausg. in gr. 4. chines. Pap. n. 1 Thlr. 6 ngr.

— das Königreich, Thüringen und Anhalt, dargestellt in malerischen Orig.-Ansichten ihrer interessantesten Gegenden, Städte, Badeorte, Kirchen rc. Nach der Natur aufgenommen von Ludw. Rohbock und C. Koehler, in Stahl gest. von den ausgezeichnetsten Künstlern unserer Zeit. Mit historisch-topographischem Text. 32—57. Liefg. Darmstadt 859—62. Lange. gr. 8. (Text S. 281—564.) Jede Liefg. mit 3 Stahlst. à n. 8 ngr.; chines. Pap. n. 16 ngr.; Prachtausg. chines. Pap. in gr. 4. n. 24 ngr.

— — Supplem.- und Schlußheft. Ebend. 862. gr. 8. (XV, 160 S.) 15 ngr.; in gr. 4. n. 1 Thlr

Sachsen und seine Krieger in den Jahren 1812 und 13. ... Leipzig 1829. V: *Odeleben, Ernst Otto Freih. von.* (Ky)

Sachsen u. seine Krieger in d. J. 1812 u. 13. Ein Beitrag z. Würdigung der strategisch-polit. Ereignisse jener Zeit, (v. ... v. Odeleben). gr. 8. Leipz. 829. Hinrichs. 1 Thlr

Sachsen u. seine Krieger in d. J. 1812 u. 1813. (210) 8. Leipzig 1829.

— u. die königl. sächsische Landeskommission. Vom Verf. der drei Zeitfragen. Wer war Herr v. Beust? Gera 866. (Griesbach.) gr. 8. (11 S.) 2 ngr.

Sachsen und Preussen. O. O. 1814. 3. A. 1815. V: *Aretin, Joh. Christoph Anton Maria Freiherr von.* (MGT) (GGr) (Ky) (Kn)

Sachsen, Preussen und Europa, zur Widerlegung der Staatsschrift: Preussen und Sachsen. O. O. 1815. V: *Aretin, Joh. Chph Ant. Maria Freih. v.* (Kat. d. stat. Bureaus. Dresden 1890.)

— die Provinz, in 1 Provinz- und 3 Regier.-Bezirkskarten. Lith. u. col. Mit Rand-Text. gr. Fol. Erfurt 845, Müller'sche Buchh. 2/3 ₰

Sachsen, die Prov., in Wort u. Bild. Hrsg. v. dem Pestalozziverein der Prov. Sachsen. Mit etwa 200 Abbildgn. 1. u. 2. Bd. gr. 8. (IV, 476 u. VIII, 480 S.) Berlin 900. 902. Leipzig, J. Klinkhardt. à n. 4. 50; geb. in Leinw. à n. 6. —

— die, in Siebenbürgen. 8. Leipzig, Sommer. 794.

Sachsen, Die Siebenburger. Eine Volksschrift hgbn. bey Aufhebung der für erloschen erklärten Nation. Hermannstadt 1790. V: *Muller, Jac. Aurelius.* (PK 2/813) V: *Sternheim von.* (Zieglauer Reformbewegung S. 70) (GGr VII/150, Nr. 24/3) (BiblPort)

Sachsen, Die Siebenbürger. Eine Volksschrift hsg. bei Aufhebung der für erloschen erklärten Nation. Hermannstadt 1790. V (Entwurf): *Sachsenheim, von.* Red: *Müller, Jacob Aurelius.* B: *Neugeboren, Dan.* (GGr VII, 150)

Sachsen, die Siebenbürger. Eine Verteidigungsschrift (gegen E. v. Egan). gr. 8. (48 S.) Hermannstadt 898. W. A. Seraphin. n. — 80

Sachsen Sonst u. Jetzt. Historisches Werk für alle Vaterlands-Freunde. Mit Beiträgen v. Wilh. Schäfer, C.A.L. Friedrich, Fr. Lubojatzky u. m. A. (1. Bd. 19 Lfgn.) Nebst 54 lith. Beilagen. gr. 4. (220 S.) Dresden 848, Grimm. n. 1 ₰ 24 ngr

— Thüringen u. benachbarte Länder. Revidirt 1848. Fol. Kpfrst. u. color. Gotha, J. Perthes. Auf Leinw. u. in Engl. 8.-Carton. n. 12 ngr

Sachsen [Schlagwort]

— s. a.: Automobilkarten. Mittelbach. — Generalkarten. Flemming. — Geologische Karten. Credner. Spezialkarte. — Hand- u. Reisekarten. — Landtagswahlkarten. — Papierfabriken. — Verkehrskarten.

— s.: Deutschland. Karte des Deutschen Reichs. Abthlg.: Königr. Sachsen. — Eisenbahn-Karten. — Geologische Karten. Specialkarte. — Hand- u. Reisekarten. 22. — Heimatskarten. — Militärkarten. — Radfahrerkarten. — Sächsische Schweiz.

Sachsen, Generalübersicht sämmtl. Ortschaften, s. Generalübersicht.

— s. a.: Hand- u. Reisekarten. 16. — Radfahrerkarten. Junghans. — Regenkarten.

— s. Heimatskärtchen. 23. 24. — Wettinische Lande.

Sachsen — Topographisch-orographische Special-Karte des Königreiches — etc. Entw. u. gez. von Otto Andrée, Ing.-Hauptm. Dresden, Lith. Druck u. Verl. von G. Dietze. 157,281. Aufl. v. 1849 u. 1866. 9 Bl. nebst Uebers.

Sachsen, Königr. Atlas des Königr. Sachsen. 5 (farb.) Karten zur Heimatskunde (in qu. gr. 4) u. Text. gr. 8. (4 S. m. 1 Bildn.) Leipzig 898. G. Lang. n. — 10

Sachsen — Topographischer Atlas des Königreichs —, etc., bearb. bei der K. Mil. - Plankammer. 57,600. Dresden seit 1836. Schluss 1860. Im Ganzen 22 Bl.

Sachsen, Prov. Bamberg, K., Heimatskarte der Prov. Sachsen u. des Herzogt. Anhalt. [Aus: „Schul-Atlas".] 1 : 750,000. 42×39 cm. Farbdr. Berlin (899). C. Chun. n. — 15

Sachsen, Königr. Bamberg, K., Schulwandkarte vom Königr. Sachsen. 1 : 175,000. 8 Blatt. 6. Aufl. Chromolith. qu. gr. Fol. Berlin 887. Chun. n. 9. —; auf Leinw. in Mappe n. 12. 50; m. Stäben n. 14. 50

Sachsen, Königr. Bamberg, K., Schulwandkarte vom Königr. Sachsen. 1 : 175,000. 7., verb. Aufl. 9 Blatt. Farbendr. 36×46,5 cm. Berlin 891. C. Chun. n. 7. 50; auf Leinw. in Mappe n. 10. —; m. Stäben n. 12. —

— Bomsdorff, Th. v., Karte d. Königr. Sachsen. 1 : 260,000. 4 Blatt. 10., verb. Abdr. Chromolith. Fol. Leipzig 889. Hinrichs' Verl. n. 4. —; auf Leinw. in Leinw.-Carton n. 6. —

— Bomsdorff, Th. v., Karte d. Königr. Sachsen. 1 : 260,000. 12. Abdr. Nachgetragen bis März 1893. 61×90,5 cm. 4 Blatt. Farbendr. Leipzig 893. J. C. Hinrichs' Verl. 4. —; auf Leinw. in Leinw.-Decke 6. —

— Bomsdorff, Th. v., Karte des Königr. Sachsen. 1 : 260,000. 14. Abdr. Nachgetrag. bis Herbst 1898. 61×91 cm. Farbdr. Leipzig 898. J. C. Hinrichs' Verl. n. 2. 50; auf Leinw. n. 4. 50

Sachsen, Königr. Bomsdorff, Th. v., Karte des Königr. Sachsen. 1 : 260,000 15. Abdr. Nachgetragen bis Frühj. 1901. 61×91 cm. Farbdr. Leipzig 901. J. C. Hinrichs' Verl. n. 2. 50; auf Leinw. n. 4. 50

Sachsen, Königr. Bomsdorff's, Th. v., Karte des Königr. Sachsen. Nachgetragen bis Frühjahr 1905. 16. Aufl. 1 : 260,000. 61,5×91 cm. Farbdr. Leipzig (905). J. C. Hinrichs' Verl. n. 2. 50; auf Leinw. in Taschenformat n. 4. 50

Sachsen, Königr. Bomsdorff's, Th. v., Karte des Königr. Sachsen. Nachgetragen bis Frühj. 1908. 1 : 260,000. 17. Aufl. 61,5×91,5 cm. Farbdr. Leipzig 908. J. C. Hinrichs' Verl. 2.50; auf Leinw. 4. 50

— Brecher, A., Darstellung der Gebietsveränderungen in den Ländern Sachsens u. Thüringens von dem 12. Jahrh. bis heute. Chromolith. qu. Fol. Berlin 888. D. Reimer. n. — 80

— Burckhardt, Rich., Schulkarte v. Königr. Sachsen. Bearb. u. gezeichnet nach „reiner Reliefmethode". 1 : 680,000. 32 × 36 cm. Farbdr. Chemnitz-Gablenz 897. Leipzig, R. Voigtländer's Verl. n.n. — 15; auf Pappe in Buchform n.n. — 30

Sachsen, Königr. Darstellung, graphische, des civil- u. militärärztl. Personals im Königr. Sachsen am 1. Jan. 1887. Autogr. u. color. Imp.-Fol. Dresden 887. Warnatz & Lehmann. — 75

— Diercke, C., Karten zur Landeskunde v. Königr. Sachsen. Hrsg. unter Mitwirkg. d. Dresdener Lehrervereins. Sonderausg. v. Lange-Diercke, sächs. Schulatlas. (8 farb. S.) 31×24,5 cm. Leipzig 910. J. Klinkhardt. — 50

— — Schulwandkarte des Königr. Sachsen. 1 : 125,000. 129×200 cm. Farbdr. Braunschweig (908). G. Westermann. — (Leipzig, J. Klinkhardt.) Auf Leinw. m. Stäben 22.50

Sachsen, Prov. Dobert, W., u. G. Helmcke, Wandkarte der Prov. Sachsen. 1 : 200,000. 9 Blatt. 3., verb. Aufl. Chromolith. gr. Fol. Magdeburg 889. (Leipzig, Siegismund & Volkening.) n.n. 10. —; auf Leinw. n.n. 16. —

Sachsen, Königr. Eckert, Max, Heimatskarte v. Kgr. Sachsen. 1 : 500,000. 30×49 cm. Farbdr. Halle (902). H. Schroedel. n.n. — 12

— Eckert, Max, Heimatskarte der Prov. Sachsen. 1 : 750,000. 42×38 cm. Farbdr. Halle (902). H. Schroedel. n.n. — 12

Sachsen, Prov. Eckert, Max, Karte der Prov. Sachsen. Heimatskarte z. Volksschulatlas. 1 : 1,000,000. 31,5 ×29 cm. Farbdr. Halle (908). H. Schroedel. nn —15

Sachsen, Grossherzogt. Egloffstein, Frhr. v. u. zu, Fischereikarte d. Grossherzogt. Sachsen. 1 : 100,000. 3 Blatt. Farbendr. Weimar 893. Geograph. Institut. n. 4. 50

I. Eisenacher Kreis. 69,5×45,5 cm. n. 1.50. — II. Weimarischer Kreis. 55×70,5 cm. n. 2. —. — III. Neustädter Kreis. 35,5×53,5 cm. n. 1. —

Sachsen — Das Königreich — entw. von H. W. v. Ehrenstein. 240,000. Lith. Druck u. Verl. v. Adler u. Dietze in Dresden 1852. 1 Bl.

Sachsen, Grossherzogth. Entfernungskarte der Orte d. Grossherzogth. Sachsen. 1 : 100,000. 3 Blatt. Lith. Imp.-Fol. Weimar. 888. Geograph. Institut. n. 4. 50; Text dazu: Verzeichnis der Entfernungen zwischen den Amtsgerichtssitzen u. den Orten der Bezirke. 8. (16 S.) n. — 40

1. Weimarischer Kreis. n. 2. —. — 2. Eisenacher Kreis. n. 1. 50. — 3. Neustädter Kreis. n. 1. —.

— Frenzel, A., geographisch-statistische Karten vom Königr. Sachsen. Für den Schulgebrauch hrsg. 1 : 200,000. 4 Blatt à 81×115 cm. Farbdr. Dresden (909). Holze & Pahl. 15.—; auf Leinw. m. Stäben 25. —

1. Geologische Übersichtskarte v. Sachsen und Nordböhmen. Bearb. v. H. Beier. Nebst Begleitwort. (4 S.) gr. 8. — 2. Niederschläge (1891—1900). — 3. Mittlere Jahreswärme (1864—1900). — 4. Volksdichte.

— Friedemann, H., Schulkarte vom Königr. Sachsen. 1 : 687,500. 44. rev. Ausg. Chromolith. qu. Fol. Dresden 888. Huhle. n. 10. —

— Friedemann, Hugo, Schulkarte v. Königr. Sachsen. 1 : 1,687,500. 85., rev. Ausg. 27 × 35,5 cm. Farbdr. Dresden 898. A. Huhle. n. — 10

— — Schulwandkarte des Königr. Sachsen. 1 : 140,000. 3., verb. Aufl. 4 Blatt à 63 × 84 cm. Farbendr. Ebd. 892. n. 7. — ; auf Leinw. n. 12. —

— Gaebler, E., Handkarte der Prov. Sachsen u. d. Herzogt. Anhalt. 1 : 1,250,000. Physikalisch u. politisch. 2 Blatt. Farbendr. gr. 4. Ebd. Leipzig 890. Lang. — 15

— Gaebler, Ed., Schulkarte vom Königr. Sachsen. 1 : 700,000. Farbendr. qu. Fol. Leipzig 890. Lang. — 15

— — Schulkarte vom Königr. Sachsen. 1 : 700,000. (Grosse Ausg. m. 6 Kartons.) 43×26,5 cm. Farbendr. Ebd. 891. — 15

— Gaebler, Ed., Schulkarte vom Königr. Sachsen. 1 : 700,000. 10. Aufl. 23×34,5 cm. Farbendr. Leipzig 894. G. Lang. n. — 10

— Gaebler, Ed., Schulkarte vom Königr. Sachsen. 1 : 700,000. 13., verb. Aufl. 23 × 34,5 cm. Farbdr. Leipzig 898. G. Lang. n. — 10

— — dasselbe. Grössere Ausg. m. 6 Nebenkarten. 2., verb. Aufl. 26,5 × 43 cm. Farbdr. Ebd. 898. — 15

— Gaebler's, Ed., Schulkarte v. Königr. Sachsen. 1 : 700,000. 17. verb. Aufl. 23×34,5 cm. Farbdr. Leipzig (902). G. Lang. n. — 10

— Gaebler, Eduard, Schulkarte vom Königr. Sachsen. 1 : 700,000. 20. verb. Aufl. 23×34,5 cm. Farbdr. Leipzig (904). G. Lang. n. — 10

— — Schul-Wandkarte vom Königr. Sachsen (m. Höhenschichten-Kolorit). 1 : 140,000. 4 Blatt. Farbendr. 58×83 cm. Ebd. 891. n. 10. —; auf Leinw. m. Stäben n. 18. —

— — Schul-Wandkarte v. Königr. Sachsen. 1 : 140,000. 2. Aufl. 4 Blatt à 57 × 83,5 cm. Farbdr. Ebd. 898. n. 7. —; auf Leinw. m. Stäben od. in Mappe n. 12. —

— — Schul-Wandkarte vom Königr. Sachsen. (Politisch.) 1 : 140,000. 4 Blatt à 57,5×84 cm. Farbdr. Ebd. (902.) n. 7. —; auf Leinw m. Stäben n. 12. —

— Gaebler, Eduard, Schul-Wandkarte vom Königr. Sachsen. 1 : 140,000. 3. Aufl. (Physikalische Ausg.) 4 Blatt à 57×83,5 cm. Farbdr. Leipzig (908). G. Lang. 8.—; auf Leinw. m. Stäben 12. —

Sachsen, Prov. Gaebler, Eduard, Schul-Wandkarte der Prov. Sachsen. 1 : 175,000. 4 Blatt à 85,5×78 cm. Farbdr. Leipzig (904). (Magdeburg, Creutz.) n. 12.—; auf Leinw. m. Stäben n. 18.—

— Gaebler, Eduard, Schul-Wandkarte der Prov. Sachsen. Bearb. u. gezeichnet. 2. Aufl. 1 : 175,000. 4 Blatt à 94×86 cm. Farbdr. Magdeburg (908). Creutz. 12.—; auf Leinw. m. Stäben 18.—

— Gebirgs-Spezialkarten, sächsische, bearb. v. der Abteilg. f. Landesaufnahme des königl. sächs. Generalstabes. 1 : 100,000. Umdruck. 5 Bl. 76×62,5; 68×60,5; 75,5×67; 55,5×70 u. 69×60 cm. Farbdr. Dresden (910). G. A. Kaufmann. nn 6.—

Sachsen — Oro-Hydrographische General-Charte vom Königreiche — und den angrenzenden Ländern. Zum Gebrauch als Post- und Reisecharte sowohl, als für Civilbeamte, und insbesondere für das Studium der Kriegsgeschichte. Nach den besten Hülfsmitteln entworfen von R. von L. In der Rittner'schen Kunsthandlung zu Dresden 1819. 1 : 460,000. 2 Bl.

Sächsischen Länder — Grossh.-Herzogl. — nebst den Fürstenth. Schwarzburg und Reuss, Rhöngebirge - Frankenwald - Fichtelgebirge. Bearb. von C. Gräf. Rev. 1864. 350,000. Weimar, Geogr. Inst. 1 Bl.

— Graser's Verkehrskarte vom Königr. Sachsen und angrenzenden Gebieten m. Angabe der Kreishauptmannschaften, Amtshauptmannschaften und Amtsgerichte. 1 : 320,000. 47,5×73 cm. Lith. Annaberg (909). Graser's Verl. — 50; auf Leinw. n 1. 50

Sachsen — Charte vom Königreiche — nebst den Herzoglich Sächsischen, Herzoglich Anhaltischen, Fürstlich Schwarzburg- und Fürstlich Reussischen Ländern oder Die Obere Elbe. Entworfen von F. L. Güfsefeld' Weimar im Verlag des geographischen Instituts 1811. 1 : 680,000. 1 Bl.

Sachsen — Charte des Königreichs — nach seiner neuesten, durch den am 21. May zu Wien abgeschlossenen Friedens-Tractat definitiv bestimmten Theilung zwischen Preussen und Sachsen nebst den Herzogl. Ländern. Entworfen von F. L. Gussefeld. Weimar im Geogr. Institut. 1815. 1 : 6[illegible],000. 1 Bl.

Sachsen — Post-Charte des Königreichs — und der angrenzenden Länder. Nach astronomischen Ortsbestimmungen und sicheren Hülfsquellen entworfen von F. L. Gussefeld. 1809. Berichtigt und vollendet zu Weimar im Geogr. Institut. C. Reyl sc. Dresd. 1 : 400,000. 1 Bl.

— Handtke, F., General-Karte der Provinz Sachsen nebst Thüringen u. Anhalt. 1 : 460,000. 26. Auflage. Chromolith. Imp.-Fol. Glogau 890. Flemming. n. 1.—; auf Leinw. in Leinw.-Decke n. 2. 50

Sachsen, Prov. Handtke, F., General-Karte der Prov. Sachsen, nebst Thüringen u. Anhalt. 1 : 460,000. 28. u. 29. Aufl. Farbendr. 74,5×66 cm. Glogau 891. C. Flemming. n. 1. —; auf Leinw. in Kaliko-Karton n. 2. 50

Sachsen, Prov. Handtke, F., General-Karte der Prov. Sachsen, nebst Thüringen u. Anhalt. 1 : 460,000. 33. u. 34. Aufl. 74,5 × 66 cm. Farbendr. Glogau 894. 95. C. Flemming. n. 1.—

— — Schul-Wandkarte der preussischen Prov. Sachsen. 1 : 250,000. 5. Aufl. 6 Blatt. Farbendr. 3 Blatt 50×32 u. 3 Blatt 50×42,5 cm. Ebd. 891. 1. 80; auf Leinw. in Mappe n. 4. 80; m. Stäben n. 5. 80; m. polirten Stäben n. 6. 80

— — u. O. Richter, Schul-Wandkarte der Prov. Sachsen u. d. Herzogt. Anhalt. 1 : 240,000. 9 Blatt. Farbendr. u. kolor. 46×41,5 cm. Ebd. 891. n. 6. —; auf Leinw. in Mappe n. 10. 50; m. rohen Holzrollen n. 12. —; m. polierten Holzrollen n. 13. 50

— Heimatkarte des Königr. Sachsen. 1 : 625,000. 31×49 cm. Farbdr. Dresden (902). (Holze & Pahl) n. — 10

— Helmcke, G., Karte der Prov. Sachsen u. das ganze Flußgebiet der Elbe, f. den Schulgebrauch entworfen. 1 : 1,120,000. 43,5 × 46,5 cm. Farbendr. Leipzig 896. R. Bredow. n. — 40

— Helmcke, G., Karte der Prov. Sachsen f. den heimatkundlichen Unterricht. Neue Bearbeitg. 6. Aufl. Farbendr. u. kolor. 35×32,5 cm. Leipzig 892. R. Bredow. n. — 40

— Horrich, A., General-Karte vom Königr. Sachsen. 1 : 300,000. Farbendr. 64×84 cm. Glogau 892. C. Flemming. n. 1. —

— Herrich, A., General-Karte vom Königr. Sachsen. 1 : 300,000. 5. u. 6. Aufl. 64 × 84 cm. Farbendr. Glogau 895. C. Flemming. n. 1. —

— Hummel, A., Heimatskarte vom Königr. Sachsen. 1 : 900,000. Farbendr. qu. 4. Leipzig 891. Körner & Dietrich. n.n. — 10

— Jacob, Karl, u. Max Wagner, unser Vaterland Sachsen in Karte u. Bild. (4 farb. Kartens. u. 20 S. Abbildgn.) 31×24 cm Leipzig 909. A. Hahn. — 50

Sachsen — Interims-Charte des Königreichs — nach der auf dem Congress zu Wien am 11. Februar 1815 bestimmten Theilung. Weimar im Geogr. Institut. 1815 1 : 925,000. 1 Bl.

— Karte, hydrographische, des Königr. Sachsen. Bearb. im Auftrage des königl. sächs. Finanzministeriums v. der Wasserbau-Direction. 1 : 250,000. 65×96 cm. Farbendr. Nebst Textheft: Tabellarische Zusammenstellung der hauptsächlichsten Wasserläufe des Königr. Sachsen, m. Angaben der Längen, Gefälle, Zuflußgebiete u. Wasserführung derselben. gr. 8. (107 S.) Dresden 893. (A. Urban.) In Karton. n. 5. 50

Sachsischen Ländern — Karte von den Kurfürstlich und Herzoglich — Nach astronomischen Beobachtungen etc. neu entworfen und herausgegeben 1800. Nürnberg bey Schneider und Weigels. 1 : 525,000. 1 Bl.

— Karte vom Königr. Sachsen. (Von C. Diercke.) 1 : 600,000. 26,5×41 cm. Farbdr. Leipzig (910). J. Klinkhardt. nn — 10

Charte des Königreichs Sachsen und der angrenzenden Länderabtheilungen, entworfen, gezeichnet und lithographirt bei der Königlichen Kammeral-Vermessung. Dresden 1829—1836. 26 Bl. c. L. Ff.

— Karte, topographische, des Königreichs Sachsen. 1 : 25,000. Hrsg. durch das kgl. Finanzministerium. Bearb. im topograph. Bureau des kgl. Generalstabes. Kpfrst. u. Lith. 156 Blätter (Sectionen) u. 1 Uebersichtsblatt (1 : 500,000). gr. Fol. Leipzig 875—886. Engelmann. Erschien in 2 Ausgaben: Ausg. A. mit Terraindarstellung durch Horizontalen u. Tondruck; Ausg. B. mit Terraindarstellung nur durch äquidist. Horizontalen. Jeder Section wird ein Höhenverzeichniss beigegeben. Preis pro Blatt in Ausg. A. n. 2. —; in Ausg. B. n. 1. 50

In alphabet. Ordnung:

151. Adorf. — 119. Altenberg. — 139. Annaberg. — 153. Aschberg. — 135. Auerbach. — 39. 40. Baruth mit Surplus Feldkaiser. — 54. Bautzen. — 102. Berggiesshübel. — 53. Bischofswerda. — 149. Blossenberg. — 150. Bobenneukirchen. — 154. Brambach. — 98. Brand. — 12. Brandis. — 114. Burkhardtsdorf. — 96. Chemnitz. — 44. Colditz. — 17. Collmnitz. — 14. Dahlen. — 100. Dippoldiswalde. — 46. Döbeln. — 66. Dresden — 124. Ebersbrunn. — 145. Eibenstock. — 122. Elsterberg. — 138. Elterlein. — 144. Falkenstein. — 40. Feldkaiser. — 78. Frankenberg. — 80. Freiberg. — 59. Frohburg. — 120. Fürstenwalde. — 61. Geringswalde. — 127. Geyer. — 101. Glashütte. — 94. Glauchau. — 28. Grimma. — 33. Grossenhain. — 148. Hammer-Unter-Wiesenthal. — 57. Hemmendorf. — 155. Hennebach. — 86. Hinterhermsdorf. — 89. Hirschfelde. — 32. Hirschstein. — 55. Hochkirch. — 95. Hohenstein. — 146. Johanngeorgenstadt. — 36. Kamenz. — 133. Kauschwitz. — 125. Kirchberg. — 56. Kittlitz. — 7. Kleintrebnitz. — 35. Königsbrück. — 84. Königstein. — 22. Königswartha. — 49. Kötzschenbroda. — 82. Kreischa. — 140. Kühnhaide. — 110. Langenbernsdorf. — 75. Langenleuba. — 79. Langhennersdorf. — 43. Lausigk. — 11. Leipzig. — 45. Leisnig. — 116. Lengefeld. — 99. Lichtenberg. — 112. Lichtenstein. — 26. Liebertwolkwitz. — 91. Liebschwitz. — 23. Lippitsch. — 72. Löbau. — 42. Lobstädt. — 47. Lommatzsch. — 126. Lössnitz. — 38. Luttowitz. — 128. Marienberg. — 109. Markersdorf. — 10. Markranstädt. — 93. Meerane. — 48. Meissen. — 141. Misslareuth. — 77. Mittweida. — 50. Moritzburg. — 29. Mutzschen. — 118. Nassau. — 27. Naunhof. — 24. Neudorf. — 71. Neusalza. — 69. Neustadt. — 131. Neuwernsdorf. — 108. Oberullersdorf. — 88. Oderwitz. — 6. Olganitz. — 143. Oelsnitz. — 30. Oschatz. — 73. Ostritz. — 20. Otterschütz. — 132. Pausa. — 41. Pegau. — 76. Penig. — 9. Forsthaus Pfeife. — 67. Pillnitz. — 83. Pirna. — 142. Plauen. — 19. Ponickau. — 3. Pönitz. — 52. Pulsnitz. — 130. Purschenstein. — 51. Radeberg. — 34. Radeburg. — 105. Am Raumberg. — 58. Regis. — 121. Reiboldsgrün. — 123. Reichenbach. — 16. Riesa. — 60. Rochlitz. — 103. Rosenthal. — 63. Rosswein. — 92. Rückersdorf. — 37. Kloster St. Marienstern. — 117. Sayda. — 97. Schellenberg. — 70. Schirgiswalde. — 136. Schneeberg. — 104. Schöna. — 156. Schönberg. — 137. Schwarzenberg. — 85. Sebnitz. — 2. Seehausen. — 87. Seifhennersdorf. — 18. Skässchen. — 8. Spansberg. — 31. Stauchitz. — 113. Stollberg. — 68. Stolpen. — 21. Strassgräbchen. — 64. Tanneberg. — 1. Tannenwald. — 4. Thallwitz. — 5. Thammenhain. — 81. Tharandt. — 74. Trattlau. — 134. Treuen. — 62. Waldheim. — 106. Waltersdorf. — 90. Weigsdorf. — 15. Wellerswalde. — 147. Wiesenthal. — 65. Wilsdruff. — 13. Wurzen. — 107. Zittau. — 129. Zöblitz. — 115. Zschopau. — 25. Zwenkau. — 111. Zwickau. — 152. Zwota.

— — dasselbe. Seit 1886 currentgestellte Blätter (Sectionen). [Erschienen in Ausg. B.] Nr. 27, 43, 44, 46, 47, 61—63, 65—68, 76, 77, 83—85, 95—97, 103, 104, 111—114, 124—129, 133, 138, 142, 144, 146, 147, 150, 154—156. Kpfrst., Lith. u. Farbendr. gr. Fol. Ebd. à Nr. n. 1. 50

In alphabet. Ordnung:

150. Bobenneukirchen. — 154. Brambach. — 114. Burkhardtsdorf. — 96. Chemnitz. — 44. Colditz. — 46. Döbeln. — 66. Dresden. — 124. Ebersbrunn. — 138. Elterlein. — 144. Falkenstein. — 61. Geringswalde. — 127. Geyer. — 155. Hennebach. — 95. Hohenstein. — 146. Johanngeorgenstadt. — 133. Kauschwitz. — 125. Kirchberg. — 84. Königstein. — 43. Lausigk. — 112. Lichtenstein. — 47. Lommatzsch. — 126. Lössnitz. — 128. Marienberg. — 77. Mittweida. — 27. Naunhof. — 76. Penig. — 67. Pillnitz. — 83. Pirna. — 142. Plauen. — 103. Rosenthal. — 63. Rosswein. — 97. Schellenberg. — 104. Schöna. — 156. Schönberg. — 85. Sebnitz. — 113. Stollberg. — 68. Stolpen. — 62. Waldheim. — 147. Wiesenthal. — 65. Wilsdruff. — 129. Zöblitz. — 111. Zwickau.

Die noch vorhandenen älteren Exemplare der seit 1886 currentgestellten Blätter (Sectionen) sind v. topogr. Bureau des kgl. Generalstabes durch einen Stempel mit Preisangabe kenntlich gemacht worden; dieselben werden zu herabg. Preisen abgegeben, u. zwar pro Section (ohne Höhenverzeichniss): in Ausg. A n. 1. 50; in Ausg. B n. 1. —

— — topographische, des Königr. Sachsen. 1 : 25,000. Hrsg. durch das königl. Finanzministerium. Bearb. im topograph. Bureau des königl. Generalstabes. Sect. 10—12, 26, 28, 44, 45, 47, 50, 51, 54, 60, 61, 63, 65, 67, 69—73, 79—82, 86—88, 98, 102, 106, 107, 115, 116, 129, 134, 136, 139, 140, 142, 143, 145, 151. Currentgestellt. à 44×45 cm. Kpfrst. u. Farbendr. Dresden 891—894. (Leipzig, W. Engelmann.) à n.n. 1. 50

In alphabetischer Ordnung:

151. Adorf. — 139. Annaberg. — 54. Bautzen. — 102. Berggiesshübel. — 98. Brand. — 12. Brandis. — 44. Colditz. — 145. Eibenstock. — 80. Freiberg. — 61. Geringswalde. — 28. Grimma. — 86. Hinterhermsdorf. — 82. Kreischa. — 140. Kühnhaide. — 79. Langhennersdorf. — 11. Leipzig. — 45. Leisnig. — 116. Lengefeld. — 26. Liebertwolkwitz. — 72. Löbau. — 47. Lommatzsch. — 10. Markranstädt. — 50. Moritzburg. — 71. Neusalza. — 69. Neustadt. — 88. Oderwitz. — 143. Oelsnitz. — 73. Ostritz. — 67. Pillnitz. — 142. Plauen. — 51. Radeberg. — 60. Rochlitz. — 63. Rosswein. — 70. Schirgiswalde. — 136. Schneeberg. — 87. Seifhennersdorf. — 81. Tharandt. — 134. Treuen. — 106. Waltersdorf. — 65. Wilsdruff. — 107. Zittau. — 129. Zöblitz. — 115. Zschopau.

— Karte, topographische, des Königr. Sachsen. 1:25,000. Hrsg. durch das königl. Finanzministerium. Bearb. im topograph. Bureau des königl. Generalstabes. Sect. 1, 3, 7, 8, 10, 11, 13, 16—18, 25, 29—39, 41, 42, 48, 49, 52, 55, 56, 59, 64, 78, 93, 94, 96, 101, 105, 111, 117—119, 123, 130, 135, 137, 145, 147, 152. Currentgestellt. à 44 × 45 cm. Kpfrst. u. Farbdr. Dresden. (Leipzig, W. Engelmann.) à n.n. 1. 50

In alphabetischer Ordnung:

119. Altenberg. — 105. Am Raumberg. — 135. Auerbach. — 39. Baruth m. Surplus Feldkaiser. — 96. Chemnitz. — 17. Colmnitz. — 30. Döbeln. — 145. Eibenstock. — 78. Frankenberg. — 59. Frohburg. — 101. Glashütte. — 94. Glauchau. — 33. Grossenhain. — 32. Hirschstein. — 55. Hochkirch. — 36. Kamenz. — 56. Kittlitz. — 7. Kleintrebnitz. — 37. Kloster St. Marienstern. — 35. Königsbrück. — 49. Kötzschenbroda. — 11. Leipzig. Zum 2. Male currentgestellt. — 42. Lobstädt. — 38. Luttowitz. — 10. Markranstädt. Zum 2. Male currentgestellt. — 93. Meerane. — 48. Meissen. — 29. Mutzschen. — 118. Nassau. — 41. Pegau. — 3. Pönitz. — 52. Pulsnitz. — 130. Purschenstein. — 34. Radeburg. — 123. Reichenbach. — 16. Riesa. — 117. Sayda. — 137. Schwarzenberg. — 18. Skässchen. — 8. Spansberg. — 31. Stauchitz. — 64. Tanneberg. — 1. Tannenwald. — 147. Wiesenthal. — 13. Wurzen. — 25. Zwenkau. — 111. Zwickau. Zum 2. Male currentgestellt. — 152. Zwota.

— — dasselbe. Sect. 4 u. 5. Currentgestellt. à 44×45 cm. Kpfrst. u. Farbdr. Nebst: Auszug aus den Höhenmanualen. 8. Ebd. 898. à n.n. 1. 50

4. Thallwitz. (28 S.) — 5. Thammenhain. (41 S.)

— Karte, topographische, des Königr. Sachsen. 1 : 25,000. Hrsg. durch das königl. Finanzministerium. Bearb. im topograph. Bureau des königl. Generalstabes. Sect. 9, 14, 57, 58, 61, 95, 104, 120, 128, 132, 133, 144, 146 u. 153. Currentgestellt. à 44,5×46,5 cm. Kpfrst. u. Farbdr. Dresden (899—902). (Leipzig, W. Engelmann.) à n.n. 1. 50

9. Forsthaus Pfeife. — 14. Dahlen. — 57. Hemmendorf. — 58. Regis. — 61. Geringswalde. — 95. Hohenstein. — 104. Schöna. — 120. Fürstenwalde. — 128. Marienberg. — 132. Pausa. — 133. Kauschwitz. — 144. Falkenstein — 146. Johanngeorgenstadt. — 153. Aschberg.

— Karte, topographische, des Königr. Sachsen. 1 : 25,000. Hrsg. durch das königl. Finanzministerium. Bearb. im topograph. Bureau des königl. Generalstabes. Sect. 43, 49, 50, 59, 65, 66, 75, 91, 92, 96, 99, 100, 110, 112, 121, 122, 131, 141—148, 149, 150, 154 u. 156. Currentgestellt. à 44,5×46,5 cm. Kpfrst. u. Farbdr. Dresden (902—906). (Leipzig, W. Engelmann.) à n.n. 1. 50

149. Blossenberg. — 150. Bobenneukirchen. — 154. Brambach. — 96. Chemnitz. — 100. Dippoldiswalde. — 66. Dresden. — 122. Elsterberg. — 59. Frohburg. — 49. Kötzschenbroda. — 110. Langenbernsdorf. — 75. Langenleuba. — 43. Lausigk. — 99. Lichtenberg. — 112. Lichtenstein. — 91. Liebschwitz. — 141. Misslareuth. — 50. Moritzburg. — 131. Neuwernsdorf. — 143. Oelsnitz. — 142. Plauen. — 121. Reiboldsgrün. — 92. Rückersdorf. — 156. Schönberg. — 65. Wilsdruff.

Sachsen, Königr. Karte, topograph., d. Königr. Sachsen. 1 : 25,000. Hrsg. durch das königl. Finanzministerium. Bearb. im topograph. Bureau des königl. Generalstabes. Sect. 8 (preuss. Messtischblatt 2614); 9/18 (preuss. Messtischbl. 2685) 19. (preuss. Messtischbl. 2686) 21—24. (preuss. Messtischbl. 2688—2691). 32 bis 37. 39 (preuss. Messtischbl. 2752). 5155. 56. (preuss. Messtischbl. 2814) 67—71. 73. (preuss. Messtischbl. 2879) 86/105. 87. 102. 104. 106. 107. 108/109 u. 120. (Neue Aufnahme.) à 46,5×48 cm. Kpfrst. u. Farbdr. Dresden 904—906. (Leipzig, W. Engelmann.) à n.n. 1.50

Am Raumberg, s.: Hinterhermsdorf. — 39. (2752.) Baruth (sächs.) Weigersdorf (preuss.). — 54. Bautzen. — 102. Berggiesshübel. — Bernsdorf, s.: Strassgräbchen. — 53. Bischofswerda. — Forsthaus Pfeife, s.: Skässchen. — 120. Fürstenwalde. — 8. (2614). Gröditz (sächs.). Kröbeln (preuss.). — 33. Grossenhain. — 86/105. Hinterhermsdorf u. Am Raumberg. — Hirschfeld, s.: Skässchen. — 32. Hirschstein. — 55. Hochkirch. — 36. Kamenz. — 56. (2814.) Kittlitz (sächs.) Reichenbach i. d. Oberlausitz (preuss.). — 37. Kloster St. Marienstern. — 35. Königsbrück. — 22. (2689.) Königswartha (sächs.) Wittichenau (preuss.). — Kröbeln, s.: Gröditz. — 23. (2690.) Lippitsch (sächs.) Lohsa (preuss.). — Markelsdorf, s.: Oberullersdorf. — 24. (2691.) Neudorf (sächs.) Uhyst (preuss.). — 71. Neusalza. — 69. Neustadt. — Nickrisch, s.: Ostritz. — 108/109. Oberullersdorf u. Markelsdorf. — Ortrand, s.: Ponickau. 73. (2879.) Ostritz (sächs.) Nickrisch (preuss.) — 67. Pillnitz. — 19. (2686). Ponickau (sächs.) Ortrand (preuss.). — 52. Pulsnitz. — 51. Radeberg. — 34. Radeburg. — Reichenbach, s.: Kittlitz. — 70. Schirgiswalde. — 104. Schöna. — 87. Seifhennersdorf. — 9/18. (2685.) Skässchen u. Forsthaus Pfeife (sächs.) Hirschfeld (preuss.) — 68. Stolpen. — 21. (2688). Strassgräbchen (sächs.) Bernsdorf (preuss.) — Uhyst, s.: Neudorf. — 106. Waltersdorf. — Weigersdorf, s.: Baruth. — Wittichenau, s.: Königswartha. — 107. Zittau.

— — topographische, des Königr. Sachsen. 1 : 25,000. Bearb. im topograph. Bureau d. kgl. sächs. Generalstabes. Nr. 45—47, 62, 63, 66, 77—79, 98, 113, 114, 117, 118, 124—127, 129, 130, 137, 138 u. 151. Current-gestellt. à 46,5×46,5 cm. Kpfrst. u. Farbdr. Dresden (907—09). (G. A. Kaufmann's Buchh.) à nn 1.50

151. Adorf. — 98. Brand. — 114. Burkhardtsdorf. — 46. Döbeln. — 66. Dresden. — 124. Ebersbrunn. — 138. Elterlein. — 78. Frankenberg. — 127. Geyer. — 125. Kirchberg. — 79. Langenhennersdorf. — 45. Leisnig. — 47. Lommatzsch. — 126. Lössnitz. — 77. Mittweida. — 118. Nassau. — 130. Purschenstein. — 63. Rosswein. — 117. Sayda. — 137. Schwarzenberg. — 113. Stollberg. — 62. Waldheim. — 129. Zöblitz.

Sachsen, Königr. Karte, topographische, des Königr. Sachsen. Bearb. in der Abteilg. f. Landesaufnahme des kgl. sächs. Generalstabes. Sect. 1. (Preuss. Messtischblätter 2607), 2. (2608), 3. (2609), 4. (2610), 5. (2611), 6. (2612), 7. (2613), 10. (2681), 11. 12. (2682), 13. 14. 15. (2683), 16. (2684), 17. 20. (2687), 25. (2751), 26—31. 38. 40. (2753), 41/57. (2812), 42. (2813), 43. 44. 58. (2813/2876), 59. (2877), 60. 72. (2878), 74. (2880/2943), 75. (2942), 76. 83—85. 88. 89/90. 91. (3002), 92. (3003), 93. (3004), 94. (3005), 95. (3005a), 103. 110. (3066), 113. 132. (3185), 133. (3186) u. 134. à 46,5×48,5 cm. Kpfrst. u. Farbdr. Dresden 907—10. (G. A. Kaufmann's Buchh.) à nn 1.50

42 (2813). Borna. — 12 (2682). Brandis (sächs.) - Pehritzsch (preuss.). — 44. Colditz. — 17. Colmnitz. — 14. Dahlen. — 40 (2753). Feldkaiser (sächs.) - Niesky (preuss.). — 59 (2877). Frohburg (sächs.) - Bocka (preuss.). — 94 (3005). Glauchau (sächs.) - Niederwiera (preuss.). — 28. Grimma. — 88/90. Hirschfelde u. Weigsdorf. — 95 (3005a). Hohenstein. — 7 (2613). Kleintrebnitz (sächs.) - Mühlberg (preuss.). — 84. Königstein. — 110 (3066). Langenbernsdorf (sächs.) - Berga a. d. Elster (preuss.). — 75 (2942). Langenleuba-Oberhain (sächs.) — Niederhain (preuss.). — 43. Lausigk. — 11. Leipzig. — 26. Liebertwolkwitz. — 91 (3002). Liebschwitz (sächs.) - Gera (preuss.). — 72 (2878). Löbau. — 10 (2681). Markranstädt (sächs.) - Schkeuditz (preuss.). — 93 (3004). Meerane (sächs.) - Gössnitz (preuss.). — 29. Mutzschen. — 27. Naunhof. — 88. Oderwitz. — 6 (2612). Olganitz (sächs.) - Belgern (preuss.). — 30. Oschatz. — 132 (3185). Pausa (sächs.) - Lössau (preuss.). — 41/57 (2812). Pegau u. Hemmendorf (sächs.) - Predel (preuss.). — 76. Penig. — 83. Pirna — 3 (2609). Pönitz (sächs.) - Eilenburg (preuss.). — 38. Radibor. — 58 (2813/2876). Regis (sächs.) - Rositz (preuss.). — 16 (2684). Riesa (sächs.) - Schirmenitz (preuss.). — 60. Rochlitz. — 103. Rosenthal. — 92 (3003). Rückersdorf (sächs.) - Ronneburg (preuss.). — 20 (2687). Schweppnitz (sächs.) - Lipsa (preuss.). — 85. Sebnitz. — 2 (2608). Seehausen (sächs.) - Zschortau (preuss.). — 81. Stauchitz. — 113. Stollberg. — 133 (3186). Syrau (sächs.) - Bernsgrünn (preuss.). — 1 (2607). Tannenwald (sächs.) - — Zwochau (preuss.). — 4 (2610). Thallwitz (sächs.) - — Strelln (preuss.). — 5 (2611). Thammenhain (sächs.) - Schildau (preuss.(. — 74 (2880/2943). Trattlau (sächs.) - Seidenberg (preuss.). — 134. Treuen. — 15 (2683). Wellerswalde (sächs.) - Klingenhain (preuss.). — 13. Wurzen. — 25 (2751). Zwenkau (sächs.) - Grossgörschen (preuss.).

— Klahr, Herm., Special-Karte vom Königr. Sachsen. Nach den besten Unterlagen bearb. Ortschaftsbezeichnungen u. Eisenbahnen rev. v. R. Mittelbach. 1 : 280,000. Neue Ausg. 1891. Farbendr. 55×80 cm. Dresden, Tittel's Nachf. 1. —

Sachsen, Königr. Klahr, Herm., Special-Karte v. Königr. Sachsen. Nach d. besten Unterlagen bearb. 1 : 280,000. Ausg. 1896. Ortschaftsbezeichnungen u. Eisenbahnen rev. v. R. Mittelbach. 55 × 79,5 cm. Lith. u. kolor. Dresden 896. F. Tittel Nachf. 1. —

— Koch, W., u. C. Opitz, Verkehrs-Karte vom Königr. Sachsen. 1 : 600,000. Mit 2 Nebenkarten der Umgebgn. v. Dresden u. Leipzig. [Aus: „K. u. O., Eisenbahn- u. Verkehrsatlas v. Europa".] 27,5 × 40,5 cm. Farbdr. Nebst vollständ. Ortsverzeichnis. 12. (13 S.) Leipzig 897. J. J. Arnd. n. — 50

— Krause, Bruno, sächsischer Vaterlands-Atlas. Zum Gebrauche im erdkundl. Unterricht u. im vaterländ. Geschichtsunterricht der Schulen Sachsens bearb. u. hrsg. Unter Mitarbeit v. Wilh. Graupner. (6 S. u. (farb.) Kartens. 7—18.) 32,5×24 cm. Dresden 909. Leipzig, Alfr. Müller, Verlagsanstalt. nn — 60

— Krauss, P., Reise-, Orts- u. Wege-Karte vom Königr. Sachsen. 1 : 240,000. 62×62,5 cm. Farbdr. Annaberg (906). Graser. n. 1.20

— Kuhnert, M., Schulkarte vom Königr. Sachsen. 1 : 685,000. 25,5 × 37 cm. Farbendr. Dresden 895. A. Müller — Fröbelhaus. n.n. — 10
auf Pappe n.n. — 20

— Kuhnert, M., Schulkarte vom Königr. Sachsen. 1 : 685,000. (Neue Aufl.) 26×37 cm. Farbdr. Dresden (900). A. Müller-Fröbelhaus. n.n. — 10

— Kuhnert, M., Schulkarte vom Königr. Sachsen. 1 : 675,000. (Neue Aufl.) 30×37 cm. Farbdr. Dresden (906). A. Müller-Fröbelhaus. n.n. — 10;
auf Pappe n.n. — 20

— Kuhnert, M., Schulwandkarte d. Königr. Sachsen. 4 Blatt. Farbendr. 53×77 cm. Dresden 891. A. Müller, Fröbelhaus. n. 8. —; auf Leinw. m. Stäben n.n. 12. —

— — Schulwandkarte vom Königr. Sachsen. 1 : 154,000. 4 Blatt à 58 × 82 cm. Farbdr. Ebd. 897. n. 10. —; auf Leinw. m. Stäben n. 15. —

— — Schulwandkarte vom Königr. Sachsen. 1 : 154,000. (Neue Aufl.) 4 Blatt à 58×82 cm. Farbdr. Ebd. (900). n. 10. —; auf Leinw. m. Stäben n. 15. —

Sachsen - Ernestinische Ländertheilungen — von 1572 bis 1741. Weimar im Verlage des Industrie-Comptoirs 1796. Gravé a Nürnberg par Jean Michel Moßner. 1 : 330,000.

Sachsen — Besondere Landkarte des Herzogth. od. Churkreises — welcher aus den Aemtern Annaberg, Beltzig etc. zusammengesetzt ist. etc. Nürnberg ans Licht gestellt von Homannischen Erben. 1 : 108,000. 2 Bl.

Sachsen — Henry Lange's Atlas von —. Ein geogr.-physic.-stat. Gemälde. In 12 Karten mit erläut. Text. Leipzig: Brockhaus 1860.

— **Liebenow, W., Karte der pr. Prov. Sachsen, des Grossherzogth. Sachsen-Weimar, Herz. Anhalt, sowie anlieg. Ländertheile als besond. Abdr. der Karte v.** Mittel-Europa. **Ausg. 1896. 1 : 300,000. 102,5 ×** 93,5 cm. Lith. **Hannover 896. H. Oppermann.** n. 6. —; **politisch kolor. m. Landgerichtsgrenzen** n. 6. 50; **kolor. in Karton n. 7. —; auf Leinw.** in Karton n. 10. —; m. **Stäben u. lackiert** n. 12. —

— **Liebenow's, W., Specialkarte des Königr. Sachsen, f. Reise, Bureau u. Verkehr. 1 : 300,000. (Volksausg.)** 59×77,5 cm. Farbdr. **Frankfurt a/M. (904). L. Ravenstein.** n. 1. —

— **Messtischblätter** d. Königr. Sachsen. 1:25,000. Bearb. im topograph. Bureau des kgl. Generalstabes. Currentgestellt. Nr. 116, 135, 136, 139 u. 140. 46,5×48,5 cm. Kpfrst. u. Farbdr. Dresden (910). (G. A. Kaufmann's Buchh.) à Bl. nn 1.50; auf Leinw. nn 2. 25

139. Annaberg. — 135. Auerbach. — 140. Kühnhaide. — 116. Lengefeld. — 136. Schneeberg.

— — **dasselbe.** Umdruck-Ausg. Hrsg. 1904—1909, **teilweise currentgestellt 1891—1909,** teilweise m. **Nachträgen 1898—1910. 1—8, 9/18, 10—17, 19—40, 41/57, 42—56 u. 58—156. à 47×48,5 cm.** Ebd. à nn 1.—; **auf Leinw. à nn 175; in Taschenformat, 12teilig** à nn 1. 75

151. Adorf. — 119. Altenberg. — 105. Am Raumberg. — **139. Annaberg. — 153. Aschberg.** — 135. Auerbach. — **97. Augustusburg. — 89. (2752.) Baruth (sächs.)-Weigersdorf (preuss.). — 54. Bautzen. — Belgern, s.: Olganitz. — Berga a. d. Elster, s.: Langenbernsdorf. — 102.** Berggiesshübel. — **Bernsdorf, s.: Strassgräbchen.** — Bernsgrün, s.: Syrau. — 53. Bischofswerda. — 149. Blosenberg. — 150. Bobenneukirchen. — Bocka, s.: Frohburg. — 42. (2813.) Borna. — 154. Brambach. — 98. Brand. — 12. (2682.) Brandis (sächs.)-Pehritzsch (preuss.). — 114. Burkhardtsdorf. — 96. Chemnitz. — 44. Colditz. — 17. Colmnitz. — 14. Dahlen. — 100. Dippoldiswalde. — 46. Döbeln. — 66. Dresden. — 124. Ebersbrunn. — 145. Eibenstock. — Eilenburg, s.: Pönitz. — 122. (3127. Elsterberg (sächs.)-Triebes (preuss.). — 138. Elterlein. — 144. Falkenstein. — 40. (2753.) Feldkaiser (sächs.)-Niesky (preuss.). — Forsthaus Pfeife, s.: Skässchen. — 78. Frankenberg. — Fraureuth Nord, s.: Zwickau. — 80. Freiberg. — 59. (2877.) Frohburg (sächs.)-Bocka (preuss.). — 120. Fürstenwalde. — Gera, s.: Liebschwitz. — 61. Geringswalde. — 127. Geyer. — 101. Glashütte. — 94. (3005.) Glauchau (sächs.)-Niederwiera (preuss.). — Gössnitz, s.: Meerane. — Greiz, s.: Reichenbach. — 28. Grimma. — 8. (2614.) Grödnitz (sächs.)-Kröbeln (preuss.). — 33. Grossenhain. — Grossgörschen, s.: Zwenkau. — 148. Hammer-Unterwiesenthal. — Hemmendorf, s.: Pegau. — 155. Hennebach. — 86. Hinterhermsdorf. — Hirschfeld, s.: Skässchen. — 89. 90. Hirschfelde u. Weigsdorf. — 32. Hirschstein. — 55. Hochkirch. — 95. (3005 a.) Hohenstein. — 146. Johanngeorgenstadt. — 36. Kamenz. — 125. Kirchberg. — 56. (2814.) Kittlitz (sächs.)-Reichenbach i. d. Oberlausitz (preuss.). — 7. (2613.) Kleintrebnitz (sächs.)-Mühlberg (preuss.). — Klingenhain, s.: Wellerswalde. — 35. Königsbrück. — 84. Königstein. — 22. (2689.) Königswartha (sächs.)-Wittichenau (preuss.). — 49. Kötzschenbroda. — 82. Kreischa. — Kröbeln, s.: Gröditz. — 140. Kühnhaide. — 110. (3066.) Langenbernsdorf (sächs.)-Berga a. d. Elster (preuss.). — 75. (2942.) Langenleuba-Oberhain (sächs.)-Niederhain (preuss.). — 79. Langhennersdorf. — 43. Lausigk. — 11. Leipzig. — 45. Leisnig. — 116. Lengefeld. — 99. Lichtenberg. — 112. Lichtenstein. — 26. Liebertwolkwitz. — 91. (3002.) Liebschwitz (sächs.)-Gera (preuss.). — 23. (2690.) Lippitsch (sächs.)-Lohsa (preuss.). — Lipsa, s.: Schwepnitz. — 72. (2878.) Löbau. — Lohsa, s.: Lippitsch. — 57. Lommatzsch. — Lössau, s.: Pausa. — 126. Lössnitz. — 128. Marienberg. — 37. Kloster St. Marienstern. — Markersdorf, s.: Oberullersdorf. — 10. (2681.) Markranstädt (sächs.)-Schkeuditz (preuss.). — 93. (3004.) Meerane (sächs.)-Gössnitz (preuss.). — 48. Meissen. — 141. Misslareuth. — 77. Mittweida. — 50. Moritzburg. — Mühlberg, s.: Kleintrebnitz. — 29. Mutzschen. — 118. Nassau. 27. Naunhof. — 24. (2691.) Neudorf (sächs.)-Uhyst (preuss.). — 71. Neusalza. — 69. Neustadt. — 131. Neuwernsdorf. — Nickrisch, s.: Ostritz. — Niederhain, s.: Langenleuba. — Niederwiera, s.: Glauchau. — Niesky, s.: Feldkaiser. — Oberhain, s.: Langenleuba. — 108. 109. Oberullersdorf u. Markersdorf. — 88. Oderwitz. — 6. (2612.) Olganitz (sächs.)-Belgern (preuss.). — 143. Ölsnitz. — Ostrand, s.: Ponickau. — 30. Oschatz. — 73. (2879.) Ostritz (sächs.)-Nickrisch (preuss.). — 132. (1385.) Pausa (sächs.)-Lössau (preuss.). — 41/57. (2812.) Pegau u. Hemmendorf (sächs.)-Predel (preuss.). — Pehritzsch, s.: Brandis. — 76. Penig. — 67. Pillnitz. — 83. Pirna. — 142. Plauen. — 19. (2686.) Ponickau (sächs.)-Ortrand (preuss.). — 3. (2609.) Pönitz (sächs.)-Eilenburg (preuss.) — Predel, s.: Pegau. — 52. Pulsnitz. — 130. Purschenstein. — 51. Radeberg. — 34. Radeburg. — 38. Radibor. — 58. (2813/2876.) Regis (sächs.)-Rositz (preuss.). — 123. (3128.) Reichenbach (sächs.)-Greiz (preuss.). — Reichenbach i. d. Oberlausitz, s.: Kittlitz. — 16. (2684.) Riesa (sächs.)-Schirmenitz (preuss.). — 60. Rochlitz. — Ronneburg, s.: Rückersdorf. — 103. Rosenthal. — Rositz, s.: Regis. — 63. Rosswein. — 92. (3003.) Rückersdorf (sächs.)-Ronneburg (preuss.). — 117. Sayda. — Schildau, s.: Thammenhain. — 70. Schirgiswalde. — Schirmenitz, s.: Riesa. — Schkeuditz, s.: Markranstädt. — 136. Schneeberg. — 104. Schöna. — 156. Schönberg. — 137. Schwarzenberg. — 20. (2687.) Schwepnitz (sächs.)-Lipsa (preuss.). — 85. Sebnitz. — 2. (2608.) Seehausen (sächs.)-Zschortau (preuss.). — Seidenberg, s.: Trattlau. — 87. Seifhennersdorf. — 9/18. (2685.) Skässchen u. Forsthaus Pfeife (sächs.)-Hirschfeld (preuss.). — 31. Stauchitz. — 113. Stollberg. — 68. Stolpen. — 21. (2688.) Strassgräbchen (sächs.)-Bernsdorf (preuss.). — Strelln, s.: Thallwitz. — 133. (3186.) Syrau (sächs.)-Bernsgrün (preuss.). — 64. Tanneberg. — 1. (2607.) Tannenwald (sächs.)-Zwochau (preuss.). — 4. (2610.) Thallwitz (sächs.)-Strelln (preuss.). — 5. (2611.) Thammenhain (sächs.)-Schildau (preuss.) — 81. Tharand. — 74. (2880/2943.) Trattlau (sächs.)-Seidenberg (preuss.). — 134. Treuen. — Triebes, s.: Elsterberg. — Uhyst, s.: Neudorf. — 62. Waldheim. — 121. (3126.) Wallengrün (sächs.)-Zeulenroda (preuss.). — 106. Waltersdorf. — Weigersdorf, s.: Baruth. — Weigsdorf, s.: Hirschfelde. — 15. (2683.) Wellerswalde (sächs.)-Klingenhain (preuss.). — 147. Wiesenthal. — 65. Wilsdruff. — Wittichenau, s.: Königswartha. — 13. Wurzen. — Zeulenroda, s.: Wallengrün. — 107. Zittau. — 129. Zöblitz. — 115. Zschopau. — Zschortau, s.: Seehausen. — 25. (2751.) Zwenkau (sächs.)-Grossgörschen (preuss.). — 111. (3067.) Zwickau (sächs.)-Fraureuth Nord (preuss.). — Zwochau, s.: Tannenwald. — 152. Zwota.

Sachsen. Messtischblätter d. **Königr. Sachsen.** Ausg. ohne Österreich. 1:25,000. **86/105, 104, 106, 154 u. 156. 47×48,5 cm. Dresden (910). (G. A. Kaufmann's Buchh.)** à nn 1.—; **auf Leinw. nn 1.75; in Taschenformat 12teilig à nn 1. 75**

154. Bad Elster. — 86/105. Hinterhermsdorf u. Am Raumberg. — 104. Schöna. — 156. Schönberg. — 106. Waltersdorf.

Vergl.: Karte, topographische, des Königr. Sachsen.

— — **dasselbe.** 1:25,000. **Hrsg.** v. d. Abteilg. f. Landes**aufnahme des königl.** sächs. Generalstabes. Nr. 111. **Preuss. Messtischblatt (3067). Zwickau (sächs.).** — **Fraureuth Nord (preuss.).** 46,5×48,5 cm. Ebd. (910.) nn 1.50; auf Leinw. nn 2. 25

— — **dasselbe.** 1 : 25,000. **Hrsg. v. der Abteilg. für Landesaufnahme des königl. sächs. Generalstabes. Zeichenerklärung. 38×44,5 cm. Ebd. (910). nn — 50**

— **Mittelbach's, R., neueste Karte der Kreishauptmannschaften des Königr. Sachsen. Abdr. aus der im Auftrage des königl. Gesamt-Ministeriums hrsg. Entfernungskarte des Königr. Sachsen. (Mit Nachträgen bis Ende 1903.) 1 : 120,000. I—V. Blatt. Leipzig, Mittelbach.** à n. 2. —

I. Kreishauptmannsch. Leipzig. 64×78,5 cm. (903.)
II. Kreishauptmannsch. Dresden. 83×73,5 cm. (901.)
III. Kreishauptmannsch. Bautzen. 61,5×81,5 cm. (904.)
IV. Kreishauptmannsch. Zwickau. 66,5×66 cm. (904.)
V. Kreishauptmannsch. Chemnitz. 53×57,5 cm. (904.)

— **Mittelbach's, R., Karte der Ortsfluren des Kgr. Sachsen. Übersichtsblatt d. historisch-statist. Grundkarte v. Sachsen. In amtl. Auftrage bearb. 1 : 200,000. 74,5×112,5 cm. Dresden (909). (G. A. Kaufmann's Buchh.)** nn 1. —

Sachsen, Königr. **Mittelbach, R.**, Orts- u. Entfernungskarte vom Königr. Sachsen. Nachtrag II üb. alle während der Finanzperiode 1886—1887 eingetretenen Verändergn. zu Eisenbahnen, Chausseen etc. Aubeldr. gr. Fol. Leipzig 888. Hinrichs' Sort. n. — 50

— — dasselbe. Nachtrag (III.) über alle während der Finanzperiode 1888—1889 eingetretenen Verändergn. an Eisenbahnen, Chausseen etc. 1 : 150,000. Aubeldr. 46×46,5 cm. Ebd. 890. n. — 50

Sachsen, Königr. **Mittelbach, R.**, Orts- u. Entfernungskarte d. Königr. Sachsen. Nachtrag (IV.) üb. alle während der Finanzperiode 1890—1891 eingetretenen Verändergn. an Eisenbahnen, Chausseen etc. 1 : 150,000. Aubeldr. 46×46,5 cm. Leipzig 892. J. C. Hinrichs' Sort. n. — 50

— **Mittelbach, R.**, Orts- u. Entfernungskarte d. Königr. Sachsen. Sect. 1, 2 u. 5. Aubeldr. u. kolor. Leipzig, J. C. Hinrichs' Sort. à n. 2. 40

1. Leipzig. Mit Nachträgen bis 1888. 1 : 150,000. 38×47,5 cm. 891.
2. Dresden. Neue Bearbeitung 1892. 1 : 120,000. 48×60,5 cm. Nebst Ergänzungsbog. 39,5×83 cm.
5. Chemnitz. Neue Ausg. 1 : 120,000. 48×60,5 cm. Mit Ergänzungsbog. Fol. 893

— **Mittelbach, R.**, Orts- u. Entfernungskarte des Königr. Sachsen. Im Auftrage des königl. Gesammt-Ministeriums bearb. 1 : 120,000. Bl. 1, 3, 4, 6. 7 u. Ergänzung. 8. Neue Ausg. Lith. u. kolor. Leipzig, Mittelbach. n.n. 12. 30

1. Leipzig. 48,5 × 44 cm. Mit Verzeichnis auf der Karte nicht ersichtl. Entferngn. der Eisenbahnstationen v. der Mitte der zunächst gelegenen Orte, an der Seite. n.n. 2. 40
3. Bautzen. 48 × 61 cm. Lith. u. kolor. Mit Ergänzungsbog. Fol. 896. n.n. 2. 40
4. Zwickau. 48 × 61 cm. Lith. u. kolor. Mit Ergänzungsbog. Fol. 894. n.n. 2. 40
6. Pirna. 48 × 61 cm. 896. n. 1. 50
7. Oelsnitz. 48 × 61 cm. 896. n. 1. 50. — Ergänzung. Wiesenthal. 20 × 44 cm. 896. n. 60; bei Bezug der vollständ. Karte unentgeltlich.
8. Ostritz. 48 × 31,5 cm. Mit Verzeichn. d. nicht ersichtl. Entfernungen an der Seite. 895. n. 1. 50

— — Schulkarte vom Königr. Sachsen. 1 : 700,000. Neue Ausg. 1890. Farbendr. qu. Fol. Kötzschenbroda 890. Mittelbach's Selbstverlag. n. — 10

— — Schulwandkarte d. Königr. Sachsen. 1 : 150,000. 4 Blatt. Chromolith. Imp.-Fol. Ebd. 889. 6. —; auf Leinw. m. Stäben n. 12. —

— — neueste Specialkarte vom Königr. Sachsen zum Hand- u. Bureaugebrauch. 1 : 300,000. 61,5×83,5 cm. Farbdr. Ebd. (905). n. 1. 25

Sachsen, Prov. **Mittelbach's** neueste Specialkarte der Prov. Sachsen u. des Herzogth. Anhalt zum Hand- u. Bureaugebrauch. 1 : 300,000. 83×95,5 cm. Farbdr. Leipzig (904). Mittelbach. n. 1. 50

— — Touristenkarte vom Königr. Sachsen. Bearb. nach der im Auftrage des kgl. Gesamt-Ministeriums hrsg. Orts- u. Entfernungskarte vom Königr. Sachsen. 1 : 120,000. Blatt Mulden- u. Zschopauthal. 60,5 × 46,5 cm. Farbendr. Ebd. 896. n. 1. 50; auf Leinw. n. 2. 50

Sachsen — Geognostische Karte des Königreichs — und der angr. Länder — von Naumann und Cotta, herausg. von der Berg-Akademie zu Freiberg. 120,000. Dresden. 1836—44. 11 Bl. mit Text.

— **Oeder, M.**, die erste Landesvermessung des Kurstaates Sachsen, auf Befehl d. Kurfürsten Christian I., ausgeführt v. M. Oe. [1586—1607.] Zum 800jähr. Regierungs-Jubiläum des Hauses Wettin hrsg. von der Direktion d. königl. Hauptstaats-Archivs, bearb. von Sophus Ruge. 17 color. Taf. in Lichtdr. qu. gr. Fol. (15 Sp. Text.) Dresden 889. Stengel & Markert. n. 60. —

— **Ohmann, C. L.**, Schulwandkarte der Prov. Sachsen. 9 Blatt. Berlin, A. Wruck's Verl. 5. 50; auf Leinw. in Mappe od. m. Stäben 14. —

— **Ortskarte** des Königr. Sachsen. 1 : 250,000. Auf Veranlassg. der königl. Ministerien, sowie d. evangel.-luther. Landes-Consistorium nach amtl. Quellen bearb. Chromolith. Imp.-Fol. Dresden 888. Urban. n. 4. —; auf Leinw. in Carton n. 6. —; m. Stäben n. 7. —

— — dasselbe. 1 : 250,000. Ausg. 1890 f. die Zoll- u. Steuerbehörden. Farbendr. Imp.-Fol. Ebd. 890. n. 5. —

— **Ortskarte** des Königr. Sachsen. 1 : 250,000. Auf Veranlassg. der königl. Ministerien, sowie des evang.-luther. Landes-Consistorium nach amtl. Quellen bearb. Rev. 1896. 65,5 × 97 cm. Farbendr. Dresden 896. A. Urban. n. 4. —

— **Ortskarte** des Königr. Sachsen. 1 : 250.000. Auf Veranlassg. der königl. Ministerien, sowie des evangelisch-luther. Landes-Consistorium nach amtl. Quellen bearb. Rev. 1900. 65,5×97,5 cm. Farbdr. Dresden 900. A. Urban. n. 4. —

— — dasselbe. Ausg. f. die Zoll- u. Steuerverwaltung. 65,5×97 cm. Farbdr. Ebd. 900. n. 5. —

— **Ortskarte** des Königr. Sachsen. 1 : 250,000. Auf Veranlassg. der königl. Ministerien, sowie des evangelisch-luther. Landes-Consistorium nach amtl. Quellen bearb. Rev. 1905. 65,5×97,5 cm. Farbdr. Dresden (905). A. Urban. n. 4. —

— **Ortskarte** des Königr. Sachsen. Auf Veranlassg. der königl. Ministerien sowie des evangelisch-luther. Landes-Consistorium nach amtl. Quellen bearb. 1 : 250,000. 65,5×97,5 cm. Farbdr. Dresden (910). A. Urban. 4. —

— **Orts- u. Verkehrskarte** vom Königr. Sachsen m. Spezialplänen der Umgebungen von Dresden u. Leipzig. 1 : 260,000. 69×90 cm. Farbdr. Dresden 901. Holze & Pahl. n. 1. —

Sachsen — Ganz neue und vollständige geographische Generalkarte vom ganzen Churfürstenthum — mit allen einverleibten, dazu gehörigen Marggrafthümern etc. Diese Karte ist angefertiget und gezeichnet in den Jahren des jetzt glücklich geendeten Krieges 1759. 60. 61. 62 und 1763 von dem Königl. Preuss. Ingenieur Oberstlieutenant Petri. 1: 160,000. 15 Bl.

Sachsen — Accurate Situations-Charte von einem Theile des Churfürstenthums — und hauptsächlich von den Gegenden 4 bis 5 Meilen aus dem Centro um die Haupt- und Residenz-Stadt Dresden etc., in denen Jahren des jetzigen Krieges 1759 und 1760 in dieser deutlichen Carte gebracht und verzeichnet worden durch den Ing. Major Petri, und einige bey sich gehabte Preussische Ingenieur-Officiers. NB. Auch anhero durch ebendemselben in denen folgenden Campagnen 1761 und 1762 gänzlich verbessert und vollständig gemacht worden. 1: 33, 00. 12 Bl.

Sachsen — Fortsetzung oder andere Ausgabe des Ingen. Major Petri von anderweitigen 12. Blatt. Sub. Lit. B. der accuraten Situations- und Cabinets-Carte von einem andern Theile des Churfürstenthums — und hauptsächlich von denen Gegenden auf beiden Seiten des Elbe und Muldau-Stromes, und zwar am erstern von Meissen bis Prettin und der Gegend Pretzsch, und am letzteren von Doblen bis unterhalb Duben bey Rosa, wornach demnechst die 3te und in der Folge die 4te Fortsetzung, jede in 12 Bogen nach demselben Maasstabe folgen wird. 1 : 33,500. 12 Bl.

Sachsen — Specialkarte der Provinz —. Gez. von A. Platt. 400,000. 2te i. J. 1848 rev. Auflage. Magdeburg bei Kaegelmann. 1 Bl.

— Pohle, Paul, Schulhandkarte vom Königr. Sachsen. 1 : 600,000. 29,5×39,5 cm. Farbdr. Dresden (907). Holze & Pahl. —10; auf Pappe —15; 4 Nebenkarten dazu. 29,5×39,5 cm. Farbdr. —10; auf Pappe — 15

— Ravenstein, Hans, Karte der Prov. Sachsen, Grossherzogt. Sachsen-Weimar, Herzogtümer Sachsen-Coburg-Gotha, -Meiningen, -Altenburg, Herzogt. Anhalt, Fürstentümer Schwarzburg u. Reuss sowie anliegende Ländertheile. Neue Bearbeitg. der W. Liebenow'schen Karte von Mittel-Europa nach amtl. Kartenwerken. 1 : 300,000. 121×195 cm. Farbdr. Frankfurt a/M. (906). L. Ravenstein. In Decke n. 6. —; auf Leinw. in Decke n. 9. —

Sachsen — Charte von dem Königreich — nach den besten Hülfsmitteln entworfen und gezeichnet von M. Riedig. Leipzig bey Schreibers Erben 1826. Generalkarte und alle Kreiskarten von 1826. Nur Voigtland v. 1820. u. Meissen v. 1829. Die Generalkarte 1 : 650,000. Leipziger Kreis 1 : 275,000. Erzgebirgischer K. 1 : 330,000. Lausitzischer K. 1 : 270,000. Meissnischer K. 1 : 195,000. Voigtländischer K. 1 : 180,000. 7 Bl.

— Schröter, E., Schulwandkarte der Prov. Sachsen u. ihrer Nachbargebiete. 1 : 200,000. Farbendr. 158×141 cm. Hettstedt 893. Selbstverlag d. Verfassers. (Leipzig, K. F. Koehler.) n. 9. —; auf Leinw. m. Stäben n. 16. —

Sachsen, Prov. Schröter, E., Schulwandkarte d. Prov. Sachsen u. ihrer Nachbargebiete. 1 : 200,000. 2. Aufl. 6 Blatt à 51×71 cm. Farbdr. Leipzig (901). K. F. Koehler. n. 9. —

— Schröter, E., Schulwandkarte der Prov. Sachsen u. ihrer Nachbargebiete. 1 : 200,000. 3., umgearb. u. verb. Aufl. 6 Blatt à 55×71 cm. Farbdr. Leipzig (906). K. F. Koehler. n. 10. —; auf Leinw. m. Stäben n. 16. —

— Schwender, C. C., Handkarte d. Königr. Sachsen, f. den elementaren erdkundlichen Unterricht schematisch dargestellt. Farbendr. qu. Fol. Döbeln 890. Schmidt. n. — 10

— Spezialkarte, neue, vom Königr. Sachsen. 1 : 100,000. 7.—10. Section. à 29×36 cm. Farbendr. Neusalza, H. Oeser. à — 30
7. Dresden—Meissen—Radeburg—Wilsdruff. 895. — 8. Freiberg—Dippoldiswalde—Tharandt. 895. — 9. Leisnig—Döbeln—Rosswein. 897. — 10. Chemnitz—Frankenberg—Oederan. 897.

— dasselbe. Sect. 1—6, s.: Lausitz. (Bd. XXVIII des Bücherlexicons.)

— Spezialkarte von Sachsen m. Abgrenzung der Reichstagswahlkreise. 1 : 300,000. 59×79,5 cm. Farbdruck. Leipzig (908). Leipziger Buchdruckerei. — 60; in Leinw.-Decke 1.25; auf Leinw. in Leinw.-Decke 1. 75

— Strassen-Karte der Prov. Sachsen. 1 : 300,000. 2 Bl. à 51×94,5 cm. Farbdr. Wien 905. G. Freytag & Berndt. 5.—; auf Leinw. m. Stäben n 7. 50

Sachsen — Topographisch-militärischer Atlas von dem Königreiche — und den Besitzungen der Fürsten von Anhalt in 27 Blättern nach den besten Hülfsmitteln entworfen von F. W. Streit, Herzogl. Sächs. Hauptmann, herausgegeben von dem geogr. Institute. Weimar 1812. 1 : 180,000. 27 Bl.

Sachsen — Topographische Specialkarte vom Königreiche —. Entw. von Mor. v. Süssmilch-Hörnig. 250,000. Lithogr. v. H. Burdach. Dresden (1857). 4 Bl.

— Süssmilch-Hörnig, Mor. v., Specialkarte vom Königr. Sachsen. Auf Grund der neuesten Materialien hrsg. 1 : 250,000. Chromolith. Imp.-Fol. Dresden 888. Warnatz & Lehmann. n. 2. —; auf Leinw. in Carton 4. 50

— Uebersichtskarte, topographische, des Königr. Sachsen. Im Auftrage des königl. sächs. Finanzministeriums als Grundlage f. die geolog. Uebersichtskarte bearb. im kartograph. Institut v. Giesecke & Devrient in Leipzig. Abgeschlossen im J. 1901. 1 : 250,000. 66×97,5 cm. Farbdr. Leipzig (902). (J. C. Hinrichs' Sort.) n.n. 3. —

— Urban's Special-Karte vom Königreich Sachsen. 1 : 250,000. Chromolith. Imp.-Fol. Dresden 888. Urban. n. 4. —; auf Leinw. in Carton n. 6. —; m. Stäben n. 7. —

— Urban's Specialkarte vom Königr. Sachsen. Ausg. 1892. 1 : 250,000. Farbendr. 65×96 cm. Dresden, A. Urban. n. 4. —; aufgezogen in Karton n. 6. —; m. Stäben n. 7. —

— Urban's Special-Karte v. Königr. Sachsen. 1 : 250,000. Rev. 1902. 65,5×97,5 cm. Lith. Dresden (902). A. Urban. n. 2. —

— Urban's Special-Karte vom Königr. Sachsen. 1 : 250,000. Rev. 1906. 65,5×97,5 cm. Lith. Ebd. (906). n. 2. —

— Urban's Special-Karte vom Königr. Sachsen. 1 : 250,000. (Neue Ausg.) Rev. 1909. 66×97 cm. Farbdr. Dresden (909). A. Urban. 2.—; auf Leinw. n 3.75; m. Stäben n 4. 75

— Verkehrskarte, neue, vom Königr. Sachsen. [Aus: „Dr. W. Koch u. C. Opitz, Eisenbahn- u. Verkehrs-Atlas".] 1 : 100,000. 28×41 cm. Farbdr. Chemnitz (899). Leipzig, C. B. Richter. — 30

— Verkehrs-Karte, neue, v. Prov. Sachsen u. Thüringen sowie der angrenz. Landestheile. 1 : 600,000. [Aus: „Dr. W. Koch u. C. Opitz, Eisenb.- u. Verkehrs-Atlas".] 2. u. 3. verb. Aufl. 57,5×48,5 cm. Farbdr. Leipzig (901). B. Franke. n. — 50

Sächsischen Ländern — Charte von den grossherzoglich und herzoglich — nebst den Besitzungen der Fürsten von Schwarzburg und Reuss, entworfen und nach den neuesten Territorial-Veränderungen vom 12. November 1826 berichtigt von C. F. Weiland. Weimar im Verlage des Geogr. Instituts. 1826. 1:350,000. 1 Bl.

Sachsen — Das Königreich — entw. u. gez. von C. F. Weiland. Weimar, Geogr. Inst. 1848. 400,000. 1 Bl.

Sachsen — Die K. Pr. Provinz — nebst den H. Anhaltischen Ländern, entw. von C. F. Weiland. 600,000. Weimar, geogr. Inst. 1849. 1 Bl.

— **Wildeis, Gust., Karte des Königr. Sachsen. 16., verb. Aufl. 27,5×40 cm. Farbendr. Leipzig 898. (O. Klemm's Sort.)** n. — 10

— — Schulhandkarte vom Königr. Sachsen. 1 : 687,000. Ebd. 888. n. — 10

— **Wildeis, Gust., Schulhandkarte vom Königr. Sachsen. Durchgesehen von Karl Jacob.** 1 : 640,000. 25. verb. Aufl. 27,5×40,5 cm. Farbdr. Leipzig (902). A. Hahn. n. — 10; auf Pappe n. — 20

— **Wildeis, Gust., Schulhandkarte vom Kgr. Sachsen. Durchgesehen von Karl Jacob. 1 : 640,000. 28., verb.** Aufl. 27,5×40 cm. Farbdr. Leipzig (906). A. Hahn. n. — 10: auf Pappe n. — 20

— Wildeis, Gust., Schulhandkarte vom Königr. Sachsen. Neubearbeitung v. K. Jacob. 1 : 650,000. 29., vollständig neu bearb. Aufl. 27×40,5 cm. Farbdr. Leipzig (909). A. Hahn. —10; auf Pappe — 20

— Wildeis, G., Schulwandkarte d. Königr. Sachsen. 2. Aufl. 6 Blatt. Lith. u. color. Fol. Leipzig 889. Selbstverlag. n. 8. —; auf Leinw. m. Stäben n.n. 15. —

— **Wildeis, Gust., Schul-Wandkarte vom Königr. Sachsen.** 1 : 142,000. 8 Blatt à 68×46 cm. Farbdr. u. kolor. (Leipzig (895). (A. Hahn.) n. 10. —

— — **Schulwandkarte vom Königr. Sachsen. Durchgesehen v. Karl Jacob. 1 : 142,000. 4. verb. Aufl. 4 Blatt à 68×91 cm. Farbdr. Ebd. (901). n. 8. —; auf Leinw. m. Stäben n. 16. —**

Sachsen — Karte vom Königreiche — sämmtl. Städte, Dörfer, Eisenb. u. Strassen sowie das vollst. Flussnetz enth., gez. u. lith. von J. Williard. Dresden bei Türk. 270,000. 2 Bl.

— Woldermann, G., Relief-Karte d. Königr. Sachsen. 1 : 600,000. Farbiger Hochdr. qu. Fol. Dresden 890. Jaenicke. n. — 60

— Wolf's Verkehrs-Karte vom Königreich Sachsen. 1 : 500,000. Karte I. Mit Höhen-Angaben. Berichtigt v. Gust. Müller. Chromolith. qu. Fol. Leipzig 889. Levien. n. — 50

Sachsen [Verfasser]

Sachsen, Albin v., s.: Wie heile ich ꝛc. die Maul- u. Klauenseuche.

(Sachsen, Prinzessin Amalie v.,): Original=Beiträge z. deutschen Schaubühne, s. Original=Beiträge.

Sachsen, Jean Léonard: Theses theologicae de fide & gratia quas in almae, et antiquissimae Universitatis Trevirensis Gymnasio PP. Soc. Jesu defendebant Mense Septembri Anno MDCCLXIX reverendi, ornatissimi, ac pereruditi Domini SS. Theologiae auditores R. D. Joan. Leonardus Sachsen, ex Burg, Sacerdos ... Opponebant ornatissimi, ac pereruditi Domini ... SS. Theologiae auditores. Augustae Trevirorum [1769]. 6 S. 4°

Sachsen, Moritz Graf von (vgl. Moritz, Graf v. Sachsen)

Sachsen, M. Graf v. Einfälle über die Kriegskunst. Hrsg. von v. Bonneville. A. d. Franz. übs. von G. R. Fäsch. T. 1. 2. Mit Pl. Leipzig 1757. 2°

Sachsen, Graf v., obersten Feldmarschalls Sr. Allerchristlichsten Majestät u. s. w. Die Kriegskunst des ...... Aus dem Französischen übersetzt und mit einer Vorrede herausgegeben von Carl August Struensee, der Weltweisheit und Mathematik Lehrer auf der k. preuss. Ritterakademie in Liegnitz. (394 S)
8. Leipzig und Liegnitz 1767.

Sachsen-Altenburg [Sachliches OW]

Sachsen-Altenburg, Die Fürstenhäuser. Ein historischer Abriss ... Altenburg 1826. V: *Sachse, Christian Friedrich Heinrich.* (schles) (Ky)

Sachsen-Altenburg [Schlagwort]

Sachsen-Altenburg, s. a. Altenburg — Vogtland.

— s. a.: Radfahrerkarten.

Sachsen-Altenburg. Brunkow, O., General-Karte d. Herzogth. Sachsen-Altenburg. Ost- u. West-Kreis. 1 : 66,000. Im Auftrage d. herzogl. sächs. Ministerium entworfen u. gezeichnet im J. 1885/86. 2 Blatt. Lith. u. color. Imp.-Fol. Altenburg 887. (Schnuphase.) à n. 6. —; schwarz à 4. 50

— Handkarte d. Herzogt. Sachsen-Altenburg. 5. Aufl. Lith. u. color. qu. Fol. Altenburg 889. Schnuphase. n. — 50

— Karte des Ostkreises d. Herzogth. Sachsen-Altenburg. Neueste Aufl. Lith. u. color. qu. gr. 4. Altenburg 888. Schnuphase. n. — 60

Sachsen-Altenburg. Karte vom Herzogth. Sachsen-Altenburg (Ostkreis). 1 : 132,000. 29,5×38 cm. Lith. Langenleuba-Niederhain 899. (Altenburg, Schnuphase.) n. — 30

— **Spezialkarte, neueste, des Ostkreises d. Herzogth.** Sachsen-Altenburg. 1 : 70,000. 61×71 cm. Farbdr. Altenburg 899. O. Bonde. n. — 60

Sachsen-Altenburg. Spezialkarte, neueste, des Ostkreises des Herzogt. Sachsen-Altenburg. 2. Aufl. 1 : 70,000. 57×69,5 cm. Farbdr. Altenburg (904). O. Bonde. n. — 75

Sachsen-Altenburg. Spezialkarte, neueste, des Ostkreises des Herzogt. Sachsen-Altenburg. 1 : 70,000. 3. Aufl. 59×71 cm. Farbdr. Altenburg (908). O. Bonde. — 75

— — neue, des Westkreises des Herzogth. Sachsen-Altenburg. 1 : 70,000. 69,5×84,5 cm. Farbdr. Ebd. 900. n. — 75

Sachsen-Altenburg [Verfasser]

Sachsen-Altenburg, Agnes Herzogin v., geb. Prinzessin v. Anhalt, ein Wort an Israel. Mit e. Vorwort v. Frdr. Ahlfeld. 5. Aufl. 8. (74 S.) Leipzig 893. Verlag der Akadem. Buchh. (W. Faber). n. 1. —

— dasselbe, s.: Schriften des Institutum Judaicum zu Leipzig.

Sachsenberg, Ewald: Über den Widerstand von Schleppzügen. [1907.] 31 S., 10 Taf. 4°
Berlin, Dr.-Ing.-Diss. v. 28. 6. 1907

Sachsenburg, Die Irren-Heil-Anstalt, bei Schwerin im Grossherzogthume Mecklenburg. . . . Schwerin 1833. V: *Flemming, Carl Friedrich.* (EngM) (Ky) (Kat. d. Bibl. d. Techn. Hochsch. Berl. 1900.)

Sachsen-Chronik f. Vergangenheit u. Gegenwart, od. Magazin f. Ansammlung u. Mittheilung der allseitigen Eigenschaften, Schicksale u. Verhältnisse der sächs. Gesammtlande. Zur Weckung der Liebe zum Vaterlande, sowie zu seiner Geschichte u. Landeskunde aus Urkunden, Acten u. Originalien unter Mitwirkung mehrer Geschichtsforscher hrsg. v. Wilh. Schäfer. Mit den Text erläuternden Abbildgn. 1. Serie. 1—4. Hft. gr. 8. (S. 1—354 m. 4 lith. Taf. in qu. gr. 4.) Dresden 852, Blochmann jun. à baar n. n. 5/12 ℛ

Sachsen-Chronik für Vergangenheit und Gegenwart, oder Magazin für Ansammlung und Mittheilung der allseitigen Eigenschaften, Schicksale und Verhältnisse der sächsischen Gesammtlande. Zur Weckung der Liebe zum Vaterlande, sowie zu seiner Geschichte u. Landeskunde aus Urkunden, Acten u. Originalien unter Mitwirkung mehrerer Geschichtsforscher herausg. von Wilh. Schäfer. Mit den Text erläuternden Abbildgn. 1. Serie 1—6. Heft u. 2. Serie 1—3. Heft. Dresden 853, 54. (Schäfer.) gr. 8. (I.: 590 S. u. 1 Lithogr.; II.: S. 1—288.) Jedes Heft nn. 12½ ngr.

—— dass. — 2. Serie. 1—3. Heft. gr. 8. (S. 1—288 mit 3 Stnt. in gr. 8. und 4.) Ebds. 854—56. à Heft ** 12½ Ngr. **

Sachsenfreude, die, ein Wort an die Sachsen. 8. Leipz. 806. Seger. 4 gr.

Sachsenfreude, Die. Ein Wort an die Sachsen. Leipzig 1815. V: *Wigand, David Ludwig.* (MGT)

Sachsengräber, Die, bei Miltenberg und Kleinheubach a. M. . . . Hanau 1865. 2. Aufl. 1866. V: *Steiner.* (Pr)

Sachsengrün. Culturgeschichtliche Zeitschrift aus sämmtlichen Landen Sächs. Stammes, herausg. von G. Klemm, A. B. Richard und E. Gottwald. Jahrg. 1860. October —December. 6 Nrn. (à 1—1½ Bgn. m. Holzschn. u. 2 Lithogr.) Dresden, Türk. gr. 4. n. 1 ℛ

— — Jahrg. 1861. [Nr. 7—24.] 18 Nrn. (à 1—1½ Bgn. mit Holzschn. u. 1—2 Lithogr.) Ebend. gr. 4. n. 2 ℛ 10 ngr.

— — 2. Jahrg. October 1861—September 1862. 24 Nrn. (à 1—1½ Bgn. m. Holzschn. u. 1—2 Lithogr.) Ebend. gr. 4. n. 2 ℛ 20 ngr.

Sachsengrün. Vier vaterländische Gedichte. Grimma 1869. V: *Oberländer, Hermann.* (Russell IV, 957)

Sachsengrün. Vier vaterländische Gedichte. Grimma 869. Gensel. gr. 8. (15 S.) n. 5 ngr.

Sachsenhausen, s.: Preussen. Messtischblätter

SACHSENHAUSER, Franz Regis (München): Die Lehre von der Nachwährschaft für verkaufte Hausthiere nach deutschem Recht. Mit einem Vorwort von J.C. Bluntschli.- München: Finsterlin 1857. VI,46 S.,1 Bl. 3.1.1857 - Urk (Titel: De animalium venditorum praestandis jure Germanico.); F 49
Diss. Ingolst.-Landsh.-Mchn.

Sachsenheim, Friedr. v., das allgemeine bürgerliche Gesetzbuch vom 1. Juni 1811 gültig für Siebenbürgen vom 1. Septbr. 1853 verglichen mit dem siebenbürg. Civilrechte. Wien 856. Manz. gr. 8. (XL, VI, 702 S.) 4 ℛ. 8 ngr.

Sachsenheim, Hermann von, s.: Bibliothek d. litterar. Vereins in Stuttgart. 137.

Sachsen-Calender oder Nachrichten von den Ereignissen in Sachsen vom J. 1806—23 . . . Leipzig 1822. V: *Bergk, Johann Adam.* (MGT)

Sachsen-Kalender. 1890—1893. Große Ausg. 4. (à Jahrg. ca. 90 S. m. Text Bildern, 1 Farbendr. u. 1 Wandkalender.) Meißen, Schlimpert. à Jahrg. * — 50
Mittle Ausg. (à Jahrg. ca. 70 S.) à Jahrg. — 38
Kleine Ausg. (à Jahrg. ca. 45 S.) à Jahrg. — 25

Vgl. Sachsenkalender, Allgemeiner.

Sachsen-Kalender. 1895. Große Ausg. 4. (86 S. m. Bildern, 3 Taf., 1 Farbendr. u. Wandkalender.) Meißen, H. W. Schlimpert. n. — 50

— dasselbe. Mittle Ausg. 4. (70 S. m. Bildern, 2 Taf. u. Wandkalender.) Ebd. n. — 40

— dasselbe. Kleine Ausg. 4. (42 S. m. Bildern.) Ebd. n. — 25

Sachsen-Kalender, allgemeiner. 1868 u. 69. Meißen, Mosche. 4. (40 u. 38 S. mit eingedr. Holzschn.) Jeder Jahrg. n. 2½ ngr.
Mittlere Ausg. (54 S. mit eingedr. Holzschn. u. 2 Holzschntaf.) Jeder Jahrg. n. 3¾ ngr.
Starke Ausg. (64 S. mit eingedr. Holzschn. u. 2 Holzschntaf.) Jeder Jahrg. n. 5 ngr.

Sachsen-Kalender, allgemeiner, 1869—1875. Große Ausg. 4. (à ca. 120 S. mit Holzschntaf. und eingedr. Holzschn.) Meißen, Schlimpert. à Jahrg. * — 50
—— dass. — Mittlere Ausg. 4. (à ca. 64 S. mit Holzschntaf. und eingedr. Holzschn.) Ebendas. à Jahrg. * — 38
—— dass. — Kleine Ausg. 4. (à ca. 44 S. mit 1 Holzschntaf. und eingedr. Holzschn.) Ebendas. à Jahrg. * — 25

Sachsen-Kalender, allgemeiner, 1876—1880. (Große Ausg.) 4. (à 64—80 S. mit eingedr. Holzschn. und 1 Chromolithogr.) Meißen, Schlimpert. à Jahrg. * — 50

—— dass. — 1876—1880. Mittlere Ausg. 4. (à ca. 56 S. mit eingedr. Holzschn. und 1 Chromolithogr.) Ebendas. à Jahrg. ** — 38

—— dass. — 1876—1880. Kleine Ausg. 4. (à ca. 42 S. mit eingedr. Holzschn.) Ebendas. à Jahrg. * — 25

Sachsen-Kalender, allgemeiner, 1881—1885. (Große Ausg.) 4. (à Jahrg. 96 S. mit eingedr. Holzschn., 1 Stein- und 1 Lichtdr.-Taf.) Meißen, Schlimpert. à Jahrg.
Mittle Ausg. (à Jahrg. 56 S. mit eingedr. Holzschn. und 1 Stnt.) à Jahrg.
Kleine Ausg. (à Jahrg. 40 S. mit eingedr. Holzschn.) à Jahrg.

Sachsen-Kalender, allgemeiner, 1886—1889. Große Ausg. 4. (à Jahrg. ca. 70 S. mit Illustr., 1 Chromolithogr. und 1 Wandkalender.) Meißen, Schlimpert. à Jahrg. *
Mittle Ausg. (à Jahrg. 60 S.) à Jahrg.
Kleine Ausg. (à Jahrg. 42 S.) à Jahrg.

Vgl. Sachsenkalender.

Sachsen-Kalender, allgemeiner. 1899. Große Ausg. 4. (76 u. 4 S. m. Bild., 4 Taf., 1 Farbdr. u. 1 Wandkal.) Meißen, H. W. Schlimpert. — 50

— dasselbe. Mittle Ausg. 4. (60 u. 4 S. m. Bild., 4 Taf. u. 1 Wandkal.) Ebd. n. — 38

— dasselbe. Kleine Ausg. 4. (44 S. m. Bild.) Ebd. — 25

Sachsen-Kalender, allgemeiner, 1903. Große Ausg. 4. (96 u. 5 S. m. Abbildgn., 1 Taf., 1 Farbdr. u. 1 Wandkalender.) Meißen, H. W. Schlimpert. — 50

— dasselbe. Mittle Ausg. 4. (63 u. 5 S. m. Abbildgn., 1 Taf. u. 1 Wandkalender.) Ebd. — 38

— dasselbe. Kleine Ausg. 4. (41 u. 5 S. m. Abbildgn.) Ebd. — 25

Sachsen-Kalender, allgemeiner, 1907. Große Ausg. (89 u. 5 S. m. Abbildgn., 2 Taf., 1 Farbdr. u. Wandkalender.) gr. 8. Meißen, H. W. Schlimpert. — 50

— dasselbe. Mittle Ausg. (55 u. 5 S. m. Abbildgn., 2 Taf. u. Wandkalender.) gr. 8. Ebd. — 38

— dasselbe. Kleine Ausg. (39 u. 5 S. m. Abbildgn.) gr. 8. Ebd. — 25

Sachsen-Kalender, allgemeiner, 1911. Große Ausg. (96 u. 5 S. m. Abb., 3 Taf., 1 Farbdr. u. Wandkalender.) gr. 8. Meißen, H. W. Schlimpert. — 50

— dasselbe. Mittle Ausg. (64 u. 5 S. m. Abb., 2 Taf. u. Wandkalender.) gr. 8. Ebd. — 38

— dasselbe. Kleine Ausg. (40 u. 5 S. m. Abb.) gr. 8. Ebd. — 25

Sachsenland, das. Monatsschrift f. sächs. Geschichte u. Litteratur, Landes- u. Volkskunde. Schriftleitung: Rud. Zimmermann. 1. Jahrg. Juli—Oktbr. 1901. 3 Nrn. gr. 8. (à ca. 32 S.) Potschappel, C. Engelmann Nachf. n. 1.25
Mehr nicht erschienen.

Sachsenland, Das aus Gottes gerechtem Gericht zwar vielfach gedrückte aber auch wiederum erquickte. Leipzig 1714. V: *Mehner, David.* (GGr)

Aus den **Sachsenlanden**. Illustr. Sachsenbuch unter Mitw. erster sächs. Schriftsteller u. Künstler hrsg. von V[iktor] W. Esche-Dresden-Strehlen. Zittau: Haase & Bockermann 1905. (433 S.) 4° [J.] 15.000

Sachsenlieder. Eine Sammlg. der beliebtesten Lieder des XII. (königl. sächs.) Armeekorps, zugleich zum Gebrauch f. die kgl. sächs. Militär- u. Krieger-Vereine. gr. 16. (VIII, 132 S. m. 1 Bildnis.) Dresden 899. (W. Baensch.) — 60

Sachsen-Post. Wochenschrift für Sachsen in der Fremde. Red.: Ad. Ziesche. 1. Jahrg. Oktbr. 1906—Septbr. 1907. 52 Nrn. (à ca. 16 S.) Lex.-8. Dresden, E. Oettler. 6. —

Sachsen-Post. Illustr. Wochenschrift zur Pflege v. Heimatsinn u. Vaterlandsliebe f. Sachsen daheim wie in der Fremde, zugleich Fortsetzg. der illustr. Monatsschrift „Unsere Heimat". (Im J. 1901 begründet u. bis 1907 hrsg. v. Heinr. Spindler.) Hrsg. v. Emil Naumann. Red.: K. Rohrlapper. 5. Jahrg. Oktbr. 1910—Septbr. 1911. 52 Nrn. (à ca. 16 S.) Lex. 8. Dresden, E. Oettler. 6. —

Sachsens Anschluß an den preuß. Zollverband; nebst der davon abhängig. Gestaltung anderweit. innerer u. äußerer Verhältnisse. 8. (1½ B.) Dresden 833, Arnold.

Sachsens goldnes Büchlein, od. d. wohlerfahr. u. aufricht. Sachsenbote. Ein Führer durch Vorzeit u. Gegenwart, Gebirg u. Thal, Stadt u. Land rc. des Königreichs Sachsen; getreuer Berichterstatter üb. Sachsens berühmteste Männer, der gestorbenen, wie der lebenden, sämmtl. Behörden, öffentl. u. Privat-Anstalten, Merkwürdigkeiten aller Art, sowie üb. Alles, was jedem Sachsen üb. sein Vaterland zu wissen wünschenswerth sein muß. gr. 12. (7½ B.) Meißen 836, Goedsche. Thlr.

Sachsens Denkmäler, oder kurze Geschichte d. sächs. Nation u. ihrer Beherrscher. 8. Leipz. 809. Baumgärtner. 12 gr.

Sachsens Forstreform. - Dresden 1849. 8 Bd. - Bd. 1: General-Verordnung des Finanz-Ministeriums vom 8. März 1849, die Einberufung eines Ausschusses zu Berathung der Abänderung in der Forstverwaltung betr. - Bd. 2: General-Verordnung des Finanz-Ministeriums vom 21. Juni 1849, die anderweite Wahl eines Ausschusses zur Berathung ... betr. - Bd. 3: Verzeichniss der Mitglieder des gewählten forstl. Ausschusses. - Bd. 4: Bericht der Deputation des forstl. Ausschusses über die dem letzteren gestellte Aufgabe. - Bd. 5: Vortrag des Oberforstraths v. Berg, die Forstreform betr. 40 S., Anl. - Bd. 6: Roch: An den Ausschuss zu Berathung der Änderungen in der Forstverwaltung. 40 S. - Bd. 7: Cotta, W.: Weitere Beiträge zu der Aufgabe des forstl. Ausschusses. 20 S. - Bd. 8: Gedanken betreffs der forstlichen Reformfrage. 15 S.

Sachsens Fürstenhaus. Neue Bearbeitg. Lith. auf Goldgrund. qu. schmal Fol. Dresden 889. Warnatz & Lehmann. — 60

Sachsens Gegenwart u. Zukunft. Ein Mahnruf an das sächsische Volk. Leipzig 866. Roßberg'sche Buchh. gr. 8. (35 S.) 2½ ngr.

Sachsens Heer vor 100 Jahren. Blätter der Erinnerg. an d. Vorzeit. gr. 8. (40 S.) Dresden 889. Expedition u. Buchdruckerei d. „Kamerad". n. — 33

Sachsen's Jagd- u. Fischerei-Sport. Organ f. Jäger, Jagdfreunde u. Sportfischer. Hrsg. u. red. v. Rob. Aurnhammer. 1. Jahrg. 1908. 24 Nrn. (à ca. 16 S. m. Abb.) Lex. 8. Chemnitz, R. Aurnhammer. à Nr. — 30
Erscheint nicht mehr. Firma erloschen.

Sachsens protestant. Kirche u. deren Reform. — Den hohen ständ. Deputationen f. d. zu erwart. neue Kirchenverfassung zu geneigter Beachtung gewidmet von e. protestant. Geistlichen. gr. 8. (1¾ B.) Döbeln 846, Dittmann. Thlr.

Sachsens protestant. Kirche u. deren Reform. Den hohen ständischen Deputationen für die zu erwartende neue Kirchenverfassung zu geneigter Beachtung gewidmet von einem praktischen Geistlichen. gr. 8. (28 S.) Döbeln 847, Dittmann. 3 ngr.

Sachsens Klage und Trost. Sammlung von Gedächtnißpredigten, auf weil. Sr. Maj. Friedrich August II. König von Sachsen rc. am 2. Septbr. 1854 gehalten. Mit Genehmigung des K. Hohen Ministerii d. Cultus rc. herausg. von Frz. Otto Stichart. Freiberg 855. (Wolf.) gr. 8. (VIII, 333 S.) n. 20 ngr.

— sieben Kriege gegen Oestreich, mit mehrern auf die Zeitgeschichte bezughabenden Aufsätzen, (von J. G. Dyck). 8. Leipz. 810. Dyck. 18 gr.

— künftige Landes-Vertretung auf Landtagen durch e. Kammer. Von e. Oberlausitzer. 8. Dresd. 831. Hilscher. 6 gr.

—— berühmte Männer u. Frauen der Jetztzeit. Biographien von C. Biedermann, R. R. Fischer, C. Herlossohn, J. G. v. Quandt u. A. Originalzeichnungen v. Veith Meyer u. a. Künstlern unter Leitung desselben. 1. u. 2. Hft. gr. Fol. Leipzig 846, 47, Schrey. à * 1 Thlr. 10 Ngr., chin. Pap. à

Inhalt:
Hft. 1. Bernh. v. Lindenau, Chr. Fr. v. Ammon, Ed. Bendemann. (4 B. Text u. 3 Bildn. m. Facsim.)
2. Albert v. Carlowitz, Alex. K. H. Braun, Carl Todt. (7 B. Text u. 3 Portr. m. Facsim.)

— Militär-Vereins-Kalender auf die Jahre 1866 u 1867. Hersg. von der Redact. des „Kamerad" (F. W. Staub.) Pirna, (Diller & Sohn.) 4. (84 S. mit 1 Stein u. 1 Holzschntaf. u. 100 S. mit 1 Holzschntaf.) Jeder Jahrg. n. 5 ngr.

Sachsens Militär-Vereins-Kalender auf das Jahr 1881. Officielles Jahrbuch für Sachsens Militärvereins-Bund, sowie für den sächs. Militär-Feuer- u. Lebensversicherungs-Verein. Hrsg. von der Red. des Kamerad [F. L. Staub]. 4. (108 S. m. 3 Holzschn.-Taf.) Pirna. (Leipzig, Friese.) n.n. — 50

Sachsens Militär-Vereins-Kalender auf die J. 1881—1885. Officielles Jahrbuch für Sachsens Militärvereins-Bund, sowie für den sächs. Militär-Feuer- und Lebensversicherungs-Verein. 4. (à Jahrg. ca. 100 S. mit Holzschntaf.) Pirna, Expedition. à Jahrg. **

Sachsens Militär Vereins-Kalender auf die J. 1886—1889. Offizielles Jahrbuch für Sachsens Militärvereins-Bund, sowie für den „Sächs. Militär-Feuer- und Lebens-Versicherungs-Verein". Hrsg. von der Redaktion des „Kamerad" [F. L. Staub]. 4. (à Jahrg. 107 S. mit eingedr. Bildern, 1 Chromolithogr. und 1 Wandkalender.) Dresden, Verlagsexpedition des „Kamerad", Am Schießhaus 1, I. à Jahrg. *

Sachsen's Militär-Vereins-Kalender auf d. J. 1893. Offizielles Jahrbuch f. Sachsens Militär-Vereins-Bund, sowie f. den „sächs. Militär-Feuer-" u. „Lebens-Versicherungs-Verein". 30. Jahrg. Hrsg. v. der Red. d. „Kamerad" (F. L. Staub). 4. (125 S. m. Abbildgn., 1 Farbendr. u. Wandkalender.) Dresd. (Lpz., Stiehl.) * — 50

Sachsen's Militär-Vereins-Kalender auf d. J. 1895. Offizielles Jahrbuch f. den „königl. sächs. Militärvereins-Bund", sowie f. den „sächs. Militär-Feuer-" u. „Lebensversicherungs-Verein". 32. Jahrg. Hrsg. v. der Red. des „Kamerad" (F. L. Staub), Dresden. 4. (128 S. m. 1 farb. u. Textabbildgn. u. Abreißkalender.) Dresden, Expedition d. Kamerad (F. L. Staub). n. — 60

— Militär-Vereins-Kalender auf das J. 1899. Jahrbuch f. d. „Kgl. sächs. Militärvereins-Bund", f. d. „Sächs. Militär-Feuer-" u. „Lebensversicherungs-Verein", sow. f. d. „Sächs. Militärvereins-Hagel-Versicherungs-Gesellschaft". 36. Jahrg. 4. (139 S. m. Abb., 1 Farbdr. u. 1 Monatsabreißkal.) Ebd. n. — 50

— Militär-Vereins-Kalender auf d. J. 1908. 45. Jahrg. Jahrbuch f. die Kameraden der kgl. sächs. Militär- u. Krieger-Vereine, f. ehemal. u. aktive deutsche Militärs aller Grade u. Waffen, sowie f. patriotisch gesinnte Bürger u. deren Familien. Hrsg. v. der Red. des „Kamerad" (F. L. Staub). (171 S. m. Abb., Wandkalender u. 1 Farbdruck.) 8. Dresden-A. (Reitbahnstr. 23), Buchdr. u. Verlag des „Kamerad". — 50

— Pflicht u. Recht. gr. 8. Dresd. 814. Beger. 2 gr.

— Regierung, Stände und Volk. 8. Mannheim 846, Bassermann. ⅔ ß

Sachsens Ruhe in der Unruhe. 1757. 8. 2 Bl. 8 Str.
O! Sachsen, Ursprung meiner Freuden,
Dein hart' und schreckenvolles Leiden.

— künftiges Schicksal, auf weltbürgerl. Wage gewogen. 8. Chemnitz 806. Mauke. 6 gr.

—— Schullehrer. Eine Zeitschr. f. Volksschullehrer, zur Beförderung d. Volksschulwesens u. d. wissenschaftl. Fortbildung d. Lehrer. Hrsg. v. Schullehrerverein d. Ephorie Leipzig, redig. v. dermal. Director dess., J. G. Hanschmann. 1. u. 2. Bd. (1. Jahrg. 1834 u. 35.) 4 Hfte. 8. Leipzig, [Berger'sche Verlsbuchh.] [1. 1 Thlr., 2. 1 Thlr. 12 Gr.]

—— Schullehrer, od. Redesaal sächs. Volksschullehrervereine. Eine Zeitschr. f. Volksschullehrer. 3. u. 4. Bd. od. Jahrg. 1836. 12 Hfte. 8. Leipzig, Fort. *

— Schullehrer, s. Schullehrer.

Sachsen's öffentliche Sparkassen. (39 S.) 4. Dresden (906). (C. C. Meinhold & Söhne.) n.n.n. 1.50

Sachsens Stellung und Beruf in der deutschen Frage. Grimma, Verlags-Comptoir, 1849. 16 S. 8°.

—— Umbildung seit d. J. 1830. Den constitution. Ständen d. Königr. Sachsens gewid. 8. (12 B.) Leipzig 833, Heinrichs.

Sachsens Vereinigung mit Preussen aus dem Gesichtspunkt des Protestantismus betrachtet v. Germanus Saxe. Leipzig. 1814. 8°

— Vereinigung, über, mit Preußen, v. Germanus Saxo. gr. 8. Leipz. 814. (Rein). 8 gr.

— Vergangenheit u. Zukunft. Von einem Sachsen. Berlin 866. Allberitz' Verl. gr. 8. (56 S.) n. 5 ngr.

— Verwüstung durch die Franzosen 1813. Ein Beitr. zur Geschichte d. Zeit. Vom Herausgeber d. Briefe üb. die neuesten Zeitereignisse d. Zeit. 8. Leipz. 814. Engelmann. 18 gr

— Volksschullehrerleben. 8. Grimma 842. Verl.-C. n. 3 ngl

Sachsens Waffenehre in ihrem wahren Lichte. Nebst einem Anh.: Das neue sächsische Wehrgesetz. Leipzig 867. Matthes. 8. (48 S.) 7½ ngr.

— Wohlfahrt, durch einen billigen u. festen Getreidepreis versichert. 8. Jena 782. (Hennings in Neisse). 3 gr

Sachsensche, Theodor Heinrich (Lünen/W.) A.S. 190/6

Dissertatio juridica de reservatione hypothecae a venditore facta in securitatem pretii residui. Präs. Christian Otto Mylius. Halle (Gruner) I. 1704. 19 Bl. 29626

Sachsenschild. Für ehrliche Sachsen. (Gedichte.) Nr. 1—4. gr. 16. Dresden u. Leipzig 849, Teubner in Comm. (à n. 4 ngr) n. 16 ngr

Sachsensöhne, die, in Frankreich v. e. Laienauge. Zur Feier der Rückkehr der sächs. Armee aus Frankreich in's sächs. Vaterland Juli 1871. gr. 8. (31 S.) Wien 871. Brüder Winter. n. — 50

Sachsenspiegel, od. das Sächsische Landrecht in den alt-teutschen, lateinischen u. jetzo gebräuchlichen hochteutschen Sprachen nebst Anszügen aus den Gloss., v. Jac. Fr. Ludovici. *Halle.* 720. 4.

Sachsenspiegel oder das sächsische Landrecht von Eyken v. Repgow, ausgef. v. C. W. Gärtner. Fol. Leipz. Gleditsch. 731.

— der, oder das Sächs. Landrecht nach der Berliner Handschrift vom J. 1369, mit Varianten aus 17 andern Texten; hrsgg. v. C. G. Homeyer. gr. 8. Berl. 827. Dümmler. 1 ℛ

Sachsenspiegels, des, erster Theil, oder das Sächs. Landrecht, nach der Berliner Handschrift v. J. 1369 herausg von C. G. Homeyer. 2e verm. Ausg. gr. 8. Berl. 835. Dümmler. 1⅚ ℛ

Sachsenspiegels, des, 2. Thl., nebst den verwandten Rechtsbüchern. 1. Bd., das Sächsische Lehnrecht und der Richtsteig Lehnrechts. Von C. G. Homeyer. gr. 8. Berlin 842, Dümmler. 2⅚ ℛ (1. 2. 4⅔ ℛ)

Sachsenspiegel. Hrsg. von C. G. Homeyer. 2. Thl. Nebst den verwandten Rechtsbüchern. 2. Bd. der Auctor v. de beneficiis, das görlitzer Rechtsbuch u. das System des Lehnrechts. gr. 8. (41 B.) Berlin 844, Dümmler, Vrlgsh.
1. Thl. u. 2. Thl. 1. Bd. Ebendas. 1835, 42. 4 Thlr. 20 Ngr.

Sachsenspiegel, der, herausg. von Jul. Weiske. 16. Leipzig 840. Hartknoch. ½ ℛ

Sachsenspiegel od. Sächsisches Landrecht, zusammengestellt m. dem Schwäbischen nach dem Cod. Pal. 167, unter Vergleichung des Cod. pict. 164, mit Uebersetzung u. reichhalt. Repertorium von Carl Rob. Sachße. gr. 8. (XII u. 535 S.) Heidelberg 848, C. F. Winter. n. 2 ℛ 12 ngr

Sachsenspiegel, der, nach der aeltesten Leipziger Handschrift herausg. von Jul. Weiske. 2. Aufl. Leipzig 853. Hartknoch. 16. (XIV, 168 S.) 18 ngr.

Sachsenspiegel, der, nach der altesten Leipziger Handschrift, herausg. von Jul. Weiske. 3. neubearb. Aufl. Leipzig 863. Hartknoch. 8. (XVI, 180 S.) n. 20 ngr.

Sachsenspiegel, der, nach der ältesten Leipziger Handschrift hersg. von Jul. Weiske. 4. Aufl. neu bearb. von R. Hildebrand. Leipzig 870. Hartknoch. 8. (XVI, 181 S.) n. 20 ngr.

Sachsenspiegel, der, [Landrecht], nach der ältesten Leipziger Handschrift hrsg. v. Jul. Weiske. 5. Aufl. v. R. Hildebrand. 8. (XV, 184 S.) Leipzig 877. Fues. n. 2. 40

Sachsenspiegel, der, Landrecht u. Lehnrecht. Nach dem Oldenburger Codex picturatus von 1336 hrsg. von A. Lübben. Mit Abbildungen in Lith. u. einem Vorwort zu denselben von F. v. Alten. gr. 8. (XVI, 148 S.) Oldenburg 879. Schulze. n. 6. —; geb. n. 8. —; Pracht-Ausg. auf Kpfrdr.-Pap. n. 10. —; geb. n. 13. —

Sachsenspiegel, der [Landrecht], nach der ältesten Leipziger Handschrift hrsg. von Jul. Weiske. 6. Aufl. von Hildebrand. 8. (XIII, 202 S.) Leipzig 882. Fues. n. 2. 80

— dasselbe. Uebersetzg., nebst e. kurzen Untersuchg. üb. d. Alter desselben, v. G. Rotermund. 8. (XVI, 134 S.) Hermannsburg 895. Missionshandlg. n. 1. —

Sachsenspiegel, der, (Landrecht), nach der ältesten Leipziger Handschrift hrsg. v. Jul. Weiske. Neubearb. v. R. Hildebrand. 7., unveränd. Aufl. 8. (XV, 202 S.) Leipzig 895. O. R. Reisland. n. 3. —

Der Sachsenspiegel (Landrecht) nach d. ältesten Leipziger Hs. hrsg. von Prof. Dr. Julius Weiske. Neubearb. von weil. Prof. Dr. R[udolf] Hildebrand. 8., unveränd. Aufl. Leipzig: Reisland 1905. XIV, 202 S. 8° [II. 7394 7

— dasselbe od. d. sächs. Landrecht, hrsg. v. Curt Müller, s.: Universal-Bibliothek. 3355/56.

Sachsenspiegel, Holländischer, nach d. raren Goudaischen Ausg. v. 1479; mit 1) C. U. Grupen Vorrede de viro nobili de Buch; 2) Meermanns Schreiben von den Holländ. Editionen d. Sachsenspiegels. gr. 4. Hannov. 762. Schmidt. 1 ℛ

- Holländischer, nach der raren Goudaischen Ausgabe von 1479 mit ... C. V. Grupen und ... Meermanns gelehrten Nachrichten von denen Holländischen Editionen des Sachsenspiegels und deren Verfasser. Frankfurt u. Leipzig 1763. 4. . (0.)

— neuer. Volks-Kalender für 1883. Hrsg. von Hildebrandt-Strehlen. Mit einem Öldruck-Bild, vielen (eingedr.) Holzschn. u. doppeltem Marktverzeichnis. 8. (1., 112 S.) Neuhaldensleben, Besser. n. — 60

—— neuer. Volks-Kalender für 1883 und 1884. (1. und 2. Jahrg.) Hrsg. von Hildebrandt-Strehlen. Mit je 1 Öldr.-Bild, vielen (eingedr.) Holzschn. und doppeltem Marktverzeichnis. 8. (à Jahrg. ca. 115 S.) Neuhaldensleben, Besser. à Jahrg. *

—— dass. — für das J. 1885. (3. Jahrg.) Mit 2 farb. Bildern, vielen Holzschn., doppeltem Märkteverzeichnis und reichhalt. Statistik. 1. Ausg. 8. (154 S.) Ebendas. *
2. Ausg. (112 S.) *

Sachsenspiegel, neuer. Volks-Kalender für die J. 1886 und 1887. 8. (144; 159 S. mit je 2 farb. Bildern, vielen Holzschn., doppeltem Märkteverzeichnis und reichhalt. Statistik.) Neuhaldensleben, Besser. à Jahrg. *

—— dass. — Kleine Ausg. für die J. 1886 und 1887. 8. (à Jahrg. ca. 110 S.) Ebendas. à Jahrg.

Sachsenstiftung, Die, in Franzensbad. Franzensbad [1891]. V: *Sommer, August.* (EB)

Sachsenstimme. Red.: R. Lebius. 1. Jhrg. 1904. 52 Nrn. (à ca. 6 S.) gr. Fol. Dresden, Verlag der Sachsenstimme. 4. 80
Erscheint nicht mehr.

Sachsen-Weimar-Eisenach, das Großherzogthum. Heimathkunde f. Schule u. Haus. gr. 8. (118 S.) Weimar 873. Kühn. n. — 75; geb. n. 1. —

Sachsenzeitung. Ein Tageblatt zur Belehrung u. Unterhaltung f. die Bewohner Sachsens u. der angränz. Länder; herausgg. von L. v. Alvensleben u. C. C. Gretschel. 1r Jahrg. 1830. 4 ℳ 2r u. 3r Jahrg. 1831, 32; hrsgg. v. C. H. F. Hartmann. (à 6 ℳ) 16 ℳ

Sachsenzeitung. Mittheilungen aus u. für Sachsens Gegenwart üb. Staat, Kirche, Schule, Haus, gewerbl. Verkehr, Eisenbahnen u. Dampffahrt. 1—5. Jahrg. 1830—34. gr. 4. Leipzig, Hartmann. [830. 4 Thlr., 31—34. à 6 Thlr.]
1. Jahrg. hrsg. v. L. v. Alvensleben u. C. C. C. Gretschel, 2. u. 3. v. C. H. F. Hartmann, u. 4. u. 5. v. Ed. Bönecke.

Sachsenzeitung. Blätter f. constitutionelles Volks- u. Staatsleben in Sachsen u. dem gesammten Deutschland, für Wahrheit u. Ordnung, Freiheit u. Gerechtigkeit, so wie für Bildung des Geistes u. Erheiterung des Gemüthes. 4r u. 5r Jahrg. 1833 u. 1834. (Herausg. von Bönicke.) gr. 4. Leipzig, Hartmann. (1833 n. 6 ℳ, 1834 n. 4 ℳ) 10 ℳ

Sachsen-Zeitung : (1888–1894)
Independent weekly. Title varies: Sachsen und Thüringer Zeitung. Circulation: 1889, 1000. Edited by [illegible] Sommer, & published by Saxonia Publishing Co., 1888–94.
Chicago, IL

Sachsen-Zeitung : (1892–1907)
Independent weekly. Merged with New Yorker Belletristisches Journal. Circulation: 1895, 12,500; 1900, 4000. Edited by Dr. Emil Schneider, & published by H. E. Schneider & Co., Hoboken, N. J., 1892–1907.
New York, NY

Hans **Sachs-Forschungen.** Festschrift zur 400. Geburtsfeier des Dichters. Im Auftrage der Stadt Nürnberg hrsg. v. A. L. Stiefel. gr. 8. (VII, 471 S.) Nürnberg 894. J. Ph. Raw. n.n. 6. —; geb. n.n. 7. —

Sächsische (Sächs.-Böhm.) Schweiz [Schlagwort]

— s.: Bautzen. — Hand- u. Reisekarten. 22. 86.

— s.: **Dresden. — Hand- u. Reisekarten.** 86. — **Westentaschen-Sammlung.**

— s. a.: **Touristenkarten. Freytag.**

Sächs.-böhm. Schweiz, s.: **Wanderkarten.**

Sächsische Schweiz. Henke, R., Karte der Elbufer von Dresden nach Schandau u. Tetschen-Bodenbach mit genauer Angabe der angrenzenden Ortschaften, Wege, besuchtesten Punkte u. Sehenswürdigkeiten. 6. Tausend. Chromolith. schmal Fol. Dresden 886. Jaenicke. n. — 30

— — Wegweiser durch die sächsische Schweiz. 1 : 36,000 Sect. 1. Pirna-Schandau. Mit e. vollständ. Namen-Verzeichniss, einer im Profil dargestellten Höhenlage zwischen Pirna u. Schandau, sowie übersichtlich zusammengestellten Höhenangaben. Photolith. u. Farbendruck. qu. gr. Fol. Dresden 890. (Urban.) n. — 50

— — dasselbe. 1 : 36,000. Sect. II. Schandau-Hinterhermsdorf. Mit e. vollständigen Namen-Verzeichniss, e. im Profil dargestellten Höhenlage zwischen Schandau u. Herrnskretschen, sowie übersichtlich zusammengestellten Höhenangaben. Photolith. qu. Fol. Ebd. 890. n. — 50

— **Karte der sächsisch-böhmischen Schweiz. Hrsg. v. der Abteilg. f. Landesaufnahme des königl. sächs. Generalstabes. 1 : 100,000.** 70×60,5 cm. Umdruck u. kolor. Dresden (910). G. A. Kaufmann's Buchh. nn 1.50; auf Leinw. nn 2. 50

Sächsische Schweiz. Karte der sächsischen Schweiz. 1 : 150,000. Ausg. 1898. 19,5 × 26,5 cm. Farbdr. Berlin 898. A. Goldschmidt. — 30

— Krauss, P., **Wander- u. Wege(Reise)karte der sächs.-böhmischen Schweiz u. des böhmischen Mittelgebirges m. Angabe der wichtigsten Touristenwege.** 1 : 240,000. 31×26,5 cm. Farbdr. Annaberg (907). Graser's Verl. — 50

Sächsische Schweiz. Meinhold's grosse Karte der sächsisch-böhmischen Schweiz. **Bearb. nach der Natur** sowie nach besten Quellen. 1 : 50,000. 57×75 cm. Farbdr. Dresden 906. C. C. Meinhold & Söhne. n. 1. 50; auf Leinw. n. 2. 50

— Meinhold's Karte der Sächsischen Schweiz. 1 : 75,000. [Aus: „Schäfer's Touristenführer".] Farbendruck. qu. gr. Fol. Dresden 890. Meinhold & Söhne. — 75

— Mittelbach's, R., **Reise-Karte durch die sächsisch-böhm. Schweiz. (Neue Ausg.) 25,5×40 cm. Farbdr.** Dresden (904). Albanus. n. — 30

— **Naeher, Jul.,** Panorama der Sächsischen Schweiz vom Grossen Winterberg. 10,5 × 64 cm. Autogr. u. Farbendr. Dresden 896. C. C. Meinhold & Söhne. — 30

Sächsische Schweiz. Reise-Karte der sächsisch-böhmischen Schweiz. Umfassend die Städte: Pirna, Schirgiswalde, Tetschen-Bodenbach. 1 : 125,000. 33 × 36 cm. Farbdr. Neusalza (901). H. Oeser. — 40

— **Spezialkarte der böhmisch-sächsischen Schweiz, hrsg. vom Gebirgsverein f. die böhm. Schweiz. 1 : 75,000. 2. Aufl. Farbendr.** 51 × 55,5 cm. Tetschen a/E. 891. (O. Henckel.) In Etui. n. 1. 50

— **Spezialkarte der Sächsischen Schweiz. [Aus: „Grieben's Reisebücher".] 1 : 50,000. 43,5 × 22,5 cm. Farbdr. Berlin (900). A. Goldschmidt.** n. — 50

— **Stelzig, H., Special-Karte der böhmisch-sächsischen Schweiz u. des angrenz. Mittelgebirges. 1 : 100,000. Neue, durchgeseh. Ausg. 41 × 47,5 cm. Farbdr. Tetschen 901. O. Henckel.** — 50; auf Leinw. n. 1. 20

— **Stelzig, Heinr., Spezial-Karte der böhmisch-sächsischen Schweiz u. des angrenzenden Mittelgebirges 3., verb. Aufl. 1 : 100,000.** 40,5 × 47,5 cm. Farbdr. Tetschen 903. O. Henckel. n. — 60; auf Leinw. n. 1. —

— **Touristenkarte** der sächsisch-böhmischen Schweiz. 1 : 75,000. 36×45 cm. Farbendr. Schwerin 894. F. Bahn. In Etui. n. — 75

— — der sächsich-böhmischen Schweiz. Mit Umgegend v. Bautzen, Friedland, Görlitz, Löbau, Reichenberg, Zittau etc. 1:105,000. 10. Aufl. Farbendr. 56×66 cm. Mit Ortsverzeichniss auf dem Umschlag. Dresden 892. A. Müller, Fröbelhaus. n. 1. —

— **Wagner**, Rud., neue Karte der sächsischen Schweiz, f. Touristen u. Sommerfrischler bearb. u. hrsg 1 : 75,000. 30,5×44,5 cm. Farbdr. Leipzig (Gerichtsweg 3) (903). Selbstverlag. n. — 75

— **Wünsche**, E., Führer durch die Sächsiche Schweiz, Umgebung vom grossen Winterberg. 1 : 26,000. Farbendr. 82×48 cm. Dresden 892. C. Höckner, Sep.-Cto. n. 1. —

— **Wünsche**, E., Plan durch die sächsisch-böhmische Schweiz von Schandau nach Osten u. Südosten. 1 : 26,000. 4. Aufl. 49×77,5 cm. Farbdr. Dresden 90?. Meissen, H. W. Schlimpert. 1. 50; auf Leinw. 2. 50

Sächsisch-thüring.-Länder, s.: **Hand- u. Reisekarten.** 24.

Sachsius, Johann Rudolf, s. Sachs, Johann Rudolf

Hans **Sachs-Kalender** f. d. J. 1895. 4. (76 S. m. Abbildgn., 1 Buntbild u. Wandkalender.) Nürnberg, J. Ph. Raw. n. — 50

Hans **Sachs-Kalender** f. d. J. 1896. 4. (76 S. m. Abb. u. Wandkal.) Nürnberg, J. Ph. Raw's Verl. n. — 50

Sachsse, Bernh., eine landwirtsch. Studienreise durch die Vereinigten Staaten v. Nordamerika. Vortrag, geh. am 5. II. 1904 in der ökonom. Gesellschaft im Königreich Sachsen zu Dresden. (23 S.) gr. 8. Leipzig 904. Berlin, R. C. Schmidt & Co. n. — 60

Ⓑ **Sachsse, B.**, landwirtschaftliche Studienreise. 904. (KBL 34.) Jetzt: Leipzig, Fritzsche & Schmidt.

Sachsze, E., biblische Bilder aus dem Alten und Neuen Testamente in 104 Holzschn. nach Orig.-Zeichngn. Leipzig 862 Klinkhardt. gr. 8 (53 Bl) 15 ngr.

Sachsse & Co., E, Anleitung zur Herstellung von Liqueuren, Aquaviten, Cognac, Rum, Arac u. anderen Getränken aus ätherischen Oelen u. Essenzen. gr 8. (VIII, 76 S.) Leipzig 888. (Gracklauer.) cart. n. 1. 50

Sachsse, E, & Co., Anleitung zur Herstellung v. Liqueuren, Aquaviten, Cognac, Rum, Arac u. anderen Getränken aus ätherischen Oelen u. Essenzen. 5., verb. u. verm. Aufl. (XII, 61 S.) 8. Leipzig (904). (Schulze & Co.) Kart. n.n. 1. 25

Sachsse, Eduard, Kand. d. Theol.: Die Bedeutung des Namens Israel. Eine quellen-krit. Untersuchung. Bonn: Georgi 1910. 79 S. 8°
Bonn, Ev.-theol. Diss. v. 15. Okt. 1909, Ref. Meinhold
[Geb. 1. Aug 85 Herborn; Wohnort. Bonn; Staatsangeh: Preußen; Vorbildung: Stadt Gymn. Bonn Reife O 04; Studium: Bonn 3, Berlin 2, Bonn 6 S; Rig 15 Okt 09] [U 10. 293

Sachsse, Eug., Abschiedspredigt, s.: Festwoche, e., der evangel. Gemeinde Hamm.

Das Christentum und der moderne Geist. Von D. Eugen **Sachsse**, Prof, Bonn. Gutersloh: C Bertelsmann 1906 (189 S) 8° [F] 106 15973

[F.] Die ewige Erlösung Evangel. Predigten v. D. Eugen **Sachsse,** Prof in Herborn. Bdch. [1.] 2. *Gütersloh: C. Bertelsmann 1885—98.* 2 Bde 8.
[1] 1885 (2 Bl, 148 S) 2 1898 (2 Bl, 224 S) [98. 4881

— Festpredigt, s.: Achelis.

— Festrede, s.: Luther-Tage, die, in Herborn.

— **der alte u. der neue Glaube.** Vortrag. Hrsg. v. der Synodalgruppe der Freunde des kirchl. Bekenntnisses an der Agger. (12 S.) gr. 8. Wiehl (905). (A. Reuter.) n. — 20

Der alte und der neue Glaube Vortrag von Prof D [Eugen] Sachsse. 3 Aufl. Hrsg u verlegt von d Synodalgruppe d Freunde d. kirchl Bekenntnisses an der Agger Wiehl (Bez Koln) Reuter in Komm [1909] 1? S 8° [Umschlag] [09 ?

Sachsse, Eug., s.: Halte, was du hast.

— s: **Hyperius**, Andr., Homiletik u. Katechetik.

Evangelische Katechetik. Die Lehre von der kirchlichen Erziehung nach evangelischen Grundsatzen v. D. Eugen **Sachsse**, o. Prof. . . . in Bonn. (In 7 Lfgn.) *Berlin: Reuther & Reichard 1897.* (1 Bl., VIII, 437 S.) 1 Bd 8. = Sammlung v. Lehrbüchern d. prakt. Theologie. Bd IV. [97 ?

Sachsse, Eug., evangelischer Katechismus. Unter Benutzg. d. luther. u. d. pfälzer Katechismus entworfen. 8. (29 S.) Berlin 890. Reuther. n. — 30

— evangelischer Katechismus. Unter Benutzg. des luther. u. pfälzer Katechismus entworfen. 2. Aufl. 8. (29 S.) Berlin 894. Reuther & Reichard. n. — 30

Sachsse, Eugen: Evangelischer Katechismus Unter Benutzung d luth u d pfalzer Katechismus entworfen 3. Aufl. Berlin Reuther & Reichard 1899 (29 S) 8°

— evangelischer Katechismus. Unter Benutzg. des luther. u. des pfälzer Katechismus entworfen. 4. Aufl. gr. 8. (29 S.) Berlin 900. Reuther & Reichard. Geb. n.n. — 25

Sachsse, üb. die Möglichkeit, Gott zu erkennen, s.: Vorträge der theologischen Konferenz zu Gießen.

Zur Reform des Religionsunterrichts in der evangelischen Volksschule Von Prof. D. [Eugen] **Sachsse**, Bonn. Langensalza: Beyer 1909. 50 S. 8°
(Pädagogisches Magazin H 381.) [11 9510

Sachsse, Eugen, der Religionsunterricht in der deutschen Volksschule. Eine dreifache Zeitfrage. gr. 8. (34 S.) Detmold 871. Meyer. n. — 75

— s.: **Theologie**, die, der Gegenwart.

Sachsse, [illegible]
Bonn Theol Thes ? [illegible]

— Ursprung u. Wesen d. Pietismus. gr. 8. (VI, 382 S.) Wiesbaden 884. Niedner. n. 6. —

Sachsse, Eug. Ursprung u. Wesen des Pietismus. gr. 8. Wiesb. 884. Berl., Reuther u. Reichard. * 6 —
Das Werk ging aus dem ehemals Niedner'schen Verlage in Wiesbaden zuerst an Greiner u. Pfeiffer in Stuttgart über u. v. dieser Firma an die jetzigen Besitzer.

— zeitgemäße Wahrheiten üb. christlichen Glauben, Erkenntnis u. Predigt. 1. u. 2. Aufl. (Je 24 S.) 8. Berlin 903. Reuther & Reichard. n. — 25

Zeitgemäße Wahrheiten über christlichen Glauben. Erkenntnis und Predigt. Von D. E[ugen] Sachsse, Prof., Bonn. 3. Aufl. *Berlin: Reuther & Reichard 1903.* (24 S.) 8° [F.] [04. 5510

Der geschichtliche Wert der drei ersten Evangelien. Vortrag geh. auf d. Konferenz von Lehrerinnen in Witten 1903 von Eugen Sachsse, Prof., Bonn. Berlin: Reuther & Reichard 1904. (64 S.) 8° [F.] [05. 9911

Wesen und Wachstum des Glaubens an Jesus Christus. Vortrag, geh. 1903 von Eugen Sachsse, Prof., Bonn. *Barmen: Wuppertal. Traktat-Ges. 1903.* (23 S.) 8° [F.]
— Salz u. Licht. 7. [04. 13;8, 5

Wie predigen wir das Evangelium den Gemeinden der Gegenwart? Vortrag geh. ... 1906 in Barmen von Dr. Eugen Sachsse, Prof. Barmen: Wuppertaler Traktat-Gesellsch. 1906. (24 S.) 8° [F.]
— Salz u. Licht. 13. [07. 11114

Sachsse, Hans: Einige Versuche über den synthetischen Aufbau von Brückenringen. *Heidelberg 1898: Ph. Wiese.* (44 S.) 8°
Heidelberg, Naturw.-math. Diss. v. [3. Mai] 1898

Sachsse, Hugo, Bernardus Guidonis Inquisitor u. die Apostelbrüder. Ein Beitrag zur Entstehungsgeschichte der Practica. [Aus: „Festschr. der Rostocker Juristenfacultät zum 50jähr. Doctorjubiläum d. Staatsrathes v. Buchka".] 4. (58 S.) Rostock 891. G. B. Leopold. n. 2. —

— c. Ketzergericht. Vortrag, am 12. Jan. 1891 in der Aula der Universität Rostock geh. [Aus: „Halte was Du hast".] gr. 8. (23 S.) Berlin 891. Reuther & Reichard. n. — 80

Sachsse, Hugo, die Lehre vom defectus sacramenti, ihre historische Entwicklung u. dogmatische Begründung. gr. 8. (VIII, 219 S.) Berlin 881. Guttentag. n. 5. —

Sachsse, Hugo, de oeconomia cantici canticorum. Dissertatio inauguralis. gr. 8. (70 S. m. 1 Tab. in qu. 4.) Berlin 875. (Mayer & Müller.) 1. 20

Sachsse, H., s.: Urkunden u. Daten, mecklenburgische.

Sachsse, [illegible] Über Ursprung und Entwicklung [illegible] Berlin u. Naumburg [illegible] 1881 [illegible] Entwicklung u. dogmat. Begründung. Berlin [illegible] Leipzig [illegible] Guttentag 1881
Berlin, Jur. Diss. v. [illegible] 1881

Die landständische Verfassung Mecklenburgs. 4 Vorträge nebst d. Regierungsvorlagen von 1872 u. 1874 z. Druck gegeben von H[ugo] Sachsse, Prof. Rostock i. M.: C. Boldt 1907. (96 S.) 8° [F.] [07. 18480

Sachße, Carl Friedr., Schreitet das Anwachsen des Reichthums gleichmäßig mit der allgemeinen Volkswohlfahrt vor? Eine staatswirthschaftliche Frage von dem Standpunkt langjähriger Erfahrung aus betrachtet und mit einigen Vorschlägen begleitet. Freiberg 854. Wolf. gr. 8. (VIII, 88 S.) n. 12 ngr.

Sachße, Carl Hugo, die Einführung einer bessern Bewirthschaftung der bäuerlichen Grundstücke des sächs. Erzgebirges. Marienberg 858. Schreiber. 8. (VIII, 86 S.) 6 ngr.

— der Flachsbau in seiner jetzigen Bedeutung. Ein Wort zur Aufmunterung an alle Gebirgs-Landwirthe. Freiberg (854.) Wolf. gr. 8. (24 S.) 5 ngr.

Sachße, Carl Rob., das Beweis-Verfahren nach deutschem, mit Berücksichtigung verwandter Rechte des Mittelalters. Erlangen 855. Enke. gr. 8. (VIII, 286 S.) n. 1 ℛ. 14 ngr.

Sachße, Carl Rob., histor. Grundlagen des deutschen Staats- und Rechtslebens. Vorstudien zur deutschen Staats- und Rechtsgeschichte. gr. 8. Heidelberg 844, C. F. Winter. n. $2^2/_3$ ℛ

Sachße, C. R., siehe: Sachsenspiegel.

Sachse, Car. Rob., Juris publici veter. Germanor. spec. Inest observationes de territoriis civitatum eorumque partibus, ex regimine, quod vocatur Gauverfassung. Dissertat. inaug. 8 maj. (2 B.) Heidelbergae 834, (Winter.)

Sachsze, Otto De pedibus trisyllabis, qui in senariis substituuntur trochaeo et iambo. 13 S. **Progr.** *Grünberg* 1876.

Sachße, R., Festes-Bilder für Turner u. Feuerwehr. 1) Zwei Festbilder für Turner u. Feuerwehr. Jahns Ehre u. Feuerwehr in Arbeit mit verbindender Deklamation, der brave Feuerwehrmann, ein Festesscherz in 5 lebenden Bildern, mit Gesang u. verbindender Deklamation. gr. 16. (16 S.) Löwenberg 878. (Koehler.) n.n. — 50

— der Gröditzberg. Nebst 1 (lith.) Rundsichtskarte (in 4.) u. dem (lith.) Plane der Burg. Ebend. 859. 16. (13 S.) n. 5 ngr.

Sachße, R., Auf der „Hogolie." Landschaftlich-geschichtlich-geologische Rundschau vom Gipfel derselben mit Total-Ansicht des Riesen-, Iser- und Bober-Katzbach-Gebirges, der übrigen Panorama's, Rundsichts-Karte mit dem Bilde der Hogolie. Löwenberg 859. Holaeufer in Comm. 16. (39 S., 1 lith. Tafel in 4. u. 1 lith. Panorama in qu. Fol.) nn. 15 ngr.

Sachße, R., eine Sängerfahrt in's Riesengebirge. Ein Cyclus von 15 Gesängen mit verbindender Dichtung. Für Männergesang componirt von W. Tschirch. Textbuch. Bunzlau 858. Appun. 16. (23 S.) 2 ngr.

— eine Sängerfahrt in's Riesengebirge. Ein Cyclus von 15 Gesängen mit verbindender Dichtung. Für Männergesang componirt von Wilh. Tschirch. Textbuch. 4. Aufl. Bunzlau 860. Appun. gr. 8. (15 S.) 2 ngr.

Sachße, R., eine Sängerfahrt ins Riesengebirge. Ein Cyclus von 15 Gesängen mit verbindender Dichtung. Für Männergesang componirt von Wilh. Tschirch. Textbuch. 7. Aufl. Bunzlau 869. (Appun's Buchh.) 8. (15 S.) n. 2 ngr.

Sachße, R., eine Sängerfahrt in's Riesengebirge. Ein Cyclus von 15 Gesängen mit verbindender Dichtung. Für Männergesang componirt von Wilh. Tschirch. 8.—13. bericht. Aufl. Textbuch. 8. (15 S.) Bunzlau 870—81, A. Appun's Buchh. *

— eine Sängerfahrt ins Riesengebirge. Ein Cyclus von 15 Gesängen mit verbindender Dichtung. Für Männergesang componirt von Wilh. Tschirch. 12., bericht. Aufl. Textbuch. 8. (15 S.) Bunzlau 881. A. Appun. n. — 20

Sachße, R., e. Sängerfahrt ins Riesengebirge. Ein Cyklus v. 15 Gesängen m. verbind. Dichtg. Für Männergesang componirt v. Wilh. Tschirch. 14., bericht. Aufl. Textbuch. gr. 8. (15 S.) Bunzlau 887. A. Appun's Buchh. n. — 20

Sachße, Robert

Sachsse, Rob., die Chemie u. Physiologie der Farbstoffe, Kohlehydrate u. Proteïnsubstanzen. Ein Lehrbuch f. Chemiker u. Botaniker. Mit 11 in den Text eingedr. Holzschn. gr. 8. (VIII, 339 S.) Leipzig 877. Voss. n. 7. 20

Sachße, R., Lehrbuch der Agriculturchemie. gr. 8. (VI, 628 S.) Leipzig 888. Haessel. n. 12. —

Sachsse (R.). Phytochemische Untersuchungen. I. Leipzig, 1880. 8°.

Sachsse (R.). Ueber chemische Vorgaenge bei den Keimung von Pisum sativum. Leipzig, 1872. 8°.

Sachße, Rudolf

Sachße, Rud., kurzer Abriß der anorganischen Chemie in leichtfaßlicher Darstellung. (Neue Aufl.) (VII, 118 S. m. Abbildgn.) gr. 8. Bautzen 904. E. Hübner. n. 2. 40; geb. in Leinw. n. 2. 80

Sachsse, Rudolph [aus Kötzschenbroda i. S.]: **Beiträge zur chemischen Kenntnis der Mineralien, Gesteine und Gewässer Palästinas** ... (Aus: Zeitschr. d. Deutsch. Palästina-Ver., Bd XX.) *Leipzig, Druck v. Breitkopf & Härtel, 1896*; 2 Bl., 35 S. 8.
Erlangen, Phil. Fak., Inaug.-Diss. v. [22. Juli] 1896

Sachsse, R.
Chemie für Landwirthe. Ein Compendium in Fragen und Antworten. Bautzen, 1901. 8vo.

Sachße, Rud., Chemie f. Landwirte. Ein Kompendium in Fragen u. Antworten. gr. 8. (III, 130 S.) Bautzen 902. E. Hübner. Geb. in Leinw. n. 2. —

— **Chemie f. Landwirte.** Ein Kompendium in Fragen u. Antworten. 2. unveränd. [Titel-]Aufl. (V, 130 S. m. 81 Fig.) 8. Ebd. [902] 907. Geb. in Leinw. n. 1. 20

Einführung in die chemische Technik. Kurzgefaßtes Lehrbuch d. chem. Technologie mit Berücks. d. Grundlehren d. Chemie f. Handels- ... u. Gewerbeschulen v. Oberl. Dr. Rudolf **Sachsze**, Dresden. Mit 1 Titelbild u. 92 Fig. Leipzig & Berlin: B. G. Teubner 1907. (162 S.) 8°

— **Einführung in die Warenkunde.** 1. Tl. Rohstoffe u. Erzeugnisse aus dem Pflanzenreiche. Ein Leitfaden für Fachschulen u. e. kurzes Nachschlagebuch f. Kaufleute u. Gewerbetreibende. (VIII, 225 S. m. Abbildgn.) gr. 8. Ebd. 904. n. 2. 80; geb. n. 3. 20

— Einführung in die Warenkunde. Ein Buch f. Schule u. Geschäft. (VIII, 296 S. m. 137 Abb.) gr. 8. Bautzen 907. E. Hübner. Geh. od. kart. 3. 60; geb. in Leinw. 4. —

— dasselbe. Kurzgefasstes Lehrbuch der allgemeinen Warenkunde m. Berücksicht. d. mechan. Technologie f. Handels-, Gewerbe- u. kaufmänn. Fortbildungschulen. Kleine Ausg. (X, 250 S.) gr. 8. Ebd. 908. 2.25; geb. in Leinw. 2. 7

— **Grundriß** der landwirtschaftl. Pflanzenkunde f. den Unterricht an landwirtschaftl. Schulen. Neue deutsche Rechtschreibg. nach den Beschlüssen der „Orthograph. Konferenz" zu Berlin vom Juni 1901. gr. 8. (VI, 209 S. m. Abbildgn.) Ebd. 903. Geb. in Leinw. n. 2. 50

— **Grundzüge der Botanik** f. den Unterricht an landwirtschaftl. Schulen. 2. unveränd. [Titel-]Aufl. des „Grundriß der landwirtsch. Pflanzenkunde". (VIII, 209 S. m. 164 Abbildg.) 8. Ebd. [903] 907. Geb. in Leinw. n. 1. 20

— **Lehrbuch der Chemie.** s.: **John**, Geo.

— **Leitfaden** der landwirtschaftl. Chemie f. den Unterricht an landwirtschaftl. Schulen und zum Selbstunterricht. gr. 8. (VIII, 168 S. m. Abbildgn.) Ebd. 900. Geb. in Leinw. n. 2. 50

— **Leitfaden der landwirtschaftl. Chemie f. den Unterricht an landwirtsch. Schulen u. z. Selbstunterricht. 2. verb. Aufl. (VI, 164 S. m. Abbildgn.) gr. 8. Bautzen 903. E. Hübner. n. 2. —; geb. in Leinw. n. 2. 50**

Sachsse, Rud., u. Paul **Habernoll**, kurzgefasster Leitfaden d. landwirtschaftlichen Chemie. (V, 172 S. m. Abb.) 8. Bautzen (909). E. Hübner. In Leinw. kart. 2.—

Sachssendahl, J., s.: Brieflade, est- u. livländische.

Sachssendahl, Johs., über gelöstes Haemoglobin im circulirenden Blute. Inaugural-Dissertation. gr. 8. (66 S.) Dorpat 880. (Karow.) n. 1. —

Sachtleben, der verlorene Sohn, s.: **Ungelenk's** Vereinsbühne.

Sachtleben, (Prediger,) Vorschläge, die beabsichtigte Pensions-Anstalt für emeritirte Prediger u. eine Lebensversicherung unter Predigern betreffend. Allen evangel. Predigern, besonders denen in der Provinz Sachsen gewidmet. 8. Quedlinburg 845, Basse. 1/8 ₰

Sachtleben, Adolf, approb. Arzt aus Nordhausen: **Die Gastroenterostomie und deren Anwendung an der Königl. chirurgischen (v. Bramannschen) Klinik zu Halle a. S.** (1892—1900.) *Halle a. S. 1901: Kreibohm & Heilig.* (48 S.) 8°
Halle, Med. Diss. v. 3. Aug. 1901

Sachtleben, Dietrich Wilhelm

— **Diss. inaug. animadversiones nonnullae circa usum forcipis Levretianae in partu difficili.** 4. Traj. ad Viadr. 785.

— **Bemerkk. über d. Natur u. Heilung der Brustentzündungen, für angeh. Aerzte.** 8. Götting. 790. Dieterich. 16 gr

— Klinik d. **Wassersucht in ihrer ganzen Sippschaft; e. Versuch für angeh. Praktiker geschrieben.** gr. 8. Danzig 795. (Kummer in Leipz.) 2 ₰

Sachtleben, Dietrich Wilhelm: Kritik der vorzüglichsten Hypothesen, die Natur, Ursach und Heilung des Kindbettfiebers betreffend. Nebst einem praktischen Systeme der verschiednen Arten desselben. Zur Beruhigung angehender Praktiker. 328 S., gbd.

Leipzig: Heinsius 1793

JB 6.638

Sachtleben, Dietrich Wilhelm: Versuch einer Medicina Clinica oder praktischen Pathologie und Therapie der Auszehrenden Krankheiten für angehende Aerzte. Th.1 - 2, gbd.

Danzig: Troschel 1792

Sachtleben, Dietr. Wlh., († d. 19. Oct. 1795.) Versuch einer medicina clinica, od. prakt. Pathologie u. Therapie d. auszehrenden Krankheiten. 2 Thle. Mit 4 Kpft. gr. 8. Danzig 792. (Kummer in Leipz.) 2 ₰ 12 gl

Sachtleben, H., Predigt am Jubelfeste des 1000jährigen Bestehens der Stadt Braunschweig den 20. August 1861 in der St. Catharinen-Kirche zu Braunschweig gehalten. Braunschweig 861. J. H. Meyer. gr. 8. (16 S.) n. 2¼ ngr.

SACHTLEBEN, Johann Heinrich: Die Holzsparkunst bey zehn verschiedenen Feuerarten, nach eigenen Erfahrungen und Bauvorrichtungen vorgetragen. 2 Tl. - Quedlinburg 1790. 132 S., 14 Taf. -

Sachtleben J. H.: Die Holzersparungskunst bey zehn verschiedenen Feuerarten ... Quedlinb. 1790. (14) 132 S. 14 Tvl.
--- Nachtrag. (Sst. 1792.). 15 S.

Sachtleben, Jh. Hnr., Holzersparkunst bei 10 verschied. Feuerarten rc. Mit 14 Kpft. 8. Quedlinb. 791. N. A. 808. Basse. 2 ₰ 12 gl

Sachtleben, Jh. Karl, sechs Predigten. gr. 8. Quedlinb. 822. Basse. 8 gl

Sachtleben, (Joh. Carl,) sechs Predigten. gr. 8. Quedlinb. 823, Basse.

Sachtleben, Carol(us) Henr(icus) Ioann(es): De spina bifida. Halis (1833): Hendel. 20 S. 8°
Halle-Wittenberg, Med. Diss. v. 24. Aug. 1833
Geb. Beensdorf bei Magdeburg [13. 9.] 1828. V.

Sachtleben, Richard, Assistenzarzt am Knappschafts-Lazarett in Zabrze O.S.: Die in der chirurgischen Klinik zu Breslau beobachteten Fälle von Spina bifida aus den Jahren 1891—1903. *Breslau 1903: Bresl. Genoss.-Buchdr.* (45 S.) 8°
Breslau, Med. Diss. v. 22. Mai 1903

Sachtler, Fritz, Beitrag zu einer tektonischen Lösung des Conflicts zwischen Stütze u. Bogen. Mit 15 (eingedr.) Holzschn. gr. 8. (24 S.) Leipzig 877. Grieben. n. 1. 20

Sachtler, H., die Prinzipien einer gesellschaftlichen Reorganisation, religiös u. philosophisch begründet, s.: Zeit- u. Streitfragen, brennende.

Sachtschal, Bruno, Posnaniensis: De comicorum Graecorum sermone metro accommodato. Trebnitz 1908: Maretzke & Märtin. (48 S.) 8°
Breslau, Phil. Fak., Ref. Skutsch, Diss. v. 21. März 1908
[Geb. 16. Febr. 84 Rawitsch (Posen); Wohnort: Rawitsch; Staatsangeh.: Preußen; Vorbildung: Gymn. Rawitsch Reife O. 03; Studium: Breslau 8 S.; Rig. 15. Jan. 08.]

Sach- u. Rechtsverhältniß in der dem Königl. Geh. Ober-Tribunal zur Entscheidung vorligenden Prozeßsache der Stadt-Direktor Hübnerschen Erben, Kläger, wider die Erben des Ritterguts-Besitzers Friedr. Wilh. v. Koschembahr, Verklagte, I. A. der klagenden Erben aktenmäßig dargestellt. Berlin 1847.

Die ärztliche Sachverständigen-Thätigkeit auf dem Gebiete der gerichtlichen Medizin und Psychiatrie, der Unfall-, Invaliditäts- und Lebensversicherung. Bearb. von ... (Hrsg. von Dr. O[tto] Rapmund.) Mit 1 farb. Taf. *Berlin: Fischer 19(04-)04.* (XV, 516 S.) 8°
= Arzt, Der beamtete, u. ärztl. Sachverständige. Bd 1. [04. 1-43]

Sachverständigen-Vernehmung seitens der Eisen-Enquête-Kommission. 1.-46. Vernehmung November 1878. In 2 Bdn 4° Berlin 1878

Sachverständigen-Zeitung, ärztliche. Organ f. die gesammte Sachverständigenthätigkeit des prakt. Arztes. Hrsg. v. L. Becker u. A. Leppmann. 1. Jahrg. 1895. 24 Nrn. (à ca. 1½ Bog.) gr. 4. Berlin, R. Schoetz. n. 12. —

Sachverständigen-Zeitung, ärztliche. Organ für d. ges. Sachverständigenthätigkeit des prakt. Arztes, sow. f. prakt. Hygiene u. Unfall-Heilkunde. Hrsg. v. L. Becker u. A. Leppmann. 2.—4. Jahrg. 1896—1898. à 24 Nrn. (à ca. 24 S. m. Abb.) gr. 4. Berlin, R. Schoetz. à Jahrg. n. 20. —
Kann auch vierteljährlich bezogen werden.

Sachverständigen-Zeitung, ärztliche. Organ f. die gesammte Sachverständigenthätigkeit des prakt. Arztes, sowie f. prakt. Hygiene u. Unfall-Heilkunde. Red.: L. Becker, Braehmer, Florschütz u. a. Verantwortlich F. Leppmann. 5.—8. Jahrg. 1899—1902. à 24 Nrn. gr. 4. (VIII, 524; X, 512; XII, 516 u. XII, 516 S.) Berlin, R. Schoetz. à Jahrg. n. 20. —; geb. n. 22. 50

Sachverständigen-Zeitung, ärztliche. Organ f. die gesamte Sachverständigentätigkeit des prakt. Arztes sowie f. prakt. Hygiene u. Unfall-Heilkunde. Red.: L. Becker, Florschütz, Fürbringer u. a. Verantwortlicher Red.: F. Leppmann. 9.—12. Jhrg. 1903—1906. à 24 Nrn. (XII, 516; XII, 512; XII, 508 u. XII, 512 S. m. Abbildgn.) gr. 4. Berlin, R. Schoetz. à Jhrg. n. 20. —

Sachverständigen-Zeitung, ärztliche. Organ für die gesamte Sachverständigentätigkeit des prakt. Arztes sowie f. prakt. Hygiene u. Unfall-Heilkunde. Red.: L. Becker, Florschütz, Fürbringer u. a. Verantwortl. Red.: F. Leppmann. 13.—16. Jahrg. 1907—1910. à 24 Nrn. (XII, 520; XII, 524; X, 512 u. XII, 512 S. m. Abb.) 32,5×25 cm. Berlin, R. Schoetz. à Jahrg. 20.—; geb. 22. 50

Sachverzeichnis, alphabetisches, üb. sämtliche bis 31. XII. 1906 in das Patentregister des k. k. Patentamtes eingetragenen Patente. (S. 183—283.) Lex. 8. Wien (907). Lehmann & Wentzel. 2. 70
Sonderabdr. aus: „Jahres-Katalog d. k. k. Patentamtes f. d. J. 1906".

Sachverzeichnis, alphabetisches, üb. sämtliche bis 31. XII. 1907 in das Patentregister eingetragenen Patente. 2. Tl. des Jahreskataloges des k. k. Patentamtes f. d. J. 1907. (114 S.) Lex.-8. Wien, Lehmann & Wetzel. 1908.
Den 1. Tl. s. u. d. T.: Jahres-Katalog des k. k. Patentamtes.

Sachverzeichnis der Bücher- und Schriften-Sammlung des Deutschnationalen Handlungsgehilfen-Verbandes. Bd 1. Hamburg: Selbstverl. 1907. 8° [J.]
[Umschlagt.:] Verzeichnis d. Bücherei d. Deutschnat. Handlungsgehilfen-Verbandes. [07. 14455 10

Neues Sach- und Ortverzeichniss der Königlich Sächsischen Gemälde-Gallerie zu Dresden. Dresden. 1822. 8°

Neues Sach- und Ortsverzeichniss der Königlich Sächsischen Gemälde-Gallerie. Dresden 1833. 8°.

Sachwalter, Amerikanischer, oder Rechtsformenbuch für Deutsche. Mit Rathschlägen u. Warnungen hinsichtlich d. Gebrauchs dieser Rechtsformen im prakt. Leben. In deutscher u. engl. Sprache. Ein unentbehrl. Hand- u. Formularbuch f. Jeden, insbesondere aber f. Auswanderer, Kaufleute, Landwirthe, Handwerker, sowie auch für Juristen rc. Leipzig 853. Schäfer. 8. (XVIII, 430 S.) 1 ₰ 15 ngr.

SACHWALTER, Der, des schönen Geschlechts, oder Beweis dass es dem weiblichen Geschlecht höchst nachtheilig, so lange zu warten bis ein Freyer kömmt, und dass das Frauenzimmer selbst auf's Freyen ausgehen müsse. Mit 1 Kpf. Wien 1752. 8⁰. Rar!

Sach=Wörterbuch, allgem. deutsches; hrsgg. v. J. Frhrr. v. Liechtenstern u. A. Schiffner. 10 Bde. 8. Meiß. 824—30. Goedsche. 13 ℔ 8 gr
— Dass. in Heften. 60 Hfte; hrsgg. v. A. Schiffner. 8. Ebd. 827—30. Ebd. (à 6 gr) 15 ℔

Sach=Wörterbuch, allgem. deutsches, aller menschl. Kenntnisse u. Fertigkeiten, verbund. mit d. Erklärungen der aus and. Sprachen entlehnt. Ausdrücke u. der weniger bekannt. Kunstwörter. Begründ. v. mehr. Gelehrten, fortges. v. Alb. Schiffner. 7—10. Bd. 8. (52, 49½, 50½ u. 38 B.) Meißen 828—31, Goedsche. h
1—6. Bd. Ebendas. 1823—27. à 1 Thlr. 8 Gr.

—— dass. — Supplementbd. A—Z. 8. (49¼ B.) Ebds. 831.

—— (dass. m. d. Zus.:) oder Universal=Lexikon aller Künste u. Fertigkeiten ꝛc. Von J. Frh. v. Liechtenstern u. Alb. Schiffner. 11 Bde. Wohlf. Ausg. 8. Ebds. 834.
Einzelne Bde. nur zu obigen Preisen.

Sach=Wörterbuch, allgem. deutsches, aller menschl. Kenntnisse u. Fertigkeiten, od. Universal=Lexikon aller Künste u. Wissenschaften. Vollständ. geograph.= histor.= philosoph.= mytholog.= chem.= pharmaceut.= technolog.= militär.= ökonom.= physikal.= astronom.= merkantil. Conversations= u. Fremdwörterbuch, begründet v. J. v. Liechtenstern, fortges. u. beendigt unt. Mitwirk. vieler deutschen Gelehrten v. Alb. Schiffner. 11 Bde. Neue wohlf. Ausg. 8. (...B.) Meißen 836, Goedsche. 6⅔ Thlr., Vlnp. *

Sack [Sachliches OW]

Sack, der weiße, enthalt. den Briefwechsel mehrerer Personen aus England, Deutschland, Italien u. andern Ländern ꝛc. Ins Deutsche übers. 8. Gmünd. 820. Ritter. 1 ℔

[The white Bag, deutsch] Der weiße Sack. Oder: Auszug aus verschiedenen Briefen ... welche auf den Karakter, die Sitten und das öffentliche und Privatbetragen der unglücklichen Caroline von Braunschweig, Königin von England, Bezug haben. Bdch. 1.2. — Ellwangen [usw.]: Ritter 1821. 8° 1:Tu 8902. 2. 7. 21. 24. 34. 35. 9.10004

SACK, Ganz neuer, voll Witz, Spass und Ernst, für Leser von Geschmack zur Beförderung der Verdauung und für Hypochondristen .... Hamburg, o. J. (c. 178*). 8⁰.

SACK, Ein, voll Witz, Spass und Ernst, für Leser von Geschmack zur Beförderung der Verdauung und für Hypochondristen bey übler Laune zur Erschütterung ihres Zwerchfells. Mit TVign. Frkft. u. Lpz. (Wien) 1789. 8⁰. (1 fl. 80 xr. Gilhofer & Ranschburg, Wien, c. 1890.)
216 SS. Enth. 248 Nrn., einige derb.

— ein, voll Witz, Spaß u. Ernst. Für Leser von Geschmack. 8. Wien 789. (Bauer u. D.) 14 gr

SACK, Zum zweytenmal ausgeflickter und erweiterter, voll Witz, Spass u. Ernst. Zum Besten schlagbefürchtender Grossvaterstuhldrucker und für Hypochondristen. 2te vermehrte Aufl. Ibid. 1790. 8⁰.
Auch ein Druck von 1812 vorhanden?

Sack, zum zweiten Mal ausgeflickter u. erweiterter, voll Witz, Spaß u. Ernst. 2te Aufl. Wien, Bauer. 812.

— ein ganz neuer, voll Witz, Spaß u. Ernst ꝛc. Mit Kpf. 8. Wien 812. Bauer u. D. 16 ℔

Sack [Verfasser]

Sack, Geschichte und Beschreibung der Länder, Staaten und Reiche der Erde. Nach den neuesten Zuständen gemeinfaßlich dargestellt. 1—14. Liefg. Berlin 864. Kroschel. gr. 8. (1. Bd.: S 1—906.) Jede Liefg. 5 ngr.

Sack, Geschichte u. Beschreibung der Länder, Staaten u. Reiche der Erde. Nach den neuesten Zuständen gemeinfaßlich dargestellt. 15—43. Liefg. Berlin 865—66. Kroschel. gr. 8. (1. Bd. S. 907—1240, 2. Bd. XVI, 628 S. u. 3. Bd. XVI, 839 S.) Jede Liefg. 5 ngr.

von Sack, Albert Baron: Beschreibung einer Reise nach Surinam und des Aufenthaltes daselbst in den Jahren 1805, 1806, 1807, 1810, 1811, 1812, so wie von des Verfassers Rückkehr nach Europa über Nord-Amerika. Abth. 1. 2. Berlin 1821. 1 Bd. XVIII, 240 S., 3 Tf., 1 Krt.; XXIX, 185 S., 1 Tf., 1 Krt. 4⁰ [M 1711

v. Sack, Graf Albert, Beschreib. einer Reise nach Surinam u. des Aufenthalts daselbst in den J. 1805, 6 u. 7, so wie von des Verf. Rückkehr nach Europa über Nordamerika. 1e Abtheil. Mit 11 Kpft. gr. 4. Berl. 821. Haude u. Spener 2e Abtheil. Ebd. 821. ...

Sack, Arnold: Der Kampf gegen die Geschlechtskrankheiten, eine soziale Notwendigkeit. Ein offenes Wort an Alle. — Heidelberg: Petters 1903. 33 S. 8⁰

Sack, Arnold [Dr. phil., pr. Arzt]: Über Neubildungsvorgänge im Hüftgelenke nach geheilter Resection. ... Leipzig, Druck v. J. B. Hirschfeld, 1891; 30 S., 2 Taf. 8⁰
Strassburg, Med. Fak. Inaug.-Diss. v. 1891

Sack, August Friedrich Wilhelm. Conseils à un jeune homme, qui entre dans le monde. Nouv. Ed. S. l. 1764. Ü: *Ring, Friedrich Dominik.* (MGT)

Sack, August Friedrich Wilhelm, Die am Sonntage Oculi wegen des den 15ten Februarii 1763 zwischen des Königs in Preussen Majestät und der Kayserin und Königin von Ungarn wie auch des Königs von Polen, Churfürsten zu Sachsen Majestäten zu Hubertsburg glücklich geschlossenen Friedens, über I Buch der Könige VIII. 56, 57. 58. vor Ihro Majestät der Königin und dem Königlichen Hause, in der Ober-Pfarr- und Dom-Kirche gehaltene Dank-Predigt. 8. 22 S.

Sack, Aug. Friedr. Wilh., Danck-Predigt über Matth. 5. 9. wegen des — — — in Dressden geschlossenen Friedens. Berlin 1746. 8.

Sack, Aug. Friedr. Wilh., Danck-Predigt über 1. B. Mos. 50, 20 wegen des am 6. May 1757 bey Prag von dem Allmächtigen unserm Könige verliehenen herrl. Sieges. Berlin 1757. 8.

— Danck-Predigt über Psalm 89, 22—24. wegen des Sr. Königl. Maj. in Preussen, unserm allergnädigsten Könige und Herrn am 30. Sept. c. bey Sorr in Böhmen über die vereinigte Oesterreichische und Sächsische Armee von Gott verliehenen herrlichen Sieges. Dom. XVII. Trinit. 1745. in Gegenwart beyder Königinnen Majest. Majest. und des sämmtlichen anwesenden Königl. Hauses in der Königl. Ober-Pfarr und Dohm-Gemeine gehalten und auf hohen Befehl dem Druck übergeben von Aug. Fried. Wilh. Sack Königl. Preuss. Hof-Prediger, Consistorialrath- und Kirchenrath in Berlin. Berlin, bey A. Haude und J. C. Spener. 1745.

Danck-Predigt über I Sam. XII, 24 wegen des am 15. December 1745 durch die Königl. Preussl. Trouppen über die feindliche vereinigte Armee nahe bey Dressden erfochtenen Sieges, Am vierten Advent vor beyder Königinnen Maj. Maj. und dem anwesenden Königl Hause in der Königl. Schloss- und Dohm-Kirche gehalten von August Friedrich Wilhelm Sack; und zu einem gesegneten Eintritt in das 1746te Jahr der Dohm-Gemeine gehorsamst überreichet von Johann Heinrich Schmidt, Küster am Dohm. Berlin, gedruckt mit Michaelischen Schriften.

Sack, Aug. Friedr. Wilh., Dank-Predigt . . . wegen des bei Dresden erfochtenen Sieges. Berlin 1745. 8.

Sack, A. F. W., drei Dank-Predigten über die von dem großen Könige Friedrich II. im J. 1757 erfochtenen Siege bei Prag, bei Roßbach und bei Leuthen, in demselben Jahre im Dom zu Berlin gehalten. Zum hundertjährigen Gedächtniß der genannten Schlachten wieder herausg. (von K. H. Sack). Berlin 857. Herz. gr. 8. (39 S.) 6 ngr.

Sack, August Friedrich Wilhelm. Drei Dank-Predigten über die . . . 1757 erfochtenen Siege . . . Berlin 1857. H: *Sack, Carl Hnr.* (Ky)

Sack, Aug. Friedr. Wilh., Denkschrift wegen des S. K. M. in Preussen bei Sorr von Gott verliehenen Sieges. Berlin 1745. 8.

Sack, Aug. Fr. Wlh., († d. 23. April 1786.) Gedächtnißpredigt auf d. verstorb. Prediger Wilmsen. 8. Berl. 768.

— vertheidigter Glaube d. Christen. 16—8s Stck. gr. 8. Berl. 748—51. Verm. Aufl. 773. Haude u. Sp. 1 ℛ 12 𝔤𝔯

Sack, Aug. Friedr. Wilh., Die am 15. Sonntag nach Trinit im Dom wegen des Sieges über das Russ. Kriegesheer gehaltene Predigt. (Berlin 1758.) 8.

— Predigten üb. versch. wicht. Wahrh. z. Gottseligk. 2 Thle. 8. Magdeburg und Berlin, Scheidhauer u. Haude. (v. Schütz.) 769.

— Predigten, wovon die mehresten bei außerordentl. Gelegenheiten sind gehalten worden. 1r—6r Thl. 8. Berl. 764.

Sack, Aug. Friedr. Wilh., Zwei Predigten, die erste am Busstage d. 1. Sept. 1756 über Ps. 50. v. 15., die andere bey Gelegenheit des Danck-Festes wegen der Schlacht bey Lowositz d. 17. p. Trin. über Ps. 34. v. 4. 5. — — — zu Berlin gehalten. 1756. 8.

Sack, Aug. Fr. Wlh., zwo Predigten von d. Unzulänglichkeit d. natürl. Religion zur wahren Beruhigung d. Menschen. 8. Berl. 771.

— der, einem in die Welt tretenden jungen Menschen zu ertheilende Rath. 8. Frankf. 754.

— Rede bei der Einführung seines (noch lebenden) Sohnes J. S. G. Sack. 4. Berl. 777.

— nouveaux Sermons, trad. de l'allem. 8. Bern 779. Typ. Soc. 9 𝔤𝔯

— nouveaux Sermons sur div. textes de l'Ecriture sainte trad. de l'allem. 8. Lausanne 779. Pott. 12 𝔤𝔯

Sack, A. F. W. Six Sermons. Berlin 1777. Ü: *Elisabeth Königin von Preussen.* (ML) (MGT) (Ky)

— 6 Sermons, trad. de l'allem., (p. Elisabeth). gr. 8. Berl. 778. Rottmann. 20 𝔤𝔯

— zwo Vermächtnißpredigten, nebst der Einsegnungsrede. 8. Berl. 767.

— Werthschätzung des Lebens. gr. 8. Berlin, Rottmann. 734.

Sack, Bernh., üb. diffuse fibröse Degeneration der Vorhöfe des Herzens. Diss. gr. 8. (119 S.) Jurjew (Dorpat) 891. (E. J. Karow.) n. 2. 40

Sack, Bernhard: Georg Moller. Sein Leben und Wirken. 1908. 79 S. 8°
München, Dr.-Ing.-Diss. v. 25. 1. 1908

Sack, C. H., s. Sack, Karl Heinrich

Sack, C. W., s. Sack, Karl Wilhelm

Sack, Chr. Cornel., der deutsche Bund nach seinem ganzen Umfange. gr. 8. Züllichau 816. (Henning in Greiz). 1 ℛ

Sack, C. C., der deutsche Bund nach seinem ganzen Umfange. gr. 8. Züllichau, Darnmann. 816.

Sack, Eduard

Sack, Ed., Beiträge zu der Schule im Dienste für die Freiheit. 1. Bd. 8. (243 S.) Braunschweig 878. Bracke jr.? n. 2. 40

Sack, Eduard, Referendar in Königsberg i. Pr.: Das Ehehindernis des Ehebruchs. Borna-Leipzig 1904: R. Noske. (VI, 53 S.) 8°
Leipzig, Jur. Fak., Diss. v. 3. Aug. 1905
[Geb. 10. Juni 77 Königsberg i. Pr.; Wohnort: Königsberg; Staatsangeh.: Preußen; Vorbildung: Kneiphöfisches Gymn. Königsberg Reife O. 90; Studium: Greifswald 3, Berlin 1, Königsberg 2 S.; Rig. 3. Aug. 05.]

Sack, Ed., Je-länger-je-lieber. Ein Liederbuch, in dem nichts unecht u. falsch ist. 16. (IV, 220 S.) Berlin 870. Jansen. — 75

— Gegen die Prügel-Pädagogen. 8°. Braunschweig, Bracke, 1878. (114 S.)

— Schlaglichter zur Volksbildung. In 10 Heften. 8°. Nürnberg, Wörlein u. Co., 1885—1886.

Sack, Ed. Schlaglichter zur Volksbildung. 2.—5. Heft. 8. (S. 81—403.) Nürnb. 887, Wörlein u. Comp. à Heft [— 60] — 30; 1 20
1. Heft. Ebd. 1885. [— 60] — 30.

Sack, Eduard, *unsere Schulen im Dienste gegen die Freiheit.* Braunschweig, W. Bracke jr., 1874. Gr. 8°. Cart.
1 Bl., X—93 S. — Verboten von der herzogl. Braschw.-Lüneb. Pol.-Dir., d. 3. Dezbr. 1878.
— Dasselbe. 2. Aufl. Ibid. 1878. 8°. Cart.
114 S. — Verboten von derselben Behörde, d. 5. Dezbr. 1878.

Sack, Ed., die Schulpflege-Aemter. Ein Weck- u. Mahnruf. [Aus der „Zukunft."] Berlin 868. Kieckebusch. 8. (16 S.) 2½ ngr.

Sack, Eduard, Giambattista u. Domenico Tiepolo, ihr Leben u. ihre Werke. Ein Beitrag zur Kunstgesch. d. 18. Jahrh. 2 Tle. in 1 Bde. Mit 6 Heliotypen, 14 Taf. in Tonätzg. u. 372 Illustr. im Text. (VIII, 356 S.) 38 ×28,5 cm. Hamburg 910. H. v. Clarmann. 75.—; geb. in Leinw. 80.—; in Ldr. 95.—; in echt Weisssaff. 100.—

Sack, Erdm., der Schreibunterricht nach den Forderungen der Gegenwart. Mit vielen Abbildgn. im Text u. 2 Taf. gr. 8. (78 S.) Leipzig 900. Dürr'sche Buchh. n. 2. —

Der Schreibunterricht nach den Forderungen der Gegenwart. Von Erdmann Sack, Lehrer. Mit vielen Abb. u. 2 Taf. 2. umgearb. Aufl. Leipzig: Dürr 1910. 83 S. 8° [10. 6336

Sack, Ernst, Anleitung zur Anbahnung e. einheitlichen natürlichen Zuchtmethode f. alle Haustiere, um dieselben vor Degeneration zu bewahren. 8. (48 S.) Wesel 894. (Fincke & Mallinckrodt.) n. 1. —

Sack, Erw., die Naturwissenschaften u. die Schule. gr. 8. (18 S.) München 873. Beck (?) — 40

Sack, Eustachius, über Phlebosklerose und ihre Beziehungen zur Arteriosklerose. Inaugural-Dissertation. gr. 8. (78 S. mit 55 S. Tab.) Dorpat 887, (Karow.) *

Sack, F., arbeitslos. Großmütterchen. Ein Opfer der Pflicht, s.: Heidelmann's, A., lebende Bilder.

Der neue Autler oder Durchs Automobil zur Frau. Schwank in 1 Akt von F. **Sack**. Bonn: A. Heidelmann [1905]. (11 S.) 8° [F.]
— **Theaterbibliothek**, A. Heidelmann's. H. 161. [06. 2705

— Der verhängnisvolle Automat, s.: Heidelmann's, A., Pantomimen.

— Der Doktor, s.: Heidelmann's, A., Theaterbibliothek.

— Ehre sei Gott in der Höhe, s.: Heidelmann's, A., Theaterbibliothek.

Erlitten und erstritten. Volksstück in 2 Akten von F. **Sack**. Bonn: A. Heidelmann [1905]. (15 S.) 8° [F.]
— **Theaterbibliothek**, A. Heidelmann's. H. 167. [06. 2710

Amors Fehlschuß. Lustspiel in 1 Akt von F. **Sack**. Bonn: A. Heidelmann [1905]. (14 S.) 8° [F.]
— **Theaterbibliothek**, A. Heidelmann's. H. 159. [06. 2703

Sack, F., s.: Heidelmann's, A., lebende Bilder.

— s.: Heidelmann's, A., Pantomimen.

— s.: Heidelmann's, A., Theaterbibliothek.

Der Kamerad. Posse in 1 Akt von F. **Sack**. Bonn: A. Heidelmann [1905]. (9 S.) 8° [F.]
— **Theaterbibliothek**, A. Heidelmann's. H. 157. [06. 2701

— Der Lotse. Der Geächtete, s.: Heidelmann's, A., lebende Bilder.

Die Mondbewohner. Im Wartesaal 4. Klasse. Komische Pantomimen von F. **Sack**. Bonn: A. Heidelmann [1905]. (7 S.) 8° [F.]
— **Pantomimen**, A. Heidelmann's. H. 1. [06. 2674

— Der Termin, s.: Heidelmann's, A., Theaterbibliothek.

— Ultimo od. Die Reise nach Berlin, s.: Heidelmann's, A., Theaterbibliothek.

Die gestörte Vesper. Die jüngsten Zöglinge. Knalleffekt, oder Ein moderner Zahnkünstler. Komische Pantomimen von F. **Sack**. Bonn: A. Heidelmann [1905]. (8 S.) 8° [F.]
— **Pantomimen**, A. Heidelmann's. H. 2. [06. 2675

— Weiberlist, s.: Heidelmann's, A., Theaterbibliothek.

Die erste Zigarre. Die Rache. Heimkehr vom Sommerfest. Komische Pantomimen von F. **Sack**. Bonn: A. Heidelmann [1905]. (8 S.) 8°
— **Pantomimen**, A. Heidelmann's. H. 3. [06. 2676

Sack, F., vergleichende Zusammenstellung der verschiedenen rechtsrheinischen Gewerkschafts-Verfassungen auf Grund des Berggesetzes für die preußischen Staaten vom 24. Juni 1865. Iserlohn 865. Baedeker. gr. 8. (48 S.) n. 15 ngr.

Sack, F., Vergleichende Zusammenstellung der verschiedenen rechtsrheinischen Gewerkschaftsverfassungen auf Grund des Berggesetzes für die Preußischen Staaten vom 24. Juni 1865. Iserlohn, 1866. 48 S. [Kh 141

Sack, F., vergleichende Zusammenstellung der verschiedenen rechtsrheinischen Gewerkschafts-Verfassungen auf Grund des Berggesetzes für die preuß. Staaten vom 24. Juni 1865. gr. 8. (48 S.) Iserlohn 867, Baedeker. *

Sack, Ferdinand [aus Beelitz in Pomm.]: **Die feineren anatomischen Vorgänge bei der Einheilung temporär dislocierter Knochenstücke flacher Knochen** ... Leipzig, Buchdr. v. M. Hoffmann, 1892; 22 S., 1 Bl. 8.
Würzburg, Med. Fak., Inaug.-Diss. v. 1892

Sack, Friedrich Ferdinand Adolf

— Feier d. Confirmation S. K. H. des Prinzen Heinr. Wilh. Adalbert v. Preußen, nebst der bei d. ersten Abendmahlsfeier d. Prinzen gehalt. Predigt. gr. 8. Berl. 829. Dümmler. 6 gr.

— neue Gedichte in Bezug auf die großen Ereignisse. gr. 8. Berl. 814.

Sack, Friedr. Ferd. Ad., u. Karl Heinr. Sack, Predigten. gr. 8. Bonn 835. Weber. 1⅓ rf

— Rede bei d. Confirmation der Prinzessin Auguste zu Solms-Braunfels. gr. 8. Berl. 824. Dümmler. 2 gr.

Sack, Fr. Fd. Ad., Rede u. Predigt bei d. Confirmation u. ersten Abendmahlsfeier d. Prinzessin Louise v. Preußen. gr. 8. Berl. 824. Dümmler. 6 gr.

— 4 Reden u. 2 Predigten, bei Confirmationen in fürstl. Häusern u. der ersten Abendmahlsfeier der jungen Christen. gr. 8. Berl. 820. Dümmler. 8 gr.

Sack, Friedrich Samuel Gottfried

Sack, Fr. Sam. Gf., († d. 2. Oct. 1817.) Amtsreden bei verschied. wicht. Veranlassungen. gr. 8. Berl. 804. Reimer. 2 rf

— über die Auferstehung; zwei Predigten. 8. Leipz. 778.

— Aufruf zu einer würdigen Feier d. 25. Dec. im J. 1809. gr. 8. Berl., Mittler. 4 gr.

Sack, Friedrich Samuel Gottfried, s. Blair, H.: Predigten.

— s. Briefe über d. Krieg.

— s. Cicero: Cato.

— Erweckungen zur Besonnenheit bei dem Denken an die Vergangenheit, an die Gegenwart u. an die Zukunft. 8. Berl. 809. (Mittler). 6 gr.

— s. Festpredigten, Neue.

— Gebete und Ueberlegungen. 8. Berlin, Unger. 792.

— Gebete u. Ueberlegungen. 8. Berl. 793. Unger. 8 gr.

— Gedächtnißpredigt auf die Prinzessin Amalia. gr. 8. Berl. 780. Rottmann. 6 gr.

— Gedächtnißpredigt auf d. Prinzen Friedrich Ludwig Karl d. 15. Jan. 1797. gr. 8. Berl. 797.

Sack, Friedrich Samuel Gottfried, Gedächtnisspredigt auf den allerdurchlauchtigsten, grossmächtigsten König und Herrn, Herrn Friedrich den Zweiten, König von Preussen etc. etc. In Gegenwart Sr. Majestät des Königs und des Königl. Hauses den 10. September 1786 gehalten in der Oberpfarr- und Domkirche. Berlin 1786. 8.
— Dasselbe, Auflage 2. ib. eod.

— Gedächtnißpredigt auf König Friedrich Wilhelm II. gr. 8. Berl. 797.

— Gedächtnißpredigt auf den sel. Hofprediger Peltre. gr. 8. Berl. 786. Rottmann. 2 gl

— Glaubensbekenntniß der Prinzessin Friederike Charlotte Ulr. v. Preußen. gr. 8. Berl. 784. Rottmann. 8 gl

— Glaubensbekenntniß Friedrich Wilhelms, Kronprinzen. gr. 8. Berl. 788. Rottmann. 12 gl

— Glaubensbekenntniß des Kronprinzen Friedrich Wilhelm vor Preußen. gr. 8. Berl. 813. Reimer. 8 gl

— Homilie über das Evangelium am 14n Sonnt. nach Trinitatis. 8. Berl. 787.

— Huldigungspredigt, zu Berlin am 6. Juli 1798 in d. Domkirche gehalten. 8. Berl. 798.

— Huldigungspredigt vor dem König Friedrich Wilhelm II. 8. Berl. 786.

Sack (Hrsg.), s. K ü s t e r, Karl Daniel: Bruckstücke aus dem Campagne-Leben ... (Vgl. B r u c h s t ü c k ...)

— Lebensbeschreib. A. F. W. Sacks; nebst einigen seiner hinterlass. Briefe u. Schriften. 2 Bde. gr. 8. Berl. 789. Voß. 1 rt 16 gl Schrbp. 2 rt

— s. L u t h e r, Martin: Auslegung d. Vater-Unsers.

— Predigt am Friedens-, Krönungs- u. Ordensfeste, am 18 Jan. 1816 in d. Hof- u. Domkirche gehalten, nebst der bei d. Confirmation Ihro Kön. Hoheit der Prinzessin Friderike, am 29. Dec. 1815 gesproch. Rede. gr. 8. Berl., Mittler. 4 gl

— Predigten. gr. 8. Berl. 781. 2e A. 788. Voß. 22 gl

— Predigten. gr. 8. Berl. Voß. 789.

— drei Predigten bei Gelegenheit des Kriegs wider Frankreich gr. 8. Berl. 793. Rottmann. 9 gl

— Predigten bei d. ersten Communion d. Prinzessin Friederike Charl. Ulrike. gr. 8. Berl. 785.

— 2 Predigten bei Anwesenheit der Prinzessin v. Oranien. gr. 8 Berl. 789. (Reimer). 6 gl

Sack, Fr. Sam. Gf., Rath u. Trost d. Religion bei d. Tode unserer verewigten Königin. 8. Berl. 810. Haude u. Sp. 4 gl

— Reden bei u. nach d. Confirmation des Prinzen Ludwig u. d. Prinzessin Wilhelmine. gr. 8. Berl. 791. Rottmann. 10 gl

— Reden bei der zwiefachen Vermählung im Königl. Hause. gr. 8. Berl. 791. Rottmann. 8 gl

— Sendschreiben an die Geistlichkeit d. protestant. Kirche in d. Preuß. Monarchie. gr. 8. Berl. 814. (Mittler). 6 gl

— Trauungsreden bei den hohen Vermählungen in d. Königl. Hause. 8. Berl. 793.

— ub. d. Verbess. des Landschulwes. in Brandenburg. 8. Berl. Unger. 799.

— über die Verbesserung des Landschulwesens in Brandenburg. 8. Berl. 799. (Reimer). 8 gl

— über Vereinigung d. beiden protestant. Kirchenpartheien in d. Preuß. Monarchie. 8. Berl. 812. 2e Aufl. 818. Maurers B. 16 gl

— Warnung vor dem Aergerniß, eine Predigt. 8. Berl. 799. Mylius. 2 gl

— gottgefällige Wohlthätigkeiten. gr. 8. Berl. 783. Rottmann. 4 gl

— ein Wort der Ermunterung an meine Mitbürger. 8. Berl. 807. Mittler. 3 gl

— Zuruf an die ausziehenden Preuß. Krieger d. 28. März 1813. gr. 8. Berl., Mittler. 4 gl

Sack, Friedrich Wilhelm

— kosmolog. Betrachtt. über den neuen Planeten. Mit Kpf. 8. Berl. 785. Rottmann. 12 gl

— Betrachtt. der Sonnenwelt. 8. Bresl. 782. W. G. Korn. 6 gl

Sack, Fr. Wlh., Geologie, od. Betrachtung der Erde; nebst Suppl. mit Kpf. 8. Bresl. 785. W. G. Korn. 4 rt

— die Sündfluth betrachtet zur Aufklärung d. Naturgeschichte. 8. Bresl. 782. W. G. Korn. 6 gl

Sack, G[ustav], Dr.: Ein **Beitrag zur Untersuchung der täglichen Variationen der erdmagnetischen Inklination und Total-Intensität.** *Lübeck 1901: Gebr. Borchers.* (S. 1—41.) 4°
Lübeck, Katharineum, OP 1901 (788)

Sack, Gustav [aus Lübeck]: Ueber die tägliche, jährliche und elfjährige Periode der Variationen der erdmagnetischen Kraft zu Greenwich ... Altona, Buchdr. v. Hammerich & Lesser, 1893; 1 Bl., 52 S., 1 Bl., 3 Taf. 4.
Göttingen, Phil. Fak., Inaug.-Diss. v. [12. Okt.] 1893

Sack, Gust., üb. die tägliche, jährliche u. elfjährige Periode der Variationen der erdmagnetischen Kraft zu Greenwich. Diss. gr. 4. (53 S. m. 3 Taf.) Altona 893. (Göttingen, Vandenhoeck & Ruprecht.) n. 3. 60

Sack, Gustav, Ueber die tägliche, jährliche und elfjährige Periode der Variationen der erdmagnetischen Kraft zu Greenwich. (Aus dem Archiv der Deutschen Seewarte 1893, No. 4.) Hamburg 1893. (16259)

Sack, H., russisch-deutsches Spezialwörterbuch, s.: M o r a w s k y, S., Echo der russ. Umgangssprache.

Sack, H., Wörterbuch, s.: Echo der russischen Umgangssprache.

Sack, Hilmar [aus Königsberg i. Pr.]: **Ueber die specifischen Inductionsconstanten harter, stark magnetisierter und lange gekochter Stahlstäbe** .... Frankfurt a. M., Druck v. Mahlau & Waldschmidt, 1886; 33 S. 8°.
Würzburg, Phil. Fak., Inaug.-Diss. v. 1886.

S a c k, H i l m a r, über die specifischen Inductionsconstanten harter, stark magnetisierten und lange gekochter Stahlstäbe. Diss. Würzburg 1886, Stahelsche Univ.-Buchh. 8°, 33 S.

Sack, J., monistische Gottes- u. Weltanschauung. Versuch e. idealist. Begründg. des Monismus auf dem Boden der Wirklichkeit. gr. 8. (VIII, 278 S.) Leipzig 899. W. Engelmann. n. 5. —

Sack, J.: I n d e x phytochemicas, s. R i t s e m a, J. C.

Sack, J., Tabelle der deutschen Münzen, Masse u. Gewichte, s.: O t t o, H. C.

Sack, J. (II.), Wandtabelle der deutschen Münzen, s. Otto, H. C.

Sack, J. J., der hohe sittl. Werth des Glaubens an Jesum, nach d. Sinne der heil. Schrift. Eine Predigt. gr. 8. Hannov. 807. Helwing. 4 gr

Sack, J. K. A. E., Die ewige Basis der Politik. Magdeburg, E. Baensch, 1848. 32 S. 8º.

Sack, Jakob Samuel (Erfurt) A. S. 1337/35

Dissertatio de vestitu coloratu in luctu regio.
Präs. Andreas Julius Dornmeier.
Halle (Zeitler) IX. 1704. 16 S. 29628

Sack, J(ohannes), aus 's Gravenhage: **Untersuchungen einiger Pflanzenstoffe (Bresk, Roucheria-Rinde und Fliederbeeren) auf darin enthaltene Bestandtheile.** *Göttingen 1901: Dieterich.* (46 S.) 8°
Göttingen, Phil. Diss. v. [15. Jan.] 1902

Sack, J., Untersuchungen einiger Pflanzenstoffe (Bresk, Roucheria-Rinde u. Fliederbeeren) auf darin enthaltene Bestandtheile. Diss. gr. 8. (46 S.) Göttingen 901. (Vandenhoeck & Ruprecht.) n. 1. —

Sack, Johann Bartholomäus (Sachsenhausen) A. S. 121/4

Disputatio inauguralis ad legem III. cod. de his qui sibi adscrib. in testam. de lege Cornelia testamentaria et SC. Liboniano. Präs. Kaspar Achaz Beck.
Jena (Fickelscherr) X. 1727. 39 S. 29629

Sack, Josef

Sack, J., Die elektrischen Accumulatoren und ihre Verwendung in der Praxis. Mit 95 Abbildungen. 8. (XVI, 256 S.) (Elektro-technische Bibliothek. Bd. 45) 1.65
Dasselbe. Geb. (nur fest) 2.50
Wien: Hartleben 1892.

Sack, J., die elektrischen Akkumulatoren u. ihre Verwendung in der Praxis, s. a. Bibliothek, elektrotechnische.

Sack, Stearn's Duplex-Telegraph u. das telegraphische Gegensprechen vermittelst d. Morse. Mit e. (lith.) Taf. (in qu. 4.) gr. 8. (27 S.) Berlin 874. Springer's Verl. n. — 60

Sack, Jos., Frankfurt a/M.—Bebra—Halle—Berlin. Frankfurt a/M.—Leipzig üb. Eisenach od. Nordhausen, s.: Hendschel's Luginsland.

Sack, J., die Haustelegraphie u. Haustelephonie. Eine kurzgefasste prakt. Anleitg. zur Herstellg. v. Haustelegraphen- u. Haustelephon-Anlagen. 2. erheblich erweit. u. vollst. umgearb. Aufl. gr. 8. (VIII, 126 S. m. 95 Abbildgn.) Berlin 893. F. A. Günther & Sohn. Geb. in Leinw. n. 2. —

Sack, Jos., der Druck-Telegraph Hughes in seiner jetzigen Gestalt. Speciell f. Telegraphen-Beamte. gr. 8. (82 S. m. 1 Holzschntaf.) Berlin 873. Koenig. n. 2. —

Sack, J., der Druck-Telegraph Hughes. Seine Behandlg. u. Bedieng. Speciell f. Telegraphen-Beamte. Mit 48 Abbildgn. 2. Aufl. gr. 8. (VIII, 144 S.) Wien 884. Hartleben. n. 2. 25

— der Telephonbetrieb m. Klappenschränken m. Vielfach-Umschalter. gr. 8. (VI, 58 S. m. Titelbild u. 19 Abbildgn.) Berlin 893. (Polytechn. Buchh.) n. 1. —

Sack, J., die Telephonie, ihre Entstehung, Entwickelung u. Verwerthung als Verkehrsmittel. Mit 12 in den Text gedr. Holzschn. gr. 8. (46 S.) Berlin 878. Burmester & Stempell. n. 1. 50

— die Uebertragungs-Vorrichtungen für den Typendruck-Telegraphen-Apparat-Hughes. Lex.-8. (37 S. mit 15 eingedr. Abbild.) Berlin 880, Burmester und Stempell. *

— die Uebertragungs-Vorrichtungen für den Typendruck-Telegraphen-Apparat-Hughes. Mit 15 (eingedr.) Abbildgn. Lex.-8. (37 S.) Ebend. 881. n. 1. 20

Sack, J, Die Verkehrs-Telegraphie d. Gegenwart mit besond Berücksichtigung d Praxis. (Elekt.-technische Bibliothek Bd. V.) 8. (XV u. 302 S. mit 101 Abbild.) Wien, A Hartleben 1 fl. 65 kr 1883

— die Verkehrs-Telegraphie der Gegenwart, s. a. Bibliothek, elektro-technische.

Sack, J: Der Vielfach- oder Multiplex-Apparat von B. Meyer. 2 Aufl Berlin 1877

Sack, J., elektrotechnisches Wörterbuch. Englisch-Französisch-Deutsch. Mit Zusätzen verseh. von Arth. Wilke. gr. 8. (IV, 123 S.) Leipzig 895. O. Leiner. n. 4. 50; geb. in Leinw. n. 5. —

Sack, Jos. Wencesl. Patriotische Gedanken über die neuen Grund- und Urbarialsteuern. 8º. Wien 1790.

Sack, Israel, die Religion Altisraels, nach den in der Bibel enthaltenen Grundzügen dargestellt. 8. (VII, 178 S.) Leipzig 885. Friedrich. n. 3. —

Sack, J., die Religion Altisraels, nach den in der Bibel enthaltenen Grundzügen dargestellt. 2., unveränd. (Titel-) Aufl. 8. (VII, 178 S.) Berlin 889. Dümmler's Verl. n. 2. 40

— die altjüdische Religion im Uebergange vom Bibelthume zum Talmudismus. 8. (XVI, 612 S.) Ebd. 889. n. 7. —

Sack, K., die deutsche Kurzschrift. (2. Aufl.) gr. 8. (4 S.) Berlin 895. (Leipzig, J. H. Robolsky.) n. — 10

Sack, Karl Heinrich (Mitarb.), s. a. Abschiedspredigten.

— u. Carl Imman. **Nitzsch**, Abschiedspredigten gehalten am 5. u. 11. April 1847 vor der evang. Gemeinde in Bonn, nebst den Gebeten d. Pfrs. Joh. Wichelhaus. gr. 8. (28 S.) Bonn 847, Marcus. n. 1/6 ß

Sack, Karl Heinr., letzte Amtspredigt, gehalt. am 30. Nov. 1834. gr. 8. (1 B.) Bonn, Marcus.

— C. J. Nitzsch u. Fr. Lücke, üb. das Ansehen d. heil. Schrift u. ihr Verhältniß z. Glaubensregel in der protestant. u. in d. alten Kirche. 3 Sendschreiben. gr. 8. Bonn 827. Weber.

— dass., s. auch einzeln unter Lücke u. Nitzsch.

— Ansichten u. Beobachtt. über Religion u. Kirche in England. gr. 8. Berl. 820. Reimer. 20 gr

Sack, Karl Hnr., Antrittspredigt, gehalten in d. evangel. Kirche zu Bonn, am 14. Febr. 1819. Bonn 819. Marcus. 4 gr

— christl. Apologetik. Versuch eines Handbuches. gr. 8. Hamb. 829. Fr. Perthes. 2 ß

Sack, Karl Hnr., christliche Apologetik. 2., sehr umgearb. Ausg. gr. 8. Hamburg 841, Fr. Perthes. n. 2 ß

Sack, Karl Heinr., theologische Aufsätze. gr. 8. (XI, 147 S.) Gotha 871. F. A. Perthes. n. 2. 40

— über den Begriff der Inspiration. Mit Bezug auf die Abhandlg. d. Herrn Pfr. Link: „Die kirchl. Lehre v. der Inspiration der heil. Schrift u. ihre Berechtigg." 8. (19 S.) Ebend. 874. n. — 40

Sack, Karl Heinr., über die katechetische u. homiletische Behandlung der Lehre von der göttlichen Dreieinigkeit. Zwei Abhandlungen. Gotha 853. F. A. Perthes. 8. (77 S.) n. 10 ngr

—— Bemerkungen üb. d. Standpunkt d. Schrift: Das Leben Jesu, krit. bearb. v. D. F. Strauß. gr. 8. (3¼ B.) Bonn 836, Weber.

— einige Bemerkk. über Synodalverfassung mit Bezug auf die Aeußerungen der evangel. Kirchenzeitung über diesen Gegenstand. gr. 8. Bonn 832. Weber. 4 gGr

— christliche Betrachtung über die Häufigkeit des Selbstmordes in unseren Tagen. Predigt gehalten am 15. S. n. Tr. (4. Septbr.) 1853. Magdeburg 853. Heinrichshofen. gr. 8. (14 S.) 3¾ ngr

— Betrachtungen über die kirchl. Richtungen der Gegenwart. gr. 8. Berlin 846, G. Bethge. 3 ngr

Sack, Carl Heinr., Briefe an einen christlichen Laien angesehener Stellung über religiöse u. kirchliche Fragen. Neue (Titel-)Ausg. mit einer Vorrede. Gotha (853)869. F. A. Perthes. 8. (XII, 186 S.) n. 12 ngr

Sack, Karl Heinr., über Christenthum, Kirche u. Bekenntnißschriften. Erinnerung an alte Wahrheiten zur Widerlegung alter u. neuer Irrthümer. gr. 8. (40 S.) Magdeburg 847, Heinrichshofen. 1/6 Thlr

— Commentationes, quae ad theologiam historicam pertinent, tres. 8maj. Bonn 821. Weber. 22 gGr

— s. Cowper, W., Expostulation od. Israel u. England. —

— Erinnerung an d. Mitglieder d. evangel. Gemeinden in Bonn, in Bezug auf die sogen. gemischten Ehen. gr. 8. Bonn 823. Weber. 2 gGr

— Geschichte der Predigt in der deutschen evangel. Kirche von Mosheim bis auf die letzten Jahre von Schleiermacher u. Menken. Heidelberg 866. C. Winter's Univ.-Buchh. gr. 8. (VIII, 381 S.) n. 1 Thlr 22 ngr

— Geschichte der Predigt in der deutschen evangelischen Kirche von Mosheim bis auf die letzten Jahre v. Schleiermacher u. Menken. 2. wohlf. Ausg. gr. 8. (VIII, 384 S.) Heidelberg 875. C. Winter. n. 3. —

— über das Geschichtliche im Alten Testamente. Ein Sendschreiben. Mit einem Vorworte über die neueste Polemik der Hallischen Jahrbücher. gr. 8. Bonn 841, Weber. 1/8 Thlr

— die Göttlichkeit der Bibel. In 5 Gesängen. 8. Elberf. 832. Becker. 8 gGr

— Richard Hooker von den Gesetzen des Kirchenregiments im Gegensatze zu den Forderungen der Puritaner. Ein Beitrag zur Geschichte der anglikan. Kirche u. Theologie im 16. Jahrh. Ebend. 868. gr. 8. (VIII, 144 S.) n. 24 ngr

— Idee u. Entwurf der christl. Apologetik. gr. 8. Bonn 819. Weber. 4 gGr

—— die Identitätslehre, s. Identitätslehre.

— Joseph u. Paul. Ein Gespräch. (Schriften für Israel Nr. 6.) Erlangen 869. Deichert. 8. (22 S.) n. 4 ngr

— Katechisationen. Nicht für Kinder. Halle 856. Anton. 8. (VII, 47 S.) 5 ngr

— Katechismus der christl. Lehre f. die Jugend. 8. Bonn 819. Weber. 2 gGr

—— Katechismus d. christl. Lehre. Für d. Jugend evangel. Gemeinen. 2., umgearb. Aufl. gr. 12. (2 B.) Bonn 834, Weber.

Sack, Karl Heinr., Katechismus der christlichen Lehre. Für die Jugend evangelischer Gemeinen. 3. Aufl. 8. (VIII u. 34 S.) Bonn 850, Weber. 1/8 Thlr

— die evangelische Kirche und die Union. Eine theologisch-praktische Prüfung des Werks von Dr. Stahl: „Die lutherische Kirche und die Union." Bremen 861. Müller. gr. 8. (X, 212 S.) n. 1 Thlr 10 ngr

—— die kathol. Kirche innerhalb d. Protestantismus u. ihr Recht, vorzügl. in d. gemischten Ehen. gr. 12. (1⅓ B.) Köln 838, Bachem.

— die Kirche von Schottland. Beiträge zu deren Geschichte und Beschreibung. 1. u. 2. Thl. gr. 8. Heidelberg 844, 45, K. Winter. (I. 1¼ Thlr — II. 1 Thlr) 2¼ Thlr

Sack, Karl Heinr., Kirche und Civil-Ehe. Ein Votum zur Mäßigung. Magdeburg 859. Heinrichshofen. gr. 8. (11 S.) 2½ ngr

Sack, Karl Heinr., die Lieder in den historischen Büchern des Alten Testaments neu übersetzt u. erläutert. Für gebildete Verehrer der heil. Schrift. Barmen 864. Langewiesche's Verlag. gr. 8. (XVI, 167 S.) 22½ ngr

Sack, Karl Heinrich, s. Molenaar, J. Predigten.

Sack, Karl Heinrich, s. Monatsschrift f. d. evang. Kirche d. Rheinprovinz ...

Sack, C. H. Nachrichten über die Detachements der freiwilligen Jäger bei der preuss. Garde. 8. Berlin 1814. Nicolai. 0,50

Solemnia natalitia ... Friderici Guilelmi IV d. XV m. Oct. ... ab universitate Fridericia Guilelmia Rhenana ... celebranda ... indicit D. Carolus Henricus **Sack**, ord. theol. ev. h. t. decanus. — Praemissae sunt observationes ad disciplinam ecclesiasticam recte iudicandam. Bonnae, typ. C. Georgii 1841. 1 Bl., 30 S. 4.

Enth. zugleich d. **Preisaufgaben** f. d. J. 1841–42 und in einem später ausgegebenen Anhang (= S. 27–30; [*Kopft*] Iudicia quinque ordinum ... de certaminis litt. eventu ... 1841 enuntiata ...) d. **Ergebnisse d. Preisbewerbung** d. J. 1840–41

—— christliche Polemik. gr. 8. (24 B.) Hamburg 838, Fr. Perthes.

— Predigt am Feste d. Augsburg. Confession am 25. Juli 1830. gr. 8. Bonn 830. Weber. 2 gGr

— Predigt zum Gedächtniß des Todestags Melanchthon's den 19. April 1860, gehalten im Dom zu Magdeburg. Magdeburg 860. Heinrichshofen. gr. 8. (14 S.) 3 ngr

—— Predigt z. Luthers Gedächtnißfeier, s. Gedächtnißfeier.

Sack, Karl Heinrich: Predigten. Bonn 1835, s. Sack, Friedr. Ferd. Ad.

— Predigten. gr. 8. (VI u. 160 S.) Berlin 850, Wiegandt & Grieben. n. 5/6 Thlr

— fünf Predigten an verschiedene Stände im Vaterlande. gr. 8. (47 S.) Magdeburg 849, Heinrichshofen. 1/4 ß

— zwei Predigten v. d. Wesen der christl. u. der evangel. Kirche ꝛc. 8. Bonn 821. Weber. 6 gl

— ausgewählte Psalmen metrisch nachgebildet. Neuwied 863. Heuser. 16. (VII, 56 S.) n. 10 ngr.

Sack, D. K. H., Rede zum Gedächtniß Schleiermacher's an seinem hundertjährigen Geburtstage, 21. Novbr. 1868, gehalten in der Aula der k. pr. Friedrich-Wilhelms-Universität zu Bonn. Bonn 869. Weber. gr. 8. (19 S.) n. 5 ngr.

Sack, Karl Heinrich (Hrsg.), s. Sack, August Friedrich Wilhelm: 3 Dankpredigten ...

— Sendschreiben an Hrn. Pred. Eltester in Potsdam über seine Beurtheilung der „Amtl. Verhandlungen, betreff. den Pred. Uhlich zu Magdeburg." [Abdr. aus der Kirchl. Monatsschrift Decbr.-Hft.] gr. 8. (16 S.) Magdeburg 847, Falckenberg & Co. n. 1/12 ß

— über die Stellung der evangel.-reformirten Gemeinen in unserer Zeit. gr. 8. (24 S.) Magdeburg 848, Heinrichshofen. 1/8 ß

Für die Vereinigung der lutherischen und der reformirten Kirche. Wider die 21 letzten der 95 Sätze von Claus Harms v. Karl Heinrich Sack. Berlin. 1817. 8°. Reimer.

— für die Vereinigung der lutherischen und der reformirten Kirche: Wider die 21 letzten Sätze von C. Harms. gr. 8. Berlin, Reimer. 818.

— s. Wanz, Ph. J.: Des Glaubens Kraft.

— von dem hohen Werthe der agendarischen Spendeformel. Einige Betrachtungen. Magdeburg 856. Heinrichshofen. 8. (16 S.) 5 ngr.

— Werth u. Reiz d. Theologie u. des geistl. Standes. 8. Berl. 814. Reimer. 18 gl

Sack, (K. H.,) vom Worte Gottes. Eine christl. Verständigung. 12. Bonn 825. Weber.

Sack, Karl Wilhelm

Sack, C. W., kurze Geschichte der Stadt Braunschweig., Erinnerungsblatt an Braunschweigs 1000jährige Jubelfeier. Braunschweig 861. J. H. Meyer. Fol. (8 S. m. Holzschn.) 5 ngr.

— Geschichte der Schulen zu Braunschweig von ihrer Entstehung an u. die Verhältnisse der Stadt in verschiedenen Jahrhunderten. In 2 Abthlgn. 1. Abthlg. A. u. d. T.: Geschichte der Schulen zu Braunschweig von ihrer Entstehung an bis zur Reformation und die Verhältnisse der Stadt im Jahre 1414. Braunschweig 861. Schwetschke & Sohn. gr. 8. (XI, 174 S.) n. 24 ngr.

Sack, C. W., Geschichte des Schützenwesens der Stadt Braunschweig. Mit Titelkpfr. gr. 8. Braunschweig 845, Oehme u. Müller. n. 1/6 ß

Sack, Carl Wilhelm: Geschichte des Schützenwesens der Stadt Braunschweig. Archiv des Histor. Vereins f. Niedersachsen 2/1845, S. 179. Auch als Festschrift erschienen in Br. bei Oehme und Müller, 1848. 722

Sack, L., die jetzt geltenden polizeilichen Strafverordnungen im Bezirke der königlichen Regierung zu Oppeln. Im Auftrage der königl. Regierung zu Oppeln zum amtl. Gebrauche zusammengestellt. 2. Aufl. Unter Weglassung der obsoleten oder aufgehobenen Vorschriften u. Einschaltung der jüngeren noch geltenden Bestimmungen herausg. von H. Giehne. Breslau 865. Clar's Verlag. gr. 8. (X, 572 S.) n. 2 ß 5 ngr.

Sack, Leibe, aus Curland: **Einige neue Derivate des Glycocolls.** *Berlin (1902): E. Ebering.* (39 S.) 8°
Berlin, Phil. Diss. v. 22. Dez. 1902

Sack, Michael

Sack, M., Bibliographie der Metalllegierungen. (VII, 77 S.) gr. 8. Hamburg 903. L. Voss. n. 2. —
Sonderabdruck aus: „Ztschr. f. anorgan. Chemie".

Sack, Michael: Über die Entstehung und Bedeutung von Natriumlegierungen bei der kathodischen Polarisation. 1903. 70 S. 8° ¶ Aus: Zeitschrift f. anorgan. Chemie. Bd 34.
Karlsruhe, Dr.-Ing.-Diss. v. 23. 12. 1902

Sack, Nathan, Beitrag zur Statistik der Kniegelenkresection bei antiseptischer Behandlung. Inaugural-Dissertation. Mit 6 (lith.) Tab. u. 3 lith. Fig. (auf 1 Taf.). gr. 8. (103 S.) Dorpat 880. (Karow.) n. 2. —

Sack, Nikolaus, a. Sarapul (Rußland): Über das operative Verfahren bei der Atresia ani congenita. Emmendingen: Druck- u. Verlags-Ges. vorm. Dölter 1907. (45 S.) 8°
Freiburg i. B., Med. Fak., Ref. Kraske, Diss. v. 1907
[Geb. 12/24. Dez. 79 Sarapul (Rußland); Wohnort: Freiburg i. B.; Staatsangeh.: Rußland; Vorbildung: Gymn. Schuja (Rußland) Reife Mai 99; Studium: Moskau 9, Freiburg i. B. 2 S.; Rig. 1. März 07.]

Sack, Otto, das deutsche Patentgesetz. Wesen u. Wirkungen desselben für Erfinder u. Patentinhaber. Allgemeinnützige Auseinandersetzungen. Mit einem Anh.: Das Patentgesetz. 8. (VI, 72 S.) Leipzig 881. O. Wigand. — 60

Sack, Otto, Patentwesen. Muster- und Waarenzeichenschutz. Mit 3 in den Text gedruckten Abbildungen. 8. (X, 190 S.) In Lnwd. gebunden 1.50
Leipzig: Weber 1897.

Sack, Otto, Patentwesen, Muster- u. Warenzeichenschutz, s.a. Weber's illustr. Katechismen. 113.

Sack, Pius [aus Buttlar]: Über Kreisbündel II. Ordnung.... Jena, Druck v. G. Neuenhahn Univ.-Buchdr., 1890; 32 S. 8°
Jena, Phil. Fak., Inaug.-Diss. v. 1890

Sack, P., die palaearktischen Spongostylinen. (S. 501—548 m. 4 Taf.) Lex. 8. Frankfurt a/M. (Viktoria-Allee 7) 909. Senckenberg. naturforsch. Gesellschaft. nn 7.50
Sonderabdruck aus: „Abhandlgn. d. Senckenberg. naturforsch. Gesellsch." Bd 30. H. 4

Sack, P[ius]: Neue und wenig bekannte Syrphiden des palaearktischen Faunengebietes. Mit 11 Zeichnungen im Text. Frankfurt a. M. (1910): Knauer. 42 S. 8°
Frankfurt a. M., Wöhler-RG OP 1910 (555) [S 10. 308

Sack, Rudolf

Sack, Rud.: Einige nicht im Kataloge abgedruckte Abbildungen von Pflügen und Drillmaschinen. Leipzig-Plagwitz 1906

— Einige nicht im Kataloge abgedruckte Abbildungen [von Pflügen]. Leipzig-Plagwitz (1907)

Sack, R: Anleitung zur Wiederherstellung abgenutzter Pflugschare. Leipzig-Plagwitz 1905

Sack, [Rudolf]: Zum 25. Gewerbetage d. Prov. Ostpreussen. Bericht über Entstehung, Bestrebungen und Wirksamkeit des Gewerblichen Centralvereins der Provinz Ostpreussen. Königsberg i. Pr. 1899. G. Kemsies. (44 S.) 8°

Sack, Rud.: Drillmaschinen für Ebene und Bergland. Leipzig-Plagwitz 1908

Sack, Rud., Ueber tiefe Kultur, Reihensaat resp. Rubenbau und die dazu construirten Ackergeräthe und Maschinen. Halle 1855. (S. 5715)

Sack, R: Lebensgang eines deutschen Mannes »aus eigener Kraft«. (o. O. 1894)

Sack, Rud., Mittheilungen über tiefe Bodenbearbeitung, Reihenkultur und die dazu vom Verfasser construirten Maschinen und Geräthe. Durch 22 in den Text gedr. Abbildungen erläutert, nebst Zeugnissen über die Leistungen der Maschinen ꝛc. Leipzig 864. Baumgärtner. gr. 4. (27 S.) n. 10 ngr.

—— Pflüge für Kolonien und besondere Zwecke. Leipzig-Plagwitz 1905

—— Pflugräder mit öl- und staubdichten Naben und mit auswechselbaren Buchsen. Leipzig-Plagwitz 1902

Sack, Rud., die Tiefkultur und die Drillkultur sowie Beschreibung und Gebrauchsanweisung der dazu von dem Verf. construirten Ackergeräthe und Maschinen mit 2 (lith.) Figurentaf. (in Fol.) (Abdr. a. d. Deutschen Gewerbezeitung.) Leipzig 858. (Friedlein.) 8. (39 S.) n. 15 ngr.

Sack, Rud.: Untergrundpflüge und kombinierte Pflüge, System Bippart. Leipzig-Plagwitz 1906

Sack, R: Die landwirtschaftliche Versuchsstation der Firma. Berlin 1908

Sack, Rud.: Verzeichniss von Geräthen und Maschinen zur Bodenbearbeitung und Reihenkultur. Leipzig-Plagwitz. Nr 29. 1894 ff.

Sack, Sch. Herm. (geb. Bychow in Russl. 10. 12. 1852): Ueber Embolie der Gehirnarterien. Berlin (1877). (30 S.) 8°
Berlin, Med. Diss. v. 19. März 1877

Sack, W., Das silberne Buch der Familie Sack. Mit Wappen, Portraits und Ahnentfl. Wiesbaden 1886. 4.

Sack, Wilhelm, aus Würzburg: Ueber Corpora amylacea in den Lungen. *Würzburg 1901: A. Boegler.* (26 S.) 8°
Würzburg, Med. Diss. v. 1901

Sack, Gul. Albert. Frd. (geb. Düsseldorf): De noma. Berolini (1850). (26 S.) 8°
Berlin, Med. Diss. v. 2. Dez. 1850

Sack- Schreib- und Taschen-Almanach, Neuer critischer, auf das Schaltjahr 1744 gestellt. Winterthur 1744. V: *Schwarz*, *Christoph* [?]. (Rosenmüller, Koenig. 1896. S. 59.) Hauptverf: *Grimm*, *Friedrich Melchior Baron von* [?]. (Anz. f. d. Alt. 27, 112.) V: *Platz*, *Ant. Wilh.* [?] oder *Rost*, *Joh. Chph* [?]. (Waniek, Gottsched. Leipzig 1897. S. 477.) V: *Schwabe*, *Joh. Joach.* (GGr) (Mn) (ML) (Dagegen: ADB 33, 168) oder *Dreyer*, *Joh. Matthias.* (Waniek, Pyra. Leipz. 1897. S. 115.)

Sackbibliothek teutscher Nicht-Classiker. Herausg. von DANIEL BERLINER & Co. Nr. 1. Plöen. 1833. P.

Säcke, mit Anekdoten gefüllt. 2 Säcke. 8. München, Lindauer. 788.

Sackel, G., Tabelle zur Berechnung der Biersteuer. gr. 8. (15 Bl.) Bielefeld-Gadderbaum (901). W. Bertelsmann. Kart. n. 2. 60

Sackel, G., das preußische Volksschulunterhaltungsgesetz v. 28. VII. 1906 nebst der Schulordnung vom 11. XII. 1845 u. das Lehrerbesoldungsgesetz vom 26. V. 1909, m. sämtlichen ministeriellen Ausführungsbestimmungen u. den Mietsentschädigungs-Tarifen der Volksschullehrer und -Lehrerinnen, sowie 2 Anhängen, enth.: das Lehrerpensionsgesetz, das Ruhegehaltskassengesetz, das Lehrerreliktengesetz, das neue Gesetz betr. die Heranziehg. der Beamten, Elementarlehrer u. unteren Kirchendiener zur Gemeindeeinkommensteuer, die gesetzl. Bestimmgn. üb. das Züchtigungsrecht u. die Haftbarkeit d. Lehrpersonen, das Gesetz üb. die Fürsorgeerziehg. Minderjähriger, die Impfgesetze u. die Vorschriften üb. die gesundheitl. Beaufsichtigg. der Schulen. Für den prakt. Gebrauch bearb. (VIII, 265 S.) 8. Tilsit 910. J. Reylaender & Sohn. nn 1.50; geb. in Halbleinw. nn 2. —

Sacken, k. k. Oberstlieut. Ueber Karten und Pläne und deren Werth für die k. k. Truppen-Officiere. Nebst kurzer Anleitung für den Unterricht der Unterofficiere im Karten- und Plan-Lesen. 8. Wien 1870.

Sacken, s. Ueber Karten und Pläne.

SACKEN, Adolf Freiherr von
Die Botschaft des Czars. Keine Abrüstung aber eine Reform, eine Veredlung des Wehr- und Kriegswesens. Von Adolf Freiherrn von Sacken. Wien und Leipzig. 1899. Braumüller. Gr.-8°. 47 S. fl. —.60

— ein militärisches Gedenkblatt, gewidmet der k. u. k. Wehrmacht. gr. 8. (22 S.) Ebd. 898. n. — 70

Saacken, A. Zur Geschichte des Krieges. Ein Ausblick in die Zukunft. Separatabdruck aus dem 2. Hft. des 74. Jahrg 1897 der „Streffleurs österreichischen militärischen Zeitschrift". 8. Wien 1897.

(Sacken, Adolf Freiherr v., k. u. k. FML. d. R.) Der Krieg mit den Millionenheeren. Eine militärisch-politische Studie. Von einem alten Soldaten. Separat-Abdruck der „Allg. Schweizer. Militärzeitung". kl. 8. Wien 1894.

Sacken, Adf. Frhr., das österreichische Corps Schwarzenberg-Legeditsch. Beitrag zur Geschichte der polit. Wirren in Deutschland 1849—51. Mit 3 Beilagen u. 1 Planskizze. [Aus: „Mittheilgn. des k. u. k. Kriegs-Archivs".] gr. 8. (IV, 164 S.) Wien 894. L. W. Seidel & Sohn. n. 3. —

Sacken, Edm. v., allerlei Hauskreuz u. andere lustige Reime. 1. u. 2. Aufl. gr. 8. (à 64 S.) Wien 902. R. Lechner's Sort. n. 1. 60

SACKEN, Edmund von
(F) Der brave Philipp und der schlimme Fritz. Eine lustige Beamtengeschichte von Edmund von Sacken. Wien. 1900. R. Lechner (Wilh. Müller). 8°. 41 S. K 1.20

Sacken, Edm. v., aus der Studentenzeit. Erinnerungen an Kremsmünster. Hrsg. vom „Unterstützungsverein f. ehemal. Kremsmünsterer Studenten in Wien". 2., durchgeseh. u. verm. Aufl. gr. 8. (119 S.) Wien 894. R. Lechner's Sort. n. 2. 40

Sacken, Edm. v., aus der Studentenzeit. Erinnerungen an Kremsmünster. Hrsg. vom „Unterstützungsverein f. ehemal. Kremsmünsterer Studenten in Wien". 3., durchgeseh. u. illustr. Aufl. (78 S.) gr. 8. Wien 903. R. Lechner's Sort. n. 2. —

Sacken, Eduard Frh. von

Sacken, Ed. v., die k. k. Ambraser-Sammlung beschrieben. 1. Thl. Geschichtliche Einleitung und die Rüstkammern. Mit 1 Titelkpfr. und 2 (lith.) Taf. Wien 855. Braumüller. gr. 8. (VII, 300 S.) n. 2 rß.

Sacken, Dr. Eduard Freiherr von —. Die k. k. Ambraser-Sammlung. Beschrieben von — —. Zweiter Theil. Die Kunst- und Wunderkammern und die Bibliothek. Mit einer Tafel. Wien, 1855. Wilhelm Braumüller, k. k. Hofbuchhändler. (278 S. 8.)

Sacken, E. Frhr. v., üb. Ansiedelungen u. Funde aus heidnischer Zeit in Niederösterreich. Mit 4 (lith.) Taf. (in qu. 4.) [Aus: „Sitzungsber. d. k. Akad. d. Wiss."] Lex.-8. (52 S.) Wien 873. Gerold's Sohn in Comm. n. 3. 20

Sacken, Eduard Frhr. v., u. O. Gruner, die Baustile, s.: Weber's illustr. Handbücher.

v. Sacken, Ed. Frhr., Bericht über die Gräber bei Bruck an der Leitha. [Mit 1 lith. Taf. (in Fol.)] [Aus den Sitzungsberichten 1851 d. k. Akademie d. Wiss. abgedr.] gr. 8. (6 S.) Wien 851. (Braumüller.) n. ½ ℛ

Sacken, E. Frhr. v., die antiken Bronzen d. k. k. Münz- u. Antiken-Cabinetes in Wien beschrieben u. erklärt. 1. Thl. Die figural. Bildwerke class. Kunst. Mit 54 Taf. (in Kpfrst.) gr. Fol. (III, 131 S.) Wien 871. Braumüller. geb. n. 60. —

— die römische Stadt Carnuntum, ihre Geschichte, Ueberreste und die an ihrer Stelle stehenden Baudenkmale des Mittelalters. (Aus d. Sitzungsberichten d. k. Akad. d. W.) Wien 852. (Gerold.) gr. 8. (127 S. u. 10 lith. Taf. in Fol.) n. 2 ℛ

v. Sacken, Ed. Die römische Stadt Carnuntum; ihre Geschichte, Baudenkmäler. (127) 8. Mit 10 Taf. Wien 1853. 6,00.

— über die neuesten Funde zu Carnuntum besonders über die Reste eines Mithraeums und ein Militär-Diplom von Kaiser Trajan. Mit IV Taf. (Aus d. Sitzungsberichten d. k. Akad. d. W.) Wien 853. (Gerold.) gr. 8. (31 S. u. 4 lith. Taf., theilw. in Farbendr., in 4.) n. 25 ngr.

Sacken, Eduard Frhr. v., die Funde an der langen Wand bei Wiener-Neustadt. [Aus den Sitzungsber. der k. Akad. der Wiss.] Wien 865. (Gerold's Sohn.) Lex.-8. (28 S. mit 15 eingedr. Holzschn.) n.n. 6 ngr.

— das Grabfeld von Hallstatt in Oberösterreich u. dessen Alterthümer. Wien 868. Braumüller. gr. 4. (VIII, 156 S. mit 26 Taff. in Kpfrst.) n. 8 ℛ

— u. Mor. v. Weittenhiller, Heraldik, s.: Weber's illustr. Handbücher.

Sacken, E. Frhr. v., Katechismus der Baustyle, s. Weber's, J. J., illustrirte Katechismen. 39.

Sacken, E. Frhr. v., *Katechismus d. Baustyle*. Mit 88 Holzschnitten im Text. 3. Aufl. Leipzig 1867. 8°. Orig.-Cart. XIV—164 S.

Sacken. Katechismus der Baustyle oder Lehre der architectonischen Stylarten von den ältesten Zeiten bis auf die Gegenwart. Nebst einer Erklärung der im Katechismus vorkommenden Kunstausdrücke. (Aus: „J. J. Weber's Illustrirte Katechismen" Nr. 39.) Leipzig 1873.

Sacken, Ed. Frhr. v., Katechismus der Baustile oder Lehre der architektonischen Stilarten von den ältesten Zeiten bis auf die Gegenwart. Nebst einer Erklärung der im Werke vorkommenden Kunstausdrücke. 6. u. 7. Aufl. Mit 103 in den Text gedr. (Holzschn.-)Abbildungen. 8. (XII, 191 S.) Leipzig 879. 82. Weber. geb. n. 2. —

Sacken, Ed. Frhr. v., Katechismus der Baustile od. Lehre der architekton. Stilarten von den ältesten Zeiten bis auf die Gegenwart. Nebst e. Erklärg. der im Werke vorkomm. Kunstausdrücke. 8. Aufl. Mit 103 Abbildgn. 8. (XII, 196 S.) Leipzig 886. Weber. geb. n. 2. —

Sacken, E. Frhr. v., Katechismus der Baustile od. Lehre der architekton. Stilarten von den ältesten Zeiten bis auf die Gegenwart. Nebst e. Erklärg. der im Werke vorkomm. Kunstausdrücke. 9. Aufl. 8. (XII, 196 S. m. 103 Abbildgn.) Leipzig 889. J. J. Weber. geb. n. 2. —

Sacken, Ed. Frhr. v., Katechismus der Baustile od. Lehre der architekton. Stilarten von den ältesten Zeiten bis auf die Gegenwart. Nebst e. Erklärg. der im Werke vorkomm. Kunstausdrücke. 10. u. 11. Aufl. 12. (XII, 196 S. m. 103 Abbildgn.) Leipzig 892. 894. J. J. Weber. Geb. n. 2. —

Sacken, Ed. Frhr. v., Katechismus d. Baustile od. Lehre d. architekton. Stilarten v. d. ältesten Zeiten b. auf die Gegenwart. Nebst e. Erklärg. der im Werke vorkomm. Kunstausdrücke. 12. Aufl. 12. (XII, 196 S. m. 103 Abb.) Leipzig 896. J. J. Weber. Geb. in Leinw. n. 2. —

—— Katechismus der Heraldik, s. Weber's illustrirte Katechismen. 51.

Sacken, Ed. Frhr. v., Katechismus der Heraldik. Mit 202 Holzschn. im Text. 2. Aufl. Leipzig 1872. 8°. Orig.-Cart. XVI—144 S. — Zuerst gedr. 1862.

— Katechismus der Heraldik. Grundzüge der Wappenkunde. 3., verb. Aufl. Mit 202 in den Text gedr. (Holzschn.-)Abbildungen. 8. (XVI, 141 S.) Ebend. 880. geb. n. 2. —

— Katechismus der Heraldik. Grundzüge der Wappenkunde. 4., verb. Aufl. Mit 202 in den Text gedr. Abbildgn. 8. (XVI, 142 S.) Ebend. 885. geb. n. 2. —

— Katechismus der Heraldik. Grundzüge der Wappenkunde. 5., verb. Aufl. 12. (XVI, 155 S. m. 215 Abbildgn.) Ebd. 893. Geb. in Leinw. n. 2. —

Heraldik. Grundzüge d. Wappenkunde von Dr. Eduard Frh. v. Sacken. 6. Aufl., neu bearb von Moriz v. Weittenhiller. Mit 238 Abb. Leipzig, J. J. Weber 1899. (XVI, 151 S.) 8° [J.]
— Katechismen, Webers illustrierte. Bd 51. [05. 13580 II

Sacken, Edu. von, Über die vorchristlichen Culturepochen Mitteleuropa's und die Quellen der deutschen Urgeschichte. Wien 1862. 8. . . . . 0.

— Kunstdenkmale des Mittelalters im Kreise ob dem Wiener Walde des Erzherzogth. Nieder-Oesterreich. Mit 3 (lith.) Taf. u. 45 Holzschn. (im Text.) (Abdruck a. d. Jahrb. d. k. k. Central-Commiss. für Erforschung etc. der Baudenkmale.) Wien 857. (Braumüller.) gr. 4. (66 S.) n. 1 ℛ 5 ngr.

—— Kunstwerke und Geräthe des Mittelalters und der Renaissance in der kaiserl. königl. Ambraser-Sammlung in Orig.-Photogr. hrsg. und erläutert. 10 Lfgn. 1864—70, und Neue Ausg. Fol. (à 4 Photogr. mit Text.) Wien 875, Typogr.-literar.-artist. Anstalt. [Braumüller.] à Lfg. *ℳ 8. * 70 ·

— Leitfaden zur Kunde des heidnischen Alterthums mit Beziehung auf die österreich. Länder. Ebend. 865. 8. (VII, 224 S. mit 84 in den Text gedr. Holzschn.) n. 1 ℛ 20 ngr.

— über e. neues Militärdiplom v. Kaiser Elagabalus. Mit 2 (eingedr.) Zinkographien. [Aus: „Sitzungsb. d. k. Akad. d. Wiss."] Lex.-8. (14 S.) Wien 871. Gerold's Sohn in Comm. n. — 40

— der Pfahlbau im Garda-See. [Aus den Sitzungsber. der k. Akad. der Wiss.] Wien 865. (Gerold's Sohn.) Lex.-8. (40 S. mit 1 zinkograph. Taf. in gr. 4. u. 41 eingedr. Holzschn.) n. 16 ngr.

v. Sacken, Ed. Die vorzüglichsten Rüstungen und Waffen der Ambraser Sammlung in Orginal-Photogr. von And. Groll. Mit histor. beschreib. Texte. (157) fol. M. 128 Taf. Wien 1857—62. 240,00.

Sacken, Ed. Frh. v. Die vorzüglichsten Rüstungen und Waffen der k. k. Ambraser-Sammlung in Original-Photographien herausgegeben und beschrieben nebst biographischen Skizzen ... Die Photographien von A. Groll ... Wien 1859—1862, Wilhelm Braumüller ... 2 Bde. 2°
I Deutsche Fürsten und Herren. 1859: Tit., 6 Bl., 88 S.; 72 Taf. m. 72 Erklärungsbl.
II Italiener, Spanier und einzelne Waffenstücke. 1862: Tit., 69 S.; 56 Taf. m. 56 Erklärungsbl.

—— die vorzüglichsten Rüstungen und Waffen der k. k. Ambraser-Sammlung, s.a. Rüstungen und Waffen.

— u. Friedr. Kenner, die Sammlungen des k. k. Münz- u. Antiken-Cabinets. Wien 866. Braumüller. gr. 8. (VII, 497 S. mit 1 zinkograph. Taf.) n. 2 ℳ 20 ngr

—— St. Maria Stiegenkirche in Wien, s. Oesterreichs kirchliche Kunstdenkmale der Vorzeit.

– die antiken Sculpturen d. k. k. Münz- u. Antiken-Cabinets in Wien. Mit 35 photograph. Taf. u. 16 in den Text gedr. Abbildgn. Hrsg. m. Unterstützg. der kais. Akademie der Wissenschaften. gr. Fol. (64 S.) Wien 873. Braumüller. geb. n. 1. 20

— — u. Dr. Friedr. Kenner, Die antiken Sculpturwerke und Inschriftsteine des k. k. Münz- und Antiken-Cabinetes. (Abdruck aus der Beschreibung der Sammlungen des k. k. Münz- und Antiken-Cabinetes von denselben Verfassern.) gr. 8. 1866. (103 S.) Wien, Braumüller. 1 fl.

Sacken, Dr. Eduard Freiherr von. Archäologischer Wegweiser durch das Viertel ober dem Wiener Walde von Nieder-Oesterreich. Herausgegeben vom Alterthums-Vereine zu Wien. Mit 4 Tafeln und 181 Illustrationen im Texte. 4. Wien 1878.

— archäologischer Wegweiser durch Nieder-Oesterreich, s.a. Wegweiser.

Sacken, Karl von, s. Osten gen. von Sacken, Peter Ernst von der

Die unter dem Preussischen Zepter glückliche Musen, wurden an dem Gedächtnisstage der Königlichen Stiftung der Königlichen deutschen Gesellschaft in einer öffentlichen Rede vorgestellet von MORITZ von SACKEN, genaunt OSTEN ... 1748. den 21. Novembr. ib. — fol.

Sacken, Wolf F. Osten-
s. Osten-Sacken. [10. 49]: 3

Sacker, *Jacob* [aus Odessa]: Beitrag zur Lehre vom Rückfall ... (Erscheint vollst. in d. Abh. d. krimin. Sem. zu Halle.) Naumburg a.S., Druck: G. Pätz'sche Buchdr., 1892; 3 Bl., 53 S. 8.
Halle, Jur. Fak., Inaug.-Diss. v. 13. Apr. 1892

Sacker, J.: Der Rückfall. E. kriminalpolitische und dogmatische Untersuchung. T. 1. [einz.] Berlin 1892.
(Abhandlungen d. krimin. Sem. zu Marburg

Sacker, J., der Rückfall, s.a. Abhandlungen d. kriminalistischen Seminars.

Kurze Winke, welche im Verkehre mit den Eisenbahn-Behörden und bei allen Eisenbahn-Transporten des In- und Auslandes zu beachten sind. Zum Gebr. f. Kaufleute ... Hrsg. von Heinrich Sackers. 1. Aufl. *Duisburg: Echo vom Niederrhein 1899.* (156, V S.) 8° [F.] [01. 501] 5

Sackers, Heinr., kurze Winke, welche im Verkehre m. den Eisenbahn-Behörden u. bei allen Eisenbahn-Transporten des In- u. Auslandes zu beachten sind. Zum Gebrauche f. Kaufleute, Spediteure u. alle Gewerbetreibende. 8. (156 u. V S.) Altenessen 899. (Mülheim a/R., M. Hegner.) Kart. 1. 60

Sackewitz. Paul, Sportbrüder. s.: Vereinstheater.

SACKI, Gustav (Oberstreu): Zur Pathogenese der Hyperostose und Sklerose des Schädeldaches.- München: Ernst 1887. 32 S.
23.7.1887 - Chr 1887/88,17; Jv 1887/88,215
Diss. Ingolst.-Landsh.-Mchn.

Sacki, H., gewerbliche Buchführung. [Aus: „Barnickol u. Erck, Rechenbuch f. Fortbildungsschulen".] 8. (14 S.) Hildburghausen 889. Gadow & Sohn. n. — 10

SACKI, Siegfried (Meiningen): Ueber einen Fall von Meningealer Blutung.- München: Ernst 1892. 30 S.
18.5.1892 - Chr 1891/92,28; Jv 1891/92,209
Diss. Ingolst.-Landsh.-Mchn.

Sacki, Siegfr., Vorlesungen üb. die patholog. Anatomie des Rückenmarks, s.: Schmaus, Hans.

Säckingen [Sachliches OW]

Säckingen. Das Mineral- und Soolbad S' nach der von ... Dr. [Robert] Bunsen ... im Jahre 1868 aufgenommenen Analyse. 8. Mannheim (1869).

Säckingen und Umgebung. Hrg. vom Schwarzwaldverein, Sektion Säck'. [Mit 1 Karte.] 8. Säckingen 1887.

Säckingen und Umgebung. Hrg. vom Verkehrs- und Verschönerungsverein S'. [Mit Illustrationen und 1 Karte.] 74 S. 8. München, Meisenbach Riffarth & Co., [1905].

Säckingen [Schlagwort]

Säckingen, s.: Deutschland. Kürschner-Pelp.

Säckingen. Ott, Schulkärtchen vom Amtsbez. Säckingen. 28,5 × 31 cm. Farbendr. Mit Text auf der Rückseite. Bonndorf 893. J. A. Binder's Nachf. n. — 20

Sack-Kalender für das Schaltjahr 1856. Innsbruck, gedruckt und zu finden in der Wagner'schen Buchhandlung. (30 Bl. 32.)

Sack-Kalender auf das gemeine J. 1862. 16 Innsbruck 861, F. Rauch.

—— für das gemeine J. 1862. 32. Innsbruck 861, Wagner. geb.

Sack-Kalender für das gemeine Jahr 1875. 32. (64 S.) Innsbruck 874, Wagner'sche Universitäts-Buchh. — 28

Sack-Kalender für die J. 1876—1880. 64. (à 64 S.) Innsbruck, Wagner'sche Universitäts-Buchh. à Jahrg. **

Sack-Kalender für die J. 1881—1885. 64. (à Jahrg. 64 S.) Innsbruck, Wagner'sche Universitäts-Buchh. à Jahrg. * — 30

Sack-Kalender für die J. 1886—1889. 32. (à Jahrg. 64 S.) Innsbruck, Wagner'sche Universitäts-Buchh. à Jahrg. **

Sack-Kalender für die J. 1890—1893. 32. (à Jahrg. 64 S.) Innsbruck, Wagner'sche Universitäts-Buchh. à Jahrg. ** — 25

Sack-Kalender für das Jahr 1894. 64. (62 S.)
Innsbruck: Wagner. .16

Sack-Kalender f. d. J. 1895. 32. (64 S.) Innsbruck, Wagner. n. — 30

Sack-Kalender f. d. J. 1896. 32. (64 S.) Innsbruck, Wagner. n. — 30

Sack-Kalender f. d. J. 1903. 16. (64 S.) Innsbruck, Wagner. n. — 15

Sackkalender für das Jahr 1904. 16°. K — .25
Innsbruck: Wagner.

Sack-Kalender f. das Jahr 1907. (64 S.) 16. Innsbruck, Wagner. n. — 15

Sack-Kalender f. d. J. 1911. (64 S.) 10×6 cm. Innsbruck, Wagner. — 15

Sack-Calender, Gothaischer, a. d. J. Christi . . . . .
1809.
Gotha.

Sackkalender, Kleiner, auf das Jahr 1818. Mit 12 fein gestochenen kolorierten Modekupfern. Wien, bey G. Friedr. Kraus. Illustr. Orig.-Seidenbd. mit Spiegel. 18°. (48 Kr. Gilhofer & Ranschburg, 1912.)
Aeusserst seltener Miniaturkalender.

Mannheimer kleiner *Sack-Kalender* . .
1796: zum Andenken des französischen Krieges.
1797: dem Andenken der Belagerung gewidmet.
[Nicht erm.]

Sackkalender, Neuer, f. d. gemeine Jahr . . . .
1783. M. Holzschn.
Radkerspurg.

Sack-Kalender, neuer, auf d. J. 1800. Mit 12 ill. Abbildd. u. Beschreib. verschied. Menschenarten. Manh., Schwan u G. 12 gr

Sackkalender Neuer — auf das Jahr Christi 1856. Linz, Druck von J. Huemer's Witwe. (32 S. 32.)

Sackkalender Neuer — auf das Jahr Christi 1857. Linz. Druck und Verlag von Huemers Witwe und Danner. (64 S. 64.)

Sackkalender fur das J. 1858. Linz. Dr. von Huemers Witwe und Danner. (16 Bl. 12.)

Sackkalender, Salzburgischer — auf das Schaltjahr 1856. Salzburg. Duyle'sche Buchdruckerei. (32 Bl. 32.)

Sackalender, Salzburgischer — auf das gemeine Jahr 1858. Salzburg. Zu haben in der Duyle'schen Hofbuchdr. (16 Bl. 12)

— — Salzburgischer, auf das gemeine Jahr 1862. 32. Salzburg, Duyle. geb. m. Schuber. 20 kr.

—— salzburgischer, auf das gemeine J. 1862. 32. Salzburg 861, [Glonner.] geb.

Sack-Calenderl, Clagenfurterisches. Clagenfurt. Stückelberger, 1726. 32 S.

Sack-Calenderl, Clagenfurterisches. Clagenfurt. Probst, 1742. 96 S.

Compendieuses Sack- und Futer-Calenderlein, samt einer poetischen Blumenlese aus dem Jahre 1783. – *Basel, Bolli* (1781). 32 Bll. In-32.
Frontispice gravé et 6 vignettes (1 pour deux mois du calendrier) coloriées à la main.

Sackl, Jos. Ant., prakt. Anleitung, dem Weinstocke den höchsten Ertrag abzugewinnen, durch eine neue, besonders schöne und lohnende Erziehungsart, nähmlich auf Pyramiden- u. Kränzeform ec. Für Garten u. Weinberge anwendbar. Nebst einer Abhandlung über Topf- u. Kübel-Rebenzucht, dann geregelter Pflege der Weinspalier. Mit 15 Abbildd. 8. Gratz 839. Kienreich. (Leipzig, Weygand.) 2/3 rf

Sackl. Jos. Ant., prakt. Anleit., d. Weinstock d. höchsten Ertrag abzugewinnen, durch e. neue, besond. schöne u. lehrende Erziehungsart etc. f. Gärten u. Weinberge anwendbar. Nebst e. Abhandl. üb. Topf- u. Kübel-Rebenzucht, dann geregelter Pflege d. Weinspalier. Mit 15 Abb. 8. Grätz, 1839. (Leipzig, Gebhardt u. R.) — 20

Sackmann, Jobst, Predigten. 2e A. 8. Celle 827. Schulze. 8 gr

Sackmann, Jobst, (plattdeutsche) Predigten. Jetzt z. ersten Male in einer Samml. vereinigt. Nebst e. Biographie u. d. Verf. Bildn. 3., bericht., neu durchges., verm. Aufl. 8. (7 B. u. Bild.) Celle 833, Schulze.

Sackmann, Jobst, (plattdeutsche) Predigten. Jetzt z. ersten Male in e. Samml., mit einigen and. vereinigt. Nebst e. Biographie. 4. Aufl. gr. 12. (5 B. u. S's. Bildn.) Celle 840, Schulze'sche Buchh.

Sackmann's, Jobst, Predigten. Jetzt zum ersten Male in einer Sammlung mit einigen anderen vereinigt. Nebst Biographie u. (lith.) Bildniß des Verfassers. 5. Aufl. Celle 853. Schulze. 8. (2 Bl., 114 S.) n. 10 ngr.

Sackmann, Jobst, plattdeutsche Predigten aus Flugblättern des vorigen Jahrhunderts zusammengetragen und mit andern merkwürdigen Predigten derselben und späterer Zeit vereinigt. 6. Aufl. 859. — 7. Aufl. 860. (XV, 114 S.) — 8. verm. Aufl. Mit einer Vörspauk und literarischen Nachweisungen, sowie einer Lebensgeschichte Sackmann's herausg. von Frdr. Voigts. Mit Sackmann's Bildniß (in Holzschn.). Celle 864. Schulze. 8. (143 S.) n. 10 ngr.

Sackmann, Jobst, plattdeutsche Predigten aus Flugblättern des vorigen Jahrh. zusammengetragen u. mit anderen merkwürdigen Predigten derselben u. späterer Zeit vereinigt. 9., verm. Aufl. Mit einem Vörspauk u. literar. Nachweisungen, sowie einer Lebensgeschichte Sackmann's herausg. von Friedr. Voigts. Celle 865. Schulze'sche Buchh. 8. (143 S. mit Sackmann's Bildniß in Holzschn.) n. 10 ngr.

Sackmann's, Jobst, plattdeutsche Predigten, nebst Bericht über sein Leben u. seine Zeit. Mit einer Zugabe von andern merkwürdigen Predigten, gehalten zu Anfang des vorigen Jahrhunderts. Aufs Neue hrsg. von Aug. Schulze. Mit Sackmann's Bildniß. 2. Aufl. 8. (III, 112 S.) Celle 881. Literar. Anstalt. n. 1. —

Sackmann's, Jobst, plattdeutsche Predigten. Nebst Nachrichten üb. sein Leben u. seine Zeit. Mit e. Zugabe v. anderen merkwürd. Predigten. Aufs Neue hrsg. v. Aug. Schulze. Jubiläums-Aufl. 8. (III, 120 S. m. Bildnis.) Leipzig 894. Literar. Anstalt A. Schulze. n. 1. 60

Jobst Sackmanns, weil. Pastor zu Limmer bei Hannover, Plattdeutsche Predigten. Nebst Nachrichten über s. Leben u. s. Zeit. Mit e. Zugabe von anderen merkwürd. Predigten. Aufs Neue hrsg. von August Schulze. Mit Sackmanns Bildn. Jub.-Aufl. Leipzig: Lit. Anst. 1902. (120 S.) 8° [S.] [08. 9:24 B]

Der Polnische Sack-Pfeiffer. Oder. Ein gar Lustiges Tracktätlein. Anitzo Vermehret mit vielen kurzweiligen Historien, benebst etzlichen feinen Geschichten, artigen Fragen. und allerhand Antworten, dem kurtzweil liebenden Leser zu Gefallen heraussen gegeben. von Mons. de Kribbekop (Holzschnitt). Noch wird der Liebhabende Leser Auch hierinnen zu finden haben, etlicher vornemer hoher Leute Titul, so man an selbe zuschreiben hat. ihren rechten Titul zu geben. O. O. u. J. (ca. 1700?). 12°.

Sackreuter, Karl Ludwig, s. Apologet, Der.

Sackreuter, Karl Edw., kurze Geschichte d. christl. Religion u. Kirche. 8. Darmst. 824. 2e A. 825. 3e A. 828. Leske. 4 gr

Sackreuter, Karl Ludw., kurze Geschichte der christl. Religion u. Kirche. Zum Gebrauche in Volksschulen u. a. Lehranstalten. 4e verb. Aufl. 8. Darmstadt 834. Leske. 1/6 ℛ —

Sackreuter, Karl Ludw., kurze Geschichte d. christl. Religion u. Kirche. Zum Gebr. in Volksschulen u. a. Lehranstalten. 5. u. 6. Aufl. 8. (à 5 1/2 B.) Darmstadt 837, 40, Leske. à

— kurze Geschichte der christl. Religion u. Kirche zum Gebrauche in Volksschulen u. anderen Lehranstalten. 7. Aufl. 8. Ebend. 843. 1/6 ℛ

Sackreuter, Karl Ludw., kurze Geschichte der christlichen Religion und Kirche zum Gebrauche in Volksschulen u. anderen Lehranstalten. 9. Aufl. Durchges. u. mit den nöthigen Zusätzen vers. von Karl Zimmermann. 853. — 10. Aufl. Darmstadt 858. Beyerle. 8. (VI, 66 S.) 5 ngr.

Sackreuter, Karl Ludw., kurze Geschichte der christlichen Religion u. Kirche zum Gebrauche in Volksschulen u. anderen Lehranstalten. 11. Aufl. Durchgesehen u. mit den nöthigen Zusätzen versehen von Karl Zimmermann. Darmstadt 866. Beyerle. gr. 8. (V, 66 S.) n. 5 ngr.; geb. 6 ngr.

Sackreuter, Karl Ludw., kurze Geschichte der christlichen Religion u. Kirche zum Gebrauche in Volksschulen u. anderen Lehranstalten. 12. Aufl. Durchgesehen u. m. den nöthigen Zusätzen versehen von Karl Zimmermann. gr. 8. (VI, 66 S.) Darmstadt 877. Beyerle. — 50; geb. — 60

Sackreuter, Karl Ludw., kurze Geschichte der christlichen Religion u. Kirche zum Gebrauche in Volksschulen u. anderen Lehranstalten. 12. Aufl. 2. Ausg. Durchgesehen u. m. den nöth. Zusätzen versehen von Karl Zimmermann. 8. (VI, 66 S.) Dillenburg 883. Seel. n. — 45

— evangel. Glaubensschild, od. vergleichende Darstell. d. beiden christl. Hauptkirchen. A. u. d. T.: Katechismus d. Unterscheidungslehren d. römisch-kathol. u. evangel.-protestant. Kirche. 8. Leipz. 827. Baumgärtner. 1 ℛ

Sackreuter, Carl Ldw., evangel. Glaubensschild oder vergleichende Darstellung der Unterscheidungslehren der beiden christl. Hauptkirchen. Zur Selbstbelehrung u. Befestigung in evang. Glaubenstreue. Mit Vorwort von Cr. Zimmermann. 2. verb. Aufl. 8. Leipzig 843, Baumgärtner. 3/4 ℛ

Sackreuter, Carl Ludw., evangelischer Glaubensschild od. vergleichende Darstellung der Unterscheidungslehren der beiden christl. Hauptkirchen. Zur Selbstbelehrung u. Befestigung in evangel. Glaubenstreue. 3. verb. Aufl. durch Aug. Ludw. Krehl. 8. (XXIV u. 272 S.) Leipzig 851, Baumgärtner. 3/4 ℛ

—— christl. Religions- u. Kirchengesch., dargest. f. gebild. Familien u. Lehrer an Volksschulen z. Erweckung u. Bewahr. evangel. Glaubenstreue u. Glaubensfreudigkeit. 2 Bde. gr. 8. (46 B.) Darmstadt 835, Leske. 2 Thlr., m. 15 Kpfrtaf.

— christl. Religions- u. Kirchengeschichte dargestellt für gebildete Familien u. Lehrer an Volksschulen zur Erweckung u. Bewahrung evangel. Glaubenstreue u. -Freudigkeit. 2. Aufl. 2 Bde. gr. 8. Darmstadt 843, Leske. 2 ℛ

— christliche Religions- und Kirchengeschichte dargestellt fur gebildete Familien und Lehrer an Volksschulen rc. 2. (Titel-) Aufl. 2 Bde. Gießen (843.) 854. Ferber. 8. (XXXII, 263; VI, 345 S.) n. 1 ℛ. 10 ngr.

— s. Schlez, J. F., Denkfreund.

Sacks Familienstiftung zu Glogau v. J. J. Woldermann. 8. Berl. Unger. 805.

— — Nachtrag hierzu. 8. Ebend. 806.

Sacks, Wold., üb. die Klavierbegleitung zu Schumann's Frauenliebe u. Leben (Op. 42). Eine Vortragsanalyse. 12. (15 S.) Zürich 892. (E. Speidel. — Konstanz, E. Ackermann.) — 30

Woldemar Sacks: Der Fall Lessmann. Ergänzungen zum Prozess Lessmann-Wolfradt u. Anderes ... *München: G. Birk & Co. 1902.* (68 S.) 8° [Umschlagt. F.] [03. 3230

Sacksofsky, Kurt, Gerichtsreferendar in Halle a. S.: Die Bestellung des rechtsgeschäftlichen Pfandrechts an registrierten Schiffen. Halle a. S. 1908: C. A. Kaemmerer & Co. (VII, 60 S.) 8°
Leipzig, Jur. Fak., Diss. v. 22. Jan. 1908
[Geb. 13. Febr. 79 Halle a. S.; Wohnort: Halle a. S.; Staatsangeh.: Preußen; Vorbildung: Gymn. Torgau Reife O. 00; Studium: Halle 1, München 2, Halle 5 S.; Rig. 21. Dez. 04.]

Sackspiegel, polnisch., od. Vorbild. d. Zustand. in Polen. 2 Thle. 4. Frankf. 734. Rthlr.

Die richtige Sack-Uhr, das ist: Curieuser und kunst-mäßiger Unterricht, wie man eine gute Sack-Uhr erkennen, damit behörig umgenen...könne... mit vielen sehr nöthigen Anmerckungen...aufgesetzt ... durch einen Liebhaber... Franckfurth a.M. 1726. 15 S. 8°

Sackur, Ernst, die Cluniacenser in ihrer kirchlichen u. allgemeingeschichtlichen Wirksamkeit bis zur Mitte des 11. Jahrh. 2 Bde. gr. 8. Halle, M. Niemeyer. n. 22. —
1. (XVI, 399 S.) 892. n. 10. —. — 2. (XII, 530 S.) 894. n. 12. —.

Sackur, E., die Quellen f. den ersten Römerzug Ottos I. gr. 8. (S. 249—266.) Strassburg 901. K. J. Trübner. n.n. — 50
Sonderabdruck aus: „Strassb. Festschrift z. 46. Versammlg. deutscher Philologen u. Schulmänner".

Sackur, Ernst: Richard, Abt von St. Vannes .... Breslau, Druck d. Bresl. Genossenschafts-Buchdr., 1886; 4 + 100 S. 8°.
Breslau, Phil. Fak., Inaug.-Diss. v. 24. Jul. 1886.

Sackur, Ernst, Richard, Abt v. St. Vannes. gr. 8. (98 S.) Breslau 886. (Köhler.) n. 1. —

Sackur, Ernst, sibyllinische Texte u. Forschgn. Pseudomethodius, Adso u. die tiburtin. Sibylle. gr. 8. (VII, 191 S.) Halle 898. M. Niemeyer. n. 6. —

Sackur, Hugo, über den Gerbprocess. Dissertation. gr. 8. (85 S.) Berlin 860. (Göttingen, Vandenhoeck und Ruprecht's Verlagsh.) * *

— — (Abdruck aus der Gerberzeitung.) Berlin 860. (Th. Grieben.) 16. (34 S.) n. 7 1/2 ngr.

Die chemische Affinität und ihre Messung von Dr. Otto **Sackur**, Privatd., Breslau. Mit 5 Abb. Braunschweig: F. Vieweg & Sohn 1908. (VIII, 129 S.) 8° = **Wissenschaft**. H. 24. [08. 6073

Sackur, Otto, über die Bedeutung der Elektronentheorie f. die Chemie. Antritts-Vorlesung, geh. zur Erlangg. der venia legendi f. Chemie an der Universität Breslau. (21 S.) 8. Halle 905. W. Knapp. n. 1. —

Über die Bedeutung der Elektronentheorie für die Chemie. Antritts-Vorlesung geh. an d. Univ. Breslau von Dr. Otto **Sackur**. Halle: W. Knapp 1906. (21 S.) 8° [06. 6347 3

Sackur, Otto, Dr., Assistent am chemischen Institut der Universität Breslau: Aus dem Chemischen Laboratorium des Kaiserlichen Gesundheitsamtes zu Berlin. Beiträge zur Kenntnis der Metall-Legierungen. o. O. (1905.) (67 S.) 4° (8°) ¶ (Aus: Arbeiten aus d. Kais. Gesundheitsamte, Bd 23.)
Breslau, Phil. Fak., Hab.-Schr. v. 19. Okt. 1905

Sackur, Otto: Aus d. Chemischen Institut d. Universität Breslau. Über den Einfluss gleichioniger Zusätze auf die elektromotorische Kraft von Flüssigkeitsketten. Ein Beitrag zur Kenntnis d. Verhaltens starker Elektrolyte. *Leipzig: W. Engelmann 1901.* (40 S.) 8° ¶ (Aus: Zeitschrift f. physikal. Chemie, Bd 38, H. 2.)
Breslau, Phil. Diss. v. 31. Juli 1901

— zur Kenntnis der Kupfer-Zinklegierungen. Auf Grund v. gemeinsam m. P. Mauz u. A. Siemens ausgeführten Versuchen. (67 S. m. 5 Fig.) Lex.-8. Berlin 905. J. Springer. n. 4. —
Erweit. Sonderabdr. a.: „Arb. aus d. kaiserl. Gesundheitsamte".

— Physikalisch-chemische Rechenaufgaben, s.: Sammlung Göschen. (Abegg, R.)

Sackur, Otto (Mitarb.), s. Abegg, Richard: Physikalisch-chemische Rechenaufgaben.

Sackur, Paul [pr. Arzt]: Wirken die Antipyretica auf die Temperatur des nicht fiebernden Menschen? (Aus d. med. Klinik d. Herrn Geheimrat Prof. Biermer zu Breslau.) . . . Breslau, Druck d. Bresl. Gen.-Buchdr., 1890; 3 Bl., 40 S., 1 Bl. 8°
Breslau, Med. Fak., Inaug.-Diss. v. 22. Okt. 1890

Sackur, Paul, wirken die Antipyretica auf die Temperatur d. nicht fiebernden Menschen? Diss. gr. 8. (40 S.) Breslau 890. (L. Köhler.) n. 1. —

SACKVILLE, George, Lord GERMAIN 1716 – 1785
Correspondance du Lord G. Germain, avec Les Généraux Clinton, Cornwallis & les Amiraux dans la station de l'Amérique, avec plusieurs lettres interceptées du Général Washington, du Marquis de la Fayette & de M. de Barras, chef d'Escadre. Traduit de l'Anglois sur les originaux publiés par ordre de la Chambre des Pairs.
Bern: Neue typographische Gesellschaft. 1782. XVI, 304 S. 8°.
Stadt- und Universitätsbibliothek Bern
Sabin 27140.

Sackville, Th., Gorboduc, s. Norton, Thom.

Sacleux, Ch.: Essai de phonetique avecson application a l'etude des idiomes africains. Ouvr. prec. d'une methode gen. de transcription d'apres les principes de l'abbe Rousselot. (Vorr.: Alexandre Le Roy, Eveque d'Alinda.) Paris & Leipzig: Welter 1905. XIV, 245 S. 8°

Sacombe, (Jean François): Der Arzt als Geburtshelfer. (Le Médecin accoucheur... Dt.) (Übers. und) mit Anmerkungen von Christian Kramp. 410 S., gbd.

Elberfeld: Comptoir für Litteratur 1797

Sacombe, Jean Frédéric. Der Arzt als Geburtshelfer; a. d. Franz. Elberfeld 1797. Ü: *Kramp, Chn.* (EngM) (Ky)

— der Arzt als Geburtshelfer; aus d. Französ. (v. Chr. Kramp). 8. Elberf. 797. (Schönian). 1 ₰

— s. Baudelocque, Streitschrift.

— Gemälde d. Entbindungswissenschaft. (Aus d. „Lucina" abgedruckt). 8. Cöln 803. Rommerskirchen. 6 gℊ

— Lucina; e. Zeitschr. f. Aerzte u. Geburtshelfer; aus d. Französ. v. Schumacher. 16 Hft. 8. Cöln 803. Rommerskirchen. 8 gℊ

Sacombe, J. F., le médicin accoucheur, ouvrage utile aux mères de famille etc. 12. Strassb. 791. König. 15 gℊ

Sacombe, J(ean) F(rançois): Neue Theorie der Geburtshülfe in Beobachtungen, Schlußfolgen und Vorschriften für Schwangere, Kreissende und Kindbetterinnen. (Observations médico-chirurgicale sur la grossesse, le travail et la couche. Dt.) 337 S., gbd.

Frankfurt: Jäger 1796

Sacontala ossia l'anello fatale. gr. 8. Darmst. Heyer et L. 815.

Sacontala ossia l'anello fatale. gr. 8. Darmst. 815. Leske. 1 ₰

Sacra, Inclytae Academiae Lipsiensis volente Deo, saecularia pridie Non. Dec. A. 1809 quartum celebrata gratulatur . . . Lips. 1809. V: *Rost, Frdr. Wilh. Ehrenfried.* (MGT)

Sacra, Academiae Rostochiensis, saecularia a. D. XI—XIII. Novemb. celebranda indicit Senatus Academiae. S. l. 1819. V: *Huschke, Immanuel Gottlieb.* (NN)

Sacra, Academiae Vitebergensis, secularia tertia, solenni ritu festisque caerimoniis celebranda, in diem 18 Mensis Octobris . . . 1802. . . . indicit . . . Jo. Jac. Ebert . . . Viteb. 1802. V: *Henrici, Joh. Chn.* (MGT)

(1836. 37. 39—41: Ad) **Sacra** Christi natalitia (1833. 38: natalicia) pie celebranda (1836. 39—43: concelebranda) academiae (35: universitatis) Fridericianae (36. 37. 39—43: utriusque) Halis consociatae (34. 35. 38: civibus indicit) prorector cum (34—41: directore et) senatu. Inest . . . (bzw. 1836. 37. 39/41: cives invitat od. 42. 43: civibus commendat interprete . . .). Halae 1834/43: Orphanotropheum bzw. Gebauer; aber Hamburgi: Perthes 1833, Lipsiae: Vogel [1838]. 10 Bde 8° (4°) Umfang 19 bis 34 S.

Sacra Christi natalitia pie celebranda civibus indicit academiae Fridericianae Halis consociatae prorector cum senatu. Inest . . . Halis 1846: Heynemann. 22 S. 8° (4°)

Sacra Christi paschalia (1851. 1852) pie celebranda civibus indicit academiae Fridericianae Halis consociatae prorector cum senatu. Inest . . . Halis Saxonum 1851/52: Gebauer-Schwetschke. 2 Bde 8° (4°) Umfang 23 bis 26 S.

Sacra Mosaica et Homerica inter se collata. [Berlin 1828.] V: *Uhlemann, Friedrich.* (BrMm)

Sacra Semisaecularia Georgiae Augustae commendat. Marburg 1787. V: *Curtius, Michael Conrad.* (MGT)

Sacra semisecularia Universitatis Litterariae Vratislaviensis d. III. mensis Augusti anni 1861 pie celebranda indicit rector et senatus academicus. Vratislaviae (1861). 8 S. 4

Sacra Universitatis lit. Frid. Guil. ante L annos institutae, die XV. mensis Oct. anni 1860 celebranda indicunt Rector et Senatus. Berolini 1860. V: *Haupt, Moriz.* (StBiblBerlin XI, S. 76)

Sacramelli, Anleitung zur Ascese. Aus dem Italien. 4 Thle. Nebst einem Anhange von Predigtentwürfen. Regensburg 853—55. Manz. gr. 8. (1. Thl.: VIII, 524 S. 1 ₰ 10 ngr; 2. Thl.: VIII, 448 S. 1 ₰ 7½ ngr; 3. Thl.: VIII, 549 S. 1 ₰ 15 ngr; 4. Thl.: VI, 474 S. 1 ₰ 10 ngr.) 5 ₰ 12½ ngr

Sacramelli, Anleitung in der mystischen Theologie. Aus dem Italien. 2 Thle. Regensburg 855, 56. Manz. gr. 8. (1. Thl. 1. Abth.: VIII, 411 S.; 2. Abth.: VIII, 271 S.; 2. Thl.: VIII, 453 S.) 3 ₰ 6 ngr

Sacrament(e), s. S a k r a m e n t (e) .

Sacramento Journal: 1867-? **Sacramento, CA**
Publisher: K. L. Wasmeyer & Co. Tri-weekly.

Sacramento Journal: 1868-1889
Tri-weekly, 1868-74; semi-weekly, 1875-89. Independent. United with Nord California Herold, to form Nord California Herold und Sacramento Journal. Edited & published by K. L. Wasmeyer & Co., 1868-89.
Sacramento, CA

Sacré, Liederbüchlein f. kathol. Vereine. Den marian. Kongregationen gewidmet. (32 S.) 16. Aachen 907. J. Schweitzer. —10

— Verzeichnis e. Auswahl der besten, einwandfreien Jugend- u. Volksschriften f. katholische Haus-, Schul- u. Vereins-Büchereien. 4. Jahrg. (44 u. Verlegerschlüssel 2 S.) 8. Aachen 910. J. Schweitzer. p — 30

Sacrificium, Annuum Sapientiae, in physicae lunae motionibus paratum . . . Graecii 1709. V: *Pettinati, Jacob.* (Jes)

Johanni **Sacrum**.·. o. O. u. J. 2 Bl. 8°
[Kopftit.]
Lied ohne Noten: „Froh im Genuss der Maurerey, . . .“ 138.

Sacrum. – J u g i coronationis memoriae Friderici Regis in Prussia Sacrum, s. B a u m g a r t t e n , Samuel

Sacrum, Nuptiale, Friederici Ludovici Principis . . . et Augustae Friedericae Principis Hasso-Homburgensis, bonis votis prosequitur **Academia Rostochiensis** . . . Rost. 1818. V: ***Huschke, Immanuel Gottlieb.*** (NN) (MGT)

Saecula, Quatuor, laureata Austriacorum Caesarum, Pietate ac Clementia . . . adumbrata. Carmen. Viennae 1731. V: *Dolfin, Franz.* (Jes)

Säcular ..., s. S ä k u l a r . . .

Saeculum octavum Oder Acht-tägiges Hoch-feyrliches Jubel-Fest . . . Mit Ungemeinen Kirchen-Gepräng Pontificanschen Gotts-Diensten / kost- und scheinbahren Processionen triumphierlicher Einholung der Heiligen zweyen Römischen Martyrer Marii und Caelestini Acht außerlesenen . . . Lob- und Ehren-Predigen . . . Wegen Glücklich hinterlegten achthundert-jährigen Zeit-Lauffes von erster Stifftung Anno 898 In dem Hochlöbl. Gotts-Hauß und Closter Ranshoven Der Regulierten Chor-Herren deß H. Augustini Ordens der Lateranensischen Congregation In dem 1699 Jahr vom 23 Tag Augustmonats . . . bis 30 inclusive gehalten . . . Augspurg / gedruckt bey Mar. Magdalena Utzschneiderin / 1702.
Tit., 10 Bl., 222 – 40 S., 17 Taf. in Kupferst. 8°
2 Taf. (mit Prozessionen) gest. von J. Christ. Hainer

Saeculum Sextum Inchoatae ad Cellas Marianas in Styria Sacrae Peregrinationis Subjunctis Relationibus In Lucem anno 1758 Sermone Germanico Editum A . . . Bertholdo . . . Monasterii Ad S. Lambertum Et Cellas Marianas Ord. S. Benedicti Abbate. Tum Thesaurio Ibidem, Ab Ejusdem Monasterii Professo Latinitale Donatum. Styriae 1772. V: *Sternegger, Berthold.* **(Bespr. K. K. Anzeigen II. Jgg 40 St. S. 314/5; 46 S. 361—363; 41 S. 321/323; 43 S. 337—341; 49 S. 386—388; 47 S. 369—372; 36 S. 282/4; 37 S. 290/292) (BiblPort)**

Sacut Mose, Jessod Olam, das älteste bekannte dramat. Gedicht in hebr. Sprache. Zum ersten Male nach 3 Handschriften edirt u. m. e. Einleitg. versehen v. A. Berliner. gr. 8. (XLII, 38 S.) Berlin 874. Benzian. n.n. 2. 50

Sacy, Antoine Isaac, Baron Silvestre de

Sacy, Sylvester. Neueste Beiträge zur Kunde der a s i a t i s c h e n T ü r k e i. Aus dem Französischen. Herausgegeben und mit Anmerkungen begleitet von Theophil Friedrich **Ehrmann**.
8. Weimar 1809.

Sacy, S. de, Beyträge z. Kunde d. asiat. Türk. ic. (aus d. Biblioth. d. Reisebeschr. 4or Bd. besond. abgedr.) gr. 8 Weim. Land. Jnd. Comt. 809.

— Beitrr. zur Kunde d. asiat. Türkei, s. Bibliothek d. Reisebeschreibb. 40r Bd.

de Sacy, Baron A. J. Sylv., الشذور كتاى الانيس المفيد للطالب المستفيد وجامع – Chrestomathie Arabe, ou من منظوم ومنثور extraits de divers écrivains arabes, tant en prose qu'en vers, avec une traduction française et des notes. IIe Edit. corrigée et augm. III Vols. gr. 8. Paris 826 u. 27. (Weigel in Leipz.) 25 ₰

— Geschichte v. Aegypten u. der Stadt Cairo; aus d. Französ. 8. Hildburgh. 791. Hanisch. 9 gr

— التحفة السنيةَ علم العربيّت Grammaire Arabe à l'usage des élèves de l'école spéciale des langues orientales vivantes; avec figures. 2de Edition, corr. et augm., à laquelle on a joint un traité de la prosodie et de la métrique des Arabes. II Toms. gr. 8. Mit 14 Tabb. Schrift-Tafeln in Kupferstich in kl. Fol. Paris 831. (Leipz., Weigel). 16 ₰ Daraus apart abgedr.: Traité élémentaire de la prosodie et de l'art métrique des Arabes. gr. 8. le même 831. 1 ₰ 16 gr

— Grundsätze d. allgem. Sprachlehre, übersetzt mit Anmerkk. v. J. S. Vater. 8. Halle 804. Reinicke u. C. 1 ₰ 6 gr

de Sacy, (A. J. S.,) Grundsätze d. allgemeinen Sprachlehre mit e. Anhang. faßl. Vorträge ic., herausg. v. J. S. Vater. 8. Halle 807, ist Verl. v. Reinicke u. C.

— Nachrr., das Buch Henoch betreffend; aus d. Französ. v. F. T. Rink. 8. Königsb. 801. (Lauffer in Leipz.) 6 gr

S[acy]. S[ilvestre] de, Notice de l'ouvrage intitulé: *Ἀμπουλφέδα Ἰσμαὴλ βασιλέως Ἀλαμίας ἐκ τῶν γεωγραφικῶν πινάκων περιγραφὴ Χωρασμίας, Μαουαραλνάχρης, Ἀραβίας, Αἰγύπτου, Περσίδος, ἔτι δὲ καὶ τῆς Περσικῆς καὶ Ἐρυθρᾶς θαλάσσης, κ. τ. λ.*, c'est-à-dire, Description de la Chorasmie, du Mawara 'lnahr, de l'Arabie, de l'Egypte, de la Perse, du golphe Persique et de la mer Rouge, extraite des Tables géographiques d'Abou 'lféda Ismaël ..., traduite ... et enrichie de quelques notes par Démétrius A l e x a n d r i d è s ... Vienne, 1807. [Extrait du Magasin Encyclopédique 1808. T. I. P. 79 ss.] au De 681.

— über den gegenwärt. Zustand d. Samaritaner; aus d. Französ. (v. Th. Melch. Hartmann). 8. Frankf. a. M. 814. Hermann. 6 gr

Sacy, Louis Isaac Le Maistre de

— Ausleg. all. Epist. Pauli. 4 Thle. Fol. Prag. 722.

— — d. Psalmen Davids. 3 Thle. 4. Ebend. 713.

Sacy, le Maistre de, Erklär. d. heil. Schriften d. N. Test., s. Maßl, F. X.

de Sacy, Ludwig Isaak le Maistre, Geschichte des Alten und Neuen Testamentes, nebst Erklärungen der Kirchenväter. Aus dem Französischen. 2 Teile. Wien, 1771, 8° (auch Bamberg, Göbhardt, 1786; Münster, Aschendorff, 1786; Köln, Haas, 1787).

Das Original: Histoire du V. et du N. T. avec des explications édifiantes tirées des ss. Pères pour régler les moeurs dans toutes sortes de conditions par le S. Royaumont (= Sacy). Paris 1669, 4°, (1681—1687). Vgl. dazu Hurter, a. a. O II, 421, Anm. 1.

de Sacy, Royaumont, le Maitre, Geschichte des A. u. N. Testaments, nebst Erklärung d. Kirchenväter; aus d. Französ. (v. Jh. Dn. Heyde). 2 Thle. Mit 163 Kpf. 8. Wien 771. (W. Nauck in Leipz.) 3 ₰ — Dass. 8. Bamb. 786. Wesché in Frkf. a. M. 12 gl — Dass. 8. Münst., Aschendorff. 12 gl — Dass. 8. Cöln 787. Haas. 21 gl Mit Kpf. 1 ₰ 12 gl

— — dies. 8. Cöln, Haas. (Fabricius.) 787. mit K.

de Sacy, Royaumont, le Maitre, histoire du Vieux et du nouveau Testament. 8. (Leipz., Hinrichs). 1 ₰ 8 gl

Sacy, le Maitre de, Pflichten der Freundsch., nebst ders. Natur, übersetzt von Leutner. 8. Breslau, Meyer. 721.

— die ganze heil. Schrift, erklärt aus d. heil. Vätern u. andern Schriftstellern d. Kirche; nach d. neuest. französ. Ausg. übers. durch einige Benediktiner in Banz (B. Vollert, R. Schad u. And.) Des alten Bundes. 15 Bde. 8. Augsb. 787—818. Wolff. 10 ₰ 16 gl Des N. Testaments. 12 Bde. 8. Ebd. 793—803. 8 ₰

Sacy, de, die ganze heilige Schrift, erklärt a. d. heil. Vätern u. a. Schriftstellern d. Kirche, nach d. neuest. franz. Ausg. übers. Des alten Bundes 13r — 15r Bd. gr. 8. Augsburg, Wolff. 818.

(13r Bd. 804. 1 Rthlr. 16 Gr. 14r Bd. 805. 1 Rthlr. 16 Gr. 15r Bd. 818. 2 Rthlr.)

— heil. Schrift d. Neuen Testam. erkl. ꝛc. a. d. Franz. 11 Bde. 8. Ebend. 793–802.

Sadananda, die Philosophie d. Hindu. Vaedanta-Sara. Sanskrit u. teutsch z. erstenmal übers., u. mit Anmerkn. u. Auszügen aus d. Scholien d. Rama-Krishna-Tirtha begleit. v. Othmar Frank. gr. 4. (17 B.) München 835. (Leipzig, Fr. Fleischer.) *

Sadânanda, Vedânta-Sâra. Aus dem Sanskrit übersetzt von Ludw. Poley. [Aus den Sitzungsber. der k. Akad. der Wiss.] Wien 870. (Gerold's Sohn.) Lex.-8. (125 S.) n. 20 ngr.

Saddharmapundarika, ed. by H. Kern and Bunyiu Nanjio, s.: Bibliotheca buddhica. X, 1—4.

Saddi, Rabbi Ben, (Jh. Tob. Stockmann,) Chronica nach der neuen Zeitrechnung beschrieben im J. 1774 an seinen Freund Husa Ismael. Darmst. 177..

Saddi, Jochai Ben. Die Bücher der Chronicka von den Kriegen, welche die Franzosen mit Theresia, der Königin zu Ungarn geführt haben etc. 8. Prag 1744.

Saddi, Kemuel (Chrph. Gottl. Richter), Die Bücher der Chronika Friedrichs des Königes der Preussen von den Kriegen, die er geführet hat wider Theresia, die Königin in Ungarn. Buch I. II. 1744. 8.

Saddi Kemuel, Hoff Jude zu Mannheim. Die Bücher der Chronicka Friederichs des Königes der Preussen. (1740—1745.) Von den Kriegen die er geführet hat wider Theresia die Königin in Ungarn, in den Landen Schlesien, Mähren und Böhmen. (2 Th. in 1 Bd.) 8. Gedruckt im Jahre 1745.

Saddi, Kemuel. Die Bücher der Chronicka Karls, Herzogs zu Lothringen, des Obersten Feld-Hauptmanns der Königin in Ungarn, in jüdischer Schreibart. (120) 8. Frankfurth 1744.

— Chronique de Frédéric, roi de Prusse, touchant la guerre qu'il a faite contre Thérèse, reine de Hongrie, aux pays de Silésie, de Moravie et de Bohême. Ouvrage traduit de l'Allemand. (Livre 1. 2.) A Dusseldorp 1745. 8.

Sade, Laura de, s. Laura.

Sade, Donatien Alphonse François, Marquis de

Sade, Marquis v., s. Janin, J.

v. Sade, s. Marquis

— — Geschichte der Juliette oder Die Wonne des Lasters. Amsterdam 1891. 8°.
[E. VII, 25.]
Verb. d. Ldg. Köln II Ul. 48/95.

— — Geschichte der Juliette, oder die Wonnen des Lasters (auszugsweise übers.). Eingeleitet durch eine Biographie des Verfassers u. eine Inhaltsübersicht. Bucharest, 1892. Cesareano & Co. 8°. Lat. Typen, holl. Büttenpap., saub. Ausstattg. (Mk. 10—.)

152 S. (incl. 2 Bll. Vor- u. Haupttitel, S. 5—24 Biographie, S. 25—36 Inh.-Uebers.). Erster Versuch, einige Stellen dieses so berüchtigten Buches, dessen Lektüre bei jedem Menschen nur tiefsten Ekel hervorrufen muß, im Deutschen wiederzugeben. („Ganz werthlos, nur die tollsten Stellen enthaltend." — Dr. Neumann-Berlin.)

— — Dasselbe, tit.: Juliette oder die Wonne des Lasters. Chicago, o. J. (c. 1895?). 8°. (12 Mk. Bangel & Schmitt, Heidelberg, 1905.)

— — Die Geschichte der Juliette oder: Die Vorteile des Lasters. Aus dem Französischen ins Deutsche übertragen von Dr. Martin Isenbiel. 1906. Privatdruck. (Titel rot und schwarz gedruckt.) 550 numer. Expl. Gr. Lex.-8°. 2 Titelbl., 607 S., letzte Seite leer. Original Ganzlederbände.

—— Die Geschichte der Justine oder die Nachteile der Tugend. Die Geschichte der Juliette oder die Vorteile des Lasters. Aus d. Französ. zum 1. Male ins Deutsche übertr. v. M. Isenbiel (d. i. Dr. Fiedler). 2 Bde. Mit 103 freien Illustrationen in Mappe (genauen Reproduktionen der französischen Orig.-Ausg. in Holzschnitt). O. O. (Wien) 1906. 8°. (120 Mk., Origbde., Südd. Antiqu., München, 1905, 70 Kr., eleg. Ldrbde., Carl Greif, Wien, 1908.)

Nur in 550 numer. Expll. hergestellter, bereits vergriffener Privatdruck.

SADE, Marquis de. Die Geschichte der Justine oder: Die Nachteile der Tugend. Aus dem Französischen zum ersten Male ins Deutsche übertragen von Dr. Martin Isenbiel. 1906. Privatdruck. (Titel rot und schwarz gedruckt.) 550 numer. Expl. Gr. Lex.-8°. 2 Titelbl., 420 S. Eng und mit verschieden großen Lettern gedruckt in geheimen Druckereien.

— — Justine und Juliette. Aus dem Französischen in Deutsche übers. v. René Leukh. 2 Bde. M. 94 Zeichnungen in besonderem Bande. Verlag der Bibliophilen. (G. m. b. H.) Berlin 1904. 8°. Hocheleg. Ausstattung, Büttenpap., in vornehmen Liebhaber-Einbdn. (Mk. 125—; Zeichnungen apart Mk. 40—.) (140 Mk., Orig.-Lwdbde., Schaper, Hannover, 1904.)

— — Dasselbe (andere Ueberstzg.), tit.: Justine und Juliette. Die Leiden der Tugend und Die Wonnen des Lasters. Ins Deutsche übertragen von Raoul Haller. 4 Bde. (Bd. 4 enth. die zum ganzen Werke gehörigen guten Reproduktionen der 103 Originalkupferstiche, nach Zeichnungen vom Marquis *de Sade* selbst, auf echtem Büttenpap.) O. O. u. J. (1905). 8°. (Mk. 125—.) (90 Mk., eleg. Orig.-Lwdbde., Lipsius & Tischer, Kiel, 1908; 80 Mk., br., Isaak St. Goar, Frf. a. M., 1909; 60 Mk., eleg. Orig.-Lwdbde., tadellos. Gelegenheitsexpl., Adolf Weigel, 1909; nur der Text: Mk. 35—.)

Privatdruck in einer einmaligen Auflage von 550 Exemplaren. Beim Herausgeber vergriffen.

— — Die Philosophie im Boudoir. Nachgelassene Werke (so!) vom Verfasser der Justine. (Motto.) 2 Bde. Mit 6 Handzeichnungen (Copien der französ. Originalstiche). London. Auf Kosten der Gesellschaft. 1794 (so!). Handschrift. 8⁰. (In Wien, Stadtbibl., 2 Hlwdbde.: Secr. I 511.)

Gay, 4e éd. III. p. 730. — Diese deutsche Uebersetzung scheint im Druck überhaupt nicht erschienen zu sein.

Orig. (in München): La philosophie dans le boudoir, ouvrage posthume de l'auteur de Justine. 2 tomes. Avec figg. Londre 1795. 12⁰. — Réimpression: La philosophie dans le boudoir. Oeuvre posthume. Bruxelles, chez les marchands de nouveautés, 1891. 8⁰. 276 pp. — Londres 1795 (recte 1895). II. 8⁰. 207+247 pp. (25 Mk. Taussig, Prag, 1906; 18 Mk. Ottmar Schönhuth, München, 1906.)

— — Die Philosophie im Boudoir oder spezielle Unterweisung in der Liebes-Philosophie und der höheren und raffinirten geschlechtlichen Wollust. Zum 1. Male ins Deutsche übertragen von Dr. A. Schwarz. 2 Thle. O. O. (Budapest) 1907. 8⁰. 276+342 S. (Mk. 40—.) (50 Mk. Schnabel & Walter, Potsdam, 1907, mit Angabe des [richtigen?] Druckorts; 27 Mk. B. Seligsberg, Bayreuth, 1908; 30 Mk., eleg. Orig.-Ldrbde., Adolf Weigel, 1909.)

Nur in 500 in der Presse numer. Expll. hergestellter Privatdruck. Ein Neudruck findet niemals statt. — Bildet Bd. IV der „Curiosa der Weltliteratur". Hrsg. von Dr. Georg Cordesmühl (ps.).

— — Die Schule der Wonne. Aus d. Französischen des Werkes: La philosophie dans le boudoir von Marquis *de Sâde*, Verfasser von Justine und Juliette. Leipzig, Karl Minde, Druck v. W. Schuwardt u. C. in Leipzig. O. J. (1878). 12⁰. (3 Mk. Ed. Fischhaber, Reutl.; 3 Mk. 50 Pfg. A. Bielefeld, Carlsruhe, vor 1885; jetzt theurer!)

Verboten vom L.-G. Wien, 1878. § 516. — Vergriffen!

— — Die hundertzwanzig Tage von Sodom oder die Schule der Ausschweifung vom Marquis *de Sade*. Erste u. vollständige Uebertragung aus dem Französischen von Karl v. Haverland. 2 Bde. Wien 1908. Gr. 8⁰. (Mk. 50—.) (50 Mk., eleg. Ganzldrbde., Adolf Weigel, 1910.)

Dieses Werk wurde in einer einmaligen Auflage von nur 200 in der Presse numerierten Exemplaren in 2 Farben auf Büttenpapier gedruckt u. mit zahlreichen künstlerischen, erotischen Leisten u. Vignetten von Karl Maria Diez geschmückt. Ein Nachdruck findet unter keiner Bedingung statt. — Gehört zur Serie: „Curiosa der Weltliteratur."

Orig.: Les 120 Journées de Sodome ou l'Ecole du Libertinage par le Marquis *de Sade*. Publié pour la première fois d'après le manuscrit original avec des annotations scientifiques par le docteur en médecine Eugène Dühren (d. i. Dr. med. Iwan Bloch). Paris, Club des Bibliophiles, MCMIV (1904.) Ed. in-4⁰. 8 et 543 pp.

SADE, Marquise de (ps.), Die Tränentrinkerinnen. (Weiblicher Sadismus in England.) Aus d. Französ. 2 Thle. Privatdruck..... (c. 1905). Gr. 8⁰. 119+156 S. (15 Mk. F. Waldau, 1907; 9 Mk. Adolf Weigel, 1905; 18 Mk. O. Rauthe, 1909.)

— — Verbrechen der Liebe. Eine Reihe heroisch-tragischer (zahmer) Gemälde. Aus d. Englischen (vielmehr aus d. Französ. des Marquis *de Sade*). 2 Bde. Mit 1 Titelkpfr. Leipzig, b. Wilh. Rein 1803. 8⁰. (6 Mk. Heinr. Lesser, Breslau, 1875; jetzt theurer!) Rar!

I: TKpfr., Tit. u. 278 S. 1. Miss Henriette Stralson. 2. Mathilde v. Forelange. 3. Florville und Courvall. II: 3 Bll. u. 256 S. 1. Roderich oder der Zauberthurm. Ein allegorisches Gemählde. 2. Lorenzo und Antonio. Eine italianische Novelle. 3. Ernestine. Eine schwedische Novelle. (Alle 3 auch einzeln gedruckt.) Nur die Erzählungen in Bd. 2—3 des französ. Originals sind übersetzt.

Orig.: *Sade* (Marquis) D. A. F. („auteur d'Aline et Valcour"), Les crimes de l'amour, nouvelles héroïques et tragiques: précédés d'une idée sur les romans, et ornés de 4 gravures (non signées). 4 vols. Paris, Massé. an VIII. (1800.) 8⁰. (30 Mk. vente G. Salomon, Dresde, le 8 mars 1875; 35 Mk., d.-chagr. vert, filets, tr. marbr., bel expl., S. Calvary & Co., Berlin, 1897.) 2 Bll., XLVij (47—228, 274, 256, 245 pp. (de plus 1 p. „table des nouvelles contenues au présent recueil"). — Tres-rare et recherché!

Sade, Jean François Jos., Marquis de

Nachrichten zu dem Leben des Franz Petrarca aus seinen Werken und den gleichzeitigen Schriftstellern (von *Jean Franç. Jos.* Marquis *de Sade*). 3 Bde. Lemgo 1774 (–1778). 8⁰.

Verfasser ist der Oheim des berüchtigten Marquis de S.; Uebersetzer Eberhard Karl Klamer Schmidt. Holzmann-Bohatta III. No. 6181. Nicht bei Goedeke. (Martin Breslauer's Berliner Ant.-Auct. 1910, no. 2592.)

Sadebeck, Alexander

Sadebeck, Alex., üb. Fahlerz u. seine regelmässigen Verwachsungen. [Aus: „Zeitschr. d. deutschen geolog. Gesellschaft."] Mit 4 (lith.) Taf. gr. 8. (98 S.) Berlin 872. Friedländer & Sohn in Comm. n. 2. 40

Sadebeck, Alexand. (geb. Breslau 26. 6. 1843): De formatione Kimmridgiensi Pommerania. Berolini (1865). (40 S.) 8⁰

Berlin, Phil. Diss. v. 12. Juli 1865

Sadebeck, Alex., de formatione Kimmridgiensi Pommeriana. Dissertatio inauguralis geologica. Berlin 865. (Calvary & Co.) gr. 8. (40 S.) n. 10 *ngr*

Sadebeck, Alex., Geologie von Ost-Afrika. Mit einer (chromolith.) Karte. [Aus: „v. der Decken's Reisen".] Lex.-8. (40 S.) Leipzig 879. C. F. Winter. n. 4. —

Sadebeck, A.: Die oberen Jurabildungen in Pommern. ([S.-A.] Zeitschrift der Deutschen Geologischen Gesellschaft. Jahrg. 1865. S. 651—701.) Berlin 1865. 51 S. 8⁰ [F. 3788

— über die Krystallform des Kupferkieses. Mit einer lith. Taf. (in qu. 4.) [Aus der Zeitschrift der deutschen geolog. Gesellschaft.] Ebend. 868. gr. 8. (26 S.) n. 10 *ngr*

— über die Krystallformen der Blende. Mit einer Kpfrtaf. (in qu. 4.) Berlin 869. (Mitscher & Röstell.) gr. 8. (22 S.) n. 10 *ngr*

— über die Krystallisation d. Bleiglanzes. Mit 3 lith. Taf. gr. 8. (54 S.) Berlin 874. Mittler & Sohn. n. 2. —

— angewandte Krystallographie, s. a. Rose-Sadebeck's Elemente der Krystallographie.

Sadebeck, Al., Angewandte Krystallographie. (Ausbildung der Krystalle, Zwillingsbildung, Krystallotektonik) nebst einem Anhange über Zonenlehre. Mit 23 lith. Tfln. Berlin 1876. 8⁰.

— das mineralogische Museum der Universität Berlin, s.: Rose, G.

— Repetitorium der Mineralogie u. Geologie zum Gebrauche f. Architekten, Forstleute, Landwirthe, Polytechniker etc. Mit 7 in den Text eingedr. Holzschn. Lex.-8. (118 S.) Berlin 873. Mittler & Sohn. n. 3. 50

— — über die Theilbarkeit der Krystalle. gr. 8. (19 S. mit 2 Tab. in qu. gr. 4. und 1 lithogr. Taf.) Berlin 876, Mittler und Sohn. *

Aus: Schriften des naturwissenschaftlichen Vereins für Schleswig-Holstein, besonders abgedruckt.

Sadebeck, Bernhard

Sadebeck, Bhrd., die engl. Zitz- u. Kattundruckerei, nebst Farbenrecepten. 8. Reichenbach (Dresd.) 805. Gerlach. 1 *ßf* 8 *gr*

Sadebeck, Moritz

Sadebeck, Mor., Anfangsgründe der Chemie. Leitfaden für den Unterricht an Gymnasien u. Realschulen. gr. 12. Breslau 841, Schulz u. Comp. 2/3 *ßf*

Sadebeck — Die Strehlener Berge. Eine Monographie. 38 S. nebst Karte.

Breslau, M., Progr. 1850

Sadebeck, Mor., die Strehlener Berge. Eine physiko-geographische, auf mathemat. Messungen gegründete Beschreibung. Nebst 1 (lith.) Karte (in Fol.) gr. 4. (IV u. 38 S.) Breslau 850, Gosohorsky in Comm. n. 1/2 *ßf*

Sadebeck, Moritz: Bericht über eine Reise nach Frankenstein, Silberberg u. s. w., und über die geographische Lage von Breslau. ([S.-A.] Verhandlungen der Schlesischen Gesellschaft für vaterländische Cultur vom Jahre 1860.) Breslau (1860). 11 S. 4°. [E 4321

Sadebeck, Mauritius *(geb. Reichenbach in Schles. 1. 2. 1809)*: De curvis in quibus sectiones duarum curvarum secundi gradus, si lege quadam moventur, sese excipiunt. Vratislaviae (1837). (20 S., 1 Taf.) 4°

Breslau, Phil. Diss. v. 24. Juni 1837

Sadebeck, M., Das hessische Dreiecksnetz. Mit 1 lithogr. Dreieckskarte u. 5 lithogr. Situationsplänen. Berlin 1852. gr. 4.
Publikation des kgl. preussischen geodätischen Instituts.

Sadebeck (Einleitung in d. Chemie u. d. Metalloide. Für Gymn.) 29 S. Progr. Breslau M. 1840

—— Elemente d. ebenen Geometrie. Leitfaden f. d. Unterr. an Gymnasien u. höh. Bürgerschulen. gr. 8. (7¾ B. u. 3 Figtaf.) Breslau 838, G. P. Aderholz.

Sadebeck, Mor., Elemente der ebenen Geometrie. Leitfaden f. d. Unterricht an Gymnasien u. höhern Bürgerschulen. 2., verb. Aufl. 8. (7⅝ B. u. 3 Figurentaf.) Breslau 843, G. Ph. Aderholz.

— Elemente der ebenen Geometrie. Leitfaden für den Unterricht an Gymnasien u. höheren Bürgerschulen. Mit 3 (lith.) Figurentaf. (in qu. Fol.) 3. verb. Aufl. 8. (VIII u. 115 S.) Breslau 848, G. P. Aderholz. — 4. verb. u. verm. Aufl. 8. (VI u. 122 S. m. 3 lith. Taf. in 4.) Ebd. 852. 5/12 ₰

Sadebeck, Mor., Elemente der ebenen Geometrie. Leitfaden für den Unterricht an Gymnasien u. höheren Bürgerschulen. Mit 3 (lith.) Figurentaf. (in Fol.) 5. verb. ꝛc. Aufl. Breslau 857. Aderholz. 8. (VI, 122 S.) 12½ ngr.

Sadebeck, Mor., Elemente der ebenen Geometrie. Leitfaden für den Unterricht an Gymnasien und höheren Bürgerschulen. Mit 3 (lith.) Fig.-Taf. (in 4.) 6. verb. u. verm. Aufl. Breslau 864. Aderholz. 8. (VI, 122 S.) 12½ ngr.

Sadebeck, Mor., Elemente der ebenen Geometrie. Leitfaden f. den Unterricht an Gymnasien u. höheren Bürgerschulen. Mit 3 (lith.) Figurentaf. (in qu. Fol.) 7. Aufl. gr. 8. (VI, 122 S.) Breslau 872. Aderholz 1. 25

— Entwickelungsgang der Gradmessungs-Arbeiten u. gegenwärtiger Stand der europäischen Gradmessung, s. a. Sammlung gemeinverständl. wissenschaftl. Vorträge.

Sadebeck M, Entwicklungsgang der Gradmessungsarbeiten. (Slg gemeinverständlicher wissenschaftlicher Vorträge 258) Berlin 1876

—— **das Erdbeben vom 15. Januar 1858 mit besond. Berücksicht. seiner Ausbreitung in der Provinz Preussisch-Schlesien. gr. 4. (36 S. mit 2 lithogr. Karten in gr. 4. und Imp.-4.) Breslau 858, (Gosohorsky's Buchh.)** *
Aus: Verhandlungen der schlesischen Gesellschaft für vaterländische Kultur, besonders abgedruckt.

— Lehrbuch der Arithmetik und Algebra für Gymnasien und Realschulen. Ebend. 859. gr. 8. (VII, 168 S.) n. 16 ngr.

— Leitfaden der ebnen Trigonometrie f. den Unterricht in Gymnasien u. Realschulen. Mit 2 (lith.) Figurentaf. (in qu. Fol.) gr. 8. (VIII u. 112 S.) Breslau 849, Gosohorsky. 5/12 ₰

Sadebeck, M., Register der Protokolle, Verhandlungen u. Generalberichte f. die europäische Gradmessung 1861—1880, s. a. Publication d. königl. preussischen geodätischen Instituts.

Sadebeck, M., Register der Protokolle, Verhandlungen und Generalberichte für die Europäische Gradmessung vom J. 1861 bis zum J. 1880. Berlin 1883.

Sadebeck, Mor., Triangulation der Stadt Breslau, s. Lilie, de Telluris dense natura.

MORITZ SADEBECK, Zwei Vorträge über die Schneekoppe. In den Sitzungen der historischen Section der Schlesischen Gesellschaft für vaterländische Cultur am 20. November 1863 und 18. März 1864 gehalten. Breslau 1864. Bei Josef Max und Komp. 8°.

— der Zobtenberg und seine Umgebung. Eine Monographie. Mit 6 (lith.) Taf. (in 4. u. Fol.) (Aus d. Acta Acad. Caes. Leop.-Carol. abgedr.) Bonn 856. Weber. gr. 4. (73 S.) n. 4 ₰.

Zusammenstellung der Literatur der Gradmessungs-Arbeiten. Herausgegeben von dem Centralbureau der Europäischen Gradmessung. [Verfasst von M. Sadebeck; Vorwort von J. J. Baeyer.] Berlin 1876. 32 S.
= Publicationen des Königl. Preuss. Geodätischen Instituts. [8] 4° [B 1837

Sadebeck, Richard

Sadebeck, R., ueb. asplenum adulterinum Milde. [Ein Beitrag zur Kenntniss der Farne.] Mit e. Steindrucktaf. (in hoch 4.) [Aus: „Verhandlgn. d. botan. Vereins zu Berlin."] gr. 8. (21 S.) Berlin 872. (Friedländer & Sohn.) n. 1. —

Sadebeck R.: Ueber das Auftreten u. die Verbreitung einiger Pflanzen-Krankheiten im östlichen Alpengebiete, namentlich in Tyrol. 1895. [Rostr. Saml.].

— Beobachtungen u. Bemerkungen üb. die durch *Hemileia vastatrix* verursachte Blattfleckenkrankheit d. Kaffeebäume. 1895. [Rostr. Saml.].

Sr. **Magnificenz Herrn Bürgermeister Dr. G. H. KIRCHENPAUER ihrem Hochverehrten Ehrenmitgliede widmet diese Blätter zur Feier seines fünfzigjährigen Doctor-Jubiläums am 8. August 1881 die Gesellschaft für Botanik zu Hamburg. (Hamburg. 1881.) Enthält: R. SADEBECK, Beobachtungen und Untersuchungen über die Pilzvegetation in der Umgebung von Hamburg. (Hamburg 1881. Druck von Ferdinand Schlotke.) 4°.**

— über die Entwickelung d. Farnblattes. [Eine morpholog. Studie.] gr. 4. (16 S. m. 1 Steintaf.) Ebend. 874. n. 1. 50

SADEBECK R., Entw. d. Keims d. Schachtelhalme. Berl. 1878. 8.

Sadebeck, R., die parasitischen Exoasceen. Eine Monographie. [Aus: „Jahrb. d. Hamburg. wiss. Anstalten".] Lex.-8. (110 S. m. 3 Doppeltaf.) Hamburg 893. (L. Gräfe & Sillem.) n. 5. —

Sadebeck R.: Ein bemerkenswerther Fall d. Gabelung d. Blätter d. *Asplenium viride Huds.* 1894. [Rostr. Saml.].

Sadebeck, Richard: Filices Camerunianae Dinklageanae, s. Mitteilungen aus dem botan. Museum in Hamburg.

Sadebeck, Richard *(geb. Breslau 20. 5. 1839)*: De montium inter Vistritium et Nissam fluvios sitorum flora. Vratislaviae (1864). 42 S. 8

Breslau, Phil. Diss. v. 12. Aug. 1864

Sadebeck, Gefässkryptogamen, s. Handbuch der Botanik.

Sadebeck, R., die Kulturgewächse der deutschen Kolonien u. ihre Erzeugnisse. Für Studier. u. Lehrer d. Naturwissenschaften, Plantagenbesitzer, Kaufleute u. alle Freunde kolon. Bestrebgn. Nach d. gegenwärt. Stande unserer Kenntnisse bearb. gr. 8. (XIII, 366 S. m. 127 Abb.) Jena 899. G. Fischer. n. 10. —; geb. n. 11. —

Sadebeck, R. Die tropischen Nutzpflanzen Ostafrikas, ihre Anzucht u. ihr ev. Plantagenbetrieb. Eine orientir. Mittheilg. üb. einige Aufgaben u. Arbeiten d. Hamburg. botan. Museums u. Laboratoriums f. Waarenkunde. Lex.-8. (26 S.) Hamb. 891, (Gräfe u. Sillem.) [Aus: „Jahrb. d. Hamburg. wiss. Anstalten".] —

— Die wichtigeren Nutzpflanzen u. deren Erzeugnisse aus d. deutschen Kolonien, s. Mitteilungen aus dem botan. Museum in Hamburg.

Sadebeck, R., Pteridophyta; Hymenophyllaceae; Hydropteridineae; Equisetales: Eucquisetales; Isoëtineae, s.: Engler, A., u. K. Prantl, die natürlichen Pflanzenfamilien 1, 4.

— der Raphiabast. Lex.-8. (42 S. m. 4 Abbildgn. u. 2 Taf.) Hamburg 901. (L. Gräfe & Sillem.) n. 1. 50
Sonderabdruck aus: „Mitteilgn. a. d. botan. Museum".

Sadebeck, R., Untersuchungen üb. die Pilzgattung Exoascus u. die durch dieselbe um Hamburg hervorgerufenen Baumkrankheiten. Mit 4 Steindr.-Taf. u. 1 Holzschn. [Aus: „Jahrbuch d. wissenschaftl. Anstalten zu Hamburg f. 1883".] gr. 8. (32 S.) Hamburg 884. (Berlin, Gebr. Bornträger.) n. 3. —

— kritische Untersuchungen üb. die durch Taphrina-Arten hervorgebrachten Baumkrankheiten. [Aus: „Jahrb. d. Hamburg. wiss. Anstalten".] Lex.-8. (37 S. m. 5 Taf.) Ebd. 891. n. 4. —

— zur Wachsthumsgeschichte d. Farnwedels. I. Mit 2 (lith.) Taf. [Aus: „Verhandlgn. d. bot. Vereins f. d. Prov. Brandenburg."] gr. 8. (18 S.) Ebend. 874. n. 1. 60

Sadée, Leonh. Über freiburger Fragmente einer Handschrift der Etymologiae des Isidorus hispalensis. 34 S. G. *Freiburg i. Br.* 1883.
Progr.

De Boeotiae titulorum dialecto. Scripsit Dr. Leopoldus **Sadée.** Halis Sax.: Niemeyer 1903. 115 S. 8°
Ein T. erschien als Inaug.-Diss. Halle 1903. [11. 3381 11

— **dasselbe, s.: Dissertationes philologicae Halenses. XVI.**

Sadée, Leop., Schiller als Realist. Eine literarisch-psycholog. Studie. (XI, 190 S.) gr. 8. Leipzig 909. Asch, C. Schneider. 2.50; geb. 3.20

Sadée, Paul Frdr., die Stellung Kaiser Heinrichs II. zur Kirche. Inaugural-Dissertation. gr. 8. (43 S.) Königsberg 877. (Jena, Deistung.) n. — 80

Sadenio; oder d. Schweizermädchen. Ein histor. Gemälde unserer Zeit in 5 A. a. d. Papieren d. Grafen Ad. v. Dornheim v. Cuno. 8. Ratibor, Juhr.

Sadewasser und Zimmer, vollständiges Schul-Choralbuch für das Altmärkisch-Priegnitzische Gesangbuch nach der in der Altmark verbreitetsten Lesart sowie zugleich nach der ursprünglichen Notation. 1. Thl. 1. u. 2. Aufl. — 2. Thl. Osterburg 860. Doeger. gr. 16. (40 S.; IV, 46 S.)
1.: n. 2 *ngr.*; 2.: n. 3 *ngr.*

Sadewasser u. Zimmer, vollständiges Schul-Choralbuch für das altmärkisch-priegnitzische Gesangbuch nach der in der Altmark verbreitetsten Lesart, sowie zugleich nach der ursprünglichen Notation. 2 Thle. 16. Stendal 878. Franzen & Grosse. n. — 50
1. 100 der gangbarsten Melodien nebst der Liturgie, zweistimmig gesetzt. 4. Aufl. (48 S.) n. — 20
2. 2. Aufl. (S. 49—100.) n. — 30

Sadewasser, Christian Frieder., Eine Warnung vor Sicherheit bey dem gegenwärtigen Wohlstande nach 1. Cor. 10. 12. vorgestellet. (Berlin 1758.) 8.

Sadewasser, Jakob Gottlieb (Pommern) A. S. 122/21

Dissertatio inauguralis iuridica de beneficio non deducta deducam non probata probabo.
Präs. Simon Peter Gasser.
Halle (Gruner) 19. VIII. 1722. 46 S.

Gew.: Kaspar Otto von Massow, Philipp Otto von Grumbkow, Martin Adam von Borck.
W. v.: Ludwig Philipp Thümig, H. W. von Scheelen, Christian Adam Christoph Müller. 29632

Sadewasser, Kurt: Aus d. Großh. Frauenklinik zu Gießen. Über Karzinommetastasen an makroskopisch anscheinend unveränderten Ovarien bei primärem Magenkarzinom. Berlin 1908: Liebheit & Thiesen. 21 S. 8°
Gießen, Med. Diss. v. 7. Sept. 1909, Ref. v. Franqué
[Geb. 7. März 81 Danzig; Wohnort: Charlottenburg; Staatsangeh.: Preußen; Vorbildung: Realgymn. Bützow Reife O. 03; Studium: Kiel 1, Berlin 1, Rostock 3, München 3, Freiburg i. B. 1, Gießen 1 S.; Coll. 28. Okt. 08; Approb. 27. Aug. 09.] [U 10. 1164

Sadger, Isidor

Sadger, J., die Aerzte u. die Kaltwassercuren. (8 S.) Nr. 8. Freiwaldau (905). A. Blažek. — 10
Sonderabdruck aus: „Neue Freie Presse".

— Belastung u. Entartung. Ein Beitrag z. Lehre v. kranken Genie. (74 S.) 8. Leipzig (910). E. Demme. 1.50

Die Hydriatik des Typhus abdominalis. Von Dr. I[sidor] **Sadger,** Wien-Gräfenberg. Berlin: Fischer 1908. (32 S.) 8° [Umschlagt.]
— **Klinik,** Berliner. H. 242. [08. 17568

Heinrich von Kleist. Eine pathographisch-psycholog. Studie von Dr. I[sidor] **Sadger,** Wien. Wiesbaden: Bergmann 1910. 63 S. 8°
(Grenzfragen d. Nerven- u. Seelenlebens. H. 70.) [10. 04

Sadger, J., Aus dem Liebesleben Nikolaus Lenaus. [Schriften zur angewandten Seelenkunde. 6. Heft.] Gr.-8°. (98 S.) K 3.60
Wien: Deuticke 1909.

Sadger, I[sidor]. Konrad Ferdinand Meyer. Eine pathographisch-psychologische Studie. IV + 64 S. gr.-8. Wiesbaden, J. F. Bergmann, 1908. [M. 1.40]
(Grenzfragen des Nerven- und Seelenlebens. Einzel-Darstellungen für Gebildete aller Stände.... Hrg. von Dr. L[eopold] Loewenfeld in München. Heft 59.)

— Über den Selbstmord, s.: **Diskussionen d. Wiener psychoanalytischen Vereins.**

Sadger, J.: Wie wirken Hydro- u. Elektrotherapie bei Nervenkrankhtn? *Wien & Leipzig 1897.*
in: **Fortschritte** d. Hydrotherapie. Festschr. z. vierzigjähr. Doctorjub. d. Prof. Dr. W. Winternitz. [97. 1495

Sa'di's, Muslicheddîn, Aphorismen u. Sinngedichte. Zum ersten Male hrsg. u. übersetzt. Mit Beiträgen zur Biographie Sa'di's. Von Wilh. Bacher. Mit Subvention des Autors durch die kaiserl. Akademie der Wissenschaften in Wien. 8. (LXXIV, 200 S.) Strassburg 879. Trübner. n. 6. —

Saadi's Bostan, aus dem Pers. übers. v. Frdr. Rückert. 8. (IX, 285 S.) Leipzig 882. Hirzel. n. 4. —; geb. n. 5. 20

Sâdi, le Boustân. Texte persan avec un commentaire persan publié sous les auspices de la société orientale d'Allemagne par Ch. H. Graf. gr. 4. (VIII und 480 S.) Wien 858. Leipzig, Dyk'sche Buchh. ♦
Prachtausg. ♦

— — Der Fruchtgarten. Aus d. Persischen auszugsweise übertragen von O. M. Frhrn. v. Schlechta-Wosehrd. Mit 10 Taf. Illustr. in Holzschnitt, Stahlstich, Chemitypie, Chalkographie, Lithographie, Stilographie, Galvanographie und Siderographie. Wien, Staatsdruckerei, 1852. 8°. (2 Rthl.) (5/6 Rthl. Maske, Breslau, vor 1875; 1 1/6 Rthl. Völcker, Frf. a. M., 1875.)

— der Fruchtgarten. Aus d. Pers. auszugweise übertr. durch Ottokar Maria Frhr. v. Schlechta-Wssehrd. Lex. 8. (234 S. m. 10 Kpfrn.) Wien 852. (Leipzig, Brockhaus.) n. 2 *rf*

— politische Gedichte, übers. v. Frdr. Rückert. Auf Grund des Nachlasses hrsg. u. m. ausführl. Einleitg. üb. Saadis Leben u. Werke versehen v. E. A. Bayer. gr. 8. (V, 178 S.) Berlin 894. Mayer & Müller. n. 3. 60

Saadi's, des weisen Persers, Königsspiegel; herausgg. v. J. G. Grohmann. 8. Leipz. 802. (Mittler). 18 gr

Sadi's, Moslicheddin, († ..... 1292), Lustgarten [Bostan]. Aus d. Pers. übers. von Karl Heinr. Graf. 2 Bdchn. 16. (1: XIV u. 236 S. 2: VIII u. 183 S.) Jena 850, Hochhausen. (1: n. 2/3 ₰ 2: 1/2 ₰) 1 1/6 ₰

Sadi, M., Rosengarten, s. Bibliothek d. Classiker d. Ausl. 56. Bd.

Sadi's (Moslicheddin,) Rosengarten. Aus dem persischen durch Phil. Wolff. (Mit verziert. Titel in Farben- u. Golddruck.) 16. Stuttgart 841, Scheible's Buchh. 1 1/8 ₰

— — *Moslicheddin Sadi's* Rosengarten. Nach dem Texte und dem arabischen Commentar Sururi's aus d. Persischen übers., mit Anmerkungen und Zugaben, von Karl Heinr. Graf. Leipzig, Brockhaus, 1846. Kl. 8⁰. 22 u. 302 S. (1 1/5 Rthl.) Vergriffen! (2 Mk. O. Rauthe, Friedenau-Berlin, 1908; 3 Mk. 50 Pfg., unbeschn., Adolf Weigel, 1908.)

Sa'di, Scheikh Muslih-eddin, der Rosengarten. Aus dem Persischen übers. von G. H. F. Nesselmann. Berlin 864. Weidmann. 8. (VIII, 312 S.) 1 ₰ 20 ngr

— Rosenhain, drei Lustgänge aus, aus d. Persischen übers. von B. Dorn. 8. Hamburg 827. Meißner. 1 ₰ 12 gr

— — Persianisches Rosenthal nebst *Locmans* Fabeln. Neue veränderte Ausgabe (von Joh. Gottlieb Schummel). Wittenberg, Zimmermann, 1775. 8⁰. (5 Mk. Gust. Fock, Lpz., 1907.)

Sa'di. Persisches Rosenthal nebst Locmans Fabeln. Neue Aufl. Wittenberg u. Zerbst 1775. Ü *(Locman)*: *Olearius, Adam.* H: *Schummel, Joh. Glieb.* (Kat DMG)

— pers. Rosenthal, s. J. G. Schummel.

Sadi, Theod., neugriech.-deutsche Gespräche, nebst kurzer Anleit. z. Lesen d. Neugriechischen. Ein nützl. Handbüchl. f. die nach Griechenland Reisenden, wie auch z. Gebr. d. Griechen, welche d. Deutsche lernen wollen. 2. Aufl. 12. (2 1/2 B.) München 834, Weber.

Sadje-Reja ali Navuk, kako se more prav lehko, ino v kratkem zhasu nikar ko veliko dobreh, ino sdraveh drevés podrediti, temózh tudi narshlahtnejshi sadje sadobiti. Is Niemshkega v' Slovenji jesik preneshen, ino pomnoshen. V' Zelovzu, Leon. 1817. 112 S.

Sadil Franz: Jacob Bidermann. Ein Jesuitendramatiker des 17. Jahrhunderts.
II. 1891 PN 660 Diss. Wien, Univ. 50

Sadil, Meinrad: Jakob Bidermann, ein Dramatiker des 17. Jahrhunderts aus dem Jesuitenorden. (Umschlagtitel: ... I. Theil.) 8 (S. 3—32). II. Theil. 8 (S. 3—18).
Progr. K. k. Ober-G. zu den Schotten *Wien* 1899. 1900.

Sadil, Meinr., Jakob Bidermann, e. Dramatiker des 17. Jahrh. aus dem Jesuitenorden. Progr. gr. 8. (78 S.) Wien 900. (H. Kirsch.) n. 1. 20

Sadil, Meinrad: Festrede zur Schillerfeier. S. 36—38. 8.
Progr. K. k. Ober-Gymn. zu den Schotten *Wien* 1905.

Sadil, Meinrad. Klänge der Andacht. Erbauungsbuch für gebildete Katholiken, bearb. von P. M' Sadil, O. S. B. ... in Wien. [Mit 1 Tafel.] 256 S. 8. Einsiedeln, Eberle & Rickenbach, 1903. [geb. fr. 1. 25 *bis* 3. 75]

Der Menschensohn. Dramat. Gedicht von Meinrad Sadil. Wien: Eigenverl. 1897. (278 S.) 8° [F.] 105. 1905

SADIL, Meinrad
(F) Der Menschensohn. Dramatische Dichtung von Meinrad Sadil. 2. Tausend Wien. 1900. Gerold's Sohn. Gr.-8⁰. 278 S. K 3.60, geb. K 5.—

Sadil, Meinrad, dramat. Novellen. (III, 172 S.) 8. Ravensburg 907. F. Alber. 1. 80

— Otfried. Erzählende Dichtg. gr. 8. (85 S.) Stuttgart 903. München, Allgemeine Verlags-Gesellschaft. n. 1. 40; geb. n. 2. 50

SADIL, Meinrad
(F) Tantalos. Tragödie in fünf Acten. Von Meinrad Sadil. Wien. 1900. Gerold's Sohn. 8⁰. 100 S. K 2.—, geb. K 3.—

Sadl Alois: Qualem iuris consultum et patronum Cicero in orationibus pro P. Quinctio, pro Q. Roscio comoedo, pro M. Tullio, pro A. Caecina habitis se praestiterit.
II. 1902 PN 1466 Diss. Wien, Univ. 1581

Sadl, Alois: Die oligarchische Revolution vom Jahre 411. Nach Thukydides und Aristoteles. (Analyse und Kritik beider Berichte.) S. 3—33. 8. **Progr.** K. k. Staats-Gymn. *Pola* 1910.

Sadleder, Adalbert

Sadleder, A., Stoanröjál. Gedichte in oberösterreich. Mundart. 8. (66 S.) Gmunden 889. (Mänhardt.) n. 1. —

Sadleder, Adalb., Stoaröjal. Gedichte in oberösterr. Mundart. (Umschlag: 3. verb. Aufl.) (155 S.) 8. Linz 903. (O.-ö. Buchdr.- u. Verlagsgesellschaft.) n. 1. 40

Sadler, C., Amoenitates medicae. Allerhand Erbauliches für Aerzte, mit Ausschluß aller übrigen Genera und Species von Lesern und Leserinnen. Für Ruhestunden und ruhige Augenblicke. 2 Thle. Leipzig 861, 63. Wengler. 16. (143 S.; 118 S.) Jeder Thl. n. 10 ngr

Sadler, C., Heidelberger Gegenden u. Häuser. Eine Samml. von Gedichten. 8. Heidelb. 825. Mohr. 1 ₰

— die geistige Hinterlassenschaft Peters I. als Grundlage für dessen Beurtheilung als Herrscher u. Mensch. Leipzig 862. C. F. Winter. gr. 8. (152 S.) n. 24 ngr

Sadler, über die Macht des ärztlichen Gemüths zur Erleichterung und Heilung von Krankheiten. Mit einem Vorworte von M. F. C. v. Markus. 8. (62 S.) Leipzig 855(56,) Geibel.

— varii perforationis modi descripti et enarrati. Accedunt tab. XII lithograph. 4maj. Karlsr. 826. Müller. 1 ₰ 9 gr

Sadler, C., Peter der Große als Mensch u. Regent. Eine Charakterstudie. gr. 8. (299 S.) St. Petersburg 872. Röttger. geb. n. 4. 50

Sadler, J. H., s. Le Vaillant, Voyage.

Sadler, Jos.

— de filicibus veris Hungariae, Transylvaniae, Croatiae et litoralis Hungarici, solennia instaurationis semisecularis Regiae Universitatis Hungaricae die XXVIII. Junii MDCCCXXX. recolens, disserit. 8maj. Ofen 832. (Leipz., Voss). 12 gr

— Flora comitatus Pestinensis. II Partes. 8maj. Pesth 827. Hartleben. 3 ℔

Sadler, Jos., Flora Comitatus Pesthinensis in uno vol. comprehensa. Edit. II. 8maj. (31½ B.) Pesthini 840, Kilian et Comp.

Sadler, Jos., Samml. aller Pflanzen Ungarns in getrockneten Beispielen. 1s u. 2s Hft. (A. u. d. T.: Collect. plantarum medicinalium siccatarum Hungariae Fasc. I. et II.) Jedes 25 Pflanzen enthaltend. Fol. Preßb. 824. (Wigand). Prän.-Preis (à Hft. 1 ℔ 4 gr) 2 ℔ 8 gr

— Verzeichniß der um Pesth u. Ofen wachsenden phanerogamischen Gewächse. 8. Pesth 818. Hartleben. 8 gr

Sadler, Carl, klinische Untersuchungen üb. die Zahl der corpusculären Elemente u. den Haemoglobingehalt d. Blutes. [Aus: „Fortschritte d. Medicin".] gr. 8. (46 S.) Berlin 898. Fischer's medicin. Buchh. n. 1. —

Sadler, Kate, Rosenstudien. 1. u. 2. Lfg. Fol. (à 6 Farbendr.-Taf.) Leipzig 889. Baldamus, Sep.-Cto. à n. 6. —; einzelne Blätter à 1. 50

Sadler, P., the art of polite Correspondence English and German etc. — A. u. d. T.: Neue Anleitung zur Engl. u. Deutsch. Correspondenz. Eine Samml. v. Briefen in beiden Sprachen üb. alle Gegenstände d. gewöhnl. Lebens, nebst e. Auswahl v. Briefen der ausgezeichn. engl. Schriftsteller: Addison, Chesterfield, Johnson ꝛc., Muster zu Handelsbriefen ꝛc. Nebst e. Anh., enthalt. Gedichte v. Göthe, Schiller u. Byron, mit den besten Uebersetzn. in Versen. Mit erläut. u. grammat. Noten. 8. (23½ B.) Leipzig 833, Frohberger.

—— french and engl. Phrase-Book, cont. also a Vocabulary of Substantives, Adiectives, Verbs and Adverbs; short Phrases, familiar Dialogues, Idioms etc. etc. Being an introduction to the knowledge of the langage. — A. u. d. T.: Sadler's Manuel de Phrases françaises et anglaises etc. 12. (4½ B.) Baltimore, Md. 833, Scheld and. Co. (Dresden, Walther.)

Sadler, P., french and english Phrase Book, cont. also a Vocabulary of Substantives, Adjectives, Verbs a. Adverbs; short Phrases, familiar Dialogues, Idioms etc Being an introduction to the knowledge of the langage. — A. u. d. T.: Sadler's Manuel de Phrases françaises et anglaises etc. 12. Baltimore 833. Md Scheld and Co. (Leipz., Einhorn.) ³ 8 ℔

Sadler, P., fifty years, or the adventures of two school-fellows, siehe: Theatre, juvenile. No. 1.

Ein Wort zur Arbeiterfrage von Richard Sadler. Vorgetragen in der □ Humboldt [in Budapest]. Hrsg. von der □ Humboldt. Budapest o. J.: Schlesinger & Kleinberger. 24 S. 8°. [Umschlagtit.] 21.

Sadlier, J., Alt-Irland u. Amerika, s. Sammlung unterhaltender Schriften der neueren engl. Literatur.

Sadlier, J., Elinor Preston, s.: Bibliothek f. die reifere christliche Jugend.

Sadlon, Alfred: Beiträge zur Chemie des Zinkblende-Röst-Prozesses. 1903. 48 S. 8°
Berlin, Dr.-Ing.-Diss. v. 22. 5. 1903

Sadoc und Mirjam. Eine Erzählung aus der Zeit, da der Herr auf Erden wandelte. Nach der 2. Auflage aus dem Englischen übersetzt. Kiel. 1835. (M. Omslagstitel: Christgabe).

Sadoc und Mirjam. Eine Erzähl. aus d. Zeit da d. HErr auf Erden wandelte. Zur Erweck. u. Befestig. im Glauben f. Alle, die Ihn suchen. Hrsg. unt. Aufsicht d. Vereins z. Verbreit. gemeinnütz. Schriften u. d. Gesellschaft z. Förderung christl. Erkenntniß. N. d. 2. Aufl. a. d. Engl. übers. (Christgabe.) 16. (13½ B.) Kiel 836, Universität-Buchh.

Sadoleto, Jacopo

Sadoletti, Jak., in Pauli epist. ad Rom. commentar. libri III. 4. Götting. 772. Dieterich. 1 ℔ 8 gr

Sadolet's, Jak., pädagogische Schriften, s.: Colonna, Aegidius Romanus de.

Sadolin, Frode, unsere Nerven. Ein Buch üb. Glück u. Gesundheit. (106 S.) 8. Leipzig 909. R. Hartmann. 1. 80

Sadomsky, Joseph. Ueber neue Derivate der Stearinsäure und über Cyanstearinsäure, Hexadekylmalonaminsäure. (Bern) Stuttgart, 1891.

Sadoveanu, Mihail: Das Liebeslied u. andere Erzählungen. Autor. Übers. aus d. Rumän. von Eleonora Borcia. Mit e. Vorr. von Prof. Dr. Gustav Weigand. Leipzig: Reclam [1908]. 117 S. 8°
(Universal-Bibliothek. 5044.)

Sadoveanu, Mihail, das Liebeslied u. andere Erzählungen, s. a. Universal-Bibliothek.

Sadow, M., die Disziplin bei allen Völkern. Eine Geschichte der Körperstrafen aller Nationen. 1. Tl. gr. 8. Leipzig (908). Leipziger Verlag. 5. —
1. Die Prügelzucht in der Türkei u. im Orient. Interessante Enthüllgn. aus dem Harem u. dem öffentl. Leben der Orientalen sowie üb. d. Prügelstrafen der Balkan- u. oriental. Völkerschaften. (194 S.)
Fortsetzung s.: Disziplin.

SADOW, M. Die Prügelzucht in der Türkei und im Orient. Die Difziplin bei allen Völkern. Leipzig, Leipziger Verlag G. m. b. H. (um 1910). 8°.
Beschlagnahmt: Z. f. B. 1914, Beibl. S. 386.
Verb. d. Ldg. I Berlin 38 J. 36/12.

Sadow, M., das prügelnde Russland. Ein Beitrag zur Kulturgeschichte des russ. Reiches. (217 S.) gr. 8. Leipzig (906). Leipziger Verlag. n. 5. —

Sadowa-Ostend, s.: Berlin.

Sadowski, Adf., die landwirthschaftl. Concurrenz oder: D. Ackerbauers Zukunft u. Wohlfahrt, nebst krit. Betrachtgn. üb. d. Gesetzentwurf, betr. d. Berufsgenossenschaften d. Landwirthe. Nebst Gratisbeilage: Gesetz betr. die Errichtg. v. Berufsgenossenschaften der Landwirthe. 12. (59 u. 20 S.) Teschen 897. (Wien, W. Frick.) n. — 60

Sadowski, Arno: Die österreichische Rechenmethode in pädagogischer und historischer Beleuchtung. Königsberg, Hartungsche Buchdr., 1892; 3—17 S. 4.
Königsberg in Pr., Altstädt. G, OP 1892 (9)

Sadowski, die österreichische Rechenmethode, f. Schüler dargestellt. Anhang zum mathemat. Lehrplan d. Altstädt. Gymnasiums zu Königsberg i/Pr. 8. (8 S.) Königsberg 889. (Gräfe & Unzer.) n.n. — 20

Sadowski, J. N. v., die Handelsstrassen der Griechen u. Römer durch das Flussgebiet der Oder, Weichsel, des Dniepr u. Niemen an die Gestade des Baltischen Meeres. Eine von der Akademie der Wissenschaften zu Krakau preisgekrönte archäologische Studie. Autorisirte, vom Verfasser rev. u. verb., deutsche Ausg. Mit einer Vorrede u. Einleitung des Uebersetzers. Aus dem Polnischen von Albin Kohn. Mit 2 (lith.) Karten u. 3 lith. Taf. gr. 8. (VI, LIII, 210 S.) Jena 877. Costenoble. n. 7. 20

Sadowski, Car. Godofr. (geb. Drygallen 21. 9. 1805): De abscessibus metastaticis. Berolini (1834). (28 S.) 8°
Berlin, Med. Diss. v. 3. März 1834

Sadrach A. B. Onego, Ein babylonischer Keilschriftslehrer. 120 Inschriften entziffert u. umgedichtet v. Fritz Treugold. 4. u. 5., veränd. Aufl. 12. (108 S.) Stuttgart 887. 888. Lutz. n. 1. —; cart. n. 1. 25

Sadrach, A. B. Onego, s.a. Treugold, Fritz.

Sacdt, Fel., systematische Sammlung kirchlicher Erlasse der Erzdiözese München-Freising. gr. 8. (VIII, 843 S.) München 902. J. J. Lentner. n.n. 10. —

Saedt, Otto, die katholischen Kirchenfabriken des linken Rheinufers. Deren Stellung zur Kirche, zum Staate und zur Gemeinde nach altem und neuem Rechte. Köln 864. Bachem. gr. 8. (VIII, 190 S.) 24 ngr.

Saedt, Otto, die katholischen Kirchenfabriken des linken Rheinufers. Deren Stellung zur Kirche, zum Staate u. zur Gemeinde nach altem u. neuem Rechte. 2. Aufl. Köln 865. Bachem. gr. 8. (VIII, 192 S.) 24 ngr.

Sadtler, Samuel P.

Sadtler, P., die Gewinnung d. Theers u. Ammoniakwassers. Vortrag. Aus dem Englischen übers. u. m. e. Anh. versehen v. Geo. Bornemann. Mit 10 Fig. im Text u. 2 Taf. gr. 8. (III, 42 S.) Leipzig 886. Quandt & Händel. n. 2. —

Sadtler, Samuel P., Handbuch der organisch-technischen Chemie. Zum Gebrauche v. Fabrikanten, Chemikern u. allen in der chem. Industrie Beschäftigten. Deutsche autoris. Ausg., bearb. v. Jul. Ephraim. 1. Abth. gr. 8. (VI, 404 S. m. 113 Abbildgn.) Leipzig 894. J. A. Barth. n. 8. —

Sady, s.: Geologische Karten. Preussen. 88.

Säe- u. Pflanzkalender z. Nutzen f. Gärtner u. Landleute, v. e. 60jähr. Oekonomen. 4. Leipzig, 1804. — 5

Säe- u. Pflanzkalender, ökonomischer. Leipz. P. F. Vogel.

Säemann, s.a. Sämann

Säemann, der. Eine Volksschrift zur Belehrung u. Unterhaltung unter Leitung d. K. Land.-Oekon.-R. Koppe u. Mitwirkung mehr. Volksfreunde herausgeg. von E. v. Schlicht. (1. Jahrg.) 1846. Juli—Decbr. 12 Numm. (à 1—1½ Bog. m. Holzschn.) gr. 4. Berlin, G. Bethge. n. ½ ₰

Säemann, der. Eine Volksschrift z. Belehrung u. Unterhaltung, unter Leitung des Landes-Oekonomierath Koppe u. Mitwirkung mehr. Volksfreunde hrsg. v. E. v. Schlicht. (2. Jahrg.) 1847. — Hrsg. von Koppe. (3. Jahrg.) 1848. à 24 Nrn. gr. 4. (à 1—1½ Bog.) Berlin, G. Bethge. à Jahrg. n. 1 ₰

— der. Eine Wochenschrift f. Mission in der Heimath u. häusl. Erbauung. Hrsg.: Bouterwek. 1. Jahrg. April—Decbr. 1851. 39 Nrn. 2. Jahrg. 1852. 52 Nrn. Lex. 8. (à ½ B.) Elberfeld. (Iserlohn, Bädeker.) (1 : n. ½ ₰ 2 : 1 ₰) 1½ ₰

Säemann, der. Eine Wochenschrift für Mission in der Heimath und häusl. Erbauung. 3—7. Jahrg. 1853—57. à 52 Nrn. (à ½ Bgn.) Elberfeld, Friderichs in Comm. Lex.-8. Jeder Jahrg. n. 20 ngr.

Säemann, der. Eine Wochenschrift für Mission in der Heimath und häusliche Erbauung. 8—14. Jahrg. 1858—64. à 52 Nrn. (à ½ Bgn.) Elberfeld, Friderichs in Comm. Lex.-8. Jeder Jahrg. n. 24 ngr.

Säemann, der. Eine Wochenschrift für Mission in der Heimath u. häusl. Erbauung. 15—20. Jahrg. 1865—70. à Jahrg. 52 Nrn. (à ½ Bgn.) oder 12 Hefte. Elberfeld, (Friderichs.) Lex.-8. 15. u. 16. Jahrg. à n. 24 ngr. 17—20. Jahrg à n.n. 20 ngr.

Säemann, der. Für Kirche, Haus und Schule. Hrsg. von einem Vereine deutscher Prediger der niederländisch-reformirten Kirche von Nord-Amerika. 1. Bd. oder Jahrg. 1857. 12 Nrn. (Bog.) gr. 4. New-York. (Philadelphia, Schäfer und Koradi.) •

— der. Zeitschrift für Kinder und Kinderfreunde. Mit Farbendruckbildern. Herausg. von Carl Fiedler. 1. Jahrg. 1864. 4 Hefte (à 5—6 Bgn.). Hannover 864. Fiedler. gr. 8. n. 1 ₰ 20 ngr.

Säemann: Jahrgang 1, no. 1, Apr. 1897?
Juvenile monthly. Sub-title: Ein biblisches, sektenfreies Blättchen. Octavo, 4 pages. Published by Salem Publishing Concern.
Hillsboro, KS

Säemann, der. Monatsschrift f. pädagog. Reform. Hrsg. v. der Hamburger Lehrervereinigg. f. die Pflege der künstler. Bildg. unter Mitwirkg. v. P. Jessen, Helene Lange, R. Löwenfeld u. a. Schriftleiter: Carl Götze. 1. u. 2. Jahrg. 1905 u. 1906. à 12 Hefte. (VIII, 428 u. VIII, 392 S. m. Abbildgn. u. je 2 Taf.) gr. 8. Leipzig, B. G. Teubner. à Jhrg. n. 5. —
Bildet die Fortsetzung v.: Reform, pädagogische.

Säemann, der. Monatsschrift f. pädagog. Reform. Hrsg. v. der Hamburger Lehrervereinigg. f. die Pflege der künstler. Bildg. unter Mitwirkg. v. P. Jessen, Helene Lange, R. Löwenfeld u. a. Schriftleiter: Carl Götze. 3.—5. Jahrg. 1907—1909. à 12 Hefte. (à ca. 36 S. m. Abb.) gr. 8. Leipzig, B. G. Teubner. à Jahrg. 6. —
Fortsetzung s.: Zeitschrift f. Jugendwohlfahrt.

Zeitschrift f. Jugendwohlfahrt, Jugendbildung u. Jugendkunde. Der **Säemann.** Hrsg.: Die deutsche Zentrale f. Jugendfürsorge Berlin, d. Bund f. Schulreform [u. a.] Schriftleiter: Dr. iur. Frieda Duensing [u. a.] Jg. 1. Leipzig & Berlin: Teubner 1910. 8°

„Säemann, der, ging aus zu säen". Nach d. Engl. 8. (52 S.) Elberfeld 892. R. Brockhaus (durch J. Faßbender). n. — 20

Der Muntere Säemann: 1858—1945?
Monthly. Published in English and German, 1915—18?. Organ der Deutschen Baptisten-Gemeinden von Nord-Amerika. Place of publication varies: Cincinnati, 1858—71. Large quarto [later, small folio], each issue 4 pages. Circulation: 1870, 9000 (est.). Edited & published by Philipp W. Bickel, 1858—65. Edited by Walter Rauschenbusch; F. W. C. Meyer; Frank Kaiser; Martin L. Leuschner & A. P. Mihm, 1922—34. Published by Publikationsverein der Gemeinschaft (German Baptist Publishing Society), 1865—1945?
Cleveland, OH

Säemann, R., Unterrichtsproben zur Konzentration im Deutschunterrichte, s.a. Magazin, pädagogisches.

Unterrichtsproben zur Konzentration im Deutschunterrichte. Von R. **Säemann,** Lehrer. Langensalza: Beyer 1908. 30 S. 8°
(Pädagogisches Magazin. H. 351.)

Šafar, Michael, a. Glina im Königreich Kroatien: Zur Stellung des Gefühls in unserem Seelenleben. Mit besonderer Beziehung auf die Lehre von der Priorität des Gefühls. Halle a. d. S. 1906: H. Köhler. (121 S.) 8°

Jena, Phil. Fak., Ref. Liebmann, Diss. v. 20. Nov. 1906

[Geb. 26. Okt. 79 Glina-Jukinac (Kroatien); Wohnort: Glina; Staatsangeh.: Österreich-Ung.; Vorbildung: Lehrerseminar Petrinjo Reife Juni 98; Studium: Wien 2, Jena 6 S.; Rig. 13. Juni 06.]

Šafařík, A., üb. Construction v. metallischen Teleskopspiegeln nach neuen Grundsätzen. [Aus: „Sitzungsber. d. böhm. Gesellsch. d. Wiss."] gr. 8. (14 S.) Prag 893. (F. Řivnáč.) n. —40

Šafařík, Adalb., Beiträge zur Kenntniss der Vanadinverbindungen. Aus d. Sitzungsberichten d. k. Akad. d. W. Wien 858. Gerold in Comm. gr. 8. (17 S.) 3 *ngr.*

— Beiträge zur Kenntnis der Vanadinverbindungen. 1. Über Vanadchlorid und metallisches Vanadin. S. 33. . . . —.30
Separatabdruck

Schafařík, Adalb., über die Cyanverbindungen des Platins. Lex. 8. (37 S.) Wien 855, (Gerold's Sohn.) *
Aus: Sitzungsberichte der k. Akad. der Wissenschaften J. 1855, besonders abgedruckt.

Šafařík, A., üb. die chemische Konstitution der natürlichen chlor- u. fluorhaltigen Silikate. [Aus: „Abhand. d. k. böhm. Ges. d. Wiss."] gr. 4. (33 S. m. 1 Steintaf. in qu. gr. Fol.) Prag 874. (Calve.) n. 1. 60

— Chemische Mitteilungen. 1. Über einige Vanadinverbindungen. 2. Zur Geschichte des Chroms. 3. Beiträge zur Kenntnis der spezifischen Volumen fester Verbindungen. 4. Verbesserte Darstellung zweier Cyaneisenverbindungen. S. 47. II. 26. . . . ngr.
Separatabdruck

— und Hallwachs, W., Über Verbindungen der Erdmetalle mit organischen Radikalen. S. 23. . . . . ngr.
Separatabdruck

Schafarik, Paul Jos., Slawische Alterthümer. Deutsch v. Mosig v. Aehrenfeld, hrsg. v. Heinr. Wuttke. 2 Bde. Mit e. vollständ. Register. gr. 8. Leipzig, [Carl Engelmann jun.] [1. (35 B.) 843. * 2 Thlr. 25 Ngr., 2. (47¼ B.) 44. * 3 Thlr. 25 Ngr.] *

— s. Časopis Českého Museum.

Safarik (Schafarik), Paul Jos., und Frz. Palacky, die ältesten Denkmäler d. böhm. Sprache: Libusa's Gericht, Evangelium Johannis, d. leitmeritzer Stiftungsbrief, Glossen d. Mater verbor., krit. beleuchtet. gr. 4. (29¼ B. u. 6 Bl. Facsim.) Prag 840, Kronberger u. Rziwnatz. *
Aus: Abhandlungen d. k. böhm. Gesellschaft d. Wissenschaften etc., besond. abgedruckt.

Schafarik, Paul Jos., Elemente der altböhm. Grammatik. I. Thl. der Sammlung slawischer Grammatiken hrsg. v. J. P. Jordan. gr. 8. (148 S.) Leipzig 848, Slawische Buchhandl. n. ⅔ *Thlr.*

Schafařík, Paul Jos., Elemente der altböhmischen Grammatik. 2., wohlf. (Titel-)Ausg. gr. 8. (IV und 144 S.) Prag (848)67, Tempsky. [Frankfurt, J. Baer.] *

— s. Encyclopedie mala nauk.

— und Carl Adolph Const. Höfler, glagolitische Fragmente, s. Höfler, Carl Adolph Const.

— s. Gedichte aus Böhmens Vorzeit.

Šafařík's, Paul Jos., Geschichte der südslawischen Literatur. Aus dessen handschriftl. Nachlasse hrsg. von Jos. Jireček. I.—III. (Thl.) gr. 8. Prag, Tempsky. [Frankfurt a. M., J. Baer.]

Ermässigter Preis compl. *

Inhalt:

(Thl.) I. Slowenisches und glagolit. Schriftthum. (VIII und 192 S.) 864. 1 Thlr. 6 Ngr.
» II. Illirisches und kroat. Schriftthum. (VII und 328 S.) 864. (2 Thlr. 15 Ngr.) Ermässigter Preis * 1 Thlr. 10 Ngr.
» III. Geschichte des serb. Schriftthums. 2 Abthlgn. [1. Abthl. (S. 1—299.) 865. 2 Thlr., 2. Abthl. (XIV und S. 300—480.) 865. 1 Thlr. 12 Ngr.] (3 Thlr. 12 Ngr.) Ermässigter Preis * 2 Thlr.

— Geschichte der slawischen Sprache u. Literatur nach allen Mundarten. 2. Abdr. Prag 869. Tempsky. gr. 8. (XVI, 527 S.) n. 2 *Thlr.* 20 *ngr.*

— s. Müller, Jos., Albanien.

— Namen u. Lage der Stadt Wineta, auch Jumin, Julin, Jomsburg. Lex.-8. Leipzig 846, Exped. der slaw. Jahrb. (Keil u. Comp.) n. ⅙ *Thlr.*

— Namen u. Lage der Stadt Wineta, auch Jumin, Julin, Jomsburg. Lex.-8. (1¼ B.) Leipzig 846, [Slawische Bh.] *

Safarik, Pawel Jos., Slowanský Narodopis. S. Mappau (in Roy.-Fol. u. illum.) Druhé wydáni. gr. 12. (8½ B.) Praze 842, (Kronbergera.) *

Šafařík, Pawel Joz., Slowanský národopis. S mappau. III. Wydáni. 8. (XII u. 190 S.) Prag 849, Calve. n. 2 *Thlr.*

Safařík, Pawel Joz., Památky dřevního písemnictví Jihóslovanův, s. : Památky.

Příspěvky ke studiu bibliothečních soustav a zařízení. Zápisky P[avel] J[osef] Safaříka o pracích bibliothečních a pomůckách bibliothečního úřednictva. Podává Dr. Čeněk Zíbrt, skriptor bibl. Musea král. Českého. Zvláštní otisk z časopisu 'Sběratel' (III. roč., číslo 5.—6.)'. *V Praze: Nákl. časop. 'Sběratel' 1898.* [Umschlagt.:] Beiträge z. Studium v. Bibliothekseinrichtgn a. d. hs. Nachl. v. P. J. Šafařík. Hrsg. v. Dr. Č. Zíbrt. M. e. lith. Beil.: Nomina urbium typographiis insignium. *Leipzig: O. Harrassowitz 1898.* (15 S., 55 lith. S.) 1 Bd 8. [illegible]

— sebrané spisy. I. Slovanské starožitnosti. 2. vydání. Sešit 1—23. Ebend. 862—64. gr. 8. (1. Bd.: VIII, 600 S.; 2. Bd.: X. 767 S.; 3. Bd.: S. 1—224.) Jedes Heft n. 10 *ngr.*

— kurze Uebersicht der ältesten kirchenslawischen Literatur. gr. 8. (24 S.) Leipzig 848, Slawische Buchh.
Aus: Slawische Jahrbücher, hrsg. von J. P. Jordan. Jahrg. 1848, besonders abgedruckt.

Šafařík, Paul Jos., *k. k. Univ.-Biblioth.* Ueber den Ursprung und die Heimath des Glagolitismus. Mit einer Schrifttafel. *Prag* 1858. Verl. v. *F. Tempsky.* VIII, 52 S. 4°. 1 fl. 20 kr.

Šafařík, Vojtěch, základové chemie čili lučby. Svaz. I.: Chemia neorganická. — Svaz. II.: Chemia organická a úvahy theoretické. Prag 859, 60. (Rziwnatz.) gr. 8. (XX, 806 S.) Jede Abthlg. n. 1 *Thlr.* 24 *ngr.*

Safatu-Bucht, s.: Seekarten.

Säfert, J. M., von den Verhältnissen des Staats u. der Diener des Staats gegen einander im rechtl. u. polit. Verstande. gr. 8. Würzb. 798. Rienner. 8 *gr.*

Saffar, König, in Kambaja. Ein Trauerspiel. Leipzig 1795; Grätz 1796. V: *Vulpius, Chn. Aug.* Vgl. Jb. d. Sammlg. Kippenberg 6 (1926), S. 88. Ist identisch mit V.' Trauerspiel ‚Leidenschaft und Liebe' (Leipzig 1790). Vgl. ebda. S. 77f. und 126f. (DARP)

Saffar, König in Kambaja. Ein Trspl. 8. Leipz. 795. (Wien: brack). 8 K

Saffar, König in Kambaja. Trsp. 8. Lpz. Gräff. 795.

Choralvorspiele. Eine Sammlung von 202 leicht ausführbaren Vorspielen f. d. Orgel zu d. gebräuchlichsten ev. Choralmelodien mit Berücks. d. ursprünglichen Melodieformen. Für d. Gebr. beim Gottesdienste hrsg. von Ferdinand **Saffe.** Opus 10. Mit 10 neuen Vorspielen von Prof. Dr. J. G. Herzog in München. Göttingen: Vandenhoeck & Ruprecht 1904. (107 S.) quer-8° [F.] 05. 11,16 7

Saffe, Ferd., 175 kurze u. leichte Choralvorspiele f. die Orgel zu den gebräuchl. Choralmelodien. Für den Gebrauch beim Gottesdienste. Op. 9. qu. gr. 4. (IV, 47 S.) Wolfenbüttel 899. J. Zwissler. 1. 50

Saffeini, W. K., junge Frauen. Bildschmuck u. Vignetten v. Frz. Schmidt 1.—3. Taus. (150 S.) 8. Goslar (905). F. A. Lattmann. 3. —; erh. Pr. n. 3. 50; geb. n. 4. 50; Luxusausg., geb. in Ldr. m. Goldschn. n. 10. —

W. K. **Saffeini.** Junge Frauen. 4.—7. Taus. Berlin, Goslar, Leipzig: F. A. Lattmann [1905]. (150 S.) 8° 06. 11,14 7

Saffeini, W. K., junge Frauen. Bildschmuck u. Vignetten v. Frz. Schmidt. 4. bis 7. Taus. (150 S.) 8. Goslar (907). F. A. Lattmann. 3.50; geb. 4.50

— die Geheimnisse von Monte Carlo. Das Sprengen der Bank u. anderes. Rivierabilder. 3.—6. [Titel-]Aufl. [v. S., Monte Carlos Untergang.] (III, 166 S.) 8. Berlin [902] (905). W. Vobach & Co. n. 1. 50

General Knusemong. Von W. K. **Saffeini.** (Berlin: F. Schulze [1902].) (16 S.) 8° [Umschlagt. F. u. Ant. Text stenogr.] = Zehnpfennigbücher, Schulzes. No 25. 05. 7384

Saffeini, W. K., General Knusemong, s. a. Schulze's Zehnpfennigbücher.

— unsere jungen Mädchen. Studien nach dem Leben. 1. u. 2. Aufl. 12. (à VII, 142 S.) Freiburg i/B. 901. F. E. Fehsenfeld. n. 1. —

W. K. **Saffeini.** Unsere [!] Jungen Mädchen. Mit Bildschm. u. Vign. Der illustr. Ausg. 1.—3. Taus. (8.—11. Taus.) Berlin, Goslar, Leipzig: F. A. Lattmann (1906). (VI, 135 S.) 8° 06. 13,610 7

— Unsere jungen Mädchen. Mit Bildschmuck u. Vignetten v. Gust. Olms u. E. Kuhlmann. Der illustriert. Ausg. 1. bis 3. Taus. (8. bis 11. Taus.) (VII, 135 S.) 8. Ebd. (907). 3.50; geb. 4.50

— die Nixe v. Ostende. Sommerbilder. 8. (III, 178 S.) Ebd. 902. n. 1. 20

— Monte Carlo's Untergang u. andere Rivierabilder. 2. Aufl. 8. (III, 166 S.) Ebd. 902. n. 1. 50

Saffenreuter, Georg Josef

Saffenreuter, Geo. Jos., Eichenkränze. Mit 1 Stahlst. 8. (VIII u. 390 S.) Regensburg 851, Manz. 1 1/8 ℛ

Saffenreuter, Geo. Jos., Leitfaden für Schullehrlinge, s. Leitfaden.

Saffenreuter, Georg Jos., Paulus der Weltapostel. Ein Epos in 9 Gesängen. Würzburg, Kellner, 1859, 8°, XV u. 306 S., 3,30 Mk.

Saffenreuter, Geo. Jos., Predigten auf d. Sonn- u. Festtage d. kathol. Kirchenjahres. 3 Thle. gr. 8. Würzburg, Stahel'sche Buchh.
Thl. 1. Sonntags-Predigten. { 1. Aufl. (55½ B.) 837. 2., verm. A.
„ 2. Fest- u. Fastenpredigten. { (57½ B.) 840. à Aufl. 2 Thlr. 6 Gr.
„ 3. A. u. d. T.: Predigten auf verschied. Sonn- u. Feiertage d. kathol. Kirchenjahres, nebst mehr. Casual-Predigten. (24 B.) 840. 1 Thlr. 3 Gr.

Saffenreuter, Geo. Jos., Predigten. 1. Thl. Predigten auf alle Sonntage des kathol. Kirchenjahres. 3. verb. Aufl. gr. 12. Würzburg 844, Stahel'sche Buchh. 1 1/8 ℛ

— ders. 2. Thl. Predigten auf die vorzügl. Festtage des kathol. Kirchenjahres. Nebst einem Cursus Fasten-Predigten. 3. verb. Aufl. gr. 12. Ebend. 844. 1 1/8 ℛ

— ders. 3. Thl. Predigten auf verschied. Sonn- u. Feiertage des kathol. Kirchenjahres. Nebst mehreren Casual-Predigten. 2. verm. Aufl. gr. 12. Ebend. 844. 1 1/8 ℛ

— Predigten. 1—3. Bd. 4. verm. Aufl. u. 4—6. Bd. gr. 12. 1. Predigten auf alle Sonntage des kathol. Kirchenjahres. (. . . S.) 2. Predigten auf die vorzüglichsten Feste des Herrn u. der Heiligen im kathol. Kirchenjahre. (516 S.) 3. Predigten auf die heil. Advents- u. Fastenzeit u. bei verschiedenen kirchlichen Gelegenheiten u. Ereignissen. (391 S.) 4 u. 5. Homilien üb. die Episteln auf alle Sonntage des kathol. Kirchenjahres. 2 Thle. Vom Advent bis Pfingsten. (VI u. 320 S.) Von Pfingsten bis Advent. (VI u. 399 S.) 6. Homilien über die Episteln auf die vorzüglichsten Festtage des Herrn u. der Heiligen im kathol. Kirchenjahre. (VI u. 338 S.) Würzburg 848—50, Stahelsche Buchh. (à 1 ℛ 4 ngr) 6 ℛ 24 ngr

Saffenreuter, Geo. Jos., Predigten. 7. Bd. A. u. d. T.: Predigten auf die vorzüglichsten Feste des kathol. Kirchenjahres. gr. 8. (312 S.) Regensburg 852, Manz. 1 1/4 ℛ

— Predigten auf die vorzüglichsten Feste des katholischen Kirchenjahres nebst mehreren Jubiläumspredigten. 2., verm. Aufl. Regensburg 859. Manz. gr. 8. (366 S.) 1 ℛ 7½ ngr

—— u. F. A. Himmelstein, Religions- u. Kirchenfreund, s. Religions- u. Kirchenfreund.

— Trauerrede auf den höchstseligen Hintritt Sr. Maj. des Königs Maximilian II. von Bayern. Würzburg 864. (Stahel.) gr. 8. (12 S.) n. 2 ngr

Saffer, zwölf Bilder aus dem Leben bayerischer Fürsten poetisch dargestellt. Bamberg (853.) Züberlein in Comm. 8. (2 Bl., 64 S.) n. 5 ngr

Saffer, zwölf Bilder aus dem Leben bayerischer Fürsten poetisch dargestellt. 8. (III und 64 S.) Bamberg 854, (Züberlein.)

Saffer, Gedichte. 1. Liefg. Lichtenfels 865. Bittner. 8. (64 S.) n. 7 ngr

Saffray, die Kunst recht lange zu leben. Grundzüge der Hygieine. Mit 52 in den Text gedr. Holzschn. Autoris. Uebersetzg. 12. (VII, 154 S.) Minden 885. Bruns. n. 1. 50

Saiir, B., Beschaffenheit, zweckmässige Mischungsverhältnisse u. Ausbeute hydraul. Baustoffe. Mit 9 Diagrammen. (40 S.) 8. Berlin 909. W. Ernst & Sohn. 1. 80

Safir, M. G., der Komet von 1864. Eine unverhoffte Erscheinung am Himmel der Humoristik, faßlich dargestellt. Wien 864. (Rospini.) 8. (XII, 124 S. mit vielen Illustr.) n. 12 ngr.

Saeffow, J. F., ein Wort über unsere Steuer-Reform. 8. (14 S.) Neustrelitz 848, Barnewitz. 1/12 ℛ

Safonow, S., ein Kaiser-Zug durch die Krim, s. Kaiser-Zug, ein.

Safra, Gabr., s. Jair ben Serach Ibn-Karmi.

Šafránek, Franz

Šafránek, Fr., Nerostopis pro sedmou třídu reálnou. 2. umgearbeitete Auflage. Prag und Wien 1896. F. Tempsky. (Min.-Erl. v. 12. Juni 1896, Z. 13945) —.70, geb. —.95

Safranzeitung. Safran-Zeitung. 1901. Jahrg. Ein lustiges Blatt für Luzern und diejenigen, die drum und dran hängen. Karnevalistisches Organ der Fritschizunft Luzern. N° 100. Fritschopolis, Sonntag den 13. Januar 1901. [Mit Vignetten.] 4 S. fol. (Luzern, Räber & Cie.) fr. —. 40, bei der Post fr.—. 50, Ausland fr. —. 60

Safron, Franz. Bilder aus Lehr-, Erziehungs- u. Arbeitsanstalten für die Jugend. Klgft., St. Hermagoras-Druck., 1873. 32 S.

Safron, Franz. Das Knaben-Waisenhaus bei dem Gute Lind nächst Klgft., Klgft., v. Kleinmayr, 1881. 15 S.

Safron, Frz., Schulmeister Kraft. Ein Stück aus d. Alpen in 3 Aufz. (53 S.) 8. Berlin-Friedenau 910. Bureau Fischer. 1. 50

Safron, Franz. Skizzen über die Rettungshäuser u. insbesondere über die Rettungsanstalt bei Klgft. Klgft., (typ. Weiler in Villach), 1876. 194 S.

Saft, Jh. Sam., († 1770.) s. Ovids Verwandlungen.

Saft, Oscar, aus Halle a. S.: Ueber Noma. *Halle a. S. 1898: Wischan & Wettengel.* (44 S.) 8°
Halle, Med. Diss. v. 14. Dez. 1898

Saft, Otto, wechselnde Klänge. Verse u. Skizzen. (48 S.) 8. Bergedorf 906. H. Wobbe. Kart. n. 1. 25

Saft, Otto, Wegweiser durch Bergedorf u. Umgegend, nebst e. geschichtl. Geleitwort. Mit e. Stadtplan u. e. Wegekarte. (30 S.) 8. Bergedorf 908. H. Wobbe. —50

Säfte auf Zucker, nebst Widerlegung d. Ahornzuckererzeugung. 8. Marb., Krieger. 16 ℊ

Saftenberg, Fr., Düngung der Obstbäume, s.: Lehrmeister-Bibliothek.

— Der Hausgarten, s.: Lehrmeister-Bibliothek.

Saftien, Hermann, aus Holzminden: Die Schwellformen des Verstypus A in der altsächsischen Bibeldichtung. *Bonn 1898: C. Georgi.* (53 S.) 8°
Bonn, Phil. Diss. v. 21. Dez. 1898

Saftien, Herm., die Schwellformen des Verstypus A in der altsächsischen Bibeldichtung. Diss. gr. 8. (54 S.) Bonn 898. (Leipzig, Buchh. G. Fock.) n. 1. 20

Saftien, Karl [aus Wolfenbüttel]: Die Verhandlungen Kaiser Ferdinand I. mit Papst Pius IV. über die fakultative Einführung des Laienkelches in einzelnen Teilen des deutschen Reiches. . . . Göttingen, Druck d. Univ.-Buchdr. v. E. A. Huth, 1890; 1 Bl. + 79 S. + 1 Bl. 8°
Göttingen, Phil. Fak., Inaug.-Diss. v. 8. März 1890

Saftien, Karl, die Verhandlungen Kaiser Ferdinand I. u. Papst Pius IV. üb. den Laienkelch u. die Einführung desselben in Östreich. Mit archival. Beilagen. gr. 8. (85 S.) Göttingen 890. Vandenhoeck & Ruprecht's Verl. n. 1. 60

Saftparenchyma, Das. Berlin 1830. V: *Ofterdinger, Gg Ldw.* (Tübz 9, 44.)

Saftparenchyma, das, s. Ofterdinger, G. L.

Saftparenchyma, das, u. der Zustand d. organolog. Doctrinen u. der medicina practica in unserer Zeit. gr. 8. Berl. 830. (Franklin). 8 ℊ

Saftu, Vasilie: Ein Vergleich der physischen Erziehung bei Locke und Rousseau . . . Bucarest, Druck v. Carol Göbl, 1889; 75 S. + 1 Bl. 8°
Leipzig, Phil. Fak., Inaug.-Diss. v. 6. Febr. 1890

Sag an, kommst du noch immer nicht? Striegau [1907]. V: *Holzhey, Georg.* (Berl)

Sag, D', vum Samichlaus; e Wiehnachtsgschicht mit läbede Bildere. Wädensw. 1895. V: *Pestalozzi, F. Otto.* (Cat. d. Stadtbibl. Zürich. Zürich 1864—97.)

Saga. Ein Taschenb. d. Geschichte f. gebild. Jugend. Hrsg. v. H. (J.) König. 12. (15 B. u. 4 Kpfr.) Hanau 830, Edler. 1 Thlr. 4 Gr., hrbgf. Pr. Thlr.

Saga, historisches Taschenbuch für die Jugend; hrsgg. von H. König. Mit 4 Kpf. 12. Hanau 830. Edler. 1 ℛ 4 ℊ Hbg. Pr. 1831. 20 ℊ

—— Faereyinga, od. Geschichte d. Bewohner der Färöer, im isländ. Grundtext mit färöischer, dän. u. deutsch. Uebersetz. Hrsg. v. C. C. Rafn u. G. C. F. Mohnike. M. 1 Karte (lith. v. Mansa, 1/2 gr. Fol.) u. 1 (ill.) Facsimile (Schmal gr. 4.) Lex.-8. (26 B.) Kopenhagen 833, Schubothe.

Saga, die, von Fridthjo, s. Tegner.

—— die, von Friedthjof dem Starken: A. d. Isländ. v. G. Chr. Fr. Mohnike. M. 1 Karte v. südl. Norwegen u. v. ein. Theil d. Sognefjords. gr. 8. (6½ B.) Stralsund 830, Trinius.

Saga. die, von Gunnlaug Schlangenzunge, s. Universal-Bibliothek.

Saga, die, vom Hühner-Thor. Eine altisländ. Bauernnovelle des Xten Jahrh. Aus dem Altisländ. übers. v. Alwin Wode. gr. 8. (77 S.) Dießen 902. J. C. Huber. n. 2. 50

Saga-Bibliothek, altnordische. Hrsg. v. Gustaf Cederschiöld, Hugo Gering u. Eug. Mogk. 1.—3. Hft. gr. 8. Halle a/S. 892. M. Niemeyer. n. 14. 20
1. Are's Isländerbuch. Hrsg. v. Wolfg. Golther. (XXVIII, 46 S.) n. 1. 60
2. Orvar-Odds Saga, hrsg. v. R. C. Boer. (XXIV, 124 S.) n. 3. 60
3. Egils saga Skallagrimssonar, nebst den grösseren Gedichten Egils, hrsg. v. Finnur Jónsson. (VII, 334 S.) 894. n. 9. —

Saga-Bibliothek, altnordische. Hrsg. von Gust. Cederschiöld, Hugo Gering u. Eug. Mogk. 4.—7. Hft. gr. 8. Halle, M. Niemeyer. n. 23. — (1.—7.: n. 37. 20)
4. Laxdœla saga. Hrsg. von Kr. Kålund. (VII, XIV, 276 S.) 896. n. 8. —
5. Flóres saga ok Blankiflúr. Hrsg. v. Eug. Kölbing. (VIII, XXIV, 87 S.) 896. n. 3. —
6. Eyrbyggja saga. Hrsg. v. Hugo Gering. (XXXI, 264 S.) 897. n. 8. —
7. Ívens saga. Hrsg. v. Eug. Kölbing. (VIII, XXVII, 135 S.) 898. n. 4. —

Saga-Bibliothek, altnordische. Hrsg. v. Gust. Cederschiöld, Hugo Gering u. Eug. Mogk. 8. u. 9. Hft. gr. 8. Halle, M. Niemeyer. n. 12. —
8. Grettis saga Ásmundarsonar. Hrsg. v. R. C. Boer. (LII, 348 S.) 900. n. 10. —
9. Friðþjófs saga ins froekna. Hrsg. v. Ludv. Larsson. (XXIV, 56 S.) 901. n. 2. —
Hft. 1—7. Ebd. 892—898. n. 37. 20.

Saga-Bibliothek, altnordische. Hrsg. v. Gust. Cederschiöld, Hugo Gering u. Eug. Mogk. 10. u. 11. Heft. gr. 8 Halle, M. Niemeyer. n. 8. 60
10. Gísla saga Súrssonar. Hrsg. v. Finnur Jónsson. (XXIX, 107 S.) 903. n. 3. 60
11. Kristnisaga. þáttr þorvalds ens víðförla. þáttr Ísleifs biskups Gizurarsonar. Hungrvaka. Hrsg. von B. Kahle. (IV, 144 S.) 905. n. 5. —
Hft. 1—9. Ebd. 892—901. n. 49. 20.

Saga-Bibliothek, altnordische. Hrsg. v. Gust. Cederschiöld, Hugo Gering u. Eug. Mogk. 12.—14. Heft. gr. 8. Halle, M. Niemeyer. 19. —
12. Clári saga. Hrsg. v. Gust. Cederschiöld. (XXXVIII, 76 S.) 907. 3. —
13. Brennu-Njálssaga (Njála). Hrsg. v. Finnur Jónsson. (XLVI, 452 S.) 908. 12. —
14. Hálfs Saga ok Hálfsrekka. Hrsg. v. A. Le Roy Andrews. (VIII, 141 S.) 909. 4. —
Heft 1—11. Ebd. 892—905. 57.80.

Sagadinas, Franz, Candidat. med.-vet. aus Uzpol in Lithauen: Anatomische und histologische Untersuchungen über das Ovarium von Lepus timidus. [Mit sieben Abbildungen im Text.] Bern 1908. 20 S. 8°. [9. XII. 08.]
Bern. Vet.-med. Diss. 1908/09.

Sagadinas, Franz. Anatomische und histologische Untersuchungen über das Ovarium von Lepus timidus. Diss. Vet.-Med. Bern. [Mit Figuren.] 20 S. 8. Bern, Stämpfli & Cie., 1908.

Sagal, Eugenie Fabian-
s. Fabian-Sagal. [10. 13461

Sagan [Sachliches OW]

***Sagan,* s. Gunlaugi.**

Sagan, s. Gunlaugi vermilinguis et Rafnis poetae vita ex. Mspt. legati Magn. 4. maj. Copenh. Faber. 775.

Sagan, s. Gunlaugi vermilinguis et Rafnis Poëtae vita. 4. maj. Hafn. Bonnier. 775.

Sagan [Schlagwort]

— s. a.: Kreiskarten.

Sagan, s.: Preussen. Messtischblätter.

Sagan, Kreis. Entfernungskarte, amtliche, des Kreises Sagan. Auf Grund amtl. Unterlagen angefertigt im Katasteramte zu Sagan, rev. im Katasterbureau der königl. Regierg. zu Liegnitz. Hrsg. 1904. 1 : 75,000. 84×75 cm. Farbdr. Glogau. Berlin, C. Flemming. n. 2. —

Sagan. Hilscher, A., Karte des Kreises Sagan. 1 : 175,000. Ausg. ohne Amtsbezirksgrenzen. Chromolith. Fol. Liegnitz 887. Zippel. n. — 75

— — Schulwandkarte des Kreises Sagan. 1 : 50,000. 6 Blatt. Chromolith. Fol. Ebd. 888. n.n. 9. —; aufgezogen m. Stäben n.n. 12. —

Sagan. Plan von Sagan. Gezeichnet v. Paul Lauschke. 24,5×26,5 cm. Farbdr. Mit Strassenverzeichnis an den Seiten u. Umgebungskarte auf der Rückseite. Sagan (908). (R. Schoenborn). — 20

Sagar, Johann (A.) (vgl. Sager, J. A.)

Sagar, Jh., († ...) Auszüge aus Fragmenten, die in einer Staatsverfassung viele Aufmerksamkeit verdienen. 8. Wien 783.

— mehr e. Modeschrift v. politischer Schwärmerei. 8. Wien 782.

SAGARS, J. A., Misgeburt (!) des Müßigganges; oder allerhand durch einander. Erstes bis drittes Stück (soviel ersch.?). Wien, 1781 bey Jos. Edlen v. Kurzböck. 8°.
Magaz. d. Buch- u. Kunst-Handels. Jahrg. 1781. Lpz. gr. 8°. S. 688. —

— Versuch bestmögl. Mittel, die Rechtsstreitigkeit zu vermindern, die uns zum Endzweck näherer u. sicherer leiten, als die, welche in der diesfalsigen Preisaufgabe angezeigt worden. 8. Wien 785.

Sagar, Johann Baptist Michael von

— Abhandlung v. den wahren Kennzeichen d. Hornviehseuche u. derselben sowohl Heil- als Verwahrungskunde ... Wien 1782. 72 S.

— von den wahren Kennzeichen der Hornviehseuche. 8. Wien 782. Krauß. 3 fl

Sagar J. B. M.: Abhandlung v. dem Mehlthau als der grösten Ursache d. Hornviehseuche u. derselben Curart .. Wien 1775. 71 S.

Sagar, Joh. Bapt. Melch. Edler von, Abhandlung von dem Mehltau, als der grössten Ursache der Hornviehseuche und derselben Kurart. 8. Wien 775. Krauss. M. —.50

— Abhandl. von dem Mehlthaue, als größte Ursache d. Hornviehseuche u. derselben Kurart. 8. Wien 776. Krauß. 5 fl

— Bericht von den Pozdiateker Gesundbrunnen in Mähren. 8. ... 765.

— Beschreib. d. Gesundbrunnen zu Trebisch in Mähren. 8. Wien 768. Krauß. 3 gl

— Diss. inaug. de salicaria. 4. Wien 762.

Sagar, J(ohann) B(aptist) Michael (von): Dissertatio de variolis Iglaviensibus anni 1766. 94 S., gbd.

Lipsiae: Kraus 1773

— historia morbi epidemici in circulo Iglaviensi et adiacentibus Bohemiae plagis observati anni 1771 et 72. 8. Wien 773. Trattner. 3 gl

— Libellus de aphtis pecorinis. Viennae 764.

Sagar, Joha(nn) Bap(tist) Mich(ael): Libellus de aphthis pecorinis anni MDCCLXIV.cum appendice de morbis pecorum in hac provincia (Moravia) tam frequentibus, eorundemque caussis, et medelis praeservatoriis. 63 S., gbd.

Viennae: Kraus 1765

Sagar J. B. M.: Libellus de morbo singulari ovium anni 1765. Cum appendice de cultura earundem. Vindob. 1765. 71 S.

Sagar, Jo. Mich., Systema morbor. symptom. 54 pp. Viem. 4°. 1771

— systema morborum symptomaticum, secund. classes etc. II Voll. 8. Wien 771. Ed. II. 784. (List in Berl.) 3 ℔

Sagar, Jo(hann) Bapt(ist) Mich(ael von): Systema morborum symptomaticum secundum classes, ordines, genera et species cum characteribus, differentiis et therapejis. Filum ariadnaeum ad lectulos aegrorum. 762 S., gbd.

Vienae: Kraus 1776

Sagar, J(ohann) B(aptist) Mich(ael) von: Systema morborum symptomaticum secundum classes, ordines, genera et species cum characteribus, differentiis et therapiis. Filum ariadnaeum ad lectulos aegrorum. Pars 1 - 2, gbd.

Viennae: Kraus 1783

Sagar, Jo. Bapt., Systema morborum systematicum, secundum classes, ordines et genera, cum characteribus propositum. 54 pp.
1763 Vindob. 8°.

Sagar, Marie Anne, geb. Roskoschny, s. 1) Karolinens Tagebuch. 2) Töchter, die verwechselten.

KAROLINENS Tagebuch ohne außerordentliche Handlung oder gerade so viel als gar keine, von *M. A. S.* (d. i. *Marie Anne Sagar*, geb. *Rodoschny*). Prag 1774. 8°. Zahm. 304 S. (4 Mk. 75 Pfg. Hugo Streisand, Berlin, 1906.)

Sagard, s.: Deutschland. Kürschner-Pelp.

Sagard, s.: Deutschland. Uebersichtskarte.

Sagas, Legendes des Bords du Rhin, orné de 8 gravures sur acier. D'après les dessins des peintres de l'Ecole de Dusseldorf. gr in-8. Aix-la-Chap. et Colog. 838 Kohnen. n. $3^{1}/_{3}$ ℔

Sagas, Légendes des bords du Rhin orné de 8 gravures sur acier. D'après les dessins des peintres de l'École de Dusseldorf. 2. édit. gr. in-8. Aix-la-Chapelle et Cologne 843, Kohnen. n. $2^{1}/_{2}$ ℔

Sagas rhénanes ou recueil des plus intéressantes traditions du Rhin, traduites de l'allemand, par J. C. Saintonges, sen. 6. éd. (VIII, 304 S. m. 5 Stahlst.) 8. Wiesbaden (903). G. Quiel. n. 2. 50; geb. in Leinw. m. Goldsohn. n. 4. —

Sagasser, Ferd., Adressbuch und Wohnungs-Anzeiger der Stadt Reichenberg. gr. 8°. (X, 396 S.) Reichenberg, Schöpfer. In Comm. In Leinwand geb. fl. 3.50. 1887

Sagasser, F., s. Adressbuch und Wohnungs-Anzeiger der Stadt Reichenberg.

Sagawe, Konrad

—, *δέ* im Nachsatz bei Herodot. 8 (S. 27—53).
Festschrift z. 250j. Jubelfeier d. städt. ev. G. zu Maria Magdalena *Breslau* 1893.
Nicht im Tauschverkehr.
Progr.

Sagawe, *δέ* im Nachsatz bei Horodot. [Aus: „Festschrift zur Jubelfeier des Gymnasiums zu St. Maria Magdalena".] gr. 8. (25 S.) Breslau 893. (E. Morgenstern's Vorl.) n. — 50

Sagawe, Konrad [Dr.]: Ueber den Gebrauch des Pronomens *ἕκαστος* bei Herodot. (Th. I.) Breslau, Druck v. Grass, Barth u. Co., *1891;* S. 3—17; 4°
Breslau, st. ev. G zu St. Maria-Magdalena, OP 1891 (178)

Sage [Sachliches OW]

Sage, eine alte, u. eine neue Geschichte. — An Se. Maj., Nikolaus I., Kaiser aller Reussen, König v. Polen. Aus d. Poln. 8. (15 S.) Krakau 848, Wildt. 3 ngl

Sage, älteste, über Carls des Groß. Geburt u. Jugend, s. J. Chr. v. Aretin.

Sage und Geschichte des Siegerlandes in einer Sammlung von Gedichten. Nebst einem Anh. Anmerkungen über die Gedichte sowie über das Wichtigste aus der Landesgeschichte und biograph. Notizen. Siegen 855. (Kogler.) 16. (VI, 192 S. u. lith. Titel.) n. 20 ngr.

Sage und Geschichte des Siegerlandes in einer Sammlung von Gedichten ... Siegen 1855. H: *Gertner, August.* (EngG)

Sage und Geschichte der Gnaden- und Wallfahrtskirche Zaschau im Kronlande Mähren, nebst sehr schönen Gebeten, Liedern und Litaneien. Allen Freunden der heiligen Andacht und der Geschichte gewidmet von einem greisen Pilger. Neutitschein, 1857. Dr. und Verlag von Johann Nep. Enders. (16 S. 8.)

Sage, Die heilige. Der reifern christlichen Jugend erzählt. Regensburg 1835-40. V: *Bauberger, Wilh.* (schmal) (Th)

Sage, die heilige, der reiferen christl. Jugend erzählt von dem Verfasser der Beatushöhle. 1s Bdchn. gr. 12. Augsburg 835. Kollmann. — 2s — 12s Bdchn. Mit Titelkupfern. gr. 12. Ebd. 835 — 40. Matth. Rieger. $4^{1}/_{2}$ ℔

Sage, die heilige. Fromme Abenderzählungen am Heerde christl. Familien. Der gesammten edlern Lesewelt, besonders der reiferen christl. Jugend dargereicht. Von dem Verf. der Beatushöhle. 24 Bde. (2. verb. Aufl.) 8. (Mit Stahlst.) Regensburg 843—46, Manz. (à $5^1/_2$ ngr) 4 rf 12 ngr. — Vergl. auch: Werke des Verf. d. Beatushöhle.

Sage, die, v. dem ewigen Juden. Merkwürdige Erlebnisse d. Israeliten Ahasverus, welcher der Kreuzigg. Christi angewohnt u. bis auf den heut. Tag am Leben erhalten worden sein soll. 8. (32 S.) Reutlingen 873. Enßlin & Laiblin. — 10

Sage, die, vom Kaiser Karl u. den Zwergen im Untersberg. Für die deutsche Jugend erzählt. gr. 16. (10 S. m. 1 Bl. Metachromatypien.) Reichenhall 875. Bühler. — 60

Sage, Die, vom Kreuz in Blasienberg. Drama in zwei Aufzügen . . . Regensburg 1870. V: *Hofer, Emilie.* (Margr)

„Sage", die, vom Lauterberg. Nach amtl. Quellen bearb. v. Jak. Sprüchmacher & Comp. 8. (32 S.) Karlsruhe 895. F. Thiergarten. n.n. — 50

„Sage nicht!" Die Entschuldiggn. der Kirche wegen Vernachlässigg. der Heidenmission. Ein Aufruf an die Christen. Von e. Missionar. 8. (49 S. m. 1 graph. Darstellg.) Blankenburg i. Thür. 891. Verl. d. evangel. Allianzblattes. n. — 40

— Schleswig-Holsteinische. Gedicht an einen deutschen König von einem Studenten. gr. 8. (7 S.) Aschersleben 850, Mannisfe. $1^1/_2$ ngr

Sage, Die, vom Schlossberg bei Zoppot. Zoppot 1902. V: *Hoffmann, Adalbert.* (Berl)

Sage, le, dans la Solitude, ou méditations relig. sur div. sujets. gr. 12. Neuchat. Typ. 774. Rthlr. -

— die, vom Stiefmütterchen. Eine Weihnachts-Spende von Ed(uard) v. L(abunski). 8. (13 S.) Lübeck 851, Boltemann in Comm. n. 4 ngr

Sage, die, v. dem Verschwinden der Leiche Dr. Martin Luthers zu Ende d. Schmalkalder Krieges, auf's Neue an das Licht gezogen u. erörtert v. e. Geschichtsfreunde. 8. (8 S.) München 883. (Wenger's Sort.) — 30

Sage, die, vom Wolfsbrunnen. Mährchen, v. Amalie v. Hellwig, geb. v. Imhoff. 8. Berl. Realschulbuchh. 814.

Sage, die, vom Wolfsbrunnen, Mährchen von Amalie v. Helwig. 2te Ausg. 8. Heidelberg, Engelmann. (Hermann in Frankfurt a. M.) 821.

Sage, die, vom ungerechten Zaren, wie er vernünftig wurde u. welchen Rat er den Leuten gab. (In russ. Sprache.) (98 S.) 8. Berlin (904). H. Steinitz. n. 2. —

Sage [Verfasser]
(Vgl. Lesage)

Sage, le, s. le Bachelier de Salamanque

— le Diable boiteux. II Vol. gr. 12. Basle, Schweighäuser. 766.

— s. Gilblas

— s. hist. d'Estavanille Gonzales

Sage, le, Oeuvres. 1 vol. in-18. (Didot) (Leipz. Fr. Fleischer.) -
(papier fin, 12 Cr. papier vélin, 1 Thlr. format in 12, pap. vélin, 1 Thlr. 8 Gr.)

Sage, le, A., Atlas historique, généalogique, chronologique et géographique. Seule edition avouée par l'auteur. gr. in Fol. Paris. 1814. Edit. superbe, enluminée pap. vélin, reliée. (Heidelberg, Groos en Comm.)

Sage, Arthur, approb. Arzt aus Krappitz: Aus d. psychiatr. u. Nervenklinik in Kiel. Über **Syringomyelie** mit genau halbseitig lokalisierter Hypalgesie und Thermohypaesthesie. *Kiel 1903: Schmidt & Klaunig.* (20 S.) 8°
Kiel, Med. Diss. v. [14. Dez.] 1903

Sage, Balthasar Georges. Anfangsgründe der Mineralogie . . . a. d. Franz. Leipzig 1775. Ü: *Bergmann, Liborius von.* (Ky) (Gatterer, Repert. d. mineral. Litt. Giessen 1798—99. I, 33.)

— Anfangsgründe d. Mineralogie, nach den Grundsätzen d. Probirkunst; aus d. Französ. (von Lib. v. Bergmann). 8. Leipz. 775. (Knobloch). 14 gr

— Anfangsgr. d. Mineralogie, nach d. Grunds. d. Probirk. a. d. Franz. v. Leske. 8. Leipz. Böhme. 776. .

[Expériences propres à faire connaître que l'alcali volatil- fluor est le remède le plus efficace dans les asphyxies. Deutsch:] Erfahrungen daß der flüssige Salmiak- Geist das wirksamste Mittel sey Erstickte wieder zu erwecken. Mit Anm. über die vortrefflichen Wirkungen desselben in dem Vipern- Bisse, der Raserey,... von [Balthazar Georges] Sage. ... nach der 2. franz. Ausg. in das Deutsche übers. Straßburg: Bauer & Treuttel 1778. 58 S. 8°

Sage, Bth. G., Erfahrr. über die Mittel d. Fabrikation der Pottasche, s. Pertuis.

— Kunst Gold und Silber zu probiren oder Erfolg der Kapellirung. Reval und Leipzig 1782. 8.

— Kunst, Gold u. Silber zu probiren rc. 8. Reval. (Compt. f. Litt. in Leipz.) 782.

Sage, B. G. Chemische Untersuchung verschiedener Mineralien. A. d. Franz. . . . Göttingen 1775. Ü: *Schrader, Ludwig Albr. Gottfried.* (BrMm)

Des Herrn Sage chemische Untersuchung verschiedener Mineralien. Aus dem französischen übersetzt. Mit einigen Anmerkungen vermehrt von Johann Beckmann. Göttingen, 1775. pp. 208-[iv], 12mo.

Sage, Bth. G., chemische Untersuchung verschied. Mineralien; aus d. Französ. v. L. A. G. Schrader. 8. Götting. 775. Vandenhöck u. R. 8 gr

Sage, M., die Mediumschaft der Frau Piper, dargestellt nach den Untersuchgn. der englisch-amerikan. „Gesellschaft f. psych. Forschg." m. Vorreden von Frhrn. v. Schrenck-Notzing u. Camille Flammarion. In verkürzter deutscher Bearbeitg. wiedergegeben v. Northcote W. Thomas, M. A. Mit den Bildnissen der Mrs. Piper u. des Dr. Hodgson. (XIV, 152 S.) gr. 8. Leipzig 903. O. Mutze. n. 2.60; geb. n. 3.20

Säge u. Feile. Fachzeitschrift der Werkzeugbranche f. Holz- u. Metallbearbeitg. Organ der deutschen Sägen- u. Feilen-Industrie. Red.: Carl Kohler. 1. Jahrg. Apr. 1894—März 1895. 12 Nrn. (Bog.) hoch 4. Ludwigshafen, (F. Baumgartner). n.n. 5.—

Säge u. Feile. Fachzeitschrift d. Werkzeugbranche f. Holz- u. Metallbearbeitg. Organ d. deutschen Sägen- u. Feilen-Industrie. Red.: Carl Kohler. 2. Jahrg. 1895. 12 Nrn. (Bog.) hoch 4. Ludwigshafen, Verl. von Messer u. Feile. n.n. 4 —

— — dasselbe. Offic. Organ des norddeutschen Feilenhauermeister-Verbandes, Sitz Hamburg. Central-Organ d. Sägen- u. Feilen-Industrie f. Deutschland, Oesterreich-Ungarn u. die Schweiz, zugleich Submissions-Anzeiger. 3. u. 4. Jahrg. 1896 u. 1897. à 12 Nrn. (à ca. 10 S.) gr. 4. Ebd. à Jahrg. n. 2.40

— — Fortsetzg., s.: Messer u. Feile.

Sagebiel, Hans, aus Braunschweig: **Über die histologischen Vorgänge bei der pathologischen Organisation eines frischen Blutergusses in einer Bursa praepatellaris.** *Kiel 1898: H. Fiencke.* (29 S.) 8°
Würzburg, Med. Diss. v. 1898

Sagel, J. H. A., Hass u. Liebe. Trauerspiel in 5 Aufzügen. (68 S.) 8. Leipzig 905. Modernes Verlagsbureau. n. 1.60

Sagel, Joh(annes): Warburg im dreißigjährigen Kriege. Hildesheim 1908: Lax. 90 S. 8° ¶(Ersch. auch als: Beiträge f. d. Gesch. Niedersachsens u. Westf. H. 13.)
Münster, Phil. Diss. v. 19. Sept. 1908, Ref. Erler
[Geb. 5. April 84 Sommersell i. W.; Wohnort: Münster i. W.; Staatsangeh.: Preußen; Vorbildung: Gymn. Brilon Reife O. 04; Studium: Erlangen 1, Berlin 1, Münster 6 S.; Rig. 10. Dez. 07.] [U 09. 3614

Warburg im dreißigjährigen Kriege. Von Dr. Joh. **Sagel**. Hildesheim: A. Lax 1908. (96 S.) 8° [S.]
= **Beiträge** f. d. Geschichte Niedersachsens u. Westfalens. H. 13.

Sagel, Wilhelm, appr. Arzt a. Yokohama: Ueber Epulis. Leipzig 1904: B. Georgi. (27 S.) 8°
Leipzig, Med. Fak., Ref. Trendelenburg, Diss. v. 29. Sept. 1904
[Geb. 27. Febr. 80 Yokohama; Wohnort: Berga a. d. Elster; Staatsangeh.: Sachsen; Vorbildung: Wettinergymn. Dresden Reife O. 99; Studium: Kiel 1, Leipzig 9 S.; Coll. 30. Sept. 04; Approb. 14. März 04.]

Sägelken, D., siehe: Land- u. Seebilder.

Sägelken, Engelbert

—— de Mollerii fabula avari nomine inscripta. 4maj. (24 S.) Bremae 856, (Geisler.) *

Saegelken, Engelb., de Mollerii fabula, avari nomine inscripta. Disputatio. gr. 4. (24 S.) Bremen 857. (Göttingen, Vandenhoeck und Ruprecht's Verlagsh.) Thlr. *

Sägelken, Engelbert, d' Hargues contra Ploetz. Kurze Würdigung von d' Hargues Schrift: Die neueste Methode für den Unterricht in der franzöf. Sprache oder Wie Herr Dr. Ploetz Schulbücher schreibt. Auch ein offenes Wort. Bremen 855. Strack. 8. (19 S.) 3 ngr.

Sägelken, Engelbert, Jugendlieder. 8. (137 S.) Frankfurt a. M. 850, Lizius. n. 18 ngr.

Sägelken, Engelbert, Bad Rehburg, Kloster Loccum, das Steinhuder Meer und der Wilhelmstein in ihrer Vergangenheit und Gegenwart kurz geschildert. Bremen 862. Geisler. 16. (VIII, 116 S.) n. 12 ngr.

Saegelken, Heinrich

Saegelken, H. Ben Jonson's Römerdramen. Diss. Jena 1880. 43 S.

Saegelken, Heinr., Ben Jonson's Römer-Dramen. 8. (43 S.) Bremen 880. (Jena, Deistung.) n. — 60

Sägelken, J. B., neuester Plan von New-York verbunden mit einer Beschreibung der Stadt. Nach zuverlässigen Quellen gearb. und hrsg. 2., vervollständigte Aufl. Lithogr. gr. Fol. Bremerhaven 857, (v. Vangerow.) †

Sagemehl, Max: Sind die Spinalnerven ihrer ersten Anlage nach Derivat der Urwirbel oder nehmen sie ihre Entstehung vom Medullarrohr? Das Ergebniss der Beobachtungen ist für die Lehre von den Keimblättern zu verwerthen.
Preisarbeit. Dorpat 1880

Sagemehl, Max, Untersuchungen über die Entwickelung der Spinalnerven. Inaugural-Dissertation. Lex.-8. (47 S. m. 2 Steintaf.) Dorpat 882. (Karow.) n. 2. 50

—— Verzeichniss der in Est-, Liv- und Curland bisher gefundenen Bienen. gr. 8. (20 S.) Dorpat 882. (Leipzig, K. F. Köhler.) ** — 50
Aus: Archiv für die Naturkunde Liv-, Est- und Kurlands, besonders abgedruckt.

In der **Sägemühle**. 4 Erzählungen mit 4 Bildern. *Barmen: Wupperthaler Trakt.-Ges. [1899].* (68 S.) 8° [S.]
= **Christblumen**. Bdch. 7. [... 1542 5

In der **Sägemühle**. Unter der Weihnachtsglocke. 2 Erzählungen. Mit Bild. 2. Aufl. *Barmen: Wupperthaler Trakt.-Ges. [1899].* (39 S.) 8° [S.]
= **Tannenzweige** H. 4. [... 2518 5

Sagen

— u. Abentheuer vom Raubschloß u. Kloster Oybin, (von Chr. Aug. Peschect). 8. Zittau 801. Schöps.

— die, von den Abenteuern Carls des Großen und seiner Paladine, der Ritter von der Tafelrunde. Aus den ältesten spanischen Romanzen im Versmaße der Originale übersetzt von Ed. Brinckmeier. gr. 12. Leipzig 843, Fr. Fleischer. 1 ß

Sagen, altbayerische. Ausgewählt v. Jugendschriftenausschuß des Bez.-Lehrervereins München. Buchschmuck v. W. Roegge jun. (156 S.) kl. 8. München (906). Verlag der Jugendblätter. Kart. 1.—

—— und Mährchen, Alt-Engl., nach alten Volksbüchern. Hrsg. v. Will. J. Thoms. Deutsch mit Zusätzen v. R. O. Spazier. 1. Bdchn. 8. (20 B.) Braunschweig 830, Vieweg.

Sagen aus d. Alterthume, v. A. Lafontaine. 2 Thle. m. K. d. Berlin, Voß. 801—3. (I. Aristomenes u. Gorgus 1 Rthlr. 12 gr. II. Romulus 1 Rthlr. 12 gr.)
Velinpap. (à 3 Rthlr. 12 gr.)

— a. d. Alterthume, fortges. v. B**, od. Reisen d. Pythagorder nach Aegypten, Indien, Griechenl. ꝛc. m. K. u. Ch. 1r Bd. gr. 8. Gießen, Tasché. 801.

— — dass. im Auszuge. 2 Thle. m. K. u. Ch. 8. Gießen, Müller. 804.

Sagen, altfranzösische, gesammelt v. Heinr. Adalb. Keller. 1r u. 2r Bd. 8. Tübingen 839, 40. Osiander. (à 1 ℛ) 2 ℛ

Sagen, altfranzösische, s. a. Keller, H. A.

Sagen u. Geschichten, auserles., des Alterthums, für die Jugend, (von Prof. Blume). 8. Stralſ. 824. Trinius. 21 ℊ

Sagen und Geschichten, Auserlesene, des Alterthums, für die Jugend. Stralsund 1824. H: *Blume, Wilh. Herm.* (Ky)

Sagen aus Baden und der Umgegend. Karlsruhe 1834. V: *Schreiber, Heinrich.* (BaBb)

Sagen, die, v. Baden-Baden u. seiner Umgebung, nach den 14 Fresken der Trinkhalle erzählt. 12. (VI, 100 S.) Baden-Baden 894. C. Wild. — 75

Sagen, die, v. Baden-Baden u. seiner Umgebung, nach den 14 Fresken der Trinkhalle erzählt. (Von Hippolyt Schreiber.) 8. Aufl. (III, 106 S.) kl. 8. Baden-Baden (904). C. Wild. n. — 75
Sonderabdruck aus: „Aurelias Sagenkreis".

— die, v. Baden-Baden u. seiner Umgebung, nach den 14 Fresken der Trinkhalle erzählt. 4. Aufl. (III, 110 S.) kl. 8. Baden-Baden (910). C. Wild. — 75;
m. 14 Bildern der Trinkhalle, geb. 2. —

[F.] Bergische Sagen. Gesammelt u. m. Anm. hrsg. v. Otto Schell. (Vorr.: Dr. Friedrich S. Krauss.) M. 5 Lichtdruckbildern . . . *Elberfeld: Baedeker 1897.* (XXXIV, 608 S., 5 Taf.) 1 Bd 8. [98. 2219

—— und Bilder aus Westfalen. Gesammelt und hrsg. von Gisbert Vincke. 1. Aufl. (XV und 488 S.) 855(56,) und 2., verm. Aufl. gr. 16. (XV und 576 S.) Hamm 856(57,) Grote. *

— Deutsche, (gezeichnet v. Düsseldorfer Künstlern. 1. Liefg.: Sanct Goar. — Gisela. Gezeichnet von J. B. Sonderland u. Jacob Becker.) — Légendes d'Allemagne (1 Livr.): St. Goar. — Gisela. qu. ½ Roy.-Fol. (2 Blätter deutscher und französischer Text mit Einfassung.) Frankfurt a/M. 841, Fr. Wilmans. n. 2 ℛ — Avant la lettre auf chines. Papier mit breitem Rande n. 4 ℛ

Sagen, Deutsche. Hrsg. v. Roderich Benedix. 2. wohlf. (Titel-) Ausg. (des Taschenbuch deutscher Sagen.) 8. (IV u. 250 S.) Wesel (844) 851, Klönne. ½ ℛ

— deutsche, aus dem Munde deutscher Dichter und Schriftsteller. Gesammelt von A. Nodnagel. 2. Ausg. gr. 8. Dresden u. Leipzig 844. (Arnoldische Buchh.) n. ¼ ℛ

[F.] Die Sagen des Elsasses getreu nach d. Volksüberlieferg. d. Chroniken u. andern gedr. u. handschriftl. Quellen, gesamm. v. August Stöber. Neue Ausg. bes. v. Curt Mündel. Tl 1. 2. *Strassburg: J. H. E. Heitz 1892—96.* 2 Bde 8.
1. Die Sagen d. Ober-Elsasses. 1892. (XV, 151 S.)
2. Die Sagen d. Unter-Elsasses. 1896. (XIII S., 1 Bl., 395 S.) [96. 1735

Sagen, die ethischen deutschen. Aus dem Munde des Volkes und der Dichter hrsg. von Nikol. Hocker. 16. (XII und 236 S.) Trier 856(57,) Gall's Vrlgsb.

Sagen über Freimaurerei. [Leipz. 1857—58.] V: *Sausse, Hnr. Wilhelm.* (Tt)

—— fromme, od.: Novellen u. Schilderungen v. Ober- u. Unter-Oesterreich, Salzburg, Steyrmark u. a. Gegenden aus d. Vorzeit u. Gegenwart. 1. u. 2. Bdchn. 8. (à 5 B.) (Linz 837, (Haslinger.) à -

— fromme, oder: Novellen und Schilderungen von Ober- und Unter-Oesterreich, Salzburg, Steyermark u. a. Gegenden aus der Vorzeit u. Gegenwart. 1s u. 2s Bdchn. 8. Linz 837, 38. (Haslinger.) à ⅛ ℛ

Sagen und Erzählungen, Fromme, für die Jugend . . . Donauwörth 1836. V: *Bauberger, Wilh.* (Schmal)

— und Erzählungen, fromme, für die Jugend. Von d. Verf. der Beatushöhle. Mit Titelbild. 12. Donauwörth 836. (Regensburg, Manz; auch M. Rieger in Augsburg.) ¼ ℛ

Sagen aus der Geister- u. Zauberwelt, (von C. Th. Jünger). 8. Leipz. 802. N. A. 805. (Wienbrack). 16 ℊ

— a. d. Geister- u. Zauberwelt, v. Verf. des Carolo Carolini. 8. Leipz. Joachim. (Gräff.) 805.

Sagen u. Geschichten der Stadt Baden im Großherzogthum und ihrer näheren u. entfernteren Umgebungen in poetischem Gewande. Gesammelt, bearb. u. mit Anmerkungen begleitet von Fr. Brauer. gr. 8. (Mit lith. Titel.) Carlsruhe 845, Braun. n. ¾ ℛ geb. 1 ℛ

—— und Geschichten aus dem Morgenlande, s. Dischinger, M., Witzchronik.

Sagen und Geschichten, Die, des Rheinlandes. . . . Mannheim 1836. H: *Göppinger, Carl.* (GGr)

— u. Geschichten aus dem Schlesierthale, s. Büsching.

— u. Geschichten des Unterbergs, siehe: Volksbücher. Nr. 2.

—— und Geschichten des deutschen Volkes aus dem Munde seiner Dichter. Mit vielen hier zum ersten Mal gedruckten Stücken. Hrsg. von O. F. Gruppe. Für Schule und Haus. 8. (XVI und 484 S.) Berlin 854, G. Reimer.

— u. Geschichten aus der Vorzeit des Harzes u. der Umgegend. Bearb. von mehreren Sachkundigen. Mit 4 Abbild. 2 Lfgn. 8. (576 S.) Halberstadt 847, Lindequist u. Schönrock. 1½ ℛ

— die geschichtlichen deutschen, aus dem Munde des Volks u. deutscher Dichter. Von Karl Simrock. 8. (XII u. 531 S.) Frankfurt a. M. 850, Brönner. n. 1⅓ ℛ

Sagen der Hebräer, s. H. Hurwitz.

— der Ebräer. Aus d. Schriften d. alten ebräisch. Weisen, von Heim. Hurwitz. Mit nachgewiesenen Stellen, wo solche im Talmud u. in d. Midraschim zu finden sind, mit mehreren neu hinzugekomm. Erzähll. u. mit e. Einleit. versehen von Neubürger u. Obermeyer. 8. (Nördling., Beck). 16 Gr.

— der Hebräer. Aus d. Schriften der alten hebräischen Weisen. Nebst e. Abhandl. über den Ursprung, den Geist u. Werth des Talmuds; aus d. Engl. des Heim. Hurwitz, von ' r (G. W. Becker). 8. Leipz. 826. 2e A. 828. (Volckmar). 1 Rthlr.

Sagen der Hebräer. Aus den Schriften der alten hebräischen Weisen. . . . a. d. Engl. Leipzig 1826. Ü: *Becker, Gottfried Wilhelm.* (Ky) (MGT)

— der Hebräer. Aus den Schriften der alten Weisen. Mit einer Abhandlung rc. von H. Hurwitz. 2e Aufl. 8. Leipzig ... (Günz.) 1 Rthlr.

—— heilige, Mährchen u. Legenden, s. Jugend-Bibliothek.

Sagen, hessische, eingeleitet v. Karl Bader, s.: Volksbücher, hessische.

—— der nordamerikan. Indianer. 1. Aufl. 4 Hfte. 1 Thlr., u. wohlf. Ausg. 8. (à 22½ B. u. 1 ill. Abbild.) Altenburg 837, Helbig.

—— indische. Von Adf. Holtzmann. 2., verb. Aufl. 2 Bde. 8. (XL und 683 S.) Stuttgart 854, Krabbe.

Sagen aus dem Kaisergebirge. Gesammelt von e. Kaiserbergfreunde (A. Karg). 2., m. tourist. Beschreibg. verm. Aufl. gr. 8. (III, 80 S. m. 1 Skizze.) Kufstein 890. (München, Lindauer.) n. 1. —

Sagen und Klänge aus Thüringen. Rudolstadt 857. Froebel. 16. (VIII, 115 S.) n. 10 ngr.

— v. Kleve u. Umgegend. Der Schwanenritter. Otto der Schütz. Johanna Sebus. Kevelaer. (47 S.) gr. 16. Wiesbaden (903). G. Quiel. n. — 20

Sagen u. Legenden der Bayern, in einer Reihenfolge von Romanzen u. Balladen. Hrsg. von *Adelb. Müller* u. *Frz. Xav. Müller.* Regensburg, J. Reitmayr, 1833. (Nebst gestoch. Tit. u. dem meist fehlenden grünen illustr. Orig.-Umschl.) 8⁰. Ppbd. (aus Foringer's Bibl., mit e. hdschrftl. Notiz desselb.).
Ausgabe ohne die 4 Litbogr. (Ansichten der Burgen Rundting, Neuburg am Inn, [illegible] welche [illegible] beigegeben worden zu sein scheinen. — [illegible]

Sagen, lustige v. Rübezahl. 8. (66 S.) Reutlingen 874 Fleischhauer & Spohn. — 30

— u. Mährchen, siehe: Erin.

Sagen und Märchen, s. Märchen und Sagen.

— u. Märchen. Gesammelt u. herausg. von einem kathol. Geistlichen. Mit 1 Titelkpfr. 8. (VIII u. 400 S.) Emmerich 852, Romen. ⅔ Rthlr.

Sagen, Mährchen und Anekdoten aus dem Morgenlande oder moralische Erzählungen. Riga 1798. V: *Pöschmann, Georg Friedrich von.* (Ky) (R-N) (MGT)

— Mährchen u. Anecdoten a. d. Morgenlande, in moral. Erzähl. 1r Thl. 8. Riga, Müller, (Meinshausen.) 798.

—— Mährchen, Kriegsscenen, Novellen, Abentheuer, Reisen u. Bilder aus Spanien. Hrsg. von Ferd. v. Biedenfeld. 2 Thle. 8. Weimar 836, Voigt.
A. u. d. Ttln.:
Thl. 1. Königs-, Ritter-, Hof- u. Kriegsbilder nach Don Telesforo de Trueba. 2 Bdchn. (32¾ B.) 2 Thlr.
„ 2. Scenen aus d. Leben Castiliens u. Andalusiens, nach Lord Feeling. 2 Bdchn. (36¾ B.) 2 Thlr. 8 Gr.

— und Mährchen aus der Oberlausitz. Nacherzählt von Er. Willkomm. Mit (9) Federzeichnungen von G. Osterwald. 2 Thle. gr. 12. Hannover 843, Kius. 3 Rthlr. — In Leinwand geb. 3⅜ Rthlr. — 2. Ausg. 2 Thle. gr. 12. Ebend. 845. 1½ Rthlr.

— und Märchen, Märkische, nebst einem Anhange von Gebräuchen und Aberglauben gesammelt und herausgeg. von Adalbert Kuhn. gr. 8. Berlin 843, Reimer. 1¾ Rthlr.

Sagen, Mecklenburgische. Parchim 1820—22. H: *Studemund, Christian Friedrich.* (MitthGrolig)

— mecklenburgische. 1s u. 2s Heft. 8. Parchim 822, (Stiller in R.)

— Mecklenburgische, der Vorzeit, (v. Jh. Karl Chr. Fischer). 1s Bdchen. A. u. d. T.: der Brunnen zu Stargard. 8. Rostock 796. Stiller. 12 Gr.

Sagen, Characterzüge und Ereignisse, Merkwürdige, aus der Geschichte der Deutschen, vornehmlich sächsischen Stammes . . . Leipzig 1836. H: *Dressler, Christian Ehregott.* (NN)

— die, von Merlin. Mit alt-wälschen, bretagnischen, schottischen, italienischen und lateinischen Gedichten und Prophezeihungen Merlins, der Prophetia Merlini des Gottfried von Monmouth, und der Vita Merlini, lateinischem Gedichte aus dem 13. Jahrhundert. Herausg. u. erläutert von San-Marte (A. Schulz). Halle 853. Buchhdlg. des Waisenhauses. gr. 8. (VI, 351 S.) 1 Rthlr. 25 ngr.

Sagen, Mythen u. Legenden der Stadt Köln am Rhein, aus deutschen Dichtern gesammelt u. dem Volksmunde nacherzählt. 8. (109 S.) Köln 880. Warnitz & Co. n. 1. —; geb. 2. 50

— des Neckarthals, der Bergstraße u. des Odenwald's aus dem Munde des Volks u. der Dichter gesammelt von Friedr. Baader. 8. (Mit 1 lith. Titelblatt.) Mannheim 843, Bassermann. 1¾ Rthlr.

— Niederländische. Gesammelt und mit Anmerk. begleitet herausgeg. von Jh. Wlh. Wolf. Mit 1 Kupfer. gr. 8. Leipzig 843, Brockhaus. n. 3 Rthlr.

—— und Novellen. A. d. Magyar. übers. v. Geo. v. Gaal. gr. 12. (9 B.) Wien 834, Mayer u. Comp.

— und Novellen aus Oldenburgs Vorzeit. 1.—5. Heft. gr. 12. Oldenburg 846, 47, Stalling. à ⅙ Rthlr.

— u. Novellen aus Oldenburgs Vorzeit. 6. Hft. gr. 12. (IV S. u. S. 359—426.) Oldenburg 852, Stalling. ⅙ Rthlr. (cplt. 1 Rthlr.)

— betreffend Othin, das Geschlecht u. das Asenthum überhaupt, nach den Ueberlieferungen Saxo des Grammatikers, v. Chr. Niemeyer. gr. 8. Erfurt 821. Keyser. 6 gr

— die, der Pfalz. Aus dem Munde des Volks und deutscher Dichter von Fr. Baader und Laurian Moris. 8. Stuttgart 842, Göpel. 1 1/8 ℛ — 2. wohlf. Aufl. fl. 8. Ebd. 844. 3/4 ℛ

— poetische, der Vorzeit. s. Golbrig, C. F.

Sagen, Rheinische. [Heidelberg 1825.] H: *Göppinger, Carl.* (GGr)

— aus d. Riesengebirge erzählt vom Kräuterklauber. Für Reisende der beste Geleitsmann. 1. Bdchn.: Rübezahl, der Herr des Gebirges. 8. (10 B.) Leipzig 843, Frohberger.

SAGEN der Ritterzeiten. (Motto: 3 engl. Versz.) Leipzig, verlegts, (sic!) Adam Friedr. Böhme. 1792. 8°. (4 Mk. 50 Pfg. Frdr. Klüber, c. 1905.)

Tit. u. 188 S. (incl. 1 Bl. Inh.:) 1. Die Kinder der Liebe. (Hahnreigeschichte.) 2. Die Wette. Nach d. Franzos. des Grafen Tressan. 3. Zschäpel von Grune, e. Ballade (nach e. sächs. Volkssage, in 40 vierz. Str.). 4. Litegarde v. Haubingen u. Albert d. Lautenschläger. 5. Prüfung u. Frauengeduld. 6. Thekla u. Elfried, e. Heldengedicht in Hexametern, nach d. sächs. Sage vom Ritterfräulein, welches sich aus dem Schlosse Salekin in die Saale herabstürzte, zugleich Nachahmung von des Musäus „Hero u. Leander". S. 167 ff.).

— der Ritterzeiten. 8. Leipz. 792. (Enobloch). 12 gr

— romantische, der Vorzeit, nach Veit Weber. 8. Schweinf. 803. Schumann. 16 gr

Sagen, romantische, aus der Vorzeit. Nacherzählt v. Julius Strinbor. 8. Kitzingen 826. Gundelach.

— romantische, aus d. Vorzeit. Nacherzählt v. Jul. Strindor. (Neue Ausg.) 8. (15 B. u. 1 Kpfr.) Kitzingen 828, Gundelach.

Sagen, Die romantischen, des Erzgebirges. Wahrheit und Dichtung. ... Chemnitz 1822—25. B: *Weber, Gotthold August.* (GGr)

— aus Schleswig, Holstein, Lauenburg und den Hansestädten. Hamburg 854. J. F. Richter. 8. (249 S. u. 8 color. Lithogr.) 15 ngr.

Sagen, die schönsten, des Rheins. Gesammelt und hrsg. von Otto Lehmann u. a. 2. Aufl. 8. (240 S. mit 5 feinen Farbendr.-Bildern.) Mülheim 884, Bagel's Verlagsh. geb. 2 50
In 3 Heften (à 80 S.) à * — 50

1. Aufl., s. Lehmann, Otto.

— u. Geschichten, Schwäbische, in Dichtungen von verschied. Verfassern. 16 u. 26 Bdchn. Sagen. 8. Ulm 834. Nübling. (à 1/3 ℛ) 2/3 ℛ

Sagen, Süddeutschlands, von J. B. R. Reutlingen 1837. H: *Rothacker, J. B.* (Ba)

— Süddeutschlands. Gesammelt u. herausg. von J. B. R. 12. Reutlingen ... Enßlin u. Laiblin. 1/6 ℛ

Sagen, thüringische, und Nibelungen. Historisches Lesebuch für das 3. und 4. Schuljahr. Von den Verf. der „Schuljahre". gr. 8. (III, 58 S.) Dresden 885, Bleyl und Kaemmerer. *

— thüringische, u. Nibelungen. Historisches Lesebuch f. das 3. u. 4. Schulj. Von den Verfassern der „Schuljahre". 2. Aufl. gr. 8. (III, 57 S.) Dresden 890. Bleyl & Kaemmerer. n. — 50

Sagen und Volksmärchen, Thüringische, vom Verf. der Saal-Nixe. Gotha 1822. V: *Vulpius, Chn Aug.* (EE) (GGr)

— thüringische u. Volksmährchen, vom Verf. der Saal-Nixe. 2 Bdchen. 8. Gotha 822. Hennings. 1 ℛ

— aus Tirol. Gesammelt u. herausg. von Ign. Vinz. Zingerle. gr. 12. (XII u. 403 S.) Innsbruck 850. (Pfaundler.) n. 1/2 ℛ

— u. Märchen, Ungarische. Aus der Erdelyischen Sammlung übers. von G. Stier. gr. 16. (VIII u. 146 S.) Berlin 850, Dümmler. 7/12 ℛ

Sagen, Die, des Untersberges. Reichenhall [1876]. V: *Fürst, Max.* (Hr)

Sagen die Vaterlandsgeschichte betreffend. [Dresden 1809.] V: *Engelhardt, Carl Aug.* (MGT)

Sagen u. Volksmährchen der Deutschen, v. Fr. Gottschalk. 1r Bd. 8. Halle, Hemmerde u. Schw. 814.

— der Vorzeit von Veit Weber, (L. Wächter) 6 Theile mit Kupf. 8. Berlin, 790/96. Maurer. 9 Rthl. 15 gl.

— der Vorzeit, v. Veit Weber, (Leonhard Wächter.) 7 Bde. m. Kupfern. 8. Berlin, Maurer. 790—99. (I. a) Männerschwur u. Weibertreue, b) d. Harfner, c) d. Ritterwort. 1 Rthlr. 8 gr. II. a) Wolff, b) d. heilige Kleeblatt, c) d. Müller im Schwarzthal, d) d. graue Bruder. 1 Rthlr. 8 gr. III. Tugendspiegel. 2 Rthlr. IV. a) d. Teufelsbeschwörung, b) d. Brüder d. Bundes f. Freyheit u. Recht. 2 Rthlr. V. Beschluß d. Brüder d. Bundes f. Freyheit u. Recht. 1 Rthlr. 12 gr. VI. d. heilige Vehme. 1 Rthlr. 6 gr. VII. a) d. Fündling v. Egisheim, b) Glaubensmuth, c) Nackt u. bloß. 1 Rthlr. 4 gr.

— der Vorzeit, nach Veit Weber. 8. Wittenb. 802. Kühne. 16 gr

— der Vorzeit. N. d. Engl. von *r. (G. W. Becker.) 8. (19 B.) Leipzig 829, [Lehnhold.]

— der böhmischen Vorzeit aus alten Schlössern rc. 8. Prag 808. Schönfeld. 16 gr

— der Vorzeit aus Herzyniens romant. Gegenden. 12. Quedlinb. 809. Basse. 1 ℛ
(Führer, der, für Herzreisende rc., ist dasselbe Buch.)

— der Vorzeit aus Harzyniens romant. Gegenden, nach Veit Weber. Auch unt. d. Titel:
Der Führer für Harzreisende. 2te Aufl. 8. Quedlinb. Basse. 814.

Sagen der österreichischen Vorzeit. Ein Gegenstück zu den Sagen der Vorzeit von Veit Weber. Wien 1799. V: *Schwaldopler, Johann.* (EB)

— der östreichischen Vorzeit; ein Gegenstück zu Veit Webers Sagen rc. Mit Kpf. 2 Bde. N. A. 8. Wien 818. Ant. Doll. (Bauer u. D.) 1 ₰ 4 gr

Sagen der Ungarischen Vorzeit; ein Gegenstück zu den Sagen der Vorzeit von Veit Weber. Wien 1800. V: *Gleich, Joseph Alois.* (KY) (MGT) (NN)

— die, der Vorzeit von dem fabelhaften Untersberge bey Salzburg. Von dem Herausg. der Sagen u. Erzählungen rc., über Oberösterreich u. Salzburg. Mit 2 Vignetten. 8. Linz 835. Huemer. (Haslinger.) 1/12 ₰

— wahre, aus den Tagen der Vorwelt, 8. Frankf. und Leipzig, (Schweinfurt) 793. (Riedel) 15 sgl.

Walliser Sagen. Gesammelt und herausgegeben von Sagenfreunden. 1. Heft. I. Theil, gesammelt und erzählt von Pfr. Moriz Tscheinen in Grächen. II. Theil, ges. u. erzählt von Domherr P. J. Ruppen in Sitten. 112 Stn. 8. Sitten. 1871.

— Walliser. Hrsg. v. dem histor. Verein v. Oberwallis. 1. u. 2. Bd. 8. Brig (Schweiz), Geschichtsforsch. Verein v. Oberwallis. (Nur direkt.) nn 4.60; geb. nn 5.50
1. (IX, 289 S. m. 1 Bildnis.) 907. nn 2.50; geb. nn 3.—
2. (VI, 297 S. m. 1 Bildnis.) 907. nn 2.10; kart. nn 2.50

— aus Westfalen. Hrsg. v. e. Ausschuß des Vereins f. rhein. u. westfäl. Volkskunde (Ortsgruppe Dortmund). (108 S.) 8. Gütersloh 909. C. Bertelsmann. Kart. 1.20; geb. 1.50

— wundervolle, und abentheuerliche Geschichten aus alter Zeit, von F. G. Nagel. 8. Helmstädt, Fleckeisen. 819.

— u. Geschichten, württemberg., s.: Volksbücher, württemberg.

— aus der Zauberwelt. 8. Frankf. 802. Körner. 16 gr

Sagenbuch, badisches. I. Abtlg. Sagen des Bodensee's, d. oberen Rheinthals u. der Waldstädte. (Neue Ausg.) gr. 8. (XXI, 336 S. m. Abb. u. 5 Lichtdr.) Freiburg i/B. 898. J. Waibel. n. 5.—; geb. n. 6.50
Erschien auch in 10 Lfgn. à n. — 60.

— dasselbe. II. Abtlg. Die Sagen d. Breisgaus u. der Baar. 1. u. 2. Lfg. gr. 8. (VI u. S. 1—58 m. Abb., 1 Bilde u. 1 Taf.) Ebd. 898. à n. — 60

Sagenbuch, badisches. II. Abtlg. Sagen Freiburgs u. des Breisgaus. Hrsg. durch J. Waibel u. H. Flamm. 3.—10. Lfg. gr. 8. (S. 59—360 u. XII S. m. Abbildgn. u. 4 Lichtdr.) Freiburg i/B. 899. J. Waibel. à n. — 60; (II. Abt. kplt. geb. n. 6.50; erm. Pr. n. 4.50)

Sagenbuch, deutsches. In Verbindung m. Frdr. Ranke u. Karl Alex. v. Müller hrsg. von Frdr. v. der Leyen. 1. u. 4. Teil. 8. München, C. H. Beck. Geb. 5.50
1. Die Götter u. Göttersagen der Germanen. v. Frdr. v. der Leyen. (VI, 253 S.) 909. Geb. 2.50
4. Die deutsch. Volkssagen. Von Frdr. Ranke. (XVII, 294 S.) 910. Geb. 3.—

Sagenbuch der freien Reichsstadt Frankfurt a. M. Hrsg. von Geo. Listmann. br. 8. (VIII und 804 S. mit 1 lithogr. Titelkpfr. in Tondr.) Frankfurt a. M. 856(58). (Bechhold.)

Sagenbuch, großes poetisches, des deutschen Volks, s. Günther.

Sagenbuch, großes poetisches, des deutschen Volks. Mit erklärenden histor. u. geograph. Anmerk. herausgeg. von J. Günther. 1. Bd. 4 Liefgn., u. 2. Bd. 1. Liefg. Lex.-8. Jena 844—46. Mauke. à n. 1/4 ₰

Sagenbuch, großes poetisches, des deutschen Volks. Hrsg. von J. Günther. II. Bd. 2. Lfg. gr. 8. (74 S.) Jena 847, Mauke. 1/4 ₰ (I. 1—4. II. 1. 2: 1 1/2 ₰)

Sagenbuch, großes poetisches, des deutschen Volks. Mit erklärenden histor. und geograph. Anmerkungen hrsg. von J. Günther. 2. Bd. 3. und 4. Lfg. (Schluß des Werkes.) gr. 8. (S. 121—256 und XVII—XXVIII.) Jena 853, Mauke. à Lfg. 7 1/2 Ngr.
1. Bd. und 2. Bd. 1. und 2. Lfg. Ebendas. 1844—47. 1 Thlr. 15 Ngr.

Sagenbuch, Das, der Städte Gundelfingen, Lauingen, Dillingen, Höchstädt und Donauwörth. 2. Aufl. Dillingen 1849. V: *Mittermeier, Ludwig.* (Bibl. d. Germ. Nat. Mus. Nürnberg 1855.)

Sagen-Chronik, schlesische, s. Kern, J. U.

Sagen- und Märchengestalten, sowie Geister-, Wunder- und Aberglauben des deutschen Volkes. Mit Erzählungen von Begebenheiten der Vorzeit, die den Glauben an eine Geisterwelt förderten. Berlin (1860). 8.
—, — 1874. 8.

Sagen- u. Märchengestalten sowie Geister-, Wunder- u. Aberglauben d. deutschen Volkes. Mit Erzählgn. v. Begebenheiten der Vorzeit, die den Glauben an e. Geisterwelt förderten. gr. 8. (576 S.) Berlin 874. Hohorst. 4.—

Sagenkalender, deutscher, f. Kinder. (1911.) Hrsg. v. Paul Matzdorf. (53 S. m. 1 Fig.) kl. 8. Leipzig, A. Strauch. — 15

Rheinischer Sagen-Kreis. Ein Ciclus von Romanzen, Balladen und Legenden des Rheins. Nach historischen Quellen bearbeitet von Adelheid von Stolterfoth. Mit 21 Umrissen von A. Rethel in Düsseldorf, lithographirt von Dielmann. Frankfurt a. M. 1835. 4°.

Altmärkischer Sagenschatz. Gesammelt von d. Lehrerverband d. Altmark. Berlin & Leipzig: Klinkhardt 1908. IX, 259 S. 8°
(Beiträge z. Volks- u. Heimatkunde d. Altmark. Bd 2.)

Sagenschatz, altmärkischer, s. Beiträge zur Volks- u. Heimatkunde der Altmark. II.

Sagenschatz, der, des Bayernlandes. 1. Bdchn. Kreis Unterfranken. 1—4. Lfg. gr. 8. (S. 1—256.) Würzburg 877—82. Staudinger. à n. — 60

Sagenschatz, der, d. Bayernlandes. 1. Bdchn.: Kreis Unterfranken. 5.—8. Lfg. 8. (S. 257—492.) Würzburg 892. J. Staudinger. n. 2. 20 (1. Bdchn. kplt.: n. 4. 80)

Sagenschatz, der, des Frankenlandes, herausgeg. von Ludw. Bechstein. 1. Thl. — A. u. d. T.: Die Sagen des Rhöngebirges und des Grabfeldes. (Mit 6 Illustrationen.) 8. Würzburg 842, Voigt u. Mocker. 2⅓ ₰ — Ohne Illustrationen 1¾ ₰

Sagenschatz, Thüringischer, in Gedichten f. Haus u. Wanderschaft, hrsg. von Adf. Bube. 32. (IV u. 98 S.) Gotha 851, Stollbergsche Buchdruckerei. n. 6 ngr

Sagenschatz, Thüringischer, s. Bube.

Sagenwelt, die, od. Volkssagen, Erzähln., Mährchen, Schildern., Balladen, Romanzen, Phantasiestücke, Anekdoten u. Novellen, mitunter krieger. Inhaltes, aus d. ganzen österreich. Monarchie u. a. Gegenden von alten u. neuen Tagen. 1—3. Bdchn. 16. (16 B.) Linz 837, Haslinger.

Sagencyclus, Der, zu Götzenbergers Wandgemälden in der neuen Trinkhalle. Bonn 1849. V: *Schreiber, Hnr.* (BaBb)

Sager, A., neueste Original-Meubles-Zeichnungen für Tischler. 1.—18. Heft. qu. gr. 4. (à 4 Steintafeln u. 1 Bl. Text.) Berlin 842, 43. 1.—4. Heft. 2. verm. Aufl. 845, 46. Heymann. à n. ¼ ₰

— dass. Neue Folge. 1.—6. Heft. Jedes mit à 4 Steintaf. qu. gr. 4. Ebend. 843—46. à n. ⅓ ₰

— dies. 2. Ausg. Neue Folge. 3—6. Hft. qu. gr. 4. (à 1 Bl. Text u. 4 lith. Taf.) Ebd. 847. à n. ⅓ ₰ (1—6: n. 2 ₰)

Sager, A., neueste Original-Meubles-Zeichnungen f. Tischler. 2. verm. Ausg. 5 – 16. Hft. qu. 4. (à 1 Bl. Text u. 4 lith. Taf.) Berlin 847. 48, C. Heymann. à n. ¼ ₰ (1—16: n. 4 ₰)

— Pracht-Meubles neuesten Geschmacks in Salons u. Palästen, für Architecten, Bildhauer, Decorateurs, Tischlermeister und Vergolder. qu. ½ Fol. (9 lith. Blatt.) Ebend. 846. n. 2 ₰ 12 ngr

Sager, Hermann

Sager, Herm., leichtfassliche u. gründliche Anleitung zum Malen m. Wasserfarben m. besond. Berücksicht. der Farbenmischgn. u. Schattirgn. f. den Schul- u. Selbstunterricht. 8 (24 S.) Zürich 886. Orell Füssli & Co. Verl. n. 1. —

Sager, Herm., Erinnergn. aus dem Maderanerthal, s.: Verein f. Verbreitg. guter Schriften. Bern.

Sager, H., das Malen m. Wasserfarben. Anleitung f. Landschafts-, Blumen- u. Portrait-Malerei, m. besond. Berücksicht. der Farbenmischungen u. Schattierungen f. Schul- u. Selbstunterricht. 2., verm. Aufl. 8. (VIII, 66 S.) Zürich 887. Orell Füssli Verl. n. 2. —

Sager, J. A., Mißgeburt des Müssiggangs. 3 Stck. 8. Wien, Camesina. 781.
Vgl. Sagar, Joh. (A.)

Sager, J. J., s.: Festreden an der Schlachtfeier in Sempach.

Sager, Karl Georg

— des Stralsund. Gesundheits-Collegii neue Arzneitaxe für Stralsund. gr. 4. Stralf. 803.

— über d. Entstehung, Einrichtung u. den Fortgang d. medicin. Privatgesellschaft zu Stralsund in den ersten 25 Jahren. 8. Stralf. 798.

— fasciculus observationum medicarum practicarum. 8. Sundii 794.

C. G. SAGER, Ueber den ferneren Fortgang und Bestand der medicinischen Privatgesellschaft zu Stralsund in den zweyten 25 Jahren. Stralsund, 1823. Gedruckt in der Königl. Regierungs-Buchdruckerey. 8°.

— über den fernern Fortgang u. Bestand der medicin. Privatgesellschaft zu Stralsund in den zweiten 25 Jahren. 8. Stralf. 823. (Löffler). 8 gr; Schrbp. 10 gr

Sager, Karl Geo., de rheumatismo regulari ac larvato. 4. Götting. 789. Dieterich. 4 gr

Sager, Otto, (früher Frz. Jos.,) († d. 16. Febr. 1815.) s. 1) Frz. Gasser. 2) Tiller v. Tscherlow.

Sager, Paul, aus Berlin: **Übersicht über die Entwickelung der Theorie der geodätischen Linien seit Gauß.** *Rostock 1903: C. Hinstorff.* (89 S.) 8°
Rostock, Phil. Diss. v. [26. Febr.] 1903

Säger, Alb., der menschliche Körper, dessen Bau, Lebensverrichtungen u. Pflege. Lehrbuch der Anthropologie u. Gesundheitslehre. Zum Schulgebrauch u. Selbstunterricht. Mit 32 (eingedr. Holzschn.-)Abbildungen. gr. 8. (IV, 159 S.) Karlsruhe 880. Reuther. n. 1. —; geb. n. 1. 20

Säger, Alb. Der menschliche Körper, dessen Bau, Lebensverrichtungen u. Pflege. Ein Lehrbuch der Anthropologie u. (Gesundheitslehre. 2., verm. u. verb. Aufl. 8. (X, 158 S. m. Abbildgn.) [Tauberbischofsheim 892.] Karlsruhe, Lang. * 1 20; geb. * 1 50

Säger, Alb., der menschliche Körper, dessen Bau, Lebensverrichtgn. u. Pflege. Lehrbuch d. Anthropologie u. Gesundheitslehre. Zum Schulgebrauch u. Selbstunterricht 3. Aufl. gr. 8. (X, 159 S. m. Abb.) Karlsruhe 898. J. Lang. n. 1. 20; geb. n. 1. 50

Säger, Alb., der menschl. Körper, dessen Bau, Lebensverrichtungen u. Pflege. Lehrbuch der Anthropologie u. Gesundheitslehre. Zum Schulgebrauch u. Selbstunterricht bearb. 4. verb. u. verm. Aufl. (X, 160 S. m. Abbild.) 8. Karlsruhe 910. J. Lang. Geb. 1. 50

Saeger, Carl, das fachliche freihändige u. gebund. Zeichnen f. Maler, s.: Gestaltung, die fachliche, d. Zeichenunterrichts, an gewerbl. Fortbildungs- u. Handwerkerschulen.

Saeger, O., Hygiene d. Berg-, Tunnel- u. Hüttenarbeiter, s.: Füller, M.

Sägerholm, Edw., († 1763.) s. 1) Hs. Engelbrecht's Schriften, od. der vom Tode erweckte Protestant Mit e. Vorrede hrsgg. v. E. Sägerholm. 2) Sammlungen, Nordische.

Sagert, Fr., Anleit., die Lungenseuche beim Hornvieh zu verhüten, zu erkennen u. zu heilen. 8. Dorpat 828. (33 S.)

Katalog schöner und seltener Kupferstiche, Radierungen, Holzschnitte, Schabkunstblätter, Farbendrucke des XV. bis XIX. Jh. Aus d. Nachl. d. Kunsthändlers Joachim **Sagert**-Friedenau ... Versteigerung zu Berlin 1910. (T. 1.) Berlin: Amsler & Ruthard 1910. 8°
(Kupferstich-Auktion 85 von Amsler & Ruthard.) [10. 13631

Sägert: Essai sur les théories dramatiques de Corneille d'après ses discours et ses examens. 15 S. – Progr. Colberg 1860.

Saegert, Stadtrath. Die Verfassungsfrage. Druck von Harth u. Schultze. 1 Bl. Fol.
Flugblatt. Berlin, 29.Jan.1849.

Saegert. Die Volksvertretung Preußens. November 1848. Druck von Harth u. Schultze. 1 Bl. Fol.
Flugblatt. Berlin, 28. Nov. 1848.

Sägert, C. W., Anleitung z. Sprech- u. Sprachunterr. taubstummer Kinder f. Volksschullehrer. I. Curs. nebst Materialien u. Sprachtafeln. gr. 8. (17½ B. u. 11¾ B. mit 80 Sprachtaf., nur auf ein. Seite bedr.) Magdeburg 840, Heinrichshofen.
Die Sprachtafeln einzeln 10 Gr.

— die vaterländische Geschichte der Preußen. Ein Leitfaden. gr. 8. Ebend. 843. 1⅙ ₰

Saegert, C. W., die Heil- und Bildungs-Anstalt für Blödsinnige zu Berlin. Bericht über deren Gründung u. Entwickelung. Herausg. von Frz. Heyer. Berlin 858. Schroeder. 4. (57 S.) (79 S.) n. 10 ngr.

Saegert, C. W., über die Heilung des Blödsinns auf intellectuellem Wege. I. 8. Berlin 845. (Schroeder.) n. ⅙ ₰ — II. (Psychische Anthropologie mit Beispielen.) gr. 8. Ebend. 846. n. 1⅓ ngl

Saegert, C. W., Materialien zum Sprachunterrichte der Taubstummen. 2. Aufl. gr. 8. (III, 98 S.) Berlin 876, (Angerstein.) cart. **
Die 1. Aufl. erschien im Selbstverlag.

— s. Fd. Neumann, die Evangelien, u. Dess. Bibl. Geschichten.

—— Sprachtafeln zum Sprachunterrichte der Taubstummen. 2. Aufl. gr. 8. (96 S.) (Ebendas.) 876. cart. **
Die 1. Aufl. erschien im Selbstverlag.

— die Königl. Taubstummen-Anstalt zu Berlin. Erster Bericht über ihre Begründung u. Entwickelung vom J. 1788 bis 1844. 8. Ebend. 845. n. ⅓ ₰

— das Taubstummen-Bildungswesen in Preußen. 3 Hfte. gr. 4. (161 S.) Ebend. 878. n.n. 4. —; 3. Hft. ap., den Normalplan enth. (S. 125 - 161.) n.n. 1. 50

S(ägert), G.: „Grundzüge zu einer neuen Finanzverwaltung für den preussischen Staat, mit Rücksicht auf seine veränderte Regierungsform und seine Stellung zu Deutschland", Berlin 1849. — Vorh.: Preuß. Staatsbibl. Berlin.

Saegert, Johann (geb. Berlin 31. 10. 1844): Ueber Bleivergiftung. Berlin (1869). (32 S.) 8°
Berlin, Med. Diss. v. 30. Juli 1869

Saegert, Carl, pädagogisch-didaktische Erläuterungen zur Frage d. höheren Schulwesens. gr. 8. (V, 84 S.) Schleswig 883. Bergas. n. 1. 50

Sägert, C. A., De usu pronominis relativi Latini epexegetico. Diss. 1860. 52 S. 1.20

Saegert, Carl, de usu pronominis relativi latini epexegetico. 8. (50 S.) Greifswald 860, Academische Buchh. *

Bertha vom Drachenfels. Dramat. Bild von P[eter] **Saget**. Honnef a. Rh.: Saget [1909]. 23 S. 8°
(Saget: Festspiele v. Siebengebirge. 1.) [10. 3337 5

Saget, Peter, marianischer Blüthenstrauß. Gedichte und kleine Erzählungen zum Lobe der allerseligsten Jungfrau Maria. 8. (IV, 44 S.) Leipzig 886, Lesimple. **

[F.] Die Erbschaft aus Amerika. Posse in 2 Aufz. v. P[eter] **Saget**. *Mülheim a. d. Ruhr: J. Bagel [1897].* (31 S.) 1 Bd 8.
= **Liebhaber-Theater**. Bdch. 65. [98. 8908

Festspiele vom Siebengebirge. Von P[eter] **Saget**. 1–3. Honnef a. Rh.: Saget [1909]. 8°
1. Bertha vom Drachenfels. 2. Roland u. Hildegard.
3. Hedwig von d. Wolkenburg [10. 3336 5

—— Die Gleichberechtigung Aller, e. Forderung der Gerechtigkeit, s. Lehr- u. Wehrschriften, christlich-soziale, f. das deutsche Volk.

Saget, P., Die Gleichberechtigung Aller, eine Forderung der Gerechtigkeit. (Christl.-sociale Lehr- u. Wehrschriften, Nr. 1.) 12°. Oelde i. W., Holterdorf, 1891.

— die Gräuel der Sclaverei in Afrika u. ihre Bekämpfung. 1. u. 2. Aufl. 8. (29 S. m. 1 Bild.) Aachen 889. Schweitzer. n. — 20

— u. Alf. E. Stein, Gustav Adolf, Deutschlands Eroberer — nicht Erretter, vorzugsweise im Lichte seiner eigenen u. zeitgenöss. Aeußergn. [Aus: „Annegarn's illustr. Weltgesch., neue Ausg."] 8. (110 S. m. Bildern.) Osnabrück 896. B. Wehberg. — 60

Hedwig von der Wolkenburg. Dichtung von P[eter] **Saget**. Honnef a. Rh.: Saget [1909]. 25 S. 8°
(Saget: Festspiele v. Siebengebirge. 3.) [10. 3339 5

Heisterbach im romantischen Siebengebirge in Geschichte und Sage von P[eter] **Saget**. Bonn 1904: Trapp. 41 S. 8° [10. 3482 5

Saget, P., der Mönch v. Heisterbach. Dramat. Dichtg. in 8 Bildern nebst e. Vorspiel. (Aus Rheinlands Sagenschatz.) Hrsg. v. Verein f. Festspiele v. Siebengebirge zu Königswinter a. Rhein. (99 S.) gr. 8. Bonn 908. C. Georgi. 2.—; geb. n 3. —

Roland und Hildegard. Dramat. Bild von P[eter] **Saget**. Honnef a. Rh.: Saget [1909]. 20 S. 8°
(Saget: Festspiele v. Siebengebirge. 2.) [10. 3336 5

—— Das romantische Siebengebirge in Geschichte u. Sage. 12. (72 S.) Aachen 888, (Creutzer). — 50

Saget, P. Das Thal der Ahr in Geschichte u. Sage. gr. 16. (173 S.) Aachen 888, (Creutzer). — 80

— Weltgeschichte, s.: Annegarn.

Saggau, Christian

Saggau, Chr., offene Antwort auf das an mich gerichtete offene Sendschreiben d. Hrn. Sem.-Dir. Lange in Segeberg. gr. 8. (21 S.) Altona 883. Send. n. — 50

Saggau, Chrn., Bild u. Stimmung. Gedichte. Altona 869. (Leipzig, Mentzel.) 16. (239 S.) n. 1 ₰; in engl. Einband mit Goldschn. n. 1 ₰ 10 ngr.

Saggau, Chrn., die hohle Eiche. Erzählung für die reifere Jugend u. deren Freunde. Mit 4 (lith.) Abbildgn. 2. Aufl. Berlin 861. Vogel & Co. 16. (2 Bl., 116 S.) n. 10 ngr.

— — (Neue Aufl.) Mit 2 Abbildgn. (in Holzschn.) Ebend. 865. 16. (2 Bl., 144 S.) 15 ngr.

Saggau, Christian *Heinr.* [Arzt in Plön]: Aus d. patholog. Institute zu Kiel. Ein Fall von Hernia diafragmatica congenita ... Plön, S. W. Hirt's Buchdr., 1895; 13 S., 1 Bl. 8.
Kiel, Med. Fak., Inaug.-Diss. v. [28. Nov.] 1895

— Lorens de Hahn. Eine Erzählung aus der Geschichte der Nordfriesen. (Abgedr. aus der Jugend-Bibliothek von Gust. Nieritz.) Leipzig 863. Voigt & Günther. (Wesel, Bagel.) 8. (2 Bl., 148 S.) 10 ngr.

— elementarisches Rechenbuch. Zugleich ein Uebungsbuch für Abend- und Halbtagsschulen. Altona 862. Mentzel. gr. 8. (80 S.) n. 4 ngr.

— elementarisches Rechenbuch. Zugleich ein Uebungsbuch für Abend- u. Halbtags-Schulen. 2., umgearb. Aufl. Ebend. 867. gr. 8. (80 S.) n. 5 ngr.; cart. n.n. 6 ngr.

Saggau, Chr., Rechenschule. 5 Hfte. 8. Altona 879. Uflacker. n. 2. 5
1 (32 S.) n. — 25. — 2. (64 S.) n. — 40. — 3. (64 S.) n. — 40. — 4. (80 S.) n. — 50. — 5. (72 S. m. eingedr. Holzschn.) n. — 50

—— Rechenschule. 5 Hefte. 8. Altona 880—86, Uflacker Wwe. [1. Heft. 2.—8. Aufl. (32 S.) * 25 Pf.; 2. Heft. 2.—7. Aufl. (64 S.) * 40 Pf.; 3. Heft. 2.—5. Aufl. (64 S.) * 40 Pf.; 4. Heft. 2. und 3. Aufl. (88 S.) * 60 Pf.; 5. Heft. 2. Aufl. (72 S.) * 50 Pf.] * 2 15

Rechenschule v. Christian Saggau. Altona. 8°
H. 1 12. Aufl. 1889.
H 2 13. Aufl 1889.
H. 3. 8 Aufl 1889
H. 4. 4. Aufl. 1888

Saggau, Chr., Rechenschule. Unter Mitwirkg. v. Michelsen bearb. v. W. Meister u. J. Claußen. 1.—4. Hft. 8. Altona 889. Mattig. n. 1. 75
1. 12. Aufl. (32 S.) n. — 25. — 2. 12. Aufl. (64 S.) n. — 40. — 3. 8. Aufl. (64 S.) n. — 40. — 4. 5. Aufl. (96 S.) n. — 70.

— dasselbe. Resultate zum 2.—4. Hft. 8. Ebd. à n. — 30
2. 2. Aufl. (24 S.) 888. — 3. 3. Aufl. (20 S.) 890. — 4. 4. Aufl. (23 S.) 890.

Saggau, Chr. Rechenschule. Unter Mitwirkg. v. Michelsen bearb. v. W. Meister u. J. Claußen. 1.—4. Heft. 8. Altona, Mattig. [1. Heft. 14. Aufl. (32 S.) 892. * — 25; 2. Heft. 14. Aufl. (64 S.) 891. * — 40; 3. Heft. 9. Aufl. (64 S.) 890. * — 40; 4. Heft. 5. Aufl. (96 S.) 889. * — 70]. * 1 75
5. Heft. Ebd. 1883. * — 50.
—— dass. — Resultate zum 2.—5. Heft. 8. Ebd. [2. Heft. 3. Aufl. (24 S.) 892; 3. Heft. 3. Aufl. (20 S.) 890; 4. Heft. 4. Aufl. (23 S.) 891; 5. Heft. (18 S.) 879]. à Heft * — 30

Saggau, Chr., Rechenschule. Unter Mitwirkg. v. Michelsen bearb. v. W. Meister u. J. Claussen. 1.—3. Hft. 8. Altona, F. L. Mattig. n. 1. 15
1. 16. Aufl. (32 S.) 894. n. — 25. — 2. 17. Aufl. (64 S.) 894. n. — 40. — 3. 11. Aufl. (76 S.) 894. n. — 50.

— dasselbe. 3. Hft. Anh.: Die Arbeiter-Versicherung d. Deutschen Reichs. Bearb. v. W. Meister u. J. Claussen. 8. (12 S.) Ebd. 892. n. — 10

— dasselbe. Resultate zum 2.—4. Hft. 8. Ebd. à n. — 30
2. 3. Aufl. (24 S.) 892. — 3. 4. Aufl. (20 S.) 893. — 4. 5. Aufl. (20 S.) 893.

Saggau, Chr., Rechenschule. Unt. Mitwirkg. v. Michelsen bearb. v. W. Meister u. J. Claußen. 1. u. 2. Hft. 19. Aufl. 8. Altona, F. L. Mattig. n. — 65
1. (32 S.) 896. n. — 25. — 2. (64 S.) 897. n. — 40.

— dasselbe. Resultate z. 2. u. 4. Hft. 8. Ebd. 896. à n. — 30
2. 4., durchgeseh. Aufl. (24 S.) — 4. 6. Aufl. (20 S.)

— dasselbe. 1. Hft. 20. Aufl. 8. (40 S.) Ebd. 897. n. — 30

Saggau, Chr., Rechenschule. Unter Mitwirkg. v. Michelsen bearb. v. W. Meister u. J. Claußen. 4 Hfte. 8. (40 S.) Altona, F. L. Mattig. n. 1. 90
1. Stoffe f. das 1. u. 2. Schulj. Der Zahlenraum von 1—20 u. der Zahlenraum von 1—100. 24. Aufl. (40 S.) 901. n. — 30
2. Stoffe f. das 3. u. 4. Schulj. Die Brücke üb. 100. Das Rechnen im unbegrenzten Zahlenraume. Leichte Regeldetri. — Das Rechnen mit benannten Zahlen. Vorläufige Einführg. in die Bruchrechng. Regeldetri. 22. Aufl. (64 S.) 901. n. — 40
3. Die Stoffe f. das 5. u. 6. Schulj. Bruchrechnung (Decimalbrüche, gemeine Brüche), Zeitrechnung. Umgekehrte u. zusammengesetzte Regeldetri. Prozentrechnung. Teilungsrechnung. Raumrechnung. Arbeiter-Versicherg. 15. Aufl. (70 S.) 901. n. — 50
4. Stoffe f. das 7. u. 8. (9.) Schulj. Wiederholungen u. Ergänzgn. Teilungsrechnung. Mischungsrechnung. Prozentrechnung. Kaufmännisches Rechnen. Raumrechnung. Vermischte Aufgaben. Verhältnisse u. Proportionen. Zinsrechnung. Dezimalbrüche. Mischungsrechnung. Teilungsrechnung. Kaufmännisches Rechnen. Raumrechng. 8. Aufl. (96 S.) 901. n. — 70

Saggau, Chr., Rechenschule. Hrsg. v. der Verwaltg. der Saggau-Stiftung. 1.—3. Heft. 8. Altona 903. F. L. Mattig. n. 1. 20
1. Stoffe f. das 1. u. 2. Schulj. Der Zahlenraum von 1—20 u. der Zahlenraum von 1—100. 27. Aufl. (40 S.) n. — 30
2. Stoffe f. das 3. u. 4. Schulj. Die Brücke üb. 100. Zahlenraum 1—1000. Erweiterung des Zahlenraums bis 10 000 u. bis Millionen. Preisberechnungen. Wiederholungen u. Ergänzgn. Sortenrechnung. Einführung in die Bruchrechnung. Preisberechnungen. 30. Aufl. (64 S.) n. — 40
3. Stoffe f. das 5. u. 6. Schulj. Bruchrechnung (Dezimalbrüche, gemeine Brüche). Preisberechnungen. Zeitrechnung. Umgekehrte u. zusammengesetzte Verhältnisse. Prozentrechnung. Teilungsrechnung. Raumrechnung. Arbeiter-Versicherung. 17. Aufl. (80 S.) n. — 50

Saggau, Chr., Rechenschule. Hrsg. v. der Verwaltg. der Saggau-Stiftung. 4 Hefte. 8. Altona, F. L. Mattig. 2.—
I. Stoffe f. das 1. u. 2. Schulj. Der Zahlenraum von 1—20 u. der Zahlenraum von 1—100. 30. Aufl. (40 S.) 908. — 30
II. Stoffe f. das 3. u. 4. Schulj. Die Brücke üb. 100. Zahlenraum 1—1000. Erweiterung des Zahlenraums bis 10000 u. bis Millionen. Preisberechnungen. Wiederholungen u. Ergänzgn. Sortenrechnung. Einführung in die Bruchrechng. Preisberechnungen. 29. Aufl. (64 S.) 907. — 45; Antworten z. 25. Aufl. (18 S.) 903. — 30
III. Stoffe f. das 5. u. 6. Schulj. Bruchrechnung (Dezimalbrüche, gemeine Brüche). Preisberechnungen. Zeitrechnung. Umgekehrte u. zusammengesetzte Verhältnisse. Prozentrechnung. Teilungsrechnung. Raumrechnung. Arbeiter-Versicherung. 20. Aufl. (80 S.) 906. — 50; Antworten. 9. Aufl. (20 S.) 905. — 30
IV. Stoffe f. das 7. u. 8. (9.) Schulj. Wiederholungen u. Ergänzungen. Teilungsrechnung. Mischungsrechnung. Prozentrechnung. Kaufmännisches Rechnen. Raumrechnung. Vermischte Aufgaben. Verhältnisse od. Proportionen. Zinsrechnung. Dezimalbrüche. Mischungsrechnung. Teilungsrechnung. Kaufmännisches Rechnen. Raumrechnung. 9. Aufl. (96 S.) 905. — 75; Antworten. 9. Aufl. (20 S.) 908. — 30

Saggau, Christian (Hrsg.), s. Schulblatt für die Herzogthümer Schleswig und Holstein.

— zu unserer Schulfrage. Ebend. 864. gr. 8. (24 S.) 3 ngr.

Saggau, Heinrich, a. Kiel: Die Benennungen der Schiffsteile und Schiffsgeräte im Neufranzösischen. Kiel 1905: Vollbehr & Riepen. (135 S.) 8°
Kiel, Phil. Fak., Ref. Körting, Diss. v. 12. Aug. 1905
[Geb. 29. Nov. 79 Kiel; Wohnort: Kiel; Staatsangeh.: Preußen; Vorbildung: Realgymn. Altona Reife M. 99; Studium: Kiel 11 S.; Rig. 15. Juli 05.]

SAGGAU, Julius (Altona): Über Lymphangione der Achselhöhle.- München: Wolf 1885. 20 S.
29.12.1884 - Urk (Titel: De fossae axillaris lymphangiomatibus.); Chr 1884/85,20
Diss.Ingolst.-Landsh.-Mchn.

Saggau, *Heinrich Wilhelm* Theodor [aus Neumünster]: Über das β-Aethylpyridin und β-Aethylpiperidin ... Kiel, Druck v. H. Fencke, 1892; 34 S., 1 Bl. 8.
Kiel, Phil. Fak., Inaug.-Diss. v. [4. März] 1892

Saggi, (nuovi) della Cesareo-Regio Accademia di Scienze, Lettere ed Arti di Padova. vol. 1. con rami. 4. gr. Padova. 817. (Vienna, Volke.)

Saggi dello stile familiare, animato e descrittivo tratti da migliori autori da John Messell. 8. Christiania 846, Dahl. 2 1/2 n*f*

Saggio esperimentale sull'esterna applicazione del vapore all' acque dei bagni e delle filande a seta, con alcuni osservazioni sui bagni a vapore del Cav. C. Aldini. 8. gr. Milano. (Lipsia, Hinrichs in comm.) 818.

SAGHY, FRANC(ISCUS) XAV(ER): Amor triumphans. Die siegende Liebe. Das ist: Kurtze Lob-Rede von der Allerheiligsten Dreyfaltigkeit, welche an dessen hohen Fest-tag, als an dem hohen Titular-Fest des Barfüsser-Ordens, in dessen Closter-Kirchen zu Pressburg vorgestellet wurde. Pressburg 1751: Joh. Mich. Landerer. 6 f. - kl.8°

Saglanz, Grigor, aus Schuscha in Russ.-Armenien: (Aus d. med. Klinik zu Jena.) Die **Leukocytose** und das Verhalten der Leukocyten bei der Pleuritis. ***Jena 1904: A. Kämpfe.*** (55 S.) 8°
Jena, Med. Diss. v. (17. Juni) 1904

Saginaw Abend-Zeitung : 1881?-1882?
Daily, evening except Sunday. Dated: East Saginaw, Mich. Edited & published by Robert Ebel.
Saginaw, MI

Saginaw [Mich] Germania. 1856-1906. 50 Jahre dten Strebens. Gedenkblätter zum 50-jhr Jub der "Gnia" v Saginaw, Mich. Saginaw, 1906.

Saginaw Journal : Jahrgang 1–24, no. 29, Mar.? 1900–Jan. 16, 1925.
Independent weekly. Sub-title: Ein unabhängiges-lokalpolitisches Wochenblatt für die Deutschen Nord-Amerikas, gewidmet der Literatur, Kunst, Wissenschaft, Politik und Tagesgeschichte. Apr. 17, 1919–Jan. 16, 1925. Followed by FAMILIENBLATTER. Circulation: 1910, 2400; 1920, 3000. Edited & published by Muessig & Boos, 1900–02, by Valentin S. Boos, 1902–25.
Saginaw, MI

Saginaw Post : 1887?–1898?
Independent weekly. Place of publication varies: East Saginaw, Mich., 1887–88. United with SAGINAW ZEITUNG, to form POST-ZEITUNG. Circulation: 1890, 2350; 1897, 4200. Edited & published by F. & C. Reitter, 1887–94; by Reitter & Bastian, 1895–96; by F. & C. Reitter, 1897–98.
Saginaw, MI

Saginaw Tageblatt : 1884?–1885?
Daily, evening except Sunday. Dated at East Saginaw, Mich. Edited & published by N. Wigand.
Saginaw, MI

Saginaw Zeitung : Sept. 1, 1868–1897?
Independent weekly. For daily edition, see TÄGLICHE SAGINAW ZEITUNG. Place of publication varies: East Saginaw, 1868–89. For Sunday edition, see SONNTAGSBLATT DER SAGINAW ZEITUNG. United with SAGINAW POST, to form POST-ZEITUNG. Circulation: 1880, 1700; 1890, 2150; 1898, *2000*. Edited & published by The Enterprise Co., 1868–74?; by Constantine Beierle, 1875?–?; edited by Constantine Beierle, with Christian Friedrich Emich, Graf zu Solms Wildenfels, 1871, & published by The Saginaw Zeitung Co., 1876–86; edited and published by Beierle and Buergermeister, 1887; by Constantine Beierle and Son, 1887–92; by The Saginaw Co., 1893–98.
Saginaw, MI

Sonntagsblatt der Saginaw Zeitung : 1882?–1897? Saginaw, MI
Sunday edition of SAGINAW ZEITUNG. Circulation: 1890, 850; 1897; *1000*.

Tägliche Saginaw Zeitung : 1882?–1883?
Daily, morning, except Sunday, 1882–83; evening except Sunday, 1883. An edition of SAGINAW ZEITUNG. Dated: East Saginaw, Mich.
Saginaw, MI

Sagitta [Pseud.], s. M a c k a y , John Henry

Sagitta [Pseud.], s. S a c h i s t h a l , Kurt [wirkl. Name].

Sagittarius, Franz Liszt über die Juden. 8. (38 S.) geh. 50 kr.
Budapest: C.Grill 1881.

Sagittarius, J. C., De antiquo ritu nuptiarum. Diss. 1798. 28 S. 4°.

Sagittarius, Kaspar

Sagittarius, C. Dissertatio (Exercitatio) historica de Eccardo I., Misniae marchione, Jenae MII sepulto. 4. Jenae 1675. — 4. ib. 1721.

Sagittarius, C. Geschichte der Mark Salzwedel und Leben Albrechts des Bären. A. d. Latein. übers. 4. Salzwedel 1736.

Sagittarius, Kap., thüringische Geschichte. 8. Chemnitz 772. (Starke). 1 ∤ 4 ℊ.

Sagittarius, C. Historia bipartita Eccardi II. marchionis Misniae. 4. Jenae 1680. — 4. ib. 1718.

Sagittarius, Caspar. Historia Eccardi II, Marchionis Misniae ... Jenae 1718. V: *Buder, Christian Gottlieb.* (ML)

— Hist. Francofurti. 8. Francf. Esslinger. 764.

Sagittarius, Kaspar: Gründliche und ausführliche H i s t o r i a der Grafschaft Gleichen, aus unterschiedlichen Fürstlichen, Gräflichen, Freyherrlichen Archiven ... zusammen getragen ... mit nöthigen Kupffern, Stamm-Tafeln und Registern versehen: Nunmehro, aus des Autoris Apographo, nebst einem nöthigen Vorbericht ans Licht gestellet v. Ernst Salomon Cyprian. Franckfurt am Mayn. 1732. 4°

— — **der Grafsch. Gleichen, mit K. 4. Frankf. Varrentrapp. 732.**

— — **Gothana, c. supplem. Tenzelii. IV Tomi. 4. Ienae, Bielke. 713.**

— — **Ioannis Friderici, Elect. Sax. pii., magnan., constantis, inclyti. 4. Ienae, Ritter. 739.**

Sagittarius, Kasp., Saalfeldische Historien. Im Auftrage der Stadt Saalfeld a. S. (m. Unterstützg. des herzogl. Staatsministeriums) zum ersten Male hrsg. v. Ernst Devrient. (VIII, 396 S.) 8. Saalfeld 904. (C. Niese.) n. 3. —

Saalfeldische Historien von Kaspar **Sagittarius** (weil. Prof. zu Jena († 1694)). Im Auftr. d. Stadt Saalfeld a. S. zum 1. Male hrsg. von Ernst Devrient. *Saalfeld a. S. 1904: Wiedemann.* (VIII, 396 S.) 8° [ℌ.] 4ℳ.

— introductio in hist. ecclesiast. II Tmi. 4. ibidem. 718.

Sagittarius, C. Memorabilia historiae Gothanae. 4. Jenae 1689. — c. addit. ed. W. E. Tenzel. ib. 1700.

Sagittarius, Kaspar [Praes.], s. N i c o l a i , Joh. Adolph: De Eccardo I. Misniae Marchione Jenae anno 1002. sepulto.

Sagittarius, Kaspar [Praes.], s. S t r a u b , Andreas: Historia antiqua liberae atque imperialis civitatis Norimbergae.

Sagittarius, Kaspar [Praes.], s. W e r t h e r n , Hans Friedrich von: Historia episcoporum Numburgensium a prima episcopatus origine ad praesentem statum repetita.

Sailer, L., Leben des heiligen Johann v. Gott, mit einer Geschichte der Gründung u. der Entwickelung seines Ordens. Autorisirte Uebersetzung aus dem Französischen. Mit dem (Stahlst.-)Bildnisse des Heiligen. gr. 8. (XVI, 318 S.) Regensburg 881. Manz. 3. 50

Saglio, J., der Jungfrau Tugendspiegel. Lesungen f. jeden Tag des Monats. Mit e. Anh. der gebräuchlichsten Gebete. Nach S. frei bearb. v. F. Mersmann. (VII, 394 S. m. Titelbild.) 16. Freiburg i/B. (906). Herder. n. 1. 80
geb. in Kunstldr. n. 2. 20

Sagmeister, Max Emanuel, a. München, Rechtsprakt. in Landau: Das Delikt der Fahnenflucht in historisch-dogmatischer Darstellung mit Berücksichtigung des österreichischen, italienischen und französischen Militärstrafrechts. Landau ⟨Pfalz⟩ 1908: G. H. Fix. (107 S.) 8° [F.]
Erlangen, Jur. Fak., Ref. Allfeld, Diss. v. 29. Mai 1908
[Geb. 22. Dez. 82 München; Wohnort: Landau; Staatsangeh.: Bayern; Vorbildung: Gymn. Dillingen Reife 03; Studium: München 6, Erlangen 2 S.; Rig. 21. Okt. 07.]

Die kirchliche Aufklärung am Hofe des Herzogs Karl Eugen von Württemberg ⟨1744–1793⟩. Ein Beitrag z. Geschichte d. kirchl. Aufklärung. Von Dr. Joh. Bapt. **Sägmüller**. Freiburg im Br.: Herder 1906. (VII, 228 S.) 8° [06. 7641

Die Bischofswahl bei Gratian. Von Dr. J[ohann] B[aptist] **Sägmüller**, Prof. Köln: J. P. Bachem 1908. (23 S.) 8° [F.]
= Görres-Gesellschaft z. Pflege d. Wissensch. im kath. Deutschland. Sektion f. Rechts- u. Sozialwiss. H. 1. [08. 11791

Sägmüller, J[ohann] B[aptist]: Die Entwicklung des Archipresbyterats und Dekanats bis zum Ende des Karolingerreichs. *Tübingen 1898: G. Schnürlen.* (88 S.) 4°
Tübingen, Einladungsprogr. z. Geburtstage d. Königs am 25. Febr. 1898

Sägmüller, J. B., zur Geschichte des Kardinalates. Ein Traktat des Bischofs v. Feltre u. Treviso Teodoro de'Lelli üb. das Verhältniss v. Primat u. Kardinalat, s.: Quartalschrift, römische, f. christl. Alterthumskunde u. f. Kirchengeschichte.

— Kirche u. Staat, s.: Vorträge, populär-wissenschaftliche. IV.

Sägmüller, J. B., Lehrbuch des kathol. Kirchenrechts. 1. u. 2. Tl. gr. 8. Freiburg i/B., Herder. n. 5 50
1. Einleitung, Kirche u. Kirchenpolitik. Die Quellen des Kirchenrechts. (VIII, 144 S.) 900. n. 2. -
2. Die Verfassg. der Kirche. (V u. S. 145—400.) 902. n. 3. 50

— Lehrbuch des kathol. Kirchenrechts. 3. (Schluss-)Teil. Die Verwaltg. der Kirche. (VI u. S. 401—834.) gr. 8. Freiburg i/B. 904. Herder. n. 6. — (vollst. in 1 Bde.: n. 11. 50; geb. in Halbfrz. n. 14. —)

Lehrbuch des katholischen Kirchenrechts. Von Dr. Johannes Baptist **Sägmüller**. 2. verm. u. verb Aufl. Freiburg i. B.: Herder 1909. XIV, 931 S. 8° [10. 7328 7

— die Papstwahlbullen u. das staatliche Recht der Exklusive. gr. 8. (VIII, 308 S.) Tübingen 892. H. Laupp. n. 6. 40

Saegmüller, J. B., die Papstwahlen u. die Staaten v. 1447—1555. [Nikolaus V. bis Paul IV.] Eine kirchenrechtlich-histor. Untersuchg. üb. den Anfang d. staatl. Rechtes der Exklusive in der Papstwahl. gr. 8. (VI, 238 S.) Tübingen 890. Laupp. n. 4. 80

— Predigt bei der Feier des 100jähr. Jubiläums der Erbauung der Pfarrkirche in Ummendorf, geh. während der v. den Patres Redemptoristen Mathias Brechtl, Caspar Stamm u. Anton Höfer vom 3.—10. XII. 1905 gegebenen Mission am 10. XII. 1905. (16 S.) gr. 8. Biberach (906). (Bopp & Haller.) n.n. — 25

— s.: Quartalschrift, theologische.

Sägmüller, J. B., d. Recht d. Exclusive in d. Papstwahl. [Aus: „Archiv f. kathol. Kirchenrecht".] gr. 8. (64 S.) Mainz 895. F Kirchheim. Nicht im Handel.

Die Thätigkeit und Stellung der Cardinäle bis Papst Bonifaz VIII. historisch-canonistisch untersucht u. dargest. v. Dr. J[oh.] B[apt.] Sägmüller, Prof. an d. Univ. Tübingen. *Freiburg i. B.: Herder 1896.* (VIII, 262 S.) 1 Bd 8. [96. 6505

Die Trennung von Kirche und Staat. Eine kanonist.-dogmat. Studie. Mit 13 Beilagen, enth. offizielle Aktenstücke über d. Trennung von Kirche u. Staat in Frankreich. Von Dr. Joh. Bapt. Sägmüller, Prof. Mainz: Kirchheim & Co. 1907. (VIII, 48, CXXXXVII S.) 8° [07. 10015

— Wissenschaft u. Glaube in der kirchlichen Aufklärung (c. 1750—1850). Zur Erwiderg. auf Professor Merkles Rede u. Schrift: „Die kathol. Beurteilg. d. Aufklärungszeitalters" u. zur Charakterisierg. der kirchl. Aufklärg. (VIII, 98 S.) gr. 8. Essen (910). Fredebeul & Koenen. 1.80

Sagner, Kaspar

— Diss. de ortu stratorum telluris, et ratione, qua corpora marina in loca mediterranea translata sunt. 8. Prag 755.
— Diss. de pabulo ignis. 8. Prag 756.

Sagner, Ksp., († d. 17. Jan. 1781.) institutiones philosophicae ex probatis veterum recentiorumque sententiis adornatae in us. auditorum. III Ptes. 8. Prag 755—58 u. noch zwei Auflagen.

Sagody, Jos. v., Freiheit, Gleichheit u. Brüderlichkeit. Abhandlg. üb. diese Losungswörter d. Zeitgeistes, enth.: 1. D. Glanzseiten d. Lebens bei Befolgg. derselben. 2. D. Schrecken, bei eigennütz. Ausbeute derselben. 3. D. hieraus erwachs. Pflichten zur Erlangg. e. wahren Glücks. gr. 8. (16 S.) Preßburg 897. (G. Heckenast's Nachf.) n. - - 50

SAGODY, JOSEF: Die Schöpfung, der Tod, das Wiedersehen. Sensationelle Abhandlung über die Schöpfung des Weltalls und alle Lebensgebilde. Pressburg 1897: Carl Angermayer. 33 S. - 200 mm

Sagody, J. von, Die Schöpfung — der Tod — das Wiedersehen. Sensationelle Abhandlung über die Schöpfung des Weltalls und alle Lebensgebilde 2c. 8. (34 S.) —.30
Preßburg: Heckenast 1897.

— s. Schöpfung, die, der Tod, das Wiedersehen.

Sagody, Jul. (Jul. Sgalitzer), s.: Zeitschrift f. ungarisches öffentliches u. Privatrecht.

Sagorsch [Schlagwort]

Sagorsch. Müller, C., Touristen-Karte von Sagorsch, Gnewau u. Neustadt. Nach amtl. Quellen bearb. 1 : 25,000. 40,5×58 cm. Farbdr. Danzig (903). A. W. Kafemann. n. — 50

Sagorski, E.: Ueber die Ursachen des plötzlichen Erstarrens übersättigter Salzlösungen. 11 S. – Wetzlar, Progr. 1869.

Sagorski, Ernst, Prof. Dr.: Anleitung zur Aufstellung der Determination geometrischer Konstruktions-Aufgaben. *Naumburg a. S. 1899: H. Sieling.* (74 S.) 8°
Pforta, k. Landes-S, P 1899 (257)

Sagorski, E., u. G. **Schneider**, Flora der Central-karpathen, m. specieller Berücksicht. der in der Hohen Tatra vorkommenden Phanerogamen u. Gefäss-Cryptogamen, nach eigenen u. fremden Beobachtgn. zusammengestellt u. beschrieben. 2 Hälften. 8. Leipzig 891. Kummer. n. 20. —
I. Einleitung. Flora der Hohen Tatra nach Standorten. (XVI, 209 S.) n. 6. —
II. Systematische Uebersicht u. Beschreibg. der in den Centralkarpathen vorkomm. Phanerogamen u. Gefäss-Cryptogamen. (VIII, 591 u. LVI S. m. 2 Taf.) n. 14. —

Sagorsky, Ernst Die Rosen der Flora von Naumburg a/S nebst den in Thüringen bisher beobachteten Formen 48 S u 4 Taf *Pforta* 1885. Progr.

Sagorski, Ernst, die Rosen der Flora v. Naumburg a/S., nebst den in Thüringen bisher beobachteten Formen. 4 (48 S. m. 4 Steintaf.) Naumburg 885. (Leipzig, Fock) n. 2. —

Sagorsky, Alexander. W e l c h e s sind die wesentlichen Differenzen im Bau des Nervensystems bei Säugethieren und Fischen ? Preisarbeit. Dorpat 1830

Sagorsky, Simon: **Die Arbeiterfrage in der Südrussischen Landwirtschaft. München: E. Reinhardt 1907. (II, 208 S., 5 Tab.) 8°**
München, Staatswirtsch. Fak., Ref. Brentano, Diss. v. 9. Nov. 1906
[Geb. 26. Sept. 81 Elisabethgrad (Rußland); Wohnort: Elisabethgrad; Staatsangeh.: Rußland; Vorbildung: Gymn. Elisabethgrad; Studium: Jura Kiew 5, Staatsw München 5 S.; Rig. 9. Nov. 06.]

Sagorsky, Sim., die Arbeiterfrage in der südrussischen Landwirtschaft. (VI, II, 208 S. m. 5 Taf.) gr. 8. München 908. E. Reinhardt. 6. —

Sagorszewsky, Ign., Ostindien und die Engländer. Eine Erklärung der Gegenwart aus der Geschichte der letzten Jahrhunderte. Leipzig (858.) Hennings. (Lehmann.) 8. (79 S.) n. 10 ngr.

Sagoskin, Michail Nikolajewitsch

Sagoskin, M., Jurji Miloslawski, od. die Russen im J. 1612. Ein histor. Roman. A. d. Russ. übers. v. Erh. Göring. 2 Thle. 8. (27¼ B.) Königsberg 830, Unzer.

Sagoskin, M. N., Jury Miloslavsky, od. d. Russen im J. 1612. A. d. Russ. übers. (n. d. 2. Aufl.) v. Carl Joh. Schultz. 2 Bde. 8. (40 B.) Leipzig 839, Kollmann.

——, Roßlawlew, od. die Russen im J. 1812. Ein histor. Roman. A. d. Russ. übers. v. Erh. Göring. 2 Thle. 8. (33 B.) Leipzig 832, Cnobloch.

Sagredo, **Ottomann. Pforte, od. Ungar. u. Türkische Chronik. 2 Thle. m. K. Fol. Augsb.**

Sag's, H., 200 Millionen Kronen für neue Kanonen! Wer bewilligt's und wer zahlt's? [Lichtstrahlen Nr. 5] 16°. (22 S.)
Wien: Volksbuchhdlg. 1902.

Kiel ni plibeligos la vivon originale verkita de '**Saĝulo**'. Berlin: Moller & Borel 1908 20 S 8° [og. 18461

Saguna, Andreiu

, —: Geschichte der griechisch-orientalischen Kirche in Österreich. Bruchstücke aus der allgemeinen Kirchengeschichte wortgetreu übersetzt von Z. Boiu und J. Popescu Hermannstadt Drotleff 1862.

Sahara, s.: **Hand- u. Reisekarten.** 56.

Sahenk, K.: B e i t r ä g e zur Entwickelungsgeschichte der phanerogamen Blüthe. 22 S. – Weilburg, Progr. 1872.

v. Saher, der praktische Hopfenbau und Hopfenhandel. 2 Thle. Frankfurt a. O. 861, 62. Trowitzsch & Sohn. gr. 8. (XII, 114 S. u. 1 lith. Taf.; VII, 99 S.) Jeder Thl. 15 ngr.

Saher, E. A. v., s.: **Entwürfe, moderne, auf dem Gebiete der Architektur usw.**

Saher, G. E. (Architekt) „Die Regulirung der Mainkrümmungen, namentlich in der Strecke von Bayreuth bis Mainleus, theoretisch und practisch dargestellt". pg. 3—14. 4°. Mit 2 Tafeln Heinrich Höreth. Bayreuth, Progr. 1846/47

Saher, G. E. (Architekt), Rektor „Wasser als Kraft zum Drehen, Heben und Senken des Eisenbahn-Fuhrwerks". pg. 3— 7. 4°. Mit 1 Tafel. Gedr. bei F. C. Birner. Bayreuth, Progr. 1836/37

Saher, Heinrich Alexander (Bayreuth) Erlg. Med. 1773/1

Dissertatio inauguralis medica de convalescentia vera et spuria. Präs. Heinrich Friedrich Delius. Erlangen (Camerarius) 19. I. 1773. 32 S.

W. v.: Johann Michael Meyer, J. Daniel Schoepff (Opp.), Johann Georg Gottfried Doppelmayr (Opp.).

29647

Saher, Johannes Sophonias (Ansbach) A. S. 7/2

Dissertatio inauguralis iuridica de probatione consuetudinis et observantiae tam privatae, quam publicae, sive imperialis.
Präs. Dietrich Hermann Kemmerich.
Jena (Müller) 30. X. 1732. 96 S. 29649

Saher, Samuel Gottfried (Münchberg) A. S. 1176/2

Dissertatio inauguralis medica, de initio mensium initio morborum. Präs. Michael Alberti.
Halle (Hendel) VI. 1725. 44 S.

Gew.: Gottfried Daniel Saher (Vater).
W. v.: Friedrich Leonhard Deubner. 29652

Sahir, Eva's Erstgeborner im Paradiese; e. Beytrag z. Gesch. d. europ. Kultur u. Humanität, (v. F. M. v. Klinger.) 8. Tiflis. (Hartknoch in Leipz.) 798.
Velinpap.

Sahir, Evas Erstgebohrner im Paradiese . . . Tiflis [Leipzig] 1798. V: *Klinger, Friedrich Maximilian von.* (EE) (Ky) (GGr) (Wr) (Adel)

Sahl, L., Paraphr. in I. epist. Pauli ad Corinthios. 4. Kopenh. 779. Pelt. 16 ß

— nostri I. C. nov. Testam., duce et auct. Castellione etc. II Tomi. 8maj. Kopenh. 781. Pelt. 2 ℛ 16 ß

Auf Adlers Flügeln. Ein Jahrgang Predigten von August Heinrich **Sahland**, Schloßpred. (Hrsg.: Elisabeth Sahland.) Stolp: Hildebrandt 1910. 254 S. 8° [tt. 1258

Sahland, Hugo: Zur Kenntnis des Carbonylaminophenols und Carbonylaminonaphtols sowie einiger Abkömmlinge. 1906. 38 S. 8°
Dresden, Dr.-Ing.-Diss. v. 21. 2. 1906

Sahlbach, H. Württembergs Anteil an dem Kriege gegen Frankreich. Stuttgart 1871. 112 S.

Sahlberg, Emil, Geschichte der Barmer Feuerwehr m. e. kurzen Einleitung üb. die Entwickelung des Feuerlöschwesens im allgemeinen. Bearb. unter Verwendg. v. Aufzeichngn. des am 27. IX. 1891 verstorbenen städt. Sekretärs Friedrich Cron. (84 S.) gr. 8. Barmen 903. (D. B. Wiemann.) n. 1. —

Sahlberg, John, einige nordische Aberrationen der Schmetterlingsgattung Argynnis Fabr. gr. 8. (4 S. m. 1 farb. Taf.) Berlin 892. F. L. Dames. n. 1. 60

Sahlberg, Car. Reginald, Insecta Fennica, dissertationibus academicis, A. 1817—1834 editis, enumerata. Pars I. 8maj. Helsingforsiae 834. (Lipsiae, Voss.) n. 3 1/3 ℛ

—— **Monographia Geocorisarum Fenniae. 8. (XL und 155 S.) Helsingforsiae 848. (Lipsiae, Brockhaus.)** **

Sahlberg, Reginald. Ferd., in Faunam insectorum Rossicam symbola, novas ad Ochotsk lectas Carabicorum species continens. gr. 8. (69 S.) Helsingforsiae 844. (Lipsiae, Brockhaus.) n. n. 13 ngl

Sahlbom, Naima. Kapillaranalyse kolloider Lösungen. Thèse Sc. Neuchâtel. [Mit Figuren.] 68 S. 8. Dresden, Theodor Steinkopff, 1910.

(Die Arbeit erscheint gleichzeitig in den «Kolloidchemischen Beiheften», Ergänzungshefte zur Kolloid-Zeitschrift..., Band 2, Heft 3—4. Hrg. von Dr. Wo[lfgang] Ostwald.)

Sahlender, Paul, englische Jagd, Jagdkunde u. Jagdlitteratur im 14., 15. u. 16. Jahrh. Nebst e. Sach- u. Wortregister. gr. 8. (XXVIII, 31 S.) Leipzig-R. 895. (Leipzig, Dr. Seele & Co.) n. 1. 60; kart. n. 2. —

Sahlender, Paul *Maximilian* [aus Ibenhain]: **Der Jagdtraktat Twici's, des Hofjägers bei Edward II. von England, und seine Überlieferung ... (Erscheint in erweit. Fassg.) Leipzig-R., Druck v. O. Schmidt, 1894; 60 S. 8.**
Leipzig, Phil. Fak., Inaug.-Diss. v. [14. Juni] 1894

— der Jagdtraktat Twici's, d. Hofjägers bei Edward II. v. England, u. s. Ueberlieferg. Nebst e. Abriss d. altengl. Jagd u. Jagdlitteratur. gr. 8. (58 S.) Leipz.: Dr.Seele & Co. 1894. n. 1. 20

Das englische Jagdwesen in seiner geschichtlichen Entwicklung. Von Dr. P[aul] **Sahlender**-Bautzen. *Dresden & Leipzig: C. A. Koch 1898.* (46 S.) 8°
— Abhandlungen, Neusprachliche. H. 6. [o1. 6416

Sahler, Charles Frédéric: Dissertatio inauguralis anatomico-physiologica de foetu bicipiti.
Basel, Med. Diss. 1786

Johannes Caspar Sahlfelder: De artuum Amputatione eaque inprimis in ipso proelii campo instituenda meletemata quaedam. Lipsiae (1825:) Staritz. 52 S. 8°
Leipzig, Med. Diss. v. 25. Nov. 1825

Sahlfeldt (Sahlfeld), Geo. Fr. von
— Bemerkk. über d. Entwurf e. Proceß-Ordnung in Civilsachen. 4. Mitau 809.

— Bemerkk. zu d. Projekt zur Organisirung der Gerichtsbehörden. 4. Mitau 809. (56 S.)

Sahlfeld, Kirchenordnung für die Protestanten im Russischen Reiche. Entworfen und mit Genehmigung der Kaiserlichen Gesetzeskommission hrsg. v. G. F. Sahlfeld. Mitau. 1808

v. Sahlfeldt, Geo. Fr., († d. 26. Febr. 1817.) Kirchenordnung f. die Protestanten im Russischen Reiche rc. gr. 8. Mitau 808. (Zwickau, Gebr. Schumann). 1 ℛ 12 gr. Hbg. Pr. 1 ℛ

Sahlfeldt, Ge. Fr., Kirchenordnung f. d. Protestanten im russischen Reiche rc. gr. 8. Mietau, (Hartmann in Riga.) 810.

— an das Petersburgische protestant. Publikum. 8. Mitau 808. (67 S.)

Sahlhausen, Leop. Freiherr v. — Theoretisch-praktische Zither-Schule. Eine gründliche Anleitung, das Zitherspiel ohne Meister in kurzer Zeit zu erlernen. Nach den neuesten und besten Grundsätzen für die vollständige Schlag-Zither bearbeitet von — —. Mit 6 Tafeln. Wien. 1855. Druck von Fr. Manz. (62 S. 8.) geh.

Sahli, Herm., üb. Auswaschung d. menschlichen Organismus u. üb. die Bedeutung der Wasserzufuhr in Krankheiten, s.: Sammlung klinischer Vorträge.

Sahli, [Hermann]. Beitrag zur kortikalen Lokalisation des Zentrums für die konjugierten Seitwärtsbewegungen der Augen und des Kopfes. (Mit 1 Abbildung.) Sonderabdruck aus dem Deutschen Archiv für klinische Medizin. Band 86. II + 18 S. 8. Leipzig, F. C. W. Vogel, 1905.

Sahli, H[ermann]. Bemerkungen zur Desmoidreaktion. Von Prof. Dr. H. S' in Bern. Sonderabdruck aus der «Deutschen Medizinischen Wochenschrift» [Jahrg. 32,] 1906, No. 30. 2 S. 8. (Berlin, Druck G. Bernstein.)

Sahli, Herm., s.: Ergebnisse der inneren Medizin u. Kinderheilkunde.

— üb. die modernen Gesichtspunkte in der Pathologie der Infektionskrankheiten, s.: Sammlung klinischer Vorträge.

Sahli, [Hermann]. Ueber Herzmittel und Vasomotorenmittel. Separatabdruck aus den «Verhandlungen des 19. Congresses für Innere Medicin zu Berlin. 1901.» II S. + S. 45—66 + S. 91—92. 8. Wiesbaden, J. F. Bergmann, 1901.

Sahli, H., Lehrbuch der klinischen Untersuchungs-Methoden f. Studirende u. praktische Aerzte. gr. 8. (XXII, 676 S. m. 191 z. Tl. farb. Holzschn. u. 2 lith. Taf.) Wien 894. F. Deuticke. n. 14. —; geb. n. 16. —

Lehrbuch der klinischen Untersuchungsmethoden für Studirende und praktische Aerzte von Prof. Dr. H. Sahli. 2. vollständig umgearbeitete und ergänzte Auflage. Mit 262 theilweise farbigen Holzschnitten im Text und 4 lithographirten Tafeln. Leipzig und Wien. 1899. Deuticke. Lex.-8°. XXVI, 934 S. fl. 12.—, geb. fl. 13.20

Sahli, H(ermann). Lehrbuch der klinischen Untersuchungs-Methoden für Studierende und praktische Ärzte von Prof. Dr. H. Sahli ... in Bern. 3. umgearb. und ergänzte Aufl. Mit 278 theilweise farbigen Holzschnitten im Texte und 4 lithographierten Tafeln. gr.-8. Leipzig und Wien, Franz Deuticke, (1901—)1902. XXX + XVI + 954 S. [cpl. M. 20. —]

Hälfte 1...: [Mit 100 Figuren.] XVI S. + S. 1—364. 1901.
(Hälfte 2...:) Mit [176 Figuren und] 4 ... Tafeln. XXX S. + S. 365—954. 1902.

Sahli, H(ermann). Lehrbuch der klinischen Untersuchungs-Methoden für Studierende und praktische Ärzte von Prof. Dr. H. S'... Bern. 4. umgearb. und ergänzte Aufl. Mit 291 teilweise farbigen Holzschnitten im Texte und 5 lithographierten Tafeln [sowie 1 Tabelle]. XXXIV + 1048 S. 8. Leipzig und Wien, Franz Deuticke, 1905. [geb. M. 24. 50]

Sahli, H(ermann). Lehrbuch der klinischen Untersuchungs-Methoden für Studierende und praktische Ärzte. 5., umgearbeitete und ergänzte Aufl. Mit 389 teilweise farbigen Holzschnitten im Texte und 7 lithographischen Tafeln. (2 Hälften.) XVI + XLIV + 1366 S. 8. Leipzig und Wien, Franz Deuticke, (1908—)1909. [cpl. M. 24. —]

1. Hälfte (S. 1—456). [Mit Figuren.] XVI S. + S. 1—456. 1908.
(2 Hälfte. S. 457 bis Schlusz. Mit [Fig. und] 7 lithogr. Tafeln.) XLIV S. + S. 457—1366. 1909.

— üb. hirnchirurgische Operationen vom Standpunkte der inneren Medicin, s.: Sammlung klinischer Vorträge.

— über die Perforation seröser pleuritischer Exsudate, nebst Bemerkgn. üb. den Befund v. Typhusbacillen in dem serösen Pleuraexsudat e. Typhuskranken, s.: Mitteilungen aus Kliniken u. medicinischen Instituten der Schweiz.

Sahli, Herm., die topographische Percussion im Kindesalter. Mit 12 in den Text gedr. Abbildungen. gr. 8. (VIII, 195 S.) Bern 882. Dalp. n. 4. 50

Sahli, [Hermann]. Ueber die Prüfung des Magenchemismus unter natürlichen Verhältnissen und ohne Anwendung der Schlundsonde. Die Desmoidreaktion, eine neue Untersuchungsmethode. Von Prof. S' in Bern. [Mit Figuren.] Separatabdruck aus dem Correspondenz-Blatt für Schweizer Aerzte, 1905, Nr. 8. *Kopftitel:* Aus der medizinischen Klinik in Bern. 20 S. gr.-8. [Basel, Schweighauser.]

Sahli, H., über die Prüfung des Magenchemismus unter natürl. Verhältnissen u. ohne Anwendung der Schlundsonde. Die Desmoidreaktion, e. neue Untersuchungsmethode. (20 S.) gr. 8. Basel 906. B. Schwabe. n. — 80

Sahli, [Hermann]. Über das absolute Sphygmogramm und seine klinische Bedeutung, nebst kritischen Bemerkungen über einige neuere sphygmomanometrische Arbeiten. (Mit 17 Abbildungen.) Sonderabdruck aus dem Deutschen Archiv für klinische Medizin. Band 81. II S. + S. 493—542. 8. Leipzig, F. C. W. Vogel, 1904.

Sahli, [Hermann]. Ueber kompendiöse, leicht transportable Taschenquecksilbermanometer zu klinischen Zwecken, speziell zur Sphygmomanometrie. Nebst Bemerkungen über eine Verbesserung der Riva-Roccischen Manschette. Von Prof. S' in Bern. [Mit 2 Figuren.] Sonderabdruck aus der «Deutschen Medizinischen Wochenschrift» 1904, No. 48. 6 S. 8. (Berlin, G. Bernstein.)

Sahli, üb. d. Therapie d. Tetanus u. üb. d. Werth u. d. Grenzen d. Serumtherapie, nebst Mittheilg. e. gemeinsam m. Tavel mittelst Heilserum behand. Tetanusfalles. gr. 8. (59 S.) Basel 895. Jena, G. Fischer. n. 1. 60

— dasselbe, s. a.: Mitteilungen aus d. Kliniken u. medicin. Instituten d. Schweiz, III, 6.

— über Tuberkulinbehandlung. (37 S.) Lex.-8. Ebd. 906. n. — 80
Sonderabdruck a.: „Correspondenzbl. f. schweiz. Aerzte“.

Sahli, [Hermann]. Ueber Tuberkulinbehandlung. 2. umgearbeitete und erweiterte Aufl. eines Aufsatzes im Correspondenz-Blatt für Schweizer Aerzte 1906 Nr. 12/13. [Mit Figuren.] II + 44 S. gr.-8. Basel, Benno Schwabe, 1907. [fr. 1.—]

Sahli, Hermann. Über Tuberkulinbehandlung. 3., umgearbeitete und erweiterte Aufl. nebst einem zweiten Teil: Über das Wesen des Tuberkulins und der Tuberkulinwirkung sowie der Tuberkuloseheilung und Tuberkuloseimmunität. [Mit Figuren.] VIII + 194 S. 8. Basel, Benno Schwabe & Co., 1910. [fr. 4. —]

Sahli, [Hermann]. Ueber eine Vereinfachung der butyrometrischen Untersuchungsmethode des Magens und die Verwendbarkeit derselben für den praktischen Arzt. Nebst einem Anhang: Ueber den Nachweis und die Bedeutung von Bakterien im Mageninhalte. Von Prof. Dr. S' in Bern. [Mit 2 Figuren.] Separatabdruck aus der Münchener medizinischen Wochenschrift, [Jahrg. 52,] No. 27 und 28. 1905. II + 21 S. 8. (München, J. F. Lehmann.)

Sahli, [Hermann]. Ueber die Verwendbarkeit der Payyschen Zuckertitrationsmethode für die Klinik und den praktischen Arzt und über einige technische Modifikationen derselben. Nebst Bemerkungen über die Notwendigkeit, dass der praktische Arzt die quantitativen Zuckerbestimmungen selbst ausführt. Aus der Medizinischen Klinik der Universität in Bern. Sonderabdruck aus der «Deutschen Medizinischen Wochenschrift» [Jahrg. 31,] 1905, No. 36.... II + 22 S. 8. (Leipzig, Verlag Georg Thieme; Druck G. Bernstein, Berlin.)

— üb. das Wesen u. die Behandlung der Perityphlitiden. Vortrag, geh. an der Versammlg. schweizer. Aerzte am 28. Mai 1892 in der Aula der Universität Genf. [Aus: „Correspondenzbl. f. Schweiz. Aerzte“.] Lex.-8. (20 S.) Basel 892. B. Schwabe. n. 1. —

Sahli, H[ermann]. Ueber das Wesen der Haemophilie. Aus der medicinischen Klinik in Bern. [Mit Figuren.] Sonder-Abdruck aus der Zeitschrift für klinische Medicin. Band 56. Heft 3 und 4. 53 S. 8. Berlin, L. Schumacher, 1905.

Sahli, J., deutsches Sprachbuch f. französ. Sekundarschulen. 1. Tl. 1. u. 2. Jahr. 2., neubearb. u. verm. Aufl. gr. 8. (VIII, 150 S.) Biel 897. A. Rüfenacht. Kart. n. 1. 40

Sahli, J., deutsches Sprachbuch f. französische Sekundarschulen. 2. Tl. 3., 4. u. 5. Jahr. 2. neu bearb. u. verm. Aufl. gr. 8. (VIII, 271 S.) Biel 898. A. Rüfenacht. Kart. n. 2. 50

Sahli, J., deutsches Sprachbuch f. französische Sekundarschulen. II. Tl. 3., 4. u. 5. Jahr. 3., neu bearb. u. verm. Aufl. (XII, 292 S.) 8. Biel 904. A. Rüfenacht. Geb. in Leinw. n.n. 2. 80

Sahli, W[alther]. Das freiwillige Hülfswesen der Schweiz und sein Verhältnis zur Armee. Ein Mahnwort. Beilage zu «Das Rote Kreuz.» [Jahrg. 9, 1901.] Sonderabdruck aus der «Schweiz. Monatschrift für Offiziere aller Waffen.» [Jahrg. 13, 1901, Heft 9.] 14 S. 8. [Frauenfeld, Huber & Co.]

Sahlin, Enar, die Organisation d. höheren Unterrichts in Schweden. [Aus: „Baumeister's Handb. d. Erziehungs- u. Unterrichtslehre f. höhere Schulen“.] gr. 8. (26 S.) München 897. C. H. Beck. n. — 60

Sahling, J. T., geometrische Constructionsaufgaben. Gesammelt u. bearb. als Handbuch für den Lehrer, zugleich als Hülfsbuch zur eigenen Ausbildung im Construiren. Segeberg 860. (Altona, Mentzel.) gr. 8. (IV, 216 S. u. 14 lith. Taf. in 4.) n. 2 ₰

Sahling, J. T., geometrische Constructionsaufgaben. Gesammelt u. bearb. als Handbuch für den Lehrer, zugleich als Hülfsbuch zur eigenen Ausbildung im Construiren. 2. billige (Titel-)Ausgabe. Schleswig (860)868. Schulbuchh. gr. 8. (216 S. mit 14 Steintaff. in qu. gr. 4.) n. 1 ₰

Sahlmann, Otto: Das Leben und die Werke des Noël du Fail. Borna-Leipzig 1909: Noske. IX, 81 S. 8°
Kiel, Phil. Diss. v. 16. Febr. 1909, Ref. Körting
{Geb. 14. Sept. 85 Hamburg; Wohnort: Hamburg; Staatsangeh.: Hamburg; Vorbildung: Wilhelm-Gymn. Hamburg Reife O. 04; Studium: Jena 2, München 2, Kiel 5 S.; Rig. 11. Juli 08.] [U 09. 2335

Sahlmen, Wilh., Choralbuch zum katholischen Gesang- u. Gebetbuche Sursum corda, für 4 Singstimmen u. Orgel bearb. 4. (IV, 263 S.) Paderborn 881. F. Schöningh. n. 8. —; geb. n. 9. —

Sahlmen, Wilh., Orgelbegleitung zu den Lamentationes Jeremiae prophetae. qu. 4. (28 S.) Paderborn 870. Junfermann. n. 1. 50

Sahlmen, Wilh., Orgelbegleitungen zu den gewöhnlichen Gesängen des Missale romanum u. Manuale ritualis romani beim Hochamte u. bei der Vesper, zunächst für angehende Organisten. Paderborn 868. Junfermann. qu. Fol. (IV, 72 S.) n. 1 ℳ

Sahlstedt, Abraham. Schwedische Grammatik . . . a. d. Schwed. Lübeck 1796. V: *Bagge, Joseph Lorens.* (Gi) (BrMm) (ErschDL)

Sahlstedt, A., Schwedische Grammatik; aus d. Schwed. 8. Lübeck 796. Bohn. 12 𝒦

Sahm, Daniel Kornelius (Königsberg/Pr.) A. S. 812/54

Disputatio juridica inauguralis, de absolutione a juramento. Präs. Balthasar Tilesius.
Königsberg/Pr. (Reusner) 21. II. 1702. 18 S.

29656

Sahm, J., Leitfaden zum Zuschneiden aller vorkommenden Decorationen u. Anleitung zur Anfertigung v. Freihanddecorationen. Mit Anh.: Anweisung zur Anfertigung plast. Papier-Decorationen. schmal gr. 8. (42 S. m. 37 Abb.) Dresden (899). Gewerbebuchh. n. 3.—

— Taschen-Skizzen-Buch f. Decorateure. schmal gr. 8. (61 S. m. Fig. u. 30 Taf.) Ebd. (899). n. 3.—

Sahm, Wilh., Geschichte der Stadt Creuzburg Ostpr. gr. 8. (XIX, 281 S. m. Abbildgn., 2 Taf. u. 1 Plan.) Königsberg 901. (F. Beyer.) n. 4.—

Geschichte der Pest in Ostpreußen. Von Wilhelm **Sahm**. Leipzig: Duncker & Humblot 1905. (184 S.) 8°
— **Publikation** d. Vereins f. d. Gesch. von Ost- u. Westpreußen. [14.] [05. 9996

Wegweiser durch Königsberg i. Pr. und Umgebung. Unter Verwertung der von Behörden, Vereinen u. Sachverständigen mitgeteilten Angaben besorgt von W[ilhelm] **Sahm**. Hrsg. v. Ver. z. Hebung d. Fremdenverkehrs in Ostpreußen. Königsberg i. Pr.: Ver. z. Hebung d. Fremdenverkehrs 1907. (156 S.) 8°
[Umschlagt.:] Führer durch Königsberg i. Pr. u. Umgebung. [07. 11133 10

Sahm, W., Wegweiser durch Königsberg i. Pr. u. Umgebung. Unter Verwertg. der v. Behörden, Vereinen u. Sachverständigen mitgeteilten Angaben besorgt. Hrsg. vom Verein zur Hebg. des Fremdenverkehrs in Ostpreussen. 2. verb. Aufl. (168 S. m. Abb. u. 2 farb. Plänen.) kl. 8. Königsberg 910. W. Koch. nn 1. 50

Sahme, Arn. H.

— güldn. A B C der Wunden Jesu, in Passionspredigten. 8. Ebend. 718.

Sahme, A.H.: De vett. Christianorum agapis. – Regiom. 1701.

— aufrichtiges Christenthum in Predigten. 8. Ebendaselbst. 727.

Sahme, Arn. H., glossirt. Gesangbuch. 8. Königsberg. 752.

— Wunden Jesu in Sinnbildern betr. 8. Ebendas. 713.

Sahme, C.: De agno paschali. – Regiom. 1712.

Sahme, C.: De precibus pro defunctis. Königsberg 1756. 4°

Beantwortung der Abschiedsrede Herrn Nicolaus Boltz, in der Königlichen deutschen Gesellschaft zu Königsberg in Preussen gehalten von ... GOTTLOB JACOB SAHME, ... (Königsberg) 1744. den 8. Junius. (Ohne bes. Titelblatt) fol.

Die Ehre des Königes in der Vorsorge vor die Waisen, wurde in einer Seiner Erlauchten Excellenz dem Hochwürdigen, ... Herrn Friedrich von Tettau, ... von der Königlichen deutschen Gesellschaft zu Königsberg in Preussen gewidmeten Rede bewundert durch ... GOTTLOB JACOB SAHME. (Königsberg) 1744. den 23. Junius. Mit Reussnerischen Schriften. fol.

(Sahme, J. G.,) chronol. Abriß d. Weltgesch., s. Abriß.

Sahme, Reinhold Friedrich [Praes.], s. Berent, Sigism. Theod.: De sepulturae denegatione, Von Versagung des Begräbnüsses.

Sahme, R. F., de sepulturae denegatione. Regiom 1710. 4.

Sahme, Reinhold Frid.: De sepulturae denegatione, von Versagung des Begräbnüsses. Regiomonti et Lipsiae 1712.

SAHME, REINH. FRID., Diss. jur. de deposito rerum immobilium, von Anvertrauung unbeweglicher Güter. Kilonii. 1708. 4. P. [Resp. Chr. Alb. Opitius].

Sahme, Reinhold Fried. v.: Gründliche Einleitung zur Preussischen Rechts-Gelahrtheit, worinnen das Land-Recht des Königreichs Preussen . . . vorgestellet u. erl. wird. Königsberg 1741.

v. Sahme, Reinh. Fr.: Einleit. z. Seerechte d. Königr. Preussen. *Ebend.* **747. 4.**

Sahme, Reinhold Friedrich (Königsberg/Pr.) A. S. 272/23

Tractatio juris ecclesiastici de juramento Simoniae a candidatis s. ministerii in consistoriis regni Prussiae praestando, Vom Eyde der Simonie, Welchen die Candidaten ... Rec.
Halle (Hendel) 1724. 38 S.

Diss. Königsberg. 1719. 29659

Sahme, Reinhold Friedrich (Königsberg/Pr.) A. S. 808/27

Dissertatio juridica inauguralis, de jure numeri septenarii, Vom Recht der siebenden Zahl.
Giessen (Vulpius) 1716. 55 S.

Diss. 7. IX. 1707. 29657

Sahme, Reinhold Friedrich (Königsberg/Pr.) A. S. 354/13

Dissertatio juridica, de matrimonio legitimo absque benedictione sacerdotali, Von Rechtmässiger Ehe ohne Priesterliche Einsegnung.
Halle (Hendel) 1722. 34 S.

Diss. Königsberg 26. IX. 1720.
W. v.: Karl Romberg. 29658

Sahme, Reinhold Friedrich (Königsberg/Pr.) A. S. 196/19

Dissertatio juridica, de matrimonio legitimo absque benedictione sacerdotali, Von Rechtmässiger Ehe ohne Priesterliche Einsegnung.
Halle (Hendel) 1744. 39 S.

Diss. Königsberg 26. IX. 1720.
W. v.: Karl Romberg. 29660

Sahme, Reinhold Friedrich [Praes.], s. Ohlius, Jakob Heinr.: De locatione jurisdictionis, vulgo: Von Verpachtung der Gerichtsbarkeit.

Sahme, Reinhold Friedrich [Praes.], s. Schinemann, Georg Theodor: De statutis civitatis Regiomontanae, Germ. von der Willkühr der Stadt Königsberg.

Sahme, Reinh. F., kleine deutsche Schriften. 8. Ebendas. 744.

Sahme, Reinhold Friedrich [Praes.], s. Schröder, Christoph: De juramento simoniae a candidatis s. ministerii in consistoriis regni Prussiae praestando.

SAHME, Reinold Fridr.: Dissertatio de venatione tempore foeturae ferarum prohibita. - Regensburg 1737

Sahme, Reinhold Friedrich [Praes.], s. Werner, Ludwig Reinhold von: Ad iura sceptrorum.

Sahmen, Gottlieb Franz Immanuel

— Diss. inaug. Dogmata veterum et recentiorum medicorum eorumque in praxi medica usus. 8. Dorpat 811 (83 S.)

Die Krankheiten des Gehirns und der Hirnhäute, pathologisch- diagnostisch betrachtet von G[ottlieb] F[ranz] J[mmanuel] Sahmen. Riga & Dorpat: Hartmann 1826. VI, 262 S. 8°

Sahmen, Gli. Frz. Imm., die Krankheiten des Gehirns u. d. Hirnhäute, pathologisch-diagnostisch betrachtet. gr. 8. Riga 826. (Serig in Leipz.) 1 ₰

— über die gegenwärt. Stellung d. Homöopathie zur bisher Heilkunde. 8. Dorpat 825. (Serig in Leipz.) 12 gr

Sahmen, (G. F. J.) über die gegenwärtige Stellung d. Homöopathie zur bisherigen Heilkunde. 8. Dorpat 827, (Riga, Hartmann.) Rthlr.

Sahmen, Rudolf, a. Dorpat: Über die Legierungen des Kupfers mit Kobalt, Eisen, Mangan und Magnesium. Hamburg u. Leipzig: L. Voss 1908. (33 S., 3 Taf.) 8° ¶ (Aus: Zeitschrift f. anorgan. Chemie Bd 57.)
Göttingen, Phil. Fak., Ref. Tammann, Diss. v. 5. Febr. 1908
[Geb. 7. Juni 76 Dorpat; Wohnort: Dorpat; Staatsangeh.: Rußland; Vorbildung: Krons-Gymn. Dorpat Reife M. 94, Polytechn. Riga 96; Studium: Dorpat 10, Berlin 1, Göttingen 5 S.; Rig. 30. Okt. 07.]

Sähn, Emil *Christian* [app. Arzt aus Wulfen auf Fehmarn]: Aus d. Augen-Klinik zu Kiel. Das Trachom in Schleswig-Holstein ... Kiel, Druck v. H. Fiencke, 1896; 19 S. 8.
Kiel, Med. Fak., Inaug.-Diss. v. [30. Apr.] 1896

Sahnwaldt, Woldemar: Ovariotomie während der Gravidität! Breslau 1909: Breslauer Genossensch.-Buchdr. 43 S. 8°
Breslau, Med. Diss. v. 14. April 1909, Ref. Küstner
[Geb. 22. Apr. 82 Riga; Wohnort: Breslau; Staatsangeh.: Preußen; Vorbildung: Stadtgymn. Halle a. S. Reife M. 01; Studium: Halle 10 S.; Coll. 13. März 09; Approb. 28. Febr. 08.] [U 09. 573

Sahor, Olim, Punktirbuch, s.: Volksbibliothek, deutsche.

Sahr, Anregungen zur Hebung des Obstbaues durch die Lehrer, s.: Thierling.

Sahr, Jul., s. a. Literaturdenkmäler, deutsche, des 16. Jahrh.

— **deutsche Literaturdenkmäler des 16. Jahrh., s. a. Sammlung Göschen.**

Sahr, Julius. C(onrad) Ferd(inand) Meyer, Jürg Jenatsch, Eine Bündnergeschichte. 48 S. 8. Leipzig und Berlin, Teubner, 1904. (M. —.50)
Deutsche Dichter des neunzehnten Jahrhunderts. Ästhetische Erläuterungen für Schule und Haus. Hrg. von Prof. Dr. Otto Lyon. Bändchen 11.

Sahr, Jul., s.: Sachs, Hans, u. Joh. Fischart.

Sahr, Julius. Das deutsche Volkslied. Ausgewählt und erläutert. 183 S. 8. Leipzig, G. J. Göschen, 1901. (geb. M. —. 80)
Sammlung Göschen (Nr. 25).

SAHR, Julius, Das deutsche Volkslied. 2. Aufl. Leipzig, 1905. (Citirt Q. Schell.)

Das deutsche Volkslied. Ausgewählt u. erl. von Prof. Dr. Julius **Sahr.** 3., verm. u. verb. Aufl. Bdch. 1. 2. Leipzig: G. J. Göschen 1908. 2 Bde 8° [F.]
(Sammlung Göschen. 25. 132.) [08. 8593

Sahr, Jul., das deutsche Volkslied, s. a. Sammlung Göschen.

Sahre, *Karl* Rudolf: Der Liturgiker Amalarius. Dresden, Lehmannsche Buchdr., 1893; III—LII S. 4.
Dresden, G. z. heiligen Kreuz, OP 1893 (532)

Saehrendt, Paul [cand. med. aus Greifenhagen, Prov. Pomm.]: Ein Beitrag zu den Misbildungen der Vagina und des Hymen. ... Greifswald, Druck v. J. Abel, 1890; 29 S. 8°
Greifswald, Med. Fak., Inaug.-Diss. v. 21. Okt. 1890

Sahrer von Sahr, Heinrich Graf von Bünau aus dem Hause Seuslitz. 1. (einz.) Bd. Bis zum Sturze des Cabinetsministers Graf Carl Hoym, März 1731. Dresden 1869. 8. Nicht im Handel.

Sahrland, Jac. Carl, Gedanken eines Laien über mögliche und vorausſetzliche Wirkung der k. k. priv. öſterreichiſchen Kredit-Anſtalt im Allgemeinen und in ihren beſonderen Beziehungen zu den Kronländern, Freihandels- und Seeſtädten des öſterreich. Kaiſerreiches. Lex.-8. (III und 46 S.) Wien 857, (Manz und Comp.) *

Sahrodka kwjetkojta, druha wetſcha. To je: trójzy dwazycżi ſſerbſkich ſpjewow ſa dżjeczi a tež ſa wotroſzenych. 18. (69 S.) (Hoyerswerda 854, Erbe.)
Di. 1. Sammlung ebendaſ. 1851. 6 Ngr.

Sahsendorf, der von, carmina quot supersunt recognovit emendavitque Frid. Guil. Paul. Storck. Münster 869. (Brunn.) gr. 8. (39 S.) n. 10 ngr.

Sahulka, Johann

Sahulka, J.: Die Elektrotechnik auf der Weltausstellung in Chicago. Wien 1895 (Officieller Bericht der K. K. österreichischen Central-Commission für die Weltausstellung in Chicago 1893, H. 9)

Sahulka, Joh., d. Elektrotechnik auf d. Weltausstellg. in Chicago, s. a. Bericht, offic., d. k. k. österr. Central-Commission f. d. Weltausstellung in Chicago 1893.

Erklärung der Gravitation, der Molekularkräfte, der Wärme, des Lichtes, der magnetischen und elektrischen Erscheinungen aus gemeinsamer Ursache auf rein mechanischem, atomistischem Wege. Von Dr. Johann **Sahulka**, Prof., Wien. Mit 22 Abb. Wien & Leipzig: C. Fromme 1907. (175 S.) 4° (o6. 1000)

Sahulka, J., Erklärung des Ferranti'schen Phänomens. (Aus dem elektrotechn. Institute der k. k. techn. Hochschule in Wien.) [Aus: „Sitzungsber. d. k. Akad. d. Wiss."] Lex.-8. (8 S.) Wien 893. (F. Tempsky.) n. — 20

— über die Grundwirkungen elektr. Ströme, s.: Vorträge des Vereines z. Verbreitg. naturwiss. Kenntnisse in Wien, 45. Jhrg.

— Messung der Capacität v. Condensatoren m. Wechselstrom. (Aus dem elektrotechn. Institute der k. k. techn. Hochschule in Wien.) [Aus: „Sitzungsber. d. k. Akad. d. Wiss."] Lex.-8. (9 S. m. 4 Fig.) Ebd. 893. n. — 30

— Untersuchungen üb. den elektrischen Lichtbogen. [Aus: „Sitzungsber. d. k. Akad. d. Wiss."] Lex.-8. (18 S. m. 3 Fig.) Ebd. 894. n. — 50

Sahulka, Joh., über die bisherigen Versuche, die Gravitation aus dem Stosse der Ätherteilchen zu erklären, s.: Vorträge des Vereines zur Verbreitung naturwiss. Kenntnisse in Wien. 49. Jahrg. 12. Heft.

Sahulka Dr. J.: Stereometrische Verwandlungen. 12. Währing R. 86. Progr.

Sahulka, Joh. Ueber Wechselstrom-Motoren m. magnetischem Drehfelde [Drehstrom-Motoren]. Vortrag. Lex.-8. (34 S. m. 38 Fig.) Wien 892, Deuticke. * 1 40
Aus: Zeitschr. f. Elektrotechnik, besonders abgedruckt.

Sahut, Félix: Die Anpassung der amerikanischen Reben an den Boden nach den neuesten sich bis October 1888 erstreckenden Beobachtungen. Mit Genehmigung des Verf. ins Deutsche übertr. u. bearb. von Nicolaus Freiherrn von Thümen. Wien: Gerold 1889. IV, 52 S. -- ÖNB*

— quelles sont les méthodes de greffage de la vigne, qui se sont montrées les plus efficaces dans la pratique? (Internationaler land- u. forstwirthschaftl. Congress zu Wien 1890, 114. Heft.) [Aus: „Allgemeine Wein-Zeitg."] gr. 8. (9 S.) Wien 890. (Frick.) n. — 40

Sahut, Fel., die amerikaniſchen Reben, ihr Schnitt u. ihre Veredlung. Studie üb. die Möglichkeit der Wiederherſtellg. der durch die Reblaus zerſtörten Weingärten u. die zu ihrer Erhaltung dien. Vertheidigungsmittel. Mehrfach preisgekrönte u. in verſchiedene fremde Sprachen überſ. Arbeit. Mit 71 im Texte eingefügten Fig. Mit Genehmigg. d. Verf. ins Deutſche übertr. u. bearb. von Nik. Frhrn. v. Thümen. gr. 8. (VIII, 411 S.) Hannover 891. Ph. Cohen. n. 4. 75

Saï an sinsin sive liber metempsychosis veterum Aegyptiorum. E duabus papyris funebribus Hieraticis signis exaratis nunc primum ed. Latine vertit notas adjecit Henr. Brugsch. Cum I tab. (in qu. Imp. Fol.) multisque contextui impressis signis. gr. 4. (IV u. 42 S.) Berolini 851, Gaertner. n. $4^{2}/_{3}$ ₰

SAIDI, Said (ps.), Amor im Harem. Erbauliche Geschichten, den großen Kindern erzählt von dem Weisen — —. Herausg. von Paul Heichen. Berlin W., R. Jacobsthal Verlag (sic!), o. J. (c. 1888). 8°. Im Illustr. Umschl. (in Roth- u. Schwarzdruck.) (1 Mk. 20 Pfg. Taussig, Prag, 1904.)
158 S. (incl. Tit. u. 1 Bl. Einleit. m. Vignette), 1 Bl. Inh.: 1. Gul we Bulbul. 2. Der Zuckerzeug-Speicher. 3. Wer den Schaden hat, darf für den Spott nicht sorgen. 4. Das Gespenst. 5. Elami's Traum. 6. Fascinetta. 7. Die listige Selem. (Sämmtl. zahm.)

Saidi, S., ſ. a. Amor im Harem. — Harems Freud u. Leid.

Saidiner, Isaak, a. Poltawa ⟨Rußland⟩: Die Zusammensetzung der Geheimmittel gegen das Asthma bronchiale. Berlin-Charlottenburg (1907): J. Załachowski. (27 S.) 8°
Berlin, Med. Fak., Ref. Kraus, Diss. v. 16. Febr. 1907
[Geb. 7. Juli 81 Poltawa, Rußland; Wohnort: Charkow, Rußland; Staatsangeb.: Rußland; Vorbildung: Gymn. Poltawa Reife O. 99; Studium: Kiew 2, Charkow 5, Berlin 3 S.; Rig. 7. Febr. 07.]

Saidis, Schlioma. Über Sarcombildung im Kindesalter ⟨Beobachtungen aus dem Kinderspital in Basel⟩. Diss. Med. Basel. 42 S. 8. Basel, Friedrich Reinhardt, 1907.

Saidmann, Moritz. Über die Lage des Magens unter normalen und pathologischen Verhältnissen. Aus der pathologisch-anatomischen Abteilung des Königin-Augusta Hospitals zu Berlin. Diss. Med. Basel. 42 S. 8. Basel, Friedrich Reinhardt, 1907.

SAIDWART, JOH(ANN) NEP(OMUK): Gefühle der Dankbarkeit gegen ihre Eltern, Schul- und Religions-Lehrer, und gegen ihre Schul-Obrigkeit. Vorgetragen von zehn Schülerinnen aus der 2. Classe der Nazional-Mädchenschule in der Festung Ofen, bei der im September abgehaltenen Hauptprüfung. Ofen o. J.: Königl. ungar. Universitäts-Schriften. 12 S. - gr. 8°

SAIDWART, JOHANN NEP(OMUK): Gespräch über Gottes herrliche Schöpfung und über das wahre Vergnügen. Ofen 1822. Gedr. mit kön. ung. Universitäts-Schriften. (4 f.) - 190 mm

SAIDWART, JOH(ANN) NEP(OMUK): Wie soll man die Kinder das Beten lehren, damit dieses sie freue? Gesprächsweise vorgetragen von neun Schülerinnen aus der I. und II. Klasse bei der am 17. April 1820 abgehaltenen halbjährigen Prüfung. Ofen 1820. Gedr. mit kön. ung. Universitäts-Schriften. 12 S. - 180 mm

Saier, Saleſius Maria, O. S. M., ſieben Väter-Büchlein. Leben der hl. Stifter des Servitenordens, nebſt e. Anh. v. Andachtsübgn. zur Verehrg. dieſer Heiligen. (IV, 193 S.) 16. Innsbruck 909. Vereinsbuchh. & Buchdr.
Geb. in Leinw. — 80

Saiffert, Andr., († d. .. April 1810.) Beitrr. zur übſchaftl. Arzneilehre der Suchten oder langwier. Krankheiten. 1r Beitrag u. 1r—3r Bd. Paris, Braunſchw. u. Leipz. 804. Breitkopf u. H. 1 ₰ 12 gr — Beiband des erſten Beitrags. Ebd. 804.

— Wörterbuchsbeitrag zum reinen Begriffe d. deutſchen Arzneilehre, od. nöthiges Beibändchen zum gemeinen Verſtande ſeiner nöthigen Beitr. ꝛc. gr. 8. Ebd. 804.

Saigey (de Montbéliard), Charles, Beautés littéraires, od.: Neues franz. Lesebuch zur Unterhalt. u. Belehr. f. d. Alter v. 14 bis 20 Jahren. Mit untergelegt. nöthiger Erklär. d. Wörter, Redensarten rc. Zum Gebr. in Schulen u. beim Privatunterr. 8. (23¼ B.) Meißen 830, (Goedsche.) (Leipz., Wigand).

— u. L. v. Petzinger, Choix de dialogues français et allemands, oder auserles. französ.-deutsche Gespräche. 8. Meiß. 814. (Walther in Dresd.) 1 ℛ

— Cours des Belles-Lettres cont. la Rhetorique, la Versification et les principes de la Poésie, avec de nombreux modèles, et un Tableau de la littérature française; pour servir à l'instruction de la Jeunesse. Ouvrage accomp. de l'explication allemande des mots et des phrases les plus difficiles etc. gr. 12. Meissen 831. Klinkicht u. S. 1 ℛ 6 ℊ

Saigey, Charles, s. Cursus, Französischer.

— nouvelle Grammaire allemande raisonnée, uissant à une théorie lumineuse, exacte et concise, une pratique facile et d'une grande étendue. Ouvrage où se trouvent nombre d'éclaircissements très necessaires, et qui manquent dans les grammaires qu'on a fait paraître jusqu'à ce jour. 8. Meissen 832. Goedsche. 1 ℛ 12 ℊ

Saigey, Charles, nouvelle Grammaire allemande raisonnée, unisant à une théorie lumineuse, exacte et concise, une pratique facile et d'une grande étendue. 2. édit., revue par l'auteur. 8. (28 B.) Meissen 840, Goedsche.

— neue theoret.-prakt. französ. Grammatik, ganz f. Deutsche bearbeitet. 8. Dresd. 812. (Walther). 20 ℊ

—— ausführl. französ. Grammatik, od. grammaire française raisonnée, zur Erlern. d. franz. Sprache. 3., umgearb. u. verm. Ausg. 828. 1 Thlr. 8 Gr., wohlf. Ausg. (à 33½ B.) 8. Meißen 833, (Goedsche.)

— Lecture française graduée propre à former le coeur, à cultiver l'esprit et spécialement adaptée à l'usage des écoles. 8. Dresd. 813. (Walther). 1 ℛ

— erklärende französ. Lehrstunden, oder: interessante Stücke zum Uebersetzen aus d. Deutschen ins Französ. rc. 8. Meiß. 827. (Goedsche. 1 ℛ 8 ℊ

— Précis des histoires Grecque et Romaine etc. Ouvrage destiné à l'instruction de la jeunesse, et accomp. de l'explication allemande des mots et des phrases les plus difficiles. gr. 12. Meiss. 830. Klinkicht u. S. 18 ℊ

- s. Reinhard, Frz. V.: Sermons.

—— neue Uebungsstücke zum Uebersetzen aus d. Deutschen ins Französ., f. Lernende; welche bereits Fortschritte gemacht haben u. mit d. Franz. Sprache ganz vertraut werden wollen. 8. (19 B.) Dresden 834, (Walther.)

—— neue Uebungsstücke z. Uebersetzen aus d. Deutschen ins Französ., f. Lernende, welche bereits Fortschritte gemacht haben u. mit d. französ. Sprache ganz vertraut werden wollen. Neue Ausg. 8. (19 B.) Meißen 836, Goedsche.

Saigge, Benno, Köln a. Rh.: Das Wesen der sogen. Juristischen Personen. Ein Versuch, die Gegensätze der romanistischen und germanistischen Theorien über das Wesen der juristischen Personen in einer einheitlichen Auffassung zu lösen. Borna-Leipzig 1907: R. Noske. (IX, 38 S.) 8°

Leipzig, Jur. Fak., Diss. v. 16. Sept. 1907

[Geb. 6. Okt. 80 Cöln; Wohnort: Cöln; Staatsangeh.: Preußen; Vorbildung: Gymn. in d. Kreuzgasse Cöln Reife O. 01; Studium: Bonn 2, Berlin 1, München 1, Bonn 3 S.; Rig. 5. Juni 05.]

SAJI, JOH(ANN): Rede am hohen Titular-Fest der unter dem Schutze des heiligen Erzengel Michael stehenden Liebsversammlung, vorgetragen am eben den Festtage und in der Kirche des heiligen Erzengel Michael in der Königlichen Freistadt Oedenburg. Oedenburg o. J.: Gedr. bey Johann Joseph Szieß. 32 S. - 4°

(Saikin, Iw.) Anekdoten und Charakterzüge des Feldmarschalls Peter Alexandrowitsch Graf Romanzow Sadunaiskoi, nebst einem Abrisse seines Lebens. Aus dem Russ. von Fr. Arzt. 8. Riga 1818. — 8. ib. 1821.

Sajkovic, Michael [aus Serbien]: **Beiträge zur Kenntniss der idiopathischen Herzerkrankungen in Folge von Ueberanstrengung.** . . . Berlin, Buchdr. v. Gustav Schade (Otto Francke) (1889); 30 S. + 1 Bl. 8°

Berlin, Med. Fak., Inaug.-Diss. v. 27. Aug. 1889

Saile, Fastenpredigten, an den Fastensonntagen 1901 in Gmünd geh. 8. (47 S.) Schwäb. Gmünd (901). B. Kraus. n. — 25

Saile, Festrede zu d. Secundizfeier d. hl. Vaters Leo XIII. Geh. am 27. Dezbr. 1887 zu Gmünd. 8. (15 S.) Schw.-Gmünd 888. J. Roth. n. — 15

Saile, F. X., Karte der nächsten Umgegend von Saarbrücken und St. Johann. Ausschnitt aus der sorgfältig verb. neuen Aufl. der Spezial-Wandkarte des Kreises Saarbrücken. 1:25,000. Chromolithogr. qu. Fol. Saarbrücken 880, Klingebeil. * — 60

Saile, F. X., Special-Wandkarte des Kreises Saarbrücken. Im Auftrage der Kreisstände hrsg. 1:25,000. 4 Bl. Chromolithogr. und color. Imp.-Fol. Gebweiler 879, Boltze. * 9 —

Saile, F. X., Wandkarte des Kreises Altena, zunächst für die Schule bearb. Im Auftrage des königl. Landraths-Amtes hrsg. 4 Bl. Chromolithogr. und color. qu. gr. Fol. Gebweiler 880, Boltze. * 9 —

Saile, F. X., Wandkarte des Kreises Berncastel für die Schule bearb., entworfen und gezeichnet. Im Auftrage des königl. Landrath-Amtes hrsg. 1:40,000. 4 Bl. Chromolithogr. Imp.-Fol. Gebweiler 878, Boltze. * 9 —
Auf Leinw. mit Stäben * 12 —

—— Wandkarte des Kreises Bolchen zunächst für die Schule bearb. 1:40,000. 3 Bl. Chromolithogr. Imp.-Fol. Ebendas. 878. * 12 —

—— Wandkarte des Kreises Chateau-Salins, zunächst für die Schule bearb. Mit Genehmigung des Ober-Präsidenten von Elsass-Lothringen hrsg. 1:40,000. 4 Bl. Chromolithogr. Imp.-Fol. Ebendas. 877. * 12 —

—— Wandkarte des Kreises Diedenhofen, zunächst für die Schule bearb. Mit Genehmigung des Ober-Präsidenten von Elsass-Lothringen hrsg. 1:40,000. 4 Bl. Chromolithogr. Imp.-Fol. Ebendas. 878. * 12 —

—— Wandkarte des Kreises Erstein, zunächst für die Schule bearb. 1:32,000. 4 Bl. Chromolithogr. Imp.-Fol. Ebendas. 876. * 9 —

—— Wandkarte des Kreises Forbach, zunächst für die Schule bearb. 1:40,000. 4 Bl. Chromolithogr. Imp.-Fol. Ebendas. 878. * 12 —

Saile, F. X., **Wandkarte des Kreises Hagenau, für die Schule bearb. 1:40,000. 4 Bl. Chromolithogr. Imp.-Fol. Gebweiler 876, Boltze.** *

—— Wandkarte des Kreises Hamm. Im Auftrage des königl. Landrath-Amtes hrsg. 1:40,000. 2 Bl. Chromolithogr. Imp.-Fol. Ebendas. 879. * 9 —

— Wandkarte des Kreises Iserlohn, zunächst für die Schule. 4 Bl. Lithogr. und color. gr. Fol. Ebendas. 880. * 9 —

— Wandkarte des Kreises Lippstadt, zunächst für die Schule bearb. 1 : 32,000. 4 Bl. Chromolithogr. und color. Imp.-Fol. Ebendas. 880. * 9 —

Saile, F. X., Wandkarte des Stadt- und Landkreises Metz, zunächst für die Schule bearb. Mit Genehmigung des Ober-Präsidenten von Elsass-Lothringen hrsg. 1 : 40,000. 4 Bl. Chromolithogr. und color. Imp.-Fol. Gebweiler 877, Boltze. * 12 —

— Wandkarte des Kreises Molsheim, zunächst für die Schule bearb. 1 : 40,000. 4 Bl. Chromolithogr. und color. Imp.-Fol. Ebendas. 877. * 12 —

— Wandkarte des Kreises Olpe, zunächst für die Schule bearb. Im Auftrage des königl. Landrath-Amtes hrsg. 1 : 40,000. 4 Bl. Chromolithogr. und color. gr. Fol. Ebendas. 881. * 9 —

— Wandkarte des Kreises Rappoltsweiler. 1 : 32,000. 4 Bl. Chromolithogr. Imp.-Fol. Ebendas. 876. * 10 —

— Wandkarte des Kreises Saarburg, zunächst für die Schule bearb. Mit Genehmigung des Ober-Präsidenten von Elsass-Lothringen hrsg. 1 : 40,000. 4 Bl. Chromolithogr. Imp.-Fol. Ebendas. 877. * 12 —

— Wandkarte des Kreises Saargmünd, zunächst für die Schule bearb. Mit Genehmigung des Ober-Präsidenten von Elsass-Lothringen hrsg. 4 Bl. Chromolithogr. und color. Imp.-Fol. Ebendas. 877. * 12 —

— Wandkarte des Kreises Schlettstadt, zunächst für die Schule bearb. Mit Genehmigung des Ober-Präsidenten von Elsass-Lothringen hrsg. 1 : 40,000. 4 Bl. Chromolithogr. Imp.-Fol. Ebendas. 876. * 9 —

— Wandkarte des Kreises Siegen. 1 : 40,000. 4 Bl. Chromolithogr. und color. Imp.-Fol. Ebendas. 879. * 9 —

— Wandkarte des Kreises Weissenburg, zunächst für die Schule bearb. Mit Genehmigung des Ober-Präsidenten von Elsass-Lothringen hrsg. 1 : 40,000. 4 Bl. Chromolithogr. und color. Imp.-Fol. Ebendas. 877. * 12 —

Sailer, Joh. Mich. v., Bischof von Regensburg. Eine Lebensskizze. Freising 867. Datterer. gr. 8. (31 S.) 6 *ngr.*

Sailer, Landammann und Nationalrath Karl Georg Jakob S' von Wyl (1817-[1870]). Eine Lebensskizze. ⟨SA.⟩ 8. St. Gallen 1870.

Sailer, Landammann und Nationalrath Carl Georg Jakob S' von Wyl. Nekrolog von einem seiner Freunde. 8. St. Gallen 1870.

Sailer's, Familien-Handbuch. Ein vollständig belehrendes Werk für Küche u. Haushaltung in 1200 Recepten der vorzüglichsten Speisen aller Nationen sammt Anweisung der Aufbewahrung von Gemüsen u. Früchten. Theoretisch-praktische Anweisung in der neueren u. feineren Kochkunst zur Servirung der Speisen für Dejeuner, Diner u. Souper, dann Tranchirkunst ɩc. Hrsg. von Klara Obermeier, geb. Sailer u. ihren Schwestern Maximiliana Katharina u. Ursula Sailer. München 865. (J. A. Finsterlin. — Franz'sche Buchh.) gr. 8. (XII, 271 S. mit 11 Steintaff. in gr. 8., 4. u. qu. Fol.) n. 1 ₰ 15 *ngr.*

Sailer'sches Familien-Kochbuch. Ein vollständig belehr. Werk f. Küche u. Haushaltg. in 1200 Recepten der vorzüglichsten Speisen aller Nationen sammt Anweisg. der Aufbewahrg. v. Gemüsen u. Früchten. Theoretisch-prakt. Anweisg. in der neueren u. feineren Kochkunst zur Servirg. der Speisen f. Dejeuner, Diner u. Souper, dann Tranchirkunst, Pflege u. Mast der Hühner; Winterküchengarten, Speisezettel zu allen Wochen u. Monaten im Jahre. Hrsg. v. Frau Klara Obermair, geb. Sailer u. ihren Schwestern. 4. verm. Aufl. gr. 8. (XII, 302 S. m. 10 Steintaf. in 4 u. qu. Fol.) München 874. Unflad. geb. n. 4. —

Sailer, A. G., Jesus mein einziges beseligendes Bedürfniß, oder Geschichte d. Welterlösers. 2 Thle. Mit Kpf. 8. Grätz 812, 13. Ferstl. 1 ₰

Sailer, Ant., s. Hirtenbrief des Erzbischofs v. Paris.

Sailer, Anton Franz Xaver Sebastian, s. Sailer, Sebastian.

Sailer, C., der Komet. Populäre Darstellung über phys. Beschaffenheit und Bewegung der Kometen, sowie der Sonne, der Planeten, des Mondes und der Meteorite. 12. (48 S.) [Neu-Ulm 883, Stahl's Verlag.] Regensburg, Verlagsbureau. * 1 —

Sailer, C., der Komet. Populäre Darstellg. üb. phys. Beschaffenheit u. Bewegg. der Kometen, sowie der Sonne, der Planeten, d. Mondes u. der Meteorite. 2. Aufl. 8. (48 S.) Regensburg 886. Verlags-Bureau. n. — 50

Sailer, C. G. J., s. Sailer, Karl Georg Jakob.

Sailer, Ehrhard, Beitrag zur Kasuistik der Laryngotomie nebst Bemerkungen über die Indicationen zu dieser Operation. Eine Inaugural-Dissertation. 8. (42 S.) Ulm 845, Sailer.

Sailer, Engelb., d. Aufgaben aus d. Algebra u. Analysis, welche bei d. Prüfg. f. d. Lehramt d. Mathematik u. Physik an d. k. bayer. humanist. u. techn. Unterrichts-Anstalten in d. J. 1873 bis 1893 gestellt wurden. Bearb. v. S. gr. 8. (68 S.) München 899. Th. Ackermann. n. 1. 60

Sailer, Engelb., die Aufgaben aus der Differential- u. Integralrechnung aus der analytischen Geometrie, welche bei der Prüfung f. das Lehramt der Mathematik u. Physik an den k. bayerischen humanistischen u. technischen Unterrichts-Anstalten in den J. 1873 bis 1893 gestellt wurden. gr. 8. (187 S.) München 901. Th. Ackermann. n. 4. 80

— dasselbe aus d. Elementar-Mathematik. gr. 8. (III, 167 S. m. 143 Fig.) Ebd. 898. n. 3. 80

— die Aufgaben aus der darstellenden Geometrie, welche bei der Prüfg. f. das Lehramt der Mathematik u. Physik an den k. bayer. humanist. u. technischen Unterrichts-Anstalten in den J. 1873 bis 1893 gestellt wurden. gr. 8. (75 S. m. Fig.) Ebd. 899. n. 2. —

Sailer, Engelbert „Ein Beitrag zur Methodenlehre in der darstellenden Geometrie". pg. 3—21. 8°. Mit 6 Tafeln. Wailandt'sche Dr. A.-G. Aschaffenburg, Progr. 1895/96

Sailer, Engelbert „Einige Construktionen des regulären Siebenecks". pg. 3 bis 14. 8°. Mit Textfiguren. Wailandt'sche Dr. A.-Gesellschaft. Aschaffenburg, Progr. 1880/81

Sailer, F., Bismarck-Anthologie. Aus Reden, Briefen u. Staatsschriften des Fürsten Reichskanzlers zusammengestellt. 12. (VIII, 187 S.) Berlin 882. Wilhelmi. n. 3. —; geb. n. 4. 20

Sailer, F., Bismarck-Anthologie. Aus Reden, Briefen u. Staatsschriften d. Fürsten Reichskanzlers zusammengestellt. 2. Aufl. 8. (VI, 199 S.) Berlin 884. Wilhelmi. n. 2. —; geb. n. 3. —

Sailer, F., Bismarck-Anthologie. Aus Reden, Briefen u. Staatsschriften des Fürsten Reichskanzlers. 3., m. dem Stahlst.-Portr. des Altreichskanzlers vers. [Titel-]Aufl. 12. (VI, 199 S.) Leipzig [884]. (898.) A. Strauch. n. 2. —

— die Juden u. das Deutsche Reich. Offener Brief an eine deutsche Frau. gr. 8. (43 S.) Berlin 879. Stahn. n. 1. —

Sailer, F., die Magdalenensache in der Geschichte. Ein Beitrag zur Sittengeschichte. gr. 8. (VI, 127 S.) Hamburg 880. Hoffmann & Campe's Verl. n. 2. 50

— der preußische Staatsrath u. seine Reactivirung. Unter Benutzg. archival. Quellen. Mit 18 Anlagen. 2. Aufl. gr. 8. (III, 142 S.) Berlin 884. Deubner. n. 2. 50

Sailer, Franz Seraph.

— 7 Fastenpredigten über d. Wichtigkeit d. Messe. 8. Linz 830. Haslinger. 6 gr.

Sailer, Frz. Seraph., die Flora Oberöstreichs. 2 Bde. gr. 8. Linz 841. (Quirin Haslinger.) 4 Thlr.

Sailer, Frz. S., Himmels-Balsam für verwundete Christenherzen, oder: vertrauliche Bitten, Klagen u. Seufzer zur schmerzhaften Mutter Gottes in verschied. Bedrängnissen des Lebens; sammt gutem Rathe u. Troste von ihr. 8. Linz 831. Haslinger. 7 gr.

— über die Nachfolge Jesu. Sieben Fastenpredigten. 8. Linz 844, Eurich u. Sohn. 5/12 Thlr.

— die heil. Sakramente der christl. Religion, leichtfaßl. u. mit Rücksicht auf die gangbarsten Einwendungen ihrer Gegner dargestellt. 8. Linz 831. Haslinger. 16 gr.

Sailer, Franz Xaver

Sailer, Frz. X., goldenes A. B. C. oder Lebenssprüchlein für Kinder u Erwachsene. 8. (12 S.) Innsbruck 849. (Pfaundler.) n. 2 ngr

— das beste Geschenk f. junge Handwerker. Ein Gebet- u. Handbuch f. Jünglinge, die in die Fremde wandern. gr. 12. (378 S. m. 1 Lith.) Innsbruck 851. (Wagner.) 8 ngr

Sailer, Frz. X., Geschichte des Mariahilf-Bildes u. der Entstehung der Kirche des Dorfes Pradl. Urkundlich zusammengetragen u. herausgeg. 12. (20 S. m. 1 Lith.) Innsbruck 850. (Pfaundler.) n. 4 ngr

—— Leben und Wirken des Anton Huber, s. Leben.

— Maria Hilfe der Christen. Ein Büchlein f. Wallfahrter zum Andenken an d. Marianischen Gnadenort bei dem heil. Wasser. 8. (38 S. m. 1 Lith.) Ebd. 850. n. 3 ngr

— Schatzkästlein oder 100 goldene Lehren f. christl. Jungfrauen. 2. verm. Aufl. 16. (192 S. m. 1 Holzschn.) Innsbruck 850. (Wagner.) 4 ngr

Sailer, Georg

— Eine Standesbelehrung f. Brautleute zum Gebrauche der Seelsorger beim Brautexamen. (72 S.) 8. Donauwörth 907. L. Auer. Geb. in Leinw. — 60

Sailer, Geo., welcher Lebensanschauung ist zu huldigen? Oder: Was ist der Mensch? Was soll er werden? Eine apologet. Studie. (VIII, 286 S.) 8. Regensburg 909. Verlagsanstalt vorm. G. J. Manz. 2. 40

Aus dem Briefwechsel Gereon Sailers mit den Augsburger Bürgermeistern Georg Herwart und Limpricht Hofer (April bis Juni 1544) von F[riedrich] Roth, Prof., Augsburg. *Berlin: C. A. Schwetschke & Sohn 1904.* (S. 101–171.) 8°
— Archiv f. Reformationsgeschichte. Jg. 1, H. 2, [1.] [04. 8848 4

Sailer, Gereon, s. Aus dem Briefwechsel Gereon Sailers.

Sailer, H. Fr., Beiträge zur Geschichte des Zunftwesens in Niederösterreich. 4°. Wien 1876.

SAILER, Johann Baptist (Deutenhausen): De phthisi pulmonum quaedam.- Landishuti: Storno 1816.
30 S., 4 Bl.
9.9.1816 - Pe 552; F 57
Diss. Ingolst.-Landsh.-Mchn.

Sailer, Johann Michael s. Stromberger, Theodor. Eine Schweizerreise Johann Michael Sailers.... (Bremen und Leipzig 1900.)

Sailer, Johann Michael

(Die Originalität der in Grätz erschienenen Sailerschen Schriften ist sehr in Zweifel zu ziehen; nach brieflichen Mittheilungen sollen es Nachdrucke seyn.)

— von dem Advent oder dem Wiederkommen unsers Herrn. Zwei Predigten. Herausg. u. mit einer Vorrede und einigen kurzen Bemerkungen versehen von einem Freunde des Verewigten. (In deutscher u. böhmischer Sprache.) Rumburg 857. (Prag, Rziwnatz.) 12. (96 S.) n. 4 ngr.

Sailer, Jh. Mch., († d. 20. Mai 1832.) siebenmal sieben Anbetungen des Anbetungswürdigsten. 14 Bdchen. 12. Landsh. 819. Storno; (a. Jaquet in Münch.) 6 gr.; (a. Ferstl in Grätz). 5 gr.

Sailer, J. M., Andachtsübungen. 8. Bregenz, Brentano.

— Andachtsübungen f. d. heil. Adventzeit, zur Feier d. Geburt uns. Herrn Jesu Christi. 3e verb. Aufl. gr. 8. Grätz 820. Ferstl. 6 gr.

Sailer, J. M., Anleitung f. angehende Beichtväter u. Krankenfreunde, aus sein. Pastoraltheologie. gr. 8. Münch. Lentner. 812.

— Anleit. f. angeh. Beichtväter u. Krankenfreunde, aus sr. Pastoraltheologie. gr. 8. Münch. 2e A. 822. Lentner. 10 gr.

(Sailer.) Johann Michael Sailer. Systematische Anthologie aus seinen Schriften und Lebensbild. Von J. A. Mor. Brühl. Mit dem Bildniß in Stahlst. Aachen 855. Hensen u. Co. 8. (4 Bl., LXXI, 292 S.) 22½ ngr.

— das Auge Gottes. 12. Bregenz 811. N. A. Luzern 815 u. 822. Anich. (Leipz., Schmidt). 2 gr.

— das Auge Gottes. N. Aufl. 12. Luzern, Anich. (Leipzig, Schmidt in Comm.) 821.

— neue Beitr. zur Bildung d. Geistlichen. 1r Bd. 8. Münch. 809. Lentner. 21 gr 2e Aufl. 2 Bde. gr. 8. Ebd. 819. 2 ℔

neue Beyträge z. Bildung des Geistlichen. 2r Bd. gr. 8. München. Lentner. 811.

— neue Beyträge zur Bildung des Geistlichen. 2 Bde. 2te Aufl. gr. 8. München, Lentner. 820.

— dasselbe Buch in 8. mit engerm Druck in 1 Bde. Ebd. 820. 1 ℔ 2 gr

Sailer, Joh., Mich., Neue Beiträge zur Bildung des Geistlichen. (Bd. 19 der von J. Widmer gesammelten Schriften.) Sulzbach, v. Seidel, 1839, gr. 8°. 26 Bogen, neue revidierte Aufl., 3,50, ermäßigter Preis 1,50 Mk.
1. Aufl. München, 1809; 2. Aufl. 1819.

—— Fortsetzung der Beiträge zur Bildung der Geistlichen, oder zur Pastoraltheologie. (Bd. 20 der ges. Schriften.) Ebendaselbst, 1839, 8°, 26 Bogen, 3,50, ermäß. Preis 1,50 Mk.

— Aurelius Augustinus Bekehrungsgeschichte; e. Lehrstück auch noch f. unsere Zeiten. Eine Predigt. 8. Dilling. 790.

Sailer, Johann Michael, s. Bernhard, D. heil., Schriften.

— das Beste auf Erden; der lebendige Gedanke an ein zweites, besseres u. ewiges Leben; e. Predigt nach Lukas 10, 42. gr. 8. Münch. 789. Lentner. 2 gr

Sailer, Jh. Mch., Betrachtt. im Advente. 8. Münch. 798.

— kurze Betrachtt. über d. Lobgesang der heil. Mariä. 8. Münster 790.

— Betrachtt. über das Leiden u. Sterben unseres Herrn Jesu Christi, zur Erbauung. 8. Münst. 789. Aschendorff. 4 gr 8. Sulzb. 790. Dinkelsbühl 792. Schmelzer. 5 gr — Dies. 8. Augsb. 790. Rieger. 3 gr

— kleine Bibel f. Kranke u. Sterbende u. ihre Freunde. 12. Münch. 811. 2e Aufl. 812. Lentner. 16 gr 3e verb. u. verm. Aufl. gr. 8. Grätz 819. Ferstl. 8 gr

— kleine Bibel für Kranke und Sterbende. Neue Aufl. 12. Ebend. 812. 5/12 ℔

Sailer, Joh. Mich., kleine Bibel f. Kranke u. Sterbende u. ihre Freunde. Neu revidirte Aufl. [in Taschenformat.] 12. (XII u. 276 S.) Sulzbach 848, v. Seidel (jetzt: Regensburg, Pustet). 8¾ ngr

Sailer, Joh. Mich., kleine Bibel f. Kranke u. Sterbende u. ihre Freunde. Neue, rev. Aufl. 16. (XIX, 253 S.) Augsburg 899. Literar. Institut v. Dr. M. Huttler.
n. — 70; geb. in Leinw. n. 1. 20;
in Ldr. m. Goldschn. n.n. 2. 50

— Kleine Bibel f. Kranke. (125 u. III S.) kl. 8. München (Theatinerstr. 35) 908. A. & B. Schuler. 1. —

Sailer, J. M., Johann Peter Roider's Bildung, Charakter u. Leben. Mit Portr. (*J. C. Schleich* sc.). München, Jak. Giel, 1821. 8°. Name auf d. Tit. Ppb. (aus Roming's Bibl.)
Portr., 2 Bl., 115 S. — Selten!

Sailer, Jh. Mch., Jh. Pt. Roiders Bildung, Charakter u. Leben. Mit 1 Kpf. gr. 8. Münch. 821. Giel. (Barth in Lpz.) 12 gr

— Patrit. Bened. Zimmers kurzgefaßte Biographie u. ausführl. Darstell. seiner Wissenschaft; mit d. Bildn. des Verblichenen. gr. 8. Landsh. 821. Krüll. 16 gr

— Blicke des heil. Paulus in d. Tiefen d. Weisheit. 5 Zehende. 8. Münch. 813 u. 15. Lentner. 1 ℔ 2e verb. u. verm. Aufl. gr. 8. Grätz 820. Ferstl. 12 gr; (a. Gräffer u. S. in Wien). 6 gr

Sailer, Joh. Michael, Blicke des hl. Paulus in die Tiefen der Weisheit. Versuch, den Sinn des Apostels in christlichen Reden zu enthüllen. Sulzbach, von Seidel, 1840, gr. 8°, 24 Bg., neue rechtmäß. Aufl., 3 (ermäß. 1,50) Mk.
1. Aufl. München, Lentner, 1812—1814, gr. 8°. Recens. Felder, Litt.-Ztg. 1812, Bd. 2, S. 380 u. 1813, Bd. 2, S. 300.

(*Sailer*, Joh. Mich., geb. 1751, † 1832 als Bischof v. Regensburg), der Brand in Neuötting. Ein paar fliegende Blätter zur Weckung des Mitleids etc. *Erstes* (u. wohl einz.) Blatt. Mit 1 Musikbeil. München, bey Jos. Lentner, 1797. 8°. Ppb., etw. stockfl.
110 S., 1 S. Inh., nebst 1 unpag. Bl. „der Brand in Neuötting. Ein Lied nicht bloss zum Singen", (2) vierstimm. Str. mit Chor, hierzu das Notenblatt. Selten!

Sailer, Joh. Mich., Briefe, s. Gedenkblätter an Joh. Karl Passavant.

— Briefe auf alle Jahrh. der christl. Zeitrechnung. 6 Thle. gr. 8. Münch. 800—804. Lentner. 3 ℔ 20 gr

Sailer, Joh. Mich. v., Briefe aus verschied. Jahrhunderten, zur Belehrg. u. Erbaug. gesammelt. In 3. Aufl. hrsg. v. Johs. Ziegler. (VIII, 375 S. m. Bildnis.) 8. Bremen (902). Buchh. u. Verlag des Traktathauses.
Geb. in Leinw. n. 2. 75

— Theophils Briefe an Christenlehrer, neu bearb. von e. aus ihrer Mitte. 8. Münch. 805. Lentner. 9 gr

— Brosamen. 12. Bregenz 810. Brentano.

— Brüderschaft von d. guten Tode zur Ehre Jesu Christi d. Gekreuzigten. 2e Aufl. 8. Landsh. 810. Thomann. 2 gr

Sailer, Joh. Mich., Von dem Bunde der Religion mit der Kunst. Eine akademische Rede, gehalten vor den Lehrern u. Studierenden der Universität Landshut im J. 1808. Nr. 5 aus: „Neue Beiträge zur Bildung der Geistlichen". München, Lentner, 1809, 8°, XXX, 208 S.
Felders Kath. Littztg 1810, Bd. 1, S. 3—16.

— s. Charwoche, D. heilige.

— zwei neue Christenlieder. 8. Münch. 798. Lentner. 2 gr

— demonstrationis evangelicae compendium. 8. Münch. 779 u. 781.

— u. Zimmer, Darstll. der Ursachen d. Mangels an kathol. Geistlichen, s. Darstellung.

— s. Dietl, G. A.: Homilien.

— ecclesiae cathol. de cultu Sanctor. doctr. 4. Münch. 797. Lentner. 4 gr

— Einleit. zur gemeinnütz. Moralphilosophie, zunächst für meine Schüler u. dann für jeden Tugendfreund. gr. 8. Münch. 787. Lentner. 5 gr

— Entwurf e. Handbüchleins f. Beichtende, in 7 Betrachtt. 12. Münch. 812. (Lentner). 2 gr

— freundschaftl. Erinnerungen an einen jungen Menschen, der in die große Welt geht. München. (Landsh., Thomann).

— Erinnerungen an u. für Geistes- u. Gemüthsverwandte. gr. 12. Sulzb. 830. v. Seidel. 18 gℊ

— kurzgefaßte Erinnerungen an junge Prediger; mit e. Erläuterungen. 8. Münch. 792. Lindauer. 6 gℊ 2e Aufl. gr. 8. Ebd. 812. 12 gℊ

— kurzgefaßte Erinnerungen an junge Prediger, mit einig. Erläuterungen. gr. 8. Münch. Lentner. 814.

— Erinnerungen an Karl Schlund, Pfarrer zu Markt-Offingen. Mit d. Bilde des Verblichenen. gr. 8. Münch. 819. Lentner. 16 gℊ

— Erinnerungen an Karl Schlund, Pfarrer zu Markt-Offingen. Mit dem Bilde des Verblichenen. gr. 8. München, Lentner. 820.

— Erklärung des Vater Unsers. Als Haus-Andacht an Sonn- u. Festtagen zu benutzen. 8. Rotweil 827. Herder. 2 gℊ

Sailer's, Joh. Mich., pädagogisches Erstlingswerk, e. Vorläufer seiner Erziehungslehre, s.: Bibliothek der katholischen Pädagogik.

Sailer, J. M., üb. Erziehung f. Erzieher, s.: Schriften, ausgewählte, berühmter Pädagogen.

Sailer, J[ohann] M[ichael]: Über Erziehung für Erzieher. — München: Lentner 1807. 495 S. 8°

— — 2., verb. Aufl. 1809. 595 S. 8°

— über die Erziehung, für Erzieher. 2 Thle. 8. Münch. 807. 2e A. 809. Lentner. 1 ₰ 12 gℊ 3e A. ... 4e A. 822. 8. Ebd. 5e Aufl. 824. Ebd. 1 ₰ 8 gℊ

Sailer, Johann Michael: Über Erziehung für Erzieher oder Pädagogik. Unter Anl. d. Verf. hrsg. v. Joseph Widmer. Neue, durchaus rev. u. verm. Aufl. Bd 1. 2. — — Sulzbach: Seidel 1831. 8°

Sailer, Johann Michael: Über Erziehung für Erzieher. Mit Anh. Neu hrsg. u. mit e. Einl. u. Anm. versehen von Dr. theol. Johannes Baier. Freiburg i. Br.: Herder 1899. (IX, 309 S.) 8°
= Bibliothek d. kathol. Pädagogik. 13.

Sailer, Joh. Mich., üb. Erziehg. f. Erzieher, s.a. Bibliothek der katholischen Pädagogik. XIII.

Johann Michael **Sailers** Über Erziehung für Erzieher. Bearb. u. z. schulmäß. Gebr. eingerichtet von Dr. J[ohannes] Gansen, Schulrat. 3., durchges. Aufl. *Paderborn: F. Schöningh 1902.* (266 S.) 8° [F.]
= **Sammlung** d. bedeutendsten pädag. Schriften. Bd 22. [03. 6277

Johann Michael **Sailers** Über Erziehung für Erzieher. Bearb. u. z. schulmäßigen Gebr. eingerichtet von Dr. J[ohannes] Gansen, weil. Reg.- u. Schulrat. 4. Aufl. Mit e. Bildn. Sailers. Paderborn: F. Schöningh 1905. (266 S.) 8° [F.]
= **Sammlung** d. bedeutendsten pädag. Schriften. Bd 22. [07. 14467

Johann Michael **Sailers** Über Erziehung für Erzieher. Für d. schulmäßigen Gebr. ausgewählt u. mit e. Einl. u. mit Anm. versehen von J. Krall, Seminarl. in Kempen. Breslau: F. Hirt 1906. (80 S.) 8° [F.]
= **Schriften** hervorragender Pädagogen. H. 10. [07. 3857

Johann Michael **Sailers** Über Erziehung für Erzieher. Bearb. u. z. schulmäßigen Gebrauch eingerichtet von Dr. J[ohannes] Gansen. 5. Aufl. Bearb. von Dr. A. Drobig. Mit e. Bildn. Sailers. Paderborn: Schöningh 1909. 208 S. 8°
(Sammlung d. bedeutendsten pädag. Schriften. Bd 22.) [10. 2795

— üb. Erziehung f. Erzieher, s.a. Sammlung der bedeutendsten pädagogischen Schriften aus alter u. neuer Zeit. 21. Bd.

— Evangelisches, s. Evangelisches.

— die gesegnete Familie aus d. alten Welt, in 6 Predigten über das B. Tobias. 8. Münch. 781.

— Fastenandacht. Geschichte u. Betracht. des Leidens u. Sterbens uns. Herrn Jesu Christi, nebst Gebeten. 8. Münch. 798. 2e A. gr. 8. Grätz 820. Ferstl. 4 gℊ

— christl. Fastenreden über alttestament. Begebenheiten. gr. 8. Grätz, Ferstl. 819. Ustblr. -

— christl. Fastenreden über alttestamentl. Begebenheiten. gr. 8. Grätz 820. Ferstl. 6 gℊ

— zur Feier des ersten Erndtetags im J. 1817. 8. Landsh. 817. Thomann. 2 gℊ

— Fragen für Kinder, oder Begebenheiten aus d. evangel. Geschichte zur Weckung des Nachdenkens über dieselben, von e. aufrichtigen Kinderfreunde (eigentl. v. Feneberg). 8. Oettingen. N. A. 8. Dinkelsbühl 793. Schmeißer. 16 gℊ N. A. 8. Leipz. 813. Joachim. 16 gℊ

Sailer, J. M. Fragen für Kinder, oder Begebenheiten aus der evangelischen Geschichte ... Neue Aufl. Dinkelsbühl 1793. V: *Feneberg, Joh. Mich.* (nicht *Sailer*). (Ky)

— Fragen f. Kinder üb. Begebenheiten aus d. evangel. Geschichte. Neue Aufl. 8. Leipz. Joachim. 815.

Sailer, Joh. Mich., Fragment von d. Reformationsgeschichte d. christlichen Theologie. Ulm, Wohler, 1779. 8°.

— Fragmente zur Reformationsgeschichte d. christl. Theologie. 8. Ulm 779. Wohler. 3 gℊ

— an Heggelins Freunde; e. Denkmal des Verblichenen. Mit Heggelins Bildn. 8. Münch. 803. Lentner. 1 ₰ 2 gℊ (Kranzfelder in Augsb.) 12 gℊ

— der Frieden. Eine Cantate. gr. 8. Münch. 797. Lentner. 2 gℊ

— Funken. 16. Landsh. 813. Krüll. 2 gℊ

— Gastpredigten in der Schweiz, gehalten im J. 1812 u. 13. 8. Luzern 813. Anich. 20 gℊ Hbg. Pr. 10 gℊ (K. Haas in Wien). 16 gℊ (Lentner in Münch.) 12 gℊ

— Gastpredigten in d. Schweiz, gehalten im J. 1812. 8. Luzern, Anich. 814.

— und Sebast., das Gebet unsers Herrn und der engl. Gruß. 6te Aufl. 8. Grätz, Ferstl. 819.

— Gebet des Herrn u. der engl. Gruß Mariä f. Kinder, in ihrer Sprache, aus ihren Gefühlen u. Begriffen. Mit 2 Kpf. Umgearb. u. verm. 8. Grätz 820. Ferstl. 4 gl

SAILER, JOHANN MICHAEL: Das Gebeth unsers Herrn, der Englische Gruß und die Sieben heiligen Sakramente. Bearbeitet für Kinder in ihrer Sprache, aus ihren Gefühlen und Begriffen: das auch Erwachsene zu ihrer Erbauung lesen können. Ein Prüfungsgeschenk bei Gelegenheit der Kanonischen Visitation im Graner Erzbisthume. Ofen 1822. Gedr. in der Kgl. Ung. Universitäts-Buchdruckerey. 110 S. - 115 mm

— das Gebet unsers Herrn für Kinder. 12. Augsb. 787. Bingen 788. 5e A. Münch. 791. Lentner. 3 gl; (a. Fleischmann). 3 gl — Dass. 12. Basel 801. Thurneisen. 2 gl

— — dasselbe. 8. Münster, Aschendorff. (auch Stahel in Würzb.) 788.

— Gebet uns. Herrn für Kinder, in ihrer Sprache u. aus ihren Begriffen. 12. Bern 810. Anich. 2 gl

— — dasselbe für Kinder in ihrer Sprache und nach ihren Begriffen. 2te Aufl. gr. 8. Dilingen, Roßnagel. (Leipzig, Herbig.)

— das Gebet unsers Herrn für Kinder, in ihrer Sprache u. aus ihrem Begriffe. 12. Münster. 9e A. 821. Aschendorff. 3 gl

—— das Gebet unsers Herrn f. Kinder. In ihrer Sprache u. aus ihren Gefühlen u. Begriffen. Neue revid. Aufl. 12. (4½ B. u. Titlbld.) Sulzbach 842, v. Seidel'sche Buchh.

— Gebetbuch für katholische Christen. 8. München, Lentner. 703.

— — dasselbe. 8. Münster, Aschendorff. 787.

— — dasselbe. 8. Bamberg, Göbhard. 800. Schreibp.

— — dasselbe. 12. Ebend.

— — dass. 8. Bregenz, Brentano.

— — dass. im Auszuge. 8. Ebend.

— — über dasselbe. gr. 8. Berlin, Nicolai. 788.

—— Gebetbuch f. kathol. Christen. Aus dess. vollständ. Gebetbuche zusammengezog. 16. (24 B. u. Titkpfr.) Sulzbach 835, v. Seidel.

—— Gebetbuch f. kathol. Christen. Aus dess. vollständigem Gebetbuche zusammengezogen. Neue Aufl. 12. (16 B. u. Titlbld.) Sulzbach 842, v. Seidel'sche Buchh.

— vollständ. Gebetbuch für kathol. Christen. 8. Münch. ... 2e A. 786. 10e Aufl. Mit 1 Kpf. 817. 11e A. 818. Lentner. 12 gl 12e Aufl. Mit 1 Vign. u. Titelkpf. gr. 12. Sulzb. 831. v. Seidel. 12 gl Velinp. 1 ß Postp. 1 ß 8 gl

— vollständ. Gebetbuch f. kathol. Christen. 8. Augsb. Rieger. 809.

— vollständiges Gebetbuch f. kathol. Christen. 8te Ausg. 8. Münch. Lentner. 813.

—— vollständ. Gebetbuch f. kathol. Christen. 12., verb. u. verm. Aufl. gr. 12. (19½ B. u. Titkpfr.) Sulzbach 831, v. Seidel. 12 Gr., Velinp. 1 Thlr., f. Velinp.

— vollständiges Gebetbuch für katholische Christen. 18e verb. Aufl. gr. 12. Sulzbach 839. v. Seidel. ½ ß — Velindruckp. 1 ß — Velinpostp. 1⅓ ß

— vollständ. Gebet- u. Erbauungsbuch für kathol. Christen. Neueste, nach seinen Schriften gänzlich umgearb. und verm. Aufl. Mit 3 Stahlst. 8. Würzburg 844, Etlinger'sche Verlagsb. ⅚ ß — Neueste Aufl. mit 3 Stahlst. 8. Ebend. 846. n. ⅔ ß

— vollständiges Gebet- u. Erbauungsbuch für kathol. Christen. Neueste, nach seinen Schriften durchaus umgearb. u. verm. Aufl. 16. (384 S. m. 3 Stahlst. u. Titel in Stahlst.) Würzburg 847, Etlinger. 5/12 ß — 6. nach seinen Schriften durchaus umgearb. u. verm. Ausg. 8. (VI u. 346 S. m. 1 Stahlst.) Ebd. 848. ⅜ ß — 8. nach seinen Schriften durchaus umgearb. u. verm. Aufl. 8. (VI u. 378 S. m. 1 Stahlst.) Ebd. 850. ½ ß Velinpap. m. 3 Stahlst. u. gest. Titel. ⅔ ß

Sailer, Joh. Mich., vollständiges Gebet- und Erbauungsbuch für katholische Christen. 10. nach seinen Schriften durchaus umgearb. u. verm. Aufl. Würzburg (854.) Etlinger. (Berlin, Genrich.) 16. (VI, 410 S., 1 Stahlst. u. Titel in Stahlst.) 9 ngr; Velinp. mit 3 Stahlst. 15 ngr

—— Gebete, s. Gebete Kath. Christen

Sailer, Jh. Mch., feierl. Gedächtnißtage Marias, mit lehrreichen Blicken in ihre heil. Lebensgesch. 12. Münch., Jaquet. 6 gl — Dass. mit 1 Kpf. Landsh. 821. (Ferstl in Grätz). 4 gl

Sailer, J. M. Gedanken von der Abänderung des Breviers ... O. O. 1792. H: *Christmann, Franz Xaver.* (Fr)

— Gedanken von der Abänderung des Breviers, mit Anmerk. begl. v. Frz. Xav. Christmann. 8. Ulm 792. Wohler. 4 gl

— Geist der christl. Andacht, ein kurzer Auszug seines vollständ. Gebetbuchs, v. M. L. K. 12. Landsh. 816. 2r Abdr. 818. Storno; (a. Ebner in Ulm). 6 gl

— Geist u. Gemüth. I.—VI. Folge. 16. Augsburg, Literar. Institut v. Dr. M. Huttler. n.n. — 45
I. (16 S.) 897. n.n. — 05. — II. (24 S.) (897.) n.n. — 05
III. (59 S. m. 1 Abbildg.) 898. n.n. — 15
IV. Engelsdienst. Eine Homilie z. Engelsfeste. (11 S.) 899. n.n. — 05
V. Die christliche Moral in kurzen Sätzen zusammengefaßt. (24 S.) (900.) n.n. — 05
VI. Vielgefährte deutscher Jünglinge, besonders wenn sie auf Universitäten gehen. — Gut, u. im Guten groß. Eine Rede. (31 S. m. Bildnis.) 899. n.n. — 10

— Geist der akadem. Gesetze; e. Rede. 4. Münch. 805. Lentner. 3 gl

— Geist u. Kraft d. kathol. Liturgie, wie sie sich in d. Kirchengebeten v. selbst offenbart. 2e Ausg. 12. Münch. 818. Lentner. 9 gl

— Geist und Kraft der kathol. Liturgie, wie sie in den Kirchengebeten von selbst offenbart. 2te Ausg. 12. München, Lentner. 821.

— Geistes-Uebungen zur Gründung und Förderung ein heil. Sinnes 2c. gr. 8. Mannheim. (Fleischmann in München) 799.

— der junge Geistliche d. 19. Jahrhunderts; e. Primizrede. 8. Münch. 802. 2e A. 806. Lentner. 3 gGr. 3e Aufl. unt. d. T.: der Geistliche des neuen Bundes, aus d. Gesichtspunkte des neuen Bundes. 8. Ebd. 811. Lentner. 4 gGr.

— der Geistliche des neuen Bundes, aus dem Gesichtspunkte des neuen Bundes. 2te Ausgabe. 8. Ebendas. 812.

– s. Gesch. d. menschl. Herzens.

— neueste Geschichte des menschl. Herzens in Unterdrückung der Wahrheit. 18. Münch. 780. Lentner. 3 gGr.

— Gleichnisse. 12. Münch. 798. Lentner. 1 gGr.

J. Mch. **Sailer's Glückseligkeitslehre** aus Gründen der Vernunft, m. steter Hins. auf d. Lehren d. Christenthums, od. christl. Moralphilos., unt. Anleit. d. Vfrs. h. v. Jos. **Widmer**. 2 Bde. (1e A. *Münch.*, Lentner. 787-91. 2e A. 797.) 3e neubearb. u. vm. A. *Sulzb.*, v. Seidel. B. 830. gr8o 2 Thlr. ist *Eb.* sämmtl. Werke unt. Anl. d. Vfrs. h. v. Jos. **Widmer**. Philos. Abth. 4-5r Th.

— Glückseligkeitslehre aus Vernunftgründen, mit Rücksicht auf das Christenthum. Mit Einleit. 2 Thle. gr. 8. Münch. 787. 791. Lentner. 2 Thlr.

— Glückseligkeitslehre aus Vernunftgr., m. Rücks. a. d. Christth. 2 Thle. u. Einleit. gr. 8. München, Lentner. 793.

— Goldkörner d. Weisheit u. Tugend. 2 Abtheill. gr. 8. Grätz 3e A. 819. Ferstl. 8 gGr. (Wahrscheinl. Compilation aus allgem. Schriften?)

— Grundlehren der Religion od. Religionsvorlesungen. gr. 8. Münch. 805. Lentner. 1 Thlr. 16 gGr. 2e A. 814. Ebd. 1 Thlr. 20 gGr.

Sailer, Joh. Michael. Grundlehren der Religion. Ein Leitfaden zu Vorlesungen aus der Religionslehre für akademische Jünglinge aus allen Fakultäten. Sulzbach, v. Seidel, 1832, gr. 8°, 31 Bogen, 3. durchaus revidierte u. verm. Aufl., 4 Mk. (ermäßigt. Preis 2 Mk.).

— Handbuch d. christl. Moral, zunächst für kathol. Seelsorger u. für jeden gebild. Christen. 3 Bde. gr. 8. Münch. 817. Lentner. 5 Thlr. — Dasselbe wohlfeile Ausg. 8. Ebd. 818. 2 Thlr. 16 gGr.

— die Hauptprobe. Ein Gespräch. 12. Münch. 798. Lentner. 2 gGr.

— das Heiligthum d. Menschheit f. gebild. u. innige Verehrer desselben; in kurzen zusammenhängend. Reden zusammengestellt. 8. Münch. 807. Neue mit dem 2n Thle verm. Ausg. 2 Bde. 8. Ebd. 810. Lentner. 2 Thlr. 10 gGr. 2r Bd. A. u. d. T.: von d. Religion des Gemüths, des Lebens u. d. Kirche. 1 Thlr. 8 gGr. 4e verb. u. verm. A. gr. 8. Grätz 820. Ferstl. 1 Thlr.

— Herbstblumen. 12. Münch. 808.

— (letzter) Hirtenbrief an seinen Diözesan-Klerus über die gegenwärt. Zeit u. das Wirken des Priesters in ihr. 3e A. (Mit einer Nachschrift). 4. Regensb. 832. Pustet. 4 gGr.

— (letzter) Hirtenbrief od. Sendschreiben an seinen Diöcesan-Klerus über die gegenwärtige Zeit u. das Wirken des Priesters in ihr. Mit e. Nachschrift. Mit k. k. Hof-Censur u. mit Genehmigung der Erben des Verblichenen veranstalt. Ausg. 8. Prag 833. v. Mayregg. (Leipzig, Central-Comptoir.) 1/8 Thlr.

— Homilien auf alle Sonn- u. Festtage des Kirchenjahres. 2 Bde. gr. 8. Landsh. 819. Krüll. 2 Thlr. 16 gGr.

— s. Huber, Jos., Isidor, Bauer in Ried.

—, P. Aegidius Jais, nach Geist u. Leben geschildert rc., s. Jais.

— theologi christiani idea. 8. Münch. 781.

— Idee e. gemeinnütz. Moralphilosophie. 4. Dillingen 786.

— Jesus im Leidenskampfe am Oelberge im Garten Gethsemane. Münch. 798. 2e A. 12. Landsh. 818. Storno. 6 gGr.

— Joseph der gottesfürchtige Gespons Mariä. Ein kl. Lehr- u. Gebetbuch, mit lehrr. Blicken in seine heil. Lebensgesch. 12. Landsh. 821. (Münch., Jaquet; a. Ferstl in Grätz). 4 gGr.

— der heil. Karl Borromeus, Cardinal der röm. Kirche, u. Erzbischof von Mailand; ein Handbüchlein f. unsern Clerus, verfaßt von e. Ungenannten. Mit Borromeus Bildn. gr. 8. Augsburg 824. Wolf.
Vgl. Borromäus.

— Kennzeichen der Philosophie, ausgezogen aus e. Gelegenheitsschrift (dem einzigen Mährchen in sr. Art). 8. Augsb. 787. (Münch., Lentner). 3 gGr.

— Kennzeichen d. Philosophie. gr. 18. Augsb. 787. Wolff. 1 gGr.

— Kern aller Gebete, mit einer Zugabe der gewöhnl. Andachtsübungen. 8. Münch. u. Eichst. 782. 2e A. 785. (anonym). 3e A. 792. Neu hrsgg. von M. K. L. gr. 12. Landsh. 815. 2e A. 818. 3e A. 820. Storno. 9 gGr.; (a. Ebner in Ulm). 8 gGr.

— Kern aller Gebete. 8. Leipz. Sommer. 792.

v. Sailer, Jh. Mich., Kern aller Gebete. Neueste Aufl. Mit 1 Stahlst. 12. Thannhausen 844. (Augsburg, Kollmann.) 1/6 Thlr.

— Kirchengebete f. kathol. Christen. 8. München, Lentner. 788.

— Kirchengebete für kathol. Christen. 8. Münch. 2e Aufl. 820. Lentner. 3 gGr. — Dies. 8. Münst. 789. Aschendorff. 2 gGr.

— Kirchengebete für kathol. Christen. Aus dem Missal übers. Neue Aufl. 12. München, Lentner. 820.

Sailer, Johann Michael. Die Kirchweihfeyer. Eine Rede, gehalten am 22. September 1816 ... zu Solothurn. 8. Solothurn.

— die erste Communion d. Kinder. 8. Dilling. 787. Wolff in Augsb. 1 gGr.

— für Kranke u. ihre Freunde. 12. Münch. 791. Lentner. 6 gGr.

— die Krippe des Herrn. 8. Münch. 819. 2e A. 820. Giel. 1 gGr.

— Laute, aus d. Leben eines Edlen. 8. Münch. 789. (Fleischmann). 20 Gr

Sailer, J. M., aus Feneberg's Leben. Mit d. Bildnisse d. Verblichenen (ganze Figur m. Stelzfuss auf dem TKpf., *Corn. Huber* pinx., *Al. Schön* sculps.). München, bey Ignatz (!) Jos. Lentner, Buchhändler zum schönen Thurme, 1814. Gr. 8⁰. Die 2 ersten Bll. stockfl. Ppb. (aus Roming's Bibl.).

TKpf. u. 391 S., nebst 1 gefalt. Tabelle (F.'s Schulplan). Wegen Verlust eines Beines (im Novbr. 1793) nannte sich F. „Einfüssler", „Stelzfuss", „Stelzenmann", auch sogar „Stelzenmichel". – Selten!

— aus Fenebergs Leben. 2. Aufl. gr. 8. Ebend. 841. 3/4 Thlr

— kurzgefaßte Lebensgeschichte J. M. Steinerts. Mit Portr. 4. Münch. 810. 2e A. 813. Lentner. 1 Thlr

— die Lehre der kathol. Kirche von d. Verehrung der Heiligen; aus d. Latein. übers. von J. H. Brockmann. gr. 8. Münst. 819. Aschendorff. 14 Gr

Sailer, Johann Michael. Die Lehre der katholischen Kirche von der Verehrung der Heiligen ... A. d. Lat. Münster 1819. Ü: *Brockmann*, *Joh. Heinr.* (MGT)

— die Lehre der kath. Kirche von der Verehrung der Heiligen entwickelt u. dargestellt; aus dem Lateln. übers. von J. H. Brokmann. 2. Aufl. gr. 8. Münster 845, Aschendorff'sche Buchh. 1/4 Thlr

— 100 väterl. Lehren; e. Amulet f. wandernde Handwerksgesellen. 8. Münch. 805. Lentner. 2 Gr

Vgl. L e h r e n, ...

— vollständ. Lese- u. Gebetbuch f. kathol. Christen. 2 Thle. 8. Münch. 783. 2e A. 6 Thle. 785. 3e A. 786. 4e A. 790. 5e A. 791. (Lentner). 2 Thlr 8 Gr — Zusätze dazu für die Besitzer der 1n Ausg. gr. 8. Edd. 785. 6 Gr 4e Aufl. (ist falsch!) 6 Bdchen. Mit 6 Kpf. 8. Rotweil 827. Herder. 3 Thlr 6 Gr Velinp. 4 Thlr 6 Gr Postvelinp. 5 Thlr 6 Gr

— Dass. Buch. Mit Kpf. gr. 8. Bamb. 784. N. A. 790. Wesché in Frkf. a. M. 2 Thlr 12 Gr — Ausz. aus dems. Mit 12 Kpf. gr. 8. Würzb. 786. N. A. 793. Wesché in Frkf. a. M. 1 Thlr 8 Gr

— vollst. Lese- und Gebetbuch f. kathol. Christen. 6 Bdchen. 8. München, Lentner. 789.

— — dass. m. K. 2 Thle. gr. 8. Bamb. Göbhard. 790.

— vollst. Lese- u. Gebetbuch für kathol. Christen. 1r—3r Bd. 4e Aufl. Mit Kupf. 8. Rotweil 826 u. 27, Herder. 13 gr. Weiß Pap. 17 gr. Postpap.

— Lese- u. Gebetbuch f. kathol. Christen. Aufs neue hrsg. v. einem sein. ältesten Schüler. 6 Bdchn. 4., verb. u. verm. Aufl. M. 6 Kpfr. 8. (92 1/4 B.) Rotweil 827, Herder. 3 Thlr. 6 Gr., Vinp. 4 Thlr. 6 Gr., Postp.

— vollständ. Lese- u. Gebetbuch für kathol. Christen. Neu herausgeg. vom Pfarrer M. Flad. 6 Thle. 5e Aufl. Rotweil 838. Herdersche Buchh. 3 Thlr

Sailer, J. M. Lese- und Gebetbuch für katholische Christen ... 5. Aufl. Rotweil 1838. H: *Huber*, *Fridolin*. (Jes)

— vollständ. Lese- und Gebetbuch für kathol. Christen. 1. Bd. Allgem. Andachtsübungen für alle Tage enthaltend, u. 2.—6. (letzter) Bd. Mit 6 Kpfr. 5. Aufl. 8. Konstanz 846, Meck. St. Gallen, Scheitlin u. Z. 2 Thlr

Sailer, Jh. Mch., prakt. Logik f. die Widerleger an den Verfass. der sogen. Reflexion wider d. Demonstratio catholica. 8. Münch. 780. Lentner. 10 Gr

— das einzige Mährchen in seiner Art, e. Denkschr. an Freunde der Wahrheit, gegen Nicolai. 8. Münch. 787. (Fleischmann). 10 Gr

— der Mensch. Seine Bestimmung als Christ. 3e Aufl. gr. 8. Grätz 819. Ferstl. 18 Gr (Auch wohl eine Compilation aus verschied. Schriften.)

— christl. erste Meß-, Feier- u. Primizreden, hrsgg. von e. Verehrer des Verfassers. gr. 8. Grätz 820. Ferstl. 18 Gr Hbg. Pr. 8 Gr

— mich jammert des Volks. Praktische Winke f. Verkündigg. des Evangeliums. Ein altes Büchlein in neuer Aufl. 12. (VIII, 104 S.) Basel 893. Jaeger & Kober. n. -- 65; geb. in Leinw. n. 1.—

— le Mois chrétien, ou Méditations et Prières pour tous les jours du mois. Traduction libre d'Allemand. Précédée d'hymnes formant la Semaine et l'Année chrétienne, par Dr. J. B. Robert, ancien chanoine de Névers. Avec Figure. 8. Frankf. a. M. 832. Andreä. 1 Thlr

— d. christl. Monat, d. i.: Betrachtt. u. Gebete auf jeden Tag des Monats. Mit 1 Kpf. 8. Landsh. 826. Krüll. 20 Gr Schrbp. 1 Thlr 4 Gr Vel.-Drckp. 1 Thlr 8 Gr Vel.-Schrbp. 1 Thlr 12 Gr 2e verm. Aufl. gr. 8. Grätz 827. Ferstl. 16 Gr

— lehrreiche Morgen- u. Abendgebete für die Jugend u. jeden nachforsch. Christenfreund. 8. Dilling. 788.

— das Buch von der Nachfolge Christi, s. a. Th. v. Kempen.

— das Buch von der Nachfolge Christi. 8. Ebend. 800.

Sailer, J. M, das Buch von d. Nachfolgung Christi. 4te Aufl. 8. München, Lentner. 814. Rthlr. -

— das Buch von der Nachfolge Christi, neu übersetzt für nachdenkende Christen. 6. revid. Aufl. 12. Ebend. 842. 1/2 Thlr

— dasselbe. 16. (604 S. m. 1 Stahlst. u. 1 Chromolith.) Spaichingen 872. (Tuttlingen, Kling.) geb. m. Goldschn. in Etui. n. 3.

Sailer, Joh. Mich., vier Bücher v. der Nachfolge Christi m. e. Anh. v. Gebeten f. kathol. Christen. Neu aufgelegt nach der Ausg. vom J. 1794. 16. (604 S. m. e. Stahlst. u. 1 Titelbl. in Buntdr.) Leipzig 873. Honer. n. 1. 50

Sailer, Joh. Mich., vier Bücher von der Nachfolge Christi, mit einem Anh. von Gebeten für kathol. Christen. Neu aufgelegt nach der Ausg. vom Jahre 1794. 16. (604 S. m. 1 Stahlst. u. chromolith. Titel.) Konstanz 873. (Tuttlingen, Kling.) geb. in Chagrin m. Goldschn. n. 8. 20

— theologiae christ. c. philosophia nexus. 8. Augsb. 779. Rieger. 16 gr.

Sailer, Johann Michael, s. Nack, K. Al.: Gebet- u. Erbauungsbuch.

— die bedeutendsten 3 Nummern für meine philosoph. Zeitgenossen. 18. Münch. 798. Lentner. 1 gr.

— 100 Nummern für Erzieher in Familien. 12. Münch. 798. Lindauer. 3 gr.

— Predigt am Gedächtnißtage des heil. Norbert. 8. Augsb. 789. Rieger. 1 gr.

— Predigten bei verschied. Anlässen gehalten. 3 Bde. gr. 8. Münch. 790—92. Lindauer; (a. Lentner). 4 rthl.

— 6 Predigten zur Ehre d. Vorsehung über alttestamentl. Begebenheiten. gr. 8. Augsb. 782. (Kranzfelder). 10 gr.

— 2 Predigten, erste am Festtage d. Erhöhung des Kreuzes, 2te am Festtage des heil. Bernhards. gr. 8. Augsb. 785. Rieger. 7 gr.

— Prière de notre Seigneur pour les enfants. 8. Münst. 796. Aschendorff. 4 gr.

— der Priester ohne Tadel. Eine Rede bei der Primizfeier des Prinzen Alexander Hohenlohe Schillingsfürst. gr. 4. Münch. 816. Giel. 4 gr.

— v. der Priesterweihung, e. Vademecum f. Candidaten d. Priesterstandes. gr. 8. Landsh. 817. Weber in Münch. 4 gr.

Sailer, Joann. Mich., Quantum humana ratio conferat ad sensum Scripturae figendum. Ingolstadt. 1777. 8°.

— Quickborn. Aussprüche u. Ratschläge. Hrsg. v. Johs. Ziegler. gr. 16. (64 S.) Kassel 896. E. Röttger. n. — 60; kart. n. — 80; geb. n. 1. 60

— Rede zum Andenken an Vit. Ant. Winter, Prof. u. Stadtpfarrer bei St. Jacob in Landshut. 4. Landsh. 814. Weber in Münch. 4 gr.

— Rede auf den Hintritt des Raths- u. Stadtpfarrers Winter in Landshut. 4. Landshut, Weber. 814.

— Rede nach d. Hinrichtung des Israeliten Josua Nath. Lamfrom. 2e Aufl. gr. 8. Landsh. 818. Weber. 2 gr.

— Rede von d. Pflichten der Unterthanen gegen ihre Regenten. 8. Münch. 780.

— Rede bei Wiedereröffnung der Spitalkirche zum heil. Geist in Landshut. 4. Landsh. 817. Weber in Münch. 3 gr.

— christl. Reden an das Christenvolk. 2 Thle. 8. Münch. 802. 2e A. 818. Lentner. 1 rthl. 4 gr. (Kranzfelder in Augsb.) 1 rthl.

— christliche Reden ans Christenvolk. 2te vermehrte Ausgabe. 2 Thle. 8 München, Lentner. 819.

— christl. Reden von d. Vereinigung des Menschen mit Gott. 12. Münch. Lentner. 815.

— geistl. Reden von d. Vereinigung des Menschen mit Gott. 12. Münch. 815. Lentner. 6 gr.

— vertraute Reden, zunächst an Jünglinge. 2 Thle. 8. Münch. 804. Lentner. 2 rthl.

— Reisegefährte deutsch. Jüngl. bes. w. s. a. Univers. geh. 12. Ebend. 802.
Vgl. Reisegefährte...

— Reisegeschenk f. Soldaten rc. 12. Münch. 806. Lentner. 2 gr.

— Religion des Gemüths, s. Heiligthum d. Menschheit.

— Reliquien, d. i. auserles. Stellen aus den Schriften der Väter u. Lehrer der Kirche. 1s—3s Hft. gr. 8. Münch. 816—20. Lentner. (à 8 gr.) 1 rthl.

Johann Michael **Sailer**. Bearb. von Prof. Wilhelm Glabbach. 2., verm. u. verb. Aufl. Langensalza: F. G. L. Gressler 1907. (XII, 405 S.) 8° [Ä.] [Beigedr.:] Über Erziehung f. Erzieher von Johann Michael Sailer. Neue durchaus rev. Aufl. München 1822. [Ausz.]
— **Klassiker** d. Pädagogik. 16. 07. 1449ᴬ 3

Sailer, Johann Michael. Bearb. v. Wilh. Gladbach, s. a. Greßler's, F. G. L., Klassiker der Pädagogik. 18.

Sailer-Alphabet, e., aus Regensburg. In 2. Aufl. neu hrsg. v. H. P. 16. (32 S. m. Abbildgn.) München 900. J. Pfeiffer. n. — 25

— die 7 heil. Sakramente in 7 Kupf. mit Text. gr. 8. Landsh. 809. Krüll. 10 gr. 3e A. 8. Luzern 815. N. A. 824. Anich. 8 gr. 4e Aufl. 8. Grätz 819. Ferstl. 3 gr. (Haas in Wien). 6 gr. (Weber in Münch.) 10 gr.

— die sieben heil. Sacramente in Kupfern mit erklär. Texte. 8. München 834. (Landsh., Thomann.) 1 rthl., ohne Kpfr. 1/3 rthl.

— Jos. Ant. Sambuga, wie er war, partheilosen Kennern nacherzählt. Mit dess. Bildn. gr. 8. Münch. 817. Giel. 1 rthl. 12 gr.

— der Oekonom Benno Scharl. 4. Münch. 814. (Aus B. Scharls Beschreib. d. Braunbier-Brauerei in Baiern abgedr.)

— der Schluß des Abends des Jahres 1786. Eine Predigt. 8. Augsb. 788. Kranzfelder. 1 gr.

Sailer, Joh. Mich., Schriften, ausgew. v. R. Stölzle. s.: Sammlung Kösel.

— religiöse Schriften, Auswahl, s. Evangelisches.

Sailer, J. M., Ueb. d. Selbstmord. Für Menschen, die nicht fühlen den Werth, ein Mensch zu seyn. 222 S. München. 12°.
1785

— über den Selbstmord. 8. Münch. 785. Lentner. 8 gr.

— christl. Sonn- u. Feiertags-, dann Gelegenheitsreden, Predigten u. Homilien; hrsgg. von e. Verehrer des Vers. 4 Thle. gr. 8. Grätz 820. Ferstl. 3 rthl. 8 gr.

— 200 Sprüche, mit u. ohne Glossen. 12. Münch. 799. 2e A. 817. Lentner. 5 gr. 2s Hundert derselben. (Herder in Freiburg). 3 gr.

Sailer, Joh. Mich., Sprüche mit und ohne Glosse. 1. 2. Hundert. 2. Aufl. München 1816. 12.

— Sprüche der Weisen, deutsch u. latein. 12. Dilling. 794. 2e A. 813. (Storno in Landsh.) (Lentner in Münch.) — Dies. Landsh. 790. Weber in Münch. 4 gr — Dies. 8. Augsb. 795. Bürglen. 8 gr

— dies. deutsch und lat. 16. Bern, Typ. Soc.

— Sprüche. 2 Bändchen. I. Bdchn. enthält: Die Weisheit auf der Gasse, oder Sinn und Geist deutscher Sprichwörter. Ein Lehrbuch für uns Deutsche, auch eine Ruhebank für Gelehrte, die von ihren Forschungen ausruhen möchten. 12. Sulzbach 842, v. Seidel. 1/2 ₰ — II. Bdchn. enthält: Sprüche der Weisen, deutsch u. latein. Zur Uebung der Studirenden in Sprach- u. Sachkenntnissen. — Sprüche mit u. ohne Glosse. Zur Unterhaltung für die Edlen im Lande. — Fragmente aus der Lebenskunde. 12. Ebend. 843. 1/4 ₰

– s. Stattler, B.: Demonstr. evangel.

— von dem Streiterleben der Geistlichen. gr. 8. Landsh. 817. Thomann. 2 gr

— das Testament des Pfarrers in Grünthal (Ant. Stehbauers), sammt einigen Nachr. von seinem Leben u. Tode. 8. Landsh. 816. Weber in Münch. 4 gr

— Testamantum, vide Testamentum novum.

– s. Theorie d. weisen Spottes.

– s. Torne u. Buzz.

— Uebungen d. Geistes z. Gründung u. Förderung eines Sinnes. gr. 8. Landsh. Krüll. 799.
Vgl. Übungen...

—— Uebungen des Geistes zur Gründung u. Förderung eines heil. Sinnes u. Lebens. 2 Bdchn. gr. 12. (27 1/2 B. u. Titvign.) Sulzbach 842, v. Seidel'sche Buchh. 22 1/2 Ngr.; Velinp.

— Uebungen des Geistes zur Gründung u. Förderung eines heil. Sinnes u. Lebens. 2 Thle. (in 1 Bd.) Ausg. in Taschenformat. 12. (XII u. 644 S.) Sulzbach 848, v. Seidel (jetzt: Regensburg, Pustet). 7/12 ₰

— ein freundlich Vademecum für angeh. Gehülfen in der großen Seelsorge. gr. 8. Münch. 794. Lentner. 2 gr

—— das Vater Unser. Acht Betrachtn. 8. (2 B.) Sulzbach 837, v. Seidel'sche Buchh.
Aus: Dess., größ. Gebetbuche, besond. abgedruckt.

Sailer, Mich. v., d. Vater-Unser. 8 Betrachtgn. Neueste Aufl. 16. (47 S.) Würzburg 896. F. X. Bucher. n. — 20

— das erklärte Vaterunser. Als Hausandacht an Sonn- u. Festtagen. Aus d. Lese- u. Gebetbuche besond. abgedr. 8. Rotweil, Herder. (Barth in Leipz.) 3 gr

— das Vaterunser f. d. Landvolk. 16. Kempt. 819. Kösel. Das Dutzend 1 1/4 gr

— von dem Verhalten des denkenden Mannes in Hinsicht auf sein Zeitalter; e. Rede. 8. Landsh. 1e u. 2e Aufl. 807. Thomann. 2 gr Postp. 3 gr

— Friedrich Christians Vermächtniß an seine lieben Söhne. 8. Straubing. 808. (Lentner in Münch.) 9 gr 2e Aufl. mit des Verf. Bildn. 8. Grätz 819. Ferstl. 8 gr

J. Mch. **Sailer**'s Vernunftlehre f. Menschen wie sie sind, d. i. Anleit. z. Erkenntniss u. Liebe d. Wahrh.; unt. Anleit. d. Vfrs. h. v. Jos. **Widmer.** 3 Bde. (1-2e A. *Münch.*, Strobl, nachh. Fleischmann. 785-94.) 3e revid. u. vm. A. *Sulzb.*, v. Seidel. B. 830. gr 8. 2 ₰. Sämmtl. Werke. Philos. Abthl. I. Vernunftl. 1-3r Th.

— Vernunftlehre für Menschen, wie sie sind, nach d. Bedürfnissen unserer Zeit. 2 Bde. gr. 8. Münch. 785. N. A. 3 Bde. 795. (Fleischmann). 2 ₰

— Vorbereitung des christl. Volkes z. Feier d. Geburt Jesu. 8. Münch. 813. 2e A. 816. Giel. (Barth in Leipz.) 8 gr

—— Vorbereitung des christl. Volkes zur Feier der Geburt unsers Herrn Jesu Christi, u. Uebung der Andacht zur Fastenzeit rc. gr. 12. (12 B.) Sulzbach 842, v. Seidel'sche Buchh.

— Vorbereitung des christlichen Volkes zur Feier der Geburt unsers Herrn Jesu Christi, u. Uebung der Andacht zur Fastenzeit. Das ist: Uebungen des Geistes, zunächst im Advent, u. auch in jeder Andachtsstunde, u. Betrachtungen des Leidens Jesu Christi auf alle Tage in der Fasten. Ausg. in Taschenformat. 12. (VIII u. 267 S.) Ebd. 848. 1/4 ₰

— Vorlesungen aus d. Pastoraltheologie. 3 Bde. gr. 8. Münch. 788, 89. 2e A. 793 u. 94. Lindauer. 2 ₰ 19 gr 4e A. 3 Bde. gr. 8. Münch. 820. Lentner. 5 ₰ Wohlf. Ausg. 3 ₰

— von den Vortheilen f. d. Christenthum aus beurkund., glaubwürd. Lebensbeschreibb. d. Heiligen. Eine Predigt am Festtage d. heil. Benedikts. 8. Augsb. 787. Kranzfelder. 2 gr

— über die Wasserfluth in Deutschland, moral. beschrieben. 8. Münch. 785. Lentner. 10 gr

– s. Weigl, J. B.: Kathol. Gebetbuch.

— die Weihnachtsfeier, e. Rede, gehalten als Hr. M. Völk seine erste Messe las. gr. 8. Münch. 813. Lentner. 3 gr

— die Weihnachtsfeier auf d. Betsaale d. Hrn. Bürger zu München, zwei Reden. gr. 8. Münch. 816. Lentner. 6 gr

— die Weisheit auf d. Gasse, od. Sinn u. Geist deutscher Sprüchwörter. 8. Augsb. 810. Riegers. 1 ₰ 6 gr

Sailer, Joh. Mich., Die Weisheit auf der Gasse, oder Sinn und Geist deutscher Sprichwörter. Th. 1. 2. Augsburg 1810. 12.

—— die Weisheit auf d. Gasse, od. Sinn u. Geist deutsch. Sprüchwörter. Ein Lehrb. f. uns Deutsche, mitunter auch e. Ruhebank f. Gelehrte, die v. ihren Forschungen ausruhen möchten. 2. Ausg. 8. (26 1/2 B.) Augsburg 833, M. Rieger.

—— die Weisheit auf der Gasse, oder Sinn u. Geist deutscher Sprichwörter; Sprüche der Weisen; Sprüche mit u. ohne Glosse; Fragmente aus der Lebenskunde. 2 Bdchn. A. u. d. Ttl.: Die Weisheit auf der Gasse, oder Sinn u. Geist deutscher Sprichwörter rc. 12. (26 B.) Sulzbach 843, v. Seidel'sche Buchh. –

— die Weisheit auf der Gasse, oder Sinn u. Geist deutscher Sprüchwörter; Sprüche der Weisen mit u. ohne Glosse; Fragmente aus der Lebenskunde. 2 Thle. (in 1 Bd.) [Die Weisheit auf der Gasse, oder Sinn u. Geist deutscher Sprüchwörter. — Sprüche der Weisen, deutsch u. latein.] Ausg. in Taschenformat. 12. (XVIII u. 600 S.) Ebd. 848. ½ ℛ︁

Sailer, Joh. Mich., Weisheitslehre in Maximen für junge Männer von Stand und Rang. Vorgetragen im J. 1818. 8. (144 S. mit 1 Kpfrst.) Regensburg 866, Pustet.

Sailer, Jh. Mch., sämmtl. Werke. Wohlf. Ausg. 28 Thle. gr. 8. Grätz 818—27. Ferstl. 20 ℛ︁

Sailer, Joh. Mich., sämmtl. Werke, unt. Anleit. d. Verf. hrsg. v. Jos. Widmer. 1—18., 22. u. 26. Thl. gr. 8. Sulzbach, v. Seidel.

1—7. Thl. Philosophische Abtheilung. — A. u. d. Ttln.:

Thl. 1—3. Vernunftlehre f. Menschen, wie sie sind, das ist: Anleitung z. Erkenntniß u. Liebe d. Wahrheit. 3 Bde. 3. Aufl. (43½ B.) 830. 2 Thlr.

= 4., 5. Glückseligkeitslehre aus Gründen d. Vernunft, mit steter Hinsicht auf d. Urkunden d. Christenthums, od. christl. Moralphilosophie. 2 Bde. 3., revid., neu bearb. u. verm. Aufl. (42 B.) 830. 2 Thlr.

= 6., 7. Ueber Erziehung f. Erzieher, od. Pädagogik. 2 Bde. Neue Aufl. (38 B.) 831. 2 Thlr.

8—18. Thl. Theologische Abtheilung. — A. u. d. Ttln.:

= 8. Grundlehren d. Religion. Ein Leitfaden zu Vorlesn. aus d. Religionslehre f. akadem. Jünglinge aus allen Fakultäten. 3., revid. u. verm. Aufl. (31 B.) 832. 1 Thlr. 8 Gr.

= 9. Beleuchtung einiger Haupt-Ideen d. kathol. Theologie: od. Reliquien, das ist: auserles. Stellen aus d. Schriften d. Väter u. Lehrer der Kirche, u. üb. d. Verehrung der Heiligen. 2., revid. u. verm. Aufl. (25½ B.) 832. 1 Thlr. 4 Gr.

= 10—12. Briefe aus allen Jahrhund. d. christl. Zeitrechnung. Gewählt, übers. u. zur Belehr. u. Erbau. sein. Mitchristen hrsg. 6 Sammln. 2., revid. u. verm. Aufl. (85 B.) 832, 33. [1. u. 2. 1 Thlr. 4 Gr., 3. u. 4. 1 Thlr. 4 Gr., 5. u. 6. 1 Thlr. 8 Gr.] 3 Thlr. 16 Gr.

= 13—15. Handbuch d. christl. Moral, zunächst f. künft. kathol. Seelsorger u. dann f. jeden gebild. Christen. 3 Bde. Neue, revid. u. verm. Aufl. (71 B.) 834. 3 Thlr 8 Gr.

= 16—18. Vorlesungen aus d. Pastoraltheologie. 3 Bde. 5., revid. u. verm. Aufl. (72½ B.) 835. 3 Thlr. 8 Gr.

22. u. 26. Thl. Schriften f. Erbauung. — A. u. d. Ttln.:

= 22. Vollständ. Gebetbuch f. kathol. Christen. 12., verb. u. verm. Aufl. (19½ B. u. Ttlkpfr.) 831. 18 Gr.

= 26. Uebungen d. Geistes z. Gründ. u. Forderung e. heil. Sinnes u. Lebens. 2., revid. Aufl. (24½ B. u. Ttlkpfr.) 832. 1 Thlr.

— dass. 26r Bd. Uebungen des Geistes zur Gründung u. Forderung eines heil. Sinnes ꝛc. 3e Aufl. gr. 8. Ebd. 839. 1 ℛ︁

Sailer, Joh. Mich. v., sämmtl. Werke, unt. Anleit d. Verf. hrsg. v. Jos. Widmer. 19—21., 23—25. u. 27—40. (letzt.) Thl. gr. 8. Sulzbach, v. Seidel'sche Buchh.

19—21. Thl. Theologische Schriften.

A. u. d. Ttln.:

Thl. 19. Neue Beiträge z. Bildung des Geistlichen. Neue, rev. u. verm. Aufl. (26 B.) 839. 1 Thlr. 4 Gr.

= 20. Fortsetzung d. Beiträge z. Bildung des Geistlichen, od. z. Pastoraltheologie. Neue, rev. u. verm. Aufl. (26 B.) 839. 1 Thlr. 4 Gr.

= 21. Früchte d. echten Pastoraltheologie, od. kurzgef. Lebensgeschichten echtgebild. Priester. Neue, rev. u. verm. Aufl. (35½ B.) 839. 1 Thlr. 8 Gr.

23—25. 27—37. Thl. Schriften für Erbauung.

A. u. d. Ttln.:

= 23-25. Vollständ. Lese- u. Gebetbuch f. kathol. Christen. 3 Bde. (od. 6 Abthln.) 4. Ausg. (56 B. u. 3 Ttlkpfr.) 840. 2 Thlr. 16 Gr.

= 27. Blicke d. heil. Paulus in d. Tiefen d. Weisheit. Ein Versuch, den Sinn u. Geist d. Apostels in christl. Reden zu enthüllen. Neue Ausg. (24 B.) 840. 1 Thlr.

= 28., 29. Das Heiligthum d. Menschheit f. gebild. u. innige Verehrer dess., in kurzen, zusammenhäng. Reden dargestellt. 2 Samml. 3., rev. u. verm. Aufl. (39½ B.) 840. 2 Thlr.

= 30. Vertraute Reden, zunächst an Jünglinge, die Universitäten od. and. Lehranstalten besuchen; u. dann f. jeden denk. Christen. 2., rev. u. verm. Aufl. (26 B.) 840. 1 Thlr. 4 Gr.

= 31. Christl. Reden an's Christenvolk. 3., rev. u. verm. Aufl. (32 B.) 840. 1 Thlr. 8 Gr.

= 32., 33. Homilien auf alle Sonn- u. Festtage d. Kirchenjahres. 2 Bde. 2., rev. u. verm. Aufl. gr. 8. (42½ B.) 840, 41. 2 Thlr.

= 34-36. Predigten, bei verschied. Anlässen gehalten. 3 Bde. 2., verm., auch mit Ungedrucktem bereich. Ausg. (86½ B.) 841. 3 Thlr. 16 Gr.

= 37. Der christl. Monat, das ist Betrachtungen u. Gebete auf jed. Tag d. Monats. Nebst e. Zugabe: die sieben heil. Sacramente; das Auge Gottes; das Gebet uns. Herrn f. Kinder. (23 B.) 841. 1 Thlr.

38. u. 39. Biographische Schriften.

XXXVIII. Bd. Lebensbeschreibung Neumillers, Stattlers, Winters, Sambugas u. Zimmers. gr. 8. Ebend. 841.

XXXIX. Bd. Lebensbeschreibung Feneberg's u. Sailers. Erinnerungen an Geistes- und Gemüthsverwandte als Beitrag zu Sailers Biographie. Sailers letzter Hirtenbrief vom 15. April 1832. gr. 8. Ebend. 841. 1⅓ ℛ︁

Sailer, Joh. Mich. v., sämmtl. Werke ꝛc.

40. Thl. Vermischte Schriften.

Thl. 40. Die Weisheit auf d. Gasse. — Sprüche d. Weisen. — Sprüche mit u. ohne Glosse. — Fragmente aus d. Lebenskunde. — Die christl. Moral in kurzen Sätzen. — Ueber d. Selbstmord. — Herbstgaben. — Reisegeschenk f. Soldaten. — Gesammelte Sprüche. — Vermischtes aus J. M. Sailer's nachgelassenen Papieren. — Theorie d. weisen Spottes. — Hirtenbrief d. Curf. v. Trier v. 1. Nov. 1783 v. J. M. Sailer. — Zusammenstellung d. Inhaltsverzeichnisse sämmtl. Werke. 2., verm. Ausg. (40½ B.) 841. 2 Thlr. 4 Gr.

1—18., 22. u. 26. Thl. Ebendas. 1830—32. 20 Thlr. 14 Gr. — 40 Thle. zusammen Subscr.-Pr. 35 Thlr.

Sailer, Joh. Mich., sämmtl. Werke, unter Anleitung des Verf. hrsg. v. Jos. Widmer. Supplementbd. A. u. d. Ttl.: Das Buch von der Nachfolge Christi, neu übersetzt u. mit einer Einleitung u. kurzen Anmerkungen f. nachdenkende Christen hrsg. 6., verb. Ausg. gr. 8. (25 B. u. der Portr.-Vign. S's.) Sulzbach 845, v. Seidel'sche Buchh.

— sämmtliche Werke, unter Anleitung des Verf. herausg. von Jos. Widmer. Supplement-Bd. A. u. d. T.: Das Buch von der Nachfolgung Christi, neu übers. u. mit einer Einleitung u. kurzen Anmerkungen für nachdenkende Christen herausg. von Joh. Mich. Sailer. 7. Aufl. Mit der Portrait-Vign. des hochsel. Herausgbrs. (in Holzschn.) Sulzbach 855. v. Seidel. gr. 8. (XXXVI, 364 S.) 1 ℛ︁.

Sailer's sämmtl. Werke 40 Thle. Ebend. 830—41. 35 ℛ︁.

— sämmtliche Werke, unter Anleitung des Verf. herausg. von Jos. Widmer. Supplem.-Bd. A. u. d. T.: Das Buch von der Nachfolgung Christi, neu übers. und mit einer Einleitung und kurzen Anmerkungen für nachdenkende Christen. 8. Aufl. Mit der Portrait-Vignette des hochsel. Herausgebers (in Holzschn.). Sulzbach 861. v. Seidel. gr. 8. (XXXVI, 364 S.) 1 ℛ︁

— vom Werth d. Standhaftigkeit. Eine Predigt. 8. Augsb. 788. Kranzfelder. 1 Gl

—— Wie Ankömmlinge auf Universitäten ihre Studien einrichten sollen. München, Lentner, 1806. 8°.

— wie man einen Weyher von seinem Geröhre ohne Ableit. des Wassers reinigen kann? 4. Ingolst. 774.

— Winkelhöfer, der Mensch u. Prediger. 8. Münch. 785. 2e A. 809. 3e A. 813. Lentner. 16 Gl

— Winkelhofer, d. Mensch und Prediger. 8. München, Lentner, 808.

— Sebastian Winkelhofers vermischte Predigten, siehe Winkelhofer.

— s. Wittmann, M.: Confess. pro actate.

— ein Wort von d. Leben der Christen. 8. Landsh. 820. (Thomann). 1 Gl

— Zugabe z. Heiligthum d. Menschheit, od. christl. Reden v. d. Vereinigung d. Menschen mit Gott. 8. Münch. 814. Lentner. 6 Gl

— über Zweck, Einrichtung u. Gebrauch e. vollkomm. Lese- u Betbuchs. 8. Münch. u. Ingolst. 783.

Sailer, Josef Benno

Sailer, Jos. Benno, aus Berg u. Tal. Gedichte in oberbayer. Mundart. Mit Illustr. v. J. Futterer, C. Moos, O. Obermeier u. a., sowie e. farb. (Umschlag-)Titelbild v. Frz. Ringer. (IV, 56 S. m. Bildnis.) kl. 8. München 909. J. Lindauer. — 80

Sailer, Jos. Benno, Wiener u. Münchner Gerichtssaal-Humoresken, s.: Seidel, Eduard.

— Münchner Humoresken. (III, 80 S.) 8. München (905). (R. Abt.) n. 1. —

— München u. Umgebung, s.: Beckmann-Führer.

Josef Benno Sailer. München, wie es ißt, trinkt, wohnt u. sich vergnügt. Lokalhumoresken u. Münchner Skizzen. 1. Aufl. München: (Selbstverl. [um 1900].) 140 S. 8° [Umschlagt.] [10. 16247

Sailer, Jos. Benno, München, wie es ißt, trinkt, wohnt u. sich vergnügt. Lokalhumoresken u. Münchner Skizzen. gr. 8. (IV, 140 S. m. Abbildgn.) München (902). (Stuttgart, Klemm & Beckmann.) n. — 50

— 's Münchner Oktoberfest in Wort u. Bild. gr. 8. (86 S.) Ebd. (902). n. — 20

SAILER, Isidor (Isen): De oculis corneae.- Monachii: Hübschmann 1841. 18 S.
4.4.1840 - Urk; F 65
Diss.Ingolst.-Landsh.-Mchn.

Sailer, Karl Georg Jakob

Sailer, C. G. J., s. a. Bibliothek vaterländ. Schauspiele.

Sailer, C. G. J., Chronik von Wyl. 1. Abth. St. Gallen 864. Scheitlin & Zollikofer. gr. 8. (266 S.) 27 ngr.

(Sailer, C[arl] G[eorg] J[acob].) Die Einführung des Christenthums in der Ostschweiz. Ein Nachtrag zur Chronik von Wyl vom Verfasser derselben. 8. St. Gallen 1865.

Sailer, C. G. J., die Grafen von Toggenburg. Vaterländisches Drama in 5 Acten. 8. (S. 135—243.) St. Gallen 879. Altweg-Weber. 1. 30

Sailer, Karl Georg Jakob: Die Grafen von Toggenburg. Vaterländ. Drama in 5 Akten. Aarau: H. R. Sauerländer & Co [1899]. (S. 135–243) 8⁰
= Bibliothek vaterländischer Schauspiele. 65/66.

Sailer, C. G. J., die Nonne v. Wyl. Vaterländ. Drama in 5 Akten. 2. Aufl. 8. (130 S.) St. Gallen 888. Hasselbrink. n. 1. 20

Sailer, Karl Georg Jakob: Die Nonne von Wyl. Vaterländ. Drama in 5 Akten. 2. Aufl. Aarau: H. R. Sauerländer & Co. [1899]. (130 S.) 8⁰
= Bibliothek vaterlänischer Schauspiele. 67.

Sailer, C[arl] G[eorg] J[acob]. Die Nonne von Wyl. Vaterländisches Drama in 5 Akten. 3. Aufl. 147 S. 8. Aarau, H. R. Sauerländer & Co., 1902. [fr. 2. —]
(Bibliothek vaterländischer Schauspiele. 77/78. ⟨früher 67.⟩)

Die Nonne von Wyl. Schauspiel in 5 Akten. Nach C[arl] G[eorg] J[akob] Sailer f. d. Bühne bearb. von Demetrius Schrutz. Mühlhausen i. Th.: Danner [1909]. 56 S. 8°
(Danner's deutsche Volksbühne. Nr 14.) [09. 13981

Sailer's, C. G. J., ausgewählte Werke. Gesammelt, hrsg. und mit einer biograph. Einleitung begleitet von Bertsch-Sailer. 8. (VII, 743 S. mit dem lithogr. Portr. des Verf.) St. Gallen 872, Altwegg-Weber.

Inhalt:

Die Nonne von Wyl. Ein vaterländisches Drama. — Die Grafen von Toggenburg. Ein vaterländisches Drama. — Die Klänge von der Thur. Epische Bilder. — Der Graf Ulrich von Linzgau. Ein episches Gedicht. — Ideen über Philosophie, Religion, Politik, Rhetorik, Poesie. — Verschiedenes: Historisches, Reden, Aphorismen 2c. — Biographie von C. G. J. Sailer.

Sailer, Karl Wilhelm

Sailer, Carolus Wilhelmus (Resp.): De pulmonum subsidentium ex erimenti prudenti applicatione, s. Alberti Michael (Praes.)

Sailer, Ludwig

Sailer, Ludw. (II.), the art monuments of his late Majesty King Ludwig II of Bavaria. A guide and souvenir for visitors to the royal palaces of Herrenchiemsee, Neuschwanstein, Linderhof, Hohenschwangau, Berg and the hunting seat at the Schachen translated by J. R. Morell. 3th enlarged edit. With 7 original photographs, 3 woodcuts, 3 plans, 2 maps etc. 8. (62 S.) München 887, Fritsch. *

Sailer, Ludw., die Bau- u. Kunstdenkmäler weil. Sr. Maj. König Ludwig II. v. Bayern. Ein Begleiter u. Andenken f. den Besucher der königl. Schlösser Chiemsee, Linderhof, Neuschwanstein, Hohenschwangau u. Berg. Mit 5 Orig.-Photogr., 3 Grundrissen u. 1 Routenkärtchen. 8. (54 S.) München 886. Fritsch. n. 1. 20

Sailer, L., die Bau- u. Kunst-Denkmäler weil. Sr. Maj. König Ludwig II. v. Bayern. Ein Begleiter u. Andenken f. den Besucher der kgl. Schlösser Chiemsee, Linderhof, Neuschwanstein, Hohenschwangau, Berg u. das kgl. Jagdschloss am Schachen. 2.—4., verb. Aufl. Grosse Ausg. m. Orig.-Photogr., 3 Holzschn., 3 Grundrissen u. 2 Routenkärtchen etc. 8. (62 S.) München 887. Fritsch. n. 1. 80; engl. Ausg., 3. enlarged ed., n. 2. —

— dasselbe. 2., verb. Aufl. Kleine Ausg. m. 1 Orig.-Photogr. sämmtl. 5 Schlösser, 3 Holzschn., 3 Grundrissen u. 1 Routenkärtchen. 8. (60 S.) Ebd. 887. n. 1. —

Sailer, Ludw., topographische Bezeichnungen der Terraingegenstände im Vergleiche mit dem landschaftlichen Bilde. 4 Blatt. Lith. Fol. München 880. (Mey & Widmayer.) n. 3. —; color. n. 6. —

— Bilder aus dem bayerischen Hochgebirge, nebst Beschreibg. der hervorragendsten Orte nach ihrer älteren u. neueren Geschichte, ihrer culturhistor. Bedeutg. in Vergangenheit u. Gegenwart. (1. Hft.) Aibling u. dessen Umgebg. 8. (48 S. m. eingedr. Illustr., 2 Taf. u. 1 lith. Plan.) München 883. Augsburg, Haug. n.n. — 50

Sailer, Ludw. (k. b. Premierlieut. a. D.), Bilder aus dem *bayerischen Hochgebirge*, nebst Beschreibung der hervorragendsten Orte nach ihrer älteren und neueren Geschichte etc. Mit 1 color. Kärtchen, photolithogr. Bildern u. Holzschnitten im Text, nebst *Panorama der Berchtesgadener Alpen*, Reprod. e. alten Ansicht von „Stifft vnd Marckt Berchtersgaden" u. 1 neuen color. Plan der Umgegend desselben. München 1884. Im Verlage des Verfassers. Kl. 8⁰. 272 S. Eleg. Hlwdb.

— dasselbe. (4. Hft.) Berchtesgaden. 8. (272 S. m. eingedr. Illustr. u. 2 Steintaf.) München 884. (Fritsch.) n. 3. —

Sailer, Ludw. (k. b. Premierlieut. a. D.), *Traunstein und dessen Umgebung*. München 1886. Im Commissionsverlage bei Cäsar Fritsch. 8⁰.

Lithogr. Titelansicht in Doppelformat (aus Merian?) u. 116 S. Mit Abbildgn. im Texte, 1 Photolithogr. u. 2 hübschen Karten. — Anhängend 16 S. Geschäfts-Anz. auf blauem Papier. Auf d. Rückseite des illustr. Umschlags (wie auf d. Titelbilde) das Wappen der Stadt. — Bildet das V. Heft der „Bilder aus dem bayer. Hochgebirge".

— Garmisch-Partenkirchen, Füssen, Oberstdorf im Algäu. Die Königsschlösser. Das Oberammergauer Passionsspiel von 1890. 12. (96 S. m. Abbildgn. u. 1 Karte.) München 890. (Lindauer.) n. 1. —

Sailer, Ludw., Karte von Münchens Umgebung, topographisch, historisch und archäologisch dargestellt. 1 : 75,000. Chromolithogr. gr. Fol. München 884, (Fritzsch.) * 1 50

Sailer, Ludwig [prakt. Arzt aus Ulm]: Zur Kenntnis der Adenome und Carcinome des Darms . . . . Tübingen, Druck v. Heinrich Laupp jr., 1888; 23 S. 8°
Tübingen, Med. Fak., Inaug.-Diss. v. 1888

Sailer, L., zur Kenntnis der Adenome u. Carcinome d. Darms. Inaug.-Diss. gr. 8. (23 S.) Tübingen 888. (Moser.) n.n. — 70

Sailer, Ludw. (II.), Willkommen in München! Illustrirter Wegweiser durch Bayerns Hauptstadt mit Andeutungen zu Ausflügen in deren Umgebungen. 8. (71 S. mit 1 Plane der Stadt.) München 887, Th. Ackermann's Verlag. *

— willkommen in München! Illustrirter Wegweiser durch Bayerns Hauptstadt m. Andeutgn. zu Ausflügen in deren Umgebungen. 2. Aufl. 12. (71 S. m. Plan.) München 890. Th. Ackermann's Verl. n. 1. —

—— Zirkel-Massstab. München 880, Mey und Widmayer. * — 70

Sailer, Maximiliana Katharina (Hrsg.), s. Sailer's Familien-Handbuch.

SAILER, MICHAEL: Cantate und Hymnen im Grundtexte entlehnt und für 4 Stimmen in Musik gesetzt von Thomas von Gabrielli Pfarrer zu Matsa abgesungen Gründonnerstag und Charfreitag bei St. Joseph in Pesth. Pesth 1827. Gedr. bei Math. Trattner. 16 S. - 8°

Sailer, S., des frommen Christen Andachtsübungen u. Gebete im Krankenbette u. auf d. Sterbelager. Beicht-, Communionbuch für Kranke. Gebet u. Zuspruch für Sterbende. gr. 8. Grätz 827. Ferstl. 10 gr

— Hauptinhalt, Erklärungen u. christkathol. Glaubens- u. Sittenlehren von d. heil. sonn- u. festtägl. Evangelien eines ganzen kathol. Kirchenjahres. Mit 1 Kpf. 8. Grätz 823. Ferstl. 4 gr

— die Initien, oder die vier Evangelien bei den Umgängen am heil. Frohnleichnamsfeste mit d. allerheiligsten Altarssakramente rc. 8. Grätz 827. Ferstl. 4 gr

— der Mensch u. Christ f. Welt u. Ewigkeit. In naturgeschichtl., philosoph., moral. u. christl.-religiöser Hinsicht. 1s Werk. A. u. d. T.: das Menschenleben. Betrachtt. u. Vorsätze eines frommen Christen über Leben u. Gesundheit rc. 2 Bde. 8. Grätz 825. Ferstl. 20 gr Postp. 1 th 3 gr 2s Werk. A. u. d. T.: das Christenleben. Betrachtt. e. frommen Christen üb. Geistesgenuß, Seelenruhe u. Glückseligkeit. 2 Bde. 8. Ebd. 825. 20 gr Postp. 1 th 3 gr, 3s Werk. A. u. d. T.: der fromme Christ in Krankheiten und Leiden. 3 Bde. 8. Ebd. 827. 20 gr Postpap. 1 th Alle 7 Bde Hbz. Pr. 2 th Postpap. 2 th 12 gr

Sailer, Sebastian

Sailer, Sebast., (eigentl. Ant. Frz. Xav. Seb.,) († 1778.) kurze Andacht zur heil. Ursula. 8. Augsb. 766.

Sailer, Seb. Feyerliche Dankrede auf die wiederhergestellte Ruhe des bestürzten Deutschlandes, oder den allgemeinen Frieden zu GOtt ... an dem Tage der heiligen Kirchweyhe. Augsburg, Rieger, 1763. 4°. 34 S.

Ausgewählte Dialektdichtungen aus den Schriften Sebastian Sailers. Mit e. Lebensbeschreibung u. e. Bildn. d. Dichters. Hrsg. von Joh. Schneiderhan. Ravensburg: F. Alber 1907. (292 S.) 8° [F.]
— Dialektdichtungen, Ausgewählte, aus d. Schriften älterer oberschwäb. Dichter. 1. [08. 438

Sailer, Seb., die Erschaffung d. Welt u. d. Sündenfall. Schspl. in 5 Aufz. in schwäb. Mundart. 8. Ulm 811. Wohler. 4 gr

Sailer, Ant. Frz. Xav., († . . .) Festpredigten. gr. 8. Augsb. 770. Rieger. 1 th

Sailer, Ant. Frz. Xav. (Seb.), Festpredigten zur Besserung des menschlichen Herzens u. der Sitten. gr. 8. Augsburg 771. M. Rieger. Ist der Preis 3/4 th

— Frage: Ob d. Tod d. P. Neumayr ein apostol. Tod gewesen sey? 4. Augsb. 765.

— ob. P. Neumayr ein wahrer Gesell Jesu sey? in e. Jubelrede mit Ja beantwortet. gr. 8. München, Lentner. 762.

— Frage: Ob P. Neumayr ein wahrer Gesell Jesu sey? in e. Jubelrede mit Ja beantwortet. gr. 4. (Münch.) 762. (J. Lindauer). 3 gr

Sailer, Sebastian: Das Gebet unsers Herrn u. d. engl. Gruß, s. Sailer, Joh. Michael.

Sailer, Sebastian. Marianischer Kempensis . . . a. d. Lat. Freysingen und Regensburg 1765. Ü: *Bugniet des Croisetes, Ferdinand Freih. von.* (MGT)

— Kempensis Marianus, s. libelli II de imitatione Mariae. 8. Augsb. 768. Rieger. 9 gr

— der wahre Knecht des Herrn, oder Lob- u. Sittenreden auf d. heil. Joseph. 4. Augsb. 773. Rieger. ½ gr

— Lehr- u. Gebetbüchlein für katholische Soldaten. Enthld. 35 goldene Verhaltungsregeln. Neu hersg. u. mit den nothwendigsten Gebeten verm. Paderborn 867. Schöningh. 32. (160 S.) geb. n. 4 ngr

— Lob- u. Sittenrede auf das Fest des heil. Clarovalens. Abts Bernhardus. 4. Augsb. 765. Rieger. 2 gr

— Marian. Lobreden, zur Bekehrung des Sünders u. Erhaltung d. Gerechten. gr. 8. Augsb. 771. M. Rieger. Ist d. Pr. 3/4 th

— jubilirendes Marchthal, od. Beschreib. v. dessen Stiftung, u. Lebensgesch. d. hochsel. Verstehern binnen 600 Jahren. Mit Kpf. 4. Augsb. 771. Rieger. 1 th

Sailer, Sebastian. Mit wenigen Vieles, das ist: Nützliche Tageszeit für katholische Christen. Klgft., Leon, (vor 1837).

Sailer, Sebast., zwei Bücher von der Nachfolge Mariens, s. Perlenkranz, geistlicher.

— — Aus dem Latein. übers. von Michael Schuler. Regensburg 867. Pustet. 12. (196 S. mit 1 Stahlst.) 6 ngr

Sailer, Seb., die Nachfolge Mariens in 2 Büchern. Aus dem Lateinischen übersetzt von Mich. Schuler. 2. Aufl. Mit Titelstahlst. 16. (183 S.) Regensburg 881. Pustet. n. — 40; geb. n. — 60

Sailer, Seb., O. Praem., die Nachfolge Mariä in ihren Tugenden, s.: Schäfer, Johs.

— Marianisches Orakel, das ist heilsame Räthe Mariä von dem guten Rath Ihren Pflegkindern, und Verehrern Ihres Wunderbildes zu Gennazano ... ertheilt und in eine Sammlung gebracht. Augsburg, M. Rieger, 1764. 8°. *Hübsches Frontispiz gestochen von J. G. Pinz nach G. Eichler*, 18 Bl. 690 S. 2 Bl.

— marian. Orakel, d. i.: heilsamer Rath Mariä von d. guten Rath ihren Pflegekindern ꝛc. ertheilt ꝛc. 2 Bde. gr. 8. Münch. 770 u. 71. (Rieger in Augsb.) 2 ß 12 kr

— ausgewählte Possen in schwäbischer Mundart, s.: Universal-Bibliothek.

— geistl. Reden bei verschied. Gelegenheiten u. üb. verschied. Materien gesprochen. 3 Bde. gr. 8. Münch. 760—770. (Rieger in Augsb.) 2 ß 12 kr

— Geistliche Reden bey mancherley Gelegenheiten und über zerschiedene Materien gesprochen. 2 Bde. Augsburg, M. Rieger & Söhne, 1766. 8°. 16 Bl. 482 S. 11 Bl.; 8 Bl. 496 S. 16 Bl. (letztes leer). Berieb. Ldbde. d. Z.

Originalausgabe.

— geistl. Schaubühne des Leidens Jesu Christi in Oratorien aufgeführt gr. 8. Münch. 775. Lentner. 9 kr

— Sebastian Sailers Schriften im schwäbischen Dialekte. Gesammelt und mit einer Vorrede versehen von SIXT BACHMANN. Buchau, Dionis Kuen, 1819. 8°. XXI & 307 S. Grauer Pbd. d. Z., Rücken lädiert.

Selten. Erste Gesamtausgabe der schwäbischen Komödien und Gedichte Sailers. Sie enth.: Die Schöpfung, Der Fall Luzifers, Die sieben Schwaben, Schwäbischer Sonn- und Mondfang, Schultheißenwahl zu Limmelsdorf, Baurenpredigt (Prosa). Die schwäbischen heiligen drey Könige, Beste Gesinnungen schwäbischer Herzen, Peter als Gott Vater, Baurenhochzeit, Trauerlied auf ein altes Weib: bis auf die ersten beiden Stücke alles im Erstdruck. Der Herausgeber war mit Sailer befreundet: er gibt in s. Vorrede eine kurze Biographie und anschauliche Schilderung von der Persönlichkeit dieses als Kanzelredners weithin geschätzten „Cicero suevicus", der in mehreren Sprachen mit Berühmtheiten des In- und Auslandes Briefe wechselte und nicht nur ein hervorragender Seelsorger, sondern auch ein angenehmer, stets heiterer Gesellschafter war; auch einige hübsche Anekdoten über ihn sind beigefügt. Nach Matth. Geister ist S. der Vater der schwäbischen Dialektdichtung.

— Schriften in schwäbisch. Mundart. Gesammelt u. mit e. Vorrede hrsgg. v. S. Bachmann. 8. Buchau 819. (N. A. 826.) Ulm, Stettin. 1 ß

Sebastian Sailers sämmtliche Schriften im schwäbischen Dialekte. Neue, vermehrte und genau durchgesehene Auflage, mit Wörterbuch und Einleitung versehen von K. D. Haszler, und Bildern von Julius Nisle. Ulm, Stettin'sche Verlags-Buchhandlung. o.J.

Sailer's, Sebast., sämmtl. Schriften in schwäbischem Dialekte. Neue verm. Aufl. mit Wörterbuch u. Einleitung von K. D. Haßler, u. Bildern von Jul. Nisle. 16. (Mit 4 Kpfrn.) Ulm 843, Stettin'sche Verlagsb. 3/4 ß

Sailer's, Sebast., sämmtliche Schriften in schwäbischem Dialekte. Neue, verm. u. genau durchgeseh. Aufl., m. Wörterbuch u. Einleitung versehen v. K. D. Haßler u. (5 lith.) Bildern v. Jul. Nisle. [Wohlf. Volksausgabe.] gr. 16. (XXVI u. 284 S.) Ulm 850, Adam. 1/2 ß

Sailer's, Sebast., sämmtliche Schriften in schwäbischem Dialekte. Mit Wörterbuch und Einleitung versehen von K. D. Haßler und Bildern von Jul. Nisle. 3. Aufl. Ulm 860. Stettin. 16. (296 S. u. 3 Holzschntaf.) 18 ngr.

Sailer's, Seb., sämtliche Schriften in schwäbischem Dialekte. 4., neu durchgesch. Aufl., m. Wörterbuch u. Einletg. v. K. D. Haßler. Illustr. v. G. Heyberger. 12. (XVI, 271 S.) Ulm 893. J. Ebner. 1. 80; geb. in Leinw. m. Rot- od. Goldschn. n. 3. —

— s. Sendschreiben, vier, wider D. P. Dornblüth.

— christl. Tageszeit in auferbaul. feinen Bildern. Mit 17 Kpf. 8. Wien 770. (Heubner). 1 ß 8 kr

— christl. Tagzeiten in Bildern, m. K. 8. Wien, Kurzböck. (Camesina.) 773.

Schreipb.

Sailer, Sebast., christl. Tageszeiten, bestehend in geistreichen Morgen-, Meß-, Reise- u. Abendgebeten ꝛc. 5e A. 12. Münch. 789. Lentner. 2 kr

— marian. Thomas von Kempen, od. zwei Büchlein von der Nachfolge Mariä. 12. Constanz 767. u. 8. Augsb. 787. Rieger. ...

— Traurede auf Franz I. Fol. Münch. 765. (Rieger in Augsb.) 4 kr

— Triduum sacrum s. exercitia triduana. 8. Augsb. 775. Rieger. 6 kr

— kernhafte Unterrichte aus d. christl. Sittenschule, von d. heil. Tiberius seinem Pflegekinde gegeben. 8. Münch. 768. (Rieger in Augsb.) 8 kr

— das Urbild eines weisen Schwaben im Bischofthum Udalrich. gr. 4. Wien 767. Trattner. 5 kr

Sailer, Sim., Arzt u. Pfuscher. Zeitgemäße Erwägungen. 8. (28 S.) München 878. (Weinreich.) n. — 80

Sailer, Ursula (Hrsg.), s. Sailer's Familien-Handbuch.

Sailern, C. A. von, lyrische Gedichte. 12. Wien, Rehm. 812. -

Sail-Höhe, s.: Preussen, Messtischblätter.

Saillens, R., Anhelia, die sonnenlose Insel. 12. (23 S. m. Titelbild.) Basel 896. (Missionsbuchh.) n. — 15

— der König der Welt. 12. (12 S. m. Titelbild.) Ebd. 896. n. — 10

— der 1. Mai. 12. (12 S.) Ebd. 897. n. — 15

— der Sänger. 12. (20 S.) Ebd. 897. n. — 15

— Weihnachten. 12. (14 S. m. Titelbild.) Ebd. 896. n. — 15

Sailler, Auguste, der Krankentisch. Eine Zusammenstellg. wohlerprobter Speisen u. Getränke, nebst e. Anleitg. zum Einsieden v. Säften u. Einmachen v. Früchten f. Kranke u. Genesende. 2. verb. u. verm. Aufl. gr. 8. (231 S.) Graz 872. Ferstl. n. 2. 40

Sailler, Auguste, der Krankentisch. Eine Zusammenstellg. wohlerprobter Speisen u. Getränke, nebst e. Anleitg. zum Einsieden v. Säften u. Einmachen v. Früchten f. Kranke u. Genesende. Von e. renommirten, rationellen, prakt. Ärzte u. mehreren in der Krankenpflege u. Kochkunst wohl erfahrenen Hausfrauen durchgesehen, geprüft u. als sehr empfehlenswerth anerkannt. 3. Aufl. gr. 8. (VIII, 232 S.) Wien 883. Hartleben. geb. 3. —

Saillet. Essai théorique sur la construction du forceps, nouvel instrument. Avec 5 fig. en texte et 1 pl. In 8°. 23 p. Genève et Bâle, Georg & Co. 1897. 2 —

La création métaphorique en français et en romain par Lazare Sainéan. ... Images tirées du monde des animaux domestiques. Le Chat avec un appendice sur la fouine, le singe et les strigiens. Halle a. d. S.: M. Niemeyer 1905. (VI, 148 S.) 8°
= Zeitschrift f. romanische Philologie. Beihefte. 1. fos. ιιιι 4

La création métaphorique en français et en roman par Lazare Sainéan. Images tirées du monde des animaux domestiques. Le chien et le porc avec des appendices sur le loup, le renard et les batraciens. Halle a. S.: M. Niemeyer 1907. (VI, 174 S.) 8°
— Zeitschrift f. romanische Philologie. Beihefte. 10.

Saineanu, Lazar, dictionar germano-român. (Deutsch-rumän. Wörterbuch.) 8. (502 S.) Bukarest 887, Socecŭ und Comp. *

Saineanu, Lazar, deutsch-rumänisches Wörterbuch. 8. (XVI, 502 S.) Bukarest 890. Socecŭ & Co. n. 4. 80

Sainfroid, des Jesuiten, u. d. scheinheiligen Eulalia, Gesch. 8. Nürnb. 729.

Sainnovics, J., demonstrat., idioma Ungarorum et Lapponum idem esse. 4maj. Kopenh. 770. (Schubothe). 6 gr

Saint-Albain, s. Albain.

Saint-Albain, Julie. Leipzig 1801. V: *Bernhardi, Sophie* später: *von Knorring geb. Tieck.* (GGr) (MGT)

Saint-Alban, Clairville u. Adelheit; eine französ. Anekdote. 8. Leipz. ... N. A. 807. (Nauck). 12 gr

(Saint Albin). An die aufgelöste preußische Nationalversammlung. Stimmen aus Paris. Paris, Berlin, Stargardt (Dez. 1848). VI 75 S. 8.

Saint-Albin, siehe: An die aufgelös'te Preußische National-Versammlung.

Saint-Albine, Pierre Remond de

Saint-Albine, Heinrich u. Emme, e. Nachbildung von Priors nußbraunen Mädchen, u. der Schauspieler, e. dogmat. Werk für Theater; aus d. Französ. (v. Fr. Just. Bertuch). 2 Thle. 8. Altenb. 772. (Hennings in Neisse). 18 gr

Saint-Albine, [Pierre Remond] de. Der Schauspieler, ein dogmatisches Werk für das Theater. Aus dem Franz. Altenburg 1772. Ü: *Bertuch, Frdr. Justin.* Vgl. Meusel, Gel. T. 1, 268. (DARP)

Saint-Albine, der Schauspieler, ein dogmatisches Werk f. Theater. 2 Thle. 8. Altenburg. (Akad. Bchhdl. zu Jena.) 772. Richter.

Saint-Albine, der Schauspieler. 2 Thle. 8. ... (Hennings in Neisse). 18 gr

Saint-Alme, s. Alme.

Saint-Alme oder ägyptische Mährchen. Leipzig 1793—97. V: *Naubert, Benedicte Christiane Eugenie geb. Hebenstreit.* (Ky)

— oder ägypt. Mährchen, (von B. Naubert). 5 Bde. 8. Leipz. 793–97. (Reimer in Berl.) 2 ♯ 12 gr

Saint-Alme und Hyle oder die glückliche Insel im Lybischen Sandmeere. [Prag] 1802. V: *Polt, Johann Joseph.* (GGr)

Saint-Alme u. Hyle, od. die glückl. Inseln im lybisch. Sandmeere rc. 8. Prag 802. Polt. 12 gr

Saint-Amand; eine Erzählung aus d. Revolutionszeit in Domingo. Vom Verfass. des „Herrmann v. Hartenstein". 8. Bresl. 801. W G. Korn. 10 gr

Saint-Amans, Jean Florimond Boudon de, Lettres inédites, publiées par Ph. Tamizey de Larroque, s.: Correspondants, les, de Grandidier IV.

Saint-Amaranthe, die Familie, oder die Schreckens-Regierung; e. heroische Novelle; aus d. Französ. der Mad. C. L., übers. v. A. Ludwig. 2 Thle. 8. Stuttg. 827. (Brodhag). 2 ♯
Vgl. Sainte-Amaranthe, ...

SAINT-ANDRE, de, Lesenswürdige Briefe an einige seiner Freunde über die Materie von der Zauberey, den Uebelthaten, so dadurch angestifftet werden, u. von den Zauberern u. Hexen insbesondere; worinnen er die wunderbarsten Würckungen, die man gemeiniglich den Teufeln zuschreibet, deutlich erkläret und was entweder natürlich, oder Betrügerey sey. Gedruckt zu Paris 1725. Statt eines Supplements zum *Hutchinson* (s. d.) aus d. Frantzös. ins Teutsche übers., mit Vorbericht u. Register v. Theodor Arnold. Leipzig, Martini, 1727. 4°. (In Rostock, Landesbibl.) Sehr selten! 10 Bll., 204 S. u. Reg. (15 Mk. A. Bielefeld, Carlsruhe, 1905; 9 Mk. L. Rosenthal, c. 1903.)
Es werden die wunderbarsten Dinge Besessener erzählt, welche ihre natürliche Aufklärung finden. Von Exorcisten u. heimlichen Beichtvätern der römischen Kirche, welche unter dem Vorwande besessenen Weibern den Teufel aus dem Leibe zu treiben mit denselben Unzucht begehen, u. s. w.
Orig.: de Saint-André, Lettres au sujet de la magie, des malefices et des sorciers. Paris 1725. 8°. 4 ff., 446 pp. (12 Mk., veau, J. Rosenthal, c. 1903.)

de St. André, Franc., Lettre au sujet de la magie, des malefices et des sorciers, ou il rend raison des effets les plus surprenans qu'on attribue ordinairement aux demons, et fait voir que ces intelligences n'y ont souvent aucune part, et que tout ce qu'on leur impute, qui ne se trouve ni dans le Nouveau Testament, ni autorisé par eglise, est naturel ou supposé. 446 pp. Par. 12°. Ins Deutsche unt. d. Titel: Lesenswürdige Briefe v. d. Zauberey. Lpz. 1727. 4°. Auch: *Auborn, Magiologia.* 8°. *Haller*, Bibl. med. pr. IV, 18. 47. (Magia quodammodo naturalis, in qua ea quae daemonibus hucusque adscribi solebant, vel ad leges naturae vel ad dolum et artem reducuntur.) 1725

Saint-Ange, Chabanon's Abentheuer im Gebiete der Liebe. 8. Leipz. 796. Schmidt. 14 gr Neue Aufl. 8. Frankf. 819. Sauerländer. 18 gr

v. Saint-Ange, s. Horace.

Saint-Ange, Anna, s.: Bibliothek für die reifere christl. Jugend.

SAINT-ANGE, Louis de (ps.), Frauengunst oder das Geheimnis sich beim schönen Geschlecht beliebt zu machen, seine Gunst u. den Sieg über dasselbe zu erlangen. Nebst einer Abhandlg. v. d. Kennzeichen eines zärtl. Temperaments und *Anhang*, enth. die Gedanken des Montaigne, Labruyère u. Larochefoucault. Frei nach d. Französ. v. August v. B. Ilmenau 1826. 8°. Voigt. (2 Mk. 50 Pfg. A. Bielefeld, c. 1885.)
Orig.: Le Secret de triompher des femmes et de les fixer . . . Paris 1825; 1827. 8°. u. öfter. — Bruxelles, s. d. 12°. (1 Mk. 50 Pfg. Scheible, 1881.)

— das Geheimniß über die Frauen zu triumphiren u. sie zu fesseln; aus d. Französ. v. G. Sellen (L. v. Alvensleben). gr. 12. Leipz. 827. Taubert. 9 gr

— — Dasselbe, tit: Das Geheimniß über die Frauen zu triumphiren und sie zu fesseln. Nebst den Zeichen, welche die Neigung zur Liebe verkünden. Aus d. Französ. frei übers. von Gust. Sellen (d. i. Ludw. v. Alvensleben). 2. Aufl. Leipzig, Taubert, 1828. 12°. 162 S.

Saint-Ange, Louis v., das Geheimniß üb. d. Frauen zu triumphiren u. sie zu fesseln. Nebst d. Zeichen, welche die Neigung z. Liebe verkünden. A. d. Franz. frei übers. v. Gust. Sellen. 3. Ausg. 12. (7 B.) Leipzig 836, Krappe.

Saint-Ange, Mart., Circuitus sanguinis in foetu humano et in animalibus vertebratis, explicuit. 8maj. (2 B. u. 1 ill. Kpfrst., Imp.-Fol., in Holz-Etui.) Berolini 838, Bethge. *

Saint-Ange, Martin, der Kreislauf des Blutes beim Fötus des Menschen u. bei den Wirbelthieren, dargestellt. Nebst 1 Abbildung (: Circuitus sanguinis in foetu humano et in animalibus vertebratis Kupferstich u. illum. Imp.-Fol. u. in Holz-Etui.) gr. 8. Berlin 838. Bethge. n. 3⅓ ℛ

Saint-Ange, Vict., Secretär in zarten u. geheimen Angelegenheiten. Enth.: Liebesbriefe, Heirathsanträge, Erklärungen, Antworten, Vorwürfe, Versöhnungen, Neujahrs- u. Geburtstagswünsche etc. in elegantem, für Gebildetere passendem Style etc. Nach d. 7. Ausg. d. Franz. Verm. mit e. Anzahl Stammbuchaufsätze. 16. (10 B.) Ludwigsburg 834. [Stuttgart, Liesching u. Comp.]

— dass. (N. Ausg.) unter d. T.: Die Sprache des Herzens, eine Auswahl schöner Liebesbriefe, Neujahrs- u. Geburtstagswünsche, Stammbuchaufsätze etc. (Mit ill. Titelbild.) 16. Stuttgart 838. Liesching u. Comp. ¾ ℛ

Saint-Antoine, A. I. de, s.: Haillet de la Couronne, lettres inédites.

St. Anthony's Herold : 1898 1905 Hawthorne, IL

Saint-Aubin, s. Aubin.

Saint-Aubin, Horace de [Pseud.], s. Balzac, Honoré de

Saint-Aubin, Horaze de, der Freiherr v. Roche-Corbon, od. d. Bannfluch. A. d. Franz. von v. Wedel. 2 Thle. 8. (36½ B.) Wesel 841, Prinz. (ℛ)

Saint-Aubyn, Alan, e. alten Jungfer Liebestraum, s.: Engelhorn's Romanbibliothek.

Saint-Aulaire, Louis Clair Beaupoil, Comte de

Saint-Aulaire, (Graf,) Geschichte d. Fronde. Aus d. Französ. 1r u. 2r Bd. gr. 8. Leipz. 827, Hartmann.

Sait-Aulaire, Graf, Geschichte d. Fronde; aus d. Französ. 2 Bde. gr. 8. Leipz. 827. (Lehnhold; a. Volkmar). 3 ℛ 8 gℛ

Saint-Aulaire, Louis Comte de Blaupoil de. Geschichte der Fronde. A. d. Franz. ... Leipzig 1827—28. Ü: *Falkenstein, Joh. Paul Freih. von.* (ABJP)

— Dass. eine andere Uebersetzung. 3 Bde. gr. 12. Stuttg. 827. (Brodhag). 4 ℛ 12 gℛ

Saint Barthelemy

Ein unheimlicher Schatz. Erzählungen. Frei nach dem Schwed. von Sigfried Nyberg. Berlin 1868.

In: Roman-Magazin des Auslandes. Nr 1-3.

Saint-Bernard. Le Grand S^t B^t, ou Essai historique sur ce que l'hospice du G^d S^t-B^t offre de plus intéressant. Par un Ecclésiastique du Diocèse de Sion. 8. s. l. 1830.

Saint-Beuve, s. Senancour, Obermann.

Saint Cère, Anna, der Sonnenelf. 12. (62 S.) Köln 900. A. Ahn. n. 1.—

Der Sonnenelf von Anna St. Cère. *Berlin, Köln, Leipzig: A. Ahn [1901].* (62 S.) 8° [F.] [01. 10657

St. Charles Demokrat : Jan. 1, 1852--Dec. 28, 1916.

Democratic weekly. Sub-title: Ein Organ für Politik, Literatur, Kunst, Handel, Wissenschaft, Ackerbau und Gewerbe. [From Jan. 1, 1852.] Circulation: 1870, 720 (est.); 1880, 800; 1883, 1450; 1890, 840; 1900, 960; 1910, 800. Edited by Arnold Krekel, afterwards U.S. Circuit Judge of the Western District of Mo., Jan. 1, 1852 - Dec. 1855; published by Jacob Kibler & N. C. Orear, Jan. 1 - Apr. 10, 1852; by Julius Hiemer, Apr. 17 - Dec. 1852; edited & published by Gustav Bruere & Julius Hiemer, Jan. 1853 - Dec. 1863; by J. H. Bode & Gustav Bruere, Jan. 1864 - July 6, 1865, by J. H. Bode (with Hermann Lindemann as editor for a time in 1865), July 13, 1865 - 1870?; by J. H. Bode & W. A. Bode, 1870 - 80; by J. H. Bode, 1881? - 1916.
St. Charles, MO

St. Charles Republikaner : 1880? - 1903?

Republican weekly. Circulation: 1880, 750 (est.); 1890, 1342; 1900, 850. Edited by Hugo Wittig, 1880 - 84; by E. H. Wolf, 1885; by Dr. A. Schaffranek, 1900 - 03; published by H. C. Sandfort, 1880 - 85; by St. Charles Publishing Co., 1886 - 1903.
St. Charles

St. Charles Zeitung : 1872 - 1879?

Republican weekly. For supplement, see SONNTAGSBLATT. Circulation: 1878, 600 (est.). Edited & published by Gustave Bruere, 1872 - 75; by Frederick Dörr, 1876; by F. Baumann, 1877 - 79.
St. Charles, MO

Saint-Clair

— od. d. Opfer d. Wissenschaften u. Künste, a. d. Franz. von Genlis. 8. Leipz. Hinrichs. 808.

Saint-Clair, der Eiländer oder die Geächteten von Barra ... a. d. Engl. Magdeburg 1811. V: *Helme, Elisabeth.* (Ky)

Saint-Clair, der Eiländer; oder die Geächteten von Barra. Eine schottische Sage. Aus dem Engl. d. Elisab. Helme. 2 Bde. 8. Magdeb. Heinrichshofen. 811.

Saint-Clair und Stephanie. Erfurt 1800. V: *Sheridan, Richard Brinsley* [?]. (Ky)

Saint-Clair u. Stephanie, od. d. unbewohnte Eiland, v. d. engl. Parlamentsredner Sheridan, a. d. Engl. m. K. 8. Erfurt. Beyer u. M. 800.

Saint-Clair u. Stephanie, (von Sheridan). 8. Erfurt 800. (Otto). 18 gℛ

St. Clair County Volksblatt : 1889? - 1915?

Weekly (semi-weekly, 1901) edition of TAGEBLATT UND ARBEITER-ZEITUNG, 1889 - 1912; then independent weekly. Title varies: WÖCHENTLICHE ARBEITER-ZEITUNG. Circulation: 1890, 775; 1903, 1400; 1909, 1000. Published by St. Clair Printing & News Co., 1913 - 15.
Belleville, IL

Saintclo, Henricus (Schlettstadt) A. S. 281/19

Disputatio inauguralis juridica, de subsidiaria ecclesiarum reparatione, Von der Beysteuer und Hülffs-Geldern zur Erbau- und Ausbesserung der Kirchen-Gebäude. Präs. Ulrich Marbach.
Strassburg (Staedel) 20. XII. 1702. 40 S. 29663

Saintcourt, Wiener Skizzen. Kleine humorist. Erzählgn. 8. (VII, 111 S.) Leipzig 890. (Rauert & Rocco.) n. 1.50

Saint-Croix, Lucien de, Études sur les populations rurales en Allemagne, s.: Blondel, Geo.

St. Croix Post : Jahrgang 1 - 35, no. 29, Aug. 1876 - Feb. 2, 1911

Independent weekly. Sub-title: Herausgegeben im Interesse der Deutschen Bürger des St. Croix Thales. For supplement, see DER ERZÄHLER. Circulation: 1880, 750; 1890, 1180; 1900, 1600; 1910, 1300. Edited & published by W. P. Schilling, 1876 - 77; by William Schermuly, 1877 - Apr. 1878; by William Schermuly & Julius Duel, May 8, 1878 - Sept. 1881; by Julius Duel, Sept. 21, 1881 - Nov. 1886; by William Schermuly & Co., Dec. 8, 1886--1888?; edited by F. C. Neumeier & ? Lehmicke, & published by St. Croix Post Printing Co., 1888? - 1889; edited by William Schermuly, & published by F. C. Neumeier, 1895 - 1905, edited & published by F. C. Neumeier, 1906 - 11.
Stillwater, MN

St. Croix Thal-Bote : 1882? - 1883? Stillwater, MN

Independent weekly. Edited & published by C. H. Lienau.

Saint-Cyr, L. Gouvion, Marquis de (vgl. G o u v i o n . . .)

— — Tagebuch der Operationen der Armee von Catalonien in den Jahren 1808 und 1809, unter den Befehlen des ..... Oder Beiträge zur Geschichte des spanischen Krieges. Aus dem Französischen übersetzt und mit Anmerkungen versehen von Fr. X. Rigel, Grossherzoglich-badenschem Hauptm. etc. etc. (1 Bd. Text und 1 Atlas.) 8. Rastatt 1823.

St. Damian, Leo. 1007 [Pseud.]
s. Clark, Frederic Horace. 109. 9614

St. Demary, der Decan der St. Leonhards-Kirche. Eine Novelle aus Frankfurts Vorzeit. gr. 12. (10⅔ B.) Mannheim 839, Löffler.

Saint-Demary, Harry u. der Schützling des Korsaren. 8. (13½ B.) Mannheim 834, Löffler.

Saint-Didier, s. Didier.

Saint Didier. Napoleons Abdankungsnächte im Jahre 1815. ... A. d. Franz. Leipzig 1816. Ü: *Bergk, Johann Adam.* (NN) (Ky) (MGT)

St. Domingue — Carte générale de l'île de — dressée pour servir à l'usage des mémoires du lieut. gral. B. Pamphile Lacroix, par le Chev. Lapie. Paris 1819. 1: 1.000.000. 1 Bl. aus dem W. Mémoires pour servir à la révolut. de st. Domingue par Lacroix.

Sainte, A. A. de la, orationes. 8. Augsburg, Rieger. 763.

Sainte-Amaranthe, die Familie, od. die Schreckens-Regierung. Eine heroische Novelle. Aus d. Franz. d. Mad. E. L. übers. v. A. Ludwig. 2 Thle. 8. Stuttg. 827, Franckh.
Vgl. Saint-Amaranthe,..

Sainte-Ange, W. de: „Praktische Eisenhüttenkunde, oder systematische Beschreibung des Verfahrens bei der Roheisenerzeugung und der Stabeisenfabrikation. Begleitet von einem Atlas mit 63 Planotafeln der jetzt angewendeten Maschinenapparate und Gezähe, der alle zur Ausführung der Anlagen erforderlichen Details enthält"; gezeichnet von Le Blanc; deutsche Bearbeitung von Carl Hartmann, 3 Teile nebst Atlas, Weimar 1839 bis 1841. — Vorh.: Preuß. Oberbergamt Dortmund — Text F. h. 6; Atlas H. 57.

Sainte-Barthélemy, Nicolas Muss, voir: *Du Bois-Melly,* Ch: Le récit...

Sainte-Beuve, [Charles-Augustin. et] Reuchlin, Hermann. Correspondance s. Ritter, Eugène. Correspondance.... Oppeln et Leipzig 1891.

Sainte-Beuve, Menschen des XVIII. Jahrhunderts. Nach den Causeries du Lundi. 8. (282 S.) Chemnitz 880. Schmeitzner. n. 6. —

Sainte-Claire, Arth. M. de, a dictionary of english, french, and german idioms, figurative expressions and proverbial sayings. Assisted by Eman. Pasquet for the french and Otto Hölscher for the german. (In ca. 14 parts.) Part 1—3. gr. 4. (VI, 144 S.) London 878. 79. Berlin, Langenscheidt. à n. 3. —

Sainte-Claire Deville, Henri (Etienne)

Sainte-Claire Deville, H., und F. Wöhler, über das Bor. gr. 4. (12 S.) Göttingen 857, Dieterich'sche Buchh. Thlr. *
Aus: Abhandlungen der k. Gesellschaft der Wissenschaften zu Göttingen, 7. Bd., besonders abgedruckt.

Sainte-Claire-Deville, Schützenberger et Le Boux, Leçons de Chimie (Société chimique de Paris). Leipzig 1869. 8.

Sainte-Claire Deville, H., und **Debray,** das Platin und die dasselbe begleitenden Metalle. Aus dem Französ. von Chr. Heinr. Schmidt. Mit 1 (lith.) Taf. Abbildgn. (in Fol.) Quedlinburg 861. Basse. gr. 8. (126 S.) 25 ngr.

Sainte-Croix, s. Croix.

Des Freyh. [Guill. Emm. Jos. Guilhelm de Clermont Lodère] v. Sainte-Croix Versuch über die alten Mysterien aus d. Franz. übers. und mit einigen Anmerk. begleitet von Carl Gotthold Lenz. Gotha: Ettinger 1790. 339 S. 8°
Recens: Götting gel. Anz. 1790 S. 1318—1319; °Neue Leipz. gel. Anz. 1790 S. 327; Gothaische gel. Ztg. 1791 S. 361—362; °Erfurt. gel. Ztg. 1791 S. 164.
cf. D. neuesten Religionsbegebenheiten. 13 (1790) S. 378—383.
Kl. 3827, Tt. 2729. Es gibt 2 verschiedene Drucke dieser Schrift. 3.

Sainte-Croix, Emanuel Guillaume Joseph Guilhen de Clermont Baron de. Widerlegung des Wolfischen Paradoxons über die Gedichte Homers. Leipzig 1798. Ü: *Riemer, Friedrich Wilhelm.* (ADB)

—— Widerlegung des Wolfischen Paradoxons üb. Homer. 8. Leipzig, Crusius. (W. Vogel.) 798.

— Widerlegung des Wolfischen Paradoxons über die Gedichte Homers. Aus dem Franz. Leipz. 799. 8. 6 gr.

Saint-Edme (Pseud.), s. B o u r g , Edme Théod.

Saint-Edme (= Edme Théod. Bourg). Liebschaften u. Galanterien der Könige von Frankreich oder histor. Memoiren über die Konkubinen, Maitressen u. Favoritinnen dieser Fürsten. Vom Anfang der Monarchie bis zur Regierung Karls X. 2 Bde. Schneeberg 1830. Ü: *Sporschil, Johann.* (BGE II³, 399) (Zeitschr. f. Büch. N. F. 15, 1923, S. 120) (Allg. Lit. Ztg. 1832, Ergbl. Nr. 93, Sp. 741/4) (Jen. A. L. Ztg. 1830, Ergbl. Nr. 90, Sp. 335 f.) (DARP)

Saint-Edme, Liebschaften u. Galanterien der Könige v. Frankreich, od. histor. Memoiren üb. d. Konkubinen, Maitressen u. Favoritinnen dieser Fürsten. Vom Anfange d. Monarchie bis zur Regierung Karls X. 2 Bde. gr. 8. (45½ B.) Schneeberg 850. [Leipzig, Böhme.] Thlr

—— (dass. u. d. T.:) Liebesabentheuer d. Könige v. Frankreich, vom Ursprung d. Monarchie an b. auf unsere Zeit. Frei bearb. n. d. Franz. 2 Thle. gr. 12. (:0 B.) Köln 830, Pappers. (?)

Sainte-Foi, Charles, das Buch der Völker u. d. Könige. Nach der neuesten, verb. u. verm. Ausg. bearb. v. Wilh. Schwan. 8. (206 S.) Paderborn 850, Junfermann. ½ ng

Sainte-Foi, Charles, le livre des peuples et des rois. II Ts. 12. (21¾ B.) Leipzig 839, Brockhaus et Avenarius. •

— ernste Stunden des jungen Weibes. Nach der 2. Aufl. aus d. Französ. von J. H. gr. 16. (VIII u. 284 S.) Tübingen 851, Laupp. 26 ngr

Sainte-Foi, Charl., ernste Stunden eines jungen Mädchens. Ein Buch für die reifere weibliche Jugend: Nach der 13. Aufl. aus dem Französ. 861. (IV, 267 S.) 14 ngr — 2. Aufl. Mit einem Vorworte von Joh. Evang. Stadler. Augsburg 863. Schlosser. 16. (XIX, 255 S.) 15 ngr

Ernste Stunden für junge Mädchen [Les heures sérieuses d'une jeune femme]. (Verf.: Charles Sainte-Foi.) Hrsg. von Clara Rheinau [d. i. Anna Siebert]. Mit Einführung u. Schlußwort von G[ottfr.] Rohr. 2. Aufl. *Köln: J. P. Bachem [1902].* (260 S.) 8° [F.] [03-9843]

Sainte-Foi, Charles. Die ernsten Stunden eines Jünglings. Aus dem Französischen. Münster 1843. 2. Aufl. 1862. Ü: *Perger, Alois Clemens.* (RASS 252) (Zeitschr. f. Büch. N. F. 15, 1923, S. 120)

Ste. Genevieve Beobachter : 1880? – 1882?
Independent weekly. Circulation: 1881, 400. Edited & published by J. G. Rudolph.
Ste. Genevieve, MO

Ste. Genevieve Freisasse : 1875?
Weekly. Edited by Charles L. Cusseow, & published by S. Henry Smith.
Ste. Genevieve, MO

Ste. Genevieve Herold : May 6, 1882 – 1918?
Independent weekly. Published in English and German, 1898– 1919. Circulation: 1890, 840; 1900, 740; 1910, 921; 1915, 1005.
Ste. Genevieve, MO

Saint-Elisabet-Kirche, die, zu Breslau u. ihre Denkmäler. Nebst einer Abbildung des Elisabet-Thurmes in seiner früheren Gestalt. Herausgeg. von J. G. Kunisch. gr. 8. Breslau 841, Graß, Barth u. Comp. n. 1/4 ℛ

St. Elme, Joseph, Gedichte. 16. (27 1/2 B.) Köln 844, Eisen, Verlag. Thlr. *

Sainte-Marie, Christine, die edle Dulderin, } s. Zehnpfennig-Bibliothek, Regensburger.

Sainte-Marie, Christine, die edle Dulderin. Erzählung für Volk und Jugend. Nach dem Französ. 16. (128 S. mit 4 Stahlst.) Regensburg 872, Manz. cart. — 75

— getäuschte Hoffnungen. Erzählung f. Volk u. Jugend. Nach dem Franz. Mit 4 Stahlst. 16. (128 S.) Ebend. 872. — 75
Dass.s.a.:Zehnpfennig-Bibliothek, Regensburger.

Sainte-Marie, Marie von Montbrün oder Gott u. meine Mutter. Therese oder Gott schützt u. rettet die Unschuld. 2 Erzählungen für die reifere weibliche Jugend u. für Jugendfreunde. Nach dem Französischen. 2., verb. Aufl. Mit 1 Stahlst. 8. (141 S.) Straubing 880. Volks- u. Jugendschriftenverl. cart. 1. —

Sainte-Marie, St., üb. die Heilung veralt. vener. Krankheiten ohne Quecksilber, mit Zusätzen u. e. Nachtr. hrsgg. v. J. C. Renard. gr. 8. Leipz. 822. (Pesth, Hartleben). 21 gr Hbg. Pr. 6 gr

v. **Sainte-Marie-Eglise**, Frhrr., die Pflicht der baul. Unterhaltung u. Wieder-Erbauung der Cultus-Gebäude, nach Rechtsprincipien, baier. Gesetzen u. Verordnn. Mit e. Vorrede v. K. Egger. gr. 8. Augsb. 832. Kollmann. 16 gr
Dass.s.a.:Saint-Marie-Eglise, Frhrr. v.

Saintemond, Eduard, oder die wunderbare Rettung aus der Eisgrube zu Paris. 8. Leipz., Joachim. 16 gr

Sainte-Palaye, Jean Bapt. de la Curne de,
vgl. Curne de Sainte-Palaye.

Sainte-Palaye. [Jean Bapt.] de la Curne de: Das Ritterwesen des Mittelalters nach seiner politischen u. militärischen Verfassung. Aus d. Franz. mit Anm., Zusätzen u. Vorr. von Joh. Ludw. Klüber. Bd 1. 2. Nürnberg 1786. 88.

Sainte Roche, s. Saint Roche.

de Saintes, A. E., les deux orphelins, siehe: Bibliothèque, petite, Française. Vol. XIX.

Saintes, A. E. de, Thérèse ou l'enfant volé, s.: Bibliothèque française.

— Thérèse, siehe: Bibliothèque, petite, Française. Vol. I.

Saintes, A.-E. de, Thérèse ou la petite soeur de charité, hrsg. v. Berth. Klatt, s.: Prosateurs français.

Saintes, Amand

Saintes, A., les combats en matière de religion et les règles qu'il faut y suivre. Sermon sur I Timothée VI, 12, prononcé le jour anniversaire de la bataille de Leipzic. gr. in-8. (1 B.) Hambourg 839, Meissner.

Saintes, Amand, 12 discours sur divers sujets de morale et de religion. Prononcés dans l'église réformée Française de Hambourg. Lex. 8. (VIII u. 96 S.) Hambourg 847, Herold. n. 1/2 ℛ

Saintes, Amand, discours sur les malheurs publics, prononcé à l'occasion de l'incendie qui a dévoré une partie de la ville de Hambourg, le 5, 6, 7 et 8 mai 1842. gr. in-8. Hambourg 842. (Herold.) n. 1/6 ℛ

—— la grandeur de l'homme et la prospérité d'un état. Discours, prononcé le 18. Oct. 1840, jour anniversaire de la bataille de Leipzic. gr. in-8. (1 B.) Hambourg 840, Meissner.

— s. Geschichte des Rationalismus in Deutschland.

— histoire critique du rationalisme en Allemagne depuis son origine jusqu'à nos jours. 2. édit. revue et augmentée. gr. in-8. Hambourg 843, Herold. n. 2 1/2 ℛ

— histoire de la vie et de la philosophie de Kant. Ornée du portrait et d'un fac-simile du philosophe. gr. in-8. Paris 844; Hambourg, Herold. n. 2 1/2 ℛ

— le Royaume des Cieux sur la terre; ou recueil de discours sur les principales paraboles de l'Évangile, prononcés dans l'église réformée Franç. de Hambourg. gr. 8. (XVIII u. 148 S.) Ebd. 847. n. 1 ℛ

Saint-Etienne, Reib- u. Sieb-Maschine f. Kartoffeln, welche zugleich d. Stärkmehl vollkommen ausscheidet u. beträchtl. Ersparung geg. die besten d. früheren gewährt. Nebst Beschreib. sämmtl. älterer Reib-Maschinen. M. 1 Stnt. (qu. gr. Fol.) u. vielen Holzschn. gr. 8. (2 1/2 B.) Nürnberg 833, Leuchs u. Comp.

Saint-Etienne's Reib- und Sieb-Maschine für Kartoffeln, welche zugleich das Stärkmehl vollkommen ausscheidet und beträchtliche Ersparung gegen die besten der früheren gewährt. Nebst Beschreibung sämtl. älterer Reib-Maschinen. 2. verm. Ausg. Mit 1 Steintaf. u. vielen Holzschnitten. 8. Nürnberg 843, Leuchs u. Comp. 1/2 ℛ

Saint-Evremond, Charles Marguetel de Saint Denis Seigneur de & Edmund Waller. Briefe; a. d. Engl. O. O. 1770. Ü: *Klausing, Anton Ernst.* (MGT)

Saint-Evremond, Ch. de, die Gelehrten-Republik, s. Universal-Bibliothek.

Saint Evremont, Charles Margotelle de Saint Denis, sieur de. Der unglückselige Galant, vorgestellt in dem Leben des Grafen C*** und beschrieben durch den H. v. S. Evremont, aus dem Französischen übersetzt. Leipzig 1700. Leipzig 1722. V: *Villiers, Pierre de.* (BGE VII³, 38)

Saint Evremont, Charles Margotelle de Saint Denis, sieur de, der allezeit verliebte und allezeit betrogene Graf von C**. Aus dem Französischen. Leipzig 1705. V: *Villiers, Pierre de.* (BGE VII³, 38)

Saint-Evremont. Ein Roman. Hsg. von Ludwig Tieck. 2. Aufl. Breslau 1845. V: *Bernhardi, Sophie* später: *von Knorring geb. Tieck.* (Ky)

St. Evremont. Ein Roman. (Von Sophia v. Knorring.) Hrsg. v. Ludw. Tieck. 3 Thle. 2., verb. Aufl. 8. (68 B.) Breslau 845, Max u. Comp.

Saint-Félix, Jul. de, les amoureux de la comtesse. 3 Vols Naumburg 861. Patz. 16. (472 S.) 1 Thlr

— Coraly, s. Novellen-Sammlung.

— la duchesse de Bourgogne. IIde édit. 8. Paris 837. Brockhaus et Avenarius 1 1/3 Thlr

de Saint-Felix, J., s. Heine, Fd., Obrist Richmond.

Saint-Felix, Jules v., die Nächte Roms, s. a. Bergson's Eisenbahnbücher.

Saint-Felix, Jul. v, Die Nachte Roms. (Lyda, die Bacchantin etc.) Leipzig 1860 8⁰ 117 S. (1 Mk 20 Pfg. J Taussig, 1903)

Saint-Félix, Jul. de, les oiseaux de Clichy. 3 Vols. Naumburg 864. Pätz. 16. (470 S.) 1 Thlr

Saint-Felix, Jul. de, Rosalinde et Rosemonde. 3 vols. Naumbourg 858. Exped. der Bibliothèque choisie. 16. (160; 160; 68 S. und: Pierre de Villerglé, par Amadée Achard, S 69—116, und: Le petit violonneux par Chs. Deslys, S. 117—152.) 1 Thlr.

—— Rosalinde et Rosemonde. Suivi de „Pierre de Villerglé par Amédée Achard" et „Le petit violonneux par Charles Deslys." 3 Vols. (Bibliothèque choisie. Vol. 237—239.) 16. (472 S.) Paris 858. [Naumburg, Paetz.]

Saint-Felix, Jules de, Tibull u. Virgil. Zwei Gemälde n. d. Franz. v. Theod. Hell. gr. 16. (9 B.) Dresden u. Leipzig 836, Arnoldische Buchh.

Saint-Flour und Justine oder Geschichte zweier Liebenden. Berlin 1795. V: *Hayder, Ant. Adolph.* (Ky)

Saint-Flour u. Justine, od. Gesch. zweyer Liebenden wie es deren wenige giebt, n. d. Franz. v. A. A. Hayder. 12. Berlin. (Vieweg in Braunschw.) 795.

Der Spion, oder Geschichte des Afterbarons von Maubert Aus d. Französ. (des *Saint-Flour* übers. von Michael Christian Hirsch). Amsterdam (Berlin, Haude) 1759.
Anon.-Lex. IV. p. 107 (nach Weller, Barbier, Querard). — Selten, wie die folgende Ausgabe

— — Dasselbe, titulo: Der normannische Spion, oder merkwurdige Begebenheiten des vorgeblichen Baron v. Maubert, ehemaligen Kapuziner, Ritter, Schriftsteller etc. Aus d. Franz. ubers. v. M C. Hirsch, Brünn 1783 8⁰. (2 Mk. Franz Teubner, Dusseldorf, 1898; jetzt theurer!)

Saint-Foix, s. a. Foix.

Saint-Foix, Germain François Poullain de,
s. a. Poullain de Saint-Foix, Germain François.

—Einleit. in die Gesch. d. Stadt Paris; aus aus d. Französ. 2 Theile. 8. Kopenh. 757. Mumme. 6 gr

—die Kolonie. Lstspl., aus d. Französ. 8. Hanau 766. Schulz. 3 gr

—Oeuvres de Théâtre. II Tom. 8. Leipz. 763. Jacobäer. (Aue in Altona). 1 Thlr 12 gr

Saint-Foix, G. F. P. de. Versuche in der Geschichte der Stadt Paris; a. d. Franz. Kopenhagen 1757—60. Ü: *Hübler, Daniel Gotthold Joseph.* (MGT) (Ky)

de Saint-Foix, Versuch in d. Geschichte d. Stadt Paris; aus d. Französ. (v. D. G. J. Hübler). 5 Thle. 8. Kopenh. 757—768. Mumme. 16 gr

—Dass. aus d. Französ. 5 Theile. 8. Bresl. 796. (Gosohorsky). 16 gr

Saint-Foix, Germain François Poullain de. Theatralische Werke; a. d. Franz. . . . Leipz. 1750—68. Ü (1—2): *Schlegel, Joh. Elias.* (GGr) (3—4): *Wichmann, Christian August.* (Ky) (MGT) (ML)

v. Saint-Foix, theatral. Werke. Aus d. Französ. (v. Chr. Aug. Wichmann). 4 Thle. 8. Leipz. 750—68. Hahn. 1 Thlr

Saint Fond, Faujas de, Mineralogie der Vulkane Aus dem Franzosischen Leipzig 1786. (S111)

Saint-Genois-Stolberg, Gabriele Gräfin, des Frauenherzens Alpha u. Omega. gr. 4. (23 Chromolith. mit 23 lith. Bl. Text.) Berlin 877. A. Duncker. geb. m. Goldschn. n. 24. —

(Saint-George, Alex[andre-] H[enri] de.) Lettres d'un des chasseurs-volontaires de Leyden en 1830. A ses anciens frères d'armes. ([Par] Alex. H. de St. George.) 8. *s. l.* (1841—)1851.
[Premiere] Lettre ... (Changins près de Nyon ., le 23 juillet 1841.) Seconde Lettre .. (Genève, le 22 Juillet) 1851

Saint-George, Amalie von. Die Kunst der Goldstickerei Nebst einer Anleitung zur Verwendung der Goldstickerei in Verbindung mit Application Wien Verlag der „Wiener Mode" [1896]
54 S.; 1 Bl. m 136 Abb 6 Taf 4°

Saint-George, Amalie v., d. Kunst d. Goldstickerei. Nebst e. Anleitg. z. Verwendg. d. Goldstickerei in Verbindg. m. Application. II. Aufl. gr. 4. (56 S. m. 136 Abb. u. 6 Taf.) Wien 896. Gesellschaft f. graph. Industrie. In Mappe n. 5.—

Saint-Georges, der Blitz, s. Mode's Opern-Text-Bibliothek.

Saint-Georges, der Blitz, s.: Planard.

Saint-Georges, die Botschafterin, Oper, s. Scribe.

— L'éclair, opéra comique, s Répertoire du Théâtre français No 156.

Saint-Georges, ein Geheimniß, s.: Novellen-Sammlung. 7—10. Bdchn.

— ein Geheimniß. Roman aus dem Französ. Deutsch von Th. W. 2 Bde. Jena 869. Hermsdorf. 8. (191 u. 122 S.) 1 ℳ

Saint-Georges,
— die Krondiamanten, s.: Mode's Opern-Text-Bibliothek.

St. Georges, die Musketiere der Königin, s. a. Mode's, G., Opern-Text-Bibliothek.

St. Georges, die Musketiere der Königin. Oper in 3 Akten. Nach dem Französ. Musik von F. Halevy. Text der Gesänge. Berlin 864. Lassar. 8. (24 S.) n. 4 ngr.

Saint Georges, der Prinz von Arkadien, s. a. Original-Bibliothek deutscher Volksromane.

—— dass. — Pariser Sitten-Roman. Aus dem Französ. von Marie Saphir. 3 Bde. 8. (782 S.) Wien 865. Literarisch-artistische Anstalt.

— u. Scribe, die Rosenfee, siehe: Scribe, Eug.

—— Zum treuen Schäfer, komische Oper, s. Scribe.

St. Georges, der Spion der großen Welt. Historischer Roman aus der Zeit der Restauration. Aus dem Französ. von A. Schneider. gr. 8. (607 S.) Berlin 853. (Altona, Verlags-Bureau.)

[S.] Marie oder Die Regimentstochter. Kom. Oper in 2 Aufz. v. Gaëtano Donizetti. Dichtg v. (Henri) de Saint Georges u. A(lfred) Bayard. '([Übs. v.] Karl Gollmick.)' Vollständ. Buch. Durchgearb. u. hrsg. v. Carl Friedr. Wittmann. *Leipzig: Ph. Reclam jr. [1897].* (102 S.) 1 Bd 8.
= Opernbücher. Bd 37.
= Universal-Bibliothek. [No] 3738.

Saint-Georges, Marie, s. a. Donizetti, Gaëtano.

—— die Tochter des Regiments, s. Mode's Opern-Text-Bibliothek.

Saint-Georges, J. B. de, die Jüdin, s. Breitkopf und Härtel's Text-Bibliothek Nr. 91.

St. Georges, J. B. de, die Jüdin, s.: Scribe, E.

Die Tyrannei der Sozialdemokratie. Von Saint Georges de Bouhélier. Autor. Übers. von John Henry Mackay. Treptow b. Berlin: Zack 1909. 0 S. 8°
(Propaganda d. individualist. Anarchismus in deutscher Sprache. H. 7.)

Saint-Germain, s. a. Germain.

Saint Germain, Cecile, der Zauberkönig. Vorträge u. Materialien, die es jedermann ermöglichen, ohne Studium u. Geldkosten e. wirkl. Zauber-Vorstellg. m. großem Erfolge geben zu können. Orig.-Werk des berühmten Vertreters der mag. Kunst C. St. G. (94 S.) kl. 8. Leipzig (910). J. Büttmann. —50

Nachrichten des Grafen [Claude Louis] von S[aint-] Germain, von ihm selbst. Aus d. Franz. Frankfurt: Esslinger 1780. 8°
°[Dasselbe.] Frankfurt: Schäfer.
[Kayser: Vollst. Bücher-Lexikon. 5 (1835) S. 10.]

Saint-Germain, Claude Louis comte de. Nachrichten . . . a. d. Franz. Frankfurt 1780. Ü: *Roehm, Johann Conrad.* (MGT) (Adel)

Saint-Germain, Graf v. Nachrichten, von ihm selbst aufgesetzt. A. d. Französ. Frankfurt a. M. 1780. 356 S.

Saint-Germain, J. F. de, la veilleuse. Légende. 12. (238 S.) Leipzig 859, A. Dürr.

Saint-Germain, J. T. de, pour une épingle. Légende. 2. edit. Leipzig 856. Naundorf. (Mierisch.) 12. (204 S. u. 1 Holzschn.) n. 10 ngr.

Saint-Germain, J. T. de, Pour une épingle. Légende. 5. Edit. 18. (224 S. mit 1 Holzschnt.) Leipzig 859, A. Dürr.

Saint-Germain, J. T. de, pour une épingle. Für den Schulgebrauch hrsg v. Herm. Krollck. I. Tl.: Einleitung u. Text. II. Tl.: Anmerkungen u. Wörterverzeichnis. 8. (VI, 215 S.) Leipzig 899. G. Freytag. Geb. in Leinw. u. geh. n. 1.50

J. T. De Saint-Germain. Pour une épingle. Für den Schulgebrauch herausgegeben von Dr. Hermann Krollick. I. Theil: Einleitung und Text. II. Theil: Anmerkungen und Wörterverzeichnis. (Freytag's Sammlung französischer und englischer Schriftsteller.) Wien und Prag. 1900. Tempsky. 8°. VI, 215 S. Geb. K 1.80

— eine Stecknadel. Aus dem Französ. übers. von Aug. Schrader. Ebend. 856. 16. (VII, 206 S. u. 1 Holzschn.) n. 15 ngr.

St. Germain-Leduc, l'Angleterre, l'Ecosse et l'Irlande. Relation d'un voyage récent dans les trois royaumes. IV Tomes. (Mit 20 Steindrücken, 1 Plan von London, 1 Karte u. 4 Titelvign.) 12. Paris et Strasbourg 838. Levrault. 4 ℳ

— Entretiens sur la Chimie, s. Maitre Pierre.

— Entretiens sur Franklin, s. Maitre Pierre.

— Entretiens sur la Géographie, s. Maitre Pierre.

— Entretiens sur l'histoire ancienne, s. Maitre Pierre.

— Entretiens sur l'histoire du moyen age, s. Maitre Pierre No. 36.

— Entretiens sur l'histoire moderne, s. Maitre Pierre No. 40.

— über die Geschichte der französ. Revolution, s. Meister Bernhard.

Saint-Gervais, Giraudeau de

— gründl. Heilung der Flechten-Krankheiten durch Zerstörung ihres Urstoffs, vermittelst e. leicht zu befolgenden Reinigungs-Methode, mit prakt. Bemerkk. begleitet rc.; aus d. Französ., mit Vorwort v. J. E. Gaudelius. gr. 8. Frankf. 829. (Mag. f. Ind. in Leipz.) 6 gr

de Saint-Gervais, Giraudeau, die Kunst sich selbst zu heilen, od. Behandl. der vener. Krankheiten durch die Vegetalmethode, in Gemäßheit einer der medicin. Facultät am 1. Febr. 1825 über die Heilung der Lustseuche ohne Quecksilber, überreichten Denkschrift. gr. 8. Frankf. 829. (Mag. f. Ind. in Leipz.) 2 gr

Saint Gillé, Jacques de, der perfekte Bauchredner od. die zweckmässigste Methode, in kürzester Zeit und untrüglich das Bauchreden zu erlernen. gr. 8. (58 S.) Leipzig 899. Ficker's Verl. 1. 50

Saint Gilles, s.: Péan de St. Gilles, L.

(Pierre Saint Girons, Paris.) Die Streikversicherung der Arbeitgeber in Deutschland [L'Assurance patronale contre la grève en Allemagne]. Autor. Uebers. von Bruno Peltasohn. Berlin 1907: Elsner. 19 S. 8° (to. 761 5

St. Gothard — Carte pétrographique du — etc. par M. M. Exchoquet, Struve et van Berchem. 1791. Publiée 1795 par Chrétien de Mechel à Basle. 1 : 57,000. 1 Blatt aus dem Werke: „Itinéraire du St. Gothard publié par Mechel, avec une Carte lithographique."

St. Gothard — Vue perspective du Mont — Dessinée d'après un Modele exécuté en relief sous la direction de Mr. Exchaquet, Directeur Général des Mines du haut Faucigny en Savoie. Publiée en 1792 par Chrétien de Mechel et se trouve chez lui à Basle. Ohne M. 1 Bl. und 1 Büchlein: „Explications des Renvois."

SAINT-HENRI, Chevalier (ps.), Nachtviolen. Ein Novellenkranz. 1843.
Weller, Lex. Ps. p. 494. — Selten!

St. Henri, (Chevalier,) Nachtviolen. Ein Novellenkranz. 8. Leipzig 843, Peter. (Kößling.) (Vergl. Bibliothek wohlf. Romane.)

Saint Hilaire [Pseud.], s.a. Harries, Heinrich

St.-Hilaire et P. Duport, l'habit ne fait pas, s. Répertoire du Théâtre franç. No. 250.

St. Hilaire. Im Traume geküßt, s. Makart-Bouquet.

St. Hilaire, im Traume geküßt, s.: Neufeld's Kikeriki-Kollektion.

— auserles. Sylbenräthsel. 8. Leipz. 799. Fr. Fleischer. 10 gr

Saint-Hilaire, ..., Sylbenräthsel od. Colifichets, auserlesene, 8. Hamb. 801. (Aue in Altona). 3 gr bei Hammerich das. 8 gr

Saint-Hillaire, Dr. A. Bourjot, les Perroquets, s. Collection de Perroquets.

St. Hilaire, Aug., der wahre Menschenfreund, oder: Anweisung zur radicalen Ausrottung der Lustseuche. Verdeutscht v. C. L. Körber. 8. (7 B.) Nordhausen 842, Fürst.

de Saint-Hilaire, Emil Marco, die Adjudanten Napoleons. Aus dem Französ. übersetzt von Hnr. Francke. 2 Thle. kl. 8. Leipzig 842, Kollmann. 2 ₰

de Saint-Hilaire, Emile Marco, courage et bon coeur, siehe: Bibliothèque, petite, Française. Vol. 8.

— Erinnerung aus dem Kaiserreiche. (Aus d. Französ.) 8. Hamburg 842, Kittler. 1 1/3 ₰

de Saint-Hilaire, Emil Marco, Erinnerungen aus Napoleons Privatleben von Arnault, Foresti, Herzog von Gaeta, Jules Janin, Grafen von Las-Cases, Baron von Mortemart, Baron Pelet, Abbé de Pradt, Soulié, Thibaudeau. Mit einer Einleitung v. Fréd. Soulié. 2 Thle. Nach der 2n Aufl. aus d. Franz. übersetzt. kl. 8. Cassel u. Leipzig 839. Fischer. (Krieger.) 3 ₰

— Erinnerungen aus Napoleons Privatleben von Arnault, Bailliard, Grafen v. Las-Cases, von Rousseau, u. A. gesammelt und geordnet. Nach der 2. Aufl. aus d. Französ. übers. 8. Quedlinburg 846, Ernst. 1/2 ₰

— George, Moreau i Pichegru. 12. Warschau 845, Orgelbrand. 1 ₰ 3 1/3 ngl

— Geschichte der Kaiser-Garde. Mit Illustr. von Hippolyte Bellangé, E. Lami, Ch. Vernier, Gagniet u. Th. Guerin. Garde-Märsche und Fanfaren von Alex. Gorla. 1.—4. Liefg. Lex.-8. (Mit 8 color. Abbild.) Leipzig 846, Weber. à n. 1/3 ₰

— Geschichte der Kaisergarde. Mit Illustrationen v. Hippolyte Bellangé, E. Lami, Ch. Vernier, Gagnier u. Th. Guerin. Garde-Märsche u. Fanfaren v. Alex. Goria. 5—20. Lfg. Lex. 8. (XII S. u. S. 97—536 m. 1 Stahlst., 1 schw. u. 33 col. Holzschntaf.) Leipzig 847. 48, Weber. à n. 1/3 ₰ (cplt. n. 6 2/3 ₰)

— populäre Geschichte Napoleons und der großen Armee. Nach dem Französ. v. Frz Weiß. (In 4 Liefg. mit 4 Stahlst.) 8. Pforzheim 843, Dennig, Finck u. Co. (Stuttgart, Scheible, R. u. S.) (à 1/2 ₰) 2 ₰

— populäre Geschichte Napoleons u. der großen Armee. Nach dem Franz. v. Frz. Weiß. 4 Lfgn. 8. (45 B. u. 4 Stahlst.) Pforzheim 843. [Stuttgart, Rieger'sche Vrlgsb.] à 15 Ngr.

— populäre Geschichte Napoleons u. der großen Armee. Nach d. Franz. v. J. A. Streitfeld. gr. 16. (790 S. m. 1 Lith.) Leipzig 848, Volckmar. (Wien, Tendler & Co.) 1 1/2 ₰

St.-Hilaire, Marco de, Granatblüthe. Historischer Roman aus den Napoleon'schen Feldzügen. (Titel-Ausg. von „Die Wittwe der großen Armee.") 8. (264 S.) Tuttlingen (845)59, Kling.

— Historya pomieszkań Napoleona w Paryżu. 12. Ebend. 845. 1 ₰

— das Hotel der Invaliden. Erinnerungen aus der Kaiserzeit. Aus dem Französ. von Hnr. Francke. 2 Thle. kl. 8. Leipzig 842, Kollmann. 2 1/2 ₰

— der kleine Hund Josephinens und der Papagoy Marie Louisens, s. Jahrhundert, das, in seinen rc. Novellen rc.

— Książę d'Enghien, scena historyczna z czasów Konsulatu. 12. Ebend. 844. 1 ₰

de Saint-Hilaire, Emil Marco, geheime Mittheilungen aus den Zeiten des französischen Kaiserreichs. Nach dessen „Souvenirs intimes du temps de l'Empire" von L. Sebastiano. gr. 8. Zürich 839. Schultheß. 1 1/... ₰

— Muiemana śmierć Napoleona, czyli zamach Maleta w roku 1812. 12. Ebend. 844. 1 ₰

de Saint-Hilaire, Emil Marco, Napoleon im Bivouac, in den Tuilerien u. auf St. Helena. Bisher ungedruckte Anecdoten über die Familie und den Hof des Kaisers. Aus dem Französ. 12. Leipzig 845, Expedition der Signale. 1 ₰

—— Napoleon im Feldlager, in den Tuilerien und auf Sainte-Helena. Zum ersten Male veröffentlichte Anekdoten über die kaiserl. Familie und den Hof. Aus dem Französ. übers. von J. Hoffa. 8. (VI und 170 S.) Reutlingen 853, Fleischhauer und Spohn.

— Napoleon w biwaku, w Tuilleries i na wyspie Śtej Heleny, anegdoty dotąd niewydane o rodzinie i dworze Cesarskim. 12. Ebend. 846. 1 ℛ

—— Napoleon I. und seine Zeit in 180 weniger bekannten Anecdoten, Bildern und Characterzügen nach Arnault, Barbier, Barguey, Bignon, Bourrienne etc. Deutsch von Ferd. Frhr. v. Biedenfeld. 8. (VI und 282 S. mit 1 Titelkpfr.) Weimar 857, Voigt.

— Napoleon I. und seine Zeit in 185 weniger bekannten Anecdoten, Bildern und Charakterzugen nach Arnault, Barbier, Barguey etc. Deutsch von Ferd. v. Biedenfeld. Mit 1 Titelkpfr. 2. verm. Aufl. Weimar 862. Voigt. 8. (XII, 335 S.) 1 ℛ

Saint-Hilaire, Émile-Marc de

Der Tambour von Wagram. 1845

s. Carlén, Emilie: Tutti Frutti.

— der Tambour von Wagram. — Rubens. Von Alex. Dumas. Aus dem Französ. von Geo. Lotz. 8. Leipzig 846, Kollmann. $1^1/_4$ ℛ

— die Verschwörung von Georges, s. Lotz, G.

— die Verschwörung Malets 1812. Napoleons Wohnungen in Paris. — Erinnerungen aus der Kaiserzeit. Aus dem Französ. von Georg Lotz. 8. Leipzig 844, Kollmann. $1^1/_8$ ℛ

— die Wittwe der großen Armee. Geschichtl. Roman. Aus d. Französ. von Jul. Bindemann. 8. Ulm 845, Ebner. $1^1/_6$ ℛ

Saint-Hilaire, Josefine, s. Kochbuch, Illustr. Budapester.

St. Hilaire, Josephine v., die wahre Kochkunst, oder: neuestes geprüftes u. vollständ. pesther Kochbuch. 8., verb. Aufl. gr. 8. ($34^3/_4$ B.) Pesth 844, Eggenberger u. Sohn.

St. Hilaire, Josephine v., die wahre Kochkunst, oder: neuestes geprüftes und vollständ. pesther Kochbuch. Enthält eine Sammlung von 827 zuverläss., und durch mehrjähr. Erfahrung bewährten Vorschriften, wornach die Zubereitung aller für eine wohlgeordnete Haushaltung dienlicher Fleisch- und Fastenspeisen rc. auf die beste und wohlfeilste Weise, am geschmackvollsten geschehen kann. Nach eigenen vielfachen Proben deutlich und genau beschrieben, und zum Besten sorgfält. Hausfrauen hrsg. 10., verm. und verb. Aufl. 8. (IV und 551 S.) Pesth 851, [Eggenberger.]

St. Hilaire, Josephine v. — Die wahre Kochkunst oder: Neuestes, geprüftes und vollständiges Pester Kochbuch. Enthält eine Sammlung von 849 zuverlässigen, und durch mehrjährige Erfahrung bewährten Vorschriften u. s. w. Nach eigenen vielfachen Proben deutlich und genau beschrieben, und zum Besten sorgfältiger Hausfrauen herausgegeben von — —. 14te vermehrte und verbesserte Auflage. Pest, 1857. Gedr. bei Trattner-Károlyi. Verlag von Ferd. Eggenberger. (569 S. 8.)

St. Hilaire, Josephine v., die wahre Kochkunst oder neuestes geprüftes u. vollständiges Pester Kochbuch. Nach eigenen vielfachen Proben deutlich u. genau beschrieben, u. zum Besten sorgfältiger Hausfrauen gewidmet. 18., verm. u. verb. Aufl. Pest 863. Eggenberger. 8. (IV, 569 S.) cart. n. 1 ℛ 12 ngr.

Saint-Hilaire, K., Untersuchungen üb. den Stoffwechsel in der Zelle u. in den Geweben, s.: Schriften, hrsg. v. der Naturforscher-Gesellschaft bei der Universität Jurjeff. XV.

Saint-Hilaire, Mlle. Rosseuw de (J. de Vèze), la fille du braconnier, hrsg. v. Hans Strohmeyer, s.: Prosateurs français.

Saint-Hilaire, s. a.: Rosseuw de Saint-Hilaire.

Saint-Hippolyte, A., die Schreckensscenen d. Festung Schlüsselburg. Ein histor. Roman n. d. Franz. v. † C. F. Mandien. 3 Thle. 8. ($35^1/_2$ B.) Quedlinburg 828, Basse.

Begebenheiten des Printzen Titi (Louis XV als Dauphin). (Aus d. Französ. des Thémiseul Saint-Hyacinthe= Hyac. **Cordonnier**.) Dressden, b. Carl Chr. Hilschern. 8°

Geschichte

— — des Prinzen Titi. (Aus d. Französ. des *Hyacinte Cordonnier*, bekannter unter dem Namen *Themiseul de Saint-Hyacinthe*, geb. 1684, † 1746.) 3 Thle. (Der Schluß angeblich von *Karl Jos. v. Mayer*, geb. 1751.) Th. 1—2. Leipzig, Chr. Gottlob Hilscher, 1765. Th. 3 ebd. 1766. 8°. 1 Alphab. 13 Bogen.

War schon im M. M. V. 1747. G 2a angekündigt mit der Adresse „Dreßden b. Carl Chr. Hilschern"; Cat. Meissner II; Cat. Monath II. p. 104; O. M. V. 1766, S. 675.

Saint-Janvier, Geschichte des Fräuleins v. Torville. 8. Heidelb. 813. Engelmann. 9 ℊ

St. Jean, Lebensbeschreibg. d. Gregor Alexandrowitsch Potemkin d. Tauriers, d. hl. röm. Reiches Fürsten etc. Als Beitrag zu der Lebensgeschichte der Kaiserin Catharina II. v. Russland. Nach d. ungedr. Manuscr. d. Verf., frei aus dem Französ. übers. v. e. seiner Zeitgenossen. Hrsg. v. F. Rothermel. 8. (XII, 172 S.) Karlsruhe 888. Verlagsverein f. Wissenschaften. n. 5. —

Saint Jean, Paul de, im Chambre séparée, s.: Aus dem Sumpfe der Großstadt. 10. Bd.

— Die Königin des Trottoirs, s.: Aus dem Sumpfe d. Großstadt. 7. Bd.

— Die Menschenfresserin v. Batignolles, s.: Aus dem Sumpfe der Großstadt. 2. Bd.

Saintine, Xavier Boniface

Saintine, s. a. Boniface, Jos. Xavier.

— s. a.: Stökl, Helene.

— die Eroberung einer Dachstube, siehe: Romane, Französ., 2. Bd.

Saintine, X. B., die Feldzüge in Italien, s. Geschichte, allgem., d. Kriege d. Franzosen rc., 9., 12., 13., 27. u. 28. Bdchn.

Saintine, X. B., Feldzüge in Italien 1796 u. 97, s. Geschichte, allgem., d. Kriege d. Franzosen, 29. Bdchn.

Saintine, X. B., die Feldzüge in Italien. 1r Thl. Die Alpenfeldzüge von 1792—96. 2r Thl. in 2 Bdchn. Der Feldzug von 1796 u. 97; aus d. Französ. mit Zusätzen u. Anmerkk. Mit 3 Plän. 16. Darmst. 829. Leske. 1 ℛ 3 ℊ

Saintine, X. B., drei Königinnen, s. Lese-Cabinet, neues belletristisches.

— une Maitresse de Louis XIII. 2 Vol. 8. Paris 837. Brockhaus et Avenarius. $2^2/_3$ ℛ

— le mutilé. 8. le même 837. $1^1/_3$ ℛ

Saintine, Xavier B., Picciola, hrsg. v. Heinr. Saure, s.: Auteurs français modernes vol. III.

Saintine, X. B., Picciola, s.: Collection Spemann.

Saintine, Picciola, s.: Schulbibliothek, französ. u. engl.

— dasselbe, s.: Universal-Bibliothek.

Saintine, X. B., Picciola od. die Blume des Gefangenen. Nach d. 3. verb., um ein Kapitel verm. Orig.-Ausg. von H. Bode. Mit e. Abhandl. über die Beschäftigung verschiedener Staatsgefangenen, vom Bibliophilen Jacob (Paul Lacroix.) 16. Leipzig 846, Wolfg. Gerhard. 1 ₰

Saintine, X. B(oniface), Picciola. 32. (X u. 222 S.) Leipzig 848, Brockhaus. 24 ngr; in Engl. Einb. m. Goldschn. 1 ₰ 6 ngr (siehe auch: Bibliothèque Française, tome 4.)

— Picciola od. die Blume des Gefangenen. Nach der 17. verm. Orig.-Aufl. von H. Bode. Mit einer Abhandlung über die Beschäftigungen verschiedener Staatsgefangener vom Bibliophilen Jacob (Paul Lacroix). Neueste u. wohlf. Ausg. gr. 16. (253 S.) Leipzig 848, Gerhard. ½ ₰

Saintine, X. B., Picciola. Nach der 42. verm. u. verb. franz. Aufl. deutsch von Aug. W. Peters. Bremen 870. Kühtmann & Co. 8. (XXII, 330 S.) 1 ₰ 7½ ngr

— les Soirées de Jonathan. 2 Vols. 8. Paris 837. Brockhaus et Avenarius. 2⅔ ₰

—— die Verheiratheten. Nach d. Verf., „une Maitresse de Louis XIII." a. d. Franz. übers. v. L. Kruse. 3 Thle. 8. (52½ B.) Leipzig 836, Kollmann.

—— der Verstümmelte. A. d. Franz. n. d. 4. Aufl. in's Deutsche übertr. gr. 12. (11⅓ B.) Mannheim 835, Hoff.

Saint-John, s. Crevecoeur.

St. John, James Augustus, Louis Napoleon Kaiser der Franzosen. Eine Biographie. Leipzig 858. Thenau. 8. (XXIV, 322 S.) 1 ₰.

Saint-John, J. A., Margaret Ravencroft, s. Wahlen modern british Authors.

St John, Percy B., die Engländer in Paris. Humoristische Reiseskizze. Leipzig 855. O. Wigand. 32. (165 S.) 10 ngr

St. John, Percy B., die Erbinnen. Ein Lebensbild. Aus dem Engl. von Aug. Kretzschmar. 5 Bde. Leipzig 865. C. J. Günther. 8. (1226 S.) n. 3 ₰ 10 ngr

— Quadrona, s. Bibliothek, europäische.

FRAUEN, Die Kriegerische, oder Historische Beschreibung einer Neuentdeckten Insul. Aus d. Frantzös. des Grafen *D*** (vielmehr des Chevalier *de Saint-Jory*) übersetzet. Mit 5 Kpfrn. Berlin, bey Johann Peter Schmid, 1736. 8°. 253 S. (4 Mk. Frz. Teubner, c. 1898; 4 Mk. Julius Neumann, Magdeb., 1906; 8 Mk., schönes Expl., Adolf Weigel, 1908.)
Seltene Utopie!

Saint-Joseph, Anthoine de, Concordance entre les Codes civils étrangers et le Code Napoléon Ouvr. cont. le texte des codes 1) Napoléon, 2) des Deux-Siciles, 3) de la Louisiane, 4) Sarde, 5) du Canton de Vaud, 6) Hollandais, 7) Bavarois, 8) Autrichien, 9) Prussien, 10) Suédois, 11) de Berne, 12) de Fribourg, 13) d'Argovie, 14) de Bade, 15) d'Haïti; et les lois hypothécaires de 1) Suède, 2) Wurtemberg, 3) Genève, 4) Fribourg, 5) Saint-Gall, 6) la Grèce. gr. in-4. (57 B.) Leipzig 840, Brockhaus et Avenarius. *

Saint-Julien, s. Familiengesch. v. A. Lafontaine 5r Bd.

St. Julien, Krankheit der Kartoffel von 1829 bis 1845, od. Anleitung zur Sicherung der künftigen Aerndte, Veredelung der Kartoffel überhaupt u. Bewahrung der diesjährigen Crescenz. 8. (2⅛ B.) Coblenz 845, Hergt. Thlr. *

Saint-Julien, Chevalier de. Gründlicher Unterricht von der Theoria und Praxi der heutigen Büchsenmeisterei, als auch des Ernst-Feuerwerks. Nach der Methode des Weltberühmten Ingenieurs Mr. de Vauban in Frag und Antwort vorfasst und in 9 besondere Theile eingetheilt. Anfänglich in französischer Sprache aufgesetzt durch den ...... Aus dem Französischen übersetzt von Augustin Branden. Mit (31) schönen und accuraten Kupfern. 8. Frankfurt und Leipzig 1713.

Saint Julien, Chev. de. Gründlicher Unterricht von der Theoria und Praxi der heutigen Büchsen-Meisterey, als auch des Ernst-Feuer-Wercks. A. d. Französ. übs. von A. Branden. Frankfurt 1733. 767 S.

St. Julien, Th. v. M., s. M(arillac) St. Julien.

St. Julien, Th. v. M. (Marillac), die Wunder der Natur in ihren Einflüssen auf die Witterung und Regeln, um den Witterungswechsel vorher zu erkennen. Wiesbaden 854. (Leipzig, Fr. Fleischer.) 8. (VIII, 39 S.) 7½ ngr

Saint-Jure, Jean Baptiste de.

Das Bild eines vollkommenen Christen, dargestellt im Leben des Hrn. v. Renty. A. d. Franz. Landshut 1837. Ü: *Lechner, Peter.* (Jes) (Th)

Saint-Jure, Joh. Bapt., das Bild eines vollkommenen Christen, s. Leitsterne a. d. Bahn d. Heils, 17. Bd.

Saint-Jure, Jh. Bapt., das Buch der Auserwählten, od. Jesus der Gekreuzigte; aus d. Französ. (v. Ign. Weitenauer). gr. 8. Augsb. 787. N. A. 797. Doll. 13 gr

Saintjure, J. B., Christus, der Lehrmeister d. Menschengeschlechts, übersetzt von Weitenauer. 8. Augsb. Wolf. 783.

— de cognitione et amore Jesu Christi. 8. Augsb. M. Rieger. 716.

Saint-Jure, J. B., von d. Erkenntniß u. Liebe uns. Erlösers Jesus Christus etc., s. Leitsterne, 8. Bd.

Saint-Jure, J. B. de.

Von der Erkenntniss und Liebe unsers Erlösers Jesus Christus . . . Landshut 1834. Ü: *Lechner, Joh. Mich.* (Ky) *Lechner, Peter.* (Th)

Saint-Jure, J. B., von der Erkenntniß und Liebe des Sohnes Gottes, unsers Herrn Jesu Christi. Im Auszuge nach dem Französ. von einem kathol. Geistlichen. Münster 854. Coppenrath. 16. (238 S.) 9 ngr

v. Saint-Jure, Jh. Bapt., Geisteserneuerung im Sinne der heil. Schrift und Väter für angehende und wirkliche Cleriker vom Verf. der „Erkenntniß u. Liebe Jesu Christi." Aus dem Französ. von e. Geistlichen der Diözese Münster. gr. 12. Münster 846, Regensberg. n. 26 ngr

Saint-Jure, Joh. Bapt. de, Jesus der Gekreuzigte, das Buch der Auserwählten. Aus dem Franz. übers. durch e. kathol. Priester. 2. verb. Aufl. 8. (VII, 477 S.) Regensburg 871. Pustet. 2. 40

— das Leben im Ordensstande, s.: Leitsterne, neue, auf der Bahn d. Heils.

Saint Jure, J. B., das Leben im Ordensstande. Nach der letzten französ. Ausg. übers. u. bearb. 2 Bde. 3., vollständig umgearb. Aufl. 8. (VIII, 402 u. VI, 274 S.) Regensburg 893. Nationale Verlags-Anstalt. 5. 70

Saint Jure, J. B., S. J., das Leben im Ordensstande. Nach der letzten französ. Ausg. übers. u. bearb. Neuerdings durchgesehen v. Jos. Mathis, S. J. 2 Bde. 4. Aufl. (VIII, 386 u. VI, 265 S.) 8. Regensburg 907. Verlagsanstalt vorm. G. J. Manz. 6.—; geb. in Halbfrz. 8. 40

Saint-Jure, J. B., die Vereinigung mit unserem Herrn Jesu Christo in seinen Hauptgeheimnissen f. jede Zeit d. Jahres. Aus dem Franz. 8. (IV, 344 S.) Regensburg 888. Verlags-Anstalt. 2. 40

Saint-Jure, Jean Baptiste de: Die drei geistlichen Wege, s. Leitsterne auf der Bahn des Heils.

St. Just, nachgelassene Schriften u. Reden, siehe: Beiträge zur Geschichte der Französ. Revolution von 1789.

[Saint-Just, G. d'Ancourt de], Arien und Gesänge aus der Oper: Johann von Paris. In 2 Aufzügen. Die Musik ist von Boieldieu. Altona. 1819. P.

Saint-Just, Johann v. Paris, s.: Universal-Bibliothek.

Saint-Just, Hortense de. Denkwürdigkeiten; a. d. Franz. O. O. [17??]. Ü: *Logan, Johann Zacharias.* (MGT)

Saint Ives, Anna. Aus dem Englisch. übers. von Karl Philipp Moritz. Berlin 1792—94. V: *Holcroft, Thomas.* (GGr VII, 723) »1793—94« Ü: *Klischnig, Carl Friedrich.* H: *Moritz, Carl Philipp.* (Neuest. Gel. Berlin I, 243.)

Saint-Lager (Dr.) Réforme de la nomenclature botanique. Gr.-in-8°, 154 p. Lyon et Bâle, H. Georg. 1880. 3 50
„ Extrait des „Annales de la Société botanique de Lyon." VIIme année.

Saint-Lambert, s. Lambert.

Saint-Lambert, Jean François

Saint-Lambert, J. F. Orientalische Fabeln, nebst drei Erzählungen, a. d. Franz. Leipzig 1771. Ü: *Weisse, Chn Felix.* (Ebert)

— oriental. Fabeln; aus d. Französ. v. Chr. F. Weiße. gr. 12. Leipz. 772. Dyck. 12 gr

Saint-Lambert, Jean François. Die Gesellschaftskunst. A. d. Franz. Leipzig 1800. Ü: *Stampeel, Nicolaus Peter.* (MGT) »1799—1800« (Ky)

— Gesellschaftskunst; aus dem Französ. (v. N. P. Stampeel). 2 Thle. gr. 8. Leipz. 799, 800. Dyck. 2 Thlr

Saint-Lambert, J. F. Jahrszeiten, a. d. Franz. Leipzig 1771. Ü: *Weisse, Chn Felix.* (Ebert) (MGT)

— Jahreszeiten; aus d. Französ. von Chr. F. Weiße. gr. 12. Leipz. 771. Dyck. 16 gr

de Saint-Lambert, Principes des moeurs chez toutes les nations. IV Vols. gr. 8. Wien 799. Gräffer u. S. 4 Thlr

— le même. gr. 8. Paris 798. (Braunschw., Vieweg). 2 Thlr

— die Tugendkunst, od. Universalkatechismus für alle Völker der Erde; aus d. Französ. (von J. G. Dyck). 3 Thle. gr. 8. Leipz. 798, 99. Dyck. 3 Thlr 8 gr

Saint-Lambert, J. F. Die Tugendkunst . . . a. d. Franz. Leipzig 1799—1800. Ü: *Stampeel, Nic. Peter.* (ErGr) (MGT) »1798—99« (Ky)

Saint-Laurence, Julie, e. Roman, a. d. Engl. d. Mistreß Robinson. 8. Leipz. Sommer. 797.

Saint-Lawrence, Julia, a Novel by Mrs Robinson, with engravings. 2 Vol. 16. ibid. 797.

Saint-Lazare, B. de, Elektricität der Luft Erscheinungen. Liegnitz 1792. (6133)

Saint-Leon, e. Erzähl. d. 16ten Jahrh. v. W. Godwin, a. d. Engl. 2 Bde. 8. Hamb. Villaume. (a. Hammerich in Altona.) 800. (1r 1 Rthlr. 2r 1 Rthlr. 4 gr.)

Saint-Léon, A. Coppelia, s. Delibes, Leo.

Saint-Léon, A., Coppelia, s.: Nuitter, Ch.

v. Saint-Leon, Louise, Orfeuil u. Julie; aus d. Französ. v. K. L. Meth. Müller. 3 Bde. 8. Leipz. 802. Wolf. (Schmidt). 2 Thlr 12 gr

— Dass. Französisch. 3 Thle. 12. Ebd. 2 Thlr 12 gr

St. Leportier, s.: Chefs-d'oeuvre des classiques français.

— der Parasit, s.: Auswahl deutscher Bühnenstücke.

St. Leu. Memoiren des Grafen von ..... (Ludwig Bonaparte) ehemaligen Königs von Holland. Von ihm selbst geschrieben. Aus dem Französischen. Unveränderte wohlfeile Ausgabe. 8. Berlin 1838.

Saint-Lewer, s. 1) Samml. u. Reminiscenzen aus der Staatsverwaltung etc. 2) Staatsaufsicht, die, über Fremde.

Saint-Lorenze, Bonapartes Gefährte, auf der Reise nach dem gelobten Lande. 8. London. (Joachim in Leipz.) 801.

Heinrichs, Gustav (ed). StL and Carondelet. Sonst u jetzt. Die Gesch von Carondelet der zukünftigen "Birmingham am Mississippi" ... f d dtanische Conversations-Lexikon geschrieben von Carl Lüdeking ...
St. Louis 1873.

St. Louis und die deutschen Künstler. Offizieller Bericht d. Haupt-Vorstandes d. Allgem. Deutschen Kunstgenossenschaft über d. Streit mit d. Sezessionen. *Dresden-N. (1904): C. Heinrich.* (12 S.) 8° [Umschlagt. J.] [04. 4055]

St. Louis Biblische Geschichten : 1902—1928.
Publ. by Eden Publ. House. St. Louis, MO

St. Louis County Wächter : May 1877?—1911?
Republican weekly. Dated also at St. Louis, 1880?—1885. Place of publication varies: Mt. Olive, Mo., 1877? - 1884. Circulation: 1885, 2200; 1895, 5375; 1910, 2600. Edited by C. W. Eck, & published by F. W. Rauchenstein, 1877—86; edited & published by C. W. Eck & Hermann Heinze, 1887; by C. W. Eck, 1888—89; by F. F. Eschenfeld, 1890; by F. Ruehl & Rauchenstein, 1891—94; edited by F. W. Rauchenstein, 1895—1901; by John H. Boos, 1902—04; by Joseph Waltenberger, 1905—08; by John H. Boos, 1909—10; published by Wächter Publishing Co., 1895—1910; edited & published by Karl F. Pfeiffer, 1911.
Clayton, MO

St. Louis County Wächter : 1877—? St.Louis, MO

St. Louis Courier : 1873?—1875.
Daily, evening except Sunday. For weekly edition, see Wöchentlicher Courier. For Sunday edition, see Missouri Blätter. Edited by Dr. E. H. Makk, & published by St. Louis Courier Co.
St. Louis, MO

St. Louis Demokrat : 1903?—1908?
Democratic weekly. Edited by Dr. Wilhelm Forgo, & published by German Publishing Co.
St. Louis, MO

St. Louis Kirchen Glocken : ?—1902. Buffalo, NY
Edited by the Rev. H. H. Heer, by Joseph Gram, Jr.

St. Louis Stadtbote : Aug.—Oct. 1853. St.Louis, MO
Edited & published by C. W. Kielmann.

St. Louis Tageblatt : Apr. 30, 1888—July? 1898.
Daily, evening except Sunday; published as evening edition of Abend-Anzeiger, 1898? Subtitle: Den Interessen des arbeitenden Volkes gewidmet. Title varies: Abend-Post und Tageblatt, July? 1897—July 1898.
For Sunday edition, see Sonntagsblatt des St. Louis Tageblatt.
Followed by Arbeiter-Zeitung. Circulation: 1890, 4500; 1898, 5700.
Edited by Adolph Hepner, Apr. 1888—? Hepner was a friend of Bebel and Liebknecht, all of whom were involved in the Leipziger Hochverraths-prozess. Well-run paper. Grew out of a "Bierboykott" of the "Brauer- und Mälzer-Union" No. 6.
Published by St. Louis Workingmen's Publishing Association, 1888—98; by Abend Post und Tageblatt Association, 1898. See also Abend Post und Tageblatt.
St.Louis,MO

St. Louis Tages-Chronik : July 1849—Dec. 1861?
Semi-weekly, July 1858—Dec. 1859, daily, morning except Sunday, 1860—61. Roman Catholic. For weekly edition, see St. Louis Wochen-Chronik. Merged with Westliche Post. Edited by Adalbert Lohr, & published by Franz Saler. The founder was an apprentice mason who set up a printing press upon arrival in U.S. Saler bought Herold des Glaubens and ran it 23 years.
St.Louis, MO

St. Louis Tribüne : Sept. 6, 1880—Dec. 31, 1899?
Republican daily, evening except Sunday. Sub-title: Tägliches Deutsches Abendblatt (slight variations). For weekly edition, see Wöchentliche St. Louis Tribüne. For Sunday edition, see Sonntagsblatt der St. Louis Tribüne.
Circulation: 1885, 8000, 1895, 10,000. Edited by Ferdinand Harrsen, Sept.—Dec. 1880?; by Fritz Glogauer, 1881?—1882? had edited a daily in Breslau; by Otto Hilpert, 1883—1897. Other editors: Dr. Otto Güther; C. Thiersch; Carl Fabrizius; Richard Bartholdt.
Published by Hilpert, Pactow & Co., 1880—82; St. Louis Tribüne Co., Otto Hilpert, pres., 1883—97.
St.Louis, MO

Wöchentliche St. Louis Tribüne : Sept.? 1880—Dec. 1897? St.Louis, MO
Weekly edition of St. Louis Tribüne. Circulation: 1890, 5000.

St. Louis Volksblatt : Feb. 15, 1875.
Daily, evening except Sunday. See DAfIB II, 17,268, 1 März 1875. For Sunday edition, see Belletristische Blätter. Edited & published by Dr. E. H. Makk. Established to kill the Courier. Succeeded and died in attempt. Lasted five weeks. Closing reported from St. Louis in May 1875 by DAfIB June 1875, p. 365, II, 23.
St.Louis, MO

St. Louis Volks-Zeitung : 1869—? St.Louis, MO
Weekly. Edited & published by Daniel Hertle.

St. Louis Wochen-Chronik : 1861—?
Weekly edition of St. Louis Tages-Chronik. Advertised in daily edition, 1858.
St. Louis, MO

St. Louis Zeitung : June 10—Oct. 25, 1848.
Semi-weekly. Correct title may be St. Louiser Zeitung. Edited by Anton Eickhoff, who fled to U.S. because of his radical writings and led an adventurous life. Published by Bartholomäus Hauck. Catholic and Democratic.
St. Louis, MO

St. Madrice-Martigny, s.: Schweiz. Karte.

Saint-Marc-Girardin, Prof, de l'instruction intermediaire et de son état dans le midi de l'Allemagne. 1re Partie. Berne. — Hofwyl — Zurich. — Bavienne. gr. in-8. Paris et Strasbourg 835. Levrault. 1 ₰

Saint-Mard, Toussaint Rémond de. Drey Briefe über das Entstehen, den Fortgang und den Verfall des guten Geschmacks, a. d. Franz. Leipz. 1768. Ü: *Lynar, Hnr. Casimir Glieb Graf zu.* (ML)

Saint Mard. Drey Briefe über das Entstehen, den Fortgang und den Verfall des guten Geschmacks. Aus dem Französischen des Saint Mard ins Deutsche übersetzt. Nebst zufälligen Gedanken über den in Deutschland herrschenden Geschmack. Leipzig 1768. 8°.

Saint-Marie-Eglise, Frh. v., die Pflicht d. baulichen Unterhalt. u. Wieder-Erbauung d. Cultus-Gebäude, nach Rechtsprincipien, bayer. Gesetzen u. Verordn. Mit e. Vorr. v. K. Egger. gr. 8. (6¼ B.) Augsburg 832, Kollmann.
Dass.s.a.:Sainte-Marie-Eglise, Frhrr.v.

Saint-Martin, Ludw. v. Sein Leben u. seine theosophischen Werke in geordnetem Auszuge. Durch Johs. Claassen. gr. 8. (453 S.) Stuttgart 891. J. F. Steinkopf. n. 5. —; geb. n.n. 6. —

Saint-Martin, A. F. C., Monographie der Hundswuth. Eine gekr. Preisschrift. Ins Deutsche übers. von K. Cph. Fitzler. gr. 8. Ilmenau 824. Voigt. 1⅓ ₰

Saint-Martin, A. F. C. v.: Monographie der Hundswuth. Gekr. Preisschr. u. ins Deutsche übers. von C. C. Fitzler. Ilmenau 1824. X, 260 S.

St. Martin, J. de. L'art de faire des armes réduit à ses vrais principes. Contenant tous les principes necessaires à cet art ... On y a joint un traité de l'espadon ... Enrichi de figures ... A Vienne, De l'imprimerie de Janne Schramble 1804.
2 Teile 8°.
[I.] Titelbild in Rad., Tit., 2 Bl., XII S., 1 Bl., 91 S.; 44 Taf. in Rad.
[II.] Tit., IV — 57 S. 28 Taf. in Rad.
Geli S. 436

Saint-Martin, Karl Ludwig

—— vom Bedürfnisse d. Kirchenzucht u. von ihrer Ausführbarkeit, mit besond. Rücksicht auf die Presbyterial-Verfassung. gr. 8. Berl. 831. Trautwein. 4 Gr.

—— Rückblick auf d. Stiftungszeit d. franz.-reformirt. Kirche in d. Kgl. Preuß. Staaten. gr. 8. ... Berlin 831, (Logier.)

Saint-Martin, Carl Ludw., Trauer-Rede bei Gelegenheit d. am 19. Febr. 1833 zu Prenzlow erfolgten Todesfalles d. Prof. u. Predigers an d. franz.-Luisenstädt. Kirche zu Berlin Hrn. Fr. Wilh. Heinr. Reclam, geb. am 3. März 1833. gr. 8. (1½ B.) Berlin, [Herm. Schultze.]

Saint-Martin, Karl Ldw., Trauer-Rede bei Gelegenheit des am 19. Februar 1833 zu Prenzlow erfolgten Todes des Prof. rc. Herrn Franz Wilhelm Heinrich Reclam, gr. 8. Berlin 833. Plahn. (H. Schultze.) $\frac{1}{16}$ ₰

— von d. Wohlthat Gottes, die den Armen durch die Predigt d. Evangeliums wiederfährt. gr. 8. Berl. 817. Gädike. 2 Gr.

Saint-Martin, Louis Claude de

Saint-Martin (Mutmaßl. Verf.), s. A b h a n d l u n g , philosophisch-theologische, über Eigenschaften Gottes . . .

St. Martins, Louis Claude de, Dichtungen. Uebersetzt u. erläutert von Frdr. Beck. Mit einer Beigabe verwandten Inhalts. München 863. Fleischmann. 8. (VII, 121 S.) 16 ngr.

St. Martins, Louis Claude de, Dichtungen. Uebers. und erläutert von Friedr. Beck. Mit einer Beigabe verwandten Inhalts. 8. (VII und 121 S.) München 863, [Merhoff's Verlag.]

St. Martin, Louis Cl. v., der Dienst d. Geist-Menschen, s. Sammlung philosophischer Werke.

Saint-Martin, L. C. v., der Dienst des Geist-Menschen. Aus d. Französ. v. dem Uebers. des Werkes: „Dante u. die katholische Philosophie des 13. Jahrhunderts." gr. 8. (28½ B.) Münster 845, Deiters.

Saint-Martin, L. C. v. Der Dienst des Geist-Menschen. Aus dem Franz. ... Münster 1845. V: *Lombard, Karoline.* (Rass I, 203) (Zeitschr. f. Büch. N. F. 15, 1923, S. 120)

— üb. den Geist u. das Wesen d. Dinge; aus d. Französ. übers. v. Gtthlf. H. Schubert. Mit e. Vorrede v. Baader. 2 Thle. 8. Leipz. 812. Reclam. 3 ₰

Saint-Martin, Louis Claude de, Extraits tirés de son ouvrage, intitulé l'homme de desir. — A. u. d. T.: Stimme e. Heimgegangenen. 12. (4 B.) Frankfurt a. M. (831). [Leipzig, Kersten.]

Martin, L. C, St., l'homme de désir. Extraits tirés de cet ouvrage avec la traduction allemande en regard. — A. u. d. T.: Stimmen eines Heimgegangenen. 12. (4 B.) Frankfurt a. M. 832, Schmerber.
Französischer Text mit gegenübersteh. deutscher Uebersetzung.

Irrthümer und Wahrheit, oder Rückweiss für die Menschen auf das allgemeine Principium aller Erkenntniss. Ein Werk, darin die Beobachter auf die Ungewissheit ihrer Untersuchungen und auf ihre beständigen Fehltritte geführt werden, und ihnen solcher Weise der Weg angedeutet wird, den sie hätten gehen müssen, um die physische Evidenz zu erhalten über den Ursprung des Guten und des Bösen, über den Menschen, über die materielle Natur, über die immaterielle Natur und die heilige Natur, über die Basis der politischen Regierungen, über die Autorität der Souverains, über die bürgerliche und peinliche Gerechtigkeit, über die Wissenschaften, die Sprachen und die Künste. Von einem unbek[annten] Ph[ilosophen d. i. Louis Claude de Saint-Martin]. Aus d. Franz. übers. von Matthias Claudius. Bresslau: Löwe 1782. XVI, 614 S. 8⁰

[Dasselbe.] Neue Ausg. Halberstadt: Gross 1795. XVI, 614 S. 8⁰
Recens: Goué, A. S. v.: Notuma. 2 (1788) S. 53—93.
Kl. 3894. 23.

Saint-Martin's Leben, Leiden u. Schicksale; aus d. Französ. seines Tagebuches. 3 Thle. 8. Gotha, Hennings. 2 ₰ 12 gr

Saint-Martin, Louis Cl. de, nommé le philosophe inconnu, poésies. Leipzig 860. Literarisches Institut. 8. (VII, 52 S.) n. 15 ngr.

— Sehet da den Menschen! Ecce homo! aus d. Französ. 8. Leipz. 819. Reclam. 12 gr

— des Menschen Sehnen u. Ahnen. Ein Buch z. wahren Erbauung; nach d. Französ. v. Ad. Wagner. 2 Bde. 8. Leipz. 814. Joachim. 1 ₰ 12 gr

Martin, L. C. von, Saint, des Menschen Sehnen u. Ahnden. A. d. Franz. von Ad. Wagner. 2 Bde. gr. 12. Leipzig, Joachim. 821.

—— nachgelassene Werke. A. d. Urschr. u. mit Anmerkn. v. W. A. Schickebanz. 1. Thl.: die theosoph. Gedanken. 8. (14½ B.) Münster 833, Theissingsche Buchh.

St. Maure, Anatole, Licht und Finsterniß. Historischer Orig.-Roman. 4 Bde. 8. (211; 183; 211; 175 S.) Stuttgart 870, Kröner. 12 —

Saint-Maure, Dupre de, Rußland wie es ist, s. Rußland ꝛc.

— Rußland wie es ist; od. Sitten, Gebräuche, Religion u. Regierung in Rußland. Frei nach d. Französ. v. A. Kaiser. 2 Bde. gr. 12. Leipz. 830. Nauck. 1 ₰ 16 gr

Saint-Maurice. St M'. [Place d'armes. Transport lithographique d'une partie des feuilles 476, 477, 483, 485, 525, 526 de l'Atlas topographique Siegfried.] Echelle 1 : 50000. [Publié par le] Service topographique fédéral, Berne. Report sur pierre 1905. 534/719 mm. 1 feuille fol.-obl.
Ed. A: non collée. fr. 2. —
Ed. B: collée sur toile, 8; *titre (avec croquis):* Atlas topographique de la Suisse. Report sur pierre. Place d'armes de St-Maurice. 1 : 50,000. Berne, Service topographique fédéral, *Aufdruck:* 1905. collée sur toile fr. 3. —

Saint-Maurice. St M'-Martigny. [Place d'armes. Transport lithographique d'une partie des feuilles XVII et XXII de la carte topographique Dufour.] Echelle de 1 : 100000. [Publié par le] Service topographique fédéral, Berne. Report sur pierre 1904. 663/517 mm. 1 feuille fol. [fr. 2. —, collé sur toile 3. —]

Saint-Maurice

— die Feldzüge in Deutschland seit d. Frieden von Amiens bis z. Frieden von Wien. In strategisch. Hinsicht durchgesehen vom General Beauvais. 1s u. 2s Bdchn. 3s u. 4s Bdchn. fortges. v. Mortonval; aus d. Französ. mit Anmerkk. u. Zusätzen. Mit 3 Plän. 16. Darmst. 830 u. 31. Leske. 1 ₰ 12 gr (Aus d. allgem. Gesch. d. Kriege d. Franzosen abgedr.)

Saint-Maurice u. Mortonval. Die Feldzüge in Deutschland seit dem Frieden von Amiens bis zum Frieden von Wien. [1802—1809.] A. d. Frz. (XVI. 795.) 8. M. 4 Pl. Darmstadt 1830. 31. 5,00.

Saint-Maurice, die Feldzüge in Teutschland, s. Geschichte, allgem., d. Kriege d. Franzosen ꝛc., 18—21. Bdchn.

de Saint-Maurice, die Gesch. d. Kreuzzüge; nach d. Französ. v. J. H. G. Heusinger. 3 Bdchen. 8. Dresd. 826. Hilscher. 1 ₰ 4 gr (A. u. d. T.: histor. Taschenbibliothek, 7r Thl.)

St. MAURICE, Pelée de: Die Kunst, Italiänische Pappelbäume aufzuziehen, mit Anmerkungen über die Wahl und Einrichtung der Baumschulen, wie man sie und die weiter verpflanzten Bäume aufziehen und warten soll. - Leipzig 1764. 3, 5 Bog.

Saint-Meard, s. Meard.

Saint-Meard, J., meine 38stündige Todesangst, od. Erzählung dessen, was mir während meines Arrestes in d. Gefängnissen d. Abtei St. Germain begegnet ist. 8. Leipz. ... Hinrichs. 6 gr

Saint-Meinrad martyr, fondateur du sanctuaire de Notre-Dame-des-Ermites. Souvenir du jubilé millénaire. Einsiedeln 861. Gebr. Benziger. 24. (21 S. m. Holzschn.) 1 ngr.

Saint-Mihiel, de. Der wahre Mann in der eisernen Maske ... a. d. Franz. Hildburghausen 1792. Ü: *Strasser, Ernst August Christian* (MGT) & *Johann Andreas Gen*s*sler*. (Ky)

Saint-Mihiel, der wahre Mann in d. eisernen Maske; aus d. Französ. (von E. A. C. Strasser u. J. A. Greßler). 8. Hildburgh. 792. (Er. Fleischer in Leipz.) 18 gr

St. Moritz-Post: The St. Moritz Post - Davos and Maloja News
① Liste des Etrangers ⑤ 1886—1892 ⑥ 2° ⑦ Wochenblatt ⑧ Chur: F. Gengel; Samaden: Simon Tanner (seit Oktober 1887) ⑩ F. de Beauchamp Strickland ⑪ F. de Beauchamp Strickland ⑫ Fremdenblatt mit Nachrichtendienst ⑭ Cb: K.

Saint-Nelly, s. Nelly.

Saint-Nicaise, s. Nicaise.

Saint-Nicaise, od. Samml. merkwürd. Maurer-Briefe, f. Freimaurer u. die es nicht sind, (v. Jh. Aug. v. Starck). 8. Frkf. a. M. 785. 2e A. 786. Guilhaumann; (a. Fr. Fleischer in Leipz.) 22 gr

Saint-Non, auch de Non, s. Neapel u. Sicilien.

Saint-Omer, Eduard

Saint-Omer, O. Ss. Red., eine vertrauensvolle 9tägige Andacht zu Uns. Lieben Frau v. d. immerwähr. Hilfe. Autor. Uebersetzg. 8. Aufl. 16. (96 S. m. Abb. u. 1 Farbdr.) M.-Gladbach 897. B. Kühlen. — 30; geb. — 50

[J.] Die tägliche Anhörung der heiligen Messe in ihren segensreichen Früchten. Nach ... Alfons Maria v. Liguori v. P. Ed[uard] **Saint-Omer**, C. SS. R. Nach d. 3. Aufl. a. d. Französ. übs. v. Ph. Brameyer, C. SS. R. 5. Aufl. ... *Dülmen i. W.: A. Laumann 1895.* (77 S.) 1 Bd 8. 198. 4884

Saint-Omer, C. Ss. R., unsere Liebe Frau v. der immerwährenden Hilfe. Neuntägige Andacht. 7. rev. u. verm. Aufl. (114 S. m. Abb. u. farb. Titelbild.) 16. M. Gladbach 907. B. Kühlen. — 40; geb. — 60

Saint-Omer, Führer f. Seelen, um die große Kunst d. Heils, das Gebet zu lernen. Eine Sammlg. der schönsten Gebete d. hl. Alphonsus v. Liguori f. jeden Tag, jede Woche u. jeden Monat, die verschiedenen Zeiten d. Jahres u. die hauptsächlichsten Verhältnisse d. Lebens. Ins Deutsche übers. v. N. Breisdorff. 12. (VIII, 650 S. m. 1 Stahlst.) Münster i/W. 891. Alphonsus-Buchhandlg. n. 2. —; geb. in Kaliko m. Rotschn. n. 2. 50; in Ldr. m. Rotschn. n. 3. —; m. Goldschn. n. 3. 50

St. Omer, das heiligste Herz Jesu, s. Liguori, Alph. Maria v.

Das heiligste Herz Jesu nach dem heil. Alphons Maria v. Liguori. Betrachtungen f. d. Herz-Jesu-Monat, d. hl. Stunde u. d. ersten Freitag im Monat. Aus d. Schriften d. heil. Kirchenlehrers zsgest. von P. (Éd[ouard]) **St. Omer** aus d. Congreg. d. allerh. Erlösers. Nach d. 4. Orig.Ausg. übers. von P. M. A. Hugues. 10. Aufl. Einsiedeln, Waldshut, Köln a. Rh.: Benziger & Co. [um 1902]. (XVI, 559 S.) 8° [J.] 1ог. 11411

Saint-Omer, Ed., das Marienkind nach dem heil. Alfons v. Liguori, Kirchenlehrer u. Stifter der Congregation vom allerheiligsten Erlöser. Aus dem Franz. Mit e. Stahlst. 16. (96 S.) Dülmen 883. Laumann. n. — 20

— die Schlüssel d. Paradieses od. die gutverrichtete Beicht. Nach dem hl. Alphons v. Liguori, Kirchenlehrer, u. einigen anderen Verfassern. Autoris. Uebersetzgg. 16. (VII, 328 S. m. 1 Stahlst.) Ebend. 884. n. — 80; geb. n. 1. 20

— Trostgründe f. leidende Seelen. Nach dem hl. Alphons v. Liguori bearb. Aus dem Franz. übers. v. e. Priester der Erzdiöcese Köln. 16. (75 S.) Dülmen 894. A. Laumann. n. — 20

Saintonges, C. A., Französische Grammatik für Schulen u. Selbstlernende, nach einem ganz neuen Lehrsysteme, in welchem die Regeln d. französ. Sprache vereinfacht u. die unregelmäßigen Zeitwörter auf drei reduzirt sind. 8. (VI u. 410 S.) Mainz 849, Halenza. 1 ℔

Saintonges, J. C., sagas Rhénanes ou recueil de plus intéressantes traditions du Rhin, traduites de l'allemand par S. 5. éd. 12. (VIII, 304 S. m. 6 Stahlst.) Mainz 891. Wiesbaden, G. Quiel. 2. 50; geb. in Leinw. m. Goldschn. 4. —

Saintonges sen., J. C., s.: Sagas rhénanes.

Saint-Otto, Bischof zu Bamberg. Eine histor. Mittheilung. Mit Bildn. 8. Augsb. 824. Engelbrecht. 4 gr (a. Schlosser). 1¼ gr

Saint-Ducu, Mme. L. de, Gesch. Napoleons, s. Geschichte rc.

Saint-Pater, Guillaume de, le roman du Mont Saint-Michel, Wiedergabe der beiden Handschriften des britt. Museums v. Paul Redlich. s.: **Ausgaben u. Abhandlungen aus dem Gebiete der romanischen Philologie.**

St. Paterne, le ch. de. Tablettes d'un amateur des arts contenant la gravure au trait des principaux ouvrages de peinture et de sculpture qui se trouvent en Allemagne. Avec leur description. Berlin 1803. 8°.

Saint Paul, v., üb. Wiesen-Melioration u. Compost-Bereitung. 3. Aufl. 8. (44 S.) Königsberg 870. Meyer & Co. n. — 75

Saint-Paul, Friedrich Wilhelm Leopold von, s. Handbuch für Cavallerieofficiers.

Saint-Paul, Fr. Wilh. Leop. v., Kurzgefasstes Handbuch der Pferdearzneikunst für Laien. Als ein Anhang zu dessen neuem militärischem Handbuche. gr. 9. Breslau 04. Korn. M. 4.-

Saint-Paul, F. W. L. v. Kurz gefaßtes Handbuch der Pferdearzeneikunst für Laien. Breslau 1805. 44 S.

Saint-Paul, Friedrich Wilhelm Leopold v., königl. preuss. Stabs-Rittmeister. Kurzgefasstes Handbuch der Pferde-Arzeneikunst für Laien. Ein Anhang zu dessen neuem militärischen Handbuch. 8. Breslau und Leipzig 1815.

v. Saint-Paul, Fr. Wlh. Leop., neues militär. Handbuch. 2 Bde in 4 Abtheill. Mit 13 Kpf. gr. 8. Bresl. 802 u. 3. W. G. Korn. 8 ℔ (A. u. d. T.: über die Kenntniß u. Behandl. des Soldatenpferdes; e. Handbuch f. Officiers rc.)

Saint Paul, J. v., Premier-Lieutenant im Kaiser Alexander Grenadier-Regiment. Pläne der merkwürdigsten Schlachtfelder der neueren Kriege. 1. Heft: Erster, zweiter schlesischer, und siebenjähriger Krieg. 2. Heft: Französischer Revolutionskrieg 1792—1800. 3. Heft: Kriege von 1805—1812. 4. Heft: Kriege von 1813—1815. (Vier Schuber mit zusammen 103 Plänen.) Fol. Berlin, Posen und Bromberg 1836—1837.

v. Saint Paul, J., Pläne der merkwürdigsten Schlachtfelder der neueren Kriege. 1s Hft. erster, zweiter Schlesischer, u. siebenjähr. Krieg. (29 lith. Bl.) gr. 4. Berlin 835. Mittler. n. 2 ℔

— dass. 2s Hft. Französ. Revolutions-Krieg 1792—1800. gr. 4. Ebd. 836. n. 2½ ₰

— dass. 3s Hft. Kriege v. 1805—1812. gr. 4. Ebd. 836. n. 1½ ₰

— dass. 4s Hft. Kriege von 1813—1815. gr. 4. Ebd. 837. n. 2 ₰

St. Paul, Marie de, historiettes en ordre alphabétique. Abécédaire français. Avec 25 gravures (lith. et) color. (auf 7 Taf.). Stoutgard (854.) Thienemann. 8. (12 Bl.) 15 ngr.

Saint-Paul, Wilh., Klänge aus d. Welt d. Gemüths. Eine Reihe psych. Dichtungen. 8. (15 B.) Berlin 839, Heymann.

St. Paul-Illaire, von, Capitain-Lieutenant. Seeschlacht von Lissa und ihre Bedeutung für den Seekrieg. Ein Vortrag gehalten in der militärischen Gesellschaft zu Berlin am 15. Februar 1867. Als Manuskript gedruckt. 8. Berlin 1867.

Saint Paul-Illaire, Walt. v., Caveant consules! Kolonialpolit. Zeit- u. Streitfragen. Eingeborenen-Politik. Machtpolitik. Rassenpolitik. Kolonisator, Missionar u. Kaufmann. Interkoloniale Rechtshilfe. Verkehrspolitik. (87 S.) gr. 8. Berlin (906). W. Süsserott. n. 1. —

von Saint Paul Illaire, Walter: Suaheli Handbuch. Stuttgart u. Berlin 1890. XXVI, 204 S., 1 Tf.
= Lehrbücher des Seminars für Orientalische Sprachen zu Berlin. Bd. 2. 8°
[N 2622

Saint Paul-Illaire, Walt. v., Swahili-Sprachführer. 12. (XXX, 575 S.) Dar-es-Salaam 896. (Berlin, R. Eisenschmidt.) Geb. in Leinw. n. 10. —

Saint Paul-Illaire, Walt. v., s.: Taschenbuch f. Deutsch-Ostafrika.

Saint Paul Illaire, Walt. v., Uda. Ein Sang aus Schlesiens Bergen. 12. (258 S.) Warmbrunn (902). M. Leipelt. Geb. in Leinw. n. 4. —

St. Paul Germania : Jahrgang 1, no. 1–11, Sept. 20 – Nov. 29, 1890.
Weekly. Edited & published by Gebrüder Zander
St. Paul, MN

Saint-Pétersbourg et ses environs [St. Petersburg u. Umgebungen]. Guide prat. 13. éd. rev. et augm. par A. Wernekinck à St-Pétersbourg, trad. de l'allemand par A. Marty. Avec 4 cartes. *Berlin: A. Goldschmidt 1902.* (IV, 136 S.) 8° [J. u. Ant.]
= Reisebücher, Griebens. T. 33.

St. Petersbourg — Nouveau Plan de la Ville et de la Forteresse de — Exécuté exactement d'apres l'Original qui se trouve dans les Archives de la Police par C. M. Roth. Nürnberg bey Homanns Erben. 1 : 21,000. 1 Bl.

St. Petersbourg — Plan de la ville de — A Weimar au Bureau d'Industrie 180?. Seconde Edition, corrigée et augmentée. Ohne M. 1 Bl. nebst einem Druckbogen Erklärung.

St. Philippe — Wahrer und accurater Plan der Vestung — auf der Balearischen Ins. Minorca, wie solcher von einem Französischen Ingenieur des Königs mit allen herumliegenden Werkern und Forts etc. entworfen und aufgezeichnet worden, herausgegeben von den Homanischen Erben in Nürnberg. Anno 1756. 1 : 2,650. 1 Bl.

Saint Pierre, ancienne Cathédrale de Genève 1899. Publication de l'association pour la restauration de St. Pierre. IV. fasc. 1899. 4°. 113 p. Avec illustr. et 11 pl. (Genève et Bâle, Georg & Co.) 1899 3 50

Saint-Pierre, (Jacques Henri) Bernardin de

Saint-Pierre, s. a. Bernardin.

Saint-Pierre, s. a. Pierre.

— vermischte kleine Aufsätze, ins Neugriech. übersetzt. 12. Paris u. Leipz. 825. Bossange. 1 ₰

de **Saint-Pierre,** Bernardin J. B. H., Betrachtt. über die Natur; aus d. Französ. 2 Thle. 8. Görlitz 795, 96. Anton in Halle. 1 ₰

Saint-Pierre, (Jacq. Henri) Bernard de, la Chaumière indienne, s. France, la classique.

—— la Chaumière indienne, s. Hegewald, L.

— la Chaumière indienne. gr. 12. Bern, Haller. 12 gl. 12. Basel, Neukirch. 8 gl.

—— la chaumière indienne, le café de Surate et le voyage en Silésie. Mit Anmerk. u. Wörterbuch hrsg. v. Fedor Possart. 12. (8⅚ B.) München 837, [Augsburg,] Jaquet.

Saint-Pierre, Jacq. Henri Bernardin de, la chaumière indienne, suivie du café de Surate et du voyage en Silésie. 16. (5¼ B.) Stuttgart 838, Erhard.

St. Pierre, Bernardin de, la Chaumière Indienne, le Café de Surate et le Voyage en Silésie. Drei kleine Erzählungen als Leseübungen im Französischen mit Anmerkungen u. Wörterbuch herausg. von Fedor Possart. 2. (Titel-)Aufl. Augsburg 854. Jaquet. 12. (1 Bl., 204 S.) 6 ngr.

Saint-Pierre, (Jacq.-Henri) Bern. de, Erzählungen. Aus sein. Werken gesamm. (u. übers. v Baron v. Keller-Schleidheim.) 1. Bdchn. — A. u. d. T.: Paul u. Virginie. Ein Naturgemälde aus d. südind. Welt. gr. 12. (12 B. u. Titkpfr.) Mannheim 829, Schwan u. Götz.

—— dass. 2. Bdchn. — A. u. d. T.: Arkadien, od. die Gallier, u. d. indische Hütte. Nebst noch zwei kleinern Erzähln. gr. 12. (15 B.) Ebds. 830.

Saint-Pierre, (Jacques Henri) Bernardin de. Erzählungen. Aus seinen Werken gesammelt. Mannheim 1829—30. Ü & H: *Keller-Schleidheim, Franz de Paula Ign. Jos. Freih. von.* (Ky)

— études de la nature. VIII Vols. av. fig. 12. Münst. 791. Coppenrath. 5 ₰ 8 gl.

—— die indische Hütte, s. Chateaubriand, v., Atala.

Saint-Pierre, Bernardin de, die indische Hütte, s. Universal-Bibliothek Nr. 1547.

de Saint-Pierre, Bernardin J. B. H., oeuvres complett. VII Vols. 18. Leipz. 797. Er. Fleischer. 6 ₰

— Pablo y Virginia. Traducido al Castellano por J. M. Aléa. Corregido y emendado por M. W. Brasch. A. u. d. T.: Pablo y Virginia. Paul u. Virginie. Mit grammatischen Hinweisungen auf Gomez u. Ollendorf-Funck, einem Verzeichniß der unregelmäßigen Verbal-Formen u. einem vollständ. Wörterbuche. Von M. W. Brasch. Hamburg 853. (O. Meissner.) 8. (VIII, 220 S.) 24 ngr.

— Paul et Virginie. Nouv. Ed. 12. Lausanne 796. (Fr. Fleischer in Leipz.) 12 gl.

— Paul et Virginia. Transl. from the french by Hel. Maria Williams. 12. Dresd. 826. Arnold. 12 ℊℊ

——, Paul et Virginie. 12. (4½ B.) Nuremberg 830. Campe.

— Paul et Virginie. Mit 6 Holzschn. 32. Tübing. 832. Osiander. 12 ℊℊ

— Paul et Virginie. 12. Paris et Lyon 833 (Leipzig, Hinrichs) 1/3 ℛ

—— le même. 16. (7 B.) Stuttgart 834, Erhard.
Mit franz.-deutschem Wörterverzeichn. (11¾ B.) 6 Gr.

—— Paul et Virginie. Nouv. édit. 16. (7 B.) Stuttgart 838, Erhard. 4 Gr. — Mit Wörterverzeichniss. (11¾ B.)

—— Paul et Virginie. gr. in-12. (6 B. u. 6 Abbild. n. J. Niale.) Coire 841, Grubenmann.

— Paul et Virginie. Mit grammat. histor. u. mythologischen Bemerkungen und einem besonders dazu eingericht. Wörterbuche. Zum Schul- u. Privatgebrauche herausgeg. von K. W. Schiebler. kl. 8. Leipzig 841, Volckmar. ¼ ℛ

— Paul et Virginie. Mit einem vollständ. Wörterbuche von Fr. Aug. Menadier. 8. Quedlinburg 843, Basse. 5/12 ℛ

— Paul et Virginie. Nouvelle édit. Orné de jolies gravures. 32. Tubingue 843, Osiander. ⅓ ℛ

— le même. Edit. illustr. de 20 dessins par H. Bürkner. 8. Leipzig 844, Mayer. ⅚ ℛ

— Paul et Virginie. Mit grammatischen, wort- u. sacherklärenden Anmerkungen und einem vollständ. Wörterbuche zum Schul- u. Privatgebrauch versehen von J. Hoffa. 8. Braunschweig 845, Westermann. n. ½ ℛ

— Paul et Virginie. Nouvelle édition. Avec dix gravures. gr. in-16. Leipsic 845, Schaefer. n. ⅓ ℛ relié n. ½ ℛ

de Saint-Pierre, Bernardin, Paul et Virginie. 12. Leipzig 846, B. Tauchnitz jun. 6 ngℊ

— Paul et Virginie, avec un commentaire littéraire et grammatical, et un vocabulaire Français-Allemand, par Fréd. Hermann et Gust. Hoffmann. gr. 12. (XXII u. 246 S.) Berlin 847, Nauck & Co. n. ⅓ ℛ

de Saint-Pierre, Bernardin, († d. 21. Jan. 1814), Paul et Virginie. Avec (9) gravures. gr. 16. (IV u. 132 S.) Leipzic (845) 849, Baensch. ⅔ ℛ

— Paul et Virginie. Mit grammat., histor. u. mytholog. Bemerkungen u. einem besonders dazu eingerichteten Wörterbuche. Zum Schul- u. Privatgebrauche hrsg. von K. W. Schiebler. (Neue) Ster.-Ausg. 8. (IV u. 147 S.) Leipzig 850, Renger. ¼ ℛ

St. Pierre, Bernardin de, Paul et Virginie. Mit grammatischen, historischen u. mytholog. Anmerkungen u. einem Wörterbuche von Ed. Hoche. 4. verb. Aufl. 853. — 5. Aufl. Leipzig 858. E. Fleischer. 16. (2 Bl., 141 S.) 7½ ngr

— Paul et Virginie. Mit grammatischen, historischen u. mythologischen Anmerkungen u. einem Wörterbuche von Ed. Hoche. 6., verb. Aufl. Leipzig 865. E. Fleischer. gr. 16. (III, 141 S.) 7½ ngr

Saint-Pierre, Bernardin de, Paul et Virginie. Mit grammat., histor. u. mytholog. Anmerkgn. u. e. Wörterbuche v. Ed. Hoche. 7 verb. Aufl. gr. 16. (152 S.) Leipzig 876. E. Fleischer. — 75

Saint-Pierre, Bernardin de, Paul et Virginie. Für die oberen Klassen höherer Lehranstalten bearb. v. A. Kühne. gr. 8. (XII, 116 S.) Berlin 876. Weidmann. 1. 20

Saint-Pierre, Bernardin de, Paul et Virginie. Nouvelle éd., augmentée d'une préface et de notes historiques et grammaticales par Mad. P. Blanchard. 8. (120 u. Wörterverzeichn. 47 S.) Leipzig 885. Wilfferodt. n. 1 —

Paul et Virginie p. Bernardin de Saint-Pierre. M. Anm. z. Schulgebr. hrsg. v. Otto Schaumann, Rektor . in Kattowitz. (Text.) Anm. *Bielefeld & Leipzig: Velhagen & Klasing 1896.* 2 Bde 8.
(Text) (VI 157 S.) Anm. (40 S.)
= Sammlung, Velhagen & Klasings, französ u. engl Schulausgaben. Prosateurs franç. Lfg 14. Ausg. B. (96 7390

— Paul et Virginie, s. a. Prosateurs français.

— dasselbe, s.: Schulausgaben französischer Klassiker.

—— Paul et Virginie et la chaumière indienne. Mit grammat. Erläutern. u. Hinweisn. auf d. Sprachlehren v. Frings, Hauschild, Hirzel, Mozin u. Sanguin u. e. Wörterbuche. 2., verm. u. verb. Aufl. gr. 12. (11½ B.) Leipzig 836, Baumgärtners Buchh.

— Paul et Virginie et la Chaumière Indienne. Mit grammt. Erläuterungen und Hinweisungen auf die Sprachlehren von Frings, Hauschild, Hirzel, Mozin und Sanguin und einem Wörterbuche. 3. verm. u. verb. Aufl. 8. Leipzig 846, Baumgärtner. ¼ ℛ

— Paul et Virginie et la chaumière indienne. Mit grammat. Erläuterungen u. Hinweisungen auf die Sprachlehren von Frings, Hauschild, Hirzel, Mozin u. Sanguin, u. einem Wörterbuche. 4. m. Ster. gedr. Aufl. 8. (IV u. 172 S.) Leipzig 852, Baumgärtner. ¼ ℛ

- Paul u. Virginie, s. Bibliothek ausländischer Klassiker.

— dasselbe, s.: Bibliothek der Gesamt-Litteratur d. In- u. Auslandes.

— Paul und Virginie. s. Classiker des In- und Auslandes.

— dasselbe, s.: Collection Spemann.

—— dass. — s. Meyer's Volksbücher.

— Paul und Virginie, s. Miniaturbibliothek ausländ. Classiker, 20. u. 21 Bdchn.

—— dass. — s. Universal-Bibliothek für die Jugend.

Saint-Pierre, J. H. B. de. Paul und Virginie. A. d. Franz. Frankfurt a. M. 1795 [1794]. Ü: *Hadermann, J. Leonhard.* (MGT) (GGr)

— Dass. aus d. Französ. v. J. L. Hadermann, mit Anmerkk. 8. Frankf. a. M. 795. Diez. 21 ℊℊ

— Dass. aus d. Französ. mit Anmerkk. herausgg. von A. L. P. Schröder. 8. Thal Ehrenbreitst. 804. Gehra. 8 ℊℊ

— Dass. übers. v. Fr. Gleich. 8. Leipz. 820. Lauffer. 1 ℛ

— Dass. ins Neugriech. übersetzt. 12. Paris u. Leipz. 824. Bossange. 1 ℛ

— dass. übers. v. J. M. Reichenecker. Mit 1 Kupf. u. 1 Charte. gr. 12. Frankf 827, Streng.

— Paul u. Virginie. Mit Titelkpf. gr. 12. Manz. 829, 30. Schwan u. G. 2 ₰

— Paul u. Virginia. Eine Idylle. Deutsch v. F. F. Sigismund. 8. Zwickau 830. Gebr. Schumann. 18 gr

— Paul und Virginie. Eine Erzählung für die reifere Jugend. Nach d. Franz. bearb. von Dr. Ed. Freisleben. Mit (4 illum.) Kpfrn. (u. verziert. lith. Titel.) kl. 8. Leipz 837. Fischer. 1 1/3 ₰

—— Paul u. Virginie. Eine Erzähl. f. d. reif. Jugend. N. d. Franz. bearb. v. Ed. Freiesleben. 8. (13½ B., 4 ill. Kpfrt. u. lith. Ttl.) Leipzig 837, [Serig'sche Buchh.]

Saint-Pierre, (Jacq. Henri) Bernardin de, Paul u. Virginie. Eine vorzügl. schöne, interess., f. jed. fühl. u. reine Gemüth sehr anzieh. Erzähl., neu übers. aus d. Franz. v. J. M. Reichenecker. (Neue Ausg.) gr. 12. (9½ B., Ttlbild u. 1 Kärtchen.) Reutlingen 837, Fleischhauer u. Spohn.

—— Paul u. Virginie, e. wahre Gesch. d. J. 1726—1744, dem treu bewährten u. väterl. Freunde d. Vollendeten nacherzählt. A. d. Franz. d. Edit. d. L. Aimé-Martin, Paris 828, u. d. Prachtausg. d. L. Curmer, Paris 838 (v. Chrstn. Gtfr. Mor. Janj). Lex.-8. (13½ B., 5 Stahlst. u. 1 ill. Karte. Leipzig 840, Baumgärtners Buchh. Thlr.

— Paul und Virginie. Eine Erzählung für die reifere Jugend. Frei nach d. Französ. von J. G. Fels. Mit 8 Bildern nach J. Niele. gr. 12. Chur 841, Grubenmann. 2/3 ₰

— Paul und Virginie. (In 21 Liefg.) 1.—4. Liefg. gr. 8. (Mit 4 Stahlst.) Leipzig 843, Expedit. d. Bibliothek ausländ. Classiker. Subscr.-Pr. à n. 1/8 ₰

— Paul und Virginie. 10 Liefg. Mit 10 Stahlst. gr. 8. Leipzig 843, 44, Schäfer. 1 ₰ — geb. 1 1/8 ₰

— Paul und Virginie. Aus dem Französ. neu übersetzt von A. Kaiser. Mit 20 Holzschn. nach Originalzeichn. von H. Bürkner. 8. Leipzig 844, Mayer. n. 2/3 ₰ — eleg. geb. n. 1 ₰

— Paul u. Virginie. Gemälde der Natur. Mit (9) Stahlst. (Neue Titel-Ausg.) 8. (IV u. 124 S.) Leipzig (844) 849, Baensch. 1 ₰

— Paul u. Virginie. Ein Naturgemälde. Nach d. Franz. von Chr. Schüler. Mit 8 Stahlst. nach Schopin. gr. 16. (254 S.) Darmstadt 851, Lange. n. 2/3 ₰

— Paul und Virginie. Ein Naturgemälde. Nach dem Französ. von Chrn. Schüler. Mit 8 Stahlst. nach Schopin. 2. (Titel-)Aufl. Darmstadt (851.) 855. Lange. 16. (254 S.) n. 20 ngr

— Paul und Virginie. Ein Naturgemälde aus der südindischen Welt. Uebers. von Heinr. Elsner. Wohlf. (Titel-) Ausg. Mit 1 Stahlst. St. Gallen (843.) 855. Scheitlin u. Zollikofer. 8. (134 S.) 7½ ngr

Saint-Pierre, Bernardin de, Paul und Virginie. Ein Naturgemälde. Nach dem Französ. von Chr. Schüler. Mit 8 Stahlst. nach Schopin. 3. verb. Aufl. Darmstadt 861. Lange. 16. (254 S.) n. 20 ngr

—— Paul und Virginie. Gemälde der Natur. Neue Aufl. 16. (VIII und 176 S. mit 7 Stahlst.) Leipzig 862, Expedition des Campe'schen Robinson. cart. *

— — Ein Gemälde der Natur. Aus dem Französischen. Leipzig 870. Dyk. 16. (112 S.) n. 2½ ngr

— dasselbe. Mit 2 Titelbildern (in Holzschn.) von Emilie Weißer. 16. (175 S.) Stuttgart 882. Rieger. geb. m. Goldschn. 2. —

Saint-Pierre, Bernardin de, Paul u. Virginie. Mit 2 Titelbildern v. Emilie Weißer. 2. Aufl. 16. (183 S.) Stuttgart 885. Rieger. geb. m. Goldschn. 2.—

—— dass. — Aus dem Französischen neu übers. von A. Kaiser. 12. Aufl. 8. (212 S. mit vielen Holzschn. nach Orig.-Zeichnungen von H. Bürkner rc.) Dresden 886, Dieckmann. geb. *

Saint Pierre, Berhardin de. Paul u. Virginie. Deutsch v. A. Kaiser. 12. Aufl. 8. Dresd. 886. Lpz., Knaur. geb. [* 2 80] * 2 —

— dasselbe. Aus dem Franz. v. A. Kaiser. 8. (98 S. m. Bild des Verf.) Halle 887. Hendel. geb. m. Goldschn. n. 1. —

Saint-Pierre, B. de, Paul u. Virginie. Illustrirt v. M. Leloir. Mit e. Einleitg. v. F. Lotheissen. hoch 4. (XXIII, 238 S.) Leipzig 887. Amelang. geb. m. Goldschn. n. 16. —; Luxusausg. n. 30. —

Saint-Pierre, Bernardin de, Paul u. Virginie. Eine Erzählg. aus den Kolonien des ind. Ozeans. 12. (60 S.) Leipzig 894. Greßner & Schramm. Kart. — 60

— Paul u. Virginie. Illustriert v. M. Leloir. Mit e. Einleitg. v. Ferd. Lotheißen. gr. 8. (XII, 179 S.) Leipzig 899. C. F. Amelang. Geb. in Leinw. n. 3. —

— dasselbe. Erzählung. Für die Jugend bearb. v. Anna Buchta. 1.—4. Taus. 8. (80 S. m. 5 farb. Bildern.) Stuttgart (902). G. Weise. Geb. — 60

Paul und Virginie [Paul et Virginie]. Von [Jacques Henri] Bernardin de Saint-Pierre. Deutsch von Hans Willy Mertens. Hamm i. W.: Breer & Thiemann [1906]. (144 S.) 8° [B.]
— Bibliothek, Kleine. No 105/106. [07. 4776 B

— Paul u. Virginie, u. die Indische Hütte. Mit 400 in den Text gedruckten Vignetten u. 30 Bildern in Holzstich. 9 Hfte. Lex.-8. Pforzheim 840. Dennig, Finck u. Comp. (à n. 2/3 ₰) 6 ₰

—— Paul u. Virginie, u. d. indische Hütte. Neue Uebertrag. durch G. Fink. Mit 400 in d. Text gedr. Vignetten u. 30 großen Bildern in Holzst. u. Portraits in engl. Stahlst. (9 Hfte.) 1. Aufl. u. neue Ausg. Lex.-8. (à 25½ B.) Pforzheim 840, 43. [Stuttgart, Scheible, Rieger u. Sattler.] 6 Thlr., hrbas. Pr.

de Saint-Pierre, Bernardin, Paul und Virginie rc. Neue Uebertragung durch G. Fink. 2. unveränd. Ausg. 1.—4. Heft. Lex.-8. (Mit Vign. u. 8 Taf. in Holzstich.) Pforzheim 842, Dennig, Finck u. Co. (Stuttgart, Scheible, R. u. S.) à 3/8 ₰

— Paul und Virginie und die indische Hütte, übers. von Hnr. Elsner. Mit 1 Stahlst. gr. 8. St. Gallen 843, Scheitlin u. Zollikofer. 3/8 ₰

— Paul und Virginie und die indische Hütte. Eine Erzählung. Neu aus dem Französ. von J. M. Reichenecker. 2. aufs Neue durchges., verb. Aufl. Mit Titelkpfr. 12. Reutlingen 846, Fleischhauer u. Spohn. 12 ngr

v. Saint-Pierre, die indian. Strohhütte; aus d. Französ. übers. u. mit Anmerkk. versehen von A. L. P. Schröder. 8. Frankf.... 2e A. 804. Hermann. 8 gr

— die indianische Strohhütte. 12. Dresd. 841, Bromme. 6¼ ngr

St. Preux, X. Y. Z., der allgemeine Kongreß oder die Herrschaft der öffentlichen Meinung. Leipzig 860. Engelmann. gr. 8. (XVI, 160 S.) 26 ngr.

Saint-Priest, Graf Alexis von. Geschichte des Sturzes der Jesuiten im achtzehnten Jahrhundert 1750—1782. Uebersetzt von L. T. Moseler. Hamm 1845. 204 S. 8.

v. **Saint-Priest**, Graf Alexis, Geschichte des Sturzes der Jesuiten im 18. Jahrhundert (1750—1782.) Uebersetzt von L. T. Moseler. gr. 8. Hamm 845, Schulzische Buchh. 3/4 ℛ

Saint-Privée, Ed. de, die Glockenliese oder der letzte Lubomirsky. Drama in 4 Akten. gr. 8. (51 S.) Neurode 879. Klambt. 1. 50

St. Quentin, Karl August Graf Bigot de
s.a. Bigot de St. Quentin. Ltr. 8997

St. Quintin, unserer Armee, s. Unserer Armee.

CANCAN eines deutschen Edelmanns. (Zieml. zahmer Roman von *Carl August* Graf *v. Saint-Quentin*). 3 Bde. Leipzig, F. A. Brockhaus, 1842—45. Kl. 8°. (5½ Rthl.) (4 Mk. 80 Pfg. Th. Ackermann; 8 Mk. [1 Bl. fehlte] A. Bielefeld; 10 Mk. H. Hugendubel, c. 1902.)

St. Quentin, Graf Carl, s.: Von e. deutschen Soldaten.

Saintrain, H., Andacht zum heil. Joseph für Novenen u. für den Märzmonat. Betrachtungen über die Tugenden des heil. Joseph, nebst einer Predigt auf seine Feste. Nebst einem Anh., enth. die vorzüglichsten Gebete der Christen u. Andachtsübungen zum heil. Joseph. Mit Autoris. des Verf. übers. von C. Jaspers. 16. (188 S.) Dülmen 881. Laumann. n. — 50; geb. n. — 75

Saintrain, P., C. S. S. R. Die Herrlichkeiten U. L. Frau von der immerwährenden Hilfe. Vollständiges Handbuch für alle Verehrer der heil. Gnadenmutter mit Berücksichtigung für den Maimonat. Uebersetzt von J. Kieffer 24. (XVI, 476 S.) —.70, geb. in Leinwand mit rothem Schnitt 1.—
Innsbruck: Vereinsbuchhdlg. 1892.

Saintrain, H., das Herz Jesu nach der heiligen Schrift. Betrachtungen f. den Monat Juni. Deutsch m. Autoris. d. Verf. v. J. Molzberger. gr. 16. (XI, 504 S. m. 1 Stahlst.) Regensburg 876. Pustet. 1. 50

Saintrain, C. SS. R., Leben d. hl. Bischofs u. Kirchenlehrers Alfons M. v. Liguori, Stifters d. Kongregation d. allerheiligsten Erlösers. Nach d. Franz. v. Gerh. Schepers, C. SS. R. 2., verb. Aufl., hrsg. v. Jos. Alois Krebs, C. SS. R. M. e. Bilde d. Heiligen in Farbendr. gr. 8. (VIII, 395 S.) Regensburg 898. F. Pustet. n. 3. —; geb. in Halbldr. n. 4. 20

— Maria, die immerwährende Hülfe der Menschen, nach der heil. Schrift m. der Geschichte d. Bildes u. der Verehrg. unserer lieben Frau v. der immerwähr. Hülfe. [Autoris. Uebersetzg.] Aus dem Franz. übers. v. C. B. gr. 16. (IV, 495 S.) Paderborn 876. Bonifacius-Druckerei. 2. 25

Saintrain, H., die Wissenschaft der Heiligen. Aus dem Franz. 16. (228 S.) Paderborn 891. Junfermann. n. 1. —

Saint-Réal, César Vichard de

Saint-Real, s.a. Real.

Saint-Real, Abbé, s.a. Schmidt.

Saint-Real, Cäs. Vichard, Abhandll. über Gegenstände d. alten u. neuen Geschichte; aus d. Französ. 3 Bde. gr. 8. Leipz. 767—69. Hartknoch. 2 ℛ

Saint-Réal, César Vichard de

Don Karlos. Aus dem Werke des Abbe St. Real gezogen und übersetzt von S.L. Schmidt.
Worms: Kunze 1828. 152 S. 8°

— die Geschichte des Don Carlos, nach welchem Fr. v. Schiller sein Drama dichtete; aus d. Französ. von S. L. Schmitt. 8. Worms 828. 2e A. 831. Kunze. 18 gr

— Leben der Octavia, Schwester d. Augustus; aus d. Französ. 8. Leipz. 761. Gollner. 4 gr

Saint-Real, César Vischard de. Leben der Octavia; a. d. Franz. Jena 1762. Ü: *Breitenbauch, Georg Aug. von.* (MGT)

Saintree, Johann von, nach einer provensalischen Urschrift von Grafen von Tressan bearbeitet, mit 1 Kupf. 8. Leipzig, 797. Göthe. 20 sgl.

Saint-René Taillandier

— Beweis, daß in Deutschland nicht bloß die Romantiker Apostaten sind, sondern auch die Hegelingen, siehe: Blätter, einige wichtige, zur Zeitgeschichte.

Saint-René Taillandier, das neue Deutschland. Deutsch v. Gust. Schilling. 5 Lfgn. 8. (509 S.) Stuttgart 849, Rieger. (à 9 ngr) 1½ ℛ

Saint-René Taillandier, (Prof.,) Scot Erigène et la philosophie scholastique. gr. in-8. Strasbourg 843, Ve Levrault. 1¾ ℛ

— die gegenwärtige Krisis der Hegelschen Philosophie. Mit einer krit. Einleitung über die Bedeutung der letzten 12 Jahre in Deutschland, von H. Jellinek. 8. (73 S.) Leipzig 847, Weller. 11 ngr

— die politische Lage Deutschlands im Jahre 1845. Aus dem Französ. von Jul. Francke. 8. Grimma 845, Verlags-Compt. ½ ℛ

— die polit. Literatur in Deutschland. Aus dem Französ. von Mor. Haase. 8. Berlin 844, Springer. n. ⅓ ℛ

—— die polit. Literatur, s.a. Haase, M.

Saint-René-Taillandier, die ungarische Poesie im 19. Jahrhunderte. (Abdr. aus „Die Wissenschaften.") Sondershausen 860. Neuse. Lex.-8. (30 S.) n. 7½ ngr.

— die dritte französ. Revolution vom 22. bis 24. Febr. 1848. Ihre Entstehung, Ausbruch, siegreicher Erfolg u. Garantieen für die Zukunft. Deutsch bearb. u. mit Zusätzen vermehrt von Rud. König. 8. (195 S.) Grimma 848, Verlags-Comptoir. ½ ℛ

— die Verfassungsfrage in Preußen. 8. Grimma 846, Verlags-Compt. n. ⅓ ℛ

—— Verfassungsfrage, s.a. Verfassungsfrage.

— Preußische Zustände. Aus d. Französ. 8. (69 S.) Ebd. 847. n. ⅓ ℛ

Ste. Roche

Ste. Roche. Von der Verfasserin von Godwie-Castle. 1843
s.a. Paalzow, Henriette von [Verf.]

Saint Roche. Von der Verfasserin von Godwie Castle. Breslau 1839. V: *Paalzow, Henriette von, geb. Wach.* (RHMBF I, 93)

St. Roche. Von der Verfasserin von Godwie-Castle. 3 Thle. 8. Breslau 839. Max u. Comp. 4 1/4 Thlr. — 2e Aufl. 8 Ebd. 840. 4 3/4 Thlr.

St. Roche. Von d. Verfin. von „Godwie-Castle". 3 Thle. 2. Aufl. 8. (81 B.) Breslau 840, Max u. Komp.

Ste. Roche. Von der Verf. von Godwie-Castle. 3., verb. Aufl. 3 Thle. 8. (81 B. u. 1 Abbild. des Schlosses.) Breslau 843, Max u. Comp.

SAINT-ROMAIN, Die Grafen von, oder: Der Kampf der Leidenschaften. Historischer Roman. Aus d. Französ. von L. v. Alvensleben. 4 Bde. Leipzig 1859. 8°.
„Pikante Abenteuer und Ausschweifungen eines pariser Cavaliers." (2 Mk. Mindestgebot, R. Zinke's Dresd. März-Auct. 1906, no. 285.)

Die Braut des Paukers (La fiancée du timbalier). Gedicht von Victor Hugo. Deutsche Uebertr. von Otto Neitzel. Musik von C[amille] Saint-Saëns (Op. 82.) Klavier-Auszug mit Text. *Paris: A. Durand & fils [1901].* (23 S.) 4°

Dejanira. Lyrische Musiktragödie in 4 Akten von Louis Gallet u. Camille Saint-Saëns. Musik von Camille **Saint-Saëns.** [Textbuch.] Ins Deutsche übertr. von Paul Hiller. Bonn, Berlin [usw.]: Ahn [1910]. 32 S. 8°
(Ahns Text-Bibliothek. Nr 159.)

Saint-Saëns, Camille, Harmonie u. Melodie. Autoris. deutsche Ausg. m. Vorwort v. Wilh. Kleefeld. 2. Aufl. (VII, 200 S. m. Bildnis.) 8. Berlin (906). Harmonie. n. 4. —; geb. n. 5. —

Saint-Saëns, Camille, Heinrich der Achte, große Oper, s. **Detroyat,** L., und Armand Sylvestre.

Helena. Dichtung in 1 Akt von C[amille] **Saint-Saëns.** Berlin, Köln, Leipzig: A. Ahn [1904]. (20 S.) 8°
= **Operntext-Bibliothek.** Ahns. No 115.

Saint-Saëns, C[amille]: Phryne. Kom. Oper in 2 Akten v. L[ucien] Auge de Lassus. Mus. v. C[amille] Saint-Saens. Berlin, Köln, Leipzig: A. Ahn 1897. (40 S.) 8°
= Operntext-Bibliothek, Ahn's. No 62.

Samson und Delila. Oper in 3 Aufz. u. 4 Bildern v. Ferd. Lemaire. Mus. von C[amille] Saint-Saëns. Deutsche Uebertr. von Richard Pohl. Berlin, Köln & Leipzig: A. Ahn [1898]. (32 S.) 8°
= Operntext-Bibliothek. Ahn's. No 70.

Die Zauberglocke [Le timbre d'argent]. Oper in 4 Akten von J[ules] Barbier u. M[ichel] Carré, Musik von Camille **Saint-Saëns.** Deutsch von Henriette Marion. *Paris: Choudens; Berlin, Koln, Leipzig: A. Ahn [1904].* (48 S.) 8°
= **Operntext-Bibliothek.** Ahns. No 94.

Saint-Simon, Louis de Rouvroy, Duc de

Saint-Simon, Herzog v., Memoiren, s.: Collection Spemann.

Saint-Simon's Memoiren, s. Hartmann's, **Mart.,** Schulausgaben (französischer Schriftsteller).

v. Saint-Simon, Herzog, s. Portraits und Scenen, historische.

Saint-Simon, Interessante Züge aus dem Privatleben Ludwigs des Vierzehnten u. der merkwürdigsten Personen seines Zeitalters. Ein Auszug aus dessen nachgelassenen Handschriften. Ergänzt aus dem neuen Werke des Herrn Auquetil gleichen Inhalts. Zwey Theile in 1 Bde. Mit 1 Titelvign. (Schubert del., Liebe sc.). Leipzig 1790. 8°. VI, 1 Bl., 566 S., 1 Bl. Selten! (8 Mk. E. Frensdorff, 1907.)

Saint-Simonin, Denkwürdigkeiten des Präsidenten Felix Faure. (Propos de Felix Faure.) Mit Kommentaren u. Dokumenten. Autoris. Uebersetzg. v. Wilh. Thal. gr. 8. (IV, 111 S.) Wiesbaden 902. Ch. Limbarth's Verl. n. 2. —

Saint-Simonismus (Der) als religiös-politisches System. Sendschreiben an Bretschneider und Hahn. 8°. Leipzig 1832.

„Saint-Simons neue Glaubenslehre, oder der Saint-Simonismus und die Philosophie des 19. Jahrhunderts in Frankreich; aus dem Französischen von Fr. Aug. Nelken", Augsburg 1831 (Schlosser).

Saint-Thomas, Mor., Gedichte. 4. Ausg. Münster 863. Brunn. gr. 16. (VII, 324 S.) 1 Thlr.

Nordland (Tenorio in Thule). Eine Rassentragödie von **Saint-Trond.** Leipzig: Thuring. Verl.-Anst. 1907. (149 S.) 8° [D.]

ST.-URBIN, Gustav Markis (!) von, und Ottilie von Blaingevour. Eine Klostergeschichte. Aus d. Französ. Frankfurt u. Leipzig 1783. 8°. (In Oettingen, Fürstl. Bibl., laut Doubl.-Cat. p. 85.)
Bibl. J. J. Schwabii II. p. 355. — Selten!

Saint-Valery, Das Schloss, eine Gespenstergeschichte . . . a. d. Engl. Hannover 1792. N. A. 1795. Ü: *Liebeskind, Margaretha verm. Forkel geb. Wedekind.* (Ky) (Schl)

v. Saint-Venant, Frau, Leonie, od. die nächtl. Erscheinung zu Castell-Nemord. 2 Thle. 8. Düsseld. 809. (Schmerber in Frankf.) 16 gr.

v. Saint-Venant, Leonie, oder die nächtl. Erscheinung zu Castel-Nemrod. 2 Thle. 8. 809. Jetzt Dörffling in Leipzig. 2/3 Thlr.

Saint-Victor, s. Victor.

— Beschreib. u. Abbild. e. ökonom. Maschine z. Ausrotten d. Baumstämme. Aus d. Französ. v. J. C. H. Mit 1 Kpf. 4. Leipzig, 1803. (Fleischer.) — 10

Saint-Victor, J. B., siehe: Blüthen, die, der Heiligen.

Saint-Victor, Paul de, die beiden Masken Tragödie-Komödie. Ins Deutsche übertragen v. Carmen Sylva. I. u. II. Thl. (in 3 Bdn.) gr. 8. Berlin, A. Duncker. n. 18. —; geb. in Leinw. n. 22. 50
I. Thl.: Die Alten. 1. Bd.: Aeschylos. (XII, 510 S.) 899. n. 6. —; geb. n. 7. 50
Dasselbe. 2. Bd.: Sophokles, Euripides, Aristophanes, Kalidasa. (644 S.) 900. n. 6. —; geb. n. 7. 50
II. Thl. 3. Bd.: Die Neueren. Shakespeare. — Das französ. Theater von Anbeginn bis Beaumarchais (IV, 601 S.) 900. n. 6. —; geb. n. 7. 50

de Saint-Vincent, (B.) Gemälde der Iberischen Halbinsel, s. Sammlung geograph. Gemälde. 1r Bd.

Saint-Vincent, J. B. G. M. Bory de, s. Bory.

Saint-Walbo, Graf von Alicante, oder die Geheimnisse des Klosters St. Sebastian. Lübben 1799. V: *Bornschein, Johann Ernst Daniel.* (MGT) (GGr) (Ky)

Saint-Walbo, Graf v. Alikanta etc., (v. Ernst Bornschein). 8. Lübben 799. Gotsch. Leipz. 807. Joachim. 20 gr

Saint-Walbo, Graf v. Alikanta etc. 8. Lübben, Gotsch. 807.

Saint-Yves, (Charles) de: Nouveau Traité des maladies des yeux. Ou l'on expose leur structure, leur usage, les causes de leurs maladies, leurs symptômes, les remèdes et les opérations de chirurgie qui conviennent le plus à leur guérison. Avec de nouvelles découvertes sur la structure de l'oeil, qui prouvent l'organe immédiat de la vue. Nouvelle édition. 309 S., gbd.
Amsterdam et Leipzik: Arkstée & Merkus 1767

Saint-Yves, Charles de: Tractat von denen Kranckheiten der Augen, in welchem die dazu dienliche Hülffs-Mittel wie auch die chirurgischen Operationes, so zu derselben Genesung erforderlich sind, gründlich gezeiget werden; alles mit neuen Erfindungen über die Structur des Auges versehen, welche das unmittelbare Werckzeug des Gesichts beweisen. (Nouveau Traité des maladies des yeux. Ou l'on expose ...les remèdes et les opérations de chirurgie qui conviennent le plus à leur guérison. Avec de nouvelles découvertes sur la structure de l'oeil, qui prouvent l'organe immédiat de la vue. Dt.) Übers.von Joh(ann) Alexander Mischel 370 S., gbd.
Berlin: Rüdiger (1730) JB 4.201

Saintyves, K., von der Krankheit der Augen, a. d. Frz. von Mischel. 8. Berlin. (F. C. W. Vogel in Leipzig.) 730.

Saint-Yves, D., et O. Féré, le baron de Tronck, s. Féré, O.

Sainville. O. O. 1782. V: *Erdmann, Ludwig.* (MGT)

Sajo, Schlachtenbilder u. Scenen aus Ungarns Revolution 1848 u. 1849. Deutsche Ausg. 8. (IV u. 262 S.) Pesth 850, Heckenast. Leipzig, G. Wigand. n. 1 Thlr

Sajo. Schlachtenbilder und Scenen aus Ungarns Revolution 1848 und 1849. Deutsche Ausgabe. 8. Pesth (1852).

Sajó, K[arl]: Unsere Honigbiene. Mit zahlr. Abb. Stuttgart: Kosmos (1909). 108 S. 8°

Sajó, Karl, unsere Honigbiene. 7. Aufl. (109 S. m. Abb.) 8. Stuttgart (910). Franckh. 1.—

— Aus der Käferwelt. Mit Rücksicht auf die Beziehgn. der Kerfe zur menschl. Kulturgeschichte. Mit 26 Abb. v. C. Baworowski, H. Dopfer, J. Iseli u. a. 1.—10. Taus. (89 S.) 8. Leipzig 910. Th. Thomas. 1.—; geb. 1.60

— Krieg u. Frieden im Ameisenstaat. 1.—8. Aufl. (106 S. m. Abb.) 8. Stuttgart (908. 09). Franckh. 1.—; geb. 2.—

Krieg und Frieden im Ameisenstaat. Von Prof. Karl Sajó. Mit zahlr. Abb. 6. Aufl. Stuttgart: Kosmos (1908). (106 S.) 8° [F.] [illegible]

Sajontschkowsky, die Initiative d. Unterführer im Bereich strateg. Aufgaben. Studie. M. Genehmigg. d. Verf. aus d. Russ. übers. v. A. B. M. 6 Kartenskizzen. gr. 8. (48 S.) Leipzig 898. R. Gerhard. n. 1.—

Saison, la. Journal illustré des dames. Red.: Franç. Ebhardt. 1 et 2. Année 1868 u. 1869. 24 Nrn. (à 2 Bgn. mit eingedr. Holzschn.) Avec 12 Suppléments. Paris. Berlin, Lipperheide. Fol. Jeder Jahrg. 1 Thlr 20 ngr; Ausgabe mit Feuilleton-Kupfern 3 Thlr 10 ngr

— — 3. Année. 1870. 24 Nrn. (à 2 Bgn. mit eingedr. Holzschn.) Avec 12 Suppléments. Ebend. Fol. 1 Thlr 20 ngr; Ausg. mit Kpfrn. 4 Thlr 16 ngr

Saison, la. Journal illustré des dames. 4—9. année. 1871—1877 à 24 Nrn. (à 2 B. m. eingedr. Holzschn.) Avec 12 Suppl. Fol. Paris Berlin, Lipperheide. à Jahrg. 5. —; Ausg. m. Kpfrn. à Jahrg. 13. 60

Saison, la. Journal illustré des dames. 10—12. année. 1877—1879. à 24 nrs. (2 B. m. eingedr. Holzschn. u. Schnittmuster-Beilagen.) Fol. Berlin, Lipperheide. à Jahrg. 5. —; Ausg. mit color. Modekpfrn. à Jahrg. n. 12. —

Saison, la. Journal illustré des dames. 13e—17e année. 1880—1884. à Jahrg. 24 Nrn. (à Nr. 2 Bog. mit ca. 2000 eingedr. Holzschn. und Schnittmuster-Beilagen.) Fol. Berlin, Lipperheide. à Jahrg. *
Ausg. mit 36 color. Modekpfrn. à Jahrg. *

Saison, la. Journal illustré des dames. Redact.: M. Cornelis-Lebègue. 18me—21me année 1885—1888. à Jahrg. 24 Nrn. (à Nr. 2 Bog. mit Illustr. und Schnittmusterbeilagen.) Fol. Berlin, Lipperheide. à Jahrg. *
Édition de luxe (mit jährlich 36 kolor. Modebildern) à Jahrg. *

Saison, la. Journal illustré des dames. Red.: M. Cornelis-Lebègue. 20. — 23. année. 1887 — 1890. à 24 numéros. (2 B. m. Illustr. u. Schnittmusterbeilagen.) Fol. Berlin, Lipperheide. à Jahrg. n. 5. —; Édition de luxe (m. jährlich 36 color. Modebildern) n. 12. —

Saison, la. Journal illustré des dames. Red.: M. Cornelis-Lebègue. 24.—26. année 1891—1893. à 24 numéros. (2 Bog. m. Illustr. u. 1 Modebild.) Fol. Berlin, F. Lipperheide. à Jahrg. n. 5. —; Édition de luxe avec 36 gravures coloriées n. 12. —

Saison, la. Journal illustré des dames. Red.: M. Cornelis-Lebègue. 28.—31. année 1895—1898. à 24 numéros. (à ca. 8 S m. 1 Modebild.) Fol. Berlin, F. Lipperheide. à Jahrg. n. 5. —; Édition de luxe avec 36 gravures coloriées n. 12. —
Kann auch vierteljährlich bezogen werden. — Red. seit 1896 J. M. Lebègue & Co.

Saison, la. Journal illustré des dames. Red.: J. Lebègue & Co. 32.—36. année 1899—1903. à 24 numéros. Fol. (à ca 8 S. m. 1 Schnittbogen und 1 farb. Modebild.) Berlin, F. Lipperheide. à Jahrg. 5. — Édition de luxe avec 36 gravures coloriées n. 12. —

— la. Journal illustré des dames. 37.—39. année. 1904 — 1906. à 24 nrs. avec 12 planches. (à ca. 8 S. m. Schnittbogen.) Fol. Berlin, F. Lipperheide. à Jhrg. 5. —; Édition de luxe m. Modebilder-Umschlag 10. —

— la. Journal illustré des dames. Redactrice gérante: Mme Lemercier. 43. année. 1910. 24 nrs. avec 12 planches. (228 S. m. 12 Schnittbog. u. 4 Panoramen.) 39×27,5 cm. Berlin [F. Bruckmann, Zweigniederlassg.], Ullstein & Co. 5.—; Édition de luxe m. Modebilder-Umschlag 10. —

Saison. Special-Bericht f. Herren-Artikel. Wäsche, Krawatten, Hüte, Handschuhe, Schirme u. Stöcke, Schuhe u. Stiefel, Sport- u. Reiseartikel, sowie Herren- u. Knaben-Konfektion. Red.: Leo Korach. Aug. 1906—Juni 1907. 12 Nrn. (à ca. 8 S. m. Abbildgn.) Fol. Berlin, Zeitungs-Verlag: Der Einkäufer. n. 1. —

Saison. Special-Bericht f. Herren-Artikel. Wäsche, Kravatten, Hüte, Handschuhe, Schirme u. Stöcke, Schuhe u. Stiefel, Sport- u. Reiseartikel, sowie Herren- u. Knaben-Konfektion. Red.: Leo Korach. (4. Jahrg.) Aug. 1907—Juni 1908. 12 Nrn. (à ca. 8 S. m. Abb.) 36,5×25 cm. Berlin, Zeitungs-Verlag: Der Einkäufer. 3.—

Saison Reise Verkehr v. Neue Zürcher-Zeitung.

Saison-Bibliothek, pikante. In zwangloser Folge hrsg. von Jos. Erler. 1. Serie. Nr. 1. gr. 8. Wien 880. (Steckler.) n. 2. —
Aus der Sommerzeit. [I. Messalina am Alpsee. — II. Schönkäthchens Künstlerferien. — III. Was Hoffschauspielern im Hochgebirge passiren kann.] (54 S.)

Kärntner **Saisonblatt** für Fremdenwesen. Lex.- 8°. Erscheint wöchentlich während der Saison. Klagenfurt: Heyn 1910.

Saison-Nachricht, Thüringer. Offizielles Organ des Thüringer Bäder-Verbandes. Hrsg. von Willrich. 5.—7. Jahrg. 1887—1889, je Mai—Septbr. à Jahrg. 16 Nrn. (à ½—1½ B.) Fol. Berka (Ilm). (Weimar, Hoffmann.) à Jahrg. n. 1. —

Saison-Romane. 1—3. Bd. 12. Rom 881. 82. Libreria centrale (Ed. Müller). à n. 5. —
1. Der jungfräuliche König. Eine Hofgeschichte der Gegenwart. Aus dem Französischen übers. durch Rolo Helen. 4. Aufl. (425 S.)
2. Die Jagd auf den König. Eine Hofgeschichte aus Wald u. Stadt. Aus dem Französischen übers. von Rolo Helen. 2. Aufl. (393 S.)
3. Die hohe Reiterin. Eine Hof-, Burg- u. Jagdgeschichte. Aus dem Französischen übers. von Rolo Helen. 2. Aufl. (446 S.)

Saisons, les quatres. gr. Fol. (4 Farbdr.) Berlin (899). W. Schultz-Engelhard. 4. 50

Saissy, J(ean) A(ntoine): Ueber die Krankheiten des innern Ohres. (Essai sur les maladies de l'oreille interne. Dt.) Eine von der medicinischen Gesellschaft zu Bordeaux gekrönte ... Preisschrift. Übers.von August Heinrich Ludwig Westrumb. 236 S., gbd.

Göttingen: Vandenhoeck & Ruprecht 1829

JB 4.319

Saissy, J(ean) A(ntoine): Die Krankheiten des innern Ohres. Gekrönte Preisschrift. (Essai sur les maladies de l'oreille interne. Dt.) Übers.von Karl (Christoph) Fitzler. 208 S., gbd.

Ilmenau: Voigt 1829

JB 4.320

Saitenspiel, geistliches. Eine Sammlung von Melodien in ursprünglicher und neuer Form mit untergelegtem Texte. Leipzig 859. Naumann. 16. (XII, 196 S.) n. 12 ngr.

Saitenspiel, Mein. Danzig 1775.
V: *Wannovius, Johann Christoph.* (Ky) (MGT)

Saitenspiel, mein, e. Gedicht. 8. Leipz. 775. Jacobäer. 4 gr.

Saitmacher, B., die Nachbarskinder; ein guter Sohn, s.: Köhler's illustr. Jugendbibliothek.

Saitmacher, B., die neue Orthographie der deutschen Sprache, zum Handgebrauche für jedermann leichtfaßlich dargestellt u. durch zahlreiche Beispiele erläutert. 8. (58 S.) Dresden 881. Köhler. — 30

Sajtó, Magyar. Politika, nemzetgazdászat, irodalom és művészet Közlönye. I. Jahrgang. Redakteur und Eigenthümer: Joh. Török. Herausgabe und Druck von Leopold Sommer. Fol. 4spaltig. Täglich mit Ausnahme Montags. (Ungarische Presse Politisches, nationalökonomisches, literarisches und Kunstblatt)
Wien 1855.

Saito, K., anatomische Studien üb. wichtige Faserpflanzen Japans m. besond. Berücksicht. d. Bastzellen. (68 S. m. 2 Taf.) Lex. 8. Tokyo 901. (Leipzig, Th. O. Weigel.) 2. 50

— Untersuchungen üb. die atmosphärischen Pilzkeime. (II. Mitteilg.) (78 S. m. 19 Abb. u. 2 Taf.) Lex. 8. Tokyo 908. (Berlin, R. Friedländer & Sohn.) nn 3. —
2 Sonderabdrucke aus: „Journal of the college of science, imperial university, Tokyô".

Saito, Seiichiro, a. Hirasawa ⟨Japan⟩: **Studien über die Spaltung und Resorption des Nahrungsfettes. Würzburg 1905:** Stahel. (38 S.) 8°
Würzburg, Med. Fak., Ref. v. Frey, Diss. v. 8. Dez. 1905
[Geb. 14. Mai 74 Hirasawa; Wohnort: Würzburg; Staatsangeh.: Japan; Vorbildung; Gymn. Tokio Reife O. 94; Studium: Kaiserl. Akad. Okayama 9, Würzburg 2 S.; Rig. 22. Nov. 05; Approb. Nov. 98 Okayama.]

Saitschick (Saitschik), Robert

Saitschik, R., Beiträge zur Geschichte der rechtlichen Stellung der Juden namentlich im Gebiete des heutigen Oesterreich-Ungarn vom 10.—16. Jahrh. gr. 8. (III, 59 S.) Frankfurt a/M. 890. Kauffmann. n. 2. —

[G.] Goethes Charakter. E. Seelenschilderg v. Robert Saitschick. *Stuttgart: F. Frommann 1898.* (IV, 140 S.) 1 Bd 8. 1898 3557

Saitschick, Rob., Genie und Charakter. Shakespeare — Lessing — Schopenhauer — Rich. Wagner. 8. (III, 159 S.) Berlin 900. E. Hofmann & Co. n. 2. 50; geb. n. 3. 50

Saitschik, R., Meister der schweizerischen Dichtung des 19. Jahrh. Jeremias Gotthelf. Gottfried Keller. Konrad Ferdinand Meyer. Heinrich Leuthold. Dranmor. 8. (III, 428 S.) Frauenfeld 894. J. Huber's Verl. n. 5. —; geb. in Leinw. n. 6. 40

Saitschick, Robert. Menschen und Kunst der italienischen Renaissance von Robert Saitschick (Zürich). [2 Bände.] 8. Berlin, Ernst Hofmann & Co. [*zus.* M. 16. —, geb. M. 20. —]
[Band 1.] VIII + 569 S. 1903. [M. 12. —, geb. M. 14. —]
[Band 2:] ⟨Ergänzungsband.⟩ XII + 296 S. 1904. [*einzeln* M. 7. 60, geb. M. 9. 60]

Saitschik, R. M. Zur Psychologie unserer Zeit. In-8°. 46 S. Bern, Fr. Semminger (früher Küser & Cie.). 1892. 1 —

Saitschick, Robert. Quid est veritas? Ein Buch über die Probleme des Daseins, von R' S' [Zürich]. IV + 316 S. 8. Berlin, Ernst Hofmann & Co., 1907. [M. 4. 50]

Saitschick, Robert. Deutsche Skeptiker: [Georg Christoph] Lichtenberg — (Friedrich) Nietzsche. Zur Psychologie des neueren Individualismus. Von R' S' (Zürich). VI + 239 S. 8. Berlin, Ernst Hofmann & Co., 1906. [M. 4. 50, geb. 6. —]

Saitschick, Robert. Französische Skeptiker: [François-Marie Arouet de] Voltaire – (Prosper) Mérimée – (Ernest) Renan. Zur Psychologie des neueren Individualismus. Von R' S' (Zürich). VI + 304 S. 8. Berlin, Ernst Hofmann & Co., 1906. [M. 5. —, geb. 6. 50]

Saitschick, Rob., aus der Tiefe. Ein Lebensbuch. 8. (163 S.) Stuttgart 899. J. G. Cotta Nachf. n. 2.—; geb. n. 3.—

— die Weltanschauung Dostojewski's u. Tolstoi's. gr. 8. (XII, 107 S.) Neuwied 893. A. Schupp. n. 2.—

Saitschik, R[obert]. Die Weltanschauung Dostojewskis und Tolstois von Dr. phil. R. Saitschik [in Zürich. Mit Porträt Tolstois auf dem Umschlag]. XII + 108 S. 8. Halle-S., C. O. Lehmann, [1901]. [M. 2.—]

SAITZ, A.: Beschreibung der Fürst Adolf Josef zu Schwarzenberg'schen Domäne Krumau mit besonderer Rücksicht auf deren Forste nebst Beschreibung der Exkursionstour des Böhmischen Forstvereins 1898. - Prag 1898. 120 S.

Saitz, Raim., Decken-Muster. (12 Lichtdr.-Taf.) 32,5 ×25 cm. Plauen (908). Ch. Stoll. 8.—

Saitzeff, Helene: William Godwin und die Anfänge des Anarchismus im 18. Jahrhundert. Ein Beitrag zur Geschichte des politischen Individualismus. Altenburg 1907: Pierer. (77 S.) 8°
Heidelberg, Phil. Fak., Ref. Jellinek, Diss. v. 3. April 1907
[Geb. 17/29. Juni 81 Obuchow (Rußland); Wohnort: Kiew; Staatsangeh.: Rußland; Vorbildung: Russisches Mädchen-Gymn. Kiew, Realgymn. Bern Reife M. 04; Studium: Berlin 9, Heidelberg 5 S.; Rig. 23. Juli 06.]

Saitzeff, Helene, William Godwin u. die Anfänge des Anarchismus im XVIII. Jahrh. Ein Beitrag zur Geschichte des polit. Individualismus. (III, 77 S.) gr 8. Berlin 907. O. Haering. 2.—

Saltzew, A., geologische Untersuchungen im Nikolai-Pawdinschen Kreise u. Umgebung, im Gebiete d. Central-Ural u. dessen östlichen Abhange. (Mémoires du comité géologique. Vol. XIII, Nr. 1.) (Russisch u. deutsch.) Imp.-4. (V, 97 S.) St. Petersburg 892. (Eggers & Co.) n. 3. 60

Saive, J. M. J. de, s. a. Desaive.

Saive J. M. J. de: Die Inokulation, ein Schutzmittel gegen die Lungenseuche d. Rindviehs. Köln 1852. 44 S. P.

Saiz, Giovanni, Untersuchungen üb. die Ätiologie der Manie, der periodischen Manie u. des zirkulären Irreseins, nebst Besprechung einzelner Krankheitssymptome. (222 S. m. 9 Abb.) Lex. 8. Berlin 907. S. Karger. 5. 60

Saizeff, (Frl.) Rahel. Aetiologie und Therapie des Abortes. Diss. Med. Lausanne. *Kopftitel:* Aus der geburtshilflichen Klinik in Lausanne. ⟨Direktor: Prof. Dr. [Guillaume] Rossier.⟩ 44 S. 8. Basel, Basler Berichthaus, 1905.

* Sak, Nitzsch u. Lüke (Professoren in Bonn) über das Ansehen der heil. Schrift in ihrem Verhältniß zur Glaubensregel in d. protestant. u. in der alten Kirche. gr. 8. Bonn 1827, Weber. 1 Thlr. — 1 fl. 48 kr.

Sakaki, Djundiro [aus Tokio]: Unterschiede der japanischen und deutschen Geburtshilfe. '(E. Beitr. z. japan. Tokologie.)' ... Würzburg, F. Scheiner, k. b. Hoflief., 1895; 40 S., 1 Bl. 8.
Würzburg, Med. Fak., Inaug.-Diss. v. 1895

Sakamoto, Ikutaro, aus Tokio, Japan: **Ueber zwei Fälle von Weil'scher Krankheit.** *Erlangen 1902: E. Th. Jacob.* (28 S.) 8°
Erlangen, Med. Diss. v. 22. Juli 1902

Sakamoto, Saburo, aus Tokyo: **Das Ehescheidungsrecht Japans.** *Berlin 1903: (G. Nutus).* (VIII, 107 S.) 8°
Heidelberg, Jur. Diss. v. 1903

Sakamoto, Saburo, das Ehescheidungsrecht Japans. Diss. (VIII, 107 S.) gr. 8. Berlin 903. (Mayer & Müller.) n. 2.—

Sakantola od.: der entscheidende Demantring. Drama in 4 Aufzügen. Nach e. ind. Märchen gleichen Namens v. Balldas. Metrisch frei bearb. v. Arthur. gr. 8. (21 S.) Dresden 871. (Schöpff.) — 60

Sakaroff, Nikola, aus Sofia ⟨Bulgar.⟩: **Die industrielle Entwicklung Bulgariens.** *(Berlin 1904: E. Ebering.)* (83 S.) 8°
Berlin, Phil. Diss. v. 13. Aug. 1904

Sakaroff, Nikola, die industrielle Entwickelung Bulgariens. Diss. (83 S.) gr. 8. Berlin 905. E. Ebering. n. 2. 40

Sakcinski, Ivan Kukuljević, Leben des G. Julius Clovio, s. a. Kukuljević Sakcinski.

Sakcinski, Ivan Kukuljevic. Leben des G. Julius Clovio. Ein Beitrag zur slawischen Kunstgeschichte. Aus dem Ilirischen übersetzt von M. P. Agram 1852. 8°.

Sakellario, Georg. (geb. Jassy 24. 5. 1832): De meningitide tuberculosa. Berolini (1855). (31 S.) 8°
Berlin, Med. Diss. v. 28. Aug. 1855

Sakellarios, Anast., Untersuchg. d. Textes d. Ἀθηναίων πολιτεία d. Aristoteles. gr. 8. (IV, 87 S.) Jena 898. H. Haerdle. n. 1.—

Σακελλαρίου, Γεωργ., Ποιημάτια. Βιέννη 818. 8. (200 S.).

Sakellarios, Ph(ilipp): Die Sitten und Gebräuche der Hochzeit bei den Neugriechen verglichen mit denen der alten Griechen. Halle a. S. 1880: Plötz. 31 S. 8°
Halle-Wittenberg, Phil. Diss. v. [26. Aug.] 1880
Geb. Veitza bei Janina (Epirus; Türkei) 1842. V.
Verf. nennt sich in der Vita: Sacellarius.

Sakellarios, Spyridion [aus Kalymnos]: Ueber Coma diabeticum .... Freiburg i. Baden, Univ.-Buchdr. H. M. Poppen & Sohn, 1888; 92 S. + 1 Bl. 8°
Freiburg i. B., Med. Fak., Inaug.-Diss. v. 1888

Sakellaropulos, M., die griechische (Salvator-)Kirche in München. gr. 8. (60 S. m. Abbildgn.) München 899. J. Lindauer. n. 1. 50

Sakellary, Nicolaus: De emptione-venditione secundum iuris Romani praecepta. Halis Saxonum 1872: Orphanotropheum. 30 S. 8°
Halle-Wittenberg, Jur. Diss. v. [8. Juni] 1872
Geb. Jassy (Moldau; Rumänien) 1846. V.

Sakheim, Arthur, von Libau (Kurland): **E. T. A. Hoffmann. Studien zu seiner Persönlichkeit und seinen Werken. Leipzig 1908. VIII + 292 S. und zwei Tafeln. 8°. [12. XI. 08.]**
Zürich, Phil. Diss. 1. S. 1908/09.

Sakheim, Arth., E. T. A. Hoffmann. Studien zu seiner Persönlichkeit u. seinen Werken. (X, 291 S. m. 2 Taf.) 8. Leipzig 908. H. Haessel Verl. 6.—; geb. 7.—

Sakken, F. v., im Reiche der Mütter, s.: Bloch's, E., Theater-Correspondenz.

Saklatwalla, Byramji: Phosphoreisen, seine Konstitution. 1908. 38 S. 8°
¶ Ausz. in: Metallurgie. Jg. 5.
Berlin, Dr.-Ing.-Diss. v. 26. 6. 1908

Sakkuto, Abraham s. Zakūt.

SAKLER, Olga: Ein Gedicht von der heiligen Maria Magdalena. — 1908. 303, 78 Bl. Diss. Graz, Univ.

Sakmann, Paul, Voltaires Geistesart u. Gedankenwelt. (VIII, 383 S.) gr. 8. Stuttgart 910. F. Frommann. 6.80; geb. in Leinw. 8.—

Bernard de Mandeville und die Bienenfabel-Controverse. E. Episode in d. Gesch. d. engl. Aufklärg v. Dr. Paul Sakmann, Prof. ... in Ulm. *Freiburg i. B., Leipzig & Tübingen: J. C. B. Mohr 1897.* (XVI, 303 S.) 1 Bd 8. [97. 3473]

— Rede, geh. bei d. Gustav-Adolf-Feier d. evang.-theolog. Seminars in Tübingen am 9. Dezbr. 1894. gr. 8. (16 S.) Tübingen (894). (J. J. Heckenhauer.) n. — 30

Sakmann, Paul, eine ungedruckte Voltaire-Correspondenz. Hrsg. m. e. Anh.: Voltaire u. das Haus Württemberg. gr. 8. (XI, 163 S.) Stuttgart 899. F. Frommann. n. 4.50

Sakolowski, Paul, Bayreuth und seine Festspiele, s.: Miniatur-Bibliothek.

Albert Becker. Selig aus Gnade. Oratorium. Erl. von Dr. Paul Sakolowski. *Leipzig: H. Seemann Nachf. [1902].* (36 S.) 8°
— Musikführer. No 208/9.

— Bonn u. das Siebengebirge, s.: Miniatur-Bibliothek.

Sakolowski, Paul, Beethovens Brevier, s.: Nohl, Ludw.

— Brüssel, s.: Miniatur-Bibliothek.

Sakolowski, Paul, denn er war unser! Zur Schillerfeier 1905. (8 S.) 8. Altenburg 905. (Schnuphase.) — 15

König Drosselbart. Eine Märchenoper in 3 Akten. Dichtung von Axel Delmar. Musik von Gustav Kulenkampff. Textl. u. musikal. erl. von Dr. Paul Sakolowski. *Leipzig: H. Seemann Nachf. [1901].* (23 S.) 8° [F.]
— Opernführer. No 49. [03. 3146]

Sakolowski, Paul: Fragmente des Stephanos v. Byzantion. *Leipzig 1897.* in: Beiträge, Philologisch-histor., C. Wachsmuth z. 60. Geburtstage überreicht. [97. 3344]

— Führer durch Goslar, s.: Miniatur-Bibliothek.

— Führer durch Hildesheim, s.: Miniatur-Bibliothek.

Sakolowski, Paul, der Geist der Antike. Eine Kritik der gleichnam. „Studie" v. G. E. Haas. gr. 8. (22 S.) Göttingen 894. Dieterich's Verl. n. — 50

Die versunkene Glocke. Musikdrama in 5 Aufz. nach Gerhart Hauptmanns gleichnamiger Märchen-Dichtung von Heinrich Zoellner. Textlich u. musikalisch erl. von Dr. Paul Sakolowski. *Leipzig: H. Seemann Nachf. [1901].* (30 S.) 8° [F.]
— Opernführer. No 42.

— Göttingen und Umgebung, s.: Miniatur-Bibliothek.

— Die bayrischen Königsschlösser u. ihre nähere Umgebg.,

— Beethovens Leben, s.: Nohl, Ludw.

— Mozart's Leben, s.: Nohl, Ludw.

Franz Liszt. Der XIII. Psalm für Tenorsolo, Chor und Orchester. Erl. von Dr. Paul Sakolowski. *Leipzig: H. Seemann Nachf. [1901].* (13 S.) 8°
— Musikführer. No 204.

Franz Liszt. Zwei Episoden aus Lenau's Faust. Erl. von Dr. Paul Sakolowski. *Leipzig: H. Seemann Nachf. [1901].* (20 S.) 8°
— Musikführer. No 205/6.

— Löwen u. Mecheln, s.: Miniatur-Bibliothek.

— s.: Miniatur-Bibliothek.

— Die Mosel von Koblenz bis Trier, s.: Miniatur-Bibliothek.

— s.: Musikführer, der.

— Bayreuther Nächte. Gedanken e. Nibelungen. 8. (74 S.) Leipzig 901. H. Seemann Nachf. n. 1.80; geb. n. 2.60

— Oberammergau u. sein Passionsspiel 1910, s: Miniatur-Bibliothek.

— s.: Opernführer.

— Ostende u. die flandrische Küste, s.: Miniatur-Bibliothek.

— Parsifal. (Nach e. Vortrag. Geh. in der litterar. Vereinigung zu Altenburg S.-A. am 30. XI. 1901.) (32 S.) 8. Altenburg 903. Th. Unger. n. — 60

Sakolowski, *Ricardus* Paulus [Gedanus]: De Anthologia Palatina quaestiones ... Lipsiae, typ. M. Hoffmanni, 1893; 3 Bl., 81 S., 1 Bl. 8.
Leipzig, Phil. Fak., Inaug.-Diss. v. [10. Jan.] 1894

Sakolowski, Paul, de anthologia palatina quaestiones. gr. 8. (V, 81 S.) Leipzig 893. (E. Gräfe.) n. 1.60

— moderne Renaissance. (161 S.) 8. Ebd. 904. n. 2.—

— Der Rhein von Koblenz bis Köln, s.: Miniatur-Bibliothek.

— Der Rhein von Mainz bis Koblenz, s.: Miniatur-Bibliothek.

— Rollwenzelei u. Eremitage. Bayreuther Stimmgn. 8. (XIV, 86 S. m. Abbildgn. u. 1 Bildnis.) Leipzig 901. H. Seemann Nachf. n. 2.50; geb. n. 3.50

— Rothenburg o. T. und das Taubertal bis Tauberbischofsheim, s.: Miniatur-Bibliothek.

Camille Saint-Saëns. Le Rouet d'Omphale. ⟨Das Spinnrad d. Omphale.⟩ ⟨Op. 31.⟩ Erl. von Dr. Paul Sakolowski. *Leipzig: H. Seemann Nachf. [1901].* (12 S.) 8°
— Musikführer. 174. [01. 9338]

Salzburg und seine nähere Umgebung (Gaisberg, Untersberg), s.: Miniatur-Bibliothek.

Sakolowski, Paul, das Salzkammergut, s.: Miniatur-Bibliothek.

Ernst von Schuch. Von Dr. Paul Sakolowski. *Leipzig: H. Seemann Nachf. 1901.* (31 S.) 8°
(Moderne Musiker.) [01. 7457]

(8) — Ernst v. Schuch. 901. (KBl. 32.) Jetzt: Berlin, Harmonie.

— Der Starnberger See u. Umgebung (Staffel-, Kochel- u. Walchensee nebst Isartal), s.: Miniatur-Bibliothek.

— u. Hugo **Weiss**, Roland Stürmer. Ein Künstlerleben in 4 Akten. Dichtung u. Musik v. S. u. W. (34 S.) 8. Altenburg (903). (Schnuphase.) n.n. — 60

— Tegernsee u. Umgebung (Bad Tölz, Schliersee, Wildbad Kreuth, Wendelstein), s.: Miniatur-Bibliothek.

— Trier, s.: Miniatur-Bibliothek.

— Brüssels Umgebung und das Schlachtfeld von Waterloo, s.: Miniatur-Bibliothek.

Siegfried Wagner. Ouverture zur Oper 'Herzog Wildfang'. Nach Angaben d. Komp. erl. von Dr. Paul Sakolowski. *Leipzig: H. Seemann Nachf. [1901].* (8 S.) 8°
— Musikführer. No 216.

— Die Weser v. Münden bis Hameln, s.: Miniatur-Bibliothek.

Herzog Wildfang. In 3 Akten von Siegfried Wagner. Textl. u. musikal. erl. von Dr. Paul Sakolowski. Leipzig: H. Seemann Nachf. [1901]. (44 S.) 8° [F.]
— Opernführer. No 59/60.

Sakolowski, Richard Paul, s. Sakolowski, Paul

Sakontala; oder der entscheidende Ring. Schsp. übersetzt v. Forster. 8. Maynz, Fischer. 791.

Sakontala; od. der entscheidende Ring. Ein ind. Schsp. v. Kalidas, aus der Ursprache Sanskrit u. Prakrit ins Deutsche übersetzt, mit Erlaut. rung. v. J. G. Forster. 2te rechtmäßige v. J. G. v. Herder besorgte Ausg. 8. Frkf. (Mohr u. Z. in Heidelb.) 802. Rthlr. Velino.

— — dasselbe in franz. Uebersetzung v. Bruguiere. 8. Strasb. Treuttel u. W. 803.

— oder der entscheidende Ring, ein indisches Schauspiel von Kalidas. Aus den Ursprachen Sanskrit und Prakrit ins Englische, und diesem ins Deutsche übersetzt, mit Erläuterungen von G. Forster. Der 2ten von J. G. v. Herder besorgten Ausgabe. 2ter Abdruck. 8. Heidelberg, Mohr und Winter. 820.

Sakontala, oder der verhängnißvolle Ring, indisches Drama in 6 Aufz. von Kalidas, metrisch für die Bühne bearbeitet von W. Gerhard. 8. Leipzig, Brockhaus. 820.

Sakowitsch, Israel [diplomierter Apotheker aus Kowna, Russland]: Aldohydcondensation substituirter Pyrrole. Anhang: Synthese des Pyrrol- αα, - Diessigdicarbonsäure-Rototraaethylesters. Moskau 1902. 60 S. 8°.
Zürich. Phil. Diss. II. S. 1902/1903.

Sakowsky, Karl

Sakowsky, Carl, aus St. Petersburg: Die Rindviehzucht Russlands am Aufange des XX. Jahrhunderts. [Mit 15 Abbildungen.] Dorpat 1907. VIII + 229 S. 8°. [27. VII. 06.]
Bern. Vet.-med. Diss. 1907/08.

Sakowsky, Carl. Die Rindviehzucht Russlands am Anfange des XX. Jahrhunderts. Diss. Vet.-Med. Bern ... von K' S'.... [Illustriert.] VIII + 229 S. 8. Dorpat, C. Mattiesen, 1907.

Sakrament, das, der Firmung. Mit 1 Kpf. gr. 8. Münch. (Landsh., Thomann; a. Krüll). 3 gl.

Sacrament, das, der Firmung. Mit 1 Kpfr. 8. München 834. (Landshut, Thomann.) 3/4 gl.

Sacrament, das, der h. Firmung. Ein Lehr- u. Andachtsbuch von kath. Pfarrgeistlichen Crefelds. 12. Crefeld 844. (Gehrich u. Comp.) 1/4 ₰

— das, der H. Firmung. Ein Lehr- u. Andachtsbuch von kathol. Pfarrgeistlichen Crefelds. 2. (Titel-)Ausg. 12. (140 S.) Crefeld (847) 850, Gehrich & Co. 1/4 ₰

Sakrament, das, der heil. Firmung. Ein Lehr- u. Andachtsbuch von kathol. Pfarrgeistlichen Crefelds. 3. (Titel-)Aufl. Mainz (847.) 855. Wirth. 12. (140 S.) 5 ngr.

Sakrament, das heilige, der Ehe. Zur Vertheidigung der Geistlichkeit in den österreichischen Ländern, dargestellt von einem Weltpriester. 8. (72 S.) Wien, Kirsch. 1869. 24 kr.

— das heil., der Firmung. 8. Cobl. 828. (Lanz in Weilb.) 1 gl.

Sacrament, das heil., der Firmung. Christkathol. Unterrichts- u. Gebetbüchlein f. alle diejen., welche dies. heil. Sacrament fromm u. würdig empfangen wollen. 12. (1 B. u. Titkpfr.) Nürnberg 837, [Renner u. Comp.]

Sacrament, das heil., der Firmung. Ein kurzer Unterricht für Alle, die sich zum würd. Empfang desselben vorbereiten wollen. 8. (16 S.) Schweidnitz 847, Heege. 1 1/2 ngr.

Sakrament, das heilige, der Firmung. Ein Unterrichts- und Gebetbuch für Diejenigen, welche dieses heil. Sakrament würdig empfangen wollen. Nach dem heil. Alphons Maria v. Liguori bearb. von einem kathol. Priester. Mit 1 Stahlst. Breslau 864. Leuckart. 8. (XIV, 241 S.) n. 10 ngr.; geb. n. 17 1/2 ngr.

Sakrament, das heilige, der Firmung. Predigten u. Anreden zur Vorbereitung auf die heilige Firmung, vor u. nach der Ausspendung u. für das Jahrgedächtniß des Empfanges derselben. Nebst einigen Predigtentwürfen. Von einem Pfarrer der Erzdiöcese Köln. Paderborn 867. Schöningh. gr. 8. (301 S.) 20 ngr.

Sakrament, das heilige, der Firmung. Unterricht u. Gebet f. Firmlinge. Von e. Priester der Diözese Breslau. 8. (23 S.) Breslau 883. Görlich. n. — 10

Sakrament, das heilige, der Firmung. Unterricht u. Gebete f. Firmlinge. Von e. Priester. 4. Aufl. 8. (23 S.) Breslau 891. F. Goerlich. — 10

Sakrament, d. hl., d. Firmung. Unterweisgn. u. Gebete f. Firmlinge. Von e. Curatpriester. 16. (32 S.) Hamm 896. Breer & Thiemann. — 15

Sakrament, święty, pokuty. Z katolickiéj książki missyjnéj osobno wydrukowany. 2. wydanie. (Das heilige Sacrament der Busse; Abdruck aus einem katholischen Missionsbuche. 2. Ausg.) 8. (29 S.) Ob.-Glogau 859, Handel.

Sacrament, Das, der heiligen **Taufe.** Vorträge gehalten im Evangelischen Vereine zu Berlin. Berlin 1856. V: *Steffann, E.* (Ky) (zu)

Sacrament, das, der heiligen Taufe. Vorträge gehalten im Evangel. Vereine zu Berlin. (Von E. Steffann.) Berlin 856. (W. Schultze.) 8. (80 S.) n. 4 ngr.

Sakramente, über die heiligen, der Buße und des Altars. Nebst d. Lehre v. Ablasse. 2te Aufl. 8. Sagan. (Breslau, J. F. Korn d. ält.) 815.

Sakramente, über die heil., der Buße u. des Altars; nebst der Lehre vom Ablasse etc. 3e Aufl. (v. Pritsch.) 8. Leipzig 822, Fr. Fleischer.

— über die heil., der Buße u. des Altars. Nebst d. Lehre v. Ablasse etc. 3e Aufl. (von Pritsch). 8. Leipz. 824. Fr. Fleischer. (Müller in Mainz). 8 gl. 4e A. 8. Bresl. 826. (Graß, B. u. C.) 8 gl.

Sakramente, die heil., der Buße u. Firmung. Ein Gebetbüchlein f. d. Kinder, welche zu dies. h. Sakramenten zugelassen werden; sammt e. Anleit. z. Messedienen, u. d. deutschen Uebersetz. d. latein. Worte beim heiligsten Opfer; von e. Priester d. Diözese Trier. 12. (2 B. incl. 1 Holzschn.) Cöln 837, Mathieux. *

— die 7 heiligen, in Kupfern, mit erklär. Text, zunächst für die reifere Jugend u. das Volk, s. J. M. Sailer.

Sacramente, Die Sieben heiligen, bildlich dargestellt, mit erklärendem Texte ... München 1809. V: *Sailer, Johann Michael.* (Jes) (MGT) (Th) (schmal)

Sakramente, die 7 heiligen. Mit Kpf. 8. Münch. 809. Fleischmann. 8 gl. Mit Kpf. auf Schweizerp. 12 gl.

— die 7 heiligen, in Kupfern, mit erklär. Text. Zunächst für die reifere Jugend u. das Volk (von J. M. Sailer.) Neueste Aufl. 8. Luzern 824, Anich.

Sacramente, die sieben heiligen, der christkatholischen Kirche in der Form des Katechismus. Dargestellt von einem Weltpriester. Mit Erlaubniß des fürsterzbischöfl. Ordinariates. Wien 863. Mechitharisten-Congregations-Buchh. gr. 8. (120 S.) n. 10 ngr

—— die sieben heil., d. kathol. Kirche, deren Ceremonien u. Bedeutung. gr. 8. (26 3/4 B.) München 835. (Regensburg, Manz.) •

Sakramente, die sieben heiligen, der katholischen Kirche. Nach den Originalzeichnungen von J. Leudner in Stahlst. gest., u. mit erklärendem Texte von Frz. Seraph Häglsperger. 8. (7 Stahlst. u. 7 Bl. Text.) Regensburg 852, Manz. 3/8 ß

Sakramenten, von den, der Buße u. des Altars. 8. Neresheim 798. (Beck in Nördling.) 2 K

Sakramentskalender f. d. J. 1911. Hrsg. v. Carl Hoheisel. (128 u. 23 S. m. Abb., 1 farb. Bildnis u. Wandkalender.) Berlin, Germania. — 50

Sakrzewski, J., die heutige Strafrechtspflege m. ihrer Gefahr f. die Allgemeinheit u. Was uns Noth thut. gr. 8. (75 S.) Crefeld 890. Kramer & Baum. n. 1. —

Säkular ...

Saecular-Album, internat., als Gruss d. Dichter u. Denker etc., s. Loewenthal, Ed.

Säcu-larer Hinkender Bote. Jubiläums-Zeitung für die Schüler und Freunde des Tilsiter Gymnasiums. Unverantw. Redact.: Cum-a-pone [Thimm]. gr. Fol. (8 S.) Tilsit 886, (Schubert und Seidel.) **
Die eigentliche Festschrift (in 2 Tln.) ist nicht in den Handel gekommen.

Saecular-Erinnerungen des Jahres 1848 im Rückblicke auf alle vergangenen Jahrhunderte. Magdeburg 1848. V: *Göschel, Carl Friedrich.* (BrMm) (Ky)

Weimarisch-thüringische Säkular-Erinnerungen u. Denkmäler, 68 S., 8°.

Säcularfeier, zur, der Loge Amalia in Weimar, dargebracht von der Loge Carl z. d. 3 Adlern in Erfurt am 24. Octob. 1864. 8. 2 Bl.

Säcularfeier der Freimaurerloge Balduin zur Linde am 27. und 28. Mai 1876. (Leipzig 1876.) V: *Marbach, Oswald.* (wolfstieg I, 583)

Säcular-Feier, die, des Kgl. Christianeums in Altona. Drei Vorträge, gehalten von P[T.] PAULSEN; J[OH.] H[ANS] C[ORD] EGGERS und P[T.] S[CHREINER] FRANDSEN. Altona. 1839.

— die, des Königl. Christianeums in Altona. Drei Vorträge, gehalten von P. Paulsen, J. H. C. Eggers u. P. S. Frandsen. gr. 8. Altona 839. Aue. n. 1/2 ß

Säcularfeier, Die dritte, des Johanneums in Hamburg am 24. u. 26. Mai 1829. Hamb. 1829. V: *Kraft, Frdr. Carl.* (schr)

Säkular-Feier der Einführung der Freimaurerei in Hamburg und Deutschland am 6. December 1837, festlich begangen durch die Grosse Loge zu Hamburg im Vereine mit ihren zu Hamburg arbeitenden Tochterlogen etc. (Hamburg. Druck v. Nestler & Melle 1838. 8. Fig. Umschlag. Titkpfr. 128 S. 1 Bl.

Säcularfeier der Einführung der Freimaurerei in Mecklenburg, festlich begangen . . . von der Prov.-Loge von Mecklenburg-Schwerin und Strelitz zu Rostock am 15. Mai 1854. Rostock 1855. V: *Polick, Aug. Fr.* (Tt)

Säcularfeier, erste, der Königl. Gesellschaft der Wissenschaften zu Göttingen am 29. Novbr. 1851. I. Zur Erinnerung an Albr. v. Haller u. zur Geschichte der Societäten der Wissenschaften. Festrede gehalten von Rud. Wagner. II. Ein Blick auf die äussere Geschichte der Königl. Gesellschaft d. Wissenschaften zu Göttingen in ihrem ersten Jahrhundert. Vorgelesen von Joh. Frdr. Ludw. Hausmann. [Aus dem 5. Bd. der Abhandlungen etc.] gr. 4. (66 S.) Göttingen 852, Dieterich. n. 2/3 ß

Säcularfeier, Die erste, der ger. u. vollk. St. Joh.-Loge zur Einigkeit im Orient zu Frankfurt a. M., am 27. Juni 1842. O. O. [Frankfurt a. M.]. V: *Weismann, Heinrich.* (SJL) (Kl)

Säkularfeier, die, des herzogl. Franciseums zu Zerbst 17.—19. V. 1903. (VII, 104 S. m. Abbildgn.) gr. 8. Zerbst 903. (F. Gast.) n. 1. 50

Saecularfeier der St. Johannis Loge Friedrich zum weissen Pferde im Or von Hannover. Begangen am 28. und 29. Jan. 1846. Hannover 1846. V: ***Eichhorn, Anton August Wilhelm.*** (wolfstieg I, 549)

Säcular-Feier, Die, der Geburt Mozarts in Salzburg 1856. Salzburg. V: ***Mielichhofer, Ludwig.*** (Huber II/1—3, Nr. 457) (biblPort) (H. F. Wagner, Anonymes u. Pseudonymes in der Salzburger Literatur 1910, S. 119)

Säcularfeier, die, der Geburt Friedrichs v. Schiller am 10. November 1859 in dem Königl. Christianeum. Altona 859. (Mentzel.) gr. 8. (44 S.) n. 6 ngr

Säcularfeier, Die, der Geburt Schiller's auf dem Gymnasium der Stadt Osnabrück . . . Osnabrück 1859. H: *Abeken, Bernh. Rud.* (Ky)

— die, der Geburt Schiller's auf dem Gymnasium der Stadt Osnabrück am 9. November 1859. (Herausg. von R. B. Abeken.) Osnabrück 859. (Jena, Frommann.) gr. 8. (16 S.) 3 ngr

Säcular-Feier, Die, der Georgia Augusta im September 1837. Göttingen 1838. V: *Rettberg, Friedrich Wilhelm.* (Erman & Horn, Bibliogr. d. dtsch. Universitäten. 2. Leipz. u. Berl. 1904.) (Löwe, Bibliogr. d. Braunschw. u. Hann. Gesch. Hann. 1908. S. 191.)

Säcular-Feier, die, der Georgia Augusta im Sept. 1837. gr. 4. (17¼ B.) Göttingen 838. (Vandenhoeck u. Ruprecht.) Thlr.

Die Saecularfeier der Gesellschaft für nützliche Forschungen zu Trier am 10. April 1901. Enth. 1. Beschreibung der Saecularfeier d. Ges. f. nützl. Forschungen in Trier 1901. 2. Otto Rosbach: Die Gesellschaft f. nützl. Forschungen zu Trier 1801–1901. *Trier: Selbstverl. d. Ges.: [aufgest.: F. Lintz] 1901.* (XXXII, 23 S.) 4° 04. 115

Saecular-Feier der naturhistorischen Gesellschaft in Nürnberg 1801 1901. Festschrift, den Gönnern, Freunden u. Mitgliedern d. Ges. als Festgabe dargeboten am 27. Okt. 1901. Der Schriftleitungsausschuss: ... *Nürnberg (1901): U. E. Sebald.* (XLIX, 280 S.) 4°(8°) 01. 46

Säcularfeier d. Gesundbrunnen in Lauchstädt, am 23. Juli 1810. gr. 8. Leipz. 810. (Tauchnitz). 4 gr

Säkular-Feier der Stadt- und Landgemeinde Glückstadt 1901. (Hrsg.: Dr. A[dolf] Halling.) *Glückstadt (1901): J. J. Augustin.* (102 S.) 8° [8.] 02. 41,6

Die Säkularfeier des Gymnasiums und Realgymnasiums. 4 (S 39—47).
Progr. Friedrichs-Rg. u. Vorsch. *Dessau* 1886 (623).

Säkularfeier, die, in der Jacobson-Schule zu Seesen am Harz. Zur Erinnerung an den Stifter Israel Jacobson. Hildesheim 868. (Gerstenberg.) gr. 8. (III, 80 S.) n. 10 ngr

— — Ausgabe ohne Schülerverzeichniß. Ebend. 869. gr. 8. (III, 32 S.) n. 5 ngr

Die **Säcular-Feier** der Lehr- und Erziehungs-Anstalt für Knaben zu Friedrichstadt-Dresden am 27. Oct. 1873, als dem Tage, an welchem dieselbe vor nun hundert Jahren in ihrem gegenwärtigen Besitzthum als eine dauernde Anstalt eröffnet wurde. Jubel-Festschrift, hrsg. von der gegenwärtigen Vorsteherschaft der Anstalt. Dresden [1873]: Ramming. VI, 92 S. 8° [Umschlagtit.]
Enth. Festprogramm, Geschichte des Instituts, Verzeichnis der Wohltäter, Beamten, Zöglinge etc.

— die, der Lehr- u. Erziehungs-Anstalt f. Knaben zu Friedrichstadt-Dresden am 27. Octbr. 1873, als dem Tage, an welchem dieselbe vor nun 100 Jahren in ihrem gegenwärtigen Besitzthum als e. dauernde Anstalt eröffnet wurde. Jubel-Festschrift, hrsg. v. der gegenwärt. Vorsteherschaft der Anstalt. gr. 8. (VI, 92 S.) Dresden 874. Burdach. n. 1. 50

— der Universität Leipzig am 4. Dec. 1809. Mit illum. Kpf. 4. Leipz. 809. Magaz. f. Ind. 1 ₰ 16 gr

Loge zu den drei Zirkeln in Stettin. **Saecular-Feier** am 4. April 1862. Tafel-Loge. [Stettin 1862.] 8 Bl. 8° [Umschlagtit.]
9 Gesänge, davon 2 mit Noten.

Loge zu den drei Zirkeln in Stettin. **Saecular-Feier** am 4. April 1862. Fest-Loge. [Stettin 1862.] 4 Bl. 8° [Umschlagtit.]
Kantate u. Schlusslied, zum Teil mit Noten.

Säcularfeier. Pestalozzi's Säk'. St. Gallen 1846 s. [Scheitlin, Peter].

Säcular-Feier der g. v. u. v. St. Johannis-Loge zum rothen Adler in Hamburg am 14. Mai 1874. Hamburg [1874]: Kümpel. 26 S. 8° [Umschlagtit.]
Bericht. Festvortrag von W. Schmidt.

Säcular-Feier der ger. und vollk. St. Johannis-Loge zum goldnen Hirsch im Or. v. Oldenburg. 6. Dez. 1852. [Oldenburg 1852]: Stalling. 13 S. 8° [Umschlagtit.]
Kantate u. 9 Lieder ohne Noten.

Säcularfeier der St. Joh. Loge zum goldenen Hirsch in Oldenburg 6. Dec. 1852. O. O. V: *Merzdorf, Joh. Frdr. Ludw. Theodor.* (Tt)

Säcular-Feyer der Stadt- und Landgemeine zu Glückstadt. 1801. Glückstadt. U. A. 4.

Saecular-Feier des Todes Johann Julius Hecker's in der Dreifaltigkeitskirche zu Berlin am 24. Juni 1868. 12 S. – Berlin, Fr. W., Progr. 1868.

Säcularfeier, die vierte, der Erfindung der Buchdruckerkunst. Ein Festdenkmal für Jedermann. Gesammelt u. herausgeg. von C. Berger. 8. Karlsruhe 841, Artist.-Institut. ½ ₰

DIE VIERTE SÄCULARFEIER DER GEBURT VON NICOLAUS COPERNICUS Thorn 18. und 19. Februar 1873. Thorn 1874. In Comm. der Weidmannschen Buchhandlung zu Berlin. 8°.

Saecularfeier, die vierte, der Geburt v. Nicolaus Copernicus. Thorn 18. u 19. Febr. 1873. gr. 8. (206 S.) Thorn 875. Berlin, Weidmann in Comm. n. 4. —

Säcularfeier, Die vierte, der Universität Tübingen im Jahre 1877. Tübingen 1878. V: *Weizsäcker, Carl von.* (Erman & Horn, Bibliogr. d. dtsch. Universitäten. 2. Leipz. u. Berl. 1904.) (Tübz 26, 44) (Klüpfel)

Säcularfeier, die 4., der Universität Tübingen im Jahre 1877. gr. 4. (135 S.) Tübingen 878. Laupp. n. 12. —; geb. n. 18. —

Säcularfeier der 4classigen Volksschule in Suczawa 1784—1884. Czernowitz 1885. V: *Schwetz, M.* (Polek, Repert. d. landesk. Lit. in d. Bukowina. Czern. 1892. S. 23.)

Säcular-Feier des Schindlerschen Waisenhauses den 10ten Mai 1830. 4. *Berlin.* 1830

Säcularfeier, Die zweyte, des Königl. Württembergischen Landesgymnasiums zu Ulm am 24. Junius 1822. . . . Ulm [1822]. V: *Gräter, Frdr. Dav.* (Heyd) (Ky)

— die zweite, des Kön. Würtemberg. Landes-Gymnasiums zu Ulm, am 24. Juni 1822, (von Fr. D. Gräter). Programm. gr. 4. Ulm, Stettin. 2 gl.

— die zweite, der Zerstörung Magdeburgs durch Tilly am 10. Mai 1631; od. Samml. aller am 10. Mai 1831 in den evangelisch. Kirchen Magdeburgs u. seiner Vorstädte gehaltenen Predigten, nebst e. Vorberichte von d. Herausgeber Prediger W. Frz. Sintenis. gr. 8. Magdeb. 831. Heinrichshofen. 1 ℛ

Säcularfest, Das, der Aufnahme Friedrichs des Grossen in den Freimaurerverband, gefeiert in der Freimaurer Loge zu den drei Verbündeten in Düsseldorf, 15. Aug. 1838. Hsg. zum Besten des Stipendiumfonds der Loge. Düsseldorf 1838. V: *Wilhelmi, Johann Ferdinand.* (wolfstieg I, 780)

Säcularfest, das, der Geburt des Herzogs Karl Eugen v. Würtemberg, gefeiert in Stuttgart d. 11. Febr. 1828. 4. Stuttg., Brodhag. 14 gl.

Säcularfest, das vierte, der Erfindung der Buchdruckerkunst, begangen zu Stuttgart am 24. u. 25. Juni 1840. Mit 1 Ansicht. Lex.-8. Stuttgart 841. (Liesching.) n. 1/2 ℛ — illum. n. 7/8 ℛ

Säcularfest, das vierte, der Erfindung der Buchdruckerkunst, begangen zu Stuttgart am 24. und 25. Juni 1840. Mit einer Ansicht des Marktplatzes am Festtage u. einer Abbildung des Festzuges. hoch 4. Stuttgart 840. S. G. Liesching. n. 1/2 ℛ

Das 4. *Säkularfest der Erfindung der Buchdruckerkunst*, gefeyert zu Ulm, d. 24. Junius 1840. (Wappen.) Ulm, E. Nübling. 8°. Cart.

32 S. Vorw. unterz.: M. (Moser?). S. 16—19 Abdruck von: 1. Der Drucker-Zeuner(!)-Tanz, welchen auf das A. 1640 in Leipzig gehaltene Buchdrucker-Jubel-Fest gestellet M. Mart. Kinkard. (11 zehnzeil. Stroph.) 2. Wol-verdientes Ehren-Angedenken von Erfindung der edlen Kunst Buchdruckerei, aufgesetzet von J. M. K. 1740. (12 vierz. Str.)

Die **Säcular-Festfeier** der Loge Amalia Weimar 1864: [Hofbuchdr.]. 38 S. 8°
[Umschlagtit.]
(Frmr-Analecten. 11.)
cf. Bh. 7 (1864) S. 354 356; T. 11 (1865) S. 86 bis 87.
Tt. 2036. Bericht.

Säkularisation, die, in Bayern, s.: Katholisches f. Jedermann.

Säcularisationen, keine, der geistlichen Stände, sondern eine Modification des ganzen Reiches. gr. 8. Augsburg 802. M. Rieger. 1/8 ℛ

Säcularisationsproject, Das, nach dem Zeitgeiste kühn entworfen . . . Hamburg 1800. V: *Hofheim, Carl Joseph.* (KY) (HS) (MGT)

Säcularisationsproject, das, nach d. Zeitgeist kühn entworfen (v. K. J. Hochheim). 8. Hamb. 808. (Herold jun.) 14 gl.

Säcularpredigten, drei, beim Schluß des 18. u. Anfang d. 19. Jahrhund. gehalten v. Janßen, Wolters u. Zimmermann. gr. 8. Hamb. 806. (A. Campe). 12 gl.

Sakuntala, s. Çakuntala.

Sakuntala, s. Kalidasa.

Sakuntala. Metrisch übers. v. Ludw. Fritze. gr. 16. (VIII, 200 S.) Schloß-Chemnitz 877. Schmeitzner. n. 2. 70; geb. n. 3. 50

Sakuntala, Ballet in zwei Akten und fünf Bildern . . . Wien 1884. V: *Uhl, Friedrich.* (EB)

Sakuntala. Ballet in 2 Acten u. 5 Bildern. Nach Kalidasa's Dichtung v. *. Musik v. S. Bachrich. In Scene gesetzt v. Carl Telle. 12. (16 S.) Wien 884. Künast. n. — 50

Sakuragi, Jukichi, prakt. Arzt a. Osaka in Japan: **Aus d. Säuglings-Beratungsstelle u. Milchküche München-Westend** ⟨leitender Arzt: Privatd. Dr. A. Uffenheimer⟩. **Gewichtsverhältnisse von Säuglingen proletarischer Bevölkerung bei natürlicher und künstlicher Ernährung nebst einigen Bemerkungen üb. Säuglings-Beratungsstellen u. Milchküchen.** ⟨Mit e. Anhang üb. d. Gewichtsverhältnisse japan. Säuglinge.⟩ München 1908: Kastner & Callwey. (99 S.) 8°
München, Med. Fak., Ref. v. Bauer, Diss. v. 22. Mai 1908
[Geb. 14. Aug. 76 Osaka; Wohnort: Osaka; Staatsangeh.: Japan; Vorbildung: Tokiochugaku-Gymn. Tokio Reife April 95; Studium: Akad. Tokio 8, München 2 S.; Rig. 22. Mai 08.]

Sakurai, T. Niku-Dan. Menschenopfer. Tagebuch eines japan. Offiziers während der Belagerung und Erstürmung von Port Arthur. Aus d. Japan. von A. Schinzinger. Freiburg (Baden) 1911. 8°. (Orig. 1907.)

Sakurai, Tsunejiro, Normentafel zur Entwicklungsgeschichte des Rehes, s. a. Normentafeln zur Entwicklungsgeschichte der Wirbelthiere.

Normentafel zur Entwicklungsgeschichte des Rehes ⟨Cervus capreolus⟩. Von Dr. Tsunejiro **Sakurai**. Mit e. Vorw. von Prof. Dr. F[ranz] Keibel. Mit 3 Taf. u. 1 Fig. Jena: G. Fischer 1906. (100 S.) 4°
— **Normentafeln** z. Entwicklungsgeschichte d. Wirbelthiere. H. 6. 06 9364

Die Wahrheit der Bibel und der Weg zum Glück! Eine klare Darlegung d. wissenschaftl. Wahrheiten, die Jesus lehrte als Hinweis auf d. Zweck unseres Daseins. Hrsg. von Friedrich Albert **Sakuth**. Szillen: J. L. Sakuth [1906]. (200 S.) 8° [F.] 07. 1380 10

Sakuth, Frdr. Alb., die Wahrheit der Bibel u. der Weg z. Glück! Eine klare Darlegg. d. wissenschaftl. Wahrheiten, die Jesus lehrte als Hinweis auf d. Zweck uns. Daseins. (III, 200 S.) 8. Lorch 907. (K. Rohm.) 2.—; geb. 3.—

Sakuth, Johann Ludwig

Kalender-Katalog der christlichen Verlagsbuchhandlung J. L. Sakuth, Szillen Ostpr. [1.] (1905.) (Szillen Ostpr.: J. L. Sakuth 1904.) 8° [F. u. Ant.] 05. 7811 10

Katalog der christlichen Verlagsbuchhandlung J. L. **Sakuth**, Szillen Ostpr. *(Szillen Ostpr.: J. L. Sakuth 1903.)* (16 S.) 8° [F. u. Ant.] 03. 14698 10

Pilger-Reiseharfe. Neue Liedersammlung f. Pilger nach Zion gesammelt u. hrsg. von Johann Ludwig **Sakuth**. *Szillen: J. L. Sakuth (1902).* (288 S.) 8° [F.] 04. 798 10

Sal, Heinrich Gottfried (Bad Tennstedt) A. S. 1327/25

De bibliotheca studiosorum portatili dissertatio I. generalia circa istam observanda exponens. Präs. Johann Christoph Albrecht. Leipzig (Brandenburger) 16. IX. 1705. 17 Bl.

29664

Sala [Schlagwort]

Sala und Salzach — Fluss-Karte der — zur Gränzregulirung zwischen Oesterreich und Bayern. Aufgenommen im Jahre 1817 vom 21. July bis Ende November. 1 : 7,200. 18 Bl.

Sala [Verfasser]

Sala, Alexand. Joan. Paulus (geb. Soldin 3. 7. 1817): De jodi efficacitate physiologica. Berolini (1842). (27 S.) 8°
Berlin, Med Diss v. 10. Aug. 1842

Sala, Alfr., das Invalidenversicherungsgesetz v. 13. VII. 1899 in der Fassung der Bekanntmachung des Reichskanzlers v. 19. VII. 1899. Unter Berücksicht. der Entscheidgn. des Reichs-Versicherungsamtes hrsg. 12. (XXIV, 329 S.) Berlin 900. H. W. Müller. Kart. n. 2. 40

Sala, Alfr., das Deutsche Reich, s.: Zeller, Wilh.

Sala, Chr., Lorenz od. Der Triumph der Unschuld, s.a Esser's, J., Sammlung leicht aufführbarer Theaterstücke 70. Hft.

Lorenz oder Der Triumph der Unschuld. Schauspiel in 4 Aufz. von Chr. Sala, Priester. Aus d. Ital. ins Deutsche übertr. von J[osef] Buhr. *Paderborn: J. Esser 1901.* (63 S.) 8° [F.]
= Sammlung, J. Esser's, leicht aufführb. Theaterstücke. H. 76. (01 16),1

Sala, G. A. (ps.), Die Mysterien der Verbenen-Pension. Aus d. Englischen übers. von A. P. 3 Bde. O. O. u. J. (c. 1908.) 8°. 93, 39, 74 S. (Br. Mk. 15—.) (15 Mk. Adolf Weigel, 1910.)

Sala, G. A., the Baddington Peerage, s. Dürr's Collection of standard American Authors.

Sala, G. A., the seven sons of Mammon, s. Collection of Brit. Authors.

Sala, Mor. Frhr. v., die Arbeiterbewegung der Gegenwart. Vortrag in der Katholiken-Versammlg. der Linzer Diöcese am 3. August 1870 in Steyr. gr. 8. (19 S.) Wien 871. Kirsch. — 20

Sala, Mor. Frhr. v., Geschichte des polnischen Aufstandes vom Jahre 1846. Nach authentischen Quellen dargestellt. Wien 867. Gerold's Sohn. gr. 8. (VIII, 392 S.) n. 2 ₰

Saluba, A., die graphische Ausmittlung der Centrifugalregulatoren m. maximaler Energie. Imp.-4. (17 S. m. 2 autogr. Taf.) Prag 883. Řivnáč. n. 1. 80

Salač, Antonin: De pluralis poetici usu Vergiliano. Phil. Diss., Prag 1907/08.

Saladin, Aegyptens Beherrscher am Ende des zwölften Jahrhunderts. Leipzig 1799—1800. V: *Pölitz, Carl Heinr. Ludw.* (Ky) (MGT)

Saladin, Aegyptens Beherrscher am Ende d. 12. Jahrh., (von K. H. L. Pölitz). 2 Thle. 8. Lpz. 799, 800. N. Aufl. 820. (Aue in Altona). 1 ₰ 12 ℊ

Saladin, Aegyptens Beherrscher am Ende d. 12ten Jahrh. 2 Thle. 8. Leipz. Jacobaer. 800.

Saladin, Aegyptens Beherrscher am Ende des 12ten Jahrhunderts. Neue Ausgabe. 2 Theile. 8. Leipzig, Jacobaer. 820.

Saladin, s. a.: Ross, W. Stewart.

— s.a. Buch, das, der Jungfrauen.

Saladin. Das Buch der Jungfrauen, der heiligen und der unheiligen, der seligen und der unseligen; nebst Betrachtungen über kirchliche und weltliche Dinge, von Saladin. ⟨W Stewart Ross.⟩ Verdeutscht von Wolfgang Schaumburg. VIII + 199 S. 8. Zürich, Wolfgang Schaumburg, [1901]. [fr. 2. 70]

Saladin. Gretchen. Gemischte Essays über das Ewig-Weibliche von W S[tewart] Ross. ⟨Saladin⟩. Deutsch von Wolfgang Schaumburg. II + II + 214 + XIV S. 8. Zürich, Wolfgang Schaumburg, [1904]. (M. 3. —)

Saladin (W. S. Roß), vom bodenlosen Höllenschlund! Eine Abhandlg. üb. die menschl. Qual diesseits u. jenseits des Grabes. Verdeutscht v. Wolfg. Schaumburg. gr. 8. (216 S.) Zürich (901). (Buchh. des schweiz. Grütlivereins.) n. 3. —

— s. Jehova's gesammelte Werke.

— s.: Vom bodenlosen Höllenschlund.

Saladin. Jehova's gesammelte Werke. Eine kritische Untersuchung des jüdisch-christlichen Religionsgebäudes auf Grund der Bibelforschung, von S'. ⟨W Stewart Ross.⟩ Deutsch von Wolfgang Schaumburg. 2. revidirte Aufl. XII + 296 S. gr.-8. Zürich, Wolfgang Schaumburg, [1904]. [fr. 4. —]
Mit Beilage: Urteile der Presse und hervorragender Persönlichkeiten über »J'g' W'« und andere Schriften von S'. Zürich, W. Sch'. 15 S.

Saladin, C. W., Eusophia, oder Lichtblicke ins Leben. Besonders den edlen Frauen des Vaterlandes gewidmet. Berlin 861. (Geelhaar.) gr. 8. (VIII, 173 S.) n. 20 ngr.

Saladin, Val. Fr., Liegenschaftsverkehr u. Hypothekarkredit im Wirtschafts- u. Hotelgewerbe der Stadt Basel 1875—98. Eine statist. Untersuchg. gr. 4. (VI, 86 S.) Basel (Pfluggasse 3) 900. (J. Kron.) n. 5. 50

Salaghi, Mario [aus Forli, Italien]: Ueber die sogenannte spontane oder idiopathische Peritonitis .... Berlin, Buchdr. v. Knoll & Wölbling (1886); 30 S. + 1 Bl. 8°.
Berlin, Med. Fak., Inaug.-Diss. v. 12. Nov. 1886.

Salaghi, Mario, über die sogenannte spontane oder idiopathische Peritonitis. Diss. Berlin 1886, Mayer & Müller. 8°. 30 S.

Salaghi, Samuele

Salaghi, S., über das Wesen verschiedener Störungen des Herzrhythmus, s.a. Klinik, Berliner. 192. Hft.

Ueber das Wesen verschiedener Störungen des Herzrhythmus. Von Dr. S[amuele] Salaghi, Prof., Bologna. Mit 11 Abb. *Berlin: Fischer 1904.* (38 S.) 8°
= Klinik, Berliner. H. 192. (04. 8580

Salāḥ ad-Dīn, Licht der Augen, s.: Augenärzte, die arabischen.

Salaman, Edith, vier weibliche Charakterköpfe. 1.—3. Lfg. (à Lfg. 4 Chromolithogr.) Fol. Leipzig 886—88, Baldamus, Sep.-Cto. In Mappe à Lfg. * ℳ 4.—. * Einzeln à Blatt

Salaman, Edith, weibliche Charakterköpfe. 2.—4. Lfg. Fol. (à 4 Farbendr.-Taf.) Leipzig 887—889. Baldamus, Sep.-Cto. à Lfg. n. 4. —; einzelne Blätter à 1. 50

Salamanca [Schlagwort]

Salamanticam — Charta Provinciam — hispanice Salamanca, exhibens, ex illis D. Tom. Lopezii reducta a F. L. Güssefeld. In lucem edita per Homann. Haeredes 1801. 1: 320,000. 1 Bl.

Salamanca [Verfasser]

Salamanca's, Gabriel, Grafen zu Ortenburg, Gesandtschafts-Berichte über seine Sendung nach England im J. 1527. Mitgetheilt von J. V. Goehlert. Lex.-8. (21 S.) Wien 870, (Gerold's Sohn.)
Aus: Sitzungsberichte der k. Akademie der Wissenschaften, besonders abgedruckt.

Salamander, ein Liebhaber, oder desto schlimmer für ihn. (Aus dem Französ.) Berlin o. J. (ca. 1760). V: *Cointreau, J.* (BGE VII³, 39)

Salamander, ein Liebhaber, oder Begebenheiten der unglücklichen Julie. A. d. Franz. Stettin 1781. V: *Cointreau, J.* (BGE) »oder desto schlimmer für ihn . . .« Ü: *Kluge, Joh. Dan.* (Ky)
vgl. Salander, ...

Salamander ein Liebhaber oder desto schlimmer für ihn, aus dem Franz. 2 Theile, 8. Stettin, 781. Kaffke. 20 sgl.

Salamander, e. Liebhaber, od. desto schlimmer für ihn ꝛc. 2 Thle. 8. Stettin, Kaffke. 784.

Salamero, s.: Romány Salamero.

Salamin-Novarhol, Parallelen aus Anlaß des Leipziger Attentats vom 12. Aug. 1845. gr. 8. Magdeburg 846, Falckenberg u. Comp. n. 4 ngl

Salamo, Simonis, et Melch. **Gelabert,** Regula Cleri, ex sacris Literis, sanctorum Patrum monumentis ecclesiasticisque Sanctionibus excerpta. Juxta Exemplar Parisiense, cui accessit praeparatio proxima ad mortem, novam Edit. cur. Mich. Sintzel. Cum III Appendicibus, quarum I. S. Vincentii Ordinis Praedicatorum Tractatum de vita spirituali; II. Triduum Sacrum auctore R. B. Aloysio Bellecio S. J. III. Regulas seu Constitutiones communes Congregationis missionis a S. Vincentio de Paulo fundatae — continet. II Tomi. Cum vera effigie S. Francisci Xaverii. 12 maj. Ratisbona 841, Manz. 1¼ ngl

Salamon, de, ungedruckte Memoiren. Erlebnisse d. Internuntius in Paris während der französ. Revolution [1790—1801], erzählt v. ihm selbst. Genehmigte Uebersetzg. der französ. Ausg. d. Abbé Bridier v. Matth. Sierp. gr. 8. (XXXIX, 320 S.) Münster i/W. 891. Regensberg. n. 5. —

Salamon, Felix. William Pitt. I. Band. Bis zum Ausgang der Friedensperiode (1793). Mit dem Bildnis William Pitts in Lichtdruck. 1. Theil die Grundlagen. 8. Leipzig 1901.

Salamon, Frz., Ungarn im Zeitalter der Türkenherrschaft. Ins Deutsche übertr. v. Gust. Jurány. Vom Verf. autoris. Übersetzg. gr. 8. (XVI, 407 S.) Leipzig 887. Haessel. n. 6. —

Salamon, Heinr., Atlas der stomatolog. Brücken- u. Regulierungsarbeiten. Ein Nachschlags-Werk f. Studenten u. Praktiker d. Stomatologie u. Odontotechnik. — Atlas of stomatolog. bridge- and regulationwork. I. Bd. Brückenarbeiten. (XV S., 262 Bl. u. 2 S. m. 1200 Abb.) Lex. 8. Leipzig 909. A. Felix. 12.—; geb. 15.—

Salamon, Jh. Jak., s. Zeneide.

Salamon, Jos., de statu ecclesiae evangel.-reformat. in Transsilvania, comment. theol. histor. 8maj. (13 B.) Claudiopoli 840. (Lipsiae, Volckmar.) *

Salamon Lorenz u. Then, Franz Beiträge zur Geschichte der k. k. Theresianischen Akademie unter dem Curatorium Schmerling. (8. 55 S.) G. der k. k. Theresianischen Akademie *Wien* 1891.
I. Schülerstatistik zur Geschichte des Theresianischen Gymnasiums von 1866–1890 bearbeitet von Lorenz Salamon. (S. 5–22.)
II. Der naturgeschichtliche Unterricht und die naturgeschichtlichen Hilfsmittel an der k. k. Theresianischen Akademie. Von Franz Then. (S. 23–55.)
Progr.

Salamon Dr. L : Schülerstatistik zur Geschichte des Theres. Gymnasiums von 1866 bis 1890. 18. Wien Ther. Ak. 91.
Progr.

SALAMON, Ludovicus: Vindiciae Honorii I. pontificis Romani. — (1866) 122 S. 8° (Handschr.) Diss. 239
Diss. Wien, Univ.

Salamonski, Albert, approb. Arzt aus Berlin: Zur Geschichte der Sauerstofftherapie. *Leipzig 1902: B. Georgi.* (39 S.) 8°
Leipzig, Med. Diss. v. (10. Juli) 1902

Salamonski, Leonhard, Referendar im Bez. d. Kgl. Kammergerichts: Das Vorbehaltsgut der Ehefrau beim gesetzlichen Güterstande des Bürgerlichen Gesetzbuchs. *Berlin 1901: J. Rosenbaum.* (104 S.) 8° [J.]
Rostock, Jur. Diss. v. [20. Aug.] 1901

Salamonski, Leonh., das Vorbehaltungsgut der Ehefrau beim gesetzlichen Güterstande des bürgerl. Gesetzbuchs. Ein Beitrag zur Lehre des ehel. Güterrechts. gr. 8. (102 S.) Berlin 901. Struppe & Winckler. n. 2. 40

Salamonson, Js. H., Diss. Meletemata med.-pr. circa irritabilitatem eamque comitantes affectiones. 30 pp. Butzov. 4°. 1784.

Saland, *Ferdinand* Arthur [aus Berlin]: Die Chirurgie des Jamerius nach den Fragmenten bei Guy de Chauliac ... Osterwieck/H., gedr. bei A. W. Zickfeldt. 1895: 33 S., 1 Bl. 8.
Berlin, Med. Fak., Inaug.-Diss. v. 22. März 1895

Saland. (Frid. Henr. Ferd. (geb. Berlin 13. 11. 1818.) De tussi convulsiva. Berolini (1849.) (32 S.) 8°
Berlin, Med. Diss. v. 20. Aug. 1849

Saland, Ferdinand Arthur, s. Saland, Arthur

Saland, Friedrich Heinrich Ferdinand, s. Saland, Ferdinand

Elektrische Entladungen bei Thermophosphorescenz. Von Sem **Saeland.** Christiania: Dybwad in Komm. 1909. 5 S. 8°
(Christiania Videnskabs-Selskabs Forhandlinger. 1909, Nr 7.) (11.311) 10

Salander, ein Liebhaber, od. desto schlimmer für ihn; aus d. Französ. (v. J. D. Kluge). 2 Thle. 8. Stettin 781. Nicolai in Berl. 16 gr

vgl. Salamander, ...

Salander [Pseud.], s.a. Schade, Franz Henning

SALANDER, (FR. SCHADE): **Der auf neue Manier abgefasste, expedirte u. vermehrte Actuarius oder Gerichtsschreiber. Dem mit angefügt der curiense u. auf neue Manier abgefasste Landschreiber.** *Frankf. u. Leipz.* 720. 8.

Salander, expedit. Actuar oder Gerichtsschreiber. 8. Erfurt. 771.

— exped. Advocat. 8. Ebend. 726.

— Briefsteller u. Wörter- und Titularbuch. 8. Frankf. 744.

SALANDER, (SCHADEN, J. C.): Hühner-, Bienen- u. Taubenrecht. *Frkf.* 723.

— jus censitic. od. Erbzinsrecht. 8. Erf. 737.

— Kern d. Jungfernrechts. 8. Erf. 725.

SALANDER, (Fr. Schade): Der auf neue Manier abgefasste und expedite Notarius. 3 Thle. *Frankfurt u. Leipzig.* 714. 4.

— expedit. Notarius. 8. Frft. u. Lpz. 726.

Salander: Neues und nützliches Recht der Fuhr-Leute . . . Wozu noch beygefüget ist e. Anh. unterschiedener Curieusen Fragen aus d. Pfand-Recht. Ulm 1735. 31 S.

Salani, C P.: Quibus praesertim dotibus ornatus esse debeat adolescentulus qui litteras ac scientias docetur 5 S. 4° –Padua, Progr. 1852

Salardo der Schreckliche. Eine schauderhafte Erzählung aus Lorenzo's Papieren. 2 Thle. Mit 2 Kpf. 8. Leipz. 800, 802. 2e Aufl. 829. (Klinkhardt). 2 ß

Salardo, d. schreckliche, e. schauderhafte Erzähl. aus Lorenzo's Papieren. 2 Bde. 8. Leipz. Schladebach. (Bruder.) 800—2. (à 20 gr.)

SALARDO der Schreckliche Eine schauderhafte (zahme) Erzahlung aus Lorenzo's Papieren Zweite verbesserte Auflage. Th. (1) 2. Mit Titelportraits (Gianetta's u. Salardo s, gez von Junge, gestoch. von A. A Bruckner in Lpz.) Leipzig, bey J. Suhring. 1829. 8°. (1 Mk 50 Pfg., etwas fleckig, R Bertling, Dresden, 1888.)

2 gestoch Titel. — I XVI (incl. 6 [!] Vorreden). 286 S 2 287 S (incl 6 „Nachreden" u 1 S „Appendix") — Ed 1 c 1810?

Salat, Jakob

— die reinmenschl. Ansicht der Ehe, mit Erläuterungen üb. das Höchste der Menschheit. gr. 8. Münch. 808. Lentner. 12 gr

— auch die Aufklärung hat ihre Gefahren. 2e verm. u. verb. Aufl. gr. 8. Münch. 804. Lindauer. 1 ß 16 gr (Die erste Aufl. stand in Fichte u. Niethammer's Journal).

— die Aufklärung in Baiern, s. Aufklärung, u. setze hinzu: (v. J. Salat).

— drei Aufsätze über den noch immer vielbesprochenen Rationalismus: in Absicht auf das Höchste der Menschheit, auch in Kirche u. Staat. (Aus Okens Isis abgedr.) gr. 8. Landsh. 828. Thomann. 10 gr

Salat, Dr. J. (k. bayer. Geistl. Rath u. Prof.), Aufschluss über den *Ultrakatholicismus.* Auch unter Protestanten! Ein Aufruf zur Menschlichkeit im schönsten u. tiefsten Sinne des Wortes. München, bei Jos. A. Finsterlin, 1833. (Auf d. ill. Orig.-Umschl. der Zusatz: „Für Kirche und Staat." — *A. E.:* Landshut i. B., aus der Presse des Fr. S. Storno.) Gr. 8°. Cart.*), unbeschn.

VI—90 S. Auf d. Umschl. Verz. von (37) Salat'schen gedruckten Schriften.

Salat, Jak., Beytrag z. Emancipation d. Philosophie. Veranlaßt durch e. vielgeles. Literatur-Blatt f. Gebildete. — A. u. d. T.: Versuche z. Befreiung d. Philosophie aus d. Banden d. Scholastik u. Phantastik. gr. 8. (27 B.) Stuttgart 835, [Beck u. Fränkel.]

— zum Besten d. deutschen Kritik u. Philosophie, zwei denkwürd. Thatsachen mit Erklärr. u. Beill. gr. 8. Landsh. 815. Thomann. 1 ß 8 gr

— Darstellung d. Moralphilosophie. 2 Bde. 2te Aufl. gr. 8. Ebend. 813. u. 14.

— Darstell. der allgem. Philosophie. Aus d. Standpunkte d. höheren Bildung d. Menschheit; mit besond. Hinsicht auf ein Bedürfniß unserer Zeit. 2e verm. u. größtentheils neu bearb. A. gr. 8. Münch. 826. Finsterlin. 1 ß 16 gr

Salat, Jak., Denkwürdigkk., betreff. den Gang der Wissenschaften u. Aufklärung im südl. Deutschland, veranlaßt durch J. M. Sailers Denkschrift an Zimmer. gr. 8. Landsh. 823. Weber in Münch. 2 ß

— Erklärungen üb. das Heilige, s. K. v. Weiller.

— Erläuterung einig. Hauptpunkte d. Philosophie. gr. 8. Ebend. 812.

— Erläuterung einig. Hauptpunkte d. Philosophie. gr. 8. Landsh. 813. Thomann. 1 ß 16 gr

— üb. d. Feyer d. Kirchweihen im Königr. Bayern. gr. 8. (.. B.) München 837, Finsterlin.

— s Fortschritte d. Lichts in Baiern.

Salat, J., Führt die Aufklarung zur Revolution? 8. München, Lindauer. 802.

— üb. den Geist d. Philosophie, mit krit. Blick auf einige neuere Erscheinungen im Gebiete d. philosoph. Literatur. 8. Münch. 803. Lentner. 1 ß 4 gr

— üb. den Geist der Verbesserung im Gegensatze mit d. Geiste der Zerstörung. 2 Bde. 8. Münch. 805. Lindauer. 2 ß 16 gr

Salat, Jak., Grundlinien d. physischen Anthropologie. Mit Zusätzen. gr. 8. Münch. 827. Finsterlin. 9 gr

— Grundlinien d. Moralphilosophie. Mit Beill. gr. 8. Münch. 827. Finsterlin. 9 gr

— Grundlinien d. allgem. Philosophie. gr. 8. Münch. 827. Finsterlin. 9 gr

— Grundlinien der Religionsphilosophie, eine Vorarbeit in Hinsicht auf die 2te ganz von Neuem ausgearb. Aufl. seiner Darstell. derselben. gr. 8. Sulzb. 819. v. Seidel. 9 gr

— Grundsätze üb. d. Ehe. 8. München, Lentner. 807.

— Grundzüge der allgem. Philosophie; aus d. Standpunkte der höheren Bildung d. Menschheit. gr. 8. Münch. 820. (Finsterlin). 1 ß 4 gr

— Handbuch d. Moralwissenschaft. Eine ganz neue Bearbeitung, mit besond. Hinsicht auf d. Geist u. d. Bedürfnisse unserer Zeit. Nach d. 3n Aufl. seiner Moralphilosophie. gr. 8. Münch. 824. Finsterlin. 2 ß

— die Hauptgebrechen d. deutschen Philosophie als Wissenschaft, u. wie dies. Zustand dem neuaufstrebend. Geiste d. Verfinsterung zu Statten gekommen. Jedem wahren u. selbstdenk. Freunde des Bessern in Deutschland! gr. 8. (16 B.) Stuttgart 834, [Beck u. Fränkel.]

Eb.: d. Hauptgebrechen d. deutschen Philos. als Wissensch. u. wie dieser Zustand d. neuaufstreb. Geiste d. Verfinster. zu statten gekommen. Jedem wahren u. selbstdenkenden Freunde des Bessern in Deutschland. *Stuttg.,* Löflund. 834. gr 8° 1 ß

— von e. schönen Hoffnung, welche der Philosophie aus d. neuern Wechsel u. Sturz der Systeme aufblühet. gr. 8. Landsh. 810. Thomann. 9 gr Hbg. Pr. 6 gr

— ist der Priestercölibat e. Ideal? Und kann d. Aufhebung d. Cölibatgesetzes füglich geschehen? Deutschen Ständeversammln., zunächst den im Königr. Würtemberg versamm. Ständen zugeeig. gr. 8. (7½ B.) Stuttgart 833, [Beck u. Fränkel.]

— Lehrbuch der höhern Seelenkunde, od. die physische Anthropologie. 8. Münch. 820. 1 ß 12 Gr X. u. d. T.: auch für Kirche u. Staat! 2e verm. u. größtenth. neu bearb. Aufl. gr. 8. Münch. 826. Finsterlin. 1 ß 16 Gr

— — Lehrbuch der höhern Seelenkunde, oder die physische Anthropologie. 8. München, Thienemann. 820.

— Lehren der Tugend, s. K. v. Weiller.

— üb. das Loos kathol. Schriftsteller in den Literaturzeitungen d. Protestanten. gr. 8. Landsh. 812. Thomann. 10 Gr

— die Moralphilosophie. gr. 8. Landsh. 810. Thomann. 1 ß 2 Gr 2e umgearb. A. unt. d. T.: Darstell. d. Moralphilosophie, mit besond. Hinsicht auf d. Gang d. höhern Bildung. 2 Bde. gr. 8. Ebd. 813 u. 14. 3 ß 3 Gr 3e neu bearb. Aufl. in 1 Bde, unt. d. T.: die Moralphilosophie, der erste od. nächste Hauptzweig der Philosophie als Wissenschaft. gr. 8. Ebd. 821. (Finsterlin). 2 ß

Salat, J., die Moralphilosophie, der erste oder nächste Hauptzweig der Philosophie als Wissenschaft. 3te Aufl. gr. 8. München, Thienemann. 821.

— s. Philosophie mit Obskuranten, u. setze hinzu: (v. J. Salat).

— die Religionsphilosophie. gr. 8. Landsh. 810. Thomann. 1 ß 2 Gr 2e umgearb. Aufl. unt. d. T.: die Religionsphilosophie, der letzte od. höchste Hauptzweig d. Philosophie als Wissenschaft. gr. 8. Münch. 821. Finsterlin. 2 ß 6 Gr

— Schelling u. Hegel, od. Rückblicke auf die höhere Geistesbildung im deutschen Süden u. Norden, nebst vielen den neuesten Gang derselben charakterisirenden Aufklärungen; zugleich eine Rechtfertigung gegen Prof. Rosenkranz. gr. 8. Heidelberg 842, Groos. 1½ ß

— Schelling in München: eine literar. u. akadem. Merkwürdigkeit. Mit Verwandtem. 1. Hft. gr. 8. (8½ B.) Freiburg 837, Herder'sche Vrlsh.

Salat, Dr. J. (k. b. geistl. Rath u Prof an d ehemal. Univ Landshut) Schelling in Munchen eine literar u akadem. Merkwurdigkeit. Mit Verwandtem 2 Hfte (in 1 Bde.) Heidelberg. Karl Groos, 1845 Gr. 8° Eleg Hsrsb.
1 2 Bll 128 S 1 Bl Err Vorr dat Landshut 183-
2: XXIV - 392 S., 1 Bl. Err — Dieser 2 Theil enth noch die Zugaben Schelling's Uebergang nach Berlin u. ein Nachklang aus Munchen mit Geschichtlichem aus Nord und Suddeutschland zugleich m besond Hinsicht auf eine so erwünschte als hochwichtige Einheit im Gesammtvaterlande

Salat, J., Schelling in München: eine literar. u. akadem. Merkwürdigkeit. Mit Verwandtem. In 2 Heften. 1. Heft. (Neue Ausg.) gr. 8. Heidelberg 845, Groos. n. ½ ß

— dass. II. Hft. Mit Zugaben. gr. 8. Ebend. 845. n. 1½ ß

— Sokrates, od. über den neuesten Gegensatz zwischen Christenthum u. Philosophie, mit mehreren Belegen, vornehml. aus d. protestant. Deutschland. gr. 8. Sulzb. 820. v. Seidel. 1 ß 8 Gr

— die literar. Stellung des Protestanten zu den Katholiken. In Absicht auf einen gültigen u. schönen Gemeinzweck in Deutschland! Geschichtliches u. Wissenschaftliches, betreff. das Höchste der Menschheit. Mit Zugaben über Neues im deutschen Osten u. Süden. gr. 8. Landsh. 831. Thomann. 2 ß 12 Gr

— von den Ursachen eines neuen Kaltsinns gegen die Philosophie auf deutsch. Boden. gr. 8. Landsh. 810. Thomann. 9 Gr Hdg. Pr. 6 Gr

— üb. das Verhältniß der Geschichte zur Philosophie in d. Rechtswissenschaft, od. das kathol. u. protestant. Princip in d. Jurisprudenz, mit einer Anwendung auf Politik u. Polizei. gr. 8. Sulzb. 817. v. Seidel. 1 ß

— üb. d. Verhältn. d. intellectuellen und verfeinernden Cultur zur sittlichen. 8. München, Lentner. 802.

— Vernunft u. Verstand. 2 Thle. 8. Tüb. 808 u. 9. v. Cotta. 3 ß

Salat, Jakob, Versuche über Supernaturalismus und Mysticismus Auch ein Beitrag zur Kulturgeschichte der höhern Wissenschaft in Deutschland Mit historisch-psychologischen Aufschlüssen über die vielbesprochene Mystik in Bayern und Oberösterreich. Sulzbach, v. Seidel, 1823, gr 8°, 35 Bogen, 6 Mk.

Salat, Jak., Wahlverwandtschaft zwischen den sogen. Supernaturalisten u. Naturphilosophen mit verwandten; auch gegen neue Umtriebe des Obskurantismus, vornehml. im deutschen Osten u. Norden. Nebst Aufschlüssen über Neues im Süden. gr. 8. Landsh. 829. Thomann. 2 ß 4 Gr

— Winke üb. das Verhältniß der intellectuellen u. verfeinernden Kultur zur sittlichen. 8. Münch. 802. Lentner. 1 ß

— gegen den Angriff seines Collegen Winter, ein freimüthiges Wort. 8. Landsh. 812. (Thomann).

— noch ein Wort üb. die Frage: führt die Aufklärung zur Revolution? 8. Hadam. 802. (Lanz in Weilb.) 3 Gr

Salat, J(ac.), (geb. 1766), auch ein Paar Worte über die Frage: *Fü die Aufklärung zur Revolution?* Mit besonderer Rücksicht auf den P der Verfinsterung. München, bei Jos. Lindauer. 1802. 8⁰. (Titelbl. a gebess.) Moderner Ppb.
4 Bll. u. 232 S. — S. 162 ff: Ueber den Geist des Obskurantismus.

— einige Züge aus dem Charakter eines würdigen Lehrers. Eine Rede, gehalten nach dem Tode des Hrn. Georg Stangl. 8. Münch. 803. Lindauer. 2 Gr

SALAT, Ignatius: De dominio privato deque erroribus ei oppositis, c munismo et socialismo. — (1874) 84 S. 4° (Handschr.) Diss
Diss. Wien, Univ.

Salat, Johann Chronik der Schweizerischen Reformation, von deren Anfängen bis und mit Ao. 1534, im Auftrage der katholischen Orte verfasst. 8. (Freiburg im Breisgau, Solothurn 1869.)
(Archiv für die schweizerische Reformations-Geschichte. Band 1)

Salathé, Fritz, von Basel, Assistent am chemisch-technischen Laboratorium: Ueber Derivate des Dimethylanilins. Zür. J. Schabelitz Dr 1889 48 S 8⁰
Zürich, Phil. Diss. v. 16. Dec. 1879

Salathiel, oder Memoiren des ewigen Juden. Aus dem Engl. von A. Kaiser. Leipzig 1829. V: *Croly, George.* (GGr III, 1343) (Zeitschr. f. Büch. N. F. 15, 1923, S. 120)

Salathiel, od. Memoiren d. ewigen Juden. A. d. Engl. v. A. Kaiser. 4 Bde. 8. (57¼ B.) Leipzig 829, [Krappe.]
Eine andere Uebersetzung, vgl. Jude, d. ewige.

Salathiel, od. Memoiren des ewigen Juden; aus dem Engl. v. A. Kaiser. 4 Bde. 8. Leipz. 829. Taubert. 4 ß (Vergl. Jude, der ewige.)

Salatnay Jan. Modlitby křesťanské, z částky překládané, z částky pak skládané skrze Jana Salatnay. II. Djl. Pro pohlawj ženské. W. Gindřichowě Hradci, 1857. Tiskem sklad Aloisia Jos. Landfraja. (224 S. in 16.) (Salatnay Joh., christliche Gebete, zum Theile übersetzt, zum Theile verfaßt von — —. II. Theil. Für's weibl. Geschlecht. Neuhaus, 1857. Druck u. Verlag v. Alois Jos. Landfraß.) (Böhmisch.)

Salatowski, F., der Sprachen-Dualismus auf unseren Gymnasien in Permanenz? Einheitsschul-Studie. 8. (31 S.) Berlin 890. Mayer & Müller. n. — 80

Salatsch, Adf., u. Hans **Werner**, Fachkunde des Kleidermachergewerbes. Zum Gebrauche an den fachl. Fortbildungsschulen d. Kleidermacher u. Kleidermacherinnen. (Lehrtexte f. Fach- u. gewerbl. Fortbildungsschulen.) (V, 110 S. m. 152 Abb.) 8. Wien 910. A. Hölder. Geb. 1.60

Salau, F[riedrich]: Die **Behandlung** des propädeutischen Geschichtsunterrichts in Quinta. *Halberstadt (1902): H. Meyer.* (S. 3—45.) 4° [F.]
Halberstadt, OR. OP 1902 (293)

Salaville, l'homme et la société; ou nouv. théorie de la nature humaine et de l'état social. gr. 8. Paris, (Sommer à Lpz.) 799. Rthlr.

Salazar, Frz. v., bekehret euch zum Herrn v. eurem ganzen Herzen! Ein Gebet u. Erbauungsbuch, enth. die ergreif. Betrachtgn. üb. die ewigen Wahrheiten. Nach der 13. Aufl. d. span. Originals aus dem Franz. übers. v. e. Kuratpriester. 16. (415 S.) Paderborn 883. Bonifacius-Druckerei. — 75

Salazar, Frz., heilige Einsamkeit. 8. Augsb. Wolf. 746.

Salbach, B: Anlage des Wasserwerks der Stadt Halle in den Jahren 1867 und 1868. München 1870

Salbach, B: Apparat zum Messen der Klärung des Wassers. Vortrag. München 1877

Salbach, B: 3. Bericht über die mit Wassermessern verschiedener Construction angestellten Untersuchungen. Dresden 1877

Salbach, B: Bericht über die Erfahrungen, welche in den letzten 25 Jahren bei Wasserwerken mit Grundwassergewinnung sich herausgestellt haben. Dresden 1893. (Ms. gedr.)

Salbach, B: Bericht über die im Auftrage des Stadtraths zu Dresden mit Wassermessern verschiedener Construction angestellten Untersuchungen. Dresden 1875

Salbach, B: Bericht über die Versuchsarbeiten, welche zur Constatirung der gewinnbaren Quantitäten natürlich filtrirten Grundwassers an dem Elbstromufer ausgeführt wurden. Dresden 1870

Salbach, B: 4. Bericht über die mit Wassermessern verschiedener Konstruktion angestellten Untersuchungen. München 1878

Salbach, B., Entwässerung und Reinigung der Gebäude, } s. Handbuch der Architektur.

Salbach, B: Gutachten über die Anlage einer Wasserleitung in Königsberg i. Pr. Königsberg i. Pr. 1875. Beigeb.: 1. Pro memoria über die bisherige Verwendung der für den Bau der Wasserleitung flüssig gemachten Mittel. Königsberg i. Pr. 1875. 2. Projecte, die Erweiterung der Wasserversorgung von Königsberg i. Pr., betreffend. Königsberg i. Pr. 1880

Salbach, B.: Gutachten über die Wasserleitung vom Versuchsbrunnen in Rohožna. Czernowitz: Selbstverl. d. Magistrats 1889.

Salbach, B: Ueber das Project einer Wasserversorgung des oberschlesischen Industriebezirks. Berlin 1882

Salbach, B., Projekt einer Wasserversorgung der Stadt München aus den Quellen des Mangfallthales. Mit 3 lith. Taf. (in Imp.-Fol.). hoch-4. (27 S.) Dresden 878. (Leipzig, Knapp.) n. 4. —

Salbach, B., die Wasserleitung in ihrem Bau u. ihrer Verwendung in Wohngebäuden, zu Wasch-, Bade- u. Closeteinrichtungen, zum Feuerlöschwesen, zur Gartenbewässerung u. zu Springbrunnen. Mit 4 (lith.) Taff. (in 4.) u. 50 (eingedr.) Holzschn. Halle 870. Knapp. gr. 8. (III, 108 S.) n. 1 ⅓ ß

Salbach, B., die Wasserleitung in ihrem Bau u. ihrer Verwendung in Wohngebäuden, zu Wasch-, Bade-, Closet- u. Feuerlöscheinrichtungen, zur Gartenbewässerung u. zu Springbrunnen. 2. sehr verm., gänzlich umgearb. Aufl. Mit e. Atlas (v. 11 Steintaf. u. 2 Tab. in gr. 4., qu. Fol. u. qu. gr. Fol.) u. m. (eingedr.) Holzschn. gr. 4. (VIII, 160 S.) Leipzig 876. Knapp. n. 20. —

— Wasserversorgung der Gebäude, s.: Handbuch der Architektur.

— das Wasserwerk der Stadt Dresden erbaut in den Jahren 1871 bis 1874. 1—3. Thl. Mit 42 (lith.) Taf. (in qu. Fol. u. qu. gr. Fol.) u. e. Tab. (in qu. Fol.) gr. 8. (97, 16 u. 211 S.) Ebend. 874—76. n. 83. —

Salbach, B: Das Wasserwerk der Stadt Groningen in Holland. Berlin 1882

— das Wasserwerk der Stadt Halle erbaut in den Jahren 1867 u. 1868. Beschreibung der Vorarbeiten, der Projectirung des Baues u. der bisherigen Betriebs-Resultate. Mit 17 (lith.) Taff. (in gr. Fol.) Ebend. 871. Fol. (IV, 40 S.) n. 6 ⅓ ß

— das Wasserwerk der Stadt Krefeld, erbaut in den Jahren 1876—1877. [Aus: „Glaser's Annalen für Gewerbe u. Bauwesen".] Fol. (16 S. m. 4 Steintaf.) Berlin 881. Polytechn. Buchh. in Comm. n. 3. —

Salbach, Ern. (Guil.) (geb. Landsberg a. W. 13. 3. 1811): De diversa ventriculi forma in infante atque adulto. Berolini (1835). (31 S.) 8°
Berlin, Med. Diss. v. 15. Juni 1835

Salbach, Ludov. (Frid.) (geb. Guesen 10. 9. 1809). De hydrocephalo acuto. Berolini (1834). (32 S.) 8°
Berlin, Med. Diss. v. 5. Nov. 1834

Salbach, R.

— — Die Ermittelung des wirklichen Wollgehaltes der käuflichen Wollen und Wollgespinnste durch absolute Trocknung u. Entfettung. Berlin 1871. lex. 8°. brosch.

— — Technologie der Gespinnstfasern. Vollständiges Handbuch der Spinnerei, Weberei, Appretur etc. Bd. 1: Die Streichgarnspinnerei und Kunstwollindustrie. Mit 547 Holzschn. im Text u. 1 Atlas von 35 Tfln. Berlin 1876. Text 8°. Atlas Fol.

Salberg, Aug., Einführung in das Rechnen nach der neuen Reichswährung,
— Uebungen hierzu, } s.: Fernberg, J.

— Rechenbüchlein f. das 1. u. 2. Lehrjahr der Volksschulen. Die Zahlen von 1 bis 30. 8. (60 S. m. eingedr. Holzschn.) München 874. Oldenbourg. n. — 30

— die Sachrechen-Methode od. method. Behandlg d. Zahlenraumes von 1 bis 30 nach den Grundsätzen der Realmethode, f. Lehrer u. gebildete Eltern, m. Zugrundelegg. der neuen Münz-, Maß- u. Gewichtssysteme. gr. 8. (XIV, 319 S. m. eingedr. Holzschn.) Ebend. 874. n. 4. 60

Salberg, C. L., Carte des États Prussiens et des Pays limitrophes, dressée ... d'après Schrötter, Cilly et Gotthold. Vienne, Mollo, 1813. 4 Bll. . . . .

Salberg, G., (M. Fränkel) Teutonia, s. M. Fredau.

Salberg, Gustav [approb. Arzt aus Corbach]: **Beitrag zur partiellen Rhinoplastik** .... Reudnitz-Leipzig, Druck v. Max Hoffmann (1887); 18 S. u. 3 Taf. 8°.
Würzburg, Med. Fak., Inaug.-Diss. v. 1887.

Salberg, Gustav, Beitrag zur partiellen Rhinoplastik. Diss. Würzburg 1887, Stahelsche Univ.-Buchh. 8°. 18 S. mit 3 Taf.

Salberg, J. A., Anschauungs-Kursus zur Einführg in das Rechnen m. gemeinen u. Dezimalbrüchen, nebst method. Behandlg. der Schlußrechng., m. e. Anh.: die Zeitrechng. 8. (84 S.) München 889. (Kellerer.) n. — 60

Salberg, J. A., der vorbereitende Grammatik-, Rechtschreib- und Aufsatzunterricht auf Grundlage des Anschauungsunterrichts in den unteren Klassen der Volksschule. gr. 8. (105 S.) München 888, Kellerer. *

— der vorbereitende Grammatik-, Rechtschreib- u. Aufsatzunterricht auf Grundlage d. Anschauungsunterrichtes in den unteren Klassen der Volksschule. 2. Aufl. gr. 8. (104 S.) Ebd. 889. n. 1. 20

Salberg, J. A., geometrische Wandtafeln. 12 Taf. (11 Taf. 74,5×100,5 cm; 1 Taf. à 4 Bl. 58×54 cm.) München u. Bamberg 892. C. C. Buchner, Verl. n. 7. 20

Salberg, Justine, üb. die Zersetzung d. Traubenzuckers durch die Erysipelkokken. Diss. gr 8. (8 S.) Warschau 892. (Bern, H. Körber.) n. — 40

Salberg, Frau Maria, u. Frau Elisab. Glas, uns. Dienstmädchen — was es wissen u. leisten muß u. wie es sich verhalten soll. 8. (IV, 93 S.) München 897. Seitz & Schauer. n. — 80; geb. n. 1. 20

Salberg, Frau Maria, u. Frau Elisab. Glas, unser Dienstmädchen, was es wissen u. leisten muß u. wie es sich benehmen soll. 2. verb. Aufl. (126 S.) kl. 8. München (908). Ph. L. Jung. Geb. in Leinw. 1. 50

Salberg, Willi, prakt. Arzt aus Corbach: Über mehrfache Krebsentwicklung im Magen. *Würzburg 1901: Memminger.* (36, II S.) 8°
Würzburg, Med Diss. v. 1901

Salbert, K., das Geheimnis d. Lebens, s.: Jugend- u. Volksbibliothek, deutsche.

Salbey, Erich R., s.: Zeitstimmen.

Salbey, Max [cand. med. aus Lübben i. d. Niederlausitz]: **Ein Fall von sogenannter Akromegalie mit Diabetes mellitus. . . . Erlangen,** *Druck v. Frdr. Aug. Horn, Berlin,* 1889; 28 S. u. 1 Taf. 8°
Erlangen, Med. Fak, Inaug.-Diss. v. 6. Jul. 1889

Salbey, Rob (geb Lübben 22 6 1844) Ueber die Structur und das Wachsthum der Fischschuppen Berlin (1868) (52 S.) 8°
Berlin, Med Diss v 5 Aug 1868

Bayrisch Salbuch von ca. 1280 (Mon boic XXXVI, 312: erste Erwähnung der alten Fischerfamilie Härpfer aus Donauwörth, die 1616 geadelt wurde.)

München 1900

Salbuch d. Stiftes Niedermünster in Regensburg. Hrsg. v. Frz. Chrn. Höger. gr. 8. (171 S.) Freising 885. (Wölfle.) n. 3. —

Salbung, die, des Erlösers von e. Verstorbenen. 8. Dessau 784 (Barth in Lpz.) 10 gr.

— und Krönung Napoleons I., Kais. d. Franzosen, n. Geschichtsbeweis und Charakterzeichn. m. Kupf. o. Deutschland. 805.

Salburg, E. v., Jedermann Postkarten- u. Stammbuch-Dichter! Wie erlangt man die Fähigkeit, sofort e. formvollendeten Postkarten- od. Stammbuchvers zu verfassen? Neue Fingerzeige üb. rasche poet. Einkleidg. v. Augenblicks-Ideen, Stoff-Finden, Stimmg, Vorbereitg., den Reim u. die Versarten; m. vielen Musterversen. 8. (32 S.) Leipzig (901). A. F. Schlössel. n. — 60

Salburg, E. v., 200 Postkartenreime. Orig.-Dichtgn. qu. gr. 16. (48 S.) Leipzig 898. A. F. Schlössel. n. — 60

— 200 Postkartenreime. Orig.-Dichtgn. 2. Aufl. qu. 12. (48 S.) Ebd. 899. n. — 60

Salburg, E. [Pseud.], s. a. Krieg von Hochfelden, Edith

Salburg, Edith Gräfin, Aufzeichnungen e. guten alten Herrn, s.: Sammlung Franckh.

— Deutsche Barone. Roman. 2 Bde. 2. Aufl. (246 u. 261 S.) 8. Dresden 909. C. Reißner. 6.—; geb. 8. —

Salburg, E. (Edith Gräfin Salburg-Falkenstein), Bekenntnis. E. Dichtg. 12. (24 S.) Graz 895. F. Pechel. n. 1. —

— blaues Blut, s.: Sammlung Franckh.

— Dynasten u. Stände. Romane aus Österreich-Ungarn. 1. Bd. Böhmische Herren. (VII, 363 S.) 8. Ebd. 910. 5.—; geb. 6. —

Salburg, E., e. Erwachen. Aus dem Buche e. Lebens. Gedicht. 8. (56 S.) Graz 892. Styria. n. 1. —; geb. n. 1. 80

— Excelsior. Gedicht. 8. (72 S.) Ebd. 894. n. 1. 20

— Feudal, s.: Sammlung Franckh.

Deutsche Frauen in Welschland. Von Edith Gräfin **Salburg** [jetzt: Edith Bnn Krieg v Hochfelden]. Roman. Berlin: (Schall [1909].) 246 S. 8°
(Verein d Bücherfreunde Ser 19, 3) [illegible]

— Wilhelm Friedhoff. Roman. 1. u. 2. Aufl. 1.—3. u. 4.—6. Tauf. (VIII, 224 S. m. Bildnis.) 8. Dresden 907. C. Reißner. 3.—; geb. 4. —

— e. Frühlingsmärchen. 8. (VI, 67 S.) Dresden 896. E. Pierson. n. 1. 50; geb. in Damast m. Goldschn. n. 2. 50

Salburg, Edith, Gedichte. Gewidmet der grünen Steiermark. 8. (224 S.) Graz 888. Styria. n. 3. —

— neue Gedichte. 8. (239 S. m. Bild.) Ebd. 890. n. 2. 50; geb. m. Goldschn. n. 4. —

— die österreichische Gesellschaft. Roman-Trilogie. 3 Bde. gr. 8. Leipzig, Grübel & Sommerlatte. n. 10. —
1. D. Exclusiven. (299 S. m. Bildn.) 897. n. 3. —
2. Papa Durchlaucht. (283 S. m. Bildn.) 897. n. 3.
3. D. Inclusiven. (V, 303 S. m. Bildn.) 898. n. 4. —

Salburg, Edith Gräfin, die österreichische Gesellschaft. Roman-Trilogie. 3 Bde. 2. Aufl. 8. (Mit je 1 Bildnis.) Leipzig [B. Meyer]. Dresden, E. Reißner. n. 10.—; Einbde. à n.n.n. 1.—
1. Die Exklusiven. (316 S.) 898. n. 3.—
2. Papa Durchlaucht. (234 S.) 899. n. 3.—
3. Die Inklusiven. (VIII, 264 S.) 898. n. 4.—

SALBURG, E. (d. i. Baronin *Edith Krieg v. Hochfelden.* geb. Gräfin *Salburg-Falkenstein* in Arco, geb 14. Oct. 1868 auf Schloss Leonstein), Die Oesterreichische Gesellschaft. Roman. 3 Bde. 3 Auflage. Leipzig 1900—1. 8°. (à Mk. 4.—.) (à 2 Mk. E. Geibel, Hannover, 1909.)
In Oesterreich verboten.

—— der Hochmeister von Marienburg. Ein histor. Trauerspiel in 5 Acten. 2. neu durchges. Aufl. 8. (88 S.) Ebendas. 888. *

— Judas im Herrn. (VIII, 304 S.) 8. Dresden 904. E. Reißner. n. 4.—; geb. n. 5.—

— Ein Konflikt. Roman. 2. Aufl. (153 S.) 8. Ebd. 910. 2.—; geb. 3.—

— Königsglaube. Roman. 2 Bde. (300 u. 387 S.) 8. Ebd. 906. n. 6.—; geb. n. 8.—

— Königsglaube. Roman. 2 Bde. 2. Aufl. (4. u. 5. Taus.) (300 u. 387 S.) 8. Ebd. 906. 6.—

— Kreuzwendedich. Roman aus der Gesellschaft. 8. (VI, 224 S.) Ebd. 903. n. 3.—; Einbd. n.n.n. 1.—

— der Kronanwalt. Charakterbild in e. Vorspiel und 3 Aufzügen. 8. (93 S.) Graz 889. Pechel. n. 2.—

— d. armen Mannes Liederbuch. E. Zeitgedicht. M. Illustr. v. Rud. Jettmar. 8. (133 S.) Ebd. 898. Geb. in Leinw. 5.—

Mirabeau. Schauspiel in 3 Aufz. von Edith Gräfin **Salburg**. Leipzig: Grübel & Sommerlatte 1897. (86 S.) 8° [Umschlagt. F.] [07. 6306

— das Priesterstrafhaus. Roman. Mit Benutzung v. Zeitstudien u. authent. Quellen. 1.—3. Aufl. (à VIII, 199 S.) 8. Ebd. 903. 905. n. 3.—; geb. n. 4.—

— Scheinehre. Ein Lustspiel in 4 Acten. 8. (IV, 100 S.) Ebd. 889. n. 2.—

— die Seele. E. Menschenleben in Gedichten. gr. 16. (97 S. m. Bildn.) Stuttgart 897. Greiner & Pfeiffer. Geb. in Leinw. m. Goldschn. n. 3.—

— was die Wirklichkeit erzählt. Drei Bücher, die d. Leben schreibt. 1. Buch. „Carrière". Skizzenbuch aus d. großen Welt. gr. 8. (VI, 203 S. m. Bildn.) Leipzig 898. Grübel & Sommerlatte. n. 3.—; geb. n. 4.—

— was die Wirklichkeit erzählt. Drei Bücher, die das Leben schreibt. 2. u. 3. Buch. 8. Ebd. à n. 4.—; Einbde. à n.n.n. 1.—
2. „Golgatha". (423 S.) 900.
3. „Humanitas". (181 S.) 901.
Buch 1 jetzt Ebd. 898. n. 3.—; geb. n.n. 4.—.

— was die Wirklichkeit erzählt. Drei Bücher, die das Leben schreibt. 2. Buch. Golgatha. Roman. 3. Aufl. (443 S. m. Bildnis.) 8. Ebd. 903. n. 4.—; geb. n. 5.—

Salburg-Falkenstein, Thdr., Vittoria Accorambona. Dramatisches Gedicht in 5 Aufzügen. (91 S.) 8. Leipzig-Gohlis 909. Raschwitz, B. Volger. 1. 50

— Buch der Phantasieen. 8. (184 S.) Dresden 900. E. Pierson. n. 3.—; geb. n. 4.—

Salburg-Falkenstein, Thdr., Liebesgeschichten. 8. (144 S. m. Bildnis.) Wien 902. Neue Literaturanstalt. n. 3.—

Salburg-Falkenstein, Thdr., e. Mönch. Epische Erzählg. 8. (III, 192 S.) Dresden 891. E. Pierson. n. 2. 50

Salcher, Peter

Salcher P. und Whitehead J. Über den Ausfluß stark verdichteter Luft (mit 1 Taf. und 2 Textfig.) S. 98. Ha. ...
Separatabdruck

— u. J. **Whitehead,** über den Ausfluss stark verdichteter Luft. [Aus: „Sitzungsber. d. k. Akad. d. Wiss."] Lex.-8. (21 S. m. 2 Textfig. u. 1 Taf.) Wien 889. (Tempsky.) n. — 80

Salcher, P., Elemente der theoretischen Mechanik. Mit 6 (lith.) Taf. gr. 8. (VIII, 200 S.) Wien 881. Gerold's Sohn. n. 5. 20

Salcher, P., photograph. Fixirung d. durch Projectile in der Luft eingeleiteten Vorgänge, s.: Mach, E.

Salcher, Pet., Geschichte der k. u. k. Marine-Akademie. Mit Bewilligg. des k. u. k. Reichs-Kriegs-Ministeriums, Marine-Section, nach authent. Quellen verf. Hrsg. v. der Red. der „Mittheilgn. aus dem Gebiete des Seewesens". Mit 1 Portr. der k. u. k. Marine-Akademie. gr. 8. (VIII, 82 S.) Pola 902. (Wien, C. Gerold's Sohn.) n. 3. 50

Salcher, Dr. Peter, Das Klima v. Fiume-Abbazia nach meteorolog. Beobachtungen. 8. (24 S.) Fiume, *Gustav Dase. 60 kr. 1884

— optische Untersuchung d. Luftstrahlen, s.: Mach, E.

— über die in Pola u. Meppen angestellten ballistisch-photogr. Versuche, s.: Mach, E.

Salcher, P., die Wasser-Spiegelbilder, s.a. Encyklopädie der Photographie. 43. Hft.

Die Wasser-Spiegelbilder. Angaben f. Zeichner, Maler u. Photographen von Dr. P[eter] **Salcher**, Prof. in Fiume. *Halle a. S.: W. Knapp 1903.* (VI, 38 S.) 8°
— **Encyklopädie** d. Photographie. H. 43. [03. 6789 3

Salcher, Richard, aus Wien: **Studien über die Aminolyse.** *Wien: Selbstverl. 1899.* (51 S.) 8°
Heidelberg, Naturw.-math. Diss. v. 1899

Salchli, Eman., les causes finales et la direction du Mal. Poeme philosophique en IV chants, avec fig. gr. 8. Bern 784. Typ. Soc. 16 ℛ

— le Mal: poëme philosophique en IV chants. gr. 8. Bern 789. Typ. Soc. 1 ₰ 8 ℛ

— l'optique de l'univers, ou la Philosophie des Voyageurs autour du Monde, poëme en VI part. 8. Bern 799. Haller. 15 ℛ

Salchli, Johann

— Apologie de l'histoire du peuple juif. 12. Lausanne 770.

Salchli, Jh., (†...) Lettres sur le Deisme. Vol. I. 8. Lausanne 756.

Salchli, Jh. Jak., († 1774.) verschied. Predigten über besond. Texte heil. Schriften. 2 Thle. 8. Zürich 752 u. 756. Orell u. C. 16 gr.

— 3 Reden von d. Einflusse d. Wissenschaften auf den Jugendwandel u. d. Nutzen derselben. 8. Zürich 758. Orell. 8 gr.

Salchli, Walter, Arzt in Zweisimmen: Statistische Erhebungen über die Todesfälle an Tabes dorsalis in der Schweiz während den Jahren 1896—1900. [Mit 3 Tabellen.] Wimmis 1905. 44 S. 8°. [26. VII. 05.]
Bern, Med. Diss. 1905/1906

Salchli, Walter. Statistische Erhebungen über die Todesfälle an Tabes dorsalis in der Schweiz während den Jahren 1896—1900. Diss. Med. Bern. [Mit 3 graphischen Tafeln.] 44 S. 8. Wimmis, W. Ilg-Ith, 1905.

Salchlin, Iod. Rud., Stricturae et observat. in Pfaffii dissertat. de formula consensus Helvet. 4. Bern. 723.

Salchlin, Johann Adam (Zofingen) A. S. 1229/6

Dissertatio medica inauguralis de sale ammoniaco. Basel (Thurneysen) 25. IV. 1724. 36 S. (richt. 38)

Gew. Johann Rodolph Suter, Cornelius Suter, Johann Rodolph Salchlin, Johann Rodolph Salchlin (Vater).
W. v.: Samuel Battier, S. Seelmatter, Johann Jakob im Hooff, J. Rod. Mieg, J. Buxtorff, Balthasar Besta.

29668

Salchlin, R., Idolomantia et rabdomantia antichristiana s. diss. hist. theol. ad Hoseae IV. 12. Bern. 715. 4.

Salcho, D. s. Salchow, Ulrich Christoph

Salchow, ..., üb. den dänischen Zettelcours. 8. Kopenh. ... Bonnier. 10 gr.

Salchow, Christoph, s. Salchow, Ulrich Christoph

Salchow, Daniel, s. Salchow, Johann Christian Daniel

Salchow, Ernst ... Berlin 1848. 15 S. 8.

Salchow, Ernst Theodor

Salchow, historisches Tagebuch der Stadt Tilse vom 17. Dezbr. 1812 bis zum 3. Aug. 1814, s. a. **Beiträge** zur Geschichte v. Tilsit.

Historisches Tagebuch der Stadt Tilse vom 17. Dezember 1812 bis zum 3. August 1814 geführt von dem Stadtsekret (Ernst Theodor) Salchow. Zum Druck befördert v. Dr. Rudolf Thimm. *Tilsit: W. Lohauss in Komm.* 1893. (45 S.) 8° [J u Ant.]
= Beiträge z. Geschichte v. Tilsit 2.

Salchow, Gustav, Dr.: Bayern und die Gründung des Deutschen Reiches im Jahre 1870. Halle a. S. 1904: Ehrh. Karras. (S. 21—38.) 4°
Halle a. S., StadtG OP 1904 (281)

Salchow, Gust., der Uebergang der Mark Brandenburg an das Haus Wittelsbach, s. a. **Beiträge**, Hallische, zur Geschichtsforschung.

Salchow, Gustav [aus Stendal]: Der Übergang der Mark Brandenburg an das Haus Wittelsbach ... Halle a. S., Hofbuchdr. v. C. A. Kaemmerer & C., 1893; 42 S., 1 Bl. 8.
Halle, Phil. Fak., Inaug.-Diss. v. 29. Juli 1893

Salchow, Gustav Adolph

Salchow, Gust. Ad., Gedankenspiele u. Räthsel, zur Unterhaltung gebild. Zirkel. 8. Altona 809. Hammerich. 8 gr.

— der Geist des J. 1812. Ein Lehrgedicht in 4 Betrachtungen. gr. 8. Altona 815. (Hammerich). 12 gr. Schrbp. 16 gr.

— Numantias, episches Heldengedicht in 12 Gesängen. 3 Thle. gr. 8. Hamb. 819. (Aue in Altona); (a. Barth in Leipz.) 4 Thlr. Velinp. 6 Thlr. 18 gr.

Numantias. Heldengedicht in 12 Gesängen v. Gustav Adolph Salchow. Hrgg. v. G. H. [d. i. Georg Hullmann] Hamburg 1890. 8°

Salchow, Gust. Adph., Numantias. Heldengedicht in 12 Gesängen. Hrsg. v. G. H. gr. 8. (VIII, 383 S.) Hamburg 890. Crone & Martinot. n. 6. —; geb. n. 8. —

Dem Uebersetzer der Streitsätze Doktor Luthers, theuren Andenkens, aus dem Jahr 1517 in 1817. Von dem Verfasser der Dichtung König Salomo's Weltspiegel [d. i. Gustav Adolf Franz Salchow]. o. O. 1817. 8°

— König Salomo's Weltspiegel. Altona. 1817.

Salchow, Johann Christian Daniel [Wirkl. Name].
s a Stello, Gustav [Pseud.]

Salchow, Jh. Chr. Dn., Archiv f. Freunde d. Philosophie des Rechts u. der positiven Jurisprudenz. 1s Stck. 8. Jena 805. (Cnobloch in Leipz.) 12 gr.

Salchow, Joh. Chr.: Ueb. das Begnadigungsrecht des Regenten u. d. richterl. Ausspruch. Zwei Versuche. *Jena*, Schmid. 802. 8. (18 Gr.)

— Beitr. zur Kritik des Kleinschrodschen Entwurfs einer preuß. Gesetzgebung. 8. Jena 804. Gröker. 1 Thlr.

STELLO, Gust (d. i. *Joh. Chrn. Dan. Salchow*, geb. 10. Aug. 1782 in Gustrow, † als ord. Prof. in Halle am 22. Nov. 1829), Das Brandmal oder Ugolinos Lebenswanderungen. Mit Titelkpfr. Jena bey Wolfgang Stahl, 1802. 8° 319 S. (1 Rthlr.) (1 Mk, geles. Expl., Jul. Neumann, 1908.)
Neue Allg. dtsch. Bibl. 102, 328.

— Darstell. der Lehre von Strafen u. Verbrechen nach gemein. Rechte. 2 Bde. gr. 8. Jena 804 u. 5. Gröker. 3 Thlr. 12 gr.

— systemat. Entwickelung des Verbrechens der Entwendung nach den gemeingültigen Strafgesetzen Deutschlands. gr. 8. Erfurt 806. Hennings in Gotha. 20 gr.

— Erörterung üb. das gerichtl. Verfahren in bürgerl. Rechtsstreitigkeiten nach d. neuen französ. Rechte. gr. 8. Leipz. 808. Dürr. 1 Thlr. 12 gr.

— — Erzahlungen. 2 Thle. Ebd. 1803. 8⁰.
Neue Allg. dtsch. Bibl. 80, 345. — Enth. a.: Das Brandmahl b: Der zweite Moritz und Amalia, oder Liebe und Trennung.

Stello, Gustav (d. i. *Joh. Chrn. Dan. Salchow*). Die Jesuiten; eine Arabeske. Mit Titelvignette. Jena 1801 8⁰ (2 Mk., geles. Expl., Jul. Neumann, Magdeb., 1908.) Zahm
Das Anon. Lex. II p. 318 hat „1802" (nach Goedeke), ohne Angabe des Pseudonyms.

— — Die Jesuiten. Eine Arabeske. Ebd. 1802. 8⁰.

— Lehrbuch des gemeinen in Deutschland gült. positiven peinl. Rechts. gr. 8. Leipz. 807. (Cnobloch). 1 ℛ 16 gr 2e verm. Ausg. gr. 8. Halle 818. 3e A. 823. Schwetschke u. S. 2 ℛ 8 gr

— Magazin f. positives Recht. 1r Bd. 1s Stck. 8. Jena 803. (Schmid). 6 gr

— — Moritz und Amalie oder Liebe und Trennung. Mit Titelkpfr Ebd. 1802. 8⁰.

— — Rudolfin ein Roman fur wenige Leser Ebd. 1803. 8⁰ 234 S.
Neue Allg. dtsch. Bibl. 89, 28

— — Scenen aus dem akademischen Leben. 2 Thle Ebd 1802—4. 8⁰ Selten!
Sämmtlich zahm

Salchow, Otto: Ueber einen ungewöhnlichen **Symptomencomplex bei angeblicher Fleischvergiftung.** *Berlin (1898): E. Ebering.* (30 S.) 8⁰
Berlin, Med. Diss. v. 29. Juli 1898

Salchow, Ulr., das Kunstlaufen auf d. Eise, s. Miniatur-Bibliothek f. Sport u. Spiel.

Salchow (Ulr.). Das Kunstlaufen auf dem Eise. 1910. Leipzig 8⁰. (82 S. m. Abb.) M. —.60

Salchow, Ulrich Christoph

— Anweis. z. natürl. u. sittl. Erziehung d. Kinder. 8. Hamb. 773.

— giebt eine kurze, iedoch hinlängliche Anweisung: wie der Rindviehseuche auf die naturlichste Art abgeholfen werden konne. Hamb. 1780. 32 S. P

Salchow, Ulr. Cph., († d. 20. April 1787.) chirurg. Beobachtt. 8. Hamb. 769. 2e A. gr. 8. Altona 784. 3e A. gr. 8. Leipz. 791. Schneider. 8 gr

— theilet einige chirurgische Beobachtungen mit: welche von ihm zur Bestättigung der Wahrheit der von dem Herrn Doctor Bilguer angegebenen unnöthigen Amputation und des von dem Herrn Goulard gerühmten Nutzens der Bleymittel angestellet worden sind. Hamburg. 1769.

Ulrich Christoph Salchow

Ulrich Christoph Salchow, theilet einige chirurgische Beobachtungen mit, welche von ihm zur Bestätigung der Wahrheit der von dem Herrn Doctor Bilguer angegebenen unnöthigen Amputation u. des von dem Herrn Goulard gerühmten Nutzens der Bleymittel angestellet worden sind. 3., u. verm. Aufl. Altona: Hellmann 1784. 162 S. 8⁰

— erläutert u. bestätiget ... seine untrügliche Durchseuchungscur, u. zeiget zugleich die Richtschnur, nach welcher die Tilgung ... d. Rindviehseuche bewirket werden könne. Brem. 1780. (12) 199 S. 1 Tvl.

— untrügl. Durchseichungskur. 8. Brem. 780. Förster. 10 gr

— explicatio separationis auri ab argento per aquam fortem factae, et modi vilioris haec duo metalla a se invicem segregandi. 4. Petropoli 755. Acad. B. 6 gr

— Heilung der Rindviehseuche. 8. Ebend. 784.

— — dass. 8. Brem. Förster. 783

Salchow, Ulrich Christoph: Erfundene auf Vernunft gegründete und durch Versuche und Erfahrung bestätigte Heilung und gänzliche Tilgung der Rindviehseuche. Hamburg 1779. 84 S.

— d. Heilung u. gänzl. Tilgung der Rindviehseuche. 8. Hamb. 779. Hellmann. 12 gr

— beschreibet die vierzigjährige, sehr merkwürdige Krankheit des Herrn Etatsraths von Jessen zu Meldorf, über deren Ursache die Meinungen der Aerzte bis an seinen Tod getheilet gewesen sind. Mit 1 Kupferstiche. Altona. 1784.

— Nachr. von seinem Conversations-Oel. 8. Hamb. 775.

Salchow, de separatione auri ab argento per aquam fortem. 4. Petersb. Academiae. (Hartknoch, Lps.) 756.

— ertheilet einen nothwendigen Unterricht v. der zweckmässigen u. natürlichen Erziehung d. Rindviehes, z. sichersten Abwendung u. gänzlichen Ausrottung aller ansteckenden Rindviehseuche Meldorf 1780 112 S.

— Unterr. von der Erziehung des Rindviehes u. Ausrottung u. Abwendung der Rindviehseuche. 8. Meldorf (Altenb.) 781. Hellmann. 3 gr

— Unterricht von seinen Universal-Pillen. 8. Halle 750.

— Untersuchung d. Rindviehseuche aus Gründen d. Natur, Arzneilehre, Chymie u. Erfahrung. 8. Berl. 755. Haude u. Sp. 3 gr
96 S.

Saldates, les femmes. Vaudev. en 1 A. 8. Braunschw. 810. Pluchart. 8 gr

Saldau, Ernst, die Chocolade-Fabrikation. Eine Darstellung der verschiedenen Verfahren zur Anfertigung aller Sorten gewöhnlicher u. Luxus-Chocoladen, der hierbei in Anwendung kommenden Materialien u. Beschreibung der zur Bearbeitung der Chocolademasse in Verwendung kommenden Maschinen. Nach dem neuesten Stande der Technik geschildert. Mit 34 (eingedr. Holzschn.-)Abbildungen. 8. (IV, 232 S.) Wien 881. Hartleben. 3. 25

Saldau E., die Schokolade-Fabrikation. (Bibliothek, Chemisch-technische 79) Wien 1881

Saldau, Ernst, die Schokolade-Fabrikation. Eine Darstellg. der verschiedenen Verfahren zur Anfertigg. aller Sorten gewöhnl. u. Luxus-Schokoladen, der hierbei in Anwendg. komm. Materialien u. Beschreibg. der zur Bearbeitg. d. Schokolademasse in Verwendung komm. Maschinen. 2., verm. u. verb. Aufl. (VIII, 216 S. m. 39 Abbildgn.) 8. Wien 909. A. Hartleben. 3.25; geb. 4.05

Säldemann, Karl, Wineta. Trauerspiel in 5 Aufzügen. 8. (108 S.) Berlin 875. Mayer & Müller. 1. 50

Salden, Gustav, von K. L. M. Müller. 2 Thle. 8. Berlin, Unger. 802. (Reimer.)

Saldenhofen, Fr. v., Ausgewähltes üb. das „Auserwählte Volk". Neuer Beitrag zur Klärg. u. Lösg. der Judenfrage. 1.—4. Taus. gr. 8. (79 S.) Würzburg 892. Etlinger. n. — 80

Saldern, Caspar von, s. Saldern, Kaspar von

Saldern, Erasm. v., die Bälle der eleganten Welt. Eine unentbehrl. Mitgabe auf die Reise durch das Leben f. Jungfrauen u. Jünglinge, welche sich beliebt machen u. ihr Glück fördern wollen. 8. (8½ B.) Nordhausen 842. Fürst. —

v. Saldern, F. E. E., actenmäß. Darstell. meines Processes. gr. 8. Leipz. 818. Lauffer. 6 gr.

Saldern, Friedrich Christoph von. Elemens de la Tactique de l'infanterie Prussienne . . . trad. de l'Allemand. Dresde 1783. Ü: *Walther, Conrad Salomon.* (Kläbe, Neuest. Gel. Dresd. Leipz. 1796.) (MGT)

v. Saldern, Fr. Cph., († d. 14. März 1785.) taktische Grundsätze u. Anweis. zu militär. Evolutionen. 8. Frankf. u. Leipz. 781. 2e verm. Aufl. 8. Dresd. 786. Walther. 1 ℛ 8 gr. Neue verm. A. mit Anmerkk. v. H. J. Krebs. Mit 11 Plan. gr. 8. Kopenh. 796. Schubothe. 1 ℛ 8 gr. — Dass. ins Französ. übers. (von K. S. Walther). 8. Dresd. 783. Walther. 1 ℛ 8 gr. 258 S.

— — dies. in französischer, auch in deutscher Sprache. 8. Dresden, Walther. 786.

— — dies. s. a. Grundsätze.

Saldern, Friedrich Christoph v. Des preussischen Generallieutenants . . . . . taktische Grundsätze und Anweisung zu militärischen Evolutionen der Infanterie. Von Schreib- und Druckfehlern berichtigt und mit Anmerkungen herausgegeben von Heinrich Johannes Krebs, k. dänischer Professor und Capitan im königl. Artillerie-Corps. (Mit 10 Kupfern.) 8. Kopenhagen und Leipzig 1796.

Taktik der Infanterie, die Feldverhaltungen der Convoys &c. Von einem preuß. Offiz. (F. Ch. v. Saldern.) Mit Kpftaf. Dresden 1784. 166 S.

Saldern, H. von, s. Saldern, Kaspar von

Saldern, Kaspar von

v. Saldern, H., Biographie Peters III.; aus d. Französ. Mit 1 Kpf. gr. 8. Frankf. a. M., (Schäfer). 1 ℛ 8 gr. — Dass. französ. Ebd. 1 ℛ

Saldern, H. v., Biographie Peters III. Aus d. Französ. Petersburg (Frankfurt a. M., Esslinger) 1800.
Weller, fing. Dr. — Vorher: Frankfurt, Schäfer, 1792. 8°. Mit Portrait.

Biographie Peters des Dritten Kaisers aller Reussen; zur unpartheiischen Ansicht der Wirkung der damaligen Revolution, und zur Berichtigung der Beurtheilung des Charakters Catharinens II. v. [Caspar] von **Saldern.** Nach dem Französischen übersetzt. Petersburg. 1800. 8°.

Saldern, Otto von

Zur Übersicht über die Nachkommen des Herrn Heinrich von **Saldern** und der Frau Wilhelmine von **Saldern** geb. von Glasey aufgestellt durch Otto von Saldern. Berlin, im Jan. 1905. Quer-Fol. Lithogr. Druck.
Mit einer „Übersicht über die Nachkommenschaft (bis zur 3. Generation incl.)".

Saldern, Thusnelda von

Saldern, Th. v., drei Bausteine. 8. (100 S. m. Abbildgn.) Wolfenbüttel 892. J. Zwißler. 1. 20; kart. n. 1. 60; geb. in Leinw. m. Goldschn. 2. 25

— dasselbe. 2. Aufl. 8. (103 S. m. Abbildgn.) Ebd. 892. 1. 20; kart. m. Goldschn. 1. 60; geb. in Leinw. m. Goldschn. 2. 25

Saldern, Thusnelda v., Diakonissen-Leben. Erinnergn. aus alter u. aus neuer Zeit. 1. u. 2. Aufl. (à VII, 225 S. m. Abbildgn.) 8. Berlin (906). A. W. Hayn's Erben. Geb. in Leinw. n. 3. —

Saldern. Th. v., s.: Frei im Dienst.

— the Margaret-book. A legend of Lorraine. 8. (534 S.) Ebend. 881. n. 4. —; geb. m. Goldschn. n. 6. –

Saldern, Thusnelda v., das Margarethenbuch. Eine Erzählung für die jüngere Mädchenwelt. 3. Aufl. 8. (484 S.) Wolfenbüttel 876, Zwißler. * ℳ 3,50.; cart. * geb. mit Goldschn. *
—— dass. — 4. Aufl. 8. (487 S.) Ebendas. 878. * cart. * ℳ 5.; geb. mit Goldschn. *
1. und 2. Aufl. vgl. : Margarethenbuch, das.

Saldern, Th. v., das Margaretenbuch. Eine Erzählung für die jüngere Mädchenwelt. 6. Aufl. 8. (484 S.) Wolfenbüttel 882. Zwißler. n. 4. —; geb. n. 5. —; m. Goldschn. n. 6. —

Saldern, Th. v., das Margaretenbuch. Eine Erzählg. f. die jüngere Mädchenwelt. 7. Aufl. 8. (436 S.) Wolfenbüttel 884. Zwißler. n. 4. —; geb. n. 5. —; m. Goldschn. n. 6. —

Saldern, Th. v., das Margaretenbuch. Eine Erzählg. 9. u. 10. Aufl. 8. (436 S.) Wolfenbüttel 887. 888. Zwißler. n. 4. —; geb. n. 5. —; m. Goldschn. n. 6. —

— das Margaretenbuch. Eine Erzählg. aus Lothringen. 11. Aufl. 8. (431 S.) Ebd. 891. n. 4. —; geb. in Leinw. n. 5. —; m. Goldschn. n. 6. —

— dasselbe. 12. Aufl. 8. (431 S.) Ebd. 893. Geb. in Leinw. n. 5. —; m. Goldschn. n. 6. —

— dasselbe. Mit 12 Lichtdr. nach Originalen v. C. H. Küchler. gr. 4. (331 S. m. Vignetten.) Ebd. 892. Geb. in Leinw. m. Goldschn. n. 10. —

Saldern, Th. v., Das Margaretenbuch. E. Erzählg. aus Lothringen. 17. Aufl. 8. (464 S.) Wolfenbüttel 899. J. Zwißler. n. 4. —; geb. in Leinw. n. 5. —; m. Goldschn. n. 6. —

— das Margaretenbuch Eine Erzählg. aus Lothringen. 18.—20. Aufl. 8. (à 464 S.) Wolfenbüttel 900—903. J. Zwißler. Geb. in Leinw. n. 5.—; m. Goldschn. n. 6. —

Saldern, Th. v., das Margaretenbuch. Eine Erzählg. aus Lothringen. 23. Aufl. (454 S. m. Vignetten.) 8. Wolfenbüttel 907. J. Zwißler. 4.—; geb. 5.—; in Leinw. m. Goldschn. 6. —

— Ruth. Eine Erzählung für Kinder. gr. 16. (IV, 119 S. m. 2 Chromolith.) Ebend. 877. geb. n. 2. —

Saldern-Ahlimb, H. v., Rittm. und Escadron-Chef im Garde-Cürassier-Reg. Das k. preussische Garde-Cuirassier-Regiment und seine Stammtruppen. Im Auftrage des Regiments zur Feier seines 50jährigen Bestehens bearbeitet. (Mit 1 Portrait und 3 Adjustirungsbildern.) 4. Berlin 1865.

Salditt, Alois [app. Arzt aus Langwalde '(Ostpr.)']: Bronchiectasie vergesellschaftet mit Tuberculose ... Würzburg, Druck v. A. Göb & C., 1897; 26 S. 8.
Würzburg, Med. Fak., Inaug.-Diss. v. 1897

Saldon [Schlagwort]

Saldon, Hafen, s.: Adriatisches Meer.

Saldow, Osk., 20 der neuesten u. besten Orig.-Kouplets u. Soloszenen, s.: Humor ist die Würze des Lebens.

Sale, Lady. Tagebuch der Unfälle in Afghanistan 1841—1842. Aus dem Engl. v. Th. Oelckers. Mit Lith. Leipzig 1843. 349 S.

Sale, Lady, Tagebuch der Unfälle in Afghanistan 1841—1842. Aus dem Engl. von Thdr. Oelckers. Mit 2 Lithogr. gr. 8. Leipzig 843, T. O. Weigel. n. 2 ₰

— Tagebuch über die Unfälle der Engländer in Afghanistan, s. Weltpanorama, 40.—43. Bd.

Sale, Anthoine de la

Sale, Ant. de la, die funfzehn Freuden d. Ehestandes. gr. 16. (231 S.) Berlin 872. Deutsches Verl.-Inst. n. 1. 75; geb. n. 2. —

Sale, Anthoine de la, die fünfzehn Freuden der Ehe. Vollständig in das Deutsche übertragen (v. Frz. Blei). (XIV, 172 S.) 16. Leipzig 906. J. Zeitler. n. 10. —; geb. n. 15. —

Saleck, Adb., die letzten Tempelherren. Trauerspiel in 5 Aufzügen. Den Bühnen gegenüber als Mscr. gedr. 8. (VIII, 128 S.) Jena 875. Costenoble. n. 2. —
vgl. Salek

Salecker, Fritz, Arzt: Königsberger Universitäts-Frauenklinik. Über Extrauteringravidität. *Königsberg i. Pr. 1903: E. Rautenberg.* (108 S.) 8°
Königsberg, Med. Diss. v. 5. Jan. 1904

SALECKER, Otto (Lietz): Die operative Behandlung der Pleuritis serosa mittelst Bruststich.- München: Wolf 1877. 32 S.
8.3.1877 - Urk (Titel: De operatione pleuritidis serosae per thoracocentesim instituenda.); Chr 1876/77,10
Diss. Ingolst.-Landsh.-Mchn.

Salecker, Paul, Assistent am landw. Versuchsfelde Waldgarten Abt. IV der Königl. Albertus-Universität: Ueber die Einwirkung einiger chemischer Einflüsse auf die Verdaulichkeit des Proteins. Königsberg i. Pr. 1904: H. Jaeger. (44 S.) 8°
Königsberg, Phil. Fak., Ref. Stutzer, Diss. v. 22. Dez. 1904
[Geb. 3. Nov. 83 Königsberg i. Pr.; Wohnort: Königsberg; Staatsangeh.: Preußen; Vorbildung: Wilhelms-Gymn. Königsberg i. Pr. Reife O. 01; Studium: Königsberg 8 S.; Rig. 14. Dez. 04.]

Salecker, Paul, aus Sensburg ⟨Ostpr.⟩, Unterarzt im Inf.-Reg. No 136: Aus d. geburtshülfl.-gynäkol. Universitäts-Klinik d. Kgl. Charité. Zur Prognose der Wendung auf den Fuß. *Berlin (1903): G. Schade.* (42 S.) 8°
Berlin, Med. Diss. v. 18. März 1903

Saledes forholder det sig. Et Ord i den slesvigholstenske Sag, til Oplysning for Sandhedens Venner i Danmark, Norge og Sverge of en Nordslesviger. Hamburg 864. Falcke. 8. (32 S.) 3 ngr.

Saleilles, Raymond

Saleilles, R., s. Beiträge, rechtswissenschaftliche.

Saleilles, Raym., Einführung in das Studium des deutschen bürgerlichen Rechts, s. a. Studien zur Erläuterung des bürgerlichen Rechts. 14. Hft.

Einführung in das Studium des deutschen bürgerlichen Rechts [Introduction à l'étude du droit civil allemand] von Raymond Saleilles, Prof., übers. u. hrsg. von Prof. Rudolf Leonhard. Breslau: M. & H. Marcus 1905. (VI, 125 S.) 8°
= Studien z. Erläuterung d. bürgerl. Rechts. H. 14. [05. 9092 6

Die letzten Tempelherren. Trauerspiel in fünf Aufzügen von Adalbert Salek. Den Bühnen gegenüber als Ms. gedr. Jena: Costenoble 1875. 5 Bl., 127 S. 8°.
vgl. Saleck

Salem, eine lyrische Tragödie in 4 Aufz. von Castelli. 8. Wien, Wallishausser. 814.

Salem. Briefe aus Jerusalem v. *.*. 8. (VII, 84 S.) Dessau 901. A. Haarth. Geb. in Leinw n. 1. 80

Salem Echo: vol. 1—?, June 1902—Aug. 1911.
Monthly. Organ of the Salem Evangelical Church. Published in English and German, and continued after Aug. 1911 wholly in English. Title varies: MILAN STREET ECHO, June 1902—May 1905. Large quarto, each issue 8 pages. Edited by F. Frankenfeld, 1902—?; by Julius Ewald Keckritz, 1910?—1911. Published by Robert Lincks.
New Orleans, LA

Salem, le nouveau, ou le témoignage des trois. Traduction du Suédois en Français. gr. 8. (309 S.) Basel 871. Schweighauser. n. 4. 50

Trinkerheilanstalt Salem bei Rickling in Holstein. (Bordesholm 1889.) 8°.

SALEM, Salem Asad (Kairo): De elephantiasi arabum. (Titel nach der Urkunde)
2.12.1853 - Urk; F 68
Diss. Ingolst.-Landsh.-Mchn.

Salemann, Karl

Salemann, Carol., s.: 'Abdulqâdiri Bagdâdensis lexicon Šahnâmianum.

Salemann, C., ein Bruchstück manichäischen Schrifttums im asiatischen Museum. (26 S. m. 1 Taf.) 4. St.-Pétersbourg 904. (Leipzig, Voss' Sort.) n. 1. 60
Sonderabdruck aus: „Mémoires de l'acad. imp. des sciences de St.-Pétersbourg".

Salemann, C., u. V. Shukovski, persische Grammatik, s. a. **Porta** linguarum orientalium.

Salemann, Carl, und Shukovski, Valentin. Persische Grammatik mit Lit., Chrestomathie und Glossar. [= Porta linguarum orientalium. Pars XII. Berlin 1889.

— **Judaeo-Persica,** nach St.-Petersburger Handschriften mitgeteilt. I. Chudâidât. E. jüdisch-buchâr. Gedicht. [Aus: „Mémoires de l'académie impér. des sciences de St.-Pétersbourg".] gr. 4. (VIII, 56 S.) St.-Pétersbourg 897. (Leipzig, Voss' Sort.) n. 4. —

Salemann, Carl. Ueber eine Parsenhandschrift der Kaiserl. öffentlichen Bibliothek zu St. Petersburg. Tire du Vol. II des Travaux de la 3. session du Congrès international des Orientalistes. o. O. u. J.

Salemann, Carolus, s.: **Shams i Fachrî** Ispahânensis lexicon persicum.

Salemann, Carl, manichäische studien. 1. Die mittelpers. texte in revidierter transcription, m. glossar u. grammat. bemerkgn. (VIII, 172 S.) 30,5×21,5 cm. St. Pétersbourg 908. (Leipzig, Voss' Sort.) 8. —
Sonderabdr. a.: „Mémoires de l'acad. imp. des sciences de St.-Pétersbourg".

Salemann, C. Versuch über die conjugation im ossetischen. [Beiträge z. vgl. sprachf. VIII, 1.

Salemann, Karl Th., s. N. J. **Winkler,** Predigten.

Salemi-Pace, Giovanni, über die Druckfestigkeit der Gesteine unter dem Einflusse elastischer Substanzen zwischen den Druckflächen. (Deutsch u. französisch.) (28 S.) hoch 4. Stuttgart 902. Freiburg i/B., J. Bielefeld. n. 4. —
Sonderabdruck aus: „Baumaterialienkunde".

— s.: Studie üb. die durch die alkalischen Sulfate verursachten Korrosionen der Backsteinmauern.

Salemon, Hermann Zeig. constitutioneller Berger. Offenes Sendschreiben an die hohe National Versammlung von die rechte Seite und an den geweienen unter mistischen Commandeur Herrn Blenon. Druck von E. Litfas. 1 Bl. Fol. Flugblatt. Berlin, 1848,49.

Salemsbote, der. Eine Kinder-Zeitschrift. Hersg. von H. **Cuno.** 1. u. 2. Jahrg. 1867 u. 1868. à Jahrg. 12 Nrn (Bgn.) Berlin. (Matthies.) br. 8. Jeder Jahrg. n. 10 *ngr.*

Salenegg. [Chur 1916.] V: *Gugelberg, Marie von.* (BBullschw 18. S. 191)

Salengre, Albr. H. de, nov. thesaurus antiquitatum romanar. congest. c. fig. III Tmi. fol. Haag. 716.

Salens, der jüngern Gräfin von, Geschichte, aus dem Franz. 2 Theile, 8. Dresden, 779. Hilscher. 1 Rthl. 10 sgl.

Salensky, W., s. Z a l e n s k i j , Vladimir Vladimirovič

Salentiny, Émile: Der Ettelbrucker G e m e i n d e - H a u s h a l t nach Maßgabe der Budget-Vorlage pro 1888 faßlich dargestellt und den hiesigen Wählern gewidmet bei Gelegenheit meines Amtsantrittes als Bürgermeister. Ettelbrück im September 1888. Diekirch. Justin Schroell [1888] 10 S 4°

Salernitani, Andr. Guerna, Bellum grammaticum nominis et verbi de obtinendo in oratione principatu. Coburg. 739. 8. 6 gr.

Salerno, ..., von der Pflege, ein Lehrgedicht; aus d. Latein. metrisch übersetzt. 8. Paderb. 806. Wesener. 8 *gr.*

Salerta, B. di, „sein Wille". Schauspiel in 3 Akten. (61 S.) 8. Wien 909. P. Knepler. 2. —

v. Sales, Franz, d. heilige, ein Vorbild f. kathol. Geistliche (v. S. Buchfelner). 8. Münch. 819. Giel. 10 *gr.*

Sales, der heilige **Franz** v. Ein Tugendspiegel für Priester und Laien. Aus dem Französ. von P. Jos. Böcker. gr. 16. (VII und 220 S.) Köln und Neuß 863, Schwann's Verlag.

—— **Leben,** s. Clarus, Ludw.

Sales, Frz. v., Leben, s. **Leben ausgezeichneter Katholiken.** — **Leben und Wirken Frz. v. Sales.**

Sales, Alb. de, s S a l e s , Petrus Albinus de

Sales, Frz. v., **Anleitung** zur Beicht und Communion. Neue Ausg., sorgfältig aus den Schriften der Heiligen ausgezogen und mit ausgewählten Gebeten verm. Ins Deutsche übers. von einem Priester der Diöcese Rottenburg. Mit 1 Titelbilde (in Stahlst.). Schaffhausen 860. Hurter. 16. (VII, 256 S.) 12 *ngr*

— Anleit. zu e. gottesfürchtigen Leben, im Auszuge v. S. Buchfelner. 8. Münch. 822. Giel. 10 *gr.*

Sales, Frz. v., Anleitung zum gottseligen Leben. Ein kernhafter Auszug v. A. Lohmüller. (58 S.) 8. Schweidnitz (904). P. Frömsdorf. n. — 60

— **Anweisung** an die Beichtväter zur Verwaltung d. heil. Bußsakramentes. 8. (37 S.) Stuttgart 886. Schott. n. — 20

Sales, Frz. v., **Betrachtungen** f. die jährliche Geisteserneuerung, gezogen aus den eigenhänd. Aufzeichngn. d. hl. F. v. S., u. zusammengestellt v. der hl. Johanna Franziska Fremyot v. Chantal; nebst deren Anleitg. zur Selbstprüfg. Übers. u. hrsg. durch Magnus Jocham. 2., verb. Aufl. (der Geistesübgn.). 12. (XVI, 144 S. m. 1 Stahlst.) Regensburg 893. F. Pustet. n. — 40; geb. in Leinw. n. — 60

—— **unverwelkliche Blumen,** s. **Blumen.**

– s. **Blumenlese,** geistliche.

Sales, (Joh.) Frz. v., Brief an d. Erzbischof v. Bourges, Andr. Fremiot, üb. d. Weise zu predigen; übers., mit e. Vorerinner. u. mit Anmerkn. begl.; als e. Beitr. z. nähern Vorbereit. f. künft. Prediger, insbesond. f. seine Schüler v. Sigismund. 8. (8¾ B.) Sitten 834. (Augsburg, Kollmann'sche Buchh.)

v. Sales, (Jh.) Frz., Briefe, e. neue Uebersetzung. 6 Bde. gr. 8. Bamb. 785. (Wesché in Frkf. a. M.) 4 ℔

Sales, Frz. v., ausgewählte Briefe, s. Bibliothek, ascetische.

— ausgewählte Briefe. Deutsch von D. J. Becker. gr. 16. (XI, 567 S.) Freiburg i/Br. 878. Herder. 3. —

Sales, Frz. v., Ausgewählte Briefe. Deutsch v. D. J. Becker (Ascet. Bibliothek) 2., durchgeseh. Aufl. 12. (XXVI, 539 S.) Freiburg i/B. 897. Herder. n. 3. —; geb. in Leinw. n. 3. 75

v. Sales, des heil. Franz, Briefe an christl. Frauen. Gewählt u. übersetzt von J. A. Wetzler. 8. Augsburg 842, Math. Rieger'sche Buchh. $6^1/_4$ ngl

Sales, d. heil. Frz. v., Briefe an Leute, die in der Welt leben, nebst e. Vorrede u. e. kurzen Lebensabriß d. Heiligen v. Eug. Veuillot. Autoris. Uebersetzg. gr. 8. (XVIII, 348 S.) Erfurt 871. Brodmann. n. 3. —

—— Briefe an Weltleute. A. d. Franz. v. K. Zwickenpflug. 8. ($18^1/_4$ B.) Landshut 836, Thomann'sche Buchh.

—— s. Brucker, Jak., die Pflichten d. christl. Lebens.

— 12 Bücher von d. Liebe Gottes; aus d. Latein. übers. v. P. P. Obladen. gr. 8. Augsb. 4e A. 771. M. Rieger. 1 ℔ 2 ℔

— liebreiche Buß, od. Lehrart zu beichten u. zu communiciren. 8. Augsb. 796. Wolff. 5 ℔

— Direktorium od. geistlicher Führer f. Weltleute. Auszug aus den Schriften. 16. (128 S. m. 1 Stahlst.) Solothurn 891. (München, J. J. Lentner.) n. — 25

— droga do życia pobożnego, s.: Biblioteczka nabozenstw katolickich.

— Droga do życia proboźnego, siehe: Zbiór.

— dreitägige Einsamkeit z. Erneuerung des Geistes; aus d. Französ. v. W. Hillinger. 8. Augsb. 777. M. Rieger. 6 ℔

—— dreitäg. Einsamkeit z. Erneuerung d. Geistes f. alle christl. Seelen. Aus dess. Schriften neu bearb. v. Mich. Sintzel. gr. 12. (14 B. u. 1 Stahlst.) Augsburg 839, Rieger'sche Bh.

Salesja, Svetiga Franzi,shka, nekdajniga shkofa v' Genevi, Filoteja alj prijasna roka poboshno shivéti. Poslovenil ino s' molitvami sa zerkuv in nekterimi drugimi pomnoshil neki dushni paslir Lavanshke shkosije. Pregledal ino priporozhil Anton ,Slom,shek, Vosenishki sajmoshter. gr. 12. Zelovzi 842, Leon. $^2/_3$ ℔

— Filotea czyli droga do życia pobożnego. Z Niemieckiego przetłomaczona przez X. Ant. Stabika. 5 zeszyt. 16. (631 S.) Gleiwitz 847, Landsberger. (à n. 2 ngl) n. $^1/_3$ ℔

— Filotea czyli droga do życia pobożnego, z dodatkiem zwyczajnych modlitw codziennych, z niemieckiego przetłomaczona przez X. Ant. Stabika. 2. wydanie. 16. (VIII u. 631 S. m. 1 Stahlst.) Breslau 849, Schletter. $^1/_2$ ℔

Saleskeho, Frantisska, Filotea ci Bohomila aneb Nawedenj k ziwotu nabożnemu. Prelożil ze francouzkeho Wincenc Pawel Ziak. 8. We Znogme 843, Fourniera. $^3/_8$ ℔

— Filothea, či Bohmila, aneb: Uwedenj Boha milugicj dusse k ziwotu pobożnému. Od Jana Sw. Krbce. 2. wydánj, s rytinau. 12. (XXII u. 254 S. m. 1 Stahlst.) Prag 850. (Credner & Kleinbub.) n. $^1/_2$ ℔

— die wahre ächte Frömmigkeit, s. Führer, treue, zum himml. Vaterlande.

(v. Sales.) Die wahre u. echte Frömmigkeit. Auszüge aus den Werken des heil. Frz. v. Sales. Nach dem Französ. bearb. 2 Bdchn. Wien 856. Mayer u. Co. 16. (276; 248 S.) Jedes Bdchn. 15 ngr

(—) Der geistliche Führer frommer Seelen. Zusammengestellt aus den Schriften des heil. Franz v. Sales. In deutscher Sprache herausg. von Jos. Chowanetz. Schaffhausen 858. Hurter. 16. (VIII, 174 S.) 9 ngr

— der geistliche Führer frommer Seelen, oder: Goldkörner, gesammelt aus den Schriften d. hl. F. v. S. Neue, verb. Aufl. 12. (XII, 164 S.) Regensburg 884. Verlags-Anstalt. — 90

— der geistliche Führer frommer Seelen od.: Goldkörner, gesammelt aus den Schriften des hl. F. v. S. 3., verb. Aufl. (XII, 140 S.) kl. 8. Regensburg 904. Verlagsanstalt vorm. G. J. Manz. n. — 80

— kathol. Gebetbuch. Gesammelt aus dessen Schriften. Nebst e. Lebensvorschrift. Mit 3 Kpf. 8. Frkf. a. M. 828. Wesché. 14 ℔ — Daraus apart: Christl. Lebensregel. 8. Ebd. 828. 3 ℔

v. Sales, Frz., kathol. Gebet- u. Erbauungsbuch für fromme Christen, die sich einem gottseligen Leben weihen. 8. (XIV u. 348 S. m. 4 Stahlst.) Würzburg 847, Ettlinger. $^2/_3$ ℔ — (Neue Ausg.) 8. (VIII u. 392 S. m. 1 Stahlst.) Ebd. 849. $^3/_8$ ℔ Velinpap. m. 3 Stahlst. $^2/_3$ ℔ — 5. durchaus verb. u. verm. Aufl. 8. (VIII u. 376 S. m. 1 Stahlst.) Ebd. 851. $^1/_3$ ℔ Velinpap. m. 3 Stahlst. u. gest. Titel $^2/_3$ ℔

— kathol. Gebetbuch zur Morgen- u. Abendzeit, für gemeine Leute. 8. Bamb. 773. (Wesché in Frankf. a. M.) 9 ℔

—— Geist ꝛc., s. Geist.

— d. Geist. 2 Thle. 8. Augsb. Wolf. 792.

— Geist a. d. französ. Schr. Camus. 2 Thle. 8. Ebend. 792.

— der Geist, mit d. kurzen Lebensbegriff d. heil. Vaters vermehrt. 2 Thle. 8. Augsb. 792. (Kranzfelder). 20 ℔ Hbg. Pr. 10 ℔

— Geisterschule, od. Kunst, Gott in jeder Stunde wohl zu gefallen. 8. Augsb. 770. (Wolff). 12 ℔

— Geisteseinöde auf 8 Tage; aus dessen Schriften zusammengetragen v. W. Hillinger. 8. Augsb. 774. (Wolff). 1 ℔

— Geistesübungen, nebst einer Anleitung zur Selbstprüfung von der heil. Johanna Franciska Fremiot v. Chantal. In deutscher Uebersetzung zum ersten Male hrsg. von Magnus Jocham. 16. (152 S.) Regensburg 881. Pustet. n. — 40

FRANZ VON SALES: Das Geistliche je länger je lieber, das ist, ein fuertreffliche hochnutzliche Einleitung für alle und jede, so ein wahres, andaechtiges und gottseliges Leben anstellen, oder auch andere dahin anweisen und unterrichten wollen. Beschrieben durch den . Herrn Franciscum de Sales. Caschau 1743. Gedr in der academischen Buchdruck der Gesellschaft Jesu. 4 f, 164 S. 2 f - kl. 8°

— geistliche Gespräche, z. allgemeinen Nutzen, a. d. Franz. übersetzt. 8. Wien, Gerold.

— Grundsätze u. Ratschläge. Ins Deutsche übertr. nach der engl. Uebersetzg. der Miß Ella Mc. Mahon. 16. (182 S.) Landshut 885. Krüll. geb. n. 1. 20

Sales, F. v., Grundsätze u. Ratschläge. Ins Deutsche übertr. nach der engl. Uebersetzung der Miß Ella Mc. Mahon. (2. Aufl.) 16. (182 S.) Landshut 889. Krüll. geb. n. 1. 20

— Grundsätze u. Ratschläge f. jeden Tag d. Jahres. Ins Deutsche übertr. nach d. engl. Uebersetzg. v. Miß Ella Mc. Mahon. 2., verm. Aufl. gr. 16. (VI, 211 S.) Würzburg 896. F. X. Bucher. — 90; Einbd. n.n.n. — 30

Sales, Frz. v., Himmelsbrot. s.: Reuter's Bibliothek f. Gabelsberger-Stenographen.

— Introduction à la vie dévote. 8. Augsb. 773. (Wolff). 12 xr

— Introduzione alla vita divota. 12. Torino. (I. Wolff, Augsb.) 745.

— Kern christl. Sittenlehren, z. Unterricht aller Stände; aus d. Französ. (v. W. Hillinger). 3 Thle. gr. 8. Augsb. 778—86 Rieger. 2 fl 20 xr

Sales, Frz. v., die Kunst, aus unsern Fehlern Nutzen zu ziehen, s. Tissot, Jos.

— Lebensregeln. 8. Bresl. 773. W. G. Korn. 12 xr

— christl. Lebensregeln. 8. Augsb. 789. (M. Rieger). 9 xr

—— christl. Lebensregeln. 8. (3 B.) Frankfurt a. M. 828, [Wesché'sche Briefbuchh.]
Aus dess. „kathol. Gebetbuch" besond. abgedruckt.

— v. d. Liebe Gottes. gr. 8. Augsb. Rieger. 771.

— — dass. von Lammermann übersezt. 8. Cöln. 731.

—— himmlisches Liebesfeuer, s. Liebesfeuer.

— himmlisches Liebesfeuer oder auserlesene Gebete und Andachten für alle frommen Katholiken, jedes Alters und Standes, für alle Zeiten und Verhältnisse. Mit mehreren (3) Bildern (in Stahlst.). Augsburg 860. Schmid's Verlag. 32. (480 S. u. lith. Titel in Farbendr.) n. 10 ngr

— Neujahrswünsche. Uebers. v. e. Mitgliede d. Kapuzinerordens. 16. (80 S.) Dülmen 883. Laumann. n. — 25

— norma christianae ac devote vivendi. 12. Strasb. 778. Levrault. 6 xr

Sales, Franz von: Philothea

— dasselbe, s. Reuter's Bibliothek f. Gabelsberger-Stenographen.

— — dass. 8. Wien, Gerold.

— Philothea, seu introductio ad vitam devotam etc. 8. Wien 754. Gerold. 8 xr

— Philothea seu introductio ad vitam spiritualem pro singulis hominum statibus accomod. 8. Ofen 766. Typ. 6 xr

— Philothea, od. Anl. z. andächt. Leben. 8. Würzb.-Bamb. 791.

— Philothea, od. Anleit. z. andächtigen Leben; aus d. Französ. 8. Würzb. 791. (Wesché in Frankf.) 16 xr

— — dass. 8. Augsb. Wolf. 797.

— Philothea, od. Anleit. z. andächtigen Leben. Neue Uebersez. v. J. P. Silbert. gr. 8. Augsb. 817. 2e Aufl. 829. Kranzfelder. 16 xr

— Philothea, oder: Anleitung zu einem frommen Leben. Ein Erbauungsbuch für alle Stände. Nach der neuen Ausgabe des P. Brignon, d. G. J. Aus d. Franz. neu übers. von d. Herausg.: „Combez, über den innern Frieden." Mit Titelkpfr. gr. 12. Landshut 834. Krüllsche Buchh. 5/6 fl —

Sales, (Joh.) Frz. v., Philothea, od. Anleit. zu e. frommen Leben. Ein Erbauungsb., mit Berücksichtig. aller Stände u. jed. Alters n. d. Franz. bearb. v. Jos. Gläser. 1. Aufl. gr. 12. (17 B.) 835. 1/3 Thlr., n. wohlf. Aufl. mit e. Vorw. v. Pet. Lechner. gr. 12. (12 1/2 B.) Augsburg 841, Kollmann'sche Buchh.

—— dass., mit d. kurzen Lebensbeschreib. d. h. Franziskus v. Sales. 8. (29 1/4 B.) Ebds. 835. 15 Gr., f. Schrbp.

—— Philothea, od. Anleit. z. gottsel. Leben. N. d. französ. Orig.-Ausg. bearb. u. mit einigen Anmerkn. begl. v. Jos. Moormann. 1. Aufl. (26 B. u. Titlbild.) 835., 2., verm. A. 8. (27 1/4 B. u. Bildn.) 837. à * 1/2 Thlr., 3—5., durchges. u. verm. A. 12. (à 19 1/2 B. u. 1 Stahlst.) Münster 838—42, Deiters. à *

— Philothea, od. Anleit. zu e. frommen Leben. Ein Erbauungsbuch; mit Berücksichtigung für alle Stände nach d. Franz. bearbeit. v. Jos. Gläser. gr. 12. Regensb. 835. Pustet. 1/3 fl — Neue Ausg. Mit Vorwort von Pet. Lechner. 12. Ebd. 841; Augsburg, Kollmann. 4 1/2 xr

— Philothea, oder Anleitung zu einem frommen Leben. Aus d. Franz. Neu bearbeitet nach der Uebersetzung von J. P. Silbert. 12. Augsburg 838. Kranzfelder. 1/4 fl

— Philothea, oder Anleitung zu e. gottsel. Leben. Aus d. Franz. Nach der Ausgabe des P. Brignon neu bearbeit. von d. Uebersetzer der Pilgerreise Gerenells nach Jerusalem (Brugg). 12. Augsburg 838. M. S. Kreuzer. (M. Rieger.) 5 xr

—— dass. od. Anleitung z. einem frommen Leben. Mit e. Anh. v. Morgen-, Abend-, Meß- u. a. Gebeten. Neu bearb. nach d. Silbert'schen Uebersetzung, s. Philothea.

—— Philothea, od. Anleit. zu e. frommen Leben. A. d. Franz. Neu bearb. n. d. Uebersetz. v. J. P. Silbert. 12. (15 1/2 B.) Augsburg 838, [Campart u. Comp.]

—— Philothea, od. Anleit. z. e. frommen Leben. Ein Erbauungsb. f. alle Stände. N. d. neuen Ausg. d. Brignon, a. d. Franz. neu übers. v. d. Hrsgeb. d. Werkes: „Combez, üb. d. innern Frieden". 2., verb. Aufl. 8. (19 1/2 B. u. Titlkpfr.) Regensburg 840, Montag u. Weiß'sche Buchh. * 4 Gr., weiß Drckp. Thlr. *

—— Philothea od. Anleitung zum gottsel. Leben. Nach der französ. Original-Ausgabe f. jeden Stand, jedes Alter u. Geschlecht bearb. u. m. einigen Anmerkgn. begleit. v. Jos. Moormann. 5. Ausg. 1842. u. 6. Ausg. 12. (à 19 1/2 B. u. 1 Stahlst. Münster 843, Deiters. *

—— dass. Ein Erbauungsbuch m. Berücksichtig. aller Stände u. jedes Alters nach d. Franz. bearb. v. Jos. Gläser. Neue wohlf. verm. Aufl. m. Vorw. v. Petr. Lechner. 2. Abdruck. gr. 12. (13 B.) Augsburg 843, Kollmann'sche Buchh.

—— dass. od. Anleitung zu einem gottseligen Leben. Aus d. Franz. nach der Ausg. des P. Brignon bearb. Neue verb. Ausg. v. Mich. Sintzel. 12. (18⅙ B.) Augsburg 844, Rieger'sche Bh.

—— dass. Miniatur-Ausg. mit Gebeten. 18. (612 S., Ttlkpfr. u. gest. Ttl.) Ebds. 844.

—— dass. Aus d. Franz. Mit e. Anhang von Gebeten. Neu bearb. nach der Silbert'schen Uebersetzung. 2., verm. Aufl. 16. (27 B.) Augsburg 844, (Kreuzer u. Comp.) *

—— dass. Nach der 2. Aufl. stereotypirt. 12. (15 B.) Ebds. 845.

— Philothea, od. Anleitung zu einem frommen Leben. Neue Ausgabe mit harmonischen Nachklängen aus den Schriften der bewährtesten Geisteslehrer begleitet von Frz. Seraph Häglsperger. 10 Liefg. Mit 10 Stahlst. Lex.-8. Regensburg 845, Manz. 1⅛ ₰

—— dass. Aus d. Franz. Nach d. letzten Ueberarbeitung des heil. Verf., neu übers. v. J. P. Silbert. 2. Aufl. 12. (12⅚ B. u. Portr.) Wien 846, Mechitaristen-Congr.-Buchh.

— Philothea oder Anleitung zum gottseligen Leben. Mit einem Anh. von Morgen-, Abend- u. and. Gebeten. Nach Silbert's Uebersetzung neu bearb. u. mehrfach verb., sowie mit der „Einleit. des heil. Franc. v. Sales" vermehrt. 4. Aufl. 16. (XVI u. 272 S.) Augsburg 847, Fahrmbacher. Ausg. Nr. 1 mit 1 Holzschn. 4 ngr Ausg. Nr. 2 mit 1 Stahlst. ⅙ ₰ Ausg. Nr. 3 mit 1 Stahlst., 1 Holzschn. u. Tit. in Farbendr. 6 ngr

— Philothea oder Anleitung zum gottseligen Leben. Nach der franz. Orig.-Ausg. für jeden Stand, jedes Alter u. Geschlecht bearb. u. mit einigen Anmerkungen begleitet v. Jos. Moormann. Neue, nochmals durchgeseh. u. m. Morgen-, Abend-, Messe- ꝛc. Gebeten bereicherte Ster.-Ausg. Mit 1 Stahlst. 12. (VIII u. 448 S.) Münster 847, Deiters. — Miniatur-Ausg. 18. (601 S.) Ebd. 847. — Miniatur-Ausg. (Neuer Ster.-Abdr.) 24. (X u. 601 S. m. 1 Stahlst. u. gest. Titel.) Ebd. 849. — Neue nochmals durchgeseh. Ster.-Ausg. 12. (VIII u. 460 S.) Ebd. 851. ¼ ₰

— Philothea, od. Anleitg. zu einem frommen Leben. Stereotyp-abdr. d. Haupttextes der nach Brignon gefertigten Prachtausg. dess. Werkes v. Franz Seraph Häglsperger. Sammt einer Zugabe von Morgen-, Abend-, Meß-, Beicht-, Kommunion- u. and. Gebeten nach den Schriften der Heiligen. Mit 1 Stahlst. 8. (360 S.) Regensburg 847, Manz. n. 4 ngr — — 3. Aufl. Mit 1 Titelkpfr. 3. Abdr. 8. (360 S.) Ebd. 851. n. ⅙ ₰ Prachtausg. mit 10 Stahlst. u. lithochrom. Titel n. 1⅛ ₰ — 4. Aufl. 4. Abdr. Mit 1 Titelkpfr. 12. (360 S.) Ebd. 852. n. ⅙ ₰

— Philothea oder Anleitung zu einem gottseligen Leben. Aus d. Franz. nach der Ausg. des P. J. Brignon übers. u. mit Morgen-, Meß-, Beicht-, Kommunion- u. Abendandacht verm. von J. A. Eberle. gr. 16. (483 S.) St. Gallen 847, Scheitlin & Zollikofer. ¼ ₰

— Philothea oder Anleitung zu einem frommen Leben. Ein Erbauungsbuch mit Berücksichtigung aller Stände u. jedes Alters nach dem Französ. bearb. v. Jos. Gläser. Neue, wohlfeilste Aufl., verm. mit Andachtsübungen ꝛc. u. einem Vorwort v. Petrus Lechner. 12. (XII u. 348 S.) Augsburg 848, Kollmann. ⅙ ₰ — Mit 1 Stahlst. gr. 8. (IV u. 308 S.) Ebd. 852. 21 ngr

— Philothea oder Anleitung zu einem gottseligen Leben. Neu übers. von Jak. Carl Jos. Dommerque. Nebst e. Anh. von Morgen-, Abend-, Meß-, Beicht- u. Communion-gebeten. 853. — 2. Aufl. 856. — 3. Aufl. Mainz 858. Kirchheim. 24. (XIV, 574, 70 S. u. 1 Stahlst.) 12 ngr

— Philothea. Oder: Anleitung zu einem frommen Leben. Nach der neuesten französ. Original-Ausg. übers. von Mich. Sintzel. (2.) Wohlfeile Ausg. Mit der Lebensbeschreibung dieses großen Heiligen, u. einem Gebetbuche aus Dessen übrigen geistreichen Schriften. Schaffhausen 853. Hurter. 8. (412 S.) n. 12½ ngr

v. Sales, Philothea oder Anleitung zum gottseligen Leben ꝛc. Neue, nochmals durchges. u. mit Morgen-, Abend-, Messe-, Beicht- ꝛc. Gebeten bereicherte Stereot.-Ausg. Mit 1 Stahlst. Ebend. 854. (Ebend.) 12. (VIII, 460 S.) 7½ ngr

— Philothea oder Anleitung zum gottseligen Leben. Ein Erbauungsbuch für Alle, die den Herrn Jesum Christum u. seine Erscheinung lieb haben. Bearb. von Friedr. Wilh. Bodemann. 854. — Neue (Titel-)Ausg. Braunschweig 856. Schwetschke. 8. (XII, 232 S.) n. 12 ngr; fein Pap. n. 15 ngr

(—) Philothea oder Anleitung zum gottseligen Leben. Aus dem Französ. übers. von einem kathol. Geistlichen. Sammt einer Zugabe der gewöhnlichen Andachten aus den Schriften des heil. Frz. v. Sales. Mit 7 lith. Bildern. Einsiedeln 854. Benziger. 24. (576 S.) 9½ ngr

— Philothea, oder Anleitung zu einem frommen Leben. Stereotypabdr. des Haupttextes der nach Brignon gefertigten Prachtausg. desselben Werkes von Frz. Seraph Häglsperger. Sammt einer Zugabe von Morgen-, Abend-, Meß- ꝛc. Gebeten. 5. Aufl. 854. — 6. Aufl. Mit 1 Titelkupfer (in Holzschn.). Regensburg 857. Manz. 12. (360 S.) n. 5 ngr; Prachtausg. mit 10 Stahlst. n. 1 ₰. 26 ngr

— Philothea oder Anleitung zur Frömmigkeit. Nach der Ausg. des J. Brignon neu aus dem Französ. übersetzt u. mit Meßgebeten u. anderen Andachtsübungen verm. von einem Priester der Diöz. Regensburg. Regensburg 854. Pustet. 8. (477 S. u. 1 Holzschn.) 12 ngr

— Philothea, oder: Anleitung zu einem frommen Leben. Aus dem Französ. Nach der letzten Ueberarbeitung des heil. Verf. neu übers. von J. P. Silbert. 3. (wohlf.) Aufl. Wien 854. Mechitharisten-Congreg.-Buchhdlg. 12. (XVI, 295 S. u. 1 Kpfrst.) 15 ngr

— Philothea. Ein Erbauungsbuch mit Berücksichtigung aller Stände u. jedes Alters nach dem Französ. bearb. von Jos. Gläser. Mit e. Vorw. von Petrus Lechner. 2. Aufl. Mit 1 Stahlst. Augsburg 855. Kollmann. 8. (IV, 308 S.) 21 ngr

— Philothea oder Anleitung zum gottseligen Leben. Nebst e. Anh. von Gebeten. Von F. X. Müller. 855. 32. (577 S.) — 2. Aufl. Köln u. Neuß 858. Schwann. 16. (676 S. u. 1 Stahlst.) 7½ ngr; Velinp. mit 4 Stahlst. u. lith. Titel in Farbendr. 15 ngr

— Philothea oder Anleitung zum gottseligen Leben. Nach der französ. Orig.-Ausg. bearb. u. mit einigen Anmerkungen begleitet von Jos. Moormann. 3. nochmals durchges. u. mit der Lebensgeschichte u. der Abbildg. des Heiligen (in Stahlst.) verm. Octav-Ausg. Münster 855. Deiters. (Aschendorff.) 8. (XVI, 408 S.) n. 12 ngr

— Philothea oder Anleitung zu einem frommen Leben. Mit Zugrundelegung der Silbertischen Uebersetzung neu herausg. u. mit einem Anh. von Gebeten versehen. Würzburg 857. Goldstein. 16. (XVI, 323 S.) n. 7 ngr

— Philothea oder Anleitung zum gottseligen Leben. Nach der französ. Ausg. von J. Brignon neu für jeden Stand u. jedes Alter übers. von J. P. Schmitz. Mit Morgen-, Abend-, Meß-, Beicht-, Kommunion- u. Ablaßgebeten versehen von A. Wille. Aachen 858. Hensen u. Co. 24. (651 S.) 12 ngr

— Philothea, oder Anleitung zu einem gottseligen Leben. Neu übers. von e. kathol. Geistlichen. Mit einer Beigabe von Morgen-, Abend-, Meß- ꝛc. Gebeten ꝛc. Nebst 1 Stahlst. Luzern 858. Räber. 24. (6 Bl., 648 S.) 12 ngr

— Philothea oder Anleitung zum gottseligen Leben. Uebers. von F. X. Müller. Nebst einem Anhang von Gebeten. 2. Aufl. 859. — 5. Aufl. Ausg. Nr. 1. Cöln 862. Schwann. 32. (676 S. u. 4 Stahlst.) 15 ngr.

— Philothea. Oder Anleitung zu einem frommen Leben. Nach der neuesten französ. Orig.-Ausg. übers. von Mich. Sintzel. 3. Ausg. Schaffhausen 859. Hurter. 16. (XVI, 496 S.) 18 ngr.

— — 2. Aufl. 859. — 5. Aufl. Ausg. Nr. 2. Ebend. 862. 32. (576 S. u. 1 Stahlst.) 7½ ngr.

— — Ausg. Nr. 4. 3. Aufl. Ebend. 860. 12. (473 S. u. 1 Stahlst.) 10 ngr.; Velinp. (Ausg. Nr. 3.) mit 1 Stahlst. u. Titel in Stahlst.) 15 ngr.

— Philothea oder Anleitung zu einem frommen Leben. Ein Erbauungsbuch mit Berücksichtigung aller Stände u. jedes Alters nach dem Französ. bearb. von Jos. Gläser. Neue, wohlfeilste Aufl., vermehrt mit Andachtsübungen eines katholischen Christen rc. und einem Vorworte von Petrus Lechner. Augsburg 860. Kollmann. 12. (XII, 348 S.) 5 ngr.

— Philothea oder Anleitung zu einem gottseligen Leben. Neu übers. von Jak. Carl Jos. Dommerque. Nebst einem Anhang von Morgen-, Abend-, Meß- rc. Gebeten. 4. Aufl. Mainz 861. Kirchheim. 24. (XIV, 644 S. u. 1 Stahlst.) 12 ngr.

— Philothea oder Anleitung zur Frömmigkeit. Nach der Ausgabe des J. Brignon neu aus dem Französ. übersetzt und mit Meßgebeten und anderen Andachtsübungen verm. von einem Priester der Diözese Regensburg. Garmond-Ausg. Regensburg 861. Pustet. 8. (368 S. u. 1 Holzschntaf.) 5 ngr.

(—) Philothea oder Anleitung zum gottseligen Leben. Aus dem Französ. übers. von einem katholischen Geistlichen. Sammt einer Zugabe der gewöhnlichen Andachten aus den Schriften des heil. Franz von Sales. 7. Aufl. Mit (6 lith.) Bildern. Einsiedeln 862. Gebr. Benziger. 24. (576 S.) 9½ ngr.

— Philothea, oder Anleitung zu einem frommen Leben. Aus dem Französ. Neu übers. von J. P. Silbert. 4. Aufl. Mit einem Anhang von Gebeten. Wien 862. Mechitharisten-Congreg.-Buchhdlg. 16. (XXVII, 596 S. u. 1 Stahlst.) 10 ngr.

— Philothea oder Anleitung zum gottseligen Leben. Aus dem Französ. übers. von Heinr. Schröder. Freiburg im Br. 863. Herder. 12. (XII, 468 S.) 10 ngr.

— Philothea oder Anleitung zum gottseligen Leben. Nach der französ. Orig.-Ausg. bearb. und mit einigen Anmerkungen begleitet von Jos. Moormann. 4., mit einem Anhang von Morgen-, Abend-, Meß- rc. Gebeten verm. Ausg. Münster 863. Aschendorff. 8. (XVI, 440 S. u. 1 Stahlst.) 12 ngr.

— Philothea oder Anleitung zu einem frommen Leben. Ein Erbauungsbuch, mit Berücksichtigung aller Stände und jedes Alters nach dem Französ. bearb. und mit Andachtsübungen für den kirchlichen und häuslichen Gottesdienst vermehrt. 4. Aufl. München 864. (J. A. Finsterlin.) 8. (X, 374 S. u. 1 Stahlst.) 6 ngr.

— — oder Anleitung zum gottseligen Leben. Nach der französ. Orig.-Ausg. für jeden Stand, jedes Alter u. Geschlecht bearb. u. mit Anmerkungen begleitet von Jos. Moormann. Min.-Ausg. mit Morgen-, Abend-, Meß- rc. Gebeten. 2. Aufl. Münster 865. Aschendorff'sche Buchh. 24. (X, 601 S. mit chromolith. Titel.) 7½ ngr.

— — oder Anleitung zu einem frommen Leben. Nach der neuesten Ausgabe des P. Brignon bearb. von Frz. Seraph Häglsperger. Sammt einer Zugabe von Morgen-, Abend-, Meß- rc. Gebeten. Regensburg 865. Manz. 16. (684 S.) n. 6⅔ ngr.

— — oder Anleitung zum gottseligen Leben. Neu übersetzt von Jak. Carl Jos. Dommerque. Nebst einem Anhang von Morgen-, Abend-, Meß-, Beicht- u. Communiongebeten. 5. Aufl. Mainz 866. Kirchheim. gr. 16. (XIV, 644 S. mit 1 Stahlst.) 12 ngr.

— Philothea oder Anleitung zum gottseligen Leben. Nach der neuen, von dem heiligen Verfasser vor seinem Tode verb. Ausg. des Silvestre de Sacy. Von Ph. Diel. Nebst einem Anh. von Gebeten aus des heil. Verf. u. anderer Heiligen Schriften zusammengetragen. Trier 866. Lintz' Verlag. 16. (XIV, 545 S.) n. 7 ngr.

— — oder Anleitung zum gottseligen Leben. Aus dem Französ. übers. von Heinr. Schröder. 2. Aufl. Freiburg im Br. 867. Herder'sche Verlagsh. 16. (X, 506 S.) mit 1 Stahlst.) 7½ ngr.; feine Ausg. n. 10 ngr.

— dasselbe. Neue Ausg. m. harmon. Nachklängen aus den Schriften der bewährtesten Geisteslehrer älterer, mittlerer u. neuerer Zeit zur Beweisführung f. den heil. Einklang der katholisch-kirchl. Ascetik begleitet v. Frz. Seraph Häglsperger. Mit (10) Stahlst. gr. 8. (538 S.) Regensburg 871. Manz. n. 6. —

— dasselbe. Nach der franz. Orig.-Ausg. f. jeden Stand, jedes Alter u. Geschlecht bearb. u. m. Anmerkgn. begleitet v. Jos. Moormann. Min.-Ausg. m. Morgen-, Abend-, Meß-, Beicht-, Communion- u. Ablaß-Gebeten. 3. Aufl. 16. (XII, 580 S. m. Titelbl. in Buntdr.) Münster 872. Aschendorff. — 75

Sales, h. heil. Frz. v., Philothea od. Anleitg. zum gottsel. Leben. Aus dem Franz. übers. v. Heinr. Schröder. 4. Aufl., m. 1 Stahlst. u. Farbentitel. 16. (XII, 495 S.) Freiburg i/Br. 875. Herder. 1. 50; ordin. Ausg. (XV, 628 S.) 1. 20

— Philothea, sive introductio ad vitam devotam. Ex gallico in latinum sermonem vertit Mathias Martinez. Ed. emendata, cui, accesserunt preces matutinae et vespertinae, preces pro missa, confessione, communione, visitatione ss., pro lucrandis indulgentiis, ad b. m. v. et officium de aeterna sapientia. 16. (XX, 622 S.) Regensburg 875. Manz. 3. —

— dasselbe od. Anleitg. zur Frömmigkeit. Nach der Ausg. d. J. Brignon neu aus dem Franz. übers. u. m. Meßgebeten u. anderen Andachtsübgn. verm. v. e. Priester der Diözese Regensburg. 16. (XVI, 526 S.) Regensburg 876. Pustet. — 80

— dasselbe, oder Anleitung zum gottseligen Leben. Nach der französischen Orig.-Ausg. bearb. u. mit einigen Anmerkungen begleitet von Jos. Moormann. 5., mit einem Anhang von Morgen-, Abend-, Meß-, Beicht-, Communion-, Ablaß- u. Vesper-Gebeten verm. Octav-(Titel-)Ausg. 8. (XII, 410 u. Anh. 30 S.) Münster 878. Aschendorff. n. 1. —

— dasselbe, oder Anleitung zur Frömmigkeit. Nach der Ausg. des J. Brignon, neu aus dem Französischen übers. u. mit Meßgebeten u. anderen Andachtsübungen verm. von einem Priester der Diözese Regensburg. gr. 16. (XVI, 630 S. mit 1 Stahlst.) Innsbruck 879. F. Rauch. 1. 60

— Philothea. Neu übers. von Fr. Permanne. 12. (VIII, 295 S. mit 1 Holzschntaf.) Augsburg 880. Literar. Institut von Dr. M. Huttler. n. 2. —; geb. n.n. 5. —

— Philothea od. Anleitung zum gottseligen Leben. Nebst e. Zugabe der gewöhnl. Andachten aus den Schriften d. hl. Frz. v. Sales. Verb. Ausg. v. J. B. Kempf. 16. (576 S. m. 1 Stahlst. u. Chromo-Titel.) Einsiedeln 884. Benziger. — 80

— dasselbe. Neu übers. v. Fr. Permanne. 2. Aufl. m. e. Gebetsanh. 16. (XVI, 376 u. Anh. 137 S. m. 2 Holzschn.) Augsburg 885. Literar. Institut v. Dr. M. Huttler. n. 2. 40

— dasselbe. Uebers. v. Jak. Brucker. Nebst e. Anh. v. Gebeten. 16. (XII, 507 S.) Paderborn 885. Bonifacius-Druckerei. — 75

— dasselbe. Aus dem Franz. übers. v. Heinr. Schröder. 5. Aufl., m. 1 Titelbild in Farben. [Neue Ausg. Nr. 8.] 16. (XVI, 575 S.) Freiburg i/Br. 886. Herder. 1. —

— Philothea oder Anleitung zum gottseligen Leben. In deutscher Uebersetzg. von J. Moormann. Neue Ster.-Aufl. 32. (IV, 476 S.) Aachen 889. Barth. geb. n.n. — 75

— dasselbe. Nebst e. Anh. von Morgen-, Abend-, Meß-, Beicht-, Communion- u. Ablaßgebeten. 16. (477 S. m. 1 Stahlst.) Dülmen 890. Laumann. — 60; geb. 1. 80

— dasselbe. Neu übers. v. Fr. Permanne. 3. Aufl. 16. (XVII, 367 u. 79 S. m. 1 Farbendr.) Augsburg 891. Literar. Institut v. Dr. M. Huttler. geb. n. 1. —

— Philothea od. Anleitg. zum gottseligen Leben. Aus dem Französ. übers. v. Heinr. Schröder. 6. Aufl., m. 1 Titelbild (in Farbendr.). [Ausg. Nr. 8.] 24. (XVI, 575 S.) Freiburg i/B. 891. Herder. 1. —; geb. in Leinw. n. 1. 55; m. Goldschn. n. 1. 75

— Philothea. Neu übers. v. Fr. Permanne. 4. Aufl. 16. (XVI, 143 S.) Augsburg 892. Literar. Institut. Geb. in Leinw. n.n. 3. —

— Philothea, od. Anleitg. zur Frömmigkeit. Nach der Ausg. v. J. Brignon, neu aus dem Französ. übers. u. mit Meßgebeten u. anderen Andachtsübgn. verm. Rev. Ausg., f. jedes Alter geeignet. 16. (XV, 484 S. m. 1 Stahlst.) Regensburg 893. F. Pustet. — 80; geb. in Leinw. n. 1. 30; in Ldr. m. Goldschn. n. 1. 80; in Chagrin m. Goldschn. n. 2. 30

— Philothea od. Anleitg. zu e. frommen Leben. Nebst e. Anh. v. Morgen-, Abend-, Meß-, Beicht-, Communion- u. Ablaßgebeten. 16. (477 S. m. 1 Stahlst.) Dülmen 894. A. Laumann. — 60

— Philothea od. Anleitg. zu e. frommen Leben. Nebst e. Anh. v. Morgen-, Abend-, Meß-, Beicht-, Communion- u. Ablaßgebeten. Von P. Osborne. 16. (478 S. m. 1 Stahlst.) Dülmen 897. A. Laumann. Geb. in Leinw. 1. —

— Philothea od. Anleitg. z. gottsel. Leben. Aus d. Franz. übers. v. Heinr. Schröder. 7. Aufl. m. 1 Titelbild. 16. (XVI, 575 S.) Freiburg i/B. 898. Herder. 1. —; geb. in Leinw. n. 1. 30

— Philothea od. Anleitung zu e. frommen Leben. Nebst e. Anh. v. Morgen-, Abend-, Meß-, Beicht-, Communion- u. Ablaßgebeten. Von P. Osborne. 14.—16. Taus. 16. (478 S. m. 1 Stahlst.) Dülmen 899. A. Laumann. — 60

— dasselbe. Aus dem Franz. übers. u. m. e. Anh. der nothwend. Gebete versehen v. D. J. Becker. 8. Aufl. 16. (666 S. m. 1 Stahlst.) Saarlouis 899. F. Stein Nachf. — 90; geb. in Leinw. n. 1. —

— dasselbe. Aus dem Franz übers. v. Heinr. Schröder. 8. Aufl. 16. (XVI, 575 S. m. farb. Titelbild.) Freiburg i/B. 900. Herder. 1. —; geb. in Leinw. n. 1. 30

— Philothea od. Anleitung zum gottseligen Leben. Nach der französ. Orig.-Ausg. f. jeden Stand, jedes Alter u. Geschlecht bearb. v. Jos. Moormann. Mit e. Anh., enth. Morgen-, Abend-, Meß-, Beicht-, Communiongebete u. Litaneien. Ster.-Ausg. gr. 16. (VIII, 696 S. m. Titelbild.) Münster (901). Aschendorff. n. 1. —

— Philothea oder Anleitung zum gottseligen Leben. Uebers. v. F. X. Müller. Nebst e. vollständ. Gebetbuch. (636 S. m. Titelbild.) 16. Düsseldorf (903). L. Schwann. — 75

— dasselbe. Nebst e. Zugabe der gewöhnl. Andachten aus den Schriften des hl. Frz. v. Sales. Verb. Ausg. v. J. B. Kempf. 32. Aufl. (576 S. m. 1 Stahlst. u. Chromotitel.) 16. Einsiedeln (904). Verlagsanstalt Benziger & Co. Geb. in Leinw. n. 1. —

— dasselbe. Aus dem Franz. übers. v. Heinr. Schröder. 9. Aufl. m. 1 (farb.) Titelbild. (XVI, 575 S.) 16. Freiburg i/B. (904). Herder. Geb. in Leinw. n. 1. 30

— dasselbe od. Anleitung zum gottsel. Leben besonders in der Welt. Nach der französ. Ausg. des J. Brignon, S.J., bearb. u. m. Gebeten versehen v. Heinr. Müller, S.V.D. 3. Aufl. (576 S. m. Titelbild.) 10,9×7 cm. Kevelaer 904. Gebr. v. Danwitz. Geb. in Leinw. 1. 10

— dasselbe. Aus dem Franz. übers. v. e. Priester der Erzdiözese Köln. Nebst e. Anh. v. Gebeten. 2., verb. Aufl. (519 S. m. 1 Stahlst.) kl. 8. Paderborn (906). Bonifacius-Druckerei. n. — 55

— Philothea od. Anleitg. zum gottseligen Leben. Aus dem Franz. übers. v. Heinr. Schröder. 10. Aufl. (XVI, 575 S. m. Bildnis.) 16. Freiburg i/B. (907). Herder. 1. —; geb. in Leinw. 1. 30

— dasselbe. In deutscher Übersetzg. v. e. Weltpriester der Diözese Seckau. Mit e. Lebensbilde des Heiligen u. e. Anh. v. Gebeten. (VIII, 575 S. m. Titelbild.) 16. Graz (907). Styria. Geb. in Leinw. 1. 20

— dasselbe. In deutscher Übersetzg. v. Jos. Moormann. Neue Ausg. (476 S.) 16. Münster (910). H. Schöningh. Geb. in Leinw. — 60

— dasselbe. Aus dem Französ. übers. u. m. e. Anh. der notwend. Gebete versehen v. D. J. Becker. 4. neuverb. Aufl. (672 S.) 13,2×7 cm. Saarlouis 910. F. Stein Nachf. Geb. in Leinw. 1. 20

— die kleine Philothea. Mit einer Meß-, Beicht-, Kommunion- u. Kreuzweg-Andacht. 3., verb. u. verm. Aufl. 16. (227 S.) Regensburg 877. Manz. — 40

— das katholische Predigtamt. Eine Abhandlung. Zur Beherzigung besonders f. angehende geistliche Redner, hrsg. u. mit vielen Anmerkungen versehen v. St. M. A. Franke. A. u. d. T.: Homiletik. Von d. heil. Frz. v. Sales. Herausg. v. St. M. A. Franke. 8. (VI u. 114 S.) Augsburg 850, Kollmann. 12 ngr

— Predigten. Nach der neuesten verm. französ. Orig.-Ausg. übersetzt von Mich. Sintzel. 2. (Titel-) Ausg. 5 Lfgn. gr. 8. (1019 S.) Schaffhausen (847) 849, Hurter. (à 1/2 ℛ) 2 1/2 ℛ

— Predigten auf alle Sonntage d. Jahres. 2 Thle. 8. Augsb. 773. (Wolf). 1 ℛ 2 gr

Salesius, P. Franz. Rede gehalten an der Landsgemeinde zu Appenzell inner-Rooden den 23ten Brachmonat 1799. 8. Trogen 1799.

— sämmtl. Reden auf alle Festtage d. Jahres; aus d. Französ (v. Vit. Mösl.) 4 Thle. gr. 8. Salzb. 777. Mayr. 2 ℛ 16 gr

— Schilderung wahrer Frömmigkeit; aus d. Französ. v. W. Hillinger. 8. Augsb. 775. M. Rieger. 9 gr

— altkathol. hohe Genfer-Schul, übers. von … Stadtler. 8. Augsb. 762. Kranzfelder. 12 gr

— Sermones in dominicas. II Ptes. 8. Augsb. 769. Wolff. 20 gr

— christl. Sittenlehre, z. Unterr. aller Stände, a. d. Frz. 3 Thle. gr. 8. Augsb. Rieger. 778–81.

— Theotismus od. v. d. Liebe Gottes; aus d. Französ. v. J. P Silbert. 2 Bde. gr. 12. Münch. 822. Giel. (Barth in Leipz. (à 1 ℛ 12 gr) 3 ℛ

— Theotimus od.: Von der Liebe Gottes. Aus dem Französ. übers. v. J. P. Silbert. 2 Bde. 2. verb. Aufl. gr. 16. (XVI, 463 S.) Regensburg 876. Manz. 5. —

— Theotimus oder die Liebe Gottes, übers. u. m. Erläutergn. versehen v. J. Brucker. 2 Bde. 8. (XI, 556 u. X, 559 S.) Innsbruck 887. Vereins-Buchhandlg. u. Buchdruckerei. n. 7. —

(—) Trostgedanken in den Prüfungen und Versuchungen des innern Lebens, den Leiden des Leibes und der Seele, bei übermäßiger Todesfurcht, beim Verluste von Verwandten und Freunden rc. Aus den Werken des heil. Franz von Sales gezogen und mit Anmerkungen geistlicher Lehrer versehen von Huguet. Deutsch von L. Welebit. Ebend. 863. 16. (XII, 398 S.) 18 ngr

Sales, Frz. v., Trostgedanken in den Prüfungen u. Versuchungen des innern Lebens, den Leiden des Leibes u. der Seele, bei übermäßiger Todesfurcht, beim Verluste von Verwandten u. Freunden rc. Aus dessen Werken gezogen u. mit Anmerkungen geistlicher Lehrer versehen v. P. Huguet. Deutsch von L. Welebit. 2. Aufl. Schaffhausen 867. Hurter'sche Buchh. 16. (XII, 398 S.) 18 ngr

— Trostgedanken in den Prüfungen u. Versuchungen d. innern Lebens, den Leiden d. Leibes u. der Seele bei übermäß. Todesfurcht, beim Verluste v. Verwandten u. Freunden rc. Aus dessen Werken gezogen u. m. Anmerkgn. geistl. Lehrer versehen v. Huguet. Deutsch v. L. Welebit. 3. Aufl. 16 (XVI, 398 S.) Regensburg 875. Manz. 1. 80

— Trostgedanken in den Prüfungen u. Versuchungen d. inneren Lebens. Aus dessen Werken gezogen u. mit Anmerkgn. geistl. Lehrer versehen v. Huguet, Mariste. Deutsch v. L. Welebit. 4., verb. Aufl. 12. (XVI, 446 S.) Regensburg 887. Verlags-Anstalt. 1. 80

— Trostgedanken in den Prüfungen u. Versuchungen des inneren Lebens. Aus dessen Werken gezogen u. m. Anmerkgn. geistl. Lehrer versehen von Huguet Mariste. Deutsch von L. Welebit. 6. Aufl. (XIV, 446 S.) kl. 8. Regensburg 902. Verlagsanstalt vorm. G. J. Manz. n. 1. 20; geb. in Leinw. n. 2. —

— Trostgedanken in den Prüfungen u. Versuchungen des inneren Lebens. Aus dessen Werken gezogen u. m. Anmerkgn. geistl. Lehrer versehen v. Huguet. Deutsch v. L. Welebit. 7. Aufl. (XVI, 446 S.) kl. 8. Regensburg 909. Verlagsanstalt vorm. G. J. Manz. 1.20; geb. in Leinw. 2. —

— Tugend- u. Gebets-Schule. 2., verm. u. verb. Aufl. gr. 16. (XIV, 728 S. m. 1 Stahlst.) Regensburg 897. F. Pustet. 1. 80; geb. in Leinw n. 2. 40; in Ldr. m. Goldschn. n. 3. 20

— geistl. Vater, od. Unterweis. z. e. unverfälschten Heiligk. 8. Bamb. (Gerold in Wien.) 747.

— geistl. Vater in Unterw. z. Heiligk. 8. Nrnb. Stein. 762.

— geistl. Vater, od. Unterweis. zu e. unverfälschten Heiligkeit. 8 Nürnb. 776. (Stein). 10 gr

— sämmtl. Werke. Nach der neuesten, verm. französ. Original-Ausgabe übers. von Mich. Sintzel. 1. Bd. A. u. d. T.: Philothea, od.: Anleitung zu einem gottseligen Leben. gr. 8. Schaffhausen 846, Hurter'sche Buchh. 7/8 ℛ

— dies. 2. Bd.: Geistl. Unterredungen. gr. 8. Ebend. 846. 7/8 ℛ

— dies. 3. Bd.: Predigten. 1. Thl. gr. 8. Ebend. 847. 1 2/3 ℛ

— sämmtliche Werke. Nach der neuesten verm. französ. Orig.-Ausg. übers. v. Mich. Sintzel. 4 u. 5. Bd. gr. 8. 4: Predigten. 2. Thl. (433 S.) 5: Theotismus, oder von der Liebe Gottes. 1. Bd. (348 S.) Ebd. 847. 52. 4: 7/8 ℛ 5: 3/4 ℛ (1–5: 5 1/24 ℛ)

— sämmtliche Werke. Nach der neuesten verm. französ. Orig.-Ausg. übers. von Mich. Sintzel. Schaffhausen 854. Hurter. gr. 8.
6. Bd.: Theotimus, oder von der Liebe Gottes rc. 2. Bd. (XII, 348 S.) 22 1/2 ngr

Sales, Frz. v., sämmtliche Werke. Nach der neuesten verm. französ. Orig.-Ausg. übersetzt. 7. Bd. A. u. d. T.: Die Fahne des Kreuzes. Eine Streitschrift. Uebersetzt von Ludw. Clarus. Schaffhausen 867. Hurter'sche Buchh. gr. 8. (XVI, 306 S.) 27 ngr

Sales, Frz. v., sämmtliche Werke. Nach der neuesten verm. französischen Orig.-Ausg. übers. 3. u. 4. Bd. A. u. d. T.: Briefe. 1. u. 2. Bd. 12. (XXXI, 544 u. XX, 559 S.) Regensburg 882. Manz. à 3. —

Sales, Frz. v., sämmtliche Werke. Nach der neuesten verm. französ. Orig.-Ausg. übers. 5–7. Bd. A. u. d. T.: Briefe: 3–5. (Schluß-)Bd. 12. (XX, 495; XVI, 488 u. XV, 532 S.) Regensburg 883. Verlags-Anstalt. à 3. —

—— der heil. Wille Gottes. Der Trappist. Für heilsbegierige Seelen. 12. (3 B.) Augsburg 838. (Regensburg, Manz.)

Sales, H., Wintergarten. Erzählungen aus der Familie u. dem Leben. 2 Bde. Mainz 865. Kirchheim. 8. (VI, 700 S.) 2 ₰

Sales, Isle de, Hist. des hommes. 52 Vol. av. 1 Vol. d'explicat. et planch. 8. Straub. Acad. 790.

— — la m. 12.

— — la m. sans planch. 12.

Sales, Maria Frz., kurze Sammlung einiger Gebete ꝛc., s. Sammlung.

de Sales, Petrus Albinus, († 1786.) nuovo parlamento overo dialoghi ital.-francesi per i principianti della lingua toscana. 8. Götting. 756. Vandenhöck u. R. 5 gr

Sales, Pièrre, Beaulieu, s.: Collection Hartleben. VIII.

Sales, Pierre, der Brandstifter. Roman aus dem Pariser Leben. Deutsch v. Emil Neumann. 2 Bde. 8. (303 u. 260 S.) Breslau 890. Schles. Verlags-Anstalt. n. 9. —; geb. n. 11. —

Der Brandstifter. [Incendiaire!] Roman aus d. Pariser Leben von Pierre **Sales**. Berlin: A. Scherl [1908]. (512 S.) 8° [F.]
(Bibliothek August Scherl. Folge 1, Bd 4–6.) 08. 9.00

— goldblondes Haar. Roman aus dem Pariser Leben. Autoris. Uebersetzg. 8. (368 S.) Mannheim 891. Bensheimer's Verl. n. 4. —

Sales, Pierre, das goldene Kalb. Roman in 2 Büchern aus dem Pariser Leben. 2 Bde. 8. (360 u. 302 S.) Mannheim 892. J. Bensheimer's Verl. n. 6. —; geb. 8. —

Sales, Pierre, e. dunkle That. [Bilder aus dem Pariser Leben.] Roman. Nach dem Franz. Bearb. v. Edm. Pfaff. 8. (349 S.) Mannheim 886. Bensheimer's Verl. n. 4. —

— eine dunkle That. [Bilder aus dem Pariser Leben.] Roman. Autoris. Uebersetzg. v. E. Pfaff. 2. Aufl. 8. (349 S.) Ebd. 888. n. 2. 50

Sales, Pierre, dunkle Wege. Roman aus dem Franz. Autoris. Uebersetzg. 8. (382 S.) Mannheim 890. Bensheimer's Verl. n. 4. —

Sales, Viktor

Sales, V., Pariser Abenteuer, s. Zeitvertreib.

—— eine Bekanntschaft von der Straße, s. Zeitvertreib.

Sales, Vict., die neuen Geheimnisse von Paris. Zeitgeschichtl. Roman. 2 Bde. in 22 Lfgn. 1. Aufl. 1871,72, und 2. Aufl. 8. (544; 504 S., mit Holzschntaf.) Wien 874, v. Waldheim. à Lfg. 30 Pf.

—— zwei Punkte, s. Zeitvertreib.

Salesja, Franzi, s. Sales, Franz von

Salesia, Maria, „heute fange ich an". Zum Gebrauche bei der monatl. Geisteserneuerg. f. Ordensfrauen. 2. Aufl. (160 S. m. 1 Bildnis.) 16. Saarlouis 910. F. Stein Nachf. Geb. in Leinw. — 65

Lebensordnung f. Ordensschwestern. (160 S. m. Titelbild.) 16. Ebd. 908. Geb. in Leinw. — 65

Salesius, s.a. Sales

Salesius, O. Cap., die Karolinen-Insel Jap, s.a. Süsserott's Kolonialbibliothek.

Die Karolinen-Insel Jap. Ein Beitrag z. Kenntnis von Land u. Leuten in unseren deutschen Südsee-Kolonien. Von P. **Salesius** O. Cap. Berlin: W. Süsserott [1900]. (x, 173 S.) 8° [F.]
= **Kolonialbibliothek**, Süsserotts. Bd 12. (07. 1343)

Salesius, M., Erinnerungen an die Heimath,
—— Gottvertrauen,
—— vier Lebensbilder,
—— Licht- und Schattenseiten des Originals,
—— die Vorsehung leitet Alles,
} s. Jugendleben.

Salesius, M., die Vorsehung leitet Alles, s. Unterhaltungsschriften, lehrreiche.

Salesius, M. Fr., Zusprüche eines geistlichen Vaters, s. Zusprüche.

Salesius, M. Fr., Zusprüche eines geistlichen Vaters an kindliche Herzen, mit Morgen-, Abend-, Meß-, Beicht- u. Kommuniongebeten. Luzern 856. Räber. 32. (256 S.) n. 8 ngr.

Saleske, s.: Geologische Karten. Preussen. 88.

Saleskeho, Frantisska, s. Sales, Franz von

Salessky, Wladimir, aus Odessa: **Studien über die Indikatoren** der Acidimetrie und Alkalimetrie. *Göttingen 1903: Dieterich.* (47 S.) 8°
Göttingen, Phil. Diss. v. [25. Jan.] 1904

Salève, Le. Description scientifique et pittoresque publiée par la section genevoise du Club Alpin suisse. In-8°. 448 pages avec 65 illustrations. Genève et Bâle, Georg & Co. 1899. 10 —

Salezyusza, siehe: v. Sales, Frz.

Salfeld ꝛc., s. auch Saalfeld, Sahlfeld.

Salfeld, Aug., Betriebseinrichtung kleinerer Wirtschaften in d. Sand- u. Moorgegenden d. nordwestlichen Deutschland. 8. (42 S.) Berlin 897. P. Parey. n. — 60

— d. Boden-Impfung zu d. Pflanzen m. Schmetterlingsblüten im landwirtschaftl. Betriebe. gr. 8. (VII, 100 S. m. 6 Holzsch. u. 2 farb. Taf.) Bremen 896, Leipzig, M. Heinsius Nachf. n. 2. —

Salfeld, A., die Kultur der Haidflächen Nord-West-Deutschlands. 2. vollständ. umgearb. Ausg. gr. 8. (VII, 165 S.) Hildesheim 870, Gerstenberg'sche Buchh.

SALFELD, A.: Die Kultur der Haidflächen Nord-West-Deutschlands. - Hildesheim 1882. 182 S. 3. Ausg.

Salfeld, A., praktischer Leitfaden der Putz- od. Schmuckfedern-Wäscherei, -Bleicherei, -Färberei u. -Appretur, sowie der Strohbleicherei u. Färberei, sammt neuesten Verfahren der Filzstumpen-Färberei. Mit 20 Proben gefärbter Federn u. 12 gefärbten Strohproben. 8. (44 S.) Leipzig 886. G. Weigel. n. 3. —

Salfeld, Wiesen- u. Ackerwirtschaft auf Hochmoor u. abgetorftem Hochmoor, s. a. Arbeiten der Landwirtschaftskammern f. die Prov. Hannover.

Wiesen- und Ackerwirtschaft auf Hochmoor und abgetorftem Hochmoor. Von Dr. [A.] Salfeld, Oekon.R. Hannover: Landwirtschaftskammer 1903. 40 S. 8°
(Arbeiten d. Landwirtschaftskammer f. d. Prov. Hannover. H. 4) [04. 11430 7]

— dasselbe auf Sandboden, s. a. Arbeiten d. Landwirtschaftskammern f. die Prov. Hannover.

Wiesen- und Ackerwirtschaft auf Sandboden von Dr. [A.] Salfeld, Oekon.R. 2. Aufl. Hannover: Landwirtschaftskammer 1901. 20 S. 8°
(Arbeiten d. Landwirtschaftskammer f. d. Prov. Hannover. H. 3) [02. 11449 7]

Salfeld, A., die Züchtung des Rindes mit besonderer Rücksicht auf den gegenwärtigen Stand der Rindviehzucht in den bäuerlichen Wirthschaften der Provinz Hannover, nebst Vorschlägen zur Hebung derselben. [Aus dem hannoverschen land- u. forstwirthschaftlichen Vereinsblatt.) Hildesheim 869. Gerstenberg'sche Hofbuchh. gr. 8. (III, 35 S.) 6 ngr.

Salfeld, Berthold [cand. med. aus Mainz]: Ueber die mit Nekrose verbundene Tuberkulose des Calcaneus ... München, kgl. Hofbuchdr. Kastner & Lossen, 1897; 37 S. 8.
München, Med. Fak., Inaug.-Diss. v. 1897

Salfeld, C.

— s. Journal f. die neuesten Land- u. Seereisen.

Salfeld, C., malerische Reisen durch Schlesien, mit color Landschaften. 1s u. 2s Heft. Real Fol. Berl. 810. Salfeld 24 ßr — Dass. Französ. Ebd. 24 ßr

Salfeld, Ernst, Bethanien od. Evangelium Johannis 11, 1—46, ausgelegt in fünf Betrachtgn. Ein Trostbüchlein f. Kranke u. Leidtragende. 6. Aufl. gr. 16. (74 S.) Eisleben 866. Christl. Verein im nördl. Deutschland. Geb. — 23

Salfeld, Ernst, Bethanien od. Evangelium Johannis 11, 1—46, ausgelegt in 5 Betrachtgn. Ein Trostbüchlein f. Kranke u. Leidende. 7. Aufl. (72 S.) 16. Eisleben 897. Christl. Verein im nördl. Deutschland. Kart. nn — 15

Salfeld, Ernst, das Kinderhospital zu Kleinow bei Ludwigslust u. seine Zukunft. Eine Nachricht aus der Christenwelt. gr. 8. (10 S.) Ludwigslust 850, Hinstorff in Comm. n. n. 1/24 ßr

Salfeld, Ernst, Luther's Lehre von der Ehe. Synodalarbeit. gr. 8. (83 S.) Leipzig 882. Lehmann. n. 1. 20

Salfeld, Ernst. Lilienbrunn, s. Schillingsbücher.

Salfeld, Ernst, Nachrichten aus d. Heidenwelt, s. Nachrichten.

Salfeld, Ernst, Nachrichten aus der Heidenwelt. 1. Heft. Neuseeland. 7. Aufl. Hamburg 861. Agentur des Rauhen Hauses. 8. (32 S.) 1⅓ ngr.

Salfeld, E., Predigt gehalten zur Feier des Erntedankfestes am 20. S. p. Tr. 1858. Ludwigslust, Hinstorff. 8. (12 S.) 1½ ngr.

— Predigt zum Gedächtniß der in Gott ruhenden Frau Großherzogin Auguste von Mecklenburg-Schwerin. Am Sonntage Reminiscere 1862 in der Kirche zu Ludwigslust gehalten. Ludwigslust 862. Hinstorff. gr. 8. (12 S.) n. 2½ ngr.

— Rede zum Gedächtniß der am 21. April 1859 selig verstorbenen Jungfrau Elisab. Fried. Dor. Wilhelmine Passow bei ihrem Begräbniß am Ostermontage gehalten. Ludwigslust 859. (Hinstorff.) gr. 8. (8 S.) 3¾ ngr.

— wie Mecklenburg ein christliches Land geworden ist. Ludwigslust 854. Hinstorff in Comm. gr. 8. (VI, 122 S.) n. 15 ngr.

Salfeld, Hans, Beiträge zur Kenntnis jurassischer Pflanzenreste aus Norddeutschland. (36 S. m. 2 Abbildgn., 6 Taf. u. 6 Bl. Erklärgn.) 31,5×24 cm. Stuttgart 909. E. Schweizerbart. 16. —
Sonderabdr. aus: „Palaeontographica".

Salfeld, Hans, a. Hannover: Fossile Land-Pflanzen der Rät- und Juraformation Südwestdeutschlands. Stuttgart: E. Schweizerbart 1907. (S. 164—203.) 4° ¶ (Aus: Palaeontographica Bd 54.)
Tübingen, Naturw. Fak., Ref. v. Koken, Diss. v. 22. Dez. 1906
[Geb. 2. Aug. 82 Hannover; Wohnort: Hannover; Staatsangeh.: Preußen; Vorbildung: Realgymn. Hannover Reife O. 02; Studium: Techn. Hochsch. Hannover 2, Univ. München 3, Tübingen 3 S.; Coll. 22. Dez. 06.]

— Palaeontologische Wandtafeln, s.: Zittel.

Salfeld, J. A. G., Geldtabellen od. Berechn. d. Agio. 8. Lpz. 756.

— allgem. Waarentabelle. Fol. Hamb. 754.

Salfeld, Johann Christoph

Salfeld, Jh. Cph., Beitrr. z. Kenntniß u. Verbesser. d. Kirchen- u. Schulwesens in d. Braunschweig.-Lüneburger Landen. 7 Bde. à 4 Stcke. 8. Hannov. 809—810. Hahn. 10 Thlr 12 gGr

— u. J. P. Trefurt, neue Beitrr. z. Kenntniß u. Verbesser. d. Kirchen- u. Schulwesens, besond. im Hannöverischen. 1r Bd. 1s—4s Hft. u. 2r Bd. 1s u. 2s Hft. 8. Hannov. 810. Hahn. (à Stück 9 gGr) 2 Thlr 6 gGr

Salfeld, Jh. Cph., Geschichte d. königl. Schullehrer-Seminarii u. dessen Freischule zu Hannover. 8. Hannov. 801. Hahn. 1 Thlr 16 gGr

— histor. Nachrr. üb. die 50jahr. Consistorial-Jubelfeier Heiligers. 8. Hannov. 803. Hahn. 18 gGr

— kurze Nachr. von d. ersten Entstehung, Verfass. und Einrichtung bei d. Sohn- u. Tochterschule in d. königl. Hofgemeine zu Hannover. 8. Hannov. 791.

— s. Samml. e. Geschichte d. Consistorii zu Hannov.

— Versuch e. faßl. Unterrichts in d. christl. Glaubens- und Sittenlehre f. Kinder unter 12 Jahren. 8. Hannov. 787. Helwing. 5 gGr

— Versuch e. faßl. Unterrichts in d. Glaubens- u. Sittenlehre f. die fähigere Jugend. 8. Hannov. 787. Helwing. 12 gGr

— Versuch e. faßl. Unterrichts in d. Glaubens- u. Sittenlehre f. Confirmanden. 8. Hannov. 787. Helwing. 8 gr

Salfeld, S., Gedächtnißpredigt auf S. Hoheit den Herzog v. Anhalt, Herrn Leopold Friedrich. Gehalten am 10. Juni 1871. gr. 8. (11 S.) Dessau 871. Barth. n.n. — 25

— Predigt zur Friedensfeier. 18. Juni 1871. gr. 8. (15 S.) Ebend. 871. n.n. — 25

Salfeld, Siegm., d. israelit. Bevölkerg. d. deutschen Städte, s.: Stern, Mor.

Salfeld, Siegm., Bilder aus der Vergangenheit der jüdischen Gemeinde Mainz. Festgabe zur Erinnerg. an die 50jähr. Wiederkehr des Einweihungstages (11. III. 1853) der Hauptsynagoge zu Mainz. (V, 93 S. m. Titelbild.) gr. 8. Mainz 908. (Frankfurt a/M., J. Kauffmann.) n. 2. —

Der alte israelitische Friedhof in Mainz und die hebräischen Inschriften des Mainzer Museums. Hrsg. von Siegmund **Salfeld**. Berlin 1898: L. Simion. (16 S.) 8°
Aus: Martyrologium d. Nürnberger Memorbuches. [98. 1551 8]

Salfeld, S., zur Geschichte der Mainzer Synagogen (m. 4 Abb. nach Zeichngn. v. H. Wallau [im Text]). (13 S. m. 1 Taf.) 8. Mainz 908. (Frankfurt a/M., J. Kauffmann.) — 80
Sonderabdr. aus: „Mainzer Zeitschr."

Salfeld, Siegm., das Hohelied Salomo's bei den jüdischen Erklärern des Mittelalters. Nebst einem Anhang: Erklärungsproben aus Handschriften. [Aus: „Mag. für d. Wissensch. d. Judenth."] gr. 8. (VIII, 180 S.) Berlin 879. Benzian. n. 4. —; Velinpap. n. 6. —

Salfeld, Siegm., d. Hohelied Salomo's bei d. jüd. Erklärern d. Mittel-Alters. gr. 8. (VIII, 180 S.) Berlin 879. M. Poppelauer. n. 4. —; ermäß. Pr. n. 2. —

— die Judenpolitik Philipps des Grossmütigen. [Aus: „Philipp d. Grossmütige", Beiträge z. Gesch. seines Lebens u. seiner Zeit, hrsg. v. dem histor. Ver. f. d. Grossherzogtum Hessen.] (II, 26 S. m. 1 Abbildg.) Lex.-8. Frankfurt a/M. 904. J. Kauffmann. n. 1. —
Aus dem Handel gezogen.

— das Martyrologium d. Nürnberger Memorbuches, s.: Quellen zur Geschichte d. Juden in Deutschland.

Salfelder, Diss. de phrenitide. Altd. 4". *Doering*, I, 144. 1790

Salffner, Ottmar, cand. med. aus Hof a. S.: **Zwei Fälle von** acuter gelber Leberatrophie. *München 1899: Kastner & Lossen.* (30 S.) 8°
München, Med. Diss. v. 1900

Salfi, F., histor.-kritischer Versuch üb. d. italien. Lustspiel. A. d. Italien. v A. Reumont. 8. (7 B.) Aachen 830, Mayer.

Salfinger, Johann B.

Salfinger, J. B., Christus unter uns im kathol. Gotteshause. Zunächst gewürdigt in einer Patrociniums-Predigt am Feste des heil. Apostel Bartholomäus in der Pfarrkirche zu Pennewang. gr. 8. Wien 845. (Mechit.-Congr.-Buchh.) 6¼ ngr

(Salfinger, Dr. Johann B. —) Die Fußstapfen unseres Herrn Jesu Christi. Besucht und beschrieben von einem deutschen Pilger im heiligen Lande — —. Zweites Buch: Bethlehem Zugleich für das christliche Volk ein Gebet- und Erbauungsbuch ꝛc. Steyr, 1857. Schnellpressendruck und Verlag von Michael Haas. (247 S. 8.)

Salfinger, J. B., Gregoriana in zehn Gesängen. 2. Aufl. gr. 8. (48 S. m. des Verf. Portr.) Linz 847. (Fink.) ¼ rß

Salfinger, J. B., der Hausknecht beim Adlerwirth. Ein Volksroman. 2 Thle. Wels 867. Haas. 16. (605 S. mit einigen 15 lithogr. Bildern.) n. 20 ngr.

— Rundschau in kirchl. Landesgebieten Deutschl., Helvetiens, Frankreichs u. Belgiens. 8. Regensburg 840. Manz. 1⅓ rß

SALFINGER, Johannes Baptista: De legis moralis diversa efficacis quatenus ex illa sive praecepta stricte talia, sive consilia de bono meliori originem suam repetant. — (1847) 58 S. 4° (Handschr.) Diss. 68
Diss. Wien, Univ.

Salfner, Ed., Absolutorial-Aufgaben f. die bayerischen Realschulen. (Mathematik, Physik u. Chemie.) Mit e. Formelzusammenstellung. (80 S. m. Fig.) kl. 8. Nürnberg 904. C. Koch. Kart. n. — 80

Salfner, Ed., Aufgaben aus der darstellenden Geometrie, in denen Entfernungen od. Winkel gesucht od. gegeben sind, m. Hilfe v. Drehungen der Objekte zu lösen. (Nur 2 Projektionstafeln sind nötig.) gr. 8. (III, 57 S. m. Fig.) Nürnberg 901. C. Koch. n. 1. 20

Die Geheimnisse der schwarzen Dschungel [I misteri della Jungla nera]. Eine Erzählung von E[milio] **Salgari**. Autor. Übers. aus d. Ital. von Eugen Andrae. Kattowitz: C. Siwinna 1905. (270 S.) 8° [F.] [05. 14780 2]

Der Lichtberg [La montagna di luce] von E[milio] **Salgari**. In autor. deutscher Übers. von Eugen Andrae. Ill. von G. Amato. Leipzig, Kattowitz: C. Siwinna [1904]. (31, S.) 8° [F.] [05. 14780 B]

Salgari, Emilio, die Piraten d. malaiischen Meeres. Erzählg. f. d. reifere Jugend. Aus d. Ital. übers. v. A. Wihlfahrt. Mit 16 Vollbild. v. G. Gamba. 8. (IV, 182 S.) Stuttgart 897. G. Weise. Geb. in Leinw. 3. —; in Celluloid 4. 50

— die italienischen Robinsons. Erzählg. f. d. Jugend. Aus d. Ital. übers. v. Hedw. Jahn. Mit 16 Vollbild. v. G. Gamba. 8. (194 S.) Ebd. 898. Geb. in Leinw. 3. —

[Ant. u. F.] Emilio **Salgari**. Der Schatz des Präsidenten von Paraguay. Nach d. Ital. v. Josef E. Heidenreich, Priester d. Redemptor.-Kongreg. *Münster i. W.: Alphonsus-Buchh. [1898].* (394 S., 15 Taf.) 1 BdS. [98.8768]

Salge, Adf., leb. Marmor-Bildwerke, s.: Desmond, Olga.

Salge, Bruno

Salge, B., Beiträge zur Pathologie des Knochenwachsthums, s.: **Stoeltzner, W.**

Salge, Bruno, der akute Dünndarmkatarrh des Säuglings. Habilitationschrift, vorgelegt der hohen medicin. Fakultät in Berlin. (62 S. m. 12 Kurventaf.) Lex.-8. Leipzig 906. G. Thieme. n. 2. 80

Einführung in die moderne Kinderheilkunde. Ein Lehrbuch f. Studierende u. Ärzte von Dr. B[runo] **Salge**, Prof. Mit 9 Textfig. Berlin: Springer 1909. VIII, 360 S. 8° [09. 15572]

Salge, Bruno, Einführung in die moderne Kinderheilkunde. Ein Lehrbuch f. Studierende u. Ärzte. 2., verm. Aufl. (VIII, 384 S. m. 15 Abb.) gr. 8. Berlin 910. J. Springer. Geb. in Leinw. 9.—
1. Aufl. (VIII, 360 S. m. 9 Fig.) 909. Geb. 9.—.

Salge, Bruno: Hysterie bei Kindern. *Berlin (1898): G. Schade.* (54 S.) 8°
Berlin, Med. Diss. v. 11. März 1898

— Der Kampf ums Leben im Säuglingsalter. Antrittsvorlesung, geh. bei der Übernahme der Professur f. Kinderheilkunde an der Universität Freiburg i. Br. (24 S.) 8. Freiburg i/B. 910. Speyer & Kaerner. — 80

Therapeutisches Taschenbuch für die Kinderpraxis. Von Dr. B[runo] **Salge**, Assist. zu Berlin. Berlin: Fischer 1905. (160 S.) 8° [05. 7298

— **therapeutisches Taschenbuch f. die Kinderpraxis. 2. verb. Aufl. (IV, 166 S.) kl. 8. Berlin 906. Fischer's med. Buchh. Geb. in Leinw. u. durchsch. n. 2. 80**

Therapeutisches Taschenbuch für die Kinderpraxis. Von Dr. B[runo] **Salge** zu Dresden. 3. verb. Aufl. Berlin: Fischer 1907. (109 S.) 8° [08. 16074

— Therapeutisches Taschenbuch f. die Kinderpraxis. 4. verb. Aufl. (IV, 173 S.) kl. 8. Berlin 909. Fischer's medicin. Buchh. Geb. in Leinw. u. durchsch. 3. —

— s.: Vorträge üb. Säuglingspflege u. Säuglingsernährung.

— s.: Zeitschrift f. Kinderheilkunde.

— s.: Zeitschrift f. Säuglingsfürsorge.

Salge, Emil: Der Vokalismus in den Gedichten des Earl of Surray . . . Jena, Frommannsche Buchdr. (Hermann Pohle), 1887; 1 Bl. + 43 S. 8°
Jena, Phil. Fak., Inaug.-Diss. v. 1887

Salge, E., der Vokalismus in den Gedichten des Earl of Surrey. Inaug.-Diss. gr. 8. (48 S.) Jena 887. (Pohle.) n. 1. —

Salge, Ernst, Referendar: Die Rechtsverhältnisse der Kolonialbeamten. Borna-Leipzig 1910: Noske. VI, 141 S. 8°
Münster, Rechts- u. staatsw. Diss. v. 10. März 1910, Ref. Naendrup, v. Savigny
[Geb. 29. Juli 82 Schildesche; Wohnort: Schildesche; Staatsangeh.: Preußen; Vorbildung: Gymn. Bielefeld Reife O. 02; Studium: Marburg 4, Münster 2 S.; Rig. 18. Jan. 08.] [U 10. 3753

Salgendorff, Joseph [pr. Arzt aus Müden]: Über eine intrauterin geheilte Abschnürung einer Encephalocele naso-frontalis. . . . Marburg, Georg Schirling, Buchdr., 1889; 23 + 1 S. + 1 Bl. u. 1 Taf. 8°
Marburg, Med. Fak., Inaug.-Diss. v. [26. März] 1889

Salger, L., Katechesen z. kleinen Katechismus im Bist. Augsburg zun. f. d. Unterricht in ungeteilten Schulen. 12. (VIII, 328 S.) Köngetried b. Mindelheim 898. (Augsburg, Kranzfelder.) n.n. 1. 70

Salgo, F., Vergangenheit u. Zukunft d. Philologie in ihrem Verhältniß z. Bild. d. deutschen Volkes. gr. 8. (4 B.) Leipzig, 835, Klinkhardt.

Salgó, Jakob

Salgó, J., die forensische Bedeutung der sexuellen Perversität, s. a. Sammlung zwangloser Abhandlungen aus dem Gebiete der Nerven- u. Geisteskrankheiten. VII, 4.

Die forensische Bedeutung der sexuellen Perversität. Von Privatd. Dr. J[akob] **Salgó**. Halle a. S.: C. Marhold 1907. (43 S.) 8°
= **Sammlung** zwangloser Abhandlungen aus d. Geb. d. Nerven- u. Geisteskrankheiten. Bd 7, H. 4. [06. 10229 8

Salgó, J., Compendium der Psychiatrie f. praktische Aerzte u. Studierende. 2., verb. Aufl. v. J. Weiss' Compendium. gr. 8. (XII, 436 S.) Wien 889. Bermann & Altmann. n. 7. 50

Salheim, Armin (geb. Czarnikau 1815): De dolore faciei. Berolini (1852). (22 S.) 8°
Berlin, Med. Diss. v. 5. Jan. 1852

Salias, Graf E. A., der Doppelgänger. Erzählung. Übers. aus dem Russ. 8. (107 S.) Leipzig 890. Greßner & Schramm. n. 1. —

Salias, Graf, Leonida, s.: Weber's moderne Bibliothek.

— e. Million. Aus dem Russ. übers. von E. v. Glehn. Autoris. Ausg. 8. (282 S.) Berlin 887. Wilhelmi. n. 3. —

Salias, Graf E. A., Fürstin Pauline. Roman aus der Zeit der Leibeigenschaft. Autoris. Uebersetzg. v. Heinr. Ruhe. 8. (368 S.) Dresden 893. H. Minden. n. 3. —

Salice-Contessa, C. L., populäre Darstellung der J. 1848 u. 1849. Mit einem Vorworte an die Armee. gr. 8. (98 S.) Posen 850, Gebr. Scherk in Comm. n. 12 ngr.

Salice-Contessa, C. L., die Wege im Namslauer Kreise oder Anleitung zur Herstellung wohlfeiler befestigter [chaussirter] Wege nach einem neuen System. gr. 8. (VI, 19 S.) Breslau 879. Woywod. n. 1. —

Salice-Contessa, Karl Wilhelm

Salice-Contessa, Carl Wilh., der Weiberfeind. Lustspiel in 1 Aufzuge. gr. 16. (39 S.) Hamm 900. Breer & Thiemann. n. — 50

SALICH, Friedrich (Bukarest): De haemorrhagiis cutis. (Titel nach der Urkunde)
19.4.1861 – Urk; F 70
Diss. Ingolst.-Landsh.-Mchn.

Die **Salicylsäure** als Konservierungsmittel für Fruchtsäfte. Hrsg. vom Verein Deutscher Fruchtsaftpresser E. V. Berlin [1905].
[Inhalt:]
1. Techn. T.: **Simonsohn,** Max: Die Konservierung der Fruchtsäfte; insbes. mit Salicylsäure.
2. Mediz. „ **Klopstock,** M.: Ist Salicylsäure in den Mengen, in welchen sie zur Konservierung von Fruchtsäften Verwendung findet, gesundheitsschädlich?
3. Jurist. „ **Jarecki:** Ist die Verwendung von Salicylsäure zur Konservierung von Früchten gesetzlich zulässig?

Salie, Hermann, approb. Arzt aus Wunstorf: **Ueber die Erfolge der Tuberkulinbehandlung bei Conjunctival-Tuberkulose.** *Hannover 1902: F. Culemann.* (37 S.) 8°
Göttingen, Med. Diss. v. [19. Apr.] 1902

Salle, Herm., über die Erfolge der Tuberkulinbehandlung bei Conjunctival-Tuberkulose. Diss. gr. 8. (37 S. m. 3 Tab.) Hannover 902. (Göttingen, Vandenhoeck & Ruprecht.) n. — 80

Salier et Julie, ou le triomphe de l'amour et de la reconnaissance, p. A. Lafontaine, trad. de l'allemand av. fig. 16. Gotha. Perthes. 802.

Saller, Georg, Kammergerichtsref.: **Verkauf von Bäumen auf dem Stamm unter besonderer Berücksichtigung der §§ 865, 956 B.G.B. und des gemeinen Rechts.** *Berlin 1903: W. Pilz.* (VIII, 47 S.) 8°
Rostock, Jur. Diss. v. [25. Juni] 1903

Saller, Geo., Verkauf v. Bäumen auf dem Stamm unter besond. Berücksicht. der §§ 865, 956 B.G.B. u. des gemeinen Rechts. (VIII, 47 S.) gr. 8. Berlin 903. Struppe & Winckler. n. 1. 50

Salieri, Anton. Eine Biographie. Mit Portrait. Cassel 1855. V: *Neumann, W.* (biblport)

Salieri, A., Axur, König von Ormus, s.: Mode's, G., Operntextbibliothek.

Christiani Augusti **Salig** De Diptychis veterum, tam profanis, quam sacris, liber singularis: variis, ex omni antiquitate, praesertim ecclesiastica . . . observationibus illustratus . . . Halae Magdeburgicae. 1731. 4° k.

Salig, C. Aug., de diptychis veter. t. profanis q. sacris, liber ex biblioth. Guelferbytana. 4. Halae, Renger. 731.

Salig, C. Aug., de Eutychianismo ante Eutychen. 4. Wolfenb. Meisner. 723. Mitbir.

— Hist. der Augsb. Confession u. ders. Apologie d. a. d. Religionsfrieden 1555., mitgetheilt a. d. Wolfenbütt. Bibliothek. 3 Thle. 4. Halle, Renger. 733-35.

— Hist. d. Tridentinischen Conciliums, als ein Beytrag zur Forts. d. Seckend. Hist. d. Lutherthums. 3 Bde. 4. Ebend. 745.

Salig, Christian August. Vollständige Historie des Trident. Conciliums. Halle 1741—45. H: *Ballenstedt, Joh. Arn. & Sigm. Jac. Baumgarten.* (winer)

Salig, Ch. A., Philosophumena veterum ac recentiorum de anima. Hal. 4°. 1714.

Salig, I. C., Electa juris. XXXI Pts. 8. Lps. 734-39.

— de fatalibus processus juris Saxon. elect. moderni. 4. Lps. Blockberger. 732.

Salig, Joh. Christian [Praes.], s. Jacobi, Karl Christian: De poena furti rei incertae aestimationis.

Salig, Johann Christian A. S. 284/14

Larva pietatis detracta causis piis quoad condictio indebiti. Dissertatio inauguralis.
Halle (Henckel) 4. VII. 1722. 32 S. 29672

Saliger, Rud., Antrittsrede, zur Eröffnung d. Vorlesungen üb. Mechanik u. Statik des Hochbaues sowie üb. Eisenhochbau an der k. k. techn. Hochschule in Wien am 30. XI. 1909 geh. (15 S.) gr. 8. Wien 910. Lehmann & Wentzel. — 50

Saliger, Rud., der Eisenbeton in Theorie u. Konstruktion. Ein Leitfaden durch die neueren Bauweisen in Stein u. Metall. Für Studierende u. Bauleute bearb. (VIII, 227 S. m. 327 Abbildgn.) gr. 8. Stuttgart 906. Leipzig, A. Kröner. n. 4. 40; geb. in Leinw. n. 5. —

Saliger, Rudolf: Der Eisenbeton in Theorie und Konstruktion. 2. Aufl. Leipzig 1908

— Der Eisenbeton in Theorie u. Konstruktion. Grundzüge der neueren Bauweisen in Stein u. Metall. Für Studium u. Praxis verf. 3., völlig umgearb. Aufl. (VIII, 290 S. m. 296 Abb.) gr. 8. Leipzig 911. A. Kröner. 5.40; geb. in Leinw. 6. —
2. Aufl. (VIII, 281 S. m. 354 Abb.) 908.

— über d. Festigkeit veränderlich elastischer Konstruktionen, insbesondere v. Eisenbeton-Bauten. Ein Beitrag zur Erforschg. d. inneren Kräfte u. Deformationen sowie zum Gebrauch bei d. Berechng. u. Ausführg. armierter Betonbalken, -Stützen u. -Gewölbe. (IV, 139 S. m. 63 Abbildgn. u. 5 photolith. Taf.) gr. 8. Leipzig 904. A. Kröner. n. 4. —

Saliger, Rud., Streiflichter auf die Entwicklung d. Ingenieurkunst m. e. Blick auf die Zukunft des technischen Standes. Antrittsvorlesung anlässl. der Übernahme der neuen Lehrkanzel f. Baumechanik u. Eisenhochbau an d. k. k. deutschen techn. Hochschule in Prag. (21 S.) Lex. 8. Prag 908. J. G. Calve. — 80

Saliger, Wilhelm: Professor Anton Bezdek † 1818-1867.
Progr. K. k. G. *Znaim* 1897.

Saliger, Wilb. Die gelehrte Donaugesellschaft und die Anfänge des Humanismus in Österreich. 35 S. 8. D. G. *Olmütz* 1876.
Progr.

Saliger, Wilh. Einiges I. über Wolfgang Schmelzl, II. über Hieronimus Arconatus S. 17—40 8. D. G. *Olmütz* 1880.
Progr.

Saliger, W., üb. das Olmützer Stadtbuch d. Wenzel v. Iglau, s.: Monumenta rerum bohemico-moravicarum et silesiacarum.

Salignac de la Mothe, F. v., s.: Fenelon.

Saligny, Alphonse Oscar de. Ueber einige Säureradicalehaltige Sulfoharnstoffe und deren Entschwefelungsproducte nebst der Frage über die Constitution des Cyanamids, sowie über ein Diargentdicyandiamidin. Rostock, 1875.

Salih sade Ali Efendi, Auswahl türkischer Erzählungen aus dem „Humajunnamé oder Kaiserbuch", s. Adelburg, Ed. v.

[Pers.] Bar ḥasb-i-amr-i-Ḥaḍrat Wilhelm II, Imparaṭur-i-Ālaman wa-Padšah-i-Prūs in nusḫa-i-nafisa-i-Diwan-i-Sulṭan Salim Ḫān I [**Salīm I.** Sulṭān d. Türkei] ba-ihtimam-i-banda-i-qaiṣari Paul Horn, mu'allim-i-alsina-i-šarqijja dar dār al-funun Straßburg, muntaḫab az 7 nusaḫ-i-muḫtalifa ... ba-ziwar-i-ṭab' ārasta gardid. Berlin 1904: Maṭba'a-i-Daulati (Reichsdr.). (132 S.) gr. 2° [lith.]
[Auf Befehl S. Maj. Wilhelms II., Deutschen Kaisers, Königs von Preußen, ist dieses kostbare Exemplar d. Gedichtsammlung d. Sultans Selim I durch d. Sorgfalt d. Kais. Beamten Paul Horn, Prof. an d. Univ. Straßburg, nach 7 verschiedenen Hs. gedruckt worden.]
[05. 1196]

Šalin valdžios mokyklosl Tilžė: Saunus 1905. 4 S. 8°
[Weg mit d. Verordnungen d. Regierung!]
Aus: 'Ukininkas.' 10. 11649 10

Salin, Bernh., d. altgermanische Thierornamentik. Typologische Studie über german. Metallgegenstände aus dem IV.—IX. Jahrh., nebst e. Studie üb. irische Ornamentik. Aus dem schwed. Mskr. übers. v. J. Mestorf. (X, 383 S. m. Abbildgn.) Lex.-8. Stockholm 904. (Berlin, Behrend & Co.) n.n. 30. —

Salina, od. Unterhaltt. f. die leselustige Welt. Eine Zeitschrift, hrsgg. v. A. G. Eberhard u. A. Lafontaine. 1r u. 2r Jahrg. 1812 u. 16. 8 Bde. Mit Kpf. u. Musikblätt. 8. Halle, Renger. (à 6 ₰ 16 gr) 13 ₰ 8 gr — Dass. als Vierteljahrschrift, unt. d. T.: Unterhaltt. f. die leselustige Welt. 8 Bde. Ebd. (à Bd. 1 ₰ 16 gr)

Salina, die zweite, oder: neueste u. humorist. Studien. Eine Zeitschrift f. d. gebild. Stände. Herausgg. v. Fr. Weidemann. 1830. Oct. bis Dec. gr. 8. Halle. (Arnold in Dresd.) 8 gr — Dies., e. antipietistische u. antidemagogische Zeitschrift, hrsgg. v. Fr. Weidemann, für 1831 u. 32. gr. 4. Merseb., Weidemann. (à Jahrg. 4 ₰) 8 ₰

Salina, d. Zweite. Eine Zeitschr. f. gebild. Leser. Der Literatur, der Kunst u. den Sitten d. Tages bestimmt. 1—4. Jahrg. 1830—33. In Verbind. mit mehr. Gelehrten hrsg. v. Fr. Weidemann. Mit Kpfrbeil. u. Titlvign. kl. Fol. Merseburg. (Leipzig, Fort.) [830. Oct.—Dec. 18 Gr., 31. u. 32. à 104 Nrn. (½ B.) à J. 4 Thlr., 33. 156 Nrn. (½ B.) 6 Thlr.]

Salinas, Ant.

— Descrizione di una raccolta di piombi antichi Siciliani detti mercantili. S.-A. 1864. 18 S. u. 8 Taf.

— Di un diploma greco del monastero di S. Pancrazio di Scilla in Calabria. S.-A. 1881. 11 S. 4°.

— Escursione archeologica a s. Marco, s. Fratello, Patti e Tindari. S.-A. 1880. 10 S. 4°.

Salinas. A., Lettre à M. le professeur Gregorio Ugdulena sur deux pièces d'argent portant le nom phénicien d'Héméra et les types de Zancle et d'Agrigente. S.-A. 1864. 9 S. — .50

Salinas, Ant., le monete delle antiche città di Sicilia. Fasc. I—III. Fol. (20 S. m. 8 Steintaf.) Palermo 871. (Berlin, Calvary & Co.) à n. 5. —

— Ricordi di Selinunte cristiana. Gel. 1882. 10 S. u. 2 Taf. 4°.

— Le mura fenicie di erice. S.-A. 1883. 6 S. u. 3 Taf. 4°.

— Salinas. A., Ripostiglio siciliano di monete antiche di Argento. S.-A. 1888. 20 u. 3 Taf. 4°.

Salinas, A., Scavi di Solunto. S.-A. s. a. 10 S. u. 1 Taf.

Salinde, d. galanten u. liebenswürdigen, Gesch. ein akademischer Roman. 8. Frankf. u. Leipz. 744.

Saline und Soolquellen Reichenhalls. München 1850?

Salinen, s.: **Salzbergwerke.**

Salinen, die, Oesterreichs im J. 1900. (IV, 373 S. m. 10 Taf.) Lex.-8. Wien (902). (Hof- u. Staatsdruckerei.) n. 4. —

— dasselbe in d. J. 1901 u. 1902. Bericht üb. die Betriebs-, Verschleiss-, finanziellen u. Personalverhältnisse des Salzgefälles, erstattet vom Departement XI des Finanzministeriums. J. O. Frhr. v. Buschman, M. v. Arbesser-Rastburg, A. Schnabel. Lex.-8. Ebd. n. 9. —
1901. (XI, 541 S. m. 11 farb. Taf.) 903. n. 4. —
1902. (XIII, 653 S. m. 21 farb. Taf.) 904. n. 5. —

Salinen-Karte von Deutschland und den angrenzenden Ländern. Herausg. vom Deutschen Salinen-Verein. Mit Beilage. 1877. . . . .

Salinen- und Salzbergwerkskarte von Deutschland und den angrenzenden Ländern. Hrsg. vom deutschen Salinen-Verein. 4 Bl. Chromolithogr. Imp.-Fol. Nebst 1 Bl. Text. Gera 883. (Griesbach's Verlag.) **

Saling, A., Anleitung zur deutschen Schnellschrift. gr. 8. (8 S. mit 4 autogr. Taf.) Berlin 876, Haude und Spener'sche Buchh. *
—— dass. — 2.—5. Abdr. gr. 8. (8 S. mit 4 autogr. Taf.) Ebendas. 877. *

Saling, A., Anleitung zur Schnellschrift. 1. Tl.: „Verkehrsschrift." 6. Aufl. (10 S. mit 4 Stnt.) 1878; 7. gänzlich umgearb. Aufl. 8. (VIII, 11 S. mit 3 Stnt.) Berlin 881, (Haude und Spener'sche Buchh.) cart. *

Saling's Bilanz- u. Rentabilitäts-Tabellen. Ergänzg. zu Saling's Börsen-Jahrbuch. Zusammenstellung sämtl. an der Berliner Börse gehandelten Werte u. deren Rentabilität innerhalb der letzten 3 Jahre. 1. Jahrg. 1910/11. (XIII S., S. 1—39 u. Doppels. 40—111.) Lex. 8. Berlin (910). Verlag f. Börsen- u. Finanzliteratur. Geb. in Leinw. 5. —

Saling's Börsen-Jahrbuch 1881/82. Ein Handbuch für Bankiers u. Kapitalisten. Fortsetzung von Saling's Börsenpapieren. Bearb. von W. L. Hertslet. 8. (VIII, 975 S.) Berlin, Haude & Spener. geb. n. 10. —

— dasselbe. 2., unveränd. Aufl. 8. (VIII, 975 S.) Ebend. 882. n. 9. —; geb. n. 10. —

— dasselbe. Suppl.-Bd. gr. 8. (IV, 352 S.) Ebend. 882. n. 5. —; geb. n. 6. —

Saling's Börsen-Jahrbuch f. 1883/84. Ein Handbuch f. Bankiers u. Kapitalisten. Bearb. v. W. L. Hertslet. gr. 8. (IV, 1129 S.) Berlin 883. Haude & Spener. n. 9. —; geb. n. 10. —

— Die Börsen-Papiere. 2. Theil . . . Jg. 1870/71. Hälfte 1. 2. Berlin 1871 72.
2 Bde
[Fortges. u. d. Tit.:]
Saling's Börsen-Papiere. Zweiter (finanzieller) Teil. Saling's Börsen-Jahrbuch. 9. Aufl. für 1885 86. Bearb. von W. L. Hertslet. Berlin 1885.
— 10. Aufl. für 1886 87. 1886.
— 15. Aufl. für 1891 92. 1891.
— 18. Aufl. für 1894 95. Nebst Erg.H. 1894.
— 20. Aufl. für 1896/97. 1896.
— 21. Aufl. für 1897/98. 1897.
— 22. Aufl. für 1898 99. 1898.
— 23. Aufl. für 1899 1900. Bearb. von Ernst Heinemann. Leipzig 1899.

— 24. Aufl. für 1900/01. 1900.
— 25. Aufl. für 1901/02. 1901.
— 26. Aufl. für 1902/03. 1902.
— 27. Aufl. für 1903/04. 1903.
— 28. Aufl. für 1904/05. 1904.
— 29. Aufl. für 1905/06. 1905.
— 30. Aufl. für 1906/07. Leipzig u. Berlin 1906.
— 31. Aufl. für 1907/08. 1907.
— 32. Aufl. für 1908/09. Berlin, Leipzig, Hamburg 1908.
— 33. Aufl. für 1909/10. 1909.
— 34. Aufl. für 1910/11. 1910.
— 35. Aufl. für 1911/12. 1911.
— 36. Aufl. für 1912/13. 1912.

Saling's Börsen-Papiere. Dritter (finanzieller) Teil. Saling's Börsen-Jahrbuch. Für 1900/01. Bearb. von O. Hartberg. Leipzig 1900.
— 2. Aufl. für 1901/02. 1901.
— 3. Aufl. für 1902/03. 1902.
— 4. Aufl. für 1903/04. 1903.
— 5. Aufl. für 1904/05. 1904.
— 6. Aufl. für 1905/06. 1905.
— 7. Aufl. für 1906/07. Leipzig u. Berlin 1906.
— 8. Aufl. für 1907/08. 1907.
— 9. Aufl. für 1908/09. Leipzig, Berlin, Hamburg 1909.
— 10. Aufl. für 1909/10. 1910.
— 11. Aufl. für 1910/11. 1911.
— 12. Aufl. für 1911/12. 1912.
— 13. Aufl. für 1912/13. 1913.

— die Börsen-Papiere. Jahrg. 1870. (In 2 Thln.) 1. Thl. Die Börse u. die Börsengeschäfte. Ebend. 870. 8. (IV, 389 S.) In engl. Einb. n. 1 ℛ

— — 2. verm. Aufl. Ebend. 871. gr. 16. (IV, 432 S.) In engl. Einb. n. 1 ℛ 10 ngr.

Saling, A., die Börsen-Papiere. 1—5. Thl. 8. Berlin 874—76. Haude & Spener. n. 25. 50

I. Die Börse u. die Börsengeschäfte. 3. verm. Aufl. (649 S.) n. 7. —
II. Ausführlicher Commentar zu den an der Berliner Börse u. den bedeutendsten auswärtigen Börsen Cours habenden Wechseln, Sorten, Fonds, Pfand- u. Rentenbriefen u. Lotterie-Anleihen. Bearb. v. W. L. Hertslet. 4. Aufl. (256 S.) n. 5. 50
III. Ausführlicher Commentar zu den an der Berliner Börse u. den bedeutendsten auswärtigen Börsen Cours habenden Bank-Actien u. v. Hypotheken ausgegebenen Pfandbriefen. Bearb. v. W. L. Hertslet. 4. Aufl. (VIII, 502 S.) n. 6. —
IV. Ausführlicher Commentar zu den an der Berliner Börse u. den bedeutendsten auswärtigen Börsen Cours habenden Industrie-Actien. Bearb. v. C. A. Frenzel. 4. Aufl. (VI, 616 S.) n. 7. —
V. 1. Ausführlicher Commentar zu den an der Berliner Börse u. den bedeutendsten auswärtigen Börsen Cours habenden Eisenbahn-Actien. 1. Hälfte: Deutsche u. rumän. Eisenbahnen. Bearb. v. W. L. Hertslet. 4. Aufl. (X, 398 S.) n. 6. —
V. 2. dasselbe, 2. Hälfte: Belgische, holländ., schweizer., amerikan., italien., russ. u. österreichisch-ungar. Eisenbahnen. Bearb. v. W. L. Hertslet. 4. Aufl. (VIII, 443 S.) n. 6. —

— Börsen-Papiere. 5 Thle. gr. 16. Ebend. 878—80. n. 38. —

1. Die Börse u. die Börsengeschäfte. 2., bericht. u. ergänzte Ausg. Hrsg. von R. Siegfried. 3. Aufl. (XV, 715 S.) n. 7. —
2. Ausführlicher Commentar zu den an der Berliner Börse u. den bedeutendsten auswärtigen Börsen Cours habenden Wechseln, Sorten, Fonds, Pfand- u. Rentenbriefen u. Lotterie-Anleihen. Bearb. von W. L. Hertslet. 5. Aufl. (IV, 399 S.) n. 6. —
3. Ausführlicher Kommentar zu den an der Berliner Börse u. den bedeutendsten auswärtigen Börsen Kurs habenden Bank-Aktien u. von Banken emittirten Pfand- u. Hypothekenbriefen. Mit einem Anhang: Rückzahlungen auf liquidir. Industrie- u. Eisenbahngesellschaften u. einem Nachtrag zum 2. Thl. 5. Aufl. Bearb. von W. L. Hertslet. (IV, 372 S.) n. 6. —
4. Industrie-Aktien. Bearb. von W. L. Hertslet. — Versicherungs-Aktien. Bearb. von E. Freystadt. 5. Aufl. (XIII, 483 S.) n. 7. —
5. (1) Eisenbahn-Papiere. 1. Hälfte: Deutsche Eisenbahnen. Bearb. von W. L. Hertslet. (VII, 462 S.) n. 7. —
5. (2) Dasselbe. 2. Hälfte: Ausländische Eisenbahnen. Bearb. von W. L. Hertslet. (IX, 480 S.) n. 5. —

—— **Börsen-Papiere.** 1. [allgemeiner] Tl.: Die Börse und die Börsengeschäfte. Ein Handbuch für Bankiers, Juristen und Kapitalisten. Hrsg. von R. Siegfried. 4. gänzlich umgearb. und verm. Aufl. 8. (XII, 779 S.) Ebendas. 884. *ℳ 9.; geb. *

—— dass. — 2. [finanzieller] Tl.: Börsen-Jahrbuch 1881/82. Ein Handbuch für Bankiers und Kapitalisten. Fortsetzung von Saling's Börsenpapieren. 6. Aufl. Bearb. von W. L. Hertslet. 5 Lfgn. 8. (V, VIII, 975 S.) Ebendas. 881. à Lfg. *ℳ 2.; geb. *

—— dass. — 2. unveränd. Aufl. 8. (VIII, 975 S.) Ebendas. 882. *ℳ 9.; geb. *

—— dass. — Suppl.-Bd. für 1882/83. 8. (IV, 352 S.) Ebendas. 882. *ℳ 5.; geb. *

—— dass. — Börsen-Jahrbuch für 1883/84. 7. Aufl. gr. 8. (IV, 1129 S.) Ebendas. 883. *ℳ 9.; geb. *

—— dass. — Börsen-Jahrbuch für 1884/85. 8. Aufl. gr. 8. (IV, 1130 S., Ergänzungsheft 32 S.) Ebendas. 884. * geb. *

—— dass. — Börsen-Jahrbuch für 1885/86. 9. Aufl. 8. (VI, 1152 S.) Ebendas. 885. *ℳ 9.; geb. *

Saling's Börsen-Papiere. 1. [allgemeiner] Tl. 5. neu bearb. Aufl.: Die Börse und die Börsengeschäfte. Ein Handbuch für Bankiers, Juristen und Kapitalisten. Hrsg. von R. Siegfried. gr. 8. (VIII, 396 S.) Berlin 887, Haude und Spener'sche Buchh. *ℳ 5.—.; geb. *

—— dass. — 2. [finanzieller] Tl. 10. Aufl.: Saling's Börsen-Jahrbuch für 1886/87. Ein Handbuch für Bankiers und Kapitalisten. In 2 Abtlgn. 8. Ebendas. 886. * geb. *

Inhalt:
Abtl. 1. Geld, Wechsel, Staatspapiere inkl. der verstaatlichten Eisenbahnobligationen, landschaftl. Pfandbriefe und Prämienanleihen. Bearb. von W. L. Hertslet. (IV, S. 1—208.) *ℳ 4.—.
» 2. Banken, Industriepapiere, Eisenbahnen und Versicherungsgesellschaften. Bearb. von W. L. Hertslet. (VII, S. 209—1180.) *ℳ 6.—

Saling's Börsen-Papiere. 2. [finanzieller] Tl. 11. Aufl.: Saling's Börsen-Jahrbuch für 1887/88. Ein Handbuch für Bankiers und Kapitalisten. Bearb. von W. L. Hertslet. 8. (VIII, 1116 S.) Berlin 887, Haude und Spener'sche Buchh. *ℳ 9.—.; geb. *

—— dass. — 2. [finanzieller] Tl. 12. Aufl. A. u. d. T.: Saling's Börsen-Jahrbuch für 1888/89. Ein Handbuch für Bankiers und Kapitalisten. Bearb. von W. L. Hertslet. 1. und 2. unveränd. Neudruck. 8. (VIII, 1179 S.) Ebendas. 888. *ℳ 9.—.; geb. *

—— dass. — Ergänzungsheft. Enthaltend alle neue Emissionen, Nachträge und Veränderungen vom 1. Juli bis 1. Oktbr. 1888. (S. 1149—1179.) Ebendas. 888.
Für die Abnehmer von Saling's Börsen-Jahrbuch

—— dass. — 2. [finanzieller] Tl. 13.—16. Aufl. Saling's Börsen-Jahrbuch f. 1889/90—1892/93. Ein Handbuch f. Bankiers u. Kapitalisten. Bearb. v. W. L. Hertslet. Nebst Ergänzungsheft. 8. (VIII, 1322; VIII, 1361; VIII, 1372; XXIV, 1367 S.) Ebd.
à Ausg. geb. 10 —

Saling's Börsen-Papiere. 2. [finanzieller] Tl. 14. Aufl. Saling's Börsen-Jahrbuch f. 1890/91. Ein Handbuch f. Bankiers u. Kapitalisten. Bearb. v. W. L. Hertslet. Nebst Ergänzungsheft. 8. (VIII, 1361 S.) Berlin 890. Haude & Spener. geb. u. geh. n. 10. —

Saling's Börsen-Papiere. 1. [allgemeiner] Thl. 6., neu bearb. u. verm. Aufl. gr. 8. Berlin 892. Haude & Spener. Geb. in Leinw. n. 8. —
Die Börse u. die Börsengeschäfte. Ein Handbuch f. Bankiers, Juristen u. Capitalisten. Hrsg. v. R. Siegfried. (XVI, 555 S.)

— dasselbe. 2. [finanzieller] Tl. 18. Aufl. Saling's Börsen-Jahrbuch f. 1894/95. Ein Handbuch f. Bankiers u. Kapitalisten. Bearb. v. W. L. Hertslet. Nebst Ergänzungshft. 8. (XXIV, 1541 S.) Ebd. Geb. in Leinw. u. geh. n. 10. —

Saling's Börsen-Papiere. 1. (allgem.) Tl. 8. Berlin 897. Leipzig, Verlag f. Boersen- u. Finanzlitteratur. Geb. in Leinw. n. 8. —
Die Börse u. d. Börsengeschäfte. E. Handbuch f. Bankiers, Juristen u. Kapitalisten. Bearb. v. Adf. Sandheim. 7., neu bearb. Aufl. (3.—6. Aufl. hrsg. v. R. Siegfried.) (XVI, 608 S.)

— dasselbe. 2. (finanzieller) Tl. 22. Aufl. Saling's Börsen-Jahrbuch f. 1898/99. Ein Handbuch f. Bankiers u. Kapitalisten. Bearb. v. W. L. Hertslet. 8. (XXXII, 1648 S.) Ebd. 898. Geb. in Leinw. n. 10. —; erhöhter Preis n. 12. —

Saling's Börsen-Papiere. 3 Tle. 8. Leipzig, Verlag f. Börsen- u. Finanzliteratur. Geb. in Leinw. n. 35. —
1. (allgemeiner) Tl. 8. neu bearb. Aufl. Die Börse u. die Börsengeschäfte. Ein Handbuch f. Bankiers, Juristen u. Kapitalisten. Bearb. v. Adf. Sandheim. (XII, 550 S.) 899. n. 8. —
2. (finanzieller) Tl. Saling's Börsen-Jahrbuch f. 1902/1903. Ein Handbuch f. Bankiers u. Kapitalisten. Bearb. v. Ernst Heinemann, B. Langheld, Th. Stegemann. 26. Aufl. (XIX, 2136 S.) 903. n. 15. —
3. Dasselbe. Bearb. v. Otto Hartberg. (XXIII, 1220 S.) 902. n. 12. —

Saling's Börsen-Papiere. Ein Handbuch f. Bankiers, Juristen u. Kapitalisten. 3 Tle. 8. Leipzig. Berlin, Verlag f. Börsen- u. Finanzliteratur.
Geb. in Leinw. n. 36. —
1. (allgemeiner) Tl. Die Börse u. die Börsengeschäfte. 10. neu bearb. Aufl. In vollständig neuer Bearbeitg. v. Alfr. Schütze. (XII, 605 S.) 905. n. 8. —
2. (finanzieller) Tl. Saling's Börsen-Jahrbuch f. 1905/1906. Bearb. von Ernst Heinemann, B. Langheld, Th. Stegemann. (XXVIII, 2055 S.) 905. n. 16. —
3. (finanzieller) Tl. Saling's Börsen-Jahrbuch f. 1906/1907. Bearb. v. Otto Hartberg. 7. Aufl. (XXIII, 1163 S.) 906. n. 12. —

— Börsen-Papiere. Ein Handbuch f. Bankiers, Juristen u. Kapitalisten. 3 Tle. (allgem.) Tl. 8. Ebd. Geb. in Leinw. 40. 50
1. (Allgemeiner Tl.) Die Börse u. die Börsengeschäfte. 12. neu bearb. Aufl. In vollständig neuer Bearbeitg. v. Alfr. Schütze. (XII, 691 S.) 909. Geb. in Leinw. 9. —
2. (Finanzieller Tl.) Saling's Börsen-Jahrbuch f. 1910/11. Bearb. v. Ernst Heinemann, Geo. Tischert, John Weber, Th. Stegemann. 34. Aufl. (XXVII, 2166 S.) 910. Geb. in Leinw. 18. —
3. (Finanzieller Tl.) Saling's Börsenjahrbuch f. 1910/1911. Bearb. v. Otto Hartberg. 11. Aufl. (XXIII, 1288 S.) 911. Geb. in Leinw. 13. 50

Saling, A., die norddeutschen Börsen-Papiere. Ausführlicher Commentar zu allen an der Berliner Börse Cours habenden in- u. ausländischen Staats- u. Prämien-Anleihen, Pfand- u. Renten-Briefen, Bank-, Industrie- u. Eisenbahn-Effecten. 1. u. 2. Jahrg. 1867—1869. Berlin, Haude & Spener. gr. 16. (IV, 469 S. u. LII, 580 S.) In engl. Einb. Jeder Jahrg. n. 2 ℛ

Fortg. u. d. T.: Saling's Börsen-Papiere.

— Lehrbuch der deutschen Schnellschrift. Mit 4 stenograph. (lith.) Taf. 6., umgearb. u. verb. Aufl. der „Anleitung". gr. 8. (IV, 10 S.) Ebend. 877. n. — 80

— Lesebuch der Schnellschrift. Enthaltend: Schillers bekannteste Gedichte. 2. Aufl. 8. (III, 32 lith. S.) Ebend. 881. cart. n. 1. 20

— Lesebuch der deutschen Schnellschrift. 8. (IV, 32 lith. S.) Ebend. 878. n. 1. —

— die Schnellschrift in 3 Tafeln. 8. (4 S.) Ebend. 881. n. — 20

—— s. Seifert-Schubert.

Saling, C., leicht fassl. Uebersicht um alle schwerere geist. Flüssigkeiten von bestimmten Graden als: Spiritus etc. ohne weiteres Wiegen, mit Wasser auf belieb. Grade herabzusetzen. Nebst e. Belehr. u. Vergleich. d. verschied. Alkoholometer etc. 8. (1½ B.) Emmerich 839, Romen.

Saling, (J.,) die Gerechtigkeit in ihrer geistgeschichtl. Entwickelung. 8. Berl. 827. (Plahn.)

Saling, J., die Gerechtigkeit in ihrer geist-geschichtl. Entwickelung dargestellt. 8. Berlin 827. (H. Schultze.) 1⅙ ℛ

Saling, Martin: Zwei Fälle von Emasculation wegen Carcinoma penis. *Greifswald 1898: C. Sell.* (20 S.) 8°
Greifswald, Med. Diss. v. 22. Juli 1898

Saling, Theodor, a. Homburg v. d. Höhe: Zur Kenntnis der Entwicklung der Keimdrüsen von Tenebrio molitor L. Mit 14 Fig. im Text. Marburg i. Hessen 1906: (Breitkopf & Härtel, Leipzig). (70 S.) 8° ¶ (Erscheint vollst. m. Tafeln in: Zeitschrift f. wissensch. Zoologie Bd 86.)
Marburg, Phil. Fak., Ref. Korschelt, Diss. v. 24. Okt. 1906
[Geb. 25. Mai 78 Staßfurt; Wohnort: Homburg v. d. Höhe; Staatsangeh.: Preußen; Vorbildung: Progymn. Homburg v. d. Höhe, Gymn. Offenbach Reife O. 97; Studium: Straßburg 3, Marburg 7 S.; Rig. 3. Aug. 04.]

Saling, Willy: Casuistischer Beitrag zur operativen Behandlung der Nabelhernien. *Würzburg 1896: „Neue Bayer. Landeszeitung".* (83 S.) 8°
Würzburg, Med. Diss. v. 1896

Salinger, Ernst, Referendar: Die rechtliche Stellung der unehelichen Mutter nach dem B.G.B. Berlin 1907: W. Pilz. (104 S.) 8°
Rostock, Jur. Fak., Ref. Matthiaß, Diss. v. 31. Mai 1907
[Geb. 13. Mai 81 Berlin; Wohnort: Berlin; Staatsangeh.: Preußen; Vorbildung: Leibniz-Gymn. Berlin Reife O. 01; Studium: Berlin 3, Freiburg i. B. 1, Berlin 2 S.; Rig. 31. Jan. 07.]

Salinger, Eug., die tolle Braut. Roman. 8. (267 S.) Frankfurt a/M. 885. Sauerländer. n. 3. 50

Salinger, Eug., Bühne des Lebens. E. neues Novellenbuch. 8. (344 S.) Stuttgart 895. Deutsche Verlags-Anst. n. 4. —; geb. n.n. 5. —

Salinger, Eug., Bühne des Lebens. Ein neues Novellenbuch. (Neue [Titel-]Ausg.) 8. (III, 344 S.) Stuttgart [895.] 900. Deutsche Verlags-Anstalt. n. 1. 50; kart. n. 1. 75

Salinger, Eug., die Doppelprobe, s. a Novitäten-Bühne, Frankfurter.

— die Doppelprobe. Lustsp. in 2 Aufzgn. 8. (35 S.) Frankfurt a/M. 882. (Berlin, R. Böhm.) 2. —

Salinger, Eug., Herr Frank-Pickharter. 3 Bde. 8. (X und 1008 S.) Hannover 861, C. Rümpler.

— Hep! Hep! Ein Blick in den Judenspiegel des Herrn W. Marr. Hannover 862. Meyer. 12. (41 S.) 5 ngr.

— allerlei Herzensgeschichten. Novellen u. Studien. 8. (IX, 335 S.) Frankfurt a/M. 882. Koenitzer. n. 4. — ; geb. 5. —

— allerlei Herzensgeschichten. Novellen u. Studien. 2. Aufl. 8. (335 S.) Ebend. 885. n. 3. —

Salinger, Eug. Kinder der Zeit, s. Goldschmidt's Bibliothek f. Haus u. Reise.

— Schicksalstragödie. Roman. 8. (271 S.) Breslau 883. Schottländer. n. 3. —; geb. n. 4. —

— e. moralisches Stück. Roman. 8. (194 S.) Stuttgart 896. Deutsche Verlags-Anstalt. n. 3. —; geb. n.n. 4. —

— ein moralisches Stück. Roman. (Neue [Titel-]Ausg.) 8. (194 S.) Stuttgart [896.] (901). Deutsche Verlags-Anstalt. n. 1. —; kart. n. 1. 25

—— aus meiner Studien-Mappe. Drei neue Erzählungen. [Capitän Werner. — Donna Elvira. — Frühling im Winter.] 8. (197 S.) Frankfurt a. M. 885, Sauerländer's Verlag. geb. *

Salinger, E., vor Tagesanbruch. Roman. 3 Bde. 8. (252, 237 u. 372 S.) Berlin 887. Janke. n. 10. —

— eine Wahlverwandtschaft. Novelle in Briefen. 8. (159 S.) Breslau 881. Schottländer. n. 3. —; geb. n. 4. —

Salinger, Eug., eine Wahlverwandtschaft. Novelle in Briefen. 2. Aufl. (155 S.) 8. Breslau 905. Berlin, S. Schottlaender's schles. Verlagsanst. n. 1. —; geb. n. 2. —

Salinger, Fr. Wilh. Ludw., die positive Heilkunde. Der directe u. alleinige Weg zur radicalen Heilung der Krankheiten. St. Petersburg 866, (Röttger.) gr. 8. (XI, 209 S.) n. 1 ☩

Salinger, v., die positive Heilkunde. Die erste wissenschaftl. Therapie. gr. 8. (IV, 45 S.) Leipzig 876. Schwabe in Comm. n. 1. —

Salinger, Fritz, a. Berlin: **Über intrauterine Verblutung des Kindes bei Placentarlaesion. Berlin 1906: S. Gellert. (32 S.) 8°**
Freiburg i. B., Med. Fak., Ref. Krönig, Diss. v. 2. Apr. 1906
[Geb. 27. Nov. 80 Berlin; Wohnort: Freiburg i. B.; Staatsangeh.: Preußen; Vorbildung: Leibniz-Gymn. Berlin Reife O. 01; Studium: Berlin, Freiburg i. B. zus. 9 S.; Coll. 12. Jan. 06.]

Salinger, George, aus Hamburg, Rechtsanwalt: Die Berechnung der Quarta Falcidia bei Pupillarsubstitutionen nach gemeinem Recht. Borna-Leipzig 1905: R. Noske. (VIII, 07 S.) 8°
Erlangen, Jur. Fak., Diss. v. 2. Mai 1905
[Geb. Hamburg; Staatsangeh.: Hamburg; Rig. 2. Mai 05.]

[F.] **Salinger,** Hugo [Gerichtsass.]: Ueber den Umfang des der Hypothek und Grundschuld verhafteten Objects nach preussischem Recht ... Greifswald, Druck v. J. Abel, 1896; 107 S. 8.
Greifswald, Jur. Fak., Inaug.-Diss. v. 1896

Salinger, Jos., Sammlung von Kirchenliedern für die katholische Schuljugend. kl. 8. (20 S.) Sternberg 884, Pialek. *

Salinger, J(ulius) F(elix): Beitrag zur Symptomatologie und Diagnose des Prostatakarzinoms mit besonderer Berücksichtigung der Frühdiagnose. Leipzig 1909: Klinkhardt. 54 S. 8° ¶ (Aus: Folia urologica. Bd 4, H. 6.)
Leipzig, Med. Diss. v. 13. Sept. 1909, Ref. Curschmann
[Geb. 30. März 84 Berlin; Wohnort: Berlin; Staatsangeh.: Preußen; Vorbildung: Friedrich-Wilhelms-Gymn. Berlin Reife M. 02; Studium: Berlin 10 S.; Coll. 19. Febr. 10; Approb. 19. April 09.] [U 10. 3044

Salinger, Leo (geb. Märk.-Friedland 7. 3. 1858): Kritische Darstellung der Homöopathie Hahnemanns und der Neuzeit. Berlin (1882). (48 S.) 8°
Berlin, Med. Diss. v. 24. März 1882

Salinger, Louis [pr. Arzt]: **Beiträge zur Sozojodoltherapie .. Königsberg i. Pr., Druck v. M. Liedtke, 1895; 2 Bl., 37 S., Bl. 8.**
Königsberg, Med. Fak., Inaug.-Diss. v. 12. Juli 1895

Salinger, Louis, Beiträge zur Sozojodoltherapie. Diss. gr. 8. (37 S.) Königsberg 895. (W. Koch.) n. — 80

Salinger, Ludov. (geb. Danzig 12. 3. 1805): De antispasmodicorum differentia. Berolini (1829). (36 S.) 8°
Berlin, Med. Diss. v. 17. Aug. 1829

Salinger, Max, die Änderung des Rechtsmittels der Revision die dringlichste Frage des deutschen Zivilprozesses, s. a. Veröffentlichungen des Berliner Anwalt-Vereins. 23. Heft.

Die Änderung des Rechtsmittels der Revision, die dringlichste Frage des deutschen Zivilprozesses. Ein Vortrag, geh. ... von Max **Salinger,** Just.R. Berlin: Vahlen 1909. 48 S. 8°
(Veröffentlichungen d. Berliner Anwalt-Vereins. H. 23) [09. 9096 B

Salinger, Max, aus Berlin: Zur **Kenntnis** der **Manganite.** *Berlin 1902: A. Scholem.* (34 S.) 8°
Berlin, Phil. Diss. v. 22. Nov. 1902

Salinger, Max, über die dem Reichstag vorliegende Novelle zur Zivilprozeßordnung, s. a. Veröffentlichungen des Berliner Anwalt-Vereins. 19. Hft.

Über die dem Reichstag vorliegende Novelle zur Zivilprozeßordnung. Ein Vortrag von Max **Salinger,** Justizrat. Berlin: F. Vahlen 1905. (26 S.) 8° [F.]
= **Veröffentlichungen** d. Berliner Anwalt-Vereins. H. 19. [05. 6404

Salinger, Max, approb. Arzt aus Stenschewo: **Starheilung und Allgemeinleiden.** *Berlin 1899: Denter & Nicolas.* (32 S.) 8°
Leipzig, Med. Diss. v. 12. Dez. 1898
(Nur in beschränkter Zahl für den Austausch)

Salinger, Rich. (geb. Berlin 1. 8. 1856): Spinozas Lehre von der Selbsterhaltung. Berlin (1881). (78 S.) 8.
Berlin, Phil. Diss. v. 24. Juni 1881

Salingre: „Actenmässige Beantwortung und Widerlegung der in Hamburg herausgegebenen Darstellung der im December 1833 eingetretenen Stockung des Hauses Isaac successores in Stettin und der von der Ritterschaftlichen Privatbank in Pommern dabei übernommenen Vermittelung und Administration . . . .", Stettin 1836. — Vorh.: Bücherei des Reichsbankdirektoriums Berlin.

(Salingré. Sammlung von Photographien 1870—71. Berlin 1898.) 2°.

Salingré, H., Abenteuer des Herrn Friedrich Gottlieb Knickebein aus Beeskow bei der Einholung am 8. Febr. 1858. 1—11. Aufl. Berlin (858.) Lassar. 8. (16 S.) 2½ ngr.

Salingré, H., Abtheilung V. Zimmer IV. für Bagatellsachen, s. **Bloch's**, E., Volks-Theater.

— die Afrikanerin in Kalau, s. Bloch's Dilettanten-Bühne.

Salingré, H., der Allerweltshelfer, s. Bühnenfreund, der.
—— dass. — s. Kühling's, A., Album für Liebhaber-Bühnen.

—— Alles für meine Tochter, s.a. Bühnenfreund, der.

Salingré, H., Alles für meine Tochter, s.a. Kühling's, A., Album für Liebhaber-Bühnen.

Alles für meine Tochter. Posse in 1 Akt von H[ermann] Salingré. *Mühlhausen i. Th.: G. Danner 1900.* (29 S.) 8° [F.]
= Thalia. 76. [00. 9815

— B. 17, s. Bloch's, E, Volks-Theater

Salingré, H., Bär u. Bassa, s.: Bloch's, E., Dilettanten-Bühne.

—— der Baum der Erkenntniß, s. Bühnenfreund, der.

—— dass. — s. Kühling's, A., Album für Liebhaber-Bühnen.

— Otto Bellmann auf der Leipziger Messe. Mit 6 Illustr. (Holzschn. im Text). Berlin (858.) Behrend. (Falckenberg.) 8. (15 S.) n. 2½ ngr.

— 300 Mark Belohnung, s.: Bloch's, E., Theater-Correspondenz.

—— Hundert Thaler Belohnung, s. Bloch's, E., Dilettanten-Bühne.

— besorgt u. aufgehoben, s.: Bloch's, E., Theater-Correspondenz.

Salingré, H., die Bretter, die die Welt bedeuten. Gesammelte Possen und Schwänke. 1. Bd. Mit 2 Illustr. (in Lith. u. color. Holzschn.) Berlin 864. Lassar. 8. (138 S.) n. 1 ₰

— Dienst- und Beschäftigungsgesuche. Berliner Genrebild. Mit 3 Illustr. (Holzschn. im Text). Berlin (858.) Behrend. (Falckenberg.) 8. (16 S.) 2½ ngr.

— einberufen, s.: Bloch's, E., Theater-Correspondenz.

— fürs Theater laß ich mein Leben, s.a. Bloch's, E., Theater-Correspondenz.

— Für's Theater laß ich mein Leben! Posse in 1 Akt. Neue Bühnen-Einrichtung v. Mart. Böhm. (23 S.) 8. Berlin (910). A. Parrhysius. 1.50

— das Gespenst um Mitternacht, s.a Bloch's, E., Theater-Correspondenz.

— dasselbe, s.a. Danner's, G., Herren-Bühne.

— Das Gespenst um Mitternacht. Posse in 1 Akt. Neue Bühnen-Einrichtg. v. Mart. Böhm. (16 S.) 8. Ebd. (910). 1.50

— guter Mond du gehst so stille, s. Bloch's, Ed., Theater-Gartenlaube.

Im Großen Hauptquartier 1870—1871. Ernstes u. Heiteres von Hermann Salingré. 2. Aufl. (Hrsg.: Louise Salingré d'Albert.) Berlin: A. Hofmann 1910. 288 S. 8° [11. 18700

— hier wird warm gespeist, } s. Bloch's, E., Dilettanten-Bühne.

— Jette vor'n Schiedsrichter. Berliner Genrebild. 10. Aufl. Berlin 862. Behrend. 16. (15 S.) 2½ ngr.

— Berliner Kinder, s. Bloch's, E., Volks-Theater.

— Knickebein im Seebade Misdroy, s.a. Reise-Abenteuer, humoristische, des Herrn Knickebein aus Beeskow.

— Herr Knickebein, Theater-Intendant von Beeskow, bei der Conferenz in Dresden. 1—11. Aufl. Berlin (858.) Lassar. 8. (15 S.) 2½ ngr.

— und E. Jacobson, ein Berliner Colporteur, s. Stadtklatsch, Berliner.

— ein alter Commis, s. Bloch's Theater-Gartenlaube.

— ein Königreich für einen Sohn, s. Bloch's, E., Dilettanten-Bühne.

— der Leibkutscher, s.: Bühnenfreund. — Kühling's, A., Album für Liebhaber-Bühnen.

— sechs Mädchen u. kein Mann, s.: Bloch's, E., Dilettanten-Bühne.

—— dass. — s. Kühling's, A., Album für Liebhaber-Bühnen.

—— Margaretha, s. Bloch's, E., komische Solo-Scenen.

— ein ruhiger Miether, s.a. Bühnenfreund, der. — Kühling's, A., Album für Liebhaber-Bühnen.

Ein ruhiger Mieter. Schwank mit Gesang in 1 Akt von H[ermann] Salingré. *Mühlhausen i. Th.: G. Danner 1900.* (20 S.) 8° [F.]
= Thalia. 75. [00. 9814

—— Nur keinen Miethskontrakt, s. Bloch's, Dilettanten-Bühne.

—— blauer Montag, } s. Bloch's, E., Dilettanten-Bühne.

—— dass. — s. Kühling's, A., Album für Liebhaber-Bühnen.

— Pech-Schulze, s.: Bloch's, E., Volks-Theater.

—— Vietsch im Verhör, s. Bloch's, E., Dilettanten-Bühne.

—— Vietsch im Verhör, s. Gerichts-Scenen, komische.

—— Preußen in Sachsen, s. Bloch's, E., Dilettanten-Bühne.

— vom norddeutschen Reichstage, s. Bloch's, E., Dilettanten-Bühne.

— die Reise durch Berlin in 80 Stunden, s.: Bühnenfreund, der. — Kühling's, A., Album für Liebhaber-Bühnen.

— 7½ procentige Rumänier, } s.: Bloch's, E., Dilettanten-Bühne.

—— vor dem Schiedsmann, s. Gerichts-Scenen, komische.

— durch's Schlüsselloch, s. Bloch's E., Volks-Theater.

—— dass. — s. Kühling's, A., Volks-Schaubühne.

Salingré, H., u. C. A. Görner, Schwiegerpapa, s.: Bloch's, E., Theater-Gartenlaube.

— Spillike in Paris, s.: Bloch's, E., Theater-Gartenlaube.

—— auf dem Stadtgericht, s. Gerichts-Scenen, komische.

— des Friseurs letztes Stündlein, s.a. Bloch's, Ed., Dilettanten-Bühne.

Salingré, Herm., des Friseurs letztes Stündlein. Solo-Posse m. Gesang. Neue Bühnen-Einrichtung v. Mart. Böhm. (12 S.) 8. Berlin (910). A. Parrhysius. 1.50

— Vom Brandenburger Thor bis zu Kroll, s. Stadtklatsch, Berliner.

— im Wartesalon dritter Klasse, s. Bloch's E., Volks-Theater.

— Was Borsig's 1000ste Locomotive erzählt. 1—4. Aufl. Berlin (858.) Behrend. (Falckenberg.) 8. (16 S.) 2½ ngr.

—— Was sich die Kaserne erzählt, s. Bloch's, Ed., Theater-Correspondenz.

Salingré, H., u. Hugo Busse, wenn d. Krieger heimwärts ziehn, s.a. Bloch's, Ludw., Militär-Festmappe, Nr. 50.

Wenn die Krieger heimwärts ziehn. Schwank mit Gesang in 1 Akt von H[ermann] Salingré. Neu bearb. von Hugo Busse. Musik von R. Bial. 2. Aufl. *Berlin: E. Bloch (1896).* (29 S.) 8° [F.]
= Militär-Festmappe, Ludwig Blochs, f. vaterl. Gedenktage ... II. 50.
(01. 10)01

— wenn die Preußen heimwärts ziehen, s. Bloch's Volks-Theater.

Salingré, Siegfried [aus Berlin]: Über Pfählungsverletzungen Berlin, Buchdr. v. W. Axt, *1893*; 31 S. 8.
Berlin, Med. Fak., Inaug.-Diss. v. 2. Mai 1893

Salins, Jean Baptiste de

[—] IHRER KÖNIGL. MAJESTÄT | ORDNUNG. | DIE FORM UND INSTRUCTION, LAUT | welcher das Recht deß gestempelten Papiers oder kleinen Siegels | im Hertzogthum Lützemburg, Graffschafft Chiny, und in den | inclavirten, untergebenen und dependirenden Herrschafften, solle | erhoben und eingenommen werden, inhaltend. | [Wappen] | Gedruckt zu Lützemburg, | Bey ANDRE CHEVALIER. | Buchdrucker und Buchführer [sic]. Im Jahr 1704. |
23 S., 8° (195 × 150 mm).

Ermunterung. [Unterz.:] Salis. o. O. u. J. 2 Bl. 8°. [Kopftit.]
„Seht, wie die Tage sich sonnig verklären" . . .

Salis, der Prozeß Farner-Pfrunder in Zürich. Nach den Akten u. nach dem Leben mitgeteilt. 8. (189 S.) St. Gallen 893. (Leipzig, Literar. Anstalt A. Schulze.) n. 1. —

Salis, nützliches u. angenehmes Handbuch für Väter, Mütter, Kinder, Hofmeister rc. überhaupt für alle Menschen. 8. Wien, Camesina. 784.

Salis, . . ., nützl. u. angenehmes Handbuch f. Väter, Mütter, Kinder, Hofmeister rc., überhaupt f. alle Menschen. 8. Wien 784. (Heubner). 10 gr.

Salis, A. v., die Beziehungen der Tuberculose d. Gehirns u. seiner Häute zu Traumen d. Schädels. Inaug.-Diss. Mit 3 Taf. gr. 8. (42 S.) Bern 888. (Huber & Co.) n. 1. —

Salis. Ad. von

Salis, Ad. v., Das schweizerische Wasserbauwesen: Organisation, Leistungen und Bausysteme. Bern 1883. Fol.

SALIS, A. v.: Die Wildbachverbauung in der Schweiz. Nach ausgeführten Werken im Auftrage des eidgenössischen Departements des Innern dargestellt und besprochen vom eidgenössischen Oberbauinspektorat. - Bern 1890 u. 1892. 2 H.

Salis, Arnold v., Agrippa d'Aubigné. Eine Hugenottengestalt. gr. 8. (XII, 128 S.) Heidelberg 885. C. Winter. n. 2. 40; geb. n. 3. 50

Salis, A. v., Agrippa d'Aubigné. Eine Hugenottengestalt. 2. (Titel-)Ausg. gr. 8. (XII, 128 S. m. 1 Portr. in Lichtdr.) Heidelberg 892. C. Winter. n. 1. 20; geb. in Leinw. n. 2. —

Salis, A. v, siehe: *Beiträge z. vaterländ. Geschichte.*

Salis, [Arnold] v[on]. Zur Erinnerung an Herrn Daniel Burckhardt-Thurneysen. Personalien und Leichenrede gehalten ... den 7. März 1894 ... [zu Basel]. 8. Basel 1894.

Salis, Arnold v[on]. Zur Erinnerung an Frau Anna Margaretha Ehinger geb. von Speyr, geboren ... 1817, gestorben den 17. Dezember 1894. Leichenrede gehalten ... [zu Basel]. 20. Dezember 1894. 8. [Basel.]

(Salis, A[rnold] v[on].) Zur Erinnerung an Herrn Pfarrer Gustav Feer-Burckhardt, geboren ... 1821. gestorben den 19. Januar 1895. (Rede bei der Beerdigung am 22. Januar 1895 gehalten.) 8. (Basel.)

Salis, A[rnold] v[on]. Zur Erinnerung an Frau Caroline Heusler-Christ. Personalien und Ansprache gehalten... den 14. Oktober 1907... [zu Basel]. [Mit 1 Porträt-Tafel.] II + 10 S. 8. [Basel, Emil Birkhäuser, 1907.]

Salis, A[rnold von]. Zur Erinnerung an Herrn Rathsherr Alphons Koechlin-Geigy, geboren... 1821, gestorben den 6. Februar 1893. Personalien und Gebet, gehalten... den 10. Februar 1893... zu Basel. 8. *o. O.*

Salis, A[rnold] von. Zur Erinnerung an Frau Emilie Merian geb. Iselin, geboren... 1824, gestorben den 7. Oktober 1897. Personalien und Leichenrede gehalten den 9. Oktober 1897... [zu Basel]. 8. [Basel.]

(Salis, A[rnold] von.) Zur Erinnerung an Frau Professor Charlotte Antonie Miescher-His, geboren... 1819, gestorben den 26. September 1896. (Leichenrede gehalten... [zu Basel] den 29. September 1896.) 8. *o. O.*

Salis, A[rnold] v[on]. Zur Erinnerung an Herrn Fritz Riggenbach, geboren... 1853, gestorben den 5. August 1888. Worte, gesprochen bei der Beerdigung. 8. [Basel.]

Salis, A[rnold von].) Zur Erinnerung an Herrn Benedict Stähelin-Linder, geboren... 1825, gestorben den 14. Juni 1891. (Personalien. Leichenrede und Gebet bei der Beerdigungsfeier... [in Basel] am 17. Juni 1891 gesprochen.) 8. (Basel.)

(Salis, A[rnold] von.) Zur Erinnerung an Julie Strohl, gestorben am 22. Februar 1898. (Leichenrede gehalten den 25. Februar 1898... [zu Basel].) 8. Basel.

Salis, A[rnold] v[on]. Zur Erinnerung an Herrn Charles-Auguste Veillon-Burckhardt. Personalien und Leichenrede gehalten den 15. Februar 1898... [zu Basel]. 8. Basel 1898.

Salis, Arnold v[on]. Zur zweihundertjährigen Erinnerung an die Aufhebung des Edikts von Nantes. 8. Basel 1885.

Salis, A., das Evangelium in Italien. Vortrag. 8. (23 S.) Basel 888. [Schneider.] Geering. — 30

Salis, A. (Pfarrer in Liestal). Frieden durch Stille. Predigt über Jesajas 30, 15 gehalten vor der schweizerischen evangelischen Predigergesellschaft in Frauenfeld, den 9. August 1881. In-8°, 15 S. Liestal, Lüdin & Walser. 1881.

— f. uns gestorben u. auferstanden. 2 Predigten, geh. am Charfreitag 1895 u. an Ostern 1894 im Münster zu Basel. 8. (25 S.) Basel 895. R. Reich. n. — 40

Salis, Arnold v., Grisone. Die Bluthochzeit der Baglionen. Historisches Trauerspiel in 5 Aufzügen. 8. (XIV, 182 S.) Leipzig 884, Haessel. *ℳ 3.; geb. *

— u. E. Miescher, das Hirtenamt u. die Aufgabe der christl. Kirche. Installationsrede v. A. S. üb. Jerem. 3, 15 u. Antrittspredigt v. E. M. üb. Matth. 17, 14—21, geh. zu St. Leonhard den 1. Novbr. 1891. 8. (17 S.) Basel 891. Missionsbuchh. n. — 20

Salis, Arnold v., Georg Jenatsch. Eine dramat. Dilogie. Basel 868. Richter. 8. (VIII, 287 S.) n. 1 ℳ

Salis, A. Charfreitag und Ostern. Zwei Predigten, gehalten den 26. und 28. März 1880 in Liestal. In-8°, 37 S. Liestal, Lüdin & Walser. 1880

Salis, A. v., die Kraft der Psalmen od. Der Psalter als Erbauungsbuch. Vortrag. 8. (31 S.) Basel 902. Helbing & Lichtenhahn. n. — 50

Salis, A[rnold] von. Die Kraft der Psalmen oder Der Psalter als Erbauungsbuch. Vortrag. 31 S. 8. Basel, R. Reich, 1902. [fr. —. 60]

Salis, A[rnold] v[on]. Leichenrede gehalten bei der Beerdigung von Frau Susanna Juliana Hübscher geb. Lichtenhahn, am 21. Juni 1890. 8. Basel.

— Neujahrspredigt, geh. 1. Jan. 1891. 8. 8. (14 S.) Basel 891, Geering. — 20

— christlicher Religions- u. Konfirmations-Unterricht. Ein Leitfaden. 12. (62 S.) Basel 891. F. Riehm. Kart. — 60

Salis, A. v., christlicher Religions- u. Konfirmations-Unterricht. Ein Leitfaden. 2. Aufl. 12. (62 S.) Basel 896. R. Reich. Kart. n. — 50

— Ruth. Sechs bibl. Betrachtgn. vor d. christl. Gemeinde. 8. (95 S.) Ebd. 898. n. 1. 20

Salis, A[rnold] v[on]. Selig, die erduldet haben! Predigt, gehalten am «Totenfest» im Münster zu Basel den 20. November 1904. Auf mehrfaches Verlangen dem Druck übergeben zu Gunsten der Basler Mission. [Mit 1 Ansicht.] 16 S. 8. Basel, Missionsbuchh., 1904. [fr. —. 20]

— stille zu Gott! Predigt üb. Psalm 62, 2. Am letzten Sonntag d. Jahres 27. Dezbr. 1891 geh. im Münster zu Basel. 8. (16 S.) Basel 892. A. Geering. n. — 20

Salis, A[rnold] v[on]. Jung Stilling in Basel verboten. Kirchengeschichtliche Mitteilung. [S.A.] 8. [Basel 1894.]

— Sylvester-Predigt, geh. zu St. Leonhard am 31. Decbr. 1889. 8. (15 S.) Ebd. 889. n. — 20

Salis, Arnold v., s.: Taschenbuch f. die schweizer. reformierten Geistlichen.

Salis, A. v., Pfarrer in Liestal, das Verhältniss der Volksschule z. Religionsunterricht. Referat etc. 68 Stn. 8. Zürich, Druck von Herzog. 1875.

Salis, Arnold von, Basiliensis: De Doriensium ludorum in comoedia attica vestigiis. Basileae 1905. 56 + 1 p. 8°. [15. V. 05.]

Basel. Phil. Diss. 1904/1905.

Salis, Arnold von. De Doriensium ludorum in comoedia Attica vestigiis. Diss. Phil. Basil. [Cum figuris.] 57 p. 8. Basileae, E. Birkhaeuser, 1905.

— christliche Wahl. Predigt üb. Apostelgeschichte 1, 15—26. Am 29. Mai 1892 geh. im Münster zu Basel. 8. (16 S.) Ebd. 892. n. — 20

Salis, Arnold v[on]. Peter Werenfels. Antistes Eccl. Basil. VIII 1675–1703. Ein Beitrag zur Kirchengeschichte Basels. 8. (Basel 1897.)

(Beiträge zur vaterländischen Geschichte ... Neue Folge. Band 5. Heft 1.)

Salis, Arnold v., Wogen u. Wellen. Gedichte. gr. 16. (VIII, 127 S.) Basel 878. Schneider. n. 1. 60

Salis, Bapt. v., kleine Schriften. 8. Zürich, Orell. 767.

— neue Urkunden f. die Kirche u. d. Glauben, od. B. v. Salis Herzensprotokoll. 1r Thl. Nebst Anh. 8. Zürich u. Chur 767.

v. Salis, Frhrr. C. A., Lehrbuch d. Mathematik f. Militärschulen u. z. Selbstunterricht. 1r Bd. Arithmetik. A. u. d. T.: Lehrbuch d. Arithmetik f. Militärschulen u. z. Selbstunterricht. gr. 8. Wien 821. Heubner. 1 ₰ 4 gr 2r Bd. theoret. u. prakt. Geometrie. Mit 6 Kpftaf. gr. 8. Ebd. 822. 1 ₰ 8 gr 3r u. 4r Bd. unt. d. Tit.: Lehrbuch d. Algebra. 2 Abtheill. gr. 8. Ebd. 823. 2 ₰ 12 gr 1r—4r Bd. 4 ₰ 10 gr

Salis, Carl von, s. Salis, Karl von

Salis, Daniel von. Vertheidigung der Erben des Hrn. Presidenten Peter von Salis vor dem ... Gericht in Chur. 4. o. O. 1794. 13. Junius.

Salis, E. v., s. a. Alpenbahnen, Die schweizerischen, in militärischer Beziehung.

(Salis, E. v., J. v. Salis u. Hoffstetter.) Die schweizerischen Alpenbahnen in militärischer Beziehung. St. Gallen 1865. 8°.

Salis, Emanuel von, von Mayenfeld (Kt. Graubünden) und Basel: Ueber Dinitro- und Trinitroderivate der Kresole. Zür. Orell Füssli Cie Dr. 1881. 56 S., 1 Taf. 8°.
Zürich, Phil. Diss. [v. 24. Febr. 1882].

Salis, Friedrich, a. Fiddichow: **Die Schweriner Fälschungen.** Diplomatische Untersuchungen **zur mecklenburgischen** und pommerschen Geschichte im **12. und 13. Jahrhundert.** T. 1: Vier Fälschungen aus d. päpstl. Kanzlei. **Göttingen** 1908 (Leipzig: Veit & Co.). (S. 273—353.) 8° ¶ (Erscheint vollst. in: „Archiv f. Urkundenforschung" Bd 1 H. 2.)
Göttingen, Phil. Fak., Ref. Brandi, Diss. v. 18. Febr. 1908
[Geb. 1. Sept. 80 Fiddichow; Wohnort: Fiddichow; Staatsangeh.: Preußen; Vorbildung: Schiller-Realgymn. Stettin Reife O. 01; Studium: Göttingen 1, Berlin 2, Göttingen 7 S.; Rig. 8. März 07.]

Salis, Friedr[ich] v[on]. Die Gletscher in Graubünden. [Mit Figuren.] SA. 8. [Bern 1883.]

Salis, Friedr. v. Über den Seedamm-Bruch an der Albula. 1870?

Salis, Hans v., prakt. Arzt, III. Assistent am pathologischen Institut: Zur Bedeutung der Rippengelenke bei Lungenemphysem und Lungentuberkulose. (Aus dem pathologisch-anatomischen Institut Basel. Professor Hedinger.) Wiesbaden 1910. 47 S. 8°.
Basel. Med. Diss. 1909/10.

Salis, Hans v[on]. Zur Bedeutung der Rippengelenke bei Lungenemphysem und Lungentuberkulose. Aus dem pathologisch-anatomischen Institut Basel.... Diss. Med. Basel. 47 S. 8. Wiesbaden, J. F. Bergmann, 1910.

Salis, J. v., s. Alpenbahnen, Die schweizerischen, in militärischer Beziehung.

Salis, J. G. v., Gedichte. Neueste Auflage. 8. Ebendas. 808.
m. K. Schreibp.

Salis, J. G., Gedichte. N. Aufl. 12. Zürich, Orell. 817.

Salis, J. G. v., s.: National-Bibliothek. — National-Litteratur, deutsche.

SALIS, Jacob Nikolaus von (Celerina/Schweiz): De nonnullis Rhaetiae fontibus medicis. (Titel nach der Urkunde)
24.8.1830 - Urk; F 60
Diss.Ingolst.-Landsh.-Mchn.

v. Salis, Fürst Jh. B. († 180..) s. Bibliothek d. Familie v. Oberau. 1s Bdchn.

Salis, Karl von

— — Gedanken über die Bewegungen der modernen Taktik. Von C. Frei aus dem Französischen übersetzt und der österreichischen Armee gewidmet von Emil Günther, Verfasser von „Geist u. Herz des österr. Soldaten", etc. etc. 8. Wien 1869.

Salis, Carl Frhr v., Lehrbuch der Taktik aller drei Waffen. Zum speciellen Gebrauch für Divisions-Schulen zusammengestellt. Mit 3 autograph. Plänen in qu. 4. Wien 868. Teubler & Co. gr. 16. (IX, 414 S.) n. 1 ₰ 10 ngr.

— Taktik der drei Waffen als Lehrbuch für höhere Truppenschulen bearb. 2. vollständig umgearb. u. verb. Aufl. Mit (eingedr.) Holzschn. u. 6 lith. Taff. (in 4.) Wien 868. Seidel & Sohn. gr. 8. (308 S.) n. 1 ₰ 26 ngr.

Salis, Karl Ulysees von, s. Salis-Marschlins, Ulysees von

(Salis, L[udwig] R[udolf] v[on]. Begutachtung [i. S. des] entlassene[n] Telegraphist[en] C[aspar] Spini [betr. dessen Recht zur] Beschwerde an die Bundesversammlung.) [An] Herrn Dr. L[udwig] F[riedrich] Meyer, Rechtsanwalt, Luzern. (1905 Januar 11.) 6 S. kl.-4.

Salis, L. R. v., Beiträge zur Geschichte d. persönlichen Eherechts in Graubünden. gr. 8. (VII, 108 S.) Basel 886. Detloff. n. 2. —

Salis, L[udwig] R[udolf] von. Bemerkungen zum Nachtragsgutachten des Dr. Joh[annes] Winkler, betreffend Proportionalwahl des Luzerner Grossen Stadtrates und Bundesrecht. (1910 Januar 25.) 11 S. 8. Luzern, Räber & Cie., 1910.

Salis, L. R. v., die Bundesgesetze betr. die Erfindungspatente [vom 29. Juni 1888] u. den Schutz gewerblicher Muster u. Modelle [vom 21. Dezbr. 1888]. [Aus: „Zeitschr. f. schweiz. Recht".] gr. 8. (25 S.) Basel 889. [Detloff.] Reich. n. — 50

Salis, Ludw. Rud. v., schweizerisches Bundesrecht. Staatsrechtl. u. verwaltungsrechtl. Praxis d. Bundesrates u. der Bundesversammlg. seit dem 29. Mai 1874. Im Auftrage des schweizer. Bundesrates dargestellt. 4 Bde. gr. 8. Bern, K. J. Wyss. n. 26. —
1. (XV, 497 S.) 891. n. 6. —. — 2. (XI, 642 S.) 892. n. 8. —. — 3. (X, 498 S.) 892. n. 6. —. — 4. (IX, 531 S.) 893. n. 6. —.

Salis, Ludw. Rud. v., schweizerisches Bundesrecht. Staatsrechtliche u. verwaltungsrechtliche Praxis des Bundesrates u. der Bundesversammlg. seit dem 29. V. 1874. Im Auftrage des schweizer. Bundesrates bearb. 2., bis Ende 1902 fortgeführte Aufl. 5 Bde. (XVIII, 803; XI, 818; VIII, 844; IX, 778 u. XXIII, 778 S.) gr. 8. Bern 903. 904. K. J. Wyss. à Bd. n. 11. —

Salis, L[udwig] R[udolf] von. Consultation sur la question de l'obligation de l'abaissement des tarifs des compagnies de chemins de fer. Rédigée pour l'Union suisse de chemins de fer funiculaires par le prof. Dr L. R. de S'. (Berne, le 1er mai 1906.) 11 p. gr.-8. [Berne, Stæmpfli & Cie.]
Publié comme Annexe à: (Lohner, E[mil].) Requête de l'Union de Compagnies suisses des chemins de fer fun'.... Berne ... 1906.

— le droit fédéral suisse. Jurisprudence du conseil fédéral et de l'assemblée fédérale en matière de droit public et administratif depuis le 29 mai 1874. Exposé par ordre du conseil fédéral suisse. Traduit de l'allemand par Eug. Borel. 4 vols. gr. 8. Ebd. n. 26.—
1. (XVIII, 525 S.) 892. n. 6.—. — 2. (XI, 657 S.) 892. n. 8.—. — 3. (XI, 510 S.) 893. n. 6.—. — 4. (IX, 552 S.) 894. n. 6.—.

— le droit fédéral suisse. Jurisprudence du conseil fédéral et de l'assemblée fédérale en matière de droit public et administratif depuis le 29. V. 1874. Exposé par ordre du conseil fédéral suisse. Traduit de l'allemand par Eug. Borel. 2. éd. (continuée jusqu'en décembre 1903). 1—4ième vol. (XIX, 839; XI, 848; VIII, 880 u. IX, 799 S.) gr. 8. Ebd. 904—906. à vol. n. 11. —

Salis, Ludw. v., le droit fédéral suisse. Jurisprudence du conseil fédéral et de l'assemblée fédérale en matière de droit public et administratif depuis le 29. V. 1874. Exposé par ordre du conseil fédéral suisse. Traduit de l'allemand par Eug. Borel. 2. éd. (continuée jusqu'en décembre 1903). 5ième (et dernier) vol. (XXI, 820 S.) gr. 8. Bern 907. K. J. Wyss. 11.—

— u. E. Picot, Ehescheidungs- u. Ehenichtigkeitssachen von Ausländern in der Schweiz. (Zwei vom schweiz. Juristenverein gekrönte Preisschriften.) 8. (125; 54 S.) Basel 888. [Detloff.] Reich. n. 4. —

Salis, L. R. v., d. Entwickelg. d. Kultusfreiheit in d. Schweiz. Festschrift, d. schweiz. Juristenverein bei s. Versammlg. in Basel im J. 1894 überr. v. d. jurist. Fakultät der Universität Basel. gr. 4. (100 S.) Basel 894. (R. Reich.) n. 3. —

— der Erlass e. bürgerl. Gesetzbuches. Rektoratsrede, geh. am Jahresfeste der Universität Basel, den 9. Novbr. 1894. gr. 8. (34 S.) Ebd. 894. n. — 80

Die Genehmigung der Statuten der Eisenbahngesellschaften durch den Bundesrat (Art. 7 Abs. 1 d. Eisenbahngesetzes v. 23. Dez. 1872). Rechtsgutachten erstattet der Direktion d. Schweizer. Nordostbahn von L[udwig] R[udolf] v. Salis, Prof. d. Rechte. *Zürich 1896: Zürcher & Furrer.* (51 S.) 8°
Schweizer Bahnen. Beilage. [97. 14…]

— u. Arth. Mamelok, das Handelsrecht, Wechselrecht u. Konkursrecht der Schweiz, s. a. Handelsgesetze, die, des Erdballs.

Das Handelsrecht, Wechselrecht und Konkursrecht der Schweiz mit Wiedergabe des Gesetzestextes in den 3 Landessprachen. Le droit de commerce, le droit de change et le droit de faillite de la Suisse. Bearb. von Dr. Ludwig Rudolf v. Salis, unter Mitw. von Dr. Arthur Mamelok, Rechtsanw. Berlin: R. v. Decker 1906. (195, 335 S.) 4°(8°)
— Handelsgesetze, Die, d. Erdballs. Ausg. D. Schweiz. [07. 1399]

Salis, Ludwig Rudolf von. Das Handelsrecht, Wechselrecht und Konkursrecht der Schweiz, mit Wiedergabe des Gesetzestextes in den drei Landessprachen = Le droit de commerce, le dr' de change et le dr' de faillite de la Suisse, avec réproduction du texte original dans les trois langues du pays. Bearb. von = Redigé par Dr. L' R' von S', ... Bern; unter Mitwirkung von = avec collaboration de Dr. Arthur Mamelok, ... Zürich. Separat-Ausgabe der Deutschen Ausg. Signatur D. 335 S. (*wovon* S. 2—6. 15—195. 318—324 Doppel-S.). gr.-8. Berlin, R. v. Decker, 1907. [geb. M. 27. —]
Die Handelsgesetze des Erdballs = The Commercial Laws of the World = Les lois commerciales du monde = ... Begründer des Werkes ...: Dr. Oskar Borchardt, Berlin. 3. wesentlich erweiterte und ... neubearbeitete Aufl. ... Hrg. von ... Dr. Josef Kohler ..., Dr. Felix Meyer ..., Dr. Hans Trumpler ...; Schriftleitung: Dr. Georg Maas.... Die Schweiz = La Suisse.

— leges Burgundionum, s.: Monumenta germaniae historica.

— die Publikation d. tridentinischen Rechts der Eheschliessung. gr. 8. (74 S.) Ebd. 888. n. 1. 50

Salis, L[udwig] R[udolf] von. Rechtsgutachten über die Frage der Verpflichtung der Eisenbahngesellschaften zur Herabsetzung der Transporttaxen. Erstattet dem Verein Schweizerischer Drahtseilbahngesellschaften von Prof. Dr. L. R. von S'. (Bern, 1. Mai 1906.) 12 S. 8. [Bern, K. J. Wyss.]
Hrg. als Beilage zu: (Lohner, E[mil].) Gesuch für den Verein schweizer. Drahtseilbahn-Ges'.... Thun ... 1906.

Salis, L[udwig] R[udolf] v[on]. Rechtsgutachten über die Verfassungsmässigkeit des § 3 des Luzerner Verfassungsgesetzes betreffend die Einführung der Verhältniswahl, vom 3. März 1909, verfasst von Dr. L. R. v. S'.... (1909 November 15.) 16 S. 8. Luzern, Räber & Cie., 1909.

— u. H. Sommer, Rechtsphilosophie, vergleich. Rechtswissenschaft, deutsche Rechtsgeschichte u. Geschichte d. Rechtswissenschaft, s. a. Litteraturbericht, juristischer, 1884 bis 1894, Hft. 1.

Die Rechtsphilosophie, vergleichende Rechtswissenschaft, deutsche Rechtsgeschichte u. Geschichte d. Rechtswissenschaft 1884 bis 1894 v. L[udw.] R. v. Salis u. H. Sommer. *Leipzig: J. C. Hinrichs 1895.* (1 Bl., 40 S.) 8.
= Litteraturbericht, Juristischer, 1884—1894. H. 1.
= Centralblatt f. Rechtswissenschaft. Ergänzgsbd. [96. 8405]

— s.: Rechtsquellen d. Cantons Graubünden.

— die Religionsfreiheit in der Praxis. Vortrag, geh. in der Plenarversammlg. der jurist. Gesellschaft zu Wien den 30. März 1892. gr. 8. (43 S.) Bern 892. K. J. Wyss. n. 1. —

— s.: Zeitschrift f. schweizer. Recht.

Salis, Meta von, s. Salis - Marschlins

Salis, Peter von. Gegeneinlage an die Ehrsamen Räthe ... über das von Seiten der Herren Gebrüderen Bavier an sie gestellte Memorial betreffend die Zollsverpachtung, ausgegeben von P' von S'. fol. Chur 1761.

Salis, Pet. v., Mittheilungen über die störende Wirkung elektrischer und magnetischer Vorgänge auf unseren Telegraphen-Leitungen. Vortrag. 8°. Chur, Selbstverlag

Salis, Reinhard von [aus Jenins (Kt. Graubünden)]: Synthese des 3-2'-Dioxyflavons. Bern 1899. 64 S. 8°.
Bern. Phil. Diss. 1899/1900.

Salis, Ulysees von, s. Salis - Marschlins

v. Salis-Marschlins, ..., (Sohn des Karl Ulyßes,) s. Elektrometrie.

— üb. unterirdische Elektrometrie. 8. Zürich, Ziegler. 793.

Salis-Marschlins, Karl Ulysees von

[Salis-Marschlins, Carl Ulysses von.] Die Confiscation des Bündnerischen Privat-Eigenthums in Veltlin, Cläven und Worms, ausführlicher dargestellt. Als Beantwortung zweier in Mailand erschienener Druckschriften. Hrg. mit Bewilligung der Regierung des Standes Graubünden. 8. Zürich 1814.

— Reisen d. Neapel und Sicilien. 1r Bd. m. K. gr. 8. Ebend. 793.

Salis v. Marschlins, Carl Ulysses v. Reisen in verschiedene Provinzen des Königreichs Neapel. 1. Zürich 1791.

— Reisen in verschied. Provinzen d. Königr. Neapel u. Sicilien. 1r Bd. Mit Kpf. gr. 8. Zürich 793. Ziegler. 2 ℔

Salis-Marschlins, Meta von

Salis-Marschlins, Aristokratica. (III, 108 S.) 8. Marschlins 902. (München, A. Buchholz.) n. 2. 80

Salis-Marschlins, Meta v., Aristokratika II. Gedichte. Titelzeichng. v. Rud. Glauser. (VI, 216 S.) 8. Zürich 909. A. Bopp. Geb. in Leinw. 5. 50

Salis-Marschlins, [Meta von]. Auserwählte Frauen unserer Zeit. 8. Marschlins-Graubünden 1900.

Salis, Meta v., Gedichte. 8. (VI, 101 S.) Zürich 881. Schmidt. n. 2. —

Salis-Marschlins, Meta v. Lieder u. Sprüche, s. Kym, Hedwig.

Salis-Marschlins, Meta v., Philosoph u. Edelmensch. Ein Beitrag zur Charakteristik Friedrich Nietzsche's gr. 8. (III, 110 S.) Leipzig 897. C. G. Naumann. n. 3. – ; geb. n. 4. 50

Salis-Marschlins, Meta v., [von Marschlins, Kt. Graubünden]: Agnes von Poitou Kaiserin von Deutschland. Eine historisch-kritisch-psychologische Abhandlung. Zür. (München Rischmöller u. Meyn Dr.) 1887. 4 Bl., 91 S. 8°.
Zürich, Phil. Diss. [v. 26. Mai 1887].

Salis-Marschlins, M. v., Agnes v. Poitou, Kaiserin v. Deutschland. Eine historisch-kritisch-psycholog. Abhandlg. gr. 8. (91 S.) Zürich 887. (Rudolphi & Klemm.) n. 1. —

— Präludien u. Phantasien. Die Zukunft der Frau. 2., verm. Aufl. 12. (III, 146 S.) München 891. Buchholz. n. 2. 50

— die Schutzengel. Roman aus der Gegenwart u. Zukunft in 3 Büchern. 1. u. 2. Buch. 8. München, Merhoff. à n. 3. —
1. (246 S.) 889. — 2. Furchtlos u. treu. (VI, 210 S.) 890.

Salis-Marschlins, Meta v., die Zukunft der Frau. 8. (132 S.) Zürich 886. (München, Buchholz & Werner.) n. 2. 50

Salis-Marschlins, Ulysees von

Salis-Marschlins, Karl Ulysses v., Alpina, s. Alpina.

Salis, Karl Ulysses v. und Johann Rudolph **Steinmüller.** Alpina. Eine Schrift, der genauen Kenntniss der Alpen gewidmet. Mit Karten. (4 Bde.) 8. Winterthur **1806—1809.**

– s. **Amoretti.**

— statist.-histor. Archiv f. Bündten. 3 Bde. 8. . . . 799.

[Salis-Marschlins, Ulysses *II* von; 1728–1800.] Ausführung der Rechtsamen des Gottshausbunds, über das Hochstift zu Chur. Auf Befehl ermelten Löbl. Bundes zum Druck befördert. ([Mit] Beylagen.) fol. Chur 1753.

[Salis-Marschlins, Ulysses *II* von.] Auszüge aus dem Decretenbuch und den Ausschreiben Lobl. gemeinen 3. Bündten in Betreff der Verwaltung und Verpachtungen der Zöllen Lobl. gemeinen Landen von Anno 1639. bis zu unserer gegenwärtigen Zeit. Bey Anlaß da die Anträge wegen einer neuen Zollpacht... ausgeschrieben werden.... fol. *o. O.* 1787.

— Beytr. z. nat. u. ökon. Kenntn. des Königreichs Sicilien. 2 Bücher. 8. Zürich, Orell, Füßli und Comp. 790.

— Bildergallerie d. Heimwehkranken, ein Lesebuch für Leidende. 3 Bändchen. 8. Zurich, Orell, Füßli und Comp. 798–804. (1s 20 gr. 2s 1 Rthlr. 16 gr. 3s 1 Rthlr. 12 gr.)

v. Salis-Marschlins, Karl Ulyß. († d. 6. Oct. 1800.) Bildergallerie d. Heimweh-Kranken. Ein Lehrbuch f. Leidende. 1s Bdchn. 8. Zürich 799. 2e A. 804. 3e A. 821. Orell. 20 gr 2s u. 3s Bdchen. 8. Eod. 800—804. 3 ℔ 4 gr

v. Salis, d. Aelt., (C. U.,) Bildergallerie der Heimweh-Kranken. Ein Lehrbuch für Leidende. 1s Bdchen. 3e durchges. Aufl. 8. Zürich 824. Orell.

Salis, d. Ält., Ulysses v., Bildergallerie d. Heimweh-Kranken. Ein Leseb. f. Leidende. 3 Bdchn. 3., durchges. Aufl. 8. (64 B.) Zürich 835, Orell, Füßli u. Comp.

— Briefe üb. d. Basalt. 8. Zürich, Ziegler. 792.

– s. **Briefe zweier Mineralogen üb. d. Basalt.**

[Salis-Marschlins, Ulysses *II* von.] Patriotische Briefe, die dermalige Bündnerische Zwistigkeiten betreffend. 4. *o. O.* Gedruckt im Brachmonath 1764.

— Briefe an Väter u. Kinderfreunde. 8. o. O. 775.

v. Salis-Marschlins, Ulysses, der eidgenössische Bund d. Gebirgsbewohner an den 3 Rheinquellen. Drama in 5 Akten. 8. Winterth. 803. Steiner. 15 gr

— Denkmal d. kindl. Ehrfurcht u. Liebe errichtet rc. von seinen verwaisten Töchtern. 8. Zürich 801. Orell. 6 gr

Salis-Marschlins, U. v., Denkwürdigkeiten, s. Archiv für die Geschichte der Republik Graubünden.

Salis-Marschlins, Ulysses *I* von [1594–1674.] Des Maréschal de Camp U' von S'-M' Denkwürdigkeiten. Nach dem unedirten, italiänischen Originalmanuscript bearb., mit Anmerkungen erläutert und ... hrg. von Conradin v[on] Mohr. 8. Chur (1857–)1858.
(Archiv für die Geschichte der Republik Graubünden. [Band 4 =] Heft 25–27.)

(Salis-Marschlins, Ulysses *II* von.) Unvorgreiflicher Entwurff einer Verbesserung des Justitzwesens in den Unterthanen Landen. fol. *o. O.* 1791.

Salis-Marschlins, C[arl] U[lysses] von. Historische Erläuterungen über die am 28. Oktober 1797 ergangene Confiskation des bündnerischen Privateigenthums im Thale Veltlin und in den Grafschaften Cleven und Bormio. Gesammelt und mit Urkunden belegt von C. U. von S' M'. 8. Chur 1814.

[Salis-Marschlins, Ulysses *II* von.] Erweis, welcher sich auf die geistlichen und weltlichen Rechte gründet, daß keine liegende Güter ohne Erlaubnis des Landesfürsten in todte Hände kommen können. 4. *o. O.* 1764.

[Salis-Marschlins, Carl Ulysses von.] Exposé sur la confiscation des propriétés privées des Grisons dans les pays de Valteline, Chiavenne et Bormio. En réponse à deux mémoires imprimés à Milan à ce sujet. Avec Permission du Gouvernement du Canton des Grisons. [Traduit de l'allemand.] 4. Coire 1814.

Salis(-Marschlins), Ulysses *U* von. Fragmente der Staats-Geschichte des Thals Veltlin und der Grafschaften Clefen und Worms, aus Urkunden. 4 Bände. [*je* Mit 1 Vignette.] 8. *o. O.* 1792.

v. Salis-Marschlins, Karl Ulyß., Fragmente d. Staatsgeschichte d. Thales Veltlin u. d. Grafschaft Clefen u. Worms, aus Urkunden. 4 Thle. 8. Zürich 792 u. 93. (Ziegler). 2 rf 16 gf

— fragmenti del istoria politica e diplomatica della Valtelina e contadi di Chiavenna a Bormio. III Voll. 8. Zürich 793. (Ziegler). 2 rf

[Salis-Marschlins, Ulysses *U* von.] Geschichte Der in denen Jahren 1761. 1762. und 1763. zwischen ... der Kayserin Königin (Maria Theresia) als Herzog von Mayland und der Republik der drey Bündten in hohen Rhätien gepflogenen Unterhandlung in einer Relation an die Ehrsamen Räthe und Gemeinden gedachter Republik .... [Mit 5 Anhängen.] fol. Chur 1764.

1. Anhang: 13 Bl. u. 1 Tabelle. – 2. Anhang: 114 S. – 3. Anhang: 76 S. – 4. Anhang u. d. T.: Indulto pontificio sopra l'asilo sacro della Lombardia austriaca. Milano 1758. – *5. Anhang: 20 Bl.*

Salis[-Marschlins], Ulysses *U* von. Die Heimreise. Zwei Tagebücher zweier Reisender über die nämliche Reise, mit Anmerkungen des Schulmeisters Fürchtegott. Aus dem Nachlass von U' von S'. 8. Basel.

Ausg. A. (Neujahrsgabe für die Besucher des Sonntagssaales zum Saffran 1858.)

Ausg. B. [1858.]

— Journal f. Bündten, dessen Topographie, Naturgeschichte u. Oekonomie betreff. 1r Bd. (6 Hfte.) 8. ... 799.

— Jupiter u. Schinznach. 8. o. O. 777.

Salis-Marschlins, U. de, Mémoire sur les Grisons, s. Zur Geschichte der Republik Graubünden.

— Rede in d. Verhandll. d. helvet. Gesellschaft in Schinznach. 8. Schinznach 774.

(Salis[-Marschlins], Ulysses *U* von.) Schreiben an Tit. Herrn Rathsherr Jacob Bawier, seine Anmerkungen über den unvorgreiflichen Entwurf einer Verbesserung des Justizwesens ... betreffend. (Marschlins, den 16. Aprill 1791.) fol. *o. O.*

S(alis-)M[arschlins], U(lysses) *U* v(on). Schreiben des Hrn. U. V. S. M. an die Herren Verfasser des Journals für Aufklärung, enthaltend eine ausführliche Recension des Buchs: Staatsgeschichte des Thals Veltlin und der beyden Grafschaften Klefen und Worms:... 8. *o. O.* 1789.

(Salis[-Marschlins], Ulysses *U* von.) Schreiben an den Verfasser des Halles eines Eydsgenossen [Carl Müller von Friedberg]. [Mit 1 Vignette]. 8. Basel 1789.

— hinterl. Schriften. 2 Bdchen. 8. Winterthur. Steiner. 803–4. (1r 15 gr. 2r 1 Rthlr.)

— hinterlassene Schriften. 2 Bdchen. 8. Winterth. 803 u. 4. Steiner. 1 rf 15 gf (A. u. d. T.: der eidgenössische Bund d. Bewohner d. Gebirge an d. drei Quellen d. Rheins).

Salis-Marschlins, Ulysses *U* von. U' von S' von M' Schutzschrift. Eingereicht den ehrsamen Räthen und Gemeinden der Republik Graubünden, im Herbstmonate 1794. 8. *o. O.*

— Streifereien durch d. französ. Jura, während d. Jahre 1799 u. 1800. 2 Thle. gr. 8. Winterthur 805. Steiner. 1 rf 16 gf

Salis-Samaden, Carl von, s. Salis - Samaden, Karl von

(Salis-Samaden, Franz Carl Freiherr v., k. k. Hauptm.) Ideen über unser militärisches Verhältniss bei einem Kriege mit Russland. Von einem österreichischen Officier. 8. Wien 1870.

Salis-Samaden, Karl von

Folliot de Crenneville. — Salis-Samaden, Carl Freiherr v., k. k. Oberst und Commandant des Feldmarschall Freiherr v. Hess 49. Inft.-Reg. etc. General der Cavallerie Ludwig Carl Graf ..... Biographische Skizze. (Als Manuscript gedruckt.) (Mit 1 Portrait.) gr. 8. Wien 1885.

Salis-Seewis', J. Gaudenz von, s. Frey, Adf.

Salis-Seewis, J. Ulysees von, s. Salis - Seewis, Johann Ulrich von

[Umschlagt.:] Der türkisch-griechische Krieg 1897. Von Johann Graf Salis-Seewis, k. u. k. Hauptm. d. Generalstabs-Corps. M. 10 Sk. *Wien: Verl. d. militär-wiss. Ver. 1897.* (439–525 S., 10 Sk.) 8.
= Organ d. militärwissenschaftlichen Vereine. Bd 55. Beil.

Salis-Seewis, Johann [von]. Der türkisch-griechische Krieg 1897. Mit 10 Skizzen [Tafeln]. SA. 8. Wien und Leipzig 1898.

Salis-Seewis, Joh. Graf, der türkisch-griechische Krieg 1897. [Aus: „Organ d. militär-wiss. Vereine".] gr. 8. (87 S. m. 10 Skizzen.) Wien 898. W. Braumüller. n. 1. 80

Salis-Seewis, Joh. Gaudenz, Gedichte, s. a. Bibliothek der Gesamtlitteratur.

Salis-Seewis, J. G. v., Gedichte, s. a. Universal-Bibliothek.

v. Salis-Sewis, Jh. Gaudenz, († d. 29. Jan. 1834.) Gedichte, hrsgg. v. Fr. Matthisson. 8. Zürich 793. 2e Aufl. 794. 3e A. 797. 4e A. 803. 5e Aufl. mit Matthissons Gedichten 805. N. A. 8. u. 12. Ebd. 823. Neueste verm. Ausg. 12. 830. Orell. 12 gf Postp. mit Bildn. 20 gf Velinp. 1 rf (Vergl. Matthisson).

Salis-Seewis, Joh. Gaudenz v., Gedichte. Neueste verm. Aufl. gr. 12. (à 7⅔ B.) Zürich 835, 39, Orell, Füßli u. Comp.

v. Salis-Seewis, Jh. Gaudenz, Gedichte. Ausgabe letzter Hand. 16. Zürich 843, Orell, Füßli u. Comp. ½ rf — Mit Portrait ⅚ rf

v. Salis-Seewis, Joh. Gaudenz, Gedichte. Ausg. letzter Hand. gr. 16. (176 S.) Zürich 845, Orell, Füßli & Co. ½ rf

Salis-Seewis, Joh. Gaudenz v., Gedichte. Ausg. letzter Hand. gr. 16. (176 S.) Zürich 848, Orell, Füßli und Comp.

Salis-Seewis, Joh. Gaudenz v., Gedichte. 12. verm. Aufl. Ausg. letzter Hand. Mit dem Bild (in Kpfrst.) u. einem Lebensabriß des Dichters. Zürich 869. Orell, Füßli & Co. 16. (XVI, 171 S.) 21 ngr; in engl. Einb. mit Goldschn. 1 rf

Salis-Seewis, Johann Gaudenz von. Gedichte. Mit einem Vorwort und dem Bilde des Dichters [1 Tafel]. 88 S. 8. Halle a. d. S., Otto Hendel, [1902].
(Bibliothek der Gesamtlitteratur des In- und Auslandes. No. 1562. br. M. —.25, geb. M. —.50)

Salis-Seewis, s. National-Litteratur, deutsche.

Salis-Seewis, Joh. Ulr. v., hinterlass. Schriften. 2 Abthln. 8. (13¾ B.) Chur 834, Kellenberger.

Salis-Seewis, J. Ulysses v., gesammelte Schriften, s. Archiv für die Geschichte der Republik Graubünden.

Salis-Seewis, J(oh[ann] U(lrich) v(on). Gesammelte Schriften von J. U. v. Salis-Seewis. Durch Einschaltung jüngst vorgefundener Ergänzungen ... des Verfassers, vermehrt und verbessert hrg. von Conradin v[on] Mohr. (2 Abtheilungen ....) 8. Chur 1858(–1861).
(Archiv fur die Geschichte der Republik Graubünden. [Band 5 =] Heft 28–33.)

Salis[-Soglio], Anton von. Dritte Antwort des regierenden Herrn Kommissari von Klefen, über die drei wiederholten Einlagen, so seine Jurisdiktion ... wider ihn eingereicht hat. (Geben, den 4ten May 1789.) [Mit Beilagen.] fol. *o. O.*

Salis-Soglio, Anton (von). Zwei Briefe des Kommissari A' S', von Soglio, welche sich unter den untersuchten Papieren des Hrn. Minister Ulisses Salis, von Marschlins, mit vorgefunden haben. Abgelesen in der Sizung der Löblichen Standesversammlung, den 21. Juni 1794. fol. *o. O.*

Salis-Soglio, Anton von. Vertheidigung des Commissars, A' von S' von Soglio, gegen die Einlage, welche der Notar Francesco Maria Ferrari dem löbl. Standes-Tribunale den 23sten Jul. 1794 eingereicht haben soll .... 4. *o. O.* [ca. 1794].

Salis-Soglio, Daniel Frhr. v., mein Leben u. was ich davon erzählen will, kann u. darf. 2 Bde. Lex. 8. Stuttgart, Deutsche Verl.-Anstalt. à 10.—; geb. à 11.—
1. 1826—1866. Mit 2 Bildbeigaben u. 3 Abbildgn. im Text. (281 S.) 908.
2. Von 1867 an. Mit 2 Bildbeigab. u. 1 Stammtaf. (310 S.) 908.

Salis-Soglio, Frhr. v., s. a. Reorganisation, die, der technischen Waffe.

Salis-Soglio, Daniel Freiherr v., k. u. k. FZM. Die Reorganisation der technischen Waffe. 8. Wien 1892.

Salis-Soglio, J[ohann] U[lrich] v[on]. Einige Blätter aus der Brieftasche eines eidgenössischen Offiziers. Im Mai bis Juni 1844 im Wallis flüchtig aufgezeichnet. 8. *o. O.*

Salis-Soglio, Nic. v., die Convertiten der Familie v. Salis. Mit 1 Bilde des Stammsitzes Soglio. gr. 8. (VII, 134 S.) Luzern 892. Gebr. Räber. n. 2.40

— die Familie v. Salis. Gedenkblätter aus der Geschichte d. ehemal. Freistaates der drei Bünde in Hohenrhätien [Graubünden]. gr. 8. (XIII, 368 S. m. 6 Taf.) Lindau 891. Stettner. n.n. 5.60

General Hans Wolf von Salis und die Regensburger Salis. Im Auftr. d. v. Salis'schen Familien-Verbandes hrsg. von P. Nicolaus v. Salis-Soglio, Benediktiner. Chur: v. Salis'scher Familien-Verband 1906. X, 158 S. 8° A 12. 9387

Salis-Soglio, Rudolf von. Ueber die Anstände der Republik Graubünden, mit dem Thal Veltlin, und der Grafschaft Klefen, ihren Unterthanen. Von R' von S', ab Soglio .... 8. Chur 1789.

[Salis-Soglio, Rudolf von.] Die Drey Bünde in Hohen-Rhätien. Ein Beytrag zur nähern Kenntniß der dortigen neuesten Ereignisse. 1. [einziges] Heft. 8. Berlin 1799.

— die 3 Bünde im hohen Rhätien. 1s Hft. 8. Berl. 800. (Duncker u. H.) 16 gr.

Salis-Tagstein, Anton von. Des Vikarius A' von S' von Tagstein freymüthige Erzählung und Bemerkungen über die Thatsachen die ihn betreffen .... An die Ehrsamen Räthe und Gemeinden der Republik Graubünden. 8. *o. O.* 1795.

Salis-Tagstein, Hercules v(on). Bittschrift an die Ehrsamen Räthe und Gemeinden Lobl. Gemeiner drey Bünde. Ueber die ... unter dem 8ten Heumonat 1794 und ... unter dem 10ten des nemlichen Monats wider Hrn. Podestat Herkules v. S'-T' ergangene Urtheile .... 8. Zürich 1794.

Salis-Zizers, Anton von. Rechfertigung des Grafen A' von S', von Zizers, über die vom Fiscal der ausserordentlichen Versammlung zu Chur Ihm zur Last gelegten Beschuldigungen, von Ihm selbst dem Publikum, und besonders seinen Landsleuten vorgelegt. 8. *o. O.* 1794.

Salisburg, die eilfte Säcularfeier der Weihe der ersten Bischöfe von Würzburg, Eichstädt, Erfurt u. Burlburg durch den heil. Bonifacius im Jahr 741 u. die Grundsteinlegung zum Wiederaufbau der Bonifacius-Kapelle durch Se. Maj. den König Ludwig. 16. (Mit 1 Tabelle.) Würzburg 841, Voigt u. Mocker. n. 1¼ ℳ

Salisbury, Miss Sara. Ein Roman. Leipzig 1782. V: *aboras de Mézières, dame Riccoboni, Marie Jeanne.* Ü: *Wall, Anton* (= Chrn. Leberecht Heyne). (BGE VII², 41/42)

Salisbury, Miss Sara, eine englische Begebenheit; a. d. Engl. Leipz. 1782. Ü: *Wall, Anton (= Chn Lebrecht Heyne).* (Ky)

Salisbury, Miß Sara; eine engl. Begebenheit; aus d. Engl. (von Ant. Wall). 8. Leipz. 782. Dyck. 1 ℛ 8 gr

Salisbury, R. D., und Felix **Wahnschaffe**: Neue Beobachtungen uber die Quartärbildungen der Magdeburger Börde. ([S.-A.] Zeitschrift der Deutschen Geologischen Gesellschaft. Bd. 40. Heft 2. 1888. S. 262—273.) Berlin 1888. 12 S. 8°.

Salisch, G. v. Geschichte des 7. Inf.-Reg. von 1797—1854. Mit Abb. Glogau 1854. 456 S.
(Forts. s. Schlopp, v.)

Die Bewirtschaftung kleiner und kleinster Waldungen. Vortrag d. Rittergutsbesitzers [Heinrich] v. **Salisch** auf Postel, geh. 1908, nachträglich erg. durch d. Ergebnisse der am Abend stattgehabten Debatte. Breslau 1908: Grass, Barth & Co. (17 S.) 8° [J.]
= **Veröffentlichungen** d. Landwirtschaftskammer f. d. Prov. Schlesien. H. 6. 103. 14132 2

Salisch, Heinr. v., Forstästhetik. 8. (XII, 248 S.) Berlin 885. Springer. n. 4.—

Salisch, Heinr. v., Forstästhetik. 2. verm. Aufl. gr. 8. (VIII, 314 S. m. Abbildgn. u. 16 Lichtdr.-Taf.) Berlin 902. J. Springer. n. 7.—; geb. in Leinw. n. 8.—

v. Salisch, Graf Karl Hnr. Jul., s. Begebenheiten rc. berühmter Personen.

Salitan, Rachel, aus Poltawa (Russland): Aus dem Kinderspital Zürich. Ueber Herzthrombose im Kindesalter. Zürich 1906. 46 S. 8°. [7. III. 06.]
Zürich, Med. Diss. 1905/1906.

Salitan, Rachel. Ueber Herzthrombose im Kindesalter. Diss. Med. Univ. Zürich. *Kopftitel:* Aus dem Kinderspital Zürich. 46 S. 8. Zürich, Kirsten & Zeisberg, 1906.

Salitan, Sara, aus Poltawa (Russland): Aus dem Kinderspital Zürich. Ueber Venenthrombose im Kindesalter. Zürich 1906. 40 S. 8°. [7. III. 06.]
Zürich. Med. Diss. 1905/1906.

Salitan, Sara. Ueber Venenthrombose im Kindesalter. Diss. Med. Univ. Zürich. *Kopftitel:* Aus dem Kinderspital Zürich. 39 S. 8. Zürich, Kirsten & Zeisberg, 1906.

Salita, Peter [aus Livland]: Immanuel Kant's Lehre von der Freiheit ... Jena, Frommannsche Hof-Buchdr., 1894; 71 S. 8.
Jena, Phil. Fak., Inaug.-Diss. v. 1894

Salix, L. v., Warenkunde u. Technologie, s.: Reichl, Ed.

SALIX de FELBERTHAL, Ludwig
Auszug aus den neuesten Vorschriften betreffend das Zollverfahren bei der Einfuhr von Zucker, Bier, Branntwein und Mineralöl sammt einschlägigem Alphabetischen Warenverzeichnisse für Zollbeamte und Spediteure leichtfasslich zusammengestellt von Ludwig Salix de Felberthal. Triest. 1900. Schimpff. 29 S. K —.50

Salix de Felberthal, Zollbeamter, s.: Was soll ich werden. 6.

Salix de Felberthal, Ludw., wie werde ich Zollbeamter?, s. a. Berufsarten d. Mannes.

(F) **Salix de Felberthal, L.,** Wie werde ich Zollbeamter? Ein Ratgeber bei der Wahl des Berufes. [Berufsarten des Mannes. 4] 8°. (53 S.) K 1.—

FSC
www.fsc.org
MIX
Papier | Fördert gute Waldnutzung
FSC® C083411

Kolibri 360 GmbH
Ferdinand-Jühlke-Straße 7
99095 Erfurt, Deutschland
produktsicherheit@kolibri360.de